EUROPA LEHRMITTEL

EUROPA-FACHBUCHREIHE
für Metallberufe

Roland Gomeringer
Max Heinzler
Roland Kilgus
Volker Menges
Stefan Oesterle
Thomas Rapp
Claudius Scholer
Andreas Stenzel
Andreas Stephan
Falko Wieneke

Tabellenbuch Metall

47., neu bearbeitete und erweiterte Auflage

Europa-Nr.: 10609 mit Formelsammlung
Europa-Nr.: 1060X ohne Formelsammlung
Europa-Nr.: 10706 XXL, mit Formelsammlung und CD

VERLAG EUROPA LEHRMITTEL · Nourney, Vollmer GmbH & Co. KG
Düsselberger Straße 23 · 42781 Haan-Gruiten

Autoren:

Roland Gomeringer	Meßstetten
Max Heinzler	Wangen im Allgäu
Roland Kilgus	Neckartenzlingen
Volker Menges	Lichtenstein
Stefan Oesterle	Amtzell
Thomas Rapp	Albstadt
Claudius Scholer	Pliezhausen
Andreas Stenzel	Balingen
Andreas Stephan	Marktoberdorf
Falko Wieneke	Essen

Lektorat:
Roland Gomeringer, Meßstetten

Bildbearbeitung:
Zeichenbüro des Verlages Europa-Lehrmittel, Ostfildern

Maßgebend für die Anwendung der Normen und der anderen Regelwerke sind deren neueste Ausgaben. Sie können durch die Beuth Verlag GmbH, Burggrafenstr. 6, 10787 Berlin, bezogen werden.

Inhalte des Kapitels „Programmaufbau bei CNC-Maschinen nach PAL" (Seiten 349 bis 368) richten sich nach Veröffentlichungen der PAL-Prüfungsaufgaben- und Lehrmittelentwicklungsstelle der IHK Region Stuttgart.

47. Auflage 2017

Druck 6 5 4 3 2 1

Alle Drucke dieser Auflage sind im Unterricht nebeneinander einsetzbar, da sie bis auf korrigierte Druckfehler und kleine Normänderungen unverändert sind.

ISBN 978-3-8085-1727-7 mit Formelsammlung
ISBN 978-3-8085-1678-2 ohne Formelsammlung
ISBN 978-3-8085-1684-3 XXL, mit Formelsammlung und CD

Satz: Satz+Layout Werkstatt Kluth GmbH, 50374 Erftstadt
Umschlaggestaltung: Grafische Produktionen Jürgen Neumann, 97222 Rimpar
Umschlagfoto: Sauter Feinmechanik GmbH, 72555 Metzingen
Druck: M.P. Media-Print Informationstechnologie GmbH, 33100 Paderborn

Vorwort

Zielgruppen des Tabellenbuches

- Metallberufe aus Handwerk und Industrie
- Technische Produktdesigner
- Meister- und Technikerausbildung
- Praktiker in Handwerk und Industrie
- Studenten des Maschinenbaues

Inhalt

Der Inhalt des Buches ist in sieben Hauptkapitel gegliedert, die in der rechten Spalte benannt sind. Er ist auf die Bildungspläne der Zielgruppen abgestimmt und der Entwicklung der Technik und der KMK-Lehrpläne angepasst.

Die **Tabellen** enthalten die wichtigsten Regeln, Bauarten, Sorten, Abmessungen und Richtwerte der jeweiligen Sachgebiete.

Bei den **Formeln** wird in der Legende auf die Nennung von Einheiten verzichtet. In den oft parallel zum Buch verwendeten **„Formeln für Metallberufe"** sind dagegen die Einheiten angegeben, um vor allem Berufsanfängern beim Berechnen eine Hilfestellung zu geben. Dies gilt auch für die neue **„Formelsammlung Metall plus+"**, die in kompakter Form neben einfachen Grundlagen auch weitergehende Inhalte bietet.

Mit der CD **„Tabellenbuch Metall digital"** und der Web-Applikation **„Tabellenbuch Metall online"** liegt das Tabellenbuch in digitaler Form vor. Berechnungsmöglichkeiten sind integriert. Formeln und Einheiten können gewählt und umgestellt werden. Ergänzt wird das Medienangebot durch eine APP **„Formeln & Tabellen Metall"** für Smartphones und Tablets. Damit können z. B. schnell und einfach Basiseinheiten umgerechnet, Härtewerte oder Toleranzen bestimmt werden. Markierungen im Buch weisen auf den sinnvollen Einsatz der APP hin. Der Zugang zu weiteren Web-Angeboten ist über **„Formeln & Tabellen Metall"** oder www.europa-lehrmittel.de/tm47 möglich.

Das **Sachwortverzeichnis** am Schluss des Buches enthält neben den deutschen auch die englischen Bezeichnungen.

Im **Normenverzeichnis** sind alle im Buch zitierten aktuellen Normen und Regelwerke aufgeführt.

Änderungen in der 47. Auflage

In der vorliegenden Auflage sind die **Normen auf dem Stand Januar 2017**. Wegen neuer Normen und der technischen Entwicklung wurden folgende Inhalte aktualisiert, erweitert oder neu aufgenommen:

- Qualitätsmanagement und Umweltmanagement jeweils nach neuester Norm. Wegfall allgemeiner Begriffe aus dem Qualitätsmanagement.
- Einführung in die „Geometrische Produktspezifikation (GPS)" für die Technische Kommunikation.
- Zusätzliche Werkzeuge und teilweise aktualisierte Richtwerte bei der spanenden Fertigung.
- Ergänzungen in der Kostenrechnung.
- Darstellung der Strukturierungsprinzipien und Referenzkennzeichnung in Schaltplänen nach ISO 1219 bzw. DIN EN 81346.

Autoren und Verlag sind auch weiterhin allen Nutzern des Tabellenbuches für Hinweise und Verbesserungsvorschläge an lektorat@europa-lehrmittel.de **dankbar.**

Frühjahr 2017 — Autoren und Verlag

Inhaltsverzeichnis

5 Maschinenelemente (M) 207

6 Fertigungstechnik (F) 277

Normen und andere Regelwerke

Normung und Normbegriffe

Normung ist eine planmäßig durchgeführte Vereinheitlichung von materiellen und nichtmateriellen Gegenständen, wie z. B. Bauteilen, Berechnungsverfahren, Prozessabläufen und Dienstleistungen, zum Nutzen der Allgemeinheit.

Normbegriff	Beispiel	Erklärung
Norm	DIN 509	Eine Norm ist das veröffentlichte Ergebnis der Normungsarbeit. Beispiel: DIN 509 mit Formen und Maßen von Freistichen bei Drehteilen und Bohrungen.
Teil	DIN 30910-2	Normen können aus mehreren in Zusammenhang stehenden Teilen bestehen. Die Teilnummern werden mit Bindestrich an die Norm-Nummer angehängt. DIN 30910-2 beschreibt z. B. Sinterwerkstoffe für Filter, während die Teile 3 und 4 Sinterwerkstoffe für Lager und Formteile beschreiben.
Beiblatt	DIN 743 Bbl 1	Ein Beiblatt enthält Informationen zu einer Norm, jedoch keine zusätzlichen Festlegungen. Das Beiblatt DIN 743 Bbl 1 enthält z. B. Anwendungsbeispiele zu den in DIN 743 beschriebenen Tragfähigkeitsberechnungen von Wellen und Achsen.
Entwurf	E DIN EN 10027-2 (2013-09)	Normentwürfe werden zur Einsicht und Stellungnahme veröffentlicht. Die Neufassung DIN EN 10027-2 (2015-07) mit Werkstoffnummern für Stähle lag der Öffentlichkeit z. B. von September 2013 bis Februar 2014 für Einsprüche als Entwurf vor.
Vornorm	DIN V 45696-1 (2006-02)	Eine Vornorm ist das Ergebnis einer Normungsarbeit, das wegen Vorbehalten nicht als Norm herausgegeben wird. DIN V 45696-1 enthält z. B. technische Maßnahmen bei der Gestaltung von Maschinen, die Ganzkörper-Schwingungen auf den Menschen übertragen.
Ausgabedatum	DIN 76-1 (2004-06)	Zeitpunkt des Erscheinens, welcher im DIN-Anzeiger veröffentlicht wird und mit dem die Norm Gültigkeit bekommt. Die DIN 76-1, welche Freistiche für metrische ISO-Gewinde festlegt, ist z. B. seit Juni 2004 gültig.

Normenarten und Regelwerke (Auswahl)

Art	Kurzzeichen	Erklärung	Zweck und Inhalte
Internationale Normen (ISO-Normen)	ISO	**I**nternational **O**rganisation for **S**tandardization, Genf (O und S werden in der Abkürzung vertauscht)	Den internationalen Austausch von Gütern und Dienstleistungen sowie die Zusammenarbeit auf wissenschaftlichem, technischem und ökonomischem Gebiet erleichtern.
Europäische Normen (EN-Normen)	EN	**E**uropäische **N**ormungsorganisation CEN (Comunité Européen de Normalisation), Brüssel	Technische Harmonisierung und damit verbundener Abbau von Handelshemmnissen zur Förderung des Binnenmarktes und des Zusammenwachsens von Europa.
Deutsche Normen (DIN-Normen)	DIN	**D**eutsches **I**nstitut für **N**ormung e.V., Berlin	Die nationale Normungsarbeit dient der Rationalisierung, der Qualitätssicherung, der Sicherheit, dem Umweltschutz und der Verständigung in Wirtschaft, Technik, Wissenschaft, Verwaltung und Öffentlichkeit.
	DIN EN	Deutsche Umsetzung einer europäischen Norm	
	DIN ISO	Deutsche Norm, deren Inhalt unverändert von einer ISO-Norm übernommen wurde.	
	DIN EN ISO	Norm, die von ISO und CEN veröffentlicht wurde, und deren deutsche Fassung als DIN-Norm Gültigkeit hat.	
	DIN VDE	Druckschrift des VDE, die den Status einer deutschen Norm hat.	
VDI-Richtlinien	VDI	**V**erein **D**eutscher **I**ngenieure e.V., Düsseldorf	Diese Richtlinien geben den aktuellen Stand der Technik zu bestimmten Themenbereichen wieder und enthalten z. B. konkrete Handlungsanleitungen zur Durchführung von Berechnungen oder zur Gestaltung von Prozessen im Maschinenbau bzw. in der Elektrotechnik.
VDE-Druckschriften	VDE	**V**erband **d**er **E**lektrotechnik Elektronik Informationstechnik e.V., Frankfurt am Main	
DGQ-Schriften	DGQ	**D**eutsche **G**esellschaft für **Q**ualität e.V., Frankfurt am Main	Empfehlungen für den Bereich der Qualitätstechnik.
REFA-Blätter	REFA	Verband für Arbeitsstudien REFA e.V., Darmstadt	Empfehlungen für den Bereich der Fertigung und Arbeitsplanung.

1 Technische Mathematik

M

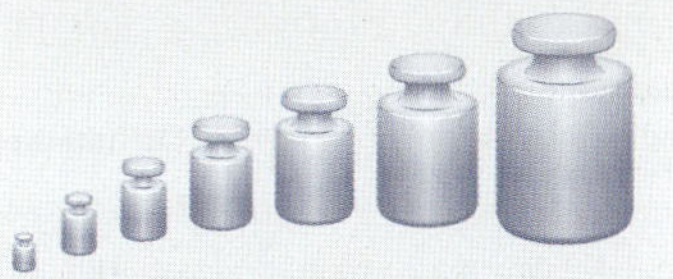

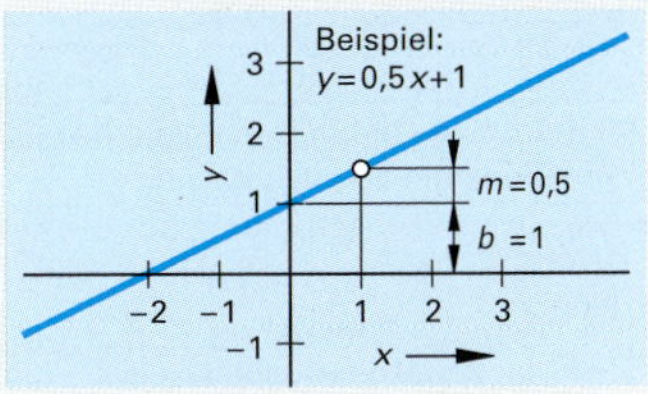

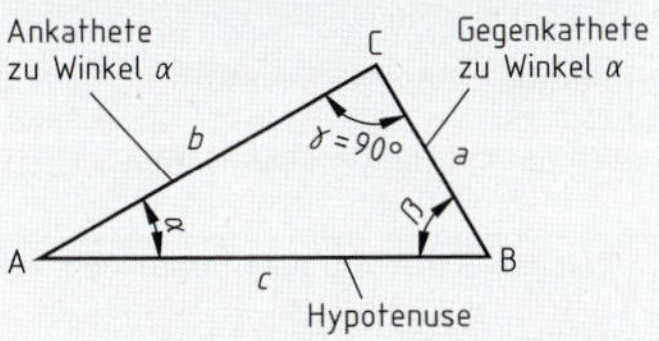

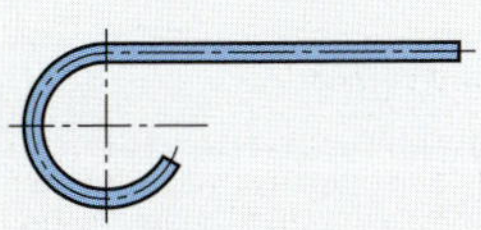

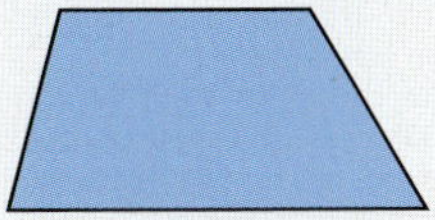

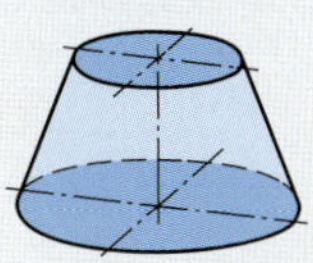

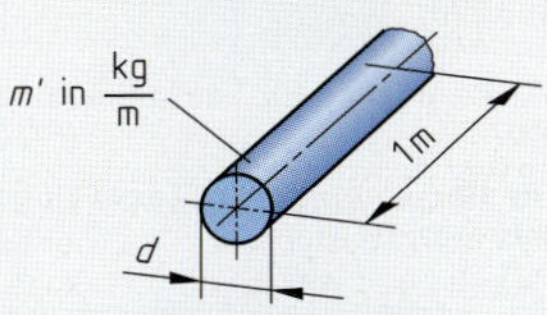

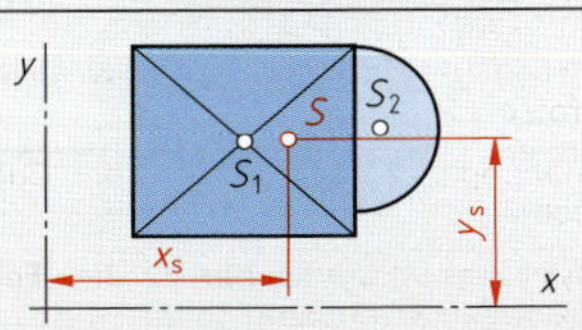

M

Einheiten im Messwesen

SI[1)]-Basisgrößen und Basiseinheiten

vgl. DIN 1301-1 (2010-10), -2 (1978-02), -3 (1979-10)

Basisgröße	Länge	Masse	Zeit	Elektrische Stromstärke	Thermodynamische Temperatur	Stoffmenge	Lichtstärke
Basiseinheit	Meter	Kilogramm	Sekunde	Ampere	Kelvin	Mol	Candela
Einheitenzeichen	m	kg	s	A	K	mol	cd

1) Die Einheiten im Messwesen sind im Internationalen Einheitensystem (SI = **S**ystème **I**nternational d'Unités) festgelegt. Es baut auf den sieben Basiseinheiten (SI-Einheiten) auf, von denen weitere Einheiten abgeleitet sind.

Basisgrößen, abgeleitete Größen und ihre Einheiten

Größe	Formelzeichen	Einheit Name	Einheit Zeichen	Beziehung	Bemerkung Anwendungsbeispiele
Länge, Fläche, Volumen, Winkel					
Länge	l	**Meter**	m	1 m = 10 dm = 100 cm = 1000 mm 1 mm = 1000 µm 1 km = 1000 m	1 inch = 1 Zoll = 25,4 mm In der Luft- und Seefahrt gilt: 1 internationale Seemeile = 1852 m
Fläche	A, S	Quadratmeter Ar Hektar	m^2 a ha	1 m^2 = 10 000 cm^2 = 1 000 000 mm^2 1 a = 100 m^2 1 ha = 100 a = 10 000 m^2 100 ha = 1 km^2	Zeichen S nur für Querschnittsflächen Ar und Hektar nur für Flächen von Grundstücken
Volumen	V	Kubikmeter Liter	m^3 l, L	1 m^3 = 1000 dm^3 = 1 000 000 cm^3 1 l = 1 L = 1 dm^3 = 10 dl = 0,001 m^3 1 ml = 1 cm^3	Meist für Flüssigkeiten und Gase
ebener Winkel (Winkel)	α, β, γ …	Radiant Grad Minute Sekunde	rad ° ′ ″	1 rad = 1 m/m = 57,2957…° = 180°/π 1° = $\frac{\pi}{180}$ rad = 60′ 1′ = 1°/60 = 60″ 1″ = 1′/60 = 1°/3600	1 rad ist der Winkel, der aus einem um den Scheitelpunkt geschlagenen Kreis mit 1 m Radius einen Bogen von 1 m Länge schneidet. Bei technischen Berechnungen statt α = 33° 17′ 27,6″ besser α = 33,291° verwenden.
Raumwinkel	Ω	Steradiant	sr	1 sr = 1 m^2/m^2	Der Raumwinkel von 1 sr umschließt auf der Oberfläche einer Kugel mit r = 1 m die Fläche eines Kugelabschnitts mit A_O = 1 m^2.
Mechanik					
Masse	m	**Kilogramm** Gramm Megagramm Tonne	kg g Mg t	1 kg = 1000 g 1 g = 1000 mg 1 t = 1000 kg = 1 Mg 0,2 g = 1 Kt	In der Alltagssprache bezeichnet man die Masse eines Körpers auch als Gewicht. Massenangabe für Edelsteine in Karat (Kt).
längenbezogene Masse	m'	Kilogramm pro Meter	kg/m	1 kg/m = 1 g/mm	Zur Berechnung der Masse von Stäben, Profilen, Rohren.
flächenbezogene Masse	m''	Kilogramm pro Meter hoch zwei	kg/m^2	1 kg/m^2 = 0,1 g/cm^2	Zur Berechnung der Masse von Blechen.
Dichte	ϱ	Kilogramm pro Meter hoch drei	kg/m^3	1000 kg/m^3 = 1 t/m^3 = 1 kg/dm^3 = 1 g/cm^3 = 1 g/ml = 1 mg/mm^3	Dichte = Masse eines Stoffes pro Volumeneinheit Für homogene Körper ist die Dichte eine vom Ort unabhängige Größe.

M

Einheiten im Messwesen

Größen und Einheiten (Fortsetzung)

Größe	Formelzeichen	Einheit Name	Einheit Zeichen	Beziehung	Bemerkung Anwendungsbeispiele
Mechanik					
Trägheitsmoment, Massenmoment 2. Grades	J	Kilogramm mal Meter hoch zwei	kg · m²	Für homogenen Vollzylinder mit Masse m und Radius r gilt: $J = \frac{1}{2} \cdot m \cdot r^2$	Das Trägheitsmoment gibt den Widerstand eines starren, homogenen Körpers gegen die Änderung seiner Rotationsbewegung um eine Drehachse an.
Kraft Gewichtskraft	F F_G, G	Newton	N	$1\ \text{N} = 1 \frac{\text{kg} \cdot \text{m}}{\text{s}^2} = 1 \frac{\text{J}}{\text{m}}$ 1 MN = 10³ kN = 1 000 000 N	Die Kraft 1 N bewirkt bei der Masse 1 kg in 1 s eine Geschwindigkeitsänderung von 1 m/s.
Drehmoment Biegemoment Torsionsmoment	M M_b M_T, T	Newton mal Meter	N · m	$1\ \text{N} \cdot \text{m} = 1 \frac{\text{kg} \cdot \text{m}^2}{\text{s}^2}$	1 N · m ist das Moment, das eine Kraft von 1 N bei einem Hebelarm von 1 m bewirkt.
Impuls	p	Kilogramm mal Meter pro Sekunde	kg · m/s	1 kg · m/s = 1 N · s	Der Impuls ist das Produkt aus Masse mal Geschwindigkeit. Er hat die Richtung der Geschwindigkeit.
Druck mechanische Spannung	p σ, τ	Pascal Newton pro Millimeter hoch zwei	Pa N/mm²	1 Pa = 1 N/m² = 0,01 mbar 1 bar = 100 000 N/m² = 10 N/cm² = 10⁵ Pa 1 mbar = 1 hPa 1 N/mm² = 10 bar = 1 MN/m² = 1 MPa 1 daN/cm² = 0,1 N/mm²	Unter Druck versteht man die Kraft je Flächeneinheit. Für Überdruck wird das Formelzeichen p_e verwendet (DIN 1314). 1 bar = 14,5 psi (pounds per square inch = Pfund pro Quadratinch)
Flächenmoment 2. Grades	I	Meter hoch vier Zentimeter hoch vier	m⁴ cm⁴	1 m⁴ = 100 000 000 cm⁴	früher: Flächenträgheitsmoment
Energie, Arbeit, Wärmemenge	E, W	Joule	J	1 J = 1 N · m = 1 W · s = 1 kg · m²/s²	Joule für jede Energieart, kW · h bevorzugt für elektrische Energie.
Leistung, Wärmestrom	P Φ	Watt	W	1 W = 1 J/s = 1 N · m/s = 1 V · A = 1 m² · kg/s³	Leistung beschreibt die Arbeit, die in einer bestimmten Zeit verrichtet wurde.
Zeit					
Zeit, Zeitspanne, Dauer	t	**Sekunde** Minute Stunde Tag Jahr	s min h d a	1 min = 60 s 1 h = 60 min = 3600 s 1 d = 24 h = 86 400 s	3 h bedeutet eine Zeitspanne (3 Std.), 3^h bedeutet einen Zeitpunkt (3 Uhr). Werden Zeitpunkte in gemischter Form, z. B. $3^h24^m10^s$ geschrieben, so kann das Zeichen min auf m verkürzt werden.
Frequenz	f, ν	Hertz	Hz	1 Hz = 1/s	1 Hz ≙ 1 Schwingung in 1 Sekunde.
Drehzahl, Umdrehungsfrequenz	n	1 pro Sekunde 1 pro Minute	1/s 1/min	1/s = 60/min = 60 min⁻¹ $1/\text{min} = 1\ \text{min}^{-1} = \frac{1}{60\ \text{s}}$	Die Anzahl der Umdrehungen pro Zeiteinheit ergibt die Drehzahl, auch Drehfrequenz genannt.
Geschwindigkeit	v	Meter pro Sekunde Meter pro Minute Kilometer pro Stunde	m/s m/min km/h	1 m/s = 60 m/min = 3,6 km/h $1\ \text{m/min} = \frac{1\ \text{m}}{60\ \text{s}}$ $1\ \text{km/h} = \frac{1\ \text{m}}{3{,}6\ \text{s}}$	Geschwindigkeit bei der Seefahrt in Knoten (kn): 1 kn = 1,852 km/h mile per hour = 1 mile/h = 1 mph 1 mph = 1,60934 km/h
Winkelgeschwindigkeit	ω	1 pro Sekunde Radiant pro Sekunde	1/s rad/s	$\omega = 2\,\pi \cdot n$	Bei einer Drehzahl von n = 2/s beträgt die Winkelgeschwindigkeit ω = 4 π/s.
Beschleunigung	a, g	Meter pro Sekunde hoch zwei	m/s²	$1\ \text{m/s}^2 = \frac{1\ \text{m/s}}{1\ \text{s}}$	Formelzeichen g nur für Fallbeschleunigung. g = 9,81 m/s² ≈ 10 m/s²

M

Einheiten im Messwesen

Größen und Einheiten (Fortsetzung)

Elektrizität und Magnetismus

Größe	Formelzeichen	Einheit Name	Einheit Zeichen	Beziehung	Bemerkung Anwendungsbeispiele
Elektrische Stromstärke	I	**Ampere**	A		Bewegte elektrische Ladung nennt man Strom. Die Spannung ist gleich der Potenzialdifferenz zweier Punkte im elektrischen Feld. Den Kehrwert des elektrischen Widerstands nennt man elektrischen Leitwert.
Elektr. Spannung	U	Volt	V	1 V = 1 W/1 A = 1 J/C	
Elektr. Widerstand	R	Ohm	Ω	1 Ω = 1 V/1 A	
Elektr. Leitwert	G	Siemens	S	1 S = 1 A/1 V = 1/Ω	
Spezifischer Widerstand	ϱ	Ohm mal Meter	Ω · m	10^{-6} Ω · m = 1 Ω · mm²/m	$\varrho = \frac{1}{\varkappa}$ in $\frac{\Omega \cdot mm^2}{m}$
Leitfähigkeit	$\gamma, \varkappa$	Siemens pro Meter	S/m		$\varkappa = \frac{1}{\varrho}$ in $\frac{m}{\Omega \cdot mm^2}$
Frequenz	f	Hertz	Hz	1 Hz = 1/s 1000 Hz = 1 kHz	Frequenz öffentlicher Stromnetze: EU 50 Hz, USA 60 Hz
Elektr. Arbeit	W	Joule	J	1 J = 1 W · s = 1 N · m 1 kW · h = 3,6 MJ 1 W · h = 3,6 kJ	In der Atom- und Kernphysik wird die Einheit eV (Elektronenvolt) verwendet.
Phasenverschiebungswinkel	φ	–	–	für Wechselstrom gilt: $\cos\varphi = \frac{P}{U \cdot I}$	Winkel zwischen Strom und Spannung bei induktiver oder kapazitiver Belastung.
Elektr. Feldstärke	E	Volt pro Meter	V/m		$E = \frac{F}{Q}$, $C = \frac{Q}{U}$, $Q = I \cdot t$
Elektr. Ladung	Q	Coulomb	C	1 C = 1 A · 1 s; 1 A · h = 3,6 kC	
Elektr. Kapazität	C	Farad	F	1 F = 1 C/V	
Induktivität	L	Henry	H	1 H = 1 V · s/A	
Leistung Wirkleistung	P	Watt	W	1 W = 1 J/s = 1 N · m/s = 1 V · A	In der elektrischen Energietechnik: Scheinleistung S in V · A

Thermodynamik und Wärmeübertragung

Größe	Formelzeichen	Einheit Name	Einheit Zeichen	Beziehung	Bemerkung Anwendungsbeispiele
Thermodynamische Temperatur	T, Θ	**Kelvin**	K	0 K = – 273,15 °C	Kelvin (K) und Grad Celsius (°C) werden für Temperaturen und Temperaturdifferenzen verwendet.
Celsius-Temperatur	t, ϑ	Grad Celsius	°C	0 °C = 273,15 K 0 °C = 32 °F 0 °F = – 17,77 °C	$t = T - T_0$; T_0 = 273,15 K Umrechnung in °F: Seite 49
Wärmemenge	Q	Joule	J	1 J = 1 W · s = 1 N · m 1 kW · h = 3 600 000 J = 3,6 MJ	1 kcal ≙ 4,1868 kJ
Spezifischer Heizwert	H_u	Joule pro Kilogramm Joule pro Meter hoch drei	J/kg J/m³	1 MJ/kg = 1 000 000 J/kg 1 MJ/m³ = 1 000 000 J/m³	Freiwerdende Wärmeenergie je kg (bzw. je m³) Brennstoff abzüglich der Verdampfungswärme des in den Abgasen enthaltenen Wasserdampfes.

Einheiten außerhalb des Internationalen Einheitensystems SI

Länge	Fläche	Volumen	Masse	Energie, Leistung
1 inch (in) = 25,4 mm	1 sq.in = 6,452 cm²	1 cu.in = 16,39 cm³	1 oz = 28,35 g	1 PSh = 0,735 kWh
1 foot (ft) = 0,3048 m	1 sq.ft = 9,29 dm²	1 cu.ft = 28,32 dm³	1 lb = 453,6 g	1 PS = 0,7355 kW
1 yard (yd) = 0,9144 m	1 sq.yd = 0,8361 m²	1 cu.yd = 764,6 dm³	1 t = 1000 kg	1 kcal = 4186,8 Ws
1 Seemeile = 1,852 km	1 acre = 4046,856 m²	1 gallon (US) = 3,785 l	1 short ton = 907,2 kg	1 kcal = 1,166 Wh
1 Landmeile = 1,6093 km		1 gallon (UK) = 4,546 l	1 Karat = 0,2 g	1 kpm/s = 9,807 W
		1 barrel = 158,8 l	1 pound/in³ = 27,68 g/cm³	1 Btu = 1055 Ws
				1 hp = 745,7 W

Druck, Spannung
1 bar = 14,5 pound/in²
1 N/mm² = 145,038 pound/in²

Formelzeichen, mathematische Zeichen

Formelzeichen

vgl. DIN 1304-1 (1994-03)

Formelzeichen	Bedeutung	Formelzeichen	Bedeutung	Formelzeichen	Bedeutung
Länge, Fläche, Volumen, Winkel					
l	Länge	r, R	Radius	α, β, γ	ebener Winkel
b	Breite	d, D	Durchmesser	Ω	Raumwinkel
h	Höhe	A, S	Fläche, Querschnittsfläche	λ	Wellenlänge
s	Weglänge	V	Volumen		
Mechanik					
m	Masse	F	Kraft	G	Schubmodul
m'	längenbezogene Masse	F_G, G	Gewichtskraft	μ, f	Reibungszahl
m''	flächenbezogene Masse	M	Drehmoment	W	Widerstandsmonent
ϱ	Dichte	M_T, T	Torsionsmoment	I	Flächenmoment 2. Grades
J	Trägheitsmoment	M_b	Biegemoment	W, E	Arbeit, Energie
p	Druck	σ	Normalspannung	W_p, E_p	potenzielle Energie
p_{abs}	absoluter Druck	τ	Schubspannung	W_k, E_k	kinetische Energie
p_{amb}	Atmosphärendruck	ε	Dehnung	P	Leistung
p_e	Überdruck	E	Elastizitätsmodul	η	Wirkungsgrad
Zeit					
t	Zeit, Dauer	f, ν	Frequenz	a	Beschleunigung
T	Periodendauer	v, u	Geschwindigkeit	g	örtliche Fallbeschleunigung
n	Umdrehungsfrequenz, Drehzahl	ω	Winkelgeschwindigkeit	α	Winkelbeschleunigung
				$Q, \dot{V}, q_v$	Volumenstrom
Elektrizität					
Q	Ladung, Elektrizitätsmenge	L	Induktivität	X	Blindwiderstand
U	Spannung	R	Widerstand	Z	Scheinwiderstand
C	Kapazität	ϱ	spezifischer Widerstand	φ	Phasenverschiebungswinkel
I	Stromstärke	$\gamma, \varkappa$	elektrische Leitfähigkeit	N	Windungszahl
Wärme					
T, Θ	thermodynamische Temperatur	Q	Wärme, Wärmemenge	$\Phi, \dot{Q}$	Wärmestrom
$\Delta T, \Delta t, \Delta\vartheta$	Temperaturdifferenz	λ	Wärmeleitfähigkeit	a	Temperaturleitfähigkeit
t, ϑ	Celsius-Temperatur	α	Wärmeübergangskoeffizient	c	spezifische Wärmekapazität
α_l, α	Längenausdehnungskoeffizient	k	Wärmedurchgangskoeffizient	H_u	spezifischer Heizwert
Licht, elektromagnetische Strahlung					
E_v	Beleuchtungsstärke	f	Brennweite	I_e	Strahlstärke
		n	Brechzahl	Q_e, W	Strahlungsenergie
Akustik					
p	Schalldruck	L_p	Schalldruckpegel	N	Lautheit
c	Schallgeschwindigkeit	I	Schallintensität	L_N	Lautstärkepegel

Mathematische Zeichen

vgl. DIN 1302 (1999-12)

Math. Zeichen	Sprechweise	Math. Zeichen	Sprechweise	Math. Zeichen	Sprechweise
$\approx$	ungefähr gleich, rund, etwa	$\sim$	proportional	log	Logarithmus (allgemein)
$\triangleq$	entspricht	a^x	a hoch x, x-te Potenz von a	lg	dekadischer Logarithmus
…	und so weiter	$\sqrt{\ }$	Quadratwurzel aus	ln	natürlicher Logarithmus
∞	unendlich	$\sqrt[n]{\ }$	n-te Wurzel aus	e	Eulersche Zahl (e = 2,718281…)
$=$	gleich	$\lvert x \rvert$	Betrag von x	sin	Sinus
$\neq$	ungleich	$\perp$	senkrecht zu	cos	Kosinus
$\stackrel{def}{=}$	ist definitionsgemäß gleich	$\parallel$	ist parallel zu	tan	Tangens
$<$	kleiner als	$\uparrow\uparrow$	gleichsinnig parallel	cot	Kotangens
$\leq$	kleiner oder gleich	$\uparrow\downarrow$	gegensinnig parallel	(), [], {}	runde, eckige, geschweifte Klammer auf und zu
$>$	größer als	$\sphericalangle$	Winkel		
$\geq$	größer oder gleich	$\triangle$	Dreieck	π	pi (Kreiszahl = 3,14159 …)
$+$	plus	$\cong$	kongruent zu		
$-$	minus	Δx	Delta x (Differenz zweier Werte)	$\overline{AB}$	Strecke AB
$\cdot$	mal, multipliziert mit			$\overset{\frown}{AB}$	Bogen AB
–, /, :	durch, geteilt durch, zu, pro	%	Prozent, vom Hundert	a', a''	a Strich, a zwei Strich
Σ	Summe	‰	Promille, vom Tausend	a_1, a_2	a eins, a zwei

M

Formeln, Gleichungen, Diagramme

Formeln

Die Berechnung physikalischer Größen erfolgt meist über Formeln. Sie bestehen aus:

- Formelzeichen, z. B. v_c für die Schnittgeschwindigkeit, d für den Durchmesser, n für die Drehzahl
- Operatoren (Rechenvorschriften), z. B. · für Multiplikation, + für Addition, – für Subtraktion, — (Bruchstrich) für Division
- Konstanten, z. B. π (pi) = 3,14159 …
- Zahlen, z. B. 10, 15 …

Die Formelzeichen (Seite 13) sind Platzhalter für Größen. Bei der Lösung von Aufgaben werden die bekannten Größen mit ihren Einheiten in die Formel eingesetzt. Vor oder während der Berechnung werden die Einheiten so umgeformt, dass

- der Rechengang möglich wird oder
- das Ergebnis die geforderte Einheit erhält.

Die meisten Größen und ihre Einheiten sind genormt (Seite 10).

Das **Ergebnis** ist immer ein **Zahlenwert** mit einer **Einheit,** z. B. 4,5 m, 15 s

Formel für die Schnittgeschwindigkeit

$$v_c = \pi \cdot d \cdot n$$

Beispiel:

Wie groß ist die Schnittgeschwindigkeit v_c in m/min für d = 200 mm und n = 630/min?

$$v_c = \pi \cdot d \cdot n = \pi \cdot 200\ \text{mm} \cdot 630\ \frac{1}{\text{min}} = \pi \cdot 200\ \text{mm} \cdot \frac{1\ \text{m}}{1000\ \text{mm}} \cdot 630\ \frac{1}{\text{min}} = \mathbf{395{,}84\ \frac{m}{min}}$$

Zahlenwertgleichungen

Zahlenwertgleichungen sind Formeln, in welche die üblichen Umrechnungen von Einheiten bereits eingearbeitet sind. Bei ihrer Anwendung ist zu beachten:

Die Zahlenwerte der einzelnen Größen dürfen nur in der vorgeschriebenen Einheit verwendet werden.

- Die Einheiten werden bei der Berechnung nicht mitgeführt.
- Die Einheit der gesuchten Größe ist vorgegeben.

Zahlenwertgleichung für das Drehmoment

$$M = \frac{9550 \cdot P}{n}$$

vorgeschriebene Einheiten		
	Bezeichnung	Einheit
M	Drehmoment	N · m
P	Leistung	kW
n	Drehzahl	1/min

Beispiel:

Wie groß ist das Drehmoment M eines Elektromotors mit der Antriebsleistung P = 15 kW und der Drehzahl n = 750/min?

$$M = \frac{9550 \cdot P}{n} = \frac{9550 \cdot 15}{750}\ \text{N} \cdot \text{m} = \mathbf{191\ N \cdot m}$$

Gleichungen und Diagramme

Bei Funktionsgleichungen ist y die Funktion von x, mit x als unabhängige und y als abhängige Variable. Die Zahlenpaare (x, y) einer Wertetabelle bilden ein Diagramm im x-y-Koordinatensystem.

Zuordnungsfunktion

$$y = f(x)$$

Lineare Funktion

$$y = m \cdot x + b$$

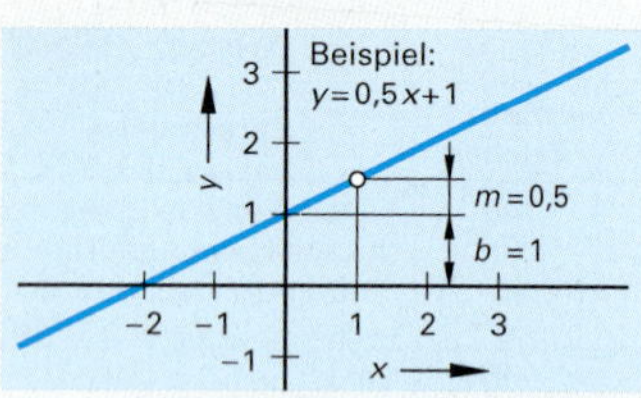

1. Beispiel:

$y = 0{,}5\,x + 1$

x	–2	0	2	3
y	0	1	2	2,5

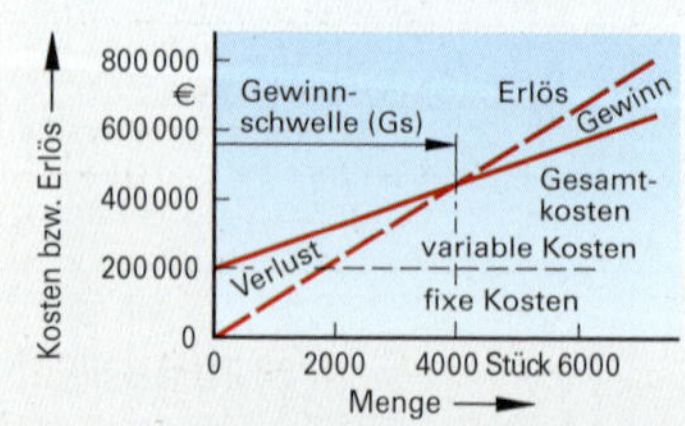

2. Beispiel:

Kostenfunktion und Erlösfunktion

K_G = 60 €/Stck · M + 200 000 €

E = 110 €/Stck · M

M	0	4 000	6 000
K_G	200 000	440 000	560 000
E	0	440 000	660 000

K_G Gesamtkosten → abhängige Variable
M Menge → unabhängige Variable
K_f Fixe Kosten → y-Koordinatenabschnitt
K_v Variable Kosten → Steigung der Funktion
E Erlös → abhängige Variable

Beispiele:

Kostenfunktion

$$K_G = K_V \cdot M + K_f$$

Erlösfunktion

$$E = E/\text{Stück} \cdot M$$

M

Umstellen von Formeln

Umstellen von Formeln

Formeln und Zahlenwertgleichungen werden umgestellt, damit die gesuchte Größe allein auf der linken Seite der Gleichung steht. Dabei darf sich der Wert der linken und der rechten Formelseite nicht ändern. Für alle Schritte einer Formelumstellung gilt:

Veränderungen auf der linken Formelseite	=	Veränderungen auf der rechten Formelseite

Formel

$$P = \frac{F \cdot s}{t}$$

linke Formelseite = rechte Formelseite

Zur Rekonstruktion der einzelnen Schritte ist es sinnvoll, jeden Schritt rechts neben der Formel zu kennzeichnen:

$| \cdot t$ → beide Formelseiten werden mit t multipliziert.

$| : F$ → beide Formelseiten werden durch F dividiert.

Umstellung von Summen

Beispiel: Formel $L = l_1 + l_2$, Umstellung nach l_2

1 $L = l_1 + l_2$	$\mid - l_1$	l_1 subtrahieren	3 $L - l_1 = l_2$ — Seiten vertauschen
2 $L - l_1 = l_1 + l_2 - l_1$		subtrahieren durchführen	4 $l_2 = L - l_1$ — umgestellte Formel

Umstellung von Produkten

Beispiel: Formel $A = l \cdot b$, Umstellung nach l

1 $A = l \cdot b$	$\mid : b$	dividieren durch b	3 $\frac{A}{b} = l$ — Seiten vertauschen
2 $\frac{A}{b} = \frac{l \cdot b}{b}$		kürzen mit b	4 $l = \frac{A}{b}$ — umgestellte Formel

Umstellung von Brüchen

Beispiel: Formel $n = \frac{l}{l_1 + s}$, Umstellung nach s

1 $n = \frac{l}{l_1 + s}$	$\mid \cdot (l_1 + s)$	mit $(l_1 + s)$ multiplizieren	4 $n \cdot l_1 - n \cdot l_1 + n \cdot s = l - n \cdot l_1$	$\mid : n$	subtrahieren dividieren durch n
2 $n \cdot (l_1 + s) = \frac{l \cdot (l_1 + s)}{(l_1 + s)}$		rechte Formelseite kürzen Klammer auflösen	5 $\frac{s \cdot n}{n} = \frac{l - n \cdot l_1}{n}$		kürzen mit n
3 $n \cdot l_1 + n \cdot s = l$	$\mid - n \cdot l_1$	$- n \cdot l_1$ subtrahieren	6 $s = \frac{l - n \cdot l_1}{n}$		umgestellte Formel

Umstellung von Wurzeln

Beispiel: Formel $c = \sqrt{a^2 + b^2}$, Umstellung nach a

1 $c = \sqrt{a^2 + b^2}$	$\mid ()^2$	Formel quadrieren	4 $a^2 = c^2 - b^2$	$\mid \sqrt{\ }$	radizieren
2 $c^2 = a^2 + b^2$	$\mid - b^2$	b^2 subtrahieren	5 $\sqrt{a^2} = \sqrt{c^2 - b^2}$		Ausdruck vereinfachen
3 $c^2 - b^2 = a^2 + b^2 - b^2$		subtrahieren, Seite tauschen	6 $a = \sqrt{c^2 - b^2}$		umgestellte Formel

M

Größen und Einheiten

Zahlenwerte und Einheiten

Physikalische Größe
10 mm
Zahlenwert — Einheit

Physikalische Größen, z. B. 125 mm, bestehen aus einem

- **Zahlenwert,** der durch Messung oder Berechnung ermittelt wird, und aus einer
- **Einheit,** z. B. m, kg

Die Einheiten sind nach DIN 1301-1 genormt (Seite 10).

Sehr große oder sehr kleine Zahlenwerte lassen sich durch Vorsatzzeichen als dezimale Vielfache oder Teile vereinfacht darstellen, z. B. 0,004 mm = 4 µm.

Dezimale Vielfache oder Teile von Einheiten

vgl. DIN 1301-2 (1978-02)

Vorsatz- Zeichen	Vorsatz- Name	Zehnerpotenz	Mathematische Bezeichnung	Beispiele
T	Tera	10^{12}	Billion	12 000 000 000 000 N = 12 · 10^{12} N = 12 TN (Tera-Newton)
G	Giga	10^{9}	Milliarde	45 000 000 000 W = 45 · 10^{9} W = 45 GW (Giga-Watt)
M	Mega	10^{6}	Million	8 500 000 V = 8,5 · 10^{6} V = 8,5 MV (Mega-Volt)
k	Kilo	10^{3}	Tausend	12 600 W = 12,6 · 10^{3} W = 12,6 kW (Kilo-Watt)
h	Hekto	10^{2}	Hundert	500 l = 5 · 10^{2} l = 5 hl (Hekto-Liter)
da	Deka	10^{1}	Zehn	32 m = 3,2 · 10^{1} m = 3,2 dam (Deka-Meter)
–	–	10^{0}	Eins	1,5 m = 1,5 · 10^{0} m
d	Dezi	10^{-1}	Zehntel	0,5 l = 5 · 10^{-1} l = 5 dl (Dezi-Liter)
c	Zenti	10^{-2}	Hundertstel	0,25 m = 25 · 10^{-2} m = 25 cm (Zenti-Meter)
m	Milli	10^{-3}	Tausendstel	0,375 A = 375 · 10^{-3} A = 375 mA (Milli-Ampere)
µ	Mikro	10^{-6}	Millionstel	0,000 052 m = 52 · 10^{-6} m = 52 µm (Mikro-Meter)
n	Nano	10^{-9}	Milliardstel	0,000 000 075 m = 75 · 10^{-9} m = 75 nm (Nano-Meter)
p	Piko	10^{-12}	Billionstel	0,000 000 000 006 F = 6 · 10^{-12} F = 6 pF (Pico-Farad)

Umrechnung von Einheiten

Berechnungen mit physikalischen Größen sind nur dann möglich, wenn sich ihre Einheiten jeweils auf eine Basis beziehen. Bei der Lösung von Aufgaben müssen Einheiten häufig auf Basiseinheiten umgerechnet werden, z. B. mm in m, h in s, mm^2 in m^2. Dies geschieht durch Umrechnungsfaktoren, die den Wert 1 (kohärente Einheiten) darstellen.

Umrechnungsfaktoren für Einheiten (Auszug)

Größe	Umrechnungsfaktoren, z. B.	Größe	Umrechnungsfaktoren, z. B.
Längen	$1 = \frac{10\ \text{mm}}{1\ \text{cm}} = \frac{1000\ \text{mm}}{1\ \text{m}} = \frac{1\ \text{m}}{1000\ \text{mm}} = \frac{1\ \text{km}}{1000\ \text{m}}$	Zeit	$1 = \frac{60\ \text{min}}{1\ \text{h}} = \frac{3600\ \text{s}}{1\ \text{h}} = \frac{60\ \text{s}}{1\ \text{min}} = \frac{1\ \text{min}}{60\ \text{s}}$
Flächen	$1 = \frac{100\ \text{mm}^2}{1\ \text{cm}^2} = \frac{100\ \text{cm}^2}{1\ \text{dm}^2} = \frac{1\ \text{cm}^2}{100\ \text{mm}^2} = \frac{1\ \text{dm}^2}{100\ \text{cm}^2}$	Winkel	$1 = \frac{60'}{1°} = \frac{60''}{1'} = \frac{3600''}{1°} = \frac{1°}{60\ \text{s}}$
Volumen	$1 = \frac{1000\ \text{mm}^3}{1\ \text{cm}^3} = \frac{1000\ \text{cm}^3}{1\ \text{dm}^3} = \frac{1\ \text{cm}^3}{1000\ \text{mm}^3} = \frac{1\ \text{dm}^3}{1000\ \text{cm}^3}$	Zoll	1 inch = 25,4 mm; 1 mm = $\frac{1}{25{,}4}$ inch

1. Beispiel:

Das Volumen $V = 3416\ \text{mm}^3$ ist in cm^3 umzurechnen.

Das Volumen V wird mit dem Umrechnungsfaktor multipliziert, der im Zähler die Einheit cm^3 und im Nenner die Einheit mm^3 aufweist.

$$\boldsymbol{V} = 3416\ \text{mm}^3 = \frac{1\ \text{cm}^3 \cdot 3416\ \text{mm}^3}{1000\ \text{mm}^3} = \frac{3416\ \text{cm}^3}{1000} = \mathbf{3{,}416\ cm^3}$$

2. Beispiel:

Die Winkelangabe $\alpha = 42°\,16'$ ist in Grad (°) auszudrücken.

Der Teilwinkel 16′ muss in Grad (°) umgewandelt werden. Er wird mit dem Umrechnungsfaktor multipliziert, der im Zähler die Einheit Grad (°) und im Nenner die Einheit Minute (′) hat.

$$\alpha = 42° + 16' \cdot \frac{1°}{60'} = 42° + \frac{16 \cdot 1°}{60} = 42° + 0{,}267° = \mathbf{42{,}267°}$$

Rechnen mit Größen, Prozentrechnung, Zinsrechnung

Rechnen mit Größen

Physikalische Größen werden mathematisch behandelt wie Produkte.

- **Addition und Subtraktion**

  Bei gleichen Einheiten werden die Zahlenwerte addiert und die Einheit im Ergebnis übernommen.

Beispiel:

$L = l_1 + l_2 - l_3$ mit $l_1 = 124$ mm, $l_2 = 18$ mm, $l_3 = 44$ mm; $L = ?$

$\boldsymbol{L} = 124\text{ mm} + 18\text{ mm} - 44\text{ mm} = (124 + 18 - 44)\text{ mm} = \mathbf{98\ mm}$

- **Multiplikation und Division**

  Die Zahlenwerte und die Einheiten entsprechen den Faktoren von Produkten.

Beispiel:

$F_1 \cdot l_1 = F_2 \cdot l_2$ mit $F_1 = 180$ N, $l_1 = 75$ mm, $l_2 = 105$ mm; $F_2 = ?$

$$\boldsymbol{F_2} = \frac{F_1 \cdot l_1}{l_2} = \frac{180\text{ N} \cdot 75\text{ mm}}{105\text{ mm}} = 128{,}57\,\frac{\text{N} \cdot \text{mm}}{\text{mm}} = \mathbf{128{,}57\ N}$$

- **Multiplizieren und Dividieren von Potenzen**

  Potenzen mit gleicher Basis werden multipliziert bzw. dividiert, indem die Exponenten addiert bzw. subtrahiert werden.

Beispiel:

$W = \frac{A \cdot a^2}{e}$ mit $A = 15\text{ cm}^2$, $a = 7{,}5$ cm, $e = 2{,}4$ cm; $W = ?$

$$\boldsymbol{W} = \frac{15\text{ cm}^2 \cdot (7{,}5\text{ cm})^2}{2{,}4\text{ cm}} = \frac{15 \cdot 56{,}25\text{ cm}^{2+2}}{2{,}4\text{ cm}^1} = 351{,}56\text{ cm}^{4-1} = \mathbf{351{,}56\ cm^3}$$

Regeln beim Potenzieren

a	Basis
m, n ...	Exponenten

Multiplikation von Potenzen

$$a^2 \cdot a^3 = a^{2+3}$$

$$a^m \cdot a^n = a^{m+n}$$

Division von Potenzen

$$\frac{a^2}{a^3} = a^{2-3}$$

$$\frac{a^m}{a^n} = a^{m-n}$$

Sonderformen

$$a^{-2} = \frac{1}{a^2}$$

$$a^{-m} = \frac{1}{a^m}$$

$$a^1 = a \qquad a^0 = 1$$

Prozentrechnung

Der **Prozentsatz** gibt den Teil des Grundwertes in Hundertstel an.
Der **Grundwert** ist der Wert, von dem die Prozente zu rechnen sind.
Der **Prozentwert** ist der Betrag, den die Prozente des Grundwertes ergeben.

P_s Prozentsatz, Prozent $\quad P_w$ Prozentwert $\quad G_w$ Grundwert

Beispiel:

Werkstückrohteilgewicht 250 kg (Grundwert); Abbrand 2 % (Prozentsatz)
Abbrand in kg = ? (Prozentwert)

$$\boldsymbol{P_w} = \frac{G_w \cdot P_s}{100\,\%} = \frac{250\text{ kg} \cdot 2\,\%}{100\,\%} = \mathbf{5\ kg}$$

Prozentwert

$$P_w = \frac{G_w \cdot P_s}{100\,\%}$$

Zinsrechnung

K_0	Anfangskapital	Z	Zinsen	t	Laufzeit in Tagen,
K_t	Endkapital	p	Zinssatz pro Jahr		Verzinsungszeit

1. Beispiel:

$K_0 = 2800{,}00$ €; $p = 6\,\frac{\%}{a}$; $t = ½$ a; $Z = ?$

$$\boldsymbol{Z} = \frac{2800{,}00\text{ €} \cdot 6\,\frac{\%}{a} \cdot 0{,}5\text{ a}}{100\,\%} = \mathbf{84{,}00\ €}$$

2. Beispiel:

$K_0 = 4800{,}00$ €; $p = 5{,}1\,\frac{\%}{a}$; $t = 50$ d; $Z = ?$

$$\boldsymbol{Z} = \frac{4800{,}00\text{ €} \cdot 5{,}1\,\frac{\%}{a} \cdot 50\text{ d}}{100\,\% \cdot 360\,\frac{d}{a}} = \mathbf{34{,}00\ €}$$

Zins

$$Z = \frac{K_0 \cdot p \cdot t}{100\,\% \cdot 360}$$

1 Zinsjahr (1 a) = 360 Tage (360 d)
360 d = 12 Monate
1 Zinsmonat = 30 Tage

M

Winkelarten, Strahlensatz, Winkel im Dreieck, Satz des Pythagoras

M

Winkelarten

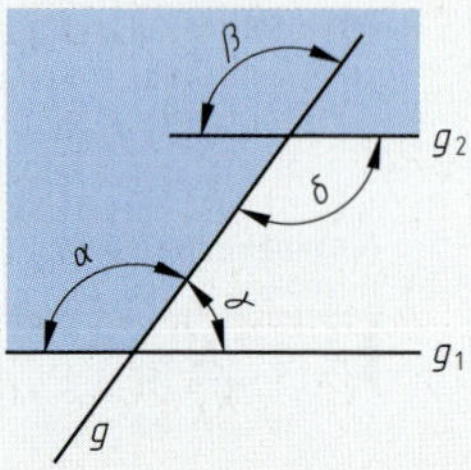

g	Gerade
g_1, g_2	parallele Geraden
α, β	Stufenwinkel
β, δ	Scheitelwinkel
α, δ	Wechselwinkel
α, γ	Nebenwinkel

Werden zwei Parallelen durch eine Gerade geschnitten, so bestehen unter den dabei gebildeten Winkeln geometrische Beziehungen.

Stufenwinkel

$$\alpha = \beta$$

Scheitelwinkel

$$\beta = \delta$$

Wechselwinkel

$$\alpha = \delta$$

Nebenwinkel

$$\alpha + \gamma = 180°$$

Strahlensatz

τ_{ta} Torsionsspannung außen
τ_{ti} Torsionsspannung innen

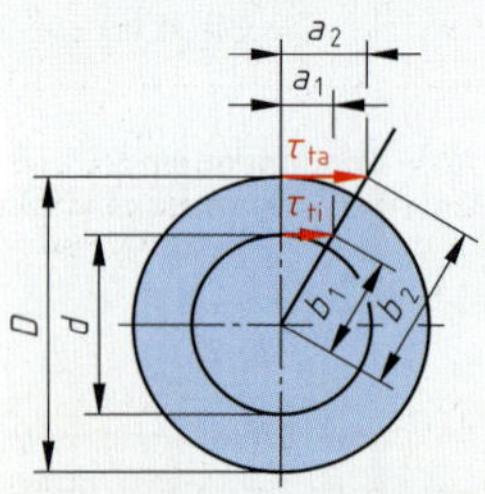

Werden zwei Geraden durch zwei Parallelen geschnitten, so bilden die zugehörigen Strahlenabschnitte gleiche Verhältnisse.

Beispiel:

D = 40 mm, d = 30 mm,
τ_{ta} = 135 N/mm²; τ_{ti} = ?

$$\frac{\tau_{ti}}{\tau_{ta}} = \frac{d}{D} \Rightarrow \tau_{ti} = \frac{\tau_{ta} \cdot d}{D}$$

$$= \frac{135\ \text{N/mm}^2 \cdot 30\ \text{mm}}{40\ \text{mm}} = \mathbf{101{,}25\ N/mm^2}$$

Strahlensatz

$$\frac{a_1}{a_2} = \frac{b_1}{b_2} = \frac{\frac{d}{2}}{\frac{D}{2}}$$

$$\frac{a_1}{b_1} = \frac{a_2}{b_2}$$

$$\frac{b_1}{d} = \frac{b_2}{D}$$

Winkelsumme im Dreieck

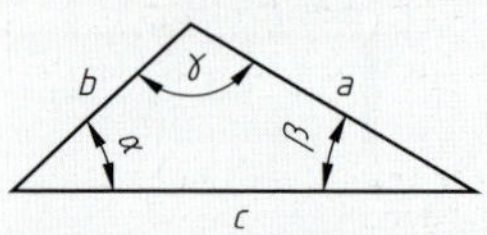

a, b, c	Dreieckseiten
α, β, γ	Winkel im Dreieck

Beispiel:

$\alpha = 21°, \beta = 95°, \gamma = ?$
$\gamma = 180° - \alpha - \beta = 180° - 21° - 95° = \mathbf{64°}$

Winkelsumme im Dreieck

$$\alpha + \beta + \gamma = 180°$$

In jedem Dreieck ist die Winkelsumme 180°.

Lehrsatz des Pythagoras

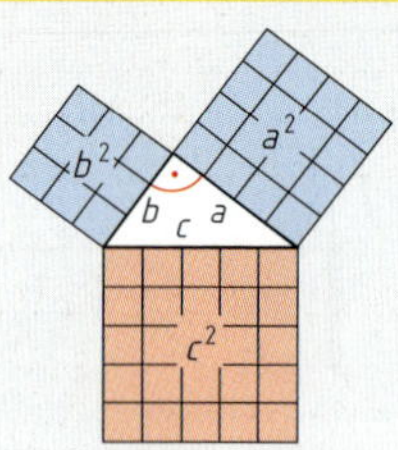

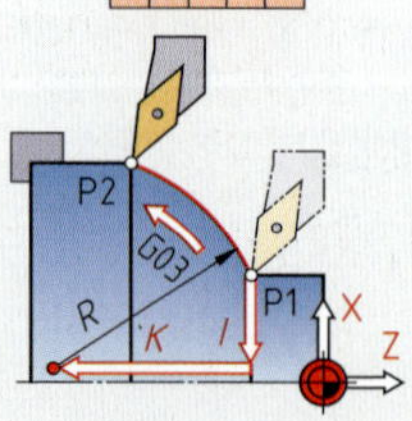

Im **rechtwinkligen Dreieck** ist das Hypotenusenquadrat flächengleich der Summe der beiden Kathetenquadrate.

a	Kathete
b	Kathete
c	Hypotenuse

1. Beispiel:

c = 35 mm; a = 21 mm; b = ?
$\mathbf{b} = \sqrt{c^2 - a^2} = \sqrt{(35\ \text{mm})^2 - (21\ \text{mm})^2} = \mathbf{28\ mm}$

2. Beispiel:

CNC-Programm mit R = 50 mm und I = 25 mm.
K = ?

$c^2 = a^2 + b^2$
$R^2 = I^2 + K^2$
$K = \sqrt{R^2 - I^2} = \sqrt{50^2\ \text{mm}^2 - 25^2\ \text{mm}^2}$
$\mathbf{K} = \mathbf{43{,}3\ mm}$

Quadrat über der Hypotenuse

$$c^2 = a^2 + b^2$$

Länge der Hypotenuse

$$c = \sqrt{a^2 + b^2}$$

Länge der Katheten

$$a = \sqrt{c^2 - b^2}$$

$$b = \sqrt{c^2 - a^2}$$

M

Funktionen im Dreieck

Funktionen im rechtwinkligen Dreieck (Winkelfunktionen)

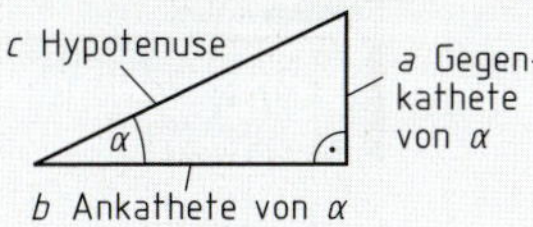

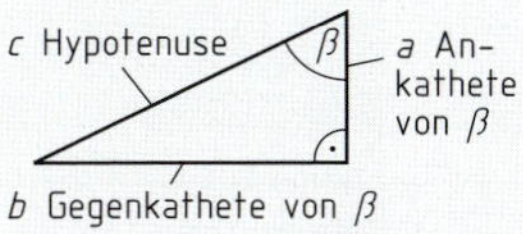

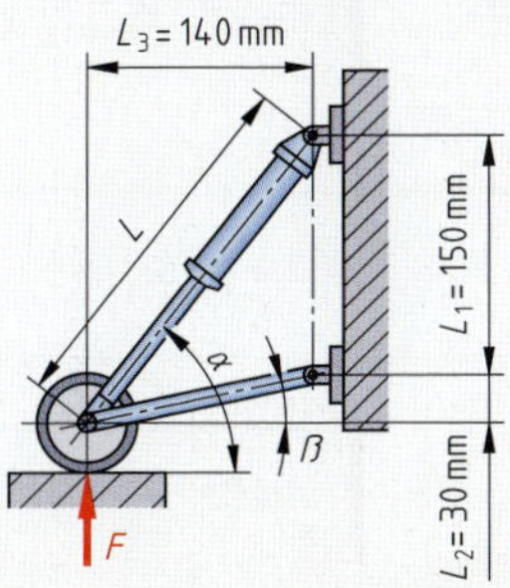

c	Hypotenuse (längste Seite)
a, b	Katheten Bezogen auf den Winkel α ist – b die Ankathete und – a die Gegenkathete
α, β, γ	Winkel im Dreieck, mit $\gamma = 90°$
sin	Schreibweise für Sinus
cos	Schreibweise für Kosinus
tan	Schreibweise für Tangens
$\sin\alpha$	Sinus des Winkels α

1. Beispiel

L_1 = 150 mm, L_2 = 30 mm, L_3 = 140 mm; Winkel α = ?

$$\tan\alpha = \frac{L_1 + L_2}{L_3} = \frac{180\text{ mm}}{140\text{ mm}} = 1{,}286$$

Winkel α = 52°

2. Beispiel

L_1 = 150 mm, L_2 = 30 mm, α = 52°; Länge des Stoßdämpfers L = ?

$$L = \frac{L_1 + L_2}{\sin\alpha} = \frac{180\text{ mm}}{\sin 52°} = \mathbf{228{,}42\text{ mm}}$$

Winkelfunktionen

Sinus	$= \dfrac{\text{Gegenkathete}}{\text{Hypotenuse}}$
Kosinus	$= \dfrac{\text{Ankathete}}{\text{Hypotenuse}}$
Tangens	$= \dfrac{\text{Gegenkathete}}{\text{Ankathete}}$
Kotangens	$= \dfrac{\text{Ankathete}}{\text{Gegenkathete}}$

Bezogen auf den Winkel α ist:

$\sin\alpha = \dfrac{a}{c}$	$\cos\alpha = \dfrac{b}{c}$	$\tan\alpha = \dfrac{a}{b}$

Bezogen auf den Winkel β ist:

$\sin\beta = \dfrac{b}{c}$	$\cos\beta = \dfrac{a}{c}$	$\tan\beta = \dfrac{b}{a}$

Die Berechnung eines Winkels in Grad (°) oder als Bogenmaß (rad) erfolgt mit der Arcus-Funktion, z. B. arcsin.

Funktionen im schiefwinkligen Dreieck (Sinussatz, Kosinussatz)

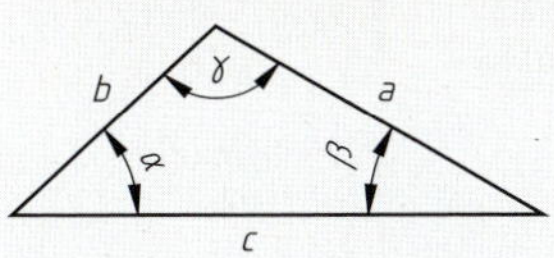

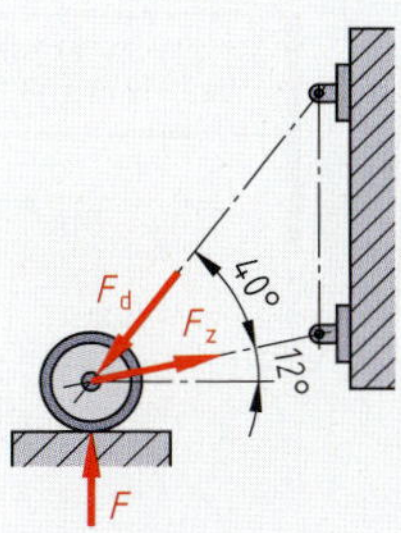

Kräfteplan

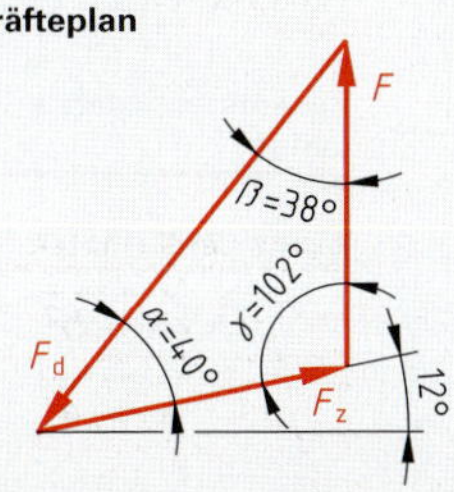

Im Sinussatz entsprechen die Seitenverhältnisse dem Sinus der entsprechenden Gegenwinkel im Dreieck. Aus einer Seite und zwei Winkeln lassen sich die anderen Werte berechnen.

Seite a → Gegenwinkel α
Seite b → Gegenwinkel β
Seite c → Gegenwinkel γ

Beispiel

F = 800 N, α = 40°, β = 38°; F_z = ?, F_d = ?

Die Berechnung erfolgt jeweils aus dem Kräfteplan.

$$\frac{F}{\sin\alpha} = \frac{F_z}{\sin\beta} \Rightarrow F_z = \frac{F \cdot \sin\beta}{\sin\alpha}$$

$$F_z = \frac{800\text{ N} \cdot \sin 38°}{\sin 40°} = \mathbf{766{,}24\text{ N}}$$

$$\frac{F}{\sin\alpha} = \frac{F_d}{\sin\varphi} \Rightarrow F_d = \frac{F \cdot \sin\varphi}{\sin\alpha}$$

$$F_d = \frac{800\text{ N} \cdot \sin 102°}{\sin 40°} = \mathbf{1217{,}38\text{ N}}$$

Die Berechnung eines Winkels in Grad (°) oder als Bogenmaß (rad) erfolgt mit der Arcus-Funktion, z. B. arccos.

Sinussatz

$$a : b : c = \sin\alpha : \sin\beta : \sin\gamma$$

$$\frac{a}{\sin\alpha} = \frac{b}{\sin\beta} = \frac{c}{\sin\gamma}$$

Vielfältige Umstellungen sind möglich:

$$a = \frac{b \cdot \sin\alpha}{\sin\beta} = \frac{c \cdot \sin\alpha}{\sin\gamma}$$

$$b = \frac{a \cdot \sin\beta}{\sin\alpha} = \frac{c \cdot \sin\beta}{\sin\gamma}$$

$$c = \frac{a \cdot \sin\gamma}{\sin\alpha} = \frac{b \cdot \sin\gamma}{\sin\beta}$$

Kosinussatz

$$a^2 = b^2 + c^2 - 2 \cdot b \cdot c \cdot \cos\alpha$$
$$b^2 = a^2 + c^2 - 2 \cdot a \cdot c \cdot \cos\beta$$
$$c^2 = a^2 + b^2 - 2 \cdot a \cdot b \cdot \cos\gamma$$

Umstellung, z. B.

$$\cos\alpha = \frac{b^2 + c^2 - a^2}{2 \cdot b \cdot c}$$

M

Teilung von Längen, Bogenlänge, zusammengesetzte Länge

Teilung von Längen

Randabstand = Teilung

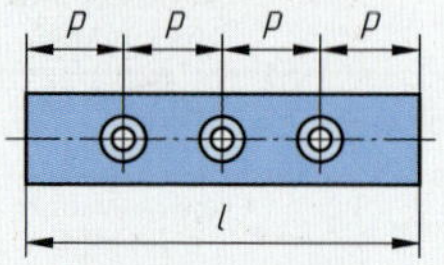

l Gesamtlänge
p Teilung
n Anzahl der Bohrungen

Beispiel:

$l = 2$ m; $n = 24$ Bohrungen; $p = ?$

$$\boldsymbol{p} = \frac{l}{n+1} = \frac{2000\text{ mm}}{24+1} = \mathbf{80\ mm}$$

Teilung

$$p = \frac{l}{n+1}$$

Randabstand ≠ Teilung

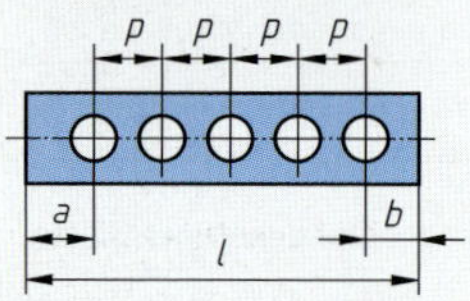

l Gesamtlänge
p Teilung
n Anzahl der Bohrungen
a, b Randabstände

Beispiel:

$l = 1950$ mm; $a = 100$ mm; $b = 50$ mm;
$n = 25$ Bohrungen; $p = ?$

$$\boldsymbol{p} = \frac{l-(a+b)}{n-1} = \frac{1950\text{ mm} - 150\text{ mm}}{25-1} = \mathbf{75\ mm}$$

Teilung

$$p = \frac{l-(a+b)}{n-1}$$

Trennung von Teilstücken

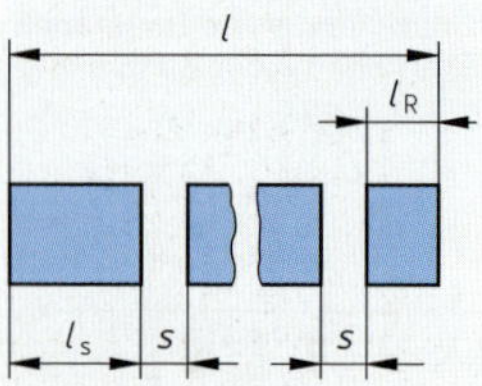

l Stablänge
z Anzahl der Teile
l_s Teillänge
s Sägeschnittbreite
l_R Restlänge

Beispiel:

$l = 6$ m; $l_s = 230$ mm; $s = 1{,}2$ mm; $z = ?$; $l_R = ?$

$$\boldsymbol{z} = \frac{l}{l_s + s} = \frac{6000\text{ mm}}{230\text{ mm} + 1{,}2\text{ mm}} = \mathbf{25{,}95 = 25\ Teile}$$

$$\boldsymbol{l_R} = l - z \cdot (l_s + s) = 6000\text{ mm} - 25 \cdot (230\text{ mm} + 1{,}2\text{ mm}) = \mathbf{220\ mm}$$

Anzahl der Teile

$$z = \frac{l}{l_s + s}$$

Restlänge

$$l_R = l - z \cdot (l_s + s)$$

Bogenlänge

Beispiel: Schenkelfeder

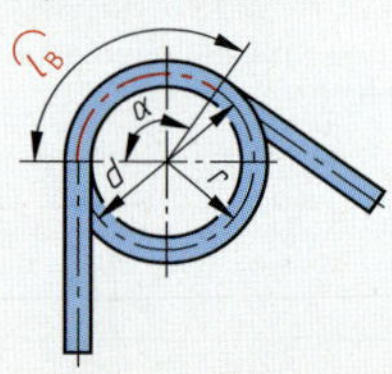

l_B Bogenlänge
r Radius
α Mittelpunktswinkel
d Durchmesser

Beispiel:

$r = 36$ mm; $\alpha = 120°$; $l_B = ?$

$$\boldsymbol{l_B} = \frac{\pi \cdot r \cdot \alpha}{180°} = \frac{\pi \cdot 36\text{ mm} \cdot 120°}{180°} = \mathbf{75{,}36\ mm}$$

Bogenlänge

$$l_B = \frac{\pi \cdot r \cdot \alpha}{180°}$$

$$l_B = \frac{\pi \cdot d \cdot \alpha}{360°}$$

Zusammengesetzte Länge

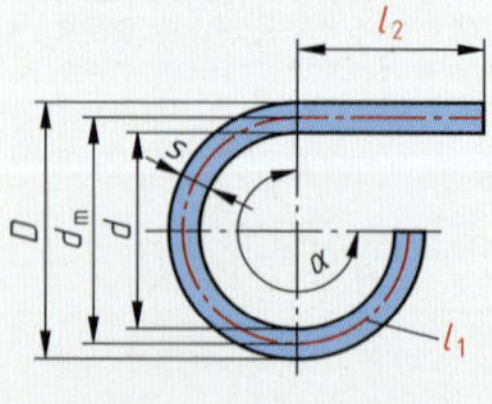

D Außendurchmesser
d_m mittlerer Durchmesser
l_1, l_2 Teillängen
α Mittelpunktswinkel
d Innendurchmesser
s Dicke
L zusammengesetzte Länge

Beispiel (Zusammengesetzte Länge, Bild links):

$D = 360$ mm; $s = 5$ mm; $\alpha = 270°$; $l_2 = 70$ mm;
$d_m = ?$; $L = ?$

$$\boldsymbol{d_m} = D - s = 360\text{ mm} - 5\text{ mm} = \mathbf{355\ mm}$$

$$\boldsymbol{L} = l_1 + l_2 = \frac{\pi \cdot d_m \cdot \alpha}{360°} + l_2$$

$$= \frac{\pi \cdot 355\text{ mm} \cdot 270°}{360°} + 70\text{ mm} = \mathbf{906{,}45\ mm}$$

Zusammengesetzte Länge

$$L = l_1 + l_2 + \ldots$$

M

Gestreckte Länge, Federdrahtlänge, Rohlänge

Gestreckte Längen

Kreisringausschnitt mit Angabe des Radius

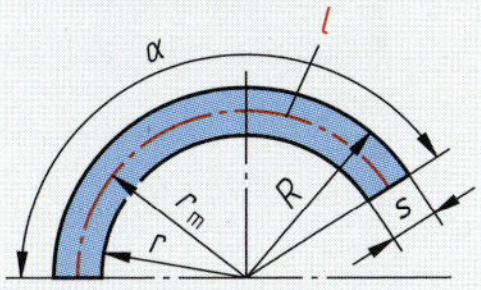

Kreisringausschnitt mit Angabe des Durchmessers

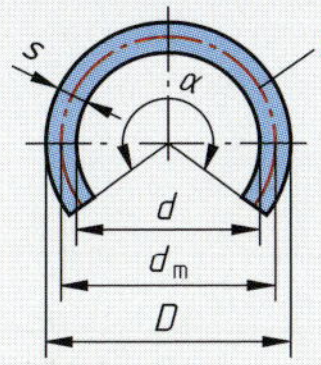

- R Außenradius
- r Innenradius
- r_m mittlerer Radius
- l gestreckte Länge
- s Dicke
- D Außendurchmesser
- d Innendurchmesser
- d_m mittlerer Durchmesser
- α Mittelpunktswinkel

Beispiel (Kreisringausschnitt):

$D = 36$ mm; $s = 4$ mm; $\alpha = 240°$; $d_m = ?$; $l = ?$

$d_m = D - s = 36\text{ mm} - 4\text{ mm} = 32\text{ mm}$

$$l = \frac{\pi \cdot d_m \cdot \alpha}{360°} = \frac{\pi \cdot 32\text{ mm} \cdot 240°}{360°} = \mathbf{67{,}02\ mm}$$

Gestreckte Länge für $\alpha < 180°$

$$l = \frac{\pi \cdot r_m \cdot \alpha}{180°}$$

Gestreckte Länge für $\alpha > 180°$

$$l = \frac{\pi \cdot d_m \cdot \alpha}{360°}$$

Mittlerer Radius r_M

$$r_m = R - \frac{s}{2}$$

$$r_m = r + \frac{s}{2}$$

Mittlerer Durchmesser

$$d_m = D - s$$

$$d_m = d + s$$

Federdrahtlänge

Beispiel: Druckfeder

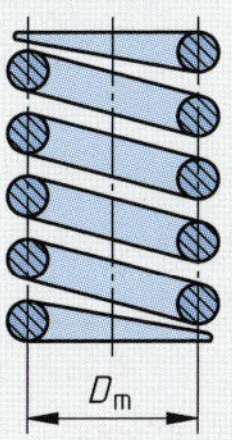

- l gestreckte Länge der Schraubenlinie
- D_m mittlerer Windungsdurchmesser
- i Anzahl der federnden Windungen

Beispiel:

$D_m = 16$ mm; $i = 8{,}5$; $l = ?$

$$l = \pi \cdot D_m \cdot i + 2 \cdot \pi \cdot D_m$$
$$= \pi \cdot 16\text{ mm} \cdot 8{,}5 + 2 \cdot \pi \cdot 16\text{ mm} = \mathbf{528\ mm}$$

Gestreckte Länge der Schraubenlinie

$$l = \pi \cdot D_m \cdot i + 2 \cdot \pi \cdot D_m$$

$$l = \pi \cdot D_m \cdot (i + 2)$$

Rohlänge von Schmiedeteilen und Pressstücken

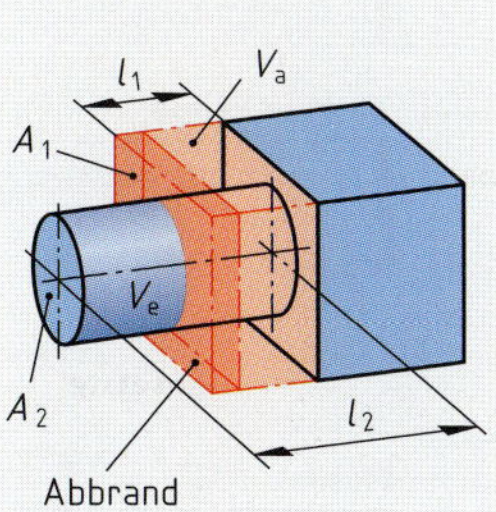

Beim Umformen ohne Abbrand ist das Volumen des Rohteiles gleich dem Volumen des Fertigteiles. Tritt Abbrand oder Gratbildung auf, wird dies durch einen Zuschlag zum Volumen des Fertigteiles berücksichtigt.

- V_a Volumen des Rohteiles
- V_e Volumen des Fertigteiles
- q Zuschlagsfaktor für Abbrand oder Gratverluste
- A_1 Querschnittsfläche des Rohteiles
- A_2 Querschnittsfläche des Fertigteiles
- l_1 Ausgangslänge der Zugabe
- l_2 Länge des angeschmiedeten Teiles

Beispiel:

An einem Flachstahl 50 x 30 mm wird ein zylindrischer Zapfen mit $d = 24$ mm und $l_2 = 60$ mm abgesetzt. Der Verlust durch Abbrand beträgt 10%. Wie groß ist die Ausgangslänge l_1 der Schmiedezugabe?

$$V_a = V_e \cdot (1 + q)$$

$$A_1 \cdot l_1 = A_2 \cdot l_2 \cdot (1 + q)$$

$$l_1 = \frac{A_2 \cdot l_2 \cdot (1 + q)}{A_1}$$

$$= \frac{\pi \cdot (24\text{ mm})^2 \cdot 60\text{ mm} \cdot (1 + 0{,}1)}{4 \cdot 50\text{ mm} \cdot 30\text{ mm}} = \mathbf{20\ mm}$$

Volumen ohne Abbrand

$$V_a = V_e$$

Volumen mit Abbrand

$$V_a = V_e + q \cdot V_e$$

$$V_a = V_e \cdot (1 + q)$$

$$A_1 \cdot l_1 = A_2 \cdot l_2 \cdot (1 + q)$$

Eckige Flächen

Quadrat

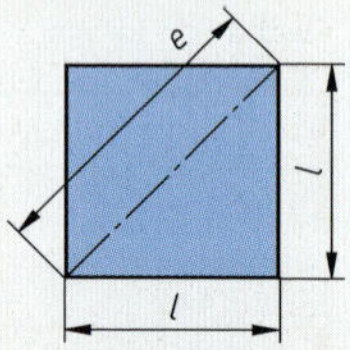

A Fläche
l Seitenlänge
e Eckenmaß

Beispiel:

$l = 14$ mm; $A = ?$; $e = ?$

$\boldsymbol{A} = l^2 = (14 \text{ mm})^2 = \mathbf{196\ mm^2}$

$\boldsymbol{e} = \sqrt{2} \cdot l = \sqrt{2} \cdot 14 \text{ mm} = \mathbf{19{,}8\ mm}$

Fläche

$$A = l^2$$

Eckenmaß

$$e = \sqrt{2} \cdot l$$

Rhombus (Raute)

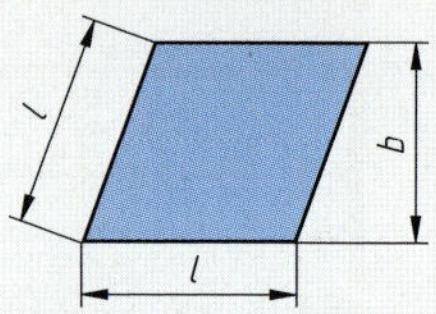

A Fläche
l Seitenlänge
b Breite

Beispiel:

$l = 9$ mm; $b = 8{,}5$ mm; $A = ?$

$\boldsymbol{A} = l \cdot b = 9 \text{ mm} \cdot 8{,}5 \text{ mm} = \mathbf{76{,}5\ mm^2}$

Fläche

$$A = l \cdot b$$

Rechteck

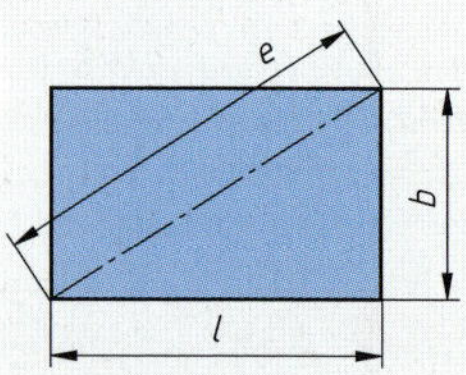

A Fläche
l Länge
b Breite
e Eckenmaß

Beispiel:

$l = 12$ mm; $b = 11$ mm; $A = ?$; $e = ?$

$\boldsymbol{A} = l \cdot b = 12 \text{ mm} \cdot 11 \text{ mm} = \mathbf{132\ mm^2}$

$\boldsymbol{e} = \sqrt{l^2 + b^2} = \sqrt{(12 \text{ mm})^2 + (11 \text{ mm})^2} = \sqrt{265 \text{ mm}^2}$
$= \mathbf{16{,}28\ mm}$

Fläche

$$A = l \cdot b$$

Eckenmaß

$$e = \sqrt{l^2 + b^2}$$

Rhomboid (Parallelogramm)

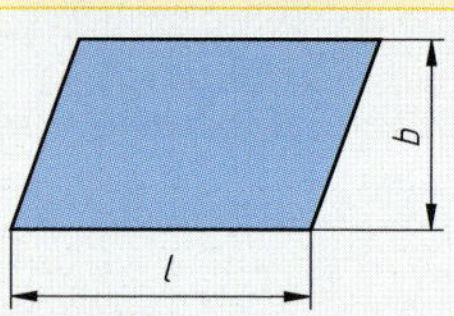

A Fläche
l Länge
b Breite

Beispiel:

$l = 36$ mm; $b = 15$ mm; $A = ?$

$\boldsymbol{A} = l \cdot b = 36 \text{ mm} \cdot 15 \text{ mm} = \mathbf{540\ mm^2}$

Fläche

$$A = l \cdot b$$

Trapez

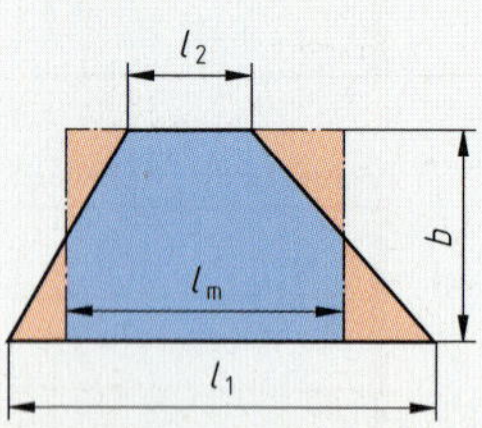

A Fläche
l_1 große Länge
l_2 kleine Länge
l_m mittlere Länge
b Breite

Beispiel:

$l_1 = 23$ mm; $l_2 = 20$ mm; $b = 17$ mm; $A = ?$

$\boldsymbol{A} = \frac{l_1 + l_2}{2} \cdot b = \frac{23 \text{ mm} + 20 \text{ mm}}{2} \cdot 17 \text{ mm}$
$= \mathbf{365{,}5\ mm^2}$

Fläche

$$A = l_m \cdot b$$

Mittlere Länge

$$l_m = \frac{l_1 + l_2}{2}$$

Dreieck

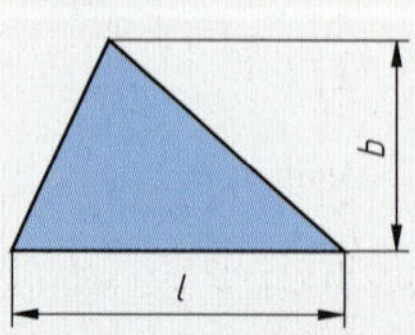

A Fläche
l Seitenlänge
b Breite

Beispiel:

$l = 62$ mm; $b = 29$ mm; $A = ?$

$\boldsymbol{A} = \frac{l \cdot b}{2} = \frac{62 \text{ mm} \cdot 29 \text{ mm}}{2} = \mathbf{899\ mm^2}$

Fläche

$$A = \frac{l \cdot b}{2}$$

M

Dreiecke, Vielecke, Kreis

Gleichseitiges Dreieck

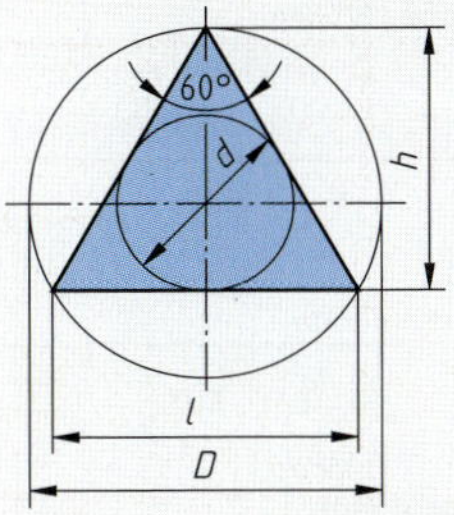

A Fläche
d Inkreisdurchmesser
l Seitenlänge
h Höhe
D Umkreisdurchmesser

Umkreisdurchmesser

$$D = \frac{2}{3} \cdot \sqrt{3} \cdot l = 2 \cdot d$$

Fläche

$$A = \frac{1}{4} \cdot \sqrt{3} \cdot l^2$$

Beispiel:

$l = 42$ mm; $A = ?$

$$\boldsymbol{A} = \frac{1}{4} \cdot \sqrt{3} \cdot l^2 = \frac{1}{4} \cdot \sqrt{3} \cdot (42\ \text{mm})^2 = \mathbf{763{,}9\ mm^2}$$

Inkreisdurchmesser

$$d = \frac{1}{3} \cdot \sqrt{3} \cdot l = \frac{D}{2}$$

Dreieckshöhe

$$h = \frac{1}{2} \cdot \sqrt{3} \cdot l$$

Regelmäßige Vielecke

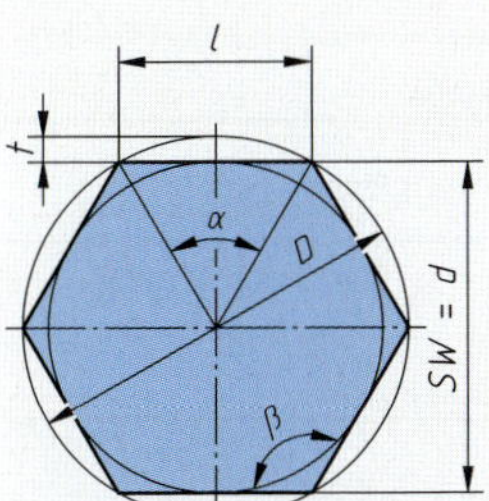

A Fläche
l Seitenlänge
D Umkreisdurchmesser
d Inkreisdurchmesser
n Eckenzahl
α Mittelpunktswinkel
β Eckenwinkel
SW Schlüsselweite
t Frästiefe

Inkreisdurchmesser

$$d = \sqrt{D^2 - l^2}$$

Fläche

$$A = \frac{n \cdot l \cdot d}{4}$$

Umkreisdurchmesser

$$D = \sqrt{d^2 + l^2}$$

Seitenlänge

$$l = D \cdot \sin\left(\frac{180°}{n}\right)$$

Beispiel:

Sechseck mit $D = 80$ mm; $l = ?$; $d = ?$; $A = ?$

$$\boldsymbol{l} = D \cdot \sin\left(\frac{180°}{n}\right) = 80\ \text{mm} \cdot \sin\left(\frac{180°}{6}\right) = \mathbf{40\ mm}$$

$$\boldsymbol{d} = \sqrt{D^2 - l^2} = \sqrt{6400\ \text{mm}^2 - 1600\ \text{mm}^2} = \mathbf{69{,}282\ mm}$$

$$\boldsymbol{A} = \frac{n \cdot l \cdot d}{4} = \frac{6 \cdot 40\ \text{mm} \cdot 69{,}282\ \text{mm}}{4} = \mathbf{4156{,}92\ mm^2}$$

Mittelpunktswinkel

$$\alpha = \frac{360°}{n}$$

Eckenwinkel

$$\beta = 180° - \alpha$$

Schlüsselweite *SW*, Wellendurchmesser *D*, Fläche *A* und Frästiefe *t*

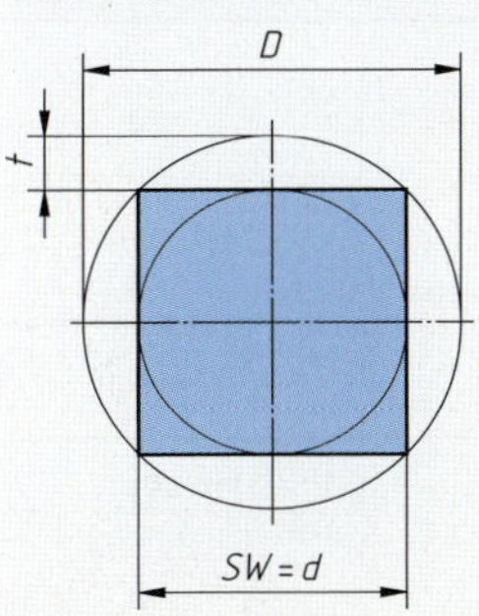

Vierkant	Sechskant	Achtkant	Zwölfkant
$D = \frac{SW}{\cos 45°}$	$D = \frac{SW}{\cos 30°}$	$D = \frac{SW}{\cos 22{,}5°}$	$D = \frac{SW}{\cos 15°}$
$A = SW^2$	$A \approx 0{,}867 \cdot SW^2$	$A \approx 0{,}828 \cdot SW^2$	$A \approx 0{,}804 \cdot SW^2$

Beispiel:

Sechskant $SW = 24$ mm; $D = ?$; $t = ?$

$$\boldsymbol{D} = \frac{SW}{\cos 30°} = \frac{24\ \text{mm}}{0{,}866} = \mathbf{27{,}71\ mm}$$

$$\boldsymbol{t} = \frac{D - SW}{2} = \frac{27{,}71\ \text{mm} - 24\ \text{mm}}{2} = \frac{3{,}71\ \text{mm}}{2} = \mathbf{1{,}855\ mm}$$

Frästiefe

$$t = \frac{D - SW}{2}$$

Kreis

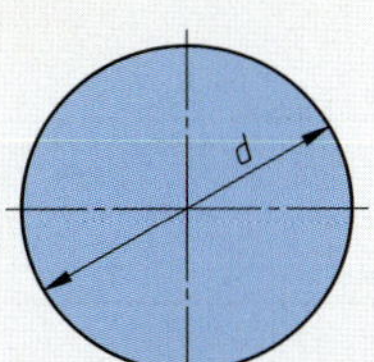

A Fläche
d Durchmesser
U Umfang

Fläche

$$A = \frac{\pi \cdot d^2}{4}$$

Beispiel:

$d = 60$ mm; $A = ?$; $U = ?$

$$\boldsymbol{A} = \frac{\pi \cdot d^2}{4} = \frac{\pi \cdot (60\ \text{mm})^2}{4} = \mathbf{2827\ mm^2}$$

$$\boldsymbol{U} = \pi \cdot d = \pi \cdot 60\ \text{mm} = \mathbf{188{,}5\ mm}$$

Umfang

$$U = \pi \cdot d$$

Kreisausschnitt, Kreisabschnitt, Kreisring, Ellipse

M

Kreisausschnitt

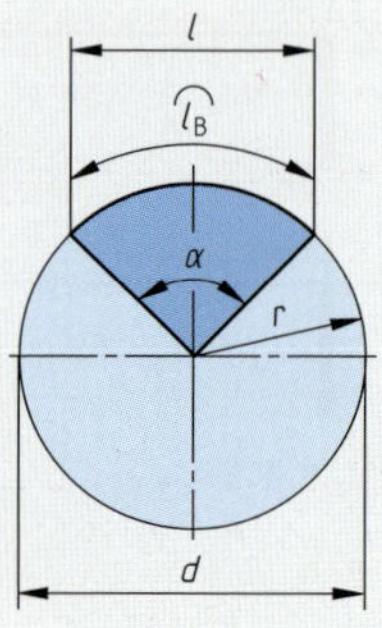

A Fläche
d Durchmesser
l_B Bogenlänge
l Sehnenlänge
r Radius
α Mittelpunktswinkel

Beispiel:

d = 48 mm; α = 110°; l_B = ?; A = ?

$$l_B = \frac{\pi \cdot r \cdot \alpha}{180°} = \frac{\pi \cdot 24\,\text{mm} \cdot 110°}{180°} = \mathbf{46{,}1\,mm}$$

$$A = \frac{l_B \cdot r}{2} = \frac{46{,}1\,\text{mm} \cdot 24\,\text{mm}}{2} = \mathbf{553\,mm^2}$$

Fläche

$$A = \frac{\pi \cdot d^2}{4} \cdot \frac{\alpha}{360°}$$

$$A = \frac{l_B \cdot r}{2}$$

Sehnenlänge

$$l = 2 \cdot r \cdot \sin\frac{\alpha}{2}$$

Bogenlänge

$$l_B = \frac{\pi \cdot r \cdot \alpha}{180°}$$

Kreisabschnitt

Kreisabschnitt mit $\alpha \leq 180°$

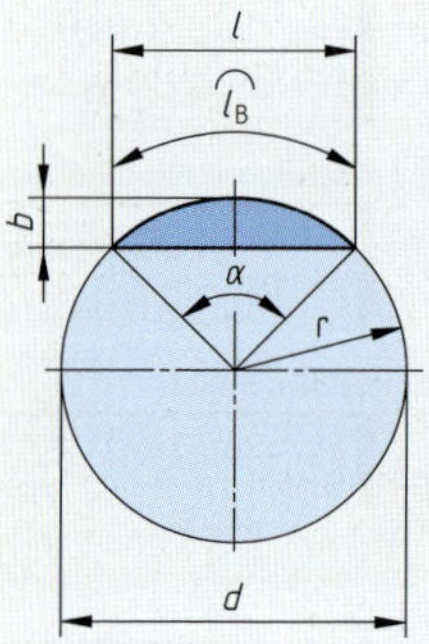

A Fläche
d Durchmesser
l_B Bogenlänge
l Sehnenlänge
b Breite
r Radius
α Mittelpunktswinkel

Beispiel:

r = 30 mm; α = 120°; l = ?; b = ?; A = ?

$$l = 2 \cdot r \cdot \sin\frac{\alpha}{2} = 2 \cdot 30\,\text{mm} \cdot \sin\frac{120°}{2} = \mathbf{51{,}96\ mm}$$

$$b = \frac{l}{2} \cdot \tan\frac{\alpha}{4} = \frac{51{,}96\,\text{mm}}{2} \cdot \tan\frac{120°}{4} = 14{,}999\,\text{mm} = \mathbf{15\ mm}$$

$$A = \frac{\pi \cdot d^2}{4} \cdot \frac{\alpha}{360°} - \frac{l \cdot (r-b)}{2}$$

$$= \frac{\pi \cdot (60\,\text{mm})^2}{4} \cdot \frac{120°}{360°} - \frac{51{,}96\,\text{mm} \cdot (30\,\text{mm} - 15\,\text{mm})}{2}$$

$$= \mathbf{552{,}8\ mm^2}$$

Radius

$$r = \frac{b}{2} + \frac{l^2}{8 \cdot b}$$

Bogenlänge

$$l_B = \frac{\pi \cdot r \cdot \alpha}{180°}$$

Fläche

$$A = \frac{\pi \cdot d^2}{4} \cdot \frac{\alpha}{360°} - \frac{l \cdot (r-b)}{2}$$

$$A = \frac{l_B \cdot r - l \cdot (r-b)}{2}$$

Sehnenlänge

$$l = 2 \cdot r \cdot \sin\frac{\alpha}{2}$$

$$l = 2 \cdot \sqrt{b \cdot (2 \cdot r - b)}$$

Breite

$$b = \frac{l}{2} \cdot \tan\frac{\alpha}{4}$$

$$b = r - \sqrt{r^2 - \frac{l^2}{4}}$$

Kreisring

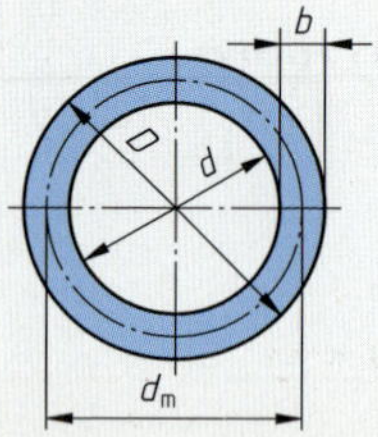

A Fläche
D Außendurchmesser
d Innendurchmesser
d_m mittlerer Durchmesser
b Breite

Beispiel:

D = 160 mm; d = 125 mm; A = ?

$$A = \frac{\pi}{4} \cdot (D^2 - d^2) = \frac{\pi}{4} \cdot (160^2\,\text{mm}^2 - 125^2\,\text{mm}^2)$$

$$= \mathbf{7834\ mm^2}$$

Fläche

$$A = \pi \cdot d_m \cdot b$$

$$A = \frac{\pi}{4} \cdot (D^2 - d^2)$$

Ellipse

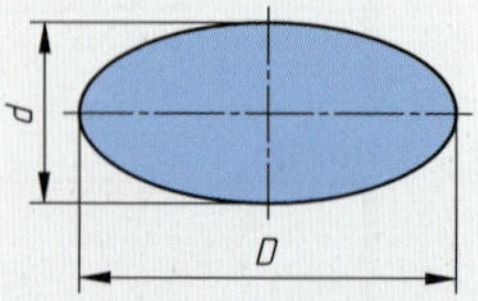

A Fläche
D Länge
d Breite
U Umfang

Beispiel:

D = 65 mm; d = 20 mm; A = ?

$$A = \frac{\pi \cdot D \cdot d}{4} = \frac{\pi \cdot 65\,\text{mm} \cdot 20\,\text{mm}}{4}$$

$$= \mathbf{1021\,mm^2}$$

Fläche

$$A = \frac{\pi \cdot D \cdot d}{4}$$

Umfang

$$U \approx \pi \frac{D+d}{2}$$

Würfel, Vierkantprisma, Zylinder, Hohlzylinder, Pyramide

M

Würfel

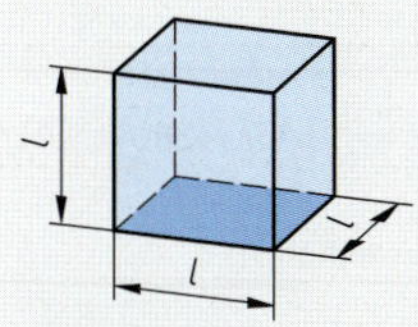

V Volumen
A_O Oberfläche
l Seitenlänge

Beispiel:

$l = 20$ mm; $V = ?$; $A_O = ?$

$\mathbf{V} = l^3 = (20\ \text{mm})^3 = \mathbf{8000\ mm^3}$

$\mathbf{A_O} = 6 \cdot l^2 = 6 \cdot (20\ \text{mm})^2 = \mathbf{2400\ mm^2}$

Volumen

$$V = l^3$$

Oberfläche

$$A_O = 6 \cdot l^2$$

Vierkantprisma

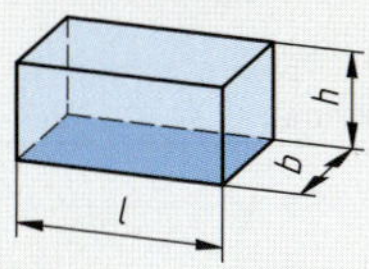

V Volumen
A_O Oberfläche
l Seitenlänge
h Höhe
b Breite

Beispiel:

$l = 6$ cm; $b = 3$ cm; $h = 2$ cm; $V = ?$

$\mathbf{V} = l \cdot b \cdot h = 6\ \text{cm} \cdot 3\ \text{cm} \cdot 2\ \text{cm} = \mathbf{36\ cm^3}$

Volumen

$$V = l \cdot b \cdot h$$

Oberfläche

$$A_O = 2 \cdot (l \cdot b + l \cdot h + b \cdot h)$$

Zylinder

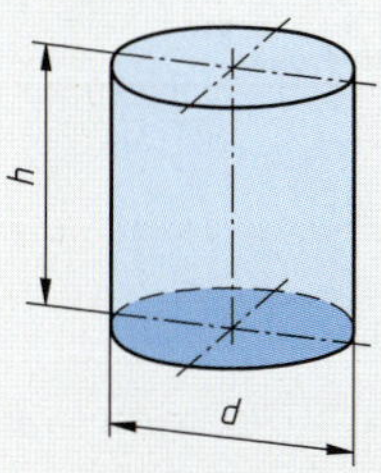

V Volumen
A_O Oberfläche
A_M Mantelfläche
d Durchmesser
h Höhe

Beispiel:

$d = 14$ mm; $h = 25$ mm; $V = ?$

$$\mathbf{V} = \frac{\pi \cdot d^2}{4} \cdot h = \frac{\pi \cdot (14\ \text{mm})^2}{4} \cdot 25\ \text{mm} = \mathbf{3848\ mm^3}$$

Volumen

$$V = \frac{\pi \cdot d^2}{4} \cdot h$$

Oberfläche

$$A_O = \pi \cdot d \cdot h + 2 \cdot \frac{\pi \cdot d^2}{4}$$

Mantelfläche

$$A_M = \pi \cdot d \cdot h$$

Hohlzylinder

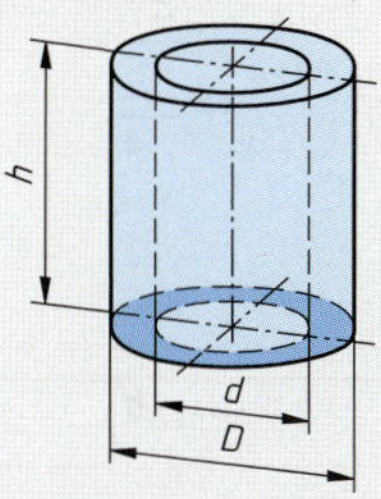

V Volumen
A_O Oberfläche
D, d Durchmesser
h Höhe

Beispiel:

$D = 42$ mm; $d = 20$ mm; $h = 80$ mm; $V = ?$

$$\mathbf{V} = \frac{\pi \cdot h}{4} \cdot (D^2 - d^2) = \frac{\pi \cdot 80\ \text{mm}}{4} \cdot (42^2\ \text{mm}^2 - 20^2\ \text{mm}^2) = \mathbf{85\,703\ mm^3}$$

Volumen

$$V = \frac{\pi \cdot h}{4} \cdot (D^2 - d^2)$$

Oberfläche

$$A_O = \pi \cdot (D + d) \cdot \left[\frac{1}{2} \cdot (D - d) + h\right]$$

Pyramide

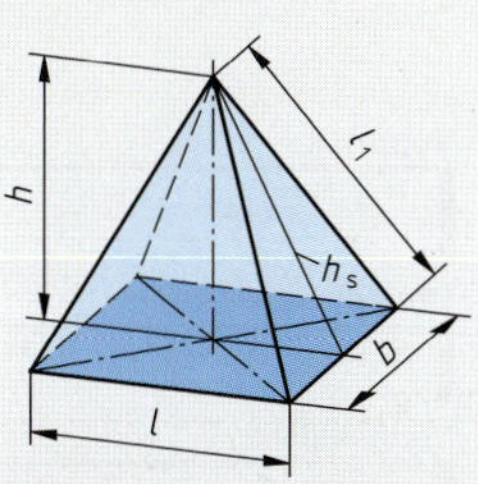

V Volumen
h Höhe
h_s Mantelhöhe
l Seitenlänge
l_1 Kantenlänge
b Breite

Beispiel:

$l = 16$ mm; $b = 21$ mm; $h = 45$ mm; $V = ?$

$$\mathbf{V} = \frac{l \cdot b \cdot h}{3} = \frac{16\ \text{mm} \cdot 21\ \text{mm} \cdot 45\ \text{mm}}{3} = \mathbf{5040\ mm^3}$$

Volumen

$$V = \frac{l \cdot b \cdot h}{3}$$

Kantenlänge

$$l_1 = \sqrt{h_s^2 + \frac{b^2}{4}}$$

Mantelhöhe

$$h_s = \sqrt{h^2 + \frac{l^2}{4}}$$

M

Pyramidenstumpf, Kegel, Kegelstumpf, Kugel, Kugelabschnitt

Pyramidenstumpf

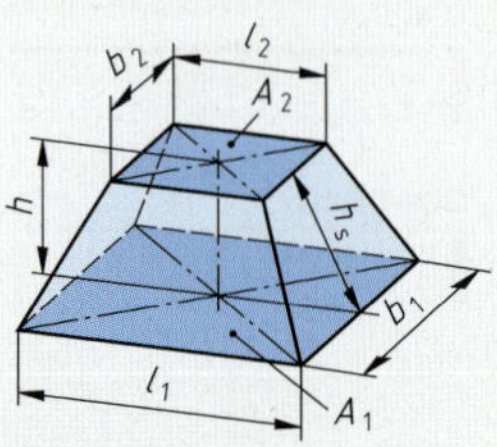

V Volumen; A_1 Grundfläche; l_1, l_2 Seitenlängen; A_2 Deckfläche; h_s Mantelhöhe; b_1, b_2 Breiten; h Höhe

Beispiel:

$l_1 = 40$ mm; $l_2 = 22$ mm; $b_1 = 28$ mm; $b_2 = 15$ mm; $h = 50$ mm; $V = ?$

$$\mathbf{V} = \frac{h}{3} \cdot (A_1 + A_2 + \sqrt{A_1 \cdot A_2})$$
$$= \frac{50\ \text{mm}}{3} \cdot (1120 + 330 + \sqrt{1120 \cdot 330})\ \text{mm}^2$$
$$= \mathbf{34\,299\ mm^3}$$

Volumen

$$V = \frac{h}{3} \cdot (A_1 + A_2 + \sqrt{A_1 \cdot A_2})$$

Mantelhöhe

$$h_s = \sqrt{h^2 + \left(\frac{l_1 - l_2}{2}\right)^2}$$

Kegel

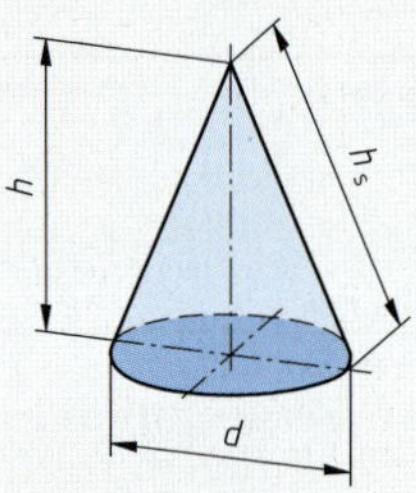

V Volumen; A_M Mantelfläche; d Durchmesser; h Höhe; h_s Mantelhöhe

Beispiel:

$d = 52$ mm; $h = 110$ mm; $V = ?$

$$\mathbf{V} = \frac{\pi \cdot d^2}{4} \cdot \frac{h}{3}$$
$$= \frac{\pi \cdot (52\ \text{mm})^2}{4} \cdot \frac{110\ \text{mm}}{3}$$
$$= \mathbf{77\,870\ mm^3}$$

Volumen

$$V = \frac{\pi \cdot d^2}{4} \cdot \frac{h}{3}$$

Mantelfläche

$$A_M = \frac{\pi \cdot d \cdot h_s}{2}$$

Mantelhöhe

$$h_s = \sqrt{\frac{d^2}{4} + h^2}$$

Kegelstumpf

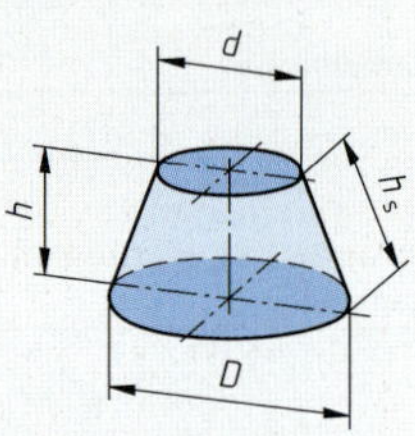

V Volumen; A_M Mantelfläche; D großer Durchmesser; d kleiner Durchmesser; h Höhe; h_s Mantelhöhe

Beispiel:

$D = 100$ mm; $d = 62$ mm; $h = 80$ mm; $V = ?$

$$\mathbf{V} = \frac{\pi \cdot h}{12} \cdot (D^2 + d^2 + D \cdot d)$$
$$= \frac{\pi \cdot 80\ \text{mm}}{12} \cdot (100^2 + 62^2 + 100 \cdot 62)\ \text{mm}^2$$
$$= \mathbf{419\,800\ mm^3}$$

Volumen

$$V = \frac{\pi \cdot h}{12} \cdot (D^2 + d^2 + D \cdot d)$$

Mantelfläche

$$A_M = \frac{\pi \cdot h_s}{2} \cdot (D + d)$$

Mantelhöhe

$$h_s = \sqrt{h^2 + \left(\frac{D-d}{2}\right)^2}$$

Kugel

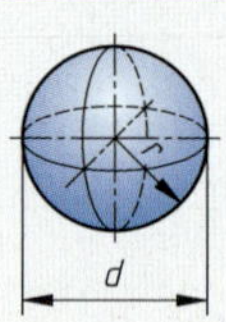

V Volumen; A_O Oberfläche; d Kugeldurchmesser

Beispiel:

$d = 9$ mm; $V = ?$

$$\mathbf{V} = \frac{\pi \cdot d^3}{6} = \frac{\pi \cdot (9\ \text{mm})^3}{6} = \mathbf{382\ mm^3}$$

Volumen

$$V = \frac{\pi \cdot d^3}{6}$$

Oberfläche

$$A_O = \pi \cdot d^2$$

Kugelabschnitt

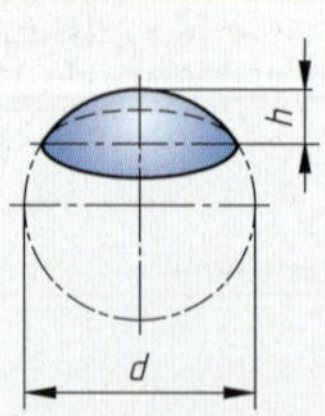

V Volumen; A_M Mantelfläche; A_O Oberfläche; d Kugeldurchmesser; h Höhe

Beispiel:

$d = 8$ mm; $h = 6$ mm; $V = ?$

$$\mathbf{V} = \pi \cdot h^2 \cdot \left(\frac{d}{2} - \frac{h}{3}\right)$$
$$= \pi \cdot 6^2\ \text{mm}^2 \cdot \left(\frac{8\ \text{mm}}{2} - \frac{6\ \text{mm}}{3}\right)$$
$$= \mathbf{226\ mm^3}$$

Volumen

$$V = \pi \cdot h^2 \cdot \left(\frac{d}{2} - \frac{h}{3}\right)$$

Oberfläche

$$A_O = \pi \cdot h \cdot (2 \cdot d - h)$$

Mantelfläche

$$A_M = \pi \cdot d \cdot h$$

Volumen zusammengesetzter Körper, Berechnung der Masse

M

Volumen zusammengesetzter Körper

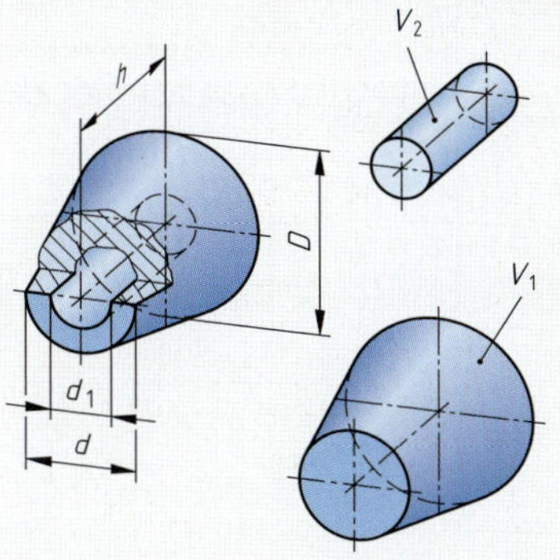

V Gesamtvolumen
V_1, V_2 Teilvolumen

Gesamtvolumen

$$V = V_1 + V_2 + \ldots - V_5 - V_6$$

Beispiel:

Kegelhülse; $D = 42$ mm; $d = 26$ mm; $d_1 = 16$ mm; $h = 45$ mm; $V = ?$

$$V_1 = \frac{\pi \cdot h}{12} \cdot (D^2 + d^2 + D \cdot d)$$

$$= \frac{\pi \cdot 45 \text{ mm}}{12} \cdot (42^2 + 26^2 + 42 \cdot 26) \text{ mm}^2$$

$$= 41610 \text{ mm}^3$$

$$V_2 = \frac{\pi \cdot d_1^2}{4} \cdot h = \frac{\pi \cdot 16^2 \text{ mm}^2}{4} \cdot 45 \text{ mm} = 9048 \text{ mm}^3$$

$$\boldsymbol{V} = V_1 - V_2 = 41610 \text{ mm}^3 - 9048 \text{ mm}^3 = \mathbf{32562\ mm^3}$$

Berechnung der Masse

Masse, allgemein

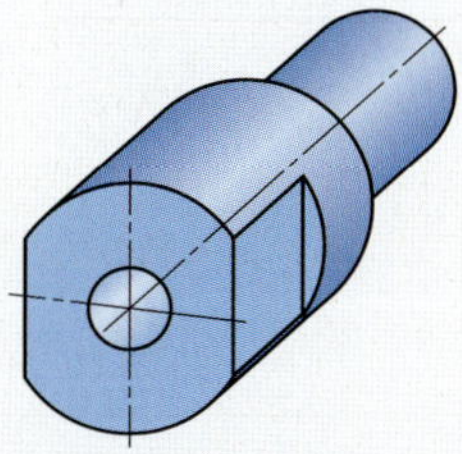

m Masse
V Volumen
ϱ Dichte

Masse

$$m = V \cdot \varrho$$

Werte für Dichte von festen Stoffen, Flüssigkeiten und Gasen: Seiten 120 und 121

Beispiel:

Werkstück aus Aluminium;
$V = 6{,}4$ dm³; $\varrho = 2{,}7$ kg/dm³; $m = ?$

$$\boldsymbol{m} = V \cdot \varrho = 6{,}4 \text{ dm}^3 \cdot 2{,}7 \frac{\text{kg}}{\text{dm}^3}$$

$$= \mathbf{17{,}28\ kg}$$

Längenbezogene Masse

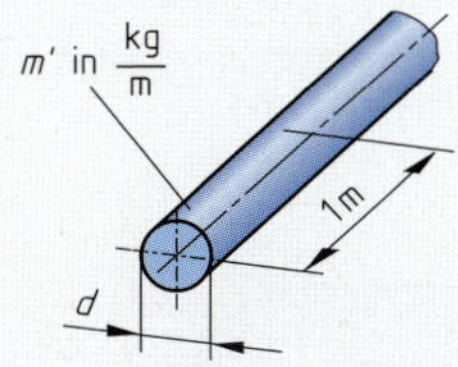

m Masse
m' längenbezogene Masse
l Länge

Längenbezogene Masse

$$m = m' \cdot l$$

Anwendung: Berechnung der Masse von Profilen, Rohren, Drähten ... mit Hilfe von Tabellenwerten für m' (Seite 159)

Beispiel:

Rundstahl mit $d = 15$ mm;
$m' = 1{,}39$ kg/m; $l = 3{,}86$ m; $m = ?$

$$\boldsymbol{m} = m' \cdot l = 1{,}39 \frac{\text{kg}}{\text{m}} \cdot 3{,}86 \text{ m}$$

$$= \mathbf{5{,}37\ kg}$$

Flächenbezogene Masse

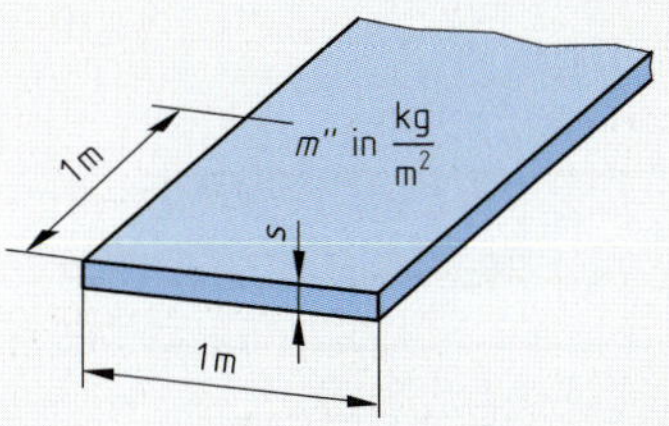

m Masse
m'' flächenbezogene Masse
A Fläche

Flächenbezogene Masse

$$m = m'' \cdot A$$

Anwendung: Berechnung der Masse von Blechen, Folien, Belägen ... mit Hilfe von Tabellenwerten für m'' (Seite 159)

Beispiel:

Stahlblech
$s = 1{,}5$ mm; $m'' = 11{,}8$ kg/m²;
$A = 7{,}5$ m²; $m = ?$

$$\boldsymbol{m} = m'' \cdot A = 11{,}8 \frac{\text{kg}}{\text{m}^2} \cdot 7{,}5 \text{ m}^2$$

$$= \mathbf{88{,}5\ kg}$$

M

Linien- und Flächenschwerpunkte

Linienschwerpunkte

l, l_1, l_2 Länge der Linien S, S_1, S_2 Schwerpunkte der Linien
x_s, x_1, x_2 waagerechte Abstände der Linienschwerpunkte von der y-Achse
y_s, y_1, y_2 senkrechte Abstände der Linienschwerpunkte von der x-Achse

Strecke

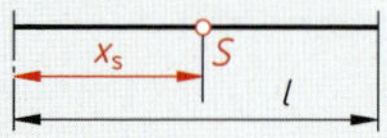

$$x_s = \frac{l}{2}$$

Kreisbogen

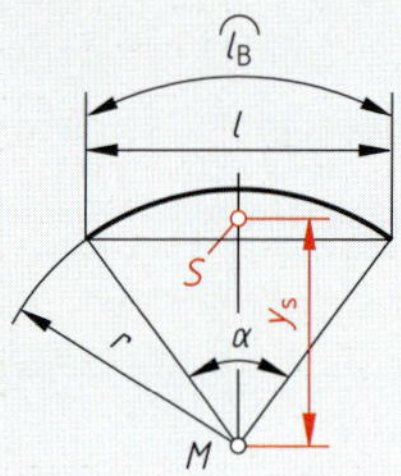

Berechnung von l und l_B: Seite 24

allgemein

$$y_s = \frac{r \cdot l}{l_B}$$

$$y_s = \frac{l \cdot 180°}{\pi \cdot \alpha}$$

Halbkreisbogen

$$y_s \approx 0{,}6366 \cdot r$$

Viertelkreisbogen

$$y_s \approx 0{,}9003 \cdot r$$

zusammengesetzter Linienzug

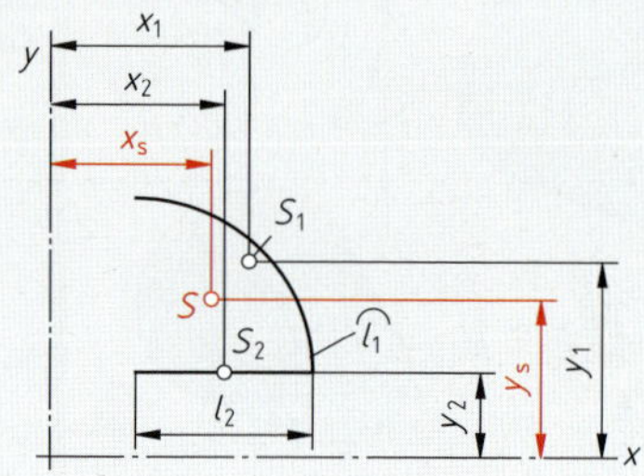

$$x_s = \frac{l_1 \cdot x_1 + l_2 \cdot x_2 + \ldots}{l_1 + l_2 + \ldots}$$

$$y_s = \frac{l_1 \cdot y_1 + l_2 \cdot y_2 + \ldots}{l_1 + l_2 + \ldots}$$

Flächenschwerpunkte

A, A_1, A_2 Flächen S, S_1, S_2 Schwerpunkte der Flächen
x_s, x_1, x_2 waagerechte Abstände der Flächenschwerpunkte von der y-Achse
y_s, y_1, y_2 senkrechte Abstände der Flächenschwerpunkte von der x-Achse

Rechteck

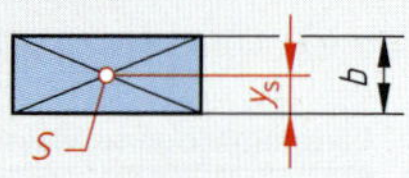

$$y_s = \frac{b}{2}$$

Dreieck

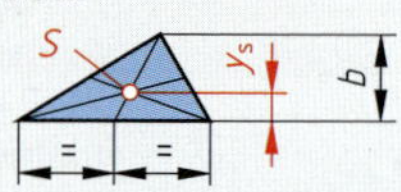

$$y_s = \frac{b}{3}$$

Kreisausschnitt

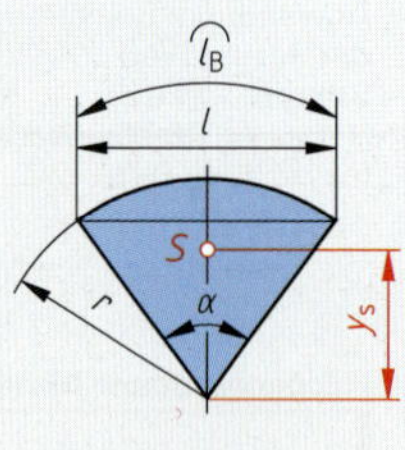

allgemein

$$y_s = \frac{2 \cdot r \cdot l}{3 \cdot l_B}$$

Halbkreisfläche

$$y_s \approx 0{,}4244 \cdot r$$

Viertelkreisfläche

$$y_s \approx 0{,}6002 \cdot r$$

zusammengesetzte Flächen

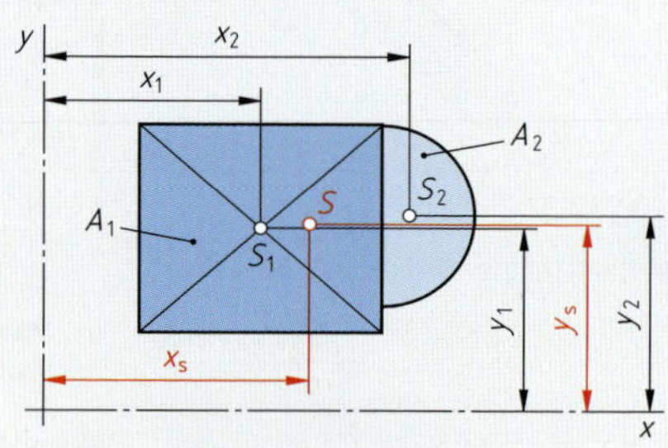

$$x_s = \frac{A_1 \cdot x_1 + A_2 \cdot x_2 + \ldots}{A_1 + A_2 + \ldots}$$

$$y_s = \frac{A_1 \cdot y_1 + A_2 \cdot y_2 + \ldots}{A_1 + A_2 + \ldots}$$

Kreisabschnitt

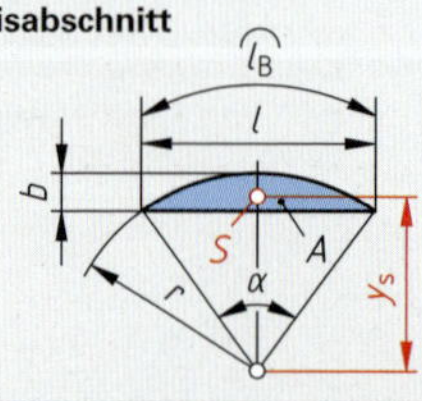

$$y_s = \frac{l^3}{12 \cdot A}$$

Berechnung von A: Seite 24

2 Technische Physik

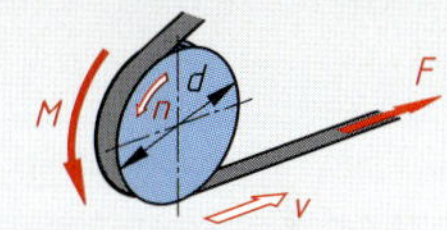

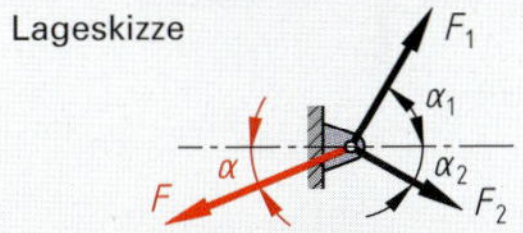

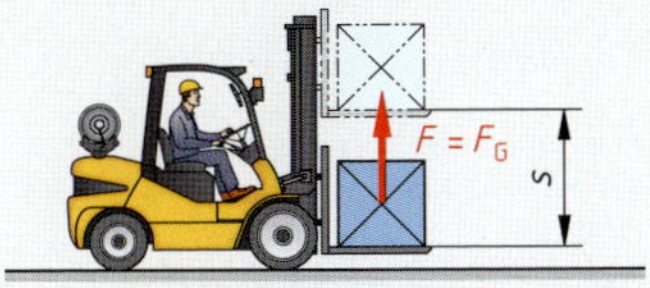

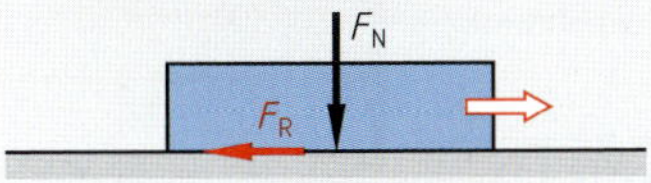

P

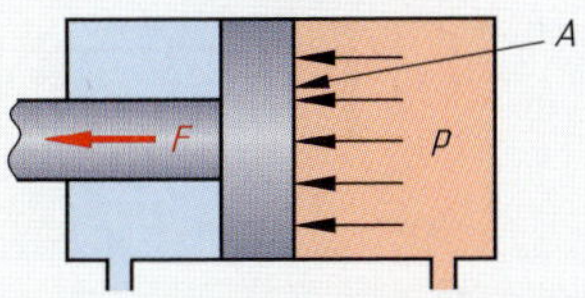

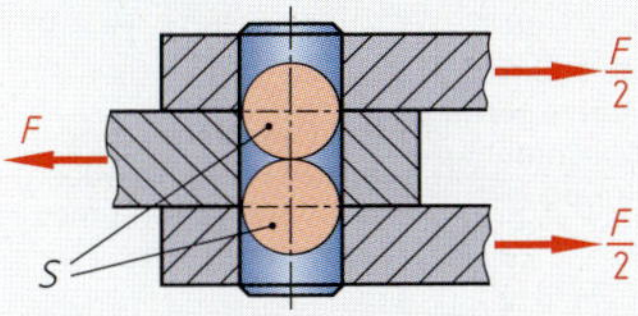

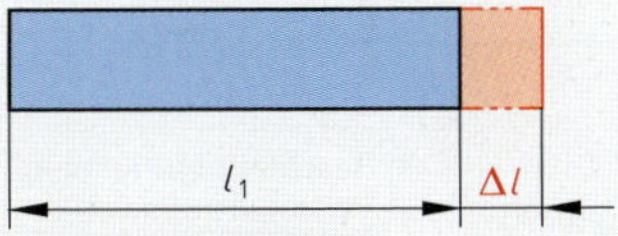

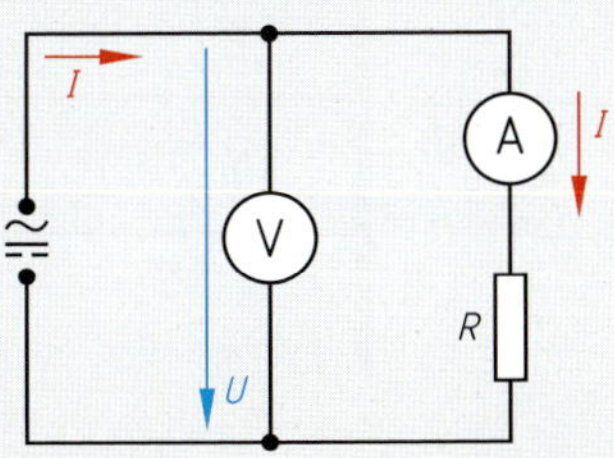

Konstante Bewegung, beschleunigte und verzögerte Bewegung

Konstante Bewegung

Geradlinige Bewegung

Weg-Zeit-Schaubild

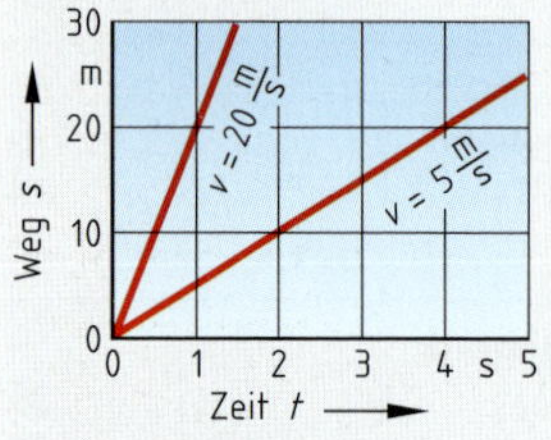

v Geschwindigkeit
t Zeit
s Weg

Beispiel:

$v = 48$ km/h; $s = 12$ m; $t = ?$

Umrechnung: $48\,\frac{\text{km}}{\text{h}} = \frac{48\,000\ \text{m}}{3600\ \text{s}} = 13{,}33\,\frac{\text{m}}{\text{s}}$

$\boldsymbol{t} = \frac{s}{v} = \frac{12\ \text{m}}{13{,}33\ \text{m/s}} = \mathbf{0{,}9\ s}$

Geschwindigkeit

$$v = \frac{s}{t}$$

$1\,\frac{\text{m}}{\text{s}} = 60\,\frac{\text{m}}{\text{min}} = 3{,}6\,\frac{\text{km}}{\text{h}}$

$1\,\frac{\text{km}}{\text{h}} = 16{,}667\,\frac{\text{m}}{\text{min}} = 0{,}2778\,\frac{\text{m}}{\text{s}}$

Kreisförmige Bewegung

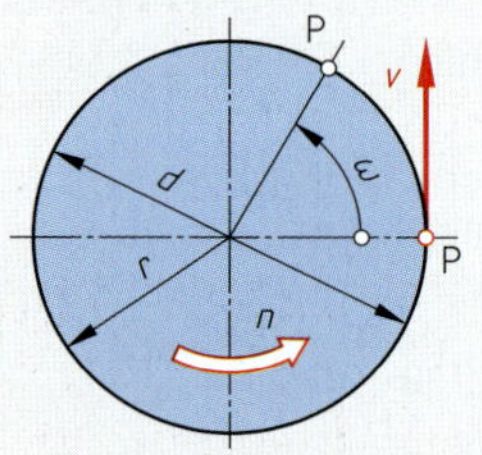

v Umfangsgeschwindigkeit, Schnittgeschwindigkeit
ω Winkelgeschwindigkeit
n Drehzahl
r Radius
d Durchmesser

Beispiel:

Riemenscheibe, $d = 250$ mm; $n = 1400\ \text{min}^{-1}$;
$v = ?$; $\omega = ?$

Umrechnung: $n = 1400\ \text{min}^{-1} = \frac{1400}{60\ \text{s}} = 23{,}33\ \text{s}^{-1}$

$\boldsymbol{v} = \pi \cdot d \cdot n = \pi \cdot 0{,}25\ \text{m} \cdot 23{,}33\ \text{s}^{-1} = \mathbf{18{,}3\ \frac{m}{s}}$

$\boldsymbol{\omega} = 2 \cdot \pi \cdot n = 2 \cdot \pi \cdot 23{,}33\ \text{s}^{-1} = \mathbf{146{,}6\ s^{-1}}$

Schnittgeschwindigkeit bei kreisförmiger Schnittbewegung: Seite 31

Umfangsgeschwindigkeit

$$v = \pi \cdot d \cdot n$$

$$v = \omega \cdot r$$

Winkelgeschwindigkeit

$$\omega = 2 \cdot \pi \cdot n$$

$\frac{1}{\text{min}} = \text{min}^{-1} = \frac{1}{60\ \text{s}}$

Beschleunigte und verzögerte Bewegung

Geradlinig beschleunigte Bewegung

Geschwindigkeit-Zeit-Schaubild

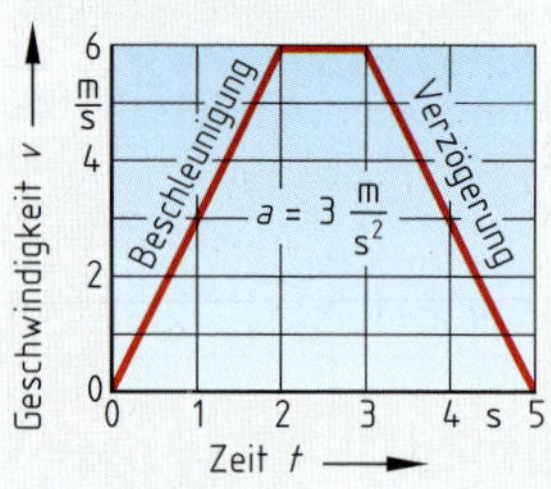

Weg-Zeit-Schaubild

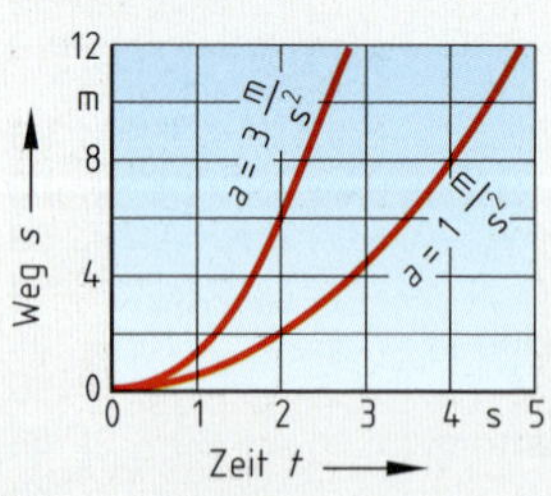

Die Zunahme der Geschwindigkeit in 1 Sekunde heißt **Beschleunigung,** die Abnahme **Verzögerung**. Der freie Fall ist eine gleichmäßig beschleunigte Bewegung, bei der die Fallbeschleunigung *g* wirksam ist.

v Endgeschwindigkeit bei Beschleunigung, Anfangsgeschwindigkeit bei Verzögerung
s Weg
a Beschleunigung
t Zeit
g Fallbeschleunigung

1. Beispiel:

Gegenstand, freier Fall aus $s = 3$ m; $v = ?$

$a = g = 9{,}81\,\frac{\text{m}}{\text{s}^2}$

$\boldsymbol{v} = \sqrt{2 \cdot a \cdot s} = \sqrt{2 \cdot 9{,}81\ \text{m/s}^2 \cdot 3\ \text{m}} = \mathbf{7{,}7\ \frac{m}{s}}$

2. Beispiel:

Kraftfahrzeug, $v = 80$ km/h; $a = 7\ \text{m/s}^2$;
Bremsweg $s = ?$

Umrechnung: $v = 80\,\frac{\text{km}}{\text{h}} = \frac{80\,000\ \text{m}}{3600\ \text{s}} = 22{,}22\,\frac{\text{m}}{\text{s}}$

$v = \sqrt{2 \cdot a \cdot s}$

$\boldsymbol{s} = \frac{v^2}{2 \cdot a} = \frac{(22{,}22\ \text{m/s})^2}{2 \cdot 7\ \text{m/s}^2} = \mathbf{35{,}3\ m}$

Bei Beschleunigung aus dem Stand oder bei Verzögerung bis zum Stand gilt:

End- oder Anfangsgeschwindigkeit

$$v = a \cdot t$$

$$v = \sqrt{2 \cdot a \cdot s}$$

Beschleunigungsweg/ Verzögerungsweg

$$s = \frac{1}{2} \cdot v \cdot t$$

$$s = \frac{1}{2} \cdot a \cdot t^2$$

$$s = \frac{v^2}{2 \cdot a}$$

Geschwindigkeiten an Maschinen

Vorschubgeschwindigkeit

Drehen

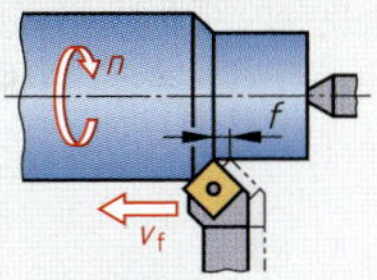

Fräsen

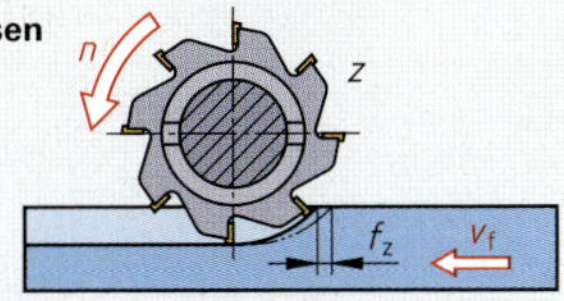

Gewindetrieb

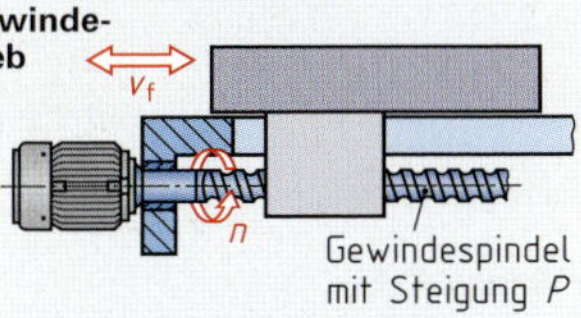

Zahnstangentrieb

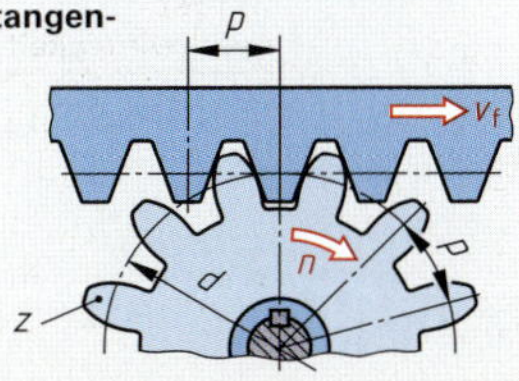

v_f Vorschubgeschwindigkeit
n Drehzahl
f Vorschub
f_z Vorschub je Schneide
z Anzahl der Schneiden, Zähnezahl des Ritzels
P Gewindesteigung
p Teilung der Zahnstange
d Teilkreisdurchmesser des Ritzels

1. Beispiel:

Walzenfräser, $z = 8$; $f_z = 0{,}2$ mm; $n = 45$/min; $v_f = ?$

$$\mathbf{v_f} = n \cdot f_z \cdot z = 45\,\frac{1}{\text{min}} \cdot 0{,}2\text{ mm} \cdot 8 = \mathbf{72\,\frac{mm}{min}}$$

2. Beispiel:

Vorschubantrieb mit Gewindespindel, $P = 5$ mm; $n = 112$/min; $v_f = ?$

$$\mathbf{v_f} = n \cdot P = 112\,\frac{1}{\text{min}} \cdot 5\text{ mm} = \mathbf{560\,\frac{mm}{min}}$$

3. Beispiel:

Vorschub mit Zahnstangentrieb, $n = 80$/min; $d = 75$ mm; $v_f = ?$

$$\mathbf{v_f} = \pi \cdot d \cdot n = \pi \cdot 75\text{ mm} \cdot 80\,\frac{1}{\text{min}}$$
$$= 18\,850\,\frac{\text{mm}}{\text{min}} = \mathbf{18{,}85\,\frac{m}{min}}$$

Vorschubgeschwindigkeit beim Bohren, Drehen

$$v_f = n \cdot f$$

Vorschubgeschwindigkeit beim Fräsen

$$v_f = n \cdot f_z \cdot z$$

Vorschubgeschwindigkeit beim Gewindetrieb

$$v_f = n \cdot P$$

Vorschubgeschwindigkeit beim Zahnstangentrieb

$$v_f = n \cdot z \cdot p$$

$$v_f = \pi \cdot d \cdot n$$

P

Schnittgeschwindigkeit, Umfangsgeschwindigkeit

Schnittgeschwindigkeit

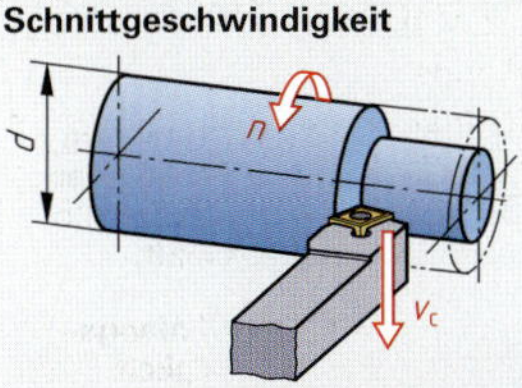

Umfangsgeschwindigkeit

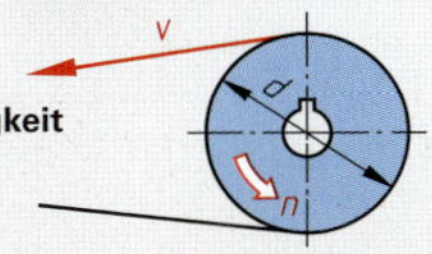

v_c Schnittgeschwindigkeit
v Umfangsgeschwindigkeit
d Durchmesser
n Drehzahl

Beispiel:

Drehen, $n = 1200$/min; $d = 35$ mm; $v_c = ?$

$$\mathbf{v_c} = \pi \cdot d \cdot n = \pi \cdot 0{,}035\text{ m} \cdot 1200\,\frac{1}{\text{min}}$$
$$= \mathbf{132\,\frac{m}{min}}$$

Schnittgeschwindigkeit

$$v_c = \pi \cdot d \cdot n$$

Umfangsgeschwindigkeit

$$v = \pi \cdot d \cdot n$$

Mittlere Geschwindigkeit bei Kurbeltrieben

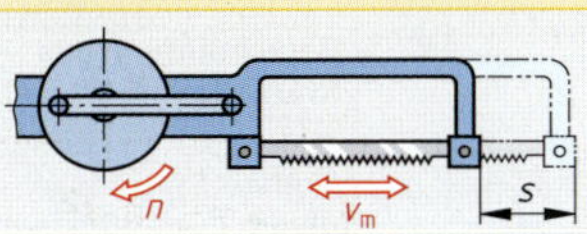

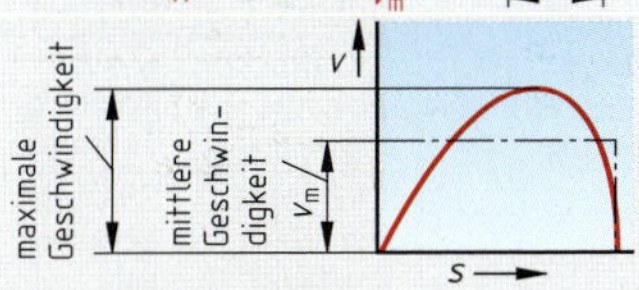

v_m mittlere Geschwindigkeit
n Anzahl der Doppelhübe
s Hublänge

Beispiel:

Maschinenbügelsäge, $s = 280$ mm; $n = 45$/min; $v_m = ?$

$$\mathbf{v_m} = 2 \cdot s \cdot n = 2 \cdot 0{,}28\text{ m} \cdot 45\,\frac{1}{\text{min}}$$
$$= \mathbf{25{,}2\,\frac{m}{min}}$$

Mittlere Geschwindigkeit

$$v_m = 2 \cdot s \cdot n$$

Darstellung, Zusammensetzung und Zerlegung von Kräften

Für die folgenden Beispiele gewählt: $\boldsymbol{M_k}$ **= 10 N/mm**

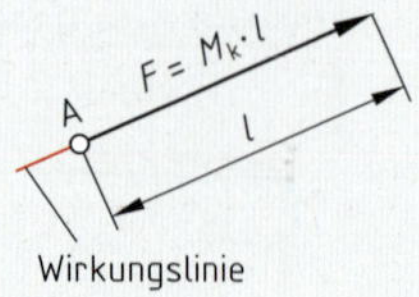

Kräfte sind die Ursache für die Bewegungsänderung oder Verformung eines Körpers.

F_1, F_2, F_i	Teilkräfte	l	Pfeillänge
F_r	Resultierende	M_k	Kräftemaßstab

Darstellung von Kräften (Vektoren) durch Pfeile

Die **Größe** der Kraft F entspricht der Pfeillänge l.

Die **Lage** der Kraft wird durch den Anfangspunkt und die Wirkungslinie dargestellt.

Die **Richtung** der Kraft zeigt die Pfeilspitze.

Pfeillänge

$$l = \frac{F}{M_k}$$

P

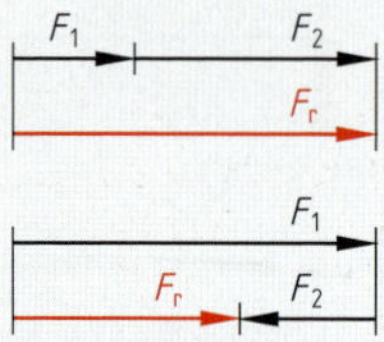

Addieren und Subtrahieren von Kräften auf gleicher Wirkungslinie

Kräfte auf gleicher Wirkungslinie lassen sich algebraisch addieren und subtrahieren.

Beispiel:

F_1 = 80 N, F_2 = 160 N, gleiche Richtung; F_r = ?

$\boldsymbol{F_r}$ = F_1 + F_2 = 80 N + 160 N = **240 N**

Resultierende
(Ersatzkraft mit gleicher Wirkung wie die Teilkräfte zusammen)

$$F_r = \Sigma F_i$$

Beispiel: Spannseile

Lageplan

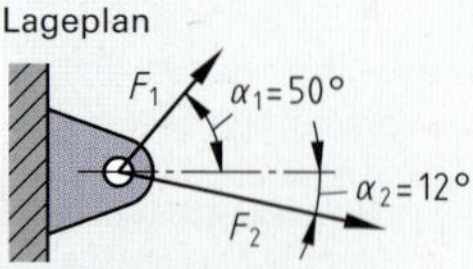

Kräfteplan

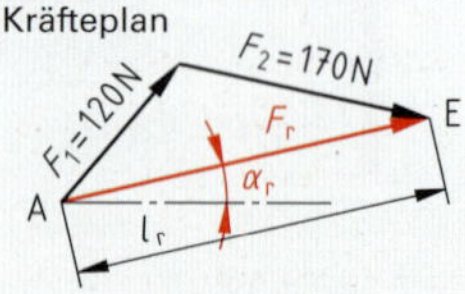

Grafisches Zusammensetzen von Kräften, deren Wirkungslinien sich schneiden

1. Kraftpfeile vom Anfangspunkt A bis zum Endpunkt E winkel- und maßstabsgetreu in beliebiger Reihenfolge aneinander fügen.
2. Die Resultierende F_r liegt zwischen den Punkten A und E des Kräfteplans.
3. Betrag der Resultierenden F_r aus l_r und M_k berechnen und Winkellage von F_r ausmessen.

Beispiel:

Spannseile, F_1 = 120 N, F_2 = 170 N; F_r = ?, α_r = ?

Gemessen: l_r = 25 mm, $\boldsymbol{\alpha_r}$ **= 13°**

$\boldsymbol{F_r}$ = $l_r \cdot M_k$ = 25 mm · 10 N/mm = **250 N**

Beispiel: Schiefe Ebene

Lageplan

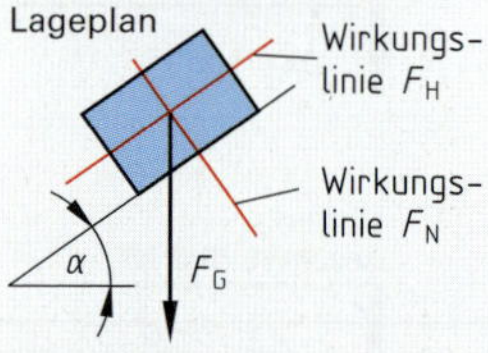

Kräfteplan

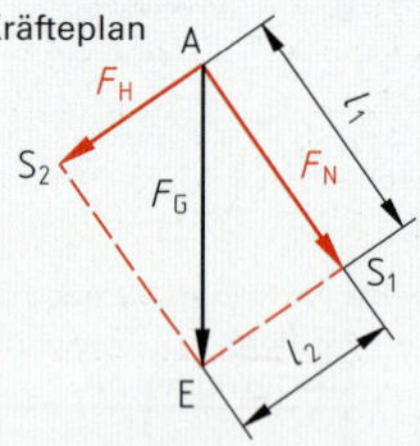

Krafteck-Skizze für Berechnung (unmaßstäblich)

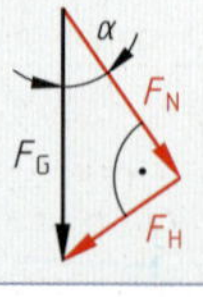

Grafisches Zerlegen einer Kraft in zwei Teilkräfte

1. Bekannte Kraft F (= F_G) winkel- und maßstabsgetreu darstellen und mit Wirkungslinien der gesuchten Teilkräfte das Kräfteparallelogramm durch A und E zeichnen. Dies ergibt die Schnittpunkte S_1 und S_2. Der Linienzug AS_1E bzw. AS_2E bildet den Kräfteplan.
2. Die Teilkräfte liegen zwischen AS_1 und AS_2.
3. Beträge der Teilkräfte aus l_1, l_2 und M_k berechnen.

Beispiel:

Schiefe Ebene, F_G = 200 N, α = 35°; F_N = ?, F_H = ?
Gemessen: l_1 = 16 mm, l_2 = 11 mm

$\boldsymbol{F_N}$ = $l_1 \cdot M_k$ = 16 mm · 10 N/mm = **160 N**

$\boldsymbol{F_H}$ = $l_2 \cdot M_k$ = 11 mm · 10 N/mm = **110 N**

Berechnungen aus dem Kräfteplan

Grundlage der Berechnung ist ein nicht maßstabsgerechter Kräfteplan als Krafteck-Skizze.

Beispiel:

Schiefe Ebene, F_G = 200 N, α = 35°; F_N = ?, F_H = ?

Die Gewichtskraft F_G lässt sich entsprechend der Krafteck-Skizze in F_N und F_H zerlegen. Das skizzierte Krafteck ist rechtwinklig. Die Berechnungen erfolgen mit den Winkelfunktionen Kosinus und Sinus.

$\boldsymbol{F_N}$ = $F_G \cdot \cos\alpha$ = 200 N · cos 35° = **163,8 N**

$\boldsymbol{F_H}$ = $F_G \cdot \sin\alpha$ = 200 N · sin 35° = **114,7 N**

Berechnungen aus Kräfteplan (Krafteck)	
Form des Kräfteplans	benötigte Winkelfunktion
Krafteck rechtwinklig	Sinus, Kosinus, Tangens
Krafteck schiefwinklig	Sinussatz, Kosinussatz

Kraft und Kraftkomponenten, Gleichgewicht, Kräfteermittlung

Kraft und Kraftkomponenten im X-Y-Koordinatensystem

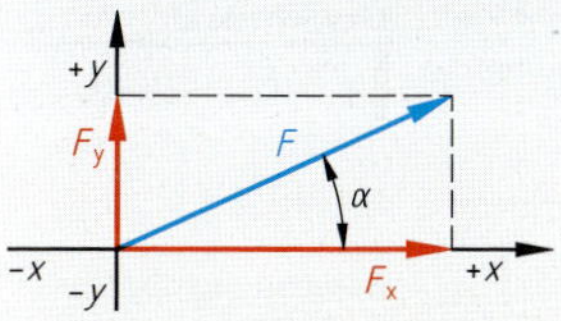

F	Kraft	N
F_x	X-Komponente der Kraft	N
F_y	Y-Komponente der Kraft	N
α	spitzer Winkel zur x-Achse	°

X-, Y-Komponente

$$F_x = F \cdot \cos\alpha$$

$$F_y = F \cdot \sin\alpha$$

Betrag der Kraft

$$F = \sqrt{F_x^2 + F_y^2}$$

Gleichgewicht in der Ebene, Vorzeichenregel, Ermittlung unbekannter Kräfte

P

Gleichgewicht in der Ebene, Vorzeichenregel

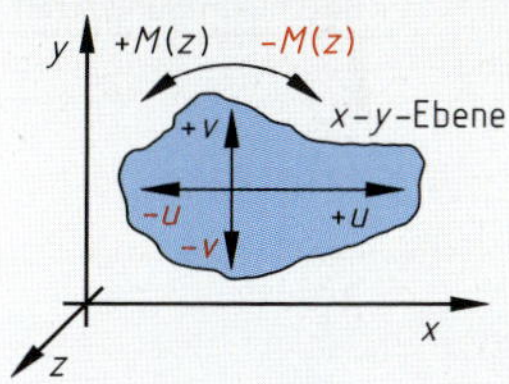

Für eine freie ebene starre Scheibe bestehen drei Bewegungsmöglichkeiten:

u → Verschiebung in ± X-Richtung
v → Verschiebung in ± Y-Richtung
$M_{(z)}$ → Drehung um die Z-Achse

Vorzeichen der Momente:

$M_{(z)}$ linksdrehend = +
$M_{(z)}$ rechtsdrehend = −

Gleichgewichtsbedingungen

$$\Sigma F_x = 0$$

$$\Sigma F_y = 0$$

$$\Sigma M_{(z)} = 0$$

Zentrales Kräftesystem (alle Kräfte haben einen gemeinsamen Schnittpunkt)

Beispiel: Halterung

Lageskizze

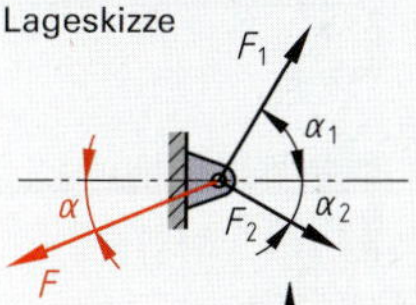

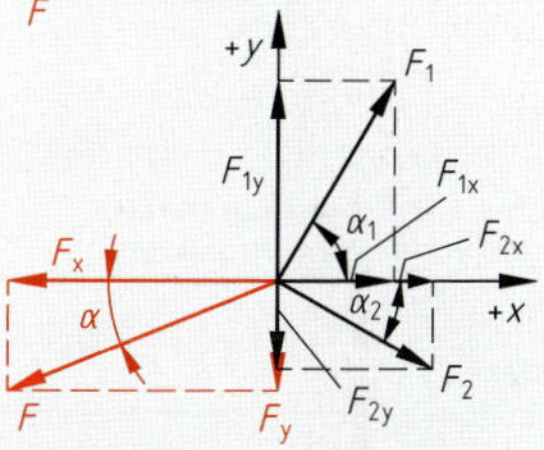

F_1, F_2	bekannte Kräfte	N
F	unbekannte Kraft (Betrag und Wirkrichtung unbekannt)	N
α, $\alpha_1 \dots \alpha_B$	spitze Winkel zur x-Achse	°
F_x, F_{1x}, F_{2x}	X-Komponenten	N
F_y, F_{1y}, F_{2y}	Y-Komponenten	N

Arbeitsschritte:

1. Kräfte in Komponenten F_x und F_y zerlegen. (Richtung unbekannter Kräfte annehmen)
2. Gleichgewichtsbedingungen formulieren[1].
3. unbekannte Kraft (F) bzw. Kraftkomponenten (F_x, F_y) mit Betrag und Richtung berechnen.

Kräfteplan:

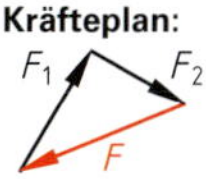

Kräfte im Gleichgewicht bei gleicher Umlaufrichtung und geschlossenem Krafteck.

X-Komponente (Beispiel)
$\Sigma F_x = 0$: $F_{1x} + F_{2x} - F_x = 0$

$$F_x = F_{1x} + F_{2x}$$

Y-Komponente (Beispiel)
$\Sigma F_y = 0$: $F_{1y} - F_{2y} - F_y = 0$

$$F_y = F_{1y} - F_{2y}$$

Betrag der Kraft

$$F = \sqrt{F_x^2 + F_y^2}$$

Winkel der Kraft

$$\alpha = \arctan\frac{|F_y|}{|F_x|}$$

Allgemeines Kräftesystem (kein gemeinsamer Schnittpunkt aller Kräfte)

Beispiel: Welle

Lageskizze

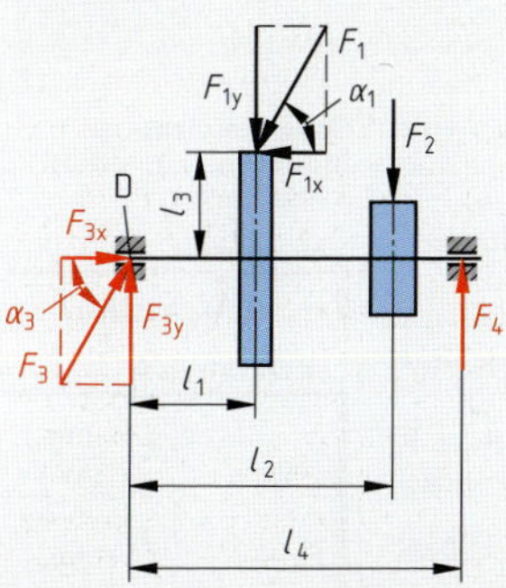

F_1, F_2	bekannte Kräfte	N
F_3, F_4	unbekannte Kräfte	N
M	Moment	N · m
$l_1 \dots l_4$	Wirkabstände vom Drehpunkt D	m
α_1, α_3	spitze Winkel zur x-Achse	°
F_{1x}, F_{1y}, F_{3x}, F_{3y}	X-, Y-Komponenten	N

Arbeitsschritte:

1. Kräfte in Komponenten F_x und F_y zerlegen. (Richtung unbekannter Kräfte annehmen)
2. Drehpunkt günstig (z. B. auf Wirklinie einer unbekannten Kraft) wählen.
3. Gleichgewichtsbedingungen formulieren[1].
4. unbekannte Kräfte (F_3, F_4) bzw. Kraftkomponenten (F_{3x}, F_{3y}) mit Betrag und Richtung berechnen.

[1] Vorzeichen beachten
[2] vgl. Seite 35

Momente[2] (Beispiel)
$\Sigma M_{(D)} = 0$: $F_4 \cdot l_4 + F_{1x} \cdot l_3 - F_{1y} \cdot l_1 - F_2 \cdot l_2 = 0$

$$F_4 = \frac{F_{1y} \cdot l_1 + F_2 \cdot l_2 - F_{1x} \cdot l_3}{l_4}$$

X-Komponente (Beispiel)
$\Sigma F_x = 0$: $F_{3x} - F_{1x} = 0$

$$F_{3x} = F_{1x}$$

Y-Komponente (Beispiel)
$\Sigma F_y = 0$:
$F_{3y} + F_4 - F_{1y} - F_2 = 0$

$$F_{3y} = F_{1y} + F_2 - F_4$$

Betrag und Winkel der Kraft wie im zentralen Kräftesystem (siehe oben)

P

Arten von Kräften

Gewichtskraft

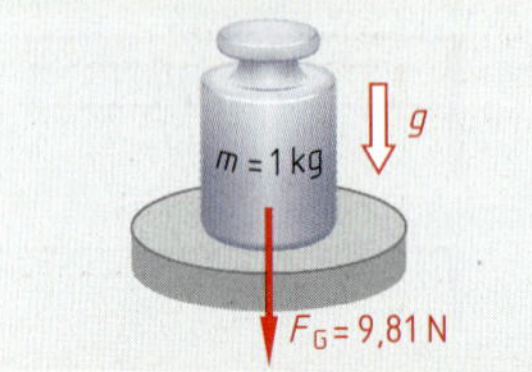

Die Erdanziehung bewirkt bei Massen eine Gewichtskraft.

F_G Gewichtskraft g Fallbeschleunigung
m Masse

Beispiel:

Stahlträger, m = 1200 kg; F_G = ?

$\mathbf{F_G} = m \cdot g = 1200\,\text{kg} \cdot 9{,}81\,\frac{\text{m}}{\text{s}^2} = \mathbf{11\,772\,N}$

Gewichtskraft

$$F_G = m \cdot g$$

$g = 9{,}81\,\frac{\text{m}}{\text{s}^2} \approx 10\,\frac{\text{m}}{\text{s}^2}$

Berechnung der Masse: Seite 27

Kräfte bei Beschleunigung und Verzögerung

Für die Beschleunigung und die Verzögerung von Massen ist eine Kraft erforderlich.

F Beschleunigungskraft a Beschleunigung
m Masse

Beispiel:

$m = 50\,\text{kg};\quad a = 3\,\frac{\text{m}}{\text{s}^2};\quad F = ?$

$\mathbf{F} = m \cdot a = 50\,\text{kg} \cdot 3\,\frac{\text{m}}{\text{s}^2} = 150\,\text{kg} \cdot \frac{\text{m}}{\text{s}^2} = \mathbf{150\,N}$

Beschleunigungskraft

$$F = m \cdot a$$

$1\,\text{N} = 1\,\text{kg} \cdot \frac{\text{m}}{\text{s}^2}$

Federkraft (Hooke'sches Gesetz)

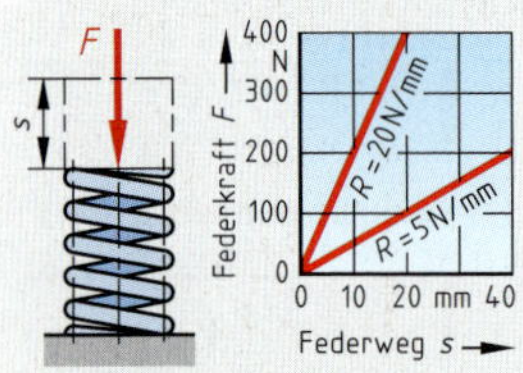

Innerhalb des elastischen Bereiches sind Kraft und zugehörige Längenänderung einer Feder proportional.

F Federkraft s Federweg
R Federrate

Beispiel:

Druckfeder, R = 8 N/mm; s = 12 mm; F = ?

$\mathbf{F} = R \cdot s = 8\,\frac{\text{N}}{\text{mm}} \cdot 12\,\text{mm} = \mathbf{96\,N}$

Federkraft

$$F = R \cdot s$$

Federkraftänderung

$$\Delta F = R \cdot \Delta s$$

Zentripetalkraft, Zentrifugalkraft

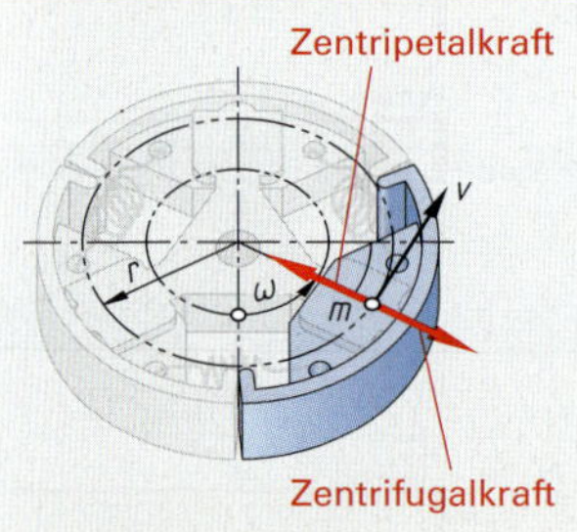

Um eine Masse auf einer gekrümmten Bahn, z. B. einem Kreis, zu bewegen, ist die Zentripetalkraft erforderlich, die der Zentrifugalkraft entgegenwirkt.

F_z Zentripetalkraft, Zentrifugalkraft
ω Winkelgeschwindigkeit m Masse
v Umfangsgeschwindigkeit r Radius

Beispiel:

Fliehkraftbremse, m = 160 g; v = 80 m/s; d = 400 mm; F_z = ?

$\mathbf{F_z} = \frac{m \cdot v^2}{r} = \frac{0{,}16\,\text{kg} \cdot (80\,\text{m/s})^2}{0{,}2\,\text{m}} = 5120\,\frac{\text{kg} \cdot \text{m}}{\text{s}^2} = \mathbf{5120\,N}$

Zentripetalkraft, Zentrifugalkraft

$$F_z = m \cdot r \cdot \omega^2$$

$$F_z = \frac{m \cdot v^2}{r}$$

Lagerkräfte

Beispiel für Lagerkraft

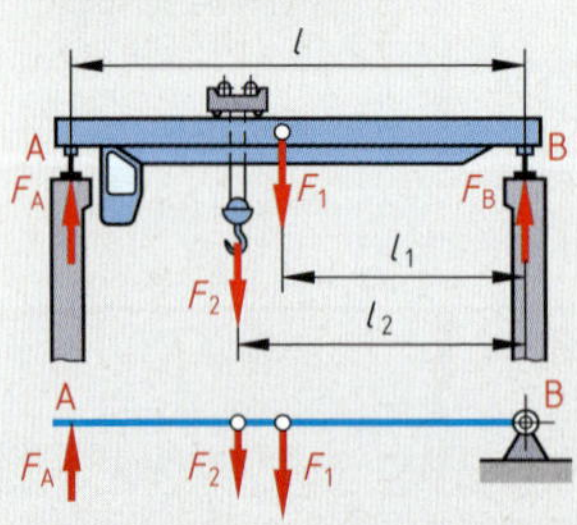

Zur Berechnung der Lagerkräfte nimmt man einen Auflagerpunkt als Drehpunkt an.

F_A, F_B Lagerkräfte l, l_1, l_2 wirksame Hebellängen
F_1, F_2 Kräfte

Beispiel:

Laufkran, F_1 = 40 kN; F_2 = 15 kN; l_1 = 6 m; l_2 = 8 m; l = 12 m; F_A = ?

Lösung: gewählter Drehpunkt B; die Lagerkraft F_A wird am einseitigen Hebel angenommen.

$\mathbf{F_A} = \frac{F_1 \cdot l_1 + F_2 \cdot l_2}{l} = \frac{40\,\text{kN} \cdot 6\,\text{m} + 15\,\text{kN} \cdot 8\,\text{m}}{12\,\text{m}} = \mathbf{30\,kN}$

Gleichgewicht der Momente (z. B. um B)

$\Sigma M_{(B)} = 0$

Hebelgesetz

$$\Sigma M_l = \Sigma M_r$$

Lagerkraft in A

$$F_A = \frac{F_1 \cdot l_1 + F_2 \cdot l_2 \ldots}{l}$$

$$F_A + F_B = F_1 + F_2 \ldots$$

Drehmoment, Mechanische Arbeit

Drehmoment und Hebel

einseitiger Hebel

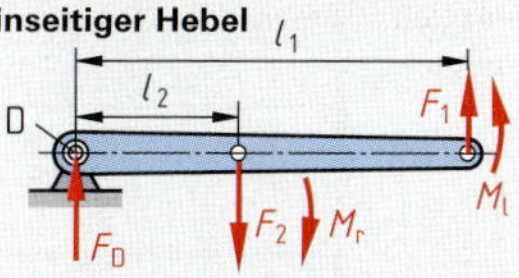

zweiseitiger Hebel

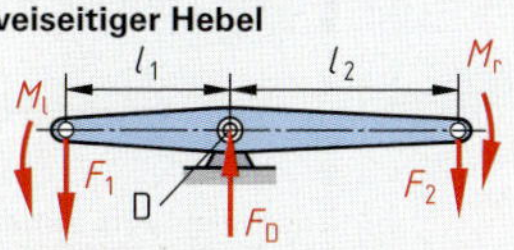

Winkelhebel

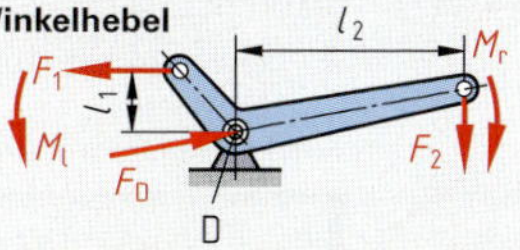

Die **wirksame Hebellänge** ist der rechtwinklige Abstand zwischen Drehpunkt und Wirkungslinie der Kraft. Bei scheibenförmigen drehbaren Teilen entspricht die Hebellänge dem Radius *r*.

M	Drehmoment, Moment
F	Kraft
l	wirksame Hebellänge
ΣM_l	Summe aller linksdrehenden Drehmomente
ΣM_r	Summe aller rechtsdrehenden Drehmomente

Beispiel:

Winkelhebel, $F_1 = 30$ N; $l_1 = 0{,}15$ m; $l_2 = 0{,}45$ m; $F_2 = ?$

$$\boldsymbol{F_2} = \frac{F_1 \cdot l_1}{l_2} = \frac{30\ \text{N} \cdot 0{,}15\ \text{m}}{0{,}45\ \text{m}} = \mathbf{10\ N}$$

Drehmoment

$$M = F \cdot l$$

Gleichgewicht der Drehmomente

$$\Sigma M_{(D)} = 0$$

$$M_l - M_r = 0$$

Hebelgesetz

$$\Sigma M_l = \Sigma M_r$$

Hebelgesetz bei nur zwei Kräften

$$F_1 \cdot l_1 = F_2 \cdot l_2$$

Drehmoment bei Zahnradtrieben

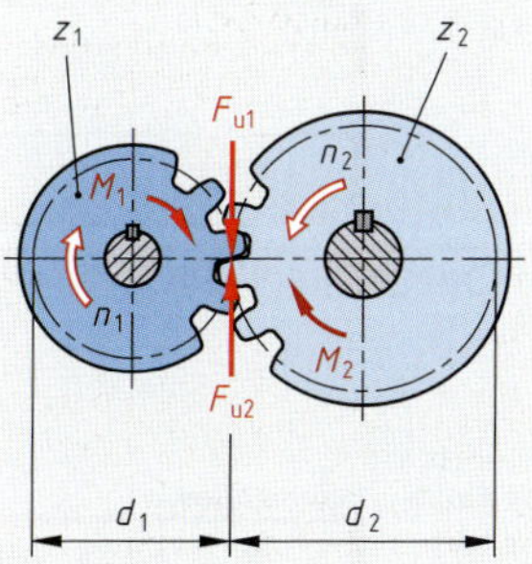

Der Hebelarm bei Zahnrädern entspricht dem halben Teilkreisdurchmesser *d*. Sind die Zähnezahlen zweier ineinandergreifender Zahnräder verschieden, ergeben sich unterschiedliche Drehmomente.

Treibendes Rad		**Getriebenes Rad**	
F_{u1}	Umfangskraft	F_{u2}	Umfangskraft
M_1	Drehmoment	M_2	Drehmoment
d_1	Teilkreisdurchmesser	d_2	Teilkreisdurchmesser
z_1	Zähnezahl	z_2	Zähnezahl
n_1	Drehzahl	n_2	Drehzahl

i Übersetzungsverhältnis

Beispiel:

Getriebe, $i = 12$; $M_1 = 60$ N · m; $M_2 = ?$

$\boldsymbol{M_2} = i \cdot M_1 = 12 \cdot 60$ N · m = **720 N · m**

Übersetzungen bei Zahnradtrieben: Seite 263

Drehmomente

$$M_1 = \frac{F_{u1} \cdot d_1}{2}$$

$$M_2 = \frac{F_{u2} \cdot d_2}{2}$$

$$M_2 = i \cdot M_1$$

$$\frac{M_2}{M_1} = \frac{z_2}{z_1}$$

$$\frac{M_2}{M_1} = \frac{n_1}{n_2}$$

$$\frac{M_2}{M_1} = \frac{d_2}{d_1}$$

Mechanische Arbeit, Hubarbeit und Reibungsarbeit

Hubarbeit

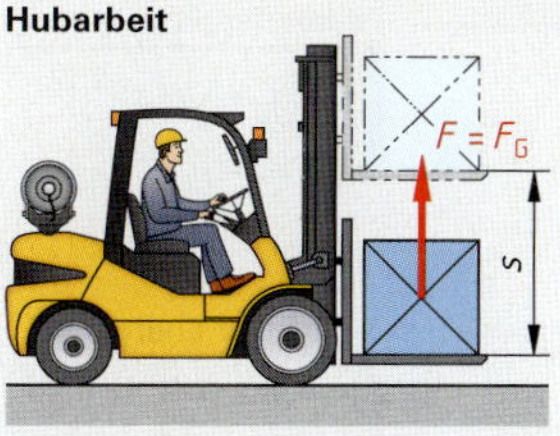

Reibungsarbeit

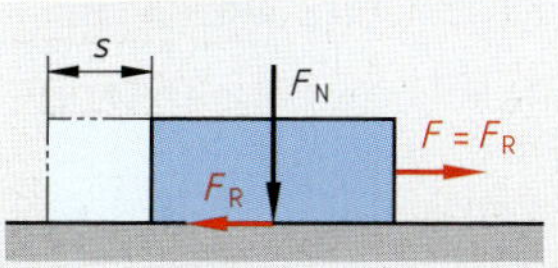

Arbeit wird verrichtet, wenn eine Kraft längs eines Weges wirkt.

F	Kraft in Wegrichtung	W	Arbeit
F_G	Gewichtskraft	s	Kraftweg
F_R	Reibungskraft	s, h	Hubhöhe
F_N	Normalkraft	μ	Reibungszahl

1. Beispiel:

Hubarbeit, $F = 300$ N; $s = 4$ m; $W = ?$

$\boldsymbol{W} = F \cdot s = 300$ N · 4 m = 1200 N · m = **1200 J**

2. Beispiel:

Reibungsarbeit, $F_N = 0{,}8$ kN; $s = 1{,}2$ m; $\mu = 0{,}4$; $W = ?$

$\boldsymbol{W} = \mu \cdot F_N \cdot s = 0{,}4 \cdot 800$ N · 1,2 m = 384 N · m = **384 J**

Arbeit

$$W = F \cdot s$$

Hubarbeit

$$W = F_G \cdot h$$

Reibungsarbeit

$$W = \mu \cdot F_N \cdot s$$

$$1\ \text{J} = 1\ \text{N} \cdot 1\ \text{m} = 1\ \text{W} \cdot \text{s} = 1\ \frac{\text{kg} \cdot \text{m}^2}{\text{s}^2}$$

$$1\ \text{kW} \cdot \text{h} = 3{,}6\ \text{MJ}$$

P

Einfache Maschinen und Energie

Flaschenzug[1)]

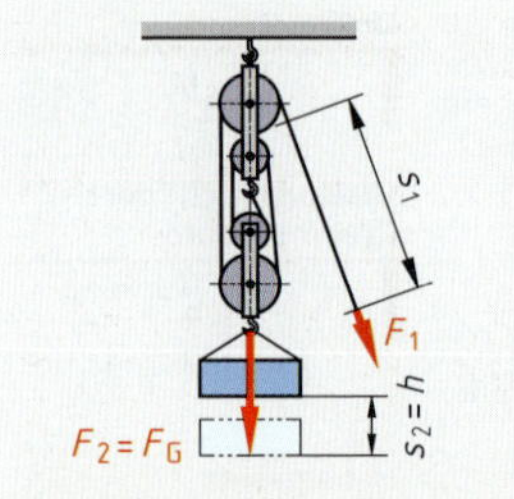

n Anzahl der tragenden Seilstränge, Rollenzahl

$$F_1 = \frac{F_G}{n}$$

$$s_1 = n \cdot h$$

$$W_2 = F_G \cdot h$$

Schiefe Ebene[1)]

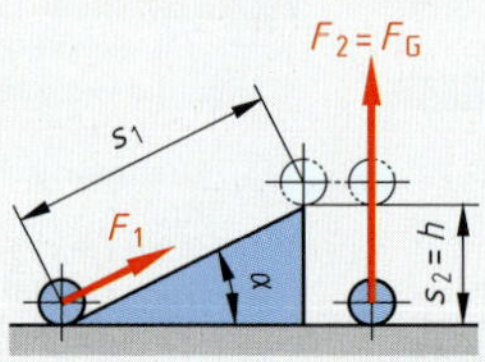

α Neigungswinkel

$$F_1 \cdot s_1 = F_G \cdot h$$

$$F_1 = F_G \cdot \sin\alpha$$

$$W_2 = F_G \cdot h$$

Keil[1)]

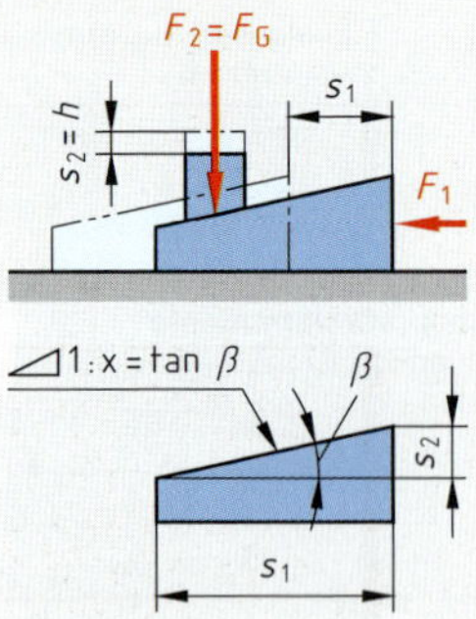

β Neigungswinkel
$\tan\beta$ Neigung

$$F_1 \cdot s_1 = F_2 \cdot h$$

$$F_2 = \frac{F_1}{\tan\beta}$$

$$s_2 = s_1 \cdot \tan\beta$$

$$W_2 = F_2 \cdot h$$

Schraube (Bewegungsgewinde)[1)]

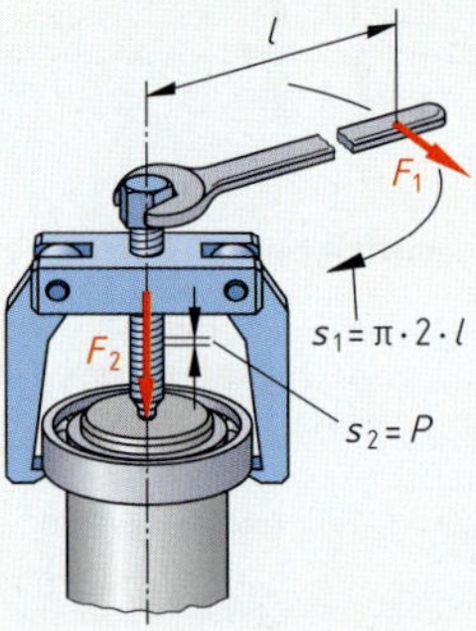

P Gewindesteigung
l Hebellänge
Für 1 volle Umdrehung

$$F_1 \cdot 2 \cdot \pi \cdot l = F_2 \cdot P$$

$$s_1 = 2 \cdot \pi \cdot l$$

$$W_1 = F_1 \cdot 2 \cdot \pi \cdot l$$

$$W_2 = F_2 \cdot P$$

[1)] Die Formeln gelten für den gedachten reibungsfreien Zustand. Bei diesem ist die aufgewendete Arbeit W_1 gleich der abgegebenen Arbeit W_2, d. h. was an Kraft gewonnen wird, geht an Weg verloren.

Potenzielle Energie

Lageenergie

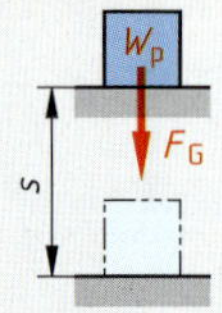

Federenergie

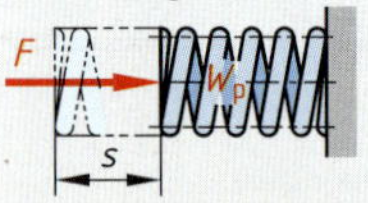

$R = \frac{F}{s}$

Potenzielle Energie ist gespeicherte Arbeit (Hubarbeit = Lageenergie; Verformungsarbeit = Federarbeit = Federenergie).

W_p	potenzielle Energie	*s*, *h*	Weg, Hub- oder Fallhöhe
F_G	Gewichtskraft		
F	Federkraft	*s*	Federweg
R	Federrate		

Beispiel:

Fallhammer, $m = 30$ kg; $s = 2{,}6$ m; $W_p = ?$

$$\boldsymbol{W_p} = F_G \cdot s = 30\,\text{kg} \cdot 9{,}81\,\frac{\text{m}}{\text{s}^2} \cdot 2{,}6\,\text{m} = \mathbf{765\,J}$$

Lageenergie

$$W_p = F_G \cdot s$$

Federenergie

$$W_p = \frac{R \cdot s^2}{2}$$

Kinetische Energie

geradlinige Bewegung

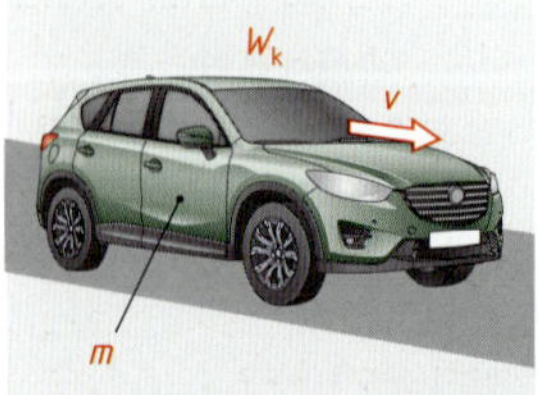

Kinetische Energie ist Energie der Bewegung (Beschleunigungsarbeit = Kinetische Energie).

W_k	kinetische Energie		
v	Geschwindigkeit	*m*	Masse

Beispiel:

Pkw, $m = 1400$ kg, $v_1 = 50$ km/h (13,88 m/s), $v_2 = 100$ km/h (27,77 m/s); $W_{K1} = ?$, $W_{K2} = ?$

$$\boldsymbol{W_{K1}} = \frac{m \cdot v_1^2}{2} = \frac{1400\,\text{kg} \cdot (13{,}88\,\text{m/s})^2}{2} = \mathbf{135\,kJ}$$

$$\boldsymbol{W_{K2}} = \frac{m \cdot v_2^2}{2} = \frac{1400\,\text{kg} \cdot (27{,}77\,\text{m/s})^2}{2} = \mathbf{540\,kJ}$$

Kinetische Energie bei geradliniger Bewegung

$$W_k = \frac{m \cdot v^2}{2}$$

Leistung und Wirkungsgrad

Leistung bei geradliniger Bewegung

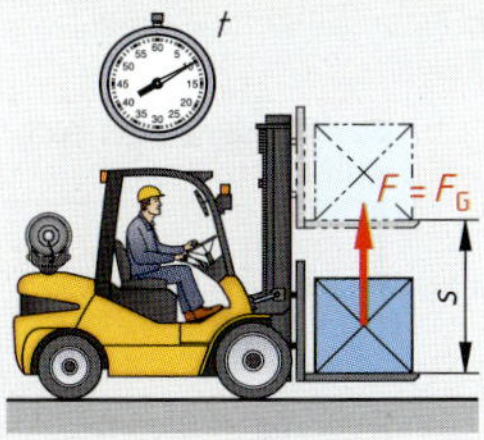

Leistung ist die Arbeit in der Zeiteinheit.

P	Leistung	s	Weg in Kraftrichtung
W	Arbeit	t	Zeit
v	Geschwindigkeit		

1. Beispiel:

Gabelstapler, $F = 15$ kN; $v = 25$ m/min; $P = ?$

$$\boldsymbol{P} = F \cdot v = 15\,000\,\text{N} \cdot \frac{25\,\text{m}}{60\,\text{s}} = 6250\,\frac{\text{N}\cdot\text{m}}{\text{s}} = 6250\,\text{W} = \mathbf{6{,}25\,kW}$$

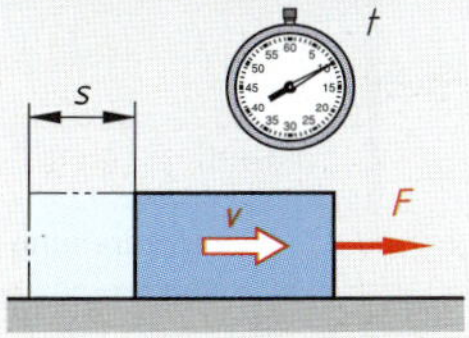

2. Beispiel:

Kran hebt Werkzeugmaschine, $m = 1{,}2$ t; $s = 2{,}5$ m; $t = 4{,}5$ s; $P = ?$

$$F_G = m \cdot g = 1200\,\text{kg} \cdot 9{,}81\,\text{m/s}^2 = 11\,772\,\text{N}$$

$$\boldsymbol{P} = \frac{F_G \cdot s}{t} \cdot \frac{11772\,\text{N} \cdot 2{,}5\,\text{m}}{4{,}5\,\text{s}} = 6540\,\text{W} = \mathbf{6{,}5\,kW}$$

Leistung von Pumpen und Zylindern: Seite 429

Leistung

$$P = \frac{W}{t}$$

$$P = \frac{F \cdot s}{t}$$

$$P = F \cdot v$$

$$1\,\text{W} = 1\,\frac{\text{J}}{\text{s}} = 1\,\frac{\text{N}\cdot\text{m}}{\text{s}}$$

$1\,\text{kW} = 1{,}36\,\text{PS}$

P

Leistung bei kreisförmiger Bewegung

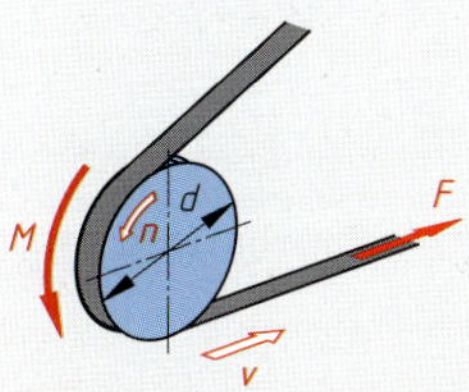

P	Leistung	s	Weg in Kraftrichtung
M	Drehmoment	t	Zeit
F	Umfangskraft	n	Drehzahl
v	Geschwindigkeit	ω	Winkelgeschwindigkeit

Beispiel:

Riementrieb, $F = 1{,}2$ kN; $d = 200$ mm; $n = 2800$/min; $P = ?$

$$\boldsymbol{P} = F \cdot \pi \cdot d \cdot n$$

$$= 1{,}2\,\text{kN} \cdot \pi \cdot 0{,}2\,\text{m} \cdot \frac{2800}{60\,\text{s}} = 35{,}2\,\frac{\text{kN}\cdot\text{m}}{\text{s}} = \mathbf{35{,}2\,kW}$$

Zahlenwertgleichung:
Einsetzen → M in N · m, n in 1/min
Ergebnis → P in kW

Schnittleistung bei Werkzeugmaschinen: Seiten 323, 335, 341

Leistung

$$P = F \cdot v$$

$$P = F \cdot \pi \cdot d \cdot n$$

$$P = M \cdot 2 \cdot \pi \cdot n$$

$$P = M \cdot \omega$$

oder: Leistung (Zahlenwertgleichung)

$$P = \frac{M \cdot n}{9550}$$

Wirkungsgrad

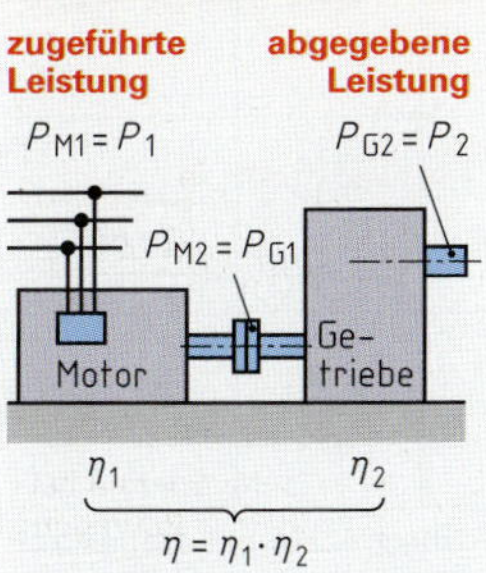

Unter dem Wirkungsgrad versteht man das Verhältnis von abgegebener Leistung oder Arbeit zu zugeführter Leistung oder Arbeit.

P_1	zugeführte Leistung	P_2	abgegebene Leistung
W_1	zugeführte Arbeit	W_2	abgegebene Arbeit
η	Gesamtwirkungsgrad	η_1, η_2	Teilwirkungsgrade

Beispiel:

Antrieb, $P_1 = 4$ kW; $P_2 = 3$ kW; $\eta_1 = 85\,\%$; $\eta = ?$; $\eta_2 = ?$

$$\boldsymbol{\eta} = \frac{P_2}{P_1} = \frac{3\,\text{kW}}{4\,\text{kW}} = \mathbf{0{,}75}; \qquad \boldsymbol{\eta_2} = \frac{\eta}{\eta_1} = \frac{0{,}75}{0{,}85} = \mathbf{0{,}88}$$

Wirkungsgrad

$$\eta = \frac{P_2}{P_1}$$

$$\eta = \frac{W_2}{W_1}$$

Gesamtwirkungsgrad

$$\eta = \eta_1 \cdot \eta_2 \cdot \eta_3 \ldots$$

Wirkungsgrade η (Richtwerte)

Steinkohlekraftwerk	0,41	Kfz-Dieselmotor (Teillast)	0,24	Bewegungsgewinde	0,30
Erdgaskraftwerk	0,50	Kfz-Dieselmotor (Volllast)	0,40	Zahnradgetriebe	0,97
Gasturbine	0,38	Großdieselmotor (Teillast)	0,33	Schneckengetriebe $i = 40$	0,65
Dampfturbine (Hochdruck)	0,45	Großdieselmotor (Volllast)	0,55	Reibradgetriebe	0,80
Wasserturbine	0,85	Drehstrom-Motor	0,85	Kettentrieb	0,90
Kraft-Wärmekopplung	0,75	konv. Werkzeugmaschine	0,75	Breitkeilriemengetriebe	0,85
Otto-Motor	0,27	CNC-Werkzeugmaschine	0,85	Hydrogetriebe	0,75

Reibungsarten, Reibungszahlen

Reibungskraft, Reibungsmoment

Haftreibung, Gleitreibung

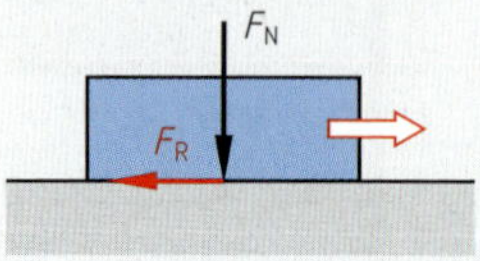

Reibungsmoment

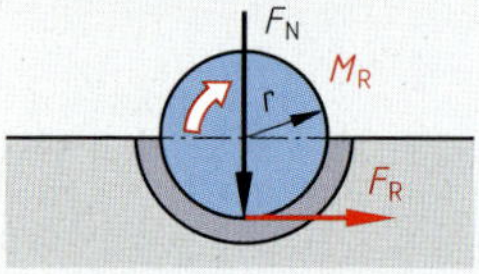

Rollreibung

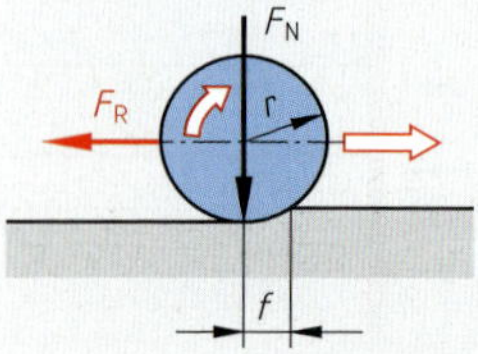

P

Die auftretende Reibungskraft ist von der Normalkraft F_N abhängig und von

- der Reibungsart: Haft-, Gleit- oder Rollreibung
- dem Schmierzustand
- der Werkstoffpaarung (Werkstoffkombination)
- der Oberflächenbeschaffenheit

Die Einflüsse werden in der aus Versuchen ermittelten Reibungszahl μ zusammengefasst.

F_N	Normalkraft	M_R	Reibungsmoment
F_R	Reibungskraft	d	Durchmesser
μ	Reibungszahl	r	Radius
f	Rollreibungszahl		

1. Beispiel:

Gleitlager, $F_N = 100$ N; $\mu = 0{,}03$; $F_R = ?$

$\boldsymbol{F_R} = \mu \cdot F_N = 0{,}03 \cdot 100\ \text{N} = \mathbf{3\ N}$

2. Beispiel:

Stahlwelle in Cu-Sn-Gleitlager, $\mu = 0{,}05$; $F_N = 6$ kN; $d = 160$ mm; $M_R = ?$

$$\boldsymbol{M_R} = \frac{\mu \cdot F_N \cdot d}{2} = \frac{0{,}05 \cdot 6000\ \text{N} \cdot 0{,}16\ \text{m}}{2} = \mathbf{24\ N \cdot m}$$

3. Beispiel:

Kranrad auf Stahlschiene, $F_N = 45$ kN; $d = 320$ mm; $f = 0{,}5$ mm; $F_R = ?$

$$\boldsymbol{F_R} = \frac{f \cdot F_N}{r} = \frac{0{,}5\ \text{mm} \cdot 45\,000\ \text{N}}{160\ \text{mm}} = \mathbf{140{,}6\ N}$$

Reibungskraft bei Haft- und Gleitreibung

$$F_R = \mu \cdot F_N$$

Reibungsmoment

$$M_R = \frac{\mu \cdot F_N \cdot d}{2}$$

$$M_R = F_R \cdot r$$

Reibungskraft bei Rollreibung[1]

$$F_R = \frac{f \cdot F_N}{r}$$

[1] verursacht durch elastische Verformungen zwischen Rollkörper und Rollbahn

Reibungszahlen (Richtwerte)[2]

Werkstoffpaarung	Anwendungsbeispiel	Haftreibungszahl μ		Gleitreibungszahl μ	
		trocken	geschmiert	trocken	geschmiert
Stahl/Stahl	Bremsbacke an Stahlschiene	0,25	0,10	0,15	0,10 … 0,05
Stahl/Gusseisen	Maschinenführung	0,20	0,10	0,18	0,10 … 0,05
Stahl/Cu-Sn-Legierung	Welle in Massivgleitlager	0,20	0,10	0,10	0,06 … 0,03[3]
Stahl/Pb-Sn-Legierung	Welle in Verbundgleitlager	0,15	0,10	0,10	0,05 … 0,03[3]
Stahl/Polyamid	Welle in PA-Gleitlager	0,30	0,15	0,30	0,12 … 0,03[3]
Stahl/PTFE	Tieftemperaturlager	0,04	0,04	0,04	0,04[3]
Stahl/Reibbelag	Backenbremse	0,60	0,30	0,55	0,3 … 0,2
Stahl/Holz	Bauteil auf Montagebock	0,55	0,10	0,35	0,05
Holz/Holz	Unterleghölzer	0,50	0,20	0,30	0,10
Gusseisen/Cu-Sn-Legierung	Einstellleiste an Führung	0,25	0,16	0,20	0,10
Gummi/Gusseisen	Riemen auf Riemenscheibe	0,50	–	0,45	–
Wälzkörper/Stahl	Wälzlager[4], Wälzführung[4]	–	–	–	0,003 … 0,001

[2] Die Richtwerte der Reibungszahlen stellen lediglich Tendenzen dar und unterliegen insbesondere bei der Haftreibung großen Schwankungen. Verlässliche Reibzahlen können nur anwendungsspezifische Versuche liefern.

[3] Mit zunehmender Gleitgeschwindigkeit und sich einstellender Misch- und Flüssigkeitsreibung verliert die Werkstoffpaarung ihren Einfluss.

[4] Berechnung erfolgt trotz rollender Bewegung üblicherweise wie bei Haft- bzw. Gleitreibung.

Rollreibungszahlen (Richtwerte)[5]

Werkstoffpaarung	Anwendungsbeispiel	Rollreibungszahl f in mm
Stahl/Stahl	Stahlrad auf Führungsschiene	0,5
Kunststoff/Beton	Transportrollen auf Hallenboden	5
Gummi/Asphalt	Autoreifen auf Straße	8

[5] Angaben zu Rollreibungszahlen schwanken in der Fachliteratur z.T. beträchtlich.

Druckarten, Hydraulische Kraftübersetzung

Druck

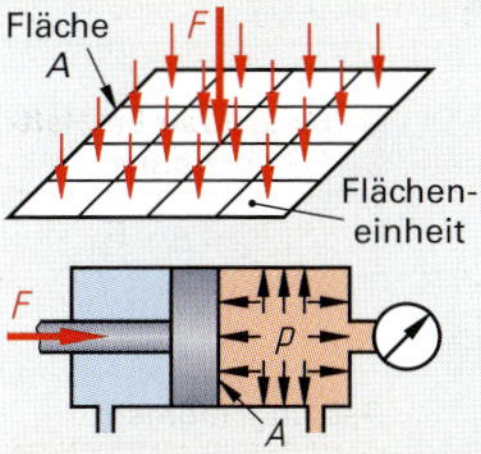

p Druck
F Kraft
A Fläche

Beispiel:

$F = 2$ MN; Kolben-∅ $d = 400$ mm; $p = ?$

$$\boldsymbol{p} = \frac{F}{A} = \frac{2000000\ \text{N}}{\frac{\pi \cdot (40\ \text{cm})^2}{4}} = 1592\ \frac{\text{N}}{\text{cm}^2} = \mathbf{159{,}2\ bar}$$

Berechnungen zur Hydraulik und Pneumatik: Seite 429

Druck

$$p = \frac{F}{A}$$

Druckeinheiten

$1\ \text{Pa} = 1\ \frac{\text{N}}{\text{m}^2} = 0{,}00001\ \text{bar}$

$1\ \text{bar} = 10\ \frac{\text{N}}{\text{cm}^2} = 0{,}1\ \frac{\text{N}}{\text{mm}^2}$

1 mbar = 100 Pa = 1 hPa

P

Überdruck, Luftdruck, absoluter Druck

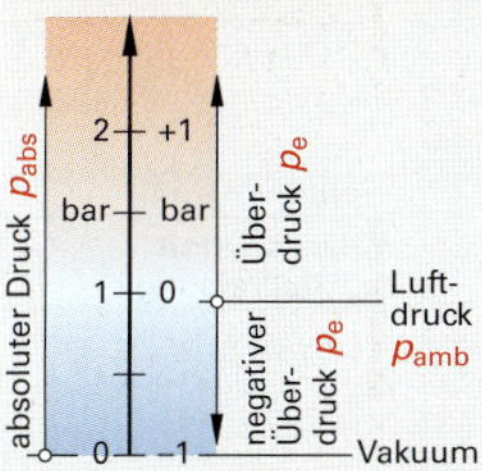

p_e Überdruck (excedens, überschreitend)
p_{amb} Luftdruck (ambient, umgebend)
p_{abs} absoluter Druck

Der Überdruck ist
positiv, wenn $p_{abs} > p_{amb}$ ist und
negativ, wenn $p_{abs} < p_{amb}$ ist (Unterdruck)

Beispiel:

Autoreifen, $p_e = 2{,}2$ bar; $p_{amb} = 1$ bar; $p_{abs} = ?$

$\boldsymbol{p_{abs}} = p_e + p_{amb} = 2{,}2\ \text{bar} + 1\ \text{bar} = \mathbf{3{,}2\ bar}$

Überdruck

$$p_e = p_{abs} - p_{amb}$$

$p_{amb} = 1{,}013\ \text{bar} \approx 1\ \text{bar}$
(Normal-Luftdruck)

Schweredruck, Auftriebskraft

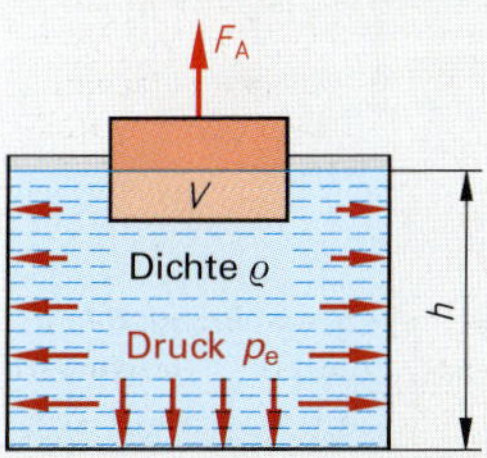

p_e Schweredruck (Eigendruck)
ϱ Dichte der Flüssigkeit
g Fallbeschleunigung
F_A Auftriebskraft
V Eintauchvolumen
h Flüssigkeitstiefe

Beispiel:

Welcher Schweredruck herrscht in 10 m Wassertiefe?

$$\boldsymbol{p_e} = g \cdot \varrho \cdot h = 9{,}81\ \frac{\text{m}}{\text{s}^2} \cdot 1000\ \frac{\text{kg}}{\text{m}^3} \cdot 10\ \text{m}$$

$$= 98\,100\ \frac{\text{kg}}{\text{m} \cdot \text{s}^2} = 98\,100\ \text{Pa} \approx \mathbf{1\ bar}$$

Schweredruck

$$p_e = g \cdot \varrho \cdot h$$

Auftriebskraft

$$F_A = g \cdot \varrho \cdot V$$

$g = 9{,}81\ \frac{\text{m}}{\text{s}^2} \approx 10\ \frac{\text{m}}{\text{s}^2}$

Dichtewerte: Seite 121

Hydraulische Kraftübersetzung

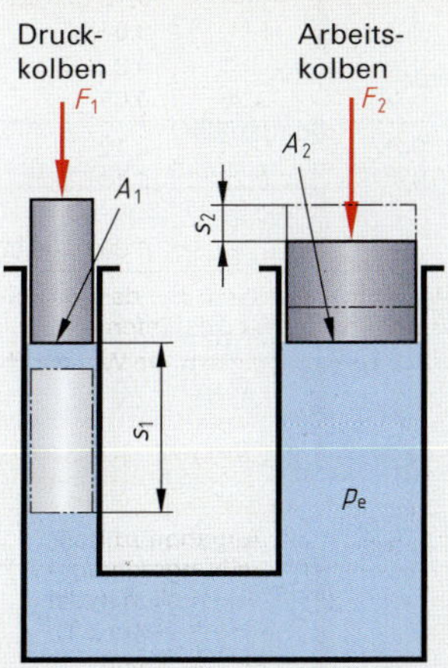

Druck breitet sich in abgeschlossenen Flüssigkeiten oder Gasen nach allen Richtungen gleichmäßig aus.

F_1, F_2 Kolbenkräfte
A_1, A_2 Kolbenflächen
s_1, s_2 Kolbenwege
i hydraulisches Übersetzungsverhältnis
p_e Überdruck

Beispiel:

$F_1 = 200$ N; $A_1 = 5\ \text{cm}^2$; $A_2 = 500\ \text{cm}^2$;
$s_2 = 30$ mm; $F_2 = ?$; $s_1 = ?$; $i = ?$

$$\boldsymbol{F_2} = \frac{F_1 \cdot A_2}{A_1} = \frac{200\ \text{N} \cdot 500\ \text{cm}^2}{5\ \text{cm}^2} = 20\,000\ \text{N} = \mathbf{20\ kN}$$

$$\boldsymbol{s_1} = \frac{s_2 \cdot A_2}{A_1} = \frac{30\ \text{mm} \cdot 500\ \text{cm}^2}{5\ \text{cm}^2} = \mathbf{3000\ mm}$$

$$\boldsymbol{i} = \frac{F_1}{F_2} = \frac{200\ \text{N}}{20\,000\ \text{N}} = \mathbf{\frac{1}{100}}$$

Verdrängtes Volumen

$$A_1 \cdot s_1 = A_2 \cdot s_2$$

Arbeit an beiden Kolben

$$F_1 \cdot s_1 = F_2 \cdot s_2$$

Verhältnisse: Kräfte, Flächen, Wege

$$\frac{F_2}{F_1} = \frac{A_2}{A_1} = \frac{s_1}{s_2}$$

Übersetzungsverhältnis

$$i = \frac{F_1}{F_2} = \frac{s_2}{s_1}$$

$$i = \frac{A_1}{A_2}$$

Druckübersetzung, Durchflussgeschwindigkeit, Zustandsänderung

Druckübersetzung

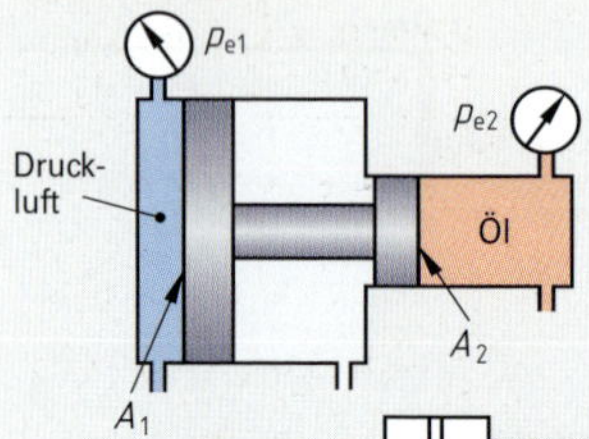

Schaltzeichen nach ISO 1219-1

A_1, A_2	Kolbenflächen
p_{e1}	Überdruck an der Kolbenfläche A_1
p_{e2}	Überdruck an der Kolbenfläche A_2
η	Wirkungsgrad des Druckübersetzers

Beispiel:

$A_1 = 200\ \text{cm}^2$; $A_2 = 5\ \text{cm}^2$; $\eta = 0{,}88$;
$p_{e1} = 7\ \text{bar} = 70\ \text{N/cm}^2$; $p_{e2} = ?$

$$\mathbf{p_{e2}} = p_{e1} \cdot \frac{A_1}{A_2} \cdot \eta = 70\ \frac{\text{N}}{\text{cm}^2} \cdot \frac{200\ \text{cm}^2}{5\ \text{cm}^2} \cdot 0{,}88$$

$$= 2464\ \text{N/cm}^2 = \mathbf{246{,}4\ bar}$$

Überdruck

$$p_{e2} = p_{e1} \cdot \frac{A_1}{A_2} \cdot \eta$$

Durchflussgeschwindigkeiten

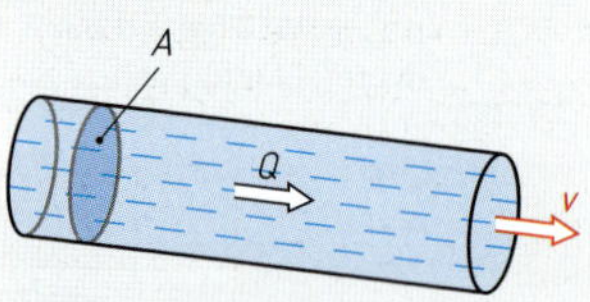

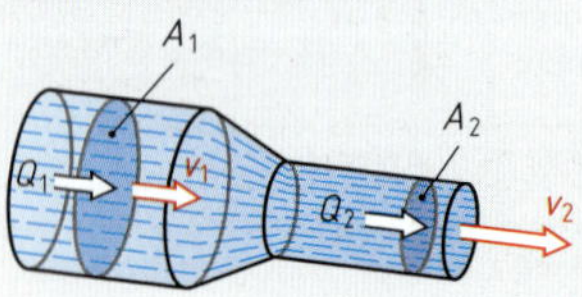

Q, Q_1, Q_2	Volumenströme
A, A_1, A_2	Querschnittsflächen
v, v_1, v_2	Durchflussgeschwindigkeiten

Kontinuitätsgleichung

In einer Rohrleitung mit wechselnden Querschnittsflächen fließt in der Zeit t durch jeden Querschnitt der gleiche Volumenstrom Q.

Beispiel:

Rohrleitung mit $A_1 = 19{,}6\ \text{cm}^2$; $A_2 = 8{,}04\ \text{cm}^2$ und $Q = 120\ \text{l/min}$; $v_1 = ?$; $v_2 = ?$

$$\mathbf{v_1} = \frac{Q}{A_1} = \frac{120\,000\ \text{cm}^3/\text{min}}{19{,}6\ \text{cm}^2} = 6122\ \frac{\text{cm}}{\text{min}} = \mathbf{1{,}02\ \frac{m}{s}}$$

$$\mathbf{v_2} = \frac{v_1 \cdot A_1}{A_2} = \frac{1{,}02\ \text{m/s} \cdot 19{,}6\ \text{cm}^2}{8{,}04\ \text{cm}^2} = \mathbf{2{,}49\ \frac{m}{s}}$$

Volumenstrom

$$Q = A \cdot v$$

$$Q_1 = Q_2$$

Verhältnis der Durchflussgeschwindigkeiten

$$\frac{v_1}{v_2} = \frac{A_2}{A_1}$$

Zustandsänderung bei Gasen

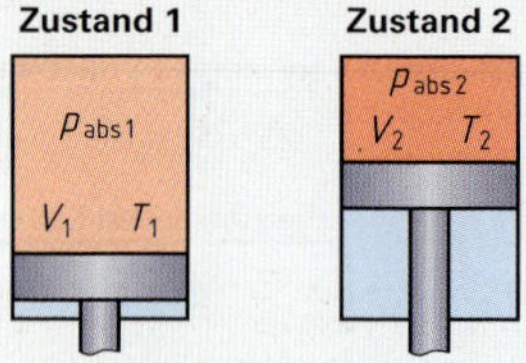

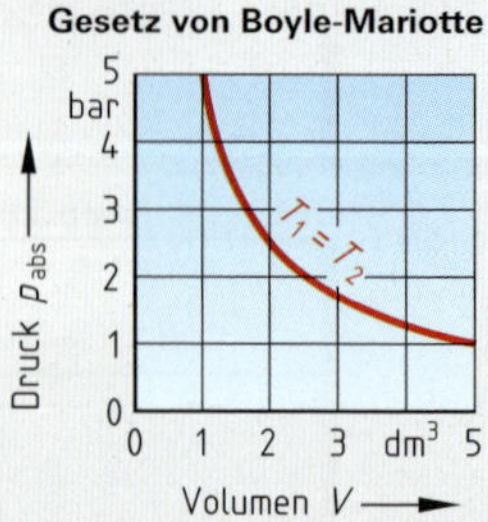

Zustand 1

p_{abs1}	absoluter Druck
V_1	Volumen
T_1	absolute Temperatur

Zustand 2

p_{abs2}	absoluter Druck
V_2	Volumen
T_2	absolute Temperatur

Beispiel:

Eine Sauerstoffflasche mit $V = 20\ \text{dm}^3$ und 250 bar Fülldruck ($p_{abs1} = 251$ bar) erwärmt sich in der Sonne von $t_1 = 15\,°\text{C}$ auf $t_2 = 45\,°\text{C}$. Wie groß ist der Druckanstieg Δp in der Gasflasche?

Berechnung der absoluten Temperaturen (Seite 51):

$T_1 = t_1 + 273 = (15 + 273)\ \text{K} = 288\ \text{K}$

$T_2 = t_2 + 273 = (45 + 273)\ \text{K} = 318\ \text{K}$

$$p_{abs2} = \frac{p_{abs1} \cdot T_2}{T_1} = \frac{251\ \text{bar} \cdot 318\ \text{K}}{288\ \text{K}}$$

$= 277\ \text{bar}$

$\mathbf{\Delta p} = p_{abs2} - p_{abs1} = 277\ \text{bar} - 251\ \text{bar}$
$= \mathbf{26\ bar}$

Allgemeine Gasgleichung

$$\frac{p_{abs1} \cdot V_1}{T_1} = \frac{p_{abs2} \cdot V_2}{T_2}$$

Sonderfälle:

bei konstanter Temperatur

$$p_{abs1} \cdot V_1 = p_{abs2} \cdot V_2$$

bei konstantem Volumen

$$\frac{p_{abs1}}{T_1} = \frac{p_{abs2}}{T_2}$$

bei konstantem Druck

$$\frac{V_1}{T_1} = \frac{V_2}{T_2}$$

Belastungsfälle, Beanspruchungsarten, Grenzspannungen

Belastungsfälle

σ_u Unterspannung σ_m Mittelspannung S Spannungsverhältnis
σ_o Oberspannung σ_a Ausschlagspannung (Spannungsamplitude)

Spannungsverhältnis $S = \frac{\sigma_u}{\sigma_o}$

statische Belastung	dynamische Belastung	
ruhend $S = 1$	**schwellend $S = 0$**	**wechselnd $S = -1$**
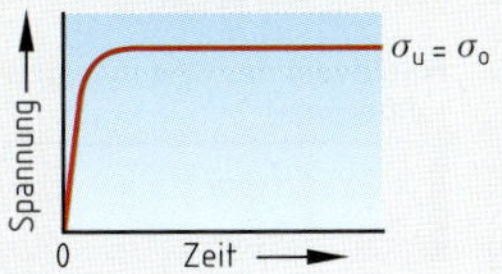	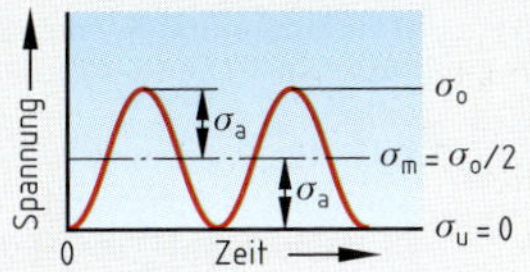	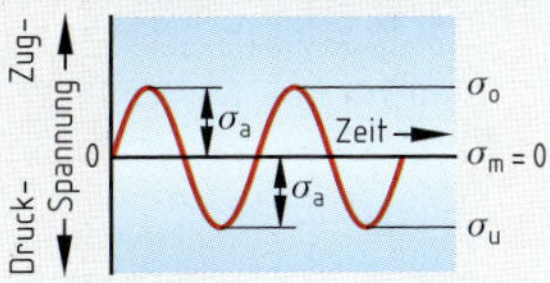
Belastungsfall I Größe und Richtung der Belastung sind gleichbleibend, z. B. bei einer Gewichtsbelastung an einer Aufhängung.	**Belastungsfall II** Die Belastung steigt auf einen Höchstwert an und geht auf null zurück, z. B. bei Kranseilen und Federn.	**Belastungsfall III** Die Belastung wechselt zwischen einem positiven und einem gleich großen negativen Höchstwert, z. B. bei umlaufenden Achsen.

Beanspruchungsarten, Grenzspannungen

Beanspruchungsart	Spannung	elastische Formänderung	Werkstoffkennwert als Grenzspannung (σ_{grenz}) für: statische Belastung (Seite 42), Belastungsfall I, Werkstoff spröde[1] (z. B. Gusseisen)	statische Belastung, Werkstoff zäh[2] (z. B. Stahl)	dynamische Belastung (Seite 48 und 49), Belastungsfall II[3]	dynamische Belastung, Belastungsfall III[3]
Zug 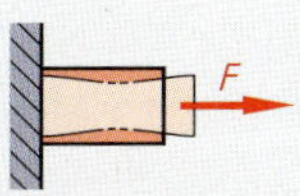	Zugspannung σ_z	Dehnung ε Bruchdehnung A	Zugfestigkeit R_m	Streckgrenze R_e 0,2 %-Dehngrenze $R_{p0,2}$	Zug-Schwellfestigkeit σ_{zSch}	Zug-Druck-Wechselfestigkeit σ_{zdW}
Druck 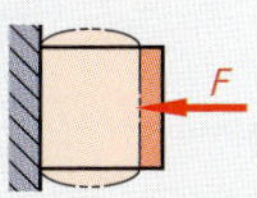	Druckspannung σ_d	Stauchung ε_d	Druckfestigkeit σ_{dB}	Quetschgrenze σ_{dF} 0,2 %-Stauchgrenze $\sigma_{d0,2}$	Druck-Schwellfestigkeit σ_{dSch}	
Biegung 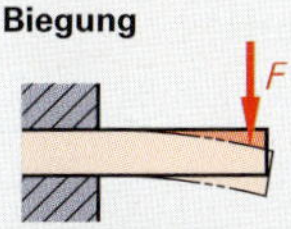	Biegespannung σ_b	Durchbiegung f	Biegefestigkeit σ_{bB}	Biegefließgrenze σ_{bF}	Biege-Schwellfestigkeit σ_{bSch}	Biege-Wechselfestigkeit σ_{bW}
Abscherung 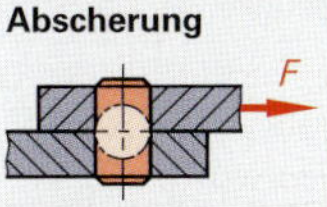	Scherspannung τ_a	–	Scherfestigkeit τ_{aB}	Scherfließgrenze τ_{aF}	–	–
Torsion (Verdrehung) 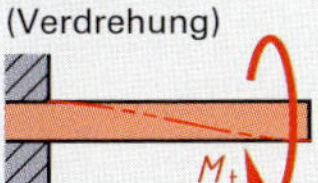	Torsionsspannung τ_t	Verdrehwinkel φ	Torsionsfestigkeit τ_{tB}	Torsionsfließgrenze τ_{tF}	Torsions-Schwellfestigkeit τ_{tSch}	Torsions-Wechselfestigkeit τ_{tW}
Knickung 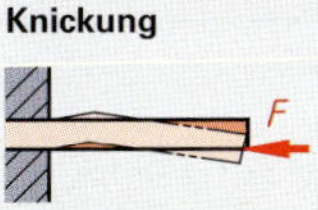	Knickspannung σ_k	–	Knickfestigkeit σ_{kB}	Knickfestigkeit σ_{kB}	–	–

[1] Werkstoffkennwert, Grenzspannung gegen Bruch
[2] Werkstoffkennwert, Grenzspannung gegen plastisches Fließen
[3] Werkstoffkennwert, Grenzspannung gegen Dauerbruch (Werkstoffermüdung)

P

Statische Festigkeit, Festigkeitswerte, Sicherheitszahlen, *E*-Modul

Statische Festigkeitsrechnung, zul. Spannung, Vordimensionierung, Spannungsnachweis

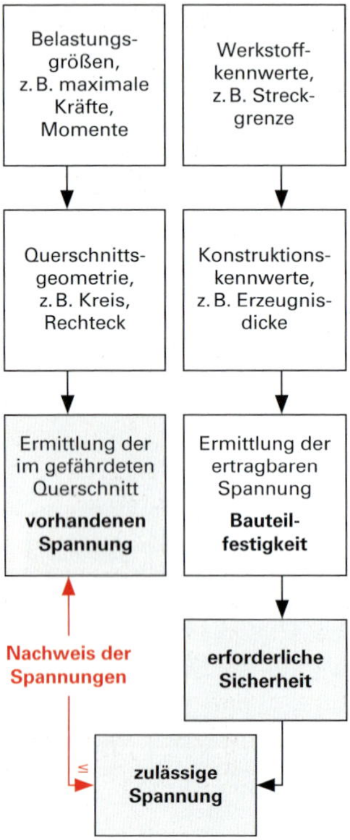

Aus Sicherheitsgründen dürfen Bauteile auch bei **Maximalbelastung** nur mit einem Teil (Sicherheitszahl) der Bauteilfestigkeit, ab welcher eine bleibende Verformung oder der Bruch eintritt, belastet werden.

$\sigma(\tau)_{grenz}$	Grenzspannung je nach Beanspruchungsart (Seite 41 und Tabelle unten)
$\sigma(\tau)_{zul}$	zulässige Spannung
$\sigma(\tau)_{vorh}$	vorhandene Spannung
ν	Sicherheitszahl (Tabelle unten)

Zulässige Spannung (Vordimensionierung)

$$\sigma_{zul} = \frac{\sigma_{grenz}}{\nu}; \quad \tau_{zul} = \frac{\tau_{grenz}}{\nu}$$

Nachweis der Spannungen (allgemein)

$$\sigma_{vorh} \leq \sigma_{zul}$$
$$\tau_{vorh} \leq \tau_{zul}$$

- **Vordimensionierung (überschlägige Ermittlung des erforderlichen Bauteilquerschnitts)**

Bei noch unbekannter Bauteildicke ist die Bauteilfestigkeit nicht genau zu ermitteln. Der überschlägig erforderliche Bauteilquerschnitt wird deshalb mit einer erhöhten Sicherheitszahl und Richtwerten anhand der Nennstreckgrenze (Mindeststreckgrenze für kleinste Erzeugnisdicke) aus den nachfolgenden Tabellen bestimmt.

- **Spannungsnachweis (Nachweis vorhandener Bauteilquerschnitte)**

Im Nachweis sind die vorhandenen Spannungen mit der unter Berücksichtigung der Bauteilfestigkeit und einer erforderlichen Sicherheit (Sicherheitszahl) ermittelten zulässigen Spannung zu vergleichen.

Beispiel:

Statisch belasteter Zugstab aus S275JR;
σ_{zul} für eine Vordimensionierung = ?, σ_{zul} für Nachweis bei d = 25 mm = ?

Vordimensionierung: $\sigma_{grenz} = R_e$ (Tabelle unten) = 275 N/mm² (Seite 135)
ν = 1,7 (Tabelle unten)
$$\boldsymbol{\sigma_{zul}} = \frac{\sigma_{grenz}}{\nu} = \frac{275\ \text{N/mm}^2}{1{,}7} = \mathbf{161\ N/mm^2}$$

Nachweis: $\sigma_{grenz} = R_e$ (Tabelle unten) = 265 N/mm² (Seite 135)
ν = 1,5 (Tabelle unten)
$$\boldsymbol{\sigma_{zul}} = \frac{\sigma_{grenz}}{\nu} = \frac{265\ \text{N/mm}^2}{1{,}5} = \mathbf{176\ N/mm^2}$$

Statische Festigkeitswerte (Grenzspannungen) und Sicherheitszahlen (Richtwerte)[1)]

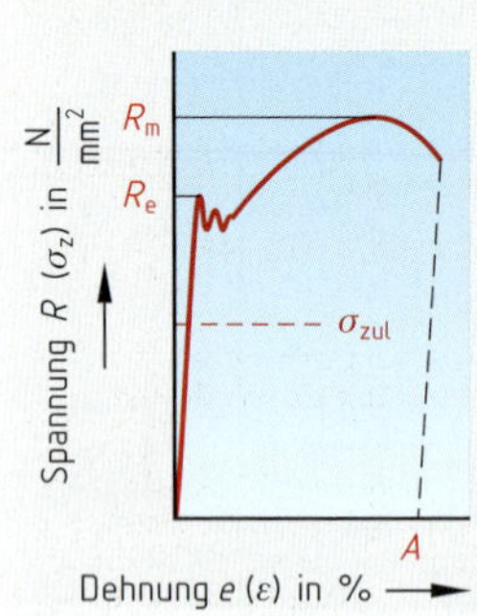

Beanspruchungsart	Zähe (duktile) Werkstoffe				Spröde Werkstoffe			
	Kennwert	St, GE, Cu-Leg.	AW-Leg.	AC-Leg.	Kennwert	GJL	GJM	GJS
Zug	Streckgrenze R_e ($R_{p0,2}$)				Zugfestigkeit R_m			
Druck	σ_{dF}	R_e	$R_{p0,2}$	$1{,}5 \cdot R_{p0,2}$	σ_{dB}	$2{,}5 \cdot R_m$	$1{,}5 \cdot R_m$	$1{,}3 \cdot R_m$
Biegung	σ_{bF}	$1{,}2 \cdot R_e$	$R_{p0,2}$	$R_{p0,2}$	σ_{bB}	R_m	R_m	R_m
Torsion	τ_{tF}	$0{,}7 \cdot R_e$	$0{,}6 \cdot R_{p0,2}$	$0{,}65 \cdot R_{p0,2}$	τ_{tB}	$0{,}8 \cdot R_m$	$0{,}7 \cdot R_m$	$0{,}65 \cdot R_m$
Scherung	τ_{aF}	$0{,}6 \cdot R_e$	$0{,}6 \cdot R_{p0,2}$	$0{,}75 \cdot R_{p0,2}$	τ_{aB}	$0{,}8 \cdot R_m$	$0{,}7 \cdot R_m$	$0{,}65 \cdot R_m$
Sicherheitszahl	gegen Fließen				gegen Bruch			
	Spannungsnachweis: $\nu \approx 1{,}5$				Spannungsnachweis: $\nu \approx 2{,}0$			
	Vordimensionierung: $\nu \approx 1{,}7$				Vordimensionierung: $\nu \approx 2{,}1$			

1) Vordimensionierung: R_e = Nennstreckgrenze (Mindeststreckgrenze für die kleinste Erzeugnisdicke)
Spannungsnachweis: R_e = Streckgrenze für die entsprechende Erzeugnisdicke des Bauteils

Elastizitätsmodul *E* in kN/mm² (Mittelwerte)

Werkstoff	Stahl, Stahlguss	EN-GJL-150	EN-GJL-300	EN-GJS-400	GE200	EN-GJMW-350-4	CuZn40	Al-Leg.	Ti-Leg.
E-Modul	210	85	125	175	210	170	90	70	120

Beanspruchung auf Zug, Druck, Flächenpressung

Beanspruchung auf Zug

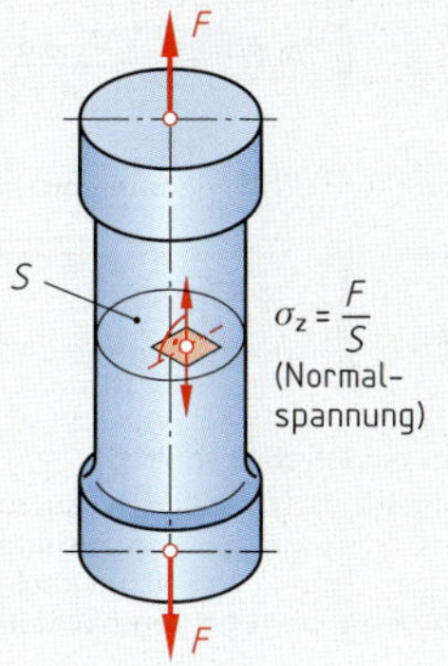

σ_z	Zugspannung	S_{erf}	erforderliche Querschnittsfläche
F	Zugkraft	R_e	Streckgrenze
S	Querschnittsfläche		
σ_{zzul}	zulässige Zugspannung		
ν	Sicherheitszahl (Seite 42)		

1. Beispiel:

Stahldraht, d = 3 mm (S = 7,07 mm²), F = 900 N; σ_z = ?

$$\boldsymbol{\sigma_z} = \frac{F}{S} = \frac{900\ \text{N}}{7{,}07\ \text{mm}^2} = \mathbf{127\ \frac{N}{mm^2}}$$

2. Beispiel:

Vordimensionierung, Rundstahl S235JR, F = 15 kN; S_{erf} = ?; d = ?

$$\sigma_{zzul} = \frac{R_e}{\nu} = \frac{235\ \text{N/mm}^2}{1{,}7} = 138\ \text{N/mm}^2$$

$$S_{erf} = \frac{F}{\sigma_{zzul}} = \frac{15\,000\ \text{N}}{138\ \text{N/mm}^2} = 108{,}7\ \text{mm}^2 \rightarrow \mathbf{d = 12\ mm}$$

Berechnung der elastischen Dehnung: Seite 201

Zugspannung

$$\sigma_z = \frac{F}{S}$$

erforderliche Querschnittsfläche

$$S_{erf} = \frac{F}{\sigma_{zzul}}$$

zulässige Zugspannung[1]

$$\sigma_{zzul} = \frac{R_e}{\nu}$$

Festigkeitswerte R_e: Seiten 135 bis 139

P

Beanspruchung auf Druck

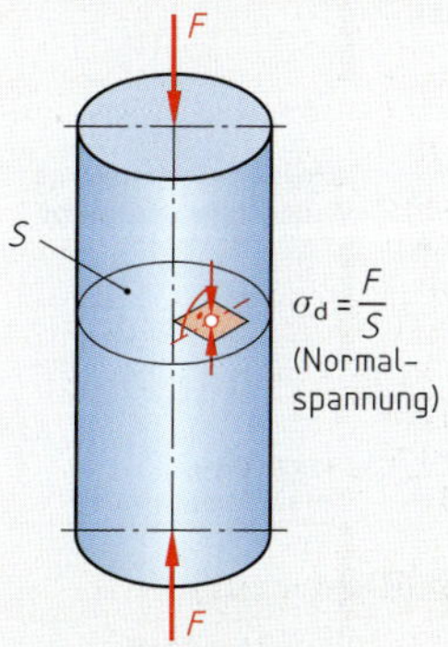

σ_d	Druckspannung	S_{erf}	erforderliche Querschnittsfläche
F	Druckkraft	R_e	Streckgrenze
S	Querschnittsfläche		
σ_{dzul}	zulässige Druckspannung		
σ_{dF}	Quetschgrenze (Seite 42, bei Stahl $\sigma_{dF} \approx R_e$)		
ν	Sicherheitszahl (Seite 42)		

Beispiel:

Vordimensionierung, Gestell aus EN-GJS-400; F = 1200 kN; S_{erf} = ?

$$\sigma_{dzul} = \frac{\sigma_{dB}}{\nu} = \frac{1{,}3 \cdot R_m}{2{,}1} = \frac{1{,}3 \cdot 400\ \text{N/mm}^2}{2{,}1} = 248\ \text{N/mm}^2$$

$$\boldsymbol{S_{erf}} = \frac{F}{\sigma_{dzul}} = \frac{1\,200\,000\ \text{N}}{248\ \text{N/mm}^2} = \mathbf{4838{,}7\ mm^2}$$

Festigkeitswerte R_e: Seiten 135 bis 139

Druckspannung

$$\sigma_d = \frac{F}{S}$$

erforderliche Querschnittsfläche

$$S_{erf} = \frac{F}{\sigma_{dzul}}$$

zulässige Druckspannung[1]

$$\sigma_{dzul} = \frac{\sigma_{dF}}{\nu}$$

Beanspruchung auf Flächenpressung

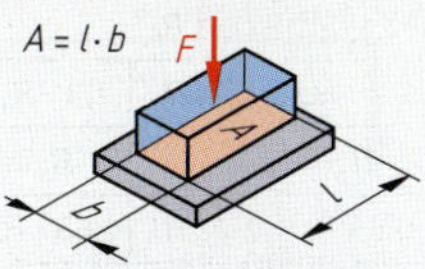

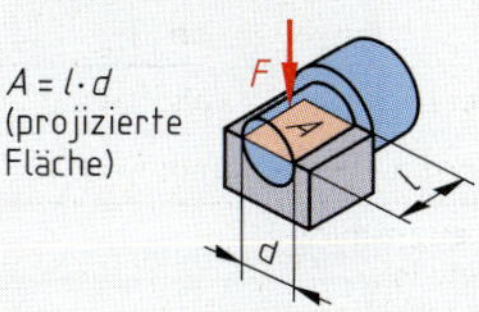

Druckspannungen an Berührungsflächen zweier Bauteile bezeichnet man als Flächenpressung.

F	Kraft	p_{zul}	zulässige Flächenpressung
p	Flächenpressung	R_e	Streckgrenze
A	Berührungsfläche, projizierte Fläche		
A_{erf}	erforderliche Berührungsfläche		

Beispiel:

Zwei Zuglaschen, je 8 mm dick, mit Bolzen DIN 1445-10h11 x 16 x 30 verbunden, sind mit F = 2000 N belastet. p = ?

$$\boldsymbol{p} = \frac{F}{A} = \frac{2000\ \text{N}}{8\ \text{mm} \cdot 10\ \text{mm}} = \mathbf{25\ \frac{N}{mm^2}}$$

Festigkeitswerte R_e: Seiten 135 bis 139

Flächenpressung

$$p = \frac{F}{A}$$

erforderliche Berührungsfläche

$$A_{erf} = \frac{F}{p_{zul}}$$

zulässige Flächenpressung[1)2)] (Richtwert)

$$p_{zul} = \frac{R_e}{1{,}2}$$

1) Die Berechnungsformel der zulässigen Spannung gilt nur für statische Belastung zäher Werkstoffe (z. B. Stahl). Für spröde Werkstoffe ist die zulässige Spannung sinngemäß zu ermitteln (Seite 42).

2) Für die Berechnung von Maschinenelementen (z. B. Schrauben) gelten die dort jeweils festgelegten zulässigen Werte.

Beanspruchung auf Abscherung, Torsion, Biegung

Beanspruchung auf Abscherung[1]

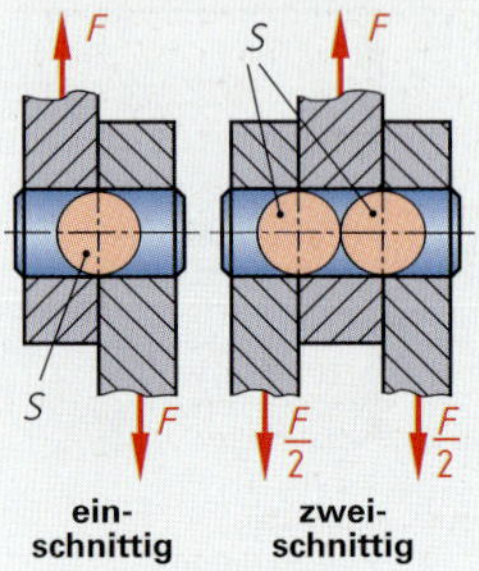

Festigkeitswerte R_e:
Seiten 135 bis 139

Der belastete Querschnitt darf nicht abgeschert werden.

τ_a	Scherspannung	S_{erf}	erforderliche Querschnittsfläche
F	Scherkraft		
S	Querschnittsfläche	R_e	Streckgrenze
τ_{azul}	zulässige Scherspannung		
τ_{aF}	Scherfließgrenze (Seite 42, bei Stahl $\tau_{aF} \approx 0{,}6 \cdot R_e$)		
ν	Sicherheitszahl (Seite 42)		

Beispiel:

Zylinderstift ∅ 6 mm ($S = 28{,}3$ mm²), einschnittig mit $F = 2200$ N belastet; $\tau_a = ?$

$$\boldsymbol{\tau_a} = \frac{F}{S} = \frac{2200\ \text{N}}{28{,}3\ \text{mm}^2} = \mathbf{77{,}7\ \frac{N}{mm^2}}$$

[1] Trennen durch Schneiden: Seite 371

[2] Für die Berechnung von Maschinenelementen gelten die dort jeweils festgelegten zulässigen Werte.

Scherspannung

$$\tau_a = \frac{F}{S}$$

erforderliche Querschnittsfläche

$$S_{erf} = \frac{F}{\tau_{azul}}$$

zulässige Scherspannung[2)3)]

$$\tau_{azul} = \frac{\tau_{aF}}{\nu}$$

Beanspruchung auf Torsion (Verdrehung)

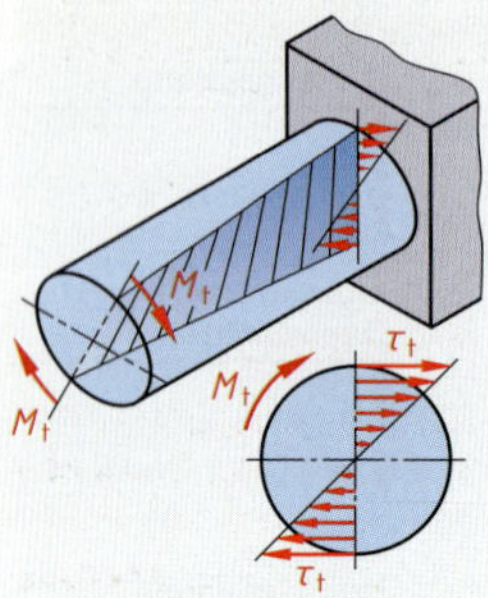

Festigkeitswerte R_e:
Seiten 135 bis 139

Die maximale Spannung in der Randzone des Bauteils wird als Torsionsspannung berechnet.

τ_t	Torsionsspannung	R_e	Streckgrenze
M_t	Torsionsmoment		
W_p	polares Widerstandsmoment (Seite 46)		
W_{perf}	erforderliches polares Widerstandsmoment		
τ_{tzul}	zulässige Torsionsspannung		
τ_{tF}	Torsionsfließgrenze (Seite 42, bei Stahl $\tau_{tF} \approx 0{,}7 \cdot R_e$)		
ν	Sicherheitszahl (Seite 42)		

Beispiel:

Welle, $d = 32$ mm, $M_t = 420$ Nm; $W_p = ?$, $\tau_t = ?$

$$\boldsymbol{W_p} = \frac{\pi \cdot d^3}{16} = \frac{\pi \cdot (32\ \text{mm})^3}{16} = \mathbf{6434\ mm^3}$$

$$\boldsymbol{\tau_t} = \frac{M_t}{W_p} = \frac{420\,000\ \text{N} \cdot \text{mm}}{6434\ \text{mm}^3} = \mathbf{65{,}3\ \frac{N}{mm^2}}$$

Torsionsspannung

$$\tau_t = \frac{M_t}{W_p}$$

erforderliches polares Widerstandsmoment

$$W_{perf} = \frac{M_t}{\tau_{tzul}}$$

zulässige Torsionsspannung[3)]

$$\tau_{tzul} = \frac{\tau_{tF}}{\nu}$$

Beanspruchung auf Biegung

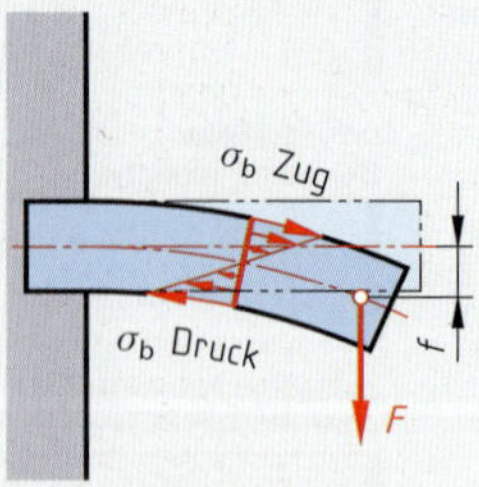

Festigkeitswerte R_e:
Seiten 135 bis 139

Die maximale Zug- oder Druckspannung in der Randzone des Bauteils wird als Biegespannung berechnet.

σ_b	Biegespannung	R_e	Streckgrenze
M_b	Biegemoment (Seite 45)	F	Biegekraft
W	axiales Widerstandsmoment (Seite 46)		
W_{erf}	erforderliches axiales Widerstandsmoment		
σ_{bzul}	zulässige Biegespannung		
σ_{bF}	Biegefließgrenze (Seite 42, bei Stahl $\sigma_{bF} \approx 1{,}2 \cdot R_e$)		
ν	Sicherheitszahl (Seite 42)		
f	Durchbiegung (Seite 45)		

Beispiel:

Achse, S275J0, $d = 70$ mm, statisch belastet; $\sigma_{bzul} = ?$
$R_e = 245$ N/mm² (Seite 131)

$$\boldsymbol{\sigma_{bzul}} = \frac{\sigma_{bF}}{\nu} = \frac{1{,}2 \cdot 245\ \text{N/mm}^2}{1{,}5} = \mathbf{196\ \frac{N}{mm^2}}$$

Biegespannung

$$\sigma_b = \frac{M_b}{W}$$

erforderliches axiales Widerstandsmoment

$$W_{erf} = \frac{M_b}{\sigma_{bzul}}$$

zulässige Biegespannung[3)]

$$\sigma_{bzul} = \frac{\sigma_{bF}}{\nu}$$

[3] Die Berechnungsformel der zulässigen Spannung gilt nur für statische Belastung zäher Werkstoffe (z. B. Stahl). Für spröde Werkstoffe ist die zulässige Spannung sinngemäß zu ermitteln.

Beanspruchung auf Biegung

Biegebelastung auf Bauteilen durch Querkräfte als Punktlasten

Beispiel:
$F_1 = 1{,}6$ kN; $l_1 = 180$ mm; $l_2 = 300$ mm; $l_3 = 240$ mm

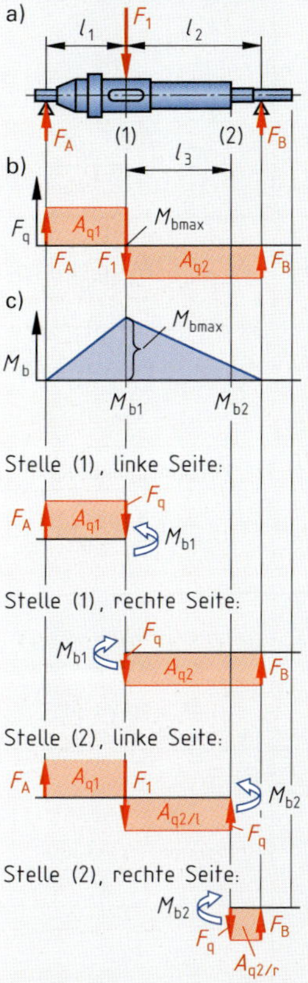

Für die Dimensionierung eines biegebeanspruchten Bauteils mit gleichbleibendem Querschnitt ist das größte Biegemoment M_b maßgebend. Unterschiedliche Querschnitte erfordern die Biegemomentbestimmung an verschiedenen Stellen (x), z. B. (1), (2), (3), ... des Bauteils. Hierzu wird das Bauteil an den jeweiligen Stellen gedanklich durchtrennt (freigeschnitten) und die inneren Schnittgrößen (M_b und F_q) bestimmt. Dies erfolgt grafisch anhand der Querkraftflächen A_q oder rechnerisch anhand der Gleichgewichtsbedingungen.

Gleichgewichtsbedingungen (in der Ebene)

$$\Sigma F = 0$$

$$\Sigma M_{(x)} = 0$$

Arbeitsschritt:	**Beispiel (Abbildung links)**
Freischneiden des gesamten Bauteils, d. h. Ermittlung aller angreifender Kräfte F_1, F_2, F_3 ... sowie F_A, F_B	a) $F_1 = 1{,}6$ kN; Berechnung Auflagerkräfte (Seite 34) ergibt: $F_A = 1$ kN; $F_B = 0{,}6$ kN
Verlauf der Querkräfte F_q ergibt Querkraftflächen $A_q = F_q \cdot l$ ($\hat{=} M_b$). An den Nulldurchgängen der Querkraft sind Biegemomentspitzen.	b) Kräfteverlauf über der Bauteillänge l von links beginnend einzeichnen. Vorzeichenregel der Momente siehe Fußnote [1].
Ermittlung der Biegemomentspitzen oder einer für den Spannungsnachweis erforderlichen Zwischenstelle. **Linke und rechte Seite der Schnittstelle liefern dabei gleiche Ergebnisse.** (Querkraft F_q bewirkt Abscherung[2]) **Stelle (1) grafisch anhand A_q:** linke Seite: $M_{b(1)} = A_{q1} = F_A \cdot l_1$ rechte Seite: $M_{b(1)} = A_{q2} = F_B \cdot l_2$ **Stelle (1) rechnerisch mit $\Sigma M_{(1)} = 0$:** linke Seite: $\Sigma M_{(1)} = 0 = M_{b(1)} - F_A \cdot l_1$ rechte Seite: $\Sigma M_{(1)} = 0 = -M_{b(1)} + F_B \cdot l_2$ **Stelle (2) grafisch anhand A_q:** linke Seite: $M_{b(2)} = A_{q1} + A_{q2/l} = F_A \cdot l_1 + (F_A - F_1) \cdot l_3$ rechte Seite: $M_{b(2)} = A_{q2/r} = F_B \cdot (l_2 - l_3)$ **Stelle (2) rechnerisch mit $\Sigma M_{(2)} = 0$:** linke Seite: $\Sigma M_{(2)} = 0 = M_{b(2)} - F_A \cdot (l_1 + l_3) + F_1 \cdot l_3$ rechte Seite: $\Sigma M_{(2)} = 0 = -M_{b(2)} + F_B \cdot (l_2 - l_3)$	c) Biegemomentspitze bei (1) und einer Zwischenstelle (2) **wahlweise** grafisch oder rechnerisch von linker oder rechter Seite der Schnittstelle ermitteln. **z. B. Stelle (1) rechnerisch, linke Seite:** $M_{b(1)} = F_A \cdot l_1 = 1\text{ kN} \cdot 0{,}18\text{ m}$ $\mathbf{M_{b(1)} = 180\text{ Nm}}$ **z. B. Stelle (1) grafisch, rechte Seite:** $M_{b(1)} = A_{q2} = F_B \cdot l_2 = 0{,}6\text{ kN} \cdot 0{,}3\text{ m}$ $\mathbf{M_{b(1)} = 180\text{ Nm}}$ **z. B. Stelle (2) grafisch, linke Seite:** $M_{b(2)} = A_{q1} + A_{q2/l}$ $= F_A \cdot l_1 + (F_A - F_1) \cdot l_3$ $= 1\text{ kN} \cdot 0{,}18\text{ m} + (-0{,}6\text{ kN}) \cdot 0{,}24\text{ m}$ $\mathbf{M_{b(2)} = 36\text{ Nm}}$ **z. B. Stelle (2) rechnerisch, rechte Seite:** $M_{b(2)} = F_B \cdot (l_2 - l_3)$ $= 0{,}6\text{ kN} \cdot (0{,}3\text{ m} - 0{,}24\text{ m})$ $\mathbf{M_{b(2)} = 36\text{ Nm}}$

[1] linksdrehende Momente positiv (+) und rechtsdrehende Momente negativ (–). Für die Festigkeitsrechnung wird nur der Betrag des Biegemomentes (ohne Vorzeichen) verwendet.
[2] Die Scherspannung bleibt bei der Festigkeitsrechnung biegebeanspruchter Bauteile meist unberücksichtigt.

Biegebelastungsfälle auf Bauteilen (Auswahl von Sonderfällen)

einseitig eingespannt (Einzelkraft)

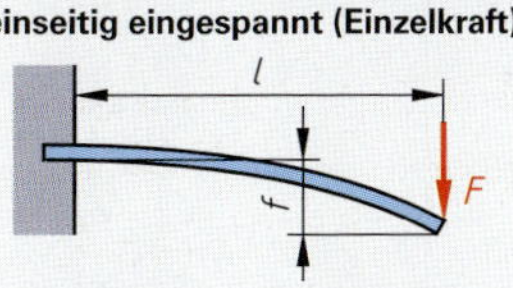

$$M_b = F \cdot l$$

$$f = \frac{F \cdot l^3}{3 \cdot E \cdot I}$$

einseitig eingespannt (Streckenlast)

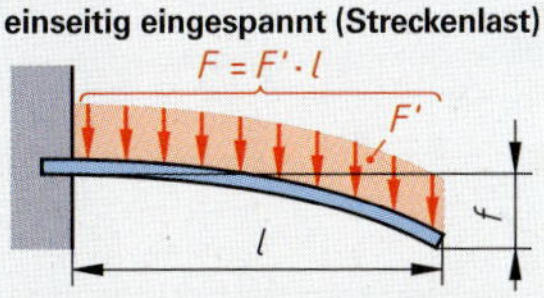

$$M_b = \frac{F \cdot l}{2}$$

$$f = \frac{F \cdot l^3}{8 \cdot E \cdot I}$$

auf zwei Stützen (Einzelkraft)

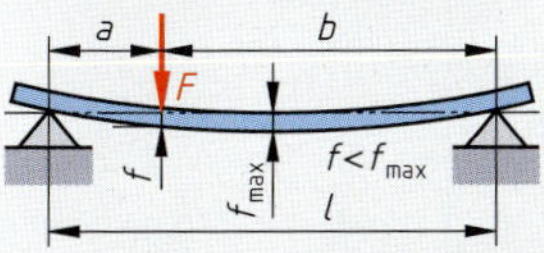

$$M_b = F \frac{a \cdot b}{l}$$

$$f = \frac{F \cdot a^2 \cdot b^2}{3 \cdot E \cdot I \cdot l}$$

auf zwei Stützen (Streckenlast)

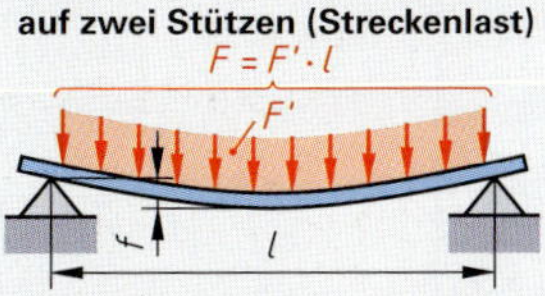

$$M_b = \frac{F \cdot l}{8}$$

$$f = \frac{5 \cdot F \cdot l^3}{384 \cdot E \cdot I}$$

E Elastizitätsmodul; Werte: Seite 42
I Flächenmoment 2. Grades; Formeln: Seite 46; Werte: Seiten 150 bis 155
F' Streckenlast (Last pro Längeneinheit, z. B. N/cm)

P

Flächen-, Widerstandsmomente

Flächenmomente und Widerstandsmomente[1]

Querschnitt	Biegung und Knickung Flächenmoment 2. Grades I	Biegung und Knickung axiales Widerstandsmoment W	Verdrehung (Torsion) polares Widerstandsmoment W_p
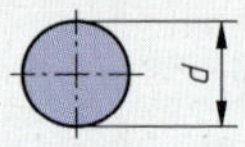	$I = \frac{\pi \cdot d^4}{64}$	$W = \frac{\pi \cdot d^3}{32}$	$W_p = \frac{\pi \cdot d^3}{16}$
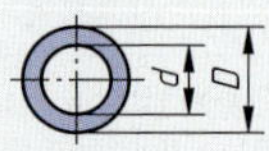	$I = \frac{\pi \cdot (D^4 - d^4)}{64}$	$W = \frac{\pi \cdot (D^4 - d^4)}{32 \cdot D}$	$W_p = \frac{\pi \cdot (D^4 - d^4)}{16 \cdot D}$
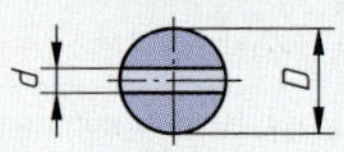	$I = 0{,}05 \cdot D^4 - 0{,}083\, d \cdot D^3$	$W = 0{,}1 \cdot D^3 - 0{,}17\, d \cdot D^2$	$W_p = 0{,}2 \cdot D^3 - 0{,}34\, d \cdot D^2$
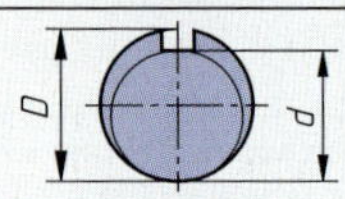	$I = 0{,}003 \cdot (D + d)^4$	$W = 0{,}012 \cdot (D + d)^3$	$W_p = 0{,}2 \cdot d^3$
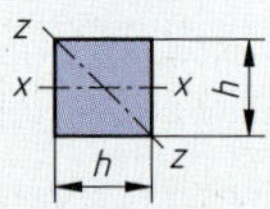	$I_x = I_z = \frac{h^4}{12}$	$W_x = \frac{h^3}{6}$ $W_z = \frac{\sqrt{2} \cdot h^3}{12}$	$W_p = 0{,}208 \cdot h^3$
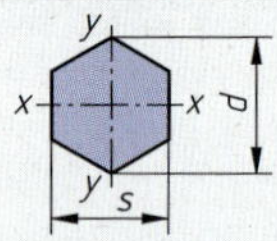	$I_x = I_y = \frac{5 \cdot \sqrt{3} \cdot s^4}{144}$ $I_x = I_y = \frac{5 \cdot \sqrt{3} \cdot d^4}{256}$	$W_x = \frac{5 \cdot s^3}{48} = \frac{5 \cdot \sqrt{3} \cdot d^3}{128}$ $W_y = \frac{5 \cdot s^3}{24 \cdot \sqrt{3}} = \frac{5 \cdot d^3}{64}$	$W_p = 0{,}188 \cdot s^3$ $W_p = 0{,}123 \cdot d^3$
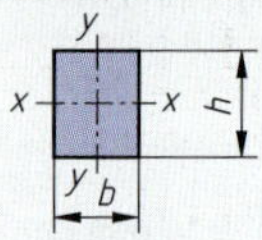	$I_x = \frac{b \cdot h^3}{12}$ $I_y = \frac{h \cdot b^3}{12}$	$W_x = \frac{b \cdot h^2}{6}$ $W_y = \frac{h \cdot b^2}{6}$	–
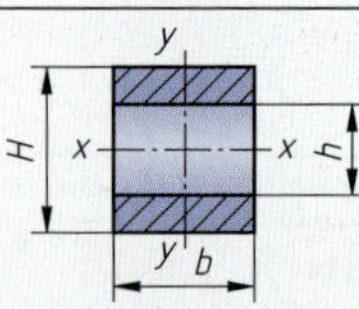	$I_x = \frac{b \cdot (H^3 - h^3)}{12}$ $I_y = \frac{b^3 \cdot (H - h)}{12}$	$W_x = \frac{b \cdot (H^3 - h^3)}{6 \cdot H}$ $W_y = \frac{b^2 \cdot (H - h)}{6}$	–
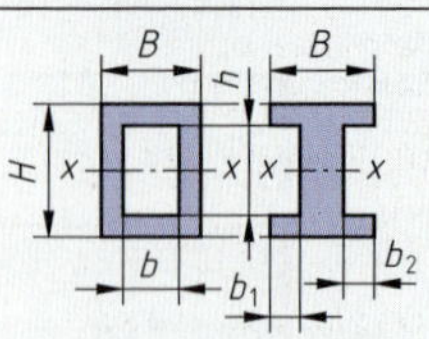	$I_x = \frac{B \cdot H^3 - b \cdot h^3}{12}$ mit $b = b_1 + b_2$	$W_x = \frac{B \cdot H^3 - b \cdot h^3}{6 \cdot H}$ mit $b = b_1 + b_2$	–
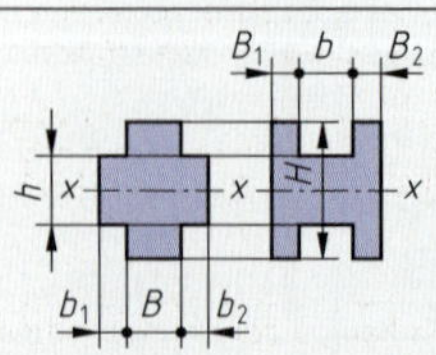	$I_x = \frac{B \cdot H^3 + b \cdot h^3}{12}$ mit $B = B_1 + B_2$ $b = b_1 + b_2$	$W_x = \frac{B \cdot H^3 + b \cdot h^3}{6 \cdot H}$ mit $B = B_1 + B_2$ $b = b_1 + b_2$	–

[1] Flächenmomente 2. Grades und Widerstandsmomente für Profile: Seiten 153 bis 158 sowie 178 bis 180

Knickung, Zusammengesetzte Beanspruchung

Knickung

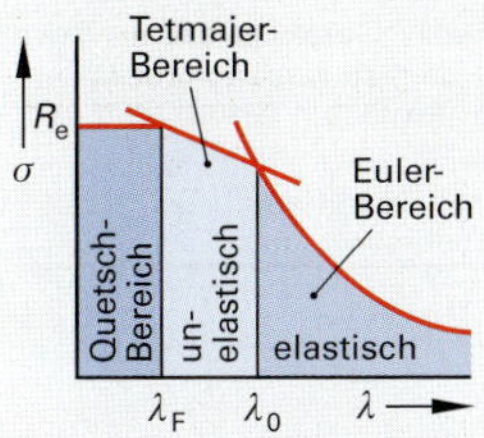

Belastungsfall und freie Knicklänge

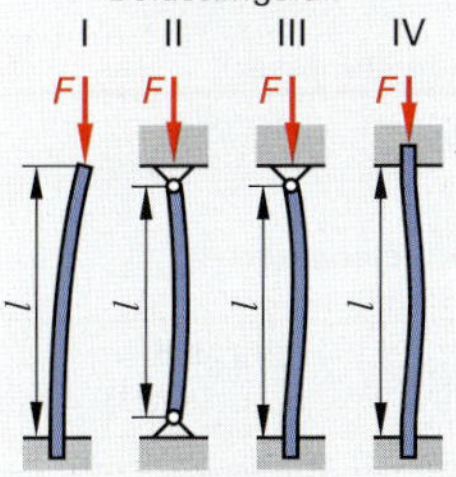

freie Knicklänge

$l_k = 2 \cdot l$ $l_k = l$ $l_k = 0{,}7 \cdot l$ $l_k = 0{,}5 \cdot l$

1) $\lambda < \lambda_F$: keine Berechnung auf Knickung

$\lambda_F < \lambda < \lambda_0$: Knickspannung nach Tetmajer

$\lambda > \lambda_0$: Knickspannung nach Euler

Für druckbeanspruchte schlanke Stäbe ($\lambda > \lambda_F$) besteht die Gefahr, dass sie ausknicken.

λ	Schlankheitsgrad
λ_0	Grenzschlankheitsgrad
λ_F	Mindestschlankheitsgrad für Knicken (bei weichem Stahl $\lambda_F \approx 60$)
l	Länge
l_k	freie Knicklänge
i	Bezugsradius
I	Flächenmoment 2. Grades (Seite 46)
S	Querschnittsfläche
σ_k	Knickspannung (bei der Knickung eintritt)
E	Elastizitätsmodul (Seite 42)
F_k	Knickkraft (bei der Knickung eintritt)
I_{erf}	erforderliches axiales Flächenmoment 2. Grades (Seite 46)
σ_{dzul}	zulässige Druckspannung
F_{dzul}	zulässige Druckkraft
ν	Sicherheitszahl (für Knickung im Maschinenbau 3...10)

2) **Entwurfsberechnungen** müssen nach den Euler-Gleichungen errechnet oder angenommen werden. Falls sich damit $\lambda < \lambda_0$ ergibt, σ_k nach Tetmajer ermitteln. Falls ν unzureichend, Abmessungen neu annehmen.

Schlankheitsgrad[1)]

$$\lambda = \frac{l_k}{i}$$

Bezugsradius

$$i = \sqrt{\frac{I}{S}}$$

zulässige Druckspannung

$$\sigma_{dzul} = \frac{\sigma_k}{\nu}$$

zulässige Druckkraft

$$F_{dzul} = \frac{F_k}{\nu}$$

Knickspannung, -kraft (nach Euler)

$$\sigma_k = \frac{E \cdot \pi^2}{\lambda^2}; \; F_k = \frac{E \cdot I_{erf} \cdot \pi^2}{l_k^2}$$

erforderliches axiales Flächenmoment 2. Grades (nach Euler)[2)]

$$I_{min} = \frac{\nu \cdot F \cdot l_k^2}{E \cdot \pi^2}$$

Werkstoff	Grenzschlankheitsgrad λ_0	Knickspannung (nach Tetmajer)
S235JR	104	$\sigma_k = 310 - 1{,}14 \cdot \lambda$
E295, E335	89	$\sigma_k = 335 - 0{,}62 \cdot \lambda$
EN-GJL-200	80	$\sigma_k = 776 - 12 \cdot \lambda + 0{,}053 \cdot \lambda^2$
5 % Ni-Stahl	86	$\sigma_k = 470 - 2{,}30 \cdot \lambda$

Zusammengesetzte Beanspruchung (Auftreten mehrerer Beanspruchungsarten)

Resultierende Spannung

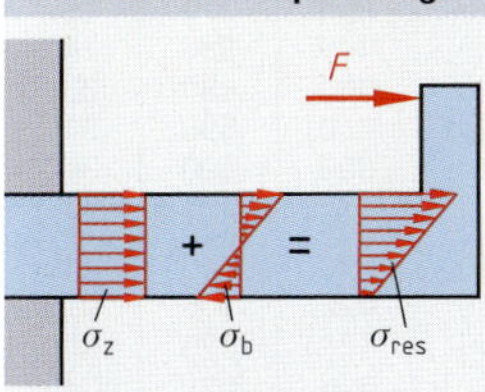

Nur Normalspannungen σ (z.B. Zug/Druck und Biegung) oder nur Schubspannungen τ (z.B. Torsion und Abscherung), die gleichzeitig auftreten, werden jeweils als resultierende Spannungen zusammengefasst.

σ_{res}, τ_{res}	resultierende Normal-, Schubspannung
σ_b, $\sigma_{z,d}$	Biege-, Zug-, Druckspannung
τ_t, τ_a	Torsions-, Scherspannung

Grenzspannung: jeweils niedrigere Grenzspannung

Resultierende Normalspannung

$$\sigma_{res} = \sigma_b \pm \sigma_{z,d}$$

Resultierende Schubspannung

$$\tau_{res} = \tau_t \pm \tau_a$$

Vergleichsspannung

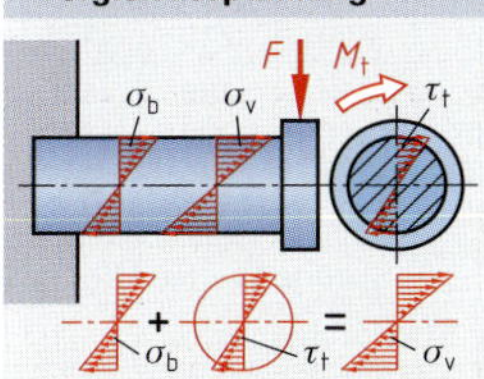

Bei Normalspannungen σ (z.B. Biegung) und gleichzeitigen Schubspannungen τ (z.B. Torsion) wird eine vergleichbare Normalspannung (Vergleichsspannung) mit gleicher Wirkung wie Normal- und Schubspannung gemeinsam gebildet.

σ_V	Vergleichsspannung
σ, τ	Normal-, Schubspannung
α_0	Anstrengungsverhältnis[3)]

Vergleichsspannung (Gestaltänderungsenergiehypothese für zähe Werkstoffe)

$$\sigma_v = \sqrt{\sigma^2 + 3 \cdot (\alpha_0 \cdot \tau)^2}$$

3) **Anstrengungsverhältnis α_0** (Umrechnung Belastungsfall Schubspannung in Belastungsfall Normalspannung), näherungsweise für Stahl: $\alpha_0 \approx 0{,}7$ bei Biegung wechselnd und Torsion statisch oder schwellend, $\alpha_0 \approx 1{,}0$, wenn Biegung und Torsion gleicher Lastfall, $\alpha_0 \approx 1{,}5$ bei Biegung statisch oder schwellend und Torsion wechselnd.

P

Dynamische Festigkeit, Festigkeitswerte, Sicherheitszahlen

Dynamische Festigkeitsrechnung allgemein, Vordimensionierung

Allgemein:

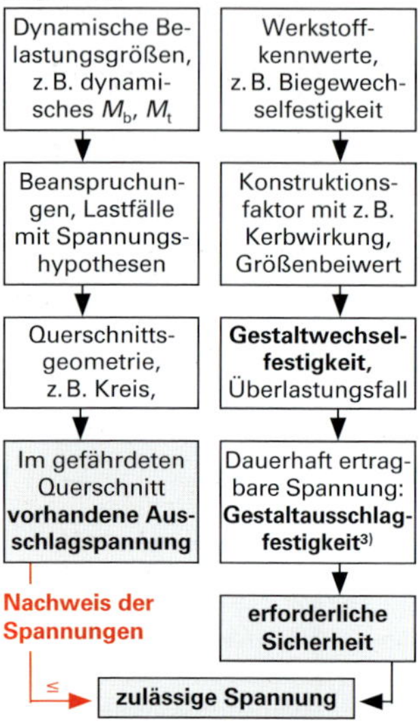

3) Die Spannung im Bauteil muss wegen der Gefahr des Dauerbruchs durch Werkstoffermüdung unterhalb der Gestaltausschlagfestigkeit liegen (Sicherheitszahl).

Vordimensionierung:

Bei noch unbekannter Bauteilgeometrie kann die Gestaltwechsel- bzw. Gestaltausschlagfestigkeit nicht ermittelt werden. Der überschlägig erforderliche Bauteilquerschnitt wird deshalb anhand der jeweiligen Grenzspannung (Werkstoffkennwert) und der stark erhöhten Sicherheitszahl bestimmt.

$\sigma(\tau)_{grenz}$ Grenzspannung (Seite 41 und Tabelle unten)

ν_D Sicherheitszahl (Tabelle unten)

Eine zusammengesetzte Beanspruchung aus Biegung und Torsion wird als Vergleichsmoment berücksichtigt.

M_b, M_t Biege-, Torsionsmoment

M_v Vergleichsmoment

α_0 Anstrengungsverhältnis (Seite 47)

$\sigma(\tau)_{grenz}$ Grenzspannung (Seite 41 und Tabelle unten)

d Entwurfsdurchmesser Vollachse, Vollwelle

1) Dimensionierungsformeln fassen Sicherheitszahl, Belastung, Belastungskombination und z. T. Konstruktionserfahrungen zusammen.

2) Bei noch unbekannten Längenabmessungen als Erfahrungswerte:
$M_v \approx 1{,}17 \cdot M_t$ (Lagerabstand normal)
$M_v \approx 2{,}1 \cdot M_t$ (Lagerabstand groß)

Zulässige Spannung (Vordimensionierung)

$$\sigma_{zul} = \frac{\sigma_{grenz}}{\nu_D}; \quad \tau_{zul} = \frac{\tau_{grenz}}{\nu_D}$$

Vergleichsmoment (zäher Werkstoff)

$$M_v = \sqrt{M_b^2 + 0{,}75 \cdot (\alpha_0 \cdot M_t)^2}$$

Achsendurchmesser[1)]

$$d \approx 3{,}4 \cdot \sqrt[3]{M_b/\sigma_{grenz}}$$

Wellendurchmesser[1)] (nur Torsion)

$$d \approx 2{,}7 \cdot \sqrt[3]{M_t/\tau_{grenz}}$$

Wellendurchmesser[1)2)] (Torsion und Biegung)

$$d \approx 3{,}4 \cdot \sqrt[3]{M_v/\sigma_{grenz}}$$

Berechnungsbeispiel Seite 50.

Dynamische Festigkeitswerte (Grenzspannungen) in N/mm² und Sicherheitszahlen (Richtwerte)[1)]

Dauerfestigkeitsschaubild nach Smith:
Bei gleichem Maßstab der Achsen werden die zu einer bestimmten Mittelspannung σ_m gehörenden Werte σ_o und σ_u für die jeweilige Ausschlagfestigkeit σ_A eingetragen.

Beispiel: 41Cr4, Biegung

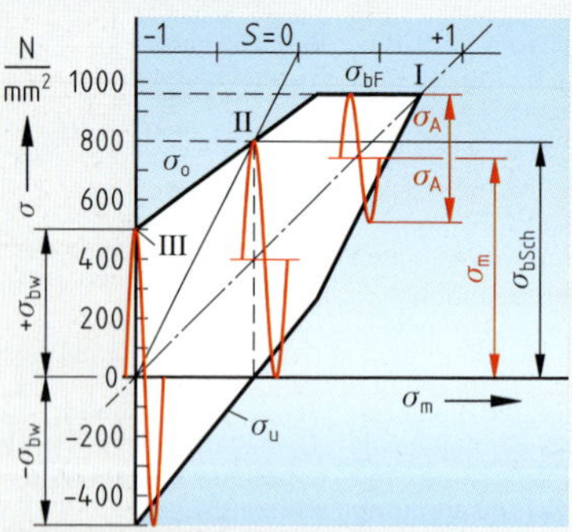

Ablesung:
- Wechselfestigkeit bei $\sigma_m = 0$ ($S = -1$)
- Schwellfestigkeit bei $\sigma_u = 0$ ($S = 0$)
- obere Begrenzung bei Fließgrenze

Werkstoff[2)]	σ_{zSch} σ_{dSch}	σ_{zdW}	σ_{bSch}	σ_{bW}	τ_{tSch}	τ_{tW}
S235	235	145	280	180	160	110
S275	275	165	330	205	190	125
E295	295	190	355	235	205	140
E360	360	270	430	335	250	200
C10E	310	200	370	250	215	150
17Cr3	540	320	655	400	380	240
16MnCr5	640	400	800	500	480	300
20MnCr5	725	480	910	600	590	360
18CrNiMo7-6	725	480	910	600	590	360
C22E	340	200	405	250	235	150
C45E	490	280	590	350	340	210
C60E	580	340	690	425	400	250
41Cr4	650	400	800	500	525	300
30CrNiMo8	750	500	930	625	625	375
GE200	200	150	240	190	140	110
GE300	300	240	360	260	210	155
EN-GJS-400	240	140	345	220	195	115
EN-GJS-500	270	155	380	240	225	130
EN-GJS-600	330	190	470	270	275	160
EN-GJS-700	355	205	520	300	305	175

Sicherheitszahl	Zähe (duktile) Werkstoffe	Spröde Werkstoffe
	Spannungsnachw. $\nu_D \approx 1{,}5$	Spannungsnachw. $\nu_D \approx 1{,}7$
	Vordimensionier. $\nu_D \approx 3...4$	Vordimensionier. $\nu_D \approx 3...6$

1) Schwellfestigkeitswerte nur für die Vordimensionierung, da Spannungsnachweis Wechselfestigkeitsnachweis.
2) Werkstoffzustände: Baustähle normalgeglüht; Vergütungsstähle vergütet; Einsatzstähle einsatzgehärtet.

Gestaltfestigkeit

Gestaltfestigkeit, vereinfachter dynamischer Spannungsnachweis

Die **Gestaltwechselfestigkeit** ist die Wechselfestigkeit (Seite 202) eines dynamisch beanspruchten Bauteilquerschnitts unter zusätzlicher Berücksichtigung der festigkeitsmindernden Einflüsse.

Die wesentlichen Einflüsse sind dabei

- die Form des Bauteils (auftretende Kerbwirkungen)
- Bearbeitungsqualität (Oberflächenrauigkeit)
- Rohteilabmessungen (Bauteildicke)

Die **Gestaltausschlagfestigkeit** berücksichtigt zusätzlich die vorhandene Mittelspannung (Smith-Diagramm, Seite 48) und die Art der betrieblichen Überbeanspruchung.

Spannungsnachweis allgemein: Die vorhandene höchste Ausschlagspannung darf nur einen Teil (Sicherheitszahl) der Gestaltausschlagfestigkeit betragen, ab welcher es in diesem Querschnitt zur Werkstoffermüdung und zum Dauerbruch kommt.

Vereinfachter Spannungsnachweis: Für zähe Werkstoffe wird die Gestaltausschlagfestigkeit mit der Gestaltwechselfestigkeit gleichgesetzt ($\sigma_{GA} = \sigma_{GW}$, $\tau_{GA} = \tau_{GW}$), da sich diese bis zur Fließgrenze nur wenig unterscheiden.

Für Spannungsverhältnisse $S > 0$ sind zudem die Sicherheiten gegen Fließen zu überprüfen (Seiten 42 bis 44).

Berechnungsbeispiel Seite 50.

$\sigma(\tau)_{GW}$	Gestaltwechselfestigkeit
$\sigma(\tau)_{W}$	Wechselfestigkeit (Seiten 41 und 48)
b_1	Oberflächenbeiwert (Diagramm unten)
b_2	Größenbeiwert (Diagramm unten)
β_k	Kerbwirkungszahl (Tabelle unten)
$\sigma(\tau)_{avorh}$	vorhandene Ausschlagspannung
$\sigma(\tau)_{zul}$	zulässige Spannung
$\sigma(\tau)_{GA}$	Gestaltausschlagfestigkeit
ν_D	Sicherheit gegen Dauerbruch (Seite 48)

Gestaltwechselfestigkeit (dyn. Beanspruchung)

$$\sigma_{GW} = \frac{\sigma_W \cdot b_1 \cdot b_2}{\beta_k}$$

$$\tau_{GW} = \frac{\tau_W \cdot b_1 \cdot b_2}{\beta_k}$$

Nachweis der Spannungen (allgemein)

$$\sigma_{avorh} \leq \sigma_{zul}$$

$$\tau_{avorh} \leq \tau_{zul}$$

zulässige Spannung vereinfachter Nachweis (dyn. Beanspruchung)

$$\sigma_{zul} = \frac{\sigma_{GW}}{\nu_D} = \frac{\sigma_{GA}}{\nu_D}$$

$$\tau_{zul} = \frac{\tau_{GW}}{\nu_D} = \frac{\tau_{GA}}{\nu_D}$$

P

Kerbwirkung und Richtwerte für Kerbwirkungszahlen β_k für Stahl

Beispiel: Spannungsverteilung bei Zugbeanspruchung

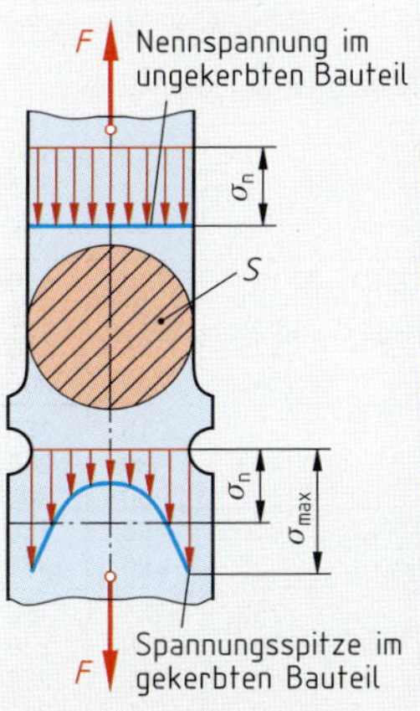

Ungekerbte Querschnitte weisen einen ungestörten Kraftfluss und damit eine gleichmäßige Spannungsverteilung auf. Querschnittsveränderungen führen zu Verdichtungen der Kraftlinien und somit zu Spannungsspitzen. Die Festigkeitsminderung, die sich daraus ergibt, wird in erster Linie von der Kerbform, aber auch von der Kerbempfindlichkeit des Werkstoffes beeinflusst.

Form der Kerbe	R_m N/mm²	Kerbwirkungszahl β_k	
		Biegung	Verdrehung
Welle mit Rundkerbe	300 … 800	1,2 … 2,0	1,1 … 1,9
Welle mit Einstich für Sicherungsring	300 … 800	2,2 … 3,5	2,2 … 3,4
Welle mit Absatz	300 … 1200	1,1 … 3,0	1,1 … 2,0
Passfedernut in Welle (Schaftfräser)	400 … 1200	1,8 … 2,6	1,3 … 2,4
Passfedernut in Welle (Scheibenfräser)	400 … 1200	1,5 … 1,9	1,3 … 2,4
Scheibenfedernut in Welle	400 … 1200	1,9 … 3,2	1,8 … 3,0
Keilwelle	400 … 1200	1,4 … 2,3	1,8 … 3,0
Zahnwelle	400 … 1200	1,6 … 2,6	1,8 … 3,0
Übergangsstelle Pressverband	400 … 1200	1,8 … 2,9	1,2 … 1,8
Welle, Achse mit Querbohrung	400 … 1200	1,7 … 2,0	1,7 … 2,0
Flachstab mit Bohrung	400 … 1200	1,3 … 1,6	Zugbelastung 1,5 … 1,9

Oberflächenbeiwert b_1 und Größenbeiwert b_2 für Stahl

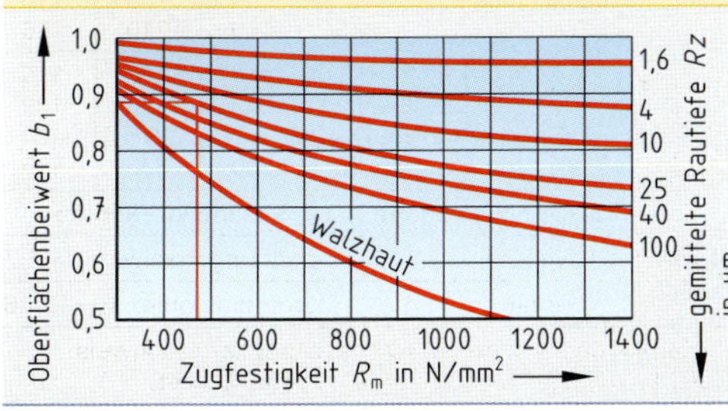

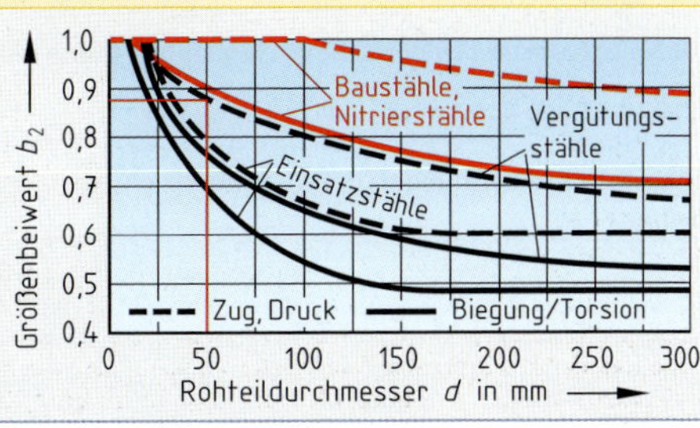

P

Dynamische Festigkeitsrechnung

Beispiele zu den Seiten 48 und 49

Beispiel Vordimensionierung

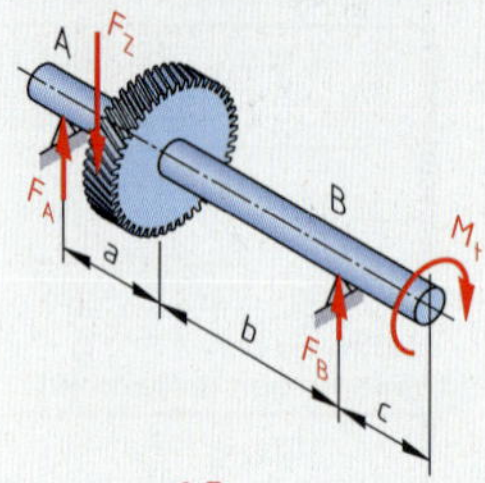

Die Vorgelegewelle einer Fördereinrichtung aus 16MnCr5 überträgt eine Nennleistung P = 5,5 kW bei n = 900 1/min. Die Momenteinleitung erfolgt biegefrei durch eine Kupplung. Die Zahnkraft F_z = 2 kN und die Torsionsbelastung wirken, infolge schwankender Beladung der Fördereinrichtung im Betrieb, schwellend.

a) Vordimensionierung bei noch unbekannten Abständen *a, b, c:*
Belastung M_t = ?; M_v für normalen Lagerabstand = ?; Entwurfsdurchmesser d = ?

b) Vordimensionierung mit Abständen a = 50 mm, b = 80 mm, c = 50 mm:
Biegemoment M_b = ?; Anstrengungsverhältnis α_0 = ?
Vergleichsmoment M_v = ?; Entwurfsdurchmesser der Welle d = ?

Lösung a):

$P = \frac{M \cdot n}{9550}$ (Seite 37): $\boldsymbol{M_t} = M = 9550 \cdot \frac{P}{n} = 9550 \cdot \frac{5{,}5}{900} = \mathbf{58{,}4\ Nm}$

Vordimensionierung (Seite 48):

$\boldsymbol{M_v} \approx 1{,}17 \cdot M_t = 1{,}17 \cdot 58{,}4\ \text{Nm} = \mathbf{68{,}3\ Nm}$; $\sigma_{grenz} = \sigma_{bW} = \mathbf{500\ N/mm^2}$

$\boldsymbol{d} = 3{,}4 \cdot \sqrt[3]{\frac{M_v}{\sigma_{grenz}}} = 3{,}4 \cdot \sqrt[3]{\frac{68\,300\ \text{Nmm}}{500\ \text{N/mm}^2}} = 17{,}5\ \text{mm} \rightarrow d = \mathbf{20\ mm}$

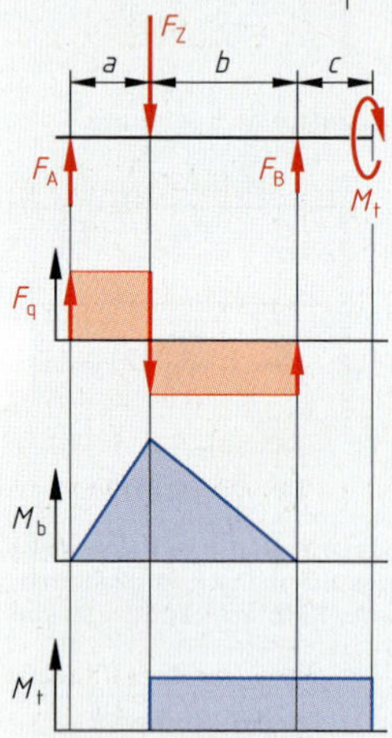

Lösung b):

Biegebelastungsfall (Seite 45):

$\boldsymbol{M_b} = F \cdot \frac{a \cdot b}{l} = F_z \cdot \frac{a \cdot b}{l} = 2000\ N \cdot \frac{50\ \text{mm} \cdot 80\ \text{mm}}{130\ \text{mm}} = 61\,533\ \text{Nmm} = \mathbf{61{,}5\ Nm}$

Zusammengesetzte Beanspruchung von Biegung und Torsion (Seite 47) mit Biegung wechselnd (umlaufende Welle), Torsion schwellend ergibt α_0 = 0,7

Vordimensionierung, Vergleichsmoment (Seite 48):

$\boldsymbol{M_v} = \sqrt{M_b^2 + 0{,}75 \cdot (\alpha_0 \cdot M_t)^2} = \sqrt{(61{,}5\ \text{Nm})^2 + 0{,}75 \cdot (0{,}7 \cdot 58{,}4\ \text{Nm})^2} = \mathbf{71\ Nm}$

$\sigma_{grenz} = \sigma_{bW} = 500\ \text{N/mm}^2$

$\boldsymbol{d} = 3{,}4 \cdot \sqrt[3]{\frac{M_v}{\sigma_{grenz}}} = 3{,}4 \cdot \sqrt[3]{\frac{71\,000\ \text{Nmm}}{500\ \text{N/mm}^2}} = 17{,}7\ \text{mm} \rightarrow d = \mathbf{20\ mm}$

Beispiel vereinfachter Spannungsnachweis

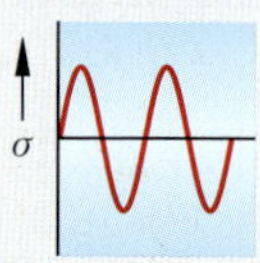

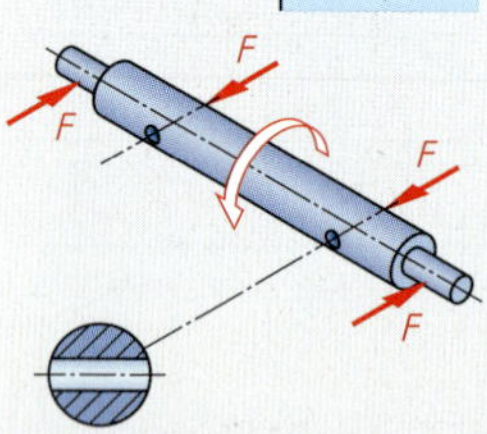

Umlaufende Achse einer Fördereinrichtung aus E295,
Rohteildurchmesser d = 50 mm, gefährdeter Querschnitt im Querbohrungsbereich, Oberflächenrauigkeit Rz = 25 µm, ermittelte vorhandene Biege-Ausschlagspannung σ_{avorh} = 55 N/mm².

Gestaltausschlagfestigkeit σ_{GA} = ?, zulässige Spannung σ_{zul} = ?
vorhandene Spannung zulässig?

Lösung:

σ_{bW} = 235 N/mm² (Seite 48); R_m = 470 N/mm² (Seite 135);
b_1 = 0,88, b_2 = 0,88; $\beta_k \approx$ 1,8 (Diagramme, Tabelle Seite 49); ν_D = 1,5 (Seite 48)

$\boldsymbol{\sigma_{GA}} = \sigma_{GW} = \frac{\sigma_W \cdot b_1 \cdot b_2}{\beta_k} = \frac{235\ \text{N/mm}^2 \cdot 0{,}88 \cdot 0{,}88}{1{,}8} = \mathbf{101{,}1\ N/mm^2}$

$\boldsymbol{\sigma_{zul}} = \frac{\sigma_{GA}}{\nu_D} = \frac{101{,}1\ \text{N/mm}^2}{1{,}5} = \mathbf{67{,}4\ N/mm^2}$

Vorhandene Biege-Ausschlagspannung σ_{avorh} = 55 N/mm² zulässig, da $\leq \sigma_{zul}$.

Beispiel Ablesung Dauerfestigkeitsschaubild (Seite 48)

Schaubild Seite 48, Werkstoff 41Cr4, Biegung:

Biegefließgrenze σ_{bF} = ?; Biegeschwellfestigkeit σ_{bSch} = ?; Biegewechselfestigkeit σ_{bW} = ?; Biegeausschlagfestigkeit σ_{bA} bei einer Mittelspannung σ_m = 740 N/mm² = ?

Lösung:

Ablesung bei *I* bzw. S = 1:	Biegefließgrenze $\boldsymbol{\sigma_{bF}}$ **= 960 N/mm²**
Ablesung bei *II* bzw. S = 0:	Biegeschwellfestigkeit $\boldsymbol{\sigma_{bSch}}$ **= 800 N/mm²**
Ablesung bei *III* bzw. S = −1:	Biegewechselfestigkeit $\boldsymbol{\sigma_{bW}}$ **= 500 N/mm²**
Ablesung bei σ_m = 740 N/mm²:	Biegeausschlagfestigkeit $\boldsymbol{\sigma_{bA}}$ **= 220 N/mm²**

Auswirkungen bei Temperaturänderungen

Temperatur

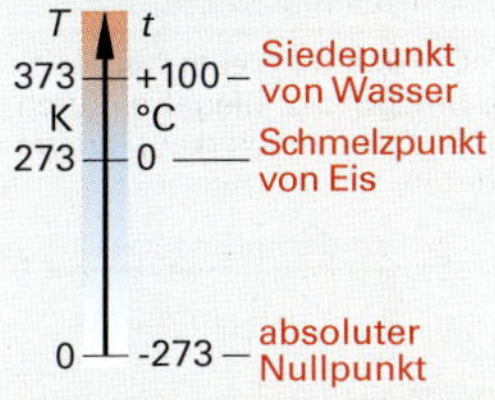

Temperaturen werden in **Kelvin** (K), **Grad Celsius** (°C) oder **Grad Fahrenheit** (°F) gemessen. Die Kelvinskale geht von der tiefstmöglichen Temperatur, dem absoluten Nullpunkt, aus, die Celsiusskale vom Schmelzpunkt des Eises.

T Temperatur in K (thermodynamische Temperatur)
t, ϑ Temperatur in °C
t_F Temperatur in °F

Beispiel:

$t = 20\,°C$; $T = ?$
$\boldsymbol{T} = t + 273 = (20 + 273)\ \text{K} = \mathbf{293\ K}$

Temperatur in Kelvin

$$T = t + 273$$

Temperatur in Fahrenheit

$$t_F = 1{,}8 \cdot t + 32$$

P

Längenänderung, Durchmesseränderung

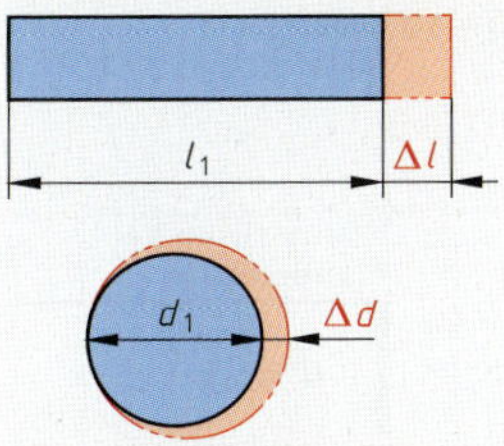

α_l Längenausdehnungskoeffizient
Δt, $\Delta\vartheta$, ΔT Temperaturänderung
Δl Längenänderung
Δd Durchmesseränderung
l_1 Anfangslänge
d_1 Anfangsdurchmesser

Beispiel:

Platte aus unlegiertem Stahl, $l_1 = 120$ mm; $\alpha_l = 0{,}000\,0119\,\frac{1}{°C}$
$\Delta t = 550\,°C$; $\Delta l = ?$
$\boldsymbol{\Delta l} = \alpha_l \cdot l_1 \cdot \Delta t$
$= 0{,}000\,0119\,\frac{1}{°C} \cdot 120\ \text{mm} \cdot 550\,°C = \mathbf{0{,}785\ mm}$

Längenänderung

$$\Delta l = \alpha_l \cdot l_1 \cdot \Delta t$$

Durchmesseränderung

$$\Delta d = \alpha_l \cdot d_1 \cdot \Delta t$$

Längenausdehnungskoeffizienten: Seiten 120 und 121

Volumenänderung

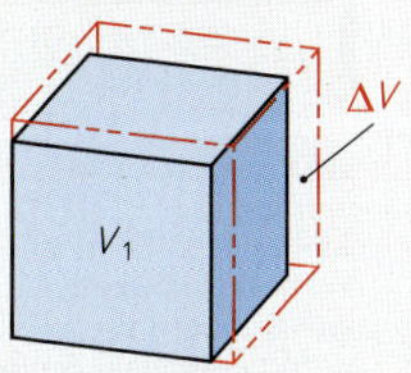

α_V Volumenausdehnungskoeffizient
Δt, $\Delta\vartheta$, ΔT Temperaturänderung
ΔV Volumenänderung
V_1 Anfangsvolumen

Beispiel:

Benzin, $V_1 = 60$ l; $\alpha_V = 0{,}001\,\frac{1}{°C}$; $\Delta t = 32\,°C$; $\Delta V = ?$

$\boldsymbol{\Delta V} = \alpha_V \cdot V_1 \cdot \Delta t = 0{,}001\,\frac{1}{°C} \cdot 60\ \text{l} \cdot 32\,°C = \mathbf{1{,}9\ l}$

Volumenänderung

$$\Delta V = \alpha_V \cdot V_1 \cdot \Delta t$$

Für feste Stoffe
$\alpha_V = 3 \cdot \alpha_l$

Volumenausdehnungskoeffizienten: Seite 121
Volumenausdehnung (Zustandsänderung) der Gase: Seite 40

Schwindung

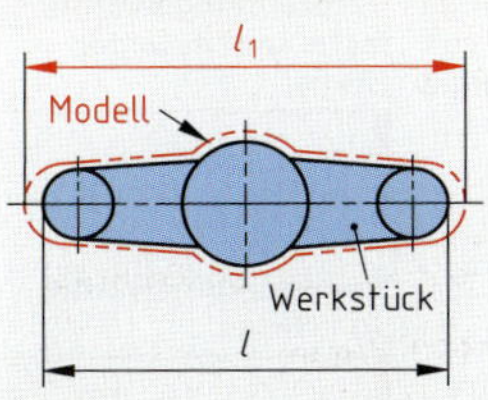

S Schwindmaß in %
l Werkstücklänge
l_1 Modelllänge

Beispiel:

Al-Gussteil, $l = 680$ mm; $S = 1{,}2$ %; $l_1 = ?$

$l_1 = \frac{l \cdot 100\,\%}{100\,\% - S} = \frac{680\ \text{mm} \cdot 100\,\%}{100\,\% - 1{,}2\,\%}$
$= \mathbf{688{,}2\ mm}$

Modelllänge

$$l_1 = \frac{l \cdot 100\,\%}{100\,\% - S}$$

Schwindmaße: Seite 172

Wärmemenge bei Temperaturänderung

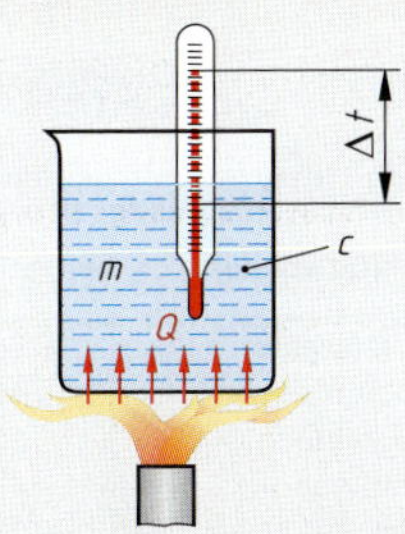

Die **spezifische Wärmekapazität** c gibt an, wie viel Wärme nötig ist, um 1 kg eines Stoffes um 1 °C zu erwärmen. Bei Abkühlung wird die gleiche Wärmemenge wieder frei.

c spez. Wärmekapazität
Δt, $\Delta\vartheta$, ΔT Temperaturänderung
Q Wärmemenge
m Masse

Beispiel:

Stahlwelle, $m = 2$ kg; $c = 0{,}48\,\frac{\text{kJ}}{\text{kg} \cdot °C}$;
$\Delta t = 800\,°C$; $Q = ?$
$\boldsymbol{Q} = c \cdot m \cdot \Delta t = 0{,}48\,\frac{\text{kJ}}{\text{kg} \cdot °C} \cdot 2\ \text{kg} \cdot 800\,°C = \mathbf{768\ kJ}$

Wärmemenge

$$Q = c \cdot m \cdot \Delta t$$

$1\ \text{kJ} = \frac{1\ \text{kW} \cdot \text{h}}{3600}$
$1\ \text{kW} \cdot \text{h} = 3{,}6\ \text{MJ}$

Spezifische Wärmekapazitäten: Seiten 120 und 121

Wärme beim Schmelzen, Verdampfen, Verbrennen

P

Schmelzwärme, Verdampfungswärme

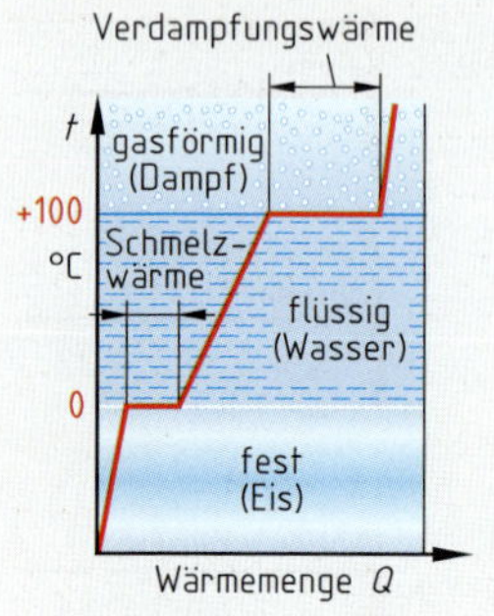

Um Stoffe vom festen in den flüssigen bzw. vom flüssigen in den gasförmigen Zustand zu überführen wird Wärmeenergie (sog. Schmelz- bzw. Verdampfungswärme) benötigt.

Q	Schmelzwärme, Verdampfungswärme	r	spezifische Verdampfungswärme
q	spez. Schmelzwärme	m	Masse

Beispiel:

Kupfer, $m = 6{,}5\ \text{kg}$; $q = 213\ \frac{\text{kJ}}{\text{kg}}$; $Q = ?$

$\boldsymbol{Q} = q \cdot m = 213\ \frac{\text{kJ}}{\text{kg}} \cdot 6{,}5\ \text{kg} = 1384{,}5\ \text{kJ} \approx \mathbf{1{,}4\ MJ}$

Schmelzwärme

$$Q = q \cdot m$$

Verdampfungswärme

$$Q = r \cdot m$$

Spezifische Schmelz- und Verdampfungswärme: Seiten 120 und 121

Wärmestrom

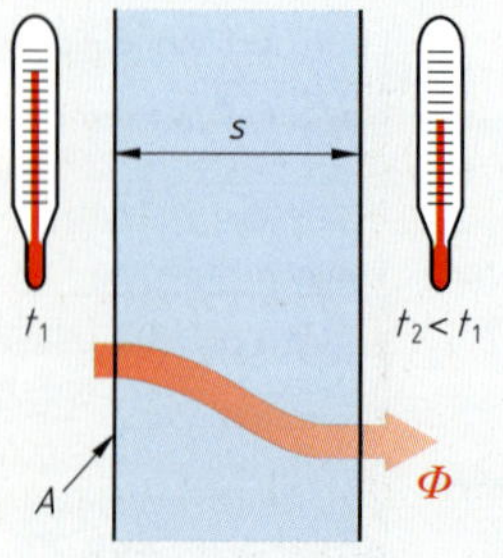

Der **Wärmestrom** Φ verläuft innerhalb eines Stoffes stets von der höheren zur niedrigeren Temperatur.

Die **Wärmedurchgangszahl** k berücksichtigt neben der Wärmeleitfähigkeit eines Bauteils die Wärmeübergangswiderstände an den Grenzflächen der Bauteile.

Φ	Wärmestrom	Δt, $\Delta\vartheta$, ΔT	Temperaturdifferenz
λ	Wärmeleitfähigkeit	s	Bauteildicke
k	Wärmedurchgangskoeffizient	A	Fläche des Bauteils

Beispiel:

Schaltschrank; Stahlblech lackiert; $A = 5{,}8\ \text{m}^2$; $\Delta t = 15\ °\text{C}$; $\Phi = ?$

$\Phi = k \cdot A \cdot \Delta t = 5{,}5\ \frac{\text{W}}{\text{m}^2 \cdot °\text{C}} \cdot 5{,}8\ \text{m}^2 \cdot 15\ °\text{C} = \mathbf{478{,}5\ W}$

Wärmestrom bei Wärmeleitung

$$\Phi = \frac{\lambda \cdot A \cdot \Delta t}{s}$$

Wärmestrom bei Wärmedurchgang

$$\Phi = k \cdot A \cdot \Delta t$$

Wärmeleitfähigkeitswerte λ: Seiten 120 und 121, Wärmedurchgangskoeffizienten k: unten auf dieser Seite

Verbrennungswärme

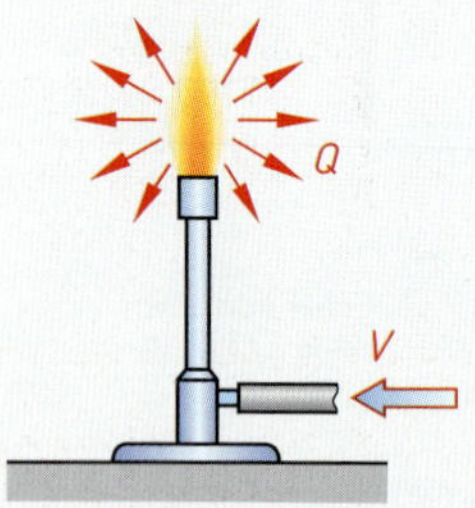

Unter dem **spezifischen Heizwert** H_i (H) eines Stoffes versteht man die bei der vollständigen Verbrennung von 1 kg oder 1 m³ des Stoffes frei werdende Wärmeenergie (Brennwert) abzüglich der Verdampfungswärme des in den Abgasen enthaltenen Wasserdampfes.

Q	Verbrennungswärme
H_i, H	spezifischer Heizwert
m	Masse fester und flüssiger Brennstoffe
V	Volumen von Brenngasen

Beispiel:

Erdgas, $V = 3{,}8\ \text{m}^3$; $H_i = 35\ \frac{\text{MJ}}{\text{m}^3}$; $Q = ?$

$\boldsymbol{Q} = H_i \cdot V = 35\ \frac{\text{MJ}}{\text{m}^3} \cdot 3{,}8\ \text{m}^3 = \mathbf{133\ MJ}$

Verbrennungswärme fester und flüssiger Stoffe

$$Q = H_i \cdot m$$

Verbrennungswärme von Gasen

$$Q = H_i \cdot V$$

Spezifische Heizwerte H_i (H) für Brennstoffe

Feste Brennstoffe	H_i MJ/kg	Flüssige Brennstoffe	H_i MJ/kg	Gasförmige Brennstoffe	H_i MJ/m³
Holz	15 … 17	Spiritus	27	Wasserstoff	10
Biomasse (trocken)	14 … 18	Benzol	40	Erdgas	34 … 36
Braunkohle	16 … 20	Benzin	43	Acetylen	57
Koks	30	Diesel	41 … 43	Propan	93
Steinkohle	30 … 34	Heizöl	40 … 43	Butan	123

Wärmedurchgangskoeffizienten k

Material (Beispiele)	k $\frac{\text{W}}{\text{m}^2 \cdot °\text{C}}$
Stahlblech lackiert	≈ 5,5
Stahlblech rostfrei	≈ 4,5
Aluminiumblech	≈ 12
Al, doppelwandig	≈ 4,5
Polyester	≈ 3,5

Größen und Einheiten, Ohmsches Gesetz, Widerstand

Elektrische Größen und Einheiten

Größe Name	Größe Zeichen	Einheit Name	Einheit Zeichen
Elektrische Spannung	U	Volt	V
Elektrische Stromstärke	I	Ampere	A
Elektrischer Widerstand	R	Ohm	Ω
Elektrischer Leitwert	G	Siemens	S
Elektrische Leistung	P	Watt	W

$$1\,\Omega = \frac{1\,\text{V}}{1\,\text{A}}$$

$$1\,\text{W} = 1\,\text{V} \cdot 1\,\text{A}$$

P

Ohmsches Gesetz

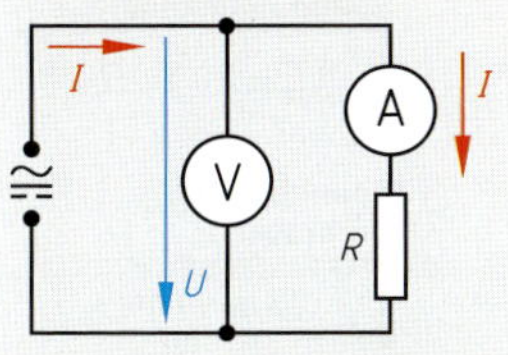

U Spannung in V
I Stromstärke in A
R Widerstand in Ω

Beispiel:

$R = 88\,\Omega$; $U = 230\,\text{V}$; $I = ?$

$$\boldsymbol{I} = \frac{U}{R} = \frac{230\,\text{V}}{88\,\Omega} = \mathbf{2{,}6\,A}$$

Stromstärke

$$I = \frac{U}{R}$$

Schaltzeichen: Seite 438

Widerstand und Leitwert

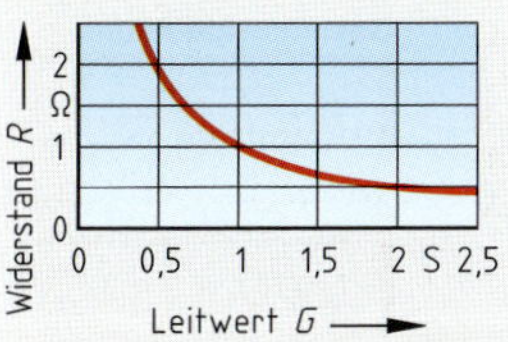

R Widerstand in Ω
G Leitwert in S

Beispiel:

$R = 20\,\Omega$; $G = ?$

$$\boldsymbol{G} = \frac{1}{R} = \frac{1}{20\,\Omega} = \mathbf{0{,}05\,S}$$

Widerstand

$$R = \frac{1}{G}$$

Leitwert

$$G = \frac{1}{R}$$

Spezifischer elektrischer Widerstand, elektrische Leitfähigkeit, Leiterwiderstand

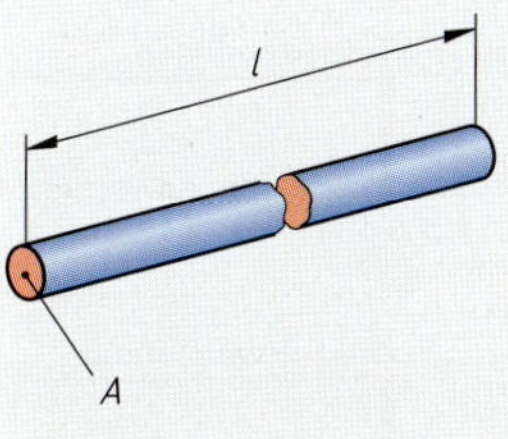

ϱ spezifischer elektrischer Widerstand in $\Omega \cdot \text{mm}^2/\text{m}$
γ elektrische Leitfähigkeit in $\text{m}/(\Omega \cdot \text{mm}^2)$
R Widerstand in Ω
A Leiterquerschnitt in mm^2
l Leiterlänge in m

Beispiel:

Kupferdraht, $l = 100\,\text{m}$;

$A = 1{,}5\,\text{mm}^2$; $\varrho = 0{,}0179\,\frac{\Omega \cdot \text{mm}^2}{\text{m}}$; $R = ?$

$$\boldsymbol{R} = \frac{\varrho \cdot l}{A} = \frac{0{,}0179\,\frac{\Omega \cdot \text{mm}^2}{\text{m}} \cdot 100\,\text{m}}{1{,}5\,\text{mm}^2} = \mathbf{1{,}19\,\Omega}$$

Spezifische elektrische Widerstände: Seiten 120 und 121

Spezif. elektrischer Widerstand

$$\varrho = \frac{1}{\gamma}$$

Leiterwiderstand

$$R = \frac{\varrho \cdot l}{A}$$

Widerstand und Temperatur

Werkstoff	T_k-Wert α in 1/K
Aluminium	0,0040
Blei	0,0039
Gold	0,0037
Kupfer	0,0039
Silber	0,0038
Wolfram	0,0044
Zinn	0,0045
Zink	0,0042
Grafit	– 0,0013
Konstantan	± 0,00001

ΔR Widerstandsänderung in Ω
R_{20} Widerstand bei 20 °C in Ω
R_t Widerstand bei der Temperatur t in Ω
α Temperaturkoeffizient (T_k-Wert) in 1/K
Δt Temperaturdifferenz in K

Beispiel:

Widerstand aus Cu; $R_{20} = 150\,\Omega$; $t = 75\,°\text{C}$; $R_t = ?$

$\boldsymbol{\alpha} = \mathbf{0{,}0039\,1/K}$; $\boldsymbol{\Delta t} = 75\,°\text{C} - 20\,°\text{C} = 55\,°\text{C} \mathrel{\hat=} \mathbf{55\,K}$

$R_t = R_{20} \cdot (1 + \alpha \cdot \Delta t)$

$= 150\,\Omega \cdot (1 + 0{,}0039\,1/\text{K} \cdot 55\,\text{K}) = \mathbf{182{,}2\,\Omega}$

Widerstandsänderung

$$\Delta R = \alpha \cdot R_{20} \cdot \Delta t$$

Widerstand bei Temperatur t

$$R_t = R_{20} + \Delta R$$

$$R_t = R_{20} \cdot (1 + \alpha \cdot \Delta t)$$

Stromdichte, Schaltung von Widerständen

P

Stromdichte in Leitern

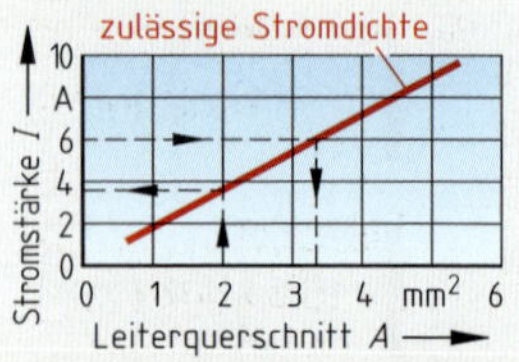

J Stromdichte in A/mm²
I Stromstärke in A
A Leiterquerschnitt in mm²

Beispiel:

$A = 2{,}5\ \text{mm}^2;\ I = 4\ \text{A};\ J = ?$

$J = \frac{I}{A} = \frac{4\ \text{A}}{2{,}5\ \text{mm}^2} = \mathbf{1{,}6\ \frac{A}{mm^2}}$

Stromdichte

$$J = \frac{I}{A}$$

Spannungsabfall in Leitern

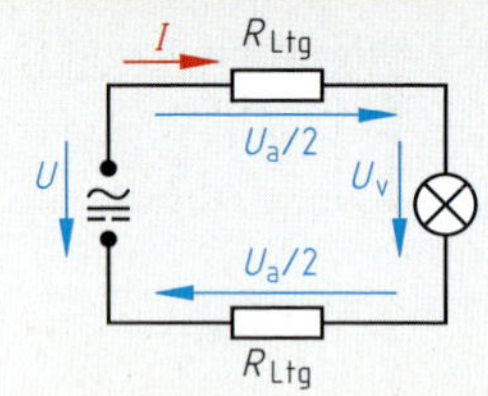

U_a Spannungsabfall im Leiter in V
U Klemmenspannung in V
U_v Spannung am Verbraucher in V
I Stromstärke in A
R_{Ltg} Leiterwiderstand für Zuleitung bzw. Rückleitung in Ω

Spannungsabfall

$$U_a = 2 \cdot I \cdot R_{Ltg}$$

Spannung am Verbraucher

$$U_v = U - U_a$$

Reihenschaltung von Widerständen

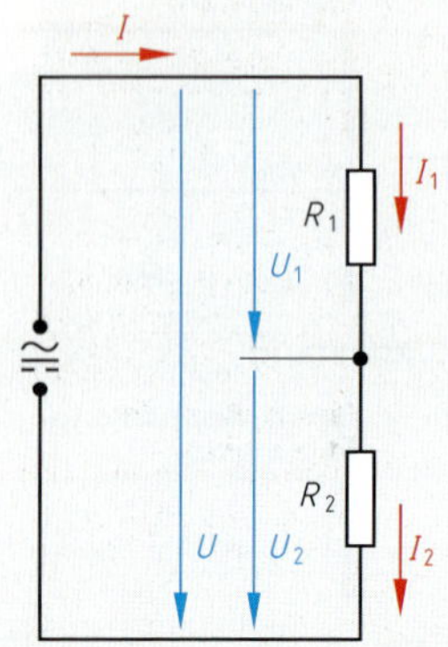

R Gesamtwiderstand, Ersatzwiderstand in Ω
I Gesamtstrom in A
U Gesamtspannung in V
R_1, R_2 Einzelwiderstände in Ω
I_1, I_2 Teilströme in A
U_1, U_2 Teilspannungen in V

Beispiel:

$R_1 = 10\ \Omega;\ R_2 = 20\ \Omega;\ U = 12\ \text{V};\ R = ?;\ I = ?;$
$U_1 = ?;\ U_2 = ?$

$\mathbf{R} = R_1 + R_2 = 10\ \Omega + 20\ \Omega = \mathbf{30\ \Omega}$

$\mathbf{I} = \frac{U}{R} = \frac{12\ \text{V}}{30\ \Omega} = \mathbf{0{,}4\ A}$

$\mathbf{U_1} = R_1 \cdot I = 10\ \Omega \cdot 0{,}4\ \text{A} = \mathbf{4\ V}$

$\mathbf{U_2} = R_2 \cdot I = 20\ \Omega \cdot 0{,}4\ \text{A} = \mathbf{8\ V}$

Gesamtwiderstand

$$R = R_1 + R_2 + \ldots$$

Gesamtspannung

$$U = U_1 + U_2 + \ldots$$

Gesamtstrom

$$I = I_1 = I_2 = \ldots$$

Teilspannungen

$$\frac{U_1}{U_2} = \frac{R_1}{R_2}$$

Parallelschaltung von Widerständen

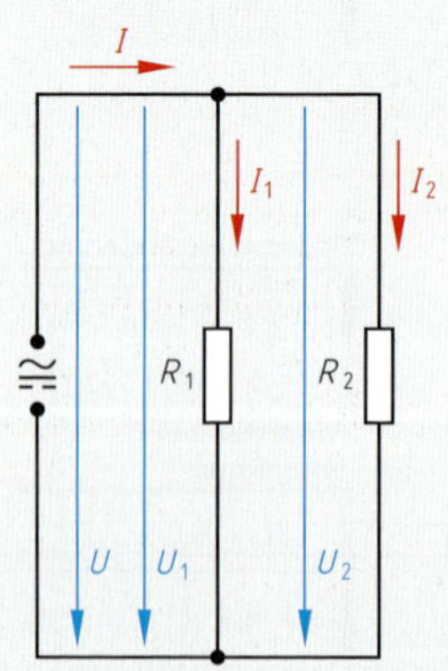

R Gesamtwiderstand, Ersatzwiderstand in Ω
I Gesamtstrom in A
U Gesamtspannung in V
R_1, R_2 Einzelwiderstände in Ω
I_1, I_2 Teilströme in A
U_1, U_2 Teilspannungen in V

Beispiel:

$R_1 = 15\ \Omega;\ R_2 = 30\ \Omega;\ U = 12\ \text{V};\ R = ?;\ I = ?;$
$I_1 = ?;\ I_2 = ?$

$\mathbf{R} = \frac{R_1 \cdot R_2}{R_1 + R_2} = \frac{15\ \Omega \cdot 30\ \Omega}{15\ \Omega + 30\ \Omega} = \mathbf{10\ \Omega}$

$\mathbf{I} = \frac{U}{R} = \frac{12\ \text{V}}{10\ \Omega} = \mathbf{1{,}2\ A}$

$\mathbf{I_1} = \frac{U_1}{R_1} = \frac{12\ \text{V}}{15\ \Omega} = \mathbf{0{,}8\ A};\qquad \mathbf{I_2} = \frac{U_2}{R_2} = \frac{12\ \text{V}}{30\ \Omega} = \mathbf{0{,}4\ A}$

[1] Berechnung mit dieser Formel nur möglich bei zwei parallel geschalteten Widerständen.

Gesamtwiderstand

$$\frac{1}{R} = \frac{1}{R_1} + \frac{1}{R_2} + \ldots$$

$$R^{1)} = \frac{R_1 \cdot R_2}{R_1 + R_2}$$

Gesamtspannung

$$U = U_1 = U_2 = \ldots$$

Gesamtstrom

$$I = I_1 + I_2 + \ldots$$

Teilströme

$$\frac{I_1}{I_2} = \frac{R_2}{R_1}$$

Stromarten

Gleichstrom (DC[1]; Zeichen –), Gleichspannung

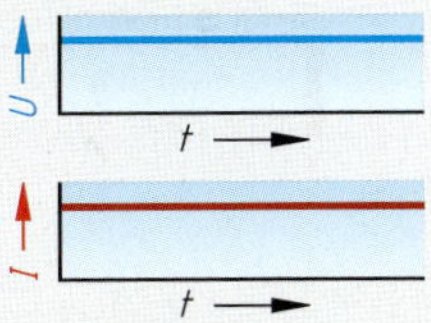

Gleichstrom fließt nur in einer Richtung und mit gleich bleibender Stromstärke. Die Spannung ist ebenfalls konstant.

I Stromstärke in A
U Spannung in V
t Zeit in s

[1] von Direct Current (engl.) = Gleichstrom

Stromstärke

$$I = \text{konstant}$$

Spannung

$$U = \text{konstant}$$

P

Wechselstrom (AC[2]; Zeichen ~), Wechselspannung

Periodendauer und Frequenz

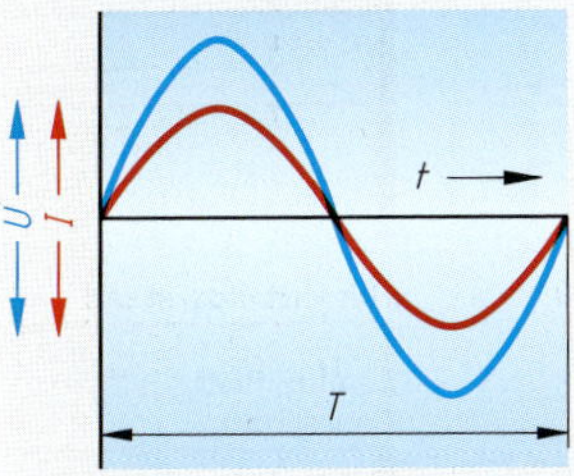

Bei einer sich ständig nach einer Sinuskurve verändernden Spannung wechseln auch die freien Elektronen ständig ihre Fließrichtung.

f Frequenz in 1/s, Hz
T Periodendauer in s
ω Kreisfrequenz in 1/s
I Stromstärke in A
U Spannung in V
t Zeit in s

Beispiel:

Frequenz 50 Hz; $T = ?$

$$\boldsymbol{T} = \frac{1}{50\,\frac{1}{s}} = \mathbf{0{,}02\ s}$$

[2] von Alternating Current (engl.) = Wechselstrom

Periodendauer

$$T = \frac{1}{f}$$

Frequenz

$$f = \frac{1}{T}$$

Kreisfrequenz

$$\omega = 2 \cdot \pi \cdot f$$

$$\omega = \frac{2 \cdot \pi}{T}$$

1 Hertz = 1 Hz = 1/s = 1 Periode je Sekunde

Maximalwert und Effektivwert von Strom und Spannung

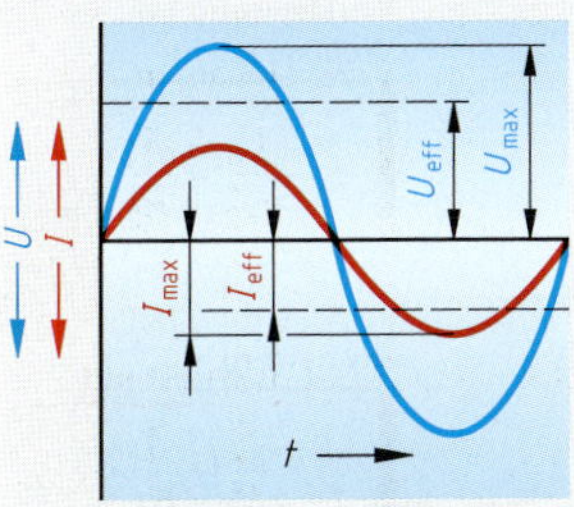

I_{max} Maximalwert der Stromstärke in A
I_{eff} Effektivwert der Stromstärke in A
U_{max} Maximalwert der Spannung in V
U_{eff} Effektivwert der Spannung in V (ergibt an einem Ohmschen Widerstand die gleiche Leistung wie eine ebenso große Gleichspannung)
I Stromstärke in A
U Spannung in V
t Zeit in s

Beispiel:

$U_{eff} = 230\ \text{V}$; $U_{max} = ?$

$\boldsymbol{U_{max}} = \sqrt{2} \cdot 230\ \text{V} = \mathbf{325\ V}$

Maximalwert der Stromstärke

$$I_{max} = \sqrt{2} \cdot I_{eff}$$

Maximalwert der Spannung

$$U_{max} = \sqrt{2} \cdot U_{eff}$$

Drehstrom (Dreiphasenwechselstrom)

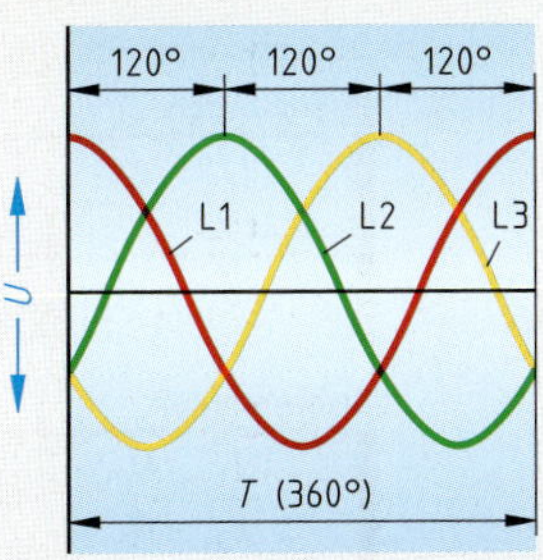

Drehstrom wird aus drei um je 120° versetzte Wechselspannungen erzeugt.

U Spannung in V
T Periodendauer in s
L1 Phase 1
L2 Phase 2
L3 Phase 3

$\boldsymbol{U_{eff}}$ **Effektivspannung zwischen Phase und Nullleiter = 230 V**

$\boldsymbol{U_{eff}}$ **Effektivspannung zwischen zwei Phasenleitern = 400 V**

Maximalwert der Spannung

$$U_{max} = \sqrt{2} \cdot U_{eff}$$

Elektrische Arbeit und Leistung, Transformator

Elektrische Arbeit

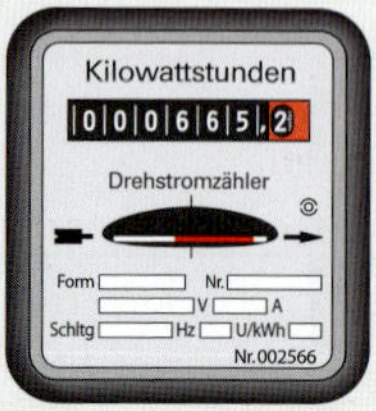

W elektrische Arbeit in kW · h
P elektrische Leistung in W
t Zeit (Einschaltdauer) in h

Beispiel:

Kochplatte, $P = 1{,}8$ kW; $t = 3$ h;
$W = ?$ in kW · h und MJ

$\mathbf{W} = P \cdot t = 1{,}8\ \text{kW} \cdot 3\ \text{h} = \mathbf{5{,}4\ kW \cdot h = 19{,}44\ MJ}$

Elektrische Arbeit

$$W = P \cdot t$$

1 kW · h = 3,6 MJ
= 3 600 000 W · s

Elektrische Leistung bei ohmscher Belastung[1)]

Gleich- oder Wechselstrom

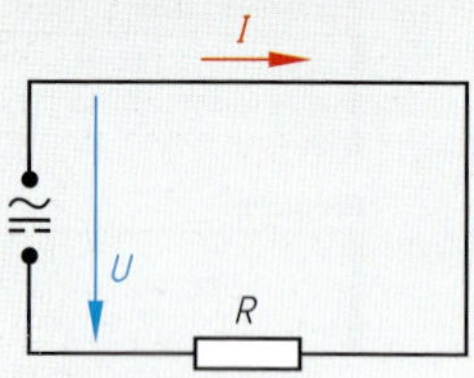

Drehstrom

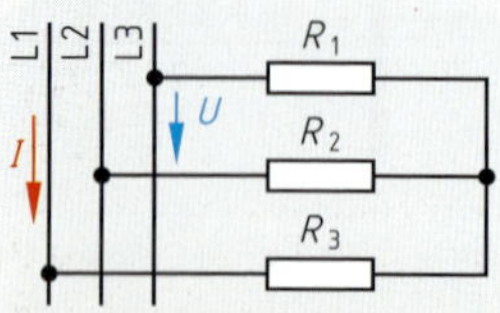

P elektrische Leistung in W
U Spannung (Leiterspannung) in V
I Stromstärke in A
R Widerstand in Ω

1. Beispiel:

Glühlampe, $U = 6$ V; $I = 5$ A; $P = ?$; $R = ?$

$\mathbf{P} = U \cdot I = 6\ \text{V} \cdot 5\ \text{A} = \mathbf{30\ W}$

$\mathbf{R} = \frac{U}{I} = \frac{6\ \text{V}}{5\ \text{A}} = \mathbf{1{,}2\ \Omega}$

2. Beispiel:

Glühofen, Drehstrom, $U = 400$ V; $P = 12$ kW; $I = ?$

$\mathbf{I} = \frac{P}{\sqrt{3} \cdot U} = \frac{12\,000\ \text{W}}{\sqrt{3} \cdot 400\ \text{V}} = \mathbf{17{,}3\ A}$

1) d. h. nur bei Wärmegeräten (Ohmsche Widerstände)

Leistung bei Gleich- oder Wechselstrom

$$P = U \cdot I$$

$$P = I^2 \cdot R$$

$$P = \frac{U^2}{R}$$

Leistung bei Drehstrom

$$P = \sqrt{3} \cdot U \cdot I$$

Wirkleistung bei Wechsel- und Drehstrom mit induktivem oder kapazitivem Lastanteil[2)]

Wechselstrom

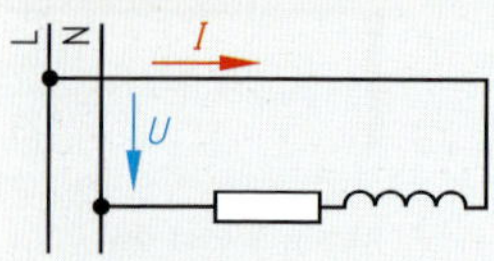

Drehstrom

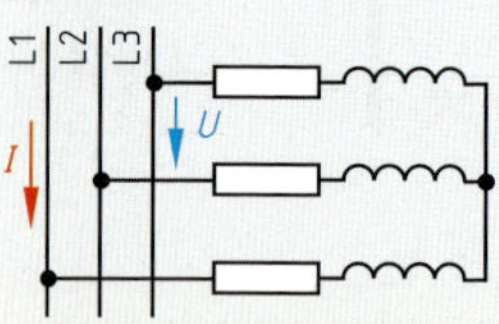

P Wirkleistung in W
U Spannung (Leiterspannung) in V
I Stromstärke in A
$\cos \varphi$ Leistungsfaktor

Beispiel:

Drehstrommotor, $U = 400$ V; $I = 2$ A;
$\cos \varphi = 0{,}85$; $P = ?$

$\mathbf{P} = \sqrt{3} \cdot U \cdot I \cdot \cos \varphi = \sqrt{3} \cdot 400\ \text{V} \cdot 2\ \text{A} \cdot 0{,}85$
$= 1178\ \text{W} \approx \mathbf{1{,}2\ kW}$

2) z. B. bei Elektro-Motoren und -Generatoren

Wirkleistung bei Wechselstrom

$$P = U \cdot I \cdot \cos \varphi$$

Wirkleistung bei Drehstrom

$$P = \sqrt{3} \cdot U \cdot I \cdot \cos \varphi$$

Transformator

Eingangsseite (Primärspule) | **Ausgangsseite** (Sekundärspule)

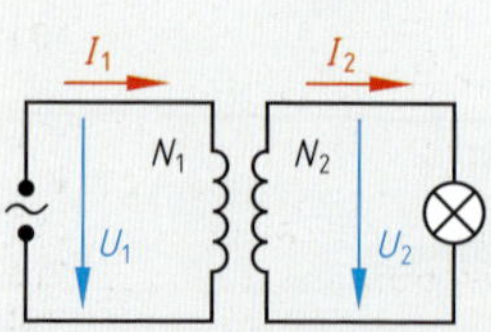

N_1, N_2 Windungszahlen
U_1, U_2 Spannungen in V
I_1, I_2 Stromstärken in A

Beispiel:

$N_1 = 2875$; $N_2 = 100$; $U_1 = 230$ V; $I_1 = 0{,}25$ A; $U_2 = ?$; $I_2 = ?$

$\mathbf{U_2} = \frac{U_1 \cdot N_2}{N_1} = \frac{230\ \text{V} \cdot 100}{2875} = \mathbf{8\ V}$

$\mathbf{I_2} = \frac{I_1 \cdot N_1}{N_2} = \frac{0{,}25\ \text{A} \cdot 2875}{100} = \mathbf{7{,}2\ A}$

Spannungen

$$\frac{U_1}{U_2} = \frac{N_1}{N_2}$$

Stromstärken

$$\frac{I_1}{I_2} = \frac{N_2}{N_1}$$

3 Technische Kommunikation

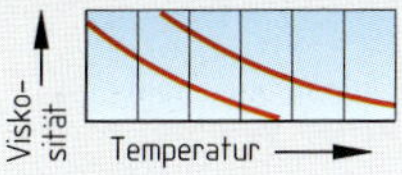

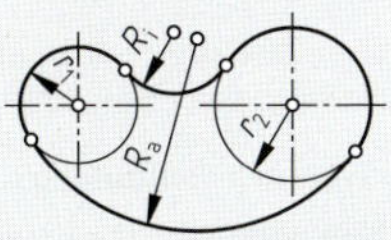

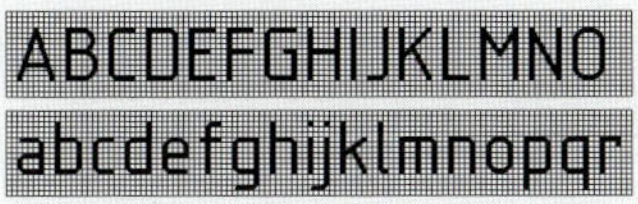

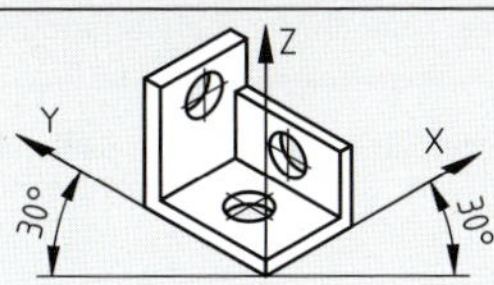

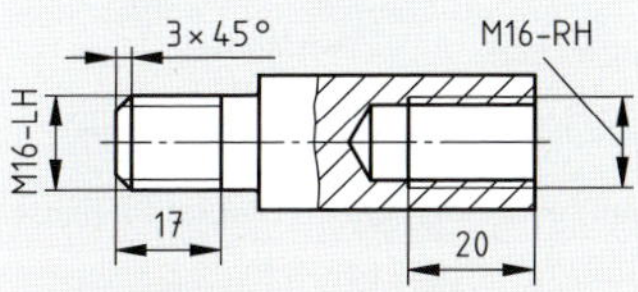

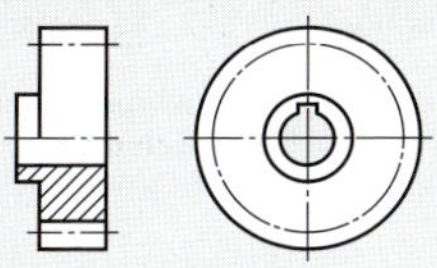

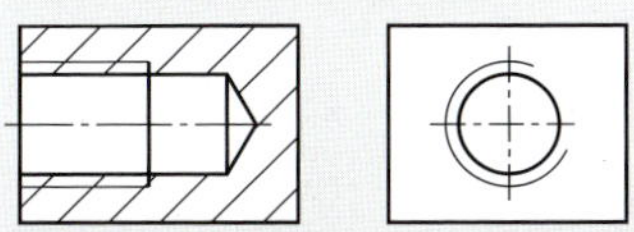

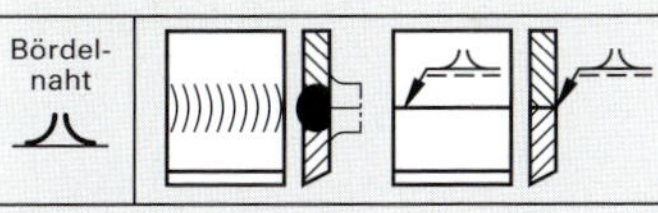

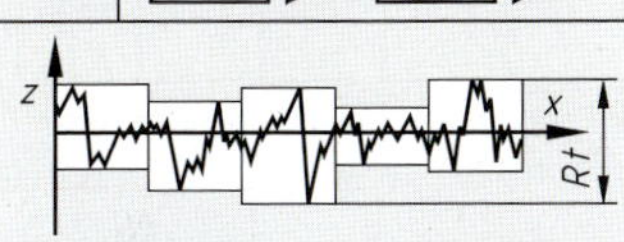

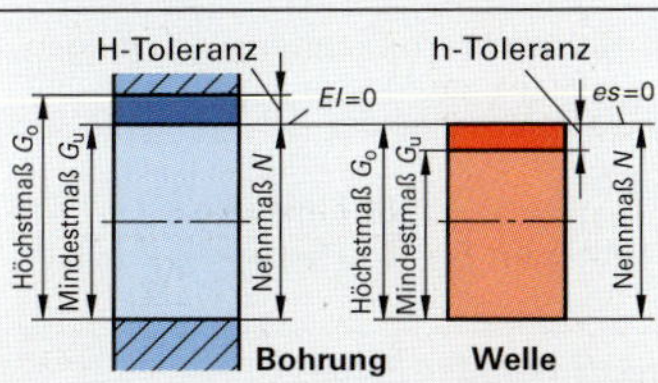

Kartesisches Koordinatensystem

vgl. DIN 461 (1973-03)

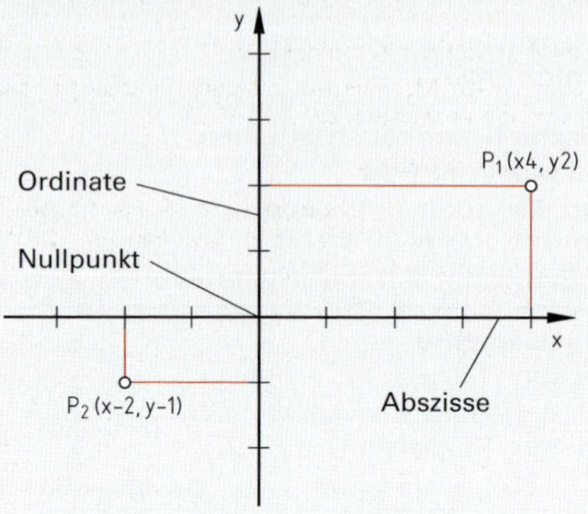

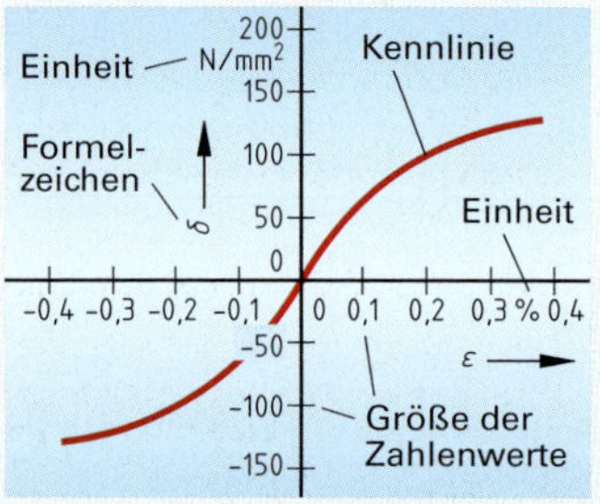

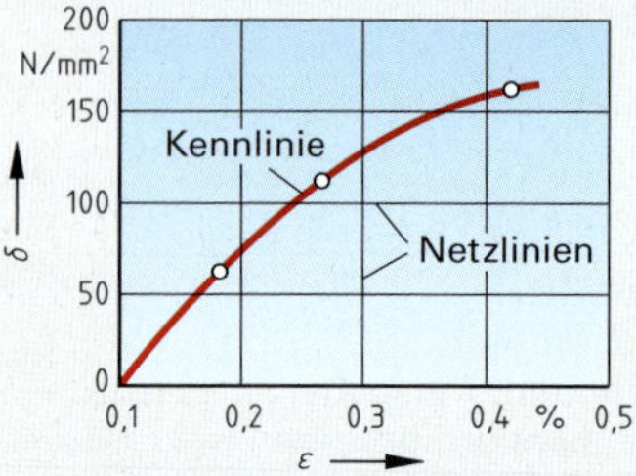

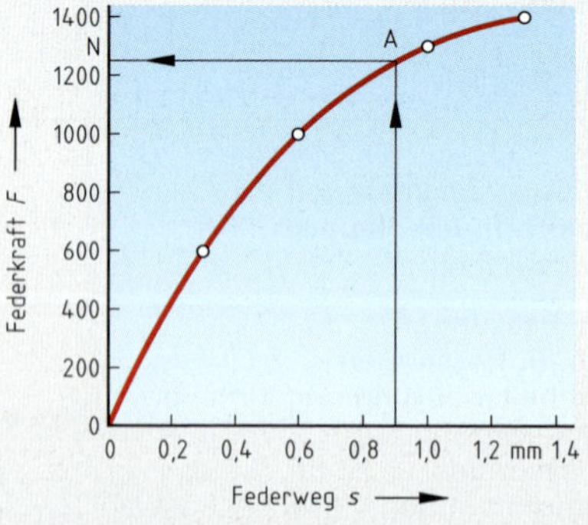

K

Koordinatenachsen

- Abszisse (waagrechte Achse; x-Achse)
- Ordinate (senkrechte Achse; y-Achse)

Abzutragende Werte

- Positive: vom Nullpunkt nach rechts bzw. oben
- Negative: vom Nullpunkt nach links bzw. unten

Kennzeichnung der positiven Achsrichtungen mit

- Pfeilspitzen an den Achsen oder
- Pfeilen parallel zu den Achsen

Formelzeichen werden kursiv eingetragen an der

- Abszisse unterhalb der Pfeilspitze
- Ordinate links neben der Pfeilspitze

bzw. vor den Pfeilen parallel zu den Achsen.

Skalen sind meist linear, manchmal auch logarithmisch geteilt.

Größen für Zahlenwerte. Sie stehen bei den Skalen-Teilstrichen. Alle negativen Zahlenwerte erhalten ein Minuszeichen.

Einheiten der Zahlenwerte stehen zwischen den beiden letzten positiven Zahlen von Abszisse und Ordinate oder hinter den Formelzeichen.

Netzlinien erleichtern den Eintrag der Zahlenwerte.

Kennlinien (Kurven) verbinden die im Diagramm eingetragenen Zahlenwerte.

Linienbreiten. Die Linien werden im Verhältnis Netzlinien : Achsen : Kennlinien = 1 : 2 : 4 gezeichnet.

Diagramm-Ausschnitte werden gezeichnet, wenn vom Nullpunkt aus nicht in jeder Richtung Zahlenwerte abzutragen sind. Der Nullpunkt darf auch unterdrückt werden.

Beispiel (Federkennlinie):

Von einer Tellerfeder sind folgende Werte bekannt:

Federweg *s* in mm	0	0,3	0,6	1,0	1,3
Federkraft *F* in N	0	600	1000	1300	1400

Wie groß ist die Federkraft *F* bei einem Federweg *s* = 0,9 mm?

Lösung:

Die Kennwerte werden in ein Diagramm übertragen und mit einer Kennlinie verbunden. Eine senkrechte Linie bei *s* = 0,9 mm schneidet die Kennlinie im Punkt A.

Mithilfe einer waagrechten Linie durch A wird an der Ordinate eine Federkraft $F \approx 1250$ N abgelesen.

[1] Mit Diagrammen werden wertmäßige Zusammenhänge zwischen veränderlichen Größen dargestellt.

Polarkoordinatensysteme, Flächendiagramme

Kartesisches Koordinatensystem (Fortsetzung) — vgl. DIN 461 (1973-03)

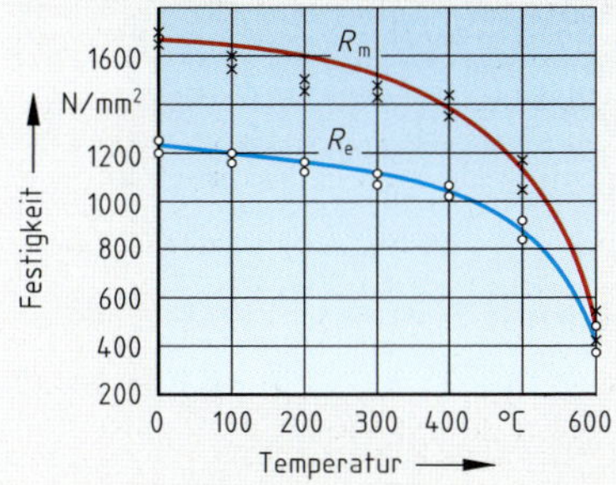

Diagramme mit mehreren Kennlinien

Bei stark streuenden Messwerten werden für jede Kennlinie besondere Zeichen verwendet, z. B.: ○, ×, □

Kennzeichnung der Kennlinien

- bei Verwendung derselben Linienart durch die Namen der Veränderlichen bzw. durch deren Formelzeichen oder durch unterschiedliche Farben der Kennlinien
- durch unterschiedliche Linienarten

Polarkoordinatensystem — vgl. DIN 461 (1973-03)

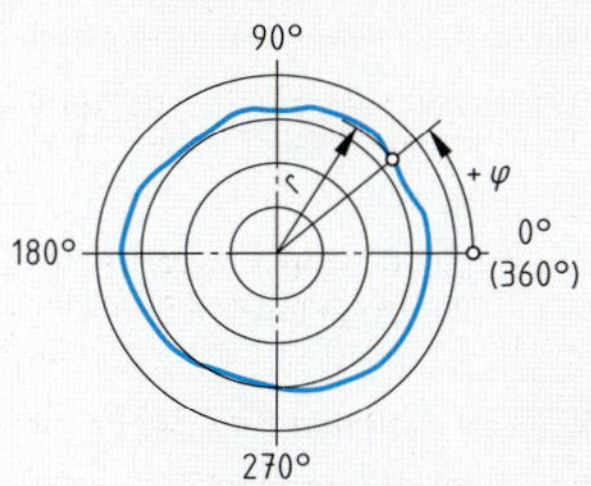

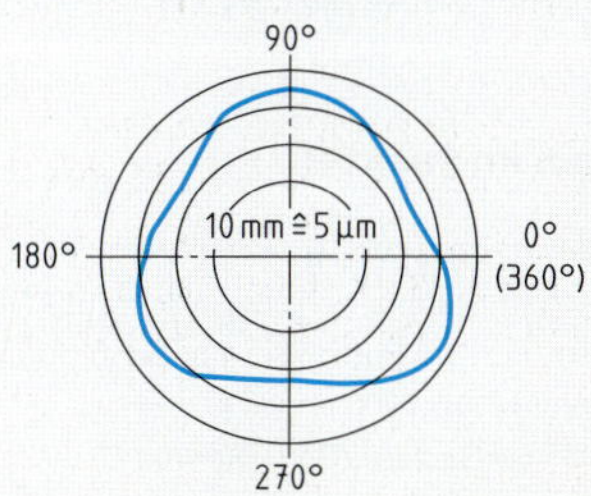

Polarkoordinatensysteme besitzen eine 360°-Teilung

Nullpunkt (Pol). Schnittpunkt von waagrechter und senkrechter Achse

Winkelzuordnung. Die waagrechte Achse rechts vom Nullpunkt wird dem Winkel 0° zugeordnet.

Winkelabtrag. Positive Winkel werden entgegen dem Uhrzeigersinn abgetragen.

Radius. Der Radius entspricht der Größe des abzutragenden Wertes. Zum leichteren Abtragen der Werte können um den Nullpunkt konzentrische Kreise gezogen werden.

Beispiel:

> Mithilfe einer Messmaschine wird überprüft, ob die Rundheit einer gedrehten Buchse innerhalb einer geforderten Toleranz liegt.
>
> Die ermittelte Unrundheit wurde vermutlich durch zu starkes Spannen der Buchse im Backenfutter verursacht.

K

Flächendiagramme

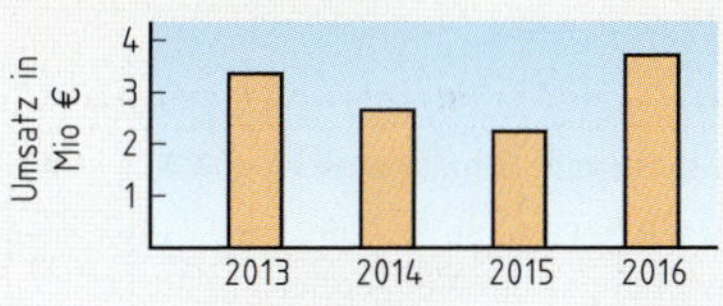

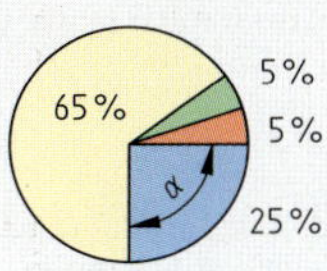

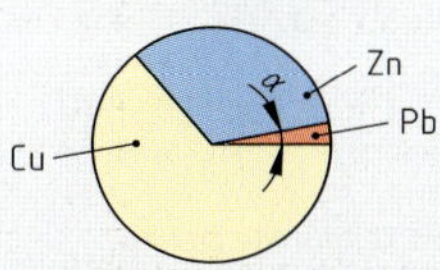

Säulendiagramme

Mit Säulendiagrammen werden die darzustellenden Größen als waagrechte oder senkrechte, jeweils gleich dicke Balken gezeigt.

Kreisflächendiagramme

Mit Kreisflächendiagrammen werden meist Prozentwerte dargestellt. Dabei entspricht der Umfang einer Kreisfläche 100 % (≙ 360°).

Mittelpunktswinkel. Der zu einem abzutragenden Prozentanteil x gehörende Mittelpunktswinkel beträgt:

$$\alpha = \frac{360° \cdot x\,\%}{100\,\%}$$

Beispiel:

> Wie groß ist der Mittelpunktswinkel für den Bleianteil der Legierung CuZn36Pb3?
>
> Lösung: $\alpha = \frac{360° \cdot 3\,\%}{100\,\%} = 10{,}8°$

Strecken, Lote, Winkel

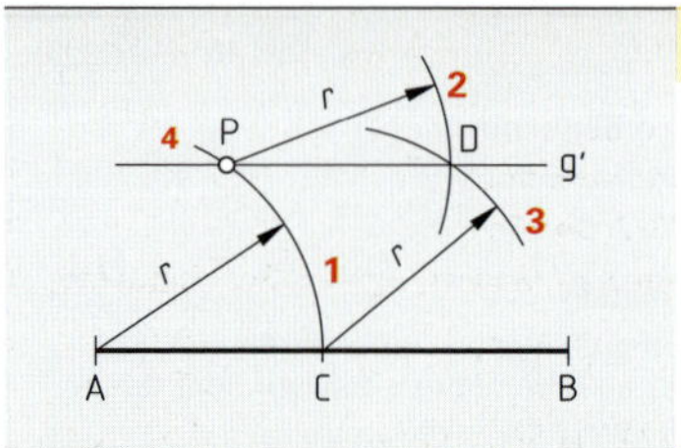

Parallele zu einer Strecke

Gegeben: Strecke $\overline{AB}$ und Punkt P auf gesuchter Parallele g'

1. Kreisbogen mit Radius *r* um A ergibt Schnittpunkt C.
2. Kreisbogen mit Radius *r* um P.
3. Kreisbogen mit Radius *r* um C ergibt Schnittpunkt D.
4. Verbindungslinie $\overline{PD}$ ist Parallele g' zu $\overline{AB}$.

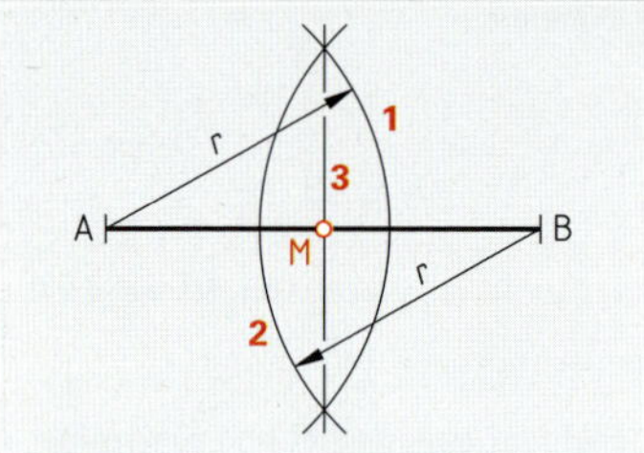

Halbieren einer Strecke

Gegeben: Strecke $\overline{AB}$

1. Kreisbogen 1 mit Radius *r* um A; $r > \frac{1}{2}\overline{AB}$.
2. Kreisbogen 2 mit gleichem Radius *r* um B.
3. Die Verbindungslinie der Kreisschnittpunkte ist die Mittelsenkrechte bzw. die Halbierende der Strecke $\overline{AB}$.

K

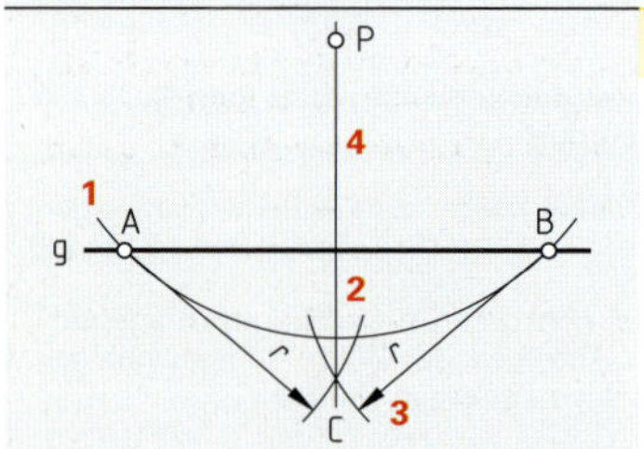

Fällen eines Lotes

Gegeben: Gerade g und Punkt P

1. Beliebiger Kreisbogen 1 um P ergibt Schnittpunkte A und B.
2. Kreisbogen 2 mit Radius *r* um A; $r > \frac{1}{2}\overline{AB}$.
3. Kreisbogen 3 mit gleichem Radius *r* um B (Schnittpunkt C).
4. Die Verbindungslinie des Schnittpunktes C mit P ist das gesuchte Lot.

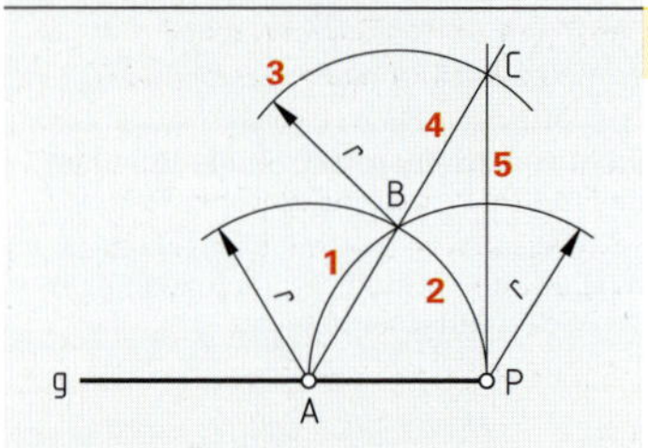

Errichten einer Senkrechten im Punkt P

Gegeben: Gerade g und Punkt P

1. Kreisbogen 1 um P mit beliebigem Radius *r* ergibt Schnittpunkt A.
2. Kreisbogen 2 mit gleichem Radius *r* um Punkt A ergibt Schnittpunkt B.
3. Kreisbogen 3 mit gleichem Radius *r* um B.
4. A und B verbinden und Gerade verlängern (Schnittpunkt C).
5. Punkt C mit Punkt P verbinden.

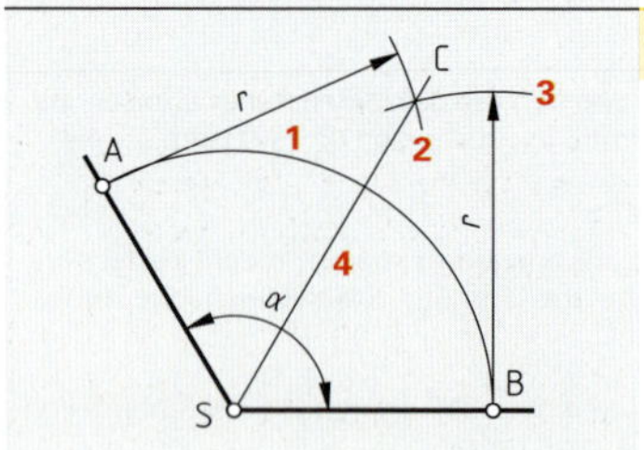

Halbieren eines Winkels

Gegeben: Winkel α

1. Beliebiger Kreisbogen 1 um S ergibt Schnittpunkte A und B.
2. Kreisbogen 2 mit Radius *r* um A; $r > \frac{1}{2}\overline{AB}$.
3. Kreisbogen 3 mit gleichem Radius *r* um B ergibt Schnittpunkt C.
4. Die Verbindungslinie des Schnittpunktes C mit S ist die gesuchte Winkelhalbierende.

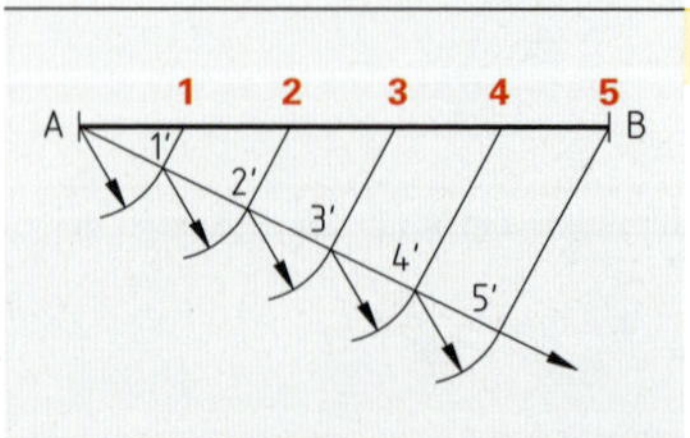

Teilen einer Strecke

Gegeben: Strecke $\overline{AB}$ soll in 5 gleiche Teile geteilt werden.

1. Strahl von A unter beliebigem Winkel.
2. Auf dem Strahl von A aus mit dem Zirkel 5 beliebige, aber gleich große Teile abtragen.
3. Endpunkt 5' mit B verbinden.
4. Parallelen zu $\overline{5'B}$ durch die anderen Teilpunkte ziehen.

Tangenten, Kreisbögen, Vielecke

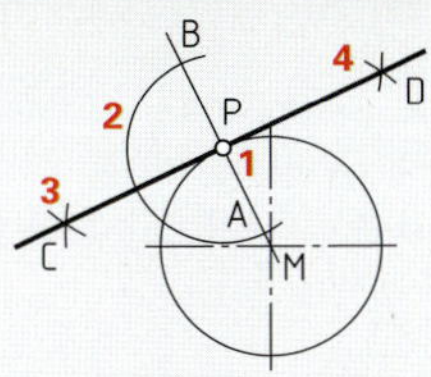

Tangente durch Kreispunkt P

Gegeben: Kreis und Punkt P

1. Verbindungslinie $\overline{MP}$ ziehen und verlängern.
2. Kreis um P ergibt Schnittpunkte A und B.
3. Kreisbögen um A und B mit gleichem Radius ergeben Schnittpunkte C und D.
4. Verbindungslinie CD ist Senkrechte zu $\overline{PM}$.

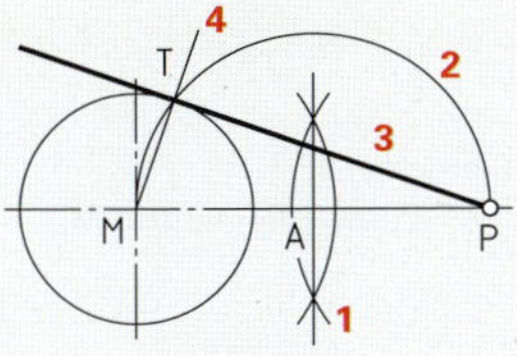

Tangente von einem Punkt P an den Kreis

Gegeben: Kreis und Punkt P

1. $\overline{MP}$ halbieren. A ist Mittelpunkt.
2. Kreis um A mit Radius $r = \overline{AM}$. T ist Tangentenpunkt.
3. T mit P verbinden.
4. $\overline{MT}$ ist senkrecht zu $\overline{PT}$.

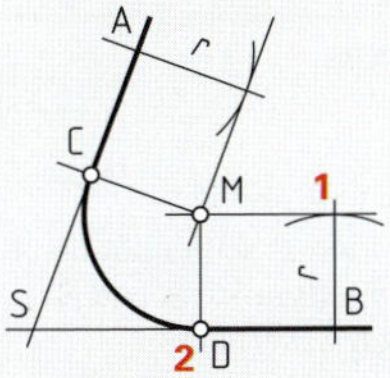

Rundung am Winkel

Gegeben: Winkel ASB und Radius r

1. Parallelen zu $\overline{AS}$ und $\overline{BS}$ im Abstand r ziehen. Ihr Schnittpunkt M ist der gesuchte Mittelpunkt des Kreisbogens mit dem Radius r.
2. Die Schnittpunkte der Lote von M mit den Schenkeln $\overline{AS}$ und $\overline{BS}$ sind die Übergangspunkte C und D.

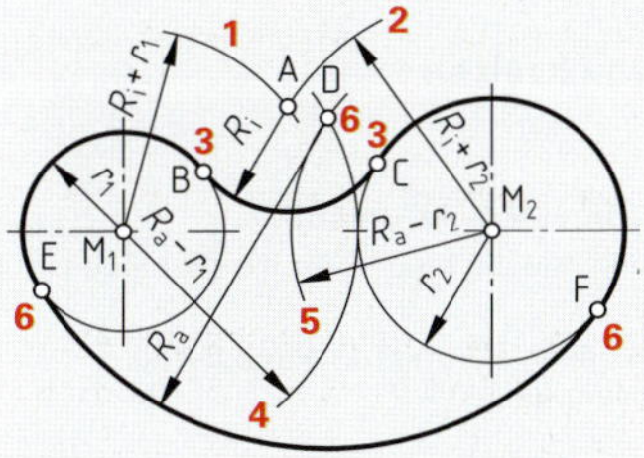

Verbindung zweier Kreise durch Kreisbögen

Gegeben: Kreis 1 und Kreis 2; Radien R_i und R_a

1. Kreis um M_1 mit Radius $R_i + r_1$.
2. Kreis um M_2 mit Radius $R_i + r_2$ ergibt mit 1 den Schnittpunkt A.
3. A mit M_1 und M_2 verbunden ergibt die Berührungspunkte B und C für den Innenradius R_i.
4. Kreis um M_1 mit Radius $R_a - r_1$.
5. Kreis um M_2 mit Radius $R_a - r_2$ ergibt mit 4 den Schnittpunkt D.
6. D mit M_1 und M_2 verbunden und verlängert ergibt die Berührungspunkte E und F für den Außenradius R_a.

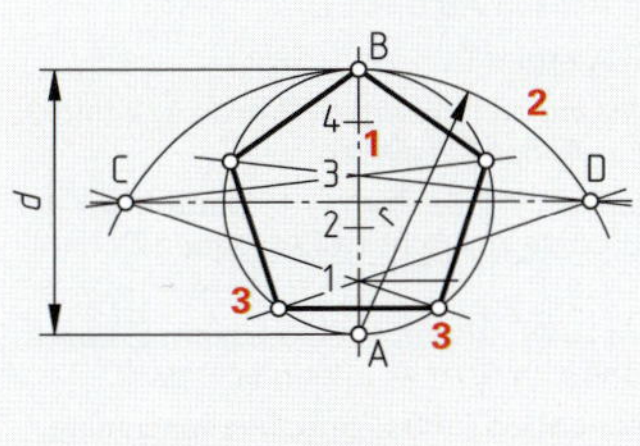

Regelmäßiges Vieleck im Umkreis (z. B. Fünfeck)

Gegeben: Kreis mit Durchmesser d

1. $\overline{AB}$ in 5 gleiche Teile teilen (Seite 60).
2. Kreisbogen mit Radius $r = \overline{AB}$ um A ziehen ergibt C und D.
3. C und D mit 1, 3 … (sämtlichen ungeraden Zahlen) verbinden. Die Schnittpunkte mit dem Kreis ergeben das gesuchte Fünfeck.

   Bei **Vielecken** mit **gerader Eckzahl** sind C und D mit 2, 4, 6 usw. (sämtlichen geraden Zahlen) zu verbinden.

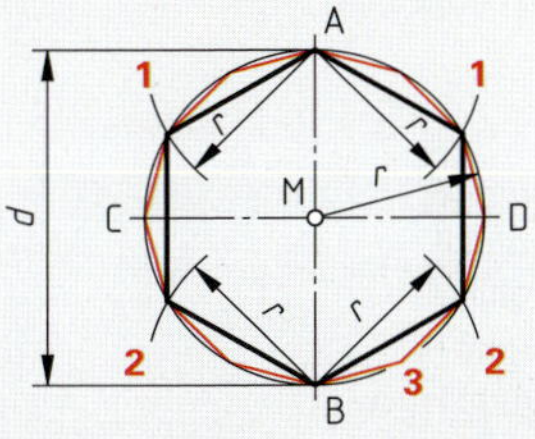

Sechseck, Zwölfeck im Umkreis

Gegeben: Kreis mit Durchmesser d

1. Kreisbögen mit Radius $r = \frac{d}{2}$ um A.
2. Kreisbögen mit Radius r um B.
3. Verbindungslinien ergeben Sechseck.

   Für Zwölfeck sind die Zwischenpunkte festzulegen. Einstiche zusätzlich in C und D.

K

Inkreis und Umkreis beim Dreieck, Kreismittelpunkt, Ellipse, Spirale

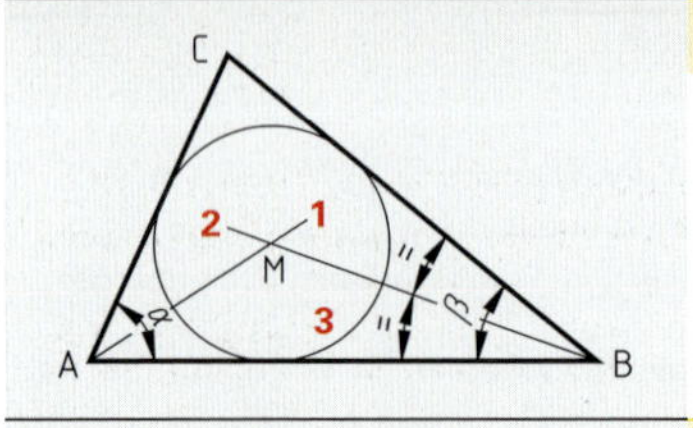

Inkreis eines Dreiecks

Gegeben: Dreieck

1. Winkel α halbieren.
2. Winkel β halbieren (Schnittpunkt M).
3. Inkreis um M.

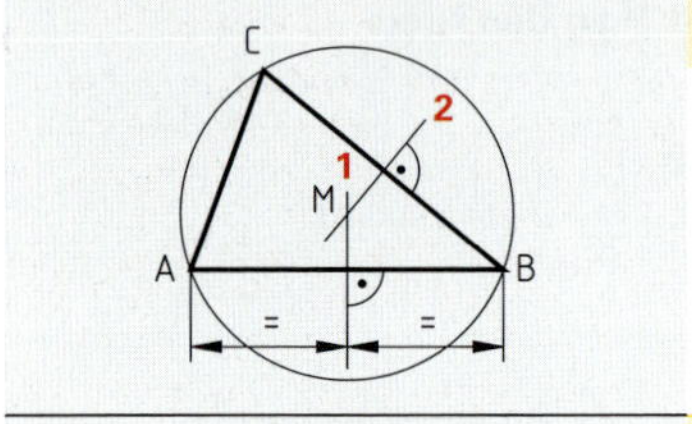

Umkreis eines Dreiecks

Gegeben: Dreieck

1. Mittelsenkrechte auf der Strecke $\overline{AB}$ errichten.
2. Mittelsenkrechte auf der Strecke $\overline{BC}$ errichten (Schnittpunkt M).
3. Umkreis um M.

K

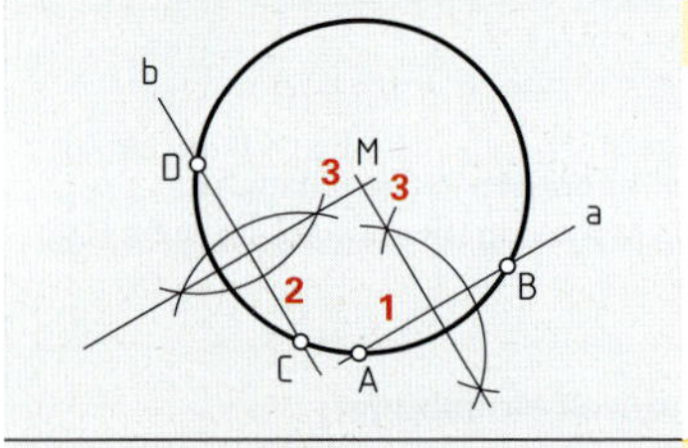

Bestimmung des Kreismittelpunktes

Gegeben: Kreis

1. Beliebige Gerade a schneidet den Kreis in A und B.
2. Gerade b (möglichst senkrecht zur Geraden a) schneidet den Kreis in C und D.
3. Mittelsenkrechte auf den Sehnen $\overline{AB}$ und $\overline{CD}$ errichten.
4. Schnittpunkt der Mittelsenkrechten ist Kreismittelpunkt *M*.

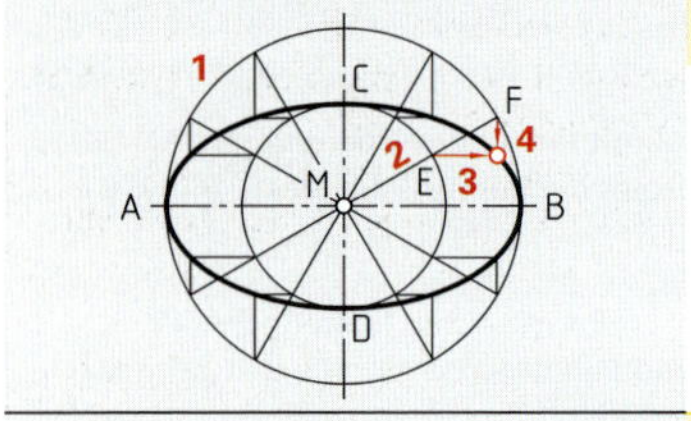

Ellipsenkonstruktion aus zwei Kreisen

Gegeben: Achsen $\overline{AB}$ und $\overline{CD}$

1. Zwei Kreise um M mit den Durchmessern $\overline{AB}$ und $\overline{CD}$.
2. Durch M mehrere Strahlen ziehen, die die beiden Kreise schneiden (E, F).
3. Parallelen zu den beiden Hauptachsen $\overline{AB}$ und $\overline{CD}$ durch E und F ziehen. Schnittpunkte sind Ellipsenpunkte.

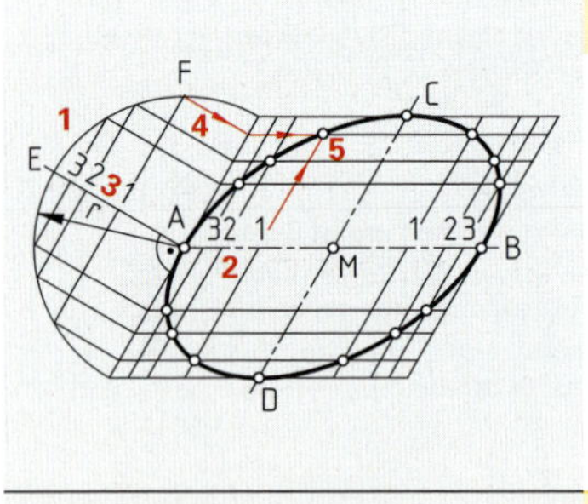

Ellipsenkonstruktion in einem Parallelogramm

Gegeben: Parallelogramm mit den Achsen $\overline{AB}$ und $\overline{CD}$

1. Halbkreis mit Radius $r = \overline{MC}$ um A ergibt E.
2. $\overline{AM}$ (bzw. $\overline{BM}$) halbieren, vierteln und achteln ergibt Punkte 1, 2 und 3. Durch diese Punkte Parallelen zur Achse $\overline{CD}$ ziehen.
3. $\overline{EA}$ halbieren, vierteln und achteln ergibt die Punkte 1, 2 und 3 auf der Achse $\overline{AE}$. Parallelen durch die Punkte zur Achse $\overline{CD}$ ergeben Schnittpunkte F am Kreisbogen.
4. Durch Schnittpunkte F Parallelen zu $\overline{AE}$ bis zur Halbkreisachse, von dort Parallelen zur Achse $\overline{AB}$ ziehen.
5. Parallelenschnittpunkte entsprechender Zahlen sind Ellipsenpunkte.

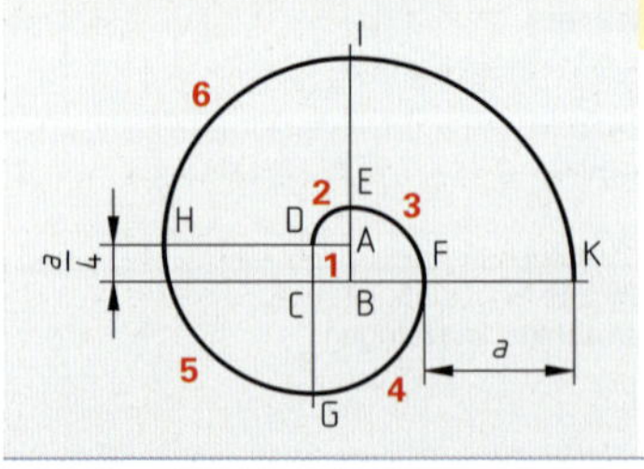

Spirale (Näherungskonstruktion mit dem Zirkel)

Gegeben: Steigung *a*

1. Quadrat ABCD mit *a*/4 zeichnen.
2. Viertelkreis mit Radius $\overline{AD}$ um A ergibt E.
3. Viertelkreis mit Radius $\overline{BE}$ um B ergibt F.
4. Viertelkreis mit Radius $\overline{CF}$ um C ergibt G.
5. Viertelkreis mit Radius $\overline{DG}$ um D ergibt H.
6. Viertelkreis mit Radius $\overline{AH}$ um A ergibt I (usw.).

Zykloide, Evolvente, Parabel, Hyperbel, Schraubenlinie

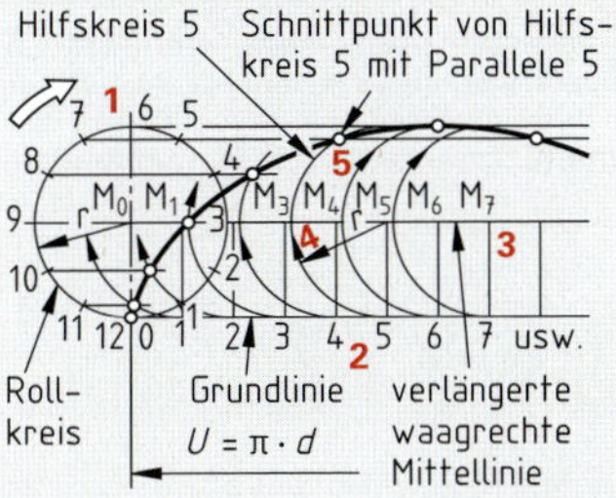

Zykloide

Gegeben: Rollkreis mit Radius *r*

1. Rollkreis in beliebig viele, aber gleich große Teile einteilen, z. B. 12.
2. Grundlinie (≙ Umfang des Rollkreises = $\pi \cdot d$) in gleich große Teile einteilen, hier ebenfalls 12.
3. Senkrechte Linien in den Teilpunkten 1 … 12 auf der Grundlinie ergeben mit der verlängerten waagerechten Mittellinie des Rollkreises die Mittelpunkte M_1 … M_{12}.
4. Um die Mittelpunkte M_1 … M_{12} Hilfskreise mit Radius *r* ziehen.
5. Die Schnittpunkte dieser Hilfskreise mit den Parallelen durch die Rollkreispunkte mit der gleichen Nummerierung ergeben die Zykloidenpunkte.

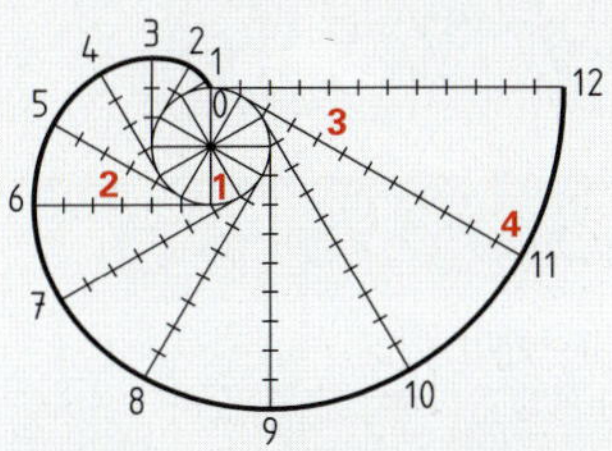

Evolvente

Gegeben: Kreis

1. Kreis in beliebig viele, aber gleich große Teile einteilen, z. B. 12.
2. In den Teilpunkten Tangenten an den Kreis ziehen.
3. Vom Berührungspunkt aus auf jeder Tangente die Länge des abgewickelten Kreisumfanges abtragen.
4. Die Kurve durch die Endpunkte ergibt die Evolvente.

K

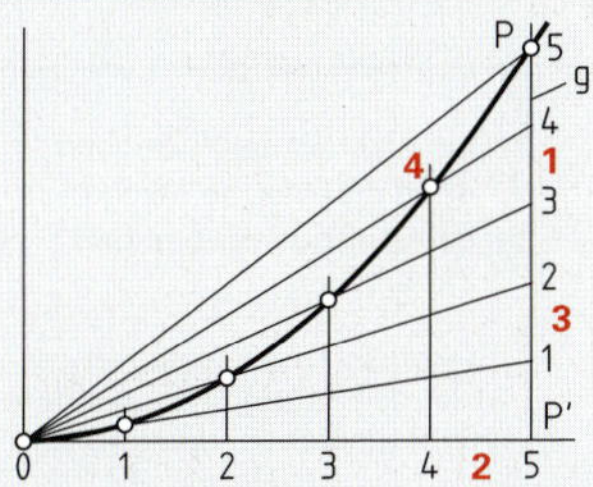

Parabel

Gegeben: Rechtwinklige Parabelachsen und Parabelpunkt P

1. Parallele g zur senkrechten Achse durch Punkt P ergibt P′.
2. Abstand $\overline{0P'}$ auf der waagrechten Achse in beliebig viele Teile (z. B. 5) einteilen und Parallele zur senkrechten Achse ziehen.
3. Abstand $\overline{PP'}$ in gleich viele Teile einteilen und mit 0 verbinden.
4. Schnittpunkte der Linien mit gleichen Zahlen ergeben weitere Parabelpunkte.

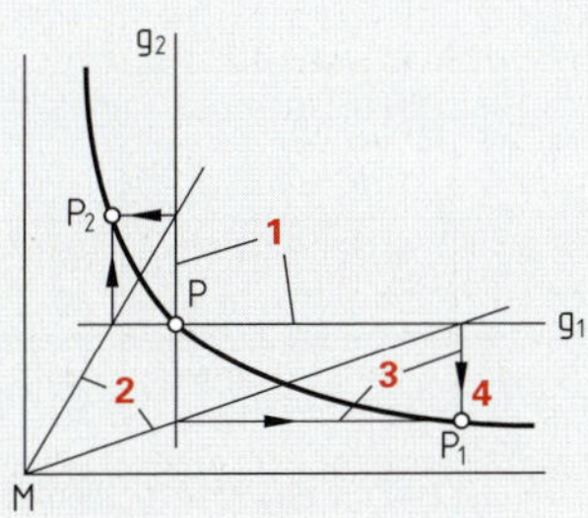

Hyperbel

Gegeben: Rechtwinklige Asymptoten durch M und Hyperbelpunkt P

1. Parallelen g_1 und g_2 zu den Asymptoten durch Hyperbelpunkt P ziehen.
2. Von M aus beliebige Strahlen ziehen.
3. Durch die Schnittpunkte der Strahlen mit g_1 und g_2 Parallelen zu den Asymptoten ziehen.
4. Schnittpunkte der Parallelen (P_1, P_2 …) sind Hyperbelpunkte.

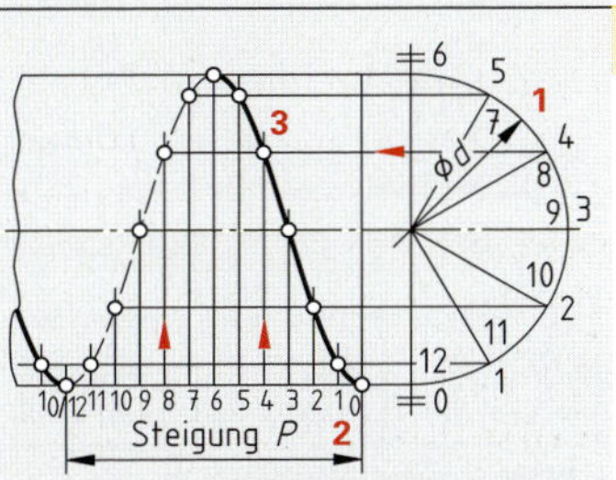

Schraubenlinie (Wendel)

Gegeben: Kreis mit Durchmesser *d* und Steigung *P*

1. Halbkreis in z. B. 6 gleiche Teile teilen.
2. Die Steigung *P* in die doppelte Anzahl, z. B. 12, gleicher Strecken unterteilen.
3. Gleiche Zahlen waagerechter und senkrechter Linien zum Schnitt bringen. Die Schnittpunkte ergeben Punkte der Schraubenlinie.

Schriftzeichen

Beschriftung, Schriftzeichen

vgl. DIN EN ISO 3098-1 (2015-06) und DIN EN ISO 3098-2 (2000-11)

Die Beschriftung von technischen Zeichnungen kann nach Schriftform A (Engschrift) oder nach Schriftform B erfolgen. Beide Formen dürfen senkrecht (V = vertikal) oder um 15° nach rechts geneigt (S = schräg) ausgeführt werden. Um eine gute Lesbarkeit zu gewährleisten, soll der Abstand zwischen den Schriftzeichen zwei Linienbreiten betragen. Der Abstand darf auf eine Linienbreite verringert werden, wenn bestimmte Schriftzeichen zusammentreffen, z. B. LA, TV, Tr.

Schriftform B, V (vertikal)

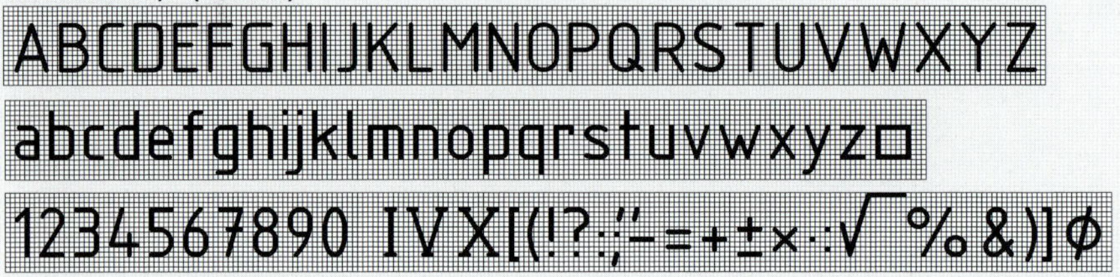

Schriftform B, S (schräg)

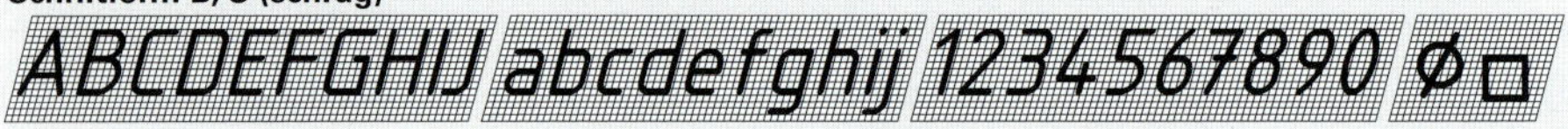

K

Schriftform A, V (vertikal)

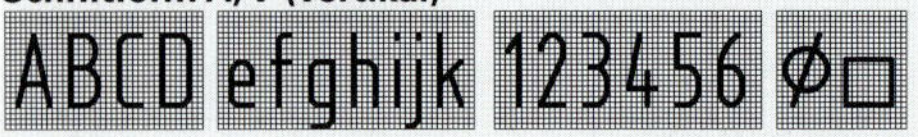

Schriftform A, S (schräg)

Maße

vgl. DIN EN ISO 3098-1 (2015-06)

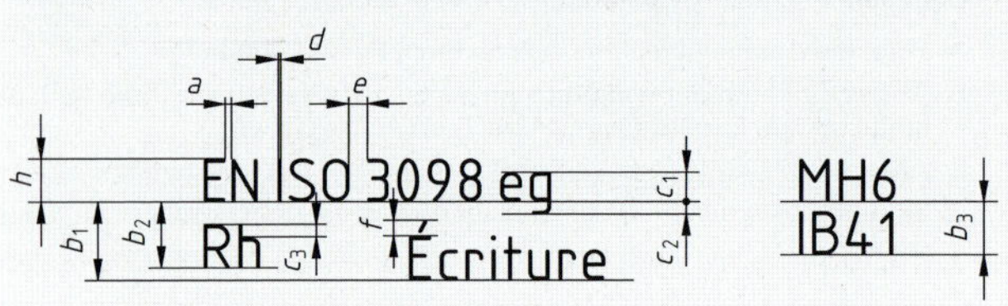

b_1 bei diakritischen[1)] Zeichen
b_2 ohne diakritische Zeichen
b_3 bei Großbuchstaben und Zahlen

1) diaktritisch = zur weiteren Unterscheidung, insbesondere von Buchstaben, dienend

Schrifthöhe *h* bzw. Höhe der Großbuchstaben (Nennmaße) in mm	1,8	2,5	3,5	5	7	10	14	20

Verhältnis der Maße zur Schrifthöhe *h*

vgl. DIN EN ISO 3098-1 (2015-06)

Schriftform	a	b_1	b_2	b_3	c_1	c_2	c_3	d	e	f
A	$\frac{2}{14}\cdot h$	$\frac{25}{14}\cdot h$	$\frac{21}{14}\cdot h$	$\frac{17}{14}\cdot h$	$\frac{10}{14}\cdot h$	$\frac{4}{14}\cdot h$	$\frac{4}{14}\cdot h$	$\frac{1}{14}\cdot h$	$\frac{6}{14}\cdot h$	$\frac{5}{14}\cdot h$
B	$\frac{2}{10}\cdot h$	$\frac{19}{10}\cdot h$	$\frac{15}{10}\cdot h$	$\frac{13}{10}\cdot h$	$\frac{7}{10}\cdot h$	$\frac{3}{10}\cdot h$	$\frac{3}{10}\cdot h$	$\frac{1}{10}\cdot h$	$\frac{6}{10}\cdot h$	$\frac{4}{10}\cdot h$

Griechisches Alphabet

vgl. DIN EN ISO 3098-3 (2000-11)

Α	α	Alpha	Ζ	ζ	Zeta	Λ	λ	Lambda	Π	π	Pi	Φ	φ	(ph) Phi
Β	β	Beta	Η	η	Eta	Μ	μ	Mü	Ρ	ϱ	Rho	Χ	χ	Chi
Γ	γ	Gamma	Θ	ϑ	Theta	Ν	ν	Nü	Σ	σ	Sigma	Ψ	ψ	Psi
Δ	δ	Delta	Ι	ι	Jota	Ξ	ξ	Ksi	Τ	τ	Tau	Ω	ω	Omega
Ε	ε	Epsilon	Κ	ϰ	Kappa	Ο	ο	Omikron	Υ	υ	Ypsilon			

Römische Ziffern

I = 1	II = 2	III = 3	IV = 4	V = 5	VI = 6	VII = 7	VIII = 8	IX = 9
X = 10	XX = 20	XXX = 30	XL = 40	L = 50	LX = 60	LXX = 70	LXXX = 80	XC = 90
C = 100	CC = 200	CCC = 300	CD = 400	D = 500	DC = 600	DCC = 700	DCCC = 800	CM = 900
M = 1000	MM = 2000	Beispiele: MDCLXXXVII = 1687		MCMXCIX = 1999		MMXVII = 2017		

Normzahlen, Radien, Maßstäbe

Normzahlen und Normzahlreihen[1]

vgl. DIN 323-1 (1974-08)

R 5	R 10	R 20	R 40
1,00	1,00	1,00	1,00
			1,06
		1,12	1,12
			1,18
	1,25	1,25	1,25
			1,32
		1,40	1,40
			1,50
1,60	1,60	1,60	1,60
			1,70
		1,80	1,80
			1,90
	2,00	2,00	2,00
			2,12
		2,24	2,24
			2,36
2,50	2,50	2,50	2,50
			2,65
		2,80	2,80
			3,00
	3,15	3,15	3,15
			3,35
		3,55	3,55
			3,75

R 5	R 10	R 20	R 40
4,00	4,00	4,00	4,00
			4,25
		4,50	4,50
			4,75
	5,00	5,00	5,00
			5,30
		5,60	5,60
			6,00
6,30	6,30	6,30	6,30
			6,70
		7,10	7,10
			7,50
	8,00	8,00	8,00
			8,50
		9,00	9,00
			9,50
10,00	10,00	10,00	10,00

Reihe	Multiplikator
R 5	$q_5 = \sqrt[5]{10} \approx 1{,}6$
R 10	$q_{10} = \sqrt[10]{10} \approx 1{,}25$
R 20	$q_{20} = \sqrt[20]{10} \approx 1{,}12$
R 40	$q_{40} = \sqrt[40]{10} \approx 1{,}06$

Radien

vgl. DIN 250 (2002-04)

						0,2				0,3		**0,4**		0,5		**0,6**		0,8	
1		1,2		**1,6**		2		**2,5**		3		**4**		5		**6**		8	
10		12		**16**	18	**20**	22	**25**	28	**32**	36	**40**	45	**50**	56	**63**	70	**80**	90
100	110	**125**	140	**160**	180	**200**	Die fett gedruckten Tabellenwerte sind zu bevorzugen.												

Maßstäbe[2]

vgl. DIN ISO 5455 (1979-12)

Natürlicher Maßstab	Verkleinerungsmaßstäbe				Vergrößerungsmaßstäbe		
1 : 1	1 : 2 1 : 5 1 : 10	1 : 20 1 : 50 1 : 100	1 : 200 1 : 500 1 : 1000	1 : 2000 1 : 5000 1 : 10 000	2 : 1 20 : 1	5 : 1 50 : 1	10 : 1

[1] Normzahlen sind Vorzugszahlen, z. B. für Längenmaße und Radien. Durch ihre Verwendung werden willkürliche Abstufungen vermieden. Bei den Normzahlreihen (Grundreihen R5 ... R40) ergibt sich jede Zahl der Reihe durch Multiplizieren der vorhergehenden mit einem für die Reihe gleichbleibenden Multiplikator. Reihe 5 (R 5) ist R 10, diese R 20 und diese R 40 vorzuziehen. Die Zahlen jeder Reihe können mit 10, 100, 1000 usw. multipliziert oder durch 10, 100, 1000 usw. dividiert werden.

[2] Für besondere Anwendungen können die angegebenen Vergrößerungs- und Verkleinerungsmaßstäbe durch Multiplizieren mit ganzzahligen Vielfachen von 10 erweitert werden.

K

Zeichenblätter

Zeichnungsvordrucke

vgl. DIN EN ISO 5457 (2010-11) und DIN EN ISO 216 (2007-12)

Format	A0	A1	A2	A3	A4	A5	A6
Abmessungen der Formate[1] in mm	841 x 1189	594 x 841	420 x 594	297 x 420	210 x 297	148 x 210	105 x 148
Abmessungen der Zeichenfläche in mm	821 x 1159	574 x 811	400 x 564	277 x 390	180 x 277	–	–

[1] Die Abmessungen Höhe : Breite der Zeichnungsvordrucke verhalten sich wie $1 : \sqrt{2}$ (= 1 : 1,414).

Faltung auf DIN-Format A4

vgl. DIN 824 (1981-03)

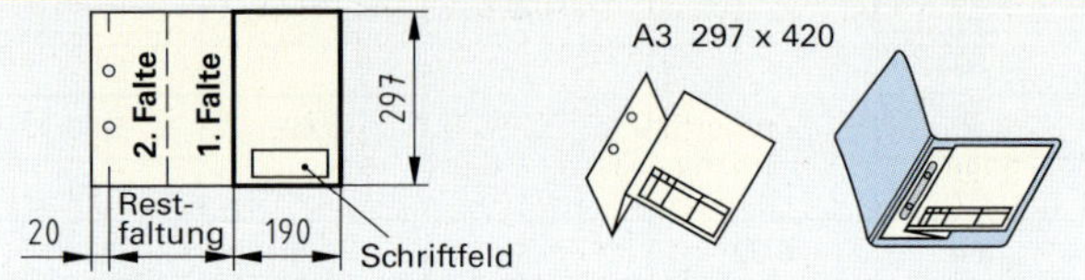

1. Falte: Rechten Streifen (190 mm breit) nach rückwärts einschlagen.

2. Falte: Restblatt so falten, dass die Kante der 1. Falte vom linken Blattrand einen Abstand von 20 mm hat.

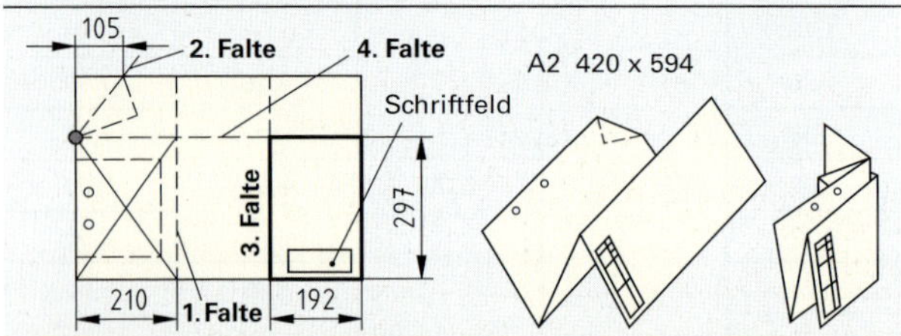

1. Falte: Linken Streifen (210 mm breit) nach rechts einschlagen.

2. Falte: Dreieck in 297 mm Höhe bei 105 mm Breite nach links umlegen.

3. Falte: Rechten Streifen (192 mm breit) nach rückwärts einschlagen.

4. Falte: Faltpaket in 297 mm Höhe nach rückwärts einschlagen.

Schriftfelder

vgl. DIN EN ISO 7200 (2004-05)

Die Breite des Schriftfeldes beträgt 180 mm. Die Maße für die einzelnen Datenfelder (Feldbreiten und Feldhöhen) sind, im Gegensatz zur Vorgängernorm, nicht mehr vorgeschrieben. Die Tabelle unten auf dieser Seite enthält Beispiele für mögliche Feldmaße.

Beispiel für ein Schriftfeld:

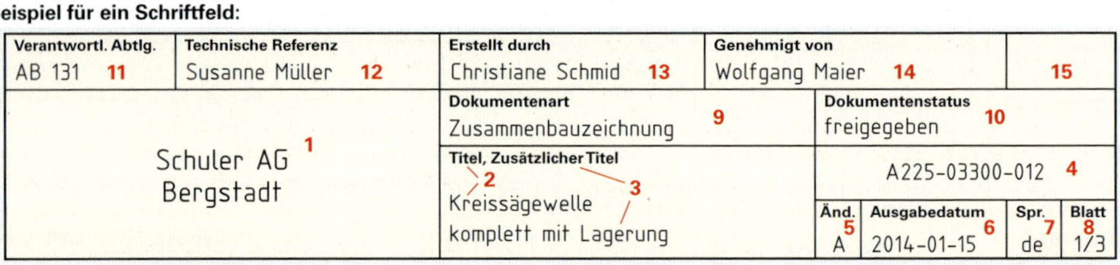

Zeichnungsspezifische Angaben, wie z. B. Maßstab, Projektionssinnbild, Toleranzen und Oberflächenangaben, werden außerhalb des Schriftfeldes auf dem Zeichnungsvordruck angegeben.

Datenfelder in Schriftfeldern

Feld-Nr.	Feldname	Höchstzahl der Zeichen	Feldbezeichnung		Feldmaße (mm)	
			erforderlich	optional	Breite	Höhe
1	Eigentümer der Zeichnung	nicht festgelegt	ja	–	69	27
2	Titel (Zeichnungsname)	25	ja	–	60	18
3	Zusätzlicher Titel	25	–	ja	60	
4	Sachnummer	16	ja	–	51	9
5	Änderungsindex (Zeichnungsversion)	2	–	ja	7	
6	Ausgabedatum der Zeichnung	10	ja	–	25	
7	Sprachenzeichen (de = deutsch)	4	–	ja	10	
8	Blatt-Nummer und Anzahl der Blätter	4	–	ja	9	
9	Dokumentenart	30	ja	–	60	
10	Dokumentenstatus	20	–	ja	51	
11	Verantwortliche Abteilung	10	–	ja	26	
12	Technische Referenz	20	–	ja	43	
13	Zeichnungs-Ersteller	20	ja	–	44	
14	Genehmigende Person	20	ja	–	43	
15	Klassifikation/Schlüsselwörter	nicht festgelegt	–	ja	24	

Stücklisten, Positionsnummern

Stücklisten

Stücklisten sind unerlässlich zum Austausch von technischen Informationen innerhalb und außerhalb eines Betriebes, z. B. für die Ermittlung des Teile- und Rohstoffbedarfs. Je nach Einsatzzweck unterscheidet man verschiedene Stücklistenarten, z. B. Konstruktions-, Fertigungs- und Mengenübersichts-Stücklisten (Seite 292).

In Stücklisten von Baugruppen- oder Gesamtzeichnungen (Konstruktions-Stücklisten) sind alle gefertigten Einzelteile (Werkstücke) und alle sonstigen Teile (z. B. Normteile, Kaufteile) einer Baugruppe oder eines ganzen Erzeugnisses aufgelistet. Jedes Teil ist eindeutig beschrieben, z. B. durch Angabe von:

- Positionsnummer
- Menge
- Einheit
- Benennung
- Sach- bzw. Zeichnungsnummer
- Normkurzbezeichnung
- Gewicht
- Bemerkung

Der Stücklistenaufbau (Anzahl der Stücklisten-Spalten) richtet sich nach den Erfordernissen im Betrieb.

Aufgesetzte Konstruktions-Stücklisten

Sie werden auf das Schriftfeld eines Zeichnungsvordruckes aufgesetzt (DIN 6771-2, zurückgezogen). Die Teile werden in der Reihenfolge ihrer Positionsnummern von unten nach oben eingetragen:

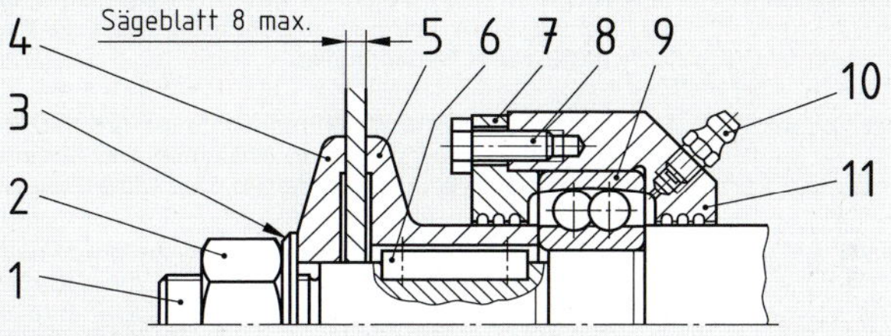

5	1	Anlage	S275JR	
4	1	Spannscheibe	S275JR	
3	1	Scheibe	ISO 7090-20-300 HV	
2	1	Sechskantmutter	ISO 8673-M20x1,5-LH-8	
1	1	Welle	E295	RD45
Pos.-Nr.	**Menge/ Einheit**	**Benennung**	**Werkstoff/Normkurzbezeichnung**	**Bemerkung**
Schriftfeld nach DIN EN ISO 7200 (Seite 66) für „Kreissägewelle mit Lagerung" (Zeichnungsnummer A226-0096-022)				

Getrennt erstellte Konstruktions-Stücklisten

Meist werden Stücklisten getrennt von der Zeichnung erstellt. Wegen der Zuordnung muss auf der Stückliste die Baugruppen- bzw. Gesamtzeichnungsnummer angegeben sein.

Stückliste				Blatt 1 von 1	
Zeichnungs-Nr. **A226-0096-022**		Benennung **Kreissägewelle mit Lagerung**		Datum **25.05.2016**	
Pos.-Nr.	**Sach-/ Zeichnungs-Nr.**	**Benennung**	**Werkstoff**	**Menge**	**ME**
01	A226-00972-027	Welle	E295	1	Stck
02	N701-02064-264	Sechskantmutter ISO 8673-M20x1,5-LH-8		1	Stck
03	N601-16012-320	Scheibe ISO 7090-20-300 HV		1	Stck
04	A426-00966-008	Spannscheibe	S275JR	1	Stck
05	A526-009761-007	Anlage	S275JR	1	Stck

Positionsnummern

vgl. DIN EN ISO 6433 (2012-12)

Jedes Einzelteil auf einer Baugruppen- oder Gesamtzeichnung erhält eine Positionsnummer, die mit der Positionsnummer auf der Stückliste und der Positionsnummer auf der Einzelteilzeichnung übereinstimmen muss. Positionsnummern werden eingetragen (Zeichnung oben):

- übersichtlich
- evtl. eingekreist
- etwa in doppelter Größe wie die Maßzahlen
- mit Hinweislinien (Seite 78) auf die Einzelteile
- außerhalb der Umrisslinien der Einzelteile
- vorzugsweise waagrecht und/oder senkrecht

K

Linien

Linien in Zeichnungen der mechanischen Technik

vgl. DIN ISO 128-24 (1999-12)

Nr.	Benennung, Darstellung	Beispiele für die Anwendung
01.1	Volllinie, schmal	• Maß- und Maßhilfslinien • Hinweis- und Bezugslinien • Gewindegrund • Schraffuren • Lagerichtung von Schichtungen (z. B. Trafoblech) • Umrisse eingeklappter Schnitte • kurze Mittellinien • Lichtkanten bei Durchdringungen • Ursprungskreise und Maßlinienbegrenzungen • Diagonalkreuze zur Kennzeichnung ebener Flächen • Umrahmungen von Einzelheiten • Projektions- und Rasterlinien • Biegelinien an Rohteilen und bearbeiteten Teilen • Kennzeichnung sich wiederholender Einzelheiten (z. B. Fußkreisdurchmesser bei Verzahnungen)
	Freihandlinie, schmal [1]	• Vorzugsweise manuell dargestellte Begrenzung von Teil- oder unterbrochenen Ansichten und Schnitten, wenn die Begrenzung keine Symmetrie- oder Mittellinie ist
	Zickzacklinie, schmal [1]	• Vorzugsweise mit Zeichenautomaten dargestellte Begrenzung von Teil- oder unterbrochenen Ansichten und Schnitten, wenn die Begrenzung keine Symmetrie- oder Mittellinie ist
01.2	Volllinie, breit	• sichtbare Kanten und Umrisse • Gewindespitzen • Grenze der nutzbaren Gewindelänge • Schnittpfeillinien • Oberflächenstrukturen (z. B. Rändel) • Hauptdarstellungen in Diagrammen, Kanten und Fließbildern • Systemlinien (Stahlbau) • Formteillinien in Ansichten
02.1	Strichlinie, schmal	• verdeckte Kanten • verdeckte Umrisse
02.2	Strichlinie, breit	• Kennzeichnung von Bereichen mit zulässiger Oberflächenbehandlung (z. B. Wärmebehandlung)
04.1	Strich-Punktlinie (langer Strich), schmal	• Mittellinien • Symmetrielinien • Teilkreise bei Verzahnungen • Lochkreise
04.2	Strich-Punktlinie (langer Strich), breit	• Kennzeichnung von Bereichen mit (begrenzter) geforderter Oberflächenbehandlung (z. B. Wärmebehandlung) • Kennzeichnung von Schnittebenen
05.1	Strich-Zweipunktlinie (langer Strich), schmal	• Umrisse benachbarter Teile • Endstellungen beweglicher Teile • Schwerlinien • Umrisse vor der Formgebung • Teile vor der Schnittebene • Umrisse alternativer Ausführungen • Umrisse von Fertigteilen in Rohteilen • Umrahmung besonderer Bereiche oder Felder • Projizierte Toleranzzone

[1] Es soll nur eine der Linienarten Freihandlinie und Zickzacklinie in einer Zeichnung angewendet werden.

Längen von Linienelementen

vgl. DIN EN ISO 128-20 (2002-12)

Linienelement	Linienart Nr.	Länge	Linienelement	Linienart Nr.	Länge
lange Striche	04.1, 04.2 und 05.1	24 · *d*	Lücken	02.1, 02.2, 04.1, 04.2 und 05.1	3 · *d*
Striche	02.1 und 02.2	12 · *d*	**Beispiel: Linienart 04.2**		
Punkte	04.1, 04.2 und 05.1	< 0,5 · *d*			

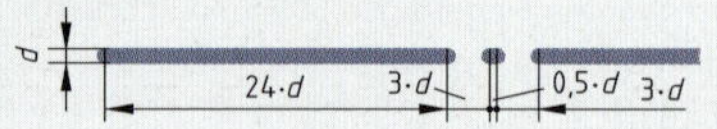

Linien

Linienbreiten und Liniengruppen

vgl. DIN ISO 128-24 (1999-12)

Linienbreiten. In Zeichnungen werden meist zwei Linienarten verwendet. Sie stehen zueinander im Verhältnis 1 : 2.

Liniengruppen. Die Liniengruppen sind im Verhältnis $1 : \sqrt{2}$ ($\approx 1 : 1{,}4$) gestuft.

Auswahl. Linienbreiten und Liniengruppen werden entsprechend der Zeichnungsart und -größe sowie dem Zeichnungsmaßstab und den Anforderungen für die Mikroverfilmung und/oder das Reproduktionsverfahren ausgewählt.

Liniengruppe	zugehörige Linienbreiten (Maße in mm) für		
	breite Linien	schmale Linien	Maß- und Toleranzangaben, grafische Sinnbilder
0,25	0,25	0,13	0,18
0,35	0,35	0,18	0,25
0,5	0,5	0,25	0,35
0,7	0,7	0,35	0,5
1	1	0,5	0,7
1,4	1,4	0,7	1
2	2	1	1,4

K

Beispiele für Linien[1] in technischen Zeichnungen

vgl. DIN ISO 128-24 (1999-12)

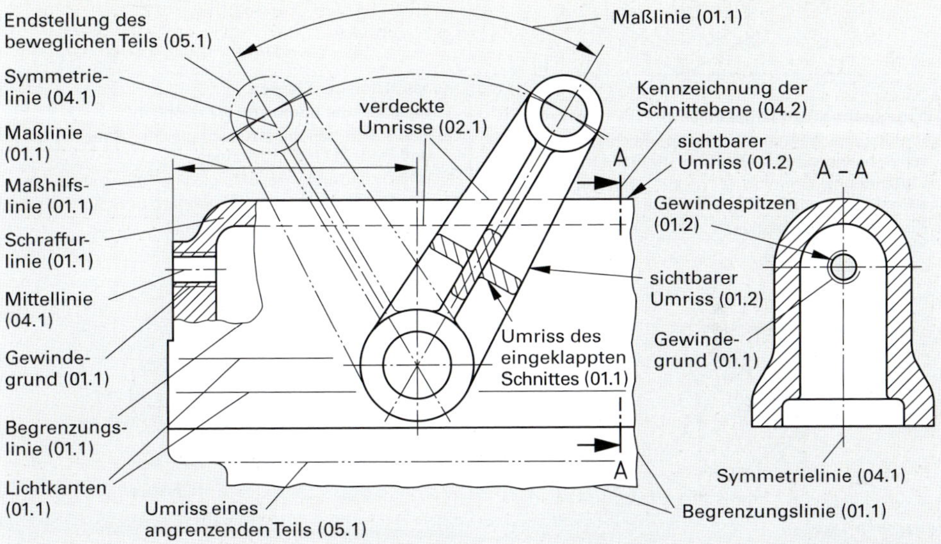

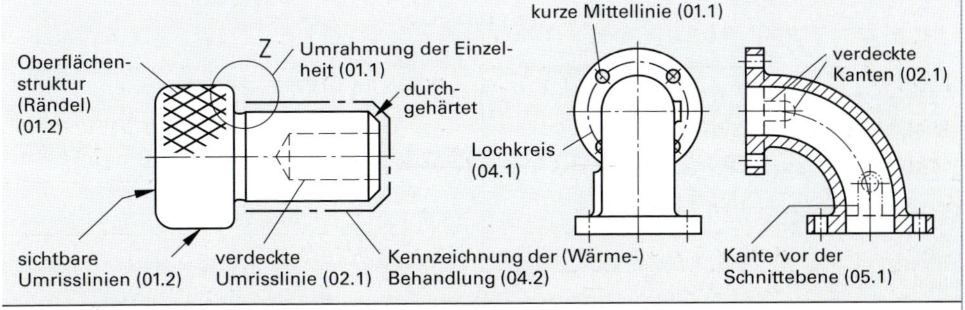

[1] Nummerierung der Linien: Seite 68

Grundregeln für die Darstellung, Projektionsmethoden

Grundregeln für die Darstellung

vgl. DIN ISO 128-30 (2002-05) und DIN ISO 5456-2 (1998-04)

Auswahl der Vorderansicht. Als Vorderansicht wird die Ansicht gewählt, die bezüglich Form und Abmessungen die meisten Informationen liefert.

Weitere Ansichten. Wenn für die eindeutige Darstellung oder die vollständige Bemaßung eines Werkstückes weitere Ansichten erforderlich sind, ist zu beachten:

- Die Auswahl der Ansichten ist auf das Notwendige zu beschränken.
- In den zusätzlichen Ansichten sollen möglichst wenig verdeckt darzustellende Kanten und Umrisse vorhanden sein.

Lage weiterer Ansichten. Die Lage weiterer Ansichten ist von der Projektionsmethode abhängig. Bei Zeichnungen nach den Projektionsmethoden 1 und 3 (Seite 71) muss das Symbol für die Projektionsmethode im Schriftfeld angegeben werden.

Axonometrische Darstellungen[1)]

vgl. DIN ISO 5456-3 (1998-04)

Isometrische Projektion

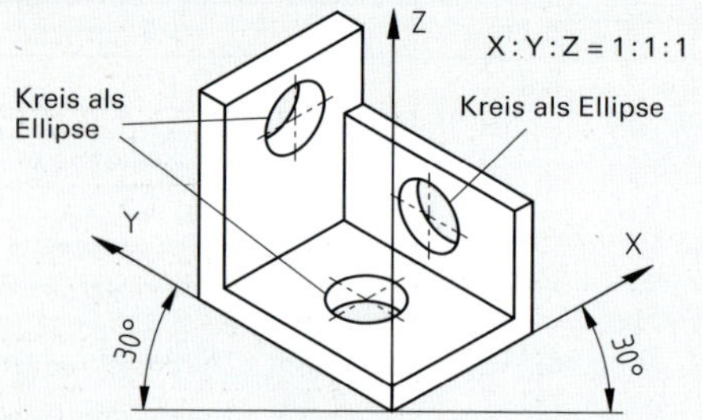

Näherungskonstruktion der Ellipse:

1. Rhombus tangential um Bohrung zeichnen, Rhombusseiten halbieren ergibt die Schnittpunkte M_1, M_2 und N.
2. Verbindungslinien von M_1 nach 1 und von M_2 nach 2 ziehen ergibt die Schnittpunkte 3 und 4.
3. Kreisbögen mit Radius R um 1 und 2 und mit Radius r um 3 und 4.

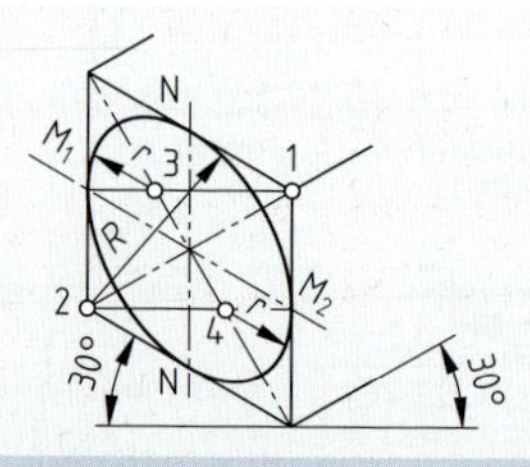

Dimetrische Projektion

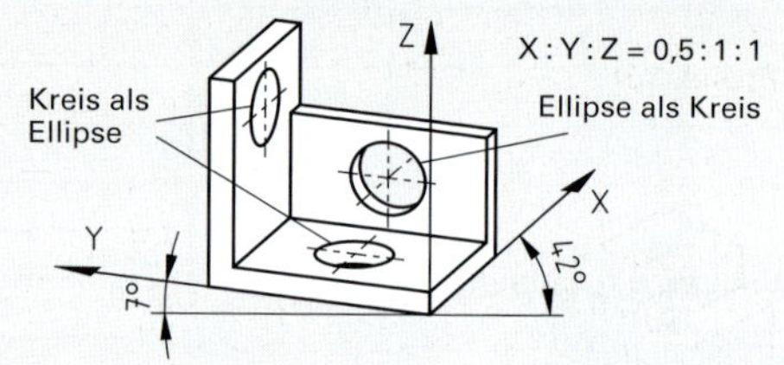

Konstruktion der Ellipsen:

1. Hilfskreis mit Radius $r = d/2$ zeichnen.
2. Höhe d in beliebige Anzahl gleicher Strecken teilen und Felder (1 bis 3) zeichnen.
3. Hilfskreis-Durchmesser in gleiche Felderzahl teilen.
4. Aus Hilfskreis Streckenlängen a, b usw. in Rhombus übertragen.

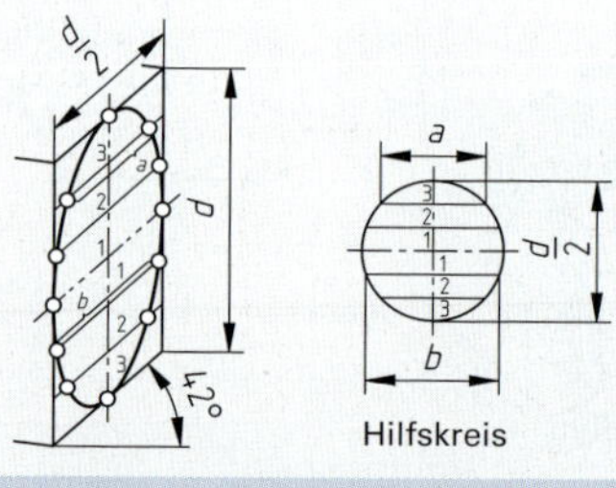

Kavalier-Projektion

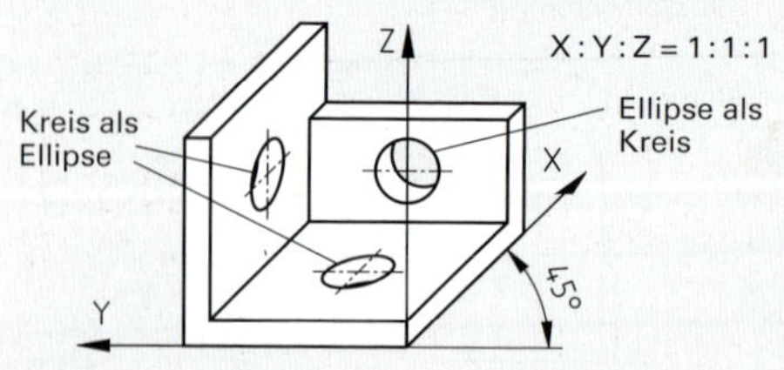

Ellipsenkonstruktion wie Seite 62 (Ellipsenkonstruktion in einem Parallelogramm).

Kabinett-Projektion

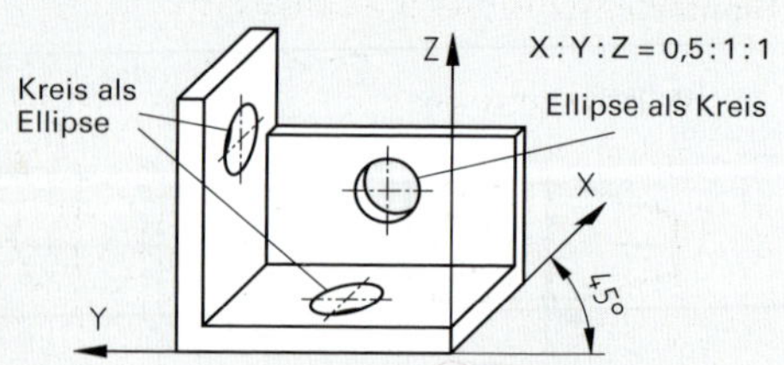

Ellipsenkonstruktion wie bei der dimetrischen Projektion (oben).

[1)] Axonometrische Darstellungen: einfache, bildliche Darstellungen.

Projektionsmethoden

vgl. DIN ISO 128-30 (2002-05)
und DIN ISO 5456-2 (1998-04)

Pfeilmethode

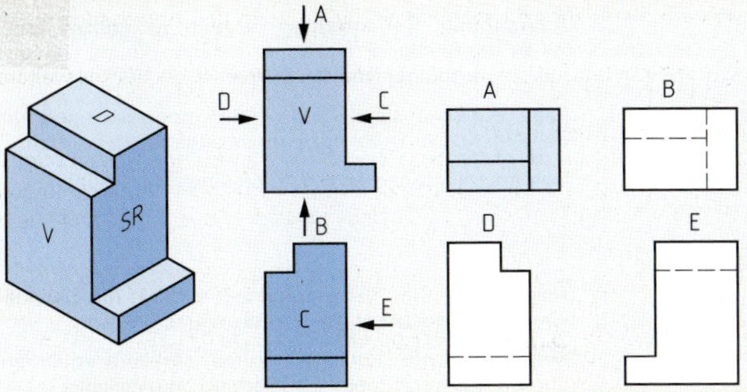

Kennzeichnung der Betrachtungsrichtung:
- mit Pfeillinie (Schenkelwinkel der Pfeile: 30°) und Großbuchstaben

Kennzeichnung der Ansichten:
- mit Großbuchstaben

Lage der Ansichten:
- beliebig zur Vorderansicht

Anordnung der Großbuchstaben:
- oberhalb der Ansichten
- senkrecht in Leserichtung
- oberhalb oder rechts der Pfeillinie

Projektionsmethode 1

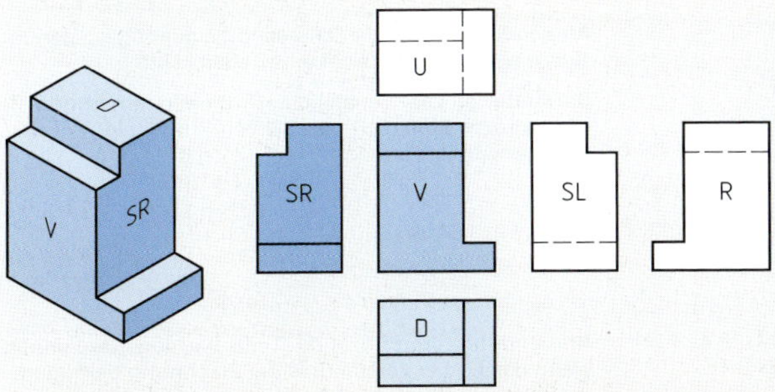

Bezogen auf die Vorderansicht V liegen:

D	Draufsicht	unterhalb von V
SL	Seitenansicht von links	rechts von V
SR	Seitenansicht von rechts	links von V
U	Untersicht	oberhalb von V
R	Rückansicht	links oder rechts von V

Sinnbild

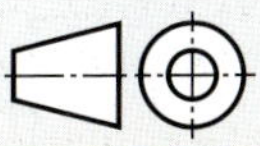

K

Projektionsmethode 3 [1]

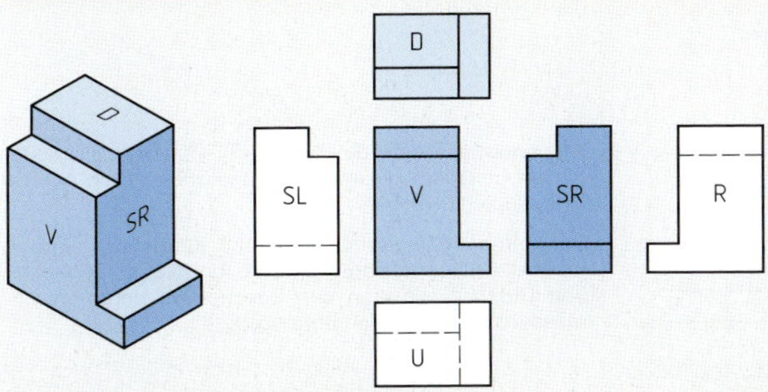

Bezogen auf die Vorderansicht V liegen:

D	Draufsicht	oberhalb von V
SL	Seitenansicht von links	links von V
SR	Seitenansicht von rechts	rechts von V
U	Untersicht	unterhalb von V
R	Rückansicht	links oder rechts von V

Sinnbild

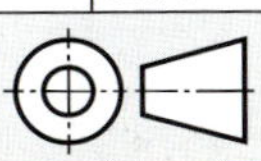

Sinnbilder für Projektionsmethoden

Sinnbild[2] für

Projektionsmethode 1	**Projektionsmethode 3**
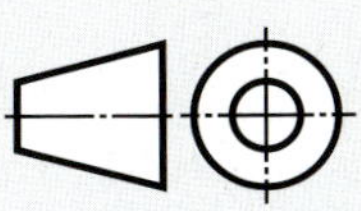	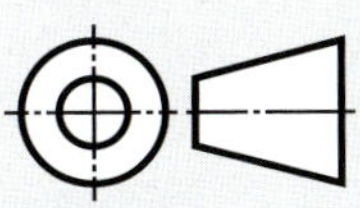

Anwendung in

Deutschland und den meisten europäischen Ländern	englischsprachigen Ländern, z. B. USA

Sinnbild für Projektionsmethode 1

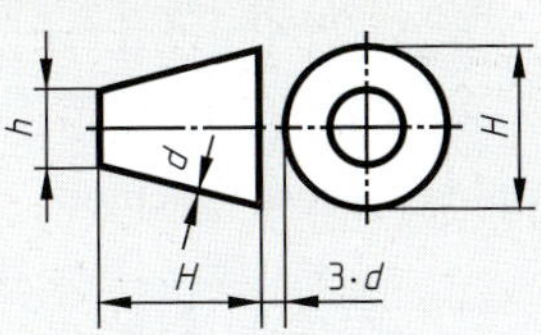

h Schrifthöhe in mm
$H = 2 \cdot h$
$d = 0{,}1 \cdot h$

[1] Eine Projektionsmethode 2 ist nicht vorgesehen.
[2] Das Sinnbild wird auf dem Zeichnungsvordruck angegeben.

Ansichten

vgl. DIN ISO 128-30 und -34 (2002-05)

Teilansichten

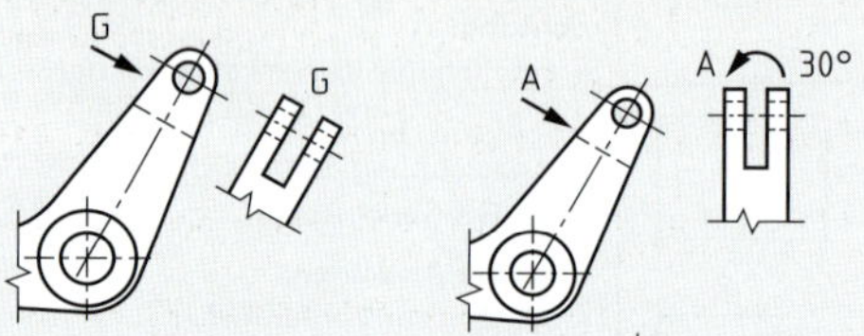

Anwendung. Teilansichten werden gekennzeichnet, wenn ungünstige Projektionen oder verkürzte Darstellungen vermieden werden sollen.

Lage. Die Teilansicht wird in Pfeilrichtung oder gedreht dargestellt. Der Drehwinkel muss angegeben werden.

Begrenzung. Diese erfolgt durch eine Zickzacklinie.

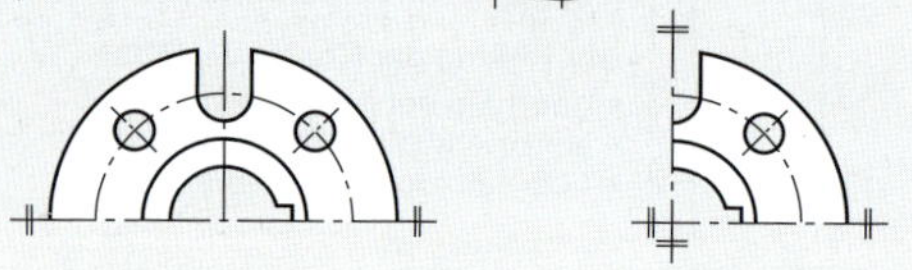

Anwendung. Bei Platzmangel z.B. genügt die Darstellung eines Bruchteils des ganzen Werkstückes.

Kennzeichnung. Durch zwei kurze, parallele Volllinien durch die Symmetrielinie außerhalb der Ansicht.

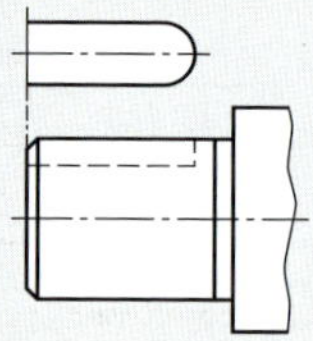

Anwendung. Wenn die Darstellung eindeutig ist, genügt statt einer Gesamtansicht eine Teilansicht.

Darstellung. Die Teilansicht (Projektionsmethode 3) wird durch eine schmale Strich-Punktlinie mit der Hauptansicht verbunden.

Angrenzende Teile

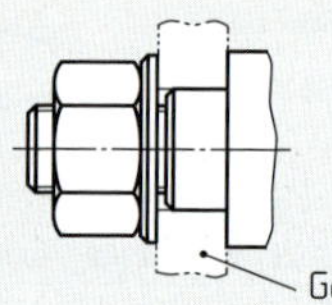

Anwendung. Angrenzende Teile werden gezeichnet, wenn diese zum Verständnis der Zeichnung beitragen.

Darstellung. Diese erfolgt mit schmalen Strich-Zweipunktlinien. Geschnittene angrenzende Teile werden nicht schraffiert.

Vereinfachte Durchdringungen

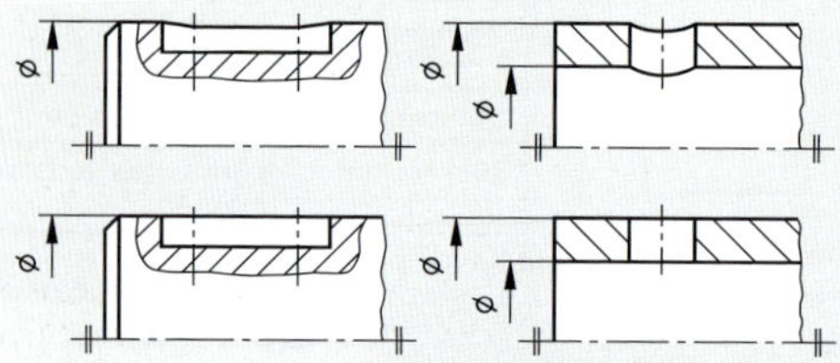

Anwendung. Wenn die Zeichnung verständlich bleibt, dürfen gerundete Durchdringungslinien durch gerade Linien ersetzt werden.

Darstellung. Mit breiten Volllinien gezeichnet werden gerundete Durchdringungslinien bei Nuten in Wellen und Durchdringungen von Bohrungen, deren Durchmesser sich wesentlich unterscheiden.

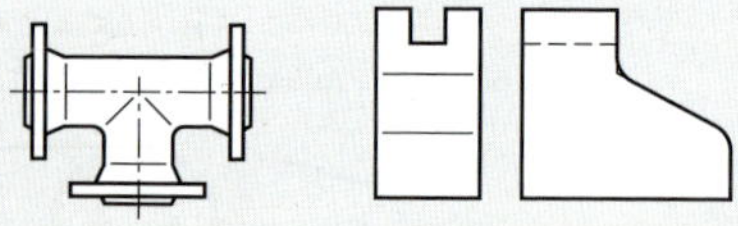

Mit schmalen Volllinien werden gedachte Durchdringungslinien von Lichtkanten und gerundeten Kanten an der Stelle gezeichnet, an der bei scharfkantigem Übergang die (Umlauf-)Kante wäre. Die schmalen Volllinien berühren die Umrisse nicht.

Unterbrochene Ansichten

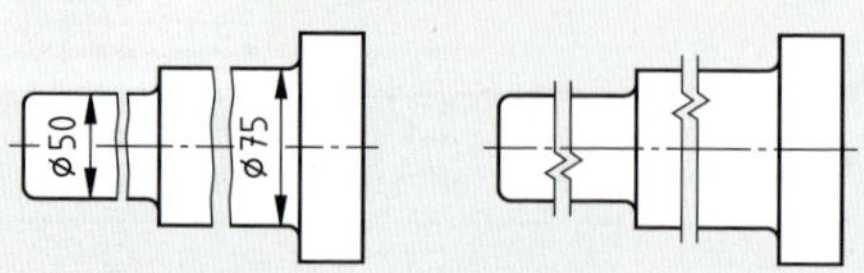

Anwendung. Um Platz zu sparen, können von langen Werkstücken nur die wichtigen Bereiche dargestellt werden.

Darstellung. Die Begrenzung der belassenen Teile erfolgt durch Freihandlinien oder Zickzacklinien. Die Teile müssen eng aneinander gezeichnet werden.

Ansichten

vgl. DIN ISO 128-30 und -34 (2002-05)

Wiederkehrende Geometrieelemente

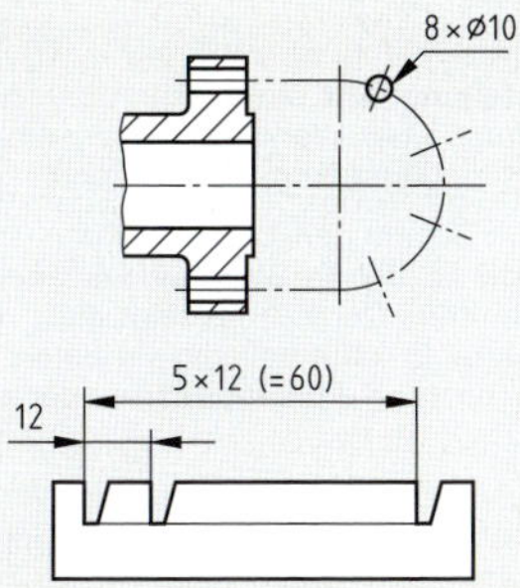

Anwendung. Bei Geometrieelementen, die sich regelmäßig wiederholen, muss das einzelne Element nur einmal gezeichnet werden.

Darstellung. Bei nicht gezeichneten Geometrieelementen wird bei

- symmetrischen Geometrieelementen die Lage mit schmalen Strich-Punktlinien
- unsymmetrischen Geometrieelementen der Bereich, in dem sie sich befinden, mit schmalen Volllinien

gekennzeichnet.

Die Anzahl der Wiederholungen muss durch Bemaßung angegeben werden.

Bauteile in größerem Maßstab (Einzelheiten)

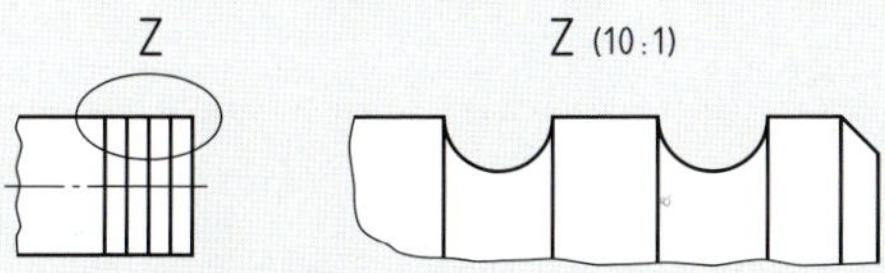

Anwendung. Teilbereiche eines Werkstücks, die nicht deutlich dargestellt werden können, dürfen in größerem Maßstab gezeichnet werden.

Darstellung. Der Teilbereich wird durch eine schmale Volllinie eingerahmt oder eingekreist und mit einem Großbuchstaben versehen. Nach der Darstellung des Teilbereichs in einem größeren Maßstab wird dieser mit demselben Großbuchstaben gekennzeichnet. Zusätzlich wird der Vergrößerungsmaßstab angegeben.

K

Geringe Neigungen

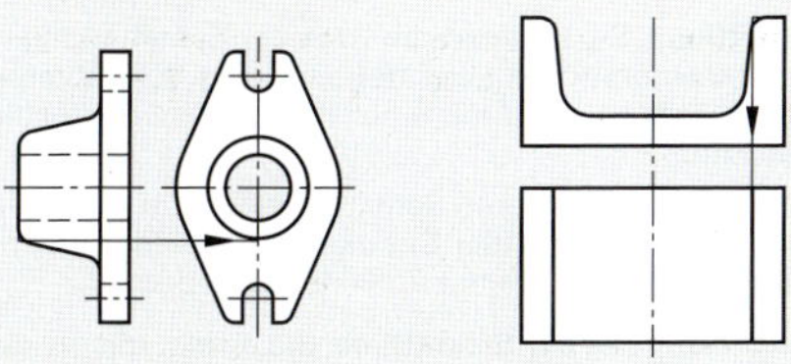

Anwendung. Geringe Neigungen an Schrägen, Kegeln oder Pyramiden, die sich nicht deutlich zeigen lassen, müssen in der zugehörigen Projektion nicht gezeichnet werden.

Darstellung. Mit einer breiten Volllinie wird diejenige Kante gezeichnet, die der Projektion des kleineren Maßes entspricht.

Bewegliche Teile

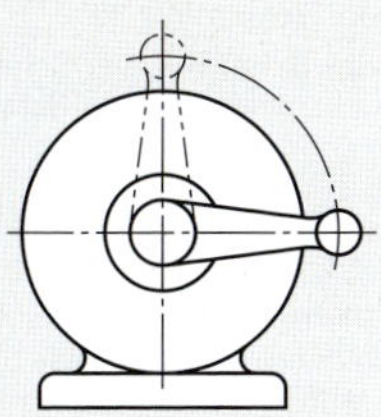

Anwendung. Kenntlichmachung alternativer Lagen und Extremstellungen von beweglichen Bauteilen in Zusammenbauzeichnungen.

Darstellung. Bauteile in alternativen Lagen und Extremstellungen werden mit Strich-Zweipunktlinien gezeichnet.

Oberflächenstrukturen

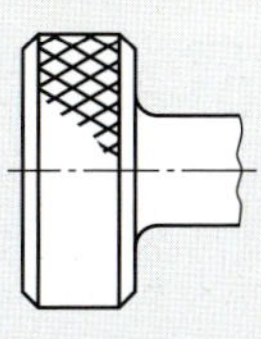

Darstellung. Strukturen wie Rändel und Prägungen werden mit breiten Volllinien dargestellt. Vorzugsweise soll die Struktur nur teilweise gezeichnet werden.

Schnittdarstellung

vgl. DIN ISO 128-40, -44 und -50 (2002-05)

Schnittarten

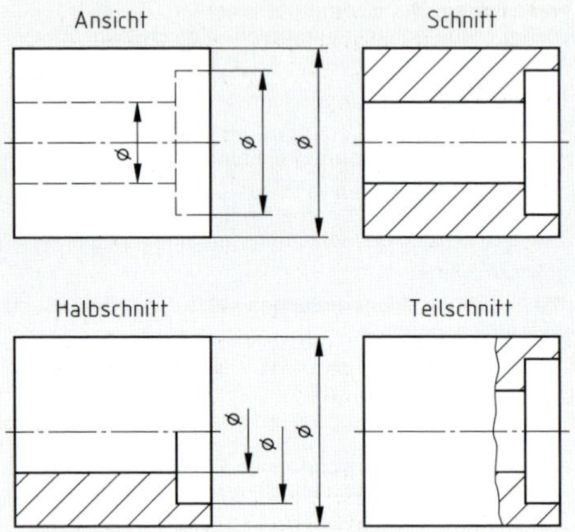

Schnittdarstellung. Mit einer Schnittdarstellung kann die innere Form eines Werkstückes oder einzelne Bereiche davon klar erkennbar gezeigt werden.

Schnitt. Beim Schnitt denkt man sich den vorderen Teil eines Werkstücks, der die Sicht auf das Innere verdeckt, herausgeschnitten. Der Schnitt zeigt auch die Umrisse des Werkstücks. Er kann beliebig verlaufen. Meist wird er jedoch in Richtung der Längsachse oder senkrecht zu ihr gelegt.

Halbschnitt. Von einem symmetrischen Werkstück wird eine Hälfte als Ansicht, die andere als Schnitt dargestellt. Bei waagrechter Mittellinie wird die Schnitthälfte bevorzugt unterhalb, bei senkrechter Mittellinie rechts von dieser angeordnet.

Teilschnitt. Ein Teilschnitt zeigt nur einen Teil des Werkstückes im Schnitt.

K

Begriffe

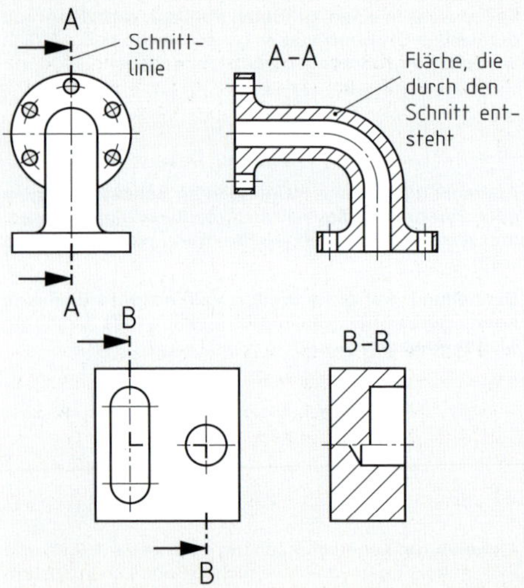

Schnittebene. Die Schnittebene ist eine gedachte Ebene, in der das Werkstück durchschnitten ist. Komplizierte Werkstücke können auch in zwei oder mehreren Schnittebenen dargestellt werden.

Die beim gedachten Durchschneiden des Werkstückes entstehende Fläche wird durch eine Schraffur (unten und Seite 76) gekennzeichnet.

Schnittlinie. Sie markiert die Lage der Schnittebene, bei zwei oder mehreren Schnittebenen den Schnittverlauf. Die Schnittlinie wird mit einer breiten Strich-Punktlinie gezeichnet.

Bei zwei oder mehreren Schnittebenen wird der Verlauf der Schnittlinie an den Enden der jeweiligen Schnittebene mit kurzen breiten Volllinien angedeutet.

Kennzeichnung der Schnittlinie. Sie erfolgt mit gleichen Großbuchstaben. Pfeile, die mit breiten Volllinien gezeichnet werden, geben die Blickrichtung auf die Schnittebene an. Im Gegensatz zu den Maßpfeilen (Seite 77) beträgt der Schenkelwinkel bei Pfeilen zur Kennzeichnung der Schnittlinie 30°.

Kennzeichnung des Schnittes. Der Schnitt wird mit den gleichen Großbuchstaben wie die Schnittlinie gekennzeichnet.

Schraffur bei Schnitten

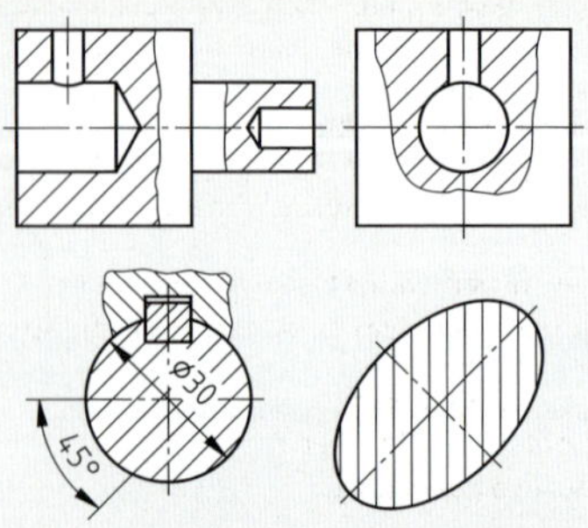

Schraffurlinien. Die Schraffurlinien werden mit parallelen schmalen Volllinien, vorzugsweise unter einem Winkel von 45° zur Mittellinie oder zu den Hauptumrisslinien, gezeichnet. Für Beschriftungen wird die Schraffur unterbrochen.

Schraffiert werden bei

- Einzelteilen: alle Schnittflächen in gleicher Richtung und in gleichem Abstand,
- aneinander grenzenden Teilen: die Teile in unterschiedlichen Richtungen oder Abständen,
- großen Schnittflächen: vorzugsweise die Randzonen.

Schnittdarstellung

vgl. DIN ISO 128-40, -44 und -50 (2002-05)

Besondere Schnitte

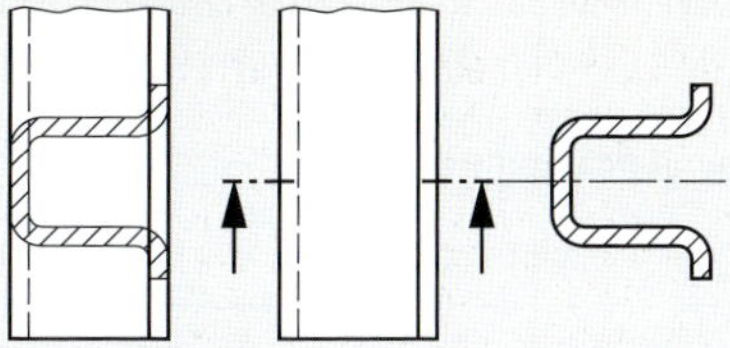

Profilschnitte. Sie dürfen
- in eine Ansicht gedreht eingezeichnet werden.
  Die Umrisslinien des Schnittes werden mit schmalen Volllinien dargestellt.
- aus einer Ansicht herausgezogen werden.
  Der Schnitt muss mit der Ansicht durch eine schmale Strich-Punktlinie verbunden sein.

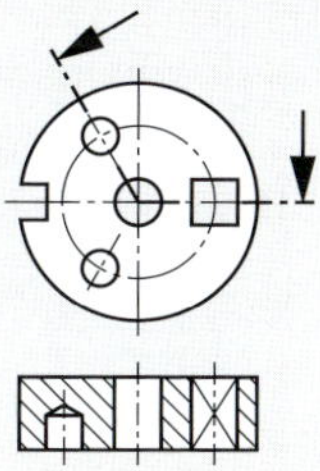

Schnitte von Ebenen, die sich schneiden. Schneiden sich zwei Ebenen, so darf eine Schnittebene in die Projektionsebene gedreht werden.

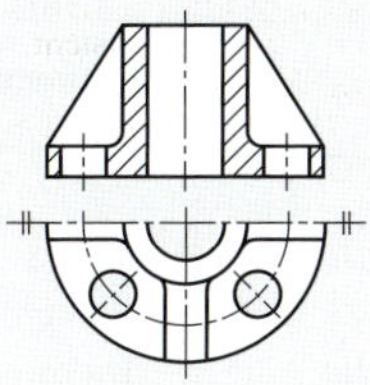

Einzelheiten bei Rotationsteilen. Gleichmäßig angeordnete Einzelheiten außerhalb der Schnittfläche, z. B. Bohrungen, dürfen in die Schnittebene gedreht werden.

K

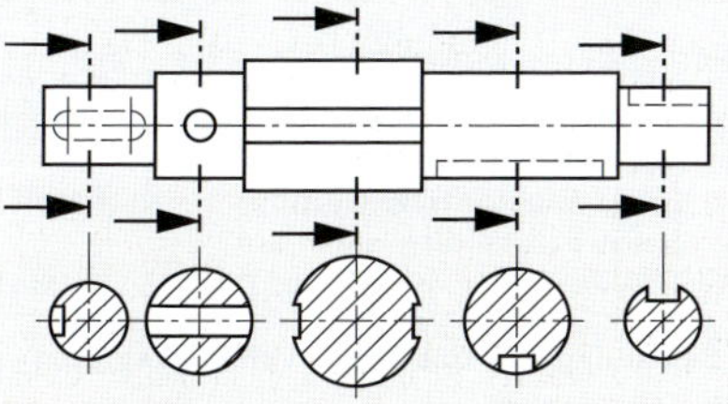

Umrisse und Kanten. Hinter der Schnittebene liegende Umrisse und Kanten werden nur gezeichnet, wenn sie zur Verdeutlichung der Zeichnung beitragen.

Teile, die nicht geschnitten werden

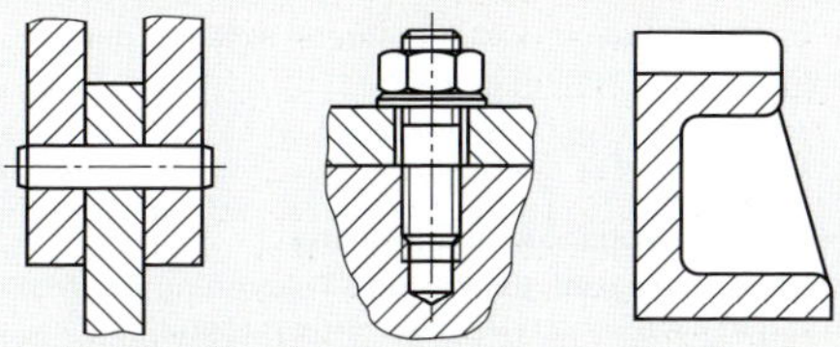

In Längsrichtung werden nicht geschnitten:
- Teile ohne Hohlräume, z. B. Schrauben, Stifte, Wellen
- Bereiche eines Einzelteils, die sich vom Grundkörper abheben sollen, z. B. Rippen.

Zeichnerische Hinweise

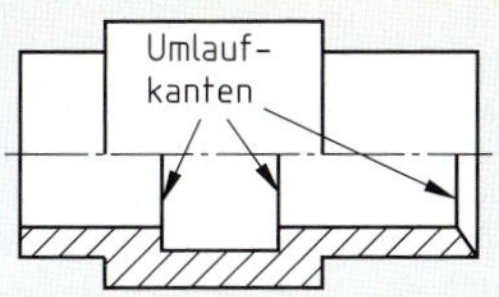

Werkstückkanten
- **Umlaufkanten.** Kanten, die durch das Schneiden sichtbar werden, müssen dargestellt werden.
- **Verdeckte Kanten.** In Schnitten werden verdeckte Kanten nicht dargestellt.
- **Kanten auf der Mittellinie.** Fällt bei einem Schnitt eine Kante auf die Mittellinie, so wird sie dargestellt.

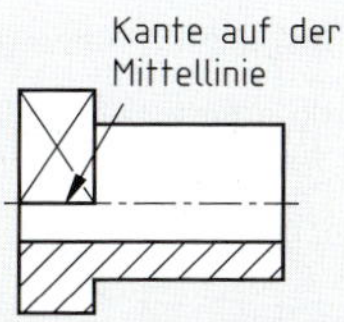

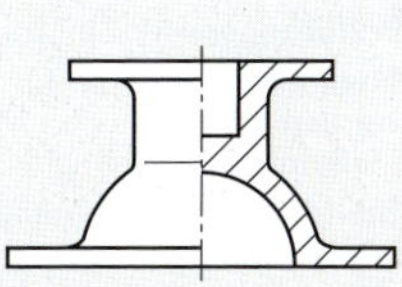

Halbschnitte bei symmetrischen Werkstücken

Die Schnitthälften symmetrischer Werkstücke werden vorzugsweise bei
- waagrechter Mittellinie unterhalb
- senkrechter Mittellinie rechts

der Mittellinie gezeichnet.

Schraffuren, Systeme der Maßeintragung

Schraffuren

vgl. DIN ISO 128-50 (2002-05)

Schnittflächen werden im Allgemeinen ohne Rücksicht auf den Werkstoff mit der Grundschraffur gekennzeichnet. Teile, deren Stoff besonders herausgehoben werden soll, können mit einer besonderen Schraffur versehen werden.

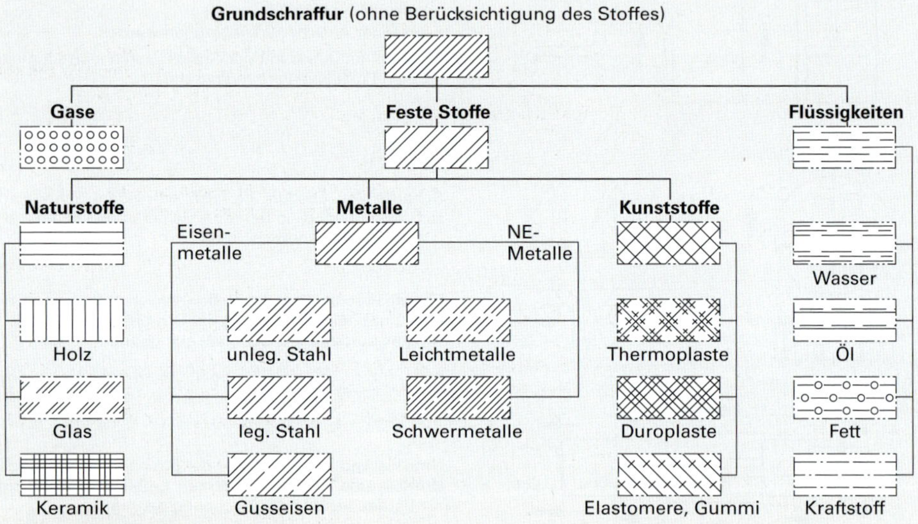

K

Systeme der Maßeintragung

vgl. DIN 406-10 (1992-12)

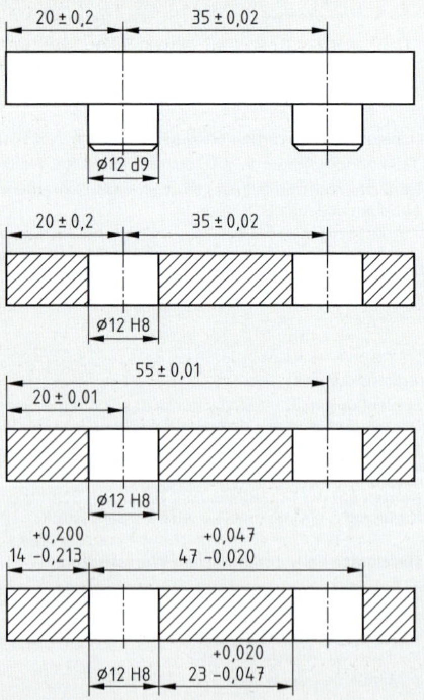

Die **Bemaßung und Tolerierung von Werkstücken** kann

- funktionsbezogen,
- fertigungsbezogen oder
- prüfbezogen

erfolgen.

In einer Zeichnung dürfen mehrere Systeme der Maßeintragung verwendet werden.

Funktionsbezogene Maßeintragung

Merkmal. Auswahl, Eintrag und Tolerierung der Maße erfolgen nach konstruktiven Erfordernissen.

Die jeweiligen Fertigungs- und Prüfverfahren werden dabei nicht berücksichtigt.

Fertigungsbezogene Maßeintragung

Merkmal. Maße, die für die Fertigung erforderlich sind, werden aus den Maßen der funktionsbezogenen Maßeintragung berechnet.

Die Maßeintragung hängt von den jeweiligen Fertigungsverfahren ab.

Prüfbezogene Maßeintragung

Merkmal. Maße, die für die Prüfung erforderlich sind, werden meist aus den Maßen der funktionsbezogenen Maßeintragung berechnet.

Die Maßeintragung hängt von den jeweiligen Prüfverfahren ab.

Maßeintragung in Zeichnungen

Maßlinien, Maßlinienbegrenzung, Maßhilfslinien, Maßzahlen

vgl. DIN 406-11 (1992-12)

Maßlinien

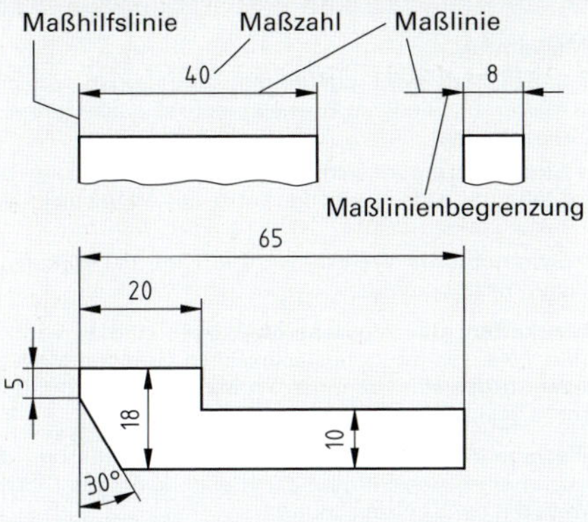

Ausführung. Maßlinien werden mit schmalen Volllinien gezeichnet.

Eintrag. Maßlinien werden bei
- Längenmaßen parallel zur bemaßenden Länge
- Winkel- und Bogenmaßen als Kreisbogen um den Mittelpunkt des Winkels bzw. des Kreisbogens

eingetragen.

Platzmangel. Bei Platzmangel dürfen Maßlinien
- von außen an Maßhilfslinien gezogen
- innerhalb des Werkstückes eingetragen
- an Körperkanten angesetzt

werden.

Abstände. Maßlinien sollen einen Mindestabstand von
- 10 mm von Körperkanten und
- 7 mm untereinander

haben.

Maßlinienbegrenzung

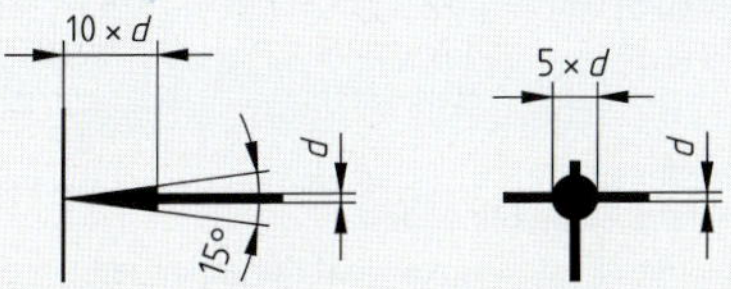

Maßpfeile. Im Regelfall begrenzen Maßpfeile die Maßlinien.
- Pfeillänge: 10 x Maßlinienbreite
- Schenkelwinkel: 15°

Punkte. Sie werden bei Platzmangel verwendet.
- Durchmesser: 5 x Maßlinienbreite

Maßhilfslinien

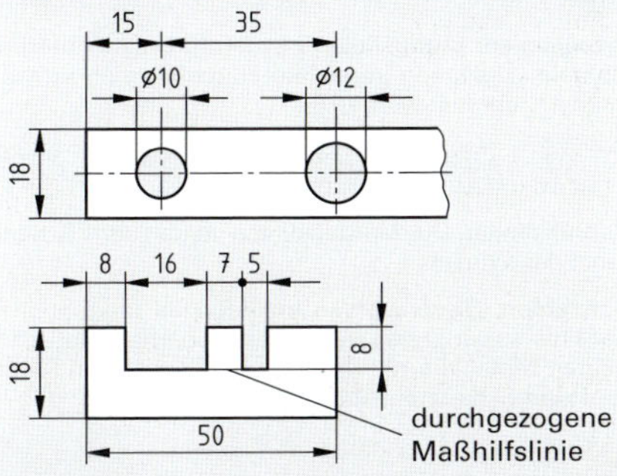

Ausführung. Maßhilfslinien werden rechtwinklig zur zu bemaßenden Länge mit schmalen Volllinien dargestellt.

Besonderheiten
- **Symmetrische Elemente.** Innerhalb symmetrischer Elemente dürfen Mittellinien als Maßhilfslinien verwendet werden.
- **Unterbrochen** werden Maßhilfslinien z. B. für den Maßeintrag.
- **Innerhalb einer Ansicht** darf die Maßhilfslinie zur Bemaßung auseinander liegender gleicher oder ähnlicher Formelemente durchgezogen werden.
- **Zwischen zwei Ansichten** dürfen Maßhilfslinien nicht durchgezogen werden.

Maßzahlen

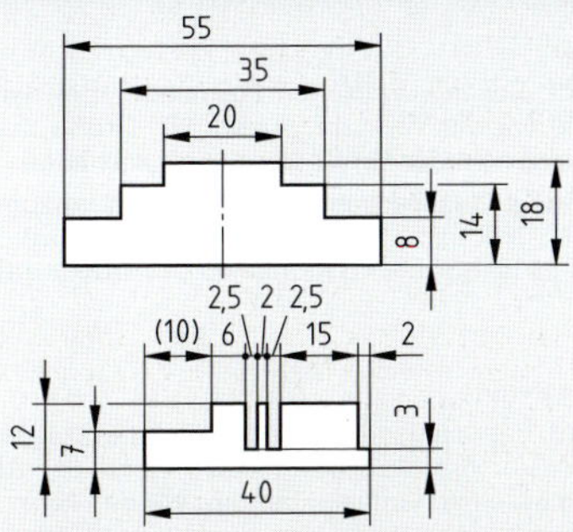

Eintrag. Maßzahlen werden eingetragen
- in Normschrift nach DIN EN ISO 3098 (Seite 64)
- in einer Mindesthöhe von 3,5 mm
- oberhalb der Maßlinie
- von unten und von rechts lesbar
- bei mehreren parallelen Maßlinien: versetzt untereinander.

Platzmangel. Bei Platzmangel darf die Maßzahl
- an einer Hinweislinie
- über der Verlängerung der Maßlinie

eingetragen werden.

Maßeintragung in Zeichnungen

Bemaßungsregeln, Hinweis- und Bezugslinien, Winkelmaße, Quadrat und Schlüsselweite

vgl. DIN 406-11 (1992-12) und DIN ISO 128-22 (1999-11)

Bemaßungsregeln

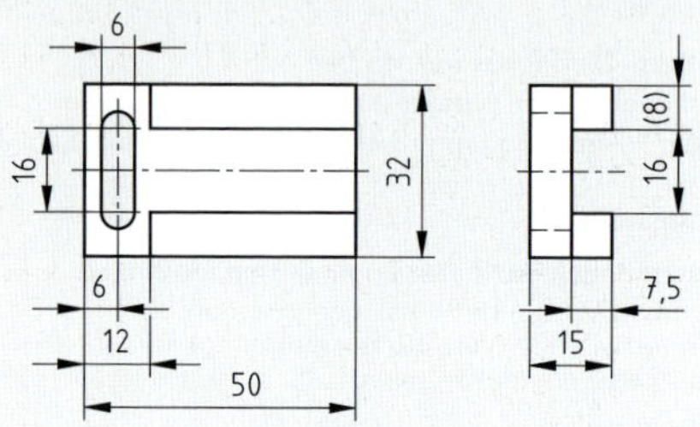

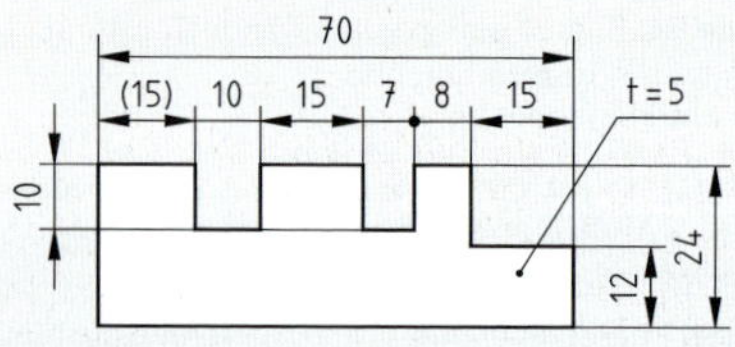

Maßeintrag

- Jedes Maß wird nur einmal eingetragen. Gleiche Maße verschiedener Formelemente sind aber getrennt einzutragen.
- Sind mehrere Ansichten gezeichnet, so erfolgt der Maßeintrag dort, wo die Form des Werkstücks am besten erkennbar ist.
- Symmetrische Werkstücke. Die Lage der Mittellinie wird nicht bemaßt.

Maßketten. Geschlossene Maßketten sind zu vermeiden. Falls aus fertigungstechnischen Gründen Maßketten erforderlich sind, muss ein Maß der Kette in Klammern gesetzt werden.

Flächige Werkstücke. Bei flächigen Werkstücken, die nur in einer Ansicht gezeichnet sind, kann das Dickenmaß mit der Kennzeichnung t

- in der Ansicht oder
- in der Nähe der Ansicht

eingetragen werden.

K

Hinweis- und Bezugslinien

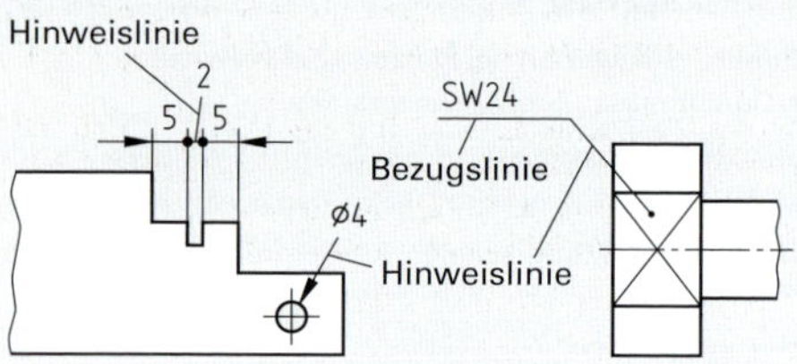

Hinweislinien. Hinweislinien werden mit schmalen Volllinien dargestellt. Sie enden

- mit einem Pfeil, wenn sie auf Körperkanten
- mit einem Punkt, wenn sie auf eine Fläche
- ohne Kennzeichnung, wenn sie auf andere Linien

zeigen.

Bezugslinien. Bezugslinien werden in Leserichtung mit schmalen Volllinien gezeichnet. Sie dürfen an Hinweislinien angebracht werden.

Winkelmaße

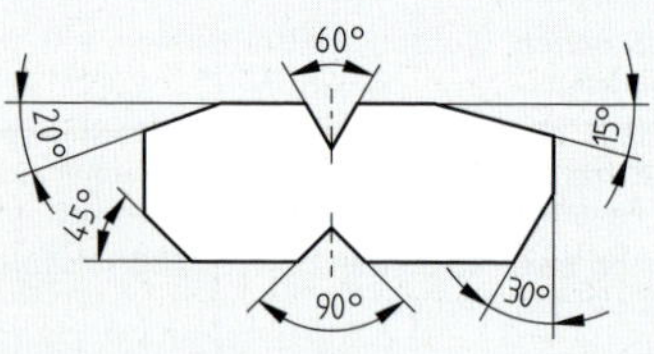

Maßhilfslinien. Die Maßhilfslinien zeigen zum Scheitelpunkt des Winkels.

Maßzahlen. Diese werden im Regelfall tangential zur Maßlinie so eingetragen, dass sie oberhalb der waagrechten Mittellinie mit ihrem Fuß, unterhalb mit ihrem Kopf zum Scheitelpunkt des Winkels zeigen.

Quadrat, Schlüsselweite

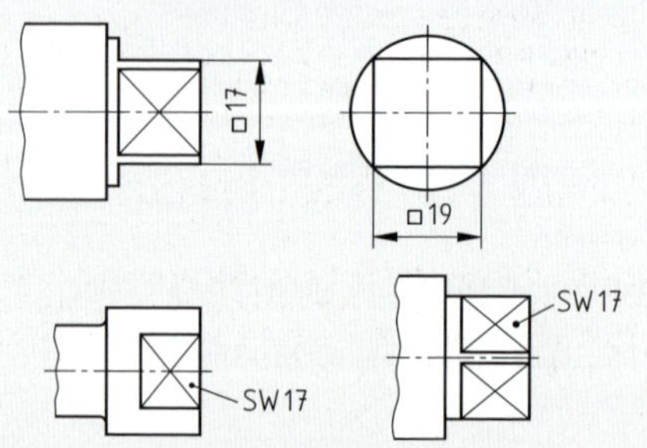

Quadrat

Sinnbild. Bei quadratischen Formelementen wird das Sinnbild vor die Maßzahl gesetzt. Die Größe des Sinnbilds entspricht der Größe der Kleinbuchstaben.

Bemaßung. Quadratische Formen sollen vorzugsweise in der Ansicht bemaßt werden, in der ihre Form erkennbar ist. Es ist nur eine Seitenlänge des Quadrates anzugeben.

Schlüsselweite

Sinnbild. Bei Schlüsselweiten werden die Großbuchstaben SW vor die Maßzahl gesetzt, wenn der Abstand der Schlüsselflächen nicht bemaßt werden kann.

Maßeintragung in Zeichnungen

Durchmesser, Radius, Kugel, Fasen, Neigung, Verjüngung, Bogenmaße vgl. DIN 406-11 (1992-12)

Durchmesser, Radius, Kugel (sphärisch)

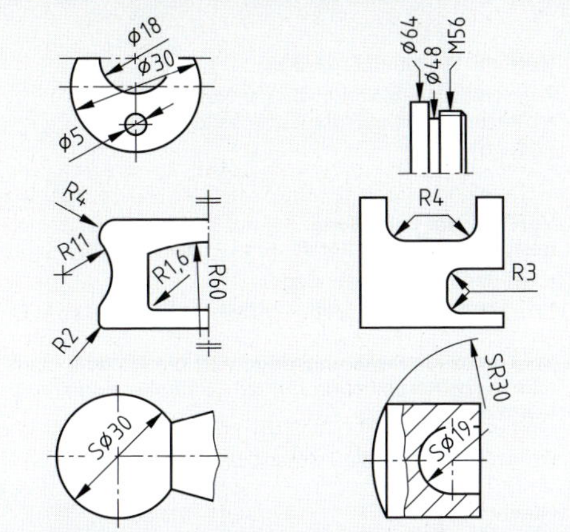

Durchmesser

Sinnbild. Bei allen Durchmessern wird als Sinnbild ∅ vor die Maßzahl gesetzt. Seine Gesamthöhe entspricht der Höhe der Maßzahlen.

Platzmangel. Bei Platzmangel werden die Maße von außen an die Formelemente gesetzt.

Radius

Sinnbild. Bei Radien wird der Großbuchstabe R vor die Maßzahl gesetzt.

Maßlinien. Die Maßlinien sind

- vom Mittelpunkt des Radius oder
- aus der Richtung des Mittelpunktes

zu zeichnen.

Kugel (sphärisch)

Sinnbild. Bei kugeligen Formelementen wird vor die Durchmesser- oder Radiusangabe der Großbuchstabe S gesetzt.

Fasen, Senkungen

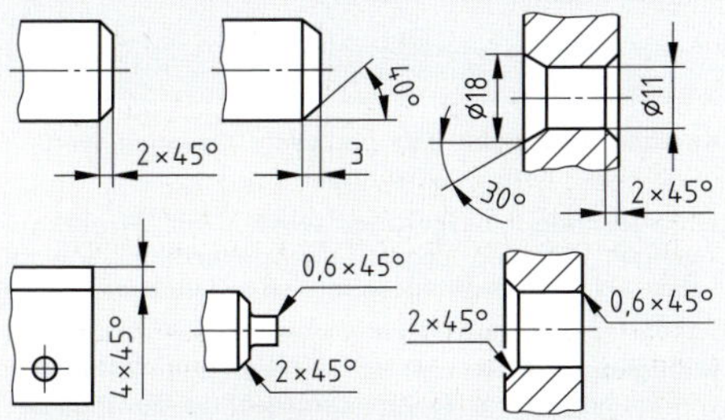

45°-Fasen und Senkungen von 90° können unter Angabe des Winkels und der Fasenbreite vereinfacht bemaßt werden. Die Maße dürfen bei gezeichneten und nicht gezeichneten Fasen mit einer Hilfslinie eingetragen werden.

Andere Fasenwinkel. Bei Fasen mit einem von 45° abweichenden Winkel sind

- der Winkel und die Fasenbreite oder
- der Winkel und der Fasendurchmesser

einzutragen.

Neigung, Verjüngung

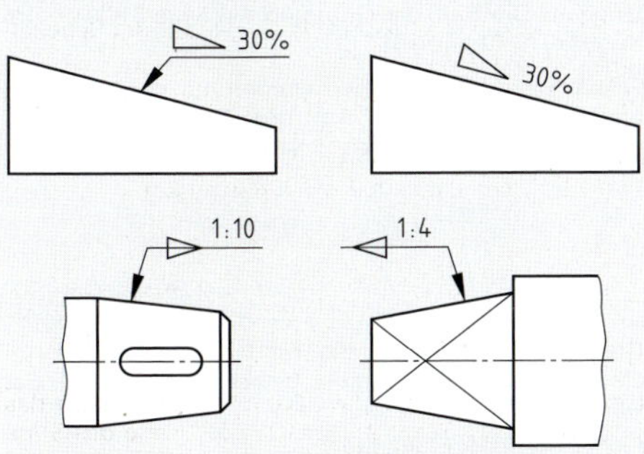

Neigung

Sinnbild. Vor der Maßzahl wird das Sinnbild ⊿ angegeben.

Lage des Sinnbildes. Das Sinnbild wird so angeordnet, dass dessen Neigung der Neigung des Werkstückes entspricht. Vorzugsweise wird das Sinnbild mit einer Bezugs- und Hinweislinie mit der geneigten Fläche verbunden.

Verjüngung

Sinnbild. Vor der Maßzahl wird das Sinnbild ▷ auf einer Bezugslinie angegeben.

Lage des Sinnbildes. Die Lage des Sinnbildes muss der Richtung der Werkstückverjüngung entsprechen. Mit einer Hinweislinie wird die Bezugslinie des Sinnbildes mit dem Umriss der Verjüngung verbunden.

Bogenmaße

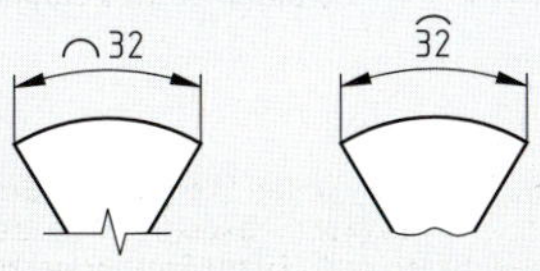

Sinnbild. Vor der Maßzahl wird das Sinnbild ⌒ eingetragen. Bei manueller Zeichnungserstellung darf der Bogen mit einem ähnlichen Sinnbild über der Maßzahl gekennzeichnet werden.

Maßeintragung in Zeichnungen

Nuten, Gewinde, Teilungen

vgl. DIN 406-11 (1992-12) und DIN ISO 6410-1 (1993-12)

Nuten

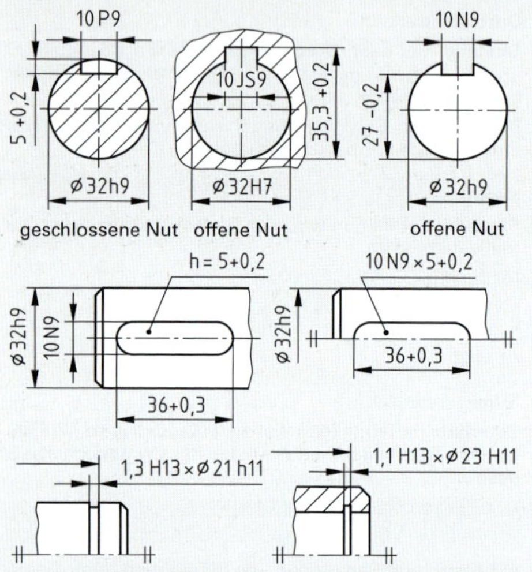

Nuttiefe. Die Nuttiefe wird bei

- geschlossenen Nuten von der Nutseite
- offenen Nuten von der Gegenseite

bemaßt.

Vereinfachte Bemaßung. Bei nur in der Draufsicht dargestellten Nuten erfolgt der Eintrag der Nuttiefe

- mit dem Buchstaben h oder
- in Kombination mit der Nutbreite.

Bei **Nuten für Sicherungsringe** darf die Nuttiefe ebenfalls durch Kombination mit der Nutbreite eingetragen werden.

Grenzabmaße für die Toleranzklassen JS9, N9, P9 und H11: Seite 111

Nutenmaße

- für Keile: Seite 246
- für Passfedern: Seite 247
- für Sicherungsringe: Seite 273

Gewinde

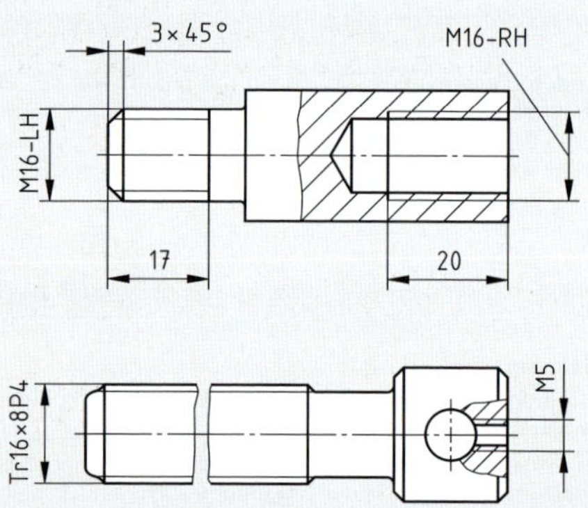

Kurzbezeichnungen. Für genormte Gewinde werden Kurzbezeichnungen verwendet.

Linksgewinde. Linksgewinde werden mit LH gekennzeichnet. Befinden sich an einem Werkstück sowohl Links- als auch Rechtsgewinde, so erhalten diese den Zusatz RH.

Mehrgängige Gewinde. Bei mehrgängigen Gewinden werden hinter dem Nenndurchmesser die Gewindesteigung und die Teilung angegeben.

Längenangaben. Diese geben die nutzbare Gewindelänge an. Die Tiefe des Grundloches (Seite 216) wird im Regelfall nicht bemaßt.

Fasen. Fasen an Gewinden werden nur dann bemaßt, wenn ihr Durchmesser nicht dem Gewindekern- bzw. dem Gewindeaußendurchmesser entspricht.

Teilungen

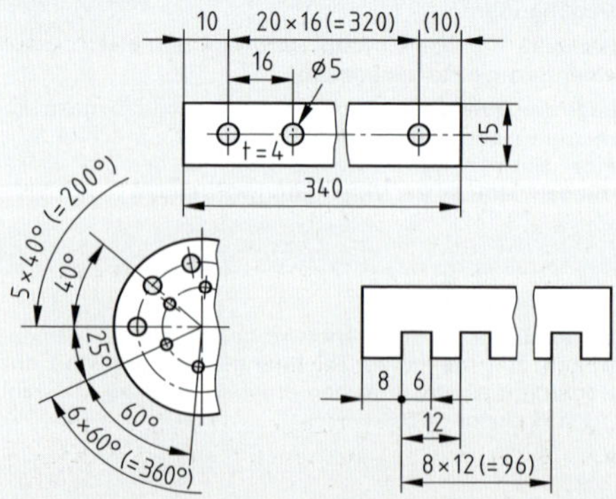

Gleiche Formelemente. Bei Teilungen gleicher Formelemente, die untereinander dieselben Abstände oder Winkel aufweisen, werden

- die Anzahl der Elemente
- der Abstand der Elemente
- die Gesamtlänge bzw. der Gesamtwinkel (in Klammern)

angegeben.

Maßeintragung in Zeichnungen

Toleranzangaben
vgl. DIN 406-12 (1992-12), DIN ISO 2768-1 (1991-06) und DIN ISO 2768-2 (1991-04)

Toleranzangaben durch Abmaße

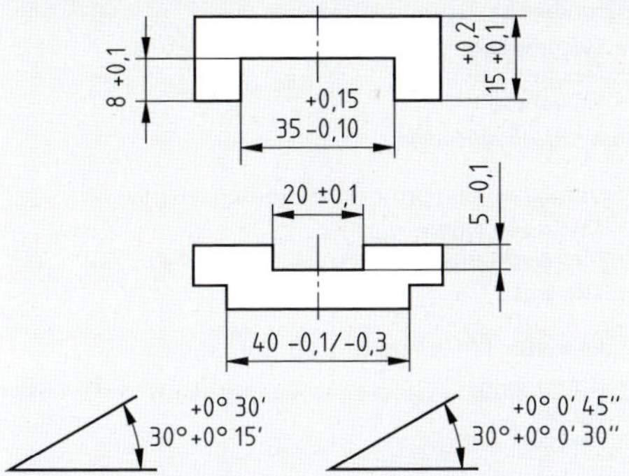

Eintrag. Der Eintrag der Abmaße erfolgt
- hinter dem Nennmaß
- bei zwei Abmaßen auch so, dass das obere Abmaß über dem unteren steht
- bei gleich großem oberem und unterem Abmaß durch ein ±-Zeichen vor dem Zahlenwert, der nur einmal eingetragen wird
- bei Winkelmaßen mit der Angabe der Einheit

Toleranzangaben durch Toleranzklassen

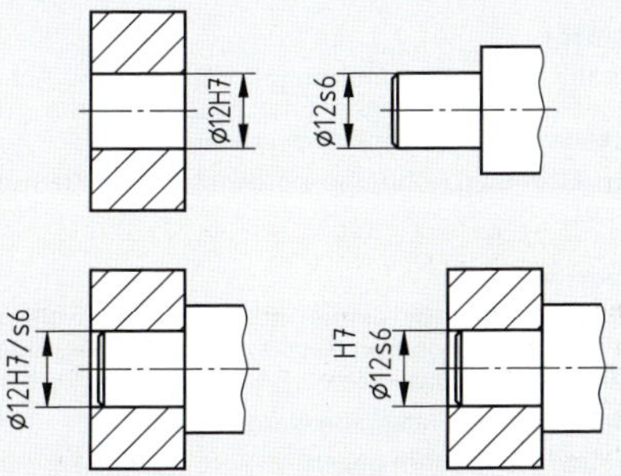

Eintrag. Der Eintrag der Toleranzklassen erfolgt bei
- einzelnen Nennmaßen: hinter dem Nennmaß
- gefügt dargestellten Teilen: Die Toleranzklasse des Innenmaßes (Bohrung) steht vor oder über der Toleranzklasse des Außenmaßes (Welle).

Toleranzangaben für bestimmte Bereiche

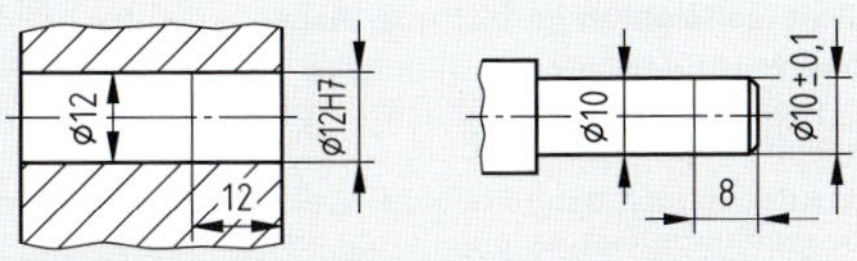

Gültigkeitsbereich. Der Bereich, in dem eine eingetragene Toleranz gültig ist, wird durch eine schmale Volllinie begrenzt.

Toleranzangaben durch Allgemeintoleranzen

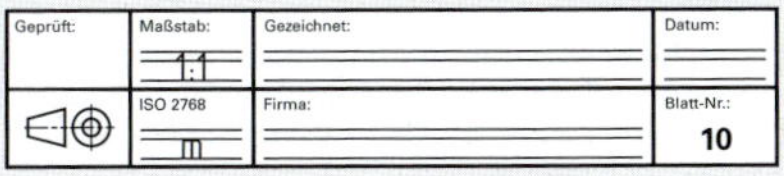

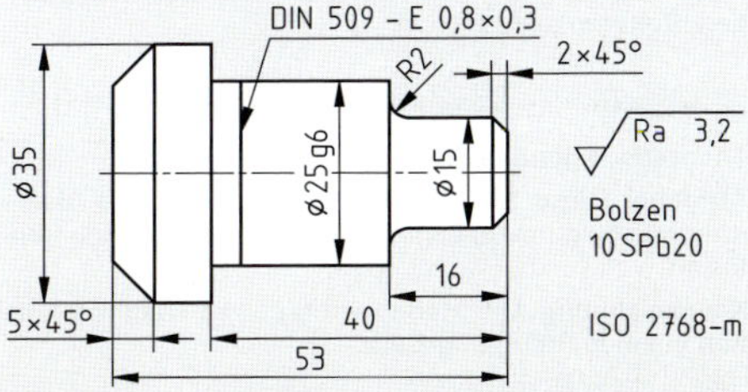

Anwendung. Allgemeintoleranzen werden verwendet für
- Längen- und Winkelmaße
- Form und Lage.

Sie gelten für Maße ohne einzelnen Toleranzeintrag.

Zeichnungseintrag. Der Hinweis auf Allgemeintoleranzen (Seite 112) kann erfolgen:
- in der Nähe der Einzelteilzeichnung
- bei Schriftfeldern nach DIN 6771 (zurückgezogen): im Schriftfeld.

Angaben. Es werden angegeben:
- die Normblatt-Nummer
- die Toleranzklasse für Längen- und Winkelmaße
- bei Bedarf die Toleranzklasse für Form- und Lagetoleranzen.

K

Maßeintragung in Zeichnungen

Maße

vgl. DIN 406-10 und -11 (1992-12)

Maßarten

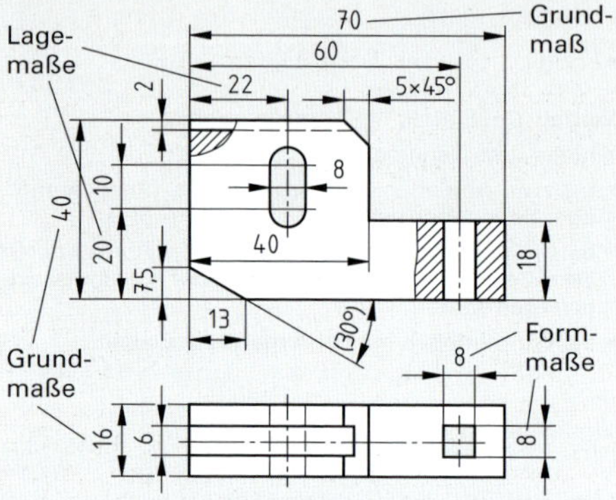

Grundmaße. Grundmaße geben die

- Gesamtlänge
- Gesamtbreite
- Gesamthöhe

eines Werkstückes an.

Formmaße. Mit Formmaßen werden z. B. die

- Maße von Nuten
- Maße von Absätzen

festgelegt.

Lagemaße. Mit ihnen wird z. B. die Lage von

- Bohrungen
- Nuten
- Langlöchern

vorgeschrieben.

K

Besondere Maße

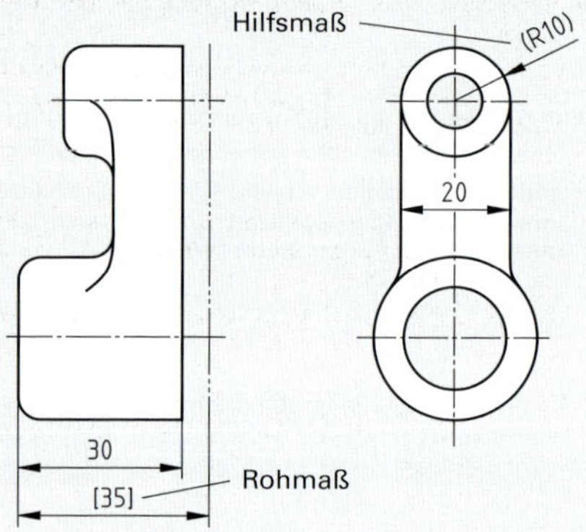

Rohmaße

Aufgabe. Rohmaße informieren z. B. über die Abmessungen von gegossenen oder geschmiedeten Werkstücken vor der spanenden Bearbeitung.

Kennzeichnung. Rohmaße werden in eckige Klammern gesetzt.

Hilfsmaße

Aufgabe. Hilfsmaße dienen der zusätzlichen Information. Zur geometrischen Bestimmung des Werkstückes sind sie nicht erforderlich.

Kennzeichnung. Hilfsmaße werden

- in runde Klammern gesetzt
- ohne Toleranzen eingetragen.

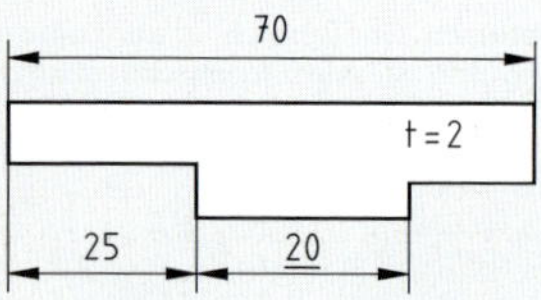

Nicht maßstäblich gezeichnete Maße

Kennzeichnung. Nicht maßstäblich gezeichnete Maße werden, z. B. bei Zeichnungsänderungen, durch Unterstreichen gekennzeichnet.

Unzulässig sind unterstrichene Maße bei Zeichnungen, die rechnerunterstützt angefertigt werden (CAD).

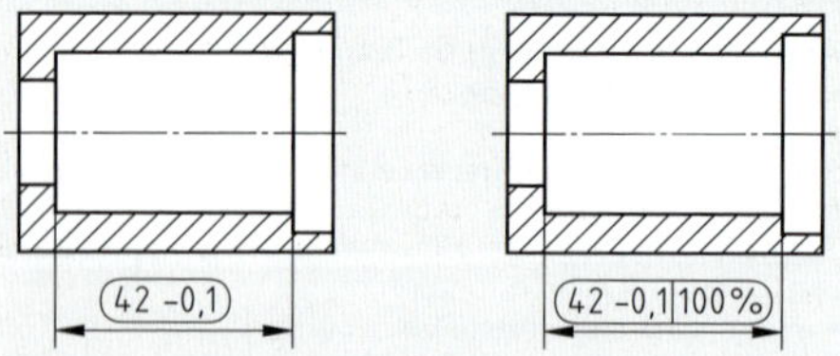

Prüfmaße

Aufgabe. Es wird darauf hingewiesen, dass diese Maße vom Besteller besonders geprüft werden. Gegebenenfalls werden sie einer 100-%-Prüfung unterzogen.

Kennzeichnung. Prüfmaße werden in seitlich abgerundete Rahmen gesetzt.

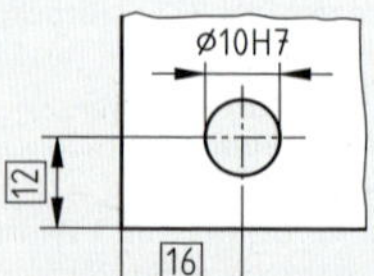

Theoretisch genaue Maße

Aufgabe. Diese Maße geben die geometrisch ideale (theoretisch genaue) Lage der Form eines Formelementes an.

Kennzeichnung. Die Maße werden ohne Toleranzangaben in einen Rahmen gesetzt.

Bemaßungsarten

Parallelbemaßung, steigende Bemaßung, Koordinatenbemaßung[1)] vgl. DIN 406-11 (1992-12)

Parallelbemaßung

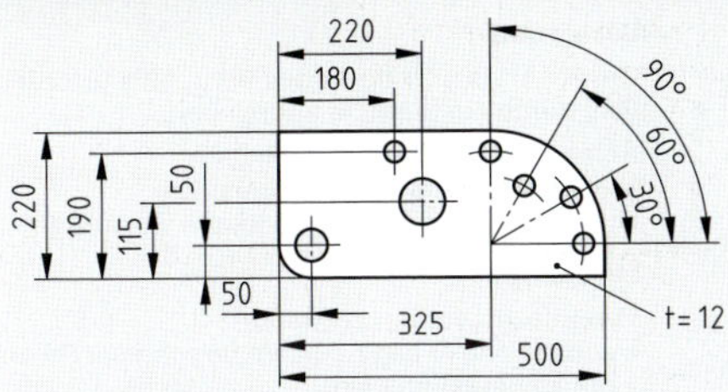

Maßlinien. Mehrere Maßlinien werden bei

- Längenmaßen parallel
- Winkelmaßen konzentrisch

zueinander eingetragen.

Steigende Bemaßung

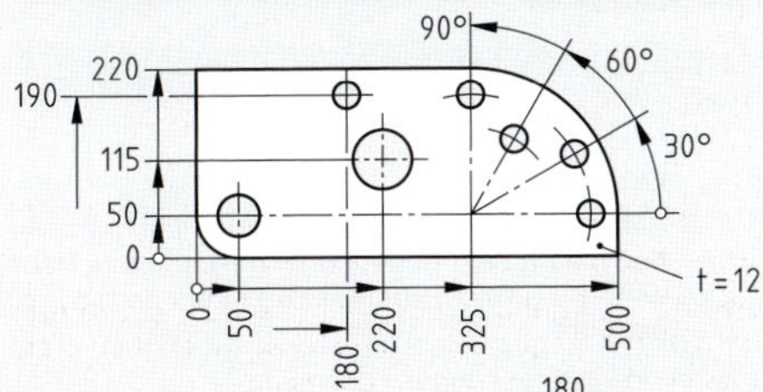

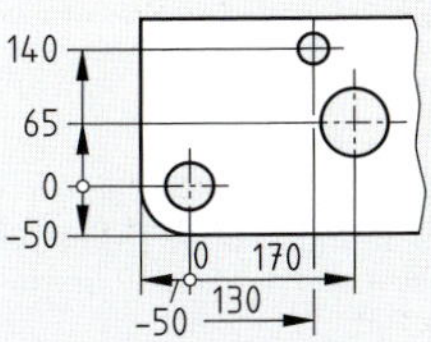

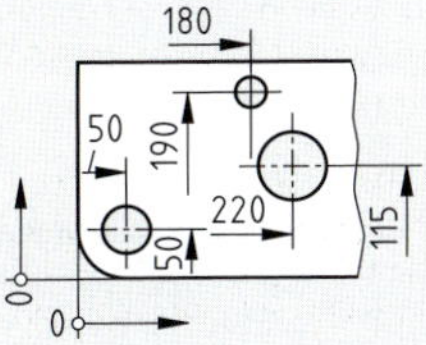

Ursprung. Die Maße werden vom Ursprung aus in jeder der drei möglichen Richtungen eingetragen. Der Ursprung wird mit einem kleinen Kreis angegeben.

Maßlinien. Für den Eintrag gilt:

- im Regelfall wird für jede Richtung nur eine Maßlinie verwendet
- bei Platzmangel dürfen zwei oder mehrere Maßlinien verwendet werden. Die Maßlinien dürfen auch abgebrochen dargestellt werden.

Maße. Diese

- müssen, wenn sie vom Ursprung aus in der Gegenrichtung eingetragen werden, mit einem Minuszeichen versehen sein
- dürfen auch in Leserichtung eingetragen werden.

K

Koordinatenbemaßung

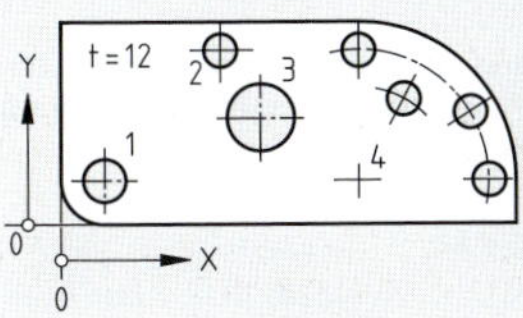

Pos.	X	Y	*d*
1	50	50	⌀40
2	180	190	⌀30
3	220	115	⌀75
4	325	50	–

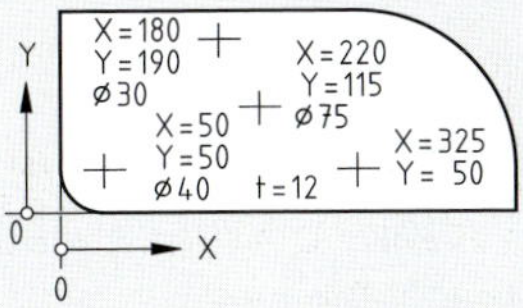

Kartesische Koordinaten (Seite 58)

Koordinatenwerte. Diese werden

- in Tabellen eingetragen oder
- in der Nähe der Koordinatenpunkte angegeben.

Koordinatenursprung. Der Koordinatenursprung

- wird mit einem kleinen Kreis angegeben
- kann an beliebiger Stelle der Darstellung liegen.

Maße. Diese müssen, wenn sie vom Ursprung aus in der Gegenrichtung eingetragen werden, mit einem Minuszeichen versehen sein.

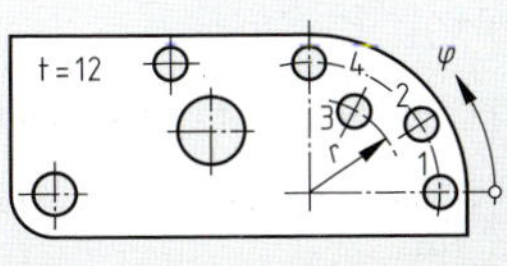

Pos.	*r*	*φ*	*d*
1	140	0°	⌀30
2	140	30°	⌀30
3	100	60°	⌀30
4	140	90°	⌀30

Polarkoordinaten (Seite 59)

Koordinatenwerte. Die Koordinatenwerte werden in Tabellen eingetragen.

[1)] Parallelbemaßung, steigende Bemaßung und Koordinatenbemaßung dürfen miteinander kombiniert werden.

Zeichnungsvereinfachung

Vereinfachte Darstellung von Löchern

vgl. DIN ISO 15786 (2014-12)

Lochgrund, Linienarten bei vereinfachter Darstellung

vollständige Darstellung, vollständige Bemaßung	vollständige Darstellung, vereinfachte Bemaßung	vereinfachte Darstellung, vereinfachte Bemaßung

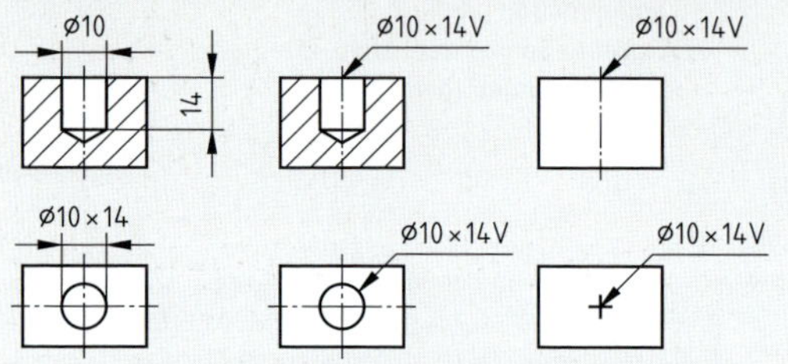

Lochgrund

Die Form des Lochgrundes wird, falls erforderlich, durch ein Sinnbild angegeben.

So bedeuten z. B. die Sinnbilder
V: werkstoffabhängige Bohrerspitze
U: flacher Lochgrund (zylindrische Senkung)

Linienarten

Vereinfacht werden Löcher in
- achsparalleler Lage durch eine schmale Strichpunktlinie (Mittellinie)
- der Draufsicht durch ein Kreuz (breite Volllinien)

dargestellt.

Gestufte Löcher, Senkungen und Fasen, Innengewinde

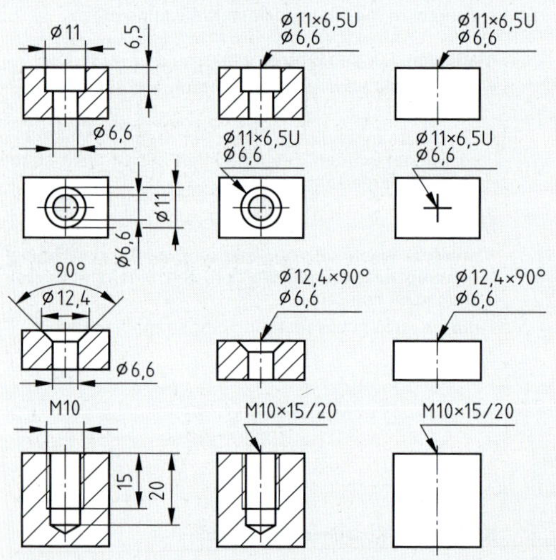

Gestufte Löcher

Bei zwei oder mehreren gestuften Löchern werden die Maße untereinander geschrieben. Dabei wird der größte Durchmesser in der ersten Zeile genannt.

Senkungen und Fasen

Bei Senkungen und Bohrungsfasen werden der größte Senkdurchmesser und der Senkungswinkel angegeben.

Innengewinde

Die Gewindelänge und die Bohrlochtiefe werden durch einen Schrägstrich getrennt. Löcher ohne Tiefenangabe werden durchgebohrt.

Beispiele

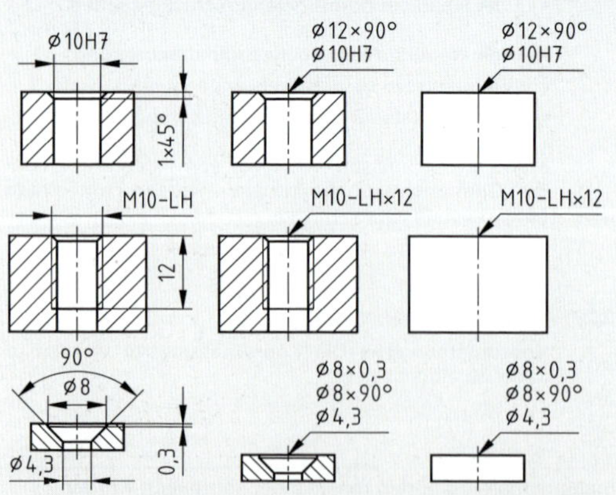

Bohrung ∅ 10H7
Bohrung durchgehend
Fase 1 x 45°

Linksgewinde M10
Gewindelänge 12 mm
durchgebohrtes Kernloch

Zylindrische Ansenkung ∅ 8
Senktiefe 0,3 mm
Durchgangsbohrung ∅ 4,3 mit
kegeliger Ansenkung 90°
Senkdurchmesser ∅ 8

Darstellung von Zahnrädern

Darstellung von Zahnrädern[1]

vgl. DIN ISO 2203 (1976-06)

Stirnrad

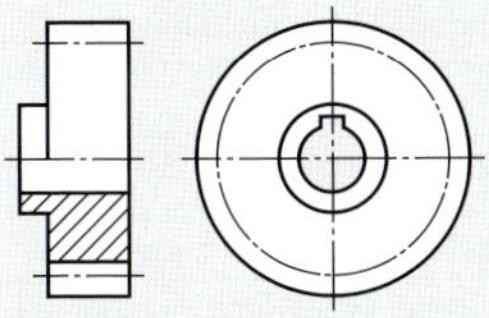

Kegelrad

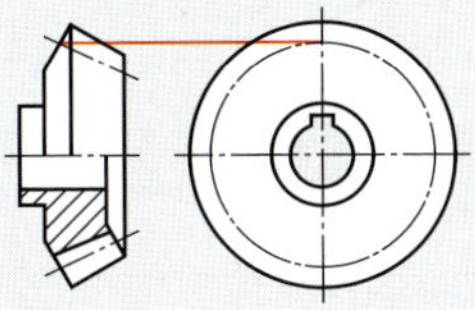

Schneckenrad

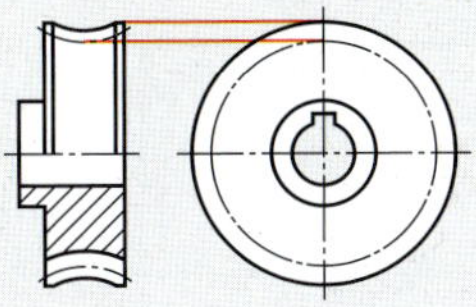

Stirnrad mit außenliegendem Gegenrad

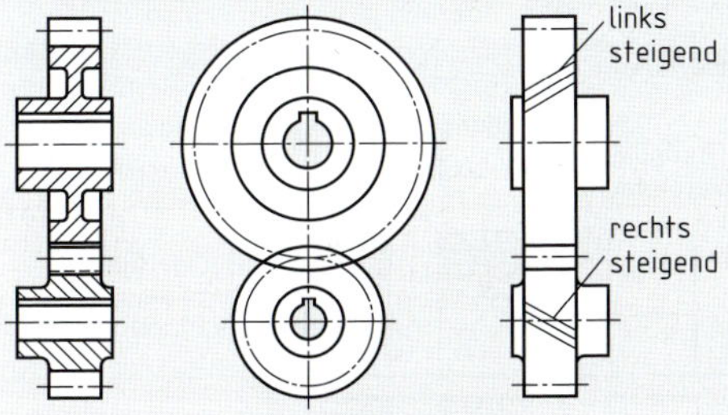

Stirnrad mit innenliegendem Gegenrad

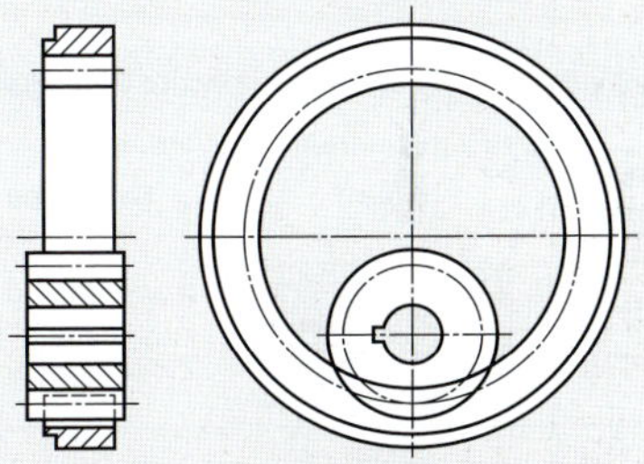

Stirnrad mit Zahnstange

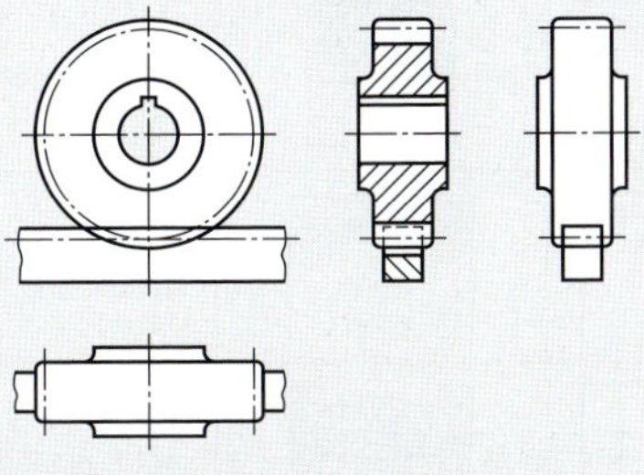

Kegelradpaar (Achsenwinkel 90°)

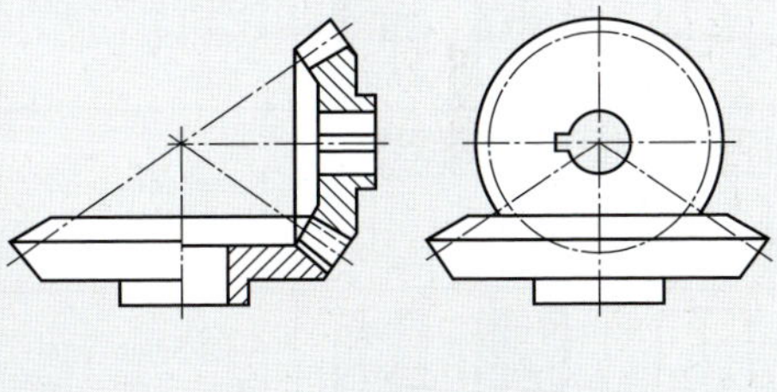

Schnecke und Schneckenrad

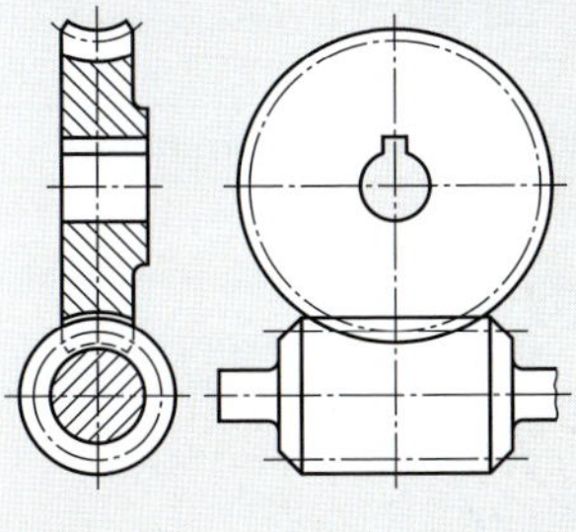

Kettenräder

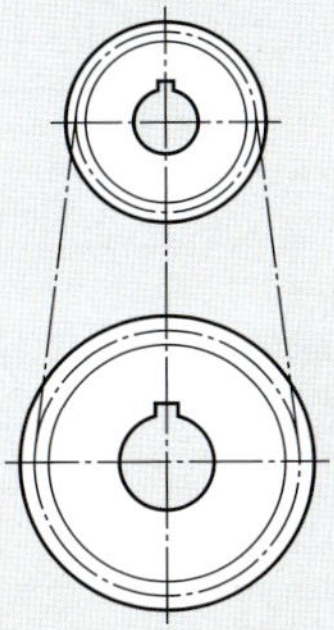

Zahnriemen

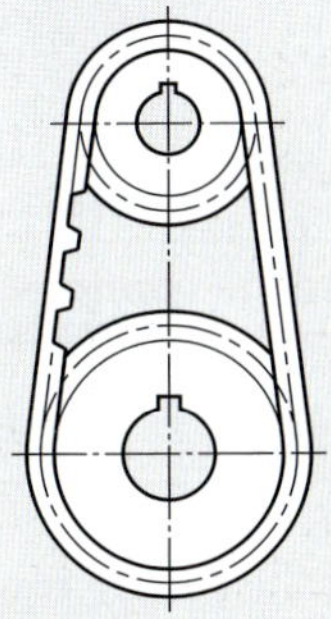

[1] Zahnradbemaßung Seite 103

Darstellung von Wälzlagern

Darstellung von Wälzlagern

vgl. DIN ISO 8826-1 (1990-12) und DIN ISO 8826-2 (1995-10)

Darstellung			Elemente der detaillierten vereinfachten Darstellung	
vereinfacht	bildlich	Erläuterung	Element	Erläuterung, Verwendung
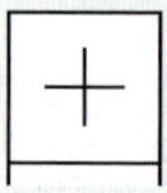	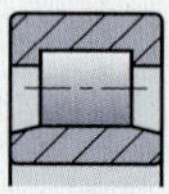	Für allgemeine Zwecke wird ein Wälzlager durch ein Quadrat oder Rechteck und ein freistehendes, aufrechtes Kreuz dargestellt.		Lange, gerade Linie; zur Darstellung der Achse des Wälzelements bei Lagern ohne Einstellmöglichkeit.
				Lange gebogene Linie; zur Darstellung der Achse des Wälzelements bei Lagern mit Einstellmöglichkeit (Pendellager).
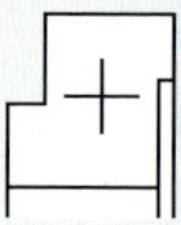	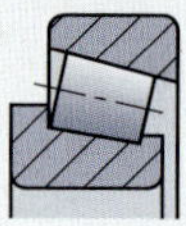	Falls erforderlich, kann das Wälzlager durch die Umrisse und ein freistehendes, aufrechtes Kreuz dargestellt werden.		Kurze gerade Linie; zur Darstellung der Lage und Anzahl der Reihen von Wälzelementen.
				Kreis; zur Darstellung von Wälzelementen (Kugel, Rolle, Nadel), die rechtwinklig zu ihrer Achse gezeichnet sind.

Beispiele für die detaillierte vereinfachte Darstellung von Wälzlagern

Darstellung einreihiger Wälzlager			Darstellung zweireihiger Wälzlager		
detailliert vereinfacht	bildlich	Bezeichnung	detailliert vereinfacht	bildlich	Bezeichnung
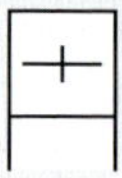	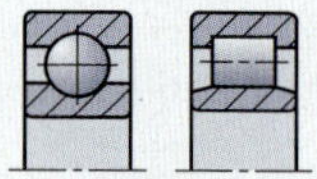	Radial-Rillen-kugellager, Zylinderrollenlager		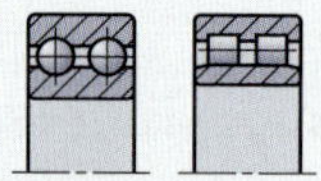	Radial-Rillen-kugellager, Zylinderrollenlager
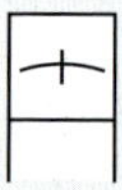	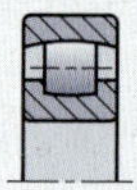	Radial-Pendel-rollenlager (Tonnenlager)	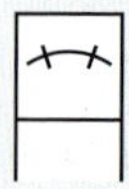	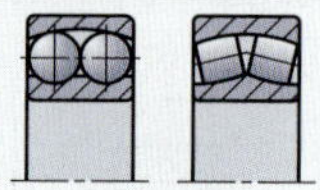	Pendelkugellager, Radial-Pendel-rollenlager
	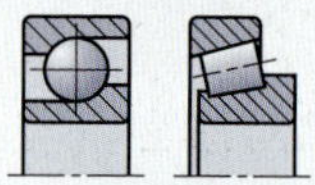	Schrägkugellager, Kegelrollenlager		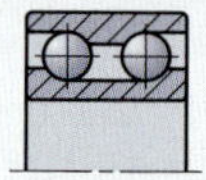	Schrägkugellager
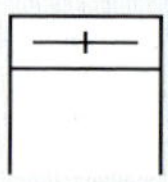	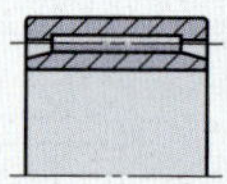	Nadellager, Nadelkranz	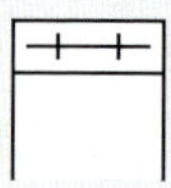	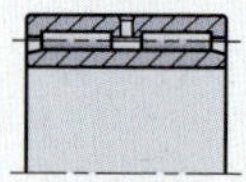	Nadellager, Nadelkranz
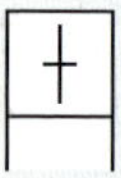	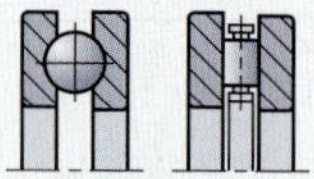	Axial-Rillenkugel-lager, Axial-Rollenlager	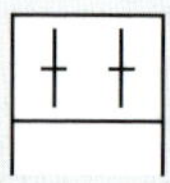	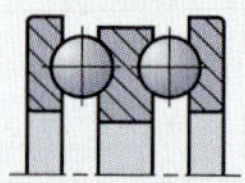	Axial-Rillenkugel-lager, zweiseitig wirkend
	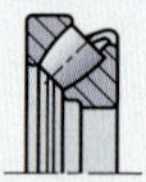	Axial-Pendel-rollenlager	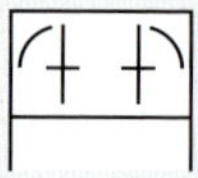	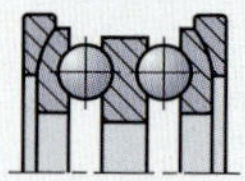	Axial-Rillenkugel-lager mit kugeligen Gehäusescheiben, zweiseitig wirkend

Kombinierte Lager			Darstellung rechtwinklig zur Wälzkörperachse	
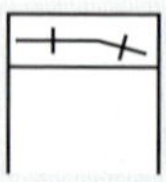	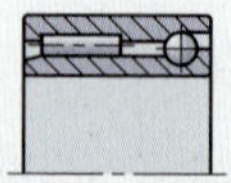	Kombiniertes Radial-Nadellager mit Schrägkugel-lager	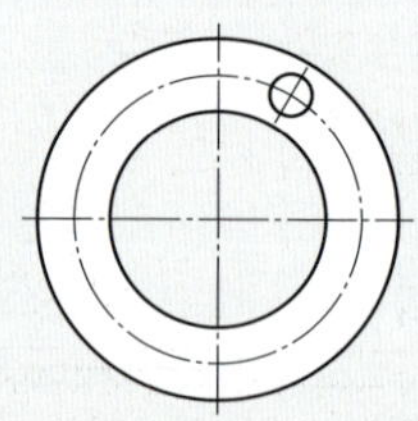	Wälzlager mit beliebiger Wälz-körperform (Kugeln, Rollen, Nadeln)
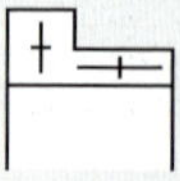	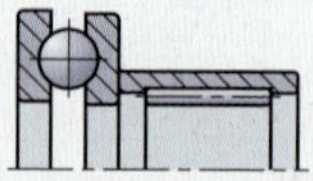	Kombiniertes Axial-Kugellager mit Radial-Nadel-lager		

K

Darstellung von Dichtungen und Wälzlagern

Vereinfachte Darstellung von Dichtungen

vgl. DIN ISO 9222-1 (1990-12) und DIN ISO 9222-2 (1991-03)

Darstellung vereinfacht	Darstellung bildlich	Erläuterung
		Für allgemeine Zwecke wird eine Dichtung durch ein Quadrat oder Rechteck und ein freistehendes, diagonales Kreuz dargestellt. Die Dichtrichtung kann durch einen Pfeil angegeben werden.
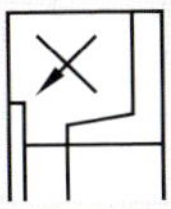	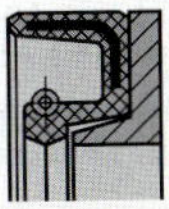	Falls erforderlich, kann die Dichtung durch die Umrisse und ein freistehendes, diagonales Kreuz dargestellt werden.

Elemente der detaillierten vereinfachten Darstellung

Element	Erläuterung, Verwendung
	Lange Linie parallel zur Dichtfläche; für das fest sitzende (statische) Dichtelement.
	Lange diagonale Linie; für das dynamische Dichtelement; z. B. die Dichtlippe. Die Dichtrichtung kann durch einen Pfeil angegeben werden.
	Kurze diagonale Linie; für Staublippen, Abstreifringe.
	Kurze Linie, die zur Mitte des Sinnbilds zeigt; für den statischen Teil von U- und V-Ringen, Packungen.
	Kurze Linie, die zur Mitte des Sinnbilds zeigt; für Dichtlippen von U- und V-Ringen, Packungen.
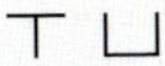	T und U; für berührungsfreie Dichtungen.

Beispiele für die detaillierte vereinfachte Darstellung von Dichtungen

Wellendichtringe und Kolbenstangendichtungen

detailliert vereinfacht	bildlich	Bezeichnung bei Drehbewegung	Bezeichnung bei geradliniger Bewegung
		Wellendichtring ohne Staublippe	Stangendichtung ohne Abstreifer
		Wellendichtring mit Staublippe	Stangendichtung mit Abstreifer
		Wellendichtring, doppelt wirkend	Stangendichtung, doppelt wirkend

Profildichtungen, Packungssätze, Labyrinthdichtungen

detailliert vereinfacht	bildlich	detailliert vereinfacht	bildlich
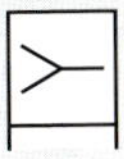	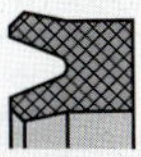		
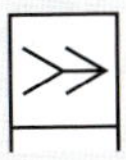		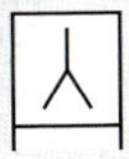	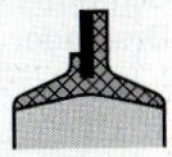
	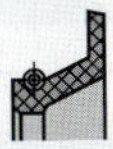	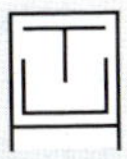	

Beispiele für die vereinfachte Darstellung von Dichtungen und Wälzlagern

Rillenkugellager und Radial-Wellendichtring mit Staublippe[1]

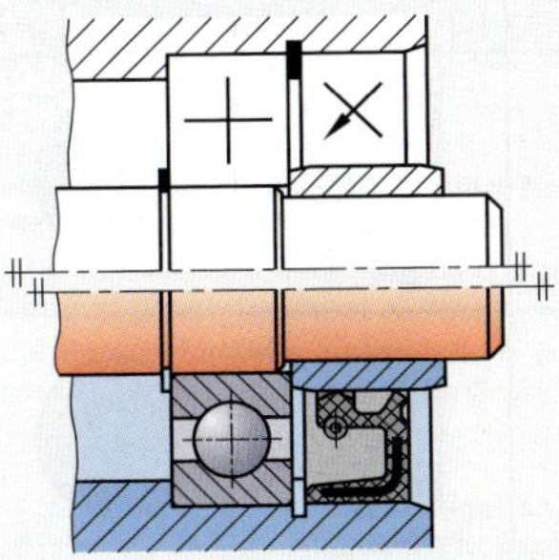

Zweireihiges Rillenkugellager und Radial-Wellendichtring[2]

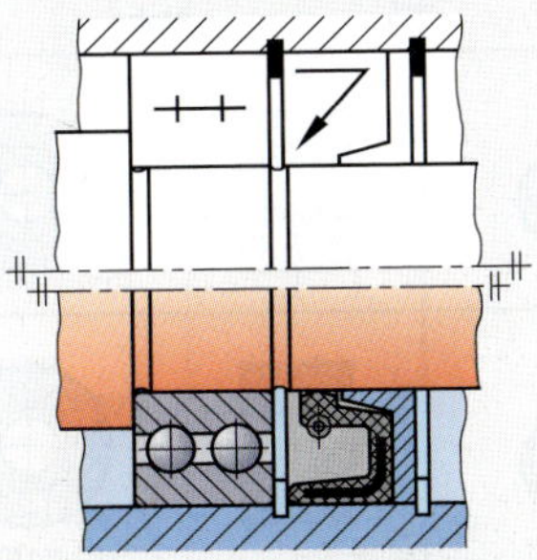

Packungssatz[2]

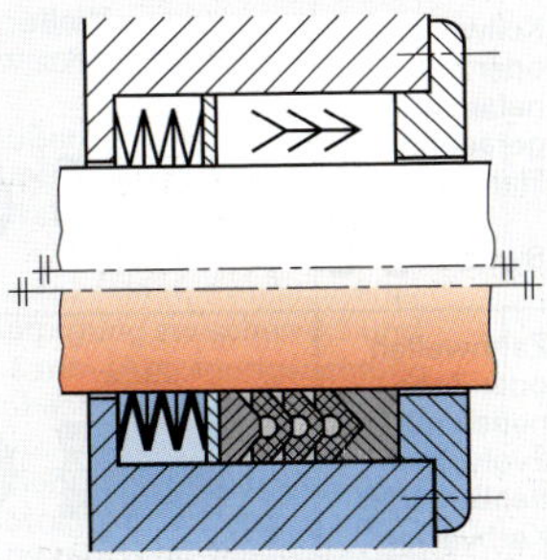

[1] Obere Hälfte: vereinfachte Darstellung; untere Hälfte: bildliche Darstellung.
[2] Obere Hälfte: detaillierte vereinfachte Darstellung; untere Hälfte: bildliche Darstellung.

K

Gewindeausläufe, Gewindefreistiche

Gewindeausläufe für Metrische ISO-Gewinde

vgl. DIN 76-1 (2016-08)

Außengewinde

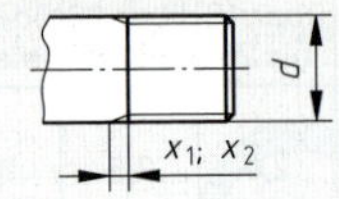

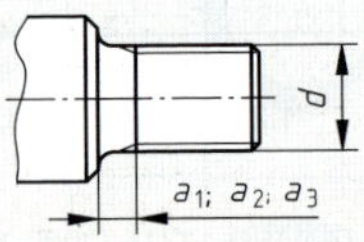

Innengewinde

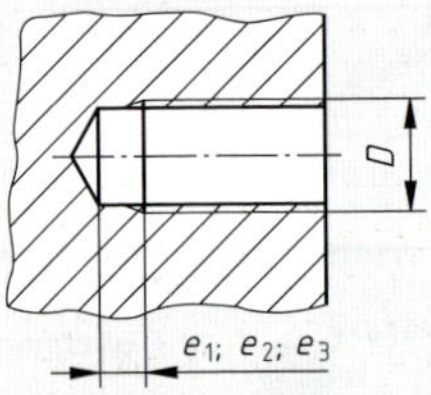

Steigung[1]	Nenn-Ø (Regelgewinde)	Gewindeauslauf[2]			Steigung[1]	Nenn-Ø (Regelgewinde)	Gewindeauslauf[2]		
P	d; D	x_1 max.	a_1 max.	e_1	P	d; D	x_1 max.	a_1 max.	e_1
0,2	–	0,5	0,6	1,3	1,25	M8	3,2	3,75	6,2
0,25	M1	0,6	0,75	1,5	1,5	M10	3,8	4,5	7,3
0,3	–	0,75	0,9	1,8	1,75	M12	4,3	5,25	8,3
0,35	M1,6	0,9	1,05	2,1	2	M16	5	6	9,3
0,4	M2	1	1,2	2,3	2,5	M20	6,3	7,5	11,2
0,45	M2,5	1,1	1,35	2,6	3	M24	7,5	9	13,1
0,5	M3	1,25	1,5	2,8	3,5	M30	9	10,5	15,2
0,6	–	1,5	1,8	3,4	4	M36	10	12	16,8
0,7	M4	1,75	2,1	3,8	4,5	M42	11	13,5	18,4
0,75	–	1,9	2,25	4	5	M48	12,5	15	20,8
0,8	M5	2	2,4	4,2	5,5	M56	14	16,5	22,4
1	M6	2,5	3	5,1	6	M64	15	18	24

[1] Für Feingewinde sind die Maße des Gewindeauslaufs nach der Steigung P zu wählen.

[2] Regelfall; gilt immer dann, wenn keine anderen Angaben gemacht sind.
Ist ein kurzer Gewindeauslauf erforderlich, so gilt:
$x_2 \approx 0{,}5 \cdot x_1$; $a_2 \approx 0{,}67 \cdot a_1$; $e_2 \approx 0{,}625 \cdot e_1$
Ist ein langer Gewindeauslauf erforderlich, so gilt:
$a_3 \approx 1{,}3 \cdot a_1$; $e_3 \approx 1{,}6 \cdot e_1$

Gewindefreistiche für Metrische ISO-Gewinde

vgl. DIN 76-1 (2016-08)

Außengewinde
Form A und Form B

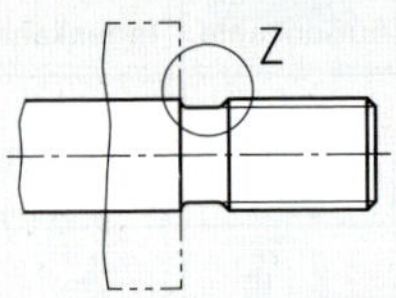

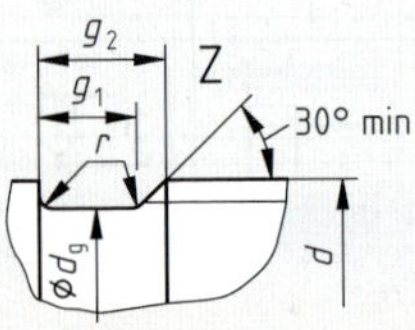

Innengewinde
Form C und Form D

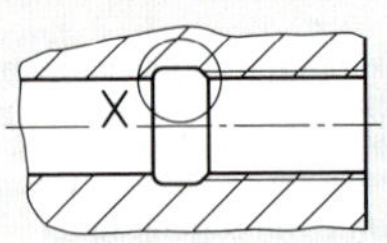

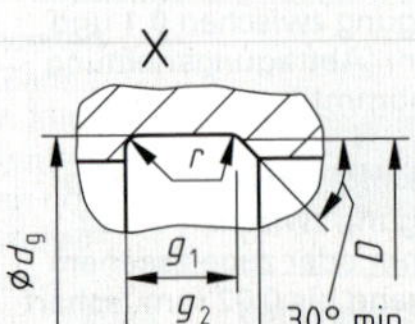

Steigung[1]	Nenn-Ø (Regelgewinde)	Außengewinde		Form A[2]		Form B[3]		Innengewinde	Form C[2]		Form D[3]	
P	d; D	r	d_g h13[4]	g_1 min.	g_2 max.	g_1 min.	g_2 max.	d_g H13	g_1 min.	g_2 max.	g_1 min.	g_2 max.
0,2	–	0,1	$d-0{,}3$	0,45	0,7	0,25	0,5	$D+0{,}1$	0,8	1,2	0,5	0,9
0,25	M1	0,12	$d-0{,}4$	0,55	0,9	0,25	0,6	$D+0{,}1$	1	1,4	0,6	1
0,3	M1,4	0,16	$d-0{,}5$	0,6	1,05	0,3	0,75	$D+0{,}1$	1,2	1,6	0,75	1,25
0,35	M1,6	0,16	$d-0{,}6$	0,7	1,2	0,4	0,9	$D+0{,}2$	1,4	1,9	0,9	1,4
0,4	M2	0,2	$d-0{,}7$	0,8	1,4	0,5	1	$D+0{,}2$	1,6	2,2	1	1,6
0,45	M2,5	0,2	$d-0{,}7$	1	1,6	0,5	1,1	$D+0{,}2$	1,8	2,4	1,1	1,7
0,5	M3	0,2	$d-0{,}8$	1,1	1,75	0,5	1,25	$D+0{,}3$	2	2,7	1,25	2
0,6	M3,5	0,4	$d-1$	1,2	2,1	0,6	1,5	$D+0{,}3$	2,4	3,3	1,5	2,4
0,7	M4	0,4	$d-1{,}1$	1,5	2,45	0,8	1,75	$D+0{,}3$	2,8	3,8	1,75	2,75
0,75	M4,5	0,4	$d-1{,}2$	1,6	2,6	0,9	1,9	$D+0{,}3$	3	4	1,9	2,9
0,8	M5	0,4	$d-1{,}3$	1,7	2,8	0,9	2	$D+0{,}3$	3,2	4,2	2	3
1	M6	0,6	$d-1{,}6$	2,1	3,5	1,1	2,5	$D+0{,}5$	4	5,2	2,5	3,7
1,25	M8	0,6	$d-2$	2,7	4,4	1,5	3,2	$D+0{,}5$	5	6,7	3,2	4,9
1,5	M10	0,8	$d-2{,}3$	3,2	5,2	1,8	3,8	$D+0{,}5$	6	7,8	3,8	5,6
1,75	M12	1	$d-2{,}6$	3,9	6,1	2,1	4,3	$D+0{,}5$	7	9,1	4,3	6,4
2	M16	1	$d-3$	4,5	7	2,5	5	$D+0{,}5$	8	10,3	5	7,3
2,5	M20	1,2	$d-3{,}6$	5,6	8,7	3,2	6,3	$D+0{,}5$	10	13	6,3	9,3
3	M24	1,6	$d-4{,}4$	6,7	10,5	3,7	7,5	$D+0{,}5$	12	15,2	7,5	10,7
3,5	M30	1,6	$d-5$	7,7	12	4,7	9	$D+0{,}5$	14	17,7	9	12,7
4	M36	2	$d-5{,}7$	9	14	5	10	$D+0{,}5$	16	20	10	14
4,5	M42	2	$d-6{,}4$	10,5	16	5,5	11	$D+0{,}5$	18	23	11	16
5	M48	2,5	$d-7$	11,5	17,5	6,5	12,5	$D+0{,}5$	20	26	12,5	18,5
5,5	M56	3,2	$d-7{,}7$	12,5	19	7,5	14	$D+0{,}5$	22	28	14	20
6	M64	3,2	$d-8{,}3$	14	21	8	15	$D+0{,}5$	24	30	15	21

⇒ **DIN 76-C:** Gewindefreistich Form C

[1] Für Feingewinde sind die Maße des Gewindefreistichs nach der Steigung P zu wählen.

[2] Regelfall; gilt immer dann, wenn keine anderen Angaben gemacht sind.

[3] Nur für Fälle, bei denen ein kurzer Gewindefreistich erforderlich ist.

[4] Für Gewinde bis 3 mm Nenndurchmesser: h12

Darstellung von Gewinden und Schraubenverbindungen

Darstellung von Gewinden

vgl. DIN ISO 6410-1 (1993-12)

Innengewinde

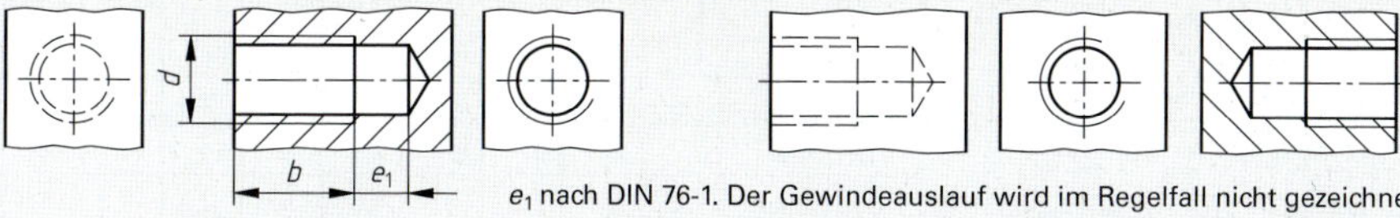

e_1 nach DIN 76-1. Der Gewindeauslauf wird im Regelfall nicht gezeichnet.

Bolzengewinde

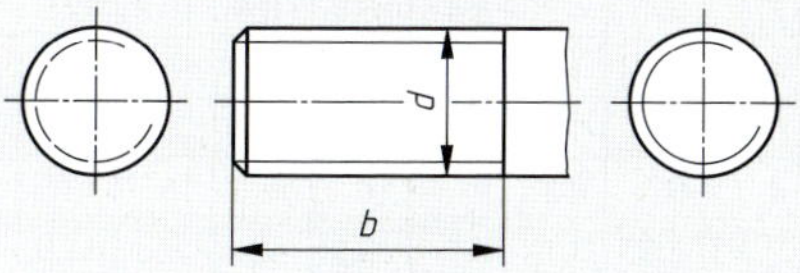

Bolzen in Innengewinde

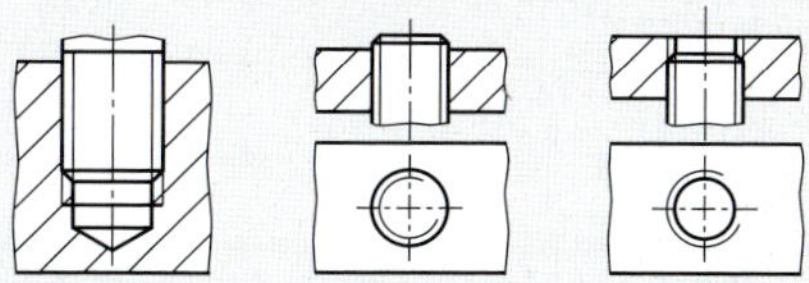

Gewindefreistich

bildlich sinnbildlich

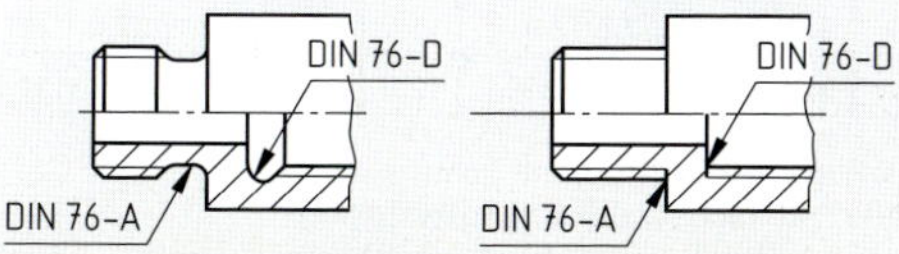

Rohrgewinde und Rohrverschraubung

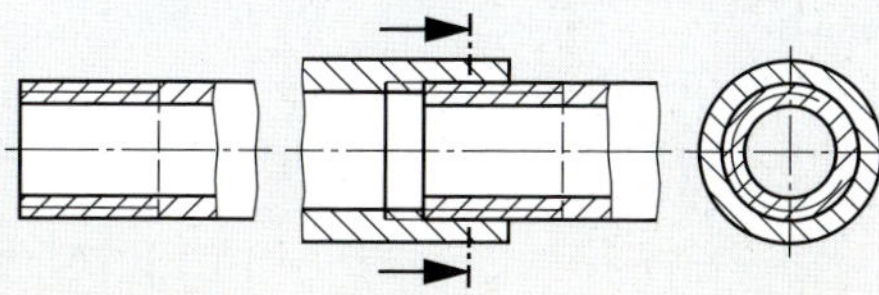

Darstellung von Schraubenverbindungen

Sechskantschraube und Mutter

ausführlich

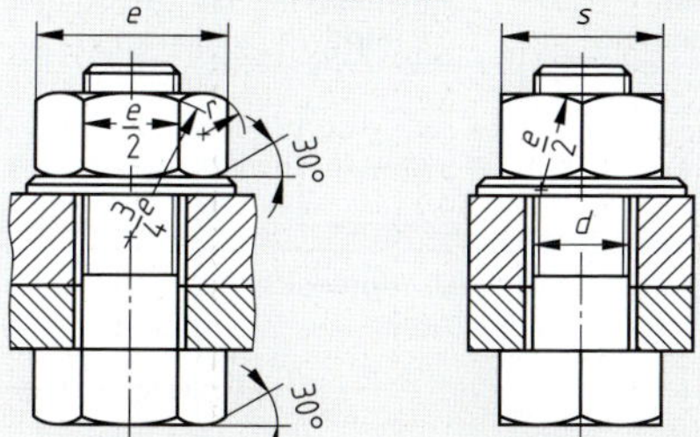

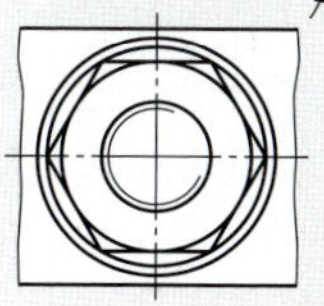

- h_1 Schraubenkopfhöhe
- h_2 Mutternhöhe
- h_3 Scheibenhöhe
- e Eckenmaß
- s Schlüsselweite
- d Gewinde-Nenn-ø

vereinfacht

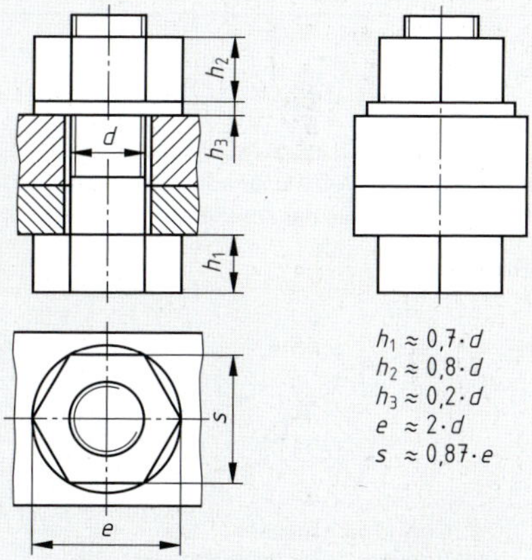

$h_1 \approx 0{,}7 \cdot d$
$h_2 \approx 0{,}8 \cdot d$
$h_3 \approx 0{,}2 \cdot d$
$e \approx 2 \cdot d$
$s \approx 0{,}87 \cdot e$

Verbindung mit Zylinderschraube

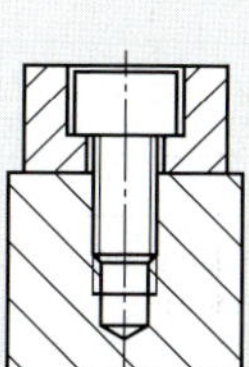

Verbindung mit Sechskantschraube

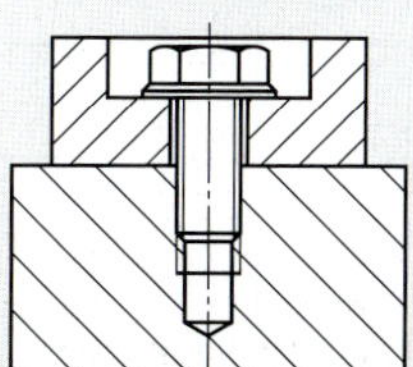

Verbindung mit Senkschraube

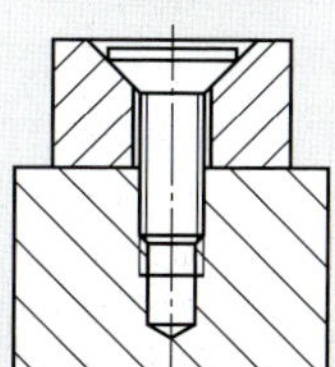

Verbindung mit Stiftschraube

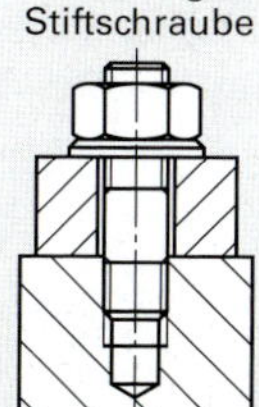

K

Zentrierbohrungen, Rändel

Zentrierbohrungen

vgl. DIN 332-1 (1986-04)

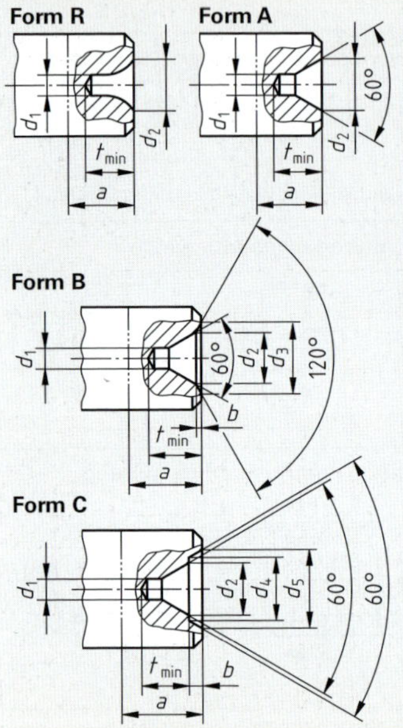

Form		Nennmaße									
	d_1	1	1,25	1,6	2	2,5	3,15	4	5	6,3	8
	d_2	2,12	2,65	3,35	4,25	5,3	6,7	8,5	10,6	13,2	17
R	t_{min}	1,9	2,3	2,9	3,7	4,6	5,8	7,4	9,2	11,4	14,7
	a	3	4	5	6	7	9	11	14	18	22
A	t_{min}	1,9	2,3	2,9	3,7	4,6	5,9	7,4	9,2	11,5	14,8
	a	3	4	5	6	7	9	11	14	18	22
B	t_{min}	2,2	2,7	3,4	4,3	5,4	6,8	8,6	10,8	12,9	16,4
	a	3,5	4,5	5,5	6,6	8,3	10	12,7	15,6	20	25
	b	0,3	0,4	0,5	0,6	0,8	0,9	1,2	1,6	1,4	1,6
	d_3	3,15	4	5	6,3	8	10	12,5	16	18	22,4
C	t_{min}	1,9	2,3	2,9	3,7	4,6	5,9	7,4	9,2	11,5	14,8
	a	3,5	4,5	5,5	6,6	8,3	10	12,7	15,6	20	25
	b	0,4	0,6	0,7	0,9	0,9	1,1	1,7	1,7	2,3	3
	d_4	4,5	5,3	6,3	7,5	9	11,2	14	18	22,4	28
	d_5	5	6	7,1	8,5	10	12,5	16	20	25	31,5

Form

R: gewölbte Laufflächen, ohne Schutzsenkung
A: gerade Laufflächen, ohne Schutzsenkung
B: gerade Laufflächen, kegelförmige Schutzsenkung
C: gerade Laufflächen, kegelstumpfförmige Schutzsenkung

Zeichnungsangabe bei Zentrierbohrungen

vgl. DIN ISO 6411 (1997-11)

Zentrierbohrung **ist** am Fertigteil erforderlich	Zentrierbohrung **darf** am Fertigteil vorhanden sein	Zentrierbohrung **darf** am Fertigteil **nicht** vorhanden sein
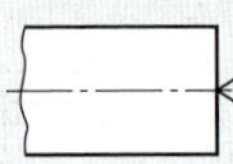	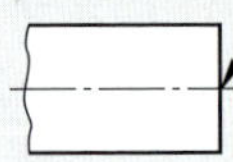	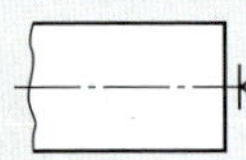

⇒ **< ISO 6411 – A4/8,5:** Zentrierbohrung ISO 6411: Zentrierbohrung ist am Fertigteil erforderlich.
Form und Maße der Zentrierbohrung nach DIN 332: Form A; d_1 = 4 mm; d_2 = 8,5 mm.

Rändel

vgl. DIN 82 (1973-01)

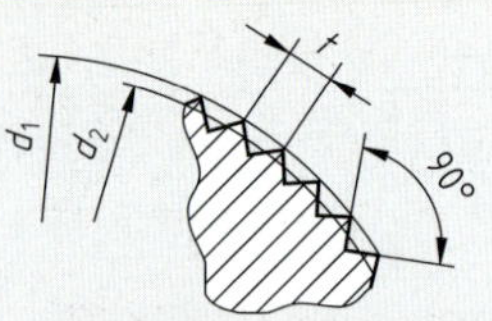

d_1 Nenndurchmesser
d_2 Ausgangsdurchmesser
t Teilung

Genormte Teilungen
t: 0,5; 0,6; 0,8; 1,0; 1,2; 1,6 mm

Zeichnungsangabe (Beispiel):

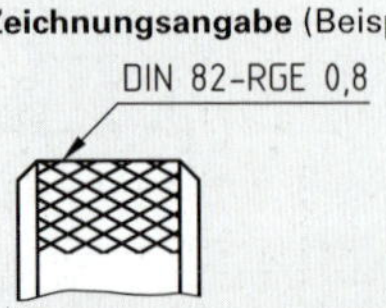

Kurzzeichen	Darstellung	Benennung	Spitzenform	Ausgangsdurchmesser d_2
RAA	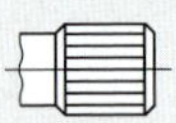	Rändel mit achsparallelen Riefen	–	$d_2 = d_1 - 0{,}5 \cdot t$
RBR	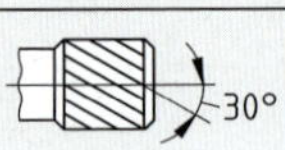	Rechtsrändel	–	$d_2 = d_1 - 0{,}5 \cdot t$
RBL	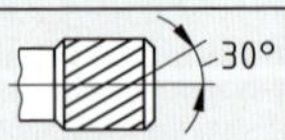	Linksrändel	–	$d_2 = d_1 - 0{,}5 \cdot t$
RGE	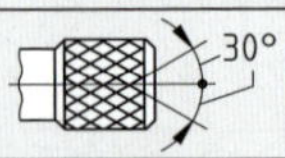	Links-Rechtsrändel	erhöht	$d_2 = d_1 - 0{,}67 \cdot t$
RGV			vertieft	$d_2 = d_1 - 0{,}33 \cdot t$
RKE	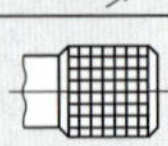	Kreuzrändel	erhöht	$d_2 = d_1 - 0{,}67 \cdot t$
RKV			vertieft	$d_2 = d_1 - 0{,}33 \cdot t$

⇒ **DIN 82-RGE 0,8:** Links-Rechtsrändel, Spitzen erhöht, $t = 0{,}8$ mm

Freistiche

Freistiche[1)]

vgl. DIN 509 (2006-12)

Form E für weiter zu bearbeitende Zylinderfläche | **Form F** für weiter zu bearbeitende Plan- und Zylinderfläche | **Form G** für kleinen Übergang (bei geringer Beanspruchung) | **Form H** für weiter zu bearbeitende Plan- und Zylinderfläche

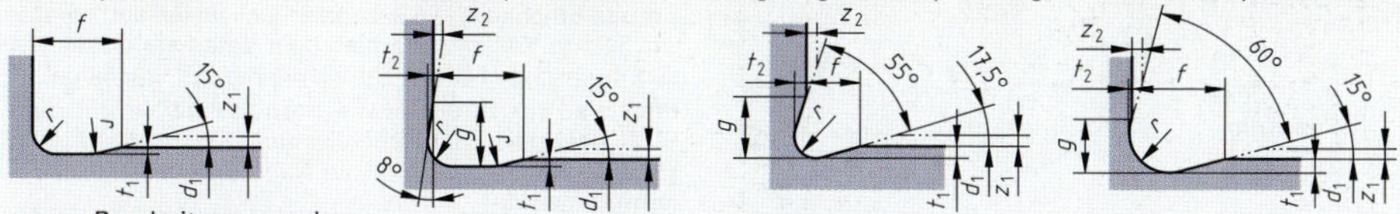

z_1, z_2 = Bearbeitungszugabe

⇒ **Freistich DIN 509 – E 0,8 x 0,3**: Form E, Radius r = 0,8 mm, Einstichtiefe t_1 = 0,3 mm

Freistichmaße und Senkungsmaße

Form	r[2)] ± 0,1 Reihe 1	r[2)] ± 0,1 Reihe 2	t_1 + 0,1 / 0	t_2 + 0,05 / 0	f + 0,2 / 0	g	Zuordnung zum Durchmesser d_1[3)] für Werkstücke: mit üblicher Beanspruchung	Zuordnung zum Durchmesser d_1[3)] für Werkstücke: mit erhöhter Wechselfestigkeit	Mindestmaß a für Senkung am Gegenstück[4)]: Freistich $r \times t_1$	Form E	Form F	Form G	Form H
E und F	–	0,2	0,1	0,1	1	(0,9)	> ∅ 1,6 … ∅ 3	–	0,2 x 0,1	0,2	0	–	–
	0,4	–	0,2	0,1	2	(1,1)	> ∅ 3 … ∅ 18	–	0,4 x 0,2	0,3	0	–	–
	–	0,6	0,2	0,1	2	(1,4)	> ∅ 10 … ∅ 18	–	0,6 x 0,2	0,5	0,15	–	–
	–	0,6	0,3	0,2	2,5	(2,1)	> ∅ 18 … ∅ 80	–	0,6 x 0,3	0,4	0	–	–
	0,8	–	0,3	0,2	2,5	(2,3)	> ∅ 18 … ∅ 80	–	0,8 x 0,3	0,6	0,05	–	–
	–	1	0,2	0,1	2,5	(1,8)	–	> ∅ 18 … ∅ 50	1,0 x 0,2	0,9	0,45	–	–
	–	1	0,4	0,3	4	(3,2)	> ∅ 80	–	1,0 x 0,4	0,7	0	–	–
	1,2	–	0,2	0,1	2,5	(2)	–	> ∅ 18 … ∅ 50	1,2 x 0,2	1,1	0,6	–	–
	1,2	–	0,4	0,3	4	(3,4)	> ∅ 80	–	1,2 x 0,4	0,9	0,1	–	–
	1,6	–	0,3	0,2	4	(3,1)	–	> ∅ 50 … ∅ 80	1,6 x 0,3	1,4	0,6	–	–
	2,5	–	0,4	0,3	5	(4,8)	–	> ∅ 80 … ∅ 125	2,5 x 0,4	2,2	1,0	–	–
	4	–	0,5	0,3	7	(6,4)	–	> ∅ 125	4,0 x 0,5	3,6	2,1	–	–
G	0,4	–	0,2	0,2	(0,9)	(1,1)	> ∅ 3 … ∅ 18	–	0,4 x 0,2	–	–	0	–
H	0,8	–	0,3	0,05	(2,0)	(1,1)	> ∅ 18 … ∅ 80	–	0,8 x 0,3	–	–	–	0,35
	1,2	–	0,3	0,05	(2,4)	(1,5)	–	> ∅ 18 … ∅ 50	1,2 x 0,3	–	–	–	0,65

[1)] Alle Freistichformen gelten sowohl für Wellen als auch für Bohrungen.

[2)] Freistiche mit Radien der Reihe 1 sind zu bevorzugen.

[3)] Die Zuordnung zum Durchmesserbereich gilt nicht bei kurzen Ansätzen und dünnwandigen Teilen. Bei Werkstücken mit unterschiedlichen Durchmessern kann es zweckmäßig sein, die Freistiche bei allen Durchmessern in gleicher Form und Größe auszuführen.

[4)] Senkungsmaß a am Gegenstück

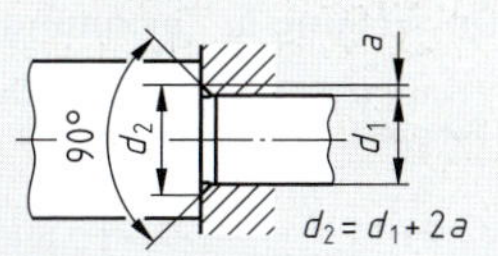

Zeichnungsangabe bei Freistichen

In Zeichnungen werden Freistiche meist vereinfacht mit der Bezeichnung dargestellt. Sie können jedoch auch vollständig gezeichnet und bemaßt werden.

Beispiel: Welle mit Freistich DIN 509 – F1,2 x 0,2

vereinfachte Angabe

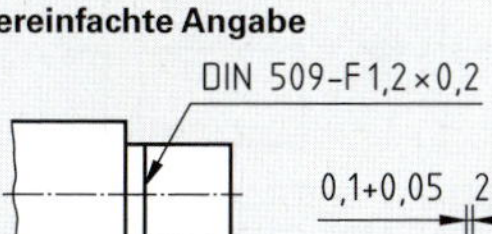

vollständige Angabe

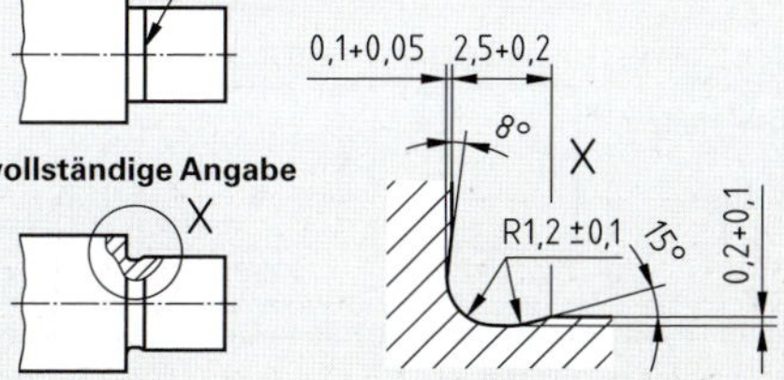

Beispiel: Bohrung mit Freistich DIN 509 – E1,2 x 0,2

vereinfachte Angabe

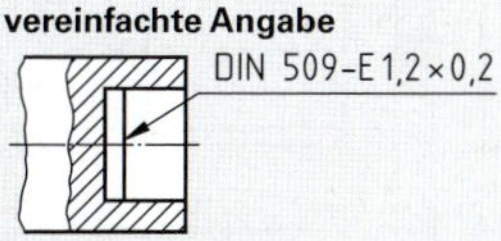

vollständige Angabe

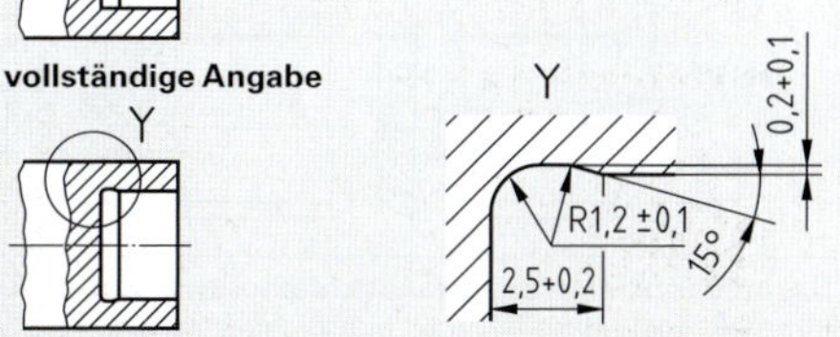

Sinnbilder für Schweißen und Löten

Lage der Sinnbilder für Schweißen und Löten in Zeichnungen

vgl. DIN EN ISO 2553 (2014-04)

Grundbegriffe

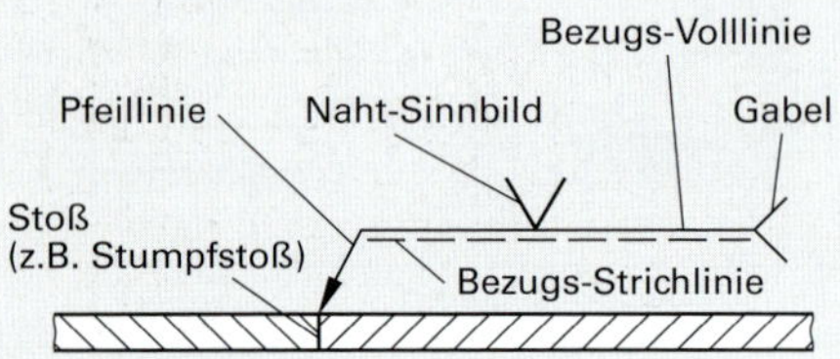

Bezugslinie. Sie besteht aus der Bezugs-Volllinie und der Bezugs-Strichlinie. Die Bezugs-Strichlinie verläuft parallel zur Bezugs-Volllinie oberhalb oder unterhalb dieser. Bei symmetrischen Nähten entfällt die Bezugs-Strichlinie.

Pfeillinie. Sie verbindet die Bezugs-Volllinie mit dem Stoß. Bei unsymmetrischen Nähten (z. B. HV-Naht) zeigt sie auf das Teil, an dem die Nahtvorbereitung vorgenommen wird.

Gabel. In ihr können bei Bedarf zusätzliche Angaben gemacht werden über:

- Verfahren, Prozess
- Bewertungsgruppe
- Arbeitsposition
- Zusatzwerkstoff

Stoß. Lage der zu verbindenden Teile zueinander.

Nahtkennzeichnung

K

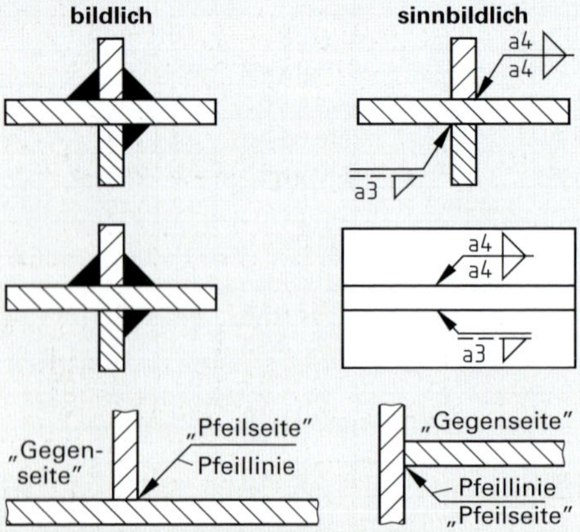

Sinnbild. Das Sinnbild kennzeichnet die Nahtform. Es steht vorzugsweise senkrecht auf der Bezugs-Volllinie, bei Bedarf auf der Bezugs-Strichlinie.

Anordnung des Nahtsinnbildes	
Lage des Nahtsinnbildes	Lage der Naht (Nahtoberfläche)
Bezugs-Volllinie	„Pfeilseite"
Bezugs-Strichlinie	„Gegenseite"

Bei Nähten, die im Schnitt oder in Ansicht dargestellt sind, muss die Stellung des Sinnbilds mit dem Nahtquerschnitt übereinstimmen.

Pfeilseite[1]. Pfeilseite ist diejenige Seite des Stoßes, auf die die Pfeillinie hinweist.

Gegenseite[1]. Gegenseite ist die Seite des Stoßes, die der Pfeilseite gegenüberliegt.

Darstellung in Zeichnungen (Grundsinnbilder)

vgl. DIN EN ISO 2553 (2014-04)

Nahtart/ Sinnbild	Darstellung bildlich sinnbildlich	Nahtart/ Sinnbild	Darstellung bildlich sinnbildlich
I-Naht 	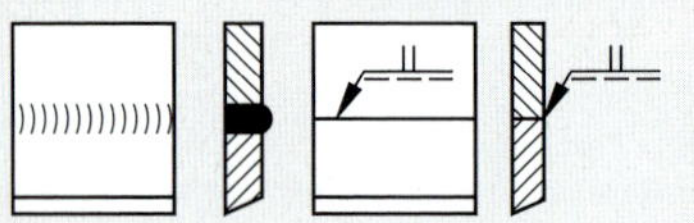	V-Naht 	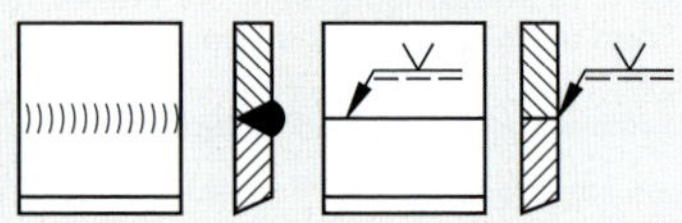
	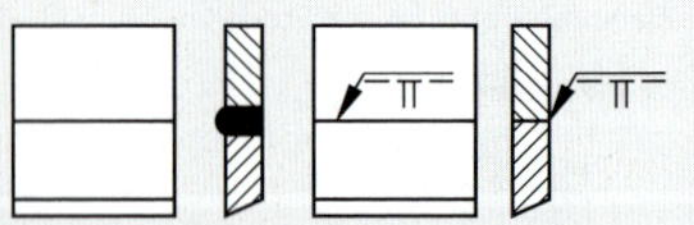		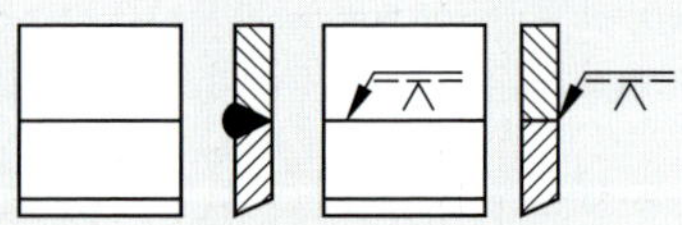
Y-Naht 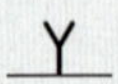	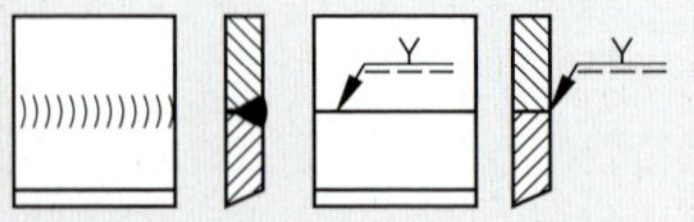	HY-Naht 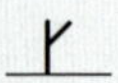	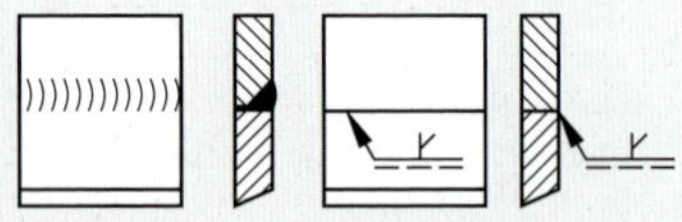

[1] Die im Pazifikraum angewandte Methode zur Kennzeichnung von Pfeil- und Gegenseite, die in DIN EN ISO 2553 ebenfalls festgelegt ist, wird hier nicht erläutert.

Sinnbilder für Schweißen und Löten

Darstellung in Zeichnungen (Grundsinnbilder) vgl. DIN EN ISO 2553 (2014-04)

Nahtart/ Sinnbild	Darstellung bildlich sinnbildlich	Nahtart/ Sinnbild	Darstellung bildlich sinnbildlich
Bördelnaht	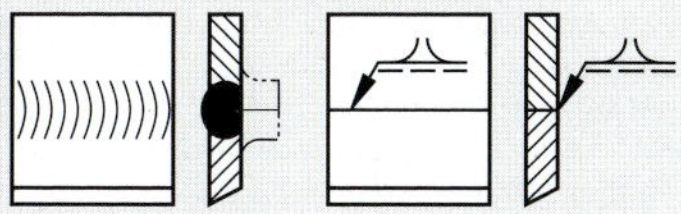	HV-Naht	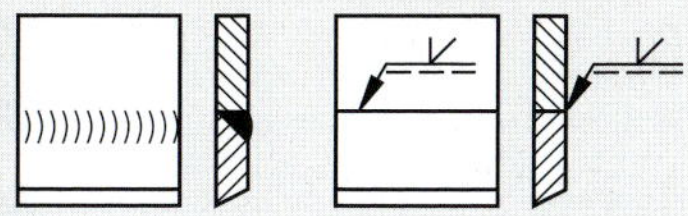
Lochnaht	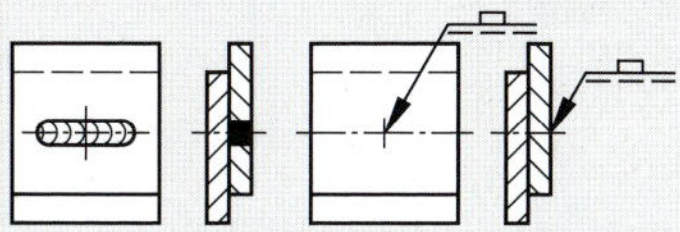		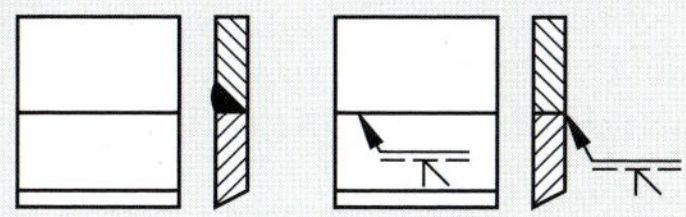
U-Naht	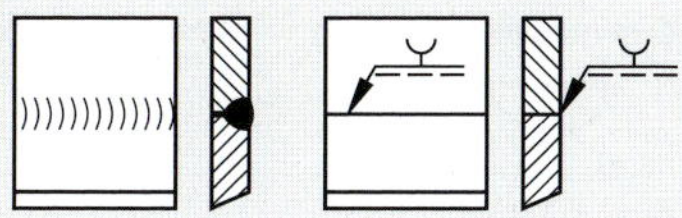	Stirnnaht	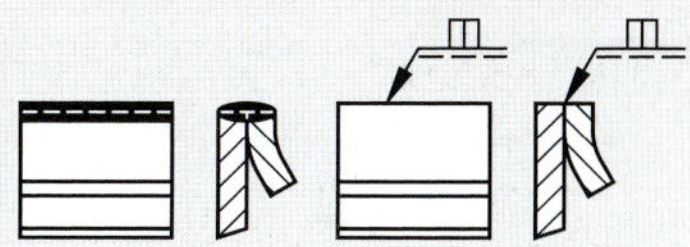
HU-Naht	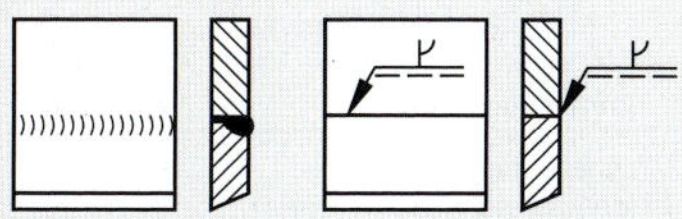	Steilflanken-naht	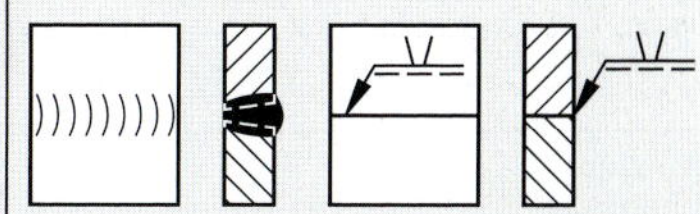
widerstands-geschweißte Punktnaht	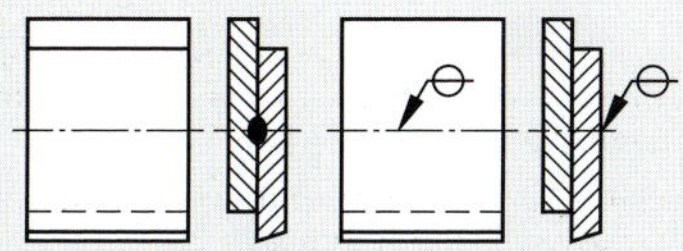	Widerstands-rollen-schweißnaht	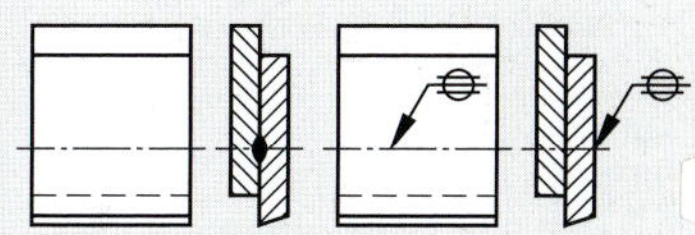
schmelz-geschweißte Punktnaht	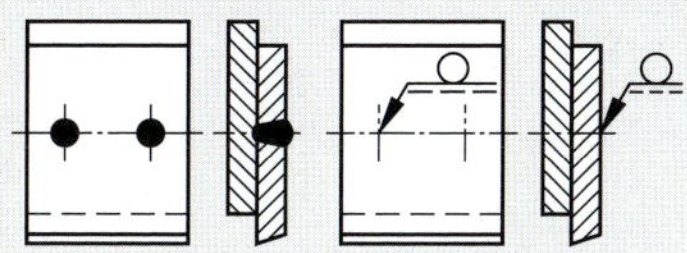	schmelz-geschweißte Liniennaht	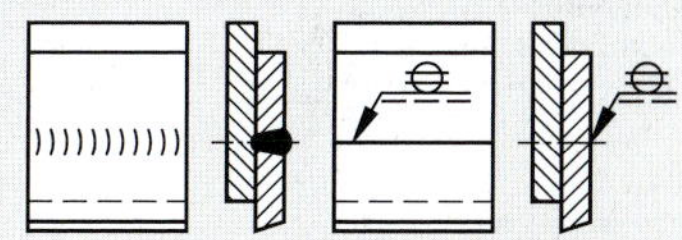
ringsum verlaufend	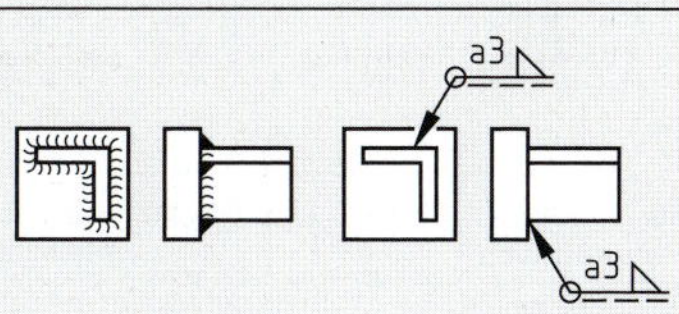	Halbsteil-flankennaht	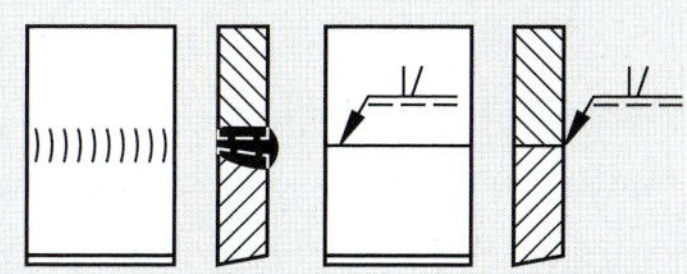
Kehlnaht	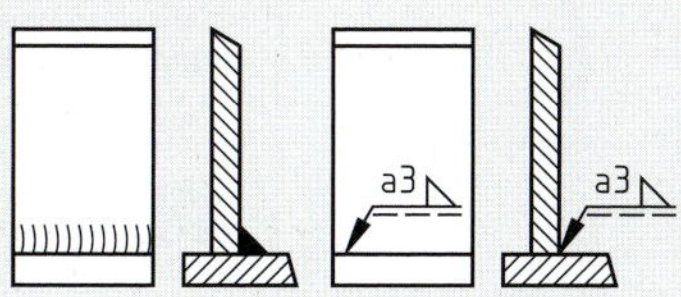	Auftrags-schweißung	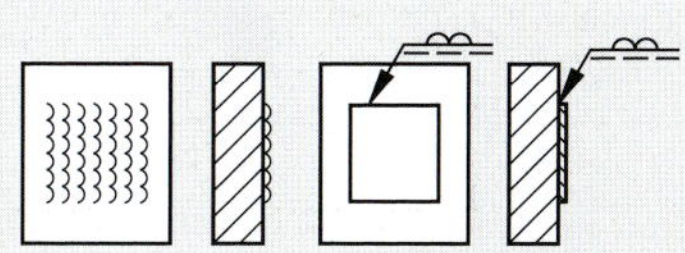
Baustellen-naht mit 3 mm Nahtdicke		Bolzen-schweiß-verbindung	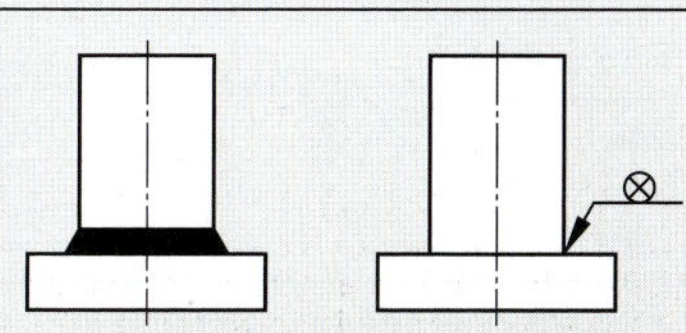

K

Sinnbilder für Schweißen und Löten

Kombinierte Grundsinnbilder zur Darstellung symmetrischer Nähte[1]

vgl. DIN EN ISO 2553 (2014-04)

Nahtart	Sinnbild	Darstellung	Nahtart	Sinnbild	Darstellung
Doppel-V-Naht (DV-Naht)	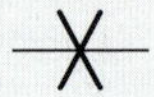		Doppel-U-Naht (DU-Naht)	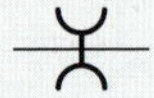	
Doppel-HV-Naht (DHV-Naht)	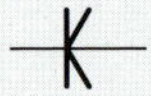		Doppel-HY-Naht mit Kehlnaht	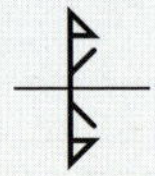	

Anwendungsbeispiele für Zusatzsinnbilder

vgl. DIN EN ISO 2553 (2014-04)

Benennung/ Sinnbild	Beispiel	Darstellung	Benennung/ Sinnbild	Beispiel	Darstellung
flach nachbearbeitet 	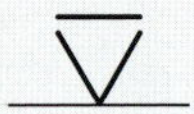		Gegenlage 		
konvex (gewölbt) 	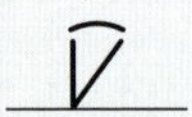		Ringsumnaht; umlaufende (Kehl-)Naht 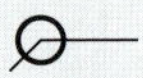	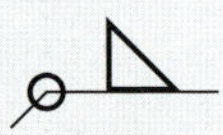	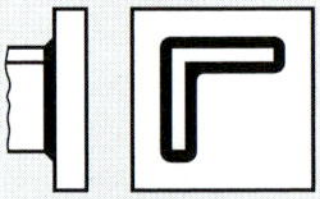
konkav (hohl) 		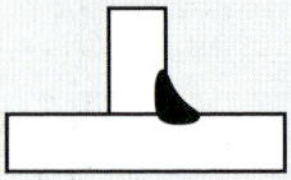	Wurzelüberhöhung 	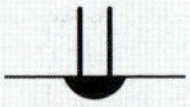	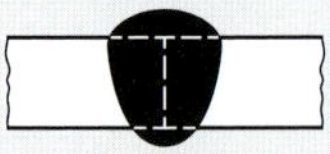
Nahtübergänge kerbfrei 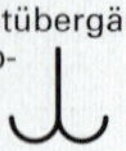		—	Baustellennaht 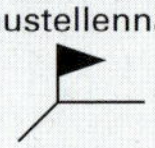	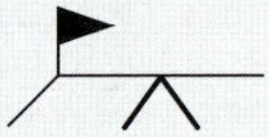	—
Naht zwischen zwei Punkten 	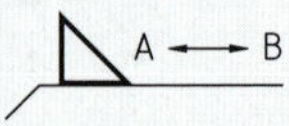	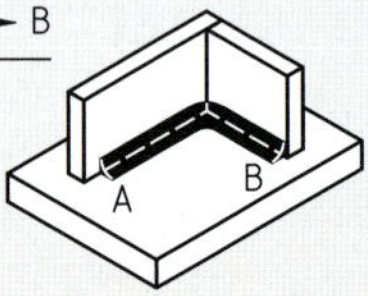	versetzte, unterbrochene Naht 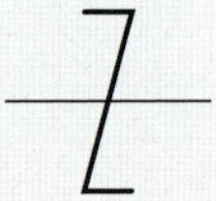	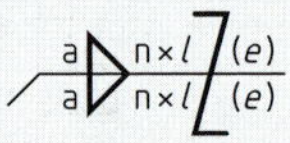	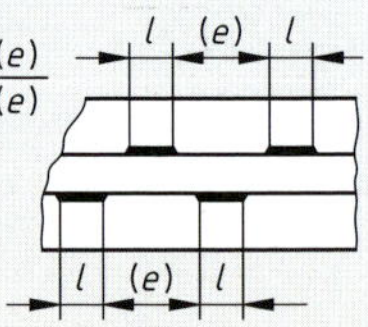

Bemaßungsbeispiele

Nahtart	Darstellung und Bemaßung bildlich	sinnbildlich	Bedeutung des sinnbildlichen Maßeintrages
I-Naht (durchgehend)	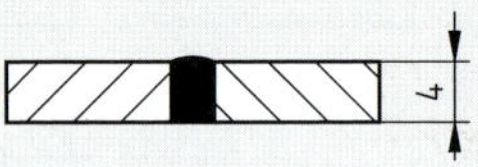	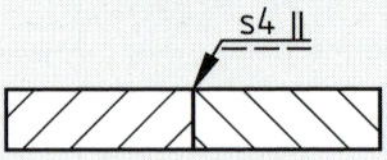	I-Naht, durchgehend, Nahtdicke $s = 4$ mm
V-Naht (durchgeschweißt) mit Gegenlage	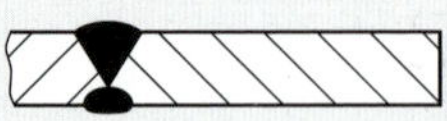	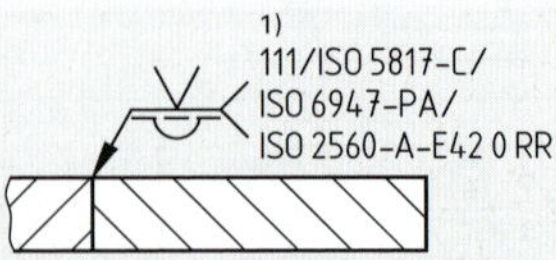	V-Naht (durchgeschweißt) mit Gegenlage, hergestellt durch Lichtbogenhandschweißen (Kennzahl 111 nach DIN EN ISO 4063), geforderte Bewertungsgruppe C nach ISO 5817; Wannenposition PA nach ISO 6947; Stabelektroden E42 0 RR nach ISO 2560-A

[1] Am Ende einer Bezugslinie können in einer Gabel ergänzende Anforderungen eingetragen werden.

Sinnbilder für Schweißen und Löten, Darstellung von Klebe-, Falz- und Druckfügeverbindungen

Bemaßungsbeispiele (Fortsetzung)

Nahtart	Darstellung und Bemaßung bildlich	Darstellung und Bemaßung sinnbildlich	Bedeutung des sinnbildlichen Maßeintrages
Kehlnaht (durch-gehend)	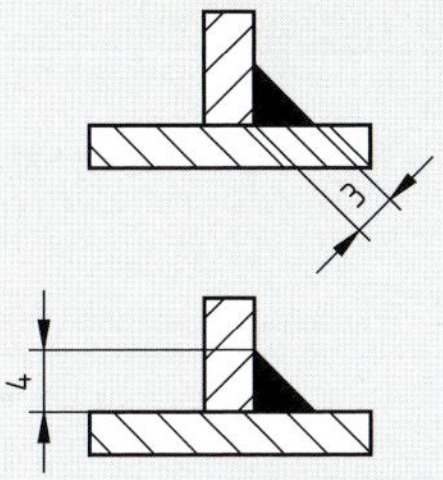	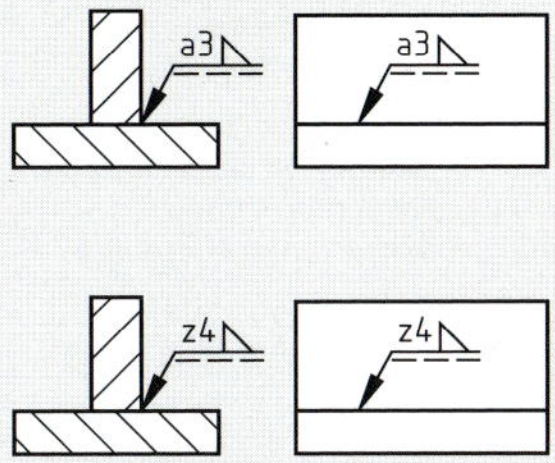	Kehlnaht, Nahtdicke $a = 3$ mm (Höhe des gleichschenkligen Dreiecks) Kehlnaht, Nahtdicke $z = 4$ mm (Schenkellänge des gleich-schenkligen Dreiecks)
Kehlnaht (unter-brochen)	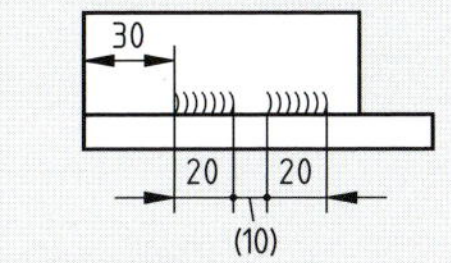	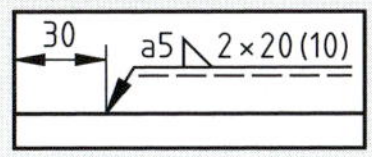	Kehlnaht (unterbrochen), Nahtdicke $a = 5$ mm; 2 Einzelnähte mit je $l = 20$ mm Länge; Nahtabstand $e = 10$ mm, Vormaß $v = 30$ mm
Doppel-Kehlnaht (unter-brochen)	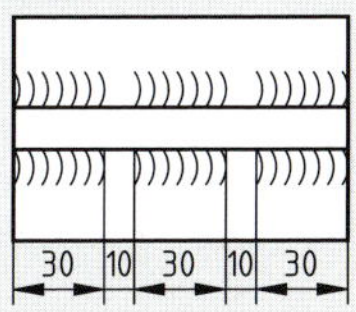	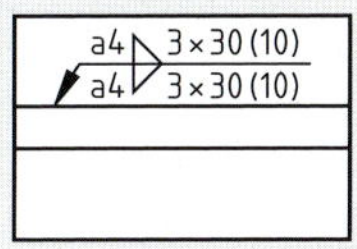	Doppel-Kehlnaht (unter-brochen, symmetrisch), Nahtdicke $a = 4$ mm; Einzelnahtlänge $l = 30$ mm, Nahtabstand $e = 10$ mm, ohne Vormaß
Doppel-Kehlnaht (unter-brochen, versetzt)	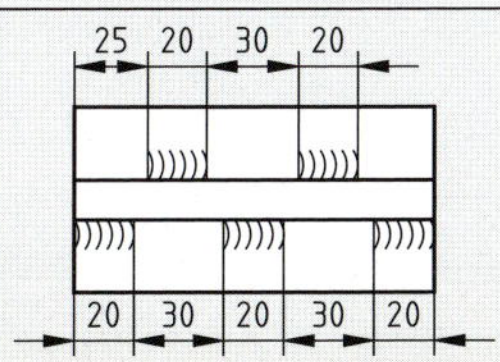	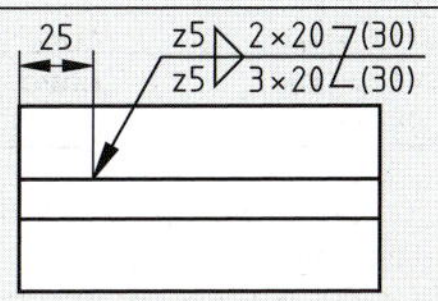	Doppel-Kehlnaht (unter-brochen, versetzt), Nahtdicke $z = 5$ mm; Einzelnahtlänge $l = 20$ mm, Nahtabstand $e = 30$ mm, Vormaß $v = 25$ mm

Sinnbildliche Darstellung von Klebe-, Falz- und Druckfügeverbindungen (Beispiele)

vgl. DIN EN ISO 15785 (2002-12)

Verbin-dungsart	Nahtart/ Sinnbild	Bedeutung/ Zeichnungsangabe	Verbin-dungsart	Nahtart/ Sinnbild	Bedeutung/ Zeichnungsangabe
Klebe-verbin-dungen	Flächen-naht[1)] =	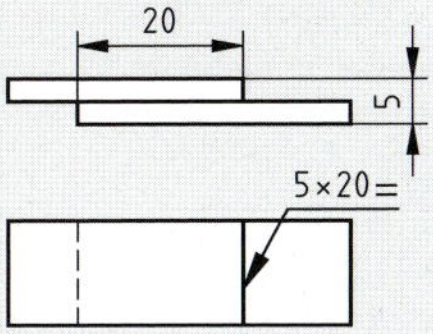	Falz-verbin-dung	Falz-naht 	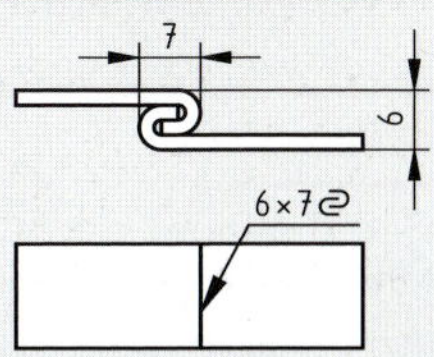
	Schräg-naht[1)] //	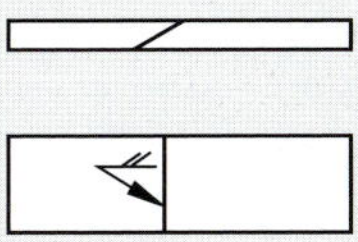	Druck-fügever-bindung	Druckfüge-verbindung 	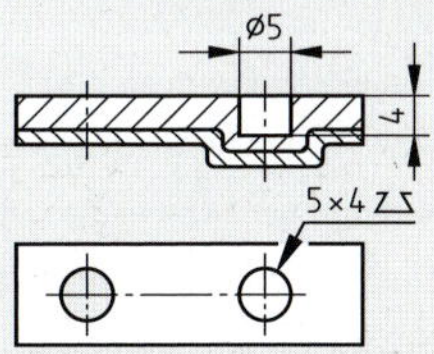

1) Bei Klebeverbindungen wird das Klebemittel nicht dargestellt.

Wärmebehandelte Teile – Härteangaben

Angaben wärmebehandelter Teile in Zeichnungen

vgl. DIN ISO 15787 (2010-01)

Aufbau der Wärmebehandlungsangaben

Wortangabe(n) für Werkstoffzustand	Messbare Größen des Werkstoffzustandes			Mögliche Ergänzungen
Beispiele: vergütet gehärtet gehärtet und angelassen geglüht nitriert	Härte-wert	HRC HV HB	Rockwellhärte Vickershärte Brinellhärte	**Messstellen.** Eintragung und Bemaßung in der Zeichnung mit Sinnbild (⏚)
	Härte-tiefe	CHD NHD SHD	Einsatzhärtungs-Härtetiefe Nitrier-Härtetiefe Einhärtungs-Härtetiefe	**Wärmebehandlungsbild.** Vereinfachte, meist verkleinerte Darstellung des Bauteils in der Nähe des Schriftfeldes
	CD CLT		Aufkohlungstiefe Verbindungsschichtdicke	**Mindestzugfestigkeit oder Gefügezustand.** Wenn Prüfung an einem mitbehandelten Teil möglich ist
	Alle Angaben erfolgen mit Plus-Toleranzen.			

Kennzeichnung der Oberflächenbereiche bei örtlich begrenzter Wärmebehandlung

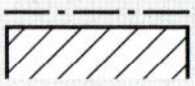	Bereich muss wärmebehandelt werden.	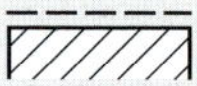	Bereich darf wärmebehandelt werden.	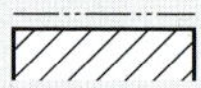	Zwischenbereich darf nicht wärmebehandelt werden.

Wärmebehandlungsangaben in Zeichnungen (Beispiele)

Verfahren	Wärmebehandlung des ganzen Teiles – gleiche Anforderung	Wärmebehandlung des ganzen Teiles – unterschiedliche Anforderung	Wärmebehandlung örtlich begrenzt
Vergüten, Härten, Härten und Anlassen	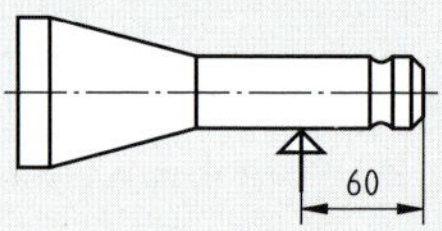 vergütet 350 + 50 HBW 2,5/187,5	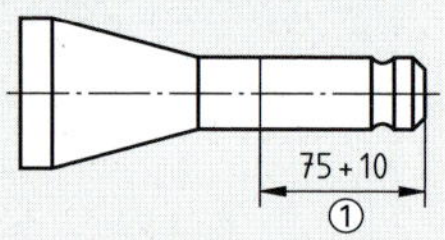 gehärtet und angelassen 58 + 4 HRC ① 40 + 5 HRC	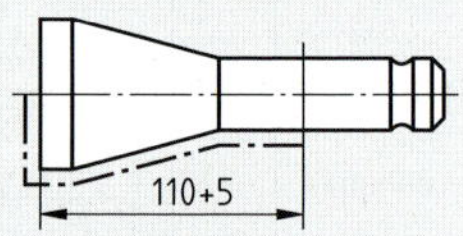 —·— gehärtet und ganzes Teil angelassen 60 + 3 HRC
Nitrieren, Einsatz-härten	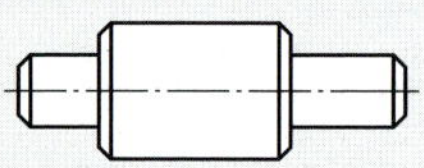 nitriert ≥ 900 HV10 NHD = 0,3 + 0,1	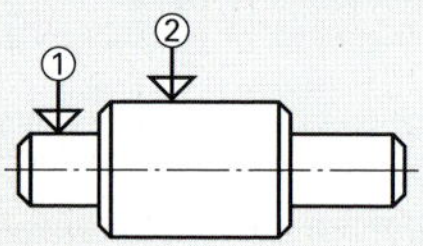 einsatzgehärtet und angelassen ① 60 + 4 HRC CHD = 0,8 + 0,4 ② ≤ 52 HRC	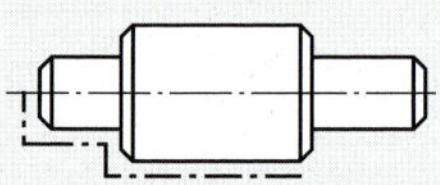 —·— einsatzgehärtet und angelassen 700 + 100 HV10 CHD = 1,2 + 0,5
Rand-schicht-härten	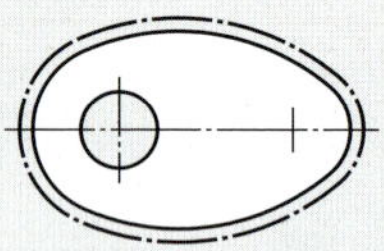 —·— randschichtgehärtet 620 + 120 HV50 SHD 500 = 0,8 + 0,8	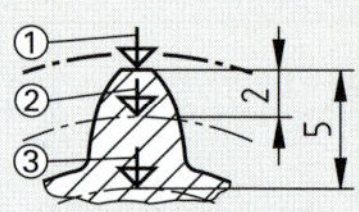 —·— randschichtgehärtet und ganzes Teil angelassen ① 54 + 6 HRC ② ≤ 35 HRC ③ ≤ 30 HRC	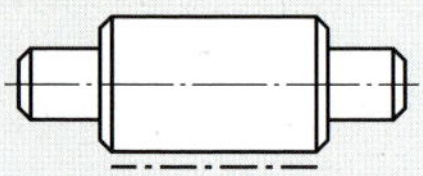 —·— randschichtgehärtet und angelassen 61 + 4 HRC SHD 600 = 0,8 + 0,8

Härtungstiefen und Toleranzen in mm

Einsatzhärtungs-Härtetiefe CHD	0,05+0,03	0,1+0,1	0,3+0,2	0,5+0,3	0,8+0,4	1,2+0,5	1,6+0,6
Nitrier-Härtetiefe NHD	0,05+0,02	0,1+0,05	0,15+0,05	0,2+0,1	0,25+0,1	0,3+0,1	0,35+0,15
Induktions-Härtetiefe SHD	0,2+0,2	0,4+0,4	0,6+0,6	0,8+0,8	1,0+1,0	1,3+1,1	1,6+1,3
Laser-/Elektronenstrahl-Härtetiefe SHD	0,2+0,1	0,4+0,2	0,6+0,3	0,8+0,4	1,0+0,5	1,3+0,6	1,6+0,8

Regelgrenzhärten in den angegebenen Härtungstiefen

Einsatzhärtungs-Härtetiefe CHD	550 HV1
Nitrier-Härtetiefe NHD	Kernhärte + 50 HV0,5
Einhärtungs-Härtetiefe SHD	0,8 · Oberflächenmindesthärte, gerechnet in HV

K

Gestaltabweichungen und Rauheitskenngrößen

Gestaltabweichungen

vgl. DIN 4760 (1982-06)

Gestaltabweichungen sind die Abweichungen der Ist-Oberfläche (messtechnisch erfassbare Oberfläche) von der geometrisch idealen Oberfläche, deren Nennform durch die Zeichnung definiert ist.

Ordnung: Gestaltabweichung (Profilschnitt überhöht dargestellt)	**Beispiele**	**Mögliche Entstehungsursachen**
1. Ordnung: Formabweichung 	Geradheits-, Rundheits-abweichung	Durchbiegungen des Werkstückes oder der Maschine bei der Herstellung des Werkstücks, Fehler oder Verschleiß in den Führungen der Werkzeugmaschine
2. Ordnung: Welligkeit 	Wellen	Schwingungen der Maschine, Lauf- oder Formabweichungen eines Fräsers bei der Herstellung des Werkstücks
3. Ordnung: Rauheit 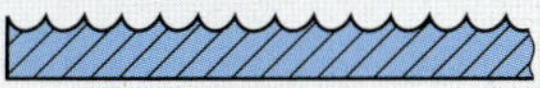	Rillen	Form der Werkzeugschneide, Vorschub oder Zustellung des Werkzeuges bei der Herstellung des Werkstücks
4. Ordnung: Rauheit 	Riefen, Schuppen, Kuppen	Vorgang der Spanbildung (z. B. Reißspan), Oberflächenverformung durch Strahlen bei der Herstellung des Werkstücks
5. und 6. Ordnung: Rauheit Nicht mehr als einfacher Profilschnitt darstellbar	Gefügestruktur, Gitteraufbau	Kristallisationsvorgänge, Gefügeänderungen durch Schweißen oder Warmumformungen, Veränderungen durch chemische Einwirkungen, z. B. Korrosion, Beizen

Oberflächenprofile und Kenngrößen

vgl. DIN EN ISO 4287 (2010-07) und DIN EN ISO 4288 (1998-04)

Oberflächenprofil	**Kenngrößen**	**Erläuterungen**
Primärprofil (Ist-Profil; P-Profil) 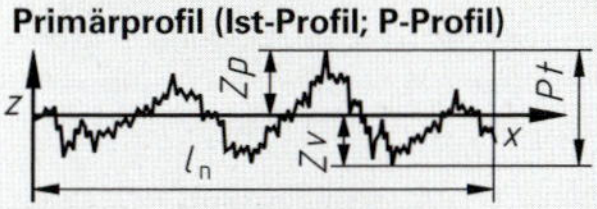	**Gesamthöhe des Profils *Pt***	Das **Primärprofil** ist die Ausgangsbasis für das Welligkeits- und Rauheitsprofil. Die **Gesamthöhe des Profils *Pt*** ist die Summe aus der Höhe der größten Profilspitze *Zp* und der Tiefe des größten Profiltales *Zv* innerhalb der Messstrecke l_n.
Welligkeitsprofil (W-Profil) 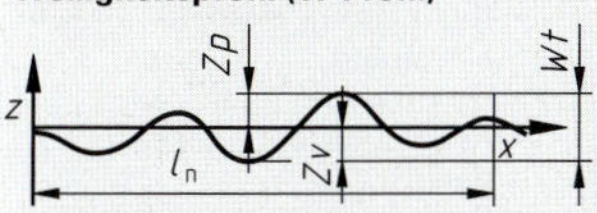	**Gesamthöhe des Profils *Wt***	Das **Welligkeitsprofil** entsteht durch Tiefpassfilterung, d. h. durch Unterdrücken der Rauheit (kurzwellige Profilanteile). Die **Gesamthöhe des Profils *Wt*** ist die Summe aus der Höhe der größten Profilspitze *Zp* und der Tiefe des größten Profiltales *Zv* innerhalb der Messstrecke l_n.
Rauheitsprofil (R-Profil) 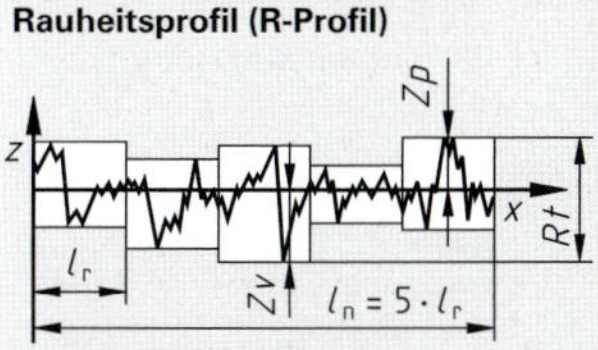	**Gesamthöhe des Profils *Rt***	Das **Rauheitsprofil** entsteht durch Hochpassfilterung, d. h. durch Unterdrücken der Welligkeit (langwellige Profilanteile). Die **Gesamthöhe des Profils *Rt*** ist die Summe aus der Höhe der größten Profilspitze *Zp* und der Tiefe des größten Profiltales *Zv* innerhalb der Messstrecke l_n.
	Rp, Rv	**Höhe der größten Profilspitze *Zp*, Tiefe des größten Profiltales *Zv*** innerhalb der Einzelmessstrecke l_r.
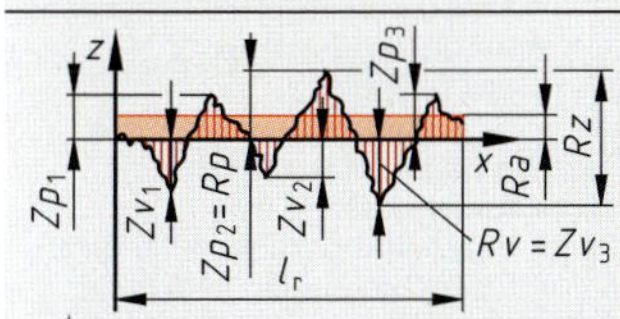	**Größte Höhe des Profils *Rz***	***Rz*** ist die **größte Höhe des Profils** innerhalb der Einzelmessstrecke l_r. Zur **Ermittlung von *Rz*** wird in der Regel der *Rz*-Wert aus fünf Einzelmessstrecken arithmetisch gemittelt (z. B. *Rz* 16). Ansonsten wird die Anzahl Einzelmessstrecken dem Kennzeichen angefügt (z. B. *Rz*3 16).
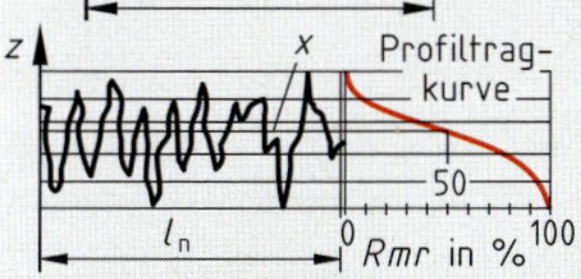	**Arithmetischer Mittelwert der Profilordinaten *Ra***	Der **arithmetische Mittelwert der Profilordinaten *Ra*** ist der arithmetische Mittelwert der Beträge aller Ordinatenwerte *Z(x)*[1] innerhalb einer Einzelmessstrecke l_r. Zur **Ermittlung von *Ra*** wird in der Regel der *Ra*-Wert aus fünf Einzelmessstrecken gemittelt. Ansonsten wird die Anzahl dem Kennzeichen angefügt (z. B. *Ra*7 0,8).
l_n Messstrecke l_r Einzelmessstrecke	**Materialanteil des Profils *Rmr***	Der **Materialanteil des Profils *Rmr*** ergibt sich als Quotient aus der Summe der tragenden Materiallängen in einer vorgegebenen Schnitthöhe und der Messstrecke l_n.
[1] *Z(x)* Höhe des Profils an beliebiger Position x; Ordinatenwert	**Mittellinie (x-Achse) *x***	Die **Mittellinie (x-Achse) *x*** ist die Linie, die den langwelligen Profilanteilen (Welligkeit) entspricht, die durch die Profilfilterung unterdrückt werden.

K

Oberflächenprüfung, Oberflächenangaben

Messstrecken für die Rauheit

vgl. DIN EN ISO 4288 (1998-04)

Periodische Profile (z. B. Drehprofile)	Aperiodische Profile (z. B. Schleif- und Läppprofile)		Grenzwellenlänge	Einzel-/Gesamtmessstrecke	Periodische Profile (z. B. Drehprofile)	Aperiodische Profile (z. B. Schleif- und Läppprofile)		Grenzwellenlänge	Einzel-/Gesamtmessstrecke
Rillenbreite *RSm* mm	*Rz* µm	*Ra* µm	mm	l_r, l_n mm	Rillenbreite *RSm* mm	*Rz* µm	*Ra* µm	mm	l_r, l_n mm
>0,01 … 0,04	bis 0,1	bis 0,02	0,08	0,08/0,4	>0,13 … 0,4	>0,5 … 10	>0,1 … 2	0,8	0,8/4
>0,04 … 0,13	>0,1 … 0,5	>0,02 … 0,1	0,25	0,25/1,25	>0,4 … 1,3	>10 … 50	>2 … 10	2,5	2,5/12,5

Angabe der Oberflächenbeschaffenheit

vgl. DIN EN ISO 1302 (2002-06)

Sinnbild	Bedeutung
	Alle Fertigungsverfahren sind erlaubt.
	Materialabtrag vorgeschrieben, z. B. drehen, fräsen.
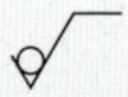	Materialabtrag unzulässig oder Oberfläche verbleibt im Anlieferungszustand.
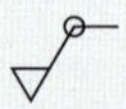	Alle Flächen rundum die Kontur müssen die gleiche Oberflächenbeschaffenheit aufweisen.

Zusätzliche Angaben

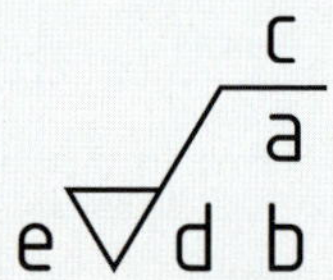

- a Oberflächenkenngröße[1] mit Zahlenwert in µm, Übertragungscharakteristik[2]/Einzelmessstrecke in mm
- b Zweite Anforderung an die Oberflächenbeschaffenheit (wie bei a beschrieben)
- c Fertigungsverfahren
- d Sinnbild für die geforderte Rillenrichtung (Tabelle Seite 101)
- e Bearbeitungszugabe in mm

Beispiele

Sinnbild	Bedeutung
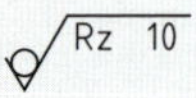 Rz 10	• materialabtragende Bearbeitung nicht zulässig • *Rz* = 10 µm (obere Grenze) • Regelübertragungscharakteristik[3] • Regelmessstrecke[4] • „16 %-Regel"[5]
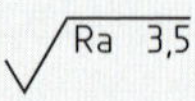 Ra 3,5	• Bearbeitung kann beliebig erfolgen • Regelübertragungscharakteristik[3] • *Ra* = 3,5 µm (obere Grenze) • Regelmessstrecke[4] • „16 %-Regel"[5]
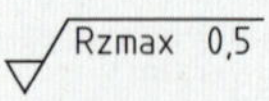 Rzmax 0,5	• Bearbeitung materialabtragend • *Rz* = 0,5 µm (obere Grenze) • Regelübertragungscharakteristik[3] • Regelmessstrecke[4] • „max.-Regel"[6]
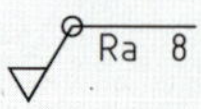 Ra 8	• Bearbeitung materialabtragend • *Ra* = 8 µm (obere Grenze) • Regelübertragungscharakteristik[3] • Regelmessstrecke[4] • „16 %-Regel"[5] • gilt rundum die Kontur
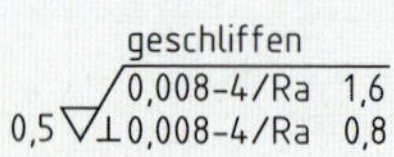 geschliffen 0,008-4/Ra 1,6 0,5 ⊥ 0,008-4/Ra 0,8	• Bearbeitung materialabtragend • Fertigungsverfahren Schleifen • *Ra* = 1,6 µm (obere Grenze) • *Ra* = 0,8 µm (untere Grenze) • für beide *Ra*-Werte: „16 %-Regel"[5] • Übertragungscharakteristik jeweils 0,008 bis 4 mm • Regelmessstrecke[4] • Bearbeitungszugabe 0,5 mm • Oberflächenrillen senkrecht

[1] **Oberflächenkenngröße,** z. B. *Rz,* besteht aus dem Profil (hier: Rauheitsprofil *R*) und der Kenngröße (hier: *z*).

[2] **Übertragungscharakteristik:** Wellenlängenbereich zwischen dem Kurzwellenfilter λ_s und dem Langwellenfilter λ_c. Die Wellenlänge des Langwellenfilters entspricht der Einzelmessstrecke l_r. Ist keine Übertragungscharakteristik eingetragen, dann gilt die Regelübertragungscharakteristik[3].

[3] **Regelübertragungscharakteristik:** Die Grenzwellenlängen zur Messung der Rauheitskenngrößen sind abhängig vom Rauheitsprofil und werden Tabellen entnommen.

[4] **Regelmessstrecke** l_n = 5 x Einzelmessstrecke l_r.

[5] **„16 %-Regel":** Nur 16 % aller gemessenen Werte dürfen die gewählte Kenngröße überschreiten.

[6] **„max.-Regel"** („Höchstwert-Regel"): Kein Messwert darf über dem festgelegten Höchstwert liegen.

Oberflächenangaben

Angabe der Oberflächenbeschaffenheit

vgl. DIN EN ISO 1302 (2002-06)

Sinnbilder für die Rillenrichtung

Darstellung der Rillenrichtung

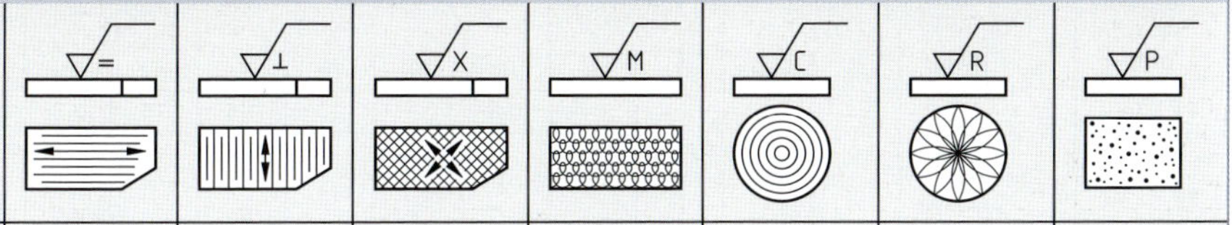

Sinnbild	=	⊥	X	M	C	R	P
Rillenrichtung	parallel zur Projektionsebene	senkrecht zur Projektionsebene	gekreuzt in zwei schrägen Richtungen	viele Richtungen	annähernd zentrisch zum Mittelpunkt	annähernd radial zum Mittelpunkt	nichtrillige Oberfläche, ungerichtet oder muldig

Größen der Sinnbilder

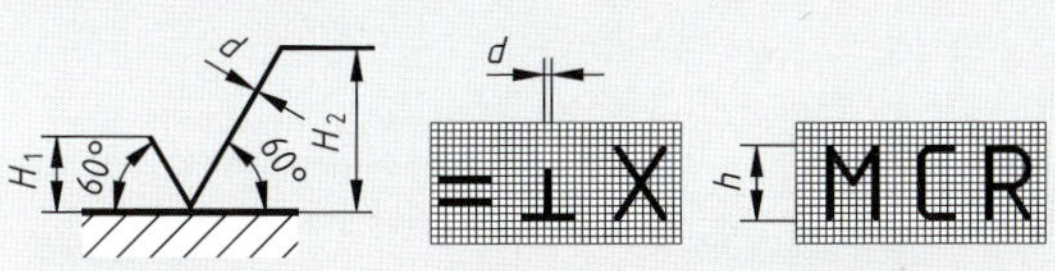

	Schrifthöhe *h* in mm						
	2,5	3,5	5	7	10	14	20
d	0,25	0,35	0,5	0,7	1,0	1,4	2,0
H_1	3,5	5	7	10	14	20	28
H_2	8	11	15	21	30	42	60

K

Anordnung der Sinnbilder in Zeichnungen

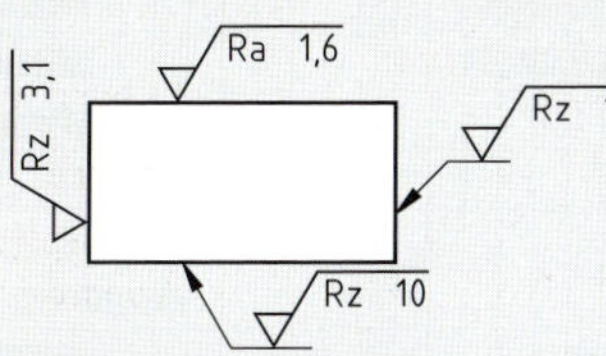

Lesbarkeit
von unten oder von rechts

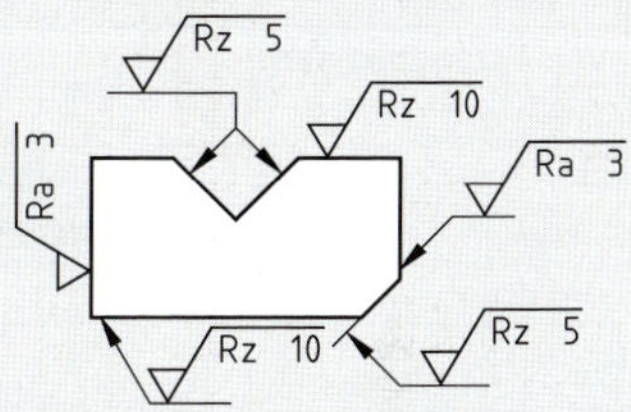

Anordnung
direkt auf der Oberfläche oder mit Bezugs- und Hinweislinie

Beispiele für den Zeichnungseintrag

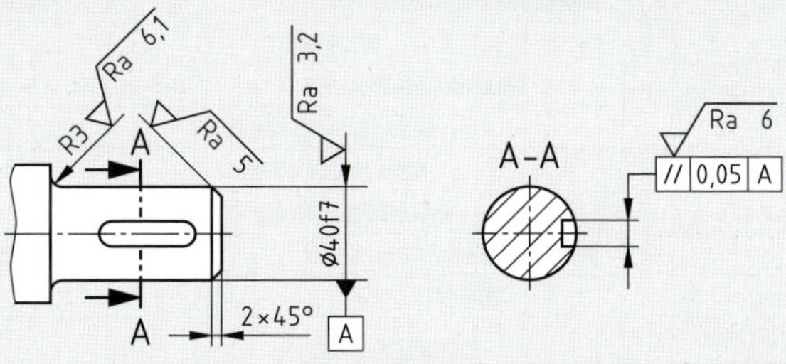

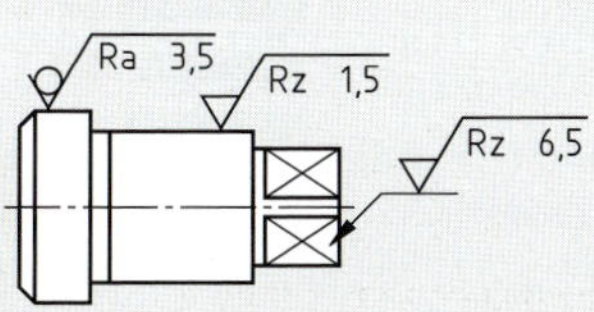

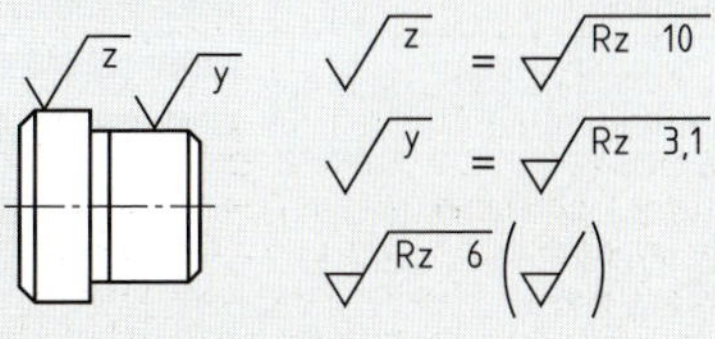

Rauheit von Oberflächen

Empfohlene Zuordnung von Rauheitswerten zu ISO-Toleranzgraden[1)]

<table>
<tr><th rowspan="3">Nennmaß-bereich über … bis mm</th><th colspan="14">Empfohlene Werte für Rz und Ra in µm bei ISO-Toleranzgrad</th></tr>
<tr><th colspan="2">5</th><th colspan="2">6</th><th colspan="2">7</th><th colspan="2">8</th><th colspan="2">9</th><th colspan="2">10</th><th colspan="2">11</th></tr>
<tr><th>Rz</th><th>Ra</th><th>Rz</th><th>Ra</th><th>Rz</th><th>Ra</th><th>Rz</th><th>Ra</th><th>Rz</th><th>Ra</th><th>Rz</th><th>Ra</th><th>Rz</th><th>Ra</th></tr>
<tr><td>1 … 6</td><td rowspan="2">2,5</td><td rowspan="2">0,4</td><td rowspan="3">4</td><td rowspan="4">0,8</td><td rowspan="3">6,3</td><td rowspan="3">0,8</td><td>6,3</td><td rowspan="3">1,6</td><td>10</td><td>1,6</td><td>16</td><td>3,2</td><td>25</td><td>6,3</td></tr>
<tr><td>6 … 10</td><td rowspan="2">10</td><td rowspan="3">16</td><td rowspan="4">3,2</td><td rowspan="2">25</td><td rowspan="4">6,3</td><td rowspan="2">40</td><td rowspan="4">12,5</td></tr>
<tr><td>10 … 18</td><td rowspan="2">4</td><td rowspan="4">0,8</td></tr>
<tr><td>18 … 80</td><td>6,3</td><td>10</td><td rowspan="3">1,6</td><td>16</td><td rowspan="3">3,2</td><td rowspan="2">40</td><td rowspan="2">63</td></tr>
<tr><td>80 … 250</td><td rowspan="2">6,3</td><td rowspan="2">10</td><td rowspan="2">1,6</td><td rowspan="2">16</td><td rowspan="2">25</td><td>25</td></tr>
<tr><td>250 … 500</td><td>40</td><td>6,3</td><td>63</td><td>12,5</td><td>100</td><td>25</td></tr>
</table>

Erreichbare Rauheit von Oberflächen[1)]

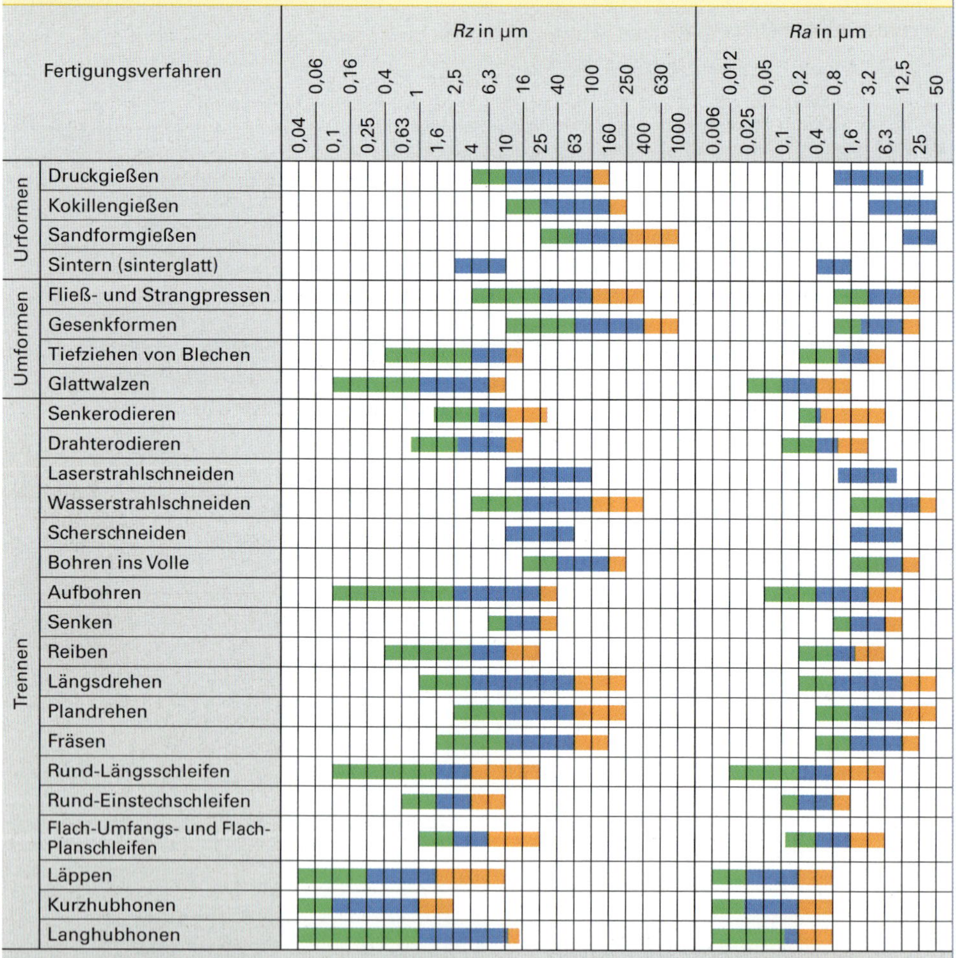

Bedeutung der Balkenfarben: Erreichbare Rauheiten bei: genauer Fertigung (grün) · üblicher Fertigung (blau) · grober Fertigung (orange)

[1)] Rauheitswerte, sofern sie nicht in DIN 4766-1 (zurückgezogen) enthalten sind, nach Angaben der Industrie.

K

Verzahnungsqualität und Bemaßung von Zahnrädern

Stirnrad-Evolventenverzahnung

vgl. DIN 3966-1 (1978-08)

Für Stirnräder sind folgende geometrische Angaben erforderlich[1]:

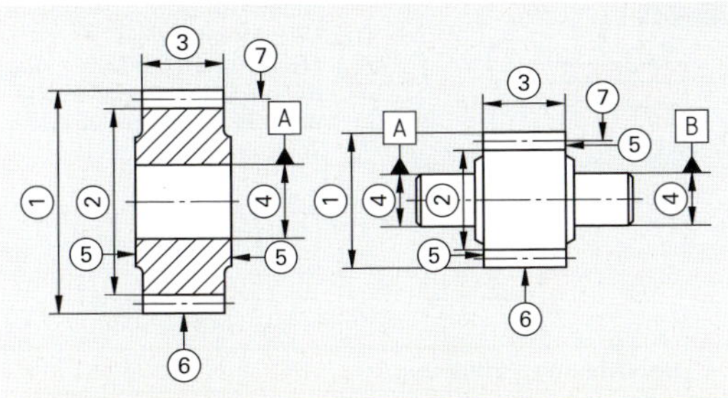

(1) Kopfkreisdurchmesser d_a mit Abmaßen
(2) Fußkreisdurchmesser d_f, wenn Angabe der Zahnhöhe fehlt
(3) Zahnbreite *b*
(4) Bezugselement
(5) Planlauftoleranz sowie Parallelität der Stirnflächen
(6) Rundlauftoleranz
(7) Oberflächen-Kennzeichnung für die Zahnflanken nach DIN EN ISO 1302

Geradzahn-Kegelradverzahnung

vgl. DIN 3966-2 (1978-08)

Für Kegelräder sind folgende geometrische Angaben erforderlich[1]:

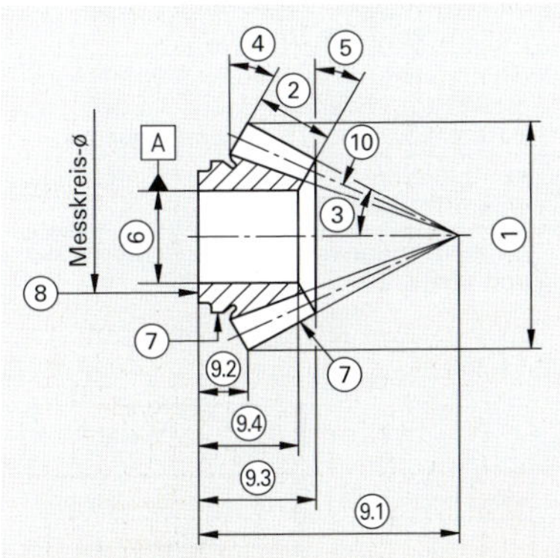

(1) Kopfkreisdurchmesser d_a mit Abmaßen
(2) Zahnbreite *b*
(3) Kopfkegelwinkel
(4) Komplementwinkel des Rückenkegelwinkels
(5) Komplementwinkel des inneren Ergänzungskegelwinkels (bei Bedarf)
(6) Kennzeichen des Bezugselementes
(7) Rundlauftoleranz des Radkörpers
(8) Planlauftoleranz des Radkörpers
(9.1) Einbaumaß
(9.2) Äußerer Kopfkreisabstand
(9.3) Innerer Kopfkreisabstand
(9.4) Hilfsebenenabstand
(10) Oberflächenkennzeichen für die Zahnflanken nach DIN EN ISO 1302

Angaben zur Verzahnung

vgl. DIN 3966-1 (1978-08), DIN 3966-2 (1978-08)

Zusätzlich sind für alle Verzahnungen in einer Tabelle (auf der Zeichnung oder auf einem besonderen Blatt) Angaben zum Verzahnwerkzeug, für das Einstellen der Verzahnmaschine und für das Prüfen der Verzahnung erforderlich.

Geradverzahnung (außen) für Stirnrad		
Angaben		Beispiel
Modul	m_n	3
Zähnezahl	z	22
Bezugsprofil		DIN 867
Verzahnungsqualität, Toleranzfeld, Prüfgruppe nach DIN 3961		8 d 25 DIN 3967
Achsabstand im Gehäuse	a	99±0,05
Gegenrad	Sachnummer Zähnezahl z	25564 44

Es bedeuten:
8: die Verzahnungsqualität (Verzahnungsqualitäten 1 ... 12)
d: die Zahndickenabmaßreihe (Abmaßreihen a ... h)
25: die Zahndickentoleranz (Toleranzreihen 21 ... 30)

Verzahnungsqualität

Die Verzahnungsqualität ist abhängig von der Anwendung (unten), vom Herstellverfahren (unten) und von der Zahnrad-Umfangsgeschwindigkeit.

Anwendung	Verzahnungsqualität
Lehren	2 ... 4
Messgeräte	5 ... 7
Kraftfahrzeuge	5 ... 9
Werkzeugmaschinen	5 ... 10
Landmaschinen	6 ... 12
Hebe- und Fördermasch.	7 ... 12

Herstellungsverfahren	Verzahnungsqualität
honen	1 ... 6
schleifen	2 ... 8
schaben	5 ... 8
walzfräsen, walzstoßen	5 ... 10
formfräsen, formstoßen	7 ... 12
stanzen, pressen, sintern	8 ... 12

[1] Zur Herstellung des Radkörpers sind weitere Maße anzugeben, z. B. Bohrungsdurchmesser und Nutmaße.

K

ISO-System für Grenzmaße und Passungen

Begriffe

vgl. DIN EN ISO 286-1 (2010-11)

Bohrung

- N Nennmaß
- G_{oB} Höchstmaß Bohrung
- G_{uB} Mindestmaß Bohrung
- ES oberes Grenzabmaß Bohrung
- EI unteres Grenzabmaß Bohrung
- T_B Toleranz Bohrung

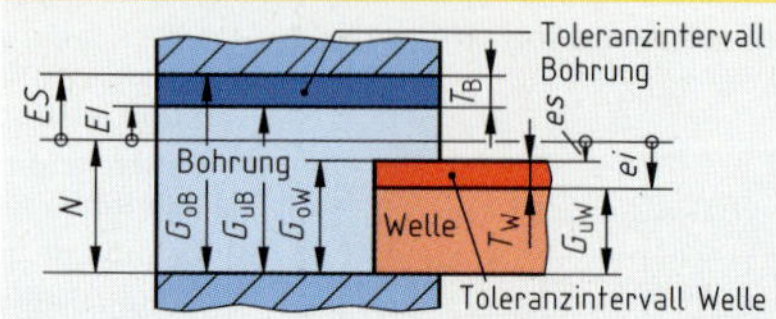

Welle

- N Nennmaß
- G_{oW} Höchstmaß Welle
- G_{uW} Mindestmaß Welle
- es oberes Grenzabmaß Welle
- ei unteres Grenzabmaß Welle
- T_W Toleranz Welle

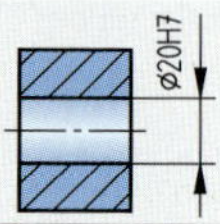

Ø20H7 – Nennmaß, Toleranzklasse, Toleranzgrad, Grundabmaß

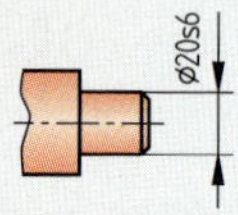

Ø20s6 – Nennmaß, Toleranzklasse, Toleranzgrad, Grundabmaß

Bezeichnung	Erklärung	Bezeichnung	Erklärung
Nennmaß	Theoretisch genaues Maß eines Geometrieelementes.	**Toleranzgrad**	Zahl (Gradnummer) des Grundtoleranzgrades, z. B. 7 bei IT7.
Grenzabmaß	Oberes bzw. unteres Abmaß, bezogen auf das Nennmaß.	**Grundtoleranz**	Die einem Grundtoleranzgrad, z. B. IT7, und einem Nennmaßbereich, z. B. 30 ... 50 mm, zugeordnete Toleranz.
Toleranzintervall	Bereich zwischen Mindestmaß und Höchstmaß.	**Grundabmaß**	Grenzabmaß, das am nächsten beim Nennmaß liegt. Grundabmaße werden mit Buchstaben, z. B. H, h, gekennzeichnet.
Toleranz	Differenz zwischen Höchst- und Mindestmaß bzw. zwischen oberem und unterem Grenzabmaß.	**Toleranzklasse**	Kombination eines Grundabmaßes mit einem Toleranzgrad, z. B. H7.
Grundtoleranzgrad	Gruppe von Toleranzen mit gleichem Genauigkeitsniveau, z. B. IT7. (IT = Grundtoleranz, 7 = Gradnummer).	**Passung**	Geplanter Fügezustand zwischen Bohrung und Welle.

K

Grenzmaße, Grenzabmaße und Toleranzen

vgl. DIN EN ISO 286-1 (2010-11)

Bohrung

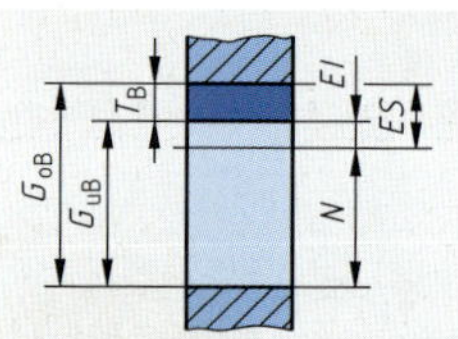

$$G_{oB} = N + ES$$

$$G_{uB} = N + EI$$

$$T_B = ES - EI$$

$$T_B = G_{oB} - G_{uB}$$

Beispiel: Bohrung ∅ 50+0,3/+0,1; $G_{oB} = ?$; $T_B = ?$

$G_{oB} = N + ES = 50\text{ mm} + 0{,}3\text{ mm} = 50{,}30\text{ mm}$

$T_B = ES - EI = 0{,}3\text{ mm} - 0{,}1\text{ mm} = 0{,}2\text{ mm}$

Welle

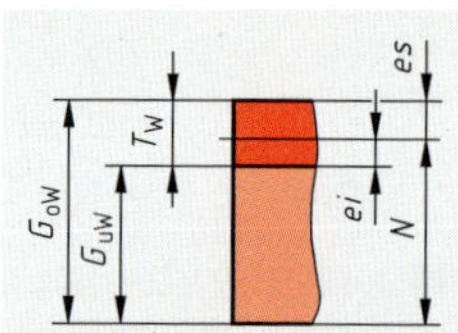

$$G_{oW} = N + es$$

$$G_{uW} = N + ei$$

$$T_W = es - ei$$

$$T_W = G_{oW} - G_{uW}$$

Beispiel: Welle ∅ 20e8; $G_{uW} = ?$; $T_W = ?$

Werte für *ei* und *es*: Seite 109

$ei = -73\ \mu m = -0{,}073\text{ mm}$; $es = -40\ \mu m = -0{,}040\text{ mm}$

$G_{uW} = N + ei = 20\text{ mm} + (-0{,}073\text{ mm}) = 19{,}927\text{ mm}$

$T_W = es - ei = -40\ \mu m - (-73\ \mu m) = 33\ \mu m$

Passungen

vgl. DIN EN ISO 286-1 (2010-11)

Spielpassung

- P_{SH} Höchstspiel
- P_{SM} Mindestspiel

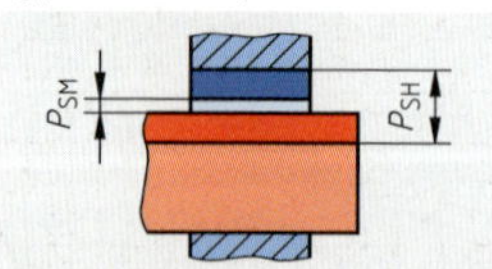

Übergangspassung

- P_{SH} Höchstspiel
- $P_{ÜH}$ Höchstübermaß

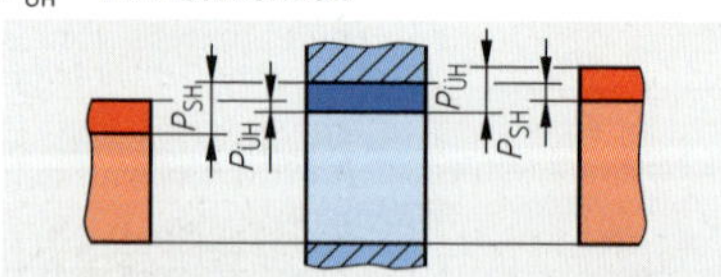

Übermaßpassung

- $P_{ÜH}$ Höchstübermaß
- $P_{ÜM}$ Mindestübermaß

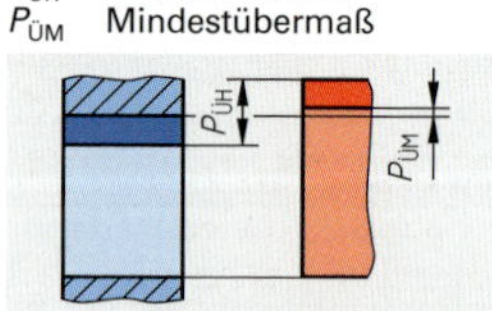

$$P_{SM} = G_{uB} - G_{oW}$$

$$P_{SH} = G_{oB} - G_{uW}$$

$$P_{ÜH} = G_{uB} - G_{oW}$$

$$P_{ÜM} = G_{oB} - G_{uW}$$

Beispiel: Passung ∅ 30 H8/f7; $P_{SH} = ?$; $P_{SM} = ?$

Werte für *ES, EI, es, ei*: Seite 109

$G_{oB} = N + ES = 30\text{ mm} + 0{,}033\text{ mm} = 30{,}033\text{ mm}$

$G_{uB} = N + EI = 30\text{ mm} + 0\text{ mm} = 30{,}000\text{ mm}$

$G_{oW} = N + es = 30\text{ mm} + (-0{,}020\text{ mm}) = 29{,}980\text{ mm}$

$G_{uW} = N + ei = 30\text{ mm} + (-0{,}041\text{ mm}) = 29{,}959\text{ mm}$

$P_{SH} = G_{oB} - G_{uW} = 30{,}033\text{ mm} - 29{,}959\text{ mm} = 0{,}074\text{ mm}$

$P_{SM} = G_{uB} - G_{oW} = 30{,}000\text{ mm} - 29{,}980\text{ mm} = 0{,}02\text{ mm}$

ISO-System für Grenzmaße und Passungen

Passungssysteme

vgl. DIN EN ISO 286-1 (2010-11)

Passungssystem Einheitsbohrung (alle Bohrungsmaße besitzen das Grundabmaß H)

Grundabmaße für Wellen — Beispiele für Nennmaß 25, Toleranzgrad 7

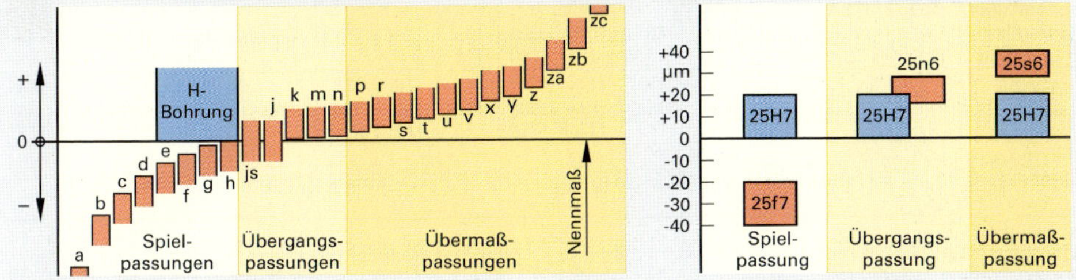

Passungssystem Einheitswelle (alle Wellenmaße besitzen das Grundabmaß h)

Grundabmaße für Bohrungen — Beispiele für Nennmaß 25, Toleranzgrad 6

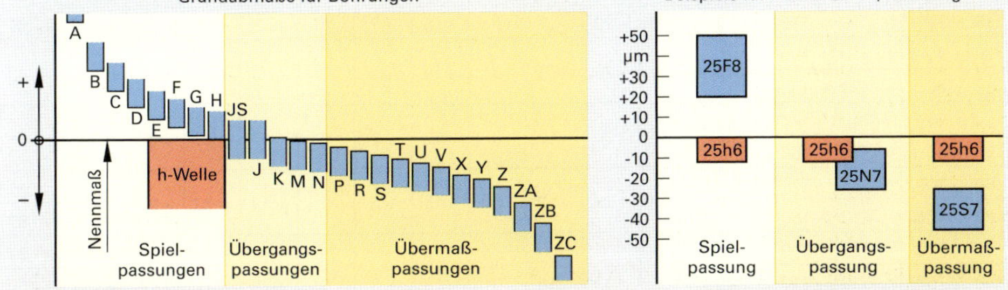

Grundtoleranzen

vgl. DIN EN ISO 286-1 (2010-11)

Nennmaßbereich über ... bis mm	Grundtoleranzgrade																	
	IT1	IT2	IT3	IT4	IT5	IT6	IT7	IT8	IT9	IT10	IT11	IT12	IT13	IT14	IT15	IT16	IT17	IT18
	Grundtoleranzen																	
	µm											mm						
bis 3	0,8	1,2	2	3	4	6	10	14	25	40	60	0,1	0,14	0,25	0,4	0,6	1	1,4
3 ... 6	1	1,5	2,5	4	5	8	12	18	30	48	75	0,12	0,18	0,3	0,48	0,75	1,2	1,8
6 ... 10	1	1,5	2,5	4	6	9	15	22	36	58	90	0,15	0,22	0,36	0,58	0,9	1,5	2,2
10 ... 18	1,2	2	3	5	8	11	18	27	43	70	110	0,18	0,27	0,43	0,7	1,1	1,8	2,7
18 ... 30	1,5	2,5	4	6	9	13	21	33	52	84	130	0,21	0,33	0,52	0,84	1,3	2,1	3,3
30 ... 50	1,5	2,5	4	7	11	16	25	39	62	100	160	0,25	0,39	0,62	1	1,6	2,5	3,9
50 ... 80	2	3	5	8	13	19	30	46	74	120	190	0,3	0,46	0,74	1,2	1,9	3	4,6
80 ... 120	2,5	4	6	10	15	22	35	54	87	140	220	0,35	0,54	0,87	1,4	2,2	3,5	5,4
120 ... 180	3,5	5	8	12	18	25	40	63	100	160	250	0,4	0,63	1	1,6	2,5	4	6,3
180 ... 250	4,5	7	10	14	20	29	46	72	115	185	290	0,46	0,72	1,15	1,85	2,9	4,6	7,2
250 ... 315	6	8	12	16	23	32	52	81	130	210	320	0,52	0,81	1,3	2,1	3,2	5,2	8,1
315 ... 400	7	9	13	18	25	36	57	89	140	230	360	0,57	0,89	1,4	2,3	3,6	5,7	8,9
400 ... 500	8	10	15	20	27	40	63	97	155	250	400	0,63	0,97	1,55	2,5	4	6,3	9,7
500 ... 630	9	11	16	22	32	44	70	110	175	280	440	0,7	1,1	1,75	2,8	4,4	7	11
630 ... 800	10	13	18	25	36	50	80	125	200	320	500	0,8	1,25	2	3,2	5	8	12,5
800 ... 1000	11	15	21	28	40	56	90	140	230	360	560	0,9	1,4	2,3	3,6	5,6	9	14
1000 ... 1250	13	18	24	33	47	66	105	165	260	420	660	1,05	1,65	2,6	4,2	6,6	10,5	16,5
1250 ... 1600	15	21	29	39	55	78	125	195	310	500	780	1,25	1,95	3,1	5	7,8	12,5	19,5
1600 ... 2000	18	25	35	46	65	92	150	230	370	600	920	1,5	2,3	3,7	6	9,2	15	23
2000 ... 2500	22	30	41	55	78	110	175	280	440	700	1100	1,75	2,8	4,4	7	11	17,5	28
2500 ... 3150	26	36	50	68	96	135	210	330	540	860	1350	2,1	3,3	5,4	8,6	13,5	21	33

Die Grenzabmaße der Toleranzgrade für die Grundabmaße h, js, H und JS können aus den Grundtoleranzen abgeleitet werden: **h**: $es = 0$; $ei = -\text{IT}$ **js**: $es = +\text{IT}/2$; $ei = -\text{IT}/2$ **H**: $ES = +\text{IT}$; $EI = 0$ **JS**: $ES = +\text{IT}/2$; $EI = -\text{IT}/2$

K

ISO-Passungen

Grundabmaße für Wellen (Auswahl)

vgl. DIN EN ISO 286-1 (2010-11)

Grundabmaße	a	c	d	e	f	g	h	j	k		m	n	p	r	s
genormte Grundtoleranzgrade	IT9 bis IT13	IT8 bis IT12	IT5 bis IT13	IT5 bis IT10	IT3 bis IT10		IT1 bis IT18	IT5 bis IT8	IT3 bis IT13		IT 3 bis IT9		IT3 bis IT10		
Tabelle gültig für …	alle genormten Grundtoleranzgrade				IT4 bis IT9	IT4 bis IT8	IT1 bis IT18	IT7	IT4 bis IT7	IT8 bis IT13	IT4 bis IT7		IT4 bis IT8		IT4 bis IT9
Nennmaß über … bis mm	oberes Grenzabmaß *es* in µm							unteres Grenzabmaß *ei* in µm							
bis 3	− 270	− 60	− 20	− 14	− 6	− 2	0	− 4	0	0	+ 2	+ 4	+ 6	+ 10	+ 14
3 … 6		− 70	− 30	− 20	− 10	− 4	0	− 4	+ 1	0	+ 4	+ 8	+ 12	+ 15	+ 19
6 … 10	− 280	− 80	− 40	− 25	− 13	− 5	0	− 5	+ 1	0	+ 6	+ 10	+ 15	+ 19	+ 23
10 … 18	− 290	− 95	− 50	− 32	− 16	− 6	0	− 6	+ 1	0	+ 7	+ 12	+ 18	+ 23	+ 28
18 … 30	− 300	− 110	− 65	− 40	− 20	− 7	0	− 8	+ 2	0	+ 8	+ 15	+ 22	+ 28	+ 35
30 … 40	− 310	− 120	− 80	− 50	− 25	− 9	0	− 10	+ 2	0	+ 9	+ 17	+ 26	+ 34	+ 43
40 … 50	− 320	− 130													
50 … 65	− 340	− 140	− 100	− 60	− 30	− 10	0	− 12	+ 2	0	+ 11	+ 20	+ 32	+ 41	+ 53
65 … 80	− 360	− 150												+ 43	+ 59
80 … 100	− 380	− 170	− 120	− 72	− 36	− 12	0	− 15	+ 3	0	+ 13	+ 23	+ 37	+ 51	+ 71
100 … 120	− 410	− 180												+ 54	+ 79
120 … 140	− 460	− 200	− 145	− 85	− 43	− 14	0	− 18	+ 3	0	+ 15	+ 27	+ 43	+ 63	+ 92
140 … 160	− 520	− 210												+ 65	+ 100
160 … 180	− 580	− 230												+ 68	+ 108
180 … 200	− 660	− 240	− 170	− 100	− 50	− 15	0	− 21	+ 4	0	+ 17	+ 31	+ 50	+ 77	+ 122
200 … 225	− 740	− 260												+ 80	+ 130
225 … 250	− 820	− 280												+ 84	+ 140
250 … 280	− 920	− 300	− 190	− 110	− 56	− 17	0	− 26	+ 4	0	+ 20	+ 34	+ 56	+ 94	+ 158
280 … 315	− 1050	− 330												+ 98	+ 170
315 … 355	− 1200	− 360	− 210	− 125	− 62	− 18	0	− 28	+ 4	0	+ 21	+ 37	+ 62	+ 108	+ 190
355 … 400	− 1350	− 400												+ 114	+ 208
400 … 450	− 1500	− 440	− 230	− 135	− 68	− 20	0	− 32	+ 5	0	+ 23	+ 40	+ 68	+ 126	+ 232
450 … 500	− 1650	− 480												+ 132	+ 252

K

Berechnung von Grenzabmaßen

Mithilfe der Tabellen auf dieser Seite und auf Seite 107 und den unten stehenden Formeln können die Grenzabmaße für die in der Tabellenzeile „Tabelle gültig für …" (oben und Seite 107) angegebenen Grundtoleranzgrade berechnet werden. Die dazu erforderlichen Werte für die Grundtoleranzen IT sind in der Tabelle Seite 105 enthalten.

Formeln

- für Wellenabmaße

$$ei = es - IT$$

$$es = ei + IT$$

- für Bohrungsabmaße

$$EI = ES - IT$$

$$ES = EI + IT$$

Beispiel 1: Welle (Außenmaß) ∅ 40g5; *es* = ?; *ei* = ?

es (Tabelle oben) = − 9 µm
IT5 (Tabelle Seite 105) = 11 µm
ei = *es* − IT = − 9 µm − 11 µm = − 20 µm

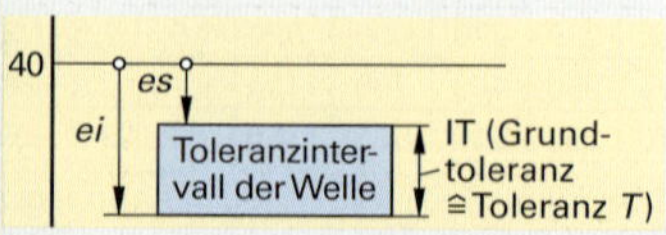

Beispiel 2: Bohrung (Innenmaß) ∅ 100K6; *ES* = ?; *EI* = ?

ES (Tabelle Seite 107) = − 3 µm + Δ
(Wert Δ für Grundtoleranzgrad IT6 nach Tabelle Seite 107 unten: 7 µm)
ES = − 3 µm + 7 µm = 4 µm
IT6 (Tabelle Seite 105) = 22 µm
EI = *ES* − IT = + 4 µm − 22 µm = − 18 µm

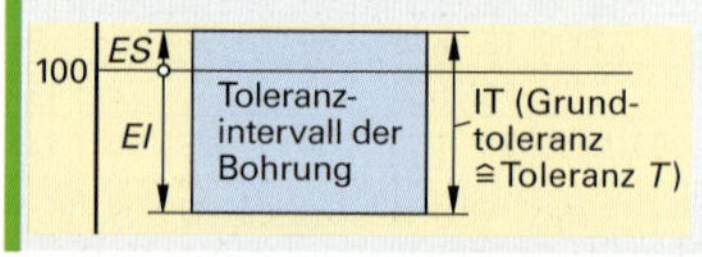

ISO-Passungen

Grundabmaße für Bohrungen (Auswahl)[1] vgl. DIN EN ISO 286-1 (2010-11)

Grundabmaße	A	C	D	E	F	G	H	J	K	M[1]	N	P, R, S	P	R	S
genormte Grundtoleranzgrade	IT9 bis IT13	IT8 bis IT13	IT6 bis IT13	IT5 bis IT10	IT3 bis IT10		IT1 bis IT18	IT6 bis IT8	IT3 bis IT10		IT3 bis IT11	IT3 bis IT10			
Tabelle gültig für …	alle genormten Grundtoleranzgrade				IT5 bis IT9	IT5 bis IT8	IT1 bis IT18	IT8	IT5 bis IT8			IT3 bis IT7	IT8 und IT9	IT8	IT8 und IT9
Nennmaß über … bis mm	unteres Grenzabmaß *EI* in µm							oberes Grenzabmaß *ES* in µm (Δ-Werte: Tabelle unten)							
bis 3	+ 270	+ 60	+ 20	+ 14	+ 6	+ 2	0	+ 6	0	− 2	− 4	Werte für obere Grenzabmaße *ES*: wie Grundtoleranzgrade über IT7, plus Δ	− 6	− 10	− 14
3 … 6		+ 70	+ 30	+ 20	+ 10	+ 4	0	+ 10	− 1 + Δ	− 4 + Δ	− 8 + Δ		− 12	− 15	− 19
6 … 10	+ 280	+ 80	+ 40	+ 25	+ 13	+ 5	0	+ 12	− 1 + Δ	− 6 + Δ	− 10 + Δ		− 15	− 19	− 23
10 … 18	+ 290	+ 95	+ 50	+ 32	+ 16	+ 6	0	+ 15	− 1 + Δ	− 7 + Δ	− 12 + Δ		− 18	− 23	− 28
18 … 30	+ 300	+ 110	+ 65	+ 40	+ 20	+ 7	0	+ 20	− 2 + Δ	− 8 + Δ	− 15 + Δ		− 22	− 28	− 35
30 … 40	+ 310	+ 120	+ 80	+ 50	+ 25	+ 9	0	+ 24	− 2 + Δ	− 9 + Δ	− 17 + Δ		− 26	− 34	− 43
40 … 50	+ 320	+ 130													
50 … 65	+ 340	+ 140	+ 100	+ 60	+ 30	+ 10	0	+ 28	− 2 + Δ	− 11 + Δ	− 20 + Δ		− 32	− 41	− 53
65 … 80	+ 360	+ 150												− 43	− 59
80 … 100	+ 380	+ 170	+ 120	+ 72	+ 36	+ 12	0	+ 34	− 3 + Δ	− 13 + Δ	− 23 + Δ		− 37	− 51	− 71
100 … 120	+ 410	+ 180												− 54	− 79
120 … 140	+ 460	+ 200	+ 145	+ 85	+ 43	+ 14	0	+ 41	− 3 + Δ	− 15 + Δ	− 27 + Δ		− 43	− 63	− 92
140 … 160	+ 520	+ 210												− 65	− 100
160 … 180	+ 580	+ 230												− 68	− 108
180 … 200	+ 660	+ 240	+ 170	+ 100	+ 50	+ 15	0	+ 47	− 4 + Δ	− 17 + Δ	− 31 + Δ		− 50	− 77	− 122
200 … 225	+ 740	+ 260												− 80	− 130
225 … 250	+ 820	+ 280												− 84	− 140
250 … 280	+ 920	+ 300	+ 190	+ 110	+ 56	+ 17	0	+ 55	− 4 + Δ	− 20 + Δ	− 34 + Δ		− 56	− 94	− 158
280 … 315	+ 1050	+ 330												− 98	− 170
315 … 355	+ 1200	+ 360	+ 210	+ 125	+ 62	+ 18	0	+ 60	− 4 + Δ	− 21 + Δ	− 37 + Δ		− 62	− 108	− 190
355 … 400	+ 1350	+ 400												− 114	− 208
400 … 450	+ 1500	+ 440	+ 230	+ 135	+ 68	+ 20	0	+ 66	− 5 + Δ	− 23 + Δ	− 40 + Δ		− 68	− 126	− 232
450 … 500	+ 1650	+ 480												− 132	− 252

Werte für Δ[2] in µm

Grundtoleranzgrad	Nennmaß über … bis in mm: bis 3	3 bis 6	6 bis 10	10 bis 18	18 bis 30	30 bis 50	50 bis 80	80 bis 120	120 bis 180	180 bis 250	250 bis 315	315 bis 400	400 bis 500
IT3	0	1	1	1	1,5	1,5	2	2	3	3	4	4	5
IT4	0	1,5	1,5	2	2	3	3	4	4	4	4	5	5
IT5	0	1	2	3	3	4	5	5	6	6	7	7	7
IT6	0	3	3	3	4	5	6	7	7	9	9	11	13
IT7	0	4	6	7	8	9	11	13	15	17	20	21	23
IT8	0	6	7	9	12	14	16	19	23	26	29	32	34

[1] Sonderfall: Für Toleranzklasse M6, Nennmaßbereich 250 … 315 mm, ist *ES* = −9 µm (statt −11 µm, die sich bei Berechnung ergeben). [2] Berechnungsbeispiele: Seite 106

K

ISO-Passungen

System Einheitsbohrung

vgl. DIN EN ISO 286-2 (2010-11)

Nennmaß-bereich über … bis mm	Grenzabmaße in µm für Toleranzklassen[1]															
	für Bohrung	für Wellen – Beim Fügen mit einer H6-Bohrung entsteht eine					für Bohrung	für Wellen – Beim Fügen mit einer H7-Bohrung entsteht eine								
		Spiel-, Übergangs-, Übermaß-passung						Spiel-passung			Übergangs-passung				Übermaß-passung	
	H6	h5	j5	k6	n5	r5	**H7**	**f7**	g6	**h6**	j6	k6	m6	**n6**	**r6**	s6
bis 3	+6 0	0 −4	±2	+6 0	+8 +4	+14 +10	+10 0	−6 −16	−2 −8	0 −6	+4 −2	+6 0	+8 +2	+10 +4	+16 +10	+20 +14
3 … 6	+8 0	0 −5	+3 −2	+9 +1	+13 +8	+20 +15	+12 0	−10 −22	−4 −12	0 −8	+6 −2	+9 +1	+12 +4	+16 +8	+23 +15	+27 +19
6 … 10	+9 0	0 −6	+4 −2	+10 +1	+16 +10	+25 +19	+15 0	−13 −28	−5 −14	0 −9	+7 −2	+10 +1	+15 +6	+19 +10	+28 +19	+32 +23
10 … 14 14 … 18	+11 0	0 −8	+5 −3	+12 +1	+20 +12	+31 +23	+18 0	−16 −34	−6 −17	0 −11	+8 −3	+12 +1	+18 +7	+23 +12	+34 +23	+39 +28
18 … 24 24 … 30	+13 0	0 −9	+5 −4	+15 +2	+24 +15	+37 +28	+21 0	−20 −41	−7 −20	0 −13	+9 −4	+15 +2	+21 +8	+28 +15	+41 +28	+48 +35
30 … 40 40 … 50	+16 0	0 −11	+6 −5	+18 +2	+28 +17	+45 +34	+25 0	−25 −50	−9 −25	0 −16	+11 −5	+18 +2	+25 +9	+33 +17	+50 +34	+59 +43
50 … 65 65 … 80	+19 0	0 −13	+6 −7	+21 +2	+33 +20	+54 +41 +56 +43	+30 0	−30 −60	−10 −29	0 −19	+12 −7	+21 +2	+30 +11	+39 +20	+60 +41 +62 +43	+72 +53 +78 +59
80 … 100 100 … 120	+22 0	0 −15	+6 −9	+25 +3	+38 +23	+66 +51 +69 +54	+35 0	−36 −71	−12 −34	0 −22	+13 −9	+25 +3	+35 +13	+45 +23	+73 +51 +76 +54	+93 +71 +101 +79
120 … 140 140 … 160 160 … 180	+25 0	0 −18	+7 −11	+28 +3	+45 +27	+81 +63 +83 +65 +86 +68	+40 0	−43 −83	−14 −39	0 −25	+14 −11	+28 +3	+40 +15	+52 +27	+88 +63 +90 +65 +93 +68	+117 +92 +125 +100 +133 +108
180 … 200 200 … 225 225 … 250	+29 0	0 −20	+7 −13	+33 +4	+51 +31	+97 +77 +100 +80 +104 +84	+46 0	−50 −96	−15 −44	0 −29	+16 −13	+33 +4	+46 +17	+60 +31	+106 +77 +109 +80 +113 +84	+151 +122 +159 +130 +169 +140
250 … 280 280 … 315	+32 0	0 −23	+7 −16	+36 +4	+57 +34	+117 +94 +121 +98	+52 0	−56 −108	−17 −49	0 −32	+16 −16	+36 +4	+52 +20	+66 +34	+126 +94 +130 +98	+190 +158 +202 +170
315 … 355 355 … 400	+36 0	0 −25	+7 −18	+40 +4	+62 +37	+133 +108 +139 +114	+57 0	−62 −119	−18 −54	0 −36	+18 −18	+40 +4	+57 +21	+73 +37	+144 +108 +150 +114	+226 +190 +244 +208
400 … 450 450 … 500	+40 0	0 −27	+7 −20	+45 +5	+67 +40	+153 +126 +159 +132	+63 0	−68 −131	−20 −60	0 −40	+20 −20	+45 +5	+63 +23	+80 +40	+166 +126 +172 +132	+272 +232 +292 +252

[1] Die **fett** gedruckten Toleranzklassen entsprechen der Reihe 1 in DIN 7157 (Seite 113); sie sind bevorzugt zu verwenden.

K

ISO-Passungen

System Einheitsbohrung

vgl. DIN EN ISO 286-2 (2010-11)

Nennmaßbereich über … bis mm	Grenzabmaße in µm für Toleranzklassen[1]													
	für Bohrung	für Wellen – Beim Fügen mit einer H8-Bohrung entsteht eine						für Bohrung	für Wellen – Beim Fügen mit einer H11-Bohrung entsteht eine					
		Spielpassung				Übermaßpassung			Spielpassung					
	H8	d9	e8	**f7**	**h9**	**u8**[2]	**x8**[2]	**H11**	a11	c11	d9	**d11**	h9	**h11**
bis 3	+14 0	–20 –45	–14 –28	–6 –16	0 –25	+32 +18	+34 +20	+60 0	–270 –330	–60 –120	–20 –45	–20 –80	0 –25	0 –60
3 … 6	+18 0	–30 –60	–20 –38	–10 –22	0 –30	+41 +23	+46 +28	+75 0	–270 –345	–70 –145	–30 –60	–30 –105	0 –30	0 –75
6 … 10	+22 0	–40 –76	–25 –47	–13 –28	0 –36	+50 +28	+56 +34	+90 0	–280 –370	–80 –170	–40 –76	–40 –130	0 –36	0 –90
10 … 14 14 … 18	+27 0	–50 –93	–32 –59	–16 –34	0 –43	+60 +33	+67 +40 +72 +45	+110 0	–290 –400	–95 –205	–50 –93	–50 –160	0 –43	0 –110
18 … 24 24 … 30	+33 0	–65 –117	–40 –73	–20 –41	0 –52	+74 +41 +81 +48	+87 +54 +97 +64	+130 0	–300 –430	–110 –240	–65 –117	–65 –195	0 –52	0 –130
30 … 40 40 … 50	+39 0	–80 –142	–50 –89	–25 –50	0 –62	+99 +60 +109 +70	+119 +80 +136 +97	+160 0	–310 –470 –320 –480	–120 –280 –130 –290	–80 –142	–80 –240	0 –62	0 –160
50 … 65 65 … 80	+46 0	–100 –174	–60 –106	–30 –60	0 –74	+133 +87 +148 +102	+168 +122 +192 +146	+190 0	–340 –530 –360 –550	–140 –330 –150 –340	–100 –174	–100 –290	0 –74	0 –190
80 … 100 100 … 120	+54 0	–120 –207	–72 –126	–36 –71	0 –87	+178 +124 +198 +144	+232 +178 +264 +210	+220 0	–380 –600 –410 –630	–170 –390 –180 –400	–120 –207	–120 –340	0 –87	0 –220
120 … 140 140 … 160 160 … 180	+63 0	–145 –245	–85 –148	–43 –83	0 –100	+233 +170 +253 +190 +273 +210	+311 +248 +343 +280 +373 +310	+250 0	–460 –710 –520 –770 –580 –830	–200 –450 –210 –460 –230 –480	–145 –245	–145 –395	0 –100	0 –250
180 … 200 200 … 225 225 … 250	+72 0	–170 –285	–100 –172	–50 –96	0 –115	+308 +236 +330 +258 +356 +284	+422 +350 +457 +385 +497 +425	+290 0	–660 –950 –740 –1030 –820 –1110	–240 –530 –260 –550 –280 –570	–170 –285	–170 –460	0 –115	0 –290
250 … 280 280 … 315	+81 0	–190 –320	–110 –191	–56 –108	0 –130	+396 +315 +431 +350	+556 +475 +606 +525	+320 0	–920 –1240 –1050 –1370	–300 –620 –330 –650	–190 –320	–190 –510	0 –130	0 –320
315 … 355 355 … 400	+89 0	–210 –350	–125 –214	–62 –119	0 –140	+479 +390 +524 +435	+679 +590 +749 +660	+360 0	–1200 –1560 –1350 –1710	–360 –720 –400 –760	–210 –350	–210 –570	0 –140	0 –360
400 … 450 450 … 500	+97 0	–230 –385	–135 –232	–68 –131	0 –155	+587 +490 +637 +540	+837 +740 +917 +820	+400 0	–1500 –1900 –1650 –2050	–440 –840 –480 –880	–230 –385	–230 –630	0 –155	0 –400

[1] Die **fett** gedruckten Toleranzklassen entsprechen der Reihe 1 in DIN 7157 (Seite 113); sie sind bevorzugt zu verwenden.
[2] DIN 7157 empfiehlt: Nennmaße bis 24 mm: H8/x8; Nennmaße über 24 mm: H8/u8.

ISO-Passungen

System Einheitswelle

vgl. DIN EN ISO 286-2 (2010-11)

Nennmaß-bereich über ... bis mm	Grenzabmaße in µm für Toleranzklassen[1]															
	für Welle	für Bohrungen – Beim Fügen mit einer h5-Welle entsteht eine					für Welle	für Bohrungen – Beim Fügen mit einer h6-Welle entsteht eine								
		Spiel-pass.	Übergangs-passung		Übermaß-passung			Spiel-passung			Übergangs-passung				Übermaß-passung	
	h5	H6	J6	M6	N6	P6	**h6**	**F8**	G7	**H7**	J7	K7	M7	N7	R7	S7
bis 3	0 − 4	+ 6 0	+ 2 − 4	− 2 − 8	− 4 − 10	− 6 − 12	0 − 6	+ 20 + 6	+ 12 + 2	+ 10 0	+ 4 − 6	0 − 10	− 2 − 12	− 4 − 14	− 10 − 20	− 14 − 24
3 ... 6	0 − 5	+ 8 0	+ 5 − 3	− 1 − 9	− 5 − 13	− 9 − 17	0 − 8	+ 28 + 10	+ 16 + 4	+ 12 0	+ 6 − 6	+ 3 − 9	0 − 12	− 4 − 16	− 11 − 23	− 15 − 27
6 ... 10	0 − 6	+ 9 0	+ 5 − 4	− 3 − 12	− 7 − 16	− 12 − 21	0 − 9	+ 35 + 13	+ 20 + 5	+ 15 0	+ 8 − 7	+ 5 − 10	0 − 15	− 4 − 19	− 13 − 28	− 17 − 32
10 ... 18	0 − 8	+ 11 0	+ 6 − 5	− 4 − 15	− 9 − 20	− 15 − 26	0 − 11	+ 43 + 16	+ 24 + 6	+ 18 0	+ 10 − 8	+ 6 − 12	0 − 18	− 5 − 23	− 16 − 34	− 21 − 39
18 ... 30	0 − 9	+ 13 0	+ 8 − 5	− 4 − 17	− 11 − 24	− 18 − 31	0 − 13	+ 53 + 20	+ 28 + 7	+ 21 0	+ 12 − 9	+ 6 − 15	0 − 21	− 7 − 28	− 20 − 41	− 27 − 48
30 ... 40 40 ... 50	0 − 11	+ 16 0	+ 10 − 6	− 4 − 20	− 12 − 28	− 21 − 37	0 − 16	+ 64 + 25	+ 34 + 9	+ 25 0	+ 14 − 11	+ 7 − 18	0 − 25	− 8 − 33	− 25 − 50	− 34 − 59
50 ... 65	0 − 13	+ 19 0	+ 13 − 6	− 5 − 24	− 14 − 33	− 26 − 45	0 − 19	+ 76 + 30	+ 40 + 10	+ 30 0	+ 18 − 12	+ 9 − 21	0 − 30	− 9 − 39	− 30 − 60	− 42 − 72
65 ... 80															− 32 − 62	− 48 − 78
80 ... 100	0 − 15	+ 22 0	+ 16 − 6	− 6 − 28	− 16 − 38	− 30 − 52	0 − 22	+ 90 + 36	+ 47 + 12	+ 35 0	+ 22 − 13	+ 10 − 25	0 − 35	− 10 − 45	− 38 − 73	− 58 − 93
100 ... 120															− 41 − 76	− 66 − 101
120 ... 140	0 − 18	+ 25 0	+ 18 − 7	− 8 − 33	− 20 − 45	− 36 − 61	0 − 25	+ 106 + 43	+ 54 + 14	+ 40 0	+ 26 − 14	+ 12 − 28	0 − 40	− 12 − 52	− 48 − 88	− 77 − 117
140 ... 160															− 50 − 90	− 85 − 125
160 ... 180															− 53 − 93	− 93 − 133
180 ... 200	0 − 20	+ 29 0	+ 22 − 7	− 8 − 37	− 22 − 51	− 41 − 70	0 − 29	+ 122 + 50	+ 61 + 15	+ 46 0	+ 30 − 16	+ 13 − 33	0 − 46	− 14 − 60	− 60 − 106	− 105 − 151
200 ... 225															− 63 − 109	− 113 − 159
225 ... 250															− 67 − 113	− 123 − 169
250 ... 280	0 − 23	+ 32 0	+ 25 − 7	− 9 − 41	− 25 − 57	− 47 − 79	0 − 32	+ 137 + 56	+ 69 + 17	+ 52 0	+ 36 − 16	+ 16 − 36	0 − 52	− 14 − 66	− 74 − 126	− 138 − 190
280 ... 315															− 78 − 130	− 150 − 202
315 ... 355	0 − 25	+ 36 0	+ 29 − 7	− 10 − 46	− 26 − 62	− 51 − 87	0 − 36	+ 151 + 62	+ 75 + 18	+ 57 0	+ 39 − 18	+ 17 − 40	0 − 57	− 16 − 73	− 87 − 144	− 169 − 226
355 ... 400															− 93 − 150	− 187 − 244
400 ... 450	0 − 27	+ 40 0	+ 33 − 7	− 10 − 50	− 27 − 67	− 55 − 95	0 − 40	+ 165 + 68	+ 83 + 20	+ 63 0	+ 43 − 20	+ 18 − 45	0 − 63	− 17 − 80	− 103 − 166	− 209 − 272
450 ... 500															− 109 − 172	− 229 − 292

[1] Die **fett** gedruckten Toleranzklassen entsprechen der Reihe 1 in DIN 7157 (Seite 113); sie sind bevorzugt zu verwenden.

K

ISO-Passungen

System Einheitswelle

vgl. DIN EN ISO 286-2 (2010-11)

Nennmaßbereich über … bis mm	Grenzabmaße in µm für Toleranzklassen[1]													
	für Welle	für Bohrungen – Beim Fügen mit einer h9-Welle entsteht eine								für Welle	für Bohrungen – Beim Fügen mit einer h11-Welle entsteht eine			
		Spielpassung					Übergangspassung				Spielpassung			
	h9	C11	D10	E9	F8	H8	J9/JS9[2]	N9[3]	P9	h11	A11	C11	D10	H11
bis 3	0 −25	+120 +60	+60 +20	+39 +14	+20 +6	+14 0	+12,5 −12,5	−4 −29	−6 −31	0 −60	+330 +270	+120 +60	+60 +20	+60 0
3 … 6	0 −30	+145 +70	+78 +30	+50 +20	+28 +10	+18 0	+15 −15	0 −30	−12 −42	0 −75	+345 +270	+145 +70	+78 +30	+75 0
6 … 10	0 −36	+170 +80	+98 +40	+61 +25	+35 +13	+22 0	+18 −18	0 −36	−15 −51	0 −90	+370 +280	+170 +80	+98 +40	+90 0
10 … 18	0 −43	+205 +95	+120 +50	+75 +32	+43 +16	+27 0	+21,5 −21,5	0 −43	−18 −61	0 −110	+400 +290	+205 +95	+120 +50	+110 0
18 … 30	0 −52	+240 +110	+149 +65	+92 +40	+53 +20	+33 0	+26 −26	0 −52	−22 −74	0 −130	+430 +300	+240 +110	+149 +65	+130 0
30 … 40	0 −62	+280 +120	+180 +80	+112 +50	+64 +25	+39 0	+31 −31	0 −62	−26 −88	0 −160	+470 +310	+280 +120	+180 +80	+160 0
40 … 50		+290 +130									+480 +320	+290 +130		
50 … 65	0 −74	+330 +140	+220 +100	+134 +60	+76 +30	+46 0	+37 −37	0 −74	−32 −106	0 −190	+530 +340	+330 +140	+220 +100	+190 0
65 … 80		+340 +150									+550 +360	+340 +150		
80 … 100	0 −87	+390 +170	+260 +120	+159 +72	+90 +36	+54 0	+43,5 −43,5	0 −87	−37 −124	0 −220	+600 +380	+390 +170	+260 +120	+220 0
100 … 120		+400 +180									+630 +410	+400 +180		
120 … 140	0 −100	+450 +200	+305 +145	+185 +85	+106 +43	+63 0	+50 −50	0 −100	−43 −143	0 −250	+710 +460	+450 +200	+305 +145	+250 0
140 … 160		+460 +210									+770 +520	+460 +210		
160 … 180		+480 +230									+820 +580	+480 +230		
180 … 200	0 −115	+530 +240	+355 +170	+215 +100	+122 +50	+72 0	+57,5 −57,5	0 −115	−50 −165	0 −290	+950 +660	+530 +240	+355 +170	+290 0
200 … 225		+550 +260									+1030 +740	+550 +260		
225 … 250		+570 +280									+1110 +820	+570 +280		
250 … 280	0 −130	+620 +300	+400 +190	+240 +110	+137 +56	+81 0	+65 −65	0 −130	−56 −186	0 −320	+1240 +920	+620 +300	+400 +190	+320 0
280 … 315		+650 +330									+1370 +1050	+650 +330		
315 … 355	0 −140	+720 +360	+440 +210	+265 +125	+151 +62	+89 0	+70 −70	0 −140	−62 −202	0 −360	+1560 +1200	+720 +360	+440 +210	+360 0
355 … 400		+760 +400									+1710 +1350	+760 +400		
400 … 450	0 −155	+840 +440	+480 +230	+290 +135	+165 +68	+97 0	+77,5 −77,5	0 −155	−68 −223	0 −400	+1900 +1500	+840 +440	+480 +230	+400 0
450 … 500		+880 +480									+2050 +1650	+880 +480		

[1] Die **fett** gedruckten Toleranzklassen entsprechen der Reihe 1 in DIN 7157 (Seite 113); sie sind bevorzugt zu verwenden.
[2] Die Toleranzintervalle J9/JS9, J10/JS10 usw. sind jeweils gleich groß und liegen symmetrisch zur Nulllinie.
[3] Die Toleranzklasse N9 ist für Nennmaße ≤ 1 mm nicht anzuwenden.

Allgemeintoleranzen, Wälzlagerpassungen

Allgemeintoleranzen[1] für Längen- und Winkelmaße

vgl. DIN ISO 2768-1 (1991-06)

Toleranzklasse	Längenmaße – Grenzabmaße in mm für Nennmaßbereiche							
	0,5 bis 3	über 3 bis 6	über 6 bis 30	über 30 bis 120	über 120 bis 400	über 400 bis 1000	über 1000 bis 2000	über 2000 bis 4000
f (fein)	± 0,05	± 0,05	± 0,1	± 0,15	± 0,2	± 0,3	± 0,5	–
m (mittel)	± 0,1	± 0,1	± 0,2	± 0,3	± 0,5	± 0,8	± 1,2	± 2
c (grob)	± 0,2	± 0,3	± 0,5	± 0,8	± 1,2	± 2	± 3	± 4
v (sehr grob)	–	± 0,5	± 1	± 1,5	± 2,5	± 4	± 6	± 8

<table>
<tr><th rowspan="3">Toleranzklasse</th><th colspan="3">Gebrochene Kanten (Rundungen, Fasen)</th><th colspan="5">Winkelmaße</th></tr>
<tr><th colspan="3">Grenzabmaße in mm für Nennmaßbereiche</th><th colspan="5">Grenzabmaße in Grad und Minuten für Nennmaßbereiche (kürzerer Winkelschenkel)</th></tr>
<tr><th>0,5 bis 3</th><th>über 3 bis 6</th><th>über 6</th><th>bis 10</th><th>über 10 bis 50</th><th>über 50 bis 120</th><th>über 120 bis 400</th><th>über 400</th></tr>
<tr><td>f (fein)
m (mittel)</td><td>± 0,2</td><td>± 0,5</td><td>± 1</td><td>± 1°</td><td>± 0° 30′</td><td>± 0° 20′</td><td>± 0° 10′</td><td>± 0° 5′</td></tr>
<tr><td>c (grob)</td><td rowspan="2">± 0,4</td><td rowspan="2">± 1</td><td rowspan="2">± 2</td><td>± 1° 30′</td><td>± 1°</td><td>± 0° 30′</td><td>± 0° 15′</td><td>± 0° 10′</td></tr>
<tr><td>v (sehr grob)</td><td>± 3°</td><td>± 2°</td><td>± 1°</td><td>± 0° 30′</td><td>± 0° 20′</td></tr>
</table>

K

Allgemeintoleranzen[1] für Form und Lage

vgl. DIN ISO 2768-2 (1991-04)

<table>
<tr><th rowspan="3">Toleranzklasse</th><th colspan="15">Toleranzen in mm für</th></tr>
<tr><th colspan="6">Geradheit und Ebenheit
Nennmaßbereiche in mm</th><th colspan="4">Rechtwinkligkeit
Nennmaßbereiche in mm (kürzerer Winkelschenkel)</th><th colspan="4">Symmetrie
Nennmaßbereiche in mm (kürzeres Formelement)</th><th rowspan="2">Lauf</th></tr>
<tr><th>bis 10</th><th>über 10 bis 30</th><th>über 30 bis 100</th><th>über 100 bis 300</th><th>über 300 bis 1000</th><th>über 1000 bis 3000</th><th>bis 100</th><th>über 100 bis 300</th><th>über 300 bis 1000</th><th>über 1000 bis 3000</th><th>bis 100</th><th>über 100 bis 300</th><th>über 300 bis 1000</th><th>über 1000 bis 3000</th></tr>
<tr><td>H</td><td>0,02</td><td>0,05</td><td>0,1</td><td>0,2</td><td>0,3</td><td>0,4</td><td>0,2</td><td>0,3</td><td>0,4</td><td>0,5</td><td colspan="4">0,5</td><td>0,1</td></tr>
<tr><td>K</td><td>0,05</td><td>0,1</td><td>0,2</td><td>0,4</td><td>0,6</td><td>0,8</td><td>0,4</td><td>0,6</td><td>0,8</td><td>1</td><td colspan="2">0,6</td><td>0,8</td><td>1</td><td>0,2</td></tr>
<tr><td>L</td><td>0,1</td><td>0,2</td><td>0,4</td><td>0,8</td><td>1,2</td><td>1,6</td><td>0,6</td><td>1</td><td>1,5</td><td>2</td><td>0,6</td><td>1</td><td>1,5</td><td>2</td><td>0,5</td></tr>
</table>

[1] Allgemeintoleranzen gelten für Maße ohne einzelne Toleranzeintragung. Zeichnungseintrag Seite 81.

Toleranzen für den Einbau von Wälzlagern

vgl. DIN 5425-1 (1984-11) (Norm zurückgezogen)

Radiallager

<table>
<tr><th colspan="5">Innenring (Welle)</th><th colspan="5">Außenring (Gehäuse)</th></tr>
<tr><th rowspan="2">Lastfall</th><th rowspan="2">Passung</th><th rowspan="2">Belastung</th><th colspan="2">Grundabmaße für Welle[1] bei</th><th rowspan="2">Lastfall</th><th rowspan="2">Passung</th><th rowspan="2">Belastung</th><th colspan="2">Grundabmaße für Gehäuse[1] bei</th></tr>
<tr><th>Kugellager</th><th>Rollenlager</th><th>Kugellager</th><th>Rollenlager</th></tr>
<tr><td rowspan="3">Umfangslast
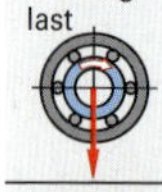</td><td rowspan="3">Übergangs- oder Übermaßpassung erforderlich</td><td>niedrig</td><td>h, k</td><td>k, m</td><td rowspan="3">Punktlast
</td><td rowspan="3">Spielpassung zulässig</td><td rowspan="3">beliebig groß</td><td colspan="2" rowspan="3">J, H, G, F</td></tr>
<tr><td>mittel</td><td>j, k, m</td><td>k, m, n, p</td></tr>
<tr><td>hoch</td><td>m, n</td><td>n, p, r</td></tr>
<tr><td rowspan="3">Punktlast
</td><td rowspan="3">Spielpassung zulässig</td><td rowspan="3">beliebig groß</td><td colspan="2" rowspan="3">j, h, g, f</td><td rowspan="3">Umfangslast
</td><td rowspan="3">Übergangs- oder Übermaßpassung erforderlich</td><td>niedrig</td><td>J</td><td>K</td></tr>
<tr><td>mittel</td><td>K, M</td><td>M, N</td></tr>
<tr><td>hoch</td><td>–</td><td>N, P</td></tr>
</table>

Axiallager

<table>
<tr><th rowspan="2">Belastungsart</th><th rowspan="2">Lager-Bauform</th><th colspan="2">Wellenscheibe (Welle)</th><th colspan="2">Gehäusescheibe (Gehäuse)</th></tr>
<tr><th>Lastfall</th><th>Grundabmaße für Welle[1]</th><th>Lastfall</th><th>Grundabmaße für Gehäuse[1]</th></tr>
<tr><td rowspan="2">Kombinierte Radial-/Axial-Last</td><td rowspan="2">Schrägkugellager
Pendelrollenlager
Kegelrollenlager</td><td>Umfangslast</td><td>j, k, m</td><td>Punktlast</td><td>H, J</td></tr>
<tr><td>Punktlast</td><td>j</td><td>Umfangslast</td><td>K, M</td></tr>
<tr><td>Reine Axial-Last</td><td>Kugellager
Rollenlager</td><td>–</td><td>h, j, k</td><td>–</td><td>H, G, E</td></tr>
</table>

[1] Grundtoleranzgrade: für Wellen meist IT6, für Bohrungen meist IT7. Bei erhöhten Anforderungen an die Laufruhe und die Laufgenauigkeit werden auch kleinere Toleranzgrade verwendet.

Passungsempfehlungen, Passungsauswahl

Passungsempfehlungen[1)]	vgl. DIN 7157 (1966-01, zurückgezogen)
aus Reihe 1	C11/h9, D10/h9, E9/h9, F8/h9, H8/f7, F8/h6, H7/f7, H8/h9, H7/h6, H7/n6, H7/r6, H8/x8 bzw. u8
aus Reihe 2	C11/h11, D10/h11, H8/d9, H8/e8, H7/g6, G7/h6, H11/h9, H7/j6, H7/k6, H7/s6

Passungsauswahl (Beispiele) — vgl. DIN 7157 (1966-01, zurückgezogen)

Einheitsbohrung[2)]		Merkmal/Anwendungsbeispiele	Einheitswelle[2)]	
		Spielpassungen		
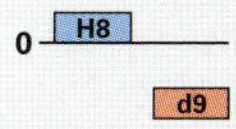	H8/d9	**Großes Passungsspiel** Distanzbuchsen auf Wellen	**D10/h9**	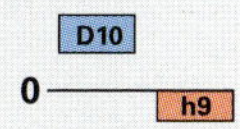
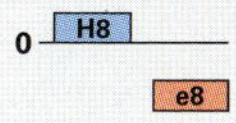	H8/e8	**Merkliches Passungsspiel:** Die Teile können sehr leicht von Hand gegeneinander verschoben werden. Hebellagerungen, Stellringe auf Wellen	**E9/h9**	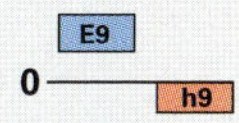
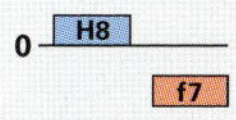	**H8/f7**	**Größeres Passungsspiel:** Die Teile können leicht von Hand gegeneinander verschoben werden. Wellen-Gleitlagerungen	**F8/h9**	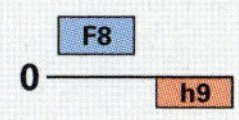
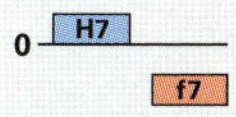	**H7/f7**	**Kleines Passungsspiel:** Die Teile sind noch leicht von Hand gegeneinander verschiebbar. Gleitlager allgemein, Schieberäder, Steuerkolben in Zylindern	**F8/h6**	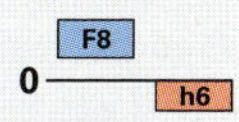
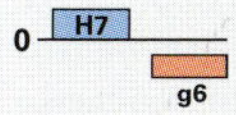	H7/g6	**Geringes Passungsspiel:** Die Teile können noch von Hand gegeneinander verschoben werden. Aufnahmebolzen in Bohrungen, Wellen in Gleitlagern	G7/h6	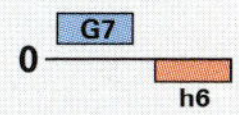
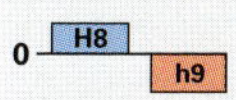	**H8/h9**	**Kaum merkliches Passungsspiel:** Die Teile können mit Handkraft gegeneinander verschoben werden. Distanzbuchsen, Stellringe auf Wellen	**H8/h9**	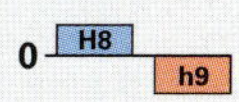
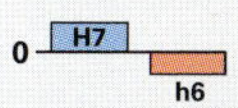	**H7/h6**	**Ganz geringes Passungsspiel:** Ein Verschieben der Teile mit Handkraft ist eventuell noch möglich. Zentrierungen für Lagerdeckel, Schneidstempel in Stempelplatte	**H7/h6**	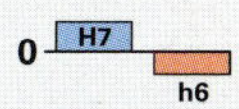
		Übergangspassungen		
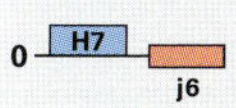	H7/j6	**Eher Passungsspiel als Passungsübermaß:** Ein Verschieben der Teile mit Handkraft ist eventuell noch möglich. Zahnräder auf Wellen	nicht festgelegt	
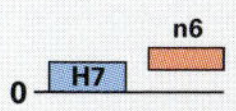	**H7/n6**	**Eher Passungsübermaß als Passungsspiel:** Zum Verschieben der Teile ist eine geringe Presskraft erforderlich. Bohrbuchsen, Auflagebolzen in Vorrichtungen		
		Übermaßpassungen		
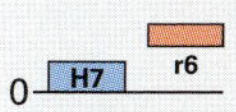	**H7/r6**	**Geringes Passungsübermaß:** Zum Verschieben der Teile ist eine größere Presskraft erforderlich. Buchsen in Gehäusen	nicht festgelegt	
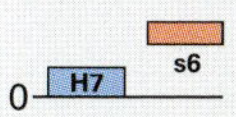	H7/s6	**Reichliches Passungsübermaß:** Zum Verschieben der Teile ist eine große Presskraft erforderlich. Gleitlagerbuchsen, Kränze auf Schneckenradkörpern		
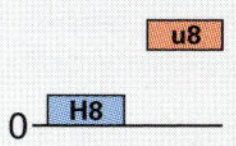	**H8/u8**	**Großes Passungsübermaß:** Die Teile lassen sich nur durch Dehnen oder Schrumpfen fügen. Schrumpfringe, Räder auf Achsen, Kupplungen auf Wellen		
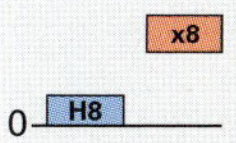	**H8/x8**	**Sehr großes Passungsübermaß:** Die Teile lassen sich nur durch Dehnen oder Schrumpfen fügen. Schrumpfringe, Räder auf Achsen, Kupplungen auf Wellen		

1) Von diesen Passungsempfehlungen soll nur in Ausnahmefällen, z. B. beim Einbau von Wälzlagern, abgewichen werden.
2) Die **fett** gedruckten Passungen sind Toleranzklassenkombinationen nach Reihe 1. Sie sind bevorzugt zu verwenden.

K

Geometrische Produktspezifikation (GPS)

ISO-GPS-System

vgl. DIN EN ISO 14638 (2015-12)

ISO-GPS ist ein weltweites (globales) Normensystem zur Beschreibung von Produktmerkmalen, deren fertigungsbedingten Toleranzen und ihrer Erfassung (Messung), sowie der Kalibrierung der eingesetzten Prüfmittel. Ziel ist die Angleichung aller produktrelevanten Normen und die Steigerung ihrer Eindeutigkeit zur Erleichterung der globalisierten Produktion.

Aufbau und Rangordnung der ISO-GPS-Normen

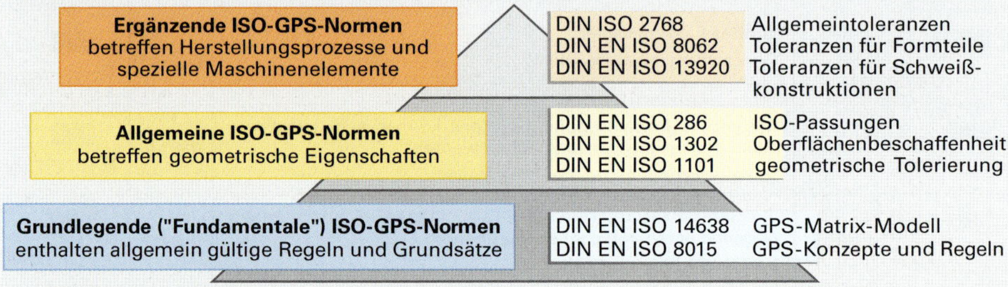

Geometrische Spezifikationen

vgl. DIN EN ISO 8015 (2011-09)

Unabhängigkeitsprinzip

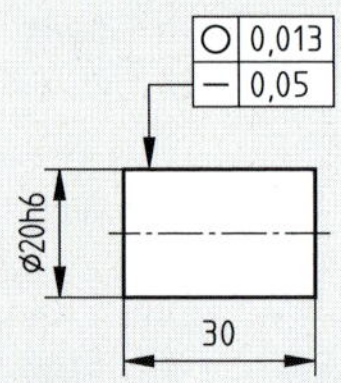

Jede Zeichnungsangabe (Spezifikation) ist unabhängig von anderen Angaben gültig. Ungenutzte Toleranzen dürfen nicht auf andere Merkmale übertragen werden.

Standardmäßig sind alle Maße Zweipunktmaße und benötigen zur eindeutigeren Definition meist weitere Spezifikationen.

Die eingetragenen Maße ergeben zusammen mit den Formtoleranzen eine eindeutige Spezifikation des Geometrieelements „Zylinder" (vgl. Beispiel).

Das Unabhängigkeitsprinzip ist der internationale Standard bei den Tolerierungsgrundsätzen.

Hüllprinzip

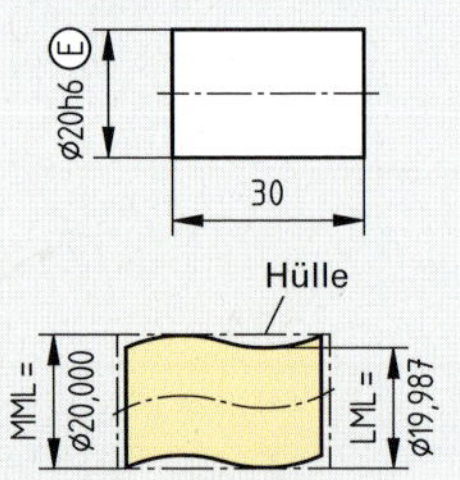

Prüfen der Hüllbedingung: Lehren einer Bohrung ø20H6

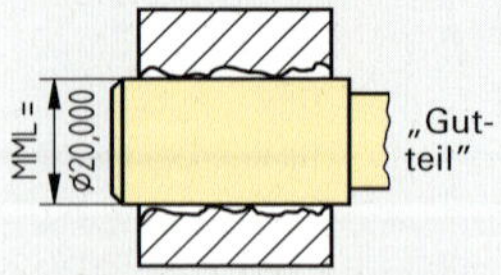

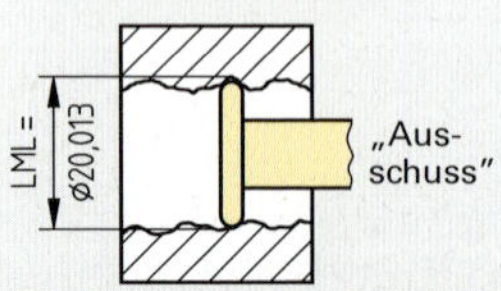

Sollen Teile miteinander gefügt werden (Passungen), so ist die Hüllbedingung anzuwenden. Maßtoleranzen schließen Formabweichungen mit ein. Im Toleranzbereich des Maßes muss die tatsächliche Werkstückgeometrie liegen. Die Prüfung erfolgt mit Lehren oder mithilfe von Koordinatenmessgeräten und Auswerteprogrammen.

Das Hüllprinzip darf nur auf planparallele oder zylindrische Passflächen angewendet werden.

Das Maximum-Material-Grenzmaß (MML) darf nicht überschritten und das Minimum-Material-Grenzmaß (LML) an keiner Stelle unterschritten werden.

MML (maximum material limit): Höchstmaß Welle/Mindestmaß Bohrung.
LML (least material limit): Mindestmaß Welle/Höchstmaß Bohrung

Angabe in der Zeichnung:

- **Örtliche (lokale) Gültigkeit** durch das Symbol Ⓔ[1] am Maß:
  → ø 20h6 Ⓔ
- **Globale Gültigkeit** für alle Maße der Zeichnung durch Eintrag beim Schriftfeld:
  → Maße nach ISO 14405 Ⓔ

Anforderungen an Lehren:

- Gutseite erfasst das gesamte Geometrieelement
- Ausschussseite prüft Zweipunktmaß (LML)

Die Spezifikationsoperatoren (Zeichnungsangaben) werden durch Modifikationssymbole (Anforderungsangaben) ergänzt und von der Konstruktion verantwortet (vgl. Seite 115).

Sie werden unabhängig von den Messverfahren (Verifikation) festgelegt.

Die Qualitätsprüfung legt geeignete Verifikationsoperatoren (Messgrößen) unter Berücksichtigung der Messunsicherheit fest.

Alle Verifikationsoperatoren zusammen müssen den Spezifikationsoperator abbilden.

[1] **E**nvelope = Hülle

Geometrische Produktspezifikation

Konzepte und Regeln

vgl. DIN EN ISO 8015 (2011-09)

Annahmen zur Zeichnungsinterpretation und für die Festlegungen der Spezifikationen:

1. Alle **Funktionsgrenzen** des Bauteils werden theoretisch/praktisch (am Prototyp) ermittelt.
2. Die **Toleranzgrenzen** sind den Funktionsgrenzen gleichgesetzt – ohne zusätzliche Sicherheit.
3. Eine Funktion des Bauteils **(Funktionsniveau)** ist nur dann gegeben, wenn alle Maße innerhalb der Toleranzen (Spezifikationsgrenzen) liegen.

Maße

vgl. DIN EN ISO 14405-1 und -2 (2011-04)

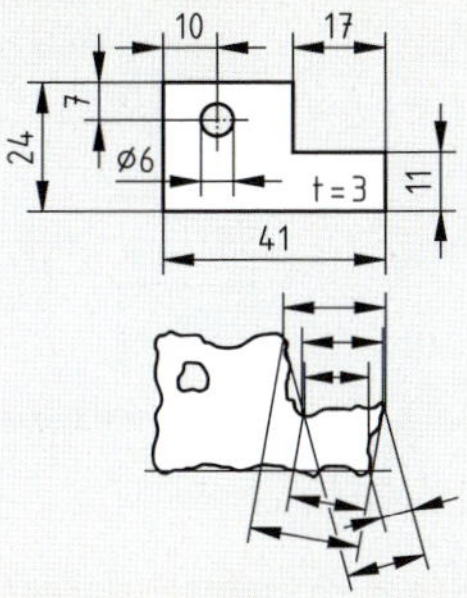

Lineare Maße

Längenmaße für die Maßelemente **Zylinder, Kugel** und zwei **parallele** sich **gegenüberliegende Flächen.**

Standardspezifikation ist das mehrdeutige „Zweipunktmaß". Deshalb sollten mit der Angabe „Maße ISO 14405 (GG)" beim Schriftfeld die mittleren Maße festgelegt werden (vgl. unten).

Andere als lineare Maße

Stufenmaße, Winkel, Radien, Kanten und Abstände sind durch lineare Maße nicht eindeutig spezifiziert (vgl. im Beispiel die Maße 7, 10 und 17).

Die geforderte Eindeutigkeit wird erreicht durch geometrische Tolerierung (Seiten 116...118), Spezifikationsoperatoren und Modifikationssymbole.

K

Spezifikation und Modifikation linearer Maße (Auswahl)

vgl. DIN EN ISO 14405-1 (2011-04)

Begriff	Zeichnungseintrag	Erklärung – Anwendung	Darstellung
LP-Zweipunktmaß (local point)	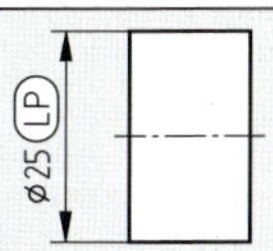	Das Messergebnis wird durch eine mehrdeutige Zweipunktprüfung ermittelt (gilt als Standard auch ohne Kennzeichnung durch LP). Für untergeordnete Maße und manuelles Messen.	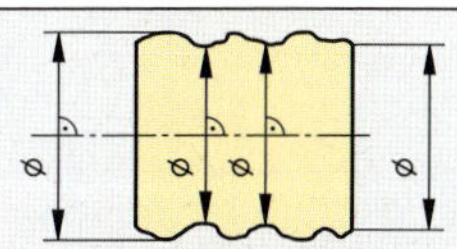
GG – mittleres Maß (global Gauß)	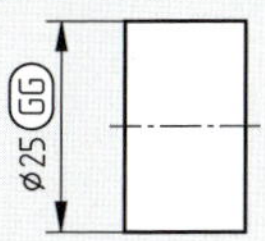	Das Messergebnis wird durch softwaregestützte Ausgleichsrechnung nach Gauß (Methode der kleinsten Quadrate) ermittelt. Eindeutiges Messergebnis mit kleinstmöglicher Messunsicherheit.	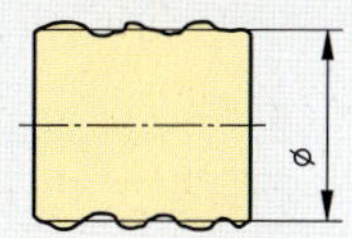
GX-Pferchelement (global Max)	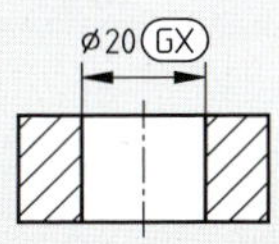	Das Messergebnis ist das größte einbeschriebene Geometrieelement. Paarungsmaße für innere Geometrieelemente, z. B. bei Bohrungen für Bolzen oder Schrauben.	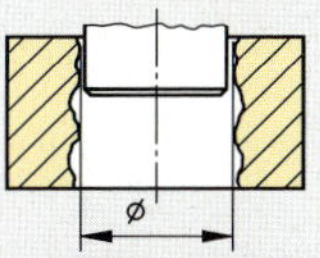
GN-Hüllelement (global Min)	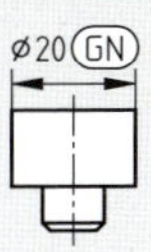	Das Messergebnis ist das kleinste umschriebene Geometrieelement. Paarungsmaße für äußere Geometrieelemente, z. B. bei Aufnahmebolzen zur Positionierung.	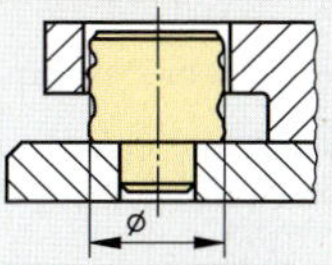
(E) Hüllbedingung	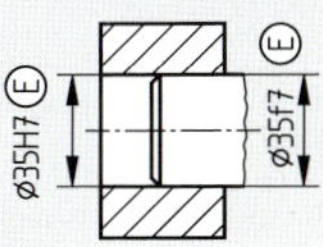	Die Hüllbedingung ist anzuwenden, wenn Teile miteinander gefügt werden, z. B. bei Führungen und Spielpassungen bei Lagern (vgl. vorherige Seite). Die Maßtoleranz begrenzt die Formabweichungen. Die Prüfung der Hüllbedingung ist umfangreich.	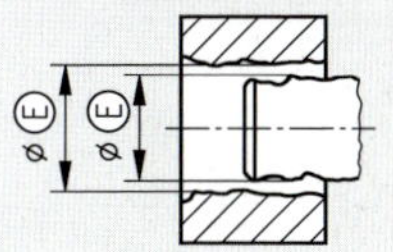
(M) Maximum-Material-Bedingung vgl. DIN EN ISO 2692 (2015-12)	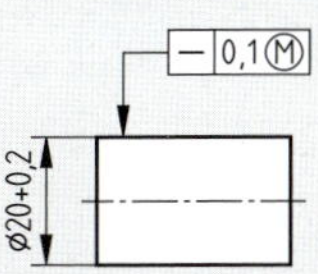	Die Formtoleranz wird um die ungenutzte Durchmessertoleranz des Zylinders vergrößert (vgl. Beispiel), wodurch sich eine wirtschaftlichere Fertigung ergibt. Dies gilt auch für Positionstoleranzen, z. B. bei Felgenbohrungen und Radschrauben. Die Prüfung erfolgt mit Funktionslehren.	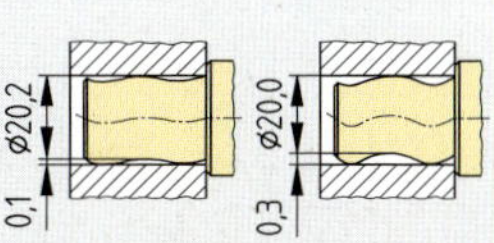

Geometrische Tolerierung

Tolerierung von Form, Richtung, Ort und Lauf

vgl. DIN EN ISO 1101 (2014-04)

Aufbau der Toleranzangaben

Bezug	Toleriertes Element
• **Kennzeichnung** 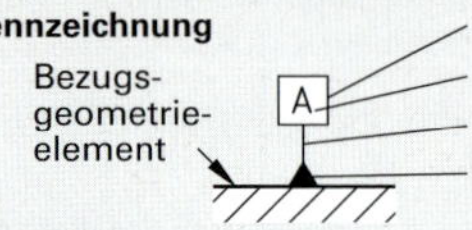	• **Kennzeichnung** 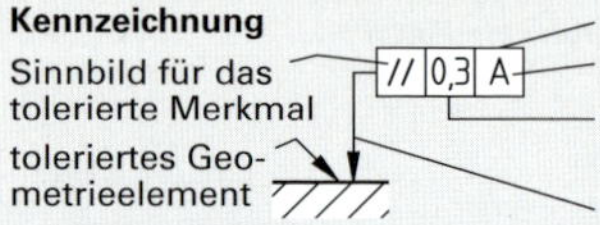
• **Bezug** ist 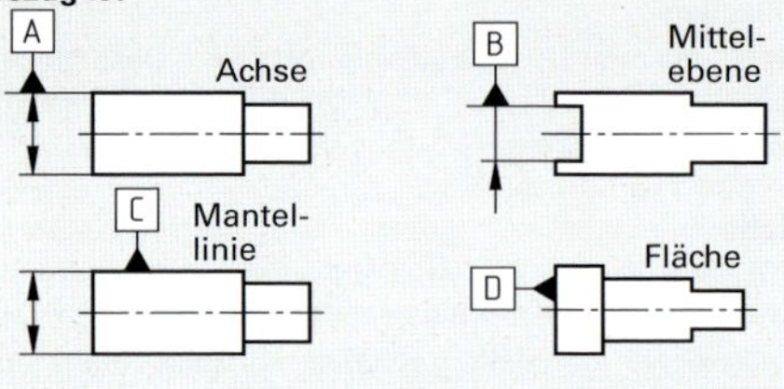	• **Toleranz** gilt für 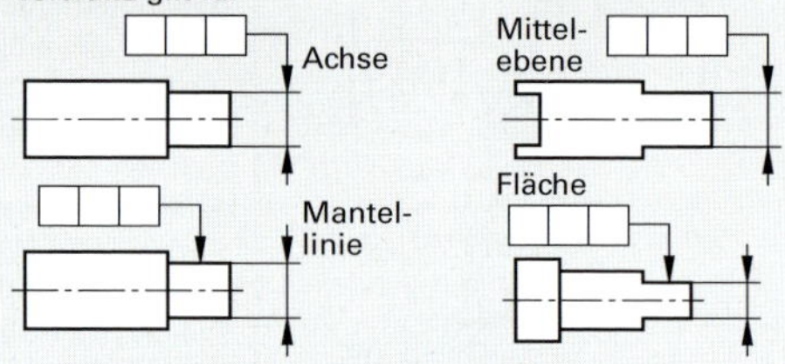

Zeichnungseintrag für Bezüge und tolerierte Elemente

Bezüge	Einfachbezug	Gemeinsamer Bezug	Mehrfachbezug (zwei oder drei Elemente)
Beispiel	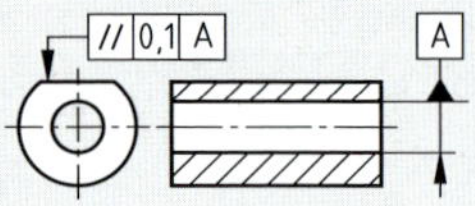	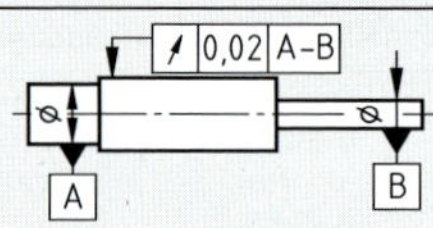	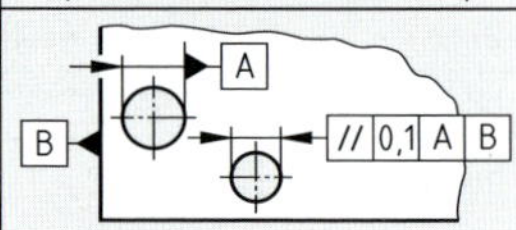
Bezug im Toleranzrahmen	einzelner Bezugsbuchstabe	Bezugsbuchstaben durch Bindestrich getrennt	Reihenfolge der Bezugsbuchstaben nach ihrer Wichtigkeit

Beispiele

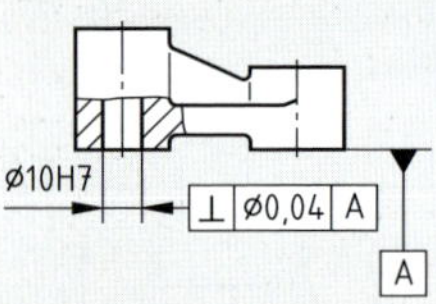

Die Achse der Bohrung muss rechtwinkling zur Auflagefläche verlaufen (Toleranzwert 0,04 mm).

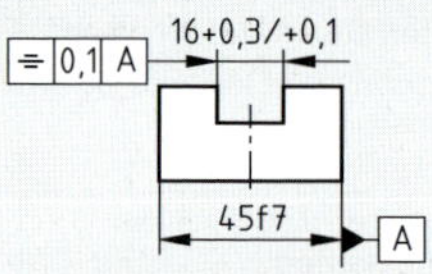

Die Mittelebene der Nut muss symmetrisch zur Mittelebene der Außenflächen verlaufen (Toleranzwert 0,1 mm).

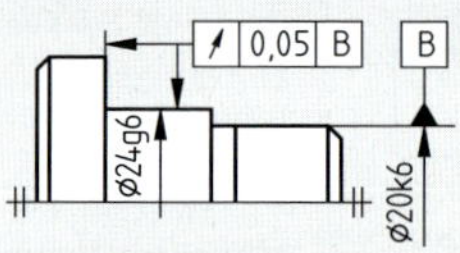

Zur Achse ⌀20k6 muss die zylindrische Fläche ⌀24g6 rund und die ebene Fläche plan laufen (Toleranzwert 0,05 mm).

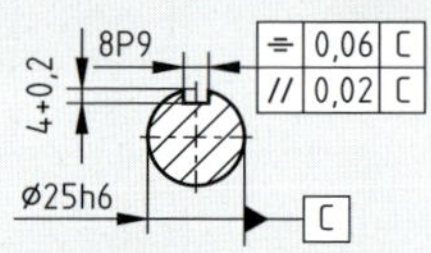

Zur Achse ⌀25h6 muss die Nut symmetrisch (Toleranzwert 0,06 mm) und parallel (Toleranzwert 0,02 mm) liegen.

Angaben in Zeichnungen

vgl. DIN EN ISO 1101 (2014-04)

Toleriertes Merkmal und Sinnbild		Zeichnungsangabe	Erklärung	Toleranzzone
Formtoleranzen				
Geradheit	—	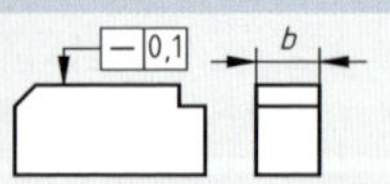	Die Linie muss an jeder Stelle der Breite *b* zwischen zwei Geraden vom Abstand *t* = 0,1 mm liegen.	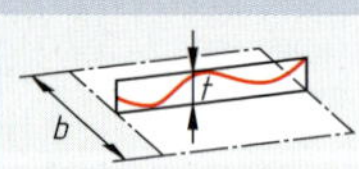
		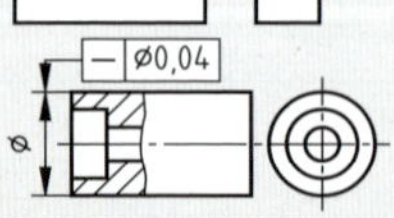	Die Achse des Zylinders muss sich innerhalb eines Zylinders vom Durchmesser *t* = 0,04 mm befinden.	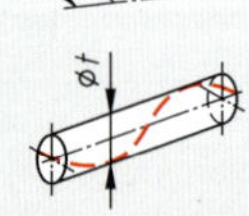
Ebenheit	⏥	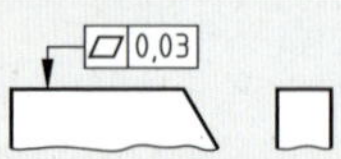	Die Fläche muss zwischen zwei parallelen Ebenen vom Abstand *t* = 0,03 mm liegen.	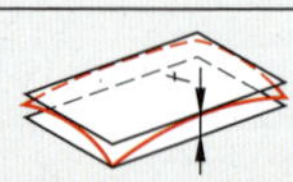

Geometrische Tolerierung

Angaben in Zeichnungen (Fortsetzung)				vgl. DIN EN ISO 1101 (2014-04)
Toleriertes Merkmal und Sinnbild		**Zeichnungsangabe**	**Erklärung**	**Toleranzzone**
Formtoleranzen (Fortsetzung)				
Rundheit	○	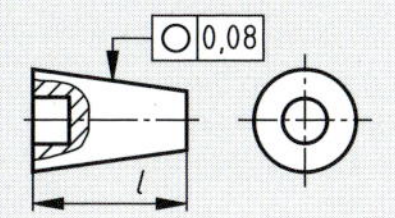	Die Umfangslinie des Kegelquerschnittes muss an jeder Stelle der Kegellänge l innerhalb zweier konzentrischer Kreise vom radialen Abstand t = 0,08 mm liegen.	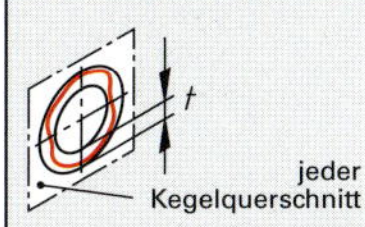
Zylinderform	⌭	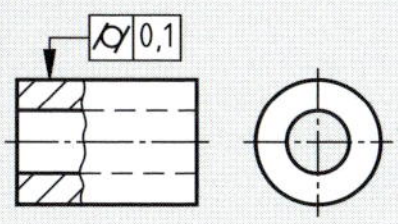	Die Mantelfläche des Zylinders muss zwischen zwei koaxialen Zylindern liegen, die einen radialen Abstand von t = 0,1 mm haben.	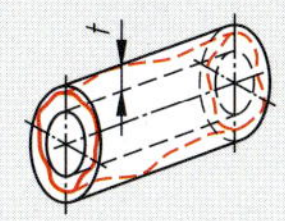
Profilform (Linie)	⌒	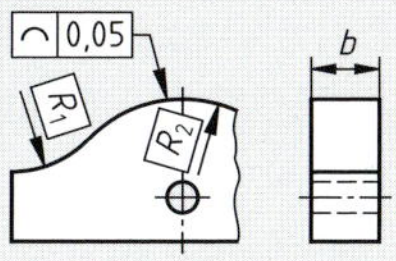	Die Profillinie muss an jeder Stelle der Werkstückdicke b zwischen zwei Hülllinien liegen, deren Abstand durch Kreise vom Durchmesser t = 0,05 mm begrenzt ist. Die Mittelpunkte der Kreise befinden sich auf einer Linie von geometrisch idealer Form.	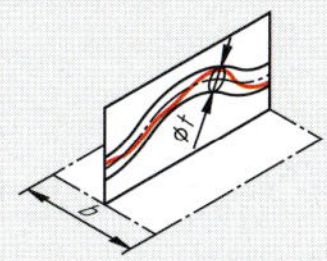
Profilform (Fläche)	⌓	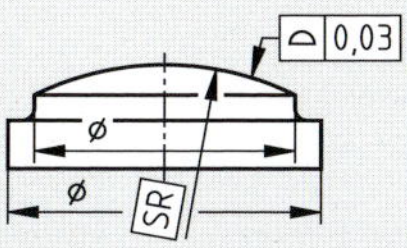	Die Kugelfläche muss sich zwischen zwei Hüllflächen befinden, deren Abstand t = 0,03 mm durch Kugeln gebildet wird. Die Kugelmittelpunkte liegen auf der geometrisch idealen Fläche.	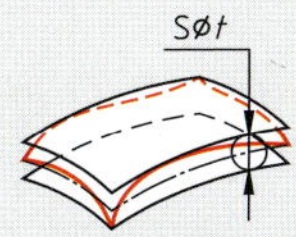
Richtungstoleranzen				
Parallelität	//	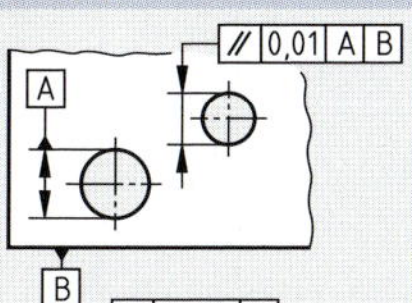	Die Achse der Bohrung muss zwischen zwei parallelen Ebenen vom Abstand t = 0,01 mm liegen. Die Ebenen liegen parallel zur Bezugsachse A und zur Bezugsebene B und in der festgelegten (hier senkrechten) Richtung.	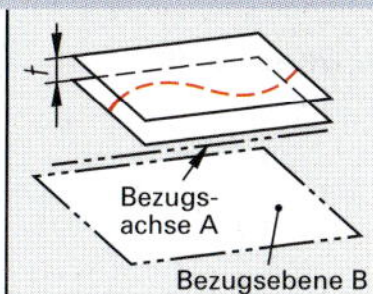
		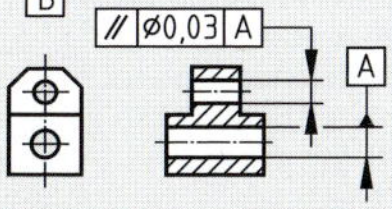	Die Achse der Bohrung muss innerhalb eines Zylinders vom Durchmesser t = 0,03 mm liegen, dessen Achse parallel zur Bezugsachse A ist.	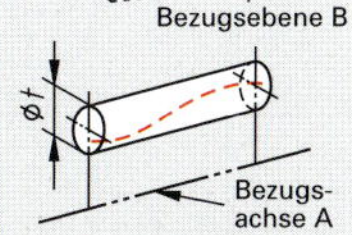
Rechtwinkligkeit	⊥	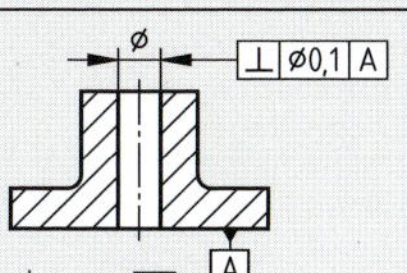	Die Achse der Bohrung muss innerhalb eines zur Bezugsebene A rechtwinkligen Zylinders vom Durchmesser t = 0,1 mm liegen.	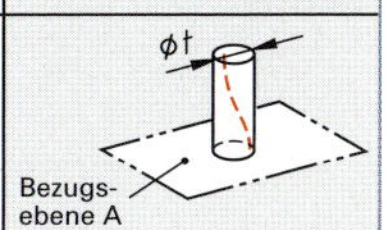
		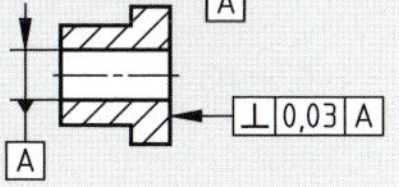	Die Planfläche muss zwischen zwei zur Bezugsachse A senkrechten Ebenen vom Abstand t = 0,03 mm liegen.	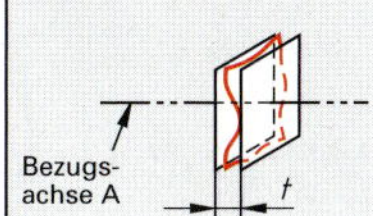
Neigung	∠	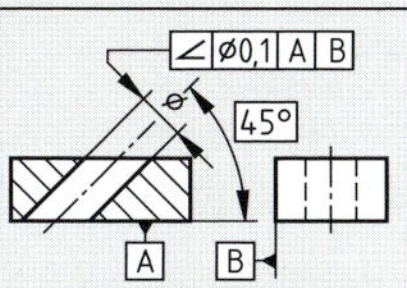	Die Achse der Bohrung muss innerhalb eines Zylinders vom Durchmesser t = 0,1 mm liegen. Die Zylinderachse liegt parallel zur Bezugsebene B und ist im theoretisch genauen Winkel von α = 45° zur Bezugsebene A geneigt.	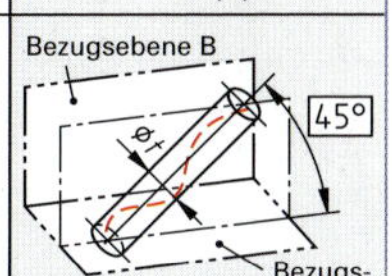
		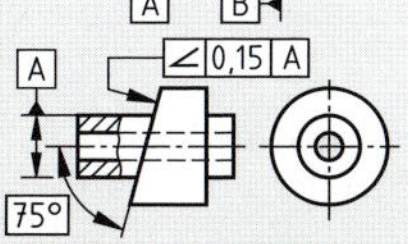	Die geneigte Fläche muss zwischen zwei parallelen Ebenen vom Abstand t = 0,15 mm liegen, die im theoretisch genauen Winkel von α = 75° zur Bezugsachse A geneigt sind.	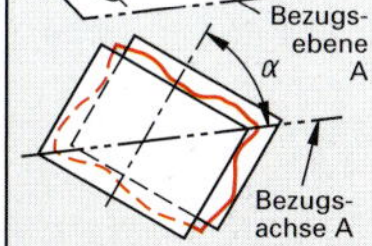

Geometrische Tolerierung

Angaben in Zeichnungen (Fortsetzung)

vgl. DIN EN ISO 1101 (2014-04)

Toleriertes Merkmal und Sinnbild		Zeichnungsangabe	Erklärung	Toleranzzone
Ortstoleranzen				
Position	⌖	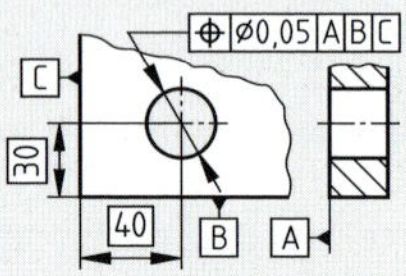 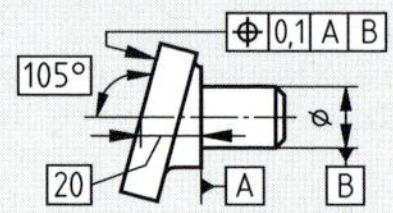	Die Achse der Bohrung muss innerhalb eines Zylinders vom Durchmesser $t = 0{,}05$ mm liegen. Die Zylinderachse muss mit dem theoretisch genauen Ort der Bohrungsachse zu den Bezugsebenen A, B und C übereinstimmen. Die Fläche muss zwischen zwei parallelen Ebenen vom Abstand $t = 0{,}1$ mm symmetrisch zum theoretisch genauen Ort der tolerierten Fläche, bezogen auf die Bezugsebene A und die Bezugsachse B, liegen.	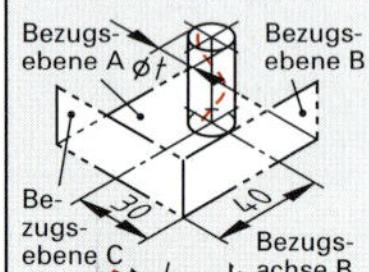 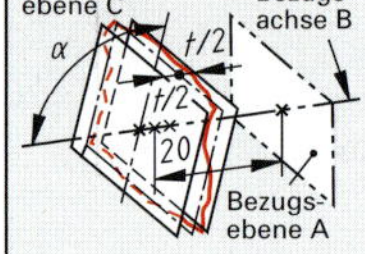
Konzentrizität	◎	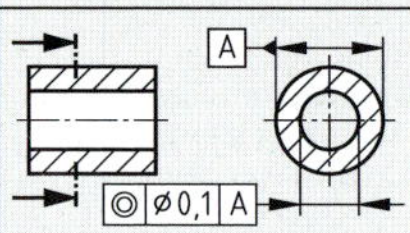	Der Mittelpunkt der Bohrung muss innerhalb eines Kreises vom Durchmesser $t = 0{,}1$ mm liegen, konzentrisch zum Bezugspunkt A im Querschnitt.	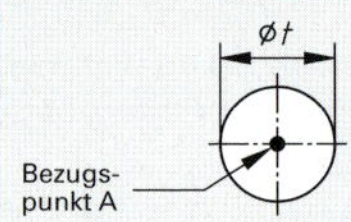
Koaxialität	◎	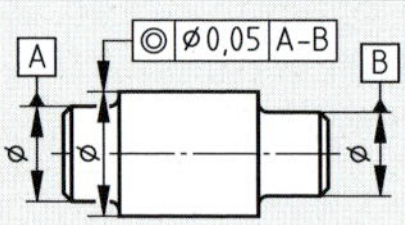	Die Achse des Durchmessers muss sich innerhalb eines Zylinders vom Durchmesser $t = 0{,}05$ mm befinden, dessen Achse auf der gemeinsamen Bezugsachse A–B liegt.	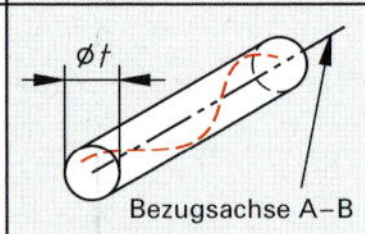
Symmetrie	⌯	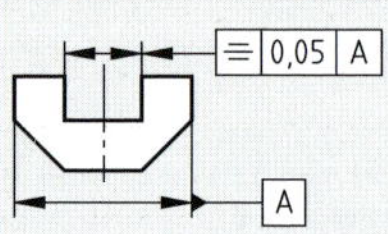	Die Mittelebene der Nut muss zwischen zwei parallelen Ebenen vom Abstand $t = 0{,}05$ mm liegen, die symmetrisch zur Bezugsmittelebene A angeordnet sind.	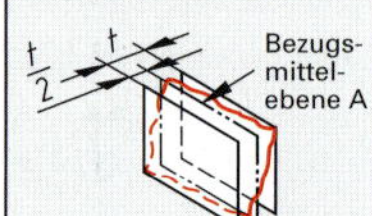
Lauftoleranzen				
Rundlauf radial	↗	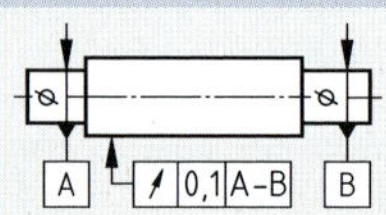 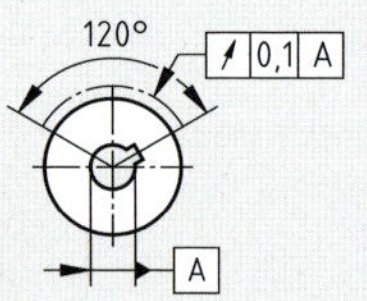	Die Umfangslinie muss in jedem Querschnitt rechtwinklig zur gemeinsamen Bezugsachse A–B zwischen zwei in der gleichen Ebene liegenden konzentrischen Kreisen liegen, die einen radialen Abstand von $t = 0{,}1$ mm besitzen. Die 120°-Umfangslinie muss in jedem Querschnitt rechtwinklig zur Bezugsachse A zwischen zwei in der gleichen Ebene liegenden konzentrischen Kreisen liegen, die einen radialen Abstand von $t = 0{,}1$ mm besitzen.	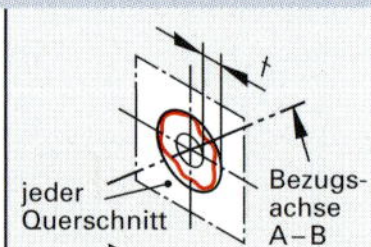 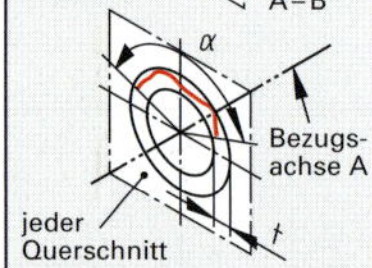
Rundlauf axial	↗	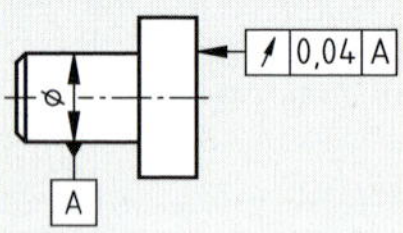	Die Umfangslinie muss an jedem Durchmesser der Planfläche zwischen zwei Kreisen liegen, die einen axialen Abstand von $t = 0{,}04$ mm haben. Die jeweilige Durchmesserachse muss mit der Bezugsachse A übereinstimmen.	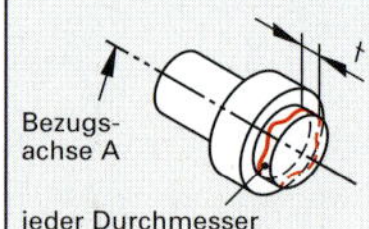
Gesamtlauf radial	⌰	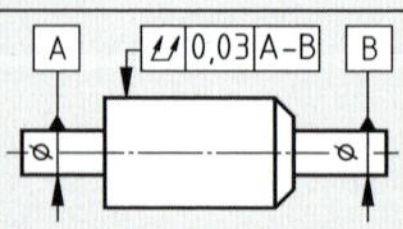	Die Mantelfläche muss zwischen zwei koaxialen Zylindern liegen, die einen radialen Abstand von $t = 0{,}03$ mm haben. Die Achsen der Zylinder müssen mit der gemeinsamen Bezugsachse A–B übereinstimmen.	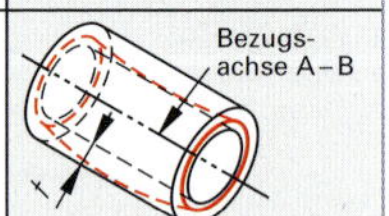
Gesamtlauf axial	⌰	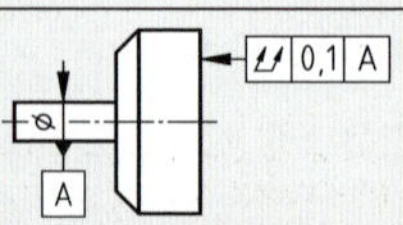	Die Planfläche muss zwischen zwei parallelen Ebenen vom Abstand $t = 0{,}1$ mm liegen, die rechtwinklig zur Bezugsachse A sind.	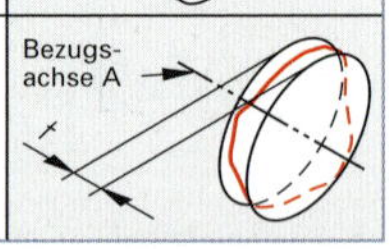

K

4 Werkstofftechnik

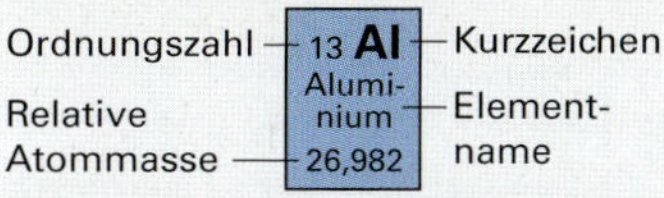

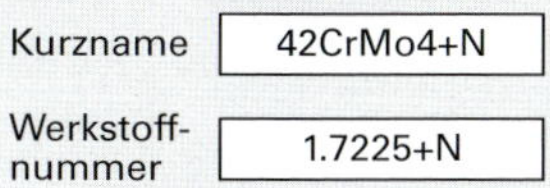

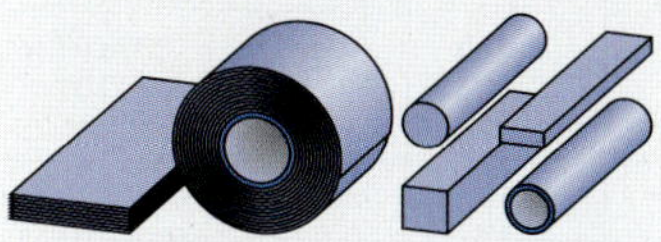

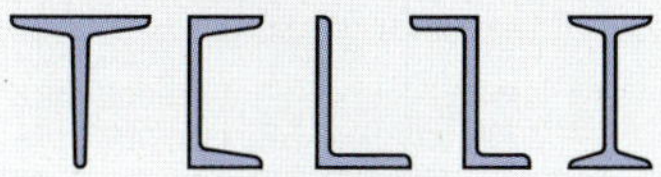

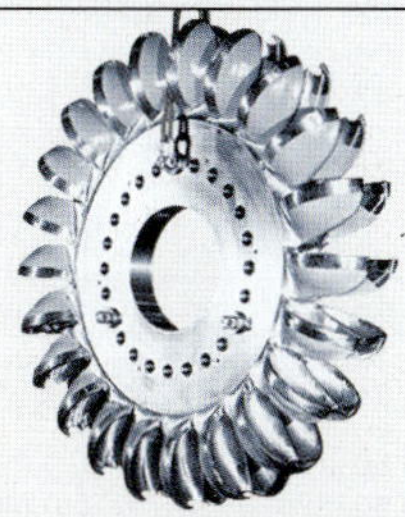

W

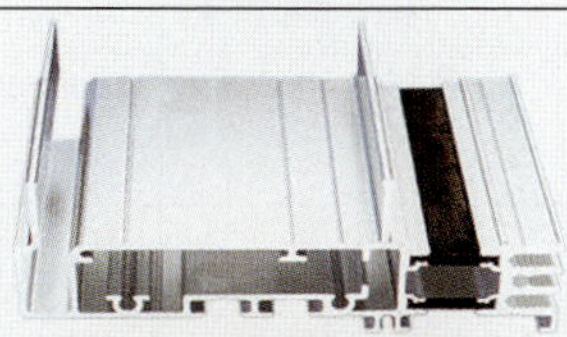

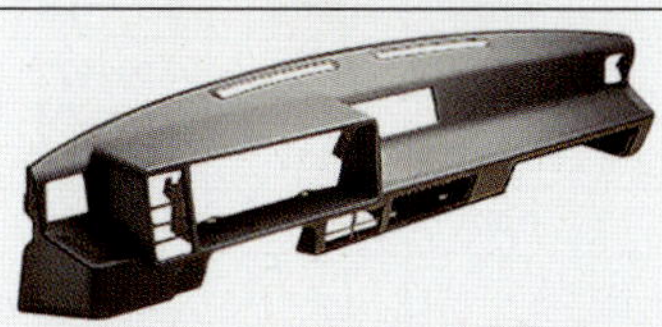

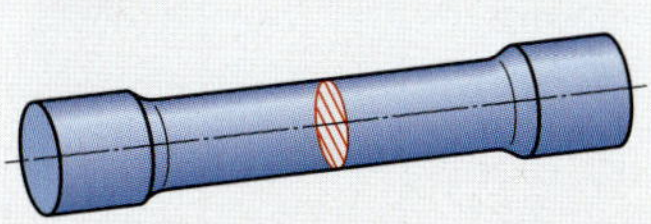

Stoffwerte von festen Stoffen

Feste Stoffe

Stoff	Dichte ϱ kg/dm³	Schmelztemperatur bei 1,013 bar ϑ °C	Siedetemperatur bei 1,013 bar ϑ °C	Spezif. Schmelzwärme bei 1,013 bar q kJ/kg	Wärmeleitfähigkeit bei 20 °C λ W/(m · K)	Mittlere spezif. Wärmekapazität bei 0...100 °C c kJ/(kg · K)	Spezif. Widerstand bei 20 °C ϱ_{20} Ω · mm²/m	Längenausdehnungskoeffizient 0...100 °C α_l 1/°C od. 1/K
Aluminium (Al)	2,7	659	2467	356	204	0,94	0,028	0,0000238
Antimon (Sb)	6,69	630,5	1637	163	22	0,21	0,39	0,0000108
Asbest	2,1...2,8	≈ 1300	–	–	–	0,81	–	–
Beryllium (Be)	1,85	1280	≈ 3000	–	165	1,825	0,04	0,0000123
Beton	1,8...2,2	–	–	–	≈ 1	0,88	–	0,00001
Bismut (Bi)	9,8	271	1560	59	8,1	0,12	1,25	0,0000125
Blei (Pb)	11,3	327,4	1751	24,3	34,7	0,13	0,208	0,000029
Cadmium (Cd)	8,64	321	765	54	91	0,23	0,077	0,00003
Chrom (Cr)	7,2	1903	2642	134	69	0,46	0,13	0,0000084
Cobalt (Co)	8,9	1493	2880	268	69,1	0,43	0,062	0,0000127
CuAl-Legierungen	7,4...7,7	1040	2300	–	61	0,44	–	0,0000195
CuSn-Legierungen	7,4...8,9	900	2300	–	46	0,38	0,02...0,03	0,0000175
CuZn-Legierungen	8,4...8,7	900...1000	2300	167	105	0,39	0,05...0,07	0,0000185
Eis	0,92	0	100	332	2,3	2,09	–	0,000051
Eisen, rein (Fe)	7,87	1536	3070	276	81	0,47	0,13	0,000012
Eisenoxid (Rost)	5,1	1570	–	–	0,58 (pulv.)	0,67	–	–
Fette	0,92...0,94	30...175	≈ 300	–	0,21	–	–	–
Gips	2,3	1200	–	–	0,45	1,09	–	–
Glas (Quarzglas)	2,4...2,7	520...550[1]	–	–	0,8...1,0	0,73	10^{18}	0,0000005
Gold (Au)	19,3	1064	2707	67	310	0,13	0,022	0,0000142
Grafit (C)	2,26	≈ 3550	≈ 4800	–	168	0,71	–	0,0000078
Gusseisen	7,25	1150...1200	2500	125	58	0,50	0,6...1,6	0,0000105
Hartmetall (K 20)	14,8	> 2000	≈ 4000	–	81,4	0,80	–	0,000005
Holz (lufttrocken)	0,20...0,72	–	–	–	0,06...0,17	2,1...2,9	–	≈ 0,00004[2]
Iridium (Ir)	22,4	2443	> 4350	135	59	0,13	0,053	0,0000065
Iod (I)	5,0	113,6	183	62	0,44	0,23	–	–
Kohlenst. (Diamant)	3,51	≈ 3550	–	–	–	0,52	–	0,00000118
Koks	1,6...1,9	–	–	–	0,18	0,83	–	–
Konstantan	8,89	1260	≈ 2400	–	23	0,41	0,49	0,0000152
Kork	0,1...0,3	–	–	–	0,04...0,06	1,7...2,1	–	–
Korund (Al_2O_3)	3,9...4,0	2050	2700	–	12...23	0,96	–	0,0000065
Kupfer (Cu)	8,96	1083	≈ 2595	213	384	0,39	0,0179	0,0000168
Magnesium (Mg)	1,74	650	1120	195	172	1,04	0,044	0,000026
Magnesium-Leg.	≈ 1,8	≈ 630	1500	–	46...139	–	–	0,0000245
Mangan (Mn)	7,43	1244	2095	251	21	0,48	0,39	0,000023
Molybdän (Mo)	10,22	2620	4800	287	145	0,26	0,054	0,0000052
Natrium (Na)	0,97	97,8	890	113	126	1,3	0,04	0,000071
Nickel (Ni)	8,91	1455	2730	306	59	0,45	0,095	0,000013
Niob (Nb)	8,55	2468	≈ 4800	288	53	0,273	0,217	0,0000071
Phosphor, gelb (P)	1,82	44	280	21	–	0,80	–	–
Platin (Pt)	21,5	1769	4300	113	70	0,13	0,098	0,000009
Polystyrol	1,05	–	–	–	0,17	1,3	10^{10}	0,00007
Porzellan	2,3...2,5	≈ 1600	–	–	1...4	0,75...0,9	10^{12}	0,000004
Quarz, Flint (SiO_2)	2,1...2,5	1480	2230	–	9,9	0,8	–	0,000008
Schaumgummi	0,06...0,25	–	–	–	0,04...0,06	–	–	–
Schwefel (S)	2,07	113	344,6	49	0,2	0,70	–	–
Selen, rot (Se)	4,4	220	688	83	0,2	0,33	–	–
Silber (Ag)	10,5	961,5	2180	105	407	0,23	0,015	0,0000193

[1] Transformationstemperatur (Übergang starr, fest nach plastisch, zähflüssig) [2] quer zur Faser

Stoffwerte von festen, flüssigen und gasförmigen Stoffen

Feste Stoffe (Fortsetzung)

Stoff	Dichte ϱ kg/dm³	Schmelz-temperatur bei 1,013 bar ϑ °C	Siede-temperatur bei 1,013 bar ϑ °C	Spezif. Schmelz-wärme bei 1,013 bar q kJ/kg	Wärme-leitfähig-keit bei 20 °C λ W/(m · K)	Mittlere spezif. Wärme-kapazität bei 0 … 100 °C c kJ/(kg · K)	Spezif. Wider-stand bei 20 °C ϱ_{20} Ω · mm²/m	Längenaus-dehnungs-koeffizient 0 … 100 °C α_l 1/°C od. 1/K
Silicium (Si)	2,33	1423	2355	1658	83	0,75	2,3 · 10⁹	0,0000042
Siliciumkarbid (SiC)	3,2	zerfällt über 3000 °C in C und Si			110[1]	0,7[1]	–	0,0000047
Stahl, unlegiert	7,85	≈ 1500	2500	205	48 … 58	0,49	0,14 … 0,18	0,0000119
Stahl, legiert	7,9	≈ 1500	–	–	14	0,51	0,7	0,0000161
Steinkohle	1,35	–	–	–	0,24	1,02	–	–
Tantal (Ta)	16,6	2996	5400	172	54	0,14	0,124	0,0000065
Titan (Ti)	4,5	1670	3280	88	15,5	0,52	0,42	0,000009
Uran (U)	19,1	1133	≈ 3800	356	28	0,12	–	–
Vanadium (V)	6,12	1890	≈ 3380	343	31,4	0,50	0,2	–
Wolfram (W)	19,27	3390	5500	54	130	0,13	0,055	0,0000045
Zink (Zn)	7,13	419,5	907	101	113	0,4	0,06	0,000029
Zinn (Sn)	7,29	231,9	2687	59	65,7	0,24	0,114	0,000023

Flüssige Stoffe

Stoff	Dichte bei 20 °C ϱ kg/dm³	Zünd-tempe-ratur ϑ °C	Gefrier- bzw. Schmelz-temperatur bei 1,013 bar ϑ °C	Siede-tempe-ratur bei 1,013 bar ϑ °C	Spezif. Verdamp-fungs-wärme[2] r kJ/kg	Wärme-leitfähig-keit bei 20 °C λ W/(m · K)	Spezif. Wärme-kapazität bei 20 °C c kJ/(kg · K)	Volumen-ausdeh-nungs-koeffizient α_V 1/°C od. 1/K
Äthyläther $(C_2H_5)_2O$	0,71	170	– 116	35	377	0,13	2,28	0,0016
Benzin	0,72 … 0,75	220	– 30 … – 50	25 … 210	419	0,13	2,02	0,0011
Dieselkraftstoff	0,81 … 0,85	220	– 30	150 … 360	628	0,15	2,05	0,00096
Heizöl EL	≈ 0,83	220	– 10	> 175	628	0,14	2,07	0,00096
Maschinenöl	0,91	400	– 20	> 300	–	0,13	2,09	0,00093
Petroleum	0,76 … 0,86	550	– 70	> 150	314	0,13	2,16	0,001
Quecksilber (Hg)	13,5	–	– 39	357	285	10	0,14	0,00018
Spiritus 95 %	0,81	520	– 114	78	854	0,17	2,43	0,0011
Wasser, destilliert	1,00[3]	–	0	100	2256	0,60	4,18	0,00018

[1] starke Schwankungen bei unterschiedlichen Herstellungsbedingungen [2] bei Siedetemperatur und 0,013 bar [3] bei 4 °C

Gasförmige Stoffe

Stoff	Dichte bei 0 °C und 1,013 bar ϱ kg/m³	Dichte-zahl[1] ϱ/ϱ_L	Schmelz-temperatur bei 1,013 bar ϑ °C	Siede-temperatur bei 1,013 bar ϑ °C	Wärme-leitfähigkeit bei 20 °C λ W/(m · K)	Wärme-leitzahl[2] λ/λ_L	Spezifische Wärmekapazität bei 20 °C und 1,013 bar c_p[3] kJ/(kg · K)	c_v[4]
Acetylen (C_2H_2)	1,17	0,905	– 84	– 82	0,021	0,81	1,64	1,33
Ammoniak (NH_3)	0,77	0,596	– 78	– 33	0,024	0,92	2,06	1,56
Butan (C_4H_{10})	2,70	2,088	– 135	– 0,5	0,016	0,62	–	–
Frigen (CF_2Cl_2)	5,51	4,261	– 140	– 30	0,010	0,39	–	–
Kohlenoxid (CO)	1,25	0,967	– 205	– 190	0,025	0,96	1,05	0,75
Kohlendioxid (CO_2)	1,98	1,531	– 57[5]	– 78	0,016	0,62	0,82	0,63
Luft	1,293	1,0	– 220	– 191	0,026	1,00	1,005	0,716
Methan (CH_4)	0,72	0,557	– 183	– 162	0,033	1,27	2,19	1,68
Propan (C_3H_8)	2,00	1,547	– 190	– 43	0,018	0,69	–	–
Sauerstoff (O_2)	1,43	1,106	– 219	– 183	0,026	1,00	0,91	0,65
Stickstoff (N_2)	1,25	0,967	– 210	– 196	0,026	1,00	1,04	0,74
Wasserstoff (H_2)	0,09	0,07	– 259	– 253	0,180	6,92	14,24	10,10

[1] Dichtezahl = Dichte eines Gases ϱ geteilt durch die Dichte der Luft ϱ_L.
[2] Wärmeleitzahl = Wärmeleitfähigkeit λ eines Gases durch die Wärmeleitfähigkeit λ_L der Luft.
[3] bei konstantem Druck [4] bei konstantem Volumen [5] bei 5,3 bar

Periodisches System der Elemente

Ordnungszahl (= Protonenzahl) — 11 **Na** — **Kurzzeichen**

Elementname; Zustand bei 273 K (0 °C) und 1,013 bar: Natrium

Relative Atommasse — 22,989

fest: Schwarze Schrift
flüssig: Braune Schrift
gasförmig: Blaue Schrift

Radioaktive Elemente in Rot, z. B. 222
künstlich hergestellte Elemente in Klammern, z. B. (261)

1) Leichtmetalle $\varrho \leq 5\ kg/dm^3$; Schwermetalle $\varrho > 5\ kg/dm^3$

Periode	Hauptgruppen 1 (I A)	2 (II A)	Nebengruppen 3 (III B)	4 (IV B)	5 (V B)	6 (VI B)	7 (VII B)	8	9 (VIII B)	10	11 (I B)	12 (II B)	Hauptgruppen 13 (III A)	14 (IV A)	15 (V A)	16 (VI A)	17 (VII A)	18 (VIII A)
1	1 **H** Wasserstoff 1,008																	2 **He** Helium 4,002
2	3 **Li** Lithium 6,941	4 **Be** Beryllium 9,012											5 **B** Bor 10,811	6 **C** Kohlenstoff 12,011	7 **N** Stickstoff 14,007	8 **O** Sauerstoff 15,999	9 **F** Fluor 18,998	10 **Ne** Neon 20,179
3	11 **Na** Natrium 22,989	12 **Mg** Magnesium 24,305											13 **Al** Aluminium 26,982	14 **Si** Silicium 28,086	15 **P** Phosphor 30,974	16 **S** Schwefel 32,066	17 **Cl** Chlor 35,453	18 **Ar** Argon 39,948
4	19 **K** Kalium 39,098	20 **Ca** Calcium 40,078	21 **Sc** Scandium 44,956	22 **Ti** Titan 47,867	23 **V** Vanadium 50,942	24 **Cr** Chrom 51,996	25 **Mn** Mangan 54,938	26 **Fe** Eisen 55,845	27 **Co** Cobalt 58,933	28 **Ni** Nickel 58,693	29 **Cu** Kupfer 63,546	30 **Zn** Zink 65,390	31 **Ga** Gallium 69,723	32 **Ge** Germanium 75,610	33 **As** Arsen 74,922	34 **Se** Selen 78,960	35 **Br** Brom 79,904	36 **Kr** Krypton 83,798
5	37 **Rb** Rubidium 85,468	38 **Sr** Strontium 87,620	39 **Y** Yttrium 88,906	40 **Zr** Zirconium 91,224	41 **Nb** Niob 92,906	42 **Mo** Molybdän 95,962	43 **Tc** Technetium (98)	44 **Ru** Ruthenium 101,070	45 **Rh** Rhodium 102,906	46 **Pd** Palladium 106,420	47 **Ag** Silber 107,868	48 **Cd** Cadmium 112,410	49 **In** Indium 114,820	50 **Sn** Zinn 118,710	51 **Sb** Antimon 121,760	52 **Te** Tellur 127,600	53 **I** Iod 126,905	54 **Xe** Xenon 131,290
6	55 **Cs** Cäsium 132,905	56 **Ba** Barium 137,330	57 … 71 Lanthanoide	72 **Hf** Hafnium 178,490	73 **Ta** Tantal 180,948	74 **W** Wolfram 183,850	75 **Re** Rhenium 186,207	76 **Os** Osmium 190,230	77 **Ir** Iridium 192,220	78 **Pt** Platin 195,080	79 **Au** Gold 196,967	80 **Hg** Quecksilber 200,590	81 **Tl** Thallium 204,383	82 **Pb** Blei 207,200	83 **Bi** Bismut 208,980	84 **Po** Polonium 210	85 **At** Astat 210	86 **Rn** Radon 222
7	87 **Fr** Francium 223	88 **Ra** Radium 226,025	89 … 103 Actinoide	104 **Rf** Rutherfordium (263)	105 **Db** Dubnium (263)	106 **Sg** Seaborgium (266)	107 **Bh** Bohrium (264)	108 **Hs** Hassium (269)	109 **Mt** Meitnerium (268)	110 **Ds** Darmstadtium (281)	111 **Rg** Roentgenium (280)	112 **Cn** Copernicium (277)	113 **Nh** Nihonium (287)	114 **Fl** Flerovium (289)	115 **Mc** Moscovium (288)	116 **Lv** Livermorium (293)	117 **Ts** Tennessin (292)	118 **Og** Oganesson (294)

57 **La** Lanthan 138,906	58 **Ce** Cer 140,120	59 **Pr** Praseodym 140,908	60 **Nd** Neodym 144,240	61 **Pm** Promethium 145	62 **Sm** Samarium 150,360	63 **Eu** Europium 151,960	64 **Gd** Gadolinium 157,250	65 **Tb** Terbium 158,925	66 **Dy** Dysprosium 162,500	67 **Ho** Holmium 164,930	68 **Er** Erbium 167,260	69 **Tm** Thulium 168,934	70 **Yb** Ytterbium 173,040	71 **Lu** Lutetium 174,967
89 **Ac** Actinium 227,028	90 **Th** Thorium 232,038	91 **Pa** Protactinium 231,036	92 **U** Uran 238,029	93 **Np** Neptunium 237	94 **Pu** Plutonium 244	95 **Am** Americum (243)	96 **Cm** Curium (247)	97 **Bk** Berkelium (247)	98 **Cf** Californium (251)	99 **Es** Einsteinium (252)	100 **Fm** Fermium (257)	101 **Md** Mendelevium (258)	102 **No** Nobelium (260)	103 **Lr** Lawrencium (262)

Nichtmetalle
Halbmetalle
Leichtmetalle[1]
Schwermetalle[1]
Edelmetalle
Halogene
Edelgase

W

Chemikalien der Metalltechnik, Molekülgruppen, pH-Wert

Wichtige Chemikalien der Metalltechnik

Technische Bezeichnung	Chemische Bezeichnung	Formel	Eigenschaften	Verwendung
Aceton	Aceton, Propanon	$(CH_3)_2CO$	farblose, brennbare, leicht verdunstende Flüssigkeit	Lösungsmittel für Farben, Acetylen und Kunststoffe
Acetylen	Acetylen, Äthin	C_2H_2	reaktionsfreudiges, farbloses Gas, hoch explosiv	Brenngas beim Schweißen, Ausgangsstoff für Kunststoffe
Kaltreiniger	organische Lösungsmittel	C_nH_{2n+2}	farblose, z.T. leicht brennbare Flüssigkeiten	Lösungsmittel für Fette und Öle, Reinigungsmittel
Kochsalz	Natriumchlorid	NaCl	farbloses, kristallines Salz, leicht wasserlöslich	Würzmittel, für Kältemischungen, zur Chlorgewinnung
Kohlensäure	Kohlendioxid	CO_2	wasserlösliches, unbrennbares Gas, erstarrt bei – 78 °C	Schutzgas beim MAG-Schweißen, Kohlensäureschnee als Kältemittel
Korund	Aluminiumoxid	Al_2O_3	sehr harte, farblose Kristalle, Schmelzpunkt 2050 °C	Schleif- und Poliermittel, oxidkeramische Werkstoffe
Kupfervitriol	Kupfersulfat	$CuSO_4$	blaue, wasserlösliche Kristalle, mäßig giftig	galvanische Bäder, Schädlingsbekämpfung, zum Anreißen
Salmiakgeist	Ammoniumhydroxid	NH_4OH	farblose, stechend riechende Flüssigkeit, schwache Lauge	Reinigungsmittel (Fettlöser), Neutralisation von Säuren
Salpetersäure	Salpetersäure	HNO_3	sehr starke Säure, löst Metalle (außer Edelmetalle) auf	Ätzen und Beizen von Metallen, Herstellung von Chemikalien
Salzsäure	Chlorwasserstoff	HCl	farblose, stechend riechende, starke Säure	Ätzen und Beizen von Metallen, Herstellung von Chemikalien
Schwefelsäure	Schwefelsäure	H_2SO_4	farblose, ölige, geruchlose Flüssigkeit, starke Säure	Beizen von Metallen, galvanische Bäder, Akkumulatoren
Soda	Natriumcarbonat	Na_2CO_3	farblose Kristalle, leicht wasserlöslich, basische Wirkung	Entfettungs- und Reinigungsbäder, Wasserenthärtung
Spiritus	Ethylalkohol, vergällt	C_2H_5OH	farblose, leicht brennbare Flüssigkeit, Siedepunkt 78 °C	Lösungsmittel, Reinigungsmittel, für Heizzwecke, Treibstoffzusatz
Tetra	Tetrachlorkohlenstoff	CCl_4	farblose, nicht brennbare Flüssigkeit, gesundheitsschädlich	Lösungsmittel für Fette, Öle und Farben
Wässrige Reiniger	verschiedene Tenside	--COO– --OSO_3– --SO_3–	verschiedene wasserlösliche Substanzen	Lösungsmittel, Reinigungsmittel; Emulgatoren und Verdickungsmittel

Häufig vorkommende Molekülgruppen

Molekülgruppe Bezeichnung	Molekülgruppe Formel	Erläuterung	Beispiel Bezeichnung	Beispiel Formel
Carbid	≡C	Kohlenstoffverbindungen; teilweise sehr hart	Siliciumcarbid	SiC
Carbonat	$=CO_3$	Verbindungen der Kohlensäure; spalten bei Wärmeeinwirkung CO_2 ab	Calciumcarbonat	$CaCO_3$
Chlorid	–Cl	Salze der Salzsäure; in Wasser meist leicht löslich	Natriumchlorid	NaCl
Hydroxid	–OH	Hydroxide entstehen aus Metalloxiden und Wasser; sie reagieren basisch	Calciumhydroxid	$Ca(OH)_2$
Nitrat	$-NO_3$	Salze der Salpetersäure; in Wasser meist leicht löslich	Kaliumnitrat	KNO_3
Nitrid	≡N	Stickstoffverbindungen; teilweise sehr hart	Siliciumnitrid	SiN
Oxid	=O	Sauerstoffverbindungen; häufigste Verbindungsgruppe der Erde, Monoxid (O), Dioxid (O_2)	Aluminiumoxid	Al_2O_3
Sulfat	$=SO_4$	Salze der Schwefelsäure; in Wasser meist leicht löslich	Kupfersulfat	$CuSO_4$
Sulfid	=S	Schwefelverbindungen; wichtige Erze, Spanbrecher in Automatenstählen	Eisen(II)sulfid	FeS

pH-Wert

Art der wässerigen Lösung	← zunehmend sauer							neutral	zunehmend basisch →						
pH-Wert	0	1	2	3	4	5	6	7	8	9	10	11	12	13	14
Konzentration H^+ in mol/l	10^0	10^{-1}	10^{-2}	10^{-3}	10^{-4}	10^{-5}	10^{-6}	10^{-7}	10^{-8}	10^{-9}	10^{-10}	10^{-11}	10^{-12}	10^{-13}	10^{-14}

W

Definition und Einteilung von Stahl

vgl. DIN EN 10020 (2000-07)

Stahl – Legierung mit Eisen als Hauptbestandteil und einem Kohlenstoffgehalt unter 2,0 %.

Gefüge – Die **Gefügebestandteile**, z. B. Ferrit, Perlit, Karbide, und die **Gefügeausbildung**, z. B. Feinkorn, Grobkorn, Zeilen, bestimmen die **Stahleigenschaften**, z. B. Festigkeit, Zähigkeit, Umformbarkeit, Zerspanbarkeit, Schweißbarkeit.

Beeinflussung durch

Stahlherstellung

Zusammensetzung	Reinheitsgrad	Desoxidation
– Kohlenstoffgehalt – Legierungselemente	– nichtmetallische Einschlüsse – Phosphor- und Schwefelgehalt	unberuhigt, beruhigt oder vollberuhigt vergossen

Weiterverarbeitung

Zum Beispiel durch

- **Umformen:** Walzen, Prägen, Ziehen, Biegen ...
- **Wärmebehandlung:** Vergüten, Randschichthärten ...
- **Glühen:** Normalglühen, Weichglühen, Grobkornglühen ...
- **Fügen:** Schweißen, Hartlöten ...
- **Beschichten:** Verzinken ...

Einteilung

Unlegierte Stähle

kein Legierungselement erreicht den Grenzwert nach **Tabelle 1** (rechts)

Legierte Stähle

- mindestens ein Legierungselement erreicht den Grenzwert nach **Tabelle 1** (rechts)
- Stahlsorten entsprechen nicht der Definition für nichtrostende Stähle

Nichtrostende Stähle[2]

- Chromgehalt mindestens 10,5 %
- Kohlenstoffgehalt höchstens 1,2 %

Einteilung nach Haupteigenschaften in

- korrosionsbeständige Stähle (Seiten 141, 142)
- hitzebeständige Stähle
- warmfeste Stähle

Einteilung[1]

Qualitätsstähle | Edelstähle

Edelstähle unterscheiden sich von Qualitätsstählen durch:

- sorgfältigere Herstellung
- höheren Reinheitsgrad
- verbesserte Desoxidation
- genauere Zusammensetzung
- verbesserte Härtbarkeit

Tabelle 1: Grenzwerte für unlegierte Stähle

Element	%	Element	%	Element	%
Al	0,30	Mn	1,65	Se	0,10
Bi	0,10	Mo	0,08	Si	0,60
Co	0,30	Nb	0,06	Ti	0,05
Cu	0,40	Ni	0,30	V	0,10
Cr	0,30	Pb	0,40	W	0,30

Hauptgüteklassen[3]

Unlegierte Qualitätsstähle		Legierte Qualitätsstähle	
Stahlgruppe (Auszug)	Beispiel	Stahlgruppe (Auszug)	Beispiel
unleg. Baustähle	S235JR	Schienenstähle	R900Mn
unleg. Vergütungsstähle	C45	Elektroblech und -band	M390-50E
Automatenstähle	10S20	mikrolegierte Stähle mit höheren Streckgrenzen	H400M
unleg. schweißgeeignete Feinkornbaustähle	S275N	Stähle mit höheren Streckgrenzen	HC260Y
unleg. Druckbehälterstähle	P235GH		

Unlegierte Edelstähle		Legierte Edelstähle	
Stahlgruppe (Auszug)	Beispiel	Stahlgruppe (Auszug)	Beispiel
unleg. Vergütungsstähle	C45E	leg. Vergütungsstähle	42CrMo4
unleg. Einsatzstähle	C15E	leg. Einsatzstähle	16MnCr5
unleg. Werkzeugstähle	C45U	Nitrierstähle	34CrAlNi7
unleg. Stähle für Flamm- und Induktionshärtung	C60E	leg. Werkzeugstähle	X40Cr14
		Schnellarbeitsstähle	HS6-5-2-5

[1] Die Hauptgütegruppe „Grundstähle" wurde gestrichen. Alle bisherigen Grundstähle werden als Qualitätsstähle hergestellt.
[2] Die nichtrostenden Stähle bilden eine eigenständige Stahlgruppe, ohne Unterteilung in Qualitäts- und Edelstähle. Der Begriff „nichtrostende Stähle" gilt für korrosionsbeständige, hitzebeständige und warmfeste Stähle.
[3] www.europa-lehrmittel.de/tm47 „Werkstoffprüfung durch Funkenprobe"

W

Normung von Stahlprodukten

Die Bezeichnung von Stählen und von Stahlprodukten, z. B. von Blechen, Stäben und Rohren, sind durch unterschiedliche, gleichzeitig gültige Normen festgelegt. Für eine vollständige Bezeichnung oder verbindliche Bestellangabe müssen diese Normen miteinander kombiniert werden.

Beispiel:

Geforderte Eigenschaften:
- verschleißfeste Oberfläche
- hohe Kernfestigkeit
- hohe Dauerfestigkeit

Ritzelwelle

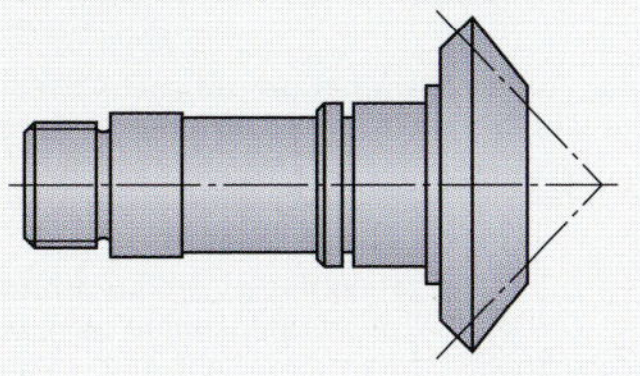

Mögliche Bauteilfertigung:
- Rohteil: Langerzeugnis
- Zerspanung und Wärmebehandlung

Mögliche Werkstoffgruppen:
- Einsatzstähle, Seite 137
- Nitrierstähle, Seite 139
- Stähle zur Flamm- und Induktionshärtung, Seite 139

Mögliche Langerzeugnisse[1]:
- Warmgewalzte Rundstäbe[1] aus Stahl, Seite 151
- Blankstahl[1], Seite 152

[1] Begriffsbestimmungen für Stahlerzeugnisse nach DIN EN 10079

Gewählt: **Einsatzstähle nach DIN EN 10084**

Durch die Norm sind festgelegt (z. B.):

Bereiche	Inhalte, Beispiele
Definition	Einsatzstahl
Einteilung, Bezeichnung	unlegierte, legierte Edelstähle, z. B. C15E, 16MnCr5, 15NiCr13
Bestellangaben	Menge, Erzeugnisform, Nummer der Maßnorm, Maße, Kurzname, Wärmebehandlungs- und Oberflächenzustand
Herstellung	beruhigt vergossen, üblicher Lieferzustand
chemische Zusammensetzung	Kohlenstoffgehalt, Legierungselemente, nichtmetallische Einschlüsse
Wärmebehandlung	Temperaturen, Abschreckmedium, Härteverlauf, Härtespanne
Eigenschaften	Bearbeitbarkeit, Scherbarkeit
Gefüge	Korngröße, Einschlüsse
Stahlsorten	36 verschiedene genormte Einsatzstähle
Lieferzustände	weichgeglüht (+A), behandelt auf Härtespanne (+TH)
Oberflächenausführung	warmgeformt (+HW), warmgeformt und gestrahlt (+BC)
Bearbeitbarkeit	Zerspanbarkeit, Scherbarkeit
Prüfung	Härtenachweis

Gewählt: **Warmgewalzte Rundstäbe nach DIN EN 10060**

Durch die Norm sind festgelegt (z. B.):
- die Bezeichnung
- Vorzugsdurchmesser *d*
- Länge *L* (Längenarten, Längenbereiche)
- Grenzabmaße
- Geradheit, Unrundheit
- Messregeln für die Kenngrößen

Bezeichnungssysteme der Stähle, Kurznamen nach DIN EN 10027-1 (Seite 127)

Durch die Norm sind festgelegt (z. B.)
- Eindeutigkeit, Schreibweise, Festlegung, Einteilung und Aufbau der Kurznamen
- Haupt- und Zusatzsymbole

Gewählt: **16MnCr5+A+BC**

16MnCr5	→	Hauptsymbole für chemische Zusammensetzung
+A	→	weichgeglüht
+BC	→	warmgeformt und gestrahlt

Bezeichnungsbeispiel:

⇒ **Rundstab EN 10060 – 55 x 6000 F Stahl EN 10084 16MnCr5+A+BC**

Rundstab mit d = 55 mm und L = 6000 mm als Festlänge (F) aus Einsatzstahl 16MnCr5, weichgeglüht (+A), warmgeformt und gestrahlt (+BC)

Hinweis: Die normgerechten Bezeichnungen beschreiben jeweils den Lieferzustand.

Die möglichen Zusatzsymbole im Kurznamen oder bei der Werkstoffnummer sind teilweise im Bezeichnungssystem der Stähle und teilweise in den Stahlgruppen-Normen, z. B. „Allg. Baustähle", „Einsatzstähle", „Vergütungsstähle", ..., festgelegt.

W

Bezeichnung von Stählen durch Werkstoffnummern

Werkstoffnummern

vgl. DIN EN 10027-2 (2015-07)

Zur Identifizierung und Unterscheidung von Stählen werden Kurznamen (Seite 127) oder Werkstoffnummern verwendet.

Bezeichnung von Stahl (Beispiele):	**Kurzname**		**Werkstoffnummer** (mit Zusatzsymbol +N)
	42CrMo4+N	oder	1.7225+N

Die Werkstoffnummern bestehen aus einer Zahlenkombination mit sechs Stellen (fünf Ziffern und ein Punkt), die bei Bedarf auf acht Stellen erweitert wird. Sie sind für die Datenverarbeitung besser geeignet als die Kurznamen.

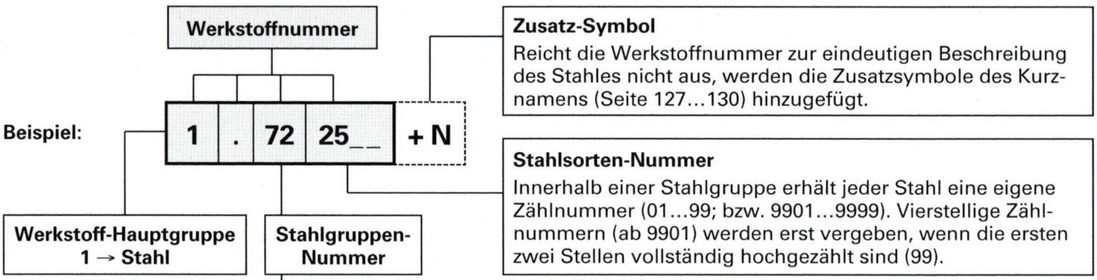

Unlegierte Stähle

Stahlgruppennummer	Stahlgruppen[1)]
Qualitätsstähle	
00, 01, 91	allgemeine Baustähle, R_m < 500 N/mm²
02, 92	sonstige, nicht für eine Wärmebehandlung bestimmte Baustähle mit R_m < 500 N/mm²
03, 93	Stähle mit C < 0,12 % oder R_m < 400 N/mm²
04, 94	Stähle mit 0,12 % ≤ C < 0,25 % oder 400 N/mm² ≤ R_m < 500 N/mm²
05, 95	Stähle mit 0,25 % ≤ C < 0,55 % oder 500 N/mm² ≤ R_m < 700 N/mm²
06, 96	Stähle mit C ≥ 0,55 % oder R_m ≥ 700 N/mm²
07, 97	Stähle mit höherem Phosphor- oder Schwefelgehalt
Edelstähle	
10	Stähle mit besonderen physikalischen Eigenschaften
11	Bau-, Maschinenbau- und Druckbehälterstähle mit C < 0,5 %
12	Bau-, Maschinenbau- und Druckbehälterstähle mit C ≥ 0,5 %
13	Bau-, Maschinenbau- und Behälterstähle mit besonderen Anforderungen
15 ... 18	Unlegierte Werkzeugstähle

Legierte Stähle

Stahlgruppennummer	Stahlgruppen
Qualitätsstähle	
08, 98	Stähle mit besonderen physikalischen Eigenschaften
09, 99	Stähle für verschiedene Anwendungsbereiche
Edelstähle	
20 ... 28	Legierte Werkzeugstähle
32	Schnellarbeitsstähle mit Cobalt
33	Schnellarbeitsstähle ohne Cobalt
34	Verschleißfeste Stähle
35	Wälzlagerstähle
36, 37	Stähle mit besonderen magnetischen Eigenschaften
38, 39	Stähle mit besonderen physikalischen Eigenschaften
40 ... 45	Nichtrostende Stähle
46	Nickellegierungen, chemisch beständig, hochwarmfest
47, 48	Hitzebeständige Stähle
49	Hochwarmfeste Werkstoffe
50 ... 84	Bau-, Maschinenbau- und Behälterstähle mit verschiedenen Legierungskombinationen
85	Nitrierstähle
87 ... 89	Hochfeste schweißgeeignete Stähle

[1)] C Kohlenstoff, R_m Zugfestigkeit
Die Werte für die Zugfestigkeit R_m und für den Kohlenstoffgehalt C stellen Mittelwerte dar.

W

Bezeichnungssystem der Stähle

vgl. DIN EN 10027-1 (2017-01)

Bezeichnung nach dem Verwendungszweck

Die Kurznamen für Stähle bestehen aus Hauptsymbolen und Zusatzsymbolen. Hauptsymbole werden nach dem Verwendungszweck oder nach der chemischen Zusammensetzung gebildet. Die Zusatzsymbole sind von der Stahlgruppe bzw. Erzeugnisgruppe abhängig.

Beispiel: Ritzelwelle

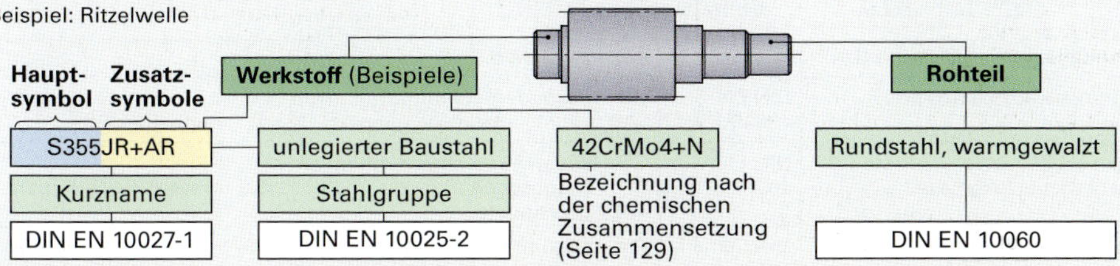

Hauptsymbole bei Bezeichnung nach dem Verwendungszweck

Verwendungszweck	Hauptsymbol[1]		Verwendungszweck	Hauptsymbol[1]	
Stähle für den Stahlbau	**S**	**235**[2]	Spannstähle	**Y**	**1770**[3]
Stähle für den Maschinenbau	**E**	**360**[2]	Flacherzeugnisse zum Kaltumformen	**D**	**X52**[4]
Stähle für den Druckbehälterbau	**P**	**265**[2]	Schienenstähle	**R**	**260**[5]
Stähle für Leitungsrohre	**L**	**360**[2]	Flacherzeugnisse aus höherfesten Stählen	**H**	**C420**[6]
Betonstähle	**B**	**500**[2]	Elektroblech und -band	**M**	**400-50**[7]
Verpackungsblech und -band	**T**	**S550**[2]	Bei **Stahlguss** wird dem Hauptsymbol ein **G** voran gestellt.		

[1] Das Hauptsymbol setzt sich zusammen aus dem Kennbuchstaben und einer Zahl bzw. einem weiteren Buchstaben und einer Zahl.
[2] Streckgrenze R_e für kleinste Erzeugnisdicke
[3] Nennwert für Mindestzugfestigkeit R_m
[4] Walzzustand C, D, X gefolgt von zwei Symbolen
[5] Mindesthärte nach Brinell HBW
[6] Walzzustand C, D, X und Mindeststreckgrenze R_e bzw. Walzzustand CT, DT, XT und Mindestzugfestigkeit R_m
[7] Höchstzulässiger Ummagnetisierungsverlust in W/kg x 100 und Nenndicke x 100, durch Bindestrich getrennt

W

Stähle für den Stahlbau

Bezeichnungsbeispiel: **S 235 JR + N**

- S → Kennbuchstabe Stahlbau
- 235 → Streckgrenze R_e für kleinste Erzeugnisdicke
- JR + N → Zusatzsymbole

Erzeugnisgruppe (Auswahl)	Norm	Zusatzsymbole
Warmgewalzte unlegierte Baustähle	DIN EN 10025-2	Kerbschlagarbeit in J bei °C: JR 27 20°; J2 27 –20°; J0 27 0°; K2 40 –20° C besondere Kaltumformbarkeit +AR Lieferzustand wie gewalzt +N normalgeglüht
Normalgeglühte/normalisierend gewalzte, schweißgeeignete Feinkornbaustähle	DIN EN 10025-3	N normalgeglüht oder normalisierend gewalzt, Werte für Kerbschlagarbeit festgelegt bei – 20 °C NL wie N, aber Werte für Kerbschlagarbeit festgelegt bei – 50 °C
Thermomechanisch gewalzte, schweißgeeignete Baustähle	DIN EN 10025-4	M thermomechanisch gewalzt, Werte für Kerbschlagarbeit festgelegt bei – 20 °C ML wie M, aber Werte für Kerbschlagarbeit festgelegt bei – 50 °C
Warmgewalzte Baustähle mit höherer Streckgrenze im vergüteten Zustand	DIN EN 10025-6	Q vergütet, Werte für Kerbschlagarbeit festgelegt bei – 20 °C QL vergütet, Werte für Kerbschlagarbeit festgelegt bei – 40 °C QL1 vergütet, Werte für Kerbschlagarbeit festgelegt bei – 60 °C
Stähle für Blankstahlerzeugnisse	DIN EN 10277-1, 2	JR, J2, C wie bei DIN EN 10025-2 (oben) +C kaltgezogen +SH gewalzt und geschält +SL geschliffen
Warmgewalzte Hohlprofile aus unlegierten Baustählen und Feinkornbaustählen	DIN EN 10210-1	JR, J0, J2 und K2 wie bei DIN EN 10025-2 N, NL wie bei DIN EN 10025-3 H Hohlprofil

⇒ **S235JR+N**: Stahlbaustahl R_e = 235 N/mm², Kerbschlagarbeit 27 J bei 20 °C, normalgeglüht (+N)

Bezeichnungssystem der Stähle

vgl. DIN EN 10027-1 (2017-01)

Stähle für den Maschinenbau

Bezeichnungsbeispiel: E 355 +AR

- E: Kennbuchstabe Maschinenbau
- 355: Streckgrenze für kleinste Erzeugnisdicke
- +AR: Zusatzsymbole

Erzeugnisgruppe (Auswahl)	Norm	Zusatzsymbole
Warmgewalzte unlegierte Baustähle	DIN EN 10025-2	GC besondere Kaltumformbarkeit +AR Lieferzustand wie gewalzt +N normalgeglüht
Stähle für Blankstahlerzeugnisse	DIN EN 10277-1, 2	GC besondere Kaltumformbarkeit +C kaltgezogen +SH gewalzt und geschält +SL geschliffen
Rohre, nahtlos kalt gezogen	DIN EN 10305-1	+A geglüht +C zugblank/hart +LC zugblank/weich +N normalgeglüht +SR zugblank und spannungsarmgeglüht
Nahtlose Rohre aus unlegiertem und legiertem Stahl	DIN EN 10297-1	J2 Kerbschlagarbeit 27J bei – 20 °C K2 Kerbschlagarbeit 40J bei – 20 °C +AR Lieferzustand wie gewalzt +N normalgeglüht +QT vergütet

⇒ **E355+AR:** Maschinenbaustahl, Streckgrenze R_e = 355 N/mm², Lieferzustand wie gewalzt (+AR)

Flacherzeugnisse zum Kaltumformen

Bezeichnungsbeispiel: D C 04 – A – m

- D: Kennbuchstabe Flacherzeugnis zum Kaltumformen
- C: Kennbuchstabe für Walzzustand: X Walzzustand nicht festgelegt, C kaltgewalzt, D warmgewalzt
- 04: Kennzahl Stahlsorte Haupteigenschaften Seite 147
- A – m: Zusatzsymbole (eigene Festlegung für jede Erzeugnisgruppe)

Erzeugnisgruppe (Auswahl)	Norm	Zusatzsymbole
Kaltgewalzte Flacherzeugnisse aus weichen Stählen zum Kaltumformen	DIN EN 10130	**Oberflächenart und -ausführung** A Fehler, die die Umformbarkeit und die Haftung von Oberflächenbezügen nicht beeinträchtigen, sind zulässig. B bessere Seite muss soweit fehlerfrei sein, dass Aussehen von Qualitätslackierung oder Überzug nicht beeinträchtigt wird. b besonders glatt g glatt m matt r rau
Kontinuierlich schmelztauchveredeltes Band und Blech aus weichen Stählen zum Kaltumformen	DIN EN 10346	D Schmelztauchüberzug **Überzüge** (gefolgt von Auflagemasse in g/m², z. B. Z140) +AS Al-Si-Leg. +AZ Al-Zn-Leg. +Z Zink +ZA Zn-Al-Leg. +ZF Zn-Fe-Leg. +ZM Zn-Mg-Leg. **Ausführung des Überzugs aus Zink (+Z):** N übliche Zinkblume M kleine Zinkblume **Oberflächenart:** A übliche Oberfläche B verbesserte Oberfläche C beste Oberfläche

⇒ **DC04 – A – m:** Flacherzeugnis zum Kaltumformen (D), kaltgewalzt (C), Stahlsorte 04 (Seite 147), Oberflächenart A, Oberflächenausführung matt (m)

Flacherzeugnisse aus höherfesten Stählen zum Kaltumformen

Bezeichnungsbeispiel: H C 300 B – A – g

- H: Kennbuchstabe Flacherzeugnis höherfester Stahl zum Kaltumformen
- C: Kennbuchstabe für Walzzustand: X Walzzustand nicht festgelegt, C kaltgewalzt, D warmgewalzt
- 300: 300 Streckgrenze R_e = 300 N/mm²; T500 Mindestzugfestigkeit R_m = 500 N/mm²
- B – A – g: Zusatzsymbole (eigene Festlegung für jede Erzeugnisgruppe)

Erzeugnisgruppe (Auswahl)	Norm	Zusatzsymbole
Kaltgewalztes Band und Blech aus mikrolegierten Stählen	DIN EN 10268	B bake-hardening-Stahl Y höherfester IF-Stahl I isotroper Stahl LA niedriglegierter/mikrolegierter Stahl **Oberflächenart und -ausführung** für Walzbreiten < 600 mm wie bei DIN EN 10139 für Walzbreiten ≥ 600 mm wie bei DIN EN 10130

⇒ **HC260I – A – g:** Kaltgewalztes Flacherzeugnis aus höherfestem Stahl (H), kaltgewalzt (C), Mindeststreckgrenze R_e = 260 N/mm² (260), isotroper Stahl (I), Oberflächenart A, glatte Oberfläche (g)

Bezeichnungssystem der Stähle

vgl. DIN EN 10027-1 (2017-01)

Bezeichnung nach der chemischen Zusammensetzung

Hauptsymbole nach der chemischen Zusammensetzung werden nach vier verschiedenen Bezeichnungsgruppen gebildet. Die Zusatzsymbole sind von der Stahlgruppe bzw. Erzeugnisgruppe abhängig.

Beispiel: Ritzelwelle

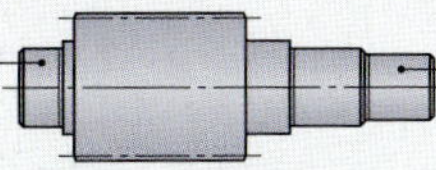

Haupt-symbol | Zusatz-symbol

42CrMo4+N — Kurzname — DIN EN 10027-1

Werkstoff (Beispiele):
- Vergütungsstahl — Stahlgruppe — DIN EN 10083-1
- S355JR+AR — Bezeichnung nach dem Verwendungszweck (Seite 127)

Rohteil: Rundstahl, warmgewalzt — DIN EN 10060

Bezeichnungsgruppen, -beispiele und -anwendung der Hauptsymbole[1) 2)]

Unlegierte Stähle Mangangehalt < 1 % außer Automatenstähle	Legierte Stähle, Automatenstähle, unlegierte Stähle mit Mangangehalt ≥ 1 %	Legierte Stähle Mittlerer Gehalt eines Legierungselementes ≥ 5 %	Schnellarbeitsstähle HS 10-4-3-10
C15E	**42CrMo4**	**X12CrNi18-8**	Kennbuchstaben Schnellarbeitsstahl
Anwendung für (z. B.): unlegierte Einsatzstähle, unlegierte Vergütungsstähle, unlegierte Werkzeugstähle	**Anwendung für (z. B.):** Automatenstähle, legierte Einsatzstähle, legierte Vergütungsstähle, legierte Werkzeugstähle, Federstähle	**Anwendung für (z. B.):** **Nichtrostende Stähle** korrosionsbeständige, hitzebeständige, warmfeste Stähle **Werkzeugstähle** Kaltarbeitsstähle, Warmarbeitsstähle	Prozentualer Gehalt der Legierungselemente in der Reihenfolge W-Mo-V-Co 10 → 10 % Wolfram (W) 4 → 4 % Molybdän (Mo) 3 → 3 % Vanadium (V) 10 → 10 % Cobalt (Co)

1) Bei Stahlguss wird dem Hauptsymbol der Buchstabe **G** voran gestellt;
Bei pulvermetallurgisch hergestelltem Stahl werden dem Hauptsymbol die Buchstaben **PM** voran gestellt.

2) www.europa-lehrmittel.de/tm47 „Werkstoffprüfung durch Funkenprobe"

Unlegierte Stähle mit einem Mangangehalt < 1 %, außer Automatenstähle

Bezeichnungsbeispiel: **C15 E+S+BC**

Hauptsymbole

C Kennbuchstabe (Kohlenstoffstahl)
15 Kennzahl für den Kohlenstoffgehalt C_{mittel} = 15/100 ≙ 0,15 %

Zusatzsymbole

z. B. für besondere Verwendung, Regelung des Schwefelgehaltes, besondere Kaltumformbarkeit, Wärmebehandlungszustände.
Die Zusatzsymbole sind für jede Stahlgruppe separat festgelegt (Seite 130)

⇒ **C45E+S+BC:** unlegierter Vergütungsstahl, 0,45 % C-Gehalt, vorgeschriebener max. Schwefelgehalt (E), behandelt auf Scherbarkeit (+S), gestrahlt (+BC) (Zusatzsymbole Seite 130, Vergütungsstähle)

Legierte Stähle, Automatenstähle, unlegierte Stähle mit einem Mangangehalt > 1%

Bezeichnungsbeispiel: **18CrNiMo7-6 +TH+BC**

Hauptsymbole

18 Kennzahl für den Kohlenstoffgehalt
C_{mittel} = 18/100 ≙ 0,18 %
Cr, Ni, Mo Legierungselemente (geordnet nach Massenanteilen)
7-6 Legierungsanteile
Cr_{mittel} = 7/4 ≙ 1,75 %
Ni_{mittel} = 6/4 ≙ 1,5 %
Mo = geringer Gehalt

Faktoren für Legierungsanteile	
Legierungselemente	Faktor
Cr, Co, Mn, Ni, Si, W	4
Al, Be, Cu, Mo, Nb, Pb, Ta, Ti, V, Zr	10
C, Ce, N, P, S	100
B	1000

Zusatzsymbole

z. B. für besondere Verwendung, Wärmebehandlungszustand, Härtespanne, Oberflächenausführung, Verformungsgrade.
Die Zusatzsymbole sind für jede Stahlgruppe separat festgelegt (Seite 130)

⇒ **17CrNiMo6-4+TH+BC:** Legierter Einsatzstahl, 0,17 % C-Gehalt (17), 1,5 % Cr-Gehalt (6), 1,0 % Ni-Gehalt (4), geringer Mo-Gehalt, behandelt auf Härtespanne (+TH), und gestrahlt (+BC) (Zusatzsymbole Seite 130, Einsatzstähle)

W

Bezeichnungssystem der Stähle

vgl. DIN EN 10027-1 (2017-01)

Stahlgruppe/Auswahl	Norm	Zusatzsymbole
Einsatzstähle, warmgeformt Vergütungsstähle, warmgeformt	DIN EN 10084 DIN EN 10083-1 10083-2 10083-3	E vorgeschriebener maximaler Schwefelgehalt R vorgeschriebener Legierungsbereich für Schwefel **Behandlungszustände:** +U unbehandelt +A weichgeglüht +N normalgeglüht +S behandelt auf Scherbarkeit +TH behandelt auf Härtespanne (nur bei Einsatzstählen) +FP behandelt auf Ferrit-Perlit-Gefüge und Härtespanne (nur bei Einsatzstählen) +QT vergütet (nur bei Vergütungsstählen) +H normale Härtbarkeit +HH engere Härtetoleranz oberer Bereich +HL engere Härtetoleranz unterer Bereich **Oberflächenausführungen:** +HW (oder ohne Kennbuchstabe) warmgeformt +BC warmgeformt und gestrahlt +PI warmgeformt und gebeizt +RM warmgeformt und vorbearbeitet
Automatenstähle, warmgeformt	DIN EN 10087	in der Regel keine Zusatzsymbole vorgesehen (in Sonderfällen bei direkthärtenden Sorten: +QT vergütet)
Nitrierstähle, warmgewalzt	DIN EN 10085	**Behandlungszustände:** +A weichgeglüht +QT vergütet **Oberflächenausführungen:** (ohne Kennbuchstabe) wie gewalzt oder geschmiedet +PI zusätzlich gebeizt +BC zusätzlich gestrahlt
Werkzeugstähle (außer Schnellarbeitsstähle)	DIN EN ISO 4957	U für Werkzeuge +A (oder ohne Kennbuchstabe) weichgeglüht +A+C geglüht und kaltgezogen +QT vergütet +U unbehandelt
Blankstahlerzeugnisse aus Automatenstahl, Einsatzstahl, Vergütungsstahl	DIN EN 10277-1 10277-3, 4, 5	+C kaltgezogen +SH gewalzt und geschält +SL geschliffen E, R, +A, +FP, +QT wie bei DIN EN 10083, 10084 (oben)
Nahtlose Stahlrohre aus Einsatzstählen und Vergütungsstählen	DIN EN 10297-1	+A weichgeglüht +AR wie gewalzt +N normalgeglüht +FP behandelt auf Ferrit-Perlit-Gefüge und Härtespanne +QT vergütet +TH behandelt auf Härtespanne

W

⇒ **16MnCr5+A**: legierter Einsatzstahl, 0,16% C-Gehalt (16), 1,25% Mn-Gehalt (5), geringer Cr-Gehalt, weichgeglüht (+A)

Legierte Stähle, mindestens ein Legierungselement liegt über 5% (ohne Schnellarbeitsstähle)

Bezeichnungsbeispiel: **X4CrNi18-12 +2D**

Hauptsymbole

X Kennbuchstabe für Bezeichnungsgruppe
4 Kennzahl für mittleren Kohlenstoffgehalt $C_{mittel} = 4/100 = 0{,}04\,\%$
Cr, Ni Hauptlegierungselemente (Cr > Ni)
18-12 Legierungsanteile in %
Chrom = 18%, Nickel = 12%

Zusatzsymbole

Angaben über Wärmebehandlungszustände, Walzzustand, Ausführungsart, Oberflächenbeschaffenheit.
Die Zusatzsymbole sind für jede Stahl- und Erzeugnisgruppe separat festgelegt.

Stahlgruppe/ Erzeugnisgruppe (Auswahl)	Norm	Zusatzsymbole (Auswahl)	
		Behandlungszustand	Ausführungsart/Oberflächenbeschaffenheit
Korrosionsbeständige Bleche und Bänder, warmgewalzt	DIN EN 10088-2	+A geglüht +QT vergütet +QT650 vergütet auf R_m = 650 N/mm² +AT lösungsgeglüht +P1300 ausscheidungsgehärtet auf z. B. R_m = 1300 N/mm²	+1 warmgewalzte Erzeugnisse 1U nicht wärmebeh., nicht entzundert 1C wärmebehandelt, nicht entzundert 1E wärmebehandelt, mechanisch entzundert 1D wärmebehandelt, gebeizt, glatt 1G geschliffen
Korrosionsbeständige Bleche und Bänder, kaltgewalzt	DIN EN 10088-2	+SR spannungsarm geglüht +C850 kaltverfestigt (nur Ausführungsart 2H) auf z. B. R_m = 850 N/mm²	+2 kaltgewalzte Erzeugnisse 2A wärmebeh., blankgebeizt, nachgewalzt 2C, E, D, G wie warmgewalzte Erzeugnisse 2B wie D, zusätzlich aber kalt nachgewalzt 2R blankgeglüht 2Q gehärtet und angelassen, zunderfrei 2H kaltverfestigt (mit unterschiedlichen Festigkeitsstufen), blanke Oberfläche

⇒ **X2CrNi18-9+AT+2D:** Legierter Stahl, 0,02% C-Gehalt (2), 18% Cr-Gehalt, 9% Ni-Gehalt, lösungsgeglüht (+AT), kaltgewalzt (+2), wärmebehandelte, gebeizte, glatte Oberfläche (D)

Erzeugnisse aus Stahl – Übersicht

Flach- und Langerzeugnisse, Rohre, Profile (Auswahl)

vgl. DIN EN 10079 (2007-06)

Durch Stranggießen, Druckgießen, Walzen oder Schmieden werden im Stahlwerk Halbzeuge hergestellt, aus denen in der Weiterverarbeitung z. B. Flacherzeugnisse, Langerzeugnisse oder Profile geformt werden.

Flacherzeugnisse

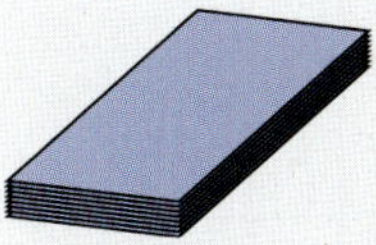

Bleche

Bleche, warmgewalzt (Seite 148)	**Bänder, warmgewalzt** (Seite 148)
rechteckige oder quadratische Tafeln, Blechkanten im – Walzzustand uneben und leicht gewölbt – im geschnittenen Zustand glatt.	Flacherzeugnisse, die zu Rollen (Coils) aufgewickelt sind. Bandkanten im – Walzzustand uneben und leicht gewölbt – im beschnittenen Zustand glatt.
besondere Walzverfahren für Bleche und Bänder	
normalisierend gewalzt	thermomechanisch gewalzt
Umformgrad und Temperaturführung beim Walzen führen zu einem Gefüge, das dem Zustand „normalgeglüht" (+N) entspricht.	Umformgrad und Temperaturführung beim Walzen führen gezielt zu Stahleigenschaften, z. B. höhere Streckgrenze, die durch eine Wärmebehandlung nicht erreichbar sind.

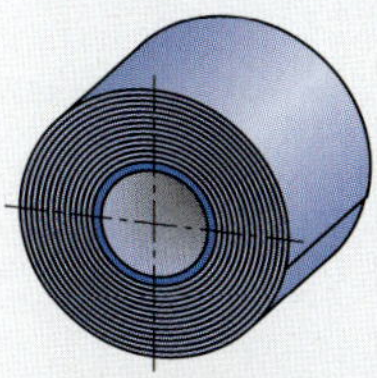

Bandrolle (Coil)

Bleche, kaltgewalzt (Seite 147, 148)	**Bänder, kaltgewalzt** (Seite 147, 148)
rechteckige oder quadratische Tafeln, glatte Oberfläche in verschiedenen Ausführungen, Kanten unbearbeitet oder beschnitten, Werkstoff kaltverfestigt.	Flacherzeugnisse, die zu Rollen aufgewickelt sind, glatte Oberfläche, Kanten leicht gewölbt oder beschnitten, Werkstoff kaltverfestigt.
Verpackungsblech und Verpackungsband	
Feinstblech	**Weißblech**
Bleche und Bänder aus unlegierten Stählen, die durch einmaliges oder doppeltes (doppeltreduziertes) Kaltwalzen hergestellt werden.	Bleche und Bänder aus Feinstblech, die auf beiden Seiten elektrolytisch verzinnt sind.

Langerzeugnisse

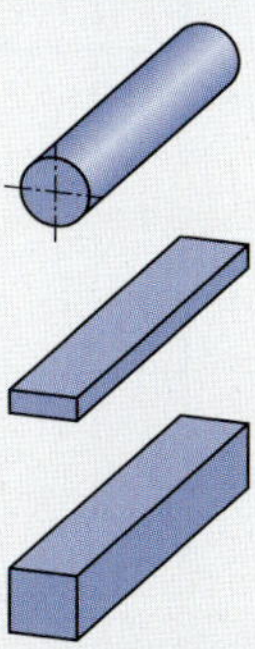

Stäbe, warmgewalzt (Seite 151)	**Walzdraht**
Unterscheidung nach der Form des Querschnittes, z. B. Rundstäbe, Flachstäbe, Vierkantstäbe. Oberfläche im Walzzustand oder entzundert/gebeizt.	warmgewalzte und zu Ringen aufgewickelte Langerzeugnisse mit Dicken $t \leq 5$ mm, glatte Oberfläche, Querschnitte wie bei den Stäben.

Stäbe aus Blankstahl, z. B. Rundstäbe, Flachstäbe, Vierkantstäbe (Seite 152)		
Anlieferungszustand		
kaltgezogen	geschält (Rundstäbe)	geschliffen (Rundstäbe)
hohe Form- und Maßgenauigkeit, hohe Oberflächengüte, kaltverfestigte Randzone, ggf. entkohlte Randbereiche	spanend bearbeitete Oberfläche mit hoher Form- und Maßgenauigkeit, hohe Oberflächengüte, keine Randentkohlung	gezogene oder geschälte Stäbe werden geschliffen oder geschliffen und poliert, beste Oberfläche und höchste Maßgenauigkeit

Rohre

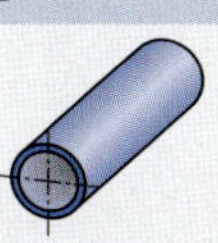

Nahtlose Rohre (Seite 149)	**Geschweißte Rohre**
Herstellung durch Warmwalzen aus vorgelochten Ringen, Weiterverarbeitung durch Kalt- oder Warmwalzen oder Kaltziehen	kreisförmig eingeformte Flacherzeugnisse mit längs- oder spiralförmig verlaufender Schweißnaht

Profile

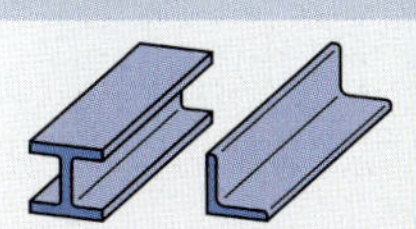

Warmgewalzte Profile (Seite 153 ... 157)	**Kaltprofile**
Bezeichnung nach der Form des Querschnittes, z. B. L-Profil, U-Profil, I-Profil, Oberfläche im Walzzustand	Bezeichnung wie warmgewalzte Profile, kaltverfestigte Randzonen, gute Maßhaltigkeit, glatte Oberfläche

W

Stähle – Übersicht

Untergruppen, Lieferzustände	Norm	Haupteigenschaften	Anwendungsbereiche	Erzeugnisformen[1] B	S	P	D
Unlegierte Baustähle, warmgewalzt							Seite 135
Stähle für den Stahl- und Maschinenbau	DIN EN 10025-2	• gut spanend bearbeitbar • schweißbar, außer S185 • kalt und warm umformbar	Schweißkonstruktionen im Stahl- und Maschinenbau, einfache Maschinenteile	•	•	•	•
Stähle für den Maschinenbau	DIN EN 10025-2	• spanend bearbeitbar • nicht schweißbar • kalt und warm umformbar	Maschinenteile ohne Wärmebehandlung, z. B. durch härten, vergüten	•	•	–	•
Schweißgeeignete Feinkornbaustähle							Seite 136
normalgeglüht	DIN EN 10025-3	• schweißbar • warm umformbar	Schweißkonstruktionen mit hoher Zähigkeit, Sprödbruch- und Alterungsbeständigkeit im Maschinen- und Stahlbau	•	•	•	•
thermomechanisch gewalzt	DIN EN 10025-4	• schweißbar • nicht warm umformbar	Schweißkonstruktionen mit hoher Zähigkeit, Sprödbruch- und Alterungsbeständigkeit im Maschinen- und Stahlbau	•	•	–	•
Vergütete Baustähle mit höherer Streckgrenze							Seite 136
legierte Stähle	DIN EN 10025-6	• schweißbar • warm umformbar	hochfeste Schweißkonstruktionen im Maschinen- und Stahlbau	•	–	–	–
Einsatzstähle							Seite 137
unlegierte Stähle	DIN EN 10084	• im ungehärteten Zustand gut spanend bearbeitbar • warm umformbar • nach Randaufkohlung oberflächenhärtbar	Kleinteile mit verschleißfester Oberfläche	•	•	–	•
legierte Stähle	DIN EN 10084	• im ungehärteten Zustand gut spanend bearbeitbar • warm umformbar • nach Randaufkohlung oberflächenhärtbar	dynamisch beanspruchte Teile mit verschleißfester Oberfläche	•	•	–	•
Vergütungsstähle							Seite 138
unlegierte Qualitätsstähle	DIN EN 10083-2	• im weichgeglühten Zustand gut spanend bearbeitbar • warm umformbar • vergütbar (unsichere Ergebnisse bei unlegierten Qualitätsstählen)	Teile mit höherer Festigkeit, die nicht vergütet werden	•	•	–	•
unlegierte Edelstähle	DIN EN 10083-2	• im weichgeglühten Zustand gut spanend bearbeitbar • warm umformbar • vergütbar (unsichere Ergebnisse bei unlegierten Qualitätsstählen)	Teile mit höherer Festigkeit und guter Zähigkeit	•	•	–	•
legierte Stähle	DIN EN 10083-3	• im weichgeglühten Zustand gut spanend bearbeitbar • warm umformbar • vergütbar (unsichere Ergebnisse bei unlegierten Qualitätsstählen)	hoch beanspruchte Teile mit guter Zähigkeit	•	•	–	•
Stähle für Flamm- und Induktionshärtung							Seite 139
unlegierte Stähle	DIN EN 10083-2, DIN EN 10083-3	• im weichgeglühten Zustand gut spanend bearbeitbar • warm umformbar • direkt härtbar; Härtung einzelner Werkstückbereiche ist möglich, z. B. Zahnflanken • Vergüten der Werkstücke vor dem Härten	Teile mit geringen Kernfestigkeiten und gehärteten Teilbereichen	•	•	–	•
legierte Stähle	DIN EN 10083-2, DIN EN 10083-3	• im weichgeglühten Zustand gut spanend bearbeitbar • warm umformbar • direkt härtbar; Härtung einzelner Werkstückbereiche ist möglich, z. B. Zahnflanken • Vergüten der Werkstücke vor dem Härten	Teile mit hoher Kernfestigkeit, gehärteten Teilbereichen und größeren Abmessungen	•	•	–	•
Nitrierstähle							Seite 139
legierte Stähle	DIN EN 10085	• im weichgeglühten Zustand gut spanend bearbeitbar • härtbar durch Nitridbildner, geringster Härteverzug • Vergüten der Werkstücke vor dem Nitrieren	Teile mit erhöhter Dauerfestigkeit, auf Verschleiß beanspruchte Teile, auf Temperatur beanspruchte Teile bis 500 °C	•	•	–	•
Federstähle							Seite 143
unlegierte und legierte Stähle	DIN EN 10270, DIN EN 10089	• kalt oder warm umformbar • großes elastisches Formänderungsvermögen • hohe Dauerfestigkeit	Blattfedern, Schraubenfedern, Tellerfedern, Drehstabfedern	–	–	–	•

[1] Erzeugnisformen: B Bleche, Bänder; D Drähte; S Stäbe, z. B. Flach-, Vierkant- und Rundstäbe; P Profile, z. B. U-Profile, L-Profile, T-Profile

W

Stähle – Übersicht

Untergruppen, Lieferzustände	Norm	Haupteigenschaften	Anwendungsbereiche	Erzeugnisformen[1] B	S	P	D
Automatenstähle							Seite 139
nicht wärmebehandelbare Stähle	DIN EN 10087	• bestens spanend bearbeitbar (kurzspanig) • nicht schweißbar • beim Einsatzhärten oder Vergüten ggf. nicht gleichmäßiges Ansprechen auf die Wärmebehandlung	Massendrehteile mit geringen Anforderungen an die Festigkeit	–	•	–	•
Automateneinsatzstähle	DIN EN 10087		wie unlegierte Einsatzstähle; besser spanend bearbeitbar	–	•	–	•
Automatenvergütungsstähle	DIN EN 10087		wie unlegierte Vergütungsstähle; besser spanend bearbeitbar, weniger dauerfest	–	•	–	•
Werkzeugstähle							Seite 140
Kaltarbeitsstähle, unlegiert	DIN EN ISO 4957	• im weichgeglühten Zustand gut spanend bearbeitbar • spanlos kalt und warm umformbar • Durchhärtung bis max. 10 mm Durchmesser	gering beanspruchte Werkzeuge für spanende und spanlose Formgebung bei Arbeitstemperaturen bis 200 °C	•	•	•	•
Kaltarbeitsstähle, legiert	DIN EN ISO 4957	• im weichgeglühten Zustand spanend bearbeitbar • warm umformbar • größere Einhärtetiefe, höhere Festigkeit, verschleißfester als unlegierte Kaltarbeitsstähle	höher beanspruchte Werkzeuge für spanende und spanlose Formgebung bei Arbeitstemperaturen über 200 °C	•	•	–	•
Warmarbeitsstähle	DIN EN ISO 4957	• im weichgeglühten Zustand spanend bearbeitbar • warm umformbar • Härteannahme über den gesamten Querschnitt	Werkzeuge zur spanlosen Formgebung für Arbeitstemperaturen über 200 °C	•	•	–	•
Schnellarbeitsstähle	DIN EN ISO 4957	• im weichgeglühten Zustand spanend bearbeitbar • warm umformbar • Härteannahme über den gesamten Querschnitt	Schneidstoff für spanende Werkzeuge, Arbeitstemperaturen bis 600 °C, hoch beanspruchte Umformwerkzeuge	•	•	–	•
Korrosionsbeständige Stähle							Seiten 141, 142
Ferritische Stähle	DIN EN 10088-2, DIN EN 10088-3	• spanend bearbeitbar • gut kalt umformbar • schweißbar • keine Festigkeitssteigerung durch Wärmebehandlung	gering beanspruchte nichtrostende Teile; Teile mit hoher Beständigkeit gegen chlorbedingte Spannungsrisskorrosion	•	•	•	•
Austenitische Stähle	DIN EN 10088-2, DIN EN 10088-3	• spanend bearbeitbar • sehr gut kalt umformbar • schweißbar • keine Festigkeitssteigerung durch Wärmebehandlung	nichtrostende Teile mit hoher Korrosionsbeständigkeit, breitester Anwendungsbereich aller nichrostenden Stähle	•	•	•	•
Martensitische Stähle	DIN EN 10088-2, DIN EN 10088-3	• spanend bearbeitbar • im Zustand weichgeglüht kalt umformbar • bei niedrigem Kohlenstoffgehalt schweißbar • vergütbar	höher beanspruchte nichtrostende Teile, die auch vergütet werden können	•	•	•	•

[1] Erzeugnisformen: B Bleche, Bänder; D Drähte; S Stäbe, z. B. Flach-, Vierkant- und Rundstäbe; P Profile, z. B. U-Profile, L-Profile, T-Profile

W

Auswahl von Baustählen, Legierungselemente

Die Auswahl von Baustählen kann durch folgendes Schema unterstützt werden:

Unlegierte Baustähle

Wärmebehandlung, z. B. härten, vergüten

nicht vorgesehen → Auswahl nach dem Verwendungszweck

Beispiel: Unlegierte Baustähle (Seite 135)		
Mindestanforderungen, zum Beispiel	geeignete Stahlsorte, Qualitätsklasse	
• Festigkeit	S185	Qualitätsstähle
• Festigkeit • Zähigkeit	E295, E335, E360	Qualitätsstähle
• Festigkeit • Zähigkeit • Schweißbarkeit	S235JR, S235J0, S275JR, S275J0, S355JR, S355J0	Qualitätsstähle

Weitere Stahlgruppen, zum Beispiel
- kaltgewalzte Flacherzeugnisse aus höherfesten Stählen
- Flacherzeugnisse zum Kaltumformen
- Verpackungsblech und -band
- Elektroblech
- Druckbehälterstähle

vorgesehen → Auswahl nach der chemischen Zusammensetzung

Mindestanforderungen, zum Beispiel	geeignete Stahlgruppe, zum Beispiel	geeignete Stahlsorte, Qualitätsklasse	
• hohe Randhärte • hohe Kernfestigkeit • hohe Kernzähigkeit	Einsatzstähle	C10E, C15E, C10R, C15R	Edelstähle
• hohe Festigkeit bei guter Zähigkeit	Vergütungsstähle	C22E, C35E, C45E, C60E	Edelstähle
• beste Zerspanbarkeit	Automatenstähle	10S20, 15SPb20	Qualitäts-

Weitere Anforderungen

Legierte Stähle

Stahlgruppen, zum Beispiel
- Einsatzstähle
- Vergütungsstähle
- Nitrierstähle
- Werkzeugstähle
- korrosionsbeständige Stähle

W

Einfluss der Legierungselemente

Durch Legierungselemente beeinflusste Eigenschaften	Legierungselemente Cr	Ni	Al	W	V	Co	Mo	Si	Mn	S	P
Zugfestigkeit	●	●	–	●	●	●	●	●	●	–	●
Streckgrenze	●	●	–	●	●	●	●	●	●	–	●
Kerbschlagzähigkeit	○	●	○	–	●	○	●	○	–	○	○
Verschleißfestigkeit	●	○	–	●	●	●	●	○	○	–	–
Warmumformbarkeit	○	●	○	○	●	○	●	○	●	○	–
Kaltumformbarkeit	–	–	–	○	–	○	○	○	○	○	○
Zerspanbarkeit	○	○	–	○	–	–	○	○	○	●	●
Warmfestigkeit	●	●	–	●	●	●	●	●	–	–	–
Korrosionsbeständigkeit	●	●	–	–	●	–	–	–	–	○	–
Härtetemperatur	●	–	–	●	●	–	●	●	○	–	–
Härtbarkeit, Vergütbarkeit	●	●	–	●	●	●	●	●	●	–	–
Nitrierbarkeit	●	–	●	●	●	–	●	○	●	–	–
Schweißbarkeit	○	○	●	–	●	–	○	–	○	○	○

● Erhöhung ○ Verminderung – ohne nennenswerten Einfluss

Beispiel: Zahnräder mit harter, verschleißfester Oberfläche, hoher Kernfestigkeit und hoher Kernzähigkeit
Rohteile im Gesenk geschmiedet
Gewählte Stahlgruppe: Einsatzstähle → unlegierter Stahl C ≤ 0,2 %, z. B. C15E
verbesserte Warmumformbarkeit durch Ni, V, Mo, Mn
mögliche Stähle: 16MnCr5, 20MnCr5, 16NiCr4 (Seite 137)

Unlegierte Baustähle

Unlegierte Baustähle, warmgewalzt

vgl. DIN EN 10025-2 (2005-04)

Stahlsorte Kurzname	Werkstoffnummer	DO[1]	Kerbschlagarbeit bei °C	Kerbschlagarbeit KV J	Zugfestigkeit R_m[2] N/mm²	Streckgrenze R_e in N/mm² für Erzeugnisdicken in mm ≤ 16	> 16 ≤ 40	> 40 ≤ 63	> 63 ≤ 80	Bruchdehnung A[3] %	Eigenschaften, Verwendung
Stähle für den Stahl- und Maschinenbau											
S185	1.0035	–	–	–	290 … 510	185	175	175	175	18	nicht schweißbar, einfache Stahlkonstruktionen
S235JR S235J0 S235J2	1.0038 1.0114 1.0117	FN FN FF	20 0 – 20	27	360 … 510	235	225	215	215	26	einfache Maschinenteile, Schweißkonstruktionen im Stahl- und Maschinenbau; Hebel, Bolzen, Achsen, Wellen
S275JR S275J0 S275J2	1.0044 1.0143 1.0145	FN FN FF	20 0 – 20	27	410 … 560	275	265	255	245	23	
S355JR S355J0 S355J2	1.0045 1.0553 1.0577	FN FN FF	20 0 – 20	27	470 … 630	355	345	335	325	22	hoch beanspruchte Schweißkonstruktionen im Stahl-, Kran- und Brückenbau
S355K2 S450J0	1.0596 1.0590	FF FF	– 20 0	40 27	470 … 630 550 … 720	355 450	345 430	335 410	325 390	22 17	
Stähle für den Maschinenbau											
E295	1.0050	FN	–	–	470 … 610	295	285	275	265	20	Achsen, Wellen, Bolzen
E335	1.0060	FN	–	–	570 … 710	335	325	315	305	16	Verschleißteile; Ritzel, Schnecken, Spindeln
E360	1.0070	FN	–	–	670 … 830	360	355	345	335	11	

1) DO Desoxidationsart: – dem Hersteller freigestellt; FN beruhigt vergossener Stahl; FF voll beruhigt vergossener Stahl

2) Die Werte gelten für Erzeugnisdicken von 3 mm bis 100 mm.

3) Die Werte gelten für Erzeugnisdicken von 3 mm bis 40 mm und Längsproben mit $L_0 = 5{,}65 \cdot \sqrt{S_0}$ (Seite 201).

Die in der Tabelle erfassten Stahlsorten sind unlegierte Qualitätsstähle nach DIN EN 10020 (Seite 124).

Technologische Eigenschaften

Schweißbarkeit

Stähle mit den Gütegruppen JR – J0 – J2 – K2 sind nach allen Verfahren schweißbar. Zunehmende Festigkeit und steigende Erzeugnisdicke erhöhen die Gefahr von Kaltrissen.
Die Stähle S185, E295, E335 und E360 sind nicht schweißbar, weil die chemische Zusammensetzung nicht festgelegt ist.

Warmumformbarkeit

Die Stähle sind warm umformbar. Nur Erzeugnisse, die im normalgeglühten (+N) oder normalisierend gewalzten (+N) Zustand bestellt und angeliefert werden, müssen den Anforderungen nach obiger Tabelle entsprechen. Der Behandlungszustand ist bei der Bestellung anzugeben.
Beispiel: S235J0+N oder 1.0114+N

Kaltumformbarkeit

Zur Kaltumformung (Abkanten, Walzprofilieren, Kaltziehen) geeignete Stahlsorten erhalten im Kurznamen das Zusatzsymbol C oder GC und jeweils eine eigene Werkstoffnummer.

Stahlsorten zur Kaltumformung

Kurzname	Werkstoffnummer	geeignet zum[1] A	W	K	Kurzname	Werkstoffnummer	geeignet zum[1] A	W	K	Kurzname	Werkstoffnummer	geeignet zum[1] A	W	K
S235JRC S235J0C S235J2C	1.0122 1.0115 1.0119	•	•	•	S275JRC S275J0C S275J2C	1.0128 1.0140 1.0142	•	•	•	S355J0C S355J2C S355K2C	1.0554 1.0579 1.0594	•	•	•
E295GC	1.0533	–	–	•	E335GC	1.0543	–	–	•	E360GC	1.0633	–	–	•

1) Umformverfahren: A Abkanten W Walzprofilieren K Kaltziehen • gut geeignet – nicht geeignet

W

Schweißgeeignete Feinkornbaustähle, vergütete Baustähle

Schweißgeeignete Feinkornbaustähle, warmgewalzt (Auswahl)

vgl. DIN EN 10025-3 und DIN EN 10025-4 (2005-04)

Stahlsorte Kurzname	Werkstoffnummer	L[1]	Kerbschlagarbeit KV[2] in J bei Temperaturen in °C +20	0	−20	Zugfestigkeit R_m N/mm²	Streckgrenze R_e in N/mm² für Nenndicken in mm ≤ 16	> 16 ≤ 40	> 40 ≤ 63	Bruchdehnung A %	Eigenschaften, Verwendung
Unlegierte Qualitätsstähle											
S275N S275M	1.0490 1.8818	N M	55	47	40	370 … 510 370 … 530	275	265	255	24	hohe Zähigkeit, sprödbruch- und alterungsbeständig; Schweißkonstruktionen im Maschinen-, Kran-, Brücken- und Fahrzeugbau, Förderanlagen
S355N S355M	1.0545 1.8823	N M	55	47	40	470 … 630	355	345	335	22	
Legierte Edelstähle											
S420N S420M	1.8902 1.8825	N M	55	47	40	520 … 680	420	400	390	19	
S460N S460M	1.8901 1.8827	N M	55	47	40	550 … 720 540 … 720	460	440	430	17	

[1] L Lieferzustand: N normalgeglüht/normalisierend gewalzt; M thermomechanisch gewalzt
[2] Die Werte gelten für Spitzkerb-Längsproben.
Zuordnung der Stähle: DIN EN 10025-3 → S275N, S355N, S420N, S460N
DIN EN 10025-4 → S275M, S355M, S420M, S460M.

Technologische Eigenschaften

Schweißbarkeit	Warmumformbarkeit	Kaltumformbarkeit
Die Stähle sind schweißgeeignet. Zunehmende Festigkeit und steigende Erzeugnisdicke erhöhen die Gefahr von Kaltrissen.	Nur die Stähle S275N, S355N, S420N und S480N sind warm umformbar.	Kaltbiegen oder Abkanten ist bis 12 mm Nenndicke gewährleistet, wenn die Kaltumformbarkeit bei der Bestellung vereinbart wurde.

W

Vergütete Baustähle mit höherer Streckgrenze, warmgewalzt (Auswahl)

vgl. DIN EN 10025-6 (2009-08)

Stahlsorte Kurzname[1]	Werkstoffnummer	Kerbschlagarbeit KV in J bei Temperaturen in °C 0	−20	−40	Zugfestigkeit R_m N/mm²	Streckgrenze R_e in N/mm² für Nenndicken in mm > 3 ≤ 50	> 50 ≤ 100	> 100 ≤ 150	Bruchdehnung A %	Eigenschaften, Verwendung
S460Q S460QL	1.8908 1.8906	40 50	30 40	– 30	550 … 720	460	440	400	17	hohe Zähigkeit, hohe Sprödbruch- und Alterungsbeständigkeit; hoch belastete Schweißkonstruktionen im Maschinen-, Kran-, Brücken- und Fahrzeugbau, Förderanlagen
S500Q S500QL	1.8924 1.8909	40 50	30 40	– 30	590 … 770	500	480	440	17	
S620Q S620QL	1.8914 1.8927	40 50	30 40	– 30	700 … 890	620	580	560	15	
S890Q S890QL	1.8940 1.8983	40 50	30 40	– 30	940 … 1100	890	830	–	11	
S960Q S960QL	1.8941 1.8933	40 50	30 40	– 30	980 … 1150	960	–	–	10	

[1] Q vergütet; QL vergütet, garantierte Mindestwerte für die Kerbschlagarbeit bis −40 °C

Technologische Eigenschaften

Schweißbarkeit	Warmumformbarkeit	Kaltumformbarkeit
Die Stähle sind nicht uneingeschränkt schweißbar. Eine fachkompetente Planung der Schweißparameter ist notwendig. Zunehmende Festigkeit und steigende Erzeugnisdicke erhöhen die Gefahr von Kaltrissen.	Eine Warmumformung ist nicht empfehlenswert, weil die Festigkeitswerte durch eine nachfolgende Wärmebehandlung nicht mehr erreichbar sind.	Kaltbiegen und Abkanten ist bis 16 mm Nenndicke gewährleistet, wenn die Kaltumformung bei der Bestellung vereinbart wurde.

Einsatzstähle, unlegiert und legiert

Einsatzstähle, warmgewalzt (Auswahl) vgl. DIN EN 10084 (2008-06)

Stahlsorte Kurzname[1]	Werkstoffnummer	Härte HB im Lieferzustand[2] +A	+ FP	Kerneigenschaften nach der Einsatzhärtung[3] Zugfestigkeit R_m N/mm²	Streckgrenze R_e N/mm²	Bruchdehnung A %	Härteverfahren[4] D	E	Eigenschaften, Verwendung
Unlegierte Einsatzstähle									
C10E C10R	1.1121 1.1207	131	90 ... 125	490 ... 640	295	16	•	•	Kleinteile mit mittlerer Beanspruchung; Hebel, Zapfen, Bolzen, Rollen, Spindeln, Press- und Stanzteile
C15E C15R	1.1141 1.1140	143	103 ... 140	590 ... 780	355	14	•	•	
Legierte Einsatzstähle									
17Cr3 17CrS3	1.7016 1.7014	174	–	700 ... 900	450	11	•	•	Teile mit wechselnder Beanspruchung, z. B. im Getriebebau; Zahnräder, Kegel- und Tellerräder, Antriebsritzel, Wellen, Gelenkwellen
16MnCr5 16MnCrS5 16MnCrB5	1.7131 1.7139 1.7160	207 207	140 ... 187 140 ... 187	780 ... 1080 ≥ 900	590 –	10 –	○	•	
16NiCr4 16NiCrS4	1.5714 1.5715	217	156 ... 207	980 ... 1270	≥ 735	10	–	•	
18CrMo4 18CrMoS4	1.7243 1.7244	207	140 ...187	930 ... 1300	≥ 685	9	○	•	
20MoCr3 20MoCrS3	1.7320 1.7319	217	145 ... 185	780 ... 1080	590	10	•	–	
20MoCr4 20MoCrS4	1.7321 1.7323	207	140 ... 187	780 ... 1080	590	10	•	–	
17CrNi6-6 22CrMoS3-3	1.5918 1.7333	229 217	156 ... 207 152 ... 201	≥ 1100 ≥ 1000	– –	9 –	– ○	• •	
15NiCr13 10NiCr5-4	1.5752 1.5805	229 192	166 ... 207 137 ... 187	920 ... 1230 ≥ 900	785 –	10 –	– –	• •	Teile mit hoher wechselnder Beanspruchung, z. B. im Getriebebau; Zahnräder, Kegel- und Tellerräder, Antriebsritzel, Wellen, Gelenkwellen
20NiCrMo2-2 20NiCrMoS2-2	1.6523 1.6526	212	149 ... 194	≥ 800	≥ 500	10	•	•	
17NiCrMo6-4 17NiCrMoS6-4 20NiCrMoS6-4	1.6566 1.6569 1.6571	229	149 ... 201 149 ... 201 154 ... 207	≥ 1000 ≥ 1000 ≥ 1100	– – –	– – –	–	•	
20MnCr5 20MnCrS5	1.7147 1.7149	217	152 ... 201	980 ... 1270	≥ 685	8	○	•	Teile mit größeren Abmessungen; Ritzelwellen, Zahnräder, Tellerräder
18NiCr5-4 14NiCrMo13-4 20NiCrMo13-4 18CrNiMo7-6	1.5810 1.6657 1.6660 1.6587	223 241 255 229	156 ... 207 166 ... 217 197 ... 241 159 ... 207	≥ 1100 1030 ... 1080 ≥ 1400 ≥ 1100	– – – –	– 10 – 8	– – – –	• • • •	

[1] Stahlsorten mit Schwefelzusatz, z. B. 16MnCrS5, weisen eine verbesserte Zerspanbarkeit auf.

[2] Lieferzustand: +A weich geglüht; + FP behandelt auf Ferrit-Perlitgefüge und Härtespanne

[3] Die Festigkeitswerte gelten für Proben mit 30 mm Nenndurchmesser.

[4] Härteverfahren: D Direkthärtung: Die Werkstücke werden direkt aus der Aufkohlungstemperatur abgeschreckt.
E Einfachhärtung: Nach der Aufkohlung lässt man die Werkstücke in der Regel auf Raumtemperatur abkühlen. Zum Härten werden sie erneut erwärmt.

• gut geeignet; ○ bedingt geeignet; – nicht geeignet

Wärmebehandlung der Einsatzstähle: Seite 164

W

Vergütungsstähle, unlegiert und legiert

Vergütungsstähle (Auswahl) vgl. DIN EN 10083-2 (2006-10) und DIN EN 10083-3 (2007-01)

Stahlsorte		H[1]	B[2]	Festigkeitswerte für Walzdurchmesser *d* in mm						Eigenschaften, Verwendung
				Zugfestigkeit R_m in N/mm²		Streckgrenze R_e in N/mm²		Bruchdehnung *A* in %		
Kurzname	Werkstoffnummer			> 16 ≤ 40	> 40 ≤ 100	> 16 ≤ 40	> 40 ≤ 100	> 16 ≤ 40	> 40 ≤ 100	
Unlegierte Vergütungsstähle[3]									vgl. DIN EN 10083-2 (2006-10)	
C22E	1.1151	156	+N	410	410	210	210	25	25	Teile mit geringer Beanspruchung und kleinen Vergütungsdurchmessern; Schrauben, Bolzen, Achsen, Wellen, Zahnräder
			+QT	470…620	–	290	–	22	–	
C35	1.0501	183	+N	520	520	270	270	19	19	
C35E	1.1181		+QT	600…750	550…700	380	320	19	20	
C45	1.0503	207	+N	580	580	305	305	16	16	
C45E	1.1191		+QT	650…800	630…780	430	370	16	17	
C55	1.0535	229	+N	640	640	330	330	12	12	
C55E	1.1203		+QT	750…900	700…850	490	420	14	15	
C60	1.0601	241	+N	670	670	340	340	11	11	
C60E	1.1221		+QT	800…950	750…900	520	450	13	14	
28Mn6	1.1170	223	+N	600	600	310	310	18	18	
			+QT	700…850	650…800	490	440	15	16	
Legierte Vergütungsstähle									vgl. DIN EN 10083-3 (2007-01)	
38Cr2 46Cr2	1.7003 1.7006	207 223	+QT	700…850 800…950	600…750 650…800	450 550	350 400	15 14	17 15	Teile mit mittlerer Beanspruchung; Getriebewellen, Schnecken, Zahnräder
34Cr4 37Cr4	1.7033 1.7034	223 235	+QT	800…950 850…1000	700…850 750…900	590 630	460 510	14 13	15 14	
25CrMo4 25CrMoS4	1.7218 1.7213	212	+QT	800…950	700…850	600	450	14	15	
41Cr4 41CrS4	1.7035 1.7039	241	+QT	900…1100	800…950	660	560	12	14	Teile mit hoher Beanspruchung und größeren Vergütungsdurchmessern; Wellen, Zahnräder, größere Schmiedeteile
34CrMo4 34CrMoS4	1.7220 1.7226	223	+QT	900…1100	800…950	650	550	12	14	
42CrMo4 42CrMoS4	1.7225 1.7227	241	+QT	1000…1200	900…1100	750	650	11	12	
50CrMo4 51CrV4	1.7228 1.8159	248	+QT	1000…1200	900…1100	780 800	700	10	12	
30NiCrMo16-6 34CrNiMo6	1.6747 1.6582	270 248	+QT	1080…1230 1100…1300	1080…1230 1000…1200	880 900	880 800	10	10 11	Teile mit höchster Beanspruchung und großen Durchmessern
36NiCrMo16 30CrNiMo8	1.6773 1.6580	269 248	+QT	1250…1450	1100…1300	1050	900	9	10	
20MnB5 30MnB5	1.5530 1.5531	–	+QT	750…900 800…950	– –	600 650	– –	15 13	– –	mit Bor legiert; warmgeformte Teile mit verbesserter Härtbarkeit
27MnCrB5-2 39MnCrB6-2	1.7182 1.7189	–	+QT	900…1150 1050…1250	800…1000 1000…1200	750 850	700 800	14 12	15 12	

[1] H Brinellhärte HBW im Anlieferungszustand „weichgeglüht (+A)"

[2] B Behandlungszustand: +N normalgeglüht; +QT vergütet.
Bei den unlegierten Vergütungsstählen gelten die Behandlungszustände +N und +QT jeweils für die Qualitäts- und die Edelstähle, zum Beispiel für C45 und C45E.

[3] Die unlegierten Vergütungsstähle C35, C45, C55 und C60 sind Qualitätsstähle, die Stähle C22E, C35E, C45E, C55E und C60E werden als Edelstähle hergestellt.

Wärmebehandlung der Vergütungsstähle: Seite 165

Nitrierstähle, Stähle für Flamm- und Induktionshärtung, Automatenstähle

Nitrierstähle, warmgewalzt (Auswahl)

vgl. DIN EN 10085 (2001-07)

Stahlsorte Kurzname	Werkstoffnummer	weichgeglüht Härte HB	Zugfestigkeit[1] R_m N/mm²	Streckgrenze[1] R_e N/mm²	Bruchdehnung[1] A %	Eigenschaften, Verwendung
31CrMo12	1.8515	248	980 ... 1180	785	11	Verschleißteile bis 250 mm Dicke
31CrMoV9	1.8519	248	1000 ... 1200	800	10	Verschleißteile bis 100 mm Dicke
34CrAlMo5-10	1.8507	248	800 ... 1000	600	14	Verschleißteile bis 80 mm Dicke
41CrAlMo7-10	1.8509	248	900 ... 1100	720	13	warmfeste Verschleißteile bis 500 °C
34CrAlNi7-10	1.8550	248	850 ... 1050	650	12	große Teile; Kolbenstangen, Spindeln

[1] Festigkeitswerte: Die Werte für die Zugfestigkeit R_m, die Streckgrenze R_e und die Bruchdehnung A gelten für Erzeugnisdicken von 40 ... 100 mm im vergüteten Zustand.

Wärmebehandlung der Nitrierstähle: Seite 166

Stähle für Flamm- und Induktionshärtung, warmgewalzt (Auswahl)

vgl. DIN EN 10083[1]

Stahlsorte Kurzname	Werkstoffnummer	weichgeglüht Härte HB	B[2]	Zugfestigkeit[2] R_m N/mm²	Streckgrenze R_e in N/mm² für Nenndicken in mm ≤ 16	> 16 ≤ 40	> 40 ≤ 100	Bruchdehnung A %	Eigenschaften, Verwendung
C45E[1]	1.1191	207	+QT	650 ... 800	490	430	370	16	Verschleißteile mit hoher Kernfestigkeit und guter Zähigkeit; Kurbelwellen, Getriebewellen, Nockenwellen, Schnecken, Zahnräder
C60E[1]	1.1221	241		800 ... 950	580	520	450	13	
37Cr4	1.7034	235	+QT	850 ... 1000	750	630	510	13	
46Cr2	1.7006	223		800 ... 950	650	550	400	14	
41Cr4	1.7035	241	+QT	900 ... 1100	800	660	560	12	
42CrMo4	1.7225			1000 ... 1200	900	750	650	11	

[1] Die bisherige Norm DIN 17212 wurde ersatzlos zurückgezogen. Flamm- und induktionshärtbare Stähle siehe Vergütungsstähle DIN EN 10083-3 (Seite 138). Für unlegierte Edelstähle nach DIN EN 10083-2 ist das Härteergebnis nur dann gesichert, wenn die Stähle mit der Austenitkorngröße ≤ 5 bestellt werden.

[2] B Behandlungszustand: +QT vergütet

Wärmebehandlung der Stähle für Flamm- und Induktionshärtung: Seite 165

Automatenstähle, warmgewalzt (Auswahl)

vgl. DIN EN 10087 (1999-01)

Stahlsorte Kurzname[1]	Werkstoffnummer	B[2]	Für Erzeugnisdicken von 16 ... 40 mm: Härte HB	Zugfestigkeit R_m N/mm²	Streckgrenze R_e N/mm²	Bruchdehnung A %	Eigenschaften, Verwendung
11SMn30	1.0715	+U	112 ... 169	380 ... 570	–	–	• Zur Wärmebehandlung nicht geeignete Stähle Kleinteile mit geringer Beanspruchung; Hebel, Zapfen
11SMnPb30	1.0718						
11SMn37	1.0736	+U	112 ... 169	380 ... 570	–	–	
11SMnPb37	1.0737						
10S20	1.0721	+U	107 ... 156	360 ... 530	–	–	• Einsatzstähle verschleißfeste Kleinteile; Wellen, Bolzen, Stifte
10SPb20	1.0722						
15SMn13	1.0725	+U	128 ... 178	430 ... 600	–	–	
35S20	1.0726	+U	154 ... 201	520 ... 680	–	–	• Vergütungsstähle größere Teile mit höherer Beanspruchung; Spindeln, Wellen, Zahnräder
35SPb20	1.0756	+QT	–	600 ... 750	380	16	
44SMn28	1.0762	+U	187 ... 238	630 ... 820	–	–	
44SMnPb28	1.0763	+QT	–	700 ... 850	420	16	
46S20	1.0727	+U	175 ... 225	590 ... 760	–	–	
46SPb20	1.0757	+QT	–	650 ... 800	430	13	

[1] Stahlsorten mit Bleizusätzen, z. B. 11SMnPb30, sind besser zerspanbar.

[2] B Behandlungszustand: +U unbehandelt; +QT vergütet

Alle Automatenstähle sind unlegierte Qualitätsstähle. Ein gleichmäßiges Ansprechen auf Einsatzhärten oder Vergüten ist nicht gesichert. Wärmebehandlung der Automatenstähle: Seite 166

Kaltarbeitsstähle, Warmarbeitsstähle, Schnellarbeitsstähle

Werkzeugstähle, warmgewalzt (Auswahl) vgl. DIN EN ISO 4957 (2001-02), Ersatz für DIN 17350

Stahlsorte Kurzname	Werkstoff-nummer	Härte HB[1] max.	Härte-temperatur °C	A[2]	Anlass-temperatur °C	Anwendungsbeispiele, Eigenschaften
Kaltarbeitsstähle, unlegiert						
C45U	1.1730	205	800 ... 830	W	180 ... 300	ungehärtete Aufbauteile für Werkzeuge, Schraubendreher, Meißel, Messer
C70U	1.1520	180	790 ... 820	W	180 ... 300	Zentrierdorne, kleine Gesenke, Schraubstockbacken, Abgratstempel
C80U	1.1525	190	780 ... 810	W	180 ... 300	Gesenke mit flachen Gravuren, Meißel, Kaltschlagmatrizen, Messer
C105U	1.1545	210	770 ... 800	W	180 ... 300	einfache Schneidwerkzeuge, Prägestempel, Reißnadeln, Lochdorne, Spiralbohrer
Kaltarbeitsstähle, legiert						
21MnCr5	1.2162	225	810 ... 840	Ö	150 ... 220	komplizierte einsatzgehärtete Kunststoffpressformen; gut polierbar
60WCrV8	1.2550	215	880 ... 920	Ö	150 ... 300	Schnitte für Stahlblech von 6 ... 15 mm, Kaltlochstempel, Meißel, Körner
90MnCrV8	1.2842	225	780 ... 810	Ö	150 ... 250	Schneidplatten, Stempel, Kunststoffpressformen, Reibahlen, Messzeuge
102Cr6	1.2067	220	830 ... 860	Ö	100 ... 180	Bohrer, Fräser, Reibahlen, kleine Schneidplatten, Spitzen für Drehmaschinen
X38CrMo16	1.2316	230	1000 ... 1040	Ö	150 ... 300	Werkzeuge für die Verarbeitung von chemisch angreifenden Thermoplasten
40CrMnNiMo8-6-4	1.2712	235	840 ... 870	Ö	180 ... 220	Kunststoffformen aller Art
45NiCrMo16	1.2767	285	840 ... 870	Ö, L	160 ... 250	Biege- und Prägewerkzeuge, Schermesser für dickes Schneidgut
X153CrMoV12	1.2379	255	1000 ... 1030	Ö, L	180 ... 250	bruchempfindliche Schneidwerkzeuge, Fräser, Räumwerkzeuge, Schermesser
X210CrW12	1.2436	255	960 ... 980	Ö, L	180 ... 250	Hochleistungs-Schneidwerkzeuge, Räumwerkzeuge, Presswerkzeuge
Warmarbeitsstähle						
55NiCrMoV7	1.2714	248	840 ... 870	Ö	400 ... 500	Kunststoffpressformen, kleine und mittelgroße Gesenke, Warmschermesser
X37CrMoV5-1	1.2343	225	1010 ... 1040	Ö, L	550 ... 650	Druckgießformen für Leichtmetalle, Strangpresswerkzeuge
32CrMoV12-28	1.2365	225	1020 ... 1050	Ö, L	520 ... 620	Druckgießformen für Schwermetalle, Strangpresswerkzeuge für alle Metalle
X38CrMoV5-3	1.2367	225	1030 ... 1070	Ö, L	570 ... 670	hochwertige Gesenke, hoch beanspruchte Werkzeuge zur Schraubenherstellung
Schnellarbeitsstähle						
HS6-5-2C[3]	1.3343	265	1190 ... 1220	Ö, L	540 ... 560	Spiralbohrer, Reibahlen, Fräser, Gewindebohrer, Kreissägeblätter
HS6-5-2-5	1.3243	265	1180 ... 1220	Ö, L	550 ... 570	Höchstbeanspruchte Spiralbohrer, Fräser, Schruppwerkzeuge mit hoher Zähigkeit
HS10-4-3-10	1.3207	300	1200 ... 1240	Ö, L	550 ... 570	Drehmeißel für Automatenbearbeitung, hohe Abspanleistung
HS2-9-2	1.3348	265	1180 ... 1210	Ö, L	540 ... 580	Fräser, Spiral- und Gewindebohrer, hohe Schneidhärte, Warmfestigkeit, Zähigkeit

[1] Anlieferungszustand: geglüht [2] A Abschreckmittel; W Wasser; Ö Öl; L Luft [3] höherer C-Gehalt als HS6-5-2

Bezeichnung der Werkzeugstähle: Seiten 129, 130; Wärmebehandlung der Werkzeugstähle: Seite 164

W

Nichtrostende Stähle

Korrosionsbeständige Stähle (Auswahl) vgl. DIN EN 10088-2 und 10088-3 (2014-12)

Stahlsorte Kurzname	Werkstoff-nummer	L[1] B	L[1] S	A[2]	Dicke d mm	Zug-festigkeit R_m N/mm²	Dehn-grenze $R_{p0,2}$ N/mm²	Bruch-dehnung A %	Eigenschaften, Verwendung
Austenitische Stähle (sehr zäh, nicht härt- und vergütbar, nicht magnetisierbar)									
X10CrNi18-8	1.4310	•		C	≤ 8	600 … 950	250	40	Federn für Temperaturen bis 300 °C, Fahrzeugbau
			•	–	≤ 40	500 … 750	195	40	
X2CrNi18-9	1.4307	•		C	≤ 8	520 … 700	220	45	Behälter für Haushalt, chemische und Lebensmittelindustrie
		•		P	≤ 75	500 … 650	200		
			•	–	≤ 160	500 … 700	175	45	
X2CrNi19-11	1.4306	•		C	≤ 8	520 … 700	220	45	Geräte und Teile, die organischen und Fruchtsäuren ausgesetzt sind
		•		P	≤ 75	500 … 700	200		
			•	–	≤ 160	460 … 680	180	45	
X2CrNiN18-10	1.4311	•		C	≤ 8	550 … 750	290	40	Geräte des Molkerei- und Brauereigewerbes, Druckgefäße
		•		P	≤ 75	540 … 750	270		
			•	–	≤ 160	550 … 760	270	40	
X5CrNi18-10	1.4301	•		C	≤ 8	540 … 750	230	45	gut polierbar; Tiefziehteile in der Nahrungsmittelindustrie
		•		P	≤ 75		210		
			•	–	≤ 160	500 … 700	190	45	
X8CrNiS18-9	1.4305	•		P	≤ 75	500 … 700	190	35	Teile im Nahrungsmittel- und Molkereigewerbe
			•	–	≤ 160	500 … 750	190	35	
X6CrNiTi18-10	1.4541	•		C	≤ 8	520 … 720	220	40	Gebrauchsgegenstände im Haushalt, Teile in der Fotoindustrie
		•		P	≤ 75	500 … 700	200		
			•	–	≤ 160	500 … 700	190	40	
X4CrNi18-12	1.4303	•		C	≤ 8	500 … 650	220	45	Chemische Industrie; Schrauben, Muttern
			•	–	≤ 160	500 … 700	190	45	
X5CrNiMo17-12-2	1.4401	•		C	≤ 8	530 … 680	240	40	Teile in der Farben-, Öl- und Textilindustrie
		•		P	≤ 75	520 … 670	220	45	
			•	–	≤ 160	500 … 700	200	40	
X6CrNiMoTi17-12-2	1.4571	•		C	≤ 8	540 … 690	240	40	Teile in der Textil-, Kunstharz- und Gummiindustrie
		•		P	≤ 75	520 … 670	220		
			•	–	≤ 160	500 … 700	200	40	
X2CrNiMo18-14-3	1.4435	•		C	≤ 8	550 … 700	240	40	Teile mit erhöhter chemischer Beständigkeit in der Zellstoffindustrie
		•		P	≤ 75	520 … 670	220	45	
			•	–	≤ 160	500 … 700	200	40	
X2CrNiMo17-12-2	1.4404	•		C	≤ 8	530 … 680	240	40	beständig gegen nichtoxidierende Säuren und halogenhaltige Medien
		•		P	≤ 75	520 … 670	220	45	
			•	–	≤ 160	500 … 700	200	40	
X2CrNiMoN17-13-5	1.4439	•		C	≤ 8	580 … 780	290	35	beständig gegen Chlor und höhere Temperaturen; chemische Industrie
		•		P	≤ 75		270	40	
			•	–	≤ 160	580 … 800	280	35	
X1NiCrMoCu25-20-5	1.4539	•		C	≤ 8	530 … 730	240	35	beständig gegen Phosphor-, Schwefel- und Salzsäure; chemische Industrie
		•		P	≤ 75	520 … 720	220		
			•	–	≤ 160	700 … 800	200	40	

1) L Lieferformen, Normzuordnung: B Bleche, Bänder → DIN EN 10088-2; S Stäbe, Profile → DIN EN 10088-3

2) A Anlieferungszustand: C kaltgewalzte Bänder; P warmgewalzte Bleche

W

Nichtrostende Stähle

Korrosionsbeständige Stähle (Fortsetzung)

vgl. DIN EN 10088-2 und 10088-3 (2014-12)

Stahlsorte Kurzname	Stahlsorte Werkstoffnummer	L[1] B	L[1] S	A[2]	Dicke d mm	Zugfestigkeit R_m N/mm²	Dehngrenze $R_{p0,2}$ N/mm²	Bruchdehnung A %	Eigenschaften, Verwendung
Ferritische Stähle (zäh, nicht härt- und vergütbar, magnetisierbar)									
X2CrNi12	1.4003	• •		C P	≤ 8 ≤ 25	450 … 650	280 250	20 18	Fahrzeug- und Containerbau, Fördertechnik
			•	–	≤ 100	450 … 600	260	20	
X6Cr13	1.4000	• •		C P	≤ 8 ≤ 25	400 … 600	240 220	19	beständig gegen Wasser und Dampf; Haushaltsgeräte, Beschläge
			•	–	≤ 25	400 … 630	230	20	
X6Cr17	1.4016	• •		C P	≤ 8 ≤ 25	450 … 600	260 240	20	gut kalt umformbar, polierbar; Bestecke, Stoßstangen
			•	–	≤ 100	400 … 630	240	20	
X2CrTi12	1.4512	•		C	≤ 8	450 … 650	280	23	Katalysatoren
X6CrMo17-1	1.4113	•		C	≤ 8	450 … 630	260	18	Automobilbau; Zierleisten, Radkappen
			•	–	≤ 100	440 … 660	280	18	
X3CrTi17	1.4510	•		C	≤ 8	450 … 600	260	20	Schweißteile im Nahrungsmittelbereich
X2CrMoTi18-2	1.4521	• •		C P	≤ 8 ≤ 12	420 … 640 420 … 620	300 280	20	Schrauben, Muttern, Heizkörper

W

[1] L Lieferformen, Normzuordnung; B Bleche, Bänder → DIN EN 10088-2; S Stäbe, Profile → DIN EN 10088-3
[2] A Anlieferungszustand: C kaltgewalzte Bänder; P warmgewalzte Bleche

Stahlsorte Kurzname	Stahlsorte Werkstoffnr.	L[1] B	L[1] S	A[2]	Dicke d mm	W[3]	Zugfestigkeit R_m N/mm²	Dehngrenze $R_{p0,2}$ N/mm²	Bruchdehnung A %	Eigenschaften, Verwendung
Martensitische Stähle (härt- und vergütbar, magnetisierbar)										
X12Cr13	1.4006	• •		C P	≤ 8 ≤ 75	A QT650	≤ 600 650 … 850	– 450	20 12	beständig gegen Wasser und Dampf, Lebensmittelindustrie
			•	–	≤ 160	QT650	650 … 850	450	15	
X20Cr13	1.4021	• •		C P	≤ 8 ≤ 75	A QT750	≤ 700 750 … 950	– 550	15 10	Achsen, Wellen, Pumpenteile, Schiffsschrauben
			•	–	≤ 160	QT800	800 … 950	600	12	
X30Cr13	1.4028	• •		C P	≤ 8 ≤ 75	A QT800	≤ 740 800 … 1000	– 600	15 10	Schrauben, Muttern, Federn, Kolbenstangen
			•	–	≤ 160	QT850	850 … 1000	650	10	
X46Cr13	1.4034	•	 •	C –	≤ 8 ≤ 160	A QT800	≤ 780 850 … 1000	245 650	12 10	Tafel- und Maschinenmesser
X39CrMo17-1	1.4122	•	 •	C –	≤ 8 ≤ 60	A QT900	≤ 900 900 … 1100	280 800	12 11	Wellen, Spindeln, Armaturen bis 600 °C
X3CrNiMo13-4	1.4313	•		P	≤ 75	QT900	900 … 1100	800	11	hohe Zähigkeit; Pumpen, Turbinenlaufräder, Reaktorbau
			• •	–	– ≤ 160	A QT900	≤ 1100 900 … 1100	320 800	– 12	

[1] L Lieferformen, Normzuordnung; B Bleche, Bänder → DIN EN 10088-2; S Stäbe, Profile → DIN EN 10088-3
[2] A Anlieferungszustand: C kaltgewalzte Bänder; P warmgewalzte Bleche
[3] W Wärmebehandlungszustand: A geglüht; QT750 → vergütet auf Mindestzugfestigkeit R_m = 750 N/mm²

Nichtrostende Stähle, Federstahl

Korrosionsbeständige Stähle (Fortsetzung)

vgl. DIN EN 10088-2 und 10088-3 (2014-12)

Stahlsorte Kurzname	Werkstoff-nummer	L[1] B	L[1] S	A[2]	Dicke d mm	Zugfestigkeit R_m N/mm²	Dehngrenze $R_{p0,2}$ N/mm²	Bruchdehnung A %	Eigenschaften Verwendung
Duplexstähle (austenitisch-ferritisch, hochfest, säurebeständig, magnetisierbar)									
X2CrNiN23-4	1.4362	•		C	≤ 8	650 … 850	450	20	Bau- und chemische Industrie, Bewehrungen, gut schweißbar („Lean"-Duplexstahl)
		•		P	≤ 75		400	25	
			•	–	≤ 160	600 … 830	400	25	
X2CrNiMoN22-5-3	1.4462	•		C	≤ 8	700 … 950	500	20	Papier-/Zellstoffindustrie, Offshore-Technik, keine Spannungsrisskorrosion („Standard"-Duplexstahl)
		•		P	≤ 75		460	25	
			•	–	≤ 160	650 … 880	450	25	
X2CrNiMoN25-6-3	1.4410	•		C	≤ 8	750 … 1000	550	20	Chemische Industrie, Offshore-Technik, lochfraßbeständig („Super"-Duplexstahl)
		•		P	≤ 75		530	20	
			•	–	≤ 160	730 … 930	530	25	
X2CrNiMoCuN24-4-3-2	1.4507	•		C	≤ 8	750 … 1000	550	20	Ölindustrie, Petrochemie, spaltkorrosionsbeständig („Hyper"-Duplexstahl)
		•		P	≤ 75		530	25	
			•	–	≤ 160	700 … 900	500	25	

[1] L Lieferformen, Normzuordnung; B Bleche, Bänder → DIN EN 10088-2; S Stäbe, Profile → DIN EN 10088-3
[2] A Anlieferungszustand: C kaltgewalzte Bänder; P warmgewalztes Blech

Stahldraht für Federn, patentiert gezogen

vgl. DIN EN 10270-1 (2012-01)

Drahtsorte	Mindestzugfestigkeit R_m in N/mm² für Nenndurchmesser d in mm 0,5	1,0	1,5	2,0	3,0	4,0	5,0	10,0	geeignet für Zug-, Druck- und Drehfedern (Drahtsorte DH auch für Formfedern) mit folgender Beanspruchung:
SL	–	1720	1600	1520	1410	1320	1260	1060	niedrige statische
SM	2200	1980	1850	1760	1630	1530	1460	1240	mittlere statische **oder** (selten) dynamische
SH	2480	2330	2090	1980	1840	1740	1660	1410	hohe statische **oder** niedrige dynamische
DM	2200	1980	1850	1760	1630	1530	1460	1240	mittlere dynamische
DH	2480	2330	2090	1980	1840	1740	1660	1410	hohe statische **oder** mittlere dynamische

Drahtdurchmesser *d* in mm (Auswahl) — Lieferformen: in Ringen, auf Spulen oder Stäbe im Bündel

alle Sorten	0,3 – 0,4 – 0,5 – 0,53 – 0,56 – 0,6 – 0,63 – 0,65 – 0,7 – 0,75 – 0,8 – 0,9 – 1,0 – 1,1 – 1,2 – 1,25 – 1,3 – 1,4 … 2,0 – 2,1 – 2,25 – 2,4 – 2,5 – 2,6 – 2,8 – 3,0 – 3,2 … 4,0 – 4,25 – 4,75 – 5,0 – 5,3 – 5,6 – 6,0 – 6,5 … 10,0

Drahtoberfläche

Kurzzeichen	Drahtoberfläche	Kurzzeichen	Drahtoberfläche	Kurzzeichen	Drahtoberfläche
b	blank	cu	verkupfert	Z	mit Zinküberzug
wh	weiß, nassblank	ph	phosphatiert	ZA	mit Zink/Aluminium-Überzug

⇒ **Federdraht EN 10270-1 DM 3,2 ph:** Drahtsorte DM, d = 3,2 mm, phosphatierte Oberfläche (ph)

Federstahl, warm gewalzt, vergütbar (Auswahl)

vgl. DIN EN 10089 (2003-04), Ersatz für DIN 17221

Stahlsorte Kurzname	Werkstoffnummer	warmgewalzt Härte HB	weichgeglüht +A Härte HB	im vergüteten Zustand (+QT) Zugfestigkeit R_m N/mm²	Dehngrenze $R_{p0,2}$ N/mm²	Bruchdehnung A %	Eigenschaften Verwendung
38Si7	1.5023	240	217	1300 … 1600	1150	8	federnde Schraubensicherungen
55Cr3	1.7176	> 310	248	1400 … 1700	1250	3	größere Zug- und Druckfedern
61SiCr7	1.7108	310	248	1550 … 1850	1400	5,5	Blattfedern, Tellerfedern
51CrV4	1.8159	> 310	248	1400 … 1700	1200	6	hochbeanspruchte Federn

Drahtdurchmesser *d* in mm (Auswahl) — Lieferformen: gerichtete Stäbe, Drahtringe

5,0 – 5,5 – 6,0 – 6,5 … 10,0 – 10,5 … 19,0 – 19,5 – 20,0 – 21,0 – 22,0 – 23,0 … 27,0 – 28,0 – 29,0 – 30,0

⇒ **Rundstab EN 10089-20 x 8000 – 51CrV4 +A:** Stabdurchmesser d = 20 mm, Stablänge l = 8000 mm, Stahlsorte 51CrV4, Anlieferungszustand weichgeglüht (+A)

Stähle für Blankstahlerzeugnisse

Unlegierte Stähle, blank (Auswahl) — vgl. DIN EN 10277-2 (2008-06)

Stahlsorte		Dickenbereich in mm	Mechanische Eigenschaften im Lieferzustand					Eigenschaften, Verwendung
			gewalzt u. geschält (+SH)		kaltgezogen (+C)			
Kurzname	Werkstoffnummer		Härte HB	Zugfestigkeit R_m N/mm²	Dehngr. $R_{p0,2}$ N/mm²	Zugfestigkeit R_m N/mm²	Bruchdehnung A in %	
S235JRC	1.0122	> 16 ≤ 40 > 40 ≤ 63	102…140	360…510	260 235	390…730 380…670	10 11	nicht härtbare Qualitätsstähle für allgemeine Verwendung, z. B. Hebel, Bolzen, Achsen mit geringer Beanspruchung
S355J2C	1.0579	> 16 ≤ 40 > 40 ≤ 63	146…187	470…630	350 335	530…850 500…770	8 9	
E295GC	1.0533	> 16 ≤ 40 > 40 ≤ 63	140…181	470…610	320 300	550…850 520…770	8 9	
E335GC	1.0543	> 16 ≤ 40 > 40 ≤ 63	169…211	570…710	390 340	640…930 620…870	7 8	
C15	1.0401	> 16 ≤ 40 > 40 ≤ 63	98…178	330…600	240 215	380…670 340…600	11 12	nicht für eine Wärmebehandlung, z. B. härten, vorgesehene Qualitätsstähle für höher beanspruchte Teile
C35	1.0501	> 16 ≤ 40 > 40 ≤ 63	154…207	520…700	320 300	580…880 520…800	9 9	
C45	1.0503	> 16 ≤ 40 > 40 ≤ 63	172…242	580…820	410 360	650…1000 580…850	8 8	
C60	1.0601	> 16 ≤ 40 > 40 ≤ 63	198…278	670…940	480 –	730…1100 –	6 –	
Lieferformen, Oberflächen, Hinweise		Rundstäbe: gewalzt und geschält (+SH), kaltgezogen (+C), geschliffen (+SL), Flach- und Vierkantstäbe: gewalzt und kaltgezogen (+C) Abmessungen, Grenzabmaße Seite 152						

Automatenstähle, blank (Auswahl) — vgl. DIN EN 10277-3 (2008-06)

Stahlsorte		Dickenbereich in mm	Mechanische Eigenschaften im Lieferzustand					Eigenschaften, besondere Lieferformen
			gewalzt u. geschält (+SH)		kaltgezogen (+C)			
Kurzname	Werkstoffnummer		Härte HB	Zugfestigkeit R_m N/mm²	Dehngr. $R_{p0,2}$ N/mm²	Zugfestigkeit R_m N/mm²	Bruchdehnung A in %	
11SMn30 11SMnPb30	1.0715 1.0718	> 16 ≤ 40 > 40 ≤ 63	112…169	380…570 370…570	375 305	460…710 400…650	8 9	nicht für eine Wärmebehandlung geeignet (z. B. Einsatzhärtung)
11SMn37 11SMnPb37	1.0736 1.0737	> 16 ≤ 40 > 40 ≤ 63	112…169	380…570 370…570	375 305	460…710 400…650	8 9	
10S20 10SPb20	1.0721 1.0722	> 16 ≤ 40 > 40 ≤ 63	107…156	360…530	360 295	460…720 410…660	9 10	zur Einsatzhärtung geeignete Stähle
15SMn13	1.0725	> 16 ≤ 40 > 40 ≤ 63	128…178 128…172	430…600 430…580	390 350	470…770 460…680	8 9	
35S20 35SPb20	1.0726 1.0756	> 16 ≤ 40 > 40 ≤ 63	154…201 154…198	520…680 520…670	360 340	560…800 530…760	8 9	zum Vergüten geeignete Stähle; auch kaltgezogen und vergütet (+C+QT) bzw. vergütet und kaltgezogen (+QT+C) lieferbar.
36SMn14 36SMnPb14	1.0764 1.0765	> 16 ≤ 40 > 40 ≤ 63	166…222 166…219	560…750 560…740	390 360	600…900 580…840	7 8	
44SMn28 44SMnPb28	1.0762 1.0763	> 16 ≤ 40 > 40 ≤ 63	187…242 184…235	630…820 620…790	460 430	660…900 650…870	6 7	
46S20 46SMnPb20	1.0727 1.0757	> 16 ≤ 40 > 40 ≤ 63	175…225 172…216	590…760 580…730	400 380	640…880 610…850	7 8	
Lieferformen, Oberflächen, Hinweise		Rundstäbe: gewalzt und geschält (+SH), kaltgezogen (+C), geschliffen (+SL), Flach- und Vierkantstäbe: gewalzt und kaltgezogen (+C) Abmessungen, Grenzabmaße Seite 152, Wärmebehandlung Seite 166						

Stähle für Blankstahlerzeugnisse

Vergütungsstähle, blank (Auswahl)

vgl. DIN EN 10277-5 (2008-06)

Stahlsorte			Mechanische Eigenschaften im Lieferzustand					
			gewalzt und geschält (+SH)		vergütet und kaltgezogen (+QT+C)			
Kurzname	Werkstoffnummer	Dickenbereich in mm	Härte HB	Zugfestigkeit R_m N/mm²	Dehngr. $R_{p0,2}$ N/mm²	Zugfestigkeit R_m N/mm²	Bruchdehnung A in %	Eigenschaften, Verwendung
C35E C35R	1.1181 1.1180	> 16 ≤ 40 > 40 ≤ 63	154...207	520...700	455 400	650... 850 570... 770	10 11	unlegierte Vergütungsstähle für Teile mit geringer Beanspruchung
C45E C45R	1.1191 1.1201	> 16 ≤ 40 > 40 ≤ 63	172...242	580...820	525 455	750... 950 650... 850	9 10	
C60E C60R	1.1221 1.1223	> 16 ≤ 40 > 40 ≤ 63	198...278	670...940	580 545	830...1030 780... 980	7 8	
34CrS4	1.7037	> 16 ≤ 40 > 40 ≤ 63	223	–	580 510	800...1000 700... 900	9 10	legierte Vergütungsstähle für Teile mit höherer Beanspruchung, verbesserte Zerspanbarkeit durch Schwefel (S)
41CrS4	1.7039	> 16 ≤ 40 > 40 ≤ 63	241	–	670 570	900...1100 800...1000	9 10	
25CrMoS4	1.7213	> 16 ≤ 40 > 40 ≤ 63	212	–	600 520	800...1000 700... 900	10 11	
42CrMoS4	1.7227	> 16 ≤ 40 > 40 ≤ 63	241	–	720 650	1000...1200 900...1100	10 10	
34CrNiMo6	1.6582	> 16 ≤ 40 > 40 ≤ 63	248	–	720 650	1000...1200 1000...1200	9 10	
Lieferformen, Oberflächen, Hinweise		Rundstäbe: z. B. gewalzt und geschält (+SH), kaltgezogen (+C), kaltgezogen und vergütet (+C+QT) Flach- und Vierkantstäbe: z. B. kaltgezogen (+C), vergütet und kaltgezogen (+QT+C) Abmessungen, Grenzabmaße Seite 152, Wärmebehandlung Seite 165						

W

Einsatzstähle, blank (Auswahl)

vgl. DIN EN 10277-4 (2008-06)

Stahlsorte			Mechanische Eigenschaften im Lieferzustand					
			gewalzt und geschält (+SH)		kaltgezogen (+C)			
Kurzname	Werkstoffnummer	Dickenbereich in mm	Härte HB	Zugfestigkeit R_m N/mm²	Dehngr. $R_{p0,2}$ N/mm²	Zugfestigkeit R_m N/mm²	Bruchdehnung A in %	Eigenschaften, Verwendung
C10R	1.1207	> 16 ≤ 40 > 40 ≤ 63	92...163	310...550	250 200	400...700 350...640	12	unlegierte Einsatzstähle für Kleinteile mit mittlerer Beanspruchung, z. B. Bolzen, Zapfen, Rollen
C15R	1.1140	> 16 ≤ 40 > 40 ≤ 63	98...178	330...600	280 240	430...730 380...670	9 11	
C16R	1.1208	> 16 ≤ 40 > 40 ≤ 63	105...184	350...620	300 260	450...750 360...620	11 12	

legierte Stähle			Härtewerte HB im Lieferzustand				
			+A+SH	+A+C	+FP+SH	+FP+C	
16MnCrS5	1.7139	> 16 ≤ 40 > 40 ≤ 63	207	245 240	140...187	140...240 140...235	legierte Einsatzstähle, verbesserte Zerspanbarkeit durch Schwefel (S), für Teile mit höheren Beanspruchungen
20MnCrS5	1.7149	> 16 ≤ 40 > 40 ≤ 63	217	255 250	152...201	152...250 152...245	
16NiCrS4	1.5715	> 16 ≤ 40 > 40 ≤ 63	217	255 255	156...207	156...245 156...240	
15NiCr13	1.5752	> 16 ≤ 40 > 40 ≤ 63	255	–	166...217	–	
Lieferformen, Oberflächen, Hinweise		Rundstäbe: +A+SH weichgeglüht und geschält, +A+C weichgeglüht und kaltgezogen, +FP+SH behandelt auf Ferrit-Perlit-Gefüge und geschält, +FP+C behandelt auf Ferrit-Perlit-Gefüge und kaltgezogen Flach- und Vierkantstäbe: +A+C weichgeglüht und kaltgezogen, +FP+C behandelt auf Ferrit-Perlit-Gefüge und kaltgezogen Abmessungen, Grenzabmaße Seite 152, Wärmebehandlung Seite 164					

Bleche und Bänder, Einteilung – Übersicht

Einteilung nach

Lieferformen	
Bezeichnung	Abmessungen, Bemerkungen
Blechtafel 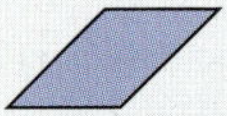	meist rechteckige Tafeln im Kleinformat: $b \times l = 1000 \times 2000$ mm, Mittelformat: $b \times l = 1250 \times 2500$ mm, Großformat: $b \times l = 1500 \times 3000$ mm. Blechdicken $s = 0{,}14 \dots 250$ mm
Bandrolle (Coil) 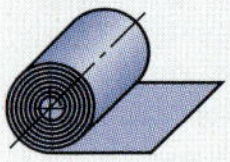	Streifendicke $s = 0{,}14 \dots$ ca. 10 mm Streifenbreite b bis 2000 mm Coildurchmesser bis 2400 mm Coilmasse bis 40 t • zur Beschickung von automatischen Fertigungsanlagen oder für Blechzuschnitte, z. B. bei der Weiterverarbeitung

Herstellverfahren	
Verfahren	Bemerkungen
warmgewalzt	Blechdicken bis ca. 250 mm, gewalzte Oberfläche mit Schuppen, Zundereinwalzungen, Blasen, Rissen, Sandstellen, die durch Ausschleifen und Schweißen auch ausgebessert sein können.
kaltgewalzt	Blechdicken bis ca. 10 mm, verschiedene Oberflächenqualitäten, z. B. für Qualitätslackierungen und Oberflächenbehandlungen, z. B. phosphatiert, sind lieferbar.
kaltgewalzt mit Oberflächenveredelung	• höhere Korrosionsbeständigkeit, z. B. durch Verzinken oder organische Beschichtung • für dekorative Zwecke, z. B. durch Kunststoffbeschichtung oder Lackierung • bessere Umformbarkeit, z. B. durch Strukturierung der Oberfläche

Blechsorten – Übersicht (Auswahl)

Haupteigenschaften	Bezeichnung, Stahlsorten	Norm	Lieferformen[1]		
			Bl	Ba	Dickenbereich
Kaltgewalzte Bleche und Bänder					
• kalt umformbar (Tiefziehen) • schweißbar • Oberfläche lackierbar	Flacherzeugnisse aus weichen Stählen	DIN EN 10130	•	•	0,35 … 3 mm
	Kaltband aus weichen Stählen	DIN EN 10207	–	•	≤ 10 mm
	Flacherzeugnisse mit hoher Streckgrenze	DIN EN 10268	•	•	≤ 3 mm
	Flacherzeugnisse zum Emaillieren	DIN EN 10209	•	•	≤ 3 mm
Kaltgewalzte Bleche und Bänder mit Oberflächenveredelung					
• höhere Korrosionsbeständigkeit • ggf. bessere Umformbarkeit	Schmelztauchveredeltes Blech und Band	DIN EN 10346	•	•	≤ 3 mm
	Elektrolytisch verzinkte Flacherzeugnisse aus Stahl zum Kaltumformen	DIN EN 10152	•	•	0,35 … 3 mm
	Organisch beschichtete Flacherzeugnisse aus Stahl	DIN EN 10169	•	•	≤ 3 mm
Kaltgewalzte Bleche und Bänder für Verpackungen					
• korrosionsbeständig • kalt umformbar • schweißbar	Feinstblech zur Herstellung von Weißblech	DIN EN 10205	•	•	0,14 … 0,49 mm
	Verpackungsblech aus elektrolytisch verzinntem oder verchromtem Stahl	DIN EN 10202	•	•	0,14 … 0,49 mm
Warmgewalzte Bleche und Bänder					
Eigenschaften wie entsprechende Stahlgruppen (Seiten 132, 133)	Blech und Band aus unlegierten und legierten Stählen, z. B. aus Baustählen nach DIN EN 10025-2, Feinkornbaustählen nach DIN EN 10025-3, Einsatzstählen nach DIN EN 10084, Vergütungsstählen nach DIN EN 10083, nichtrostenden Stählen nach DIN EN 10088	DIN EN 10051	•	•	Bleche bis 25 mm Dicke, Bänder bis 10 mm Dicke
• hohe Streckgrenze	Blech aus Baustählen mit höherer Streckgrenze in vergütetem Zustand	DIN EN 10025-6	•	–	3 … 150 mm
• Kaltumformbarkeit	Flacherzeugnisse aus Stählen mit hoher Streckgrenze	DIN EN 10149-1	•	•	Bleche bis 20 mm Dicke

[1] Lieferformen: Bl Bleche; Ba Bänder

Kaltgewalzte Bleche und Bänder zur Kaltumformung

Kaltgewalztes Band und Blech aus weichen Stählen

vgl. DIN EN 10130 (2007-02)

Stahlsorte Kurzname	Werkstoff-nummer	Ober-flächen-art	Zug-festigkeit R_m N/mm²	Streck-grenze R_e N/mm²	Bruch-dehnung A %	Freiheit von Fließ-figuren[1]	Eigenschaften, Verwendung
DC01	1.0330	A B	270 ... 410	140 280	28	– 3 Monate	kalt umformbar, z.B. durch Tiefziehen, schweißbar, Oberflächen lackierbar; umgeformte Blechteile im Fahrzeugbau, im allgemeinen Maschinen- und Gerätebau, in der Bauindustrie
DC03	1.0347	A B	270 ... 370	140 240	34	6 Monate	
DC04	1.0338	A B	270 ... 350	140 210	38	6 Monate	
DC05	1.0312	A B	270 ... 330	140 180	40	6 Monate	
DC06	1.0873	A B	270 ... 350	120 170	41	un-begrenzt	
Liefer-formen (Richtwerte)	Blechdicken: 0,25 – 0,35 – 0,4 – 0,5 – 0,6 – 0,7 – 0,8 – 0,9 – 1,0 – 1,2 – 1,5 – 2,0 – 2,5 – 3,0 mm Blechtafel-Abmessungen: 1000 x 2000 mm, 1250 x 2500 mm, 1500 x 3000 mm, 2000 x 6000 mm Bänder (Coils) bis ca. 2000 mm Breite						
Erläuterung	[1] Bei der spanlosen Weiterverarbeitung, z.B. durch Tiefziehen, treten innerhalb der angegebenen Frist keine Fließfiguren auf. Die Frist gilt ab der vereinbarten Lieferung.						

Oberflächenart		**Oberflächenausführung**		
Bezeichnung	Beschreibung der Oberfläche	Bezeichnung	Ausführung	Mittenrauwert *Ra*
A	Fehler, z.B. Poren, Riefen, dürfen die Umformbarkeit und die Haftung von Oberflächenüberzügen nicht beeinträchtigen.	b g	besonders glatt glatt	$Ra \leq 0{,}4$ µm $Ra \leq 0{,}9$ µm
B	Eine Blechseite muss so weit fehlerfrei sein, dass das Aussehen einer Qualitätslackierung nicht beeinträchtigt wird.	m r	matt rau	0,6 µm $< Ra \leq$ 1,9 µm $Ra >$ 1,6 µm

⇒ **Blech EN 10130 – DC06 – B – g:** Blech aus Stahlsorte DC06, Oberflächenart B, glatte Oberfläche

Kaltgewalztes Band und Blech aus Stählen mit hoher Streckgrenze (Auswahl)

vgl. DIN EN 10268 (2013-12)

Stahlsorte Kurz-name	Werk-stoff-nummer	Zug-festigkeit R_m N/mm²	Streck-grenze $R_{p0,2}$ N/mm²	Bruch-dehnung A %	Stahlgruppe, Eigenschaften, Verwendung
HC180Y HC220Y HC260Y	1.0922 1.0925 1.0928	330 ... 400 340 ... 420 380 ... 440	180 ... 230 220 ... 270 260 ... 320	35 33 31	**höherfeste IF-Stähle (Y)** bei hoher mechanischer Festigkeit sehr gut kalt umformbar; komplizierte Tiefziehteile
HC180B HC220B HC300B	1.0395 1.0396 1.0444	290 ... 360 320 ... 400 390 ... 480	180 ... 230 220 ... 270 300 ... 360	34 32 26	**bake-hardening-Stähle (B)** gut kalt umformbar, Streckgrenzenerhöhung durch Erwärmung nach der Umformung; Karosserieteile
HC220I HC260I HC300I	1.0346 1.0349 1.0447	300 ... 380 320 ... 400 340 ... 440	220 ... 270 260 ... 310 300 ... 350	34 32 30	**isotrope Stähle (I)** beste Eignung zum Streckziehen; Motorhauben und Türen für Kraftfahrzeuge
HC260LA HC340LA HC420LA HC500LA	1.0480 1.0548 1.0556 1.0573	350 ... 430 410 ... 510 470 ... 600 550 ... 710	260 ... 330 340 ... 420 420 ... 520 500 ... 620	26 21 17 12	**niedriglegierte/mikrolegierte Stähle (LA)** verbesserte Schweißbarkeit bei begrenzter Kaltumformbarkeit, gute Schlag- und Ermüdungsfestigkeit; Verstärkungsteile, z.B. in Karosserien
Ober-flächen	Walzbreiten ≥ 600 mm: Oberflächenart und -ausführung nach DIN EN 10130 (Tabelle oben). Für LA-Sorten kommt nur die Oberflächenart A in Betracht. Walzbreiten < 600 mm: Oberflächenart und -ausführung nach DIN EN 10139.				

⇒ **Blech EN 10268 – HC340LA – A – m:** Blech aus Stahlsorte HC340LA, Oberflächenart A, Oberflächenausführung matt (m)

W

Bleche und Bänder, kalt- und warmgewalzt

Schmelztauchveredeltes Band und Blech aus weichen Stählen zum Kaltumformen (Auswahl)

vgl. DIN EN 10346 (2015-10)

Stahlsorte Kurzname	Werkstoffnummer	Garantie für Festigkeitswerte[1]	Zugfestigkeit R_m N/mm²	Streckgrenze R_e N/mm²	Bruchdehnung A %	Ausbildung von Fließfiguren	Güteklasse für Kaltumformung
DX51D+Z DX51D+ZF	1.0917	1 Monat	270 ... 500	–	22	Ausbildung von Fließfiguren ist möglich	Maschinenfalzgüte
DX52D+Z DX52D+ZF	1.0918	1 Monat	270 ... 420	140 ... 300	26		Ziehgüte
DX53D+Z DX53D+ZF	1.0951	1 Monat	270 ... 380	140 ... 260	30		Tiefziehgüte
DX54D+Z DX54D+ZF	1.0952	6 Monate	260 ... 350	120 ... 220	36 34	6 Monate frei von Fließfiguren[2]	Sondertiefziehgüte
DX56D+Z DX56D+ZF	1.0963	6 Monate	260 ... 350	120 ... 180	39 37		Spezialtiefziehgüte

Lieferformen (Richtwerte)	Blechdicken: 0,25 – 0,35 – 0,4 – 0,5 – 0,6 – 0,7 – 0,8 – 0,9 – 1,0 – 1,2 – 1,5 – 2,0 – 2,5 – 3,0 mm Blechtafel-Abmessungen: 1000 x 2000 mm, 1250 x 2500 mm, 1500 x 3000 mm, 2000 x 6000 mm Bänder (Coils) bis ca. 2000 mm Breite
Erläuterungen	[1] Die Kennwerte für die Zugfestigkeit R_m, die Streckgrenze R_e und die Bruchdehnung A werden nur innerhalb der angegebenen Frist garantiert. Die Frist gilt ab der vereinbarten Lieferung. [2] Bei der Kaltumformung von Blechen mit den Oberflächen B und C treten innerhalb von 6 Monaten keine Fließfiguren auf. Die Frist gilt ab der vereinbarten Lieferung.

Zusammensetzung und Eigenschaften der Überzüge (Auswahl)

Bezeichnung	Zusammensetzung, Eigenschaften	Bezeichnung	Zusammensetzung, Eigenschaften
+Z	Beschichtung aus Reinzink, glänzend-blumige Oberfläche, Schutz gegen atmosphärische Korrosion	+ZF	abriebfeste Beschichtung aus einer Zink-Eisen-Legierung, einheitlich mattgraue Oberfläche, Korrosionsschutz wie bei +Z

Oberflächenqualität und -behandlung

Bezeichnung	Bedeutung	Oberflächenbehandlung
A	Unregelmäßigkeiten wie Riefen, Kratzer, Poren, streifenförmige Markierungen sind zulässig	Die Oberflächenbehandlung wird durch Kurzzeichen gekennzeichnet: C → chemisch passiviert O → geölt S → versiegelt P → phosphatiert u → unbehandelt S → versiegelt
B	verbesserte Oberfläche gegenüber A	
C	beste Oberfläche, eine Blechseite muss eine Qualitätslackierung ermöglichen	

⇒ **Blech EN 10143-0,5 x 1200 x 2500 – Stahl DIN EN 10346 – DX53D+ZF100-B-O:** Blech mit Grenzabmaßen nach EN 10143, Dicke t = 0,5 mm, Breite b = 1200 mm, Länge l = 2500 mm, Stahlsorte DX53D, Beschichtung aus Zink-Eisen-Legierung mit 100 g/m² (ZF100), verbesserter Oberfläche (B), Blechoberflächen geölt (O)

Warmgewalzte Bleche und Bänder

vgl. DIN EN 10051 (2011-02)

	Stahlgruppe, Bezeichnung	Norm	Seite	Eigenschaften
Werkstoffe	Warmgewalzte Bleche und Bänder nach DIN EN 10051 werden aus Stählen verschiedener Werkstoffgruppen hergestellt, zum Beispiel:			Eigenschaften und Verwendung der einzelnen Stähle → siehe Seiten 135...138
	Baustähle, unlegiert Einsatzstähle, unlegiert und legiert Vergütungsstähle, unlegiert und legiert	DIN EN 10025-2 DIN EN 10084 DIN EN 10083-2...3	135 137 138	
	Schweißgeeignete Feinkornbaustähle Vergütbare Baustähle mit hoher Streckgrenze	DIN EN 10025-3...4 DIN EN 10137	136 136	
Lieferformen (Richtwerte)	Blechdicken: 0,5 – 1,0 – 1,5 – 2,0 – 2,5 – 3,0 – 3,5 – 4,0 – 4,5 – 5,0 – 6,0 – 8,0 – 10,0 – 12,0 – 15,0 – 18,0 – 20,0 – 25,0 mm. Lieferbar als Breitband von 600...2200 mm Breite oder als Blechtafeln, die aus Breitband geschnitten werden oder als Band mit Breiten < 600 mm, das aus längsgeteiltem Breitband hergestellt wird.			

⇒ **Blech EN 10051 – 2,0 x 1200 x 2500 – Stahl EN 10083-1 – 34Cr4:** Blechdicke 2,0 mm, Tafelabmessungen 1200 x 2500 mm, legierter Vergütungsstahl 34Cr4

W

Rohre für den Maschinenbau, Präzisionsstahlrohre

Nahtlose Rohre für den Maschinenbau (Auswahl)

vgl. DIN EN 10297-1 (2003-06)

- d Außendurchmesser
- s Wanddicke
- S Querschnittsfläche
- m' längenbezogene Masse
- W_x axiales Widerstandsmoment
- I_x axiales Flächenträgheitsmoment

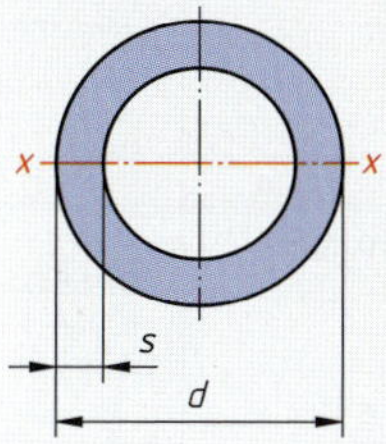

d x s	S cm²	m' kg/m	W_x cm³	I_x cm⁴	d x s	S cm²	m' kg/m	W_x cm³	I_x cm⁴
26,9 x 2,3	1,78	1,40	1,01	1,36	54 x 5,0	7,70	6,04	8,64	23,34
26,9 x 2,6	1,98	1,55	1,10	1,48	54 x 8,0	11,56	9,07	11,67	31,50
26,9 x 3,2	2,38	1,87	1,27	1,70	54 x 10,0	13,82	10,85	13,03	35,18
35 x 2,6	2,65	2,08	2,00	3,50	60,3 x 8	13,14	10,31	15,25	45,99
35 x 4,0	3,90	3,06	2,72	4,76	60,3 x 10	15,80	12,40	17,23	51,95
35 x 6,3	5,68	4,46	3,50	6,13	60,3 x 12,5	18,77	14,73	19,00	57,28
40 x 4	4,52	3,55	3,71	7,42	70 x 8	15,58	12,23	21,75	76,12
40 x 5	5,50	4,32	4,30	8,59	70 x 12,5	22,58	17,73	27,92	97,73
40 x 8	8,04	6,31	5,47	10,94	70 x 16	27,14	21,30	30,75	107,6
44,5 x 4	5,09	4,00	4,74	10,54	82,5 x 8	18,72	14,70	31,85	131,4
44,5 x 5	6,20	4,87	5,53	12,29	82,5 x 12,5	27,49	21,58	42,12	173,7
44,5 x 8	9,17	7,20	7,20	16,01	82,5 x 20	39,27	30,83	51,24	211,4
51 x 5	7,23	5,68	7,58	19,34	88,9 x 10	24,79	19,46	44,09	196,0
51 x 8	10,81	8,49	10,13	25,84	88,9 x 16	36,64	28,76	57,40	255,2
51 x 10	12,88	10,11	11,25	28,68	88,9 x 20	43,29	33,98	62,66	278,6

Werkstoffe, Glühzustand

Stahlgruppe		Stahlsorte, Beispiele	Glühzustand[1)]
Maschinenbaustähle	unlegiert	E235, E275, E315	+AR oder +N
	legiert	E355K2, E420J2	+N
Vergütungsstähle	unlegiert	C22E, C45E, C60E	+N oder +QT
	legiert	41Cr4, 42CrMo4	+QT
Einsatzstähle, unlegiert, legiert		C10E, C15E, 16MnCr5	+A oder +N

Eigenschaften und Verwendung der Stähle: Seiten 132, 133

Präzisionsstahlrohre, nahtlos gezogen (Auswahl)

vgl. DIN EN 10305-1 (2016-08)

- d Außendurchmesser
- s Wanddicke
- S Querschnittsfläche
- m' längenbezogene Masse
- W_x axiales Widerstandsmoment
- I_x axiales Flächenträgheitsmoment

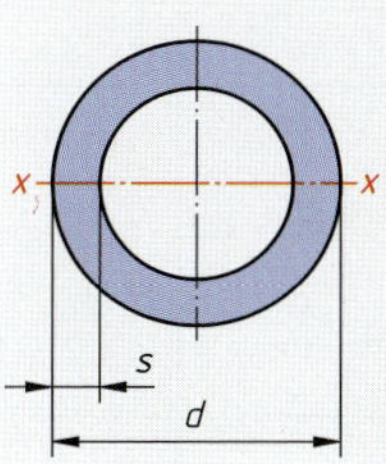

d x s	S cm²	m' kg/m	W_x cm³	I_x cm⁴	d x s	S cm²	m' kg/m	W_x cm³	I_x cm⁴
10 x 1	0,28	0,22	0,06	0,03	35 x 3	3,02	2,37	2,23	3,89
10 x 1,5	0,40	0,31	0,07	0,04	35 x 5	4,71	3,70	3,11	5,45
10 x 2	0,50	0,39	0,09	0,04	35 x 8	5,53	4,34	2,53	3,79
12 x 1	0,35	0,27	0,09	0,05	40 x 4	4,52	3,55	3,71	7,42
12 x 1,5	0,49	0,38	0,12	0,07	40 x 5	5,50	4,32	4,30	8,59
12 x 2	0,63	0,49	0,14	0,08	40 x 8	8,04	6,31	5,47	10,94
15 x 2	0,82	0,64	0,24	0,18	50 x 5	7,07	5,55	7,25	18,11
15 x 2,5	0,98	0,77	0,27	0,20	50 x 8	10,56	8,29	9,65	24,12
15 x 3	1,13	0,89	0,29	0,22	50 x 10	12,57	9,87	10,68	26,70
20 x 2,5	1,37	1,08	0,54	0,54	60 x 5	8,64	6,78	10,98	32,94
20 x 4	2,01	1,58	0,68	0,68	60 x 8	13,07	10,26	15,07	45,22
20 x 5	2,36	1,85	0,74	0,74	60 x 10	15,71	12,33	17,02	51,05
25 x 2,5	1,77	1,39	0,91	1,13	70 x 5	10,21	8,01	15,50	54,24
25 x 5	3,14	2,46	1,34	1,67	70 x 10	18,85	14,80	24,91	87,18
25 x 6	3,58	2,81	1,42	1,78	70 x 12	21,87	17,17	27,39	95,88
30 x 3	2,54	1,99	1,56	2,35	80 x 8	18,10	14,21	29,68	118,7
30 x 5	3,93	3,08	2,13	3,19	80 x 10	21,99	17,26	34,36	137,4
30 x 6	4,52	3,55	2,31	3,46	80 x 16	32,17	25,25	43,75	175,0

Werkstoffe	Maschinenbaustähle: E215, E235, E255, E355, E410 Vergütungsstähle: 26Mn5, C35E, C45E, 26Mo2, 25CrMo4, 42CrMo4 Automatenstähle: 10S10, 15S10, 18S10, 37S10
Lieferzustände	+C zugblank, hart; +LC zugblank, weich; +A geglüht +SR zugblank, spannungsarmgeglüht; +N normalgeglüht
Oberflächen	glatte äußere und innere Oberflächen mit Grenzwerten für die Rauheit Ra: Ra ≤ 4 µm für die äußere Oberfläche im Lieferzustand +SR, +A, +N Ra ≤ 4 µm für die äußere und die innere Oberfläche im Lieferzustand +C, +LC

Warmgewalzte Stahlprofile

Querschnitt	Bezeichnung, Abmessungen	Norm, Seite	Querschnitt	Bezeichnung, Abmessungen	Norm, Seite
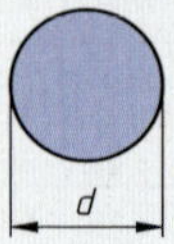	**Rundstahl** *d* = 8 … 200	DIN EN 10060 Seite 151	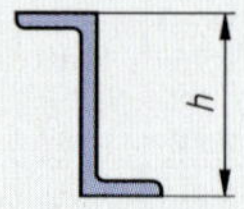	**Z-Stahl** *h* = 30 … 200	DIN 1027
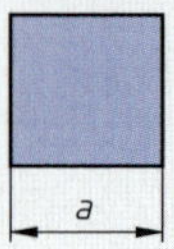	**Vierkantstahl** *a* = 8 … 120	DIN EN 10059 Seite 151	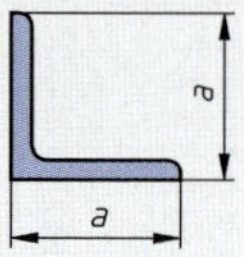	**Gleichschenkliger Winkelstahl** *a* = 20 … 250	DIN EN 10056-1 Seite 155
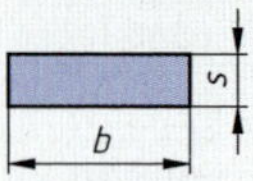	**Flachstahl** *b* x *s* = 10 x 5 … 150 x 60	DIN EN 10058 Seite 151	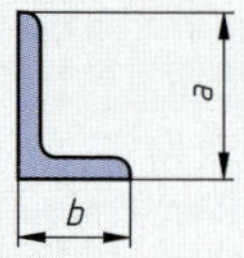	**Ungleichschenkliger Winkelstahl** *a* x *b* = 30 x 20 … 200 x 150	DIN EN 10056-1 Seite 154
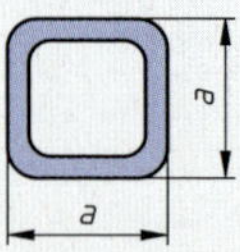	**Quadratisches Hohlprofil** *a* = 40 … 400	DIN EN 10210-2 Seite 158	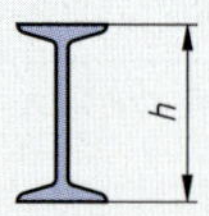	**Schmaler I-Träger** I-Reihe *h* = 80 … 160	DIN 1025-1
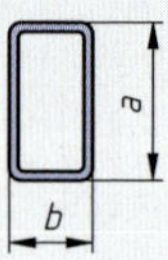	**Rechteckiges Hohlprofil** *a* x *b* = 50 x 25 … 500 x 300	DIN EN 10210-2 Seite 158	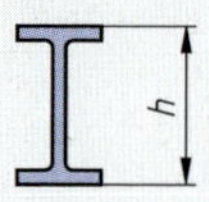	**Mittelbreiter I-Träger** IPE-Reihe *h* = 80 … 600	DIN 1025-5 Seite 156
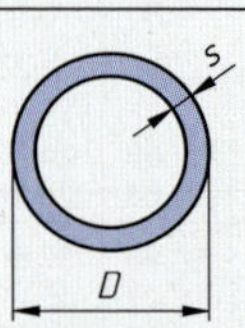	**Rundes Hohlprofil** *D* x *s* = 21,3 x 2,3 … 1219 x 25	DIN EN 10210-1	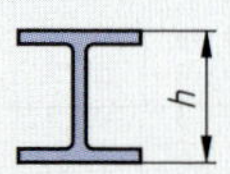	**Breiter I-Träger** IPB-Reihe[1)] *h* = 100 … 1000	DIN 1025-2 Seite 157
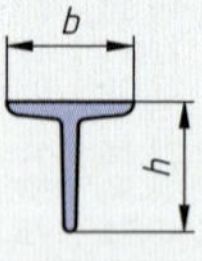	**Gleichschenkliger T-Stahl** *b* = *h* = 30 … 140	DIN EN 10055 Seite 153	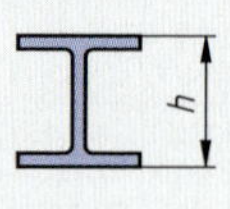	**Breiter I-Träger** leichte Ausführung IPBI-Reihe[1)] *h* = 100 … 1000	DIN 1025-3 Seite 156
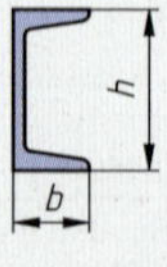	**U-Stahl** *h* = 30 … 400	DIN 1026-1 Seite 153	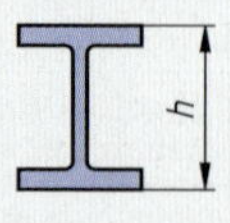	**Breiter I-Träger** verstärkte Ausführung IPBv-Reihe[1)] *h* = 100 … 1000	DIN 1025-4 Seite 157

[1)] Nach EURONORM 53-62: IPB = HE … B, IPBI = HE … A, IPBv = HE … M

Stabstahl, warmgewalzt

Warmgewalzte Rundstäbe

vgl. DIN EN 10060 (2004-02)

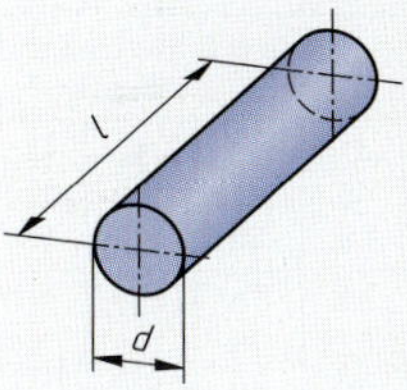

Stahlgruppe (Auswahl)	Norm	Seite	Oberflächen
Unleg. Baustähle	DIN EN 10025-2	135	Die Oberfläche kann z.B. Schuppen, Zundereinschlüsse, Blasen, Risse und Sandstellen enthalten, die durch Schleifen auch ausgebessert sein können.
Automatenstähle	DIN EN 10087	139	
Einsatzstähle	DIN EN 10084	137	
Vergütungsstähle	DIN EN 10083	138	
Werkzeugstähle	DIN EN ISO 4957	140	
Nichtrostende Stähle	DIN EN 10088	141 142	

Nennmaße – Nenndurchmesser d in mm

10	18	26	36	50	70	95	130	160
12	19	27	38	52	73	100	135	165
13	20	28	40	55	75	105	140	170
14	22	30	42	60	80	110	145	175
15	24	32	45	63	85	115	150	180
16	25	35	48	65	90	120	155	200

Längen l
Herstelllängen (M): l = 3000 mm bis l = 13000 mm
Festlängen (F): l = (3000 mm bis 13000 mm) ± 100 mm
Genaulängen (E): l < 6000 mm ± 25 mm

⇒ **Rundstab EN 10060 – 40 x 5000 E – Stahl EN 10025-2 – S235JR:** Warmgewalzter Rundstab d = 40 mm, Genaulänge l = 5000 mm ± 25 mm; unlegierter Baustahl S235JR

W

Warmgewalzte Flachstäbe

vgl. DIN EN 10058 (2004-02)

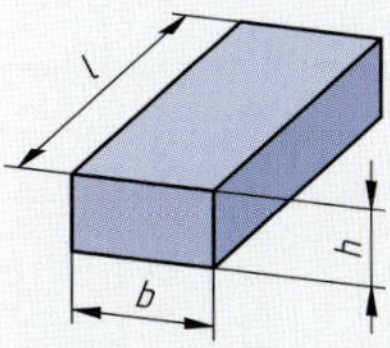

Stahlgruppen, Oberflächen: siehe warmgewalzte Rundstäbe (Tabelle oben)

Längen l
Herstelllängen (M): l = 3000 mm bis l = 13000 mm
Festlängen (F): l = (3000 mm bis 13000 mm) ± 100 mm
Genaulängen (E): l < 6000 mm ± 25 mm

Nennmaße: Breite b und Höhe h in mm

b	h	b	h	b	h	b	h	b	h	b	h
10	5	16	5…10	30	5…20	45	5…30	70	5…40	100	5…60
12	5, 6	20	5…15	35	5…20	50	5…30	80	5…60	120	6…60
15	5…10	25	5…15	40	5…30	60	5…40	90	5…60	150	6…90

Nenndicken h: 5, 6, 8, 10, 12, 15, 20, 25, 30, 35, 40, 50, 60, 80 mm

⇒ **Flachstab EN 10058 – 40 x 15 x 3000 M – Stahl EN 10084 – 20MnCr5:** Warmgewalzter Flachstab b = 40 mm, h = 15 mm, Herstelllänge l = 3000 mm, Einsatzstahl 20MnCr5

Warmgewalzte Vierkantstäbe

vgl. DIN EN 10059 (2004-02)

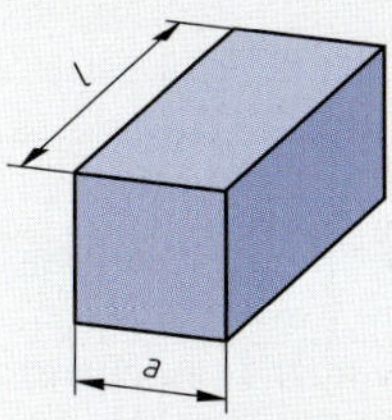

Stahlgruppen, Oberflächen: siehe warmgewalzte Rundstäbe (Tabelle oben)

Längen l
Herstelllängen (M): l = 3000 mm bis l = 13000 mm
Festlängen (F): l = (3000 mm bis 13000 mm) ± 100 mm
Genaulängen (E): l < 6000 mm ± 25 mm

Nennmaße – Seitenlänge a in mm

8	13	16	22	26	32	45	60	75	100	130
10	14	18	24	28	35	50	65	80	110	140
12	15	20	25	30	40	55	70	90	120	150

⇒ **Vierkantstab EN 10059 – 60 x 5000 F – Stahl EN 10087 – 35S20:** Warmgewalzter Vierkantstab a = 60 mm, Festlänge l = 5000 mm ± 100 mm, Werkstoff Automatenstahl 35S20

Stabstahl, blank

Rundstäbe, blank

vgl. DIN EN 10278 (1999-12)

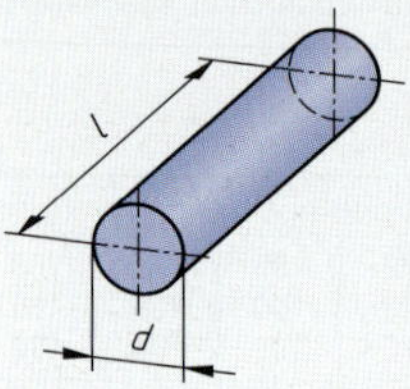

Stahlgruppe (Auswahl)	Norm	Seite	Lieferzustand, Oberflächenqualität
Stähle für allg. Verwendung	DIN EN 10277-2	144	gezogen (+C): glatte, zunderfreie Oberfläche
Automatenstähle	DIN EN 10277-3	144	geschält (+SH): bessere Oberflächenqualität als bei (+C), kaum Randentkohlung und Walzfehler
Einsatzstähle	DIN EN 10277-4	145	geschliffen (+SL): beste Oberfläche, beste Maßhaltigkeit
Vergütungsstähle	DIN EN 10277-5	145	

Grenzabmaße für Durchmesser *d*	gezogen (+C) h10	geschält (+SH) h10	geschliffen (+SL) h9

Nenndurchmesser *d* in mm									
2,5 3 3,5	6 6,5 7	9,5 10 11	16 17 18	23 24 25	30 32 34	42 46 48	60 63 65	90 100 110	150 160 180
4 4,5 5 5,5	7,5 8 8,5 9	12 13 14 15	19 20 21 22	26 27 28 29	35 36 38 40	50 52 55 58	70 75 80 85	120 125 130 140	200

Längen *l*	Herstelllängen: *l* = 3000 mm bis *l* = 9000 mm Lagerlängen: *l* = 3000 mm oder *l* = 6000 mm
⇒	**Rund EN 10278 – 25 x Lager 3000 – EN 10277-5 – C45+SH:** Rundstab *d* = 25 mm, gefertigt nach Toleranzklasse h10, Lagerlänge *l* = 3000 mm, Werkstoff Vergütungsstahl C45, geschält (+SH)

Flachstäbe, blank

vgl. DIN EN 10278 (1999-12)

W

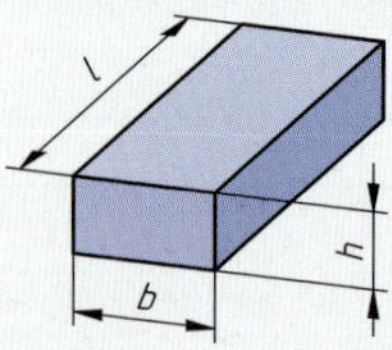

Stahlgruppen, Lieferzustand		siehe Rundstäbe, blank (Tabelle oben) gezogen (+C), Oberfläche glatt und zunderfrei	
Grenzabmaße	Breite *b*	≤ 100 mm ⇒ h11	100 mm < *b* ≤ 150 mm ⇒ ± 0,5 mm
	Höhe *h*	≤ 80 mm ⇒ h11	80 mm < *h* ≤ 100 mm ⇒ h12
Längen *l*		Herstelllängen: *l* = 3000 mm bis *l* = 9000 mm Lagerlängen: *l* = 3000 mm oder *l* = 6000 mm	

Nennmaße: Breite *b* und Höhe *h* in mm

b	*h*	*b*	*h*	*b*	*h*	*b*	*h*	*b*	*h*	*b*	*h*
5	2…3	12	2…10	18	2…12	28	2…20	45	2…32	70	4…40
6	2…4	14	2…10	20	2…16	32	2…25	50	2…32	80	5…25
8	2…6	16	2…12	22	2…12	36	2…20	56	3…32	90	5…25
10	2…8	18	2…12	25	2…20	40	2…32	63	3…40	100	5…25

Nenndicken *h*: 2, 2,5, 3, 4, 5, 6, 8, 10, 12, 15, 16, 20, 25, 30, 32, 35, 40 mm

⇒ **Flach EN 10278 – 40 x 16 x 5000 – EN 10277-4 – C16R+C:**
Flachstab *b* = 40 mm, *h* = 16 mm, Breite und Höhe nach Toleranzklasse h11 gefertigt, Länge *l* = 5000 mm, Werkstoff Einsatzstahl C16R, gezogen (+C)

Vierkantstäbe, blank

vgl. DIN EN 10278 (1999-12)

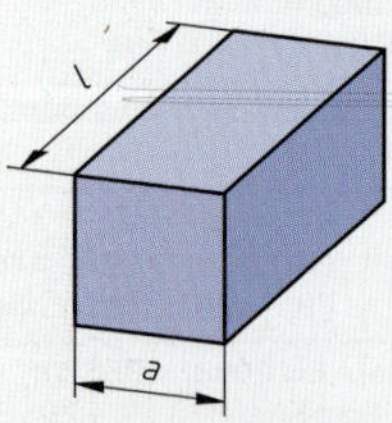

Stahlgruppen, Lieferzustand	siehe Rundstäbe, blank blank gezogen (+C), Oberfläche glatt und zunderfrei
Grenzabmaße	*a* ≤ 80 mm ⇒ h11; *a* > 80 mm ⇒ h12
Längen *l*	siehe Flachstäbe, blank (Tabelle oben)

Seitenlängen *a* in mm								
4 4,5 5	6 7 8	9 10 11	12 13 14	16 18 20	22 25 28	36 40 45	60 63 70	80 100

⇒ **Vierkant EN 10278 – 45 x Lager 6000 – EN 10277-3 – 35SPb20+C:**
Vierkantstab *a* = 45 mm, gefertigt nach Toleranzklasse h11, Lagerlänge *l* = 6000 mm, Werkstoff Automatenstahl 35SPb20, gezogen (+C)

T-Stahl, U-Stahl

Gleichschenkliger T-Stahl, warmgewalzt

vgl. DIN EN 10055 (1995-12)

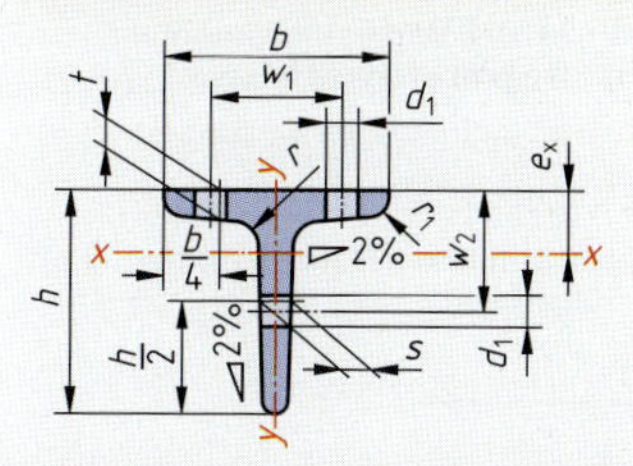

S Querschnittsfläche
I Flächenmoment 2. Grades
W axiales Widerstandsmoment
m' längenbezogene Masse

Werkstoff: Unlegierter Baustahl DIN EN 10025, z. B. S235JR

Lieferart: Längen auf Bestellung mit dem üblichen Grenzabmaß von ± 100 mm oder den eingeschränkten Grenzabmaßen ± 50 mm, ± 25 mm, ± 10 mm

$r = s$

$r_1 = \frac{s}{2}$

Kurzzeichen	Abmessungen in mm				Abstand der x-Achse	Für die Biegeachse				Anreißmaße nach DIN 997		
						$x-x$		$y-y$				
T	$b = h$	$s = t$	S cm²	m' kg/m	e_x cm	I_x cm⁴	W_x cm³	I_y cm⁴	W_y cm³	w_1 mm	w_2 mm	d_1 mm
30	30	4	2,26	1,77	0,85	1,72	0,80	0,87	0,58	17	17	4,3
35	35	4,5	2,97	2,33	0,99	3,10	1,23	1,04	0,90	19	19	4,3
40	40	5	3,77	2,96	1,12	5,28	1,84	2,58	1,29	21	22	6,4
50	50	6	5,66	4,44	1,39	12,1	3,36	6,06	2,42	30	30	6,4
60	60	7	7,94	6,23	1,66	23,8	5,48	12,2	4,07	34	35	8,4
70	70	8	10,6	8,23	1,94	44,4	8,79	22,1	6,32	38	40	11
80	80	9	13,6	10,7	2,22	73,7	12,8	37,0	9,25	45	45	11
100	100	11	20,9	16,4	2,74	179	24,6	88,3	17,7	60	60	13
120	120	13	29,6	23,2	3,28	366	42,0	179	29,7	70	70	17
140	140	15	39,9	31,3	3,80	660	64,7	330	47,2	80	75	21

⇒ **T-Profil EN 10055 – T50 – S235JR:** T-Stahl, h = 50 mm, aus S235JR

U-Stahl, warmgewalzt

vgl. DIN 1026-1 (2009-04)

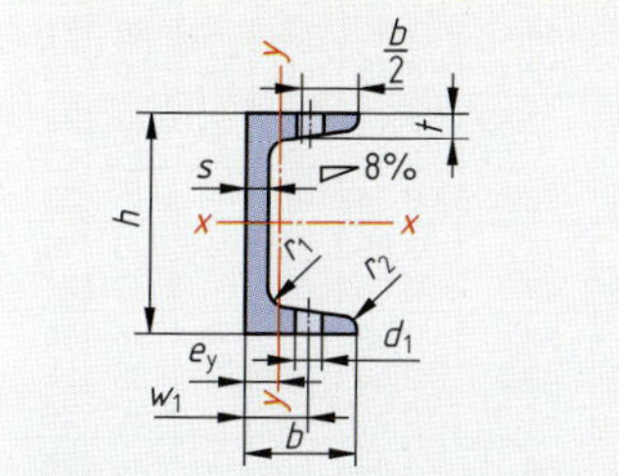

S Querschnittsfläche
I Flächenmoment 2. Grades
W axiales Widerstandsmoment
m' längenbezogene Masse

Werkstoff: Unlegierter Baustahl DIN EN 10025, z. B. S235J0

Lieferart: Herstelllängen 3 m bis 15 m; Festlängen bis 15 m ± 50 mm
Neigung bei $h \leq 300$ mm: 8 %; $h > 300$ mm: 5 %

$r_1 = t$

$r_2 \approx \frac{t}{2}$

Kurzzeichen	Abmessungen in mm						Abstand der y-Achse	Für die Biegeachse				Anreißmaße DIN 997	
								$x-x$		$y-y$			
U	h	b	s	t	S cm²	m' kg/m	e_y cm	I_x cm⁴	W_x cm³	I_y cm⁴	W_y cm³	w_1 mm	d_1 mm
30 x 15	30	15	4	4,5	2,21	1,74	0,52	2,53	1,69	0,38	0,39	10	4,3
30	30	33	5	7	5,44	4,27	1,31	6,39	4,26	5,33	2,68	20	8,4
40 x 20	40	20	5	5,5	3,66	2,87	0,67	7,58	3,79	1,14	0,86	11	6,4
40	40	35	5	7	6,21	4,87	1,33	14,1	7,05	6,68	3,08	20	8,4
50 x 25	50	25	5	6	4,92	3,86	0,81	16,8	6,73	2,49	1,48	16	8,4
50	50	38	5	7	7,12	5,59	1,37	26,4	10,6	9,12	3,75	20	11
60	60	30	6	6	6,46	5,07	0,91	31,6	10,5	4,51	2,16	18	8,4
80	80	45	6	8	11,0	8,64	1,45	106	26,5	19,4	6,36	25	13
100	100	50	6	8,5	13,5	10,6	1,55	206	41,2	29,3	8,49	30	13
120	120	55	7	9	17,0	13,4	1,60	364	60,7	43,2	11,1	30	17
160	160	65	7,5	10,5	24,0	18,8	1,84	925	116	85,3	18,3	35	21
200	200	75	8,5	11,5	32,2	25,3	2,01	1910	191	148	27,0	40	23
260	260	90	10	14	48,3	37,9	2,36	4820	371	317	47,7	50	25
300	300	100	10	16	58,8	46,1	2,70	8030	535	495	67,8	55	28
350	350	100	14	16	77,3	60,6	2,40	12840	734	570	75,0	58	28
400	400	110	14	18	91,5	71,8	2,65	20350	1020	846	102	60	28

⇒ **U-Profil DIN 1026 – U100 – S235J0:** U-Stahl, h = 100 mm, aus S235J0

Winkelstahl

Ungleichschenkliger Winkelstahl, warmgewalzt (Auswahl)

vgl. DIN EN 10056-1 (1998-10)

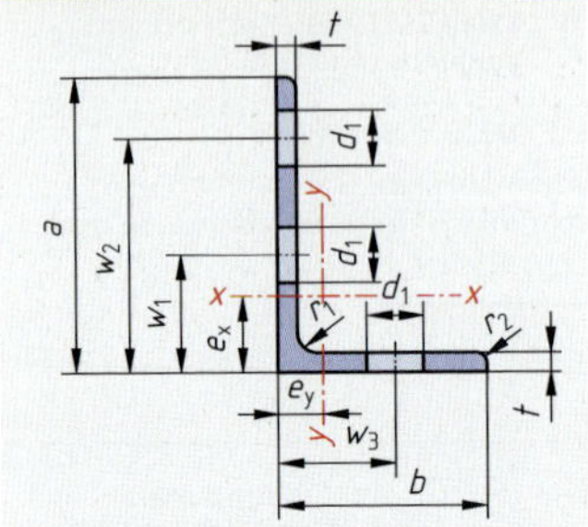

S Querschnittsfläche
I Flächenmoment 2. Grades
W axiales Widerstandsmoment
m' längenbezogene Masse

Werkstoff: Unlegierter Baustahl DIN EN 10025-2, z. B. S235J0

Lieferart: Von 30 x 20 x 3 bis 200 x 150 x 15, in Herstelllängen ≥ 6 m < 12 m, Festlängen ≥ 6 m < 12 m ± 100 mm

$r_1 \approx t$

$r_2 \approx \frac{t}{2}$

Kurzzeichen L	Abmessungen in mm a	b	t	S cm²	m' kg/m	Abstände der Achsen e_x cm	e_y cm	Für die Biegeachse x – x I_x cm⁴	W_x cm³	y – y I_y cm⁴	W_y cm³	Anreißmaße nach DIN 997 w_1 mm	w_2 mm	w_3 mm	d_1 mm
30 x 20 x 3	30	20	3	1,43	1,12	0,99	0,50	1,25	0,62	0,44	0,29	17	–	12	8,4
30 x 20 x 4	30	20	4	1,86	1,46	1,03	0,54	1,59	0,81	0,55	0,38	17	–	12	8,4
40 x 20 x 4	40	20	4	2,26	1,77	1,47	0,48	3,59	1,42	0,60	0,39	22	–	12	11
40 x 25 x 4	40	25	4	2,46	1,93	1,36	0,62	3,89	1,47	1,16	0,69	22	–	15	11
45 x 30 x 4	45	30	4	2,87	2,25	1,48	0,74	5,78	1,91	2,05	0,91	25	–	17	13
50 x 30 x 5	50	30	5	3,78	2,96	1,73	0,74	9,36	2,86	2,51	1,11	30	–	17	13
60 x 30 x 5	60	30	5	4,28	3,36	2,17	0,68	15,6	4,07	2,63	1,14	35	–	17	17
60 x 40 x 5	60	40	5	4,79	3,76	1,96	0,97	17,2	4,25	6,11	2,02	35	–	22	17
60 x 40 x 6	60	40	6	5,68	4,46	2,00	1,01	20,1	5,03	7,12	2,38	35	–	22	17
65 x 50 x 5	65	50	5	5,54	4,35	1,99	1,25	23,2	5,14	11,9	3,19	35	–	30	21
70 x 50 x 6	70	50	6	6,89	5,41	2,23	1,25	33,4	7,01	14,2	3,78	40	–	30	21
75 x 50 x 6	75	50	6	7,19	5,65	2,44	1,21	40,5	8,01	14,4	3,81	40	–	30	21
75 x 50 x 8	75	50	8	9,41	7,39	2,52	1,29	52,0	10,4	18,4	4,95	40	–	30	23
80 x 40 x 6	80	40	6	6,89	5,41	2,85	0,88	44,9	8,73	7,59	2,44	45	–	22	23
80 x 40 x 8	80	40	8	9,01	7,07	2,94	0,96	57,6	11,4	9,61	3,16	45	–	22	23
80 x 60 x 7	80	60	7	9,38	7,36	2,51	1,52	59,0	10,7	28,4	6,34	45	–	35	23
100 x 50 x 6	100	50	6	8,71	6,84	3,51	1,05	89,9	13,8	15,4	3,89	55	–	30	25
100 x 50 x 8	100	50	8	11,4	8,97	3,60	1,13	116	18,2	19,7	5,08	55	–	30	25
100 x 65 x 7	100	65	7	11,2	8,77	3,23	1,51	113	16,6	37,6	7,53	55	–	35	25
100 x 65 x 8	100	65	8	12,7	9,94	3,27	1,55	127	18,9	42,2	8,54	55	–	35	25
100 x 65 x 10	100	65	10	15,6	12,3	3,36	1,63	154	23,2	51,0	10,5	55	–	35	25
100 x 75 x 8	100	75	8	13,5	10,6	3,10	1,87	133	19,3	64,1	11,4	55	–	40	25
100 x 75 x 10	100	75	10	16,6	13,0	3,19	1,95	162	23,8	77,6	14,0	55	–	40	25
100 x 75 x 12	100	75	12	19,7	15,4	3,27	2,03	189	28,0	90,2	16,5	55	–	40	25
120 x 80 x 8	120	80	8	15,5	12,2	3,83	1,87	226	27,6	80,8	13,2	50	80	45	25
120 x 80 x 10	120	80	10	19,1	15,0	3,92	1,95	276	34,1	98,1	16,2	50	80	45	25
120 x 80 x 12	120	80	12	22,7	17,8	4,00	2,03	323	40,4	114	19,1	50	80	45	25
125 x 75 x 8	125	75	8	15,5	12,2	4,14	1,68	247	29,6	67,6	11,6	50	–	40	25
125 x 75 x 10	125	75	10	19,1	15,0	4,23	1,76	302	36,5	82,1	14,3	50	–	40	25
125 x 75 x 12	125	75	12	22,7	17,8	4,31	1,84	354	43,2	95,5	16,9	50	–	40	25
135 x 65 x 8	135	65	8	15,5	12,2	4,78	1,34	291	33,4	45,2	8,75	50	–	35	25
135 x 65 x 10	135	65	10	19,1	15,0	4,88	1,42	356	41,3	54,7	10,8	50	–	35	25
150 x 75 x 9	150	75	9	19,6	15,4	5,26	1,57	455	46,7	77,9	13,1	60	105	40	28
150 x 75 x 10	150	75	10	21,7	17,0	5,30	1,61	501	51,6	85,6	14,5	60	105	40	28
150 x 75 x 12	150	75	12	25,7	20,2	5,40	1,69	588	61,3	99,6	17,1	60	105	40	28
150 x 75 x 15	150	75	15	31,7	24,8	5,52	1,81	713	75,2	119	21,0	60	105	40	28
150 x 90 x 12	150	90	12	27,5	21,6	5,08	2,12	627	63,3	171	24,8	60	105	50	28
150 x 90 x 15	150	90	15	33,9	26,6	5,21	2,23	761	77,7	205	30,4	60	105	50	28
150 x 100 x 10	150	100	10	24,2	19,0	4,81	2,34	553	54,2	199	25,9	60	105	55	28
150 x 100 x 12	150	100	12	28,7	22,5	4,89	2,42	651	64,4	233	30,7	60	105	55	28
200 x 100 x 10	200	100	10	29,2	23,0	6,93	2,01	1220	93,2	210	26,3	65	150	55	28
200 x 100 x 15	200	100	15	43,0	33,8	7,16	2,22	1758	137	299	38,5	65	150	55	28

⇒ **L EN 10056-1 – 65 x 50 x 5 – S235J0:** Ungleichschenkliger Winkelstahl, *a* = 65 mm, *b* = 50 mm, *t* = 5 mm, aus S235J0

Winkelstahl

Gleichschenkliger Winkelstahl, warmgewalzt (Auswahl) — vgl. DIN EN 10056-1 (1998-10)

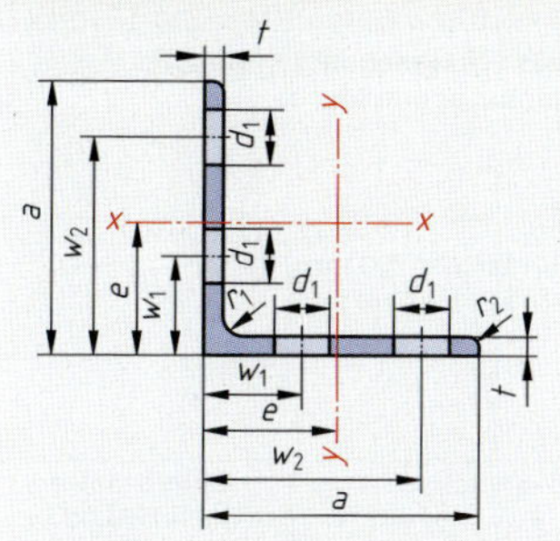

S Querschnittsfläche
I Flächenmoment 2. Grades
W axiales Widerstandsmoment
m' längenbezogene Masse

Werkstoff: Unlegierter Baustahl DIN EN 10025-2, z. B. S235J0

Lieferart: Von 20 x 20 x 3 bis 200 x 250 x 35, in Herstelllängen ≥ 6 m < 12 m, Festlängen ≥ 6 m < 12 m ± 100 mm

$r_1 \approx t$

$r_2 \approx \frac{t}{2}$

Kurzzeichen	Abmessungen in mm				Abstände der Achsen	Für die Biegeachse $x-x$ und $y-y$		Anreißmaße nach DIN 997		
L	*a*	*t*	*S* cm²	*m'* kg/m	*e* cm	$I_x = I_y$ cm⁴	$W_x = W_y$ cm³	w_1 mm	w_2 mm	d_1 mm
20 x 20 x 3	20	3	1,12	0,882	0,598	0,39	0,28	12	–	4,3
25 x 25 x 3	25	3	1,42	1,12	0,723	0,80	0,45	15	–	6,4
25 x 25 x 4	25	4	1,85	1,45	0,762	1,02	0,59	15	–	6,5
30 x 30 x 3	30	3	1,74	1,36	0,835	1,40	0,65	17	–	8,4
30 x 30 x 4	30	4	2,27	1,78	0,878	1,80	0,85	17	–	8,4
35 x 35 x 4	35	4	2,67	2,09	1,00	2,95	1,18	18	–	11
40 x 40 x 4	40	4	3,08	2,42	1,12	4,47	1,55	22	–	11
40 x 40 x 5	40	5	3,79	2,97	1,16	5,43	1,91	22	–	11
45 x 45 x 4,5	45	4,5	3,90	3,06	1,25	7,14	2,20	25	–	13
50 x 50 x 4	50	4	3,89	3,06	1,36	8,97	2,46	30	–	13
50 x 50 x 5	50	5	4,80	3,77	1,40	11,0	3,05	30	–	13
50 x 50 x 6	50	6	5,69	4,47	1,45	12,8	3,61	30	–	13
60 x 60 x 5	60	5	5,82	4,57	1,64	19,4	4,45	35	–	17
60 x 60 x 6	60	6	6,91	5,42	1,69	22,8	5,29	35	–	17
60 x 60 x 8	60	8	9,03	7,09	1,77	29,2	6,89	35	–	17
65 x 65 x 7	65	7	8,70	6,83	1,85	33,4	7,18	35	–	21
70 x 70 x 6	70	6	8,13	6,38	1,93	36,9	7,27	40	–	21
70 x 70 x 7	70	7	9,40	7,38	1,97	42,3	8,41	40	–	21
75 x 75 x 6	75	6	8,73	6,85	2,05	45,8	8,41	40	–	23
75 x 75 x 8	75	8	11,4	8,99	2,14	59,1	11,0	40	–	23
80 x 80 x 8	80	8	12,3	9,63	2,26	72,2	12,6	45	–	23
80 x 80 x 10	80	10	15,1	11,9	2,34	87,5	15,4	45	–	23
90 x 90 x 7	90	7	12,2	9,61	2,45	92,6	14,1	50	–	25
90 x 90 x 8	90	8	13,9	10,9	2,50	104	16,1	50	–	25
90 x 90 x 9	90	9	15,5	12,2	2,54	116	17,9	50	–	25
90 x 90 x 10	90	10	17,1	13,4	2,58	127	19,8	50	–	25
100 x 100 x 8	100	8	15,5	12,2	2,74	145	19,9	55	–	25
100 x 100 x 10	100	10	19,2	15,0	2,82	177	24,6	55	–	25
100 x 100 x 12	100	12	22,7	17,8	2,90	207	29,1	55	–	25
120 x 120 x 10	120	10	23,2	18,2	3,31	313	36,0	50	80	25
120 x 120 x 12	120	12	27,5	21,6	3,40	368	42,7	50	80	25
130 x 130 x 12	130	12	30,0	23,6	3,64	472	50,4	50	90	25
150 x 150 x 10	150	10	29,3	23,0	4,03	624	56,9	60	105	28
150 x 150 x 12	150	12	34,8	27,3	4,12	737	67,7	60	105	28
150 x 150 x 15	150	15	43,0	33,8	4,25	898	83,5	60	105	28
160 x 160 x 15	160	15	46,1	36,2	4,49	1100	95,6	60	115	28
180 x 180 x 18	180	18	61,9	48,6	5,10	1870	145	65	135	28
200 x 200 x 16	200	16	61,8	48,5	5,52	2340	162	65	150	28
200 x 200 x 20	200	20	76,3	59,9	5,68	2850	199	65	150	28
200 x 200 x 24	200	24	90,6	71,1	5,84	3330	235	70	150	28
250 x 250 x 28	250	28	133	104	7,24	7700	433	75	150	28

⇒ **L EN 10056-1 – 70 x 70 x 7 – S235J0:** Gleichschenkliger Winkelstahl, *a* = 70 mm, *t* = 7 mm, aus S235J0

W

Mittelbreite und breite I-Träger

Mittelbreite I-Träger (IPE), warmgewalzt (Auswahl) vgl. DIN 1025-5 (1994-03)

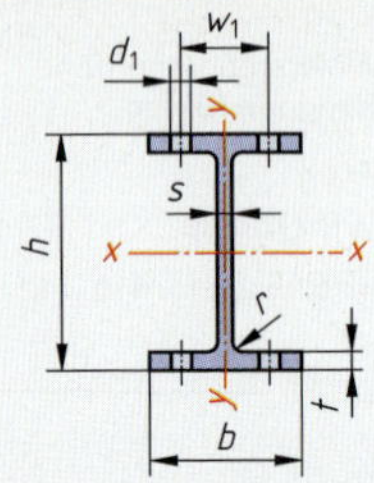

S Querschnittsfläche
I Flächenmoment 2. Grades
W axiales Widerstandsmoment
m' längenbezogene Masse

Werkstoff: Unlegierter Baustahl DIN EN 10025-2, z. B. S235JR

Lieferart: Normallängen, 8 m bis 16 m ± 50 mm bei $h < 300$ mm, 8 m bis 18 m ± 50 mm bei $h \geq 300$ mm

Kurzzeichen	Abmessungen in mm							Für die Biegeachse $x-x$		$y-y$		Anreißmaße nach DIN 997	
IPE	h	b	s	t	r	S cm²	m' kg/m	I_x cm⁴	W_x cm³	I_y cm⁴	W_y cm³	w_1 mm	d_1 mm
100	100	55	4,1	5,7	7	10,3	8,1	171	34,2	15,9	5,8	30	8,4
120	120	64	4,4	6,3	7	13,2	10,4	318	53,0	27,7	8,7	36	8,4
140	140	73	4,7	6,9	7	16,4	12,9	541	77,3	44,9	12,3	40	11
160	160	82	5,0	7,4	9	20,1	15,8	869	109	68,3	16,7	44	13
180	180	91	5,3	8,0	9	23,9	18,8	1320	146	101	22,2	50	13
200	200	100	5,6	8,5	12	28,5	22,4	1940	194	142	28,5	56	13
240	240	120	6,2	9,8	15	39,1	30,7	3890	324	284	47,3	68	17
270	270	135	6,6	10,2	15	45,9	36,1	5790	429	420	62,2	72	21
300	300	150	7,1	10,7	15	53,8	42,2	8360	557	604	80,5	80	23
360	360	170	8,0	12,7	18	72,7	57,1	16270	904	1040	123	90	25
400	400	180	8,6	13,5	21	84,5	66,3	23130	1160	1320	146	96	28
500	500	200	10,2	16,0	21	116	90,7	48200	1930	2140	214	110	28
600	600	220	12,0	19,0	24	156	122	92080	3070	3390	308	120	28

W

⇒ **I-Profil DIN 1025 – S235JR – IPE 300:** Mittelbreiter I-Träger mit parallelen Flanschflächen, $h = 300$ mm, aus S235JR

Breite I-Träger leichte Ausführung (IPBl), warmgewalzt (Auswahl) vgl. DIN 1025-3 (1994-03)

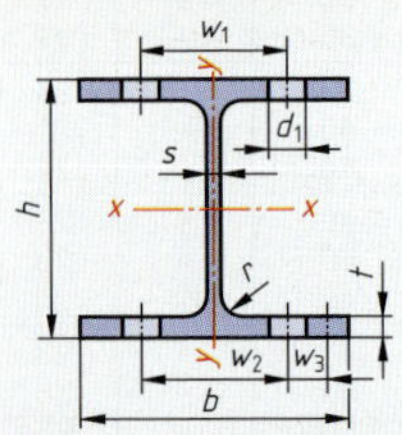

S Querschnittsfläche
I Flächenmoment 2. Grades
W axiales Widerstandsmoment
m' längenbezogene Masse

Werkstoff: Unlegierter Baustahl DIN EN 10025-2, z. B. S235JR

Lieferart: Normallängen, 8 m bis 16 m ± 50 mm bei $h < 300$ mm

$$r_1 \approx 3 \cdot s$$

Kurzzeichen	Abmessungen in mm						Für die Biegeachse $x-x$		$y-y$		Anreißmaße nach DIN 997 in mm			
IPBl	h	b	s	t	S cm²	m' kg/m	I_x cm⁴	W_x cm³	I_y cm⁴	W_y cm³	w_1	w_2	w_3	d_1
100	96	100	5	8	21,2	16,7	349	72,8	134	26,8	56	–	–	13
120	114	120	5	8	25,3	19,9	606	106	231	38,5	66	–	–	17
140	133	140	5,5	8,5	31,4	24,7	1030	155	389	55,6	76	–	–	21
160	152	160	6	9	38,8	30,4	1670	220	616	76,9	86	–	–	23
180	171	180	6	9,5	45,3	35,5	2510	294	925	103	100	–	–	25
200	190	200	6,5	10	53,8	42,3	3690	389	1340	134	110	–	–	25
240	230	240	7,5	12	76,8	60,3	7760	675	2770	231	–	94	35	25
280	270	280	8	13	97,3	76,4	13670	1010	4760	340	–	110	45	25
320	310	300	9	15,5	124,0	97,6	22930	1480	6990	466	–	120	45	28
400	390	300	11	19	159,0	125,0	45070	2310	8560	571	–	120	45	28
500	490	300	12	23	198,0	155,0	86970	3550	10370	691	–	120	45	28
600	590	300	13	25	226,0	178,0	141200	4790	11270	751	–	120	45	28
800	790	300	15	28	286,0	224,0	303400	7680	12640	843	–	130	40	28

⇒ **I-Profil DIN 1025 – S235JR – IPBl 320:** Breiter I-Träger, leichte Ausführung, aus S235JR
Bezeichnung nach EURONORM 53-62: **HE 320 A**

Breite I-Träger

Breite I-Träger (IPB), warmgewalzt (Auswahl) vgl. DIN 1025-2 (1995-11)

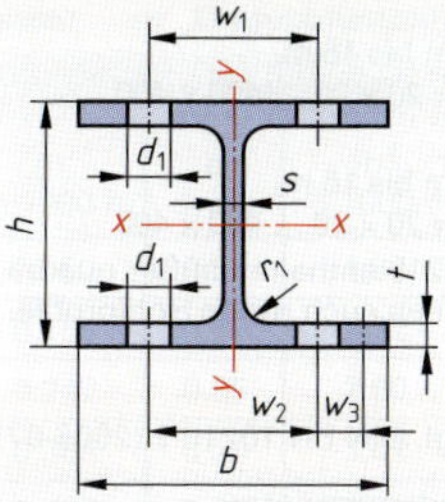

S Querschnittsfläche
I Flächenmoment 2. Grades
W axiales Widerstandsmoment
m' längenbezogene Masse

Werkstoff: Unlegierter Baustahl DIN EN 10025-2, z. B. S235JR

Lieferart: Normallängen, 8 m bis 16 m ± 50 mm bei $h < 300$ mm,
8 m bis 18 m ± 50 mm bei $h \geq 300$ mm

$r_1 \approx 2 \cdot s$

Kurzzeichen	Abmessungen in mm						Für die Biegeachse x – x		Für die Biegeachse y – y		Anreißmaße nach DIN 997			
IPB	h	b	s	t	S cm²	m' kg/m	I_x cm⁴	W_x cm³	I_y cm⁴	W_y cm³	w_1 mm	w_2 mm	w_3 mm	d_1 mm
100	100	100	6	10	26,0	20,4	450	89,9	167	33,5	56	–	–	13
120	120	120	6,5	11	34,0	26,7	864	144	318	52,9	66	–	–	17
140	140	140	7	12	43,0	33,7	1510	216	550	78,5	76	–	–	21
160	160	160	8	13	54,3	42,6	2490	311	889	111	86	–	–	23
180	180	180	8,5	14	65,3	51,2	3830	426	1360	151	100	–	–	25
200	200	200	9	15	78,1	61,3	5700	570	2000	200	110	–	–	25
240	240	240	10	17	106	83,2	11260	938	3920	327	–	96	35	25
280	280	280	10,5	18	131	103	19270	1380	6590	471	–	110	45	25
320	320	300	11,5	20,5	161	127	30820	1930	9240	616	–	120	45	28
400	400	300	13,5	24	198	155	57680	2880	10820	721	–	120	45	28
500	500	300	14,5	28	239	187	107200	4290	12620	842	–	120	45	28
600	600	300	15,5	30	270	212	171000	5700	13530	902	–	120	45	28
800	800	300	17,5	33	334	262	359100	8980	14900	994	–	130	40	28

⇒ **I-Profil DIN 1025 – S235JR – IPB 240:** Breiter I-Träger mit parallelen Flanschflächen, $h = 240$ mm, aus S235JR
Bezeichnung nach EURONORM 53-62: **HE 240 B**

Breite I-Träger verstärkte Ausführung (IPBv), warmgewalzt (Auswahl) vgl. DIN 1025-4 (1994-03)

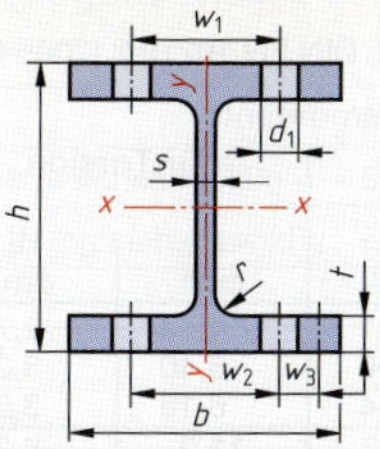

S Querschnittsfläche
I Flächenmoment 2. Grades
W axiales Widerstandsmoment
m' längenbezogene Masse

Werkstoff: Unlegierter Baustahl DIN EN 10025-2, z. B. S235JR

Lieferart: Normallängen, 8 m bis 16 m ± 50 mm bei $h < 300$ mm,
8 m bis 16 m ± 50 mm bei $h \geq 300$ mm

$r \approx s$

Kurzzeichen	Abmessungen in mm						Für die Biegeachse x – x		Für die Biegeachse y – y		Anreißmaße nach DIN 997 in mm			
IPBv	h	b	s	t	S cm²	m' kg/m	I_x cm⁴	W_x cm³	I_y cm⁴	W_y cm³	w_1	w_2	w_3	d_1
100	120	106	12	20	53,2	41,8	1140	190	399	75,3	60	–	–	13
120	140	126	12,5	21	66,4	52,1	2020	283	703	112	68	–	–	17
140	160	146	13	22	80,5	63,2	3290	411	1140	157	76	–	–	21
160	180	166	14	23	97,1	76,2	5100	568	1760	212	86	–	–	23
180	200	186	14,5	24	113	88,9	7480	748	2580	277	100	–	–	25
200	220	206	15	25	131	103	10640	967	3650	354	110	–	–	25
240	270	248	18	32	200	157	24290	1800	8150	657	–	100	35	25
280	310	288	18,5	33	240	189	39550	2550	13160	914	–	116	45	25
320	359	309	21	40	312	245	68130	3800	19710	1280	–	126	47	28
400	432	307	21	40	319	250	104100	4820	19340	1260	–	126	47	28
500	524	306	21	40	344	270	161900	6180	19150	1250	–	130	45	28
600	620	305	21	40	364	285	237400	7660	18280	1240	–	130	45	28
800	814	303	21	40	404	317	442600	10870	18630	1230	–	132	42	28

⇒ **I-Profil DIN 1025 – S235JR – IPBv 400:** Breiter I-Träger, verstärkte Ausführung, aus S235JR
Bezeichnung nach EURONORM 53-62: **HE 400 M**

Abkühlungskurve, Kristallgitter, Legierungen

Abkühlungskurve, Kristallisation reiner Metalle

Beispiel:
Abkühlungskurve von Blei

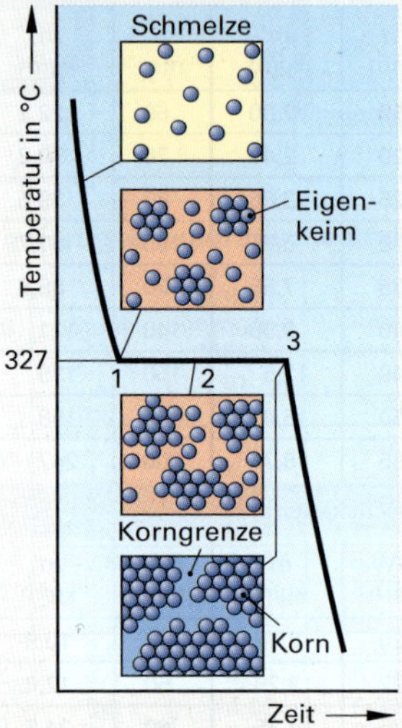

Feste Körper haben entweder einen amorphen (gestaltlosen) oder einen kristallinen Aufbau. Reine Metalle besitzen im Gegensatz zu den Legierungen einen exakten Schmelzpunkt. Sie erstarren in kristalliner Form.

- **Punkt 1: Beginn der Kristallbildung**
  Erstarrungspunkt ist erreicht, mehrere Metallatome stoßen aufeinander und geben Wärmeenergie (Kristallisationswärme) ab, die Temperatur bleibt daher konstant (sog. Haltepunkt), Metallbindekräfte werden wirksam,
  → **Eigenkeime** entstehen, d.h. Verbände mit größerer Masse und geringer Bewegungsenergie
- **Punkt 2: fortschreitende Kristallbildung**
  Metallatome kristallisieren aus der Restschmelze und geben dabei ständig Wärmeenergie ab, es entsteht ein Verband aus Körnern und Restschmelze; teigiger Zustand
- **Punkt 3: vollständige Erstarrung**
  Die Metallschmelze ist vollständig erstarrt. Das Metall besitzt ein Gefüge.
- **Korn:** Verband aus Metallatomen
- **Gefüge:** Summe aller Körner, Korngrenzen und Fehler
- **Korngrenze:** benachbarte Körner stoßen beim Wachsen zusammen, es entstehen Zwischenbereiche. Durch die Einlagerung von Fremdatomen, Eigenatomen und nichtmetallischen Einschlüssen ergibt sich eine gestörte Metallbindung. An den Korngrenzen befinden sich die schwächsten Stellen im Metall.
- **Steigende Abkühlgeschwindigkeit** ergibt erhöhte Keimbildung durch Unterkühlung. Gefüge wird feinkörniger, Festigkeit und Zähigkeit nehmen zu, Verformbarkeit nimmt ab.

Kristallgitterbauformen

Metallatome ordnen sich beim Abkühlen aus der Schmelze nach einem für jedes Metall typischen Kristallgitter (vgl. Bilder). Die Eigenschaften der Metalle (z.B. Verformbarkeit) werden durch die Gitterstruktur stark beeinflusst.

Kristallgitter (Beispiele)	**kubisch raumzentriert (krz)**	**kubisch flächenzentriert (kfz)**	**hexagonal (hex)**
atomare Bauform	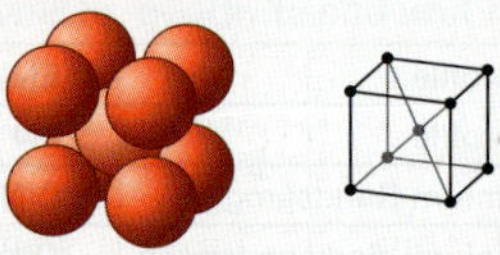	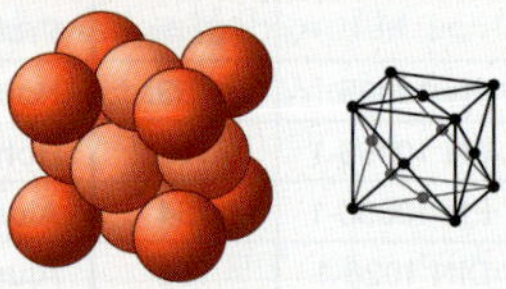	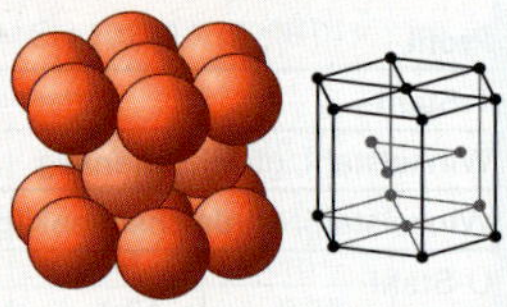
Beispiele	Alpha-Eisen (Ferrit), Vanadium, Molybdän, Wolfram, Chrom, Beta-Titan	Gamma-Eisen (Austenit), Aluminium, Kupfer, Gold, Silber, Platin	Magnesium, Zink, Alpha-Titan
Verformbarkeit	gut	sehr gut	schlecht

Legierungen

Erstarrung als Mischkristall

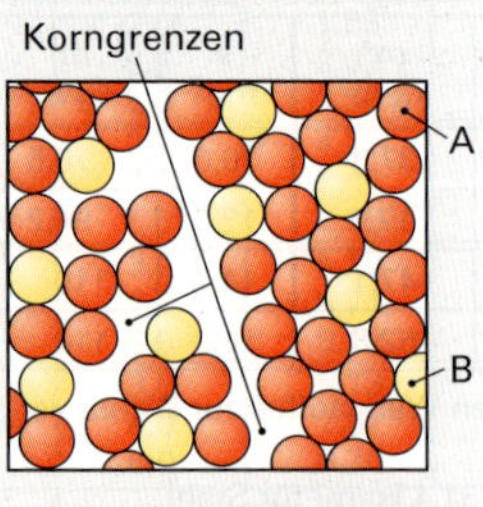

A, B Legierungsatome

- **Austauschmischkristall:** Atomradien und Gittertyp gleich, → im festen Zustand vollkommen löslich
- **Beispiele:** Cu-Ni, Cu-Zn
- **Einlagerungs-Mischkristall:** Atomradius des Legierungsmetalls kleiner → begrenzte Löslichkeit
- **Beispiele:** Fe-C, Ti-C

Erstarrung als Kristallgemisch

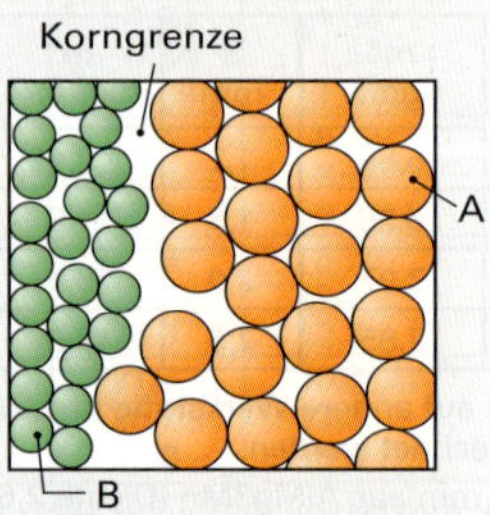

A, B Legierungsatome

- Legierungsmetalle im festen Zustand nicht löslich
- getrennte Körner mit unterschiedlichen Kristallgittern
- **Beispiele:** Cd-Bi; Pb-Sn; Pb-Sb

Zustandsdiagramme von Legierungen

Zustandsdiagramme geben Aufschluss über das Legierungssystem (Mischkristall oder Kristallgemisch) sowie über die Aggregatzustände (flüssig → **Liquiduslinie**[1]) und fest → **Soliduslinie**[2])) und über die Gefüge bei verschiedenen Temperaturen. Sie werden durch Abkühlungskurven verschiedener Legierungen entwickelt.

System Mischkristalle (Beispiel: Kupfer-Nickel-Legierungen)

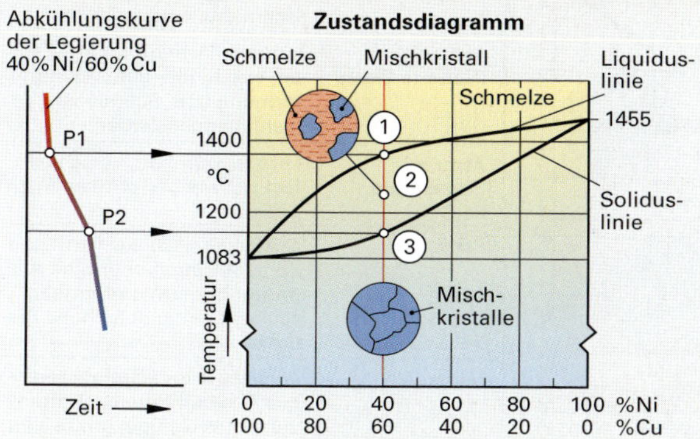

Abkühlung und Erstarrung am Beispiel der Legierung 40% Nickel (Ni) und 60% Kupfer (Cu)

- **Abkühlungskurve** verläuft zwischen den Knickpunkten P1 und P2 flacher. Grund: bei Kristallbildung entsteht Kristallisationswärme
- **Punkt 1: Kristallisationsbeginn** Ausbildung von Nickel-Eigenkeimen
- **Punkt 2: Kristalle und Schmelze** (teigig) Zusammensetzung der Kristalle und der Schmelze ändert sich ständig
- **Punkt 3: Mischkristalle** (fester Zustand)
- **Verwendung:** Knetlegierungen
- **Eigenschaften:** schlecht zerspanbar, schlecht gießbar, gut spanlos umformbar

System Kristallgemische (Beispiel: Cadmium-Bismut-Legierungen)

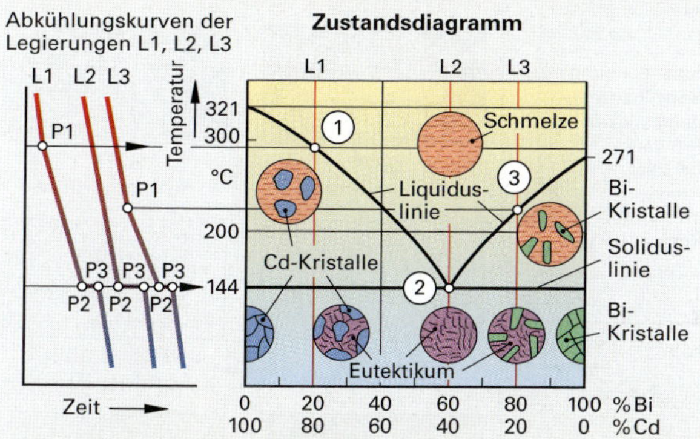

- **Abkühlungskurven:**
  P1 → Punkte der Liquiduslinie
  P2–P3 → Punkte der Soliduslinie
  P2–P3 → Eutektikum[3])
- **Kristallisationswärme** verursacht Knick- und Haltepunkte
- **Punkt 1: Kristallisationsbeginn Cd (L1)** Cd-Kristalle + Restschmelze
- **Punkt 2: Eutektische Legierung (L2)** Cd und Bi kristallisieren gleichzeitig, im Haltepunkt P2–P3 hat Legierung L2 niedrigste Schmelztemperatur und besonders feines Gefüge → hohe Festigkeit
- **Punkt 3: Kristallisationsbeginn Bi (L3)** Bi-Kristalle + Restschmelze
- **Verwendung:** Gusswerkstoffe und Lote
- **Eigenschaften:** schlecht knetbar, gut spanbar und sehr gut gießbar

W

Eisen-Kohlenstoff-Zustandsdiagramm: Kombination der Systeme Mischkristall und Kristallgemisch

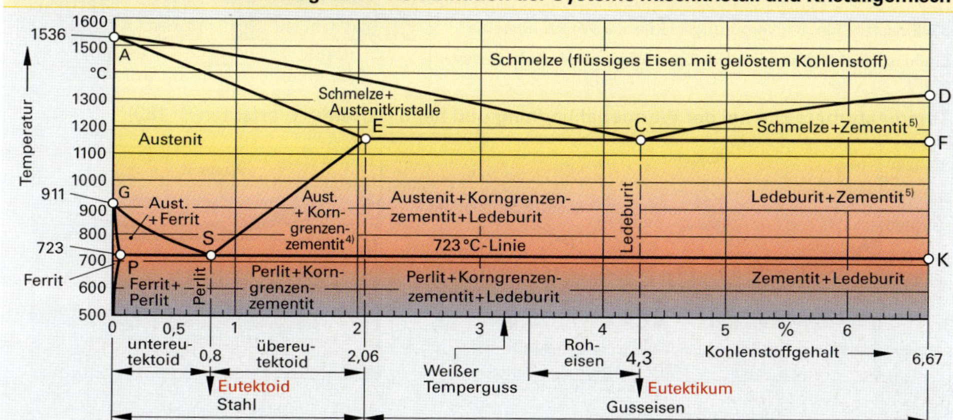

1) von liquidus (lat.) = flüssig; 2) von solidus (lat.) = fest; 3) von eutektos (griech.) = wohlgeformt
4) auch Sekundär-Zementit genannt; 5) auch Primär-Zementit genannt

Temperaturbereiche und Gefüge bei der Wärmebehandlung

„Stahlecke" (Auszug aus dem Eisen-Kohlenstoff-Zustandsdiagramm)

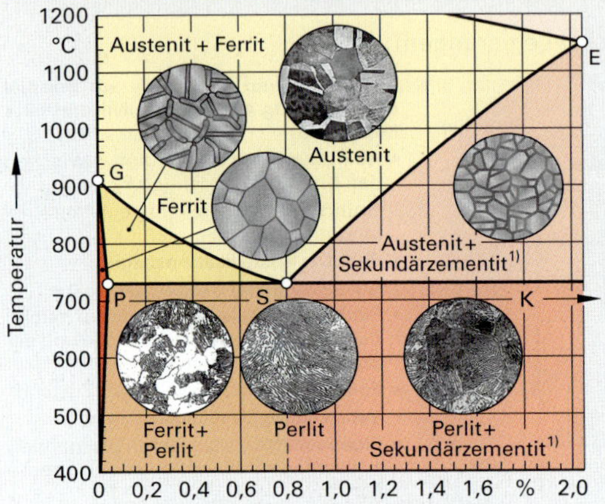

1) auch Korngrenzenzementit genannt

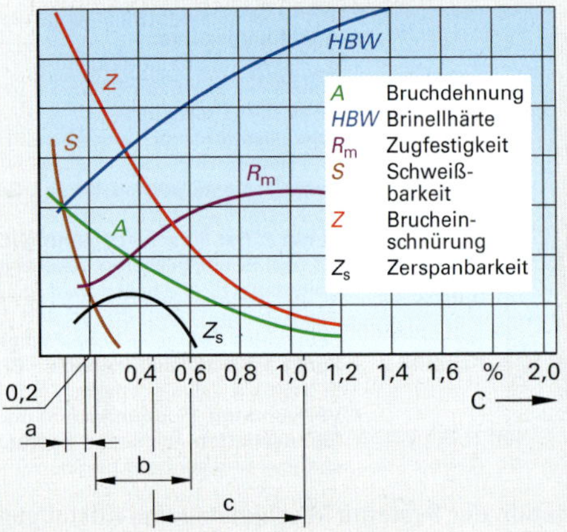

a = Einsatzstähle, b = Vergütungsstähle, c = Werkzeugstähle

Einfluss des C-Gehaltes auf die Eigenschaften von unlegiertem Stahl

Eigenschaften der Stahlgefüge

Ferrit (Alpha-Eisen)	kubisch raumzentriertes Gitter, gut umformbar, weich, schwierig zerspanbar (schmiert), magnetisierbar
Austenit (Gamma-Eisen)	kubisch flächenzentriertes Gitter, weich, zäh, gute Warmumformung (z. B. Schmieden), nicht magnetisierbar
Zementit, Eisenkarbid, Fe_3C	spröde, sehr hart, verschleißfest, schwer verformbar, magnetisierbar
Perlit	Kristallgemisch aus Ferrit und Zementit, streifenförmige Anordnung, kaum umformbar, schlecht zerspanbar, hohe Festigkeit
Martensit	entsteht beim Abschrecken aus Austenit-Bereich (Härten); verzerrtes Gefüge, große Härte und Verschleißfestigkeit

Gefügebilder unlegierter Stähle

S275, Schweißnaht →

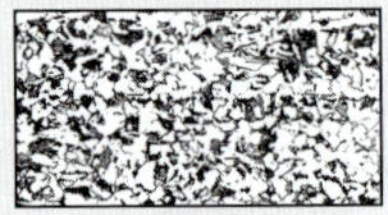
S275, normalgeglüht

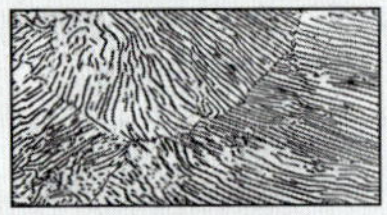
C80U, Streifenperlit →

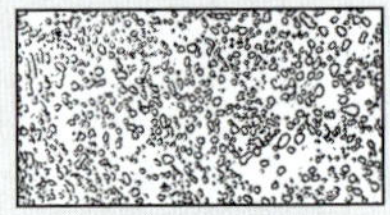
weichgeglüht, körniger Perlit

C45E, Martensit →

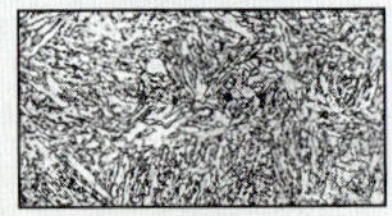
vergütet auf 600°C

Temperaturbereiche bei der Wärmebehandlung und beim Härten[2)3)] (Verfahren S. 163)

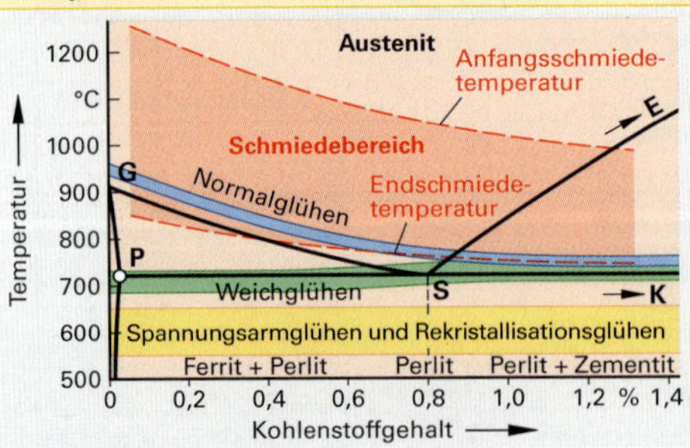

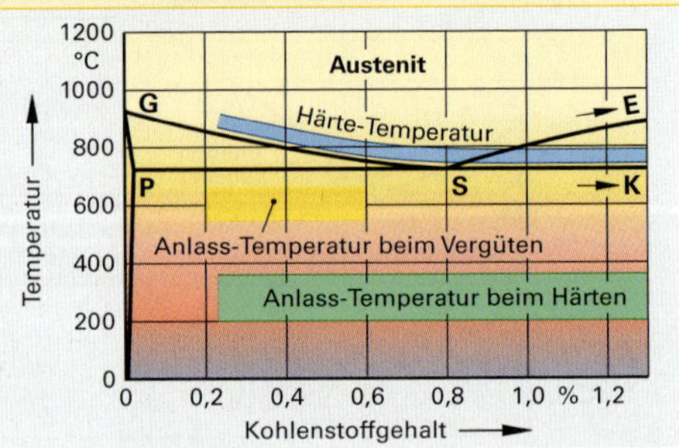

2) genaue Temperaturwerte Seite 164–166

3) www.europa-lehrmittel.de/tm47 „Wärmebehandlung von Stahl"

Wärmebehandlung der Stähle – Übersicht[1)]

Bild	Kurzbeschreibung	Anwendung, Hinweise
Normalglühen		
	• **Erwärmen** und Halten auf Glühtemperatur → Gefügeumwandlung (Austenit) • gesteuerte **Abkühlung** auf Raumtemperatur → feinkörniges Normalgefüge	normalisieren von Grobkorngefügen in Walz-, Guss-, Schweiß- und Schmiedeerzeugnissen
Weichglühen		
	• **Erwärmen** auf Glühtemperatur, Halten der Temperatur oder Pendelglühung → kugelige Einformung des Zementits • **Abkühlung** auf Raumtemperatur	verbessern der Kaltumformbarkeit, der Zerspanbarkeit und der Härtbarkeit; anwendbar auf alle Stähle
Spannungsarmglühen		
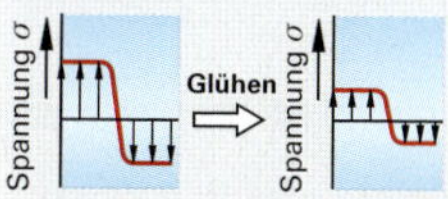	• **Erwärmen** und Halten auf Glühtemperatur (unterhalb der Gefügeumwandlung) → Spannungsabbau durch plastische Verformung der Werkstücke • **Abkühlung** auf Raumtemperatur	vermindern von Eigenspannungen in Schweiß-, Guss- und Schmiedeteilen; anwendbar auf alle Stähle
Härten		
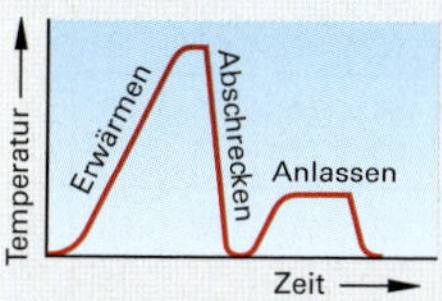	• **Erwärmen** und Halten auf Härtetemperatur → Gefügeumwandlung (Austenit) • **Abschrecken** in Öl, Wasser, Luft → sprödhartes, feines Gefüge (Martensit) • **Anlassen** bei 100 °C bis 300 °C → Umwandlung von Martensit, höhere Zähigkeit, Gebrauchshärte	verschleißbeanspruchte Teile, z. B. Werkzeuge, Federn, Führungsbahnen, Pressformen; zur Wärmebehandlung geeignete Stähle mit C > 0,3 %, z. B. C70U, 102Cr6, C45E, HS6-5-2C, X38CrMoV5-3
Vergüten		
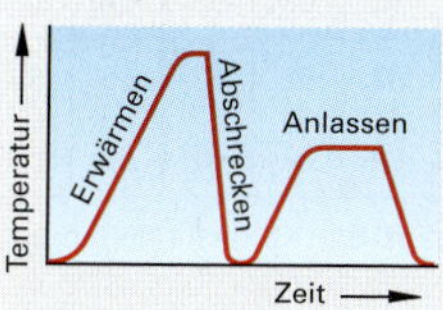	• **Erwärmen** und Halten auf Härtetemperatur → Gefügeumwandlung (Austenit) • **Abschrecken** in Öl, Wasser, Luft → sprödhartes, feines Gefüge (Martensit), bei größeren Abmessungen feines Kerngefüge (Zwischenstufengefüge) • **Anlassen** bei 400 °C bis 650 °C → Martensitabbau, feines Gefüge, hohe Festigkeit bei guter Zähigkeit	meist dynamisch beanspruchte Werkstücke mit hoher Festigkeit und guter Zähigkeit, z. B. Wellen, Zahnräder, Schrauben; Vergütungsstähle: Seite 138, Nitrierstähle: Seite 139, Stähle für Flamm- und Induktionshärtung: Seite 139, Stähle für vergütbare Federn: Seite 143
Einsatzhärten		
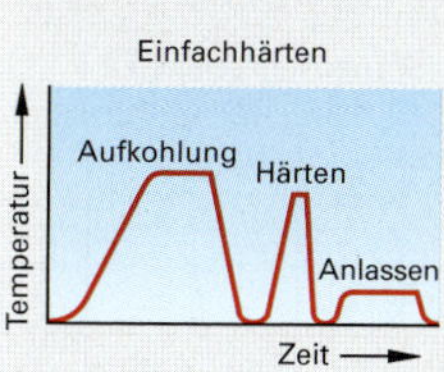	• **Aufkohlung** bearbeiteter Werkstücke in der Randschicht • **Härten** (Ablauf siehe Härten) → **Direkthärten:** Abschrecken aus der Aufkohlungstemperatur (grobes Gefüge) → **Einfachhärten:** Aufkohlen, Abkühlen, Randhärten und Abschrecken (grobes Kern- u. feines Randgefüge) → **Doppelhärten:** Aufkohlen, Kernhärten, Randhärten und Abschrecken (feines Gefüge)	Werkstücke mit verschleißfester Oberfläche, hoher Dauer- und guter Kernfestigkeit, z. B. Zahnräder, Wellen, Bolzen; **Randhärtung:** hohe Verschleißfestigkeit, geringere Kernfestigkeit **Kernhärtung:** hohe Kernfestigkeit, sprödharte Oberfläche; Einsatzstähle: Seite 137, Automatenstähle: Seite 139
Nitrieren		
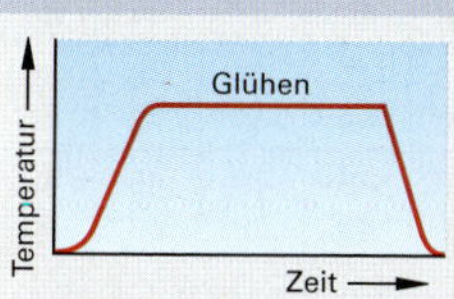	• **Glühen** meist fertig bearbeiteter Werkstücke in Stickstoff abgebender Atmosphäre → Bildung harter, verschleißfester und temperaturbeständiger Nitride • **Abkühlung** an ruhender Luft oder im Stickstoffstrom	Werkstücke mit verschleißfester Oberfläche, hoher Dauerfestigkeit und guter Temperaturbeständigkeit, z. B. Ventile, Kolbenstangen, Spindeln; Nitrierstähle: Seite 139

[1)] Glüh- und Anlasstemperaturen, Abschreckmedien und erreichbare Härtewerte: Seiten 164 bis 166
www.europa-lehrmittel.de/tm47 „Wärmebehandlung von Stahl"

W

Werkzeugstähle, Einsatzstähle

Wärmebehandlung von unlegierten Kaltarbeitsstählen

vgl. DIN EN ISO 4957 (2001-02)

Stahlsorte			Weichglühen		Härten				Oberflächenhärte in HRC ≈			
Kurzname	Werkstoff-Nr.	Warmformgebungstemperatur °C	Temperatur °C	Härte HB max.	Temperatur °C	Abkühlmittel	Einhärtetiefe[1] mm	Durchhärtung bis Ø mm	nach dem Härten	nach dem Anlassen[2] bei 100 °C	200 °C	300 °C
C45U	1.1730	1000 … 800	680 … 710	207	800 … 820	Wasser	3,5	15	58	58	54	48
C70U	1.1520			183	790 … 810		3,0	10	64	63	60	53
C80U	1.1525	1050 … 800	680 … 710	192	780 … 800	Wasser	3,0	10	64	64	60	54
C90U	1.1535	1050 … 800		207	770 … 790				64	64	61	54
C105U	1.1545	1000 … 800		212	770 … 790				65	64	62	56

[1] Für Durchmesser von 30 mm.

[2] Die Höhe der Anlasstemperatur richtet sich nach dem Verwendungszweck und der gewünschten Gebrauchshärte. Die Stähle werden in der Regel weichgeglüht angeliefert.

Wärmebehandlung von legierten Kaltarbeitsstählen, Warmarbeitsstählen und Schnellarbeitsstählen

vgl. DIN EN ISO 4957 (2001-02)

Stahlsorte			Weichglühen		Härten		Oberflächenhärte in HRC ≈					
Kurzname	Werkstoff-Nr.	Warmformgebungstemperatur °C	Temperatur °C	Härte HB max.	Temperatur[1] °C	Abkühlmittel	nach dem Härten	nach dem Anlassen[2] bei 200 °C	300 °C	400 °C	500 °C	550 °C
105V	1.2834	1050 …850	710 … 750	212	780 … 800	Wasser	68	64	56	48	40	36
X153CrMoV12	1.2379		800 … 850	255	1010 … 1030	Luft	63	61	59	58	58	56
X210CrW12	1.2436	1050 … 850	800 … 840	255	960 … 980	Öl	64	62	60	58	56	52
90MnCrV8	1.2842		680 … 720	229	780 … 800		65	62	56	50	42	40
102Cr6	1.2067		710 … 750	223	830 … 850		65	62	57	50	43	40
60WCrV8	1.2550	1050 … 850	710 … 750	229	900 … 920	Öl	62	60	58	53	48	46
X37CrMoV5-1	1.2343	1100 … 900	750 … 800	229	1010 … 1030		53	52	52	53	54	52
HS6-5-2C	1.3343	1100 … 900	770 … 840	269	1200 … 1220	Öl, Warmbad, Luft	64	62	62	62	65	65
HS10-4-3-10	1.3207			302	1220 … 1240		66	61	61	62	66	67
HS2-9-1-8	1.3247			277	1180 … 1200		66	62	62	61	68	69

[1] Die Austenitisierungsdauer ist die Dauer des Haltens auf Härtetemperatur und beträgt bei Kaltarbeitsstählen ca. 25 min, bei Schnellarbeitsstählen ca. 3 min. Das Erwärmen erfolgt in Stufen.

[2] Schnellarbeitsstähle werden mindestens zweimal bei 540 … 570 °C angelassen. Diese Temperatur wird mindestens 60 min gehalten.

W

Wärmebehandlung von Einsatzstählen

vgl. DIN EN 10084 (2008-06)

Stahlsorte[1]			Härten von				Stirnabschreckversuch				
Kurzname	Werkstoff-Nr.	Aufkohlungstemperatur °C	Kernhärtetemperatur °C	Randhärtetemperatur °C	Anlassen °C	Abkühlmittel	Temp. °C	Härte HRC im Abstand max.[2]	3 mm	5 mm	7 mm
C10E	1.1121	880 … 980	880 … 920	780 … 820	150 … 200	Wasser	–	–	–	–	–
C15E	1.1141						–	–	–	–	–
17Cr3	1.7016		860 …900			Öl	880	47	44	40	33
16MnCr5	1.7131						870	47	46	44	41
20MnCr5	1.7147						870	49	49	48	46
20MoCr4	1.7321						910	49	47	44	41
17CrNi6-6	1.5918		830 … 870				870	47	47	46	45
15NiCr13	1.5752		840 … 880				880	48	48	48	47
20NiCrMo2-2	1.6523		860 … 900				920	49	48	45	42
18CrNiMo7-6	1.6587		830 … 870				860	48	48	48	48

[1] Für Stähle mit geregeltem Schwefelgehalt, z.B. C10R, 20MnCrS5, gelten dieselben Werte.

[2] Für Stähle mit normaler Härtbarkeit (+H) in 1,5 mm Abstand von der Stirnfläche.

Vergütungsstähle

Wärmebehandlung von unlegierten Vergütungsstählen

vgl. DIN EN 10083-2 (2006-10)[1]

Stahlsorten[2] Kurzname	Werkstoff-Nr.	Normalglühen °C	Stirnabschreckversuch °C	Härte HRC bei Einhärtetiefe in mm[3] 1	3	5	Vergüten: Härten[4] °C	Abschreckmittel	Anlassen[5] °C
C22E	1.1151	880 … 940	–	–	–	–	860 … 900	Wasser	550 … 660
C35E[1] C40E C45E[1]	1.1181 1.1186 1.1191	860 … 920 850 … 910 840 … 900	870 870 850	48 … 58 51 … 60 55 … 62	33 … 55 35 … 59 37 … 61	22 … 49 25 … 53 28 … 57	840 … 880 830 … 870 820 … 860	Wasser oder Öl	550 … 660
C50E[1] C55E[1] C60E	1.1206 1.1203 1.1221	830 … 890 825 … 885 820 … 880	850 830 830	56 … 63 58 … 65 60 … 67	44 … 61 47 … 63 50 … 65	31 … 58 33 … 60 35 … 62	810 … 850 810 … 850 810 … 850	Öl oder Wasser	550 … 660
28Mn6	1.1170	850 … 890	850	45 … 54	42 … 53	37 … 51	840 … 880	Wasser oder Öl	540 … 680

Wärmebehandlung von legierten Vergütungsstählen (Auswahl)

vgl. DIN EN 10083-3 (2007-01)[1]

Stahlsorten Kurzname	Werkstoff-Nr.	Oberflächenhärte[6] HRC	Stirnabschreckversuch °C	Härte HRC bei Einhärtetiefe in mm[3] 1,5	5	15	Vergüten: Härten[4] °C	Abschreckmittel	Anlassen[5] °C
38Cr2 46Cr2[1]	1.7003 1.7006	– 54	850	51 … 59 54 … 63	37 … 54 40 … 59	… 35 22 … 39	830 … 870 820 … 860	Öl oder Wasser Öl oder Wasser	540 … 680
34Cr4 37Cr4[1] 41Cr4[1]	1.7033 1.7034 1.7035	– 51 53	850	49 … 57 51 … 59 53 … 61	45 … 56 48 … 58 50 … 60	27 … 44 31 … 48 32 … 52	830 … 870 825 … 865 820 … 860	Wasser oder Öl Öl oder Wasser Öl oder Wasser	540 … 680
25CrMo4 34CrMo4 42CrMo4[1]	1.7218 1.7220 1.7225	– – 53	850	44 … 52 49 … 57 53 … 61	40 … 51 48 … 57 52 … 61	27 … 41 34 … 52 37 … 58	840 … 900 830 … 890 820 … 880	Wasser oder Öl Öl oder Wasser Öl oder Wasser	540 … 680
50CrMo4[1] 51CrV4 39NiCrMo3	1.7228 1.8159 1.6510	58 – –	850	58 … 65 57 … 65 52 … 60	57 … 64 56 … 64 50 … 59	48 … 62 48 … 62 43 … 56	820 … 870 820 … 870 820 … 850	Öl Öl Öl oder Wasser	540 … 680
34CrNiMo6 30CrNiMo8 36NiCrMo16	1.6582 1.6580 1.6773	– – –	850	50 … 58 48 … 56 50 … 57	50 … 58 48 … 56 48 … 56	48 … 57 46 … 55 47 … 55	830 … 860 830 … 860 865 … 885	Öl oder Wasser Öl oder Wasser Luft oder Öl	540 … 660 540 … 660 550 … 650
38MnB5	1.5532	–	850	52 … 60	50 … 59	31 … 47	840 … 880	Wasser/Öl	400 … 600
33MnCrB5-2	1.7185	–	880	48 … 57	47 … 57	41 … 54	860 … 900	Öl	400 … 600

[1] DIN 17212 „Stähle für Flamm- und Induktionshärtung" wurde ersatzlos zurückgezogen. Stähle für Flamm- und Induktionshärtung unter Vergütungsstähle Seite 138 f.

[2] Für die Qualitätsstähle C35 bis C60 und die Stähle mit geregeltem Schwefelgehalt, z. B. C35R, gelten die gleichen Werte.

[3] Härtbarkeitsanforderungen: +H: normale Härtbarkeit

[4] Der untere Temperaturbereich gilt für das Abschrecken in Wasser, der obere für das Abschrecken in Öl.

[5] Anlassdauer mindestens 60 min.

[6] Mindestoberflächenhärte bei Stählen nach dem Flamm- oder Induktionshärten.

Härtbarkeit und Einhärtungstiefe der Vergütungsstähle (Streubänder)

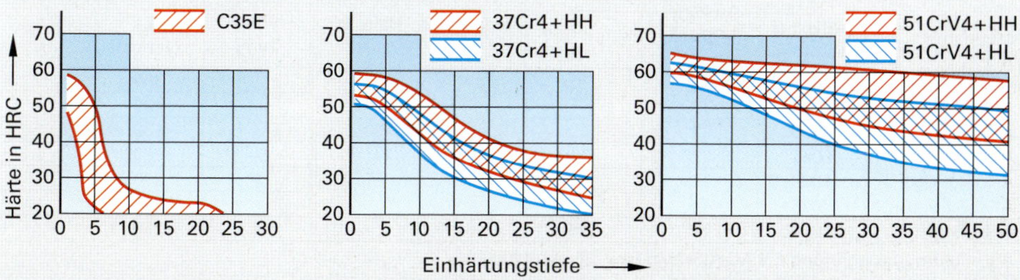

W

Nitrierstähle, Automatenstähle, Aluminiumlegierungen

Wärmebehandlung von Nitrierstählen

vgl. DIN EN 10085 (2001-07)

Stahlsorte		Wärmebehandlung vor dem Nitrieren				Nitrierbehandlung[1]		
		Weichglühen	Vergüten					
			Härten		Anlasstemperatur[3) 4)]			
Kurzname	Werkstoffnummer	Temperatur °C	Temperatur[2] °C	Abkühlmittel	°C	Gasnitrieren °C	Nitrocarburieren °C	Härte[5] HV1
24CrMo13-6	1.8516	650 … 700	870 … 970	Öl oder Wasser	580 … 700	500 … 600	570 … 650	–
31CrMo12	1.8515	650 … 700	870 … 930					800
32CrAlMo7-10	1.8505	650 … 750	870 … 930					–
31CrMoV9	1.8519	680 … 720	870 … 930					800
33CrMoV12-9	1.8522	680 … 720	870 … 970					–
34CrAlNi7-10	1.8550	650 … 700	870 … 930					950
41CrAlMo7-10	1.8509	650 … 750	870 … 930					950
40CrMoV13-9	1.8523	680 … 720	870 … 970					–
34CrAlMo5-10	1.8507	650 … 750	870 … 930					950

[1] Die Nitrierdauer hängt von der gewünschten Nitrierhärtetiefe ab.
[2] Austenitisierungsdauer mindestens 0,5 Stunden.
[3] Anlassdauer mindestens 1 Stunde.
[4] Die Anlasstemperatur sollte nicht weniger als 50 °C über der Nitriertemperatur liegen.
[5] Härte der nitrierten Oberfläche.

Wärmebehandlung von Automatenstählen

vgl. DIN EN 10087 (1999-01)

Automateneinsatzstähle

Stahlsorte Kurzname	Werkstoffnummer	Aufkohlungstemperatur °C	Kernhärtetemperatur °C	Randhärtetemperatur °C	Abkühlmittel[1]	Anlasstemperatur[2] °C
10S20 10SPb20 15SMn13	1.0721 1.0722 1.0725	880 … 980	880 … 920	780 … 820	Wasser, Öl, Emulsion	150 … 200

Automatenvergütungsstähle

Stahlsorte Kurzname	Werkstoffnummer	Härtetemperatur °C	Abkühlmittel[1]	Vergütungstemperatur °C	vergütet[3] R_e N/mm²	vergütet[3] R_m N/mm²	vergütet[3] A %
35S20 35SPb20	1.0726 1.0756	860 … 890	Wasser oder Öl	540 … 680	430	630 … 780	15
36SMn14 36SMnPb14	1.0764 1.0765	850 … 880			460	700 … 850	14
38SMn28 38SMnPb28	1.0760 1.0761	850 … 880	Öl oder Wasser		460		15
44SMn28 44SMnPb28	1.0762 1.0763	840 … 870			480		16
46S20	1.0757				490		12

[1] Die Wahl des Abkühlmittels hängt von der Gestalt der Werkstücke ab.
[2] Anlassdauer mindestens 1 Stunde.
[3] Die Werte beziehen sich auf einen Durchmesser 10 < d ≤ 16.

Aushärten von Aluminiumlegierungen

Legierung EN AW- Kurzname	Werkstoffnummer	Auslagerungsart[2]	Lösungsglühtemperatur °C	Warmauslagerung Temperatur °C	Warmauslagerung Haltezeit h	Kaltauslagerzeit Tage	ausgelagert R_m N/mm²	ausgelagert A %
Al Cu4MgSi	2017	T4	500	100 … 300	8 … 24	5 … 8	390	12
Al Cu4SiMg	2014	T6				–	420	8
Al MgSi	6060	T4	525			5 … 8	130	15
Al MgSi1MgMn	6082	T6				–	280	6
Al Zn4,5Mg1	7020	T6	470			–	210	12
Al Zn5,5MgCu	7075	T6				–	545	8
Al Si7Mg[1]	42000[1]	T6	525			4	250	1

[1] Aluminiumgusslegierung EN AC-AlSi7Mg bzw. EN AC 42000.
[2] T4 lösungsgeglüht und kalt ausgelagert; T6 lösungsgeglüht und warm ausgelagert.

W

Bezeichnungssystem der Gusseisenwerkstoffe

Kurznamen und Werkstoffnummern

vgl. DIN EN 1560 (2011-05)

Gusseisenwerkstoffe werden entweder mit einem Kurznamen oder mit einer Werkstoffnummer angegeben.

Beispiel:

Kurzname	**Werkstoffnummer**
EN-GJL-300	5.1302

Gusseisen mit Lamellengrafit, Zugfestigkeit R_m = 300 N/mm²

Werkstoffkurznamen

Werkstoffkurznamen haben bis zu sechs Bezeichnungspositionen ohne Zwischenraum, beginnend mit **EN** (europäische Norm) und **GJ** (G Guss; I Eisen [engl. Iron])

Bezeichnungsbeispiele:

EN	-	GJ	L		-	350		Gusseisen mit Lamellengrafit
EN	-	GJ	L		-	HB155		Gusseisen mit Lamellengrafit
EN	-	GJ	S		-	350-22C		Gusseisen mit Kugelgrafit
EN	-	GJ	M	B	-	450-6		Temperguss – schwarz
EN	-	GJ	M	W	-	360-12	W	Temperguss – weiß
EN	-	GJ	M		-	HV600(XCr14)		Verschleißfestes Gusseisen
EN	-	GJ	L	A	-	XNiCuCr15-6-2		Austenitisches Gusseisen

Grafitstruktur (Buchstabe)

- L Lamellengrafit
- S Kugelgrafit
- M Temperkohle
- V Vermikulargrafit
- N grafitfrei
- Y Sonderstruktur

Mikro- oder Makrostruktur (Buchstabe)

- A Austenit
- R Ausferrit[1]
- F Ferrit
- P Perlit
- M Martensit
- L Ledeburit
- Q abgeschreckt
- T vergütet
- B nicht entkohlend geglüht
- W entkohlend geglüht

Mechanische Eigenschaften oder chemische Zusammensetzung (Zahlen/Buchstaben)

Mechanische Eigenschaften

350	Mindestzugfestigkeit R_m in N/mm²
350-22	zusätzlich Bruchdehnung A in %
C	**Probe** dem Gussstück entnommen
HB155	max. Härte

Chemische Zusammensetzung

XNiCuCr15-6-2 (hochlegiert)
Zusammensetzung: 15% Ni, 6% Cu, 2% Cr

Angaben entsprechen den Stahlbezeichnungen Seite 129.

Zusätzliche Anforderungen

- D Rohgussstück
- H wärmebehandeltes Gussstück
- W schweißgeeignet
- Z zusätzliche Anforderungen

W

Werkstoffnummern

Werkstoffnummern haben sechs Bezeichnungspositionen (fünf Ziffern und ein Punkt) ohne Zwischenraum. Sie beruhen auf dem System der DIN EN 10027-2 (Seite 126).

Bezeichnungsbeispiele:

5.	1	3	04	Gusseisen mit Lamellengrafit und Härte als Merkmal; EN-GJL-HB19
5.	3	1	08	Kugelgrafitguss mit Merkmalen R_m und A; EN-GJS-450-18C
5.	4	2	00	Weißer Temperguss mit Merkmalen R_m und A; EN-GJMW-350-4

Werkstoffgruppe

5. Gusseisen

Grafitstruktur

1 lamellar
2 vermikular
3 kugelig
4 Temperkohle (auch entkohlend geglüht)
5 grafitfrei

Matrixstruktur

1 Ferrit
2 Ferrit/Perlit
3 Perlit
4 Ausferrit[1]
5 Austenit
6 Ledeburit

Werkstoffkennziffer

00–99

Jedem Gusseisen wird eine zweistellige Kennziffer zugeordnet. Eine höhere Kennziffer weist auf eine höhere Festigkeit hin.

[1] Mischgefüge aus Ferrit und Austenit

Einteilung der Gusseisenwerkstoffe

Art	Norm	Beispiele/ Werkstoffnummer	Zugfestigkeit R_m N/mm²	Eigenschaften	Anwendungsbeispiele
Gusseisen					
mit Lamellengrafit	DIN EN 1561	EN-GJL-150 (GG-15)[1] 5.1200	100 bis 450	sehr gute Gießbarkeit, gute Druckfestigkeit, Dämpfungsfähigkeit und Notlauffähigkeit sowie gute Korrosionsbeständigkeit	für konturenreiche, komplizierte Werkstücke; sehr vielseitig einsetzbar. Maschinengestelle, Getriebegehäuse
mit Kugelgrafit	DIN EN 1563	EN-GJS-400 (GGG-40)[1] 5.3105	350 bis 900	sehr gute Gießbarkeit, hohe Festigkeit auch bei dynamischer Belastung, oberflächenhärtbar	verschleißbeanspruchte Werkstücke; Kupplungsteile, Fittings, Motorenbau
mit Vermikulargrafit	ISO 16112	ISO 16112/JV/300	300 bis 500	sehr gute Gießbarkeit, hohe Festigkeit ohne teure Legierungszusätze	Fahrzeugteile, Motorenbau, Getriebegehäuse
Bainitisches Gusseisen	DIN EN 1564	EN-GJS-800-10 5.3400	800 bis 1400	durch Wärmebehandlung und gesteuerte Abkühlung entstehen Bainit und Austenit mit hoher Festigkeit bei guter Zähigkeit	hoch beanspruchte Bauteile, z. B. Radnaben, Zahnkränze, ADI-Guss[2]
verschleißbeständiger Guss, Hartguss	DIN EN 12513	EN-GJN-HB340 5.5600	> 1000	Verschleißfestigkeit durch Martensit und Karbide, auch mit Cr und Ni legiert.	verschleißfestes Gusseisen, z. B. Abrichtrollen, Baggerschaufeln, Laufräder für Pumpen
Temperguss					
entkohlend geglüht (weiß)	DIN EN 1562	EN-GJMW-350-4 (GTW-35)[1] 5.4200	270 bis 570	Entkohlung der Randschicht durch Tempern. Hohe Festigkeit und Zähigkeit, plastisch verformbar.	formgenaue, dünnwandige, stoßbeanspruchte Teile; Hebel, Bremstrommeln
nicht entkohlend geglüht (schwarz)	DIN EN 1562	EN-GJMB-450-6 (GTS-45)[1] 5.4205	300 bis 800	Flockiger Grafit im ganzen Querschnitt durch Tempern. Hohe Festigkeit und Zähigkeit bei größeren Wandstärken.	formgenaue, dickwandige, stoßbeanspruchte Teile; Hebel, Kardangabeln
Stahlguss					
für allgemeine Verwendung	DIN EN 10293[3]	GE240 1.0446	380 bis 600	unlegierter und niedriglegierter Stahlguss für allgemeine Verwendung	mechanische Mindestwerte von –10 °C bis 300 °C
mit verbesserter Schweißeignung	DIN EN 10293[4]	G20Mn5 1.6220	430 bis 650	geringer Kohlenstoffgehalt mit Mangan und Mikrolegierung	Schweißverbundkonstruktionen, Feinkornbaustähle mit großer Wanddicke
Vergütungsstahlguss	DIN EN 10293[5]	G30CrMoV6-4 1.7725	500 bis 1250	feines Vergütungsgefüge mit hoher Zähigkeit	Ketten, Panzerungen
für Druckbehälter	DIN EN 10213	GP280GH 1.0625	420 bis 960	Sorten mit hoher Festigkeit und Zähigkeit bei tiefen und bei hohen Temperaturen	Druckbehälter für heiße bzw. kalte Medien, warmfest und kaltzäh; nichtrostend
nichtrostend	DIN EN 10283	GX6CrNi26-7 1.4347	450 bis 1100	Beständigkeit gegenüber chemischer Beanspruchung und Korrosion	Pumpenlaufräder in Säuren, Duplex-Stahl
hitzebeständig	DIN EN 10295	GX25CrNiSi18-9 1.4825	400 bis 550	Beständigkeit gegenüber verzundernden Gasen	Turbinenteile, Ofenroste

[1] bisherige Bezeichnung
[2] ADI → Austempered Ductile Iron („angelassenes zähes Eisen")
[3] Ersatz für DIN 1681
[4] Ersatz für DIN 17182
[5] Ersatz für DIN 17205

W

Gusseisen mit Lamellengrafit, Gusseisen mit Kugelgrafit

Gusseisen mit Lamellengrafit

vgl. DIN EN 1561 (2012-01)

Zugfestigkeit R_m als kennzeichnende Eigenschaft

Sorte Kurzname	Werkstoffnummer	Wanddicke mm	Zugfestigkeit R_m N/mm²
EN-GJL-100 EN-GJL-150	5.1100 5.1200	5 … 40 2,5 … 200	100 110 … 150
EN-GJL-200 EN-GJL-250	5.1300 5.1301	2,5 … 200 5 … 200	160 … 200 200 … 250
EN-GJL-300 EN-GJL-350	5.1302 5.1303	10 … 200 10 … 200	240 … 300 280 … 350

⇒ **EN-GJL-100**: Gusseisen mit Lamellengrafit, Mindestzugfestigkeit R_m = 100 N/mm²

Härte HB als kennzeichnende Eigenschaft

Sorte Kurzname	Werkstoffnummer	Wanddicke mm	Brinellhärte HB30
EN-GJL-HB155 EN-GJL-HB175	5.1101 5.1201	2,5 … 50 2,5 … 100	max. 155 115 … 175
EN-GJL-HB195 EN-GJL-HB215	5.1304 5.1305	5 … 100 5 … 100	125 … 195 145 … 215
EN-GJL-HB235 EN-GJL-HB255	5.1306 5.1307	10 … 100 20 … 100	160 … 235 180 … 255

⇒ **EN-GJL-HB215**: Gusseisen mit Lamellengrafit, maximale Brinellhärte = 215 HB

Eigenschaften

Gut gießbar und zerspanbar, schwingungsdämpfend, korrosionsbeständig, hohe Druckfestigkeit (ca. das Dreifache der Zugfestigkeit), gute Gleiteigenschaften.

Anwendungsbeispiele

Maschinengestelle, Lagergehäuse, Gleitlager, druckfeste Teile, Turbinengehäuse.
Die Härte als kennzeichnende Eigenschaft gibt Hinweise auf die Zerspanbarkeit.

Gusseisen mit Kugelgrafit

vgl. DIN EN 1563 (2012-03)

Ferritisches bis perlitisches Gusseisen[3]

Sorte Kurzname	Werkstoffnummer	Zugfestigkeit R_m N/mm²	Dehngrenze $R_{p0,2}$ N/mm²	Dehnung A %	Brinellhärte HB	Eigenschaften, Anwendungsbeispiele
EN-GJS-350-22-LT[1] EN-GJS-350-22-RT[2] EN-GJS-350-22	5.3100 5.3101 5.3102	350 350 350	220 220 220	22 22 22	– – < 160	gut bearbeitbar, geringe Verschleißfestigkeit; Gehäuse
EN-GJS-400-18-LT[1] EN-GJS-400-18-RT[2] EN-GJS-400-18 EN-GJS-400-15	5.3103 5.3104 5.3105 5.3106	400 400 400 400	240 250 250 250	18 18 18 15	– – 130…175 –	
EN-GJS-450-10 EN-GJS-500-7 EN-GJS-600-3	5.3107 5.3200 5.3201	450 500 600	310 320 370	10 7 3	160…210 170…230 190…270	gut bearbeitbar, mittlere Verschleißfestigkeit; Fittings, Pressenkörper
EN-GJS-700-2 EN-GJS-800-2 EN-GJS-900-2	5.3300 5.3301 5.3302	700 800 900	420 480 600	2 2 2	225…305 245…335 270…360	gute Oberflächenhärte; Zahnräder, Lenk- und Kupplungsteile, Ketten

Mischkristallverfestigtes ferritisches Gusseisen[4]

Sorte Kurzname	Werkstoffnummer	Zugfestigkeit R_m N/mm²	Dehngrenze $R_{p0,2}$ N/mm²	Dehnung A %	Brinellhärte HB	Eigenschaften, Anwendungsbeispiele
EN-GJS-450-18 EN-GJS-500-14 EN-GJS-600-10	5.3108 5.3109 5.3110	450 500 600	350 400 470	18 14 10	170…200 185…215 200…230	gut bearbeitbar, höhere Dehnung; Windkraftanlagen

⇒ **EN-GJS-400-18**: Gusseisen mit Kugelgrafit, Mindestzugfestigkeit R_m = 400 N/mm²; Bruchdehnung A = 18 %

[1] LT für tiefe Temperaturen

[2] RT für Raumtemperatur

[3] Ferritische Sorten weisen höchste Werte für die Kerbschlagarbeit auf. Perlitische Sorten sind geeigneter für verschleißbeanspruchte Anwendungen. Die maßgebende Wanddicke für die Angaben beträgt < 30 mm.

[4] Mischkristallverfestigte ferritische Sorten haben bei gleicher Zugfestigkeit eine höhere Dehngrenze und eine höhere Dehnung. Außerdem sind die Schwankungen in der Härte geringer. Die Tabellenwerte sind gültig für Wanddicken unter 30 mm.

Temperguss, Stahlguss

Temperguss[1]

vgl. DIN EN 1562 (2012-05)

Sorte Kurzname	Werkstoffnummer	Zugfestigkeit R_m N/mm²	Dehngrenze $R_{p\,0,2}$ N/mm²	Bruchdehnung A %	Brinellhärte HB	Eigenschaften, Anwendungsbeispiele
Entkohlend geglühter Temperguss (weißer Temperguss)						
EN-GJMW-350-4	5.4200	350	–	4	230	Alle Sorten sind gut gießbar und gut spanend bearbeitbar. Werkstücke mit kleiner Wanddicke, z. B. Hebel, Kettenglieder
EN-GJMW-400-5	5.4202	400	220	5	220	
EN-GJMW-450-7	5.4203	450	260	7	220	
EN-GJMW-550-4	5.4204	550	340	4	250	
EN-GJMW-360-12	5.4201	360	190	12	200	Zum Schweißen besonders geeignet.

⇒ **EN-GJMW-350-4:** Entkohlend geglühter Temperguss, R_m = 350 N/mm², A = 4 %

Sorte Kurzname	Werkstoffnummer	Zugfestigkeit R_m N/mm²	Dehngrenze $R_{p\,0,2}$ N/mm²	Bruchdehnung A %	Brinellhärte HB	Eigenschaften, Anwendungsbeispiele
Nicht entkohlend geglühter Temperguss (schwarzer Temperguss)						
EN-GJMB-300-6	5.4100	300	–	6	... 150	Alle Sorten sind gut gießbar und gut spanend bearbeitbar. Werkstücke mit größerer Wanddicke, z. B. Gehäuse, Kardangabeln, Kolben
EN-GJMB-350-10	5.4101	350	200	10	... 150	
EN-GJMB-450-6	5.4205	450	270	6	150 ... 200	
EN-GJMB-500-5	5.4206	500	300	5	165 ... 215	
EN-GJMB-550-4	5.4207	550	340	4	180 ... 230	
EN-GJMB-600-3	5.4208	600	390	3	195 ... 245	
EN-GJMB-650-2	5.4300	650	430	2	210 ... 260	
EN-GJMB-700-2	5.4301	700	530	2	240 ... 290	
EN-GJMB-800-1	5.4302	800	600	1	270 ... 320	

⇒ **EN-GJMB-350-10:** Nicht entkohlend geglühter Temperguss, R_m = 350 N/mm², A = 10 %

W

[1] Bisherige Bezeichnungen: Seite 168

Stahlguss für allgemeine Anwendungen (Auswahl)

vgl. DIN EN 10293 (2015-04)[1]

Sorte Kurzname	Werkstoffnummer	Zugfestigkeit R_m N/mm²	Dehngrenze $R_{p\,0,2}$ N/mm²	Dehnung A %	Kerbschlagarbeit K_v J	Eigenschaften, Anwendungsbeispiele
GE200[2]	1.0420	380 ... 530	200	25	27	für Werkstücke mit mittlerer dynamischer Beanspruchung; Radsterne, Hebel
GE240[2]	1.0446	450 ... 600	240	22	27	
GE300[2]	1,0558	600 ... 750	300	15	27	
G17Mn5[3]	1.1131	450 ... 600	240	24	70	verbesserte Schweißeignung; Schweißverbundkonstruktionen
G20Mn5[2]	1.6220	480 ... 620	300	20	50	
GX4CrNiMo16-5-1[3]	1.4405	760 ... 960	540	15	60	
G28Mn6[2]	1.1165	520 ... 670	260	18	27	für Werkstücke mit hoher dynamischer Beanspruchung; Wellen
G10MnMoV6-3[3]	1.5410	600 ... 750	500	18	60	
G34CrMo4[3]	1.7230	700 ... 850	540	12	35	
G32NiCrMo8-5-4[3]	1.6570	850 ... 1000	700	16	50	Korrosionsgeschützte Werkstücke mit hoher dynamischer Beanspruchung.
GX23CrMoV12-1[3]	1.4931	740 ... 880	540	15	27	

[1] DIN 17182 „Stahlgusssorten mit verbesserter Schweißeignung und Zähigkeit" wurde ersatzlos zurückgezogen.
[2] normalgeglüht [3] vergütet

Stahlguss für Druckbehälter (Auswahl)

vgl. DIN EN 10213 (2016-10)

Sorte Kurzname	Werkstoffnummer	Zugfestigkeit[1] R_m N/mm²	Dehngrenze[1] $R_{p\,0,2}$ N/mm²	Bruchdehnung A %	Kerbschlagarbeit K_v J	Eigenschaften, Anwendungsbeispiele
GP240GH	1.0619	420...600	> 240	22	27	für hohe und tiefe Temperaturen; Dampfturbinen, Heißdampfarmaturen, auch korrosionsbeständig
G17CrMo5-5	1.7357	490...690	> 315	20	27	
GX8CrNi12	1.4107	540...690	> 355	18	45	
GX4CrNiMo16-5-1	1.4405	760...960	> 540	15	60	

[1] Werte bei einer Wanddicke bis 40 mm

Modelle, Modelleinrichtungen und Kernkästen

vgl. DIN EN 12890 (2000-06)

Werkstoffe und Güteklassen

Merkmale	Werkstoffe Holz	Kunststoff	Metall
Werkstoffart	Sperrholz-, Span- oder Verbundplatten, Hart- und Weichholz	Epoxidharze oder Polyurethane mit Füllstoffen	Cu-, Sn-, Zn-Legierung Al-Legierung Gusseisen oder Stahl
Verwendung	Wiederkehrende Einzelstücke und kleinere Serien, geringere Anforderung an die Genauigkeit; meist Handformerei	Einzel- und Serienfertigung mit höherer Anforderung an die Genauigkeit; Hand- und Maschinenformerei	mittlere bis große Serien mit hohen Anforderungen an die Genauigkeit; Maschinenformerei
Max. Stückzahl beim Formen	ca. 750	ca. 10 000	ca. 150 000
Güteklassen[1)]	H1[2)], H2, H3	K1[2)], K2	M1[2)], M2
Oberflächengüte	Schleifpapier Korngröße 60 … 80	Ra = 12,5 µm	Ra = 3,2 … 6,3 µm

[1)] Klassifizierungssystem für die Herstellung und Verwendung von Modellen, Modelleinrichtungen und Kernkästen, über deren Zweckeignung, Qualität und Haltbarkeitsdauer: H Holz; K Kunststoff; M Metall

[2)] beste Güteklasse

Formschrägen

Höhe H mm	Formschräge T in mm: kleine Aushebeflächen – Handformerei Formsand tongebunden	kleine Aushebeflächen – Handformerei Formsand chem. geb.	kleine Aushebeflächen – Maschinenformerei	hohe Aushebeflächen – Handformerei Formsand tongebunden	hohe Aushebeflächen – Handformerei Formsand chem. geb.	hohe Aushebeflächen – Maschinenformerei
… 30	1,0	1,0	1,0	1,5	1,0	1,0
> 30 … 80	2,0	2,0	2,0	2,5	2,0	2,0
> 80 … 180	3,0	2,5	2,5	3,0	3,0	3,0
> 180 … 250	3,5	3,0	3,0	4,0	4,0	4,0
> 250 … 1000	+ 1,0 mm je 250 mm					
> 1000 … 4000	+ 2,0 mm je 1000 mm					

Anstrich und Farbkennzeichnung der Modelle

Fläche oder Flächenteil	Stahlguss	Gusseisen mit Kugelgrafit	Gusseisen mit Lamellengrafit	Temperguss	Schwermetallguss	Leichtmetallguss
Grundfarbe für Flächen, die am Gussteil unbearbeitet bleiben	blau	violett	rot	grau	gelb	grün
Am Gussteil zu bearbeitende Flächen	gelbe Streifen	gelbe Streifen	gelbe Streifen	gelbe Streifen	rote Streifen	gelbe Streifen
Sitzstellen für Losteile und deren Befestigungen	schwarz umrandet					
Stellen für Abschreckplatten	rot	rot	blau	rot	blau	blau
Kernmarken	schwarz					
Speiser	gelbe Streifen					

W

Schwindmaße, Maßtoleranzen, Form- und Gießverfahren

Schwindmaße

vgl. DIN EN 12890 (2000-06)

Gusseisen	Schwindmaß in %	Sonstige Gusswerkstoffe	Schwindmaß in %
mit Lamellengrafit	1,0	Stahlguss	2,0
mit Kugelgrafit, geglüht	0,5	Manganhartstahlguss	2,3
mit Kugelgrafit, ungeglüht	1,2	Al-, Mg-, CuZn-Legierungen	1,2
austenitisch	2,5	CuSnZn-, Zn-Legierungen	1,3
Temperguss, entkohlend geglüht	1,6	CuSn-Legierungen	1,5
Temperguss, nicht entkohlend geglüht	0,5	Cu	1,9

Maßtoleranzen und Bearbeitungszugaben, RMA

vgl. DIN EN ISO 8062 (2008-01)

Beispiele für die Toleranzangabe in einer Zeichnung:

1. **Allgemeintoleranzen**
   ISO 8062-3 – DCTG 12 – RMA 6 (RMAG H)
   Toleranzgrad 12, Bearbeitungszugabe 6 mm (Grad H)
2. Individuelle Toleranzen und Bearbeitungszugaben werden direkt nach einem Maß angegeben.

R Rohgussstück – Nennmaß
F Maß nach der Endbearbeitung
DCTG Gusstoleranzgrad
T gesamte Gusstoleranz
RMA Bearbeitungszugabe

$$R = F + 2 \cdot RMA + T/2$$

Gusstoleranzen

Nennmaß in mm	Längenmaßtoleranz *T* in mm bei Gusstoleranzgrad *DCTG*															
	1	2	3	4	5	6	7	8	9	10	11	12	13	14	15	16
... 10	0,09	0,13	0,18	0,26	0,36	0,52	0,74	1,0	1,5	2,0	2,8	4,2	–	–	–	–
> 10 ... 16	0,10	0,14	0,20	0,28	0,38	0,54	0,78	1,1	1,6	2,2	3,0	4,4	–	–	–	–
> 16 ... 25	0,11	0,15	0,22	0,30	0,42	0,58	0,82	1,2	1,7	2,4	3,2	4,6	6	8	10	12
> 25 ... 40	0,12	0,17	0,24	0,32	0,46	0,64	0,9	1,3	1,8	2,6	3,6	5	7	9	11	14
> 40 ... 63	0,13	0,18	0,26	0,36	0,50	0,70	1,0	1,4	2,0	2,8	4,0	5,6	8	10	12	16
> 63 ... 100	0,14	0,20	0,28	0,40	0,56	0,78	1,1	1,6	2,2	3,2	4,4	6	9	11	14	18
> 100 ... 160	0,15	0,22	0,30	0,44	0,62	0,88	1,2	1,8	2,5	3,6	5	7	10	12	16	20
> 160 ... 250	–	0,24	0,34	0,50	0,70	1,0	1,4	2,0	2,8	4,0	5,6	8	11	14	18	22
> 250 ... 400	–	–	0,40	0,56	0,78	1,1	1,6	2,2	3,2	4,4	6,2	9	12	16	20	25
> 400 ... 630	–	–	–	0,64	0,90	1,2	1,8	2,6	3,6	5	7	10	14	18	22	28
> 630 ... 1000	–	–	–	–	1,0	1,4	2,0	2,8	4	6	8	11	16	20	25	32

Form- und Gießverfahren

Verfahren	Anwendung	Vor- und Nachteile	Gusswerkstoffe	Relative Maßgenauigkeit[1] in mm/mm	Erreichbare Rauheit *Ra* in µm
Handformen	große Gussstücke, Kleinserien	alle Größen, teuer, geringe Maßgenauigkeit	GJL, GJS, GS, GJM, Al- und Cu-Leg.	0,00 ... 0,10	40 ... 320
Maschinenformen	kleine bis mittelgroße Teile, Serien	maßgenau, gute Oberfläche	GJL, GJS, GS, GJM, Al-Leg.	0,00 ... 0,06	20 ... 160
Vakuumformen	mittlere bis große Teile, Serien	maßgenaue, gute Oberfläche, hohe Investition	GJL, GJS, GS, GJM, Al- und Cu-Leg.	0,00 ... 0,08	40 ... 160
Maskenformen	kleine Teile, große Serien	maßgenau, hohe Formkosten	GJL, GS, Al- und Cu-Leg.	0,00 ... 0,06	20 ... 160
Feingießen	kleine Teile, große Serien	komplizierte Teile, hohe Formkosten	GS, Al-Leg.	0,00 ... 0,04	10 ... 80
Druckgießen	kleine bis mittelgroße Teile, große Serien	maßgenau auch bei geringen Wanddicken, feinkörniges Gefüge, hohe Investition	Warmkammer: Zn, Pb, Sn, Mg Kaltkammer: Cu, Al	0,00 ... 0,04	10 ... 40

[1] Als relative Maßgenauigkeit bezeichnet man das Verhältnis von größtem Abmaß zum Nennmaß.

W

Aluminium, Aluminiumlegierungen – Übersicht

Legierungsgruppe	Werkstoffnummer	Haupteigenschaften	Hauptanwendungsbereiche	Erzeugnisformen[1] B	S	R
Reinaluminium				Seite 175		
Al (Al-Gehalt > 99,00 %)	AW-1000 bis AW-1990 (Serie 1000)	• sehr gut kalt umformbar • schweiß- und hartlötbar • schwer spanend bearbeitbar • korrosionsbeständig • für dekorative Zwecke anodisch oxidierbar	Behälter, Rohrleitungen und Einrichtungen in der Nahrungsmittel- und chemischen Industrie, elektrische Leiter, Reflektoren, Zierleisten, Kennzeichen im Fahrzeugbau	•	•	•
Aluminium, Aluminium-Knetlegierungen, nicht aushärtbar (Auswahl)				Seite 175		
AlMn	AW-3000 bis AW-3990 (Serie 3000)	• kalt umformbar • schweiß- und lötbar • im kalt verfestigten Zustand gut spanend bearbeitbar Im Vergleich mit Serie 1000: • höhere Festigkeit • verbesserte Laugenbeständigkeit	Dachdeckungen, Fassadenverkleidungen und tragende Konstruktionen in der Bautechnik, Teile für Kühler und Klimaanlagen in der Fahrzeugtechnik, Getränke- und Konservendosen in der Verpackungsindustrie	•	•	•
AlMg	AW-5000 bis AW-5990 (Serie 5000)	• gut kalt umformbar mit hoher Kaltverfestigung • bedingt schweißbar • im kalt verfestigten Zustand und bei höheren Legierungsanteilen gut spanend bearbeitbar • witterungs- und seewasserbeständig	Leichtbauwerkstoff für Aufbauten von Nutzfahrzeugen, Tank- und Silofahrzeuge, Metallschilder, Verkehrszeichen, Rollläden und Rolltore, Fenster, Türen, Beschläge in der Bautechnik, Maschinengestelle, Teile im Vorrichtungs- und Formenbau	•	•	•
AlMgMn		• gut kalt umformbar mit hoher Kaltverfestigung • gut schweißbar • gut spanend bearbeitbar • seewasserbeständig		•	•	•
Aluminium, Aluminium-Knetlegierungen, aushärtbar (Auswahl)				Seite 176		
AlMgSi	AW-6000 bis AW-6990 (Serie 6000)	• gut kalt und warm umformbar • korrosionsbeständig • gut schweißbar • im ausgehärteten Zustand gut spanend bearbeitbar	tragende Konstruktionen in der Bautechnik, Fenster, Türen, Maschinentische, Hydraulik- und Pneumatikteile; mit Pb-, Sn- oder Bi-Anteilen: sehr gut spanend bearbeitbare Automatenlegierungen	•[2]	•[2]	•[2]
AlCuMg	AW-2000 bis AW-2990 (Serie 2000)	• hohe Festigkeitswerte • gute Warmfestigkeit • bedingt korrosionsbeständig • bedingt schweißbar • im ausgehärteten Zustand gut spanend bearbeitbar	Leichtbauwerkstoff im Fahrzeug- und Flugzeugbau; mit Pb-, Sn- oder Bi-Anteilen: sehr gut spanend bearbeitbare Automatenlegierungen	•[2]	•[2]	•[2]
AlZnMgCu	AW-7000 bis AW-7990 (Serie 7000)	• höchste Festigkeit aller Al-Legierungen • beste Korrosionsbeständigkeit im Zustand warm ausgehärtet • bedingt schweißbar • im ausgehärteten Zustand gut spanend bearbeitbar	hochfester Leichtbauwerkstoff im Flugzeug- und Maschinenbau, Werkzeuge und Formen zur Kunststoffformung, Schrauben, Fließpressteile	•	•	•

[1] Erzeugnisformen: B Bleche; S Stangen; R Rohre

[2] Automatenlegierungen werden nur als Stangen oder als Rohre geliefert.

Aluminium, Aluminium-Knetlegierungen: Kurznamen und Werkstoffnummern

Kurznamen für Aluminium und Aluminium-Knetlegierungen

vgl. DIN EN 573-2 (1994-12)

Die Kurznamen gelten für Halbzeuge, z. B. Bleche, Stangen, Rohre, Drähte und für Schmiedeteile.

Bezeichnungsbeispiele:

EN AW - Al 99,98
EN AW - Al Mg1SiCu - H111

EN Europäische Norm
AW Aluminium-Halbzeug

Chemische Zusammensetzung, Reinheitsgrad	
Al 99,98 →	Reinaluminium, Reinheitsgrad 99,98 % Al
Al Mg1SiCu →	1 % Mg, geringe Anteile Si und Cu

Werkstoffzustand (Auszug)

vgl. DIN EN 515 (1993-12)

Zustand	Kurzzeichen	Bedeutung der Kurzzeichen	Bedeutung der Werkstoffzustände
Herstellzustand	F	Die Halbzeuge werden ohne Festlegung mechanischer Grenzwerte hergestellt, z. B. Zugfestigkeit, Streckgrenze, Bruchdehnung.	Halbzeuge ohne Nachbehandlung
weich geglüht	O O1 O2	Weichglühen kann durch Warmumformung ersetzt werden. lösungsgeglüht, langsame Abkühlung auf Raumtemperatur, thermomechanisch umgeformt, höchste Umformbarkeit	Wiederherstellung der Umformbarkeit nach einer Kaltumformung
kalt verfestigt	H12 bis H18	kalt verfestigt mit folgenden Härtegraden: H12 1/4-hart, H14 1/2-hart, H16 3/4-hart, H18 4/4-hart	Einhaltung garantierter mechanischer Kennwerte, z. B. Zugfestigkeit, Streckgrenze
	H111 H112	geglüht mit nachfolgender geringer Kaltverfestigung geringe Kaltverfestigung	
wärmebehandelt	T1 T2 T3	lösungsgeglüht, entspannt und kalt ausgelagert, nicht nachgerichtet abgeschreckt wie T1, kalt umgeformt und kalt ausgelagert lösungsgekühlt, kalt umgeformt und kalt ausgelagert	Erhöhung der Zugfestigkeit, der Streckgrenze und der Härte, Verringerung der Kaltumformbarkeit
	T3510 T3511	lösungsgeglüht, entspannt und kalt ausgelagert wie T3510, nachgerichtet zur Einhaltung der Grenzabmaße	
	T4 T4510	lösungsgeglüht, kalt ausgelagert lösungsgeglüht, entspannt und kalt ausgelagert, nicht nachgerichtet	
	T6 T6510	lösungsgeglüht, warm ausgelagert lösungsgeglüht, entspannt und warm ausgelagert, nicht nachgerichtet	
	T8 T9	lösungsgeglüht, kalt umgeformt, warm ausgelagert lösungsgeglüht, warm ausgelagert, kalt umgeformt	

W

Werkstoffnummern für Aluminium und Aluminium-Knetlegierungen

vgl. DIN EN 573-1 (2005-02)

Die Werkstoffnummern gelten für Halbzeuge, z. B. Bleche, Stangen, Rohre, Drähte und für Schmiedeteile.

Bezeichnungsbeispiele:

EN AW - 1050A
EN AW - 5154

Nationale Legierungsvariante
Die Originallegierung wurde durch ein anderes Land registriert. Die nationale Variante weicht in der Zusammensetzung geringfügig von der Originallegierung ab.

EN Europäische Norm
AW Aluminium-Halbzeug

Legierungsgruppen

Ziffer	Gruppe	Ziffer	Gruppe
1 2	Rein-Al AlCu	5 6	AlMg AlMgSi
3 4	AlMn AlSi	7 8	AlZn sonstige

Legierungsabweichungen

Ziffer	Legierung
0	Originallegierung
1 … 9	Legierungen, die von der Originallegierung abweichen

Sorten-Nummer

Innerhalb einer Legierungsgruppe, z. B. AlCu, AlMgSi, AlMn oder AlMg, wird jeder Sorte eine eigene Nummer zugewiesen.

Aluminium, Aluminium-Knetlegierungen

Aluminium und Aluminium-Knetlegierungen, nicht aushärtbar (Auswahl) — vgl. DIN EN 485-2 (2016-10), DIN EN 754-2 (2013-12), 755-2 (2016-10)

Kurzname (Werkstoffnummer)[1]	Lieferformen[2] S	Lieferformen[2] B	A[3]	Werkstoffzustand[4]	Dicke/ Durchmesser mm	Zugfestigkeit R_m N/mm²	Dehngrenze $R_{p\,0,2}$ N/mm²	Bruchdehnung A %	Verwendung, Beispiele
Al 99,5 (1050A)	•	–	p z z	F, H112 O, H111 H14	alle ≤ 80 ≤ 40	≥ 60 60 … 95 100 … 135	≥ 20 – ≥ 70	25 25 6	Apparatebau, Druckbehälter, Schilder, Verpackungen, Zierleisten
	–	•	w	O, H111	>0,5 … 1,5 >1,5 … 3,0 >3,0 … 6,0	65 … 95 65 … 95 65 … 95	≥ 20 ≥ 20 ≥ 20	22 26 29	
Al Mn1 (3103)	•	–	p z z	F, H112 O, H111 H14	alle ≤ 80 ≤ 40	≥ 95 95 … 130 130 … 165	≥ 35 ≥ 35 ≥ 110	25 25 6	Apparatebau, Fließpressteile, Fahrzeugaufbauten, Wärmetauscher
	–	•	w	O, H111	>0,5 … 1,5 >1,5 … 3,0 >3,0 … 6,0	90 … 130 90 … 130 90 … 130	≥ 35 ≥ 35 ≥ 35	19 21 24	
Al Mn1Cu (3003)	•	–	p z z	F, H112 O, H111 H14	alle ≤ 80 ≤ 40	≥ 95 95 … 130 130 … 165	≥ 35 ≥ 35 ≥ 110	25 25 6	Dachdeckungen, Fassaden, tragende Konstruktionen im Metallbau
	–	•	w	O, H111	>0,5 … 1,5 >1,5 … 3,0 >3,0 … 6,0	95 … 135 95 … 135 95 … 135	≥ 35 ≥ 35 ≥ 35	17 20 23	
Al Mg1 (B) (5005)	•	–	p z z	F, H112 O, H111 H14	≤ 100 ≤ 80 ≤ 40	≥ 100 100 … 145 ≥ 140	≥ 40 ≥ 40 ≥ 110	18 18 6	Dachdeckungen, Fassaden, Fenster, Türen, Beschläge
	–	•	w	O, H111	>0,5 … 1,5 >1,5 … 3,0 >3,0 … 6,0	100 … 145 100 … 145 100 … 145	≥ 35 ≥ 35 ≥ 35	19 20 22	
Al Mg2Mn0,3 (5251)	•	–	p z z	F, H112 O, H111 H14	alle ≤ 80 ≤ 30	≥ 160 150 … 200 200 … 240	≥ 60 ≥ 60 ≥ 160	16 17 5	Einrichtungen und Geräte der Nahrungsmittelindustrie
	–	•	w	O, H111	>0,5 … 1,5 >1,5 … 3,0 >3,0 … 6,0	160 … 200 160 … 200 160 … 200	≥ 60 ≥ 60 ≥ 60	14 16 18	
Al Mg3 (5754)	•	–	p z z	F, H112 O, H111 H14	≤ 150 ≤ 80 ≤ 25	≥ 180 180 … 250 240 … 290	≥ 80 ≥ 80 ≥ 180	14 16 4	Apparatebau, Flugzeugbau, Karosserieteile, Formenbau
	–	•	w	O, H111	>0,5 … 1,5 >1,5 … 3,0 >3,0 … 6,0	190 … 240 190 … 240 190 … 240	≥ 80 ≥ 80 ≥ 80	14 16 18	
Al Mg5 (5019)	•	–	p z z	F, H112 O, H111 H14	≤ 200 ≤ 80 ≤ 40	≥ 250 250 … 320 270 … 350	≥ 110 ≥ 110 ≥ 180	14 16 8	optische Geräte, Verpackungen
Al Mg3Mn (5454)	–	•	w	O, H111	>0,5 … 1,5 >1,5 … 3,0 >3,0 … 6,0	215 … 275 215 … 275 215 … 275	≥ 85 ≥ 85 ≥ 85	13 15 17	Behälterbau, auch Druckbehälter, Rohrleitungen, Tank- und Silofahrzeuge
	–	•	w	H12	>0,5 … 1,5 >1,5 … 3,0	250 … 305 250 … 305	≥ 190 ≥ 190	4 5	
Al Mg4,5Mn0,7 (5083)	•	–	p z z	F, H111 O, H111 H12	≤ 200 ≤ 80 ≤ 30	≥ 270 270 … 350 ≥ 280	≥ 110 ≥ 110 ≥ 200	12 16 6	Formen- und Vorrichtungsbau, Maschinengestelle

[1] Zur Vereinfachung sind alle Kurznamen und Werkstoffnummern ohne den Zusatz „EN AW-“ geschrieben.
[2] Lieferformen: S Rundstäbe; B Bleche, Bänder
[3] A Anlieferungszustand: p stranggepresst; z gezogen; w gewalzt
[4] Werkstoffzustand: vorherige Seite

W

Aluminium-Knetlegierungen

Aluminium-Knetlegierungen, aushärtbar (Auswahl) — vgl. DIN EN 485-2 (2016-10), DIN EN 754-2 (2013-12), 755-2 (2016-10)

Kurzname (Werkstoffnummer)[1]	Lieferformen[2] S	B	A[3]	Werkstoffzustand[4]	Dicke/Durchmesser mm	Zugfestigkeit R_m N/mm²	Dehngrenze $R_{p\,0,2}$ N/mm²	Bruchdehnung A %	Verwendung, Beispiele
Al Cu4PbMgMn (2007)	•	–	p z z	T4, T4510 T3 T3	≤ 80 ≤ 30 30 … 80	≥ 370 ≥ 370 ≥ 340	≥ 250 ≥ 240 ≥ 220	8 7 6	Automatenlegierungen, auch bei hohen Spanleistungen gut zerspanbar, z. B. für Drehteile, Frästeile
Al Cu4PbMg (2030)	•	–	p z z	T4, T4510 T3 T3	≤ 80 ≤ 30 30 … 80	≥ 370 ≥ 370 ≥ 340	≥ 250 ≥ 240 ≥ 220	8 7 6	
Al MgSiPb (6012)	•	–	p z z	T5, T6510 T3 T6	≤ 150 ≤ 80 ≤ 80	≥ 310 ≥ 200 ≥ 310	≥ 260 ≥ 100 ≥ 260	8 10 8	
Al Cu4SiMg (2014)	•	–	p z z	O, H111 T3 T4	≤ 200 ≤ 80 ≤ 80	≤ 250 ≥ 380 ≥ 380	≤ 135 ≥ 290 ≥ 220	12 8 12	Teile in der Hydraulik, der Pneumatik, im Fahrzeug- und Flugzeugbau, tragende Konstruktionen im Metallbau
	–	•	w	O	≥ 0,5 … 1,5 > 1,5 … 3,0 > 3,0 … 6,0	≤ 220 ≤ 220 ≤ 220	≤ 140 ≤ 140 ≤ 140	12 13 16	
Al Cu4Mg1 (2024)	•	–	p z z	O, H111 T3 T6	≤ 200 10 … 80 ≤ 80	≤ 250 ≥ 425 ≥ 425	≤ 150 ≥ 290 ≥ 315	12 9 5	Teile im Fahrzeug- und Flugzeugbau, tragende Konstruktionen im Metallbau
	–	•	w	O	≥ 0,5 … 1,5 > 1,5 … 3,0 > 3,0 … 6,0	≤ 220 ≤ 220 ≤ 220	≤ 140 ≤ 140 ≤ 140	12 13 13	
Al MgSi (6060)	•	–	p z z	T4 T4 T6	≤ 150 ≤ 80 ≤ 80	≥ 120 ≥ 130 ≥ 215	≥ 60 ≥ 65 ≥ 160	16 15 12	Fenster, Türen, Fahrzeugaufbauten, Maschinentische, optische Geräte
Al Si1MgMn (6082)	•	–	p z z	O, H111 T4 T6	≤ 200 ≤ 80 ≤ 80	≤ 160 ≥ 205 ≥ 310	≤ 110 ≥ 110 ≥ 255	14 14 10	Beschläge, Teile im Formen- und Vorrichtungsbau, Maschinentische, Geräte in der Nahrungsmittelindustrie
	–	•	w	O	≥ 0,5 … 1,5 > 1,5 … 3,0 > 3,0 … 6,0	≤ 150 ≤ 150 ≤ 150	≤ 85 ≤ 85 ≤ 85	14 16 18	
Al Zn4,5Mg1 (7020)	•	–	p z	T6 T6	≤ 50 ≤ 80	≥ 350 ≥ 350	≥ 290 ≥ 280	10 10	Teile im Fahrzeug- und Flugzeugbau, Maschinentische, Aufbauten von Schienenfahrzeugen
	–	•	w	O	≥ 0,5 … 1,5 > 1,5 … 3,0 > 3,0 … 6,0	≤ 220 ≤ 220 ≤ 220	≤ 140 ≤ 140 ≤ 140	12 13 15	
Al Zn5Mg3Cu (7022)	•	–	p z	T6, T6510 T6	≤ 80 ≤ 80	≥ 490 ≥ 460	≥ 420 ≥ 380	7 8	Teile in der Hydraulik, Pneumatik und im Flugzeugbau, Schrauben
	–	•	w	T6	≥ 3,0 … 12,5 > 12,5 … 25,0 > 25,0 … 50,0	≥ 450 ≥ 450 ≥ 450	≥ 370 ≥ 370 ≥ 370	8 8 7	
Al Zn5,5MgCu (7075)	•	–	p z z	O, H111 T6 T73	≤ 200 ≤ 80 ≤ 80	≤ 275 ≥ 540 ≥ 455	≤ 165 ≥ 485 ≥ 385	10 7 10	Teile im Fahrzeug-, Flugzeug-, Formen- und Vorrichtungsbau, Schrauben
	–	•	w	O	≥ 0,4 … 0,8 > 0,8 … 1,5 > 1,5 … 3,0	≤ 275 ≤ 275 ≤ 275	≤ 145 ≤ 145 ≤ 145	10 10 10	

[1] Zur Vereinfachung sind alle Kurznamen und Werkstoffnummern ohne den Zusatz „EN AW-" geschrieben.
[2] Lieferformen: S Rundstäbe; B Bleche, Bänder
[3] A Anlieferungszustand: p stranggepresst; z gezogen; w gewalzt
[4] Werkstoffzustand: Seite 174

Aluminium-Gusslegierungen

Bezeichnung von Aluminium-Gussstücken

vgl. DIN EN 1780-1...3 (2003-01), DIN EN 1706 (2013-12)

Aluminium-Gussstücke werden durch Kurznamen oder durch Werkstoffnummern bezeichnet.

Bezeichnungsbeispiele:

Kurzname
EN AC - Al Mg5KF

Werkstoffnummer
EN AC - 51300KF

EN Europäische Norm
AC Aluminium-Gussstück

K → Gießverfahren
F → Werkstoffzustand
(Tabelle unten)

K → Gießverfahren
F → Werkstoffzustand
(Tabelle unten)

Chemische Zusammensetzung	
Beispiel	Legierungsanteile
AlMg5 AlSi6Cu	5% Mg 6% Si, Anteile Cu
AlCu4MgTi	4% Cu, Anteile Mg und Ti

Legierungsgruppen			
Ziffern	Gruppe	Ziffern	Gruppe
21 41	AlCu AlSiMgTi	46 47	AlSi9Cu AlSi(Cu)
42 44	AlSi7Mg AlSi	51 71	AlMg AlZnMg

Sorten-Nummer
Innerhalb einer Legierungsgruppe erhält jede Sorte eine eigene Nummer.

Gießverfahren		**Werkstoffzustand**	
Buchstabe	Gießverfahren	Buchstabe	Bedeutung
S K D L	Sandguss Kokillenguss Druckguss Feinguss	F O	Gusszustand, ohne Nachbehandlung weich geglüht
		T1 T4	kontrolliertes Abkühlen nach dem Gießen, kalt ausgelagert lösungsgeglüht und kalt ausgelagert
		T5 T6	kontrolliertes Abkühlen nach dem Gießen, warm ausgelagert lösungsgeglüht und warm ausgelagert

Aluminium-Gusslegierungen (Auswahl)

vgl. DIN EN 1706 (2013-12)

Kurzname (Werkstoffnummer)[1]	V[2]	W[3]	Festigkeitswerte im Gusszustand (F): Härte HB	Zugfestigkeit R_m N/mm²	Dehngrenze $R_{p\,0,2}$ N/mm²	Bruchdehnung A %	Eigenschaften[4]: G	D	Z	Verwendung
AC-AlMg3 (AC-51100)	S K	F F	50 50	140 150	70 70	3 5	–	–	•	korrosionsbeständig, polierbar, für dekorative Zwecke anodisch oxidierbar; Beschlagteile, Haushaltsgeräte, Schiffbau, chemische Industrie
AC-AlMg5 (AC-51300)	S K	F F	55 60	160 180	90 100	3 4	–	–	•	
AC-AlMg5(Si) (AC-51400)	S K	F F	60 65	160 180	100 110	3 3	–	–	•	
AC-AlSi12(B) (AC-44100)	S K L	F F F	50 55 50	150 170 150	70 80 80	4 5 4	•	•	○	beständig gegen Witterungseinflüsse, für komplizierte, dünnwandige und druckdichte Teile; Pumpen- und Motorengehäuse, Zylinderköpfe, Teile im Flugzeugbau
AC-AlSi7Mg (AC-42000)	S K L	T6 T6 T6	75 90 75	220 260 240	180 220 190	1 1 1	○	•	○	
AC-AlSi12(Cu) (AC-47000)	S K	F F	50 55	150 170	80 90	1 2	•	•	–	
AC-AlCu4Ti (AC-21100)	S K	T6 T6	95 95	300 330	200 220	3 7	–	–	•	höchste Festigkeitswerte, schwingungs- und warmfest; einfache Gussstücke

1) Zur Vereinfachung sind alle Kurznamen und Werkstoffnummern ohne den Zusatz „EN" geschrieben, z.B. AC-AlMg3 statt EN AC-AlMg3 oder AC-51000 statt EN AC-51000.
2) V Gießverfahren (Tabelle oben) 3) W Werkstoffzustand (Tabelle oben)
4) G Gießbarkeit, D Druckdichtheit, Z Zerspanbarkeit; • sehr gut, ○ gut, – bedingt gut

W

Aluminium-Profile – Übersicht, Rundstangen, Vierkantstangen

Aluminium-Profile, Übersicht

Bild	Herstellung, Abmessungen	Norm	Bild	Herstellung, Abmessungen	Norm
Rundstangen			**Rundrohre**		
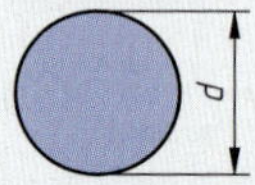	stranggepresst d = 3 … 100 mm	DIN EN 755-3	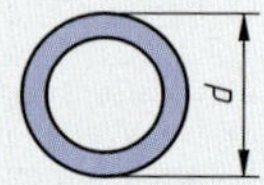	nahtlos gepresst d = 20 … 250 mm	DIN EN 755-7
	gezogen d = 8 … 320 mm	DIN EN 754-3		nahtlos gezogen d = 3 … 270 mm	DIN EN 754-7
Vierkantstangen			**Quadratrohre**		
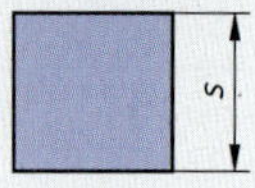	stranggepresst s = 10 … 220 mm	DIN EN 755-4	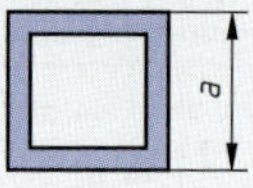	stranggepresst a = 15 … 100 mm	DIN EN 754-4
	gezogen s = 3 … 100 mm	DIN EN 754-4			
Rechteckstangen			**Rechteckrohre**		
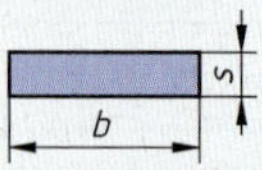	stranggepresst b = 10 … 600 mm s = 2 … 240 mm	DIN EN 755-4	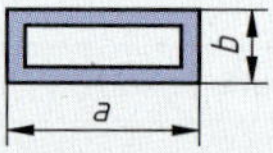	nahtlos gepresst a = 15 … 250 mm b = 10 … 100 mm	DIN EN 755-7
	gezogen b = 5 … 200 mm s = 2 … 60 mm	DIN EN 754-4		nahtlos gezogen a = 15 … 250 mm b = 10 … 100 mm	DIN EN 754-7
Bleche und Bänder			**L-Profile**		
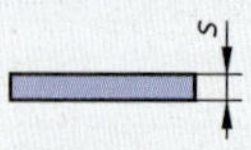	gewalzt s = 0,4 … 15 mm	DIN EN 485	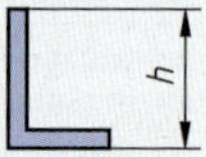	scharfkantig oder rundkantig h = 10 … 200 mm	DIN 1771[1]
U-Profile			**T-Profile**		
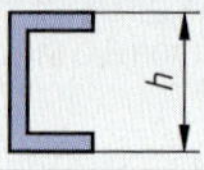	scharfkantig oder rundkantig h = 10 … 160 mm	DIN 9713[1]	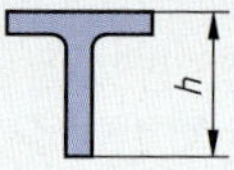	scharfkantig oder rundkantig h = 15 … 100 mm	DIN 9714[1]

[1] Die Normen wurden ersatzlos zurückgezogen.

Rundstangen, Vierkantstangen, gezogen

vgl. DIN EN 754-3, 754-4 (2008-06), DIN 1798[1], DIN 1796[1]

S Querschnittsfläche
m' längenbezogene Masse
W axiales Widerstandsmoment
I axiales Flächenträgheitsmoment

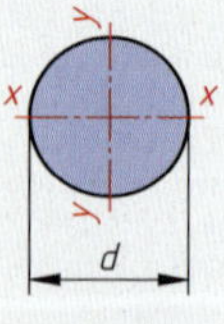

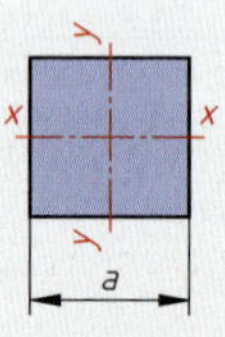

d, a mm	S cm² ○	S cm² □	m' kg/m ○	m' kg/m □	$W_x = W_y$ cm³ ○	$W_x = W_y$ cm³ □	$I_x = I_y$ cm⁴ ○	$I_x = I_y$ cm⁴ □
10	0,79	1,00	0,21	0,27	0,10	0,17	0,05	0,08
12	1,13	1,44	0,31	0,39	0,17	0,29	0,10	0,17
16	2,01	2,56	0,54	0,69	0,40	0,68	0,32	0,55
20	3,14	4,00	0,85	1,08	0,79	1,33	0,79	1,33
25	4,91	6,25	1,33	1,69	1,53	2,60	1,77	3,26
30	7,07	9,00	1,91	2,43	2,65	4,50	3,98	6,75
35	9,62	12,25	2,60	3,31	4,21	7,15	7,37	12,51
40	12,57	16,00	3,40	4,32	6,28	10,68	12,57	21,33
45	15,90	20,25	4,30	5,47	8,95	15,19	20,13	34,17
50	19,64	25,00	5,30	6,75	12,28	20,83	30,69	52,08
55	23,76	30,25	6,42	8,17	16,33	27,73	44,98	76,26
60	28,27	36,00	7,63	9,72	21,21	36,00	63,62	108,00
Werkstoffe	Aluminium-Knetlegierungen: Seiten 175 und 176							

[1] DIN 1796 und DIN 1798 wurden durch DIN EN 754-3 bzw. DIN EN 754-4 ersetzt. Die DIN EN-Normen enthalten keine Abmessungen. Der Fachhandel bietet jedoch Rund- und Vierkantstangen weiterhin nach DIN 1798 und DIN 1796 an.
○ Rundstangen; □ Vierkantstangen

W

Rechteckstangen aus Aluminium-Legierungen

Rechteckstangen, gezogen (Auswahl) vgl. DIN EN 754-5 (2008-06), Ersatz für DIN 1769[1)]

S Querschnittsfläche
m′ längenbezogene Masse
e Randabstände
W axiales Widerstandsmoment
I axiales Flächenträgheitsmoment

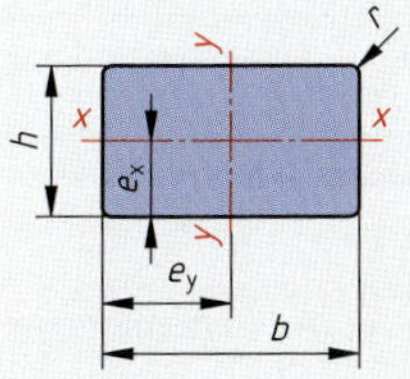

$b \times h$ mm	S cm²	m' kg/m	e_x cm	e_y cm	W_x cm³	I_x cm⁴	W_y cm³	I_y cm⁴
10 × 3	0,30	0,08	0,15	0,5	0,015	0,002	0,05	0,025
10 × 6	0,60	0,16	0,3	0,5	0,060	0,018	0,100	0,050
10 × 8	0,80	0,22	0,4	0,5	0,106	0,042	0,133	0,066
15 × 3	0,45	0,12	0,15	0,75	0,022	0,003	0,112	0,084
15 × 5	0,75	0,24	0,25	0,75	0,063	0,016	0,188	0,141
15 × 8	1,20	0,32	0,4	0,75	0,160	0,064	0,300	0,225
20 × 5	1,00	0,27	0,25	1,0	0,083	0,020	0,333	0,333
20 × 8	1,60	0,43	0,4	1,0	0,213	0,085	0,533	0,533
20 × 10	2,00	0,54	0,5	1,0	0,333	0,166	0,666	0,666
20 × 15	3,00	0,81	0,75	1,0	0,750	0,562	1,000	1,000
25 × 5	1,25	0,34	0,25	1,25	0,104	0,026	0,520	0,651
25 × 8	2,00	0,54	0,4	1,25	0,266	0,106	0,833	1,041
25 × 10	2,50	0,67	0,5	1,25	0,416	0,208	1,041	1,302
25 × 15	3,75	1,01	0,75	1,25	0,937	0,703	1,562	1,953
25 × 20	5,00	1,35	1,0	1,25	1,666	1,666	2,083	2,604
30 × 10	3,00	0,81	0,5	1,5	0,500	0,250	1,500	2,250
30 × 15	4,50	1,22	0,75	1,5	1,125	0,843	2,250	3,375
30 × 20	6,00	1,62	1,0	1,5	2,000	2,000	3,000	4,500
40 × 10	4,00	1,08	0,5	2,0	0,666	0,333	2,666	5,333
40 × 15	6,00	1,62	0,75	2,0	1,500	1,125	4,000	8,000
40 × 20	8,00	2,16	1,0	2,0	2,666	2,666	5,333	10,666
40 × 25	10,00	2,70	1,25	2,0	4,166	5,208	6,666	13,333
40 × 30	12,00	3,24	1,5	2,0	6,000	9,000	8,000	16,000
40 × 35	14,00	3,78	1,75	2,0	8,166	14,291	9,333	18,666
50 × 10	5,00	1,35	0,5	2,5	0,833	0,416	4,166	10,416
50 × 15	7,50	2,03	0,75	2,5	1,875	1,406	6,250	15,625
50 × 20	10,00	2,70	1,0	2,5	3,333	3,333	8,333	20,833
50 × 25	12,50	3,37	1,25	2,5	5,208	6,510	10,416	26,041
50 × 30	15,00	4,05	1,5	2,5	7,500	11,250	12,500	31,250
50 × 35	17,50	4,73	1,75	2,5	10,208	17,864	14,583	36,458
50 × 40	20,00	5,40	2,0	2,5	13,333	26,666	16,666	41,668
60 × 10	6,00	1,62	0,5	3,0	1,000	0,500	6,000	18,000
60 × 15	9,00	2,43	0,75	3,0	2,250	1,687	9,000	27,000
60 × 20	12,00	3,24	1,0	3,0	4,000	4,000	12,000	36,000
60 × 25	15,00	4,05	1,25	3,0	6,250	7,812	15,000	45,000
60 × 30	18,00	4,86	1,5	3,0	9,000	13,500	18,000	54,000
60 × 35	21,00	5,67	1,75	3,0	12,250	21,437	21,000	63,000
60 × 40	24,00	6,48	2,0	3,0	16,000	32,000	24,000	72,000
80 × 10	8,00	2,16	0,5	4,0	1,333	0,666	10,666	42,666
80 × 15	12,00	3,24	0,75	4,0	3,000	2,250	16,000	64,000
80 × 20	16,00	4,52	1,0	4,0	5,333	5,333	21,333	85,333
80 × 25	20,00	5,40	1,25	4,0	8,333	10,416	26,666	106,66
80 × 30	24,00	6,48	1,5	4,0	12,000	18,000	32,000	128,00
80 × 35	28,00	7,56	1,75	4,0	16,333	28,583	37,333	149,33
80 × 40	32,00	8,64	2,0	4,0	21,333	42,666	42,666	170,66
100 × 20	20,00	5,40	1,0	5,0	6,666	6,667	33,333	166,66
100 × 30	30,00	8,10	1,5	5,0	15,000	22,500	50,000	250,00
100 × 40	40,00	10,8	2,0	5,0	26,666	53,333	66,666	333,33
Werkst.	Aluminium-Knetlegierungen: Seiten 175 und 176							

Kantenradien *r*

h mm	r_{max} mm
≤ 10	0,6
> 10 … 30	1,0
> 30 … 60	2,0

1) DIN EN 754-5 enthält keine Abmessungen. Der Fachhandel bietet aber Rechteckstangen weiterhin in Abmessungen nach DIN 1769 an.

W

Rundrohre, U-Profile aus Aluminium-Legierungen

Rundrohre, nahtlos gezogen (Auswahl)

vgl. DIN EN 754-7 (2016-10), Ersatz für DIN 1795[1)]

d Außendurchmesser
s Wanddicke
S Querschnittsfläche
m′ längenbezogene Masse
W axiales Widerstandsmoment
I axiales Flächenträgheitsmoment

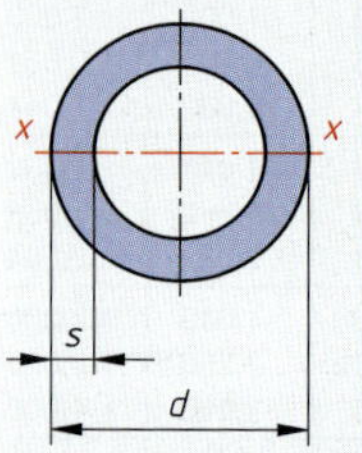

d × *s* mm	*S* cm²	*m′* kg/m	W_x cm³	I_x cm⁴	*d* × *s* mm	*S* cm²	*m′* kg/m	W_x cm³	I_x cm⁴
10 × 1	0,281	0,076	0,058	0,029	35 × 3	3,016	0,814	2,225	3,894
10 × 1,5	0,401	0,108	0,075	0,037	35 × 5	4,712	1,272	3,114	5,449
10 × 2	0,503	0,136	0,085	0,043	35 × 10	7,854	2,121	4,067	7,118
12 × 1	0,346	0,093	0,088	0,053	40 × 3	3,487	0,942	3,003	6,007
12 × 1,5	0,495	0,134	0,116	0,070	40 × 5	5,498	1,484	4,295	8,590
12 × 2	0,628	0,170	0,136	0,082	40 × 10	9,425	2,545	5,890	11,781
16 × 1	0,471	0,127	0,133	0,133	50 × 3	4,430	1,196	4,912	12,281
16 × 2	0,880	0,238	0,220	0,220	50 × 5	7,069	1,909	7,245	18,113
16 × 3	1,225	0,331	0,273	0,273	50 × 10	12,566	3,393	10,681	26,704
20 × 1,5	0,872	0,235	0,375	0,375	55 × 3	4,901	1,323	6,044	16,201
20 × 3	1,602	0,433	0,597	0,597	55 × 5	7,854	2,110	9,014	24,789
20 × 5	2,356	0,636	0,736	0,736	55 × 10	14,137	3,817	13,655	37,552
25 × 2	1,445	0,390	0,770	0,963	60 × 5	8,639	2,333	10,979	32,938
25 × 3	2,073	0,560	1,022	1,278	60 × 10	15,708	4,241	17,017	51,051
25 × 5	3,142	0,848	1,335	1,669	60 × 16	22,117	4,890	20,200	60,600
30 × 2	1,759	0,475	1,155	1,733	70 × 5	10,210	2,757	15,498	54,242
30 × 4	3,267	0,882	1,884	2,826	70 × 10	18,850	5,089	24,908	87,179
30 × 6	4,524	1,220	2,307	3,461	70 × 16	27,143	7,331	30,750	107,62
Werkstoffe	z. B. Aluminium-Legierungen, nicht aushärtbar: Seite 175 Aluminium-Legierungen, aushärtbar: Seite 176								

1) DIN EN 754-7 enthält keine Abmessungen. Der Fachhandel bietet aber Rundrohre weiterhin in Abmessungen nach DIN 1795 an.

W

U-Profile, gepresst (Auswahl)

vgl. DIN 9713 (1981-09)[1)]

b Breite
h Höhe
S Querschnittsfläche
m′ längenbezogene Masse
W axiales Widerstandsmoment
I axiales Flächenträgheitsmoment

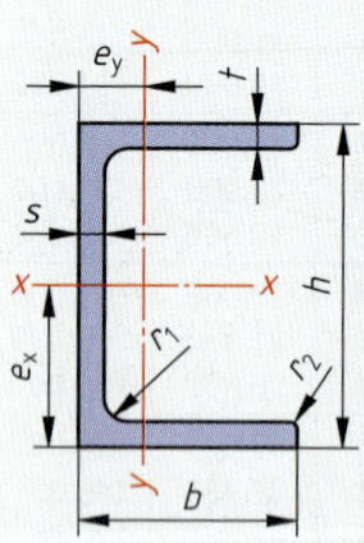

h × *b* × *s* × *t* mm	*S* cm²	*m′* kg/m	e_x cm	e_y cm	W_x cm³	I_x cm⁴	W_y cm³	I_y cm⁴
20 × 20 × 3 × 3	1,62	0,437	1,00	0,780	0,945	0,945	0,805	0,628
30 × 30 × 3 × 3	2,52	0,687	1,50	1,10	2,43	3,64	2,06	2,29
35 × 35 × 3 × 3	2,97	0,802	1,75	1,28	3,44	6,02	2,91	3,73
40 × 15 × 3 × 3	1,92	0,518	2,0	0,431	2,04	4,07	0,810	0,349
40 × 20 × 3 × 3	2,25	0,608	2,0	0,610	2,59	5,17	1,30	0,795
40 × 30 × 3 × 3	2,85	0,770	2,0	3,62	7,24	2,49	2,49	2,52
40 × 30 × 4 × 4	3,71	1,00	2,0	1,05	4,49	8,97	3,03	3,17
40 × 40 × 4 × 4	4,51	1,22	2,0	1,49	5,80	11,6	4,80	7,12
40 × 40 × 5 × 5	5,57	1,50	2,0	1,52	6,80	13,6	5,64	8,59
50 × 30 × 3 × 3	3,15	0,851	2,5	0,929	4,88	12,2	2,91	2,70
50 × 30 × 4 × 4	4,91	1,33	2,5	1,38	7,83	19,6	5,65	7,80
50 × 40 × 5 × 5	6,07	1,64	2,5	1,42	9,32	23,3	6,54	9,26
60 × 30 × 4 × 4	4,51	1,22	3,0	0,896	7,90	23,7	4,12	3,69
60 × 40 × 4 × 4	5,31	1,43	3,0	1,29	10,1	30,3	6,35	8,20
60 × 40 × 5 × 5	6,57	1,77	3,0	1,33	12,0	36,0	7,47	9,94
80 × 40 × 6 × 6	8,95	2,42	4,0	1,22	20,6	82,4	10,6	20,6
80 × 45 × 6 × 8	11,2	3,02	4,0	1,57	27,1	108	13,9	21,8
100 × 40 × 6 × 6	10,1	2,74	5,0	1,11	28,3	142	12,5	13,8
100 × 50 × 6 × 9	14,1	3,80	5,0	1,72	43,4	217	19,9	34,3
120 × 55 × 7 × 9	17,2	4,64	6,0	1,74	61,9	295	28,2	49,1
140 × 60 × 4 × 6	12,35	3,35	7,0	1,83	56,4	350	24,7	45,2
Werkstoffe	AlMgSi0,5; AlMgSi1; AlZn4,5Mg1							

Rundungen r_1 und r_2

t mm	r_1 mm	r_2 mm
3 u. 4	2,5	0,4
5 u. 6	4	0,6
8 u. 9	6	0,6

1) DIN 9713 wurde ersatzlos zurückgezogen. Der Fachhandel bietet aber U-Profile weiterhin nach dieser Norm an.

Magnesiumlegierungen, Titan, Titanlegierungen

Magnesium-Knetlegierungen (Auswahl) vgl. DIN 9715 (1982-08)

Kurzname	Werkstoffnummer	Lieferformen[1] S	R	G	W[2]	Stangendurchmesser mm	Zugfestigkeit R_m N/mm²	Streckgrenze $R_{p\,0,2}$ N/mm²	Bruchdehnung A %	Eigenschaften, Verwendung
MgMn2 MgAl3Zn	3.3520 3.5312	•	•	•	F20 F24	≤ 80 ≤ 80	200 240	145 155	15 10	korrosionsbeständig, schweißbar, kalt umformbar; Verkleidungen, Behälter
MgAl6Zn	3.5612	•	•	•	F27	≤ 80	270	195	10	höhere Festigkeit, bedingt schweißbar; Leichtbauwerkstoff im Fahrzeug-, Maschinen- und Flugzeugbau
MgAl8Zn	3.5812	•	•	•	F29 F31	≤ 80 ≤ 80	290 310	205 215	10 6	

[1] Lieferformen: S Stangen, z. B. Rundstangen; R Rohre; G Gesenkschmiedestücke

[2] W Werkstoffzustand F20 → $R_m = 10 \cdot 20 = 200$ N/mm²

Magnesium-Gusslegierungen (Auswahl) vgl. DIN EN 1753 (1997-08)

Kurzname[1]	Werkstoffnummer[1]	V[2]	Werkstoffzustand[3]	Härte HB	Zugfestigkeit R_m N/mm²	Streckgrenze $R_{p\,0,2}$ N/mm²	Bruchdehnung A %	Eigenschaften, Verwendung
MCMgAl8Zn1	MC21110	S	F T6	50 … 65 50 … 65	160 240	90 90	2 8	sehr gut gießbar, dynamisch belastbar, schweißbar; Getriebe- und Motorengehäuse
		K K D	F T4 F	50 … 65 50 … 65 60 … 85	160 160 200 … 250	90 90 140 … 160	2 8 ≤ 7	
MCMgAl9Zn1	MC21120	S	F T6	55 … 70 60 … 90	160 240	90 150	6 2	hohe Festigkeiten, gute Gleiteigenschaften, schweißbar; Fahr- und Flugzeugbau, Armaturen
		K K D	F T6 F	55 … 70 60 … 90 65 … 85	160 240 200 … 260	110 150 140 … 170	2 2 1 … 6	
MCMgAl6Mn MCMgAl7Mn MCMgAl4Si	MC21230 MC21240 MC21320	D D D	F F F	55 … 70 60 … 75 55 … 80	190 … 250 200 … 260 200 … 250	120 … 150 130 … 160 120 … 150	4 … 14 3 … 10 3 … 12	dauerfest, dynamisch belastbar, warmfest; Getriebe- und Motorengehäuse

[1] Zur Vereinfachung sind die Kurznamen und die Werkstoffnummern ohne den Zusatz „EN-“ geschrieben, z. B. MCMgAlBZn1 anstatt EN-MCMgAl8Zn1.

[2] V Gießverfahren: S Sandguss; K Kokillenguss; D Druckguss

[3] Werkstoffzustand siehe Bezeichnung von Aluminium-Gusslegierungen: Seite 177

Titan, Titanlegierungen (Auswahl) vgl. DIN 17860 (2010-01)

Kurzname	Werkstoffnummer	Lieferformen[1] B	S	R	Blechdicke s mm	Härte HB	Zugfestigkeit R_m N/mm²	Streckgrenze $R_{p\,0,2}$ N/mm²	Bruchdehnung A %	Eigenschaften, Verwendung
Ti1 Ti2 Ti3	3.7025 3.7035 3.7055	•	•	•	0,4 … 35	120 150 170	290 … 410 390 … 540 460 … 590	180 250 320	30 22 18	schweiß-, löt-, klebbar, spanend bearbeitbar, kalt und warm umformbar, dauerfest, korrosionsbeständig; Masse sparende Konstruktionen im Maschinenbau, der Elektrotechnik, der Feinmechanik, der Optik und der Medizintechnik, chemische Industrie, Lebensmittelindustrie, Flugzeugbau
Ti1Pd Ti2Pd	3.7225 3.7235	•	•	•	0,4 … 35	120 150	290 … 410 390 … 540	180 250	30 22	
TiAl6V6Sn2	3.7175	•	•	•	< 6 6 … 50	320 320	≥ 1070 ≥ 1000	1000 950	10 8	
TiAl6V4	3.7165	•	•	•	< 6 6 … 100	310 310	≥ 920 ≥ 900	870 830	8 8	
TiAl4Mo4Sn2	3.7185	•	•	•	6 … 65	350	≥ 1050	1050	9	

[1] Lieferformen: B Bleche und Bänder; S Stangen, z. B. Rundstangen; R Rohre

Übersicht über die Schwermetalle

Schwermetalle sind Nichteisenmetalle mit einer Dichte ϱ > 5 kg/dm³. Als Grenze zu den Leichtmetallen wird in der Fachliteratur aber auch $\varrho \geq 4{,}5$ kg/dm³ verwendet.

- Konstruktionswerkstoffe im Maschinen- und Anlagenbau: Kupfer, Zinn, Zink, Nickel, Blei und ihre Legierungen
- Legierungsmetalle: Chrom, Vanadium, Cobalt (Einfluss der Legierungsmetalle: Seite 134)
- Edelmetalle: Gold, Silber, Platin

Reinmetalle: Homogenes Gefüge; geringe Festigkeiten; untergeordnete Bedeutung als Konstruktionswerkstoffe; Anwendung meist aufgrund werkstofftypischer Eigenschaften, wie z. B. guter elektrischer Leitfähigkeit.

Schwermetall-Legierungen: Verbesserte Eigenschaften gegenüber ihren Grundmetallen, wie z. B. höhere Festigkeit, höhere Härte, bessere Zerspanbarkeit und Korrosionsbeständigkeit; Konstruktionswerkstoffe für unterschiedlichste Einsatzbereiche. Nach der Herstellung werden sie in **Knetlegierungen und Gusslegierungen** eingeteilt.

Übersicht über gängige Schwermetalle und Schwermetall-Legierungen

Metall, Legierungsgruppe	Haupteigenschaften	Anwendungsbeispiele
Kupfer (Cu)	hohe elektrische Leitfähigkeit und Wärmeleitfähigkeit, hemmt Bakterien, Viren und Pilze, korrosionsbeständig, optisch ansprechend, gut recycelbar	Rohre in Heizungs- und Sanitärtechnik, Kühl- und Heizschlangen, elektrische Leitungen, elektrotechnische Bauteile, Kochgeschirr, Fassadenverkleidungen
CuZn (Messing)	verschleißfest, korrosionsbeständig, gut warm und kalt umformbar, gut zerspanbar, polierbar, goldglänzend, mittlere Festigkeiten	• Knetlegierungen: Tiefziehteile, Schrauben, Federn, Rohre, Instrumententeile • Gusslegierungen: Armaturengehäuse, Gleitlager, Feinmechanikteile
CuZnPb	sehr gut zerspanbar, bedingt kalt umformbar, sehr gut warm umformbar	Automatendrehteile, Feinmechanikteile, Fittings, Warmpressteile
CuZn-Mehrstoff	gut warm umformbar, hohe Festigkeiten, verschleißbeständig, witterungsbeständig	Armaturengehäuse, Gleitlager, Flansche, Ventilteile, Wassergehäuse
CuSn (Bronze)	sehr korrosionsbeständig, gute Gleiteigenschaften, gute Verschleißfestigkeit, Festigkeit durch Kaltumformen stark veränderbar	• Knetlegierungen: Beschläge, Schrauben, Federn, Metallschläuche • Gusslegierungen: Spindelmuttern, Schneckenräder, Massivgleitlager
CuAl	hohe Festigkeit und Zähigkeit, sehr korrosionsbeständig, meerwasserbeständig, warmfest, hohe Kavitationsbeständigkeit	• Knetlegierungen: hoch belastete Druckmuttern, Schalträder • Gusslegierungen: Armaturen in chemischer Industrie, Pumpenkörper, Propeller
CuNi(Zn)	äußerst korrosionsbeständig, silberartiges Aussehen, gut zerspanbar, polierbar, kalt umformbar	Münzen, elektrische Widerstände, Wärmetauscher, Pumpen, Ventile in Meerwasserkühlsystemen, Schiffsbau
Zink (Zn)	beständig gegen atmosphärische Korrosion	Korrosionsschutz von Stahlteilen
ZnTi	gut umformbar, durch Weichlöten fügbar	Dachverkleidungen, Regenrinnen, Fallrohre
ZnAlCu	sehr gut gießbar	dünnwandige, feingliedrige Druckgussteile
Zinn (Sn)	gute chemische Beständigkeit, ungiftig	Beschichtung von Stahlblechen
SnPb	dünnflüssig	Weichlote
SnSb	gute Notlaufeigenschaften	kleine, maßgenaue Druckgussteile, Gleitlager mit mittlerer Belastung
Nickel (Ni)	korrosionsbeständig, warmfest	Korrosionsschutzschicht auf Stahlteilen
NiCu	äußerst korrosionsbeständig und warmfest	Apparate, Kondensatoren, Wärmetauscher
NiCr	äußerst korrosionsbeständig, sehr warmfest und zunderbeständig, z. T. aushärtbar	chemische Anlagen, Heizrohre, Kesseleinbauten in Kraftwerken, Gasturbinen
Blei (Pb)	schirmt gegen Röntgen- und Gammastrahlen ab, korrosionsbeständig, giftig	Abschirmungen, Kabelummantelungen, Rohre für chemischen Apparatebau
PbSn	dünnflüssig, weich, gute Notlaufeigenschaften	Weichlote, Gleitschichten
PbSbSn	dünnflüssig, korrosionsbeständig, gute Lauf- und Gleiteigenschaften	Gleitlager, kleine, maßgenaue Druckgussteile wie Pendel, Teile für Messgeräte, Zähler

Bezeichnung von Schwermetallen

Systematische Bezeichnung (Auszug)

vgl. DIN 1700 (1954-07)[1]

Beispiel: **NiCu30Fe F45**
GD - Sn80Sb

Herstellung, Verwendung	
E	Elektrowerkstoff
G	Sandguss
GC	Strangguss
GD	Druckguss
GK	Kokillenguss
GZ	Schleuderguss
L	Lot
S	Schweißzusatzlegierung

Chemische Zusammensetzung

Beispiel	Bemerkung
NiCu30Fe	Ni-Cu-Legierung, 30 % Cu, Anteile Eisen
Sn80Sb	Sn-Sb-Legierung, 80 % Sn, ca. 20 % Sb

Besondere Eigenschaften	
F45	Mindestzugfestigkeit $R_m = 10 \cdot 45$ N/mm² = 450 N/mm²
a	ausgehärtet
g	geglüht
h	hart
ka	kalt ausgehärtet
ku	kalt umgeformt
ta	teilausgehärtet
wa	warm ausgehärtet
wu	warm umgeformt
zh	ziehhart

[1] Die Norm wurde zurückgezogen. In Einzelnormen werden die Werkstoff-Kurzzeichen jedoch noch verwendet.

Systematische Bezeichnung von Kupferlegierungen

vgl. DIN EN 1982 (2008-08) und 1173 (2008-08)

Beispiele: **CuZn31Si - R620**
CuZn38Pb2
CuSn11Pb2 - C - GS

Chemische Zusammensetzung

Beispiel	Bedeutung
CuZn31Si	Cu-Legierung, 31 % Zn, Anteile Si
CuZn38Pb2	Cu-Legierung, 38 % Zn, 2 % Pb
CuSn11Pb2	Cu-Legierung, 11 % Sn, 2 % Pb

Gießverfahren

GS	Sandguss	GM	Kokillenguss
GZ	Schleuderguss	GC	Strangguss
GP	Druckguss		

Erzeugnisformen

C	Werkstoff in Form von Gussstücken
B	Werkstoff in Blockmetallform
	Knetlegierung (ohne Kennbuchstabe)

Werkstoffzustand (Auswahl)

Beispiel	Bedeutung	Beispiel	Bedeutung
A007	Bruchdehnung $A = 7$ %	Y450	Dehngrenze $R_p = 450$ N/mm²
D	gezogen, ohne Festlegung mechanischer Eigenschaften	M	Herstellzustand, ohne Festlegung mechanischer Eigenschaften
H160	Vickershärte $HV_{min} = 160$	R620	Mindestzugfestigkeit $R_m = 620$ N/mm²

Werkstoffnummern für Kupfer und Kupferlegierungen

vgl. DIN EN 1412 (2017-01)

Beispiel: **C W 024 A**

- C: C Kupferwerkstoff
- W: C Gusswerkstoff; B Werkstoff in Blockform; W Knetwerkstoff
- 024: Zahl aus Zahlenbereich ohne bestimmte Bedeutung (Zählnummer)
- A: Kennbuchstabe für die Werkstoffgruppe

Zahlenbereich und Kennbuchstabe für Werkstoffgruppen

Werkstoffgruppe	Bereich	Buchstabe	Werkstoffgruppe	Bereich	Buchstabe
Kupfer	000 … 099	A oder B	Kupfer-Nickel-Legierungen	350 … 399	H
Kupferlegierungen, Anteil der Legierungselemente < 5 %	100 … 199	C oder D	Kupfer-Nickel-Zink-Legierungen Kupfer-Zinn-Legierungen	400 … 449 450 … 499	J K
Kupferlegierungen, Anteil der Legierungselemente ≥ 5 %	200 … 299	E oder F	Kupfer-Zink-Zweistoff-Leg. Kupfer-Zink-Blei-Legierungen	500 … 599 600 … 699	L oder M N oder P
Kupfer-Aluminium-Leg.	300 … 349	G	Kupfer-Zink-Mehrstoff-Leg.	700 … 799	R oder S

Werkstoffnummern für Gussstücke aus Zinklegierungen

vgl. DIN EN 12844 (1999-01)

Beispiel: **Z P 04 1 0**

- Z: Z Zinklegierung
- P: P Gussstück
- 04: Al-Gehalt, 04 ≙ 4 % Aluminium
- 1: Cu-Gehalt, 1 ≙ 1 % Kupfer
- 0: Gehalt des nächsthöheren Legierungselementes; 0 = nächsthöheres Legierungselement < 1 %

Kupferlegierungen

Kupfer-Knetlegierungen (Auswahl)

Bezeichnung, Kurzname (Werkstoff-nummer[1])	Z[2]	Stangen D[3] mm	Härte HB	Zug-festigkeit R_m N/mm²	Dehn-grenze $R_{p0,2}$ N/mm²	Bruch-dehnung A %	Eigenschaften, Anwendungsbeispiele
Kupfer-Zink-Legierungen							vgl. DIN EN 12163 (2016-11)
CuZn30 (CW505L)	R280	4 … 80	–	280	≤ 250	45	sehr gut kalt umformbar, warm umformbar, zerspanbar, sehr gut lötbar, sehr gut polierbar; Tiefziehteile, Instrumententeile, Hülsen
	R460	4 … 10[4]	–	460	310	9	
	H070	4 … 80	70 … 115	–	–	–	
	H135	4 … 10[4]	≥ 135	–	–	–	
CuZn37 (CW508L)	R290	4 … 80	–	290	≤ 230	45	sehr gut kalt umformbar, gut warm umformbar, zerspanbar, sehr gut polierbar; Tiefziehteile, Schrauben, Federn, Druckwalzen
	R460	4 … 8[4]	–	460	330	8	
	H070	4 … 80	70 … 110	–	–	–	
	H140	4 … 8[4]	≥ 140	–	–	–	
CuZn40 (CW509L)	R360	6 … 80[4]	–	360	≤ 300	20	sehr gut warm umformbar, zerspanbar; Niete, Schrauben, Beschläge
	H070	6 … 80[4]	70 … 100	–	–	–	
Kupfer-Zink-Legierungen (Mehrstofflegierungen)							vgl. DIN EN 12163 (2016-11), DIN EN 12164 (2016-11)
CuZn21Si3P (CW724R)	R500	6 … 80	–	500	≤ 450	15	sehr gut zerspanbar, bleifrei, hoch belastbar, sehr korrosionsbeständig; Drehteile, Gesenkschmiedeteile, Trinkwasseranwendungen
	R670	2 … 20	–	670	400	10	
	H130	6 … 80	130 … 180	–	–	–	
	H170	2 … 20	≥ 170	–	–	–	
CuZn31Si1 (CW708R)	R460	5 … 40	–	460	240	22	gut kalt umformbar, warm umformbar, zerspanbar, gute Gleiteigenschaften; Gleitelemente, Lagerbuchsen, Führungen
	R530	5 … 14	–	530	350	12	
	H120	5 … 40	120 … 160	–	–	–	
	H140	5 … 14	≥ 140	–	–	–	
CuZn40Mn1Pb1 (CW720R)	R440	40 … 80[4]	–	440	180	20	gut warm umformbar, gut zerspanbar, mittlere Festigkeit; Automatenteile, Ventile, Wälzlagerkäfige
	R500	5 … 40	–	500	270	12	
	H100	40 … 80[4]	100 … 140	–	–	–	
	H130	5 … 40	≥ 130	–	–	–	
Kupfer-Zink-Blei-Legierungen							vgl. DIN EN 12164 (2016-11)
CuZn36Pb3 (CW603N)	R340	10 … 80	–	340	≤ 280	20	sehr gut zerspanbar, begrenzt kalt umformbar; Automatendrehteile
	R480	2 … 14[4]	–	480	350	8	
CuZn38Pb2 (CW608N)	R360	6 … 80[4]	–	360	≤ 300	20	sehr gut zerspanbar, gut kalt und warm umformbar; Automatenteile
	R500	2 … 14[4]	–	500	350	8	
CuZn40Pb2 (CW617N)	R360	6 … 80[4]	–	360	≤ 350	20	sehr gut zerspanbar, gut warm umformbar; Platinen, Zahnräder
	R500	2 … 14[4]	–	500	350	5	
Kupfer-Zinn-Legierungen							vgl. DIN EN 12163 (2016-11), DIN EN 12164 (2016-11)
CuSn5Pb1 (CW458K)	R450	2 … 12[4]	–	450	350	10	hohe Festigkeit und Härte; gut kalt umformbar, korrosionsbeständig; Bauteile in Einspritzsystemen, Schrauben, Zahnräder, Spindeln
	R720	2 … 4[4]	–	720	620	–	
	H115	2 … 12[4]	115 … 150	–	–	–	
	H180	2 … 4[4]	180 … 210	–	–	–	
CuSn6 (CW452K)	R340	2 … 60	–	340	≤ 270	45	gute Festigkeit, kalt umformbar, sehr korrosionsbeständig, gut lötbar; Federn, Metallschläuche, gewellte Rohre, Pumpenteile
	R420	2 … 40	–	420	220	30	
	H080	2 … 60	80 … 110	–	–	–	
	H120	2 … 40	120 … 155	–	–	–	
CuSn8P (CW459K)	R390	2 … 60	–	390	≤ 280	45	sehr korrosionsbeständig, sehr gute Gleiteigenschaften, hohe Festigkeit, verschleißfest, dauerschwingfest; hoch belastete Gleitlager
	R550	2 … 12	–	550	400	15	
	H085	2 … 60	85 … 125	–	–	–	
	H160	2 … 12	160 … 190	–	–	–	

[1] Werkstoffnummern nach DIN EN 1412: Seite 183.

[2] Z Werkstoffzustand nach DIN EN 1173: Seite 183. Im Herstellzustand M sind alle Legierungen bis zum Durchmesser *D* = 80 mm lieferbar.

[3] *D* Durchmesser bei Rundstangen, Schlüsselweite bei Vier-, Sechs- und Achtkantstangen.

[4] *D* nur Durchmesser; Bereich der genormten Schlüsselweiten weicht vom genormten Durchmesserbereich ab.

Kupferknet-, Kupferguss- und Feinzink-Legierungen

Bezeichnung, Kurzname (Werkstoffnummer[1])	Z[2]	Stangen D[3] mm	Härte HB	Zugfestigkeit R_m N/mm²	Dehngrenze $R_{p0,2}$ N/mm²	Bruchdehnung A %	Eigenschaften, Anwendungsbeispiele
Kupfer-Aluminium-Legierungen							vgl. DIN EN 12163 (2016-11)
CuAl10Ni5Fe4 (CW307G)	R680	10 … 120	–	680	320	10	korrosionsbeständig, verschleißfest, zunderbeständig, dauer-, warmfest; Kondensatorböden, Steuerteile für Hydraulik
	R740	10 … 80	–	740	400	8	
	H170	10 … 120	170 … 210	–	–	–	
	H200	10 … 80	≥ 200	–	–	–	
CuAl11Fe6Ni6 (CW308G)	R740	10 … 120	–	740	420	5	korrosionsbeständig, verschleißfest, hohe Festigkeit, dauer-, warmfest, gute Gleiteigenschaften; Schrauben, Schneckenräder, Gleitsteine
	R830	10 … 80	–	830	550	–	
	H220	10 … 120	220 … 260	–	–	–	
	H240	10 … 80	≥ 240	–	–	–	
Kupfer-Nickel-Zink-Legierungen							vgl. DIN EN 12163 (2016-11)
CuNi12Zn24 (CW403J)	R380	2 … 50	–	380	≤ 290	38	sehr gut umformbar, zerspanbar, gut polierbar; Tiefziehteile, Bestecke, Kunstgewerbe, Kontaktfedern
	R640	2 … 4	–	640	500	–	
	H085	2 … 50	85 … 125	–	–	–	
	H190	2 … 4	≥ 190	–	–	–	
CuNi18Zn20 (CW409J)	R400	2 … 50	–	400	290	35	gut kalt umformbar, zerspanbar, anlaufbeständig, gut polierbar; Membranen, Kontaktfedern, Steckverbinder, Abschirmbleche
	R660	2 … 4	–	660	550	–	
	H095	2 … 50	95 … 135	–	–	–	
	H200	2 … 4	≥ 200	–	–	–	

1) Werkstoffnummern nach DIN EN 1412: Seite 183. 2) Z Werkstoffzustand nach DIN EN 1173: Seite 183.
Im Herstellerzustand M sind alle Legierungen bis zum Durchmesser $D = 80$ mm lieferbar.
3) D Durchmesser bei Rundstangen, Schlüsselweite bei Vier-, Sechs- und Achtkantstangen.

Kupfer-Gusslegierungen

vgl. DIN EN 1982 (2008-08)

Bezeichnung, Kurzname (Werkstoffnummer[1])	Zugfestigkeit R_m N/mm²	Dehngrenze $R_{p0,2}$ N/mm²	Bruchdehnung A %	Härte HBW	Eigenschaften, Verwendung
CuZn15As-C (CC760S)	160	70	20	45	sehr gut weich- und hartlötbar, meerwasserbeständig; Flansche
CuZn33Pb2-C (CC750S)	180	70	12	45	gut zerspanbar, beständig gegen Brauchwasser bis 90 °C; Armaturen
CuZn25Al5Mn4Fe-C (CC762S)	750	450	8	180	sehr hohe Festigkeit und Härte, gut zerspanbar; Gleitlager
CuSn12-C (CC483K)	260	140	7	80	hohe Verschleißfestigkeit; Spindelmuttern, Schneckenräder
CuSn11Pb2-C (CC482K)	240	130	5	80	verschleißfest, gute Notlaufeigenschaften; Gleitlager
CuSn5Zn5Pb5-C (CC491K)	200	90	13	60	meerwasserbeständig, weich- und hartlötbar; Armaturen, Gehäuse
CuAl10Fe2-C (CC331G)	500	180	18	100	mechanisch beanspruchte Teile; Hebel, Gehäuse, Kegelräder
CuAl10Fe5Ni5-C (CC333G)	600	250	13	140	auf Festigkeit und Korrosion beanspruchte Teile; Pumpen

1) Werkstoffnummern nach DIN EN 1412: Seite 183. Weitere Cu-Gusslegierungen für Gleitlager: Seite 264.
Die Festigkeitswerte gelten für getrennt gegossene Sandgussprobestäbe.

Feinzink-Gusslegierungen

vgl. DIN EN 12844 (1999-01)

Bezeichnung	Zugfestigkeit R_m N/mm²	Dehngrenze $R_{p0,2}$ N/mm²	Bruchdehnung A %	Härte HBW	Eigenschaften, Verwendung
ZP3 (ZP0400)	280	200	10	83	sehr gut gießbar; Vorzugslegierungen für Druckgussstücke
ZP5 (ZP0410)	330	250	5	92	
ZP2 (ZP0430)	335	270	5	102	gut gießbar; sehr gut zerspanbar, universell einsetzbar;
ZP8 (ZP0810)	370	220	8	100	
ZP12 (ZP1110)	400	300	5	100	Spritzgieß-, Blas- und Tiefziehformen für Kunststoffe, Blechformwerkzeuge
ZP27 (ZP2720)	425	300	2,5	120	

Verbundwerkstoffe, keramische Werkstoffe

Verbundwerkstoffe

Verbund-werkstoff	Grund-werk-stoff[1]	Faser-anteil %	Dichte ϱ g/cm³	Zug-festig-keit σ_B N/mm²	Reiß-dehnung ϵ_R %	Elastizi-täts-modul E N/mm²	Ge-brauchs-tempe-ratur bis °C	Anwendungsbeispiele
GFK (glasfaser-verstärkter Kunststoff)	EP	60	–	365	3,5	–	–	Wellen, Gelenke, Pleuel, Bootskörper, Rotorblätter
	UP	35	1,5	130	3,5	10 800	50	Behälter, Tanks, Rohre, Lichtkuppeln, Karosserieteile
	PA 66	35	1,4	160[2]	5[3]	5 000	190	großflächige, steife Gehäuseteile, Kraftstromstecker
	PC	30	1,42	90[2]	3,5[3]	6 000	145	Gehäuse für Drucker, Rechner, Fernsehgeräte
	PPS	30	1,56	140	3,5	11 200	260	Lampenfassungen und Spulen in der Elektrotechnik
	PAI	30	1,56	205	7	11 700	280	Lager, Ventilsitzringe, Dichtungen, Kolbenringe
	PEEK	30	1,44	155	2,2	10 300	315	Leichtbauwerkstoff in der Luft- und Raumfahrt, Metallersatz
CFK (kohlen-stofffaser-verstärkter Kunststoff)	PPS	30	1,45	190	2,5	17 150	260	wie GFK-PPS
	PAI	30	1,42	205	6	11 700	180	wie GFK-PAI
	PEEK	30	1,44	210	1,3	13 000	315	wie GFK-PEEK

[1] EP Epoxid; UP ungesättigter Polyester; PA 66 Polyamid 66, teilkristallin; PC Polycarbonat; PPS Polyphenylensulfid; PAI Polyamidimid; PEEK Polyetheretherketon

[2] σ_y Streckspannung

[3] ε_S Dehnung bei Streckspannung

W

Keramische Werkstoffe

Werkstoff Bezeich-nung	Kurz-name	Dichte ϱ g/cm³	Biege-festig-keit σ_b N/mm²	Elastizi-täts-modul E N/mm²	Längenaus-dehnungs-koeffizient α 1/K	Eigenschaften, Anwendungsbeispiele
Alu-minium-silikat	C130	2,5	160	100 000	0,000 005	hart, verschleißfest, chemisch und thermisch beständig, hoher Isolationswiderstand; Isolatoren, Katalysatoren, feuerfeste Gehäuse
Alu-minium-oxid	C799	3,7	300	300 000	0,000 007	hart, verschleißfest, chemisch und thermisch beständig; Schneidkeramik, Ziehsteine, Biomedizin
Zirkonium-dioxid	ZrO_2	5,5	800	210 000	0,000 010	bruchunempfindlich, hochfest, thermisch und chemisch beständig, verschleißfest; Ziehringe, Strangpressmatrizen
Silicium-karbid	SiC	3,1	600	440 000	0,000 005	hart, verschleißfest, temperaturwechselbeständig, korrosionsbeständig auch bei hohen Temperaturen; Schleifmittel, Ventile, Lager, Brennkammern
Silicium-nitrid	Si_3N_4	3,2	900	330 000	0,000 004	bruchunempfindlich, temperaturwechselbeständig, hochfest; Schneidkeramik, Leit- und Laufschaufeln für Gasturbinen
Alu-minium-nitrid	AlN	3,0	200	300 000	0,000 005	hohe Wärmeleitfähigkeit, hohes elektrisches Isolationsvermögen; Halbleiter, Gehäuse, Kühlkörper, Isolierteile

Sintermetalle

Bezeichnungssystem der Sintermetalle

vgl. DIN 30910-1 (1990-10)

Bezeichnungsbeispiel: **Sint - A 1 0 sinterglatt**

- Sint: Sintermetall
- A: Kennbuchstabe für Werkstoffklasse
- 1: 1. Kennziffer für chemische Zusammensetzung
- 0: 2. Kennziffer für weitere Unterscheidung ohne Systematik
- sinterglatt: Behandlungszustand

Kennbuchstabe für Werkstoffklasse

Kennbuchstabe	Raumerfüllung R_x in %	Einsatzgebiet
AF	< 73	Filter
A	75 ± 2,5	Gleitlager
B	80 ± 2,5	Gleitlager Formteile mit Gleiteigenschaften
C	85 ± 2,5	Gleitlager, Formteile
D	90 ± 2,5	Formteile
E	94 ± 1,5	Formteile
F	> 95,5	sintergeschmiedete Formteile

1. Kennziffer für chemische Zusammensetzung

Kennziffer	Chemische Zusammensetzung Massenanteil in %
0	**Sintereisen, Sinterstahl,** Cu < 1% mit oder ohne C
1	**Sinterstahl,** 1% bis 5% Cu, mit oder ohne C
2	**Sinterstahl,** Cu > 5%, mit oder ohne C
3	**Sinterstahl,** mit oder ohne Cu bzw. C, andere Legierungselemente < 6%, z. B. Ni
4	**Sinterstahl,** mit oder ohne Cu bzw. C, andere Legierungselemente > 6%, z. B. Ni, Cr
5	**Sinterlegierungen,** Cu > 60%, z. B. Sinter-CuSn
6	**Sinterbuntmetalle,** außerhalb Kennziffer 5
7	**Sinterleichtmetalle,** z. B. Sinteraluminium
8 u. 9	**Reserveziffern**

Behandlungszustand

Behandlungszustand des Werkstoffes		Behandlungszustand der Oberfläche	
• gesintert	• dampfbehandelt	• sinterglatt	• mechanisch bearbeitet
• kalibriert	• sintergeschmiedet	• kalibrierglatt	• oberflächenbehandelt
• wärmebehandelt	• isostatisch gepresst	• sinterschmiedeglatt	

W

Sintermetalle (Auswahl)

vgl. DIN 30910-2, -6 (1990-10), DIN 30910-3 (2004-11), DIN 30910-4 (2010-03)

Kurzname	Härte HB_{min}	Zugfestigkeit R_m N/mm²	chemische Zusammensetzung	Eigenschaften, Anwendungsbeispiele
Sint-AF 40	–	80 ... 200	Sinterstahl, Cr 16 ...19%, Ni 10 ...14%	Filterteile für Gas- und Flüssigkeitsfilter
Sint-AF 50	–	40 ...160	Sinterbronze, Sn 9 ...11 %, Rest Cu	
Sint-A 00	> 25	> 60	Sintereisen, C < 0,3%, Cu < 1%	Lagerwerkstoffe mit besonders großem Porenraum für beste Notlaufeigenschaften; Lagerschalen, Lagerbuchsen
Sint-A 20	> 30	> 80	Sinterstahl, C < 0,3%, Cu > 15 ... 25%	
Sint-A 50	> 25	> 70	Sinterbronze, C < 0,2%, Sn 9 ...1%, Rest Cu	
Sint-A 51	> 20	> 60	Sinterbronze, C 0,2 ... 2%, Sn 9 ...11%, Rest Cu	
Sint-B 00	> 30	> 80	Sintereisen, C < 0,3%, Cu < 1%	Gleitlager mit sehr guten Notlaufeigenschaften; niedrig beanspruchte Formteile
Sint-B 10	> 40	> 150	Sinterstahl, C < 0,3%, Cu 1 ... 5%	
Sint-B 50	> 30	> 90	Sinterbronze, C < 0,2%, Sn 9 ...11%, Rest Cu	
Sint-C 00	> 40	> 120	Sintereisen, C < 0,3%, Cu < 1%	Gleitlager, Formteile mittlerer Beanspruchung mit guten Gleiteigenschaften; Kfz-Teile, Hebel, Kupplungsteile
Sint-C 10	> 55	> 200	Sinterstahl, C < 0,3%, Cu > 1...1,5%	
Sint-C 40	> 100	> 300	Sinterstahl, Cr 16 ...19%, Ni 10 ...14%, Mo 2%	
Sint-C 50	> 35	> 140	Sinterbronze, C < 0,2%, Sn 9 ...11%, Rest Cu	
Sint-D 00	> 50	> 170	Sintereisen, C < 0,3%, Cu < 1%	Formteile für höhere Beanspruchung; verschleißfeste Pumpenteile, Zahnräder, z. T. korrosionsbeständig
Sint-D 10	> 60	> 250	Sinterstahl, C < 0,3%, Cu 1 ... 5%	
Sint-D 30	> 80	> 460	Sinterstahl, C < 0,3 %, Cu 1 ... 5%, Ni 1 ... 5%	
Sint-D 40	> 130	> 400	Sinterstahl, Cr 16 ...19%, Ni 10 ...14%, Mo 2%	
Sint-E 00	> 60	> 240	Sintereisen, C < 0,3%, Cu < 1%	Formteile der Feinmechanik, für Haushaltsgeräte, für Elektroindustrie
Sint-E 10	> 100	> 340	Sinterstahl, C < 0,3%, Cu 1 ... 5%	
Sint-E 73	> 55	> 200	Sinteraluminium, Cu 4 ... 6%	
Sint-F 00	> 140	> 600	Sinterschmiedestahl, C- und Mn-haltig	Dichtringe, Flansche für Schalldämpfersysteme
Sint-F 31	> 180	> 770	Sinterschmiedestahl, C-, Ni-, Mn-, Mo-haltig	

Übersicht über die Kunststoffe

Allgemeine Eigenschaften	**Vorteile:** • geringe Dichte • elektrisch isolierend • wärme- und schalldämmend • dekorative Oberfläche • kostengünstige Formgebung • witterungs- und chemikalienbeständig	**Nachteile:** • im Vergleich zu Metallen geringere Festigkeit und Wärmebeständigkeit • zum Teil brennbar • zum Teil unbeständig gegen Lösungsmittel • nur begrenzt wieder verwertbar	
Einteilung	**Thermoplaste**	**Duroplaste**	**Elastomere**
Bearbeitung	warm umformbar schweißbar im Allgemeinen klebbar zerspanbar	nicht umformbar nicht schweißbar klebbar zerspanbar	nicht umformbar nicht schweißbar klebbar zerspanbar bei tiefen Temperaturen
Verarbeitung	Spritzgießen Spritzblasen Extrudieren	Pressen Spritzpressen Spritzgießen, Gießen	Pressen Spritzgießen Extrudieren
Recycling	gut recycelbar	nicht recycelbar, evtl. als Füllstoff verwertbar	nicht recycelbar

Struktur	**Temperaturverhalten**

amorphe Thermoplaste

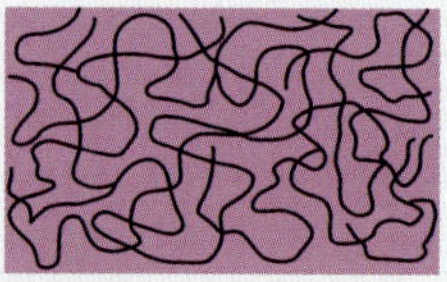

Makromoleküle ohne Vernetzung

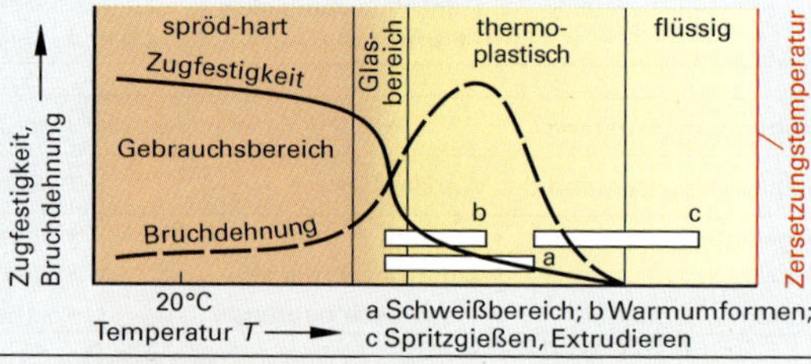

teilkristalline Thermoplaste

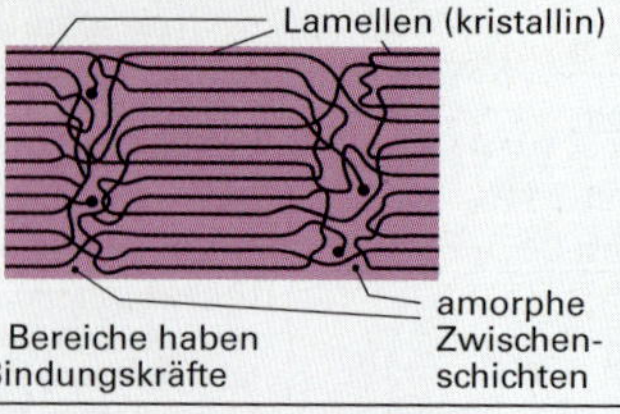

kristalline Bereiche haben größere Bindungskräfte

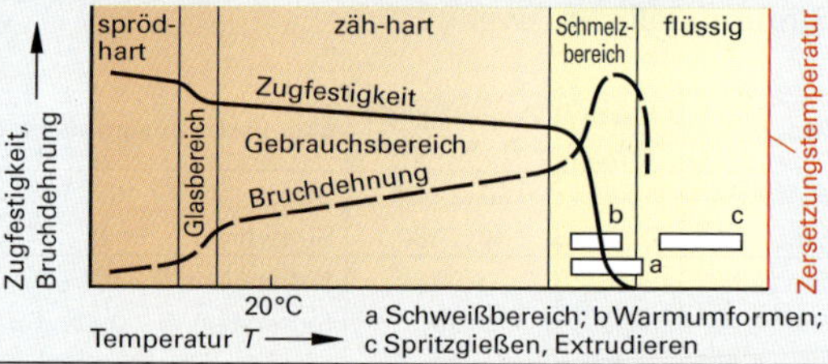

Duroplaste

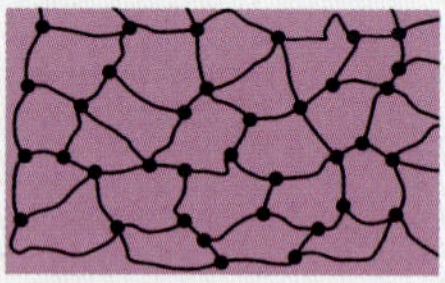

Makromoleküle mit vielen Vernetzungsstellen

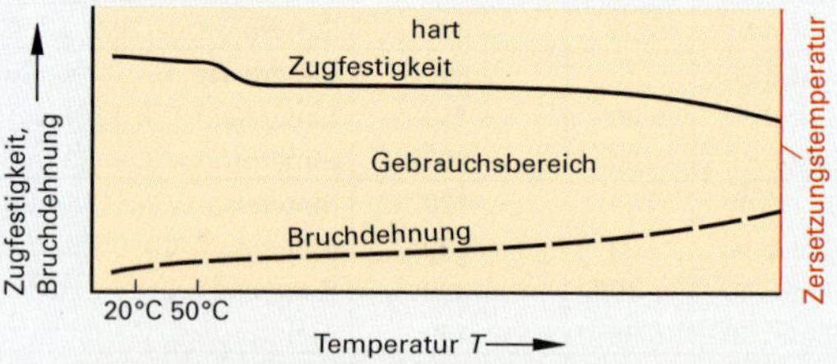

fadenförmige Elastomere

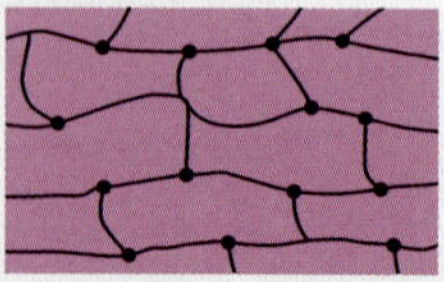

Makromoleküle in ungeordnetem Zustand mit wenig Vernetzungsstellen

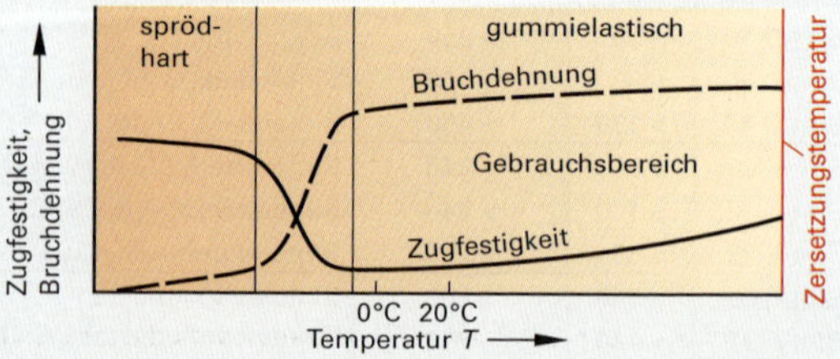

W

Basis-Polymere, Füll- und Verstärkungsstoffe

Kurzzeichen für Basis-Polymere (Auszug) vgl. DIN EN ISO 1043-1 (2016-09)

Kurzzeichen	Bedeutung	Art[1]	Kurzzeichen	Bedeutung	Art[1]	Kurzzeichen	Bedeutung	Art[1]
ABS	Acrylnitril-Butadien-Styrol	T	PAK	Polyacrylat	T	PTFE	Polytetrafluorethylen	T
			PAN	Polyacrylnitril	T	PUR	Polyurethan	D[2]
AMMA	Acrylnitril-Methylmethacrylat	T	PB	Polybuten	T	PVAC	Polyvinylacetat	T
			PBT	Polybutylenterephthalat	T	PVB	Polyvinylbutyrat	T
ASA	Acrylnitril-Styrol-Acrylat	T	PC	Polycarbonat	T	PVC	Polyvinylchlorid	T
CA	Celluloseacetat	T	PE	Polyethylen	T	PVDC	Polyvinylidenchlorid	T
CAB	Celluloseacetatbutyrat	T	PEEK	Polyetheretherketon	T	PVF	Polyvinylfluorid	T
CF	Cresol-Formaldehyd	D	PET	Polyethylenterephthalat	T	PVFM	Polyvinylformal	T
CMC	Carboxymethylcellulose	AN	PF	Phenol-Formaldehyd	D	PVK	Poly-N-vinylcarbazol	T
CN	Cellulosenitrat	AN	PI	Polyimid	T	SAN	Styrol-Acrylnitril	T
CP	Cellulosepropionat	T	PMMA	Polymethylmethacrylat	T	SB	Styrol-Butadien	T
EC	Ethylcellulose	AN	POM	Polyoxymethylen; Polyformaldehyd	T	SI	Silikon	D
EP	Epoxid	D				SMS	Styrol-α-Methylstyrol	T
EVAC	Ethylen-Vinylacetat	E	PP	Polypropylen	T	UF	Urea-Formaldehyd	D
MF	Melamin-Formaldehyd	D	PPS	Polyphenylensulfid	T	UP	Ungesättigter Polyester	D
PA	Polyamid	T	PS	Polystyrol	T	VCE	Vinylchlorid-Ethylen	T

[1] AN abgewandelte Naturstoffe; E Elastomere; D Duroplaste; T Thermoplaste; [2] auch T, E

Kennbuchstaben zur Kennzeichnung besonderer Eigenschaften vgl. DIN EN ISO 1043-1 (2016-09)

K[1]	Bedeutung	K[1]	Bedeutung	K[1]	Bedeutung	K[1]	Bedeutung
B	Block, bromiert	F	flexibel; flüssig	N	normal; Novolak	T	Temperatur
C	chloriert; kristallin	H	hoch	O	orientiert	U	ultra; weichmacherfrei
D	Dichte	I	schlagzäh	P	weichmacherhaltig	V	sehr
E	verschäumt; epoxidiert	L	linear, niedrig	R	erhöht; Resol; hart	W	Gewicht
		M	mittel, molekular	S	gesättigt; sulfoniert	X	vernetzt, vernetzbar

⇒ **PVC-P:** Polyvinylchlorid, weichmacherhaltig; **PE-LLD:** Lineares Polyethylen niedriger Dichte

[1] Kennbuchstabe

Kennbuchstaben und Kurzzeichen für Füll- und Verstärkungsstoffe vgl. DIN EN ISO 1043-2 (2012-03)

Kurzzeichen für Material[1]

Kurzzeichen	Material	Kurzzeichen	Material	Kurzzeichen	Material	Kurzzeichen	Material
A	Aramid	G	Glas	N	organ. Naturstoffe	T	Talk
B	Bor	K	Calciumcarbonat	P	Glimmer	W	Holz
C	Kohlenstoff	L	Cellulose	Q	Silikat	X	nicht festgelegt
D	Aluminiumtrihydrat	M	Mineral	S	Synthetische Stoffe	Z	andere
E	Ton	ME	Metall[2]				

Kurzzeichen für Form und Struktur

Kurzzeichen	Form, Struktur	Kurzzeichen	Form, Struktur	Kurzzeichen	Form, Struktur	Kurzzeichen	Form, Struktur
B	Perlen, Kugeln, Bällchen	H	Whisker	NF	Nanofaser	W	Gewebe
C	Chips, Schnitzel	K	Wirkwaren	P	Papier	X	nicht festgelegt
D	Pulver	L	Lagen	R	Roving	Y	Garn
F	Fasern	LF	Langfaser	S	Flocken	Z	andere
G	Mahlgut	M	Matte, dick	T	gedrehtes Garn		
		N	Faservlies (dünn)	V	Furnier		

⇒ **GF:** Glasfaser; **CH:** Kohlenstoff-Whisker; **MD:** mineralisches Pulver

[1] Die Materialien können zusätzlich gekennzeichnet werden, z. B. durch ihr chemisches Symbol oder ein anderes Symbol aus entsprechenden internationalen Normen.

[2] Bei Metallen (ME) muss die Art des Metalls durch das chemische Symbol angegeben werden.

Thermoplaste

Kurzzeichen, chemische Bezeichnung	Handelsnamen (Auswahl)	Dichte g/cm³, Gefüge	beständig gegen	nicht beständig gegen	Gebrauchs-temperatur °C
Transparente Kunststoffe[1]					
PC Polycarbonat	Makrolon, Lexan, Tecanat, Calibre	1,20 … 1,24 amorph	Benzin, Fett, Öl, Wasser (< 60 °C)	Laugen, Aceton, Benzol, Wasser (> 60 °C)	–100 … +115
PET Polyetylenter-ephthalat	Arnite, Rynite, Valox, Hostadur	1,33 … 1,38 teilkristallin	Öl, Fett, Treibstoffe	heißes Wasser, Aceton, konzentrierte Säuren u. Laugen	–20 … +115
PMMA Polymethyl-methacrylat	Acrylite, Plexiglas, Plexidur, Perspex	1,19 amorph	wässrige Säuren und Laugen, Fett, Licht	benzolhaltiges Benzin, Spiritus, Nitrolack, konz. Säuren	–40 … +80
PS Polystyrol	Vestyron, Luran, Empera, Styron	1,05 amorph	Laugen, Alkohol, Wasser, alterungs-beständig	Benzin, Aceton, UV-empfindlich	–20 … +70
SAN Styrol-Acrylnitril	Luran, Lustran, Kibisan, Tyril	1,08 amorph	Benzin, Öl, schwache Säuren und Laugen	Aceton, UV-empfindlich	+90
Technische Kunststoffe[1]					
ABS Acrylnitril-Butadien-Styrol	Lustran, Magnum, Terluran, Tarodur	1,02 … 1,07 amorph	Benzin, Mineralöl, Fett, Wasser	konzentrierte Mineralsäuren, Benzol	–30 … +80
CA Celluloseacetat	Tenite, Acetat, Vuscacelle, Cellolux, Dexel	1,26 … 1,29 amorph	Fett, Öl, Benzin, Wasser, Benzol	starke Säuren, Laugen, Alkohol	0 … +70
PA 6 Polyamid 6	Durethan B, Ultramid, Vydyne, Ertalon, Taromid	1,12 … 1,15 teilkristallin	Benzin, Öl, Fett, schwache Laugen	starke Laugen, Phenole, Mineral-säuren	–40 … +85
PA 66 Polyamid 66	Acromid, Durethan A, Acromit A, Ultramid A	1,12 … 1,14 teilkristallin	Benzin, Öl, Fett, schwache Laugen	starke Laugen, Phenole, Mineral-säuren	–30 … +95
PE HD Polyethylen, hohe Dichte	Hostalen, Lupolen, Vestolen	0,94 … 0,96 teilkristallin	Wasser, Alkohol, Öl, Benzin	starke Oxidations-mittel	–50 … +80
POM Polyoxymethylen, Polyformaldehyd	Tenac, Delrin, Hostaform, Ultraform	1,41 … 1,43 teilkristallin	Benzin, Mineralöl, Waschlauge, Alkohol	starke Säuren, UV-Strahlung, Wasser bei > 65 °C	–50 … +110
PP Polypropylen	Hostalen, Vestolen, Inspire	0,90 … 0,92 teilkristallin	Waschlaugen, schwache Säuren, Alkohol	Benzin, Benzol	0 … +110
PVC-P Polyvinylchlorid, weich	Vestolit, Coroplast	1,20 … 1,35 amorph	Alkohol, Öl, Benzin	Benzol, organische Lösungsmittel	–20 … +60
PVC-U Polyvinylchlorid, hart	Hostalit, Vestolit, Vinidur	1,37 … 1,44 amorph	Benzin, Öl, Säuren, Laugen, Alkohol	Benzol, Salpeter-säure	–5 … +60
Hochleistungskunststoffe[1]					
PEEK Polyetheretherketon	Hostalec, Ketron, Victrex	1,27 amorph 1,32 teilkrist.	die meisten Chemikalien	UV-Strahlung, konz. Salpetersäure	–80 … +250
PI Polyimid	Kinel, Meldin, Vespel	1,43 amorph	Alkohol, Kerosin, verdünnte Säuren	heißes Wasser, Witterungseinflüsse, Säuren, Laugen	–250 … +240
PPS Polyphenylensulfid	Techtron, Ryton, Tedur	1,43 teilkristallin	konzentrierte Salz-, Schwefelsäuren	konz. Salpetersäure, UV-Strahlung	–50 … +220
PSU Polysulfon	Mindel, Tecason, Ultrason, Udel	1,24 amorph	Fett, Öl, Benzin, Alkohol	Benzol, UV-Strahlung, heißes Wasser	–50 … +150
PTFE Polytetrafluorethylen	Teflon, Hostalon, Polyflon	2,14 … 2,20 teilkristallin	fast alle aggressiven Stoffe, UV-Strahlung	Alkalimetalle	–200 … +260

[1] Einteilung im Handel gebräuchlich

Thermoplaste

Kurz-zeichen	Streck-spannung N/mm²	Streck-dehnung %	Verarbeitung[3]			allgemeine Eigenschaften	Anwendungsbeispiele
			k	s	z		
Transparente Kunststoffe							
PC	65	80	+	+	++	hart, abriebfest, schlagzäh, z. T. für Lebensmittel zugelassen	Linsen, Brillengläser, Schaugläser, Geschirr, Gehäuse, Schutzbrillen, Kfz-Leuchten, CDs, Helme
PET	90	15	+	+	+	hohe Härte, hohe Verschleiß- und Druckfestigkeit	Verpackungen, Kurvenscheiben, Zahnräder, Gleitlager, Gehäuse, Sanitärtechnik, Magnetband
PMMA	60 … 80	5,5	+	+	++	gute optische Eigenschaften, hart, spröde, kratzfest	Brillengläser, Skalen, Rückleuchten, Becher, Gehäuse, Bedienknöpfe
PS	50	3	++	+	++	hart, spröde, kerbempfindlich	Leuchten, Kämme, Zahnbürsten, Spulenkörper, Relais, durchsichtige Verpackungen
SAN	60 … 70	2 … 3	++	+	+	steif, schlagzäh, kratzfest, oberflächenhart	transp. Gehäuseteile u. Verpackungen, Skalenscheiben, Geschirr, Warndreieck
Technische Kunststoffe							
ABS	37	4	+	+	++	sehr schlagzäh (auch bei −40 °C), hart, kratzfest	Gehäuse u. Bedienteile für Audio- u. Videogeräte, Kühlerblenden, Spoiler, Spielzeug
CA	37	–	+	+	+	gute Festigkeit, zäh, schlagzäh, kratzfest	Griffe, Kugelschreiber, Kämme, Spielzeug, Schaltknöpfe
PA 6	45	> 200	+	+	++	gute Festigkeit, abriebfest, sehr gute Gleiteigenschaften	Zahnräder, Gleitlager, Kupplungselemente, Nockenscheiben, Motorradhelme
PA 66	55	> 100	+	+	++	härter als PA 6, belastbarer, geringere Wasseraufnahme	Wälzlagerkäfige, Lagerbuchsen, Schrauben, Ölfilter, Ansaugrohre, Motorradhelme
PE HD	20 … 30	9	–	+	–	bruchsicher auch bei Frost, nicht kratzfest, guter elektr. Isolator	Handgriffe, Dichtungen, Kraftstoffbehälter, Gleitelemente, Wasserrohre
POM	65 … 70	35	–	++	++	sehr gute Festigkeit und Formbeständigkeit, zäh, abriebfest	dünnwandige Präzisionsteile, Zahnräder, Gleitelemente, Pumpenteile, Gehäuse
PP	30	8	–	+	+	wie PE HD, jedoch bei Frost nicht beständig	Lüfterflügel, Pumpengehäuse, Spoiler, Lkw-Kotflügel, Trafogehäuse, Kofferschalen, Spielzeug
PVC-P (weich)	17 … 29	240 … 350	+	+	–	weich, flexibel, abriebfest, geringer Temperaturbereich	Schläuche, Rohre, Dichtungen, Kabelisolierungen, Spielzeug, Koffer
PVC-U (hart)	50 … 60	10 … 50	++	++	+	hohe Festigkeit und Härte, kerbempfindlich	Armaturen, Rohre, Behälter, Öl- und Getränkeflaschen, Dachrinnen, Kabelkanäle
Hochleistungskunststoffe							
PEEK	110	20 … 25	+	+	+	hohe Zug- und Biegefestigkeit, schlagzäh, kerbempfindlich	Trägermaterial für gedruckte Schaltungen, Ersatz für Metalle, Implantate, Ventile
PI	74	8[2]	+	+	+	hohe Härte und Festigkeit, geringe Zähigkeit, verschleißfest	Zahnräder, Bauteile für Strahltriebwerke, Turbinenschaufeln, Kolbenringe, Gleitlager
PPS	78[1]	5[2]	+	+	++	große Festigkeit bei hohen Temperaturen, geringe Zähigkeit	oft mit Fasern verstärkt, Ventile, Pumpen-, Vergaserteile, Brennstoffzellen, Sensoren
PSU	80[1]	10[2]	+	+	+	hohe Festigkeit, gute Zähigkeit und Wärmebeständigkeit	mechanisch und/oder thermisch hochbeanspruchte Konstruktionsteile, Tageslichtprojektoren
PTFE	20 … 40[1]	250 … 400	–	–	+	hohe chem. Beständigkeit, guter elektrischer Isolator	wartungsfreie Lager, Kolbenringe, Dichtungen, Isolatoren, Ventile, Pumpen

[1] Zugfestigkeit; [2] Reißdehnung; [3] k klebbar, s schweißbar, z zerspanbar; ++ sehr gut, + gut, – nicht oder nur bedingt

W

Kunststoff-Halbzeuge aus Thermoplasten

Rundstäbe

vgl. DIN EN 15860 (2012-01)

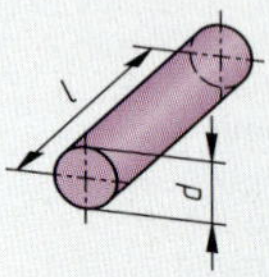

Werkstoff	PMMA	PA 6	PP	PA 66 GF 30
Farbe	glasklar	naturfarben[1], schwarz	naturfarben, grau	schwarz
d in mm *l* in mm	15 … 100 1000	3 … 300 1000; 3000	3 … 500 2000	10 … 200 1000; 3000
Werkstoff	**PVC**	**PET**	**PC**	**PE-HD**
Farbe	schwarz, weiß, rot, grau	hellgrau, naturfarben, schwarz	naturfarben	naturfarben, schwarz
d in mm *l* in mm	3 … 300 1000; 2000; 3000	3 … 200 1000; 2000; 3000	3 … 200 1000; 3000	3 … 500 2000; 1000

Rohre und Hohlstäbe[2]

vgl. DIN EN 15860 (2012-01)

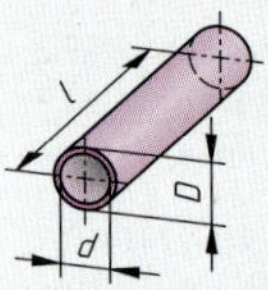

Werkstoff	PMMA	PA 6[2]	PA 66[2]	PVC
Farbe	transparent, weiß	naturfarben, schwarz	naturfarben	grau
D x *d* in mm *l* in mm	5 x 3 … 400 x 390 2000	20 x 10 … 280 x 200 1000; 2000; 3000	20 x 10 … 350 x 310 1000; 2000; 3000	6 x 4 … 200 x 196 5000
Werkstoff	**PC**	**PET[2]**	**POM[2]**	**POM GF 25[2]**
Farbe	farblos	naturfarben	naturfarben, schwarz	naturfarben, schwarz
D x *d* in mm *l* in mm	10 x 1 … 250 x 5 2000	20 x 12 … 200 x 150 1000; 2000; 3000	50 x 30 … 200 x 150 1000; 2000	50 x 30 … 200 x 150 1000; 2000

W

Flachstäbe

vgl. DIN EN 15860 (2012-01)

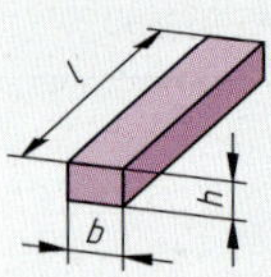

Werkstoff	PA 6	PA 6 GF 30	PA 66 PE	PA 12
Farbe	naturfarben, schwarz	naturfarben, schwarz	naturfarben	naturfarben, schwarz
l in mm *b* in mm *h* in mm	1000; 2000; 3000 300; 500 5 … 100	1000; 2000; 3000 300; 500 10 … 50	1000; 2000; 3000 300; 500 5 … 100	1000; 2000; 3000 300; 500 5 … 100
Werkstoff	**PET**	**POM**	**POM GF 23**	**POM PTFE**
Farbe	naturfarben, schwarz	naturfarben	naturfarben, schwarz	naturfarben, schwarz
l in mm *b* in mm *h* in mm	1000; 2000; 3000 300; 500 5 … 100	1000; 2000; 3000 300; 500 5 … 100	1000; 2000; 3000 300; 500 10 … 50	1000; 2000; 3000 300; 500 10 … 50

Tafeln, Platten

vgl. DIN EN 15860 (2012-01)

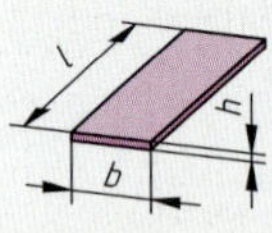

Werkstoff	PMMA	PA 6	PET	POM
Farbe	transparent	naturfarben, schwarz	naturfarben, schwarz	naturfarben, schwarz
l in mm *b* in mm *h* in mm	2000; 3050 1220; 2030 0,5 … 100	1000; 2000; 3000 620; 1000 3 … 100	1000; 2000; 3000 620; 1000 3 … 100	1000; 2000; 3000 620; 1000 0,5 … 100

Verschiedene PVC-Profile

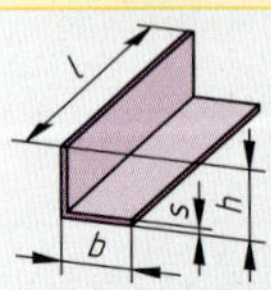

Profil	U-Profil	T-Profil	Winkelprofil	Vierkantrohr
Farbe	grau	grau	grau	grau
l in mm *b* in mm *h* in mm *s* in mm	3000 13 … 90 15 … 20 1,5 … 2,5	3000 30 … 50 30 … 50 4; 5	3000 15 … 90 15 … 90 2 … 7	3000 20 … 120 20 … 120 1,5 … 2,5

⇒ **Flachstab DIN EN 15860 – PC – 20 x 500 x 3000 – natur**: Werkstoff PC, *h* = 20 mm, *b* = 500 mm, *l* = 3000 mm, naturfarben

[1] Naturfarben bedeutet, dass dem Formstoff keine Stoffe zum Zweck einer Farbänderung zugesetzt sind.

[2] Hohlstäbe haben im Allgemeinen eine größere Wanddicke als Rohre.

Elastomere, Schaumstoffe

Elastomere (Kautschuke)

Kurzzeichen[1]	Bezeichnung	Dichte g/cm³	Zugfestigkeit[2] N/mm²	Bruchdehnung %	Anwendungstemperatur °C	Eigenschaften, Verwendungsbeispiele
BR	Butadien-Kautschuk	0,94	2 (18)	450	– 60 ... + 90	hohe Abriebfestigkeit; Reifen, Gurte, Keilriemen
CO	Epichlorhydrin-Kautschuk	1,27 ...1,36	5 (15)	250	– 30 ... +120 – 10 ... +120	schwingungsdämpfend, öl- und benzinbeständig; Dichtungen, wärmebeständige Dämpfungselemente
CR	Chloropren-Kautschuk	1,25	11 (25)	400	– 30 ... +110	öl- und säurebeständig, schwer entflammbar; Dichtungen, Schläuche, Keilriemen
CSM	Chlorsulfoniertes Polyethylen	1,25	18 (20)	300	– 30 ... +120	alterungs- und wetterbeständig, ölbeständig; Isolierwerkstoff, Formartikel, Folien
EPDM	Ethylen-Propylen-Kautschuk	0,86	4 (25)	500	– 50 ... +120	guter elektrischer Isolator, gegen Öl und Benzin unbeständig; Dichtungen, Profile, Stoßfänger, Kühlwasserschläuche
FKM	Fluor-Kautschuk	1,85	2 (15)	450	– 10 ... +190	abriebfest, beste thermische Beständigkeit; Luft- und Raumfahrt, Kfz-Industrie; Radialwellendichtringe, O-Ringe
IIR	Isobuten-Isopren-Kautschuk	0,93	5 (21)	600	– 30 ... +120	wetter- und ozonbeständig; Kabelisolierungen, Autoschläuche
IR	Isopren-Kautschuk	0,93	1 (24)	500	– 60 ... + 60	wenig ölbeständig, hohe Festigkeit; Lkw-Reifen, Federelemente
NBR	Acrylnitril-Butadien-Kautschuk	1,00	6 (25)	450	– 20 ... +110	abriebfest, öl- und benzinbeständig, elektr. Leiter; O-Ringe, Hydraulikschläuche, Radialwellendichtringe, Axialdichtungen
NR	Naturkautschuk Isopren-Kautschuk	0,93	22 (27)	600	– 60 ... +70	wenig ölbeständig, hohe Festigkeit; Lkw-Reifen, Federelemente
PUR	Polyurethan-Kautschuk	1,25	20 (30)	450	– 30 ... +100	elastisch, verschleißfest; Zahnriemen, Dichtungen, Kupplungen
SIR	Styrol-Isopren-Kautschuk	1,25	1 (8)	250	– 80 ... +180	guter elektr. Isolator, wasserabweisend; O-Ringe, Zündkerzenkappen, Zylinderkopf- und Fugendichtungen
SBR	Styrol-Butadien-Kautschuk	0,94	5 (25)	500	– 30 ... +80	wenig öl- und benzinbeständig; Pkw-Reifen, Schläuche, Kabelummantelungen

[1] vgl. DIN ISO 1629 (1992-03) [2] Klammerwert = mit Zusatz- oder Füllstoffen verstärktes Elastomer

Schaumstoffe

vgl. DIN 7726 (zurückgezogen)

Schaumstoffe bestehen aus offenen, geschlossenen oder einer Mischung aus geschlossenen und offenen Zellen. Ihre Rohdichte ist niedriger als diejenige der Gerüstsubstanz. Man unterscheidet harten, halbharten, weichen, elastischen, weich-elastischen und Integral-Schaumstoff.

Steifigkeit, Härte	Rohstoff-Basis des Schaumstoffes	Zellstruktur	Dichte kg/m³	Temperatur-Anwendungsbereich °C[1]	Wärmeleitfähigkeit W/(K · m)	Wasseraufnahme in 7 Tagen Vol.-%
hart	Polystyrol	überwiegend geschlossenzellig	15 ... 30	75 (100)	0,035	2 ... 3
	Polyvinylchlorid		50 ...130	60 (80)	0,038	< 1
	Polyethersulfon		45 ... 55	180 (210)	0,05	15
	Polyurethan		20 ...100	80 (150)	0,021	1 ... 4
	Phenolharz	offenzellig	40 ...100	130 (250)	0,025	7 ... 10
	Harnstoffharz		5 ... 15	90 (100)	0,03	20
halbhart bis weich-elastisch	Polyethylen	überwiegend geschlossenzellig	25 ... 40	bis 100	0,036	1 ... 2
	Polyvinylchlorid		50 ... 70	– 60 ... + 50	0,036	1 ... 4
	Melaminharz		10,5... 11,5	bis 150	0,033	ca. 1
	Polyurethan Polyester-Typ	offenzellig	20 ... 45	– 40 ... +100	0,045	–
	Polyurethan Polyether-Typ					

[1] Gebrauchstemperatur langzeitig, in Klammern kurzzeitig

W

Kunststoffverarbeitung

Spritzgießen und Extrudieren von Thermoplasten

Kurzzeichen	Kunststoff	Spritzgießen Temperatur °C Masse	Spritzgießen Temperatur °C Werkzeug	Spritzdruck bar	Extrudieren Verarbeitungstemperatur °C	Schwindung[1] %
ABS	Acrylnitril-Butadien-Styrol	200 … 240	40 … 85	800 … 1800	180 … 230	0,4 … 0,8
ASA	Acrylnitril-Styrol	220 … 280	40 … 80	650 … 1550	230	0,4 … 0,7
CA	Celluloseacetat	180 … 230	40 … 70	800 … 1200	155 … 225	0,4 … 0,7
CP	Cellulosepropionat	180 … 230	40 … 70	800 … 1200	155 … 225	0,4 … 0,7
PA 6	Polyamid 6	230 … 280	80 … 120	700 … 1200	230 … 290	1 … 2
PBT	Polybutylenterephthalat	230 … 270	30 … 140	1000 … 1700	250	1 … 2
PC	Polycarbonat	280 … 320	85 … 120	≥ 800	230 … 260	0,7 … 0,8
PE	Polyethylen	160 … 300	20 … 80	400 … 800	190 … 250	1,5 … 3,5
PEI	Polyetherimid	340 … 425	65 … 175	800 … 2000	[2]	0,5 … 0,7
PEEK	Polyetheretherketon	350 … 380	150 … 180	600 … 1800	350 … 390	1
PET	Polyethylenterephthalat	260 … 290	30 … 140	100 … 1700	ca. 250	1 … 2
PMP	Polymethylpenten	270 … 300	20 … 80	700 … 1200	[2]	1,1 … 1,5
PMMA	Polymethylmethacrylat	200 … 250	50 … 70	400 … 1200	180 … 230	0,3 … 0,8
POM	Polyoxymethylene	180 … 220	50 … 120	800 … 1700	180 … 220	1 … 5
PP	Polypropylen	270 … 300	20 … 100	≤ 1200	235 … 270	1 … 2,5
PPA	Polyphtalamid	320 … 345	120 … 150	500 … 800	–	≤ 0,8
PPE	Polyphenylether	280 … 340	70 … 90	1000 … 1400	220 … 280	0,5 … 0,7
PPS	Polyphenylensulfid	300 … 360	≥ 130	750 … 1500	–	0,15 … 0,3
PS	Polystyrol	180 … 250	30 … 60	600 … 1800	180 … 220	0,4 … 0,7
PS-I	Polystyrol PS-I-Formmasse	180 … 250	10 … 70	600 … 1500	180 … 220	0,4 … 0,7
PSU	Polyacylsulfone	310 … 390	95 … 115	≤ 1500	ca. 320	0,7 … 0,8
PVC-U	Hart-Polyvinylchlorid	170 … 210	30 … 60	1000 … 1800	170 … 190	0,5
PVC-P	Weich-Polyvinylchlorid	170 … 200	20 … 60	≥ 300	150 … 200	1 … 2,5
SAN	Styrol-Acrylnitril-Copolymer	210 … 260	40 … 70	650 … 1550	180 … 230	0,4 … 0,8
SB	Styrol-Butadien	180 … 250	10 … 70	600 … 1500	180 … 220	0,4 … 0,7

Spritzgießen von Duroplasten

Kurzzeichen	Kunststoff	Spritzgießen Temperatur °C Masse	Spritzgießen Temperatur °C Werkzeug	Spritzdruck bar	Härtezeit in s pro mm Wanddicke	Schwindung[1] %
EP	Epoxidharz	70 … 80	170 … 200	≤ 1200	15 … 25	0,5 … 0,8
MF[3]	Melamin-Formaldehydharz	95 … 110	160 … 180	1500 … 2500	10 … 30	0,7 … 1,3
PF[4]	Phenol-Formaldehydharz	90 … 110	170 … 190	800 … 2500	10 … 20	0,5 … 1,5
UF[4]	Urea-Formaldehydharz	95 … 110	150 … 160	1500 … 2500	10 … 30	0,7 … 1,3
UP	Polyesterharz, ungesättigt	110	160 … 190	300 … 2000	10 … 30	0,1 … 1,3

[1] Verarbeitungsschwindung, Quer- und Längsschwindung kann unterschiedlich sein [2] Extrudieren möglich
[3] mit anorganischen Füllstoffen [4] mit organischen Füllstoffen

Bemerkung: Die Norm „Toleranzen für Kunststoff-Formteile" DIN 16901 wurde zurückgezogen. Die Nachfolgenorm „Kunststoff-Formteile –Toleranzen und Abnahmebedingungen" DIN 16742 ist sehr umfangreich und würde den Rahmen des Tabellenbuches Metall sprengen.

W

Polyblends, Verstärkungsfasern, Schichtpressstoffe

Polyblends

Polyblends (kurz Blends) sind Mischungen verschiedener Thermoplaste. Die besonderen Eigenschaften dieser Mischpolymerisate ergeben sich aus vielfältig möglichen Kombinationen der Eigenschaften der Ausgangsstoffe.

Kurzzeichen	Bezeichnung	Bestandteile	Besondere Eigenschaften	Anwendungsbeispiele
S/B	Styrol/Butadien	90% Polystyrol, 10% Butadien-Kautschuk	spröd-hart, bei tiefen Temperaturen nicht schlagzäh	Stapelkästen, Lüftergehäuse, Radiogehäuse
ABS	Acrylnitril/Butadien/Styrol	90% Styrol-Acrylnitril, 10% Nitrilgummi	spröd-hart, schlagzäh auch bei tiefen Temperaturen	Telefone, Armaturenbretter, Radkappen
PPE + PS	Polyphenylenether + Polystyrol	unterschiedliche Zusammensetzung; kann ggf. mit 30% Glasfaser verstärkt werden	hohe Härte, hohe Kaltschlagzähigkeit bis – 40 °C, physiologisch unbedenklich	Kühlergrill, Computerteile, medizinische Geräte, Sonnenkollektoren, Zierleisten
PC + ABS	Polycarbonat + Acrylnitril/Butadien/Styrol	unterschiedliche Zusammensetzung	hohe Festigkeit, Härte, Zähigkeit, Wärmeformbeständigkeit, schlagzäh, stoßfest	Armaturenbretter, Kotflügel, Büromaschinengehäuse, Lampengehäuse im Kfz
PC + PET	Polycarbonat + Polyethylenterephthalat	unterschiedliche Zusammensetzung	besonders schlagzäh und stoßfest	Schutzhelme für Motorradfahrer, Kraftfahrzeugteile

Verstärkungsfasern

Bezeichnung	Dichte kg/dm³	Zugfestigkeit N/mm²	Bruchdehnung %	Besondere Eigenschaften	Anwendungsbeispiele
Glasfaser GF	2,52	3400	4,5	isotrop[1], gute Festigkeit, hohe Warmfestigkeit, billig	Karosserieteile, Flugzeugbau, Segelboote
Aramidfaser AF[3]	1,45	3400 … 3800	2,0 … 4,0	leichteste Verstärkungsfaser, zäh, bruchzäh, stark anisotrop[1], radardurchlässig	hoch beanspruchte Leichtbauteile, Sturzhelme, durchschusssichere Westen
Kohlenstofffaser CF	1,6 … 2,0	1750 … 5000[2]	0,35 … 2,1[2]	stark anisotrop[1], hochfest, leicht, korrosionsbeständig, guter Stromleiter	Automobilteile im Rennsport, Segel für Rennyachten, Luft- und Raumfahrt

Als Einbettungsmaterial (sog. **Matrix**) kommen vor allem Duroplaste (z. B. UP- und EP-Harze) sowie Thermoplaste mit hohen Gebrauchstemperaturen (z. B. PSU, PPS, PEEK, PI) zur Anwendung.

[1] isotrop = in allen Richtungen gleiche Werkstoffkennwerte; anisotrop = Werkstoffeigenschaften in Faserrichtung unterscheiden sich von denen quer zur Faser
[2] hängt wesentlich von den sich während der Herstellung ausbildenden Fehlstellen in der Faser ab
[3] Handelsname „Kevlar"

Schichtpressstoffe[1]

vgl. DIN EN 60893-3 (2013-03)

Harztypen		Typen des Verstärkungsmaterials	
Harztyp	Bezeichnung	Kurzname	Bezeichnung
EP	Epoxidharz	CC	Baumwollgewebe
MF	Melamin-(Formaldehyd)-Harz	CP	Zellulosepapier
PF	Phenol-(Formaldehyd)-Harz	CR	Kombiniertes Verstärkungsmaterial
UP	Ungesättigtes Polyesterharz	GC	Glasgewebe
SI	Siliconharz	GM	Glasmatte
PI	Polimidharz	WV	Holzfurniere
Nenndicken t in mm	0,4; 0,5; 0,6; 0,8; 1,0; 1,2; 1,5; 2; 2,5; 3; 4; 5; 6; 8; 10; 12; 14; 16; 20;25; 30; 35; 40; 45; 50; 60; 70; 80; 90; 100		
⇒	**Tafel IEC 60893 – 3 – 4 – PF CP 201, 10 x 500 x 1000**: Tafel aus Phenol-(Formaldehyd)-Harz/Zellulosepapier (PF CP 201) der IEC-Norm[2] 60893-3-4 mit t = 10 mm, b = 500 mm, l = 1000 mm		

[1] Verwendung in der Elektrotechnik, z. B. als Isolator, im Maschinenbau als Lagerschalen, Rollen, Zahnräder
[2] IEC = International Electronical Commission (internationale Norm)

W

Kunststoffprüfung: Zugeigenschaften, Härteprüfung

Bestimmung der Zugeigenschaften an Kunststoffen

vgl. DIN EN ISO 527-1 (2012-06)

typische Spannungs-Dehnungs-Kurven

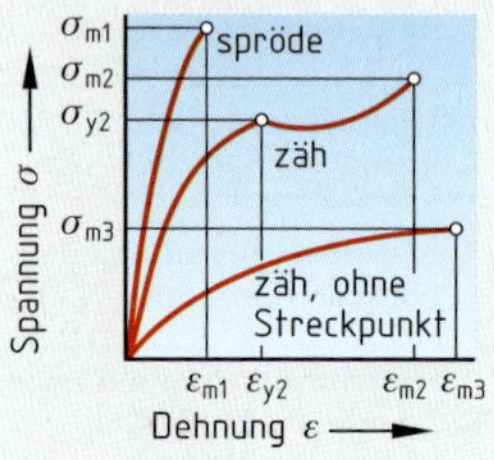

Probenkörper

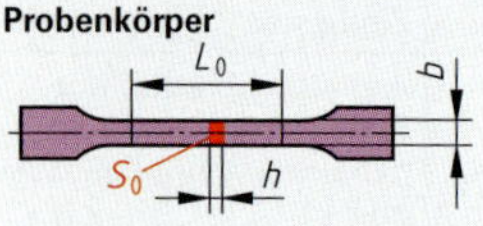

F_m Höchstkraft
F_y Streckspannungskraft
ΔL_{Fm} Längenänderung bei Höchstkraft
ΔL_{Fy} Längenänderung bei Streckspannungskraft
L_0 Messlänge
S_0 Anfangsquerschnitt
σ_m Zugfestigkeit
σ_y Streckspannung
ε_m Höchstdehnung
ε_y Streckdehnung

Proben

Für jede Eigenschaft, z. B. Zugfestigkeit, Streckspannung, Streckdehung, müssen mindestens fünf Probenkörper geprüft werden.

Anwendung
- thermoplastische Spritzguss- und Extrusionsmassen
- thermoplastische Platten und Folien
- duroplastische Formmassen
- duroplastische Platten
- faserverstärkte Verbundwerkstoffe, thermoplastisch und duroplastisch

Zugfestigkeit

$$\sigma_m = \frac{F_m}{S_0}$$

Streckspannung

$$\sigma_y = \frac{F_y}{S_0}$$

Höchstdehnung

$$\varepsilon_m = \frac{\Delta L_{Fm}}{L_0} \cdot 100\,\%$$

Streckdehnung

$$\varepsilon_y = \frac{\Delta L_{Fy}}{L_0} \cdot 100\,\%$$

Prüfgeschwindigkeiten					Probenkörper nach DIN EN ISO 527-2 für Formmassen						DIN EN ISO 527-3 für Folien		
Prüfgeschwindigkeit in mm/min				Toleranz	Typ		1A	1B	5A	5B	2	4	5
					L_0	mm	75 ± 0,5	50 ± 0,5	20 ± 0,5	10 ± 0,2	50 ± 0,5	50 ± 0,5	25 ± 0,25
1	2	5	10	±20%	h	mm	4 ± 0,2	4 ± 0,2	≥ 2	≥ 1	≤ 1	≤ 1	≤ 1
20	50	100	200	±0%	b	mm	10 ± 0,2	10 ± 0,2	4 ± 0,1	2 ± 0,1	10 ... 25	25,4 ± 0,1	6 ± 0,4

W

⇒ **Zugversuch ISO 527-2/1A/50:** Zugversuch nach ISO 527-2; Probentyp 1A; Prüfgeschwindigkeit 50 mm/min

Härteprüfung an Kunststoffen

vgl. DIN EN ISO 2039-1 (2003-06)

Kugeleindruckversuch

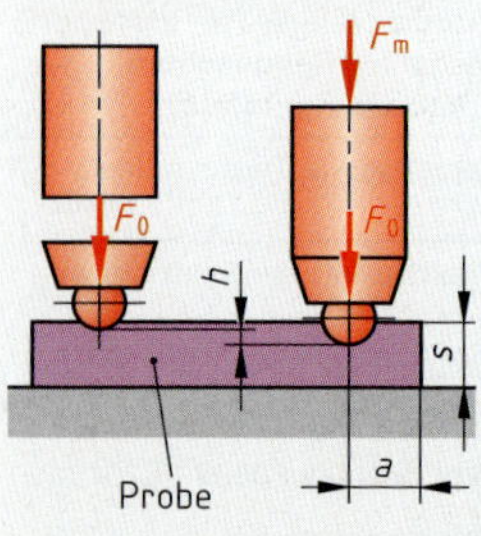

F_0 Vorlast 9,8 N
F_m Prüfkraft
h Eindrucktiefe
a Randabstand
s Probendicke
H Kugeldruckhärte

Proben

Randabstand $a \geq 10$ mm, Mindestprobendicke $s \geq 4$ mm

Prüfkraft F_m in N	Kugeldruckhärte H in N/mm² bei Eindrucktiefe h in mm 0,16	0,18	0,20	0,22	0,24	0,26	0,28	0,30	0,32	0,34
49	22	19	16	15	13	12	11	10	9	9
132	59	51	44	39	35	32	30	27	25	24
358	160	137	120	106	96	87	80	74	68	64
961	430	370	320	290	260	234	214	198	184	171

⇒ **Kugeldruckhärte ISO 2039-1 H 132:** H = 30 N/mm² bei F_m = 132 N

Härteprüfung nach Shore an Kunststoffen

vgl. DIN EN ISO 868 (2003-10)

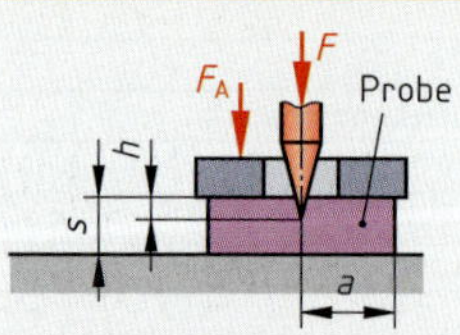

Eindringkörper für

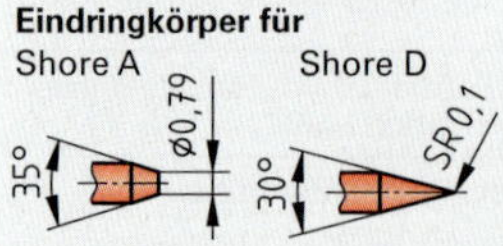

F_A Anpresskraft in N
F Prüfkraft
h Eindringtiefe
a Randabstand
s Probendicke

Proben

Randabstand $a \geq 9$ mm, Mindestprobendicke $s \geq 4$ mm

Prüfbedingungen für die Verfahren Shore A und Shore D			
Prüfverfahren	F_{max} in N	F_A in N	Verwendung
A	7,30	10	wenn Shorehärte mit Typ D < 20 ist
D	40,05	50	wenn Shorehärte mit Typ A > 90 ist

⇒ **85 Shore A:** Härtewert 85; Prüfverfahren Shore A

Werkstoffprüfverfahren – Übersicht

Bild	Verfahren	Anwendung, Hinweise
Zugversuch		Seite 201
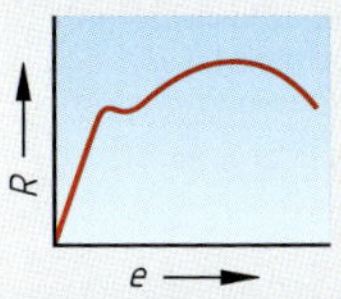	Genormte Zugproben werden bis zum Bruch gedehnt. Die Änderungen der Zugkraft und der Verlängerung werden gemessen und in einem Diagramm aufgezeichnet. Durch Umrechnung entsteht daraus das Spannungs-Dehnungs-Diagramm.	Ermittlung von Werkstoffkennwerten, zum Beispiel – zur Festigkeitsrechnung bei statischer Beanspruchung, – zur Beurteilung des Umformverhaltens, – zur Ermittlung von Daten für die spanende Fertigung
Härteprüfung nach Brinell HB		Seite 203
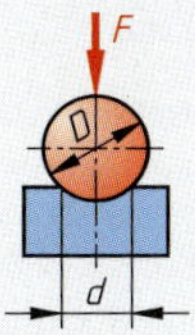	• Belastung der Prüfkugel mit genormter Prüfkraft *F* – Prüfkraft hängt ab vom Kugeldurchmesser *D* und von der Werkstoffgruppe → Beanspruchungsgrad: Seite 203 • Messung des Eindruckdruchmessers *d* • Ermittlung der Härte aus Prüfkraft und Eindruckoberfläche	Härteprüfung, z. B. an Stählen, Gusseisenwerkstoffen, Nichteisenmetallen, die – nicht gehärtet sind, – eine metallisch blanke Prüffläche besitzen.
Härteprüfung nach Rockwell		Seite 204
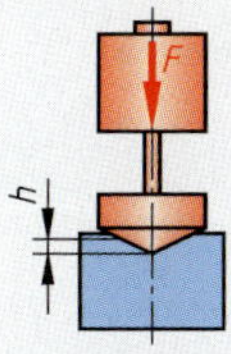	• Belastung des Prüfkörpers (Diamantkegel, Hartmetallkugel) mit der Prüfvorkraft → Messbasis • Beaufschlagung mit Prüfzusatzkraft → bleibende Verformung der Probe • Wegnahme der Zusatzkraft • Direkte Anzeige der Härte am Prüfgerät. Eindringtiefe *h* ist Basis der Härteermittlung.	Härteprüfung nach verschiedenen Verfahren, z. B. an Stählen und NE-Metallen, – im weichen oder gehärteten Zustand, – mit geringen Dicken **Verfahren HRA, HRC:** gehärtete und hochfeste Metalle **Verfahren HRBW, HRFW:** weicher Stahl, Nichteisenmetalle
Härteprüfung nach Vickers		Seite 204
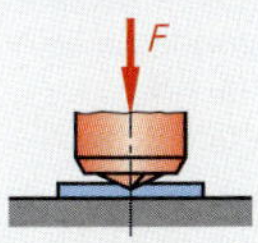	• Belastung der Diamantpyramide mit variablen Kräften – Prüfkraft richtet sich z. B. nach der Probendicke und der Korngröße im Gefüge • Messung der Eindruckdiagonalen • Ermittlung der Härte aus Prüfkraft und Eindruckoberfläche	Universalverfahren zur Prüfung – weicher und gehärteter Werkstoffe, – dünner Schichten, – einzelner Gefügebestandteile bei Metallen
Härteprüfung durch Eindringprüfung (Martenshärte)		Seite 205
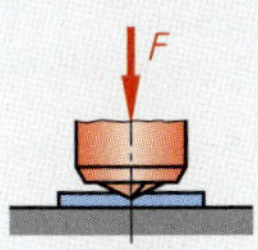	• Belastung der Diamantpyramide mit variablen Kräften – Prüfkraft richtet sich z. B. nach der Probendicke oder der Korngröße • kontinuierliche Aufzeichnung der Kraft in Abhängigkeit der Eindringtiefe • Ermittlung der Martenshärte **während** der Belastung	Verfahren zur Prüfung aller Werkstoffe, z. B. – weiche und gehärtete Metalle, – dünne Schichten, auch Hartmetallbeschichtungen und Farbschichten, – einzelne Gefügebestandteile, – Keramik, – Hartstoffe, – Gummi, – Kunststoffe
Härteprüfung durch Kugeleindruckversuch		Seite 198
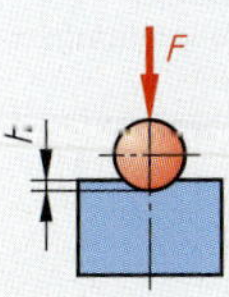	• Belastung der Prüfkugel mit Vorlast → Messbasis • Beaufschlagung mit festgelegter Prüfkraft – Prüfkraft muss eine Eindringtiefe von 0,15 ... 0,35 mm ergeben • Messung der Eindringtiefe nach 30 s Belastungszeit • Ermittlung der Kugeldruckhärte	Prüfung von Kunststoffen und Hartgummi. Kugeldruckhärte liefert Vergleichswerte für Forschung, Entwicklung und Qualitätskontrolle.

W

Werkstoffprüfverfahren – Übersicht

Bild	Verfahren	Anwendung, Hinweise
Härteprüfung nach Shore		Seite 198
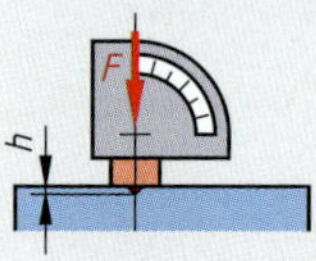	• Das Prüfgerät (Durometer) wird mit der Anpresskraft F auf die Probe gedrückt. • Der federbelastete Eindringkörper dringt in die Probe ein. • Einwirkdauer 15 s • Direkte Anzeige der Shorehärte am Gerät.	Kontrolle von Kunststoffen (Elastomeren). Aus der ermittelten Shorehärte lassen sich kaum Beziehungen zu anderen Werkstoffeigenschaften ableiten.
Scherversuch (DIN 50141 ersatzlos zurückgezogen)		
	• Zylindrische Proben werden in genormten Vorrichtungen bis zum Bruch auf Abscherung belastet. • Ermittlung der Bruchfestigkeit aus maximaler Scherkraft und Probenquerschnitt.	Ermittlung der Scherfestigkeit τ_{aB}, z. B. – zur Festigkeitsberechnung scherbeanspruchter Teile, z. B. Stifte, – zur Ermittlung von Schneidkräften in der Umformtechnik
Kerbschlagbiegeversuch		Seite 202
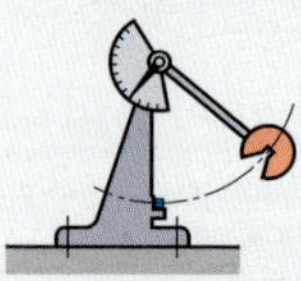	• Gekerbte Proben werden mit dem Pendelschlaghammer auf Biegung beansprucht und getrennt. • Kerbschlagarbeit = Arbeit zur Umformung und Trennung der Probe	– Prüfung metallischer Werkstoffe auf Verhalten gegenüber stoßartiger Biegebeanspruchung – Kontrolle von Wärmebehandlungsergebnissen, z. B. beim Vergüten – Prüfung des Temperaturverhaltens von Stählen
Tiefungsversuch nach Erichsen		
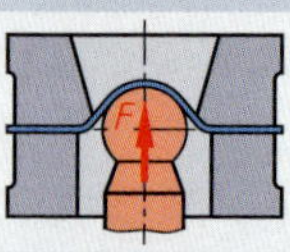	• Allseitig eingespannte Bleche werden durch eine Kugel bis zur Rissbildung verformt. • Die Verformungstiefe bis zum Rissbeginn ist ein Maß für die Tiefziehfähigkeit.	– Prüfung von Blechen und Bändern auf ihre Tiefziehfähigkeit – Beurteilung der Blechoberfläche auf Veränderungen beim Kaltumformen
Umlaufbiegeversuch		Seite 202
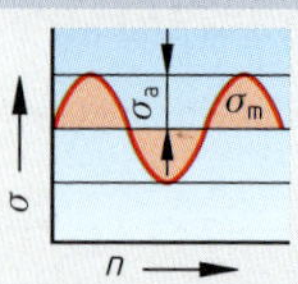	• Zylindrische Proben mit polierter Oberfläche werden bei konstanter Mittelspannung σ_m und variablem Spannungsausschlag σ_A wechselbelastet, in der Regel bis zum Bruch. Die grafische Darstellung der Versuchsreihe ergibt die Wöhlerlinie.	Ermittlung von Werkstoffkennwerten bei dynamischer Beanspruchung, z. B. – Dauerfestigkeit, Wechsel- und Schwellfestigkeit – Zeitfestigkeit
Ultraschallprüfung		
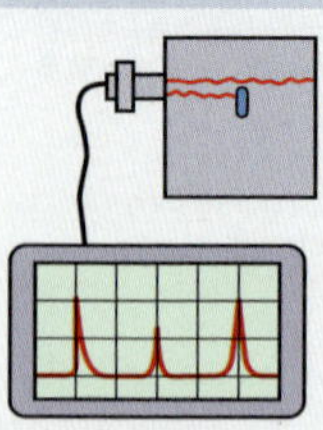	• Ein Schallkopf sendet Ultraschallwellen durch das Werkstück. Die Wellen werden an der Vorderwand, der Rückwand und an Fehlern bestimmter Größe reflektiert. • Der Bildschirm des Prüfgerätes zeigt die Echos an. • Die Prüffrequenz bestimmt die erkennbare Fehlergröße. Sie wird durch die Korngröße der Proben begrenzt.	– zerstörungsfreie Prüfung von Teilen, z. B. auf Risse, Lunker, Gasblasen, Einschlüsse, Bindefehler, Gefügeunterschiede – Erkennung der Fehlerform, der Größe und der Lage der Fehler – Messung von Wand- und Schichtdicken
Metallographie		
	Durch Ätzen metallografischer Proben (Schliffen) wird das Gefüge entwickelt und unter dem Metallmikroskop sichtbar. Probenpräparation: Entnahme → Gefügeveränderung vermeiden Einbetten → randscharfe Schliffe Schleifen → Abbau von Verformungsschichten Polieren → hohe Oberflächenqualität Ätzen → Gefügeentwicklung	– Kontrolle der Gefügeausbildung – Überwachung von Wärmebehandlungen, Umform- und Fügevorgängen – Ermittlung der Kornverteilung und der Korngröße – Schadensprüfung

Zugversuch, Zugproben

Zugversuch

vgl. DIN EN ISO 6892-1 (2009-12), Ersatz für DIN EN 10002-1

Spannungs-Dehnungs-Diagramm mit ausgeprägter Streckgrenze, z.B. bei weichem Stahl

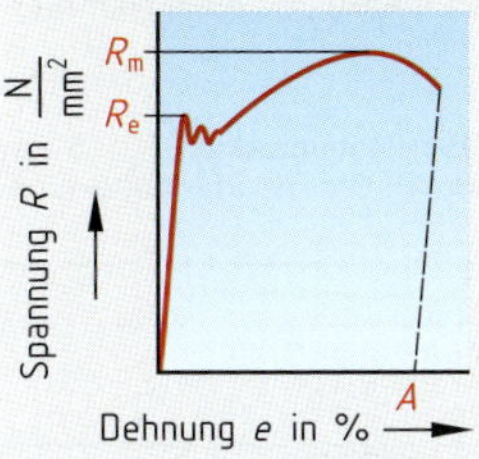

Spannungs-Dehnungs-Diagramm ohne ausgeprägte Streckgrenze, z.B. bei vergütetem Stahl

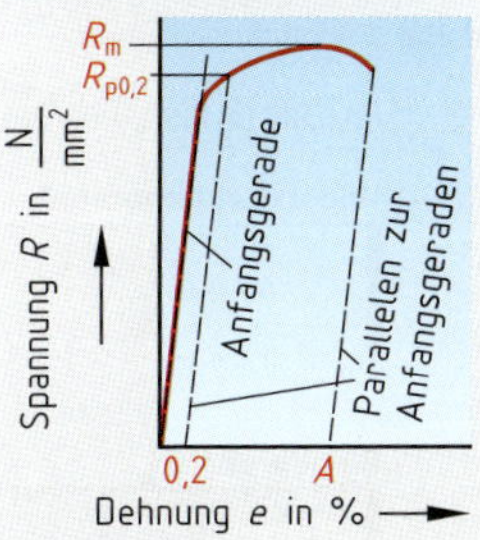

F	Zugkraft
F_m	Höchstkraft
F_e	Kraft an der Streckgrenze
$F_{p0,2}$	Kraft an der Dehngrenze
L_0	Anfangsmesslänge
L_u	Messlänge nach dem Bruch
d_0	Anfangsdurchmesser der Probe
S_0	Anfangsquerschnitt der Probe
S_u	kleinster Probenquerschnitt nach dem Bruch
e[1]	Dehnung
A	Bruchdehnung
Z	Brucheinschnürung
R[2]	Zugspannung
R_m	Zugfestigkeit
R_e	Streckgrenze
$R_{p\,0,2}$	Dehngrenze
V_s	Streckgrenzenverhältnis

Zugproben

In der Regel werden runde Proportionalstäbe mit der Anfangsmesslänge $L_0 = 5 \cdot d_0$ verwendet.

Unbearbeitete Proben sind zulässig bei
- gleich bleibenden Querschnitten, z.B. bei Proben aus Blechen, Profilen, Drähten
- gegossenen Probestücken, z.B. aus Gusseisen.

Bruchdehnung A

Bei Zugproben, die während der Prüfung einschnüren, werden die Bruchdehnungswerte A durch die Anfangsmesslänge L_0 beeinflusst.

Kleinere Anfangsmesslänge L_0 → größere Bruchdehnung A

Streckgrenzenverhältnis: $V_s = R_e\ (R_{p\,0,2})/R_m$

Es gibt Aufschluss über den Wärmebehandlungszustand der Stähle:

normalgeglüht $V_s \approx 0{,}5 \ldots 0{,}7$
vergütet $V_s \approx 0{,}7 \ldots 0{,}95$

[1] bisheriges Formelzeichen ε
[2] bisheriges Formelzeichen σ_z

Zugspannung

$$R = \frac{F}{S_0}$$

Zugfestigkeit

$$R_m = \frac{F_m}{S_0}$$

Streckgrenze

$$R_e = \frac{F_e}{S_0}$$

Dehngrenze

$$R_{p0,2} = \frac{F_{p0,2}}{S_0}$$

Dehnung

$$e = \frac{L - L_0}{L_0} \cdot 100\,\%$$

Bruchdehnung

$$A = \frac{L_u - L_0}{L_0} \cdot 100\,\%$$

Brucheinschnürung

$$Z = \frac{S_0 - S_u}{S_0} \cdot 100\,\%$$

W

Zugproben

vgl. DIN 50125 (2016-12)

Form B

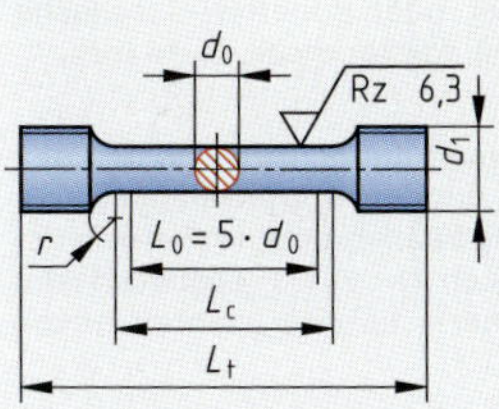

Form E

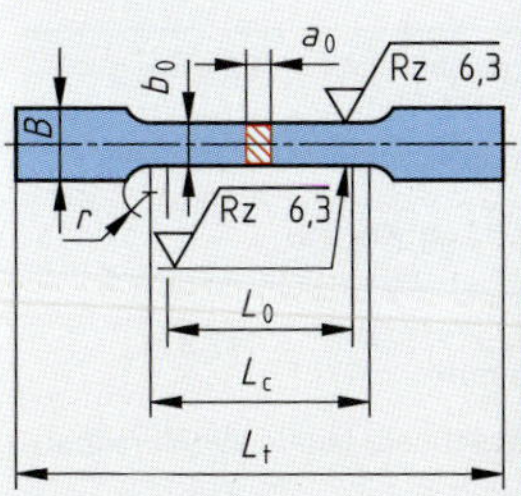

Runde Zugproben, Form A und Form B

	d_0	4	5	6	8	10	12	14	Formen, Verwendung
	L_0	20	25	30	40	50	60	70	**Form A:** bearbeitete Proben zum Spannen in Spannkeilen
	L_c[1]	24	30	36	48	60	72	84	
	r[1]	3	4	5	6	8	9	11	**Form B:** bearbeitete Proben mit Gewindeköpfen zur genaueren Messung der Verlängerung
Form A	d_1	5	6	8	10	12	15	17	
	L_t[1]	60	74	92	115	138	162	186	
Form B	d_1	M6	M8	M10	M12	M16	M18	M20	
	L_t[1]	41	51	60	77	97	116	134	

Zugproben, weitere Formen

	a_0	3	4	5	6	7	8	10	Formen, Verwendung
Form E	b_0	8	10	10	20	22	25	25	Flachproben zum Spannen in Spannkeilen,
	L_0	30	35	40	60	70	80	90	
	L_c	38	45	51	77	89	102	114	Zugproben aus Bändern, Blechen, Flachstäben und Profilen
	r[1]	12	12	12	15	20	20	20	
	L_t[1]	104	120	126	197	222	246	258	
Form C	bearbeitete Rundproben mit Schulterköpfen								
Form F	unbearbeitete Abschnitte von Rundstangen								
Erläuterung	[1] Mindestmaße								
⇒	**Zugprobe DIN 50125 – A10x50:** Form A, d_0 = 10 mm, L_0 = 50 mm								

Kerbschlagbiegeversuch, Umlaufbiegeversuch

Kerbschlagbiegeversuch nach Charpy

vgl. DIN EN ISO 148-1 (2011-01), Ersatz für DIN EN 10045

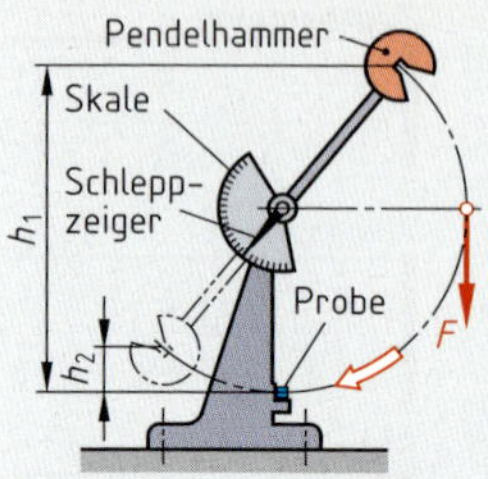

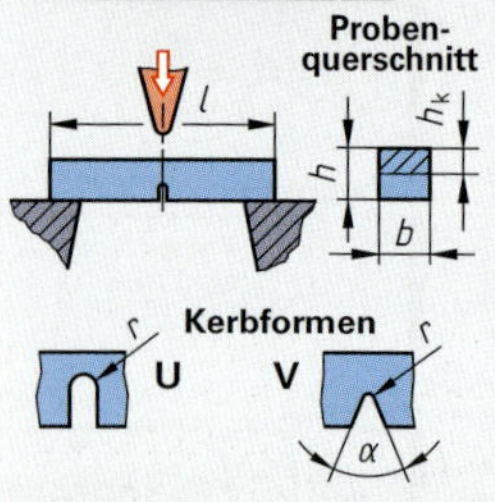

Beim Kerbschlagbiegeversuch wird eine gekerbte Probe mit dem Pendelhammer in einem Schlag durchgetrennt und die verbrauchte Schlagenergie gemessen.

KU_2 verbrauchte Schlagenergie in J für eine Probe mit U-Kerb und einer Hammerfinne mit $R = 2$ mm

KV_8 verbrauchte Schlagenergie in J für eine Probe mit V-Kerb und einer Hammerfinne mit $R = 8$ mm

Proben

Die Proben müssen außer an den Endflächen eine Oberflächenrauheit $R_a < 5$ µm haben. Bei der Herstellung sind Veränderungen, z. B. durch Warm- oder Kaltumformung, möglichst klein zu halten.

Kerbschlagproben – Normalform

Kerbform	Probenmaße und Abmaße in mm oder Grad (°)					
	l	h	b	h_k	r	α in °
U-Kerb	55 ± 0,11	10 ± 0,11	10 ± 0,11	5 ± 0,09	1 ± 0,07	–
V-Kerb	55 ± 0,6	10 ± 0,075	10 ± 0,11	8 ± 0,075	0,25 ± 0,025	45 ± 2

Bezeichnungsbeispiele:

KU_8 = 174 J: Probe mit U-Kerb, Hammerfinne mit $R = 8$ mm, verbrauchte Schlagenergie 174 J, Pendelschlag mit 300 J Arbeitsvermögen.

$KV_2$150 = 71 J: Probe mit V-Kerb, Hammerfinne mit $R = 2$ mm, verbrauchte Schlagenergie 71 J, Pendelschlag mit 150 J Arbeitsvermögen.

Umlaufbiegeversuch (Biege-Dauerfestigkeit)

vgl. DIN 50113 (1982-03)

W

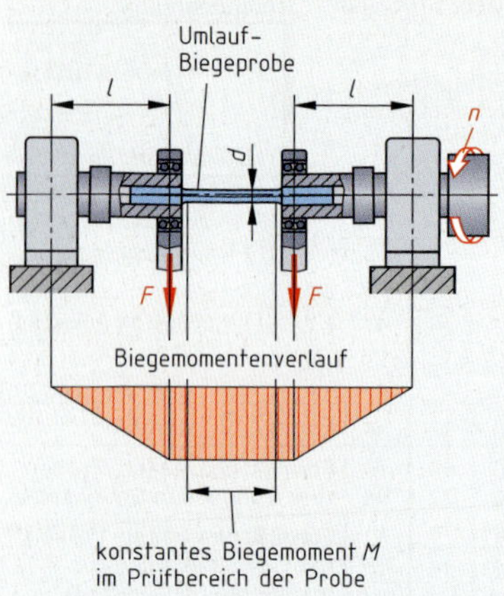

Wöhlerschaubild eines Stahles

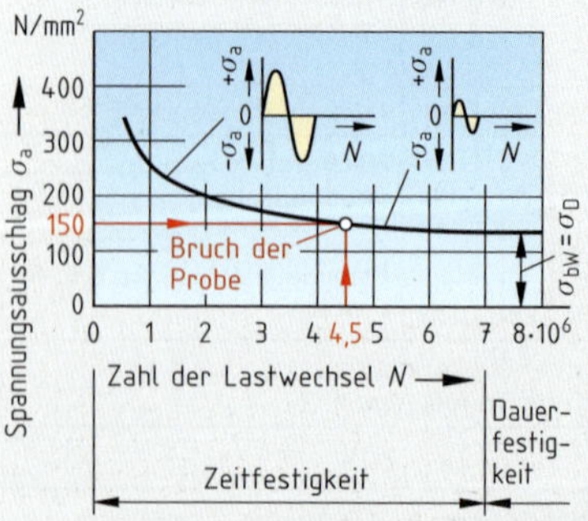

n Drehzahl in 1/min
N Zahl der Lastwechsel
d Probendurchmesser in mm
l Lagerabstand in mm
F Biegekraft in N
M Biegemoment in N · mm
W Widerstandsmoment in mm³
σ_a Spannungsausschlag in N/mm²
σ_D Dauerfestigkeit in N/mm²
σ_{bW} Biegewechselfestigkeit in N/mm² ($\sigma_{bW} = \sigma_D$)

Widerstandsmoment

$$W = \frac{\pi \cdot d^3}{32}$$

Biegekraft

$$F = \frac{\sigma_a \cdot W}{l}$$

Proben

Zylindrische Proben mit geschliffener oder polierter Oberfläche (Kaltverfestigungen vermeiden). Probendurchmesser $d \leq 16$ mm

Versuch

Die mit n = 3000/min ... 12 000/min umlaufenden Proben werden durch die Biegekraft F belastet und so mit dem vorgewählten Spannungsausschlag σ_a auf Wechselbiegung beansprucht. Im Bereich der Zeitfestigkeit brechen Stahlproben nach $N < 7 \cdot 10^6$ Lastwechseln. Beanspruchungen im Bereich der Dauerfestigkeit σ_D führen zu keinem Bruch der Proben.

Versuchsergebnisse

Dauerfestigkeit σ_D = Biegewechselfestigkeit σ_{bW}, Zeitfestigkeit σ_N

Beispiel:

Probendurchmesser $d = 10$ mm, Lagerabstand $l = 100$ mm, gewählter Spannungsausschlag $\sigma_a = 150$ N/mm²

Gesucht: Widerstandsmoment W, einzustellende Biegekraft F

Lösung: $W = \frac{\pi \cdot d^3}{32} = \frac{\pi \cdot (10\text{ mm})^3}{32} = 98{,}17\text{ mm}^3$

$F = \frac{\sigma_a \cdot W}{l} = \frac{150\text{ N/mm}^2 \cdot 98{,}17\text{ mm}^3}{100\text{ mm}} = \mathbf{147{,}3\text{ N}}$

Bruch der Probe bei N = 4,5 · 10⁶ Lastwechseln (siehe Wöhlerschaubild)

Härteprüfung nach Brinell

Härteprüfung nach Brinell

vgl. DIN EN ISO 6506-1 (2015-02)

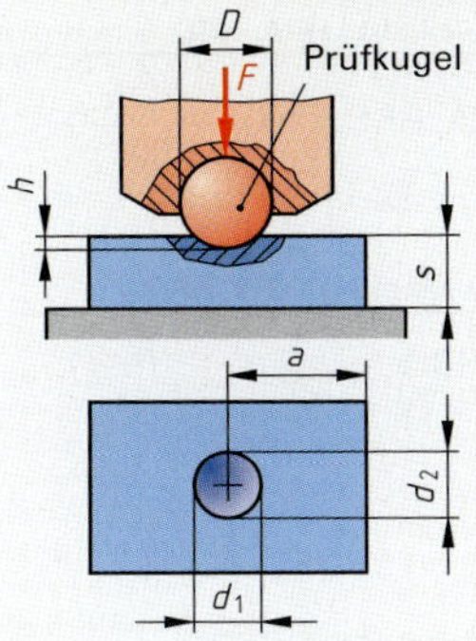

F	Prüfkraft in N
D	Kugeldurchmesser in mm
d	Eindruckdurchmesser in mm
d_1, d_2	Einzelmesswerte der Eindruckdurchmesser in mm
h	Eindrucktiefe in mm
s	Mindestdicke der Probe in mm
a	Randabstand in mm

Prüfbedingungen

Eindruckdurchmesser
$0{,}24 \cdot D \leq d \leq 0{,}6 \cdot D$

Mindestprobendicke $s \geq 8 \cdot h$

Randabstand $a \geq 2{,}5 \cdot d$

Probenoberfläche: metallisch blank

Eindruckdurchmesser

$$d = \frac{d_1 + d_2}{2}$$

Brinellhärte

$$\text{HBW} = \frac{0{,}204 \cdot F}{\pi \cdot D \cdot (D - \sqrt{D^2 - d^2})}$$

Bezeichnungsbeispiele:

180 HBW 2,5 / 62,5
600 HBW 1 / 30 / 25

Härtewert	Prüfkörper	Kugeldurchmesser	Prüfkraft F	Einwirkdauer
Brinellhärte 180 Brinellhärte 600	W Hartmetallkugel	2,5 mm 1 mm	62,5 · 9,80665 N = 612,9 N 30 · 9,80665 N = 294,2 N	ohne Angabe: 10 bis 15 s Wertangabe: 25 s

Prüfbereiche, Beanspruchungsgrad, Kugeldurchmesser und Prüfkräfte

Prüfbereich		Beanspruchungsgrad	Prüfkraft F in N bei Kugeldurchmesser D [1] in mm			
Werkstoffe	Brinellhärte HBW	$0{,}102 \cdot F/D^2$	1	2,5	5	10
Stahl, Nickel- und Titanlegierungen	–	30	294,2	1839	7355	29420
Gusseisen	< 140	10	98,07	612,9	2452	9807
	≥ 140	30	294,2	1839	7355	29420
Kupfer und Kupferlegierungen	< 35	5	49,03	306,5	1226	4903
	35 … 200	10	98,07	612,9	2452	9807
	> 200	30	294,2	1839	7355	29420
Leichtmetalle und Leichtmetalllegierungen	< 35	2,5	24,52	153,2	612,9	2452
	35 … 80	5	49,03	306,5	1226	4903
		10	98,07	612,9	2452	9807
		15	–	–	–	14710
	> 80	10	98,07	612,9	2452	9807
		1	9,807	61,29	245,2	980,7
Blei, Zinn	–	1	9,807	61,29	245,2	980,7

[1] Kleine Kugeldurchmesser bei feinkörnigen Werkstoffen, dünnen Proben oder bei Härteprüfungen in der Randschicht. Für die Härteprüfung an Gusseisen muss der Kugeldurchmesser $D \geq 2{,}5$ mm sein. Härtewerte sind nur vergleichbar, wenn die Prüfungen mit gleichem Beanspruchungsgrad durchgeführt wurden.

Mindestdicke s der Proben

Kugeldurchmesser D in mm	Mindestdicke s in mm für Eindruckdurchmesser d [1] in mm																	
	0,25	0,35	0,5	0,6	0,8	1,0	1,2	1,3	1,5	2,0	2,4	3,0	3,5	4,0	4,5	5,0	5,5	6,0
1	0,13	0,25	0,54	0,8														
2,5				0,29	0,53	0,83	1,23	1,46	2,0									
5							0,58	0,69	0,92	1,67	2,45	4,0						
10											1,17	1,84	2,53	3,34	4,28	5,36	6,59	8,0

Beispiel: $D = 2{,}5$ mm, $d = 1{,}2$ mm
→ Mindestprobendicke
$s = 1{,}23$ mm

[1] Tabellenfelder ohne Dickenangabe liegen außerhalb des Prüfbereiches $0{,}24 \cdot D \leq d \leq 0{,}6 \cdot D$

W

Härteprüfung nach Rockwell, Härteprüfung nach Vickers

Härteprüfung nach Rockwell

vgl. DIN EN ISO 6508-1 (2016-12)

Härteprüfung

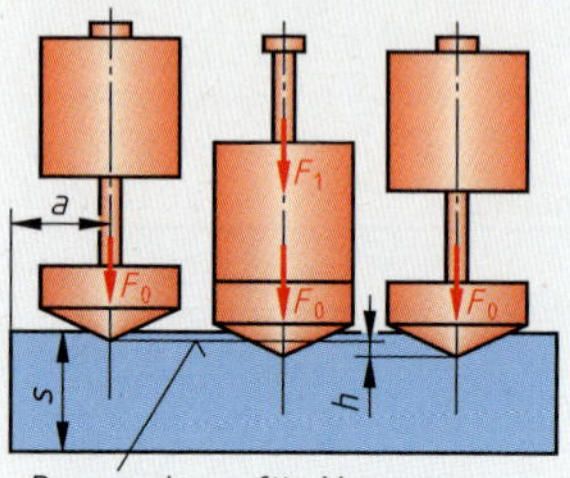

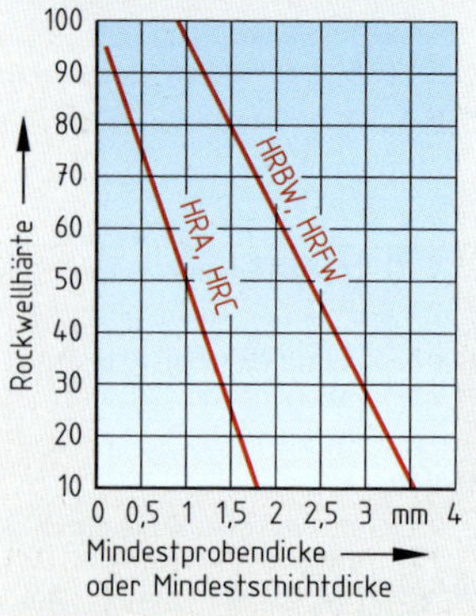

F_0 Prüfvorkraft in N
F_1 Prüfkraft in N
h bleibende Eindringtiefe in mm
s Probendicke
a Randabstand

Prüfbedingungen

Probenoberfläche geschliffen mit $Ra = 0{,}8 \ldots 1{,}6\ \mu m$. Die Bearbeitung der Probe darf keine Gefügeveränderungen zur Folge haben.

Randabstand $a \geq 1$ mm

Rockwellhärte HRA, HRC

$$\text{HRA, HRC} = 100 - \frac{h}{0{,}002\ \text{mm}}$$

Rockwellhärte HRBW, HRFW

$$\text{HRBW, HRFW} = 130 - \frac{h}{0{,}002\ \text{mm}}$$

Bezeichnungsbeispiele:

65 HRC
70 HRBW

Härtewert	Prüfverfahren	
65 70	HRC Rockwellhärte – C, Prüfung mit Diamantkegel	HRBW Rockwellhärte – B, Prüfung mit Hartmetallkugel

Prüfverfahren, Anwendungen (Auswahl)

Verfahren	Eindringkörper	F_0 in N	F_1 in N	Messbereich von ... bis	Anwendung
HRA	Diamantkegel, Kegelwinkel 120°	98	490,3	20 ... 95 HRA	gehärteter Stahl, hochfeste Metalle
HRC		98	1373	20 ... 70 HRC	
HRBW	Hartmetallkugel (W) ∅ 1,5875 mm	98	882,6	10 ... 100 HRBW	weicher Stahl, NE-Metalle
HRFW		98	490,3	60 ... 100 HRFW	

Härteprüfung nach Vickers

vgl. DIN EN ISO 6507-1 (2006-03)

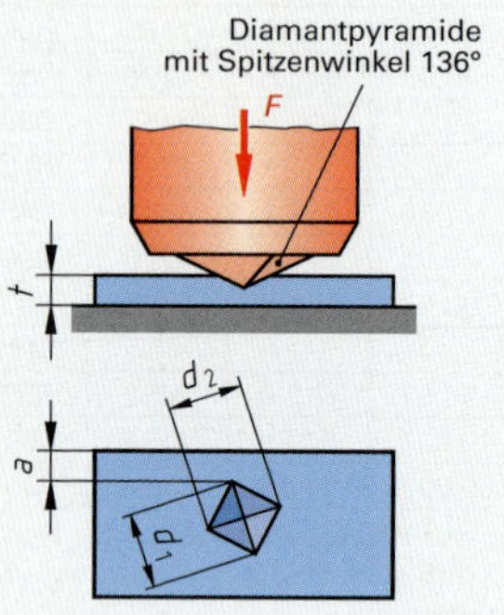

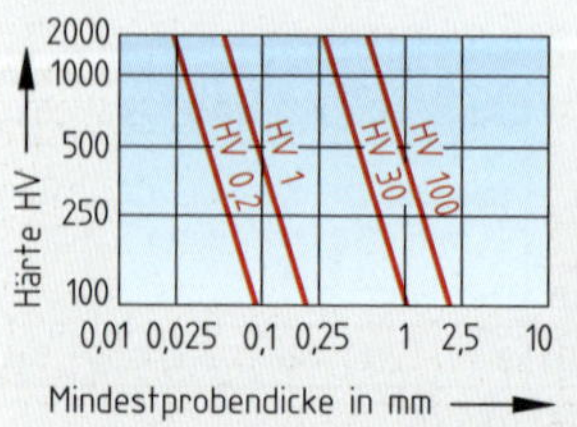

F Prüfkraft in N
d Diagonale des Eindrucks in mm
s Probendicke
a Randabstand

Prüfbedingungen

Probenoberfläche geschliffen mit $Ra = 0{,}4 \ldots 0{,}8\ \mu m$. Die Bearbeitung der Probe darf keine Gefügeveränderungen zur Folge haben.

Randabstand $a \geq 2{,}5 \cdot d$

Diagonale des Eindrucks

$$d = \frac{d_1 + d_2}{2}$$

Vickershärte

$$\text{HV} = 0{,}1891 \cdot \frac{F}{d^2}$$

Bezeichnungsbeispiele:

540 HV 1 / 20
650 HV 5

Härtewert	Prüfkraft F	Einwirkdauer
Vickershärte 540 Vickershärte 650	$1 \cdot 9{,}80665$ N = 9,807 N $5 \cdot 9{,}80665$ N = 49,03 N	Wertangabe: 20 s ohne Angabe: 10 bis 15 s

Prüfbedingungen und Prüfkräfte für die Härteprüfung nach Vickers

Prüfbedingung	HV100	HV50	HV30	HV20	HV10	HV5
Prüfkraft in N	980,7	490,3	294,2	196,1	98,07	49,03
Prüfbedingung	HV3	HV2	HV1	HV0,5	HV0,3	HV0,2
Prüfkraft in N	29,42	19,61	9,807	4,903	2,942	1,961

Martenshärte, Umrechnung von Härtewerten

Martenshärte durch Eindringprüfung

vgl. DIN EN ISO 14577 (2015-11)

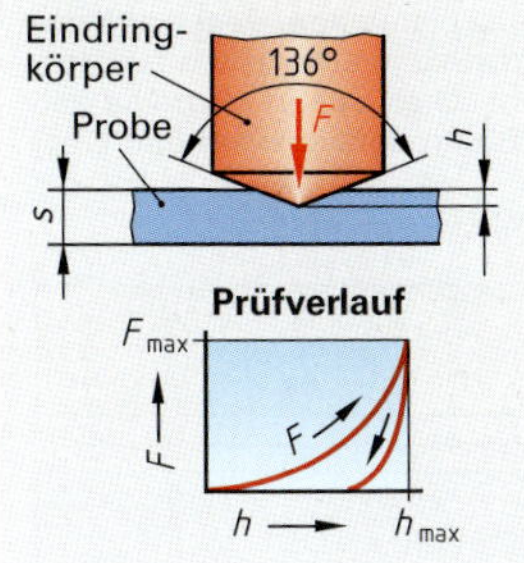

F Prüfkraft in N
h Eindringtiefe in mm
s Probendicke in mm

Probenoberflächen			
Werkstoff	Mittenrauwert *Ra* in µm bei Prüfkraft *F*		
	0,1 N	2 N	100 N
Aluminium	0,13	0,55	4,00
Stahl	0,08	0,30	2,20
Hartmetall	0,03	0,10	0,80

Martenshärte

$$HM = \frac{F}{26{,}43 \cdot h^2}$$

Bezeichnung: HM 0,5 / 20 / 20 = 5700 N/mm²

Prüfverfahren	Prüfkraft *F*	Prüfdauer	Kraftaufbringung	Martens-Härtewert
Martenshärte	0,5 N	20 s	innerhalb von 20 s	5700 N/mm²

Prüfbereich	Bedingungen	Anwendungen
Makrobereich	2 N ≤ *F* ≤ 30 kN	Universal-Härteprüfung, z. B. für alle Metalle, Kunststoffe, Hartmetalle, keramischen Werkstoffe; Mikro- und Nanobereich: Dünnschichtmessung, Gefügebestandteile
Mikrobereich	*F* < 2 N oder *h* > 0,2 µm	
Nanobereich	*h* ≤ 0,2 µm	

Umwertungstabellen für Härtewerte und Zugfestigkeit (Auswahl)

vgl. DIN EN ISO 18265 (2014-02)

Umwertung von Zugfestigkeit[1] in Härte[1] oder Härte[1] in Härte[1]

R_m	HV	HB	HR	R_m	HV	HB	HR	R_m	HV	HB	HR	R_m	HV	HB	HR
Unlegierte und niedriglegierte Stähle; Einsatz-, Vergütungs- oder Werkzeugstähle im Auslieferungszustand															
255	80	76,0	–	705	220	209	–	1420	440	418	44,5	–	700	–	60,1
285	90	85,5	–	740	230	219	–	1485	460	437	46,1	–	720	–	61,0
305	95	90,2	–	770	240	228	20,3	1555	480	456	47,7	–	740	–	61,8
320	100	95,0	–	800	250	238	22,2	1630	500	475	49,1	–	760	–	62,5
350	110	105	–	835	260	247	24,0	1700	520	494	50,5	–	780	–	63,3
385	120	114	–	865	270	257	25,6	1775	540	513	51,7	–	800	–	64,0
415	130	124	–	900	280	266	27,1	1845	560	532	53,0	–	820	–	64,7
450	140	133	–	930	290	276	28,5	1920	580	551	54,1	–	840	–	65,3
480	150	143	–	965	300	285	29,8	1995	600	570	55,2	–	860	–	65,9
510	160	152	–	1030	320	304	32,2	2070	620	589	56,3	–	880	–	66,4
545	170	162	–	1095	340	323	34,4	2145	640	606	57,3	–	900	–	67,0
575	180	171	–	1155	360	342	36,6	2180	650	618	57,8	–	920	–	67,5
610	190	181	–	1220	380	361	38,8	–	660	–	58,3	–	940	–	68,0
640	200	190	–	1290	400	380	40,8	–	670	–	58,8	–	–	–	–
675	210	199	–	1350	420	399	42,7	–	680	–	59,2	–	–	–	–
Vergütungsstähle im vergüteten Zustand															
651	210	205	–	940	300	296	30,5	1220	390	385	40,6	–	490	482	48,6
683	220	215	–	972	310	306	31,8	1250	400	395	41,5	–	510	501	49,9
716	230	225	–	1003	320	316	33,1	1281	410	405	42,4	–	530	520	51,2
748	240	235	21,2	1035	330	326	34,3	1311	420	414	43,2	–	550	539	52,4
781	250	245	22,9	1070	340	336	35,4	1341	430	424	44,1	–	570	558	53,5
813	260	255	24,6	1097	350	345	36,5	1371	440	434	44,9	–	590	577	54,6
845	270	266	26,2	1128	360	355	37,6	1401	450	444	45,7	–	610	596	55,6
877	280	276	27,7	1159	370	365	38,6	1430	460	453	46,4	–	630	614	56,6
909	290	286	29,1	1189	380	375	39,6	1460	470	463	47,2	–	650	632	57,5

[1] R_m Zugfestigkeit in N/mm², HV Vickershärte HV10, HB Brinellhärte HBW, HR Rockwellhärte HRC

Korrosion

Elektrochemische Spannungsreihe der Metalle

Bei der elektrochemischen Korrosion laufen die gleichen Vorgänge ab wie in galvanischen Elementen. Dabei wird das unedlere Metall zerstört. Die zwischen den beiden unterschiedlichen Metallen unter Einwirkung einer leitenden Flüssigkeit (Elektrolyt) auftretende Spannung kann den Normalpotenzialen der elektrochemischen Spannungsreihe entnommen werden. Als Normalpotenzial bezeichnet man die Spannung zwischen dem Elektrodenwerkstoff und einer mit Wasserstoff umspülten Platinelektrode.

Durch Passivierung (Bildung von Schutzschichten) ändert sich die Spannung zwischen den Elementen.

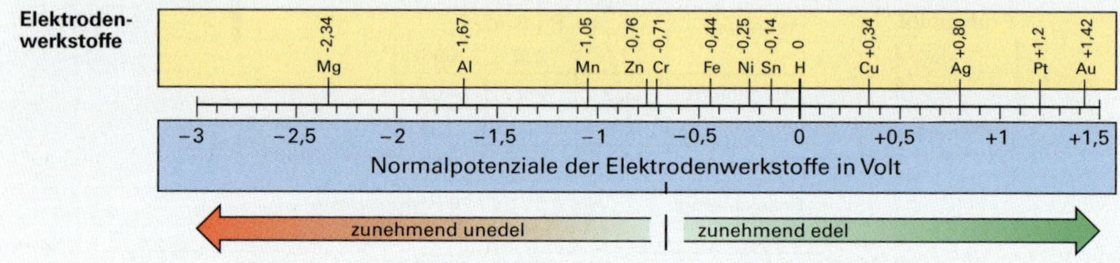

Beispiel: Die Normalpotenziale von Cu = + 0,34 V und Al = −1,67 V ergeben eine Spannung zwischen Cu und Al von U = + 0,34 V − (−1,67 V) = 2,01 V

Korrosionsverhalten der metallischen Werkstoffe

Werkstoffe	Korrosionsverhalten	Beständigkeit in folgender Umgebung				
		trockene Raumluft	Landluft	Industrieluft	Meerluft	Meerwasser
Unlegierte und legierte Stähle	nur in trockenen Räumen beständig	●	◔	◔	○	○
Nichtrostende Stähle	beständig, aber nicht gegen aggressive Chemikalien	●	●	◐	◐	◐
Aluminium und Al-Legierungen	beständig, außer den Cu-haltigen Al-Legierungen	●	◐	◐	◐	●...◔
Kupfer und Cu-Legierungen	beständig, vor allem Ni-haltige Cu-Legierungen	●	●	◐	◐	●...◔

● beständig ◐ ziemlich beständig ◔ unbeständig ○ unbrauchbar

Korrosionsschutz

Vorbereitung von Metalloberflächen vor der Beschichtung

Arbeitsschritt	Zweck	Verfahren
Mechanisches Reinigen und Erzeugen einer guten Haftgrundlage	Beseitigen von Walzzunder, Rost und Verschmutzungen	Schleifen, Bürsten, Strahlen mit Wasserstrahl, dem Quarzsand beigemischt ist
Chemisches Reinigen und Erzeugen einer günstigen Oberflächenbeschaffenheit	Beseitigen von Walzzunder, Rost und Fettrückständen Aufrauen oder Glätten der Oberfläche	Beizen mit Säure oder Lauge; Entfetten mit Lösungsmitteln; chemisches oder elektrochemisches Polieren

Korrosionsschutz-Maßnahmen

Maßnahmen	Beispiele
Wahl geeigneter Werkstoffe	Nichtrostender Stahl für Teile zur Aufbereitung bei der Papierherstellung
Korrosionsschutzgerechte Konstruktion	gleiche Werkstoffe an Kontaktstellen, Isolierschichten zwischen den Bauteilen, Vermeidung von Spalten
Schutzschichten: • Schutzöl oder Schutzfett • Chemische Oberflächenbehandlung • Schutzanstriche	Einölen von Gleitbahnen und Messzeugen Phophatieren, Brünieren Lackschicht, eventuell nach vorherigem Phosphatieren
Metallische Überzüge	Feuerverzinken galvanische Metallüberzüge, z.B. verchromen
Katodischer Korrosionsschutz	Zu schützendes Bauteil, z.B. eine Schiffsschraube, wird mit einer Opferanode verbunden.
Anodische Oxidation von Al-Werkstoffen	Auf dem Bauteil, z.B. einer Felge, wird eine korrosionsbeständige, feste Oxidschicht erzeugt.

5 Maschinenelemente

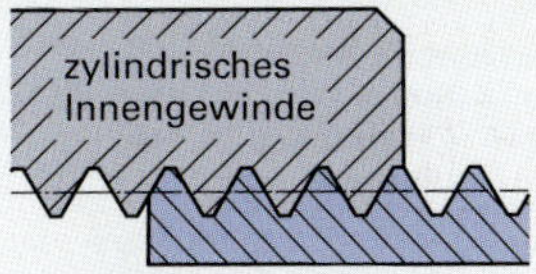

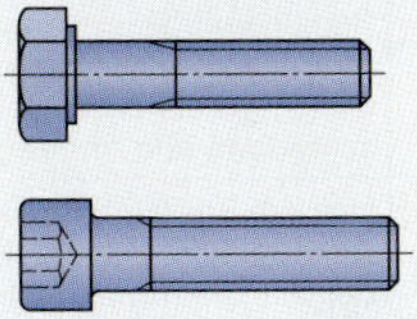

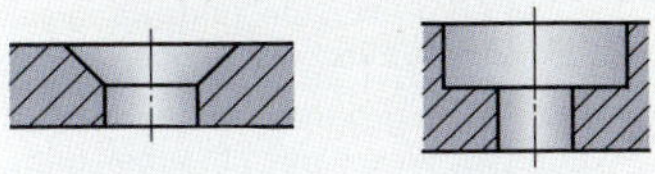

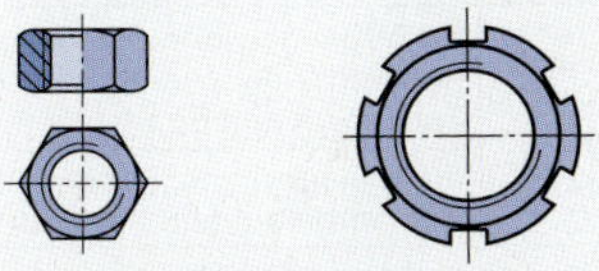

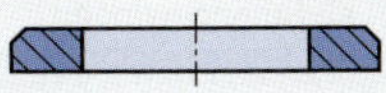

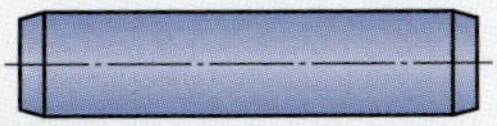

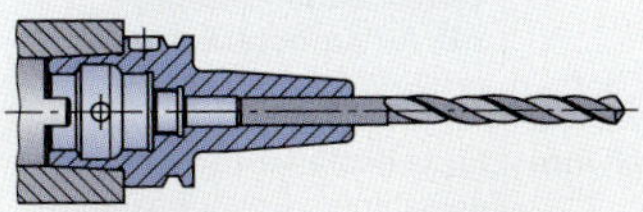

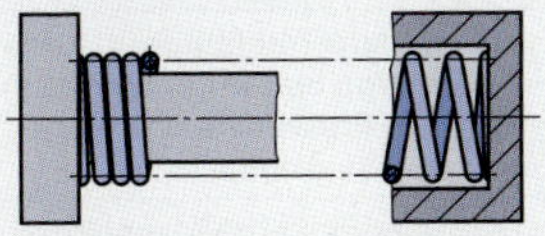

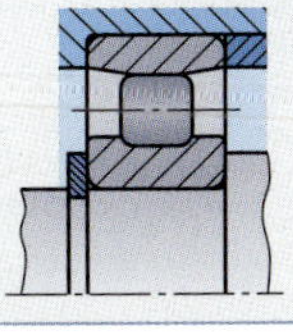

M

Gewindearten, Übersicht

vgl. DIN 202 (1999-11)

Rechtsgewinde, eingängig

Befestigungsgewinde

Gewindebezeichnung	Gewindeprofil	Buchstabe	Norm, Beispiel	Nenngröße *d* Steigung P	Eigenschaft, Anwendung
Metrisches ISO-Gewinde	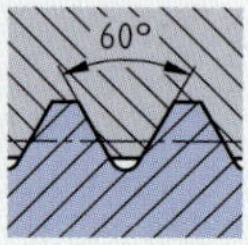	M	DIN 14-1 **M 08**	*d* = 0,3 bis 0,9 mm	< 1 mm Nenndurchmesser; für Uhren, Feinwerktechnik
			DIN 13-1 **M 30**	*d* = 1…68 mm P = 0,25…6 mm	Regelgewinde im Maschinenbau, Toleranzklassen fein, mittel, grob; für Befestigungsschrauben und -muttern
Metrisches ISO-Feingewinde			DIN 13-2 bis DIN 13-10 **M 24 x 1,5**	*d* = 1…1000 mm P = 0,2…8 mm	kleinere Steigung und kleinere Gewindetiefe als Regelgewinde, selbsthemmend, große Spannkraft; für größere Abmessungen, dünnwandige Teile, Einstellschrauben
Metrisches kegeliges Außengewinde	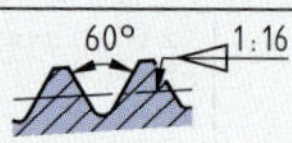		DIN 158-1 **M 30 x 2 keg**	*d* = 5…60 mm P = 0,8…2 mm	Innengewinde ist zylindrisch; für Verschlussschrauben und Schmiernippel
Zylindrisches Rohrgewinde für **nicht** im Gewinde dichtende Verbindungen		G	ISO 228-1 **G 1¹/₂ A**	*d* = ¹/₁₆…6 inch P = 0,907…2,309 mm	für Außengewinde: Rohre, Rohrverbindungen, Armaturen Toleranz A und B
			ISO 228-1 **G 1¹/₂**		für Innengewinde: Rohre, Rohrverbindungen, Armaturen
Zylindrisches Rohrgewinde für im Gewinde dichtende Verbindungen		Rp	DIN 2999-1 **Rp ¹/₂**	*d* = ¹/₁₆…6 inch	für Innengewinde: Gewinderohre und Fittings
			DIN 3858 **Rp ¹/₂**	*d* = ¹/₈…1¹/₂ inch	für Innengewinde: Rohrverschraubungen
Kegeliges Rohrgewinde für im Gewinde dichtende Verbindungen	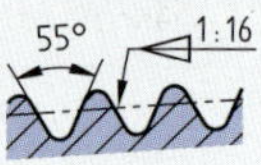	R	DIN 2999-1 **R ¹/₂**	*d* = ¹/₁₆…6 inch	für Außengewinde: Gewinderohre und Fittings
			DIN 3858 **R 1¹/₂**	*d* = ¹/₈…1¹/₂ inch	für Außengewinde: Rohrverschraubungen
Blechschraubengewinde		ST	ISO 1478 **ST 3,5**	*d* = 1,5…9,5 mm	Blechschraube schneidet Gewinde in Kernlöcher der zu verbindenden Bleche; z. B. für Karosserieteile

Bewegungsgewinde

Gewindebezeichnung	Gewindeprofil	Buchstabe	Norm, Beispiel	Nenngröße *d* Steigung P	Eigenschaft, Anwendung
Metrisches ISO-Trapezgewinde	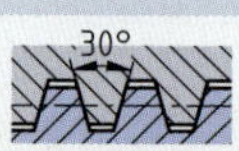	Tr	DIN 103 **TR 40 x 7**	*d* = 8…300 mm P = 1,5…44 mm	für Leitspindeln an Drehmaschinen, Gewindespindeln an Schraubstöcken
Metrisches Sägengewinde	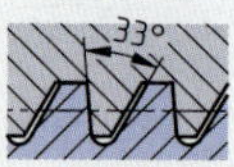	S	DIN 513 bis DIN 513-5 **S 48 x 8**	*d* = 10…640 mm P = 2…44 mm	höhere Tragfähigkeit; für einseitige Belastung, Spindeln von Pressen, Spannzangen bei Drehmaschinen
Zylindrisches Rundgewinde	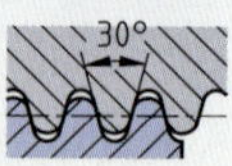	Rd	DIN 405-1 bis DIN 405-2 **Rd 40 x ¹/₆**	*d* = 8…200 mm P = ¹/₁₀…¹/₄ inch	geringe Kerbwirkung, großes Spiel; für rauen Betrieb (z. B. Kupplungsspindeln von Eisenbahnwagen)

Linksgewinde, mehrgängige metrische Gewinde

vgl. DIN ISO 965-1 (1999-11)

Gewindeart	Erläuterung	Bezeichnung (Beispiele)
Linksgewinde[1]	Kurzzeichen LH (= Left Hand) hinter dem Gewindedurchmesser	M 30 LH Tr 40 x 7 LH
Mehrgängige Gewinde[2]	Hinter dem Gewindedurchmesser folgt die Steigung Ph und die Teilung P (bzw. LH bei Linksgewinde)	M 16 x Ph 3 P 1,5; (zweigängig) M 14 x Ph 6 P 2 LH; (dreigängig)

[1] Haben Werkstücke Rechts- und Linksgewinde, so ist hinter die Bezeichnung des Rechtsgewindes das Kurzzeichen RH (= Right Hand) bzw. beim Linksgewinde LH (= Left Hand) zu setzen (Seite 80).

[2] Bei mehrgängigen Gewinden gilt **Gangzahl = Steigung Ph : Teilung P**

Gewinde nach ausländischen Normen (Auswahl)[1)]

Gewindebenennung	Gewindeprofil	Kurzzeichen	Gewindebezeichnung		Land[2)]
			Beispiel	Bedeutung	
Einheitsgewinde, grob (**U**nified **N**ational **C**oarse Thread)	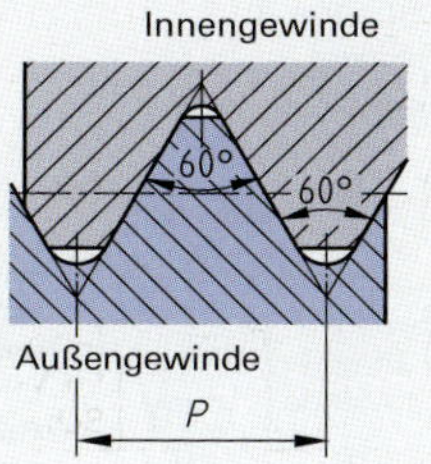	UNC	$^{1}/_{4}$–20 UNC–2A	ISO-UNC-Gewinde mit $^{1}/_{4}$ inch Nenndurchmesser, 20 Gewindegänge/inch, Passungsklasse 2A	AR, AU, GB, IN, JP, NO, PK, SE u. a.
Einheits-Feingewinde (**U**nified **N**ational **F**ine Thread)		UNF	$^{1}/_{4}$–28 UNF–3A	ISO-UNF-Gewinde mit $^{1}/_{4}$ inch Nenndurchmesser, 28 Gewindegänge/inch, Passungsklasse 3A	AR, AU, GB, IN,JP, NO, PK, SE u. a.
Einheitsgewinde, extra fein (**U**nified **N**ational **E**xtrafine Thread)		UNEF	$^{1}/_{4}$– 32 UNEF – 3A	ISO-UNEF-Gewinde mit $^{1}/_{4}$ inch Nenndurchmesser, 32 Gewindegänge/inch, Passungsklasse 3A	AU, GB, IN, NO, PK, SE u. a.
Einheits-Sondergewinde, besondere Durchmesser/Steigungskombinationen (**U**nified **N**ational **S**pecial Thread)		UNS	$^{1}/_{4}$–27 UNS	UNS-Gewinde mit $^{1}/_{4}$ inch Nenndurchmesser, 27 Gewindegänge/inch	AU, GB, NZ, US
Zylindrisches Rohrgewinde für mechanische Verbindungen (**N**ational Standard **S**traight **P**ipe Threads for **M**echanical joints)	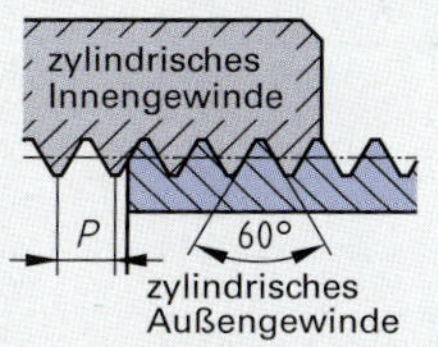	NPSM	$^{1}/_{2}$–14 NPSM	NPSM-Gewinde mit $^{1}/_{2}$ inch Nenndurchmesser, 14 Gewindegänge/inch	US
Amerikanisches Standard-Rohrgewinde, kegelig (American **N**ational Standard **T**aper-**P**ipe Thread) nicht dichtend	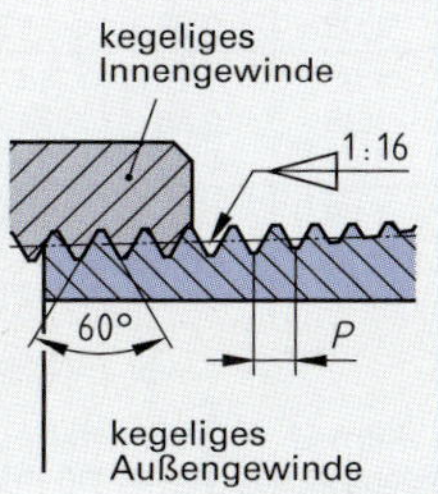	NPT	$^{3}/_{8}$–18 NPT	NPT-Gewinde mit $^{3}/_{8}$ inch Nenndurchmesser, 18 Gewindegänge/inch	BR, FR, US
Amerikanisches kegeliges Fein-Rohrgewinde (American **N**ational **T**aper **P**ipe Thread, **F**ine)		NPTF	$^{1}/_{2}$–14 NPTF (dryseal)	NPTF-Gewinde mit $^{1}/_{2}$ inch Nenndurchmesser, 14 Gewindegänge/inch (trocken dichtend)	BR, US
Amerikanisches Trapezgewinde $h = 0{,}5 \cdot P$ (American trapezoidal threads)	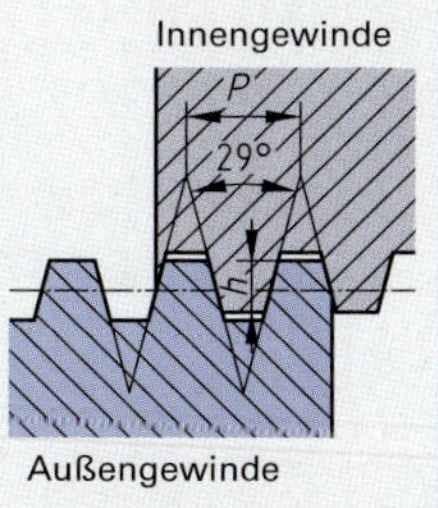	Acme	$1^{3}/_{4}$–4 Acme – 2G	Acme-Gewinde mit $1^{3}/_{4}$ inch Nenndurchmesser, 4 Gewindegänge/inch, Passungsklasse 2G	AU, GB, NZ, US
Amerikanisches abgeflachtes Trapezgewinde $h = 0{,}3 \cdot P$ (American truncated trapezoidal threads)		Stub-Acme	$^{1}/_{2}$–20 Stub-Acme	Stub-Acme-Gewinde mit $^{1}/_{2}$ inch Nenndurchmesser, 20 Gewindegänge/inch	US

1) vgl. Kaufmann, Manfred: „Wegweiser zu den Gewindenormen verschiedener Länder“, DIN, Beuth-Verlag (2000-09)

2) Zwei-Buchstaben-Codes für Ländernamen, vgl. DIN EN ISO 3166-1 (2014-10)

M

Metrische Gewinde und Feingewinde

Metrisches ISO-Gewinde für allgemeine Anwendung, Nennprofile

vgl. DIN 13-19 (1999-11)

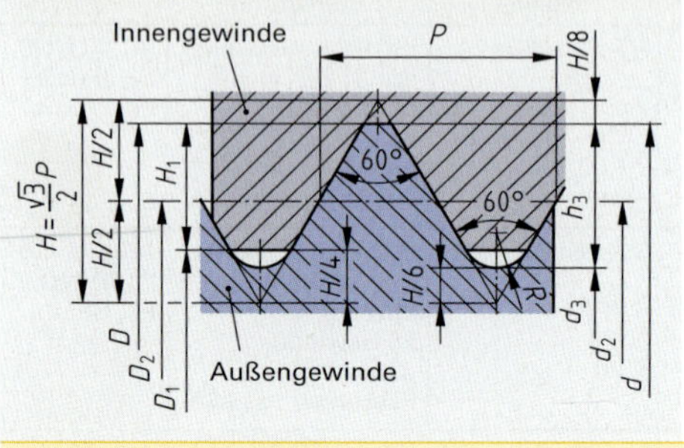

Gewinde-Nenndurchmesser	d	$= D$
Steigung	P	
Gewindetiefe des Außengewindes	h_3	$= 0{,}6134 \cdot P$
Gewindetiefe des Innengewindes	H_1	$= 0{,}5413 \cdot P$
Rundung	R	$= 0{,}1443 \cdot P$
Flanken-Ø	d_2	$= D_2 = d - 0{,}6495 \cdot P$
Kern-Ø des Außengewindes	d_3	$= d - 1{,}2269 \cdot P$
Kern-Ø des Innengewindes	D_1	$= d - 1{,}0825 \cdot P$
Kernlochbohrer-Ø		$= d - P$
Flankenwinkel	60°	
Spannungsquerschnitt	S	$= \frac{\pi}{4} \cdot \left(\frac{d_2 + d_3}{2}\right)^2$

Nennmaße für Regelgewinde Reihe 1[1] (Maße in mm)

vgl. DIN 13-1 (1999-11)

Gewindebezeichnung $d = D$	Steigung P	Flanken-Ø $d_2 = D_2$	Kern-Ø Außengewinde d_3	Kern-Ø Innengewinde D_1	Gewindetiefe Außengewinde h_3	Gewindetiefe Innengewinde H_1	Rundung R	Spannungsquerschnitt S mm²	Bohrer-Ø für Gewindekernloch[2]	Sechskantschlüsselweite[3]
M 1	0,25	0,84	0,69	0,73	0,15	0,14	0,04	0,46	0,75	–
M 1,2	0,25	1,04	0,89	0,93	0,15	0,14	0,04	0,73	0,95	–
M 1,6	0,35	1,38	1,17	1,22	0,22	0,19	0,05	1,27	1,25	3,2
M 2	0,4	1,74	1,51	1,57	0,25	0,22	0,06	2,07	1,6	4
M 2,5	0,45	2,21	1,95	2,01	0,28	0,24	0,07	3,39	2,05	5
M 3	0,5	2,68	2,39	2,46	0,31	0,27	0,07	5,03	2,5	5,5
M 3,5[4]	0,6	3,11	2,76	2,85	0,37	0,33	0,09	6,77	2,9	–
M 4	0,7	3,55	3,14	3,24	0,43	0,38	0,10	8,78	3,3	7
M 5	0,8	4,48	4,02	4,13	0,49	0,43	0,12	14,2	4,2	8
M 6	1	5,35	4,77	4,92	0,61	0,54	0,14	20,1	5,0	10
M 7[4]	1	6,35	5,77	5,92	0,61	0,54	0,14	28,84	6,0	11
M 8	1,25	7,19	6,47	6,65	0,77	0,68	0,18	36,6	6,8	13
M 10	1,5	9,03	8,16	8,38	0,92	0,81	0,22	58,0	8,5	16
M 12	1,75	10,86	9,85	10,11	1,07	0,95	0,25	84,3	10,2	18
M 14[4]	2	12,70	11,55	11,84	1,23	1,08	0,29	115,47	12	21
M 16	2	14,70	13,55	13,84	1,23	1,08	0,29	157	14	24
M 20	2,5	18,38	16,93	17,29	1,53	1,35	0,36	245	17,5	30
M 24	3	22,05	20,32	20,75	1,84	1,62	0,43	353	21	36
M 30	3,5	27,73	25,71	26,21	2,15	1,89	0,51	561	26,5	46
M 36	4	33,40	31,09	31,67	2,45	2,17	0,58	817	32	55
M 42	4,5	39,08	36,48	37,13	2,76	2,44	0,65	1121	37,5	65

M

Nennmaße für Feingewinde (Maße in mm)

vgl. DIN 13-2 ... DIN 13-10 (1999-11)

Gewindebezeichnung $d \times P$	Flanken-Ø $d_2 = D_2$	Kern-Ø Außeng. d_3	Kern-Ø Inneng. D_1	Gewindebezeichnung $d \times P$	Flanken-Ø $d_2 = D_2$	Kern-Ø Außeng. d_3	Kern-Ø Inneng. D_1	Gewindebezeichnung $d \times P$	Flanken-Ø $d_2 = D_2$	Kern-Ø Außeng. d_3	Kern-Ø Inneng. D_1
M 2 × 0,25	1,84	1,69	1,73	M 10 × 0,25	9,84	9,69	9,73	M 24 × 2	22,70	21,55	21,84
M 3 × 0,25	2,84	2,69	2,73	M 10 × 0,5	9,68	9,39	9,46	M 30 × 1,5	29,03	28,16	28,38
M 4 × 0,2	3,87	3,76	3,78	M 10 × 1	9,35	8,77	8,92	M 30 × 2	28,70	27,55	27,84
M 4 × 0,35	3,77	3,57	3,62	M 12 × 0,35	11,77	11,57	11,62	M 36 × 1,5	35,03	34,16	34,38
M 5 × 0,25	4,84	4,69	4,73	M 12 × 0,5	11,68	11,39	11,46	M 36 × 2	34,70	33,55	33,84
M 5 × 0,5	4,68	4,39	4,46	M 12 × 1	11,35	10,77	10,92	M 42 × 1,5	41,03	40,16	40,38
M 6 × 0,25	5,84	5,69	5,73	M 16 × 0,5	15,68	15,39	15,46	M 42 × 2	40,70	39,55	39,84
M 6 × 0,5	5,68	5,39	5,46	M 16 × 1	15,35	14,77	14,92	M 48 × 1,5	47,03	46,16	46,38
M 6 × 0,75	5,51	5,08	5,19	M 16 × 1,5	15,03	14,16	14,38	M 48 × 2	46,70	45,55	45,84
M 8 × 0,25	7,84	7,69	7,73	M 20 × 1	19,35	18,77	18,92	M 56 × 1,5	55,03	54,16	54,38
M 8 × 0,5	7,68	7,39	7,46	M 20 × 1,5	19,03	18,16	18,38	M 56 × 2	54,70	53,55	53,84
M 8 × 1	7,35	6,77	6,92	M 24 × 1,5	23,03	22,16	22,38	M 64 × 2	62,70	61,55	61,84

[1] Reihe 2 und Reihe 3 enthalten auch Zwischengrößen (z. B. M 9, M 11, M 27). [2] vgl. DIN 336 (2003-07)
[3] vgl. DIN ISO 272 (1979-10) [4] Gewindedurchmesser der Reihe 2, möglichst vermeiden

Kegeliges Außengewinde, Trapezgewinde

Metrisches kegeliges Außengewinde mit zugehörigem zylindrischem Innengewinde[1)]

vgl. DIN 158-1 (1997-06)

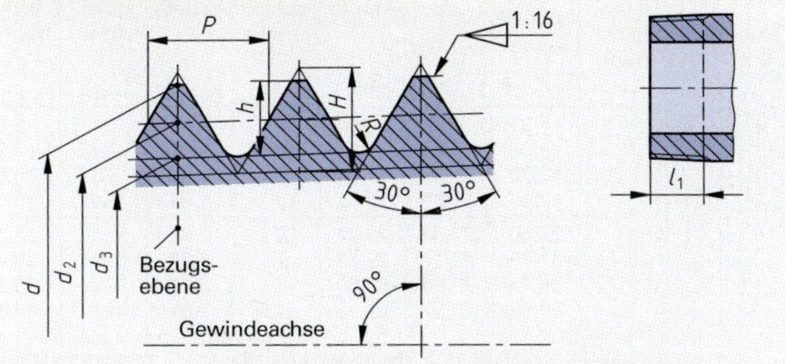

Gewindemaße des kegeligen Außengewindes

Außen-∅	d
Steigung	P
Höhe	$H = 0{,}866 \cdot P$
Gewindetiefe	$h = 0{,}613 \cdot P$
Flanken-∅	$d_2 = d - 0{,}650 \cdot P$
Kern-∅	$d_3 = d - 1{,}23 \cdot P$
Radius	$R = 0{,}144 \cdot P$

Gewinde-bezeichnung $d \times P$	Gew. länge l_1	Gew. tiefe h	Flanken-durchmesser d_2	Gewinde-bezeichnung $d \times P$	Gew. länge l_1	Gew. tiefe h	Flanken-durchmesser d_2
M 5 x 0,8 keg	5	0,52	4,48	M 24 x 1,5 keg	8,5	0,98	23,03
M 6 x 1 keg	5,5	0,66	5,35	M 30 x 1,5 keg	10,5	1,01	29,03
M 8 x 1 keg			7,35	M 36 x 1,5 keg			35,03
M 10 x 1 keg			9,35	M 42 x 1,5 keg			41,03
M 12 x 1 keg			11,35	M 48 x 1,5 keg			47,03
M 16 x 1,5 keg	8,5	0,98	15,03	M 56 x 2 keg	13	1,34	54,70
M 20 x 1,5 keg			19,03	M 60 x 2 keg			58,70

[1)] Für selbstdichtende Verbindungen (z.B. Verschlussschrauben, Schmiernippel). Bei größeren Nenndurchmessern wird ein im Gewinde wirkendes Dichtmittel empfohlen.

Metrisches ISO-Trapezgewinde

vgl. DIN 103-1 (1977-04)

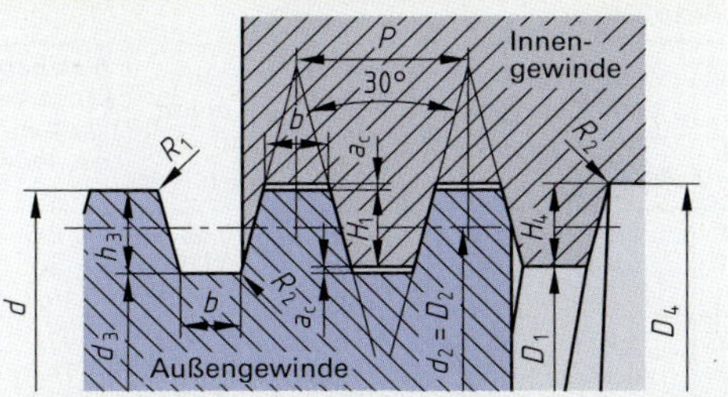

Nenndurchmesser	d
Steigung eingäng. Gewinde u. Teilung mehrgäng. Gewinde	P
Steigung mehrgäng. Gewinde	P_h
Gangzahl	$n = P_h : P$
Kern-∅ Außengewinde	$d_3 = d - (P + 2 \cdot a_c)$
Außen-∅ Innengewinde	$D_4 = d + 2 \cdot a_c$
Kern-∅ Innengewinde	$D_1 = d - P$
Flanken-∅	$d_2 = D_2 = d - 0{,}5 \cdot P$
Gewindetiefe	$h_3 = H_4 = 0{,}5 \cdot P + a_c$
Flankenüberdeckung	$H_1 = 0{,}5 \cdot P$
Spitzenspiel	a_c
Radius	R_1 und R_2
Breite	$b = 0{,}366 \cdot P - 0{,}54 \cdot a_c$
Flankenwinkel	30°

Maß	für Steigungen P in mm 1,5	2 … 5	6 …12	14 … 44
a_c	0,15	0,25	0,5	1
R_1	0,075	0,125	0,25	0,5
R_2	0,15	0,25	0,5	1

Gewinde-bezeichnung $d \times P$	Gewindemaße in mm: Flanken-∅ $d_2 = D_2$	Kern-∅ Außeng. d_3	Kern-∅ Inneng. D_1	Außen-∅ D_4	Gewinde-tiefe $h_3 = H_4$	Breite b	Gewinde-bezeichnung $d \times P$	Gewindemaße in mm: Flanken-∅ $d_2 = D_2$	Kern-∅ Außeng. d_3	Kern-∅ Inneng. D_1	Außen-∅ D_4	Gewinde-tiefe $h_3 = H_4$	Breite b
Tr 10 × 2	9	7,5	8	10,5	1,25	0,60	Tr 40 × 7	36,5	32	33	41	4	2,29
Tr 12 × 3	10,5	8,5	9	12,5	1,75	0,96	Tr 44 × 7	40,5	36	37	45	4	2,29
Tr 16 × 4	14	11,5	12	16,5	2,25	1,33	Tr 48 × 8	44	39	40	49	4,5	2,66
Tr 20 × 4	18	15,5	16	20,5	2,25	1,33	Tr 52 × 8	48	43	44	53	4,5	2,66
Tr 24 × 5	21,5	18,5	19	24,5	2,75	1,70	Tr 60 × 9	55,5	50	51	61	5	3,02
Tr 28 × 5	25,5	22,5	23	28,5	2,75	1,70	Tr 70 × 10	65	59	60	71	5,5	3,39
Tr 32 × 6	29	25	26	33	3,5	1,93	Tr 80 × 10	75	69	70	81	5,5	3,39
Tr 36 × 6	33	29	30	37	3,5	1,93	Tr 100 × 12	94	87	88	101	6,5	4,12

M

Whitworth-Gewinde, Rohrgewinde, Kugelgewindetrieb

Whitworth-Gewinde

(nicht genormt)

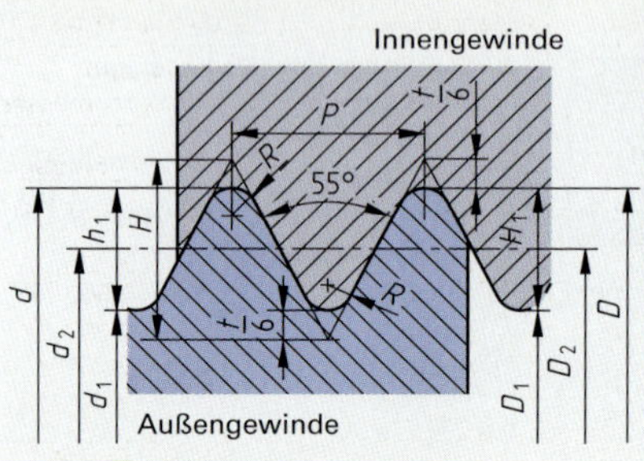

Gewindebezeichnung	Außen-Ø	Kern-Ø	Flanken-Ø	Gangzahl Z je inch	Gewindetiefe	Kernquerschnitt	Kernlochbohrer
d	$d = D$	$d_1 = D_1$	$d_2 = D_2$		$h_1 = H_1$	mm²	Ø
1/4"	6,35	4,72	5,54	20	0,81	17,5	5,1
3/8"	9,53	7,49	8,51	16	1,02	44,1	7,9
1/2"	12,70	9,99	11,35	12	1,36	78,4	10,5
3/4"	19,05	15,80	17,42	10	1,53	196	16,3
1"	25,40	21,34	23,37	8	2,03	358	22,0
1 1/4"	31,75	27,10	29,43	7	2,32	577	28,0
1 1/2"	38,10	32,68	35,39	6	2,71	839	33,5
2"	50,80	43,57	47,19	4,5	3,61	1491	44,5

Rohrgewinde

vgl. ISO 228-1 (2003-05), DIN EN 10226-1 (2004-10)

Rohrgewinde DIN ISO 228-1
für nicht im Gewinde dichtende Verbindungen; Innen- und Außengewinde zylindrisch

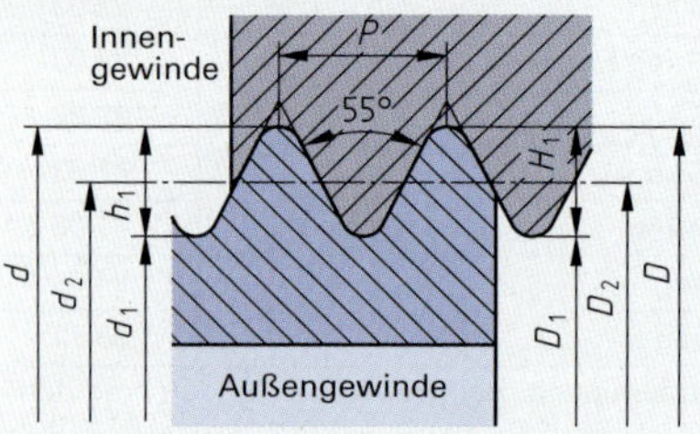

Rohrgewinde DIN EN 10226-1
im Gewinde dichtend; Innengewinde zylindrisch, Außengewinde kegelig

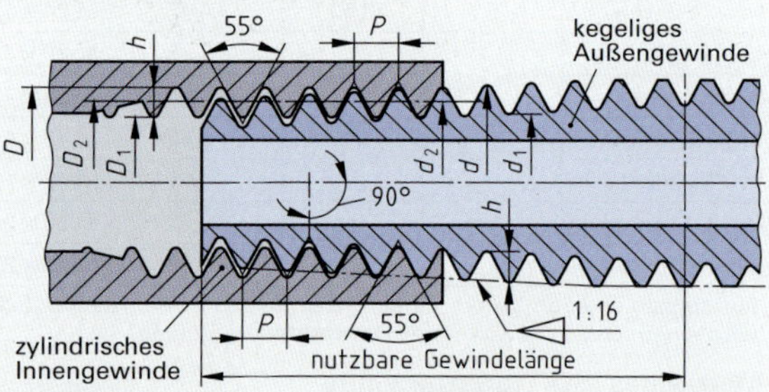

vgl. amerikanisches kegeliges Standard-Rohrgewinde NPT: Seite 209

Gewindebezeichnung DIN ISO 228-1 Außen- und Innengewinde	DIN EN 10226-1 Außengewinde	DIN EN 10226-1 Innengewinde	Außendurchmesser $d = D$	Flankendurchmesser $d_2 = D_2$	Kerndurchmesser $d_1 = D_1$	Steigung P	Anzahl der Teilungen auf 25,4 mm Z	Profilhöhe $h = h_1 = H_1$	Nutzbare Länge des Außengewindes ≥
G1/8	R1/8	Rp1/8	9,728	9,147	8,566	0,907	28	0,581	6,5
G1/4	R1/4	Rp1/4	13,157	12,301	11,445	1,337	19	0,856	9,7
G3/8	R3/8	Rp3/8	16,662	15,806	14,950	1,337	19	0,856	10,1
G1/2	R1/2	Rp1/2	20,955	19,793	18,631	1,814	14	1,162	13,2
G3/4	R3/4	Rp3/4	26,442	25,279	24,117	1,814	14	1,162	14,5
G1	R1	Rp1	33,249	31,770	30,291	2,309	11	1,479	16,8

M

Kugelgewindetrieb

vgl. DIN ISO 3408-1 (2011-04), DIN 69051-2 (1989-05)

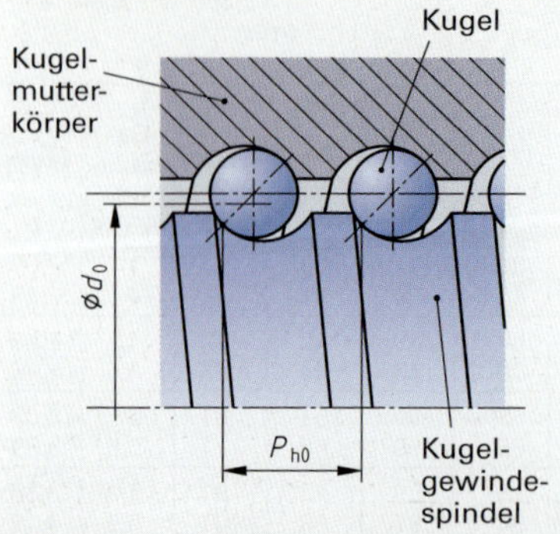

Positionier-Kugelgewindetrieb
Typ P:
vorgespannt, ohne Spiel, Verwendung für Präzisions-Positionierung.

Transport-Kugelgewindetrieb
Typ T:
nicht vorgespannt, mit Spiel, größere Toleranzen.

→ **Kugelgewindetrieb ISO 3408 32x5x800 P 3 R 4:**
d_0 = 32 mm, P_{h0} = 5 mm, Gewindelänge l_1 = 800 mm, Positionier-Kugelgewindetrieb, Toleranzklasse 3, Gewindesteigung rechts, aktive Gewindegänge = 4

Nennsteigung P_{h0}	Nenn-Ø d_0
2,5	6 … 16
5	10 … 63
10	12 … 125
20	20 … 200
40	20 … 200

Genormte Nenndurchmesser:
6; 8; 10; 12; 16; 20; 25; 32; 40; 50; 63; 80; 100; 125; 160; 200 mm

Gewindetoleranzen

Toleranzklassen für Metrische ISO-Gewinde

vgl. DIN ISO 965-1 (1999-11)

Gewindetoleranzen sollen die Funktion und Austauschbarkeit von Innen- und Außengewinden gewährleisten. Sie hängen von den in dieser Norm festgelegten Durchmessertoleranzen sowie von der Genauigkeit der Steigung und des Flankenwinkels ab.

Die Toleranzklasse (fein, mittel und grob) ist auch vom **Oberflächenzustand** der Gewinde abhängig. Dicke galvanische Schutzschichten erfordern mehr Spiel (z. B. Toleranzklasse 6G) als blanke oder phosphatierte Oberflächen (Toleranzklasse 5H).

Gewindetoleranz	Innengewinde	Außengewinde
Gültig für	Flanken- und Kerndurchmesser	Flanken- und Außendurchmesser
Kennzeichnung durch	Großbuchstaben	Kleinbuchstaben
Toleranzklasse (Beispiel)	**5H**	**6g**
Toleranzgrad (Größe der Toleranz)	5	6
Toleranzfeld (Lage der Nulllinie)	H	g

Bezeichnungsbeispiele	Erläuterungen
M12 x 1 – 5g 6g	Außen-Feingewinde, Nenn-∅ 12 mm, Steigung 1 mm; 5g → Toleranzklasse für Flanken-∅; 6g → Toleranzklasse für Außen-∅
M12 – 6g	Außen-Regelgewinde, Nenn-∅ 12 mm; 6g → Toleranzklasse für Flanken- und Außen-∅
M24 – 6G/6e	Gewindepassung für Regelgewinde, Nenn-∅ 24 mm, 6G → Toleranzklasse des Innengewindes, 6e → Toleranzklasse des Außengewindes
M16	Gewinde ohne Toleranzangabe, es gilt die Toleranzklasse mittel 6H/6g

In DIN ISO 965-1 werden für die Toleranzklasse „mittel" (allgemeine Anwendung) und die Einschraublänge „normal" des Gewindes die Toleranzklassen 6H/6g angegeben, vgl. Tabelle unten.

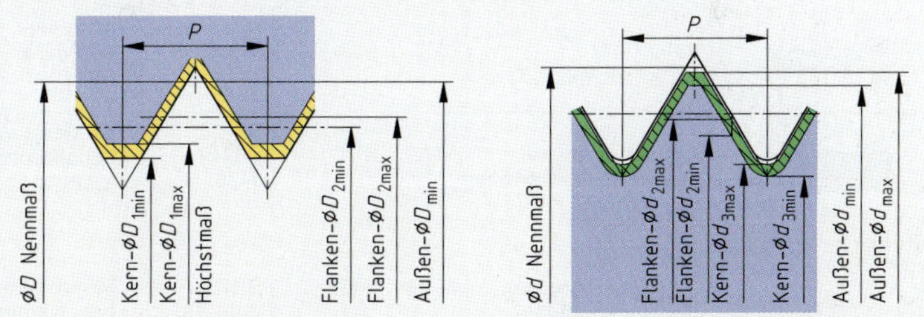

Innengewinde, Toleranzfeldlage H

Außengewinde, Toleranzfeldlage g

Grenzmaße für Außen- und Innengewinde (Auswahl)

vgl. DIN ISO 965-2 (1999-11)

Gewinde	Innengewinde – Toleranzklasse 6H					Außengewinde – Toleranzklasse 6g					
	Außen-∅ D	Flanken-∅ D_2		Kern-∅ D_1		Außen-∅ d		Flanken-∅ d_2		Kern-∅[1] d_3	
	min.	min.	max.	min.	max.	max.	min.	max.	min.	max.	min.
M3	3,0	2,675	2,775	2,459	2,599	2,980	2,874	2,655	2,580	2,367	2,273
M4	4,0	3,545	3,663	3,242	3,422	3,978	3,838	3,523	3,433	3,119	3,002
M5	5,0	4,480	4,605	4,134	4,334	4,976	4,826	4,456	4,361	3,995	3,869
M6	6,0	5,350	5,500	4,917	5,135	5,974	5,794	5,324	5,212	4,747	4,596
M8	8,0	7,188	7,348	6,647	6,912	7,972	7,760	7,160	7,042	6,438	6,272
M8 × 1	8,0	7,350	7,500	6,917	7,153	7,974	7,794	7,324	7,212	6,747	6,596
M10	10,0	9,026	9,206	8,376	8,676	9,968	9,732	8,994	8,862	8,128	7,938
M10 ×1	10,0	9,350	9,500	8,917	9,153	9,974	9,794	9,324	9,212	8,747	8,596
M12	12,0	10,863	11,063	10,106	10,441	11,966	11,701	10,829	10,679	9,819	9,602
M12 × 1,5	12,0	11,026	11,216	10,376	10,676	11,968	11,732	10,994	10,854	10,128	9,930
M16	16,0	14,701	14,913	13,385	14,210	15,962	15,682	14,663	14,503	13,508	13,271
M16 × 1,5	16,0	15,026	15,216	14,376	14,676	15,968	15,732	14,994	14,854	14,128	13,930
M20	20,0	18,376	18,600	17,294	17,744	19,958	19,623	18,334	18,164	16,891	16,625
M20 × 1,5	20,0	19,026	19,216	18,376	18,676	19,968	19,732	18,994	18,854	18,128	17,930
M24	24,0	22,051	22,316	20,752	21,252	23,952	23,577	22,003	21,803	20,271	19,955
M24 × 2	24,0	22,701	22,925	21,835	22,210	23,962	23,682	22,663	22,493	21,508	21,261
M30	30,0	27,727	28,007	26,211	26,771	29,947	29,522	27,674	27,462	25,653	25,306
M30 × 2	30,0	28,701	28,925	27,835	28,210	29,962	29,002	28,663	28,493	27,508	27,261
M36	36,0	33,402	33,702	31,670	32,270	35,940	35,465	33,342	33,118	31,033	30,655
M36 × 3	36,0	34,051	34,316	32,752	33,252	35,952	35,577	34,003	33,803	32,271	31,955

[1] vgl. DIN 13-20 (2000-08) und DIN 13-21 (2005-08)

M

Schrauben – Übersicht

Bild	Ausführung	Normbereich von … bis	Norm	Verwendung, Eigenschaften
Sechskantschrauben				Seite 217 … 219
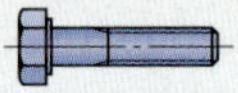	mit Schaft und Regelgewinde	M1,6 … M64	DIN EN ISO 4014	am häufigsten verwendete Schrauben im Maschinen-, Geräte- und Fahrzeugbau; **bei Gewinde bis zum Kopf:** höhere Dauerfestigkeit
	mit Regelgewinde bis zum Kopf	M1,6 … M64	DIN EN ISO 4017	
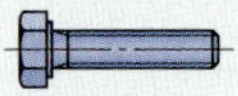	mit Schaft und Feingewinde	M8x1 … M64x4	DIN EN ISO 8765	**im Vergleich zu Regelgewinde:** kleinere Gewindetiefe, kleinere Steigung, höher belastbar, größere Mindesteinschraubtiefen l_e
	mit Feingewinde bis zum Kopf	M8x1 … M64x4	DIN EN ISO 8676	
	mit Dünnschaft	M3 … M20	DIN EN ISO 24015	Dehnschrauben; für dynamische Belastungen, bei fachgerechter Montage keine Sicherung erforderlich
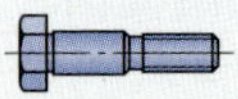	Passschraube	M8 … M48	DIN 609	Lagefixierung von Bauteilen gegen Verschiebung, Passschaft überträgt Querkräfte
Sechskantschrauben für den Metallbau				Seite 219
	mit großer Schlüsselweite	M12 … M36	DIN EN 14399-4	hochfeste, planmäßig vorgespannte Verbindungen (HV), mit Muttern nach DIN EN 14399-4 (Seite 236)
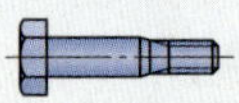	Passschraube mit großer Schlüsselweite	M12 … M30	DIN EN 14399-8	gleitfeste Verbindungen (GVP), Scher-/Lochleibungs-Verbindungen (SLP)
Zylinderschrauben				Seite 220, 221
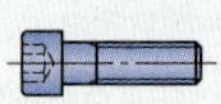	mit Innensechskant, Regelgewinde	M1,6 … M36	DIN EN ISO 4762	Maschinen-, Geräte- und Fahrzeugbau; kleiner Raumbedarf, Kopf versenkbar **bei niedrigem Kopf:** kleinere Bauhöhe, geringere Belastbarkeit **Innenvielzahn:** gute Drehmomentübertragung, kleiner Montageraum **Schrauben mit Schlitz:** Kleinschrauben, geringe Belastbarkeit
	mit Innensechskant und niedrigem Kopf	M6 … M16	DIN 7984	
	mit Innenvielzahn, Regel-, Feingewinde	M6 … M16	DIN 34821	
	mit Schlitz, Regelgewinde	M1,6 … M10	DIN EN ISO 1207	
Senkschrauben				Seite 221, 222
	mit Schlitz	M1,6 … M10	DIN EN ISO 2009	vielseitige Anwendung im Maschinen-, Geräte- und Fahrzeugbau; **bei Schrauben mit Innensechskant:** höhere Belastbarkeit **bei Schrauben mit Kreuzschlitz:** sichereres Anziehen und Lösen gegenüber Schrauben mit Schlitz
	mit Innensechskant	M3 … M20	DIN EN ISO 10642	
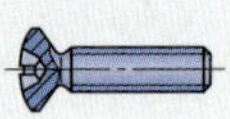	mit Linsensenkkopf und Schlitz	M1,6 … M10	DIN EN ISO 2010	
	mit Linsensenkkopf und Kreuzschlitz	M1,6 … M10	DIN EN ISO 7047	
Blechschrauben mit Blechschraubengewinde				Seite 222, 223
	Linsenkopfschraube	ST2,2 … ST9,5	DIN EN ISO 7049	Karosserie- und Blechbau. Die zu verbindenden Bleche weisen Kernlöcher auf. Das Gewinde wird durch die Schraube geformt. Nur bei dünnen Blechen ist eine Sicherung notwendig.
	Senkschraube	ST2,2 … ST9,5	DIN EN ISO 7050	
	Linsensenkschraube	ST2,2 … ST9,9	DIN EN ISO 7051	

M

Schrauben – Übersicht, Bezeichnung von Schrauben

Bild	Ausführung	Normbereich von … bis	Norm	Verwendung, Eigenschaften
Bohrschrauben mit Blechschraubengewinde				
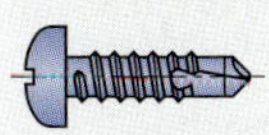	Flachkopf mit Kreuzschlitz	ST2,2 … ST6,3	DIN EN ISO 15481	Karosserie- und Blechbau; Bohrschrauben bohren beim Einschrauben das Kernloch und formen das Gewinde aus.
	Linsensenkkopf mit Kreuzschlitz	ST2,2 … ST6,3	DIN EN ISO 15483	
Stiftschrauben				Seite 224
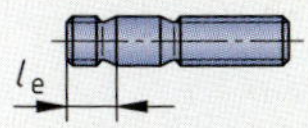	$l_e \approx 2 \cdot d$ $l_e \approx 1{,}25 \cdot d$ $l_e \approx 1 \cdot d$	M4 … M24 M4 … M48 M3 … M48	DIN 835 DIN 939 DIN 938	für Aluminiumlegierungen für Gusseisenwerkstoffe für Stahl
Gewindestifte				Seite 225
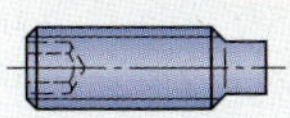	mit Zapfen und Schlitz	M1,6 … M12	DIN EN 27435	auf Druck beanspruchbare Schrauben zur Lagesicherung von Bauteilen, z. B. Hebeln, Lagerbuchsen, Naben Gewindestifte sind zur Leistungsübertragung von Torsionsmomenten, z. B. als Verbindung von Welle und Nabe, nicht geeignet.
	mit Zapfen und Innensechskant	M1,6 … M24	DIN EN ISO 4028	
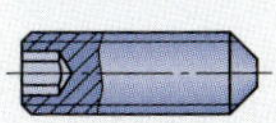	mit Spitze und Schlitz	M1,6 … M12	DIN EN 27434	
	mit Spitze und Innensechskant	M1,6 … M24	DIN EN ISO 4027	
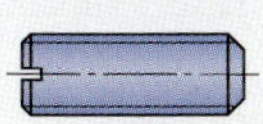	mit Kegelstumpf und Schlitz	M1,6 … M12	DIN EN ISO 4766	
	mit Kegelstumpf und Innensechskant	M1,6 … M24	DIN EN ISO 4026	
Verschlussschrauben				Seite 224
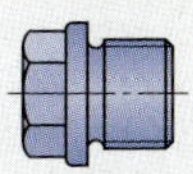	mit Bund und Innen- oder Außensechskant	M10x1 … M52x1,5	DIN 908 DIN 910	Getriebebau; Füll-, Überlauf- und Entleerschrauben für Getriebeöl; spanende Bearbeitung des Dichtflansches am Gehäuse erforderlich, Verwendung mit Dichtringen DIN 7603
Gewindefurchende Schrauben				Seite 223
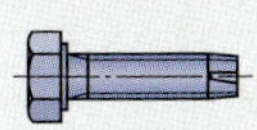	verschiedene Kopfformen, z. B. Sechskant, Zylinderkopf	M2 … M10	DIN 7500-1	bei geringer Beanspruchung in spanlos formbaren Werkstoffen, z. B. S235, DC01 … DC04, NE-Metallen; Verwendung ohne Schraubensicherung
Ringschrauben				Seite 224
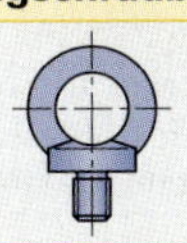	mit Regelgewinde	M8 … M100x6	DIN 580	Transportösen an Maschinen und Geräten; Belastung hängt vom Lastzugwinkel ab, spanende Bearbeitung der Auflagefläche des Flansches erforderlich

Bezeichnung von Schrauben

vgl. DIN 962 (2013-04)

Beispiele:

Sechskantschraube ISO 4017 – M12 x 80 – A2-70
Verschlussschraube DIN 910 – M24 x 1,5 – St
Zylinderschraube ISO 4762 – M10 x 55 – 8.8

- Bezeichnung
- Bezugsnorm, z. B. ISO, DIN, EN; Nummer des Normblattes[1)]
- Nenndaten, z. B. M → metrisches Gewinde, 12 → Nenndurchmesser d, 80 → Schaftlänge l
- Festigkeitsklasse, z. B. 8.8, 10.9, A2-70, A4-70; Werkstoff, z. B. St Stahl, CuZn Kupfer-Zink-Legierung

[1)] Schrauben, die nach DIN EN genormt sind, erhalten in der Bezeichnung das Kurzzeichen **ISO** (Seite 217) mit der ISO-Nummer (= DIN EN-Nummer – 20000) **oder** das Kurzzeichen **EN** (Seite 219) mit der EN-Nummer.

M

Festigkeitsklassen, Produktklassen, Durchgangslöcher, Mindesteinschraubtiefen

Festigkeitsklassen von Schrauben

vgl. DIN EN ISO 898-1 (2013-05), DIN EN ISO 3506-1 (2010-04)

Beispiele: unlegierte und legierte Stähle DIN EN ISO 898-1

9 . 8

Zugfestigkeit R_m	Streckgrenze R_e
R_m = **9** · 100 N/mm² = 900 N/mm²	R_e = **9** · **8** · 10 N/mm² = 720 N/mm²

nichtrostende Stähle DIN EN ISO 3506-1

A 2 – 70

Zugfestigkeit R_m
R_m = **70** · 10 N/mm² = 700 N/mm²

Stahlsorte	Hinweis
A → austenitischer Stahl A2 → rostbeständige Schrauben A4 → rost- und säurebeständige Schrauben	entsprechende Merkblätter beachten

Festigkeitsklassen und Werkstoffkennwerte

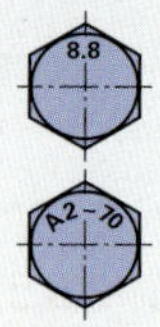

Werkstoffkennwerte	Festigkeitsklassen für Schrauben aus unlegierten und legierten Stählen						nichtrostenden Stählen[1]		
	5.8	6.8	8.8	9.8	10.9	12.9	A2-50	A4-50	A2-70
Zugfestigkeit R_m in N/mm²	500	600	800	900	1000	1200	500	500	700
Streckgrenze R_e in N/mm²	400	480	640	720	900	1080	210	210	450
Bruchdehnung A in %	–	–	12	10	9	8	20	20	13

[1] Die Werkstoffkennwerte gelten für Gewinde ≤ M20.

Produktklassen für Schrauben und Muttern

vgl. DIN EN ISO 4759-1 (2001-04)

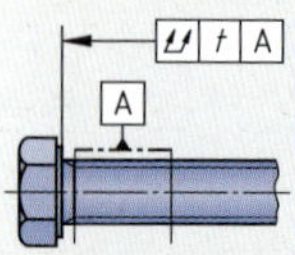

Produkt-klasse	Tole-ranzen	Erläuterung, Verwendung
A	fein	Die Maß-, Form- und Lagetoleranzen für Schrauben und Muttern mit ISO-Gewinden sind in den Toleranzklassen A, B, C festgelegt.
B	mittel	
C	groß	

Durchgangslöcher für Schrauben

vgl. DIN EN 20273 (1992-02)

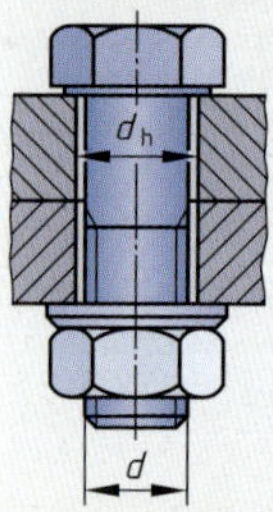

Gewinde d	Durchgangsloch d_h[1] Reihe fein	mittel	grob	Gewinde d	Durchgangsloch d_h[1] Reihe fein	mittel	grob	Gewinde d	Durchgangsloch d_h[1] Reihe fein	mittel	grob
M1	1,1	1,2	1,3	M5	5,3	5,5	5,8	M24	25	26	28
M1,2	1,3	1,4	1,5	M6	6,4	6,6	7	M30	31	33	35
M1,6	1,7	1,8	2	M8	8,4	9	10	M36	37	39	42
M2	2,2	2,4	2,6	M10	10,5	11	12	M42	43	45	48
M2,5	2,7	2,9	3,1	M12	13	13,5	14,5	M48	50	52	56
M3	3,2	3,4	3,6	M16	17	17,5	18,5	M56	58	62	66
M4	4,3	4,5	4,8	M20	21	22	24	M64	66	70	74

[1] Toleranzklassen für d_h; Reihe fein: H12, Reihe mittel: H13, Reihe grob: H14

M

Mindesteinschraubtiefen in Grundlochgewinde

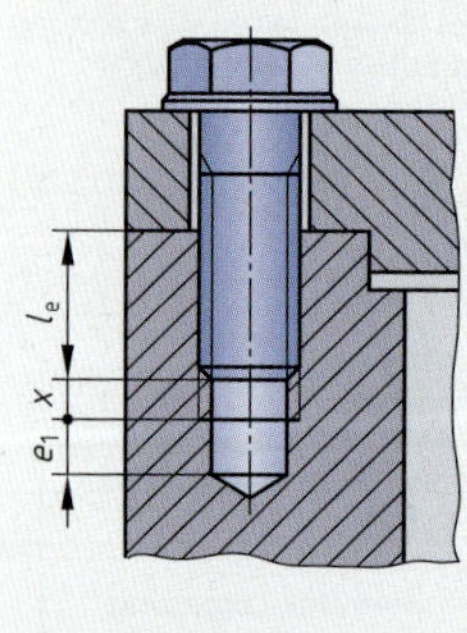

$x \approx 3 \cdot P$ (Gewindesteigung)
e_1 nach DIN 76: Seite 90

Anwendungsbereich		Mindesteinschraubtiefen l_e[1] für Regelgewinde und Festigkeitsklasse 3.6, 4.6	4.8 … 6.8	8.8	10.9
Baustahl	R_m < 400 N/mm²	0,8 · d	1,2 · d	–	–
	R_m = 400 … 600 N/mm²	0,8 · d	1,2 · d	1,2 · d	–
	R_m > 600 … 800 N/mm²	0,8 · d	1,2 · d	1,2 · d	1,2 · d
	R_m > 800 N/mm²	0,8 · d	1,0 · d	1,0 · d	1,0 · d
Gusseisenwerkstoffe		1,3 · d	1,5 · d	1,5 · d	–
Kupferlegierungen		1,3 · d	1,3 · d	–	–
Aluminium-Gusslegierungen		1,6 · d	2,2 · d	–	–
Al-Legierungen, ausgehärtet		0,8 · d	1,2 · d	1,6 · d	–
Al-Legierungen, nicht ausgehärtet		1,2 · d	1,6 · d	–	–
Kunststoffe		2,5 · d	–	–	

[1] Einschraubtiefe für Feingewinde l_e = 1,25 · Einschraubtiefe für Regelgewinde

Sechskantschrauben

Sechskantschrauben mit Schaft und Regelgewinde

vgl. DIN EN ISO 4014 (2011-06)

Gültige Norm DIN EN ISO	Ersatz für DIN EN	Ersatz für DIN
4014	24014	931

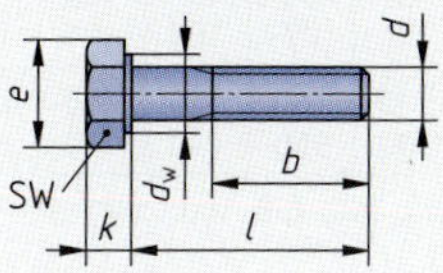

1) für l < 125 mm
2) für l = 125 ... 200 mm
3) für l > 200 mm

Produktklassen (Seite 216)

Gewinde d	l in mm	Klasse
≤ M12	alle	A
M16 ... M24	l ≤ 150	A
	l ≥ 160	B
≥ M30	alle	B

Gewinde d	M1,6	M2	M2,5	M3	M4	M5	M6	M8	M10
SW	3,2	4	5	5,5	7	8	10	13	16
k	1,1	1,4	1,7	2	2,8	3,5	4	5,3	6,4
d_w	2,3	3,1	4,1	4,6	5,9	6,9	8,9	11,6	14,6
e	3,4	4,3	5,5	6	7,7	8,8	11,1	14,4	17,8
b	9	10	11	12	14	16	18	22	26
l von	12	16	16	20	25	25	30	40	45
l bis	16	20	25	30	40	50	60	80	100
Festigkeitsklassen	5.6, 8.8, 9.8, 10.9, A2-70, A4-70								

Gewinde d	M12	M16	M20	M24	M30	M36	M42	M48	M56
SW	18	24	30	36	46	55	65	75	85
k	7,5	10	12,5	15	18,7	22,5	26	30	35
d_w	16,6	22	27,7	33,3	42,8	51,1	60	69,5	78,7
e	20	26,2	33	39,6	50,9	60,8	71,3	82,6	93,6
b 1)	30	38	46	54	66	–	–	–	–
b 2)	–	44	52	60	72	84	96	108	–
b 3)	–	–	–	73	85	97	109	121	137
l von	50	65	80	90	110	140	160	180	220
l bis	120	160	200	240	300	360	440	480	500
Festigkeitsklassen	5.6, 8.8, 9.8, 10.9						nach Vereinbarung		
	A2-70, A4-70				A2-50, A4-50				
Nennlängen l	12, 16, 20, 25, 30, 35 ... 60, 65, 70, 80, 90 ...140, 150, 160, 180, 200 ... 460, 480, 500 mm								
⇒	**Sechskantschraube ISO 4014 – M10 x 60 – 8.8:** d = M10, l = 60 mm, Festigkeitsklasse 8.8								

Sechskantschrauben mit Regelgewinde bis zum Kopf

vgl. DIN EN ISO 4017 (2015-05)

Gültige Norm DIN EN ISO	Ersatz für DIN EN	Ersatz für DIN
4017	24017	933

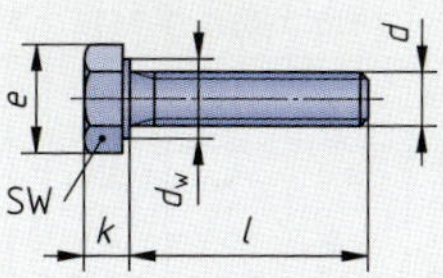

Produktklassen (Seite 216)

Gewinde d	l in mm	Klasse
≤ M12	alle	A
M16 ... M24	l ≤ 150	A
	l ≥ 160	B
≥ M30	alle	B

Gewinde d	M1,6	M2	M2,5	M3	M4	M5	M6	M8	M10
SW	3,2	4	5	5,5	7	8	10	13	16
k	1,1	1,4	1,7	2	2,8	3,5	4	5,3	6,4
d_w	2,3	3,1	4,1	4,6	5,9	6,9	8,9	11,6	14,6
e	3,4	4,3	5,5	6	7,7	8,8	11,1	14,4	17,8
l von	2	4	5	6	8	10	12	16	20
l bis	16	20	25	30	40	50	60	80	100
Festigkeitsklassen	5.6, 8.8, 9.8, 10.9, A2-70, A4-70								

Gewinde d	M12	M16	M20	M24	M30	M36	M42	M48	M56
SW	18	24	30	36	46	55	65	75	85
k	7,5	10	12,5	15	18,7	22,5	26	30	35
d_w	16,6	22	27,7	33,3	42,8	51,1	60	69,5	78,7
e	20	26,2	33,5	40	50,9	60,8	71,3	82,6	93,6
l von	25	30	40	50	60	70	80	100	110
l bis	120	150	150	150	200	200	200	200	200
Festigkeitsklassen	5.6, 8.8, 9.8, 10.9						nach Vereinbarung		
	A2-70, A4-70				A2-50, A4-50				
Nennlängen l	2, 3, 4, 5, 6, 8, 10, 12, 16, 20, 25, 30, 35 ... 60, 65, 70, 80, 90 ...140, 150, 160, 180, 200 mm								
⇒	**Sechskantschraube ISO 4017 – M8 x 40 – A4-50:** d = M8, l = 40 mm, Festigkeitsklasse A4-50								

M

Sechskantschrauben

Sechskantschrauben mit Schaft und Feingewinde

vgl. DIN EN ISO 8765 (2011-06)

Gültige Norm DIN EN ISO	Ersatz für DIN EN	Ersatz für DIN
8765	28765	960

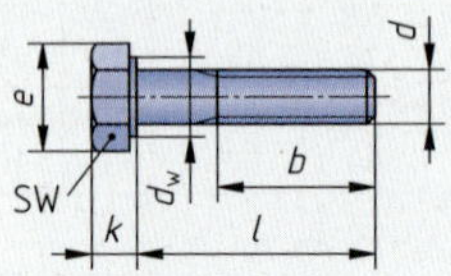

Produktklassen (Seite 216)

Gewinde d	l in mm	Klasse
≤ M12x1,5	alle	A
M16x1,5 … M24x2	≤ 150	A
	> 150	B
≥ M30x2	alle	B

Gewinde d	M8 x1	M10 x1	M12 x1,5	M16 x1,5	M20 x1,5	M24 x2	M30 x2	M36 x3	M42 x3	M48 x3	M56 x4
SW	13	16	18	24	30	36	46	55	65	75	85
k	5,3	6,4	7,5	10	12,5	15	18,7	22,5	26	30	35
d_w	11,6	14,6	16,6	22,5	28,2	33,6	42,8	51,1	60	69,5	78,7
e	14,4	17,8	20	26,8	33,5	39,6	50,9	60,8	71,3	82,6	93,6
b[1]	22	26	30	38	46	54	66	–	–	–	–
b[2]	–	–	–	44	52	60	72	84	96	108	–
b[3]	–	–	–	–	–	73	85	97	109	121	137
l von	40	45	50	65	80	100	120	140	160	200	220
l bis	80	100	120	160	200	240	300	360	440	480	500

Nennlängen l	40, 45, 50, 55, 60, 65, 70, 80, 90 … 140, 150, 160, 180, 200, 220 … 460, 480, 500 mm
Festigkeitsklassen	d ≤ M24x2: 5.6, 8.8, 10.9, A2-70, A4-70 d = M30x2 … M36x3: 5.6, 8.8, 10.9, A2-50, A4-50 d ≥ M42x3: nach Vereinbarung
Erläuterungen	[1] für l < 125 mm [2] für l = 125 … 200 mm [3] für l > 200 mm
⇒	**Sechskantschraube ISO 8765 – M20 x 1,5 x 120 – 5.6:** d = M20 x 1,5, l = 120 mm, Festigkeitsklasse 5.6

Sechskantschrauben mit Feingewinde bis zum Kopf

vgl. DIN EN ISO 8676 (2011-07)

Gültige Norm DIN EN ISO	Ersatz für DIN EN	Ersatz für DIN
8676	28676	961

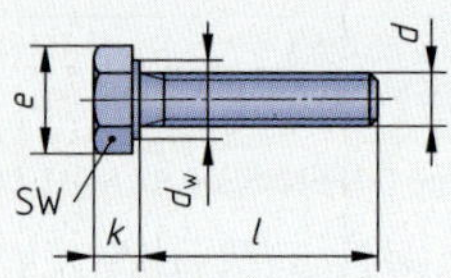

Produktklassen nach DIN EN ISO 8765

Gewinde d	M8 x1	M10 x1	M12 x1,5	M16 x1,5	M20 x1,5	M24 x2	M30 x2	M36 x3	M42 x3	M48 x3	M56 x4
SW	13	16	18	24	30	36	46	55	65	75	85
k	5,3	6,4	7,5	10	12,5	15	18,7	22,5	26	30	35
d_w	11,6	14,6	16,6	22,5	28,2	33,6	42,8	51,1	60	69,5	78,7
e	14,4	17,8	20	26,8	33,5	39,6	50,9	60,8	71,3	82,6	93,6
l von	16	20	25	35	40	40	40	40	90	100	120
l bis	80	100	120	160	200	200	200	200	420	480	500

Nennlängen l	16, 20, 25, 30, 35 … 60, 65, 70, 80, 90 … 140, 150, 160, 180, 200, 220 … 460, 480, 500 mm
Festigkeitsklassen	d ≤ M24x2: 5.6, 8.8, 10.9, A2-70, A4-70 d = M30x2 … M36x3: 5.6, 8.8, 10.9, A2-50, A4-50 d ≥ M42x3: nach Vereinbarung
⇒	**Sechskantschraube ISO 8676 – M8 x 1 x 55 – 8.8:** d = M8 x 1, l = 55 mm, Festigkeitsklasse 8.8

M

Sechskantschrauben mit Dünnschaft

vgl. DIN EN 24015 (1991-12)

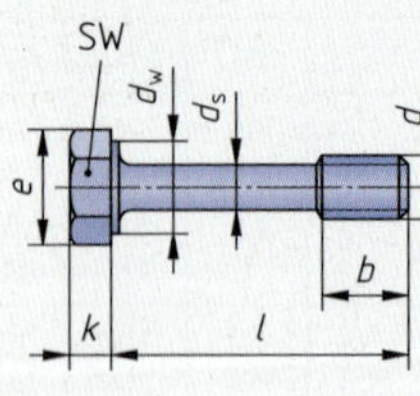

Produktklassen (Seite 216)

Gewinde d	l in mm	Klasse
≤ M20	alle	B

Gewinde d	M3	M4	M5	M6	M8	M10	M12	M16	M20
SW	5,5	7	8	10	13	16	18	24	30
k	2	2,8	3,5	4	5,3	6,4	7,5	10	12,5
d_w	4,4	5,7	6,7	8,7	11,4	14,4	16,4	22	27,7
d_s	2,6	3,5	4,4	5,3	7,1	8,9	10,7	14,5	18,2
e	6	7,5	8,7	10,9	14,2	17,6	19,9	26,2	33
b[1]	12	14	16	18	22	26	30	38	46
b[2]	–	–	–	–	–	–	–	44	52
l von	20	20	25	25	30	40	45	55	65
l bis	30	40	50	60	80	100	120	150	150

Nennlängen l	20, 25, 30 … 65, 70, 75, 80, 90, 100 … 130, 140, 150 mm
Festigkeitskl.	5.8, 6.8, 8.8, A2-70
Erläuterungen	[1] für l ≤ 120 mm [2] für l > 125 mm
⇒	**Sechskantschraube ISO 4015 – M8 x 45 – 8.8:** d = M8, l = 45 mm, Festigkeitsklasse 8.8

Sechskantschrauben

Sechskant-Passschrauben mit langem Gewindezapfen

vgl. DIN 609 (1995-02)

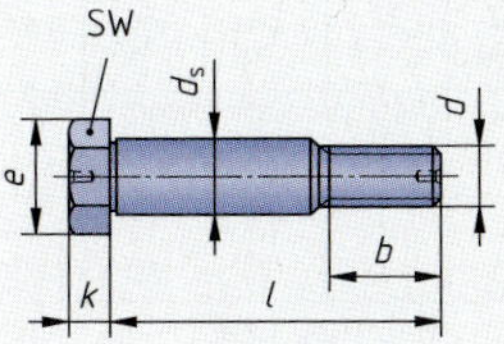

Gewinde d	M8 M8 x1	M10 M10 x1	M12 M12 x1,5	M16 M16 x1,5	M20 M20 x1,5	M24 M24 x2	M30 M30 x2	M36 M36 x3	M42 M42 x3	M48 M48 x3
SW k	13 5,3	16 6,4	18 7,5	24 10	30 12,5	36 15	46 19	55 22	65 26	75 30
d_s k6 e	9 14,4	11 17,8	13 19,9	17 26,2	21 33	25 39,6	32 50,9	38 60,8	44 71,3	50 82,6
b[1)] b[2)] b[3)]	14,5 16,5 –	17,5 19,5 –	20,5 22,5 –	25 27 32	28,5 30,5 35,5	– 36,5 41,5	– 43 48	– 49 54	– 56 61	– 63 68
l von l bis	25 80	30 100	32 120	38 150	45 150	55 150	65 200	70 200	80 200	90 200
Nennlängen l	25, 28, 30, 32, 35, 38, 40, 42, 45, 48, 50, 55, 60…150, 160…200 mm									
Festigkeitsklassen	8.8								nach Vereinbarung	
	A2-70					A2-50				
Erläuterungen	1) für $l \leq 50$ mm 2) für $l = 50$ …150 mm 3) für $l > 150$ mm									
⇒	**Passschraube DIN 609 – M16 x 1,5 x 125 – A2-70:** d = M16 x 1,5, l = 125 mm, Festigkeitsklasse A2-70									

Produktklassen (Seite 216)

d in mm	l in mm	Klasse
≤ 10	alle	A
≥ 12	alle	B

Sechskantschrauben mit großen Schlüsselweiten für hochfeste, planmäßig vorgespannte Verbindungen (HV)

vgl. DIN EN 14399-4 (2015-04), Ersatz für DIN 6914

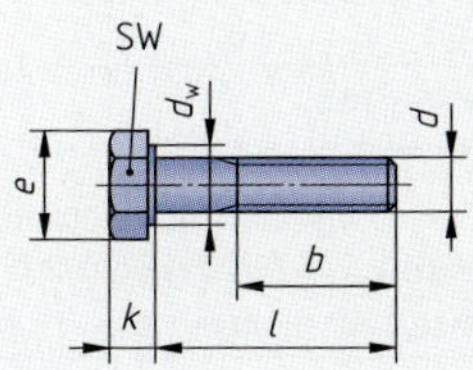

Gewinde d	M12	M16	M20	M22	M24	M27	M30	M36
SW k d_w	22 8 20,1	27 10 24,9	32 13 29,5	36 14 33,3	41 15 38	46 17 42,8	50 19 46,6	60 23 55,9
e b_{min}	23,9 23	29,6 28	35 33	39,6 34	45,2 39	50,9 41	55,4 44	66,4 52
l von l bis	35 95	40 130	45 155	50 165	60 195	70 200	75 200	85 200
Nennlängen l	35, 40, 45, 50, 55, 60, 65, 70 …175, 180, 185, 190, 195, 200 mm							
Festigkeitskl., Oberfläche	10.9 normal → mit leichtem Ölfilm, feuerverzinkt → Kurzzeichen: tZn							
⇒	**Sechskantschraube EN 14399-4 – M12 x 65 – 10.9 – HV – tZn:** d = M12, l = 65 mm, Festigkeitsklasse 10.9, für hochfeste Verbindung, mit feuerverzinkter Oberfläche							

Produktklasse C (Seite 216)

Sechskant-Passschrauben mit großen Schlüsselweiten für hochfeste, planmäßig vorgespannte Verbindungen (HV)

vgl. DIN EN 14399-8 (2008-03) Ersatz für DIN 7999

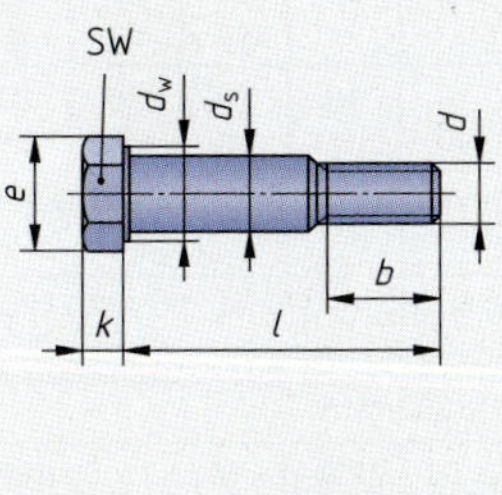

Gewinde d	M12	M16	M20	M22	M24	M27	M30	M36
SW k d_w	22 8 20	27 10 25	32 13 29,5	36 14 33,3	41 15 38	46 17 42,8	50 19 46,6	60 23 56
d_s b11 e b	13 23,9 23	17 29,6 28	21 35 33	23 39,6 34	25 45,2 39	28 50,9 41	31 55,4 44	37 66,4 52
l von l bis	50 95	65 125	75 155	80 165	90 185	95 200	105 200	125 200
Festigkeitskl.	10.9							
⇒	**Sechskant-Passschraube EN 14399-8 – M24 x 120 – 10.9 – HVP:** d = M24, l = 120 mm, Festigkeitsklasse 10.9, HV-Passschraube							

Produktklasse C (Seite 216)

M

Zylinderschrauben mit Innensechskant

Zylinderschrauben mit Innensechskant und Regelgewinde

vgl. DIN EN ISO 4762 (2004-06)

Gültige Norm DIN EN ISO	Ersatz für DIN
4762	912

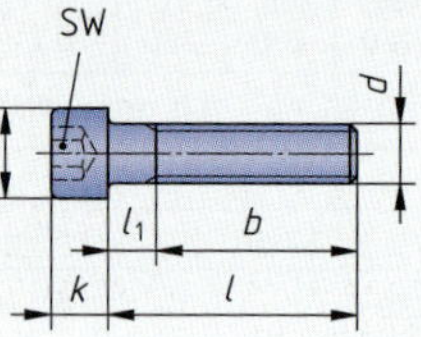

Gewinde d	M1,6	M2	M2,5	M3	M4	M5	M6	M8	M10
SW	1,5	1,5	2	2,5	3	4	5	6	8
k	1,6	2	2,5	3	4	5	6	8	10
d_k	3	3,8	4,5	5,5	7	8,5	10	13	16
b	–	16	17	18	20	22	24	28	32
für l	–	20	25	≥ 25	≥ 30	≥ 30	≥ 35	≥ 40	≥ 45
l_1	1,1	1,2	1,4	1,5	2,1	2,4	3	3,8	4,5
für l	≤ 16	≤ 16	≤ 20	≤ 20	≤ 25	≤ 25	≤ 30	≤ 35	≤ 40
l von	2,5	3	4	5	6	8	10	12	16
l bis	16	20	25	30	40	50	60	80	100
Festigkeitsklassen	nach Vereinbarung			8.8, 10.9, 12.9					
	nichtrostende Stähle A2-70, A4-70								
Gewinde d	**M12**	**M16**	**M20**	**M24**	**M30**	**M36**	**M42**	**M48**	**M56**
SW	10	14	17	19	22	27	32	36	41
k	12	16	20	24	30	36	42	48	56
d_k	18	24	30	36	45	54	63	72	84
b	36	44	52	60	72	84	96	108	124
für l	≥ 55	≥ 65	≥ 80	≥ 90	≥ 110	≥ 120	≥ 140	≥ 160	≥ 180
l_1	5,3	6	7,5	9	10,5	12	13,5	15	16,5
für l	≤ 50	≤ 60	≤ 70	≤ 80	≤ 100	≤ 110	≤ 130	≤ 150	≤ 160
l von	20	25	30	40	45	55	60	70	80
l bis	120	160	200	200	200	200	300	300	300
Festigkeitsklassen	8.8, 10.9, 12.9						nach Vereinbarung		
	A2-70, A4-70				A2-50, A4-50				
Nennlängen l	2,5, 3, 4, 5, 6, 8, 10, 12, 16, 20, 25, 30 … 65, 70, 80 …150, 160, 180, 200, 220, 240, 260, 280, 300 mm								
⇒	**Zylinderschraube ISO 4762 – M10 x 55 – 10.9:** d = M10, l = 55 mm, Festigkeitsklasse 10.9								

Produktklassen (Seite 216)

Gewinde d	Klasse
M1,6 … M56	A

M

Zylinderschrauben mit Innensechskant, niedriger Kopf

vgl. DIN 7984 (2009-06)

Zylinderschrauben mit Innensechskant, niedriger Kopf u. Schlüsselführung

vgl. DIN 6912 (2009-06)

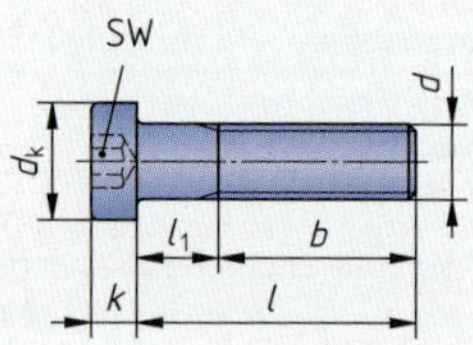

DIN 6912 – Schlüsselführung

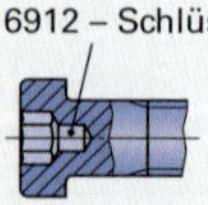

	Gewinde d	M3	M4	M5	M6	M8	M10	M12	M16	M20	M24
	SW	2	2,5	3	4	5	7	8	12	14	17
	k	2	2,8	3,5	4	5	6	7	9	11	13
	d_k	5,5	7	8,5	10	13	16	18	24	30	36
DIN 7984	b	12	14	16	18	22	26	30	38	46	54
DIN 7984	für l	≥ 20	≥ 25	≥ 30	≥ 30	≥ 35	≥ 40	≥ 50	≥ 60	≥ 70	≥ 90
DIN 7984	l_1	1,5	2,1	2,4	3	3,8	4,5	5,3	6	7,5	9
DIN 7984	für l	≤ 16	≤ 20	≤ 25	≤ 25	≤ 30	≤ 35	≤ 45	≤ 50	≤ 60	≤ 80
DIN 7984	l von	5	6	8	10	12	16	20	30	30	40
DIN 7984	l bis	20	25	30	40	80	100	80	80	100	100
DIN 6912	b[1]	–	14	16	18	22	26	30	38	46	54
DIN 6912	b[2]	–	–	–	–	–	–	–	44	52	60
DIN 6912	l von	–	10	10	10	12	16	16	20	30	60
DIN 6912	l bis	–	50	60	70	80	90	100	140	180	200
	Festigkeitsklassen	08.8 → ca. 25 % geringere Belastbarkeit als bei Festigkeitskl. 8.8 A2 → ca. 25 % geringere Belastbarkeit als bei Festigkeitskl. A2-70									
	Nennlängen l	5, 6, 8, 10, 12, 16, 20, 25, 30, 35, 40, 45, 50, 60, 70, 80, 90, 100, 120, 140, 160, 180, 200 mm									
	Erläuterung	[1] b für l ≤ 125 mm, [2] b für 125 < l ≤ 200 mm									
	⇒	**Zylinderschraube DIN 7984 – M12 x 50 – 08.8:** d = M12, l = 50 mm, Festigkeitsklasse 08.8 (08 → geringere Belastbarkeit)									

Produktklassen (Seite 216)

Gewinde d	Klasse
M3 … M24	A

Zylinderschrauben, Senkschrauben

Zylinderschrauben mit Innenvielzahn

vgl. DIN 34821 (2005-11)

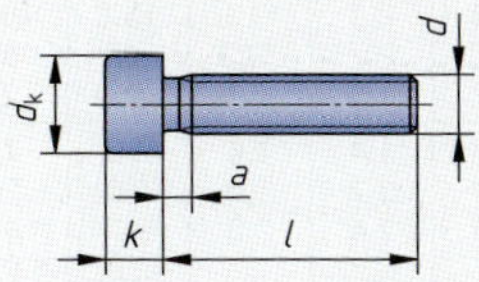

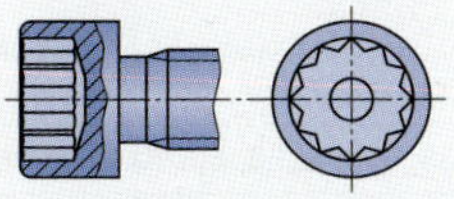

Innenvielzahn

Produktklasse A (Seite 216)

Gewinde *d*	M6 –	M8 –	M10 –	M12 M12x1,5	M14 M14x1,5	M16 M16x1,5
NG-IVZ[1]	N8	N10	N12	N14	N16	N18
k d_k	6 10	8 13	10 16	12 18	14 21	16 24
a_{max} für l	2,0 ≤ 16	2,5 ≤ 20	3,0 ≤ 25	3,5 ≤ 25	4,0 ≤ 30	4,0 ≤ 30
a_{max} für l	3,0 > 16	3,8 > 20	4,5 > 25	5,3 > 25	6,0 > 30	6,0 > 30
l von bis	12 70	16 80	20 90	20 90	20 100	20 100
Festigkeits- klasse	8.8, 10.9, A2-70					
Nenn- längen l	12, 16, 20, 25, 30, 35, 40, 45, 50, 55, 60, 65, 70, 80, 90, 100 mm					
Erläuterung	[1] NG-IVZ Nenngröße für Innenvielzahn (Werkzeug-Nenngröße)					
⇒	**Zylinderschraube DIN 34821 – M10 x 35 – 8.8:** d = M10, l = 35 mm, Festigkeitsklasse 8.8					

Zylinderschrauben mit Schlitz

vgl. DIN EN ISO 1207 (2011-10)

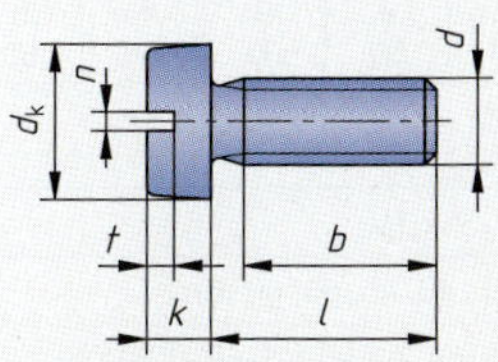

Produktklasse A (Seite 216)

Gewinde *d*	M1,6	M2	M2,5	M3	M4	M5	M6	M8	M10
d_k k	3 1,1	3,8 1,4	4,5 1,8	5,5 2	7 2,6	8,5 3,3	10 3,9	13 5	16 6
n t	0,4 0,5	0,5 0,6	0,6 0,7	0,8 0,9	1,2 1,1	1,2 1,3	1,6 1,6	2 2	2,5 2,4
l von bis	2 16	3 20	3 25	4 30	5 40	6 50	8 60	10 80	12 80
b	für l < 45 mm → Gewinde annähernd bis zum Kopf für l ≥ 45 mm → b = 38 mm								
Nennlängen l	2, 3, 4, 5, 6, 8, 10, 12, 16, 20, 25 ... 45, 50, 60, 70, 80 mm								
Festigkeitskl.	4.8, 5.8, A2-50, A2-70								
⇒	**Zylinderschraube ISO 1207 – M6 x 25 – 5.8:** d = M6, l = 25 mm, Festigkeitsklasse 5.8								

M

Senkschrauben mit Innensechskant

vgl. DIN EN ISO 10642 (2013-04), Ersatz für DIN 7991

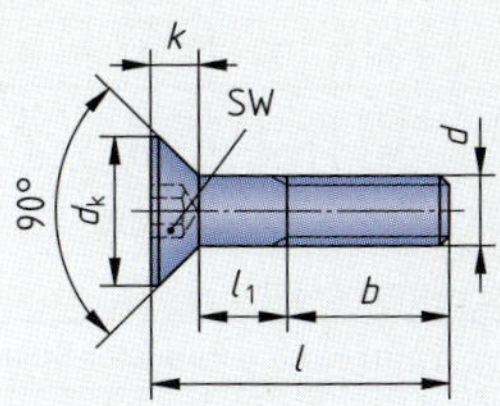

Produktklasse A (Seite 216)

Gewinde *d*	M3	M4	M5	M6	M8	M10	M12	M16	M20
SW d_k k	2 5,5 1,9	2,5 7,5 2,5	3 9,4 3,1	4 11,3 3,7	5 15,2 5	6 19,2 6,2	8 23,1 7,4	10 29 8,8	12 36 10,2
b für l	18 ≥ 30	20 ≥ 30	22 ≥ 35	24 ≥ 40	28 ≥ 50	32 ≥ 55	36 ≥ 65	44 ≥ 80	52 100
l_1 für l	1,5 ≤ 25	2,1 ≤ 25	2,4 ≤ 30	3 ≤ 35	3,8 ≤ 45	4,5 ≤ 50	5,3 ≤ 60	6 ≤ 70	7,5 ≤ 90
l von bis	8 30	8 40	8 50	8 60	10 80	12 100	20 100	30 100	35 100
Festigkeitskl.	8.8, 10.9, 12.9								
Nennlängen l	8, 10, 12, 16, 20, 25, 30, 35, 40, 45, 50, 55, 60, 65, 70, 80, 90, 100 mm								
⇒	**Senkschraube ISO 10642 – M5 x 30 – 8.8:** d = M5, l = 30 mm, Festigkeitsklasse 8.8								

Senkschrauben, Linsensenkschrauben, Blechschrauben

Senkschrauben mit Schlitz / Linsensenkschrauben mit Schlitz

vgl. DIN EN ISO 2009 (2011-12)
vgl. DIN EN ISO 2010 (2011-12)

DIN EN ISO 2009

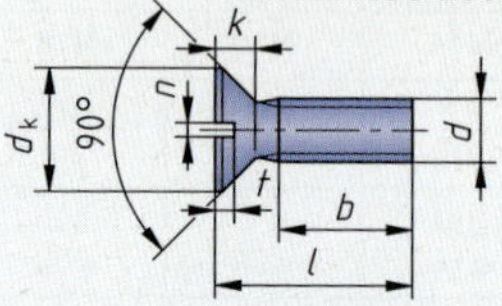

DIN EN ISO 2010

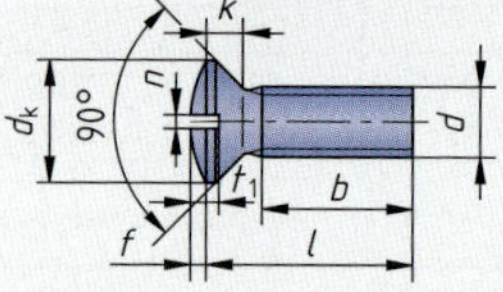

Produktklasse A (Seite 216)

d	M1,6	M2	M2,5	M3	M4	M5	M6	M8	M10
d_k	3,0	3,8	4,7	5,5	8,4	9,3	11,3	15,8	18,3
k	1,0	1,2	1,5	1,7	2,7	2,7	3,3	4,7	5,0
n	0,4	0,5	0,6	0,8	1,2	1,2	1,6	2,0	2,5
t	0,5	0,6	0,8	0,9	1,3	1,4	1,6	2,3	2,6
f	0,4	0,5	0,6	0,7	1,0	1,2	1,4	2,0	2,3
t_1	0,8	1,0	1,2	1,5	1,9	2,4	2,8	3,7	4,4
l von	2,5	3	4	5	6	8	8	10	12
l bis	16	20	25	30	40	50	60	80	80
b	für l < 45 mm → Gewinde annähernd bis zum Kopf, für l ≥ 45 mm → b = 38 mm								
Festigkeitskl.	4.8, 5.8, A2-50, A2-70								
Nennlängen l	2.5, 3, 4, 6, 8, 10, 12, 16, 20, 25, 30, 35, 40, 45, 50, 60, 70, 80 mm								
⇒	**Senkschraube ISO 2009 – M5 x 30 – 5.8:** d = M5, l = 30 mm, Festigkeitsklasse 5.8								

Senkschrauben mit Kreuzschlitz / Linsensenkschrauben mit Kreuzschlitz

vgl. DIN EN ISO 7046-1 (2011-12)
vgl. DIN EN ISO 7047 (2011-12)

DIN EN ISO 7046-1

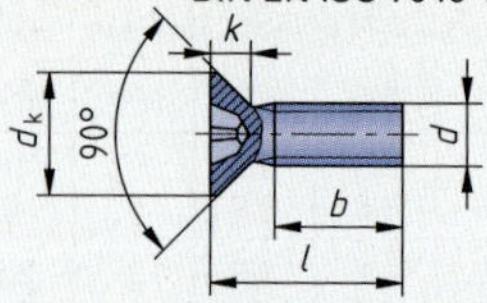

DIN EN ISO 7047

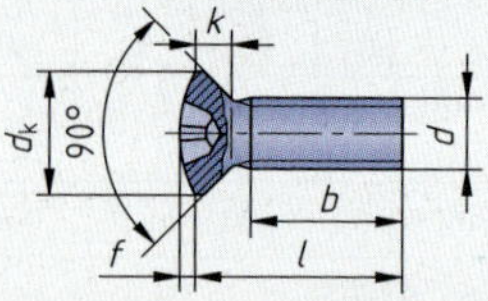

Produktklasse A (Seite 216)

d	M1,6	M2	M2,5	M3	M4	M5	M6	M8	M10
d_k	3,0	3,8	4,7	5,5	8,4	9,3	11,3	15,8	18,3
k	1,0	1,2	1,5	1,7	2,7	2,7	3,3	4,7	5,0
f	0,4	0,5	0,6	0,7	1,0	1,2	1,4	2,0	2,3
K[1)]	0	0	1	1	2	2	3	4	4
l von	3	3	3	4	5	6	8	10	12
l bis	16	20	25	30	40	50	60	60	60
b	für l < 40 mm → Gewinde bis Kopf, für l ≥ 45 mm → b = 38 mm								
Festigkeitskl.	4.8, A2-50, A2-70								
Nennlängen l	3, 4, 5, 6, 8, 10, 12, 16, 20, 25, 30, 35, 40, 45, 50, 60 mm								
Erläuterung	1) K Kreuzschlitzgröße, Formen H und Z (siehe Seite 223)								
⇒	**Linsensenkschraube ISO 7047 – M6 x 40 – A2-50 – Z:** d = M6, l = 40 mm, Festigkeitsklasse A2-50 (nichtrostender Stahl), Kreuzschlitz Form Z								

M

Senk-Blechschrauben mit Kreuzschlitz / Linsensenk-Blechschrauben mit Kreuzschlitz

vgl. DIN EN ISO 7050 (2011-11)
vgl. DIN EN ISO 7051 (2011-11)

DIN EN ISO 7050 **Form F**

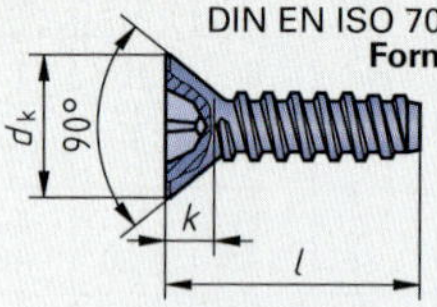

DIN EN ISO 7051 **Form C**

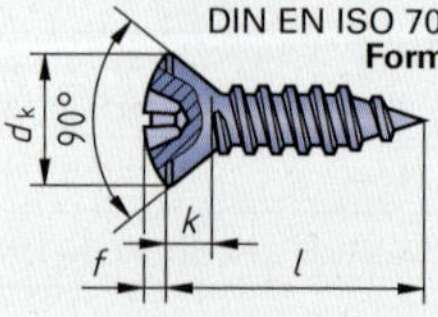

Produktklasse A (Seite 216)

d	ST2,2	ST2,9	ST3,5	ST4,2	ST4,8	ST5,5	ST6,3	ST8	ST9,5
d_k	3,8	5,5	7,3	8,4	9,3	10,3	11,3	15,8	18,3
k	1,1	1,7	2,4	2,6	2,8	3,0	3,2	4,7	5,3
f	0,5	0,7	0,8	1,0	1,2	1,3	1,4	2,0	2,3
K[1)]	0	1	2	2	2	3	3	4	4
l von	4,5	6,5	9,5	9,5	9,5	13	13	16	16
l bis	16	19	25	32	32	38	38	50	50
Nennlängen	4,5 – 6,5 – 9,5 – 13 – 16 – 19 – 22 – 25 – 32 – 38 – 45 – 50 mm								
Festigkeitskl.	St Stahl, A2-20H, A4-20H, A5-20H								
Formen	Form C mit Spitze, Form F mit Zapfen, Form R mit gerundeter Spitze								
Erläuterung	1) K Kreuzschlitzgröße, Formen H und Z (siehe Seite 223)								
⇒	**Blechschraube ISO 7051 – ST4,2 x 22 – A4-20H – R – H:** ISO 7051 Linsensenk-Blechschraube, d = ST4,2, l = 22 mm, Festigkeitsklasse A4-20H (nichtrostender Stahl), Form R mit gerundeter Spitze, Kreuzschlitz Form H								

Blechschrauben, Gewindefurchende Schrauben

Linsenkopf-Blechschrauben mit Kreuzschlitz

vgl. DIN EN ISO 7049 (2011-11)

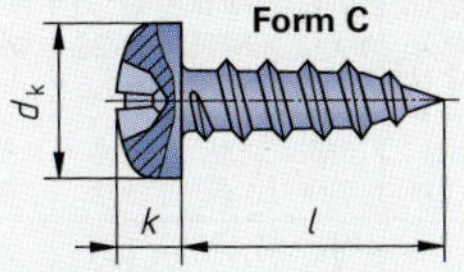

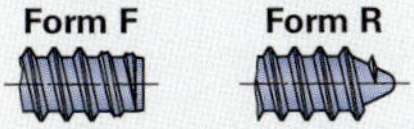

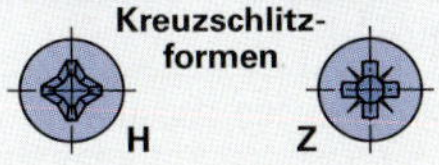

Produktklasse A (Seite 216)

d	ST2,2	ST2,9	ST3,5	ST4,2	ST4,8	ST5,5	ST6,3	ST8	ST9,5
d_k	4,0	5,6	7,0	8,0	9,5	11	12	16	20
k	1,6	2,4	2,6	3,1	3,7	4,0	4,6	6,0	7,5
K[1]	0	1	2	2	2	3	3	4	4
l von	4,5	6,5	9,5	9,5	9,5	13	13	16	16
l bis	16	19	25	32	38	38	38	50	50
Nennlängen	4,5 – 6,5 – 9,5 – 13 – 16 – 19 – 22 – 25 – 32 – 38 – 45 – 50 mm								
Festigkeitskl.	St Stahl, A2-20H, A4-20H, A5-20H								
Formen	Form C mit Spitze, Form F mit Zapfen, Form R mit gerundeter Spitze								
Erläuterung	[1] K Kreuzschlitzgröße, Formen H und Z								
⇒	**Blechschraube ISO 7049 – ST4,8 x 25 – St – F – Z:** Linsenkopf-Blechschraube, d = ST4,8, l = 25 mm, Festigkeitsklasse St Stahl, Form F mit Zapfen, Kreuzschlitz Form Z								

Kernlochdurchmesser für Blechschrauben (Auszug)

vgl. DIN 7975 (2016-04)

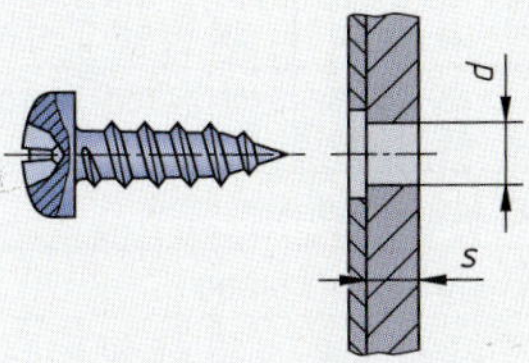

Kernlochdurchmesser d[1] in mm für Blechschraubengewinde und Zugfestigkeit R_m des Blechwerkstoffes 250 und 400 N/mm²

Blechdicke s in mm	ST2,9		ST3,5		ST3,9		ST4,2		ST4,8		ST5,5		ST6,3	
	250	400	250	400	250	400	250	400	250	400	250	400	250	400
1,1	2,2	2,2	–	–	–	–	–	–	–	–	–	–	–	–
1,3	2,2	2,2	2,6	2,7	2,9	3,0	–	–	–	–	–	–	–	–
1,5	2,2	2,3	2,7	2,8	3,0	3,1	3,2	3,2	–	–	–	–	–	–
1,6	2,2	2,4	2,7	2,8	3,0	3,1	3,2	3,3	3,6	3,8	–	–	–	–
1,8	2,3	2,4	2,7	2,9	3,0	3,2	3,3	3,4	3,6	3,9	4,2	4,5	4,9	5,3
2,0	2,3	2,5	2,8	2,9	3,1	3,3	3,4	3,5	3,8	4,0	4,3	4,6	5,1	5,4
2,2	2,4	2,5	2,8	3,0	3,2	3,3	3,5	3,5	3,9	4,0	4,4	4,7	5,2	5,5
2,5	–	–	2,9	3,0	3,3	3,4	3,5	3,6	4,0	4,1	4,6	4,8	5,4	5,6
2,8	–	–	3,0	3,1	3,3	3,4	3,5	3,6	4,0	4,2	4,7	4,8	5,5	5,6
3,0	–	–	–	–	3,3	3,4	3,5	3,6	4,1	4,2	4,7	4,8	5,5	5,7
3,5	–	–	–	–	–	–	3,6	3,7	4,2	4,2	4,8	4,9	5,6	5,7
4,0	–	–	–	–	–	–	–	–	4,2	4,3	4,9	4,9	5,7	5,8
4,5	–	–	–	–	–	–	–	–	–	–	4,9	5,0	5,7	5,8
5,0	–	–	–	–	–	–	–	–	–	–	–	–	5,8	5,8

[1] Die Durchmesser gelten für gebohrte Löcher in Blechen aus unlegiertem Stahl, Al- und Cu-Legierungen

M

Gewindefurchende Schrauben (Auswahl)

vgl. DIN 7500-1 (2009-06)

Form DE: Sechskantkopf

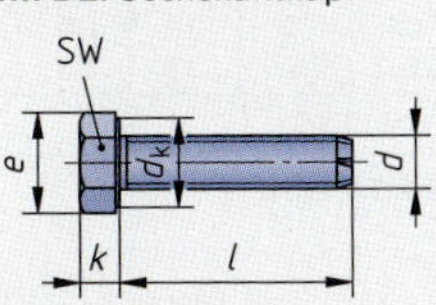

Form EE: Zylinderkopf mit Innensechskant

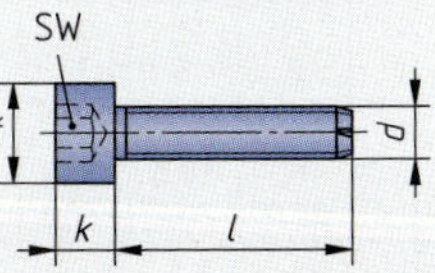

Produktklasse A (Seite 216)

Form	d	M2	M2,5	M3	M4	M5	M6	M8	M10
DE	SW	4	5	5,5	7	8	10	13	16
DE	k	1,4	1,7	2	2,8	3,5	4	5,3	6,4
DE	d_k	3,1	4,1	4,6	5,9	6,9	8,9	11,6	14,6
DE	e	4,3	5,5	6	7,7	8,8	11,1	14,4	17,8
DE	l von	4	5	6	8	10	12	16	20
DE	l bis	20	25	30	40	50	60	80	100
EE	SW	1,5	2	2,5	3	4	5	6	8
EE	k	2	2,5	3	4	5	6	8	10
EE	d_k	3,8	4,5	5,5	7	8,5	10	13	16
EE	l von	3	4	5	6	8	10	12	16
EE	l bis	20	25	30	40	50	60	80	100
Werkstoff		Kaltfließpressstähle, einsatzgehärtet							
Nennlängen		3, 4, 5, 6, 8, 10, 12, 16, 20, 25, 30 … 50, 55, 60, 70, 80 mm							
Formen		Form CE: Flachkopfschrauben mit Kreuzschlitz Form NE: Linsensenkschraube und Kreuzschlitz Form OE: Zylinderschraube mit Innensechsrund							
⇒		**Schraube DIN 7500 – DE – M8 x 25:** DE Sechskantkopf, d = M8, l = 25 mm (Werkstoff: Kaltfließpressstahl, einsatzgehärtet)							

Stiftschrauben, Ringschrauben, Verschlussschrauben

Stiftschrauben

vgl. DIN 835 (2010-07), DIN 938 (2012-12), 939 (1995-02)

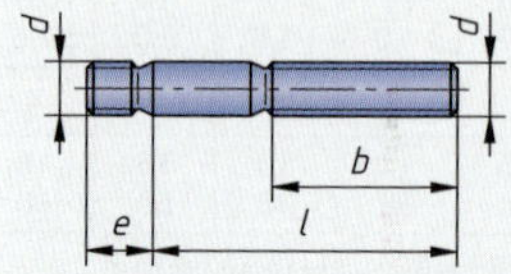

Produktklasse A (Seite 216)

Verwendung	
DIN	zum Einschrauben in
835	Aluminiumlegierungen
938	Stahl
939	Gusseisen

Gewinde *d*		M3	M4	M5	M6	M8 M8 x1	M10 M10 x1,25	M12 M12 x1,25	M16 M16 x1,5	M20 M20 x1,5	M24 M24 x2
b für	*l* < 125	12	14	16	18	22	26	30	38	46	54
	l > 125	18	20	22	24	28	32	36	44	52	60
e	DIN 835	–	8	10	12	16	20	24	32	40	48
	DIN 938	3	4	5	6	8	10	12	16	20	24
	DIN 939	–	5	6,5	7,5	10	12	15	20	25	30
l	von	20	20	25	25	30	35	40	50	60	70
	bis	30	40	50	60	80	100	120	160	200	200
Festigkeitskl.		5.6, 8.8, 10.9									
Nennlängen *l*		20, 25, 30, 35, 40 … 70, 75, 80, 90, 100 …180, 190, 200 mm									
⇒		**Stiftschraube DIN 939 – M10 x 65 – 8.8:** *d* = M10, *l* = 65 mm, Festigkeitsklasse 8.8									

Ringschrauben

vgl. DIN 580 (2010-09)

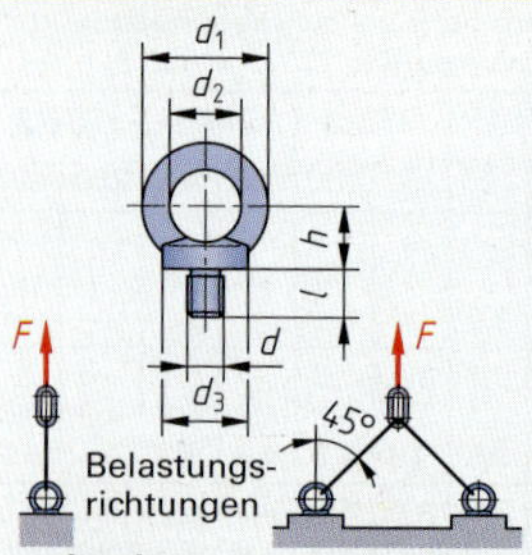

senkrecht (einsträngig) **unter 45° (zweisträngig)**

Gewinde *d*	M8	M10	M12	M16	M20	M24	M30	M36	M42	M48	M56
h	18	22,5	26	30,5	35	45	55	65	75	85	95
d_1	36	45	54	63	72	90	108	126	144	166	184
d_2	20	25	30	35	40	50	60	70	80	90	100
d_3	20	25	30	35	40	50	65	75	85	100	110
l	13	17	20,5	27	30	36	45	54	63	68	78
Werkstoffe	Einsatzstahl C15E, A2, A3, A4, A5										
	Tragfähigkeit in t bei Belastungsrichtung										
senkrecht	0,14	0,23	0,34	0,70	1,20	1,80	3,20	4,60	6,30	8,60	11,5
unter 45°	0,10	0,17	0,24	0,50	0,86	1,29	2,30	3,30	4,50	6,10	8,20
⇒	**Ringschraube DIN 580 – M20 – C15E:** *d* = M20, Werkstoff C15E										

Verschlussschrauben mit Bund und Außensechskant

vgl. DIN 910 (2012-04)

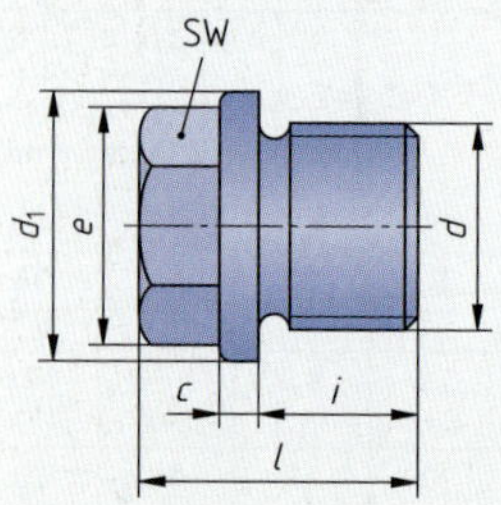

Gewinde *d*	M10 x1	M12 x1,5	M16 x1,5	M20 x1,5	M24 x1,5	M30 x1,5	M36 x1,5	M42 x1,5	M48 x1,5	M52 x1,5
d_1	14	17	21	25	29	36	42	49	55	60
l	17	21	21	26	27	30	32	33	33	33
i	8	12	12	14	14	16	16	16	16	16
c	3	3	3	4	4	4	5	5	5	5
SW	10	13	16	18	21	24	27	30	30	30
e	10,9	14,2	17,6	19,9	22,8	26,2	29,6	33	33	33
Werkstoffe	St Stahl, A1 bis A5, Al1 bis Al6, Cu1 bis Cu7									
⇒	**Verschlussschraube DIN 910 – M24 x 1,5 – St:** *d* = M24 x 1,5, Werkstoff Stahl									

Verschlussschrauben mit Bund und Innensechskant

vgl. DIN 908 (2012-04)

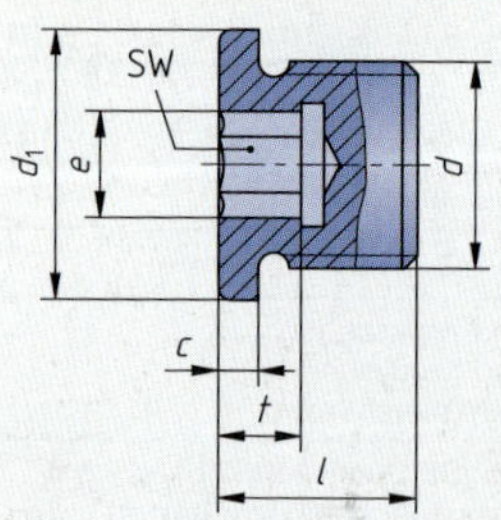

Gewinde *d*	M10 x1	M12 x1,5	M16 x1,5	M20 x1,5	M24 x1,5	M30 x1,5	M36 x1,5	M42 x1,5	M48 x1,5	M52 x1,5
d_1	14	17	21	25	29	36	42	49	55	60
l	11	15	15	18	18	20	21	21	21	21
c	3	3	3	4	4	4	5	5	5	5
SW	5	6	8	10	12	17	19	22	24	24
t	5	7	7,5	7,5	7,5	9	10,5	10,5	10,5	10,5
e	5,7	6,9	9,2	11,4	13,7	19,4	21,7	25,2	27,4	27,4
Werkstoffe	St Stahl, A1 bis A5, Al1 bis Al6, Cu1 bis Cu7									
⇒	**Verschlussschraube DIN 908 – M20 x 1,5 – Cu1:** *d* = M20 x 1,5, Werkstoff Kupfer-Legierung									

Gewindestifte

Gewindestifte mit Schlitz

vgl. DIN EN 27434, 27435 (alle 1992-10), DIN EN ISO 4766 (2011-11)

mit Spitze

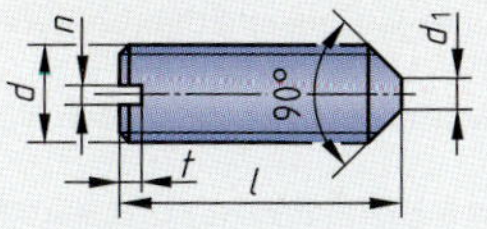

mit Zapfen

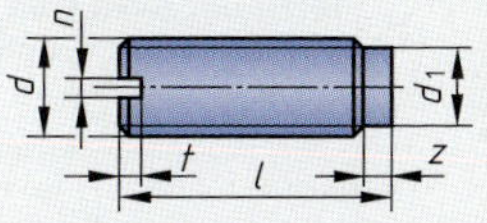

mit Kegelstumpf

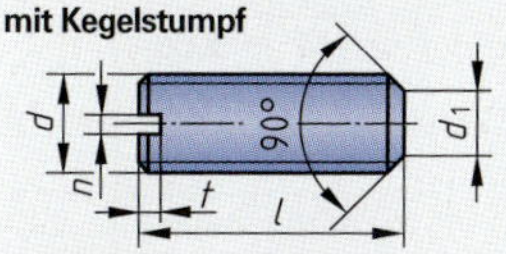

Produktklasse A (Seite 216)

Gewinde *d*		M1,2	M1,6	M2	M2,5	M3	M4	M5	M6	M8	M10	M12
DIN EN 27434	d_1	0,1	0,2	0,2	0,3	0,3	0,4	0,5	1,5	2	2,5	3
	n	0,2	0,3	0,3	0,4	0,4	0,6	0,8	1	1,2	1,6	2
	t	0,5	0,7	0,8	1	1,1	1,4	1,6	2	2,5	3	3,6
	l von	2	2	3	3	4	6	8	8	10	12	16
	l bis	6	8	10	12	16	20	25	30	40	50	60
DIN EN 27435	d_1	–	0,8	1	1,5	2	2,5	3,5	4	5,5	7	8,5
	z	–	1,1	1,3	1,5	1,8	2,3	2,8	3,3	4,3	5,3	6,3
	n	–	0,3	0,3	0,4	0,4	0,6	0,8	1	1,2	1,6	2
	t	–	0,7	0,8	1	1,1	1,4	1,6	2	2,5	3	3,6
	l von	–	2,5	3	4	5	6	8	8	10	12	16
	l bis	–	8	10	12	16	20	25	30	40	50	60
DIN EN ISO 4766	d_1	0,6	0,8	1	1,5	2	2,5	3,5	4	5,5	7	8,5
	n	0,2	0,3	0,3	0,4	0,4	0,6	0,8	1	1,2	1,6	2
	t	0,5	0,7	0,8	1	1,1	1,4	1,6	2	2,5	3	3,6
	l von	2	2	2	2,5	3	4	5	6	8	10	12
	l bis	6	8	10	12	16	20	25	30	40	50	60
Festigkeitskl.	14H, 22H, A1-50 (A1-12H bei DIN EN ISO 4766)											
Nennlängen *l*	2, 2,5, 3, 4, 5, 6, 8, 10, 12, 16, 20, 25, 30 … 50, 55, 60 mm											
⇒	**Gewindestift ISO 7434 – M6 x 25 – 14H:** *d* = M6, *l* = 25 mm, Festigkeitsklasse 14H											

Gültige Norm	Ersatz für
DIN EN 27434	DIN 553
DIN EN 27435	DIN 417
DIN EN ISO 4766	DIN 551

Gewindestifte mit Innensechskant

vgl. DIN EN ISO 4026, 4027, 4028 (2004-05)

mit Spitze

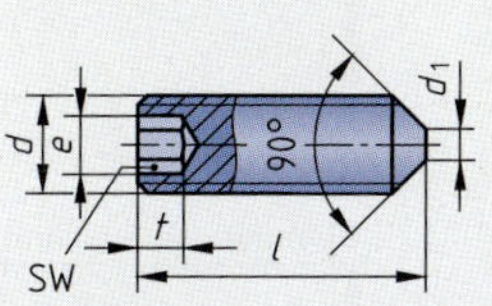

mit Zapfen

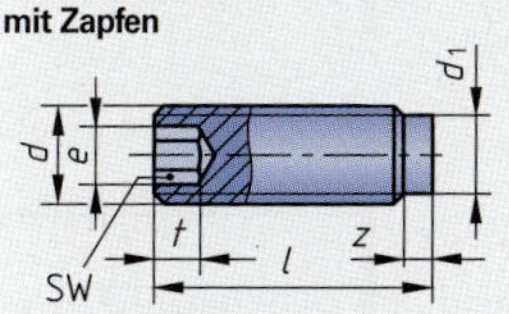

mit Kegelstumpf

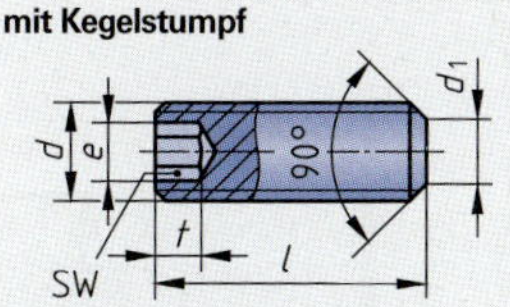

Produktklasse A (Seite 216)

Gewinde *d*		M2	M2,5	M3	M4	M5	M6	M8	M10	M12	M16	M20
DIN EN ISO 4027	d_1	0,5	0,7	0,8	1	1,3	1,5	2	2,5	3	4	5
	SW	0,9	1,3	1,5	2	2,5	3	4	5	6	8	10
	e	1	1,5	1,7	2,3	2,9	3,4	4,6	5,7	6,9	9,1	11,4
	t	0,8	1,2	1,2	1,5	2	2	3	4	4,8	6,4	8
	l von	2	2,5	3	4	5	6	8	10	12	16	20
	l bis	10	12	16	20	25	30	40	50	60	60	60
DIN EN ISO 4028	d_1	1	1,5	2	2,5	3,5	4	5,5	7	8,5	12	15
	z	1,3	1,5	1,8	2,3	2,8	3,3	4,3	5,3	6,3	8,4	10,4
	SW	0,9	1,3	1,5	2	2,5	3	4	5	6	8	10
	e	1	1,5	1,7	2,3	2,9	3,4	4,6	5,7	6,9	9,1	11,4
	t	0,8	1,2	1,2	1,5	2	2	3	4	4,8	6,4	8
	l von	2,5	3	4	5	6	8	8	10	12	16	20
	l bis	10	12	16	20	25	30	40	50	60	60	60
DIN EN ISO 4026	d_1	1	1,5	2	2,5	3,5	4	5,5	7	8,5	12	15
	SW	0,9	1,3	1,5	2	2,5	3	4	5	6	8	10
	e	1	1,5	1,7	2,3	2,9	3,4	4,6	5,7	6,9	9,2	11,4
	t	0,8	1,2	1,2	1,5	2	2	3	4	4,8	6,4	8
	l von	2	2,5	3	4	5	6	8	10	12	16	20
	l bis	10	12	16	20	25	30	40	50	60	60	60
Festigkeitskl.	45H, A1-12H, A2-21H, A3-21H, A4-21H, A5-21H											
Nennlängen *l*	2, 2,5, 3, 4, 5, 6, 8, 10, 12, 16, 20, 25, 30 … 55, 60 mm											
⇒	**Gewindestift ISO 4026 – M6 x 25 – A5 – 45H:** *d* = M6, *l* = 25 mm, A5 nichtrostender Stahl, Festigkeitsklasse 45H											

Gültige Norm	Ersatz für
DIN EN ISO 4026	DIN 913
DIN EN ISO 4027	DIN 914
DIN EN ISO 4028	DIN 915

Vereinfachte Berechnung von Schrauben

Die meisten Schrauben (einfache Verbindungen) werden ohne Kontrolle des Anziehdrehmoments montiert. Bei Beachtung einiger Erfahrungswerte ist trotzdem eine zuverlässige Schraubenverbindung gewährleistet.

Bei Schraubenverbindungen, die ohne Drehmomentkontrolle montiert werden, sind die Vorspannkraft F_v, die Vorspannung σ_v und die Flächenpressung p_v nicht ermittelbar. Für das Anziehen von Hand liegen jedoch Erfahrungswerte für die Vorspannung σ_v vor (vgl. Tabelle).

Es wird empfohlen, bei kleineren Durchmessern vorzugsweise Schrauben der Festigkeitsklasse 8.8 zu verwenden (vgl. Beispiel). Für die Mindeststreckgrenze ist ein Sicherheitsfaktor von 1,5 vorzusehen.

Die Berechnung der Schrauben erfolgt allein über die axiale Betriebskraft F_B. Ein hoher Sicherheitsfaktor (z. B. $\nu = 2{,}5$) berücksichtigt die ungenaue Berechnung der Schraubengesamtkraft.

Betriebskraft in Achsrichtung

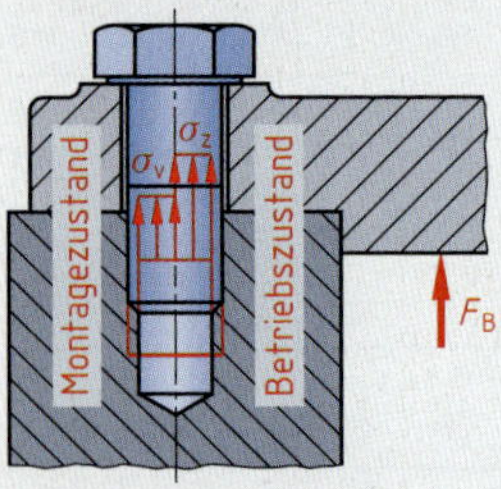

Betriebskraft quer zur Achsrichtung

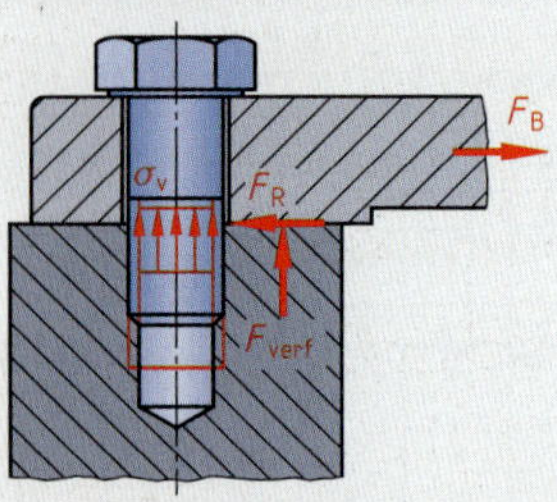

Beispiel: Scheibenkupplung

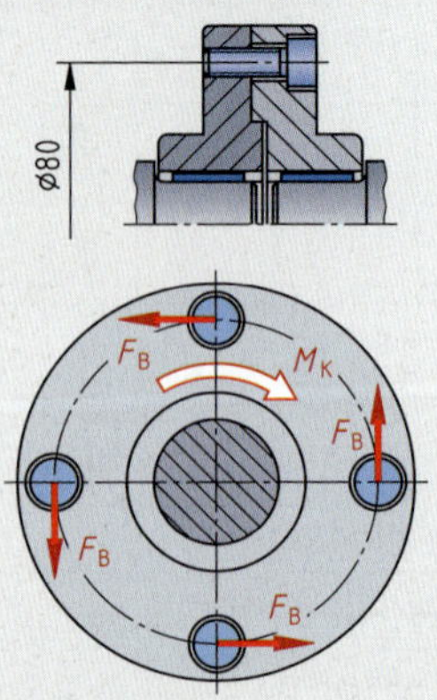

F_B	Betriebskraft in N
F_v	Vorspannkraft in N
R_e	Streckgrenze in N/mm²
σ_v	Vorspannung in N/mm²
σ_z	Zugspannung in N/mm²
σ_{zul}	Zulässige Spannung in N/mm²
S	Spannungsquerschnitt in mm²
d	Gewinde, z. B. M10
F_R	Reibungskraft in N
F_{verf}	erforderliche Vorspannkraft in kN
μ	Reibungszahl
φ	Rutschsicherheit
ν	Sicherheitsfaktor
M_K	Kupplungsmoment

Erfahrungswerte der Vorspannkraft F_v und Vorspannung σ_v

Gewinde d	Vorspannkraft F_v N	Vorspannung σ_v N/mm²
M4	3000	350
M6	7000	
M8	10 000	280
M10	16 000	
M12	23 000	
M16	28 000	180
M20	44 000	

Beispiel für Betriebskraft in Achsrichtung:

$F_B = 1875$ N je Schraube, $\nu = 2{,}5$,
Sechskantschraube ISO 4014 – 8.8;
Gewindedurchmesser = ?

$R_e = 640\ \text{N/mm}^2$ für 8.8

$$\sigma_{zul} = \frac{R_e}{\nu} = \frac{640\ \text{N/mm}^2}{2{,}5} = 256\ \frac{\text{N}}{\text{mm}^2}$$

$$S = \frac{F_B}{\sigma_{zul}} = \frac{1875\ \text{N}}{256\ \text{N/mm}^2} = 7{,}32\ \text{mm}^2$$

gewählt M4 (vgl. Seite 210)
mit $\sigma_v = 350\ \text{N/mm}^2$ (vgl. Tabelle oben)
$R_{eerf} \geq 1{,}5 \cdot \sigma_v = 1{,}5 \cdot 350\ \text{N/mm}^2$
$= \mathbf{525\ N/mm^2} < R_e$

$$R_e = 640\ \frac{\text{N}}{\text{mm}^2} > R_{eerf}$$

Mindest-Streckgrenze

$$R_{eerf} \geq 1{,}5 \cdot \sigma_v$$

Spannungsquerschnitt

$$S = \frac{F_B}{\sigma_{zul}}$$

Zulässige Spannung

$$\sigma_{zul} = \frac{R_e}{\nu}$$

Beispiel für Betriebskraft quer zur Achsrichtung (Scheibenkupplung):

Scheibenkupplung aus S235JR mit vier Zylinderschrauben ISO 4762 – 8.8,
$M_K = 256\ \text{N} \cdot \text{m}$, $\mu = 0{,}2$, $\varphi = 2$;
Gewindedurchmesser = ?

$$F_B = \frac{M_K}{n \cdot \frac{d}{2}} = \frac{256\ \text{N} \cdot \text{m}}{4 \cdot \frac{0{,}08\ \text{m}}{2}} = 1600\ \text{N}$$

$$F_{verf} = \frac{\varphi \cdot F_B}{\mu} = \frac{2 \cdot 1600\ \text{N}}{0{,}2} = 16000\ \text{N}$$

gewählt M10 (vgl. Tabelle oben)

Erforderliche Vorspannkraft

$$F_{verf} = \frac{\varphi \cdot F_B}{\mu}$$

M

Montage hochbeanspruchter Schraubenverbindungen

Die meisten hochbeanspruchten Schrauben werden drehmomentgesteuert montiert, z. B. mit Drehmomentschlüsseln oder motorischen Drehschraubern

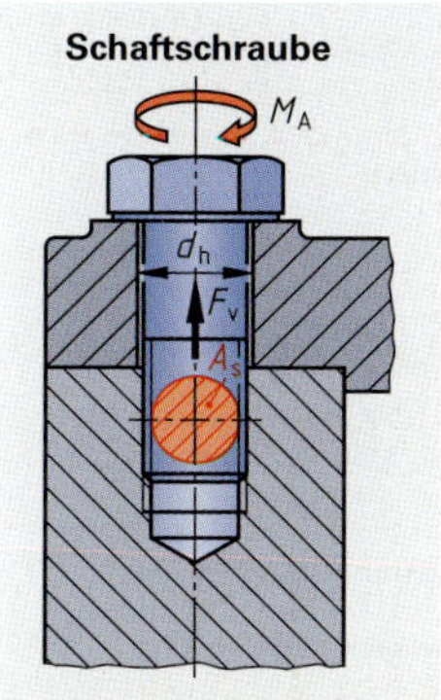

M_A Anziehdrehmoment
d_h Durchgangsbohrung
A_s Spannungsquerschnitt
F_v Vorspannkraft
μ Reibungszahl
A_T Taillenquerschnitt

Nachfolgende Tabellenwerte gelten für:

- Sechskantschrauben, z. B. DIN EN ISO 4014, DIN EN ISO 4017, DIN EN ISO 8765, DIN EN ISO 8876, DIN EN 24015 (Seiten 217, 218)
- Zylinderschrauben, z. B. DIN EN ISO 4762 (Seite 219)
- Durchgangsbohrungen d_h „mittel" nach DIN EN 20273 (Seite 216)
- Richtwerte der Reibungszahlen μ:
  μ = 0,08 → Schraube phosphatiert, MoS_2-geschmiert
  μ = 0,12 → Schraube phosphatiert, leicht geölt
  μ = 0,16 → Schraube phosphatiert, mit Klebstoff gesichert

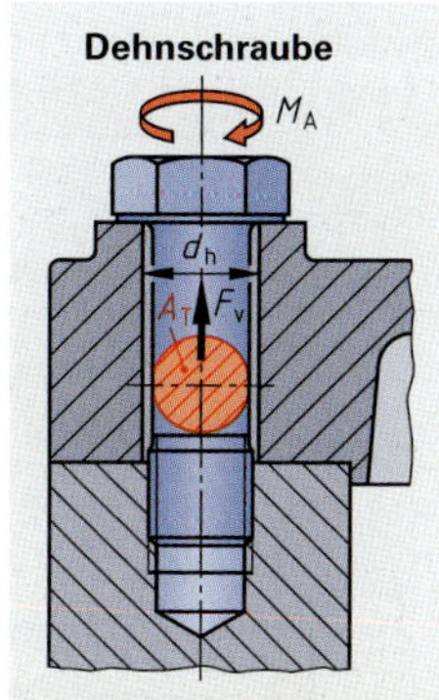

Maximale Vorspannkräfte und Anziehdrehmomente[1]

vgl. VDI 2230 (2015-11)

Gewinde	Festigkeits-klasse	A_s in mm²	Schaftschrauben Vorspannkraft F_v in kN, μ = 0,08	0,12	0,16	Anziehdrehmoment M_A in N · m, μ = 0,08	0,12	0,16	A_T in mm²	Dehnschrauben Vorspannkraft F_v in kN, μ = 0,08	0,12	0,16	Anziehdrehmoment M_A in N · m, μ = 0,08	0,12	0,16
M8	8.8	36,6	19,5	18,6	17,6	18,5	24,6	29,8	26,6	13,8	13	12,1	13,1	17,1	20,5
	10.9		28,7	27,3	25,8	27,2	36,1	43,8		20,3	19,1	17,8	19,2	25,2	30,1
	12.9		33,6	32	30,2	31,8	42,2	51,2		23,8	22,3	20,8	22,5	29,5	35,3
M8x1	8.8	39,2	21,2	20,2	19,2	19,3	26,1	32	29,2	15,5	14,6	13,6	14,1	18,8	22,8
	10.9		31,1	29,7	28,1	28,4	38,3	47		22,7	21,4	20	20,7	27,7	33,5
	12.9		36,4	34,7	32,9	33,2	44,9	55		26,6	25,1	23,4	24,3	32,4	39,2
M10	8.8	58,0	31	29,6	27,9	36	48	59	42,4	22,1	20,8	19,4	26	34	41
	10.9		45,6	43,4	41	53	71	87		32,5	30,5	28,4	38	50	60
	12.9		53,3	50,8	48	62	83	101		38	35,7	33,3	45	59	70
M10x1,25	8.8	61,2	33,1	31,6	29,9	38	51	62	45,6	24,2	22,8	21,3	28	37	44
	10.9		48,6	46,4	44	55	75	92		35,5	33,5	31,3	40	54	65
	12.9		56,8	54,3	51,4	65	87	107		41,5	39,2	36,6	47	63	76
M12	8.8	84,3	45,2	43	40,7	63	84	102	61,8	32,3	30,4	28,3	45	59	71
	10.9		66,3	63,2	59,8	92	123	149		47,5	44,6	41,6	66	87	104
	12.9		77,6	74	70	108	144	175		55,6	52,2	48,7	77	101	122
M12x1,5	8.8	88,1	47,6	45,5	43,1	64	87	107	65,7	34,8	32,8	30,7	47	63	76
	10.9		70	66,8	63,3	95	128	157		51,1	48,2	45,1	69	92	111
	12.9		81,9	78,2	74,1	111	150	183		59,8	56,4	52,8	81	108	130
M16	8.8	157	84,7	80,9	76,6	153	206	252	117	61,8	58,3	54,6	111	148	179
	10.9		124,4	118,8	112,6	224	302	370		90,8	85,7	80,1	164	218	264
	12.9		145,5	139	131,7	262	354	433		106,3	100,3	93,8	191	255	308
M16x1,5	8.8	167	91,4	87,6	83,2	159	218	269	128	68,6	65,1	61,1	119	162	198
	10.9		134,2	128,7	122,3	233	320	396		100,8	95,6	89,8	175	238	290
	12.9		157	150,6	143,1	273	374	463		118	111,8	105	205	278	340
M20	8.8	245	136	130	123	308	415	509	182	100	94	88	225	300	362
	10.9		194	186	176	438	592	725		142	134	125	320	427	516
	12.9		227	217	206	513	692	848		166	157	147	375	499	604
M20x1,5	8.8	272	154	148	141	327	454	565	210	117	112	105	249	342	422
	10.9		219	211	200	466	646	804		167	159	150	355	488	601
	12.9		157,1	246	234	545	756	941		196	186	175	416	571	703
M24	8.8	353	196	188	178	529	714	875	263	143	135	127	387	515	623
	10.9		280	267	253	754	1017	1246		204	193	180	551	734	887
	12.9		327	313	296	882	1190	1458		239	226	211	644	859	1038
M24x2	8.8	384	217	209	198	557	769	955	295	165	156	147	422	576	708
	10.9		310	297	282	793	1095	1360		235	223	209	601	821	1008
	12.9		362	348	331	928	1282	1591		274	261	245	703	961	1179

[1] Beim Montieren mit dem Anziehdrehmoment M_A wird die Dehngrenze $R_{p0,2}$ des Schraubenwerkstoffes zu ca. 90% ausgenutzt. Die Berechnung der Schraubenverbindung, z. B. nach VDI 2230, wird durch die Nutzung der Tabellenwerte nicht ersetzt.

M

Schraubensicherungen

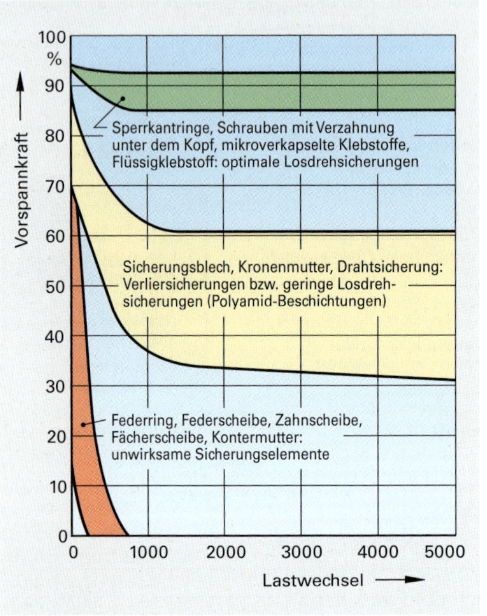

Vibrationsprüfung DIN 65151 verschiedener Sicherungselemente

Geprüft wurde das Sicherungsverhalten von Schraubenverbindungen unter Querbelastung an Schrauben ISO 4014-M10.

Bei ausreichend dimensionierten und zuverlässig montierten Schraubenverbindungen ist im Allgemeinen keine Schraubensicherung notwendig. Die Klemmkräfte verhindern ein Verschieben der verschraubten Teile bzw. ein Lockern der Schrauben und Muttern. In der Praxis kann es trotzdem aus folgenden Ursachen zum Verlust der Klemmkraft kommen:

- **Lockern der Schraubenverbindung** infolge von hohen Flächenpressungen, die plastische Verformungen auslösen (sog. Setzungen) und die Vorspannkraft der Schraubenverbindung vermindern.

  Abhilfe: möglichst wenig Trennfugen, geringe Oberflächenrauheit, Einsatz hochfester Schrauben (große Vorspannkraft).

- **Losdrehen der Schraubenverbindung:** Bei dynamisch senkrecht zur Schraubenachse belasteten Verbindungen kann ein vollständiges selbsttätiges Losdrehen erfolgen.

  Abhilfe erfolgt durch Sicherungselemente. Sie können je nach ihrer Wirkung in drei Gruppen unterschieden werden:

  Unwirksame Sicherungselemente (z.B. Federringe und Zahnscheiben).

  Verliersicherungen, die ein teilweises Losdrehen zulassen, jedoch verhindern, dass die Schraubverbindung auseinander fällt.

  Losdrehsicherungen (z.B. Kleber oder Sperrzahnschrauben). Die Vorspannkraft bleibt dabei annähernd erhalten. Die Mutter bzw. Schraube kann sich nicht lösen (beste Sicherungsmöglichkeit).

M

Übersicht über Schraubensicherungen

Verbindung	Sicherungselement	Norm	Art, Eigenschaft
mitverspannt, federnd	Federring Federscheibe Zahnscheibe Fächerscheibe	zurückgezogen zurückgezogen zurückgezogen zurückgezogen	unwirksam unwirksam unwirksam unwirksam
formschlüssig	Sicherungsblech Kronenmutter mit Splint Drahtsicherung	zurückgezogen DIN 935-1 (2000-10) –	Verliersicherung Verliersicherung Verliersicherung
kraftschlüssig (klemmend)	Kontermutter	–	unwirksam, Losdrehen möglich
	Schrauben und Muttern mit klemmender Polyamid-Beschichtung	DIN 267-28 (2009-09) ISO 2320 (2009-03)	Verliersicherung bzw. geringe Losdrehsicherung
sperrend (kraft- und formschlüssig)	Schrauben mit Verzahnung unter dem Kopf	–	Losdrehsicherung, nicht für gehärtete Bauteile geeignet
	Sperrkantringe, Sperrkantscheiben, selbsthemmendes Scheibenpaar	– –	Losdrehsicherung, nicht für gehärtete Bauteile geeignet Losdrehsicherung
stoffschlüssig	mikroverkapselte Klebstoffe im Gewinde	DIN 267-27 (2009-09)	Losdrehsicherung, dichtende Verbindung; Temperaturbereich – 50 °C bis 150 °C
	Flüssigklebstoff	–	Losdrehsicherung

Antriebsarten von Schrauben

Bild Bezeichnung	Nenngrößen Werkzeuggröße/Gewinde *d*		Eigenschaften, Anwendungsbeispiele
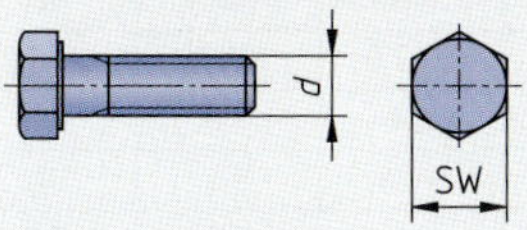 **Sechskant**	SW5/M2,5 SW5,5/M3 SW7/M4	SW16/M10 SW18/M12 SW24/M16	Hohe übertragbare Drehmomente, keine Axialkraft erforderlich, Werkzeug für Schraube und Mutter identisch,
	SW8/M5 SW10/M6 SW13/M8	SW30/M20 SW36/M24 SW46/M30	allgemeiner Maschinenbau, Automobil- und Fahrzeugbau
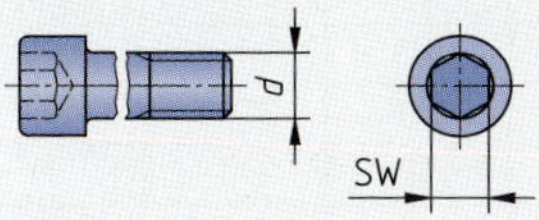 **Innensechskant**	SW2/ 2,5 SW2,5/M3 SW3/M4	SW8/M10 SW10/M12 SW14/M16	Übertragbares Drehmoment etwas kleiner als Sechskant, für sehr beengte Platzverhältnisse,
	SW4/M5 SW5/M6 SW6/M8	SW17/M20 SW19/M24 SW22/M30	allgemeiner Maschinenbau, mit Stift nur mit Spezialwerkzeug zu lösen, dann besondere Eignung für Schutz gegen Zerstörungen und Diebstahl
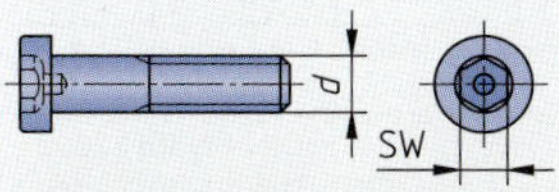 **Innensechskant mit niedrigem Kopf und Schlüsselführung**	SW3/M4 SW4/M5 SW5/M6	SW10/M12 SW12/M14 SW14/M16	Wie Innensechskant, jedoch übertragbares Drehmoment etwas kleiner, für kleine Bauteildicken,
	SW6/M8 SW8/M10	SW17/M20 SW19/M24	allgemeiner Maschinenbau
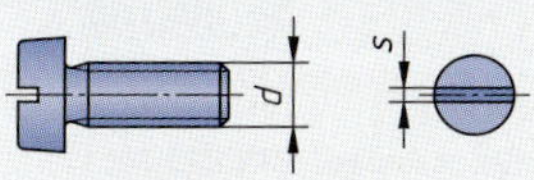 **Längsschlitz**	S0,5/M2 S0,6/M2,5	S1,2/M5 S1,6/M6	Schlecht zentrierbarer Antrieb, niedriges übertragbares Drehmoment, große Flächenpressung an den Kraftangriffsflächen,
	S0,8/M3 S1,2/M4	S2/M8 S2,5/M10	Elektromaschinenbau
Typ H Typ Z 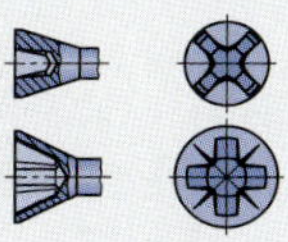 **Kreuzschlitz**	PH0/M2 PH1/M2,5 ... 3 PH2/M3,5 ... 5	PZ0/M2 PZ1/M2,5 ... 3 PZ2/M3,5 ... 5	Höheres Drehmoment und bessere Zentrierbarkeit des Werkzeugs als bei Längsschlitz, geringere Flächenpressung,
	PH3/M5,5 ... 8 PH4/M8 ... 10	PZ3/M5,5 ... 8 PZ4/M8 ... 10	Elektromaschinenbau, Apparatebau
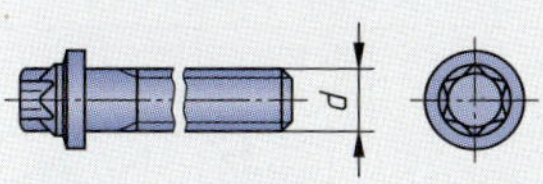 **Außensechsrund**	E5/M4 E6/M5 E8/M6	E14/M12 E18/M14 E20/M16	Vorteilhafte Kraftübertragung, leichte Positionierung und gutes Einkoppeln des Schraubwerkzeugs,
	E10/M8 E12/M10	E24/M18 E32/M20	Maschinenbau, Automobil- und Fahrzeugbau
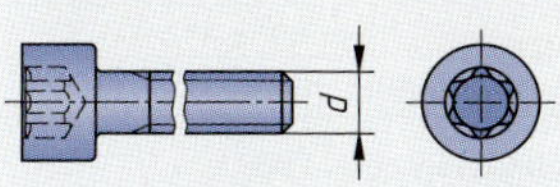 **Innensechsrund**	T6/M2 T8/M2,5 T10/M3	T30/M6 T40/M8 T45/M8	Gute Drehmomentübertragung, geringer Platzbedarf für Werkzeug; mit Stift nur mit Spezialwerkzeug zu lösen, dann besondere Eignung für Schutz gegen Zerstörungen und Diebstahl,
	T15/M3,5 T20/M4 T25/M5	T50/M10 T55/M12 T60/M16	allgemeiner Maschinenbau, Apparatebau, Elektromaschinenbau
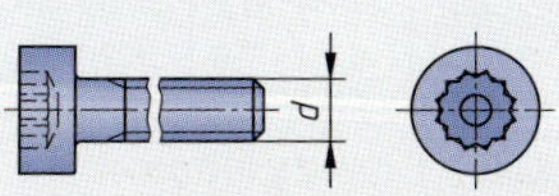 **Innenvielzahn**	N4/M4 N5/M5 N6/M6	N12/M10 ... 12 N14/M12 ... 14 N16/M14 ... 16	Sicherheitsprofil mit zwölf kleinen Zähnchen, günstige Kraftverteilung durch breiten Kraftangriff, Übertragung mittelgroßer Drehmomente,
	N8/M6 ... 8 N10/M8 ... 10	N18/M16	Automobil- und Fahrzeugbau

M

Senkungen für Senkschrauben

Senkungen für Senkschrauben mit Kopfform nach ISO 7721

vgl. DIN EN ISO 15065 (2005-05)

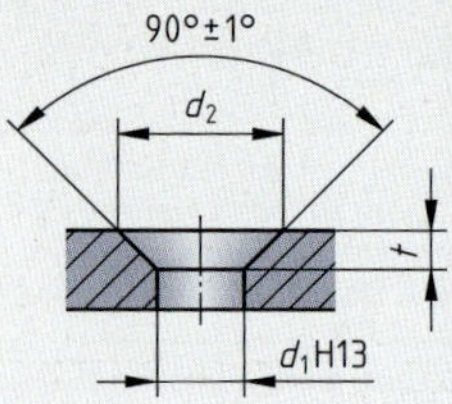

Zeichnerische Darstellung: Seite 84

Nenngröße	1,6	2	2,5	3	3,5	4
Metr. Schrauben	M1,6	M2	M2,5	M3	M3,5	M4
Blechschrauben	–	ST2,2	–	ST2,9	ST3,5	ST4,2
d_1 H13[1)]	1,8	2,4	2,9	3,4	3,9	4,5
d_2 min.	3,6	4,4	5,5	6,3	8,2	9,4
d_2 max.	3,7	4,5	5,6	6,5	8,4	9,6
$t_1 \approx$	1,0	1,1	1,4	1,6	2,3	2,6
Nenngröße	**5**	**5,5**	**6**	**8**	**10**	**–**
Metr. Schrauben	M5	–	M6	M8	M10	–
Blechschrauben	ST4,8	ST5,5	ST6,3	ST8	ST9,5	–
d_1 H13	5,5	6	6,6	9	11	–
d_2 min.	10,4	11,5	12,6	17,3	20	–
d_2 max.	10,7	11,8	12,9	17,6	20,3	–
$t_1 \approx$	2,6	2,9	3,1	4,3	4,7	–

⇒ **Senkung ISO 15065 – 8**: Nenngröße 8 (metr. Gewinde M8 bzw. Blechschraubengewinde ST8)

Anwendung für:

Senkschrauben mit Schlitz	DIN EN ISO 2009
Senkschrauben mit Kreuzschlitz	DIN EN ISO 7046-1
Linsensenkschrauben mit Schlitz	DIN EN ISO 2010
Linsensenkschrauben mit Kreuzschlitz	DIN EN ISO 7047
Senk-Blechschrauben mit Schlitz	DIN ISO 1482
Senk-Blechschrauben mit Kreuzschlitz	DIN ISO 7050
Linsensenk-Blechschrauben mit Schlitz	DIN ISO 1483
Linsensenk-Blechschrauben mit Kreuzschlitz	DIN ISO 7051
Senk-Bohrschrauben mit Kreuzschlitz	ISO 15482
Linsensenk-Bohrschrauben mit Kreuzschlitz	ISO 15483

Senkungen für Senkschrauben

vgl. DIN 74 (2003-04)

M

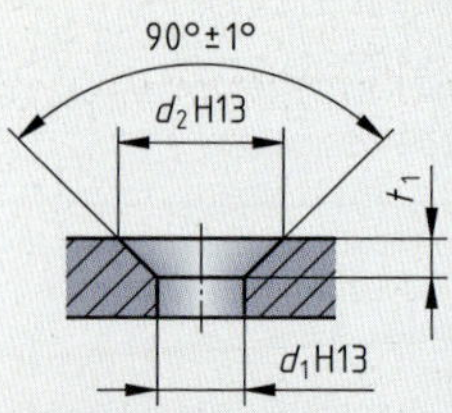

Form A und Form F

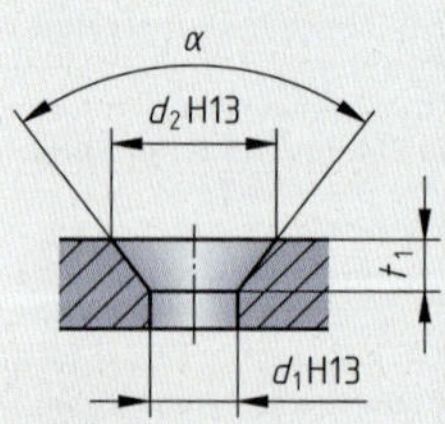

Form E

Zeichnerische Darstellung: Seite 84

Formen B, C und D nicht mehr genormt

	Gewinde-Ø	1,6	2	2,5	3	4	4,5	5	6	7	8
Form A	d_1 H13[1)]	1,8	2,4	2,9	3,4	4,5	5	5,5	6,6	7,6	9
Form A	d_2 H13	3,7	4,6	5,7	6,5	8,6	9,5	10,4	12,4	14,4	16,4
Form A	$t_1 \approx$	0,9	1,1	1,4	1,6	2,1	2,3	2,5	2,9	3,3	3,7

⇒ **Senkung DIN 74 – A4**: Form A, Gewindedurchmesser 4 mm

Anwendung der Form A für:
Senk-Holzschrauben DIN 97 und DIN 7997
Linsensenk-Holzschrauben DIN 95 und DIN 7995

	Gewinde-Ø	10	12	16	20	22	24
Form E	d_1 H13[1)]	10,5	13	17	21	23	25
Form E	d_2 H13	19	24	31	34	37	40
Form E	$t_1 \approx$	5,5	7	9	11,5	12	13
Form E	α	75° ± 1°			60° ± 1°		

⇒ **Senkung DIN 74 – E12**: Form E, Gewindedurchmesser 12 mm

Anwendung der Form E für:
Senkschrauben für Stahlkonstruktionen DIN 7969

	Gewinde-Ø	3	4	5	6	8	10	12	14	16	20
Form F	d_1 H13[1)]	3,4	4,5	5,5	6,6	9	11	13,5	15,5	17,5	22
Form F	d_2 H13	6,9	9,2	11,5	13,7	18,3	22,7	27,2	31,2	34,0	40,7
Form F	$t_1 \approx$	1,8	2,3	3,0	3,6	4,6	5,9	6,9	7,8	8,2	9,4

⇒ **Senkung DIN 74 – F12**: Form F, Gewindedurchmesser 12 mm

Anwendung der Form F für:
Senkschrauben mit Innensechskant DIN EN ISO 10642 (Ersatz für DIN 7991)

1) Durchgangsloch mittel nach DIN EN 20273, Seite 216

Senkungen für Zylinder- und Sechskantschrauben

Senkungen für Schrauben mit Zylinderkopf

vgl. DIN 974-1 (2008-02)

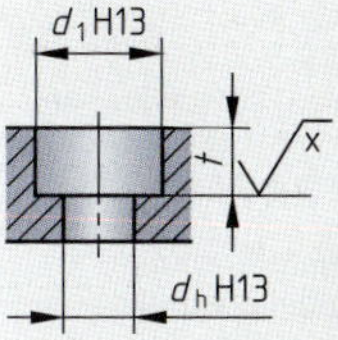

$\sqrt{X} = \sqrt{Ra\ 3{,}2}$

Zeichnerische Darstellung: Seite 84

	d	3	4	5	6	8	10	12	16	20	24	27	30	36
	d_h H13[1]	3,4	4,5	5,5	6,6	9	11	13,5	17,5	22	26	30	33	39
d_1 H13	Reihe 1	6,5	8	10	11	15	18	20	26	33	40	46	50	58
	Reihe 2	7	9	11	13	18	24	–	–	–	–	–	–	–
	Reihe 3	6,5	8	10	11	15	18	20	26	33	40	46	50	58
	Reihe 4	7	9	11	13	16	20	24	30	36	43	46	54	63
	Reihe 5	9	10	13	15	18	24	26	33	40	48	54	61	69
	Reihe 6	8	10	13	15	20	24	33	43	48	58	63	73	–
t[2]	ISO 1207	2,4	3,0	3,7	4,3	5,6	6,6	–	–	–	–	–	–	–
	ISO 4762	3,4	4,4	5,4	6,4	8,6	10,6	12,6	16,6	20,6	24,8	–	31,0	37,0
	DIN 7984	2,4	3,2	3,9	4,4	5,6	6,6	7,6	9,6	11,6	13,8	–	–	–

⇒ DIN 974 sieht keine Kurzbezeichnung für Senkungen vor.

Reihe	**Schrauben mit Zylinderkopf ohne Unterlegteile**	
1	Schrauben ISO 1207, ISO 4762, DIN 6912, DIN 7984, DIN 34821, ISO 4579, ISO 4580	
2	Schrauben ISO 1580, DIN EN ISO 7045, DIN EN ISO 14583	
	Schrauben mit Zylinderkopf und folgenden Unterlegteilen:	
3	Schrauben ISO 1207, ISO 4762, DIN 7984 mit Federringen DIN 7980[3]	
4	Scheiben DIN EN ISO 7092 Federscheiben DIN 137 Form A[3] Federringe DIN 128 + DIN 6905[3]	Zahnscheiben DIN 6797[3] Fächerscheiben DIN 6798[3] Fächerscheiben DIN 6907[3]
5	Scheiben DIN EN ISO 7089 + 7090 Scheiben DIN 6902 Form A[3]	Federscheiben DIN 137 Form B[3] Federscheiben DIN 6904[3]
6	Spannscheiben DIN 6796, DIN 6908	

[1] Durchgangsloch nach DIN EN 20273, Reihe mittel, Seite 216
[2] Für Schrauben ohne Unterlegteile [3] Normen zurückgezogen

Senkungen für Sechskantschrauben und Sechskantmuttern

vgl. DIN 974-2 (1991-05)

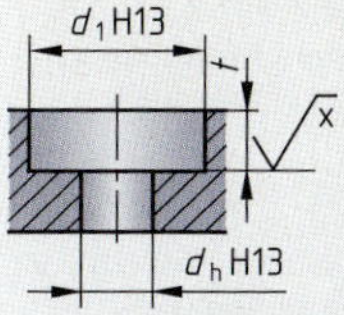

$\sqrt{X} = \sqrt{Ra\ 3{,}2}$

oder $\sqrt{Rz\ 25}$

Zeichnerische Darstellung: Seite 84

	d	4	5	6	8	10	12	14	16	20	24	27	30	33	36	42
	s	7	8	10	13	16	18	21	24	30	36	41	46	50	55	65
	d_h H13	4,5	5,5	6,6	9	11	13,5	15,5	17,5	22	26	30	33	36	39	45
d_1 H13	Reihe 1	13	15	18	24	28	33	36	40	46	58	61	73	76	82	98
	Reihe 2	15	18	20	26	33	36	43	46	54	73	76	82	89	93	107
	Reihe 3	10	11	13	18	22	26	30	33	40	48	54	61	69	73	82
t[1]	Sechsk.schr.	3,2	3,9	4,4	5,7	6,8	8,2	–	10,6	13,1	15,8	–	19,7	23,5	–	–

⇒ DIN 974 sieht keine Kurzbezeichnung für Senkungen vor.

Reihe 1: für Steckschlüssel DIN 659, DIN 896, DIN 3112 oder Steckschlüsseleinsätze DIN 3124
Reihe 2: für Ringschlüssel DIN 838, DIN 897 oder Steckschlüsseleinsätze DIN 3129
Reihe 3: für Ansenkungen bei beengten Raumverhältnissen (für Spannscheiben nicht geeignet)
[1] Für Sechskantschrauben ISO 4014, ISO 4017, ISO 8765, ISO 8676 ohne Unterlegteile

M

Berechnung der Senktiefe für bündigen Abschluss (für DIN 974-1 und DIN 974-2)

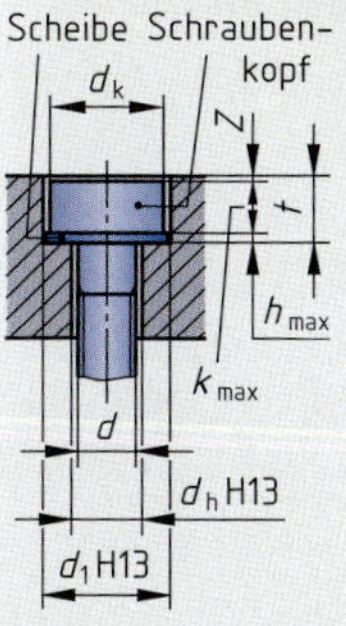

Ermittlung der Zugabe Z

Gewinde-Nenn-∅ d	über 1 bis 1,4	über 1,4 bis 6	über 6 bis 20	über 20 bis 27	über 27 bis 100
Zugabe Z	0,2	0,4	0,6	0,8	1,0

t Senktiefe
k_{max} maximale Kopfhöhe der Schraube
h_{max} maximale Höhe des Unterlegteiles
Z Zugabe entspr. dem Gewinde-Nenndurchmesser (vgl. Tabelle)

Senktiefe[1]

$$t = k_{max} + h_{max} + Z$$

[1] Falls die Werte k_{max} und h_{max} nicht zur Verfügung stehen, können näherungsweise die Werte k und h verwendet werden.

Muttern – Übersicht

Bild	Ausführung	Normbereich von ... bis	Norm	Verwendung, Eigenschaften
Sechskantmuttern, Typ 1				Seite 234, 235
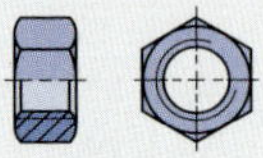	mit Regelgewinde	M1,6 ... M64	DIN EN ISO 4032	am häufigsten verwendete Muttern, Verwendung für Schrauben bis zur gleichen Festigkeitsklasse; **Feingewinde:** höhere Kraftübertragung als bei Regelgewinden
	mit Feingewinde	M8x1 ... M64x4	DIN EN ISO 8673	
Sechskantmuttern, Typ 2				Seite 235
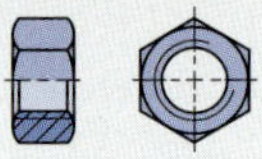	mit Regelgewinde	M5 ... M36	DIN EN ISO 4033	Mutterhöhe *m* ist ca. 10 % höher als bei Muttern des Typs 1, Verwendung für Schrauben bis zur gleichen Festigkeitsklasse; **Feingewinde:** höhere Kraftübertragung als bei Regelgewinden
	mit Feingewinde	M8x1 ... M36x3	DIN EN ISO 8674	
Niedrige Sechskantmuttern				Seite 235, 236
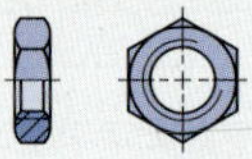	mit Regelgewinde	M1,6 ... M64	DIN EN ISO 4035	Verwendung bei niedrigen Einbauhöhen und geringen Belastungen; **Feingewinde:** höhere Kraftübertragung als bei Regelgewinden
	mit Feingewinde	M8x1 ... M64x4	DIN EN ISO 8675	
Sechskantmuttern mit Klemmteil				Seite 236
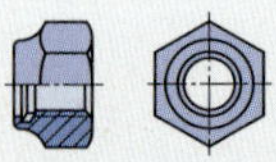	mit Regelgewinde	M3 ... M36	DIN EN ISO 7040	selbstsichernde Muttern mit voller Belastbarkeit und nichtmetallischem Einsatz, bis zu Betriebstemperaturen von 120 °C; **Feingewinde:** höhere Kraftübertragung als bei Regelgewinden
	mit Feingewinde	M8x1 ... M36x3	DIN EN ISO 10512	
	mit Regelgewinde	M5 ... M36	DIN EN ISO 7719	selbstsichernde Ganzmetallmuttern mit voller Belastbarkeit; **Feingewinde:** höhere Kraftübertragung als bei Regelgewinden
	mit Feingewinde	M8x1 ... M36x3	DIN EN ISO 10513	
Sechskantmuttern, andere Formen				Seite 236, 238
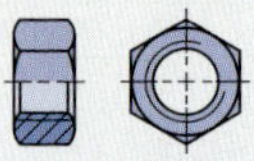	mit großen Schlüsselweiten, Regelgewinde	M12 ... M36	DIN EN 14399-4	Metallbau; hochfeste planmäßig vorgespannte Verbindungen (HV), mit Sechskantschrauben DIN EN 14999-4 (Seite 219)
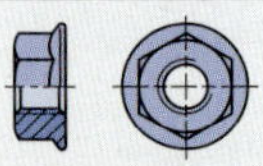	mit Flansch, Regelgewinde	M5 ... M20	DIN EN 1661	Verwendung z. B. bei großen Durchgangsbohrungen oder zur Verringerung der Flächenpressung
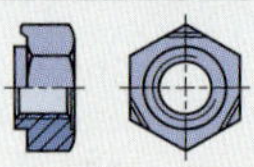	Schweißmuttern, Regelgewinde	M3 ... M16 M8x1 ... M16x1,5	DIN 929	Verwendung in Blechkonstruktionen; Muttern werden mit den Blechen meist durch Buckelschweißen verbunden
Kronenmuttern, Splinte				Seite 238
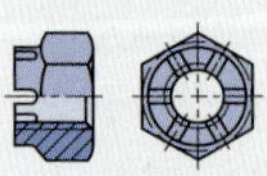	hohe Form, Regel- oder Feingewinde	M4 ... M100 M8x1 ... M100x4	DIN 935	Verwendung z. B. zur axialen Fixierung von Lagern, Naben, in Sicherheitsverschraubungen (Lenkungsbereich von Fahrzeugen) Sicherung mit Splint und Querbohrung in der Schraube, bei voller Belastung der Schrauben werden die Splinte ab Festigkeitsklasse 8.8 abgeschert
	niedrige Form, Regel- oder Feingewinde	M6 ... M48 M8x1 ... M48x3	DIN 979	
	Splinte	0,6x12 ... 20x280	DIN EN ISO 1234	

M

Muttern – Übersicht, Bezeichnung von Muttern

Bild	Ausführung	Normbereich von … bis	Norm	Verwendung, Eigenschaften
Hutmuttern				Seite 237
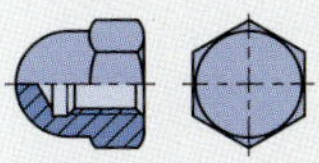	hohe Form, Regel- oder Feingewinde	M4 … M36 M8x1 … M24x2	DIN 1587	dekorativer und dichter Abschluss von Verschraubungen nach außen, Schutz für das Gewinde, Schutz vor Verletzungen
	niedrige Form, Regel- oder Feingewinde	M4 … M48 M8x1 … M48x3	DIN 917	
Ringmuttern, Ringschrauben				Seite 237
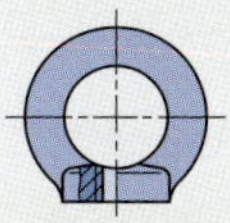	Ringmuttern, Regel- oder Feingewinde	M8 … M100x6 M20x2 … M100x4	DIN 582	Transportösen an Maschinen und Geräten; Belastung hängt vom Lastzugwinkel ab, spanende Bearbeitung der Auflagefläche des Flansches erforderlich
Nutmuttern, Sicherungsbleche				Seite 237
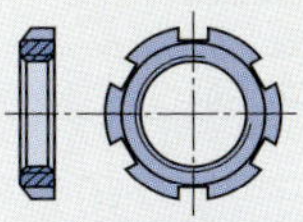	Nutmuttern mit Feingewinde	M10x1 … M200x1,5	DIN 70852	zur axialen Fixierung, z. B. von Naben, bei kleinen Einbauhöhen und geringen Belastungen, Sicherung mit Sicherungsblech
	Sicherungsbleche	10 … 200	DIN 70952	
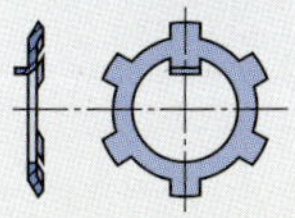	Nutmuttern mit Feingewinde	M10x0,75 … M115x2 (KM0 … KM23)	DIN 981	zur axialen Fixierung von Wälzlagern, zur Einstellung des Lagerspieles, z. B. bei Kegelrollenlagern, Sicherung mit Sicherungsblech
	Sicherungsbleche	10 … 115 (MB0 … MB23)	DIN 5406	
Rändelmuttern				Seite 238
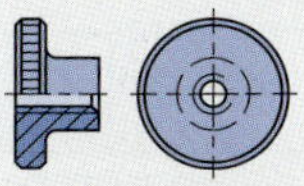	hohe Form, Regelgewinde	M1 … M10	DIN 466	Verwendung bei Verschraubungen, die häufig geöffnet werden, z. B. im Vorrichtungsbau, in Schaltschränken
	niedrige Form, Regelgewinde	M1 … M10	DIN 467	
Sechskant-Spannschlossmuttern				
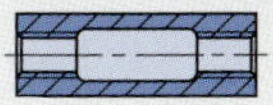	Regelgewinde	M6 … M30	DIN 1479	zur Verbindung und Einstellung, z. B. von Gewinde- und Schubstangen, mit Links- und Rechtsgewinde; Sicherung mit Gegenmuttern

Bezeichnung von Muttern

vgl. DIN 962 (2013-04)

Beispiele:

Sechskantmutter ISO 4032 – M12 – 8
Kronenmutter DIN 929 – M8 x 1 – St
Sechskantmutter EN 1661 – M12 – 10

- Sechskantmutter → Bezeichnung
- EN 1661 → Bezugsnorm, z. B. ISO, DIN, EN; Nummer des Normblattes[1)]
- M12 → Nenndaten, z. B.
  M → metrisches Gewinde
  8 → Nenndurchmesser d
  1 → Gewindesteigung P bei Feingewinden
- 10 → Festigkeitsklasse, z. B. 05, 8, 10
  Werkstoff, z. B.: St Stahl
  GT Temperguss

[1)] Muttern, die nach ISO oder DIN EN ISO genormt sind, erhalten in der Bezeichnung das Kurzzeichen **ISO**.
Muttern, die nach DIN genormt sind, erhalten in der Bezeichnung das Kurzzeichen **DIN**.
Muttern, die nach DIN EN genormt sind, erhalten in der Bezeichnung das Kurzzeichen **EN**.

Festigkeitsklassen, Sechskantmuttern mit Regelgewinde

Festigkeitsklassen von Muttern

vgl. DIN EN ISO 898-2 (2012-08), DIN EN ISO 3506-2 (2010-04)

Beispiele:

	unlegierte und legierte Stähle DIN EN ISO 898-2		**nichtrostende Stähle** DIN EN ISO 3506-2	
	Mutterhöhe $m \geq 0{,}8 \cdot d$:	**8**	Mutterhöhe $m \geq 0{,}8 \cdot d$:	**A 2 – 70**
	Mutterhöhe $m < 0{,}8 \cdot d$:	**04**	Mutterhöhe $m < 0{,}8 \cdot d$:	**A 4 – 035**

Kennzahl
- 8 Festigkeitsklasse
- 04 niedrige Mutter, Prüfspannung = 4 · 100 N/mm²

Stahlsorte
- A → austenitischer Stahl
- A2 → rostbeständige Muttern
- A4 → rost- und säurebest. Muttern

Kennzahl
- 70 Prüfspannung = 70 · 10 N/mm²
- 035 niedrige Mutter, Prüfspannung = 35 · 10 N/mm²

Zulässige Kombinationen von Muttern und Schrauben

vgl. DIN EN ISO 898-2 (2012-08)

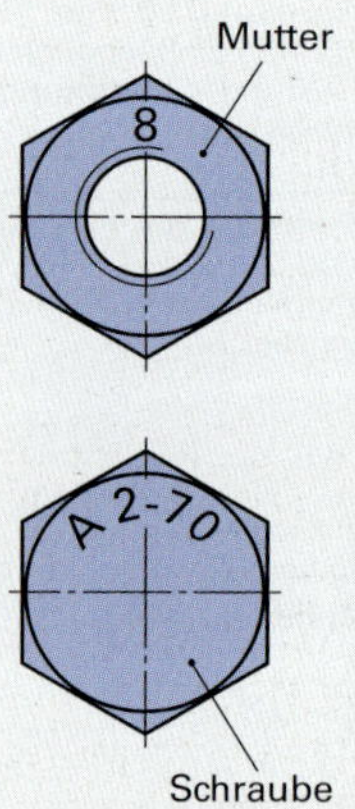

Festigkeitsklasse der Mutter	verwendbare Schrauben bis zur Festigkeitsklasse: unlegierte und legierte Stähle 4.8	5.8	6.8	8.8	9.8	10.9	12.9	nichtrostende Stähle A2-50	A2-70	A4-50	A4-70
5	■	■									
6	■	■	■								
8	■	■	■	■							
9	■	■	■	■	■						
10	■	■	■	■	■	■					
12	■	■	■	■	■	■	■				
A2-50								■			
A2-70								■	■		
A4-50										■	
A4-70										■	■
04, 05, A2-025, A4-025	Festigkeitsklassen für niedrige Muttern. Die Muttern sind für kleine Belastungen ausgelegt. Schrauben und Muttern der gleichen Werkstoffgruppe, z. B. nichtrostender Stahl, sind miteinander kombinierbar.										

■ zulässige Kombinationen von Festigkeitsklassen bei Muttern und Schrauben

Sechskantmuttern mit Regelgewinde, Typ 1[1)]

vgl. DIN EN ISO 4032 (2013-04)

Gültige Norm DIN EN ISO	Ersatz für DIN EN	DIN
4032	24032	934

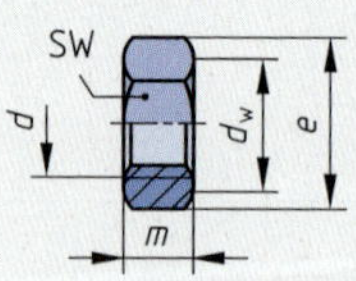

Gewinde d	M1,6	M2	M2,5	M3	M4	M5	M6	M8	M10
SW	3,2	4	5	5,5	7	8	10	13	16
d_w	2,4	3,1	4,1	4,6	5,9	6,9	8,9	11,6	14,6
e	3,4	4,3	5,5	6	7,7	8,8	11,1	14,4	17,8
m	1,3	1,6	2	2,4	3,2	4,7	5,2	6,8	8,4
Festigkeitsklassen	nach Vereinbarung			6, 8, 10					
	A2-70, A4-70								
Gewinde d	M12	M16	M20	M24	M30	M36	M42	M48	M56
SW	18	24	30	36	46	55	65	75	85
d_w	16,6	22,5	27,7	33,3	42,8	51,1	60	69,5	78,7
e	20	26,8	33	39,6	50,9	60,8	71,3	82,6	93,6
m	10,8	14,8	18	21,5	25,6	31	34	38	45
Festigkeitsklassen	6, 8, 10						nach Vereinbarung		
	A2-70, A4-70				A2-50, A4-50		–		
Erläuterung	1) Typ1: Mutterhöhe $m \geq 0{,}8 \cdot d$								
⇒	**Sechskantmutter ISO 4032 – M10 – 10:** d = M10, Festigkeitsklasse 10								

Produktklassen (Seite 216)	
Gewinde d	Klasse
M1,6 ... M16	A
M20 ... M64	B

M

Sechskantmuttern

Sechskantmuttern mit Regelgewinde, Typ 2[1]

vgl. DIN EN ISO 4033 (2013-04)

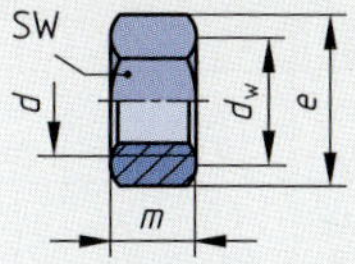

Gewinde d	M5	M6	M8	M10	M12	M16	M20	M24	M30	M36
SW	8	10	13	16	18	24	30	36	46	55
d_w	6,9	8,9	11,6	14,8	14,6	22,5	27,7	33,2	42,7	51,1
e	8,8	11,1	14,4	17,8	20	26,8	33	39,6	50,9	60,8
m	5,1	5,7	7,5	9,3	12	16,4	20,3	23,9	28,6	34,7
Festigkeitskl.	8, 9, 10, 12									
Erläuterung	[1] Sechskantmuttern des Typs 2 sind ca. 10% höher als Muttern des Typs 1.									
⇒	**Sechskantmutter ISO 4033 – M24 – 9:** d = M24, Festigkeitsklasse 9									

Produktklassen (Seite 216)

Gewinde d	Klasse
M1,6 ... M16	A
M20 ... M64	B

Sechskantmuttern mit Feingewinde, Typ 1 und Typ 2[1]

vgl. DIN EN ISO 8673 und 8674 (2013-04)

Gültige Norm DIN EN ISO	Ersatz für DIN EN	Ersatz für DIN
8673	28673	934
8674	28674	971

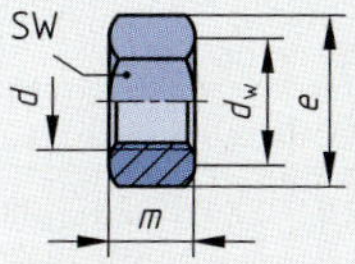

Gewinde d	M8 x1	M10 x1	M12 x1,5	M16 x1,5	M20 x1,5	M24 x2	M30 x2	M36 x3	M42 x3	M48 x3	M56 x4
SW	13	16	18	24	30	36	46	55	65	75	85
d_w	11,6	14,6	16,6	22,5	27,7	33,3	42,8	51,1	60	69,5	78,6
e	14,4	17,8	20	26,8	33	39,6	50,9	60,8	71,3	82,6	93,6
m_1[1]	6,8	8,4	10,8	14,8	18	21,5	25,6	31	34	38	45
m_2[1]	7,5	9,3	12	16,4	20,3	23,9	28,6	34,7	–	–	–
Festigkeitsklassen Typ 1	6, 8, 10 (für d < M16x1,5)								nach Vereinbarung		
	A2-70, A4-70						A2-50, A4-50				
Festigkeitsklassen Typ 2	8, 12				10				–		
Erläuterung	[1] Sechskantmutter Typ 1: DIN EN ISO 8673, Mutterhöhe $m_1 \geq 0{,}8 \cdot d$ Sechskantmutter Typ 2: DIN EN ISO 8674, Mutterhöhe m_2 ist ca. 10 % größer als bei Muttern des Typs 1.										
⇒	**Sechskantmutter ISO 8673 – M8x1 – 6:** d = M8x1, Festigkeitsklasse 6										

Produktklassen (Seite 216)

Gewinde d	Klasse
M8x1 ... M16x1,5	A
M20x1,5 ... M64x3	B

Niedrige Sechskantmuttern mit Regelgewinde[1]

vgl. DIN EN ISO 4035 (2013-04)

Gültige Norm DIN EN ISO	Ersatz für DIN EN
4035	24035

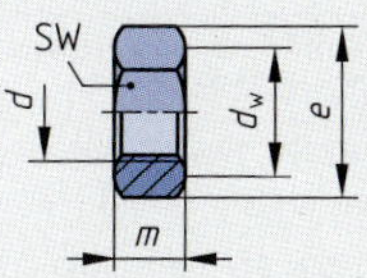

Gewinde d	M1,6	M2	M2,5	M3	M4	M5	M6	M8	M10
SW	3,2	4	5	5,5	7	8	10	13	16
d_w	2,4	3,1	4,1	4,6	5,9	6,9	8,9	11,6	14,6
e	3,4	4,3	5,5	6	7,7	8,8	11,1	14,4	17,8
m	1	1,2	1,6	1,8	2,2	2,7	3,2	4	5
Festigkeitsklassen	nach Vereinbarung						04, 05		
	A2-035, A4-035								

Gewinde d	M12	M16	M20	M24	M30	M36	M42	M48	M56
SW	18	24	30	36	46	55	65	75	85
d_w	16,6	22,5	27,7	33,2	42,8	51,1	60	69,5	78,7
e	20	26,8	33	39,6	50,9	60,8	71,3	82,6	93,6
m	6	8	10	12	15	18	21	24	28
Festigkeitsklassen	04, 05						nach Vereinbarung		
	A2-035, A4-035				A2-025, A4-025		–		
Erläuterung	[1] Niedrige Sechskantmuttern (Mutterhöhe $m < 0{,}8 \cdot d$) sind geringer belastbar als Muttern des Typs 1.								
⇒	**Sechskantmutter ISO 4035 – M16 – A2-035:** d = M16, Festigkeitsklasse A2-035								

Produktklassen (Seite 216)

Gewinde d	Klasse
M1,6 ... M16	A
M20 ... M36	B

M

Sechskantmuttern

Niedrige Sechskantmuttern mit Feingewinde[1]

vgl. DIN EN ISO 8675 (2013-04)

Gültige Norm DIN EN ISO	Ersatz für DIN EN
8675	28675

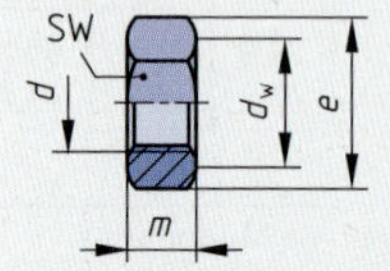

Produktklassen (Seite 216)

Gewinde *d*	Klasse
M8x1 ... M16x1,5	A
M20x1,5 ... M64x3	B

Gewinde *d*	M8 x1	M10 x1	M12 x1,5	M16 x1,5	M20 x1,5	M24 x2	M30 x2	M36 x3	M42 x3	M48 x4	M56 x4
SW	13	16	18	24	30	36	46	55	65	75	85
d_w	11,6	14,6	16,6	22,5	27,7	33,3	42,8	51,1	60	69,5	76,7
e	14,4	17,8	20	26,8	33	39,6	50,9	60,8	71,3	82,6	93,6
m	4	5	6	8	10	12	15	18	21	24	28
Festigkeitsklassen	04, 05								nach Vereinbarung		
	A2-035, A4-035						2)				

Erläuterungen

[1] Niedrige Sechskantmuttern (Mutterhöhe $m < 0{,}8 \cdot d$) sind geringer belastbar als Muttern des Typs 1 (Seite 235).

[2] Festigkeitsklassen für nichtrostende Stähle: A2-025, A4-025

⇒ **Sechskantmutter ISO 8675 – M20 x 1,5 – A2-035:** *d* = M20x1,5, Festigkeitsklasse A2-035

Sechskantmuttern mit Klemmteil, Typ 1[1]

vgl. DIN EN ISO 7040 (2013-04) und 10512 (2013-05)

Gültige Norm DIN EN ISO	Ersatz für DIN EN	Ersatz für DIN
7040	27040	982
10512		

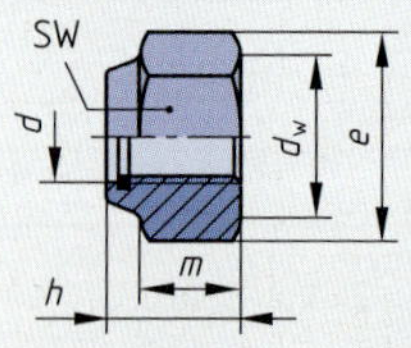

Produktklassen siehe DIN EN ISO 4032

Gewinde *d*	M4 –	M5 –	M6 –	M8 M8 x1	M10 M10 x1	M12 M12 x1,5	M16 M16 x1,5	M20 M20 x1,5	M24 M24 x2	M30 M30 x2	M36 M36 x3
SW	7	8	10	13	16	18	24	30	36	46	55
d_w	5,9	6,9	8,9	11,6	14,6	16,6	22,5	27,7	33,3	42,8	51,1
e	7,7	8,8	11,1	14,4	17,8	20	26,8	33	39,6	50,9	60,8
h	6	6,8	8	9,5	11,9	14,9	19,1	22,8	27,1	32,6	38,9
m	2,9	4,4	4,9	6,4	8	10,4	14,1	16,9	20,2	24,3	29,4

Festigkeitskl.: bei DIN EN ISO 7040 und *d* > M5: 5, 8, 10; bei DIN EN ISO 10512: 6, 8, 10

Erläuterung

[1] Sechskantmuttern Typ 1 (Mutterhöhe $m \geq 0{,}8 \cdot d$)
DIN EN ISO 7040: Muttern mit Regelgewinde
DIN EN ISO 10512: Muttern mit Feingewinde

⇒ **Sechskantmutter ISO 7040 – M16 – 10:** *d* = M6, Festigkeitsklasse 10

Sechskantmuttern mit großen Schlüsselweiten[1]

vgl. DIN EN 14399-4 (2015-04)

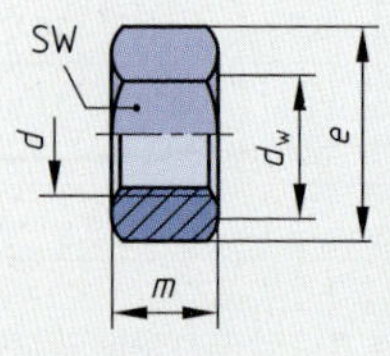

Produktklasse B

Gewinde *d*	M12	M16	M20	M22	M24	M27	M30	M36
SW	22	27	32	36	41	46	50	60
d_w	20,1	24,9	29,5	33,3	38	42,8	46,6	55,9
e	23,9	29,6	35	39,6	45,2	50,9	55,4	66,4
m	10	13	16	18	20	22	24	29

Festigkeitskl., Oberfläche: 10
normal → leicht geölt, feuerverzinkt → Kurzzeichen: tZn

Erläuterung

[1] für hochfeste vorgespannte Verbindungen (HV) im Metallbau. Verwendung mit Sechskantschrauben DIN EN 14399-4 (Seite 219).

⇒ **Sechskantmutter EN 14399-4 – M16 – 10 – HV:** *d* = M24, Festigkeitsklasse 10, hochfest vorgespannt

Sechskantmuttern mit Flansch

vgl. DIN EN 1661 (1998-02)

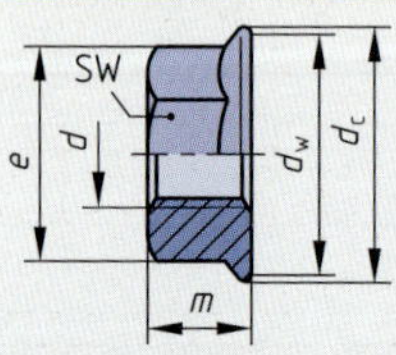

Produktklassen siehe DIN EN ISO 4032

Gewinde *d*	M5	M6	M8	M10	M12	M16	M20
SW	8	10	13	16	18	24	30
d_w	9,8	12,2	15,8	19,6	23,8	31,9	39,9
d_c	11,8	14,2	17,9	21,8	26	34,5	42,8
e	8,8	11,1	14,4	17,8	20	26,8	33
m	5	6	8	10	12	16	20

Festigkeitskl.: 8, 10, A2-70

⇒ **Sechskantmutter EN 1661 – M16 – 8:** *d* = M16, Festigkeitsklasse 8

M

Sechskant-Hutmuttern, Nutmuttern, Ringmuttern

Sechskant-Hutmuttern, hohe Form

vgl. DIN 1587 (2014-07)

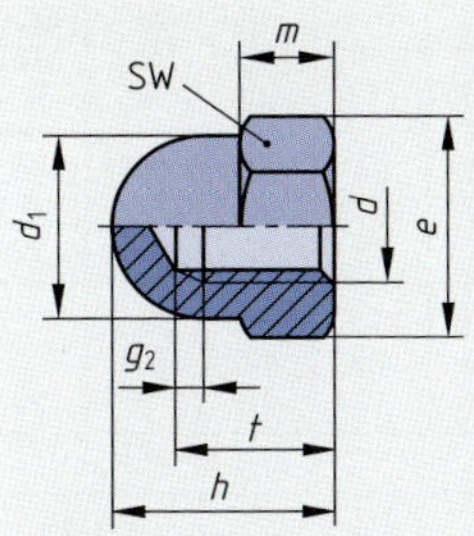

Produktklasse A oder B nach Wahl des Herstellers

Gewinde d	M4 –	M5 –	M6 –	M8 M8 x1	M10 M10 x1	M12 M12 x1,5	M16 M16 x1,5	M20 M20 x2	M24 M24 x2
SW	7	8	10	13	16	18	24	30	36
d_1	6,5	7,5	9,5	12,5	15	17	23	28	34
m	3,2	4	5	6,5	8	10	13	16	19
e	7,7	8,8	11,1	14,4	17,8	20	26,8	33,5	40
h	8	10	12	15	18	22	28	34	42
t	5,3	7,2	7,8	10,7	13,3	16,3	20,6	25,6	30,5
g_2	$g \approx 2 \cdot P$ (P Gewindesteigung)					Gewindefreistich DIN 76-D			
Festigkeitskl.	6, A1-50								
⇒	**Hutmutter DIN 1587 – M20 – 6:** d = M20, Festigkeitsklasse 6								

Nutmuttern

vgl. DIN 70852 (1989-06)

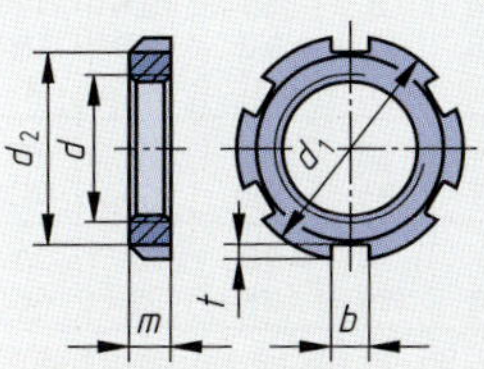

Gewinde d	M12 x1,5	M16 x1,5	M20 x1,5	M24 x1,5	M30 x1,5	M35 x1,5	M40 x1,5	M48 x1,5	M55 x1,5	M60 x1,5	M65 x1,5
d_1	22	28	32	38	44	50	56	65	75	80	85
d_2	18	23	27	32	38	43	49	57	67	71	76
m	6	6	6	7	7	8	8	8	8	9	9
b	4,5	5,5	5,5	6,5	6,5	7	7	8	8	11	11
t	1,8	2,3	2,3	2,8	2,8	3,3	3,3	3,8	3,8	4,3	4,3
Werkstoff	St (Stahl)										
⇒	**Nutmutter DIN 70852 – M16x1,5 – St:** d = M16x1,5, Werkstoff Stahl										

Sicherungsbleche

vgl. DIN 70952 (1976-05)

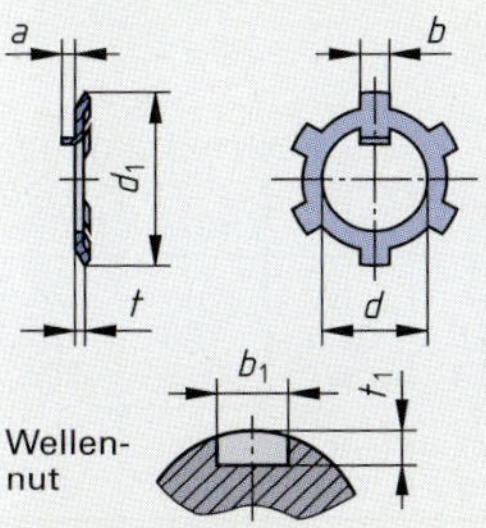

d	12	16	20	24	30	35	40	48	55	60	65
d_1	24	29	35	40	48	53	59	67	79	83	88
t	0,75	1	1	1	1,2	1,2	1,2	1,2	1,2	1,5	1,5
a	3	3	4	4	5	5	5	5	6	6	6
b	4	5	5	6	7	7	8	8	10	10	10
b_1 C11	4	5	5	6	7	7	8	8	10	10	10
t_1	1,2	1,2	1,2	1,2	1,5	1,5	1,5	1,5	1,5	2	2
Werkstoff	St (Stahlblech)										
⇒	**Sicherungsblech DIN 70952-16 – St:** d = 16 mm, Werkstoff Stahl										

M

Ringmuttern

vgl. DIN 582 (2010-09)

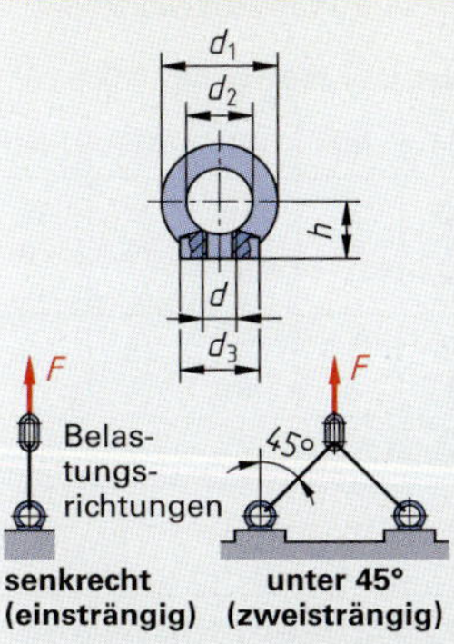

Gewinde d	M8	M10	M12	M16	M20	M24	M30	M36	M42	M48	M56
h	18	22,5	26	30,5	35	45	55	65	75	85	95
d_1	36	45	54	63	72	90	108	126	144	166	184
d_2	20	25	30	35	40	50	60	70	80	90	100
d_3	20	25	30	35	40	50	65	75	85	100	110
	Tragfähigkeit[1] in t bei Belastungsrichtung										
senkrecht	0,14	0,23	0,34	0,70	1,20	1,80	3,20	4,60	6,30	8,60	11,5
unter 45°	0,10	0,17	0,24	0,50	0,86	1,29	2,30	3,30	4,50	6,10	8,20
Werkstoffe	Einsatzstahl C15, A2, A3, A4, A5										
Erläuterung	[1] Die Werte enthalten eine Sicherheit $\nu = 6$, bezogen auf die Bruchkraft.										
⇒	**Ringmutter DIN 582 – M36 – C15E:** d = M36, Werkstoff C15E										

Kronenmuttern, Splinte, Schweißmuttern, Rändelmuttern

Sechskant-Kronenmuttern

vgl. DIN 935-1 (2013-08)

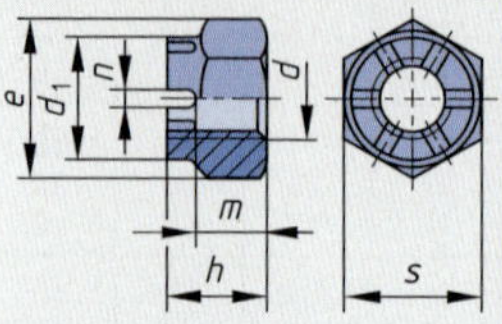

Produktklassen (Seite 216)

Gewinde *d*	Klasse
M1,6 ... M16	A
M20 ... M100	B

Gewinde *d*	M4 –	M5 –	M6 –	M8 M8 x1	M10 M10 x1	M12 M12 x1,5	M16 M16 x1,5	M20 M20 x2	M24 M24 x2	M30 M30 x2
s	7	8	10	13	16	18	24	30	36	46
e	7,7	8,8	11,1	14,4	17,8	20	26,8	33	39,6	50,9
h	5	6	7,5	9,5	12	15	19	22	27	33
d_1	kein zylindrischer Ansatz					15,6	21,5	27,7	33,2	42,7
n	1,2	1,4	2	2,5	2,8	3,5	4,5	4,5	5,5	7
m	3,2	4	5	6,5	8	10	13	16	19	24
Festigkeitsklassen	6, 8, 10									
	A2-70								A2-50	
⇒	**Kronenmutter DIN 935 – M20 – 8:** *d* = M20, Festigkeitsklasse 8									

Splinte

vgl. DIN EN ISO 1234 (1998-02)

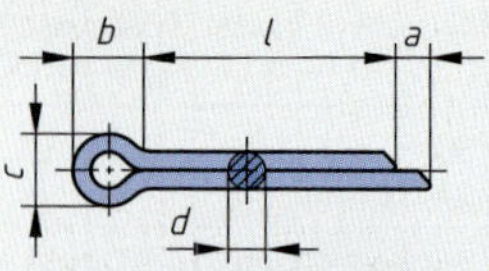

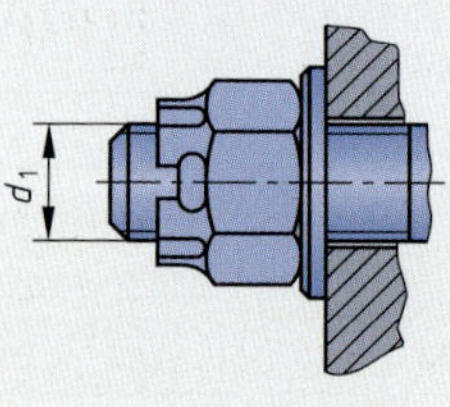

d[1)]	1	1,2	1,6	2	2,5	3,2	4	5	6,3	8
b	3	3	3,2	4	5	6,4	8	10	12,6	16
c	1,6	2	2,8	3,6	4,6	5,8	7,4	9,2	11,8	15
a	1,6	2,5	2,5	2,5	2,5	3,2	4	4	4	4
l von	6	8	8	10	12	14	18	22	28	36
l bis	20	25	32	40	50	63	80	100	125	160
d_1[2)] über	3,5	4,5	5,5	7	9	11	14	20	27	39
d_1[2)] bis	4,5	5,5	7	9	11	14	20	27	39	56
Nennlängen	6, 8, 10, 12, 14, 16, 18, 20, 22, 25, 28, 32, 36, 40, 45, 50, 56, 63, 71, 80, 90, 100, 112, 125, 140, 160 mm									
Erläuterungen	1) *d* Nenngröße = Splintlochdurchmesser 2) d_1 zugehörender Schraubendurchmesser									
⇒	**Splint ISO 1234 – 2,5x32 – St:** *d* = 2,5 mm, *l* = 32 mm, Werkstoff Stahl									

Sechskant-Schweißmuttern

vgl. DIN 929 (2013-12)

M

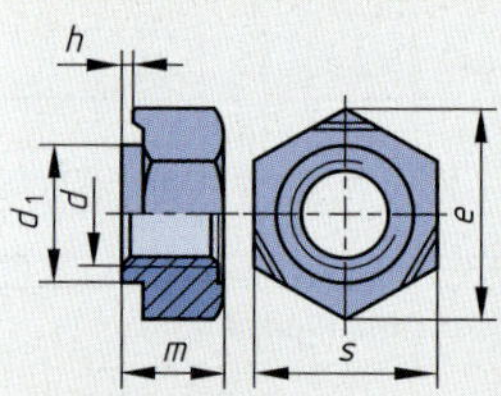

Produktklasse A

Gewinde *d*	M3	M4	M5	M6	M8	M10	M12	M16
s	7,5	9	10	11	14	17	19	24
d_1	4,5	6	7	8	10,5	12,5	14,8	18,8
e	8,2	9,8	11	12	15,4	18,7	20,9	26,5
m	3	3,5	4	5	6,5	8	10	13
h	0,3	0,3	0,3	0,4	0,4	0,5	0,6	0,8
Werkstoff	St – Stahl mit einem maximalen Kohlenstoffgehalt von 0,25 %							
⇒	**Schweißmutter DIN 929 – M16 – St:** *d* = M16, Werkstoff Stahl							

Rändelmuttern

vgl. DIN 466 und 467 (2006-08)

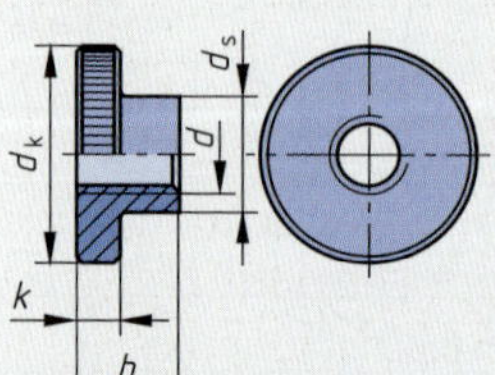

Gewinde *d*	M1,2	M1,6	M2	M2,5	M3	M4	M5	M6	M8	M10
d_k	6	7,5	9	11	12	16	20	24	30	36
d_s	3	3,8	4,5	5	6	8	10	12	16	20
k	1,5	2	2	2,5	2,5	3,5	4	5	6	8
h[1)]	4	5	5,3	6,5	7,5	9,5	11,5	15	18	23
h[2)]	2	2,5	2,5	3	3	4	5	6	8	10
Festigkeitskl.	St (Stahl), A1-50									
Erläuterungen	1) Mutterhöhe für DIN 466 hohe Form 2) Mutterhöhe für DIN 467 niedrige Form									
⇒	**Rändelmutter DIN 467 – M6 – A1-50:** *d* = M6, Festigkeitsklasse A1-50									

Flache Scheiben, Übersicht

Bezeichnungsbeispiel: Scheibe ISO 7090 – 8 – 300 HV – A2[1)]

Benennung	Norm	Nenngröße (Gewinde-Nenn-∅)	Härteklasse	Werkstoff
Scheibe	ISO 7090	8	300 HV	A2[1)]

[1)] Nichtrostender Stahl, Stahlgruppe A2

Übersicht

Bild	Ausführung Normbereich von ... bis	W[1)]	Norm	Bild	Ausführung Normbereich von ... bis	W[1)]	Norm
	Flache Scheiben mit Fase Produktklasse A[2)] M5 ... M64 Tabelle unten	Stahl, nichtrostender Stahl	DIN EN ISO 7090	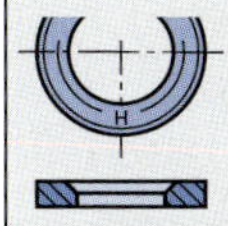	Flache Scheiben mit Fase für HV-Schrauben M12 ... M36 Seite 241	Stahl	DIN EN 14399-6
	Flache Scheiben kleine Reihe Produktklasse A[2)] M1,6 ... M36 Seite 240	Stahl, nichtrostender Stahl	DIN EN ISO 7092	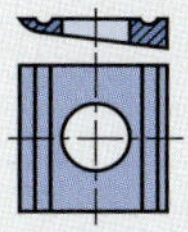	Scheiben, vierkant, für U- und I-Träger M8 ... M27 Seite 241	Stahl	DIN 434 DIN 435
	Flache Scheiben normale Reihe Produktklasse C[2)] M1,6 ... M64 Seite 240	Stahl	DIN EN ISO 7091	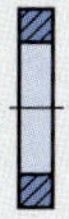	Scheiben für Bolzen Produktklasse A[2)] $d = 3 \ldots 100$ mm Seite 241	Stahl	DIN EN 28738
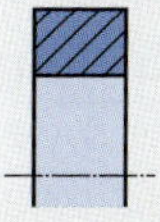	Scheiben für Stahlkonstruktionen, Produktklasse A[2)], C[2)] M10 ... M30 Seite 240	Stahl	DIN 7989-1		Spannscheiben für Schraubenverbindungen $d = 2 \ldots 30$ mm Seite 241	Federstahl	DIN 6796

[1)] Werkstoff Stahl mit entsprechender Härteklasse (z. B. 200 HV; 300 HV); andere Werkstoffe nach Vereinbarung.
[2)] Produktklassen unterscheiden sich in der Toleranz und im Fertigungsverfahren.

M

Flache Scheiben mit Fase, normale Reihe

vgl. DIN EN ISO 7090 (2000-11)

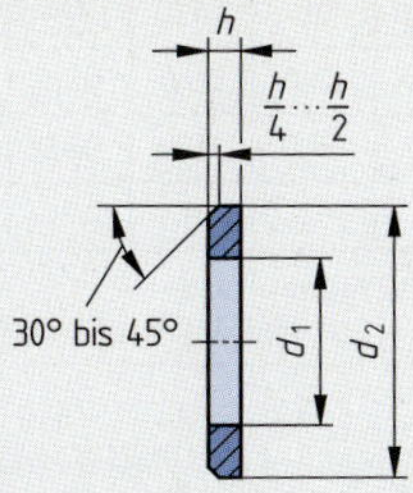

für Gewinde	M5	M6	M8	M10	M12	M16	M20
Nenngröße	5	6	8	10	12	16	20
d_1 min.[1)]	5,3	6,4	8,4	10,5	13,0	17,0	21,0
d_2 max.[1)]	10,0	12,0	16,0	20,0	24,0	30,0	37,0
h[1)]	1	1,6	1,6	2	2,5	3	3
für Gewinde	**M24**	**M30**	**M36**	**M42**	**M48**	**M56**	**M64**
Nenngröße	24	30	36	42	48	56	64
d_1 min.[1)]	25,0	31,0	37,0	45,0	52,0	62,0	70,0
d_2 max.[1)]	44,0	56,0	66,0	78,0	92,0	105,0	115,0
h[1)]	4	4	5	8	8	10	10
Werkstoffe[2)]	**Stahl**			**Nichtrostender Stahl**			
Sorte	–	–		A2, A4, F1, C1, C4 (ISO 3506)[3)]			
Härteklasse	200 HV	300 HV (vergütet)		200 HV			

⇒ **Scheibe ISO 7090-20-200 HV:** Nenngröße (= Gewinde-Nenn-∅) = 20 mm, Härteklasse 200 HV, aus Stahl

[1)] jeweils Nennmaße
[2)] Nichteisenmetalle und andere Werkstoffe nach Vereinbarung
[3)] vgl. Seite 216

Härteklasse 200 HV geeignet für:
- Sechskantschrauben und -muttern mit Festigkeitsklassen ≤ 8.8 bzw. ≤ 8 (Mutter)
- Sechskantschrauben und -muttern aus nichtrostendem Stahl

Härteklasse 300 HV geeignet für:
- Sechskantschrauben und -muttern mit Festigkeitsklassen ≤ 10.9 bzw. ≤ 10 (Mutter)

Flache Scheiben, Scheiben für Stahlkonstruktionen

Flache Scheiben, kleine Reihe

vgl. DIN EN ISO 7092 (2000-11)

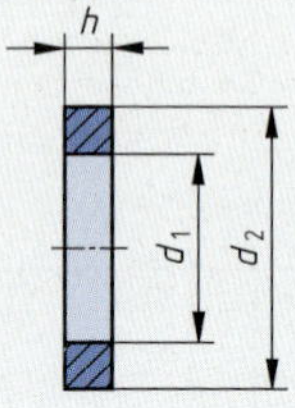

Härteklasse 200 HV geeignet für:
- Zylinderschrauben mit Festigkeitsklassen ≤ 8.8 oder aus nichtrostendem Stahl
- Zylinderschrauben mit Innensechskant mit Festigkeitsklassen ≤ 8.8 oder aus nichtrostendem Stahl

Härteklasse 300 HV geeignet für:
- Zylinderschrauben mit Innensechskant mit Festigkeitsklassen ≤ 10.9

für Gewinde	**M1,6**	**M2**	**M2,5**	**M3**	**M4**	**M5**	**M6**	**M8**
Nenngröße	1,6	2	2,5	3	4	5	6	8
d_1 min.[1]	1,7	2,2	2,7	3,2	4,3	5,3	6,4	8,4
d_2 max.[1]	3,5	4,5	5	6	8	9	11	15
h_{max}	0,35	0,35	0,55	0,55	0,55	1,1	1,8	1,8
für Gewinde	**M10**	**M12**	**M14**[2]	**M16**	**M20**	**M24**	**M30**	**M36**
Nenngröße	10	12	14	16	20	24	30	36
d_1 min.[1]	10,5	13,0	15,0	17,0	21,0	25,0	31,0	37,0
d_2 max.[1]	18,0	20,0	24,0	28,0	34,0	39,0	50,0	60,0
h_{max}	1,8	2,2	2,7	2,7	3,3	4,3	4,3	5,6
Werkstoffe[3]	**Stahl**				**Nichtrostender Stahl**			
Sorte	–		–		A2, A4, F1, C1, C4 (ISO 3506)[4]			
Härteklasse	200 HV		300 HV (vergütet)		200 HV			
⇒	**Scheibe ISO 7092-8-200 HV-A2:** Nenngröße (= Gewinde-Nenn-∅) = 8 mm, kleine Reihe, Härteklasse 200 HV, aus nichtrostendem Stahl A2							

[1] jeweils Nennmaße
[2] diese Größe möglichst vermeiden
[3] Nichteisenmetalle und andere Werkstoffe nach Vereinbarung
[4] vgl. Seite 216

Flache Scheiben, normale Reihe

vgl. DIN EN ISO 7091 (2000-11)

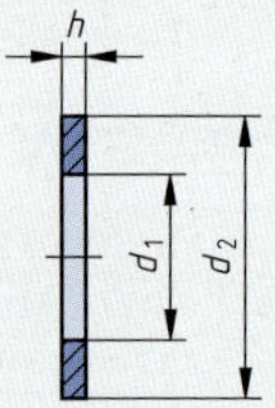

Härteklasse 100 HV geeignet für:
- Sechskantschrauben, Produktklasse C, mit Festigkeitsklassen ≤ 6.8
- Sechskantmuttern, Produktklasse C, mit Festigkeitsklassen ≤ 6

für Gewinde	**M2**	**M3**	**M4**	**M5**	**M6**	**M8**	**M10**	**M12**
Nenngröße	2	3	4	5	6	8	10	12
d_1 min.[1]	2,4	3,4	4,5	5,5	6,6	9,0	11,0	13,5
d_2 max.[1]	5,0	7,0	9,0	10,0	12,0	16,0	20,0	24,0
h[1]	0,3	0,5	0,8	1,0	1,6	1,6	2	2,5
für Gewinde	**M16**	**M20**	**M24**	**M30**	**M36**	**M42**	**M48**	**M64**
Nenngröße	16	20	24	30	36	42	48	64
d_1 min.[1]	17,5	22,0	26,0	33,0	39,0	45,0	52,0	70,0
d_2 max.[1]	30,0	37,0	44,0	56,0	66,0	78,0	92,0	115,0
h[1]	3	3	4	4	5	8	8	10
⇒	**Scheibe ISO 7091-12-100 HV:** Nenngröße (= Gewinde-Nenn-∅), d = 12 mm, Härteklasse 100 HV							

[1] jeweils Nennmaße

M

Scheiben für Stahlkonstruktionen

vgl. DIN 7989-1 und DIN 7989-2 (2001-04)

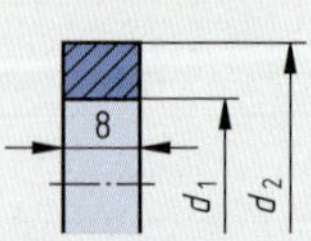

Für Schrauben nach DIN 7968, DIN 7969, DIN 7990 in Verbindung mit Muttern nach ISO 4032 und ISO 4034 geeignet.

für Gewinde[1]	**M10**	**M12**	**M16**	**M20**	**M24**	**M27**	**M30**
d_1 min.	11,0	13,5	17,5	22,0	26,0	30,0	33,0
d_2 max.	20,0	24,0	30,0	37,0	44,0	50,0	56,0
⇒	**Scheibe DIN 7989-16-C-100 HV:** Gewinde-Nenn-∅ d = 16 mm, Produktklasse C, Härteklasse 100 HV						

Ausführungen: Produktklasse C (gestanzte Ausführung) Dicke $h = (8 \pm 1{,}2)$ mm
Produktklasse A (gedrehte Ausführung) Dicke $h = (8 \pm 1)$ mm

[1] Nennmaße

Scheiben für HV-Schrauben, U- und I-Träger, Bolzen, Spannscheiben

Flache Scheiben mit Fase für HV[1)]-Schraubenverbindungen

vgl. DIN EN 14399-6 (2015-04)

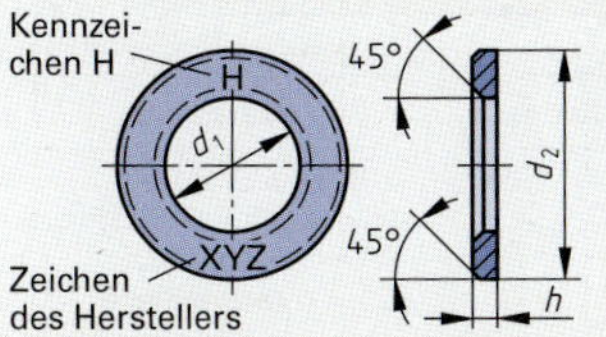

für Gewinde	M12	M16	M20	M22	M24	M27	M30	M36
d_1 min.	13	17	21	23	25	28	31	37
d_2 max.	24	30	37	39	44	50	56	66
h	3	4	4	4	4	5	5	6

⇒ **Scheibe EN 14399-6 – 20:** Nenngröße d = 20 mm (die Nenngröße entspricht dem Gewindedurchmesser)

Werkstoff: Stahl, vergütet auf 300 HV bis 370 HV; [1)] hochfest verspannbar

Scheiben, vierkant, keilförmig, für U- und I-Träger

vgl. DIN 434 (2000-04), DIN 435 (2000-01)

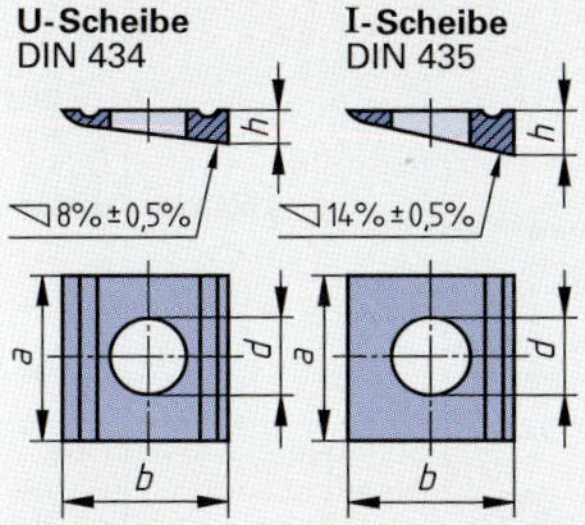

für Gewinde	M8	M10	M12	M16	M20	M22	M24
d_1 min.[1)]	9	11	13,5	17,5	22	24	26
a	22	22	26	32	40	44	56
b	22	22	30	36	44	50	56
h DIN 434	3,8	3,8	4,9	5,8	7	8	8,5
h DIN 435	4,6	4,6	6,2	7,5	9,2	10	10,8

⇒ **I-Scheibe DIN 435-13,5:** Nenngröße d_1 = 13,5 mm

Werkstoff: Stahl, Härte 100 HV 10 bis 250 HV 10

[1)] Nenndurchmesser

Scheiben für Bolzen, Produktklasse A[1)]

vgl. DIN EN 28738 (1992-10)

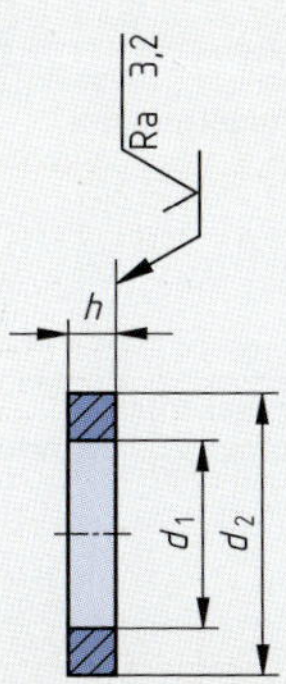

d_1 min.[2)]	**3**	**4**	**5**	**6**	**8**	**10**	**12**
d_2 max.	6	8	10	12	15	18	20
h	0,8		1	1,6	2	2,5	3
d_1 min.[2)]	**14**	**16**	**18**	**20**	**22**	**24**	**27**
d_2 max.	22	24	28	30	34	37	39
h	3		4				5
d_1 min.[2)]	**30**	**36**	**40**	**50**	**60**	**80**	**100**
d_2 max.	44	50	56	66	78	98	120
h	5	6		8	10	12	

⇒ **Scheibe ISO 8738-14-160 HV:** d_1 min. = 14 mm, Härteklasse 160 HV

Werkstoff: Stahl, Härte 160 bis 250 HV
Verwendung: Für Bolzen nach ISO 2340 und ISO 2341 (Seite 244), nur auf der Splintseite.

[1)] Produktklassen unterscheiden sich in der Toleranz und im Fertigungsverfahren. [2)] jeweils Nennmaße

Spannscheiben für Schraubenverbindungen

vgl. DIN 6796 (2009-08)

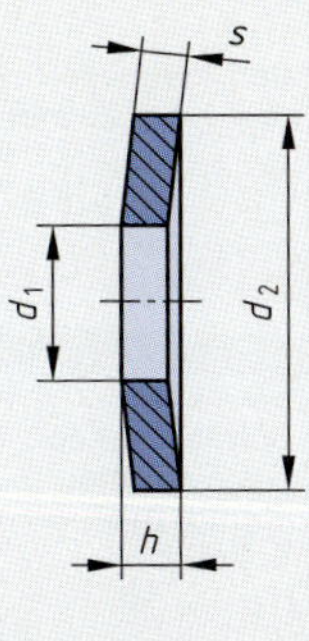

für Gewinde	M2	M3	M4	M5	M6	M8	M10
d_1 H14	2,2	3,2	4,3	5,3	6,4	8,4	10,5
d_2 h14	5	7	9	11	14	18	23
h max.	0,6	0,85	1,3	1,55	2	2,6	3,2
s	0,4	0,6	1	1,2	1,5	2	2,5
für Gewinde	**M12**	**M16**	**M20**	**M22**	**M24**	**M27**	**M30**
d_1 H14	13	17	21	23	25	28	31
d_2 h14	29	39	45	49	56	60	70
h max.	3,95	5,25	6,4	7,05	7,75	8,35	9,2
s	3	4	5	5,5	6	6,5	7

⇒ **Spannscheibe DIN 6796-10-FSt:** für Gewinde M10, aus Federstahl

Werkstoff: Federstahl (FSt) nach DIN 267-26 oder nichtrostender Stahl
Verwendung: Spannscheiben sollen einem Lockern der Schraubenverbindungen entgegenwirken. Dies gilt nicht für wechselnde Querbelastung. Die Anwendung beschränkt sich deshalb auf überwiegend axial belastete, kurze Schrauben der Festigkeitsklassen 8.8 bis 10.9.

M

Stifte und Bolzen, Übersicht

Bezeichnungsbeispiel: Kegelstift ISO 2339 – A – 10x40 – St

Benennung	Norm	Form bzw. Typ[1]	Nenn-∅ x Nennlänge	Werkstoff
Kegelstift	ISO 2339	A	10x40	St

Werkstoff: z. B. St = Stahl
Nichtrostende Stähle:
A1 = austenitisch
C1 = martensitisch

Stifte mit DIN-EN-Hauptnummern werden mit ISO-Nummern bezeichnet.
ISO-Nummer = DIN-EN-Nummer – 20000; Beispiel: DIN EN 22338 = ISO 2338

[1] falls vorhanden

Bild	Bezeichnung, Normbereich von ... bis	Norm	Bild	Bezeichnung, Normbereich von ... bis	Norm
Stifte					Seite 243
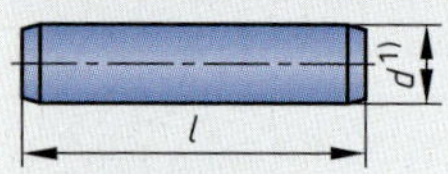 [1) Toleranzklassen m6 oder h8	Zylinderstift, ungehärtet d = 1 ... 50 mm	DIN EN ISO 2338	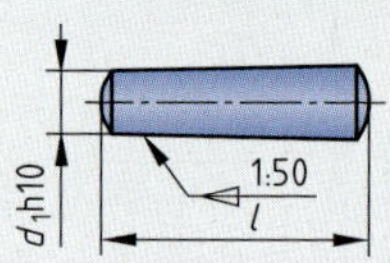	Kegelstift, d_1 = 0,6 ... 50 mm	DIN EN 22339
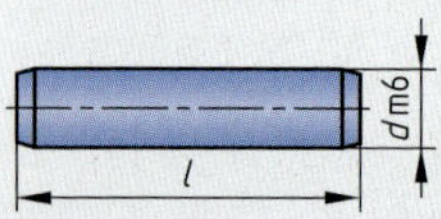	Zylinderstift, gehärtet d = 0,8 ... 20 mm	DIN EN ISO 8734	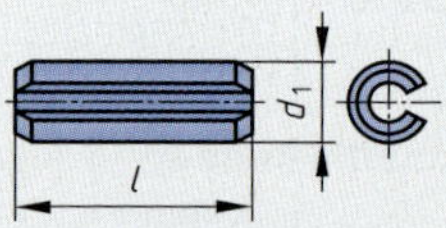	Spannstift (Spannhülsen), geschlitzt d_1 = 1 ... 50 mm	DIN EN ISO 8752 DIN EN ISO 13337
Kerbstifte, Kerbnägel					Seite 244
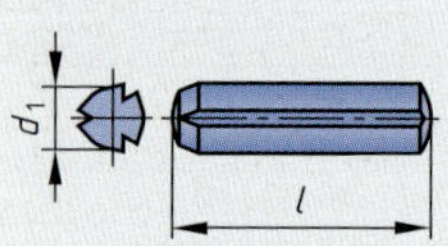	Zylinderkerbstift mit Fase d_1 = 1,5 ... 25 mm	DIN EN ISO 8740	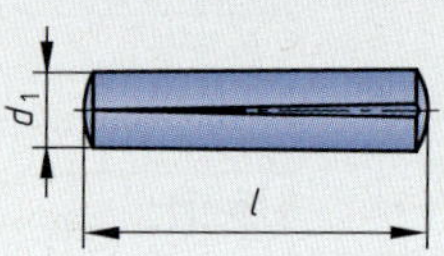	Kegelkerbstift d_1 = 1,5 ... 25 mm	DIN EN ISO 8744
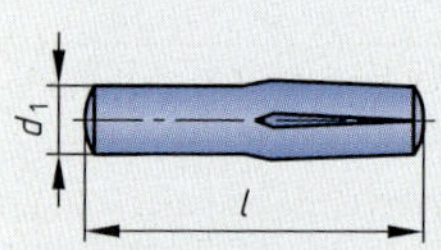	Steckkerbstift d_1 = 1,5 ... 25 mm	DIN EN ISO 8741	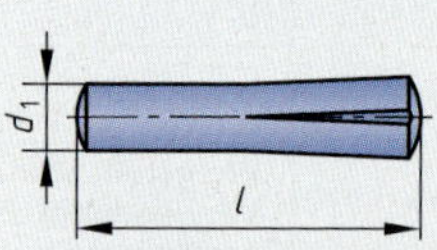	Passkerbstift d_1 = 1,2 ... 25 mm	DIN EN ISO 8745
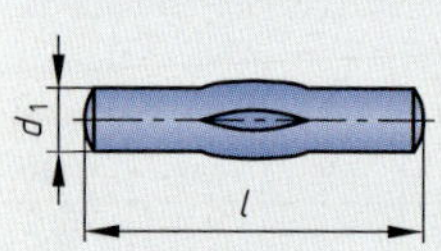	Knebelkerbstift, 1/3 der Länge gekerbt d_1 = 1,2 ... 25 mm	DIN EN ISO 8742	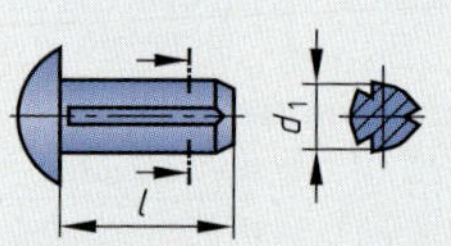	Halbrund-kerbnagel d_1 = 1,4 ... 20 mm	DIN EN ISO 8746
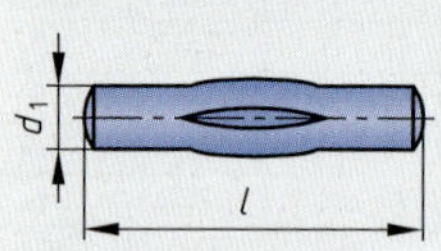	Knebelkerbstift mit langen Kerben d_1 = 1,2 ... 25 mm	DIN EN ISO 8743	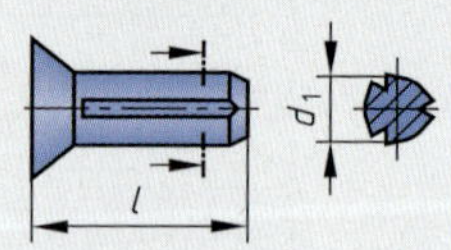	Senkkerbnagel d_1 = 1,4 ... 20 mm	DIN EN ISO 8747
Bolzen					Seite 244
Form A 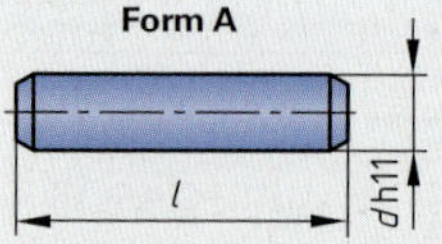	Bolzen ohne Kopf, Form A ohne, Form B mit Splintloch d = 3 ... 100 mm	DIN EN 22340	**Form A** 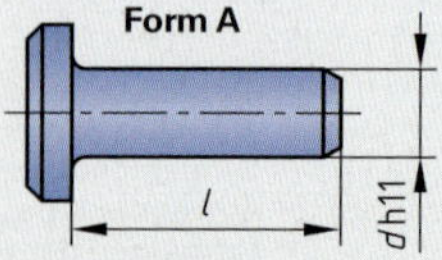	Bolzen mit Kopf, Form A ohne, Form B mit Splintloch d = 3 ... 100 mm	DIN EN 22341

M

Zylinder-, Kegel-, Spannstifte

Zylinderstifte aus ungehärtetem Stahl und austenitischem nichtrostendem Stahl

vgl. DIN EN ISO 2338 (1998-02)

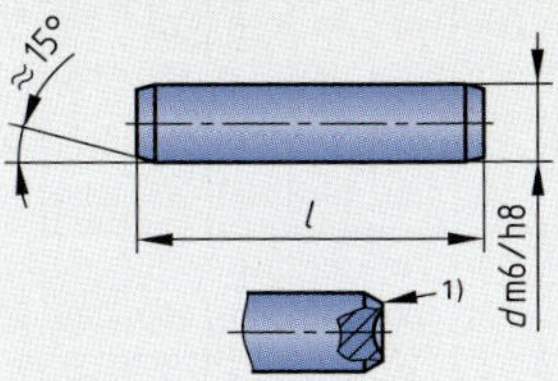

1) Radius und Einsenkung am Stiftende zulässig

d m6/h8 2)	0,6	0,8	1	1,2	1,5	2	2,5	3	4	5
l von	2	2	4	4	4	6	6	8	8	10
l bis	6	8	10	12	16	20	24	30	40	50
***d* m6/h8 2)**	**6**	**8**	**10**	**12**	**16**	**20**	**25**	**30**	**40**	**50**
l von	12	14	18	22	26	35	50	60	80	95
l bis	60	80	95	140	180	200	200	200	200	200
Nenn-längen *l*	2, 3, 4, 5, 6, 8, 10, 12, 14, 16, 18, 20, 22, 24, 26, 28, 30, 32, 35, 40 … 95, 100, 120, 140, 160, 180, 200 mm.									
⇒	**Zylinderstift ISO 2338 – 6 m6 x 30 – St**: *d* = 6 mm, Toleranzklasse m6, *l* = 30 mm, aus Stahl									

2) lieferbar in den Toleranzklassen m6 und h8

Zylinderstifte, gehärtet

vgl. DIN EN ISO 8734 (1998-03)

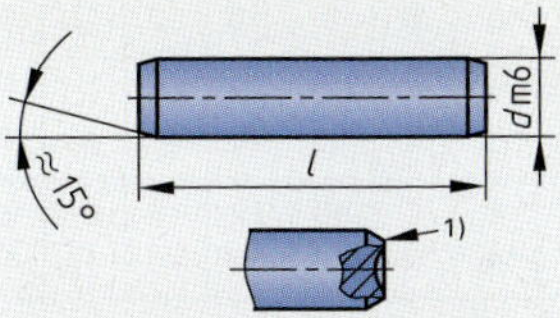

1) Radius und Einsenkung am Stiftende zulässig

d m6	1	1,5	2	2,5	3	4	5	6	8	10	12	16	20
l von	3	4	5	6	8	10	12	14	18	22	26	40	50
l bis	10	16	20	24	30	40	50	60	80	100			
Nenn-längen *l*	3, 4, 5, 6, 8, 10, 12, 14, 16, 18, 20, 22, 24, 26, 28, 30, 32, 35, 40, 45, 50, 55, 60, 65, 70, 75, 80, 85, 90, 95, 100 mm												
Werkstoffe	• Stahl: Typ A Stift durchgehärtet, Typ B einsatzgehärtet • Nichtrostender Stahl Sorte C1												
⇒	**Zylinderstift ISO 8734 – 6 x 30 – C1**: *d* = 6 mm, *l* = 30 mm, aus nichtrostendem Stahl der Sorte C1												

Kegelstifte, ungehärtet

vgl. DIN EN 22339 (1992-10)

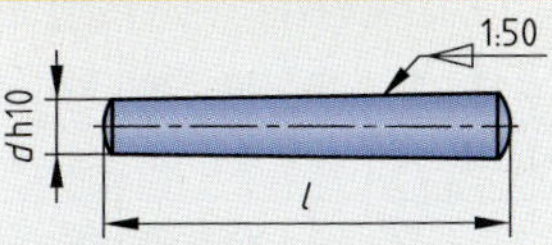

Typ A geschliffen, *Ra* = 0,8 µm;
Typ B gedreht, *Ra* = 3,2 µm

d h10	1	2	3	4	5	6	8	10	12	16	20	25	30
l von	6	10	12	14	18	22	22	26	32	40	45	50	55
l bis	10	35	45	55	60	90	120	160	180	200			
Nenn-längen *l*	2, 3, 4, 5, 6, 8, 10, 12, 14, 16, 18, 20, 22, 24, 26, 28, 30, 32, 35, 40, 45 … 95, 100, 120 …180, 200 mm												
⇒	**Kegelstift ISO 2339 – A – 10 x 40 – St**: Typ A, *d* =10 mm, *l* = 40 mm, aus Stahl												

Spannstifte (Spannhülsen), geschlitzt, schwere Ausführung
Spannstifte (Spannhülsen), geschlitzt, leichte Ausführung

vgl. DIN EN ISO 8752 (2009-10)
vgl. DIN EN ISO 13337 (2009-10)

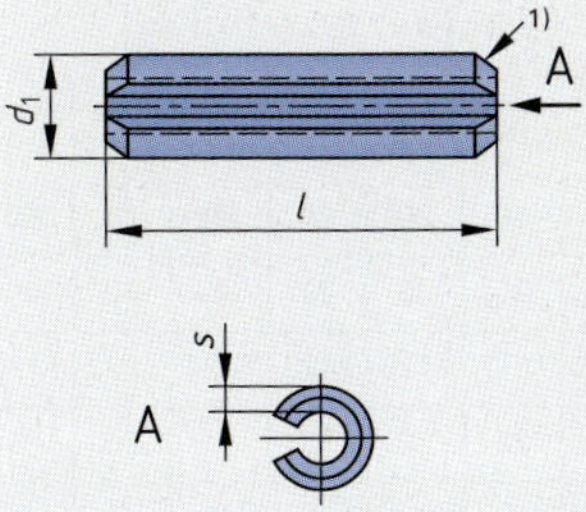

1) Für Spannstifte mit einem Nenndurchmesser d_1 ≥ 10 mm ist auch nur eine Fase zulässig.

Nenn-Ø d_1	**2**	**2,5**	**3**	**4**	**5**	**6**	**8**	**10**	**12**
d_1 max.	2,4	2,9	3,5	4,6	5,6	6,7	8,8	10,8	12,8
s ISO 8752	0,4	0,5	0,6	0,8	1	1,2	1,5	2	2,5
s ISO 13337	0,2	0,25	0,3	0,5	0,5	0,75	0,75	1	1
l von	4	4	4	4	5	10	10	10	10
l bis	20	30	40	50	80	100	120	160	180
Nenn-Ø d_1	**14**	**16**	**20**	**25**	**30**	**35**	**40**	**45**	**50**
d_1 max.	14,8	16,8	20,9	25,9	30,9	35,9	40,9	45,9	50,9
s ISO 8752	3	3	4	5	6	7	7,5	8,5	9,5
s ISO 13337	1,5	1,5	2	2	2,5	3,5	4	4	5
l von	10			14		20			
l bis	200			200		200			
Nenn-längen *l*	4, 5, 6, 8, 10, 12, 14, 16, 18, 20, 22, 24, 26, 28, 30, 32, 35, 40, 45 … 95, 100, 120, 140, 160, 180, 200 mm								
Werkstoffe	• Stahl: gehärtet und angelassen auf 420 HV … 520 HV • Nichtrostender Stahl: Sorte A oder Sorte C								
Anwendung	Der Durchmesser der Aufnahmebohrung (Toleranzklasse H12) muss gleich dem Nenndurchmesser d_1 des dazugehörigen Stiftes sein. Nach Einbau des Stiftes in die kleinste Aufnahmebohrung darf der Schlitz nicht ganz geschlossen sein.								
⇒	**Spannstift ISO 8752 – 6 x 30 – St**: d_1 = 6 mm, *l* = 30 mm, aus Stahl								

M

Kerbstifte, Kerbnägel, Bolzen

Kerbstifte, Kerbnägel

vgl. DIN EN ISO 8740 … 8747 (1998-03)

		d_1	1,5	2	2,5	3	4	5	6	8	10	12	16	20	25
Zylinderkerbstifte mit Fase ISO 8740	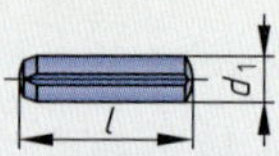	l von	8	8	10	10	10	14	14	14	14	18	22	26	26
		l bis	20	30	30	40	60	60	80	100	100	100	100	100	100
Steckkerbstifte ISO 8741	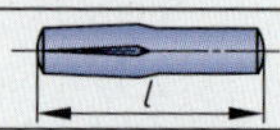	l von	8	8	8	8	10	10	12	14	18	26	26	26	26
		l bis	20	30	30	40	60	60	80	100	160	200	200	200	200
Knebelkerbstifte ISO 8742+8743	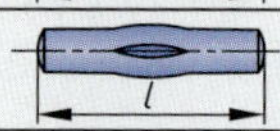	l von	8	12	12	12	18	18	22	26	32	40	45	45	45
		l bis	20	30	30	40	60	60	80	100	160	200	200	200	200
Kegelkerbstifte ISO 8744	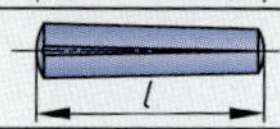	l von	8	8	8	8	8	8	10	12	14	14	24	26	26
		l bis	20	30	30	40	60	60	80	100	120	120	120	120	120
Passkerbstifte ISO 8745	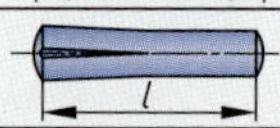	l von	8	8	8	8	10	10	10	14	14	18	26	26	26
		l bis	20	30	30	40	60	60	80	100	200	200	200	200	200
		d_1	**1,4**	**1,6**	**2**	**2,5**	**3**	**4**	**5**	**6**	**8**	**10**	**12**	**16**	**20**
Halbrundkerbnägel ISO 8746	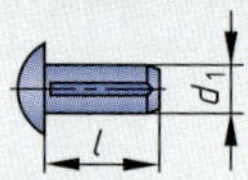	l von	3	3	3	3	4	5	6	8	10	12	16	20	25
		l bis	6	8	10	12	16	20	25	30	40	40	40	40	40
Senkkerbnägel ISO 8747	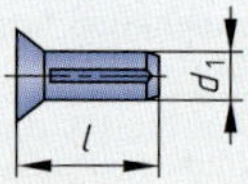	l von	3	3	4	4	5	6	8	8	10	12	16	20	25
		l bis	6	8	10	12	16	20	25	30	40	40	40	40	40
		Nennlängen l	Stifte: 8, 10 … 30, 32, 35, 40 …100, 120, 140 …180, 200 mm Nägel: 3, 4, 5, 6, 8, 10, 12, 16, 20, 25, 30, 35, 40 mm												
		⇒	**Kerbstift ISO 8740 – 6 x 50 – St**: d_1 = 6 mm, l = 50 mm, aus Stahl												

Bolzen ohne Kopf und mit Kopf

vgl. DIN EN 22340, 22341 (1992-10)

Bolzen ohne Kopf ISO 2340

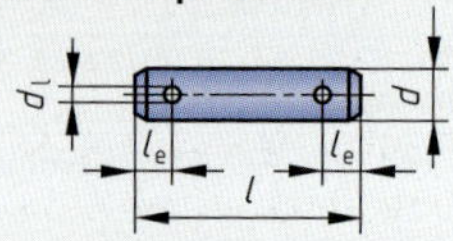

Bolzen mit Kopf ISO 2341

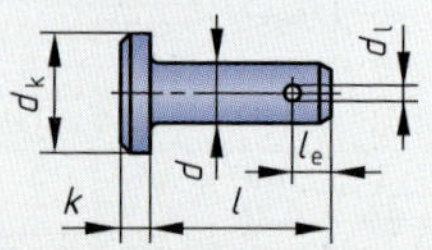

Form A ohne Splintloch,
Form B mit Splintloch

d h11	3	4	5	6	8	10	12	14	16	18	20	22	24
d_l H13	0,8	1	1,2	1,6	2	3,2	3,2	4	4	5	5	5	6,3
d_k h14	5	6	8	10	14	18	20	22	25	28	30	33	36
k js14	1	1	1,6	2	3	4	4	4	4,5	5	5	5,5	6
l_e	1,6	2,2	2,9	3,2	3,5	4,5	5,5	6	6	7	8	8	9
l von	6	8	10	12	16	20	24	28	30	35	40	45	50
l bis	30	40	50	60	80	100	120	140	160	180	200	200	200
Nennlängen l	6, 8, 10 … 30, 32, 35, 40 … 95, 100, 120, 140 …180, 200 mm												
⇒	**Bolzen ISO 2340 – B – 20 x 100 – St**: Form B, d = 20 mm, l = 100 mm, aus Automatenstahl (St)												

M

Bolzen mit Kopf und Gewindezapfen

vgl. DIN 1445 (2011-02)

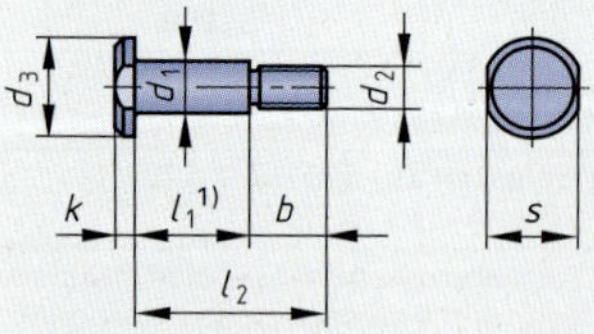

d_1 h11	8	10	12	14	16	18	20	24	30	40	50
b min	11	14	17	20	20	20	25	29	36	42	49
d_2	M6	M8	M10	M12	M12	M12	M16	M20	M24	M30	M36
d_3 h14	14	18	20	22	25	28	30	36	44	55	66
k js14	3	4	4	4	4,5	5	5	6	8	8	9
s	11	13	17	19	22	24	27	32	36	50	60
Nennlängen l_2	16, 20, 25, 30, 35 …125, 130, 140, 150 …190, 200 mm										
⇒	**Bolzen DIN 1445 – 12h11 x 30 x 50 – St**: d_1 = 12 mm, Toleranzklasse h11, l_1 = 30 mm, l_2 = 50 mm, aus 9SMnPb28 (St)										

1) Klemmlänge

Welle-Nabe-Verbindungen – Übersicht (Auswahl)

Ausführung	Eigenschaften, Anwendung	Ausführung	Eigenschaften, Anwendung
Formschlüssige Verbindungen			
Passfeder DIN 6885-1	Seite 247	**Scheibenfeder** DIN 6888	Seite 247
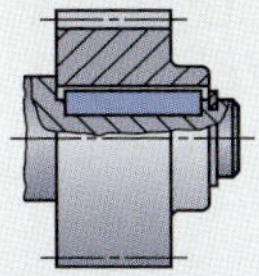	– Nabe axial verschiebbar – Selbstzentrierung – vorwiegend für einseitige Drehmomentübertragung – hohe Kerbwirkung • Zahnräder, Riemengetriebe	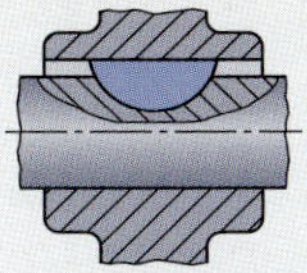	– einfache Fertigung und Montage – Kerbwirkung auf die Welle und Nabe – Welle durch die notwendige tiefere Nut stark geschwächt • Zahnriemenantrieb, Kegelverbindungen, Einspritzpumpe
Keilverbindung DIN 6886, DIN 6887	Seite 246	**Keilwelle** DIN ISO 14	Seite 246
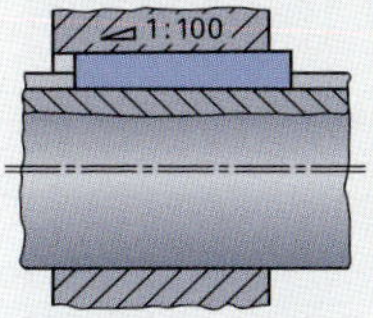	– Übertragung mittlerer einseitiger und wechselnder Drehmomente – einfache Montage – sicherer und fester Sitz – hohe Unwucht – hohe Kerbwirkung • schwere Scheiben, Räder, Kupplungen bei Großmaschinen	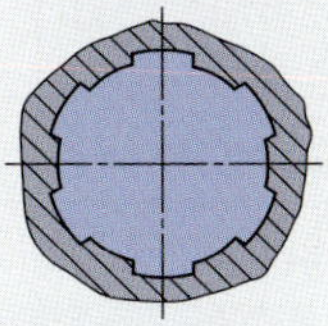	– Übertragung großer wechselnder Drehmomente – Nabe axial verschiebbar – Selbstzentrierung – hohe Kerbwirkung • Antriebswellen, Verschieberädergetriebe
Zahnwelle DIN 5481 (Kerbzahnprofil)		**Polygonprofil** DIN 32711, DIN 32712	
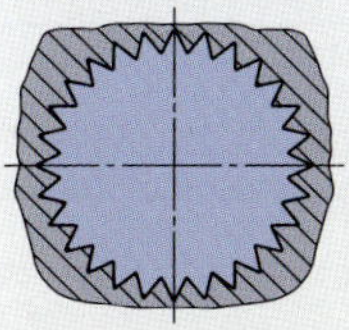	– Übertragung großer wechselnder Drehmomente – Selbstzentrierung – bei Evolventenzahnprofil geringere Kerbwirkung – für feste Verbindungen • Achsschenkel und Drehstabfedern im Kfz-Bereich	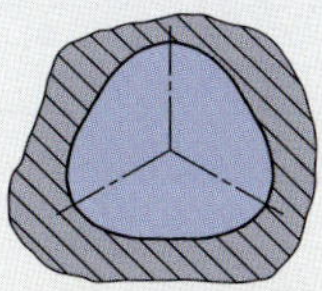	– Übertragung einseitiger und wechselnder Drehmomente – Selbstzentrierung – geringe Unwucht – kerbwirkungsfrei • Antriebswellen
Kraftschlüssige Verbindungen			
Querpressverband DIN 7157	Seite 113	**Kegelpressverband** DIN 2080 (Steilkegel)	Seite 248
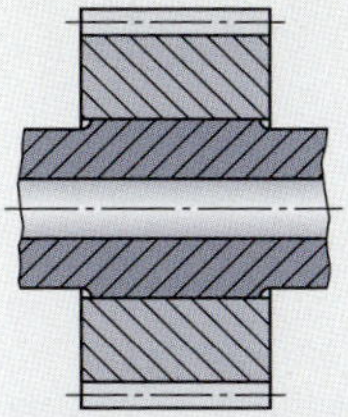	– Übertragung großer einseitiger und wechselnder Drehmomente – Aufnahme hoher Axialkräfte – Selbstzentrierung – geringe Unwucht – einfache Fertigung – für nicht zu lösende Verbindungen • Schwungräder, Riemenscheiben, Zahnräder, Wälzlager	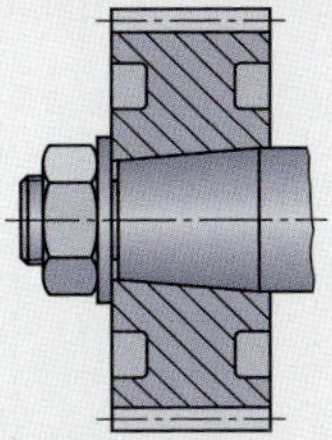	– Übertragung großer einseitiger und wechselnder Drehmomente – Aufnahme hoher Axialkräfte – Selbstzentrierung – geringe Unwucht – Verbindung nachstellbar – Nabe in Drehrichtung einstellbar – einfache Montage • Naben auf Wellenenden, Werkzeuge in Arbeitsspindeln
Kegelspannring (Ringfeder)		**Sternscheibe**	
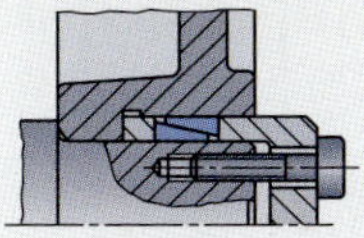	– Verbindung ist nachstellbar – Nabe in Drehrichtung einstellbar – einfache Montage • Kettenräder, Riemenscheiben	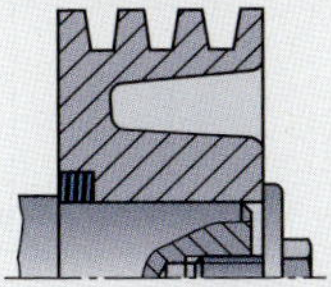	– Verbindung ist nachstellbar – Nabe in Drehrichtung einstellbar – einfache Montage – axial kurze Bauweise • Spannen und Lösen einer Skalenscheibe an einem Vorschubantrieb, Riemenscheiben
Druckhülse		**Hydraulische Spannbuchse**	
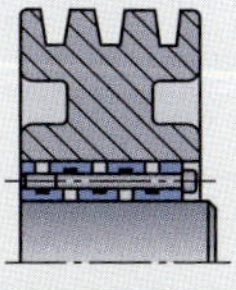	– Nabe in Drehrichtung einstellbar – einfache Fertigung – einfache Montage – Selbstzentrierung • Zahnräder, Riemenscheiben, Kupplungen	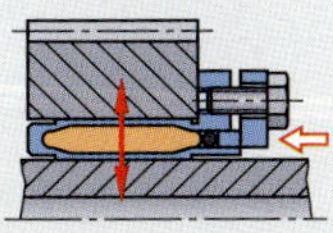	– Nabe in Drehrichtung einstellbar – einfache Fertigung – einfache Montage – Selbstzentrierung • Zahnräder, Riemenscheiben, Kupplungen

M

Keile, Nasenkeile, Keilwellenverbindungen

Keile, Nasenkeile

vgl. DIN 6886 (1967-12) bzw. DIN 6887 (1968-04)

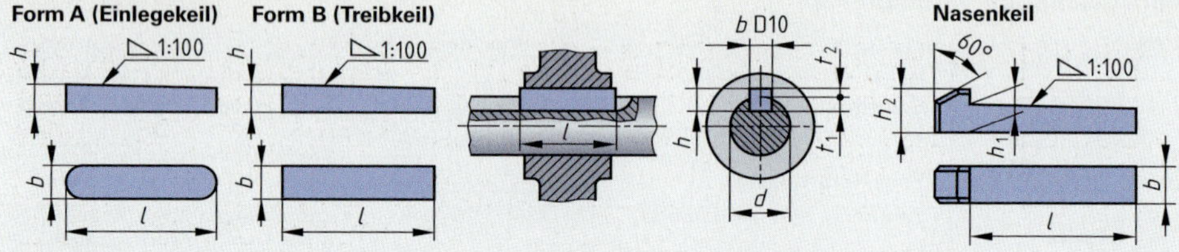

Für Wellen-durchmesser *d*	über / bis	10 / 12	12 / 17	17 / 22	22 / 30	30 / 38	38 / 44	44 / 50	50 / 58	58 / 65	65 / 75	75 / 85	85 / 95	95 / 110
Keile	*b* D10	4	5	6	8	10	12	14	16	18	20	22	25	28
	h	4	5	6	7	8	8	9	10	11	12	14	14	16
Nasenkeile	h_1	4,1	5,1	6,1	7,2	8,2	8,2	9,2	10,2	11,2	12,2	14,2	14,2	16,2
	h_2	7	8	10	11	12	12	14	16	18	20	22	22	25
Wellennuttiefe	t_1	2,5	3	3,5	4	5	5	5,5	6	7	7,5	9	9	10
Nabennuttiefe	t_2	1,2	1,7	2,2	2,4	2,4	2,4	2,9	3,4	3,4	3,9	4,4	4,4	5,4
Zul. Abweichung	t_1, t_2	+0,1			+0,2									
Keillänge *l*	von	10 1)	12 1)	16	20	25	32	40	45	50	56	63	70	80
	bis	45	56	70	90	110	140	160	180	200	220	250	280	320
Nennlängen *l*		6, 8 … 20, 22, 25, 28, 32, 40, 45, 50, 56, 63, 70, 80 …100, 110, 125, 140, 160 … 200, 220, 250, 280, 320, 360, 400 mm												

Längentoleranzen	Keillänge *l*, von … bis	6 … 28	32 … 80	90 … 400
Toleranzen für	Keillänge	− 0,2	− 0,3	− 0,5
	Nutlänge (Einlegekeil)	+ 0,2	+ 0,3	+ 0,5

⇒ **Keil A 20 x 12 x 125 DIN 6886:** Form A, *b* = 20 mm, *h* = 12 mm, *l* = 125 mm

1) Nasenkeillängen ab 14 mm

Keilwellenverbindungen mit geraden Flanken und Innenzentrierung

vgl. DIN ISO 14 (1986-12)

M

Nabe

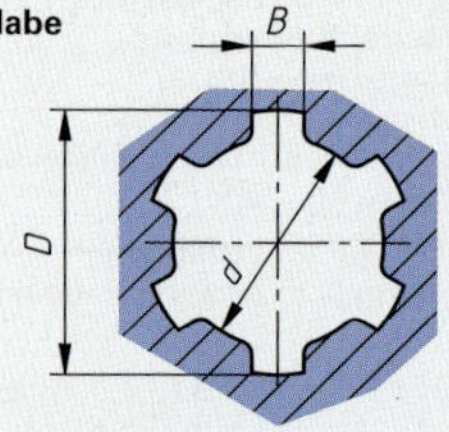

Welle

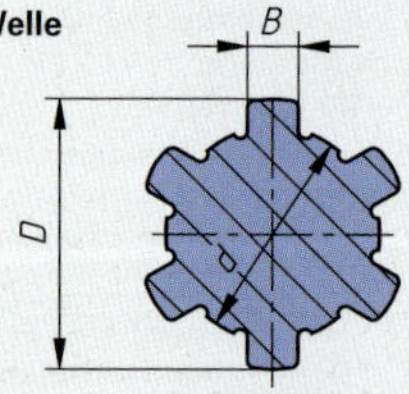

Innen-zentrierung

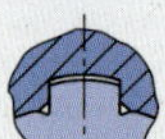

d	Leichte Reihe *N* 1)	Leichte Reihe *D*	Leichte Reihe *B*	Mittlere Reihe *N* 1)	Mittlere Reihe *D*	Mittlere Reihe *B*	*d*	Leichte Reihe *N* 1)	Leichte Reihe *D*	Leichte Reihe *B*	Mittlere Reihe *N* 1)	Mittlere Reihe *D*	Mittlere Reihe *B*
11	–	–	–	6	14	3	42	8	46	8	8	48	8
13	–	–	–	6	16	3,5	46	8	50	9	8	54	9
16	–	–	–	6	20	4	52	8	58	10	8	60	10
18	–	–	–	6	22	5	56	8	62	10	8	65	10
21	–	–	–	6	25	5	62	8	68	12	8	72	12
23	6	26	6	6	28	6	72	10	78	12	10	82	12
26	6	30	6	6	32	6	82	10	88	12	10	92	12
28	6	32	7	6	34	7	92	10	98	14	10	102	14
32	8	36	6	8	38	6	102	10	108	16	10	112	16
36	8	40	7	8	42	7	112	10	120	18	10	125	18

Toleranzklassen für die Nabe

nicht wärme-behandelt Maße *B*	nicht wärme-behandelt Maße *D*	nicht wärme-behandelt Maße *d*	wärme-behandelt Maße *B*	wärme-behandelt Maße *D*	wärme-behandelt Maße *d*
H9	H10	H7	H11	H10	H7

Toleranzklassen für die Welle

Maße	Einbauart: Spiel-passung	Einbauart: Über-gangspass.	Einbauart: Übermaß-passung
B	d10	f9	h10
D	a11	a11	a11
d	f7	g7	h7

⇒ **Welle (oder Nabe) ISO 14 – 6 x 23 x 26:** *N* = 6, *d* = 23 mm, *D* = 26 mm

1) N Anzahl der Keile

Passfedern, Scheibenfedern

Passfedern (hohe Form)

vgl. DIN 6885-1 (1968-08)

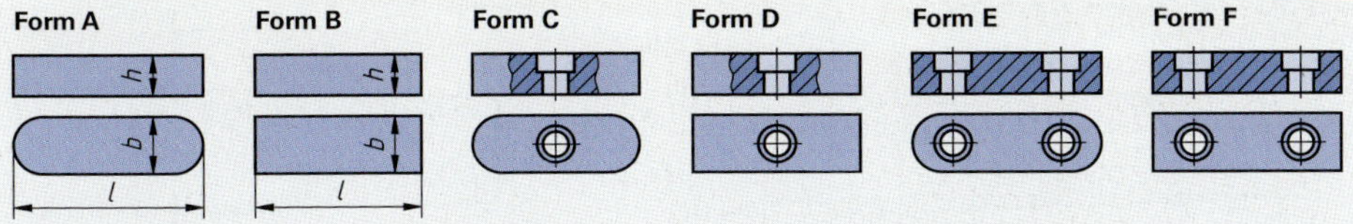

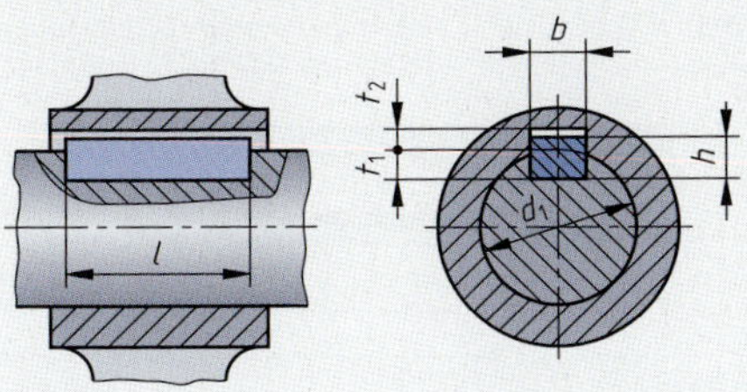

Toleranzen für Passfedernuten			
Wellennutenbreite *b*	fester Sitz leichter Sitz		P 9 N 9
Nabennutenbreite *b*	fester Sitz leichter Sitz		P 9 JS 9
zul. Abweichung bei d_1	≤ 22	≤ 130	> 130
Wellennutentiefe t_1 Nabennutentiefe t_2	+ 0,1 + 0,1	+ 0,2 + 0,2	+ 0,3 + 0,3
zul. Abweichung bei Länge *l*	6 … 28	32 … 80	90 … 400
Längentoleranzen für Feder	− 0,2	− 0,3	− 0,5
Längentoleranzen für Nut	+ 0,2	+ 0,3	+ 0,5

d_1 über bis	6 8	8 10	10 12	12 17	17 22	22 30	30 38	38 44	44 50	50 58	58 65	65 75	75 85	85 95	95 110	110 130
b *h*	2 2	3 3	4 4	5 5	6 6	8 7	10 8	12 8	14 9	16 10	18 11	20 12	22 14	25 14	28 16	32 18
t_1 t_2	1,2 1	1,8 1,4	2,5 1,8	3 2,3	3,5 2,8	4 3,3	5 3,3	5 3,3	5,5 3,8	6 4,3	7 4,4	7,5 4,9	9 5,4	9 5,4	10 6,4	11 7,4
l von bis	6 20	6 36	8 45	10 56	14 70	18 90	20 110	28 140	36 160	45 180	50 200	56 220	63 250	70 280	80 320	90 360
Nennlängen *l*	6, 8, 10, 12, 14, 16, 18, 20, 22, 25, 28, 32, 36, 40, 45, 50, 56, 63, 70, 80, 90, 100, 110, 125, 140, 160, 180, 200, 220, 250, 280, 320 mm															
⇒	**Passfeder DIN 6885 – A – 12 x 8 x 56**: Form A, *b* = 12 mm, *h* = 8 mm, *l* = 56 mm															

M

Scheibenfedern

vgl. DIN 6888 (1956-08)

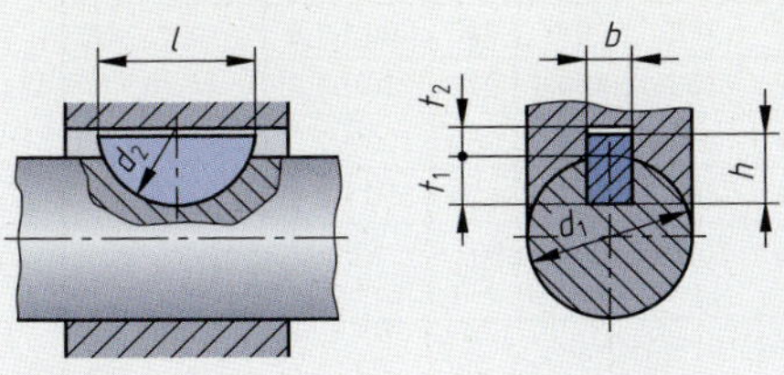

Toleranzen für Scheibenfedernuten						
Wellennutenbreite *b*	fester Sitz leichter Sitz			P 9 (P 8)¹⁾ N 9 (N 8)¹⁾		
Nabennutenbreite *b*	fester Sitz leichter Sitz			P 9 (P 8)¹⁾ J 9 (J 8)¹⁾		
zul. Abweich. bei *b* und *h*	≤ 5 ≤ 7,5	5 > 7,5	6 ≤ 9	6 > 9	8 –	10 –
Wellennutentiefe t_1 Nabennutentiefe t_2	+0,1 +0,1	+0,2 +0,1	+0,1 +0,1	+0,2 +0,1	+0,2 +0,1	+0,2 +0,2

d_1 über bis	8 10				10 12			12 17			17 22			22 30			30 38		
b h9	2,5	3			4			5			6			8			10		
h h12	3,7	3,7	5	6,5	5	6,5	7,5	6,5	7,5	9	7,5	9	11	9	11	13	11	13	16
d_2	10	10	13	16	13	16	19	16	19	22	19	22	28	22	28	32	28	32	45
t_1	2,9	2,5	3,8	5,3	3,5	5	6	4,5	5,5	7	5,1	6,6	8,6	6,2	8,2	10,2	7,8	9,8	12,8
t_2	1	1,4			1,7			2,2			2,6			3			3,4		
l ≈	9,7	9,7	12,7	15,7	12,7	15,7	18,6	15,7	18,6	21,6	18,6	21,6	27,4	21,6	27,4	31,4	27,4	31,4	43,1
⇒	**Scheibenfeder DIN 6888 – 6 x 9**: *b* = 6 mm, *h* = 9 mm																		

¹⁾ Toleranzklasse bei geräumten Nuten

Metrische Kegel, Morse-, Steilkegel

Morsekegel und Metrische Kegel

vgl. DIN 228-1 (1987-05); DIN 228-2 (1987-03)

Form A: Kegelschaft mit Anzuggewinde

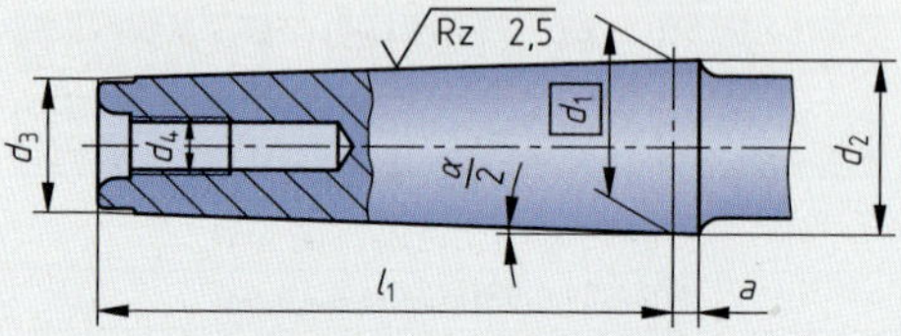

Form B: Kegelschaft mit Austreiblappen

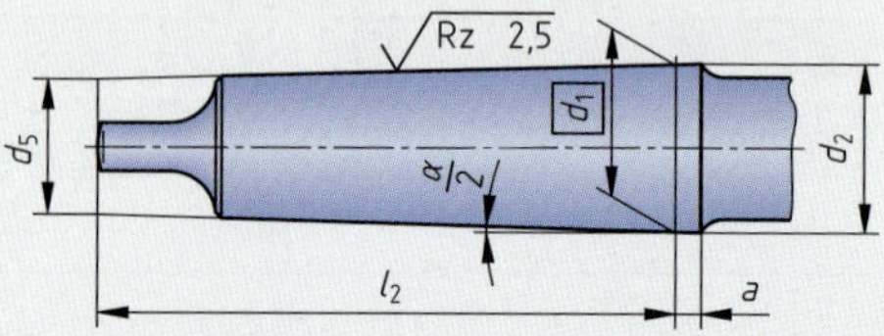

Form C: Kegelhülse für Kegelschäfte mit Anzuggewinde

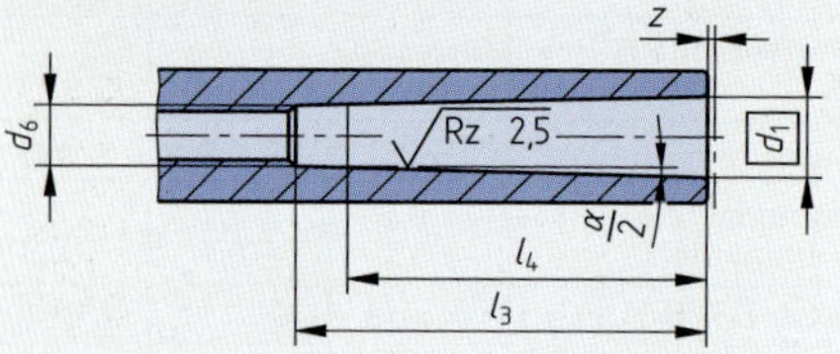

Form D: Kegelhülse für Kegelschäfte mit Austreiblappen

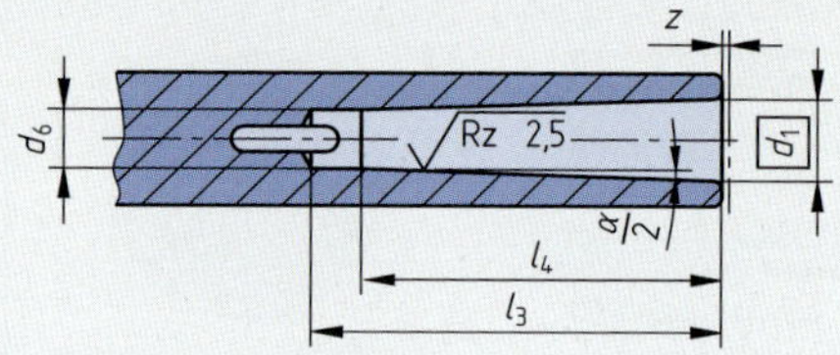

Die **Formen AK, BK, CK** und **DK** haben jeweils eine Zuführung für Kühlschmierstoffe.

Kegelart	Größe	Kegelschaft								Kegelschaft				Kegel	
		d_1	d_2	d_3	d_4	d_5	l_1	a	l_2	d_6 H11	l_3	l_4	z[1]	Verjüngung	$\frac{\alpha}{2}$
Metr. Kegel (ME)	4	4	4,1	2,9	–	–	23	2	–	3	25	20	0,5	1 : 20	1,432°
	6	6	6,2	4,4	–	–	32	3	–	4,6	34	28	0,5		
Morse-Kegel (MK)	0	9,045	9,2	6,4	–	6,1	50	3	56,5	6,7	52	45	1	1 : 19,212	1,491°
	1	12,065	12,2	9,4	M6	9	53,5	3,5	62	9,7	56	47	1	1 : 20,047	1,429°
	2	17,780	18,0	14,6	M10	14	64	5	75	14,9	67	58	1	1 : 20,020	1,431°
	3	23,825	24,1	19,8	M12	19,1	81	5	94	20,2	84	72	1	1 : 19,922	1,438°
	4	31,267	31,6	25,9	M16	25,2	102,5	6,5	117,5	26,5	107	92	1	1 : 19,254	1,488°
	5	44,399	44,7	37,6	M20	36,5	129,5	6,5	149,5	38,2	135	118	1	1 : 19,002	1,507°
	6	63,348	63,8	53,9	M24	52,4	182	8	210	54,8	188	164	1	1 : 19,180	1,493°
Metr. Kegel (ME)	80	80	80,4	70,2	M30	69	196	8	220	71,5	202	170	1,5	1 : 20	1,432°
	100	100	100,5	88,4	M36	87	232	10	260	90	240	200	1,5		
	120	120	120,6	106,6	M36	105	268	12	300	108,5	276	230	1,5		
	160	160	160,8	143	M48	141	340	16	380	145,5	350	290	2		
	200	200	201,0	179,4	M48	177	412	20	460	182,5	424	350	2		

⇒ **Kegelschaft DIN 228 – ME – B 80 AT6:** Metr. Kegelschaft, Form B, Größe 80, Kegelwinkel-Toleranzqualität AT6

[1] Das Prüfmaß d_1 kann bis maximal im Abstand z vor der Kegelhülse liegen.

M

Steilkegelschäfte für Werkzeuge und Spannzeuge Form A

vgl. DIN 2080-1 (2011-11)

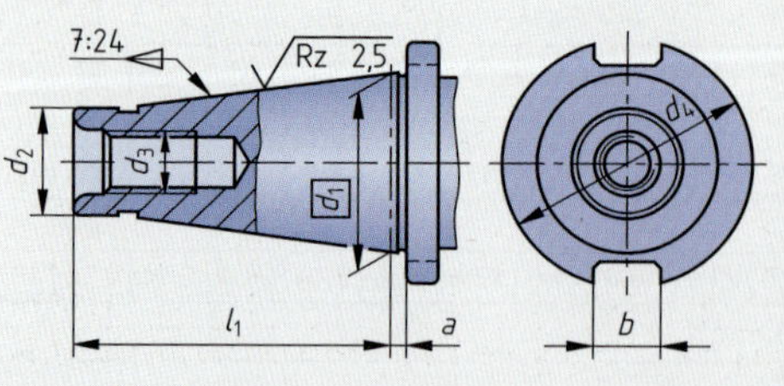

Nr.	d_1	d_2 a10	d_3	d_4 – 0,4	l_1	a ± 0,2	b H12
30	31,75	17,4	M12	50	68,4	1,6	16,1
40	44,45	25,3	M16	63	93,4	1,6	16,1
50	69,85	39,6	M24	97,5	126,8	3,2	25,7
60	107,95	60,2	M30	156	206,8	3,2	25,7
70	165,1	92	M36	230	296	4	32,4
80	254	140	M48	350	469	6	40,5

⇒ **Steilkegelschaft DIN 2080 – A 40 AT4:** Form A, Nr. 40, Kegelwinkel-Toleranzqualität AT4

Zylindrische Schrauben-Zugfedern

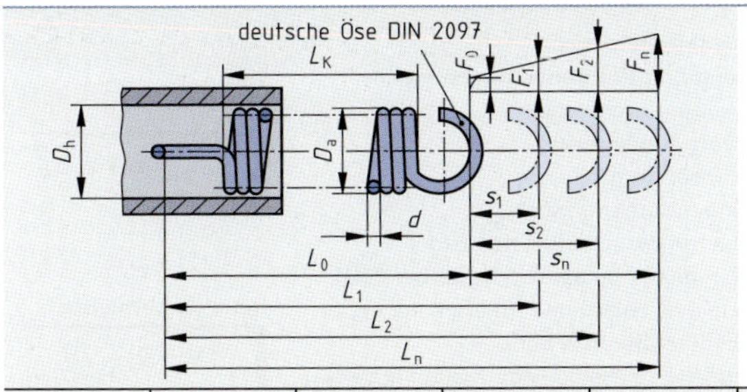

d Drahtdurchmesser in mm
D_a äußerer Windungsdurchmesser in mm
D_h kleinster Hülsendurchmesser in mm
L_0 Länge der unbelasteten Feder in mm
L_k Länge des unbelasteten Federkörpers in mm
L_n größte Federlänge
F_0 innere Vorspannkraft in N
F_n größte zulässige Federkraft in N
R Federrate in N/mm
s_n größter zulässiger Federweg bei F_n in mm

d	D_a	D_h	L_0	L_k	F_0	F_n	*R*	s_n
Zugfedern aus patentiert-gezogenem, unlegiertem Federstahldraht[1] vgl. DIN EN 10270-1 (2012-01)								
0,20	3,00	3,50	8,6	4,35	0,06	1,26	0,036	33,37
0,25	5,00	5,70	10,0	2,63	0,03	1,46	0,039	36,51
0,32	5,50	6,30	10,0	2,08	0,08	2,71	0,140	18,85
0,36	6,00	6,90	11,0	2,34	0,16	3,50	0,173	19,23
0,40	7,00	8,00	12,7	2,60	0,16	4,06	0,165	23,67
0,45	7,50	8,60	13,7	3,04	0,25	5,31	0,207	24,41
0,50	10,00	11,10	20,0	5,25	0,02	5,40	0,078	68,79
0,55	6,00	7,10	13,9	5,78	0,88	11,66	0,606	17,78
0,63	8,60	9,90	19,9	7,88	0,79	12,13	0,276	41,15
0,70	10,00	11,40	23,6	9,63	0,83	14,13	0,239	55,78
0,80	10,80	12,30	25,1	10,20	1,22	19,10	0,355	50,36
0,90	10,00	11,70	23,0	9,45	1,99	28,59	0,934	28,49
1,00	13,50	15,40	31,4	12,50	1,77	28,63	0,454	59,22
1,10	12,00	14,00	27,8	11,83	2,99	41,95	1,181	32,98
1,25	17,20	19,50	39,8	15,63	2,77	42,35	0,533	74,25
1,30	11,30	13,50	134,0	118,95	5,771	70,59	0,322	201,60
1,40	15,00	17,50	34,9	15,05	5,44	66,08	1,596	38,00
1,50	20,00	22,70	48,9	21,75	3,99	60,54	0,603	93,72
1,60	21,60	24,50	50,2	20,00	3,99	67,40	0,726	87,38
1,80	20,00	23,20	46,0	19,35	6,88	100,90	1,819	51,70
2,00	27,00	30,50	62,8	25,00	6,88	101,20	0,907	104,00
2,20	24,00	27,80	55,6	23,10	9,81	148,00	2,425	57,02
2,50	34,50	38,90	79,7	31,25	9,88	148,50	1,056	131,33
2,80	30,00	34,70	69,8	29,40	17,77	233,40	3,257	65,85
3,00	40,00	45,10	140,0	86,25	11,50	214,20	0,587	345,31
3,20	43,20	46,60	100,0	40,00	11,88	238,40	1,451	156,13
3,60	40,00	46,00	92,1	37,80	19,60	357,10	3,735	90,38
4,00	44,00	50,60	117,0	58,00	24,50	436,30	3,019	136,43
4,50	50,00	57,60	194,0	128,25	28,00	532,30	1,613	312,74
5,00	50,00	58,30	207,0	142,50	47,00	707,90	2,541	260,12
5,50	60,00	69,30	236,0	156,75	38,00	774,50	2,094	351,72
6,30	70,00	80,00	272,0	179,55	45,00	968,50	2,258	429,00
7,00	80,00	92,00	306,0	199,50	70,00	1132,00	2,286	464,83
8,00	80,00	94,00	330,0	228,00	120,00	1627,00	4,065	370,91
Zugfedern aus nichtrostendem Federstahldraht[1] vgl. DIN EN 10270-3 (2012-01)								
0,20	3,00	3,50	8,60	4,35	0,05	0,99	0,031	30,54
0,40	7,00	8,00	12,70	2,60	0,121	3,251	0,142	22,11
0,63	8,60	9,90	19,90	7,88	0,631	9,861	0,237	38,97
0,80	10,80	12,30	25,1	10,20	0,971	15,67	0,305	48,19
1,00	13,50	15,40	31,4	12,50	1,411	23,77	0,390	57,40
1,25	17,20	19,50	39,8	15,63	2,211	35,50	0,458	72,73
1,40	15,00	17,50	34,9	15,05	4,351	55,72	1,371	37,48
1,60	21,60	24,50	50,2	20,00	3,211	56,93	0,623	86,19
2,00	27,00	30,50	62,8	25,00	5,501	84,86	0,779	101,86
4,00	44,00	50,60	117,0	58,00	19,600	366,50	2,593	133,83

[1] Außer der aufgeführten Federauswahl gibt es im Handel zu jedem Drahtdurchmesser verschiedene Außendurchmesser und Längen.

Zylindrische Schrauben-Druckfedern

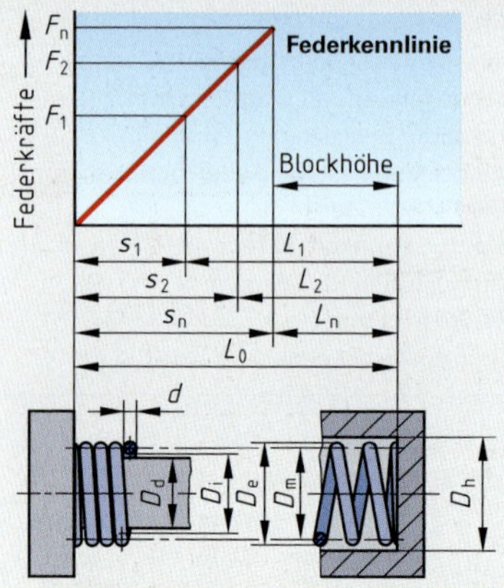

d	Drahtdurchmesser
D_m	mittlerer Windungsdurchmesser
D_e	Außendurchmesser
D_d	Dorndurchmesser
D_h	Hülsendurchmesser
D_i	Innendurchmesser
L_0	Länge der unbelasteten Feder
L_1, L_2	Länge der belasteten Feder bei F_1, F_2
L_n	kleinste zulässige Prüflänge der Feder
F_1, F_2	Federkräfte in N bei L_1, L_2
F_n	größte zulässige Federkraft in N bei s_n
s_1, s_2	Federwege bei F_1, F_2
s_n	größter zulässiger Federweg bei F_n
i_f	Anzahl der federnden Windungen
i_g	Gesamtwindungszahl (Enden geschliffen)
R	Federrate in N/mm

Gesamtwindungszahl

$$i_g = i_f + 2$$

Innendurchmesser

$$D_i = D_e - 2d$$

Zylindrische Schrauben-Druckfedern aus unlegiertem Federstahldraht vgl. DIN EN 10270-1 (2012-01)

d	D_e	$i_f = 3{,}5$				$i_f = 5{,}5$				$i_f = 8{,}5$			
		L_0	s_n [1]	R	F_n [1]	L_0	s_n [1]	R	F_n [1]	L_0	s_n [1]	R	F_n [1]
0,2	2,7	5,4	3,8	0,3	1,1	8,2	6,0	0,2	1,1	12,7	9,7	0,1	1,2
	2,0	2,8	1,2	0,8	1,0	4,4	2,4	0,5	1,2	6,8	4,0	0,3	1,3
	1,4	2,3	0,8	2,7	2,1	3,2	1,2	1,7	2,1	4,6	1,9	1,1	2,2
0,5	6,5	9,8	6,5	0,8	5,5	15,4	10,8	0,5	5,8	23,8	17,2	0,4	6,0
	5,0	8,0	4,9	2,0	9,7	12,0	7,6	1,3	9,7	17,0	10,8	0,8	8,9
	3,0	4,4	1,4	11,4	16,4	6,1	2,0	7,4	14,6	8,7	2,9	4,8	13,7
1,0	13,5	24,0	17,3	1,5	25,8	36,5	27,2	1,0	25,8	55,5	42,2	0,6	25,9
	8,0	10,8	4,7	8,5	39,8	16,5	8,1	5,4	43,4	26,3	14,3	3,5	50,1
	6,0	8,5	2,5	23,3	58,7	12,0	3,7	14,8	55,5	17,0	5,3	9,6	51,1
1,6	21,6	48,0	34,9	2,4	83,2	73,5	54,9	1,5	83,3	110,0	84,9	1,0	83,4
	14,1	17,0	7,1	9,8	69,6	26,0	12,3	6,2	76,5	38,0	18,6	4,0	74,8
	9,6	12,0	2,4	37,3	90,5	18,0	4,8	23,7	113,6	27,0	8,3	15,3	127,8
2,0	25,0	40,5	27,4	3,8	105,9	62,5	44,2	2,4	107,7	95,5	69,4	1,6	109,4
	20,5	27,0	14,4	7,4	106,9	41,0	23,5	4,7	109,9	62,0	37,1	3,0	112,4
	12,0	18,0	6,0	46,6	281,2	26,5	10,0	29,6	296,0	38,5	15,2	19,2	290,8
2,5	31,0	45,0	28,7	4,9	140,8	69,0	46,2	3,1	144,4	103,0	70,5	2,0	142,5
	18,5	27,5	12,3	27,8	342,5	41,0	20,0	17,7	353,8	61,0	31,3	11,4	358,0
	15,0	19,0	4,1	58,2	235,6	27,0	6,4	37,1	235,6	40,0	10,8	24,0	259,6
3,2	43,2	82,0	60,7	4,8	289,3	125,0	95,1	3,0	288,7	190,0	147,3	2,0	289,3
	28,2	42,5	22,8	19,5	444,5	50,8	23,4	12,4	291,2	94,5	55,7	8,0	447,9
	19,2	27,5	8,4	74,5	622,9	40,0	13,6	47,4	643,9	59,0	21,7	30,7	664,6
4,0	36,0	41,0	16,3	22,7	369,7	61,0	26,7	14,5	386,2	92,0	43,3	9,4	405,8
	29,0	41,0	16,8	47,7	800,2	60,5	27,0	30,4	819,7	89,5	42,1	19,6	826,9
	24,0	33,5	9,6	93,1	891,8	49,0	16,0	59,3	946,9	65,0	18,3	38,4	702,8

M

Zylindrische Schrauben-Druckfedern aus nichtrostendem Federstahldraht X10CrNi18-8

d	D_e	L_0	s_n [1]	R	F_n [1]	L_0	s_n [1]	R	F_n [1]	L_0	s_n [1]	R	F_n [1]
0,5	6,5	9,8	6,5	0,7	4,7	15,4	10,8	0,5	5,0	23,8	17,2	0,3	5,1
	5,0	8,0	4,9	1,7	8,3	12,0	7,6	1,1	8,3	17,0	10,8	0,7	7,6
	3,0	4,4	1,4	10,0	14,1	6,1	2,0	6,4	12,5	8,7	2,9	4,1	11,8
1,0	18,5	42,0	34,5	0,5	16,1	65,0	54,4	0,3	16,2	100,0	84,8	0,2	16,3
	9,0	13,0	6,8	4,9	33,3	19,0	10,4	3,1	32,4	28,5	16,3	2,0	32,8
	6,3	8,5	2,5	16,8	42,0	12,0	3,7	10,7	39,7	18,0	6,3	6,9	43,5
2,0	25,0	40,5	27,4	3,3	90,1	62,5	44,2	2,1	92,5	95,5	69,4	1,4	94,0
	14,5	22,5	10,4	20,5	212,8	33,0	16,3	13,0	211,9	49,5	25,6	8,4	215,5
	12,0	18,0	6,0	40,0	241,5	26,5	10,0	25,5	254,2	38,5	15,2	16,5	249,7

[1] bei statischer Belastung

Tellerfedern

vgl. DIN 2093 (2013-12)

Einzelfeder

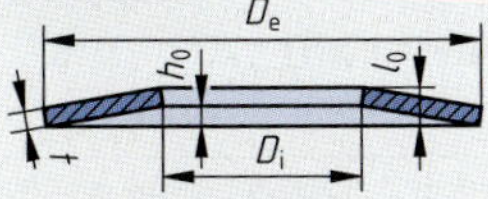

$h_0 \approx l_0 - t$

ohne Auflagefläche: Gruppen 1+2

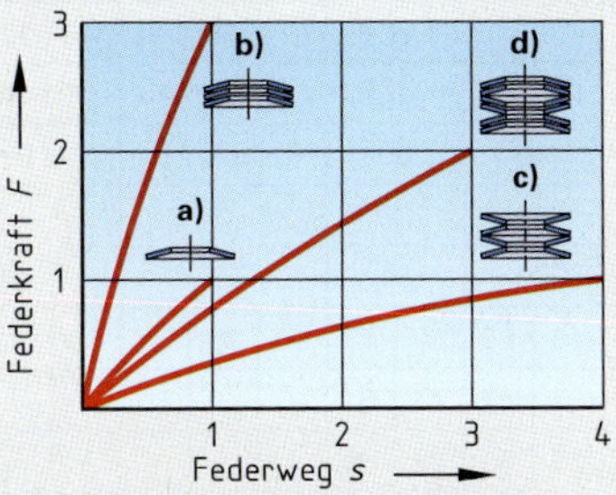

Federkraftverlauf bei unterschiedlichen Tellerfederkombinationen: a) Einzelfeder; **b)** Federpaket aus 3 Einzelfedern: 3fache Kraft; **c)** Federsäule aus 4 Einzelfedern: 4facher Weg; **d)** Federsäule aus 3 Paketen mit je 2 Einzelfedern: 3facher Weg, 2fache Kraft

D_e Außendurchmesser
D_i Innendurchmesser
t Dicke der Einzeltellerfeder
h_0 Federhöhe (theoretischer Federweg bis zur Planlage)
l_0 Bauhöhe der unbelasteten Einzeltellerfeder
s Federweg der Einzeltellerfeder
s_S Federweg von geschichteten Tellerfedern
F Federkraft der Einzeltellerfedern
F_S Federkraft von geschichteten Tellerfedern
L_0 Länge von unbelasteten geschichteten Tellerfedern
n Anzahl der Tellerfedern im Federpaket
i Anzahl der Tellerfedern in der Federsäule

Federsäule

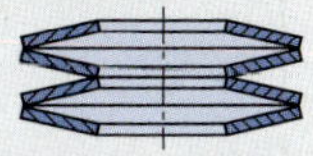

Federkraft $F_S = F$

Federweg $s_S = i \cdot s$

Federlänge $L_0 = i \cdot l_0$

Federpaket

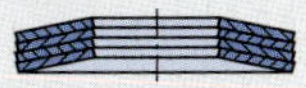

Federkraft $F_S = n \cdot F$

Federweg $s_S = s$

Federlänge $L_0 = l_0 + (n-1) \cdot t$

Gruppe[3]	D_e h12	D_i H12	**Reihe A: harte Federn** $D_e/t \approx 18$; $h_0/t \approx 0{,}4$				**Reihe B: mittelharte Federn** $D_e/t \approx 28$; $h_0/t \approx 0{,}75$				**Reihe C: weiche Federn** $D_e/t \approx 40$; $h_0/t \approx 1{,}3$			
			t	l_0	F in kN[1]	s[2]	t	l_0	F in kN[1]	s[2]	t	l_0	F in kN[1]	s[2]
Gr. 1: $t < 1{,}25$ mm ohne Auflagefläche	8	4,2	0,4	0,6	0,21	0,15	0,3	0,55	0,12	0,19	0,2	0,45	0,04	0,19
	10	5,2	0,5	0,75	0,33	0,19	0,4	0,7	0,21	0,23	0,25	0,55	0,06	0,23
	14	7,2	0,8	1,1	0,81	0,23	0,5	0,9	0,28	0,30	0,35	0,8	0,12	0,34
	16	8,2	0,9	1,25	1,00	0,26	0,6	1,05	0,41	0,34	0,4	0,9	0,15	0,38
	20	10,2	1,1	1,55	1,53	0,34	0,8	1,35	0,75	0,41	0,5	1,15	0,25	0,49
	25	12,2	–	–	–	–	0,9	1,6	0,87	0,53	0,7	1,6	0,60	0,68
	28	14,2	–	–	–	–	1,0	1,8	1,11	0,60	0,8	1,8	0,80	0,75
	40	20,4	–	–	–	–	–	–	–	–	1	2,3	1,02	0,98
Gruppe 2: $t = 1{,}25 \ldots 6$ mm ohne Auflagefläche	25	12,2	1,5	2,05	2,93	0,41	–	–	–	–	–	–	–	–
	28	14,2	1,5	2,15	2,84	0,49	–	–	–	–	–	–	–	–
	40	20,4	2,2	3,15	6,50	0,68	1,5	2,6	2,62	0,86	–	–	–	–
	45	22,4	2,5	3,5	7,72	0,75	1,7	3,0	3,66	0,98	1,25	2,85	1,89	1,20
	50	25,4	3	4,1	12,0	0,83	2	3,4	4,76	1,05	1,25	2,85	1,55	1,20
	56	28,5	3	4,3	11,4	0,98	2	3,6	4,44	1,20	1,5	3,45	2,62	1,46
	63	31	3,5	4,9	15,0	1,05	2,5	4,2	7,19	1,31	1,8	4,15	4,24	1,76
	71	36	4	5,6	20,5	1,20	2,5	4,5	6,73	1,50	2	4,6	5,14	1,95
	80	41	5	6,7	33,6	1,28	3	5,3	10,5	1,73	2,25	5,2	6,61	2,21
	90	46	5	7,0	31,4	1,50	3,5	6	14,2	1,88	2,5	5,7	7,68	2,40
	100	51	6	8,2	48,0	1,65	3,5	6,3	13,1	2,10	2,7	6,2	8,61	2,63
	125	64	–	–	–	–	5	8,5	29,9	2,63	3,5	8	15,4	3,38
	140	72	–	–	–	–	5	9	27,9	3,00	3,8	8,7	17,2	3,68
	160	82	–	–	–	–	6	10,5	41,0	3,38	4,3	9,9	21,8	4,20
	180	92	–	–	–	–	6	11,1	37,5	3,83	4,8	11	26,4	4,65

⇒ **Tellerfeder DIN 2093 – A 16:** Reihe A, Außendurchmesser D_e = 16 mm

[1] Federkraft F des Einzeltellers bei Federweg $s \approx 0{,}75 \cdot h_0$

[2] $s \approx 0{,}75 \cdot h_0$

[3] Gruppe 3: $t > 6 \ldots 14$ mm, mit Auflagefläche, D_e = 125, 140, 160, 180, 200, 225, 250 mm

M

Gewindestifte, Druckstücke, Kugelknöpfe

Gewindestifte mit Druckzapfen

vgl. DIN 6332 (2003-04)

Form S (M6 bis M20)

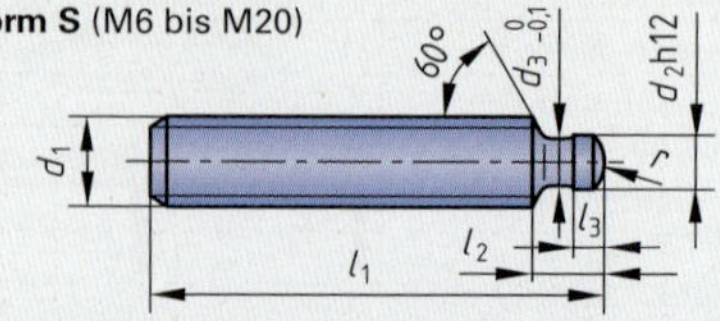

d_1	M6		M8		M10		M12			M16		
d_2	4,8		6		8		8			12		
d_3	4		5,4		7,2		7,2			11		
r	3		5		6		6			9		
l_2	6		7,5		9		10			12		
l_3	2,5		3		4,5		4,5			5		
d_4	32		40		50		63			80		
d_5	24		30		36		–			–		
e	33		39		51		65			73		
l_1	30	50	40	60	60	80	60	80	100	80	100	125
l_4	20	40	27	47	44	64	40	60	80	–	–	–
l_5	22	42	30	50	48	68	–	–	–	–	–	–

⇒ **Gewindestift DIN 6332 – S M 12 x 60:** Form S mit Gewinde d_1 = M12, l_1 = 60 mm

Anwendungsbeispiele als Spannschrauben

mit Kreuzgriff[1)] DIN 6335 M6 bis M20

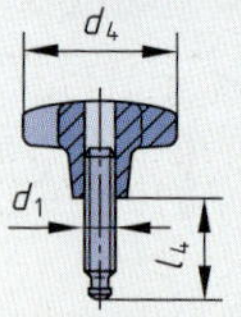

mit Rändelmutter DIN 6303 M6 bis M10

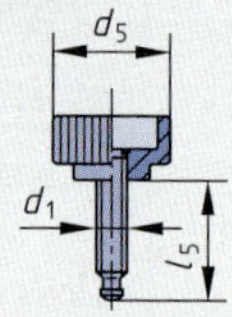

mit Flügelmutter DIN 315 M6 bis M10

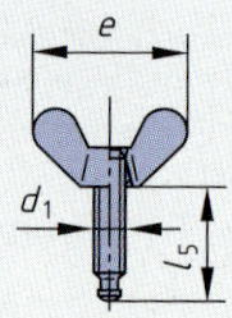

1) oder Sterngriff DIN 6336 M6 bis M16

Druckstücke

vgl. DIN 6311 (2002-06)

Form S mit Sprengring

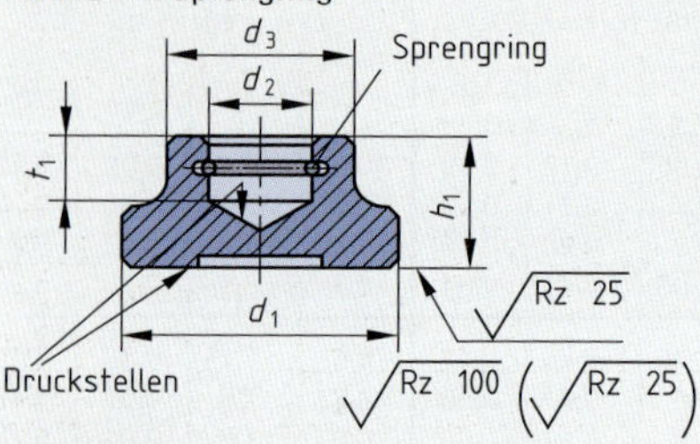

EHT (450 HV 1) 0,3 + 0,2 mm, Oberflächenhärte 550 + 100 HV 10

d_1	d_2 H12	d_3	h_1	t_1	Sprengring DIN 7993	Gewindestift DIN 6332
12	4,6	10	7	4	–	M6
16	6,1	12	9	5	–	M8
20	8,1	15	11	6	8	M10
25	8,1	18	13	7	8	M12
32	12,1	22	15	7,5	12	M16
40	15,6	28	16	8	16	M20

⇒ **Druckstück DIN 6311 – S 40:** Form S, d_1 = 40 mm, mit eingesetztem Sprengring

M

Kugelknöpfe

vgl. DIN 319 (2013-10)

Form C mit Gewinde

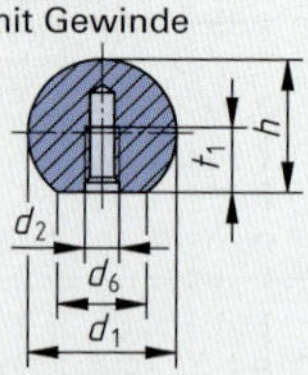

Form E mit Gewindebuchse

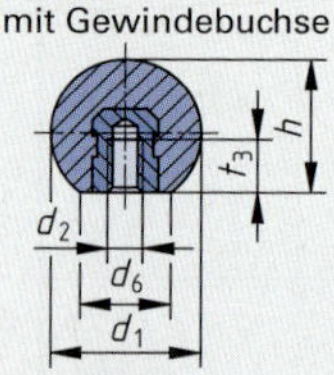

Form L mit Klemmhülse

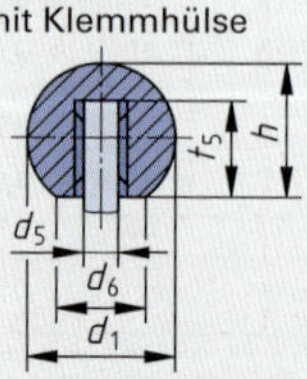

Form M mit kegeliger Bohrung

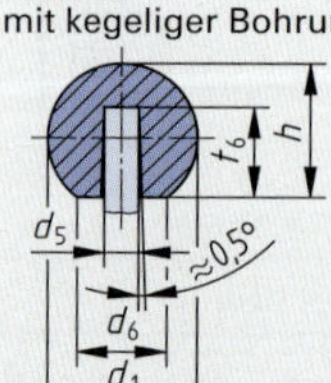

Weitere Formen nicht mehr genormt.

d_1	16	20	25			32			40			50		
d_2	M4	M5	M6			M8			M10			M12		
$t_1 = t_3$	6	7,5	9			12			15			18		
d_5	4	5	6	8	10[1)]	8	10	12[1)]	10	12	16[1)]	12	16	20[1)]
t_5	11	13	16	15	15	15	20	20	20	23	23	20	23	28
d_6	8	12	15			18			22			28		
t_6	9	12	15	15	–	15	15	–	20	20	–	22	22	–
h	15	18	22,5			29			37			46		

⇒ **Kugelknopf DIN 319 – E 25 PA:** Form E, d_1 = 25 mm, aus Formmasse Polyamid (PA)

1) nicht für Form M

Werkstoff: Kugelknopf aus Formmasse Phenolharz (PF) oder Polyamid (PA); Gewindebuchse aus Stahl (St) oder Messing (CuZn) nach Wahl des Herstellers; andere Werkstoffe nach Vereinbarung.

Farbe: schwarz

Griffe, Aufnahme- und Auflagebolzen

Kreuzgriffe

vgl. DIN 6335 (2008-05)

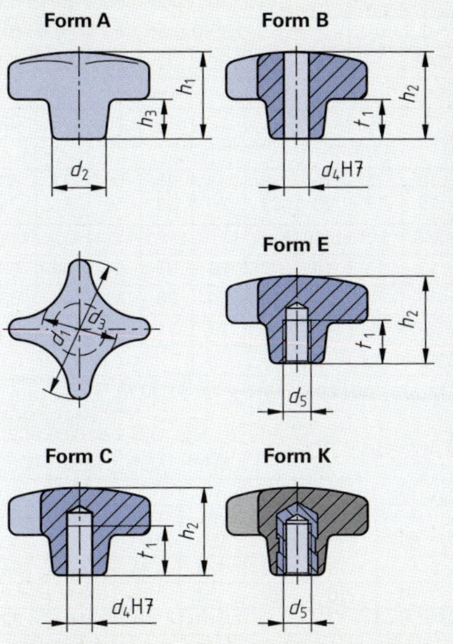

d_1	d_2	d_3	d_4	d_5	h_1	h_2	h_3	t_1
32	12	18	6	M6	21	20	10	12
40	14	21	8	M8	26	25	14	15
50	18	25	10	M10	34	32	20	18
63	20	32	12	M12	42	40	25	22
80	25	40	16	M16	52	50	30	28
100[1]	32	48	20	M20	65	60	38	36

Form	Beschreibung
A bis E	Metallgriffe
A	Rohteil aus Metall
B	mit durchgehender Bohrung d_4
C	mit nicht durchgehender Bohrung d_4
D	mit durchgehender Gewindebohrung d_5
E	mit nicht durchgehender Gewindebohrung d_5
K[2]	aus Formstoff (Kunststoff) mit Gewindebuchse d_5 (aus Metall)
L[2]	aus Formstoff (Kunststoff) mit Gewindebolzen d_5 (aus Metall)
⇒	**Kreuzgriff DIN 6335 – A 50 AL:** Form A, d_1 = 50 mm, aus Aluminium

[1] Diese Größe gibt es nicht aus Formstoff.
[2] Teilweise geringfügig andere Abmessungen; Werkstoff wie bei Sterngriffen DIN 6336

Sterngriffe

vgl. DIN 6336 (2008-05)

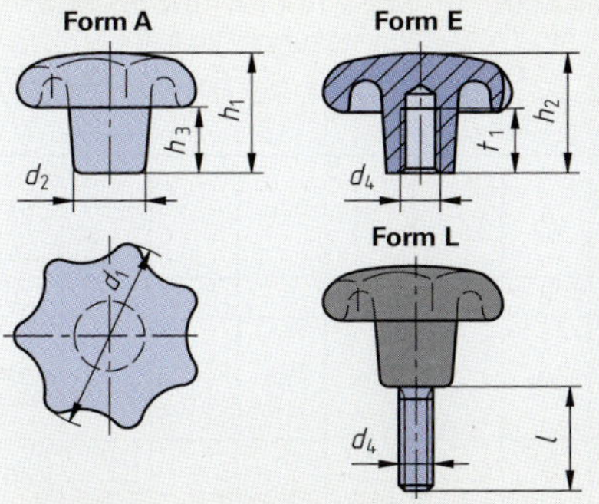

d_1	d_2	d_4	h_1	h_2	h_3	t_1	l	
32	12	M6	21	20	10	12	20	30
40	14	M8	26	25	13	15	20	30
50	18	M10	34	32	17	18	25	30
63	20	M12	42	40	21	22	30	40
80	25	M16	52	50	25	28	30	40

⇒ **Sterngriff DIN 6336 – L 40 x 30:** Form L (Formstoff) d_1 = 40 mm, l = 30 mm

Formen A bis E (Metallgriffe) sowie K und L (Griffe aus Formstoffen) entsprechend wie bei Kreuzgriffen DIN 6335

Werkstoffe: Gusseisen, Aluminium, Phenol-Formmasse (PF) oder Polyamid (PA)

M

Aufnahme- und Auflagebolzen

vgl. DIN 6321 (2002-10)

Form A Auflagebolzen

Form B Aufnahmebolzen zylindrisch

Form C Aufnahmebolzen abgeflacht

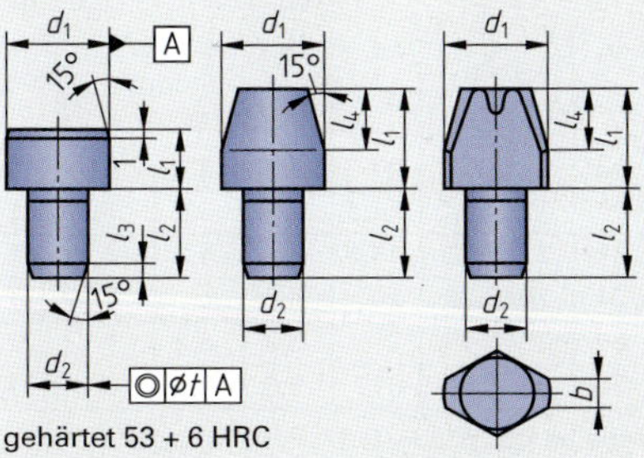

gehärtet 53 + 6 HRC

d_1 g6	l_1 Form A h9	l_1 Form B und C kurz	lang	b	d_2[1] n6	l_2	l_3	l_4	t
6	5	7	12	1	4	6	1,2	4	0,02
8	–	10	16	1,6	6	9	1,6	6	
10	6		18	2,5					
12	–								
16	8	13	22	3,5	8	12	2	8	0,04
20	–	15	25	5	12	18	2,5	9	
25	10								

⇒ **Bolzen DIN 6321 – C 20 x 25:** Form C, d_1 = 20 mm, l_1 = 25 mm

[1] zugehörige Bohrungstoleranzklasse: H7

T-Nuten und Zubehör, Kugelscheiben, Kegelpfannen

T-Nuten und Muttern für T-Nuten

vgl. DIN 650 (1989-10) und 508 (2002-06)

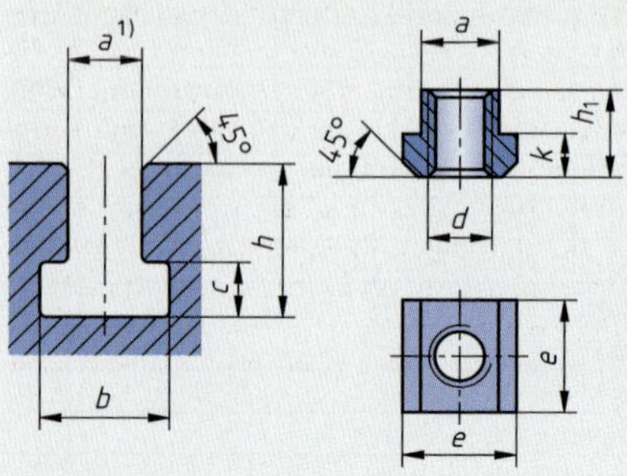

1) Toleranzklasse H8 für Richt- und Spann-Nuten; H12 für Spann-Nuten

Breite *a*	8	10	12	14	18	22	28	36	42
Abmaße von *a*	–0,3/–0,5	–0,3/–0,6						–0,4/–0,7	
b	14,5	16	19	23	30	37	46	56	68
Abmaße von *b*	1,5/0	+2/0				+3/0	+4/0		
c	7	7	8	9	12	16	20	25	32
Abmaße von *c*	+1/0			+2/0				+3/0	
h max.	18	21	25	28	36	45	56	71	85
h min.	15	17	20	23	30	38	48	61	74
Gewinde *d*	M6	M8	M10	M12	M16	M20	M24	M30	M36
e	13	15	18	22	28	35	44	54	65
h_1	10	12	14	16	20	28	36	44	52
k	6	6	7	8	10	14	18	22	26
Abmaße von *k*	0/–0,5					0/–1			
⇒	**Mutter DIN 508 – M10 x 12:** *d* = M10, *a* = 12 mm								

Schrauben für T-Nuten

vgl. DIN 787 (2005-02)

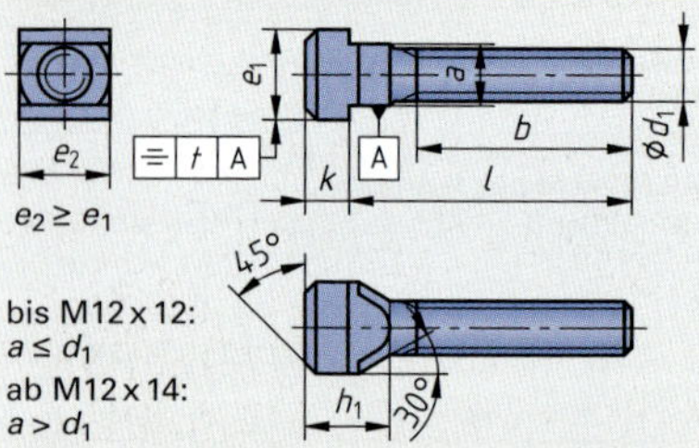

bis M12 x 12: $a \leq d_1$
ab M12 x 14: $a > d_1$

d_1	M8	M10	M12		M16	M20	M24	M30
a	8	10	12	14	18	22	28	36
b von	22	30	35		45	55	70	80
b bis	50	60	120		150	190	240	300
e_1	13	15	18	22	28	35	44	54
h_1	12	14	16	20	24	32	41	50
k	6	6	7	8	10	14	18	22
Nenn-längen *l*	25, 32, 40, 50, 63, 80, 100, 125, 160, 200, 250, 315, 400, 500 mm							
⇒	**Schraube DIN 787 – M10 x 10 x 100 – 8.8:** d_1 = M10, *a* = 10 mm, *l* = 100 mm, Festigkeitsklasse 8.8							

Lose Nutensteine

vgl. DIN 6323 (2003-08)

M

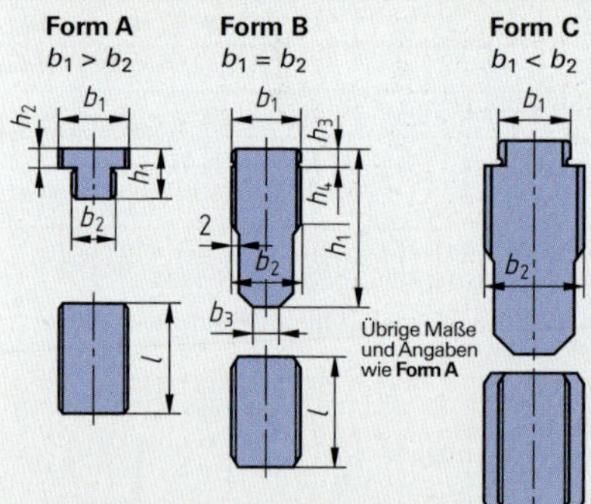

gehärtet, Härte 650 + 100 HV10

b_1 h6	b_2 h6	Form	b_3	h_1	h_2	h_3	h_4	*l*
12	6	A	–	12	3,6	–	–	20
	8							
	10							
	12	B	5	28,6	–	5,5	9	20
20	12	A	–	14	5,5	–	–	32
	14							
	18							
	22	C	9	50,5	–	7	18	40
	28		12	61,5			24	
	36		16	76,5			30	50
	42		19	90,5			36	
⇒	**Nutenstein DIN 6323 – C 20 x 28:** Form C, b_1 = 20 mm, b_2 = 28 mm							

Kugelscheiben und Kegelpfannen

vgl. DIN 6319 (2001-10)

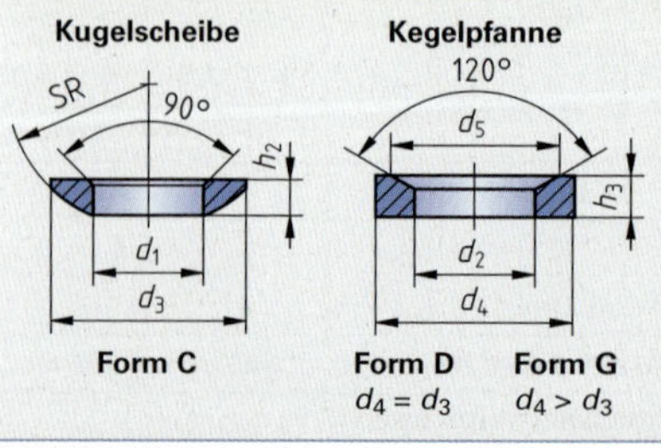

d_1 H13	d_2 H13	d_3	d_4 Form D	d_4 Form G	d_5	h_2	h_3 Form D	h_3 Form G	*R* Kugel
6,4	7,1	12	12	17	11	2,3	2,8	4	9
8,4	9,6	17	17	24	14,5	3,2	3,5	5	12
10,5	12	21	21	30	18,5	4	4,2	5	15
13	14,2	24	24	36	20	4,6	5	6	17
17	19	30	30	44	26	5,3	6,2	7	22
21	23,2	36	36	50	31	6,3	7,5	8	27
⇒	**Kugelscheibe DIN 6319 – C 17:** Form C, d_1 = 17 mm								

Schnellspann-Bohrvorrichtung

vgl. DIN 6348 (zurückgezogen)

Schnellspann-Bohrvorrichtung

Mit dieser in 9 Größen genormten Vorrichtung können Werkstücke für eine Bohrbearbeitung auch bei Kleinserien schnell und genau gespannt werden. Die Bohrplatte (5) und die Auflageplatte (4) müssen dem Werkstück angepasst werden. Die Bohrplatte ist an den beiden Führungssäulen (7) befestigt und nimmt die Bohrbuchsen (6) auf. Die genaue Lage des Werkstücks wird meist durch Aufnahmebolzen (3) fixiert. Bohr- und Auflageplatte können rasch ausgewechselt werden, sodass die Vorrichtung wieder für ein anderes Werkstück zur Verfügung steht. Gespannt wird durch Niederdrücken des verstellbaren Spannhebels, entspannt durch Anheben desselben. Die schräg verzahnte Ritzelwelle (10) hat an beiden Enden entgegengesetzte Kegel. Die axiale Kraft des Schraubenradgetriebes zieht beim Spannen den Kegel der Ritzelwelle in den Innenkegel des Gehäuses. Dadurch ergibt sich auch bei Vibrationen eine sichere Spannung. Der entgegengesetzte Kegel bewirkt beim Lösen eine feste Position der Bohrplatte. Die Spannbewegung kann auch pneumatisch oder hydraulisch erfolgen.

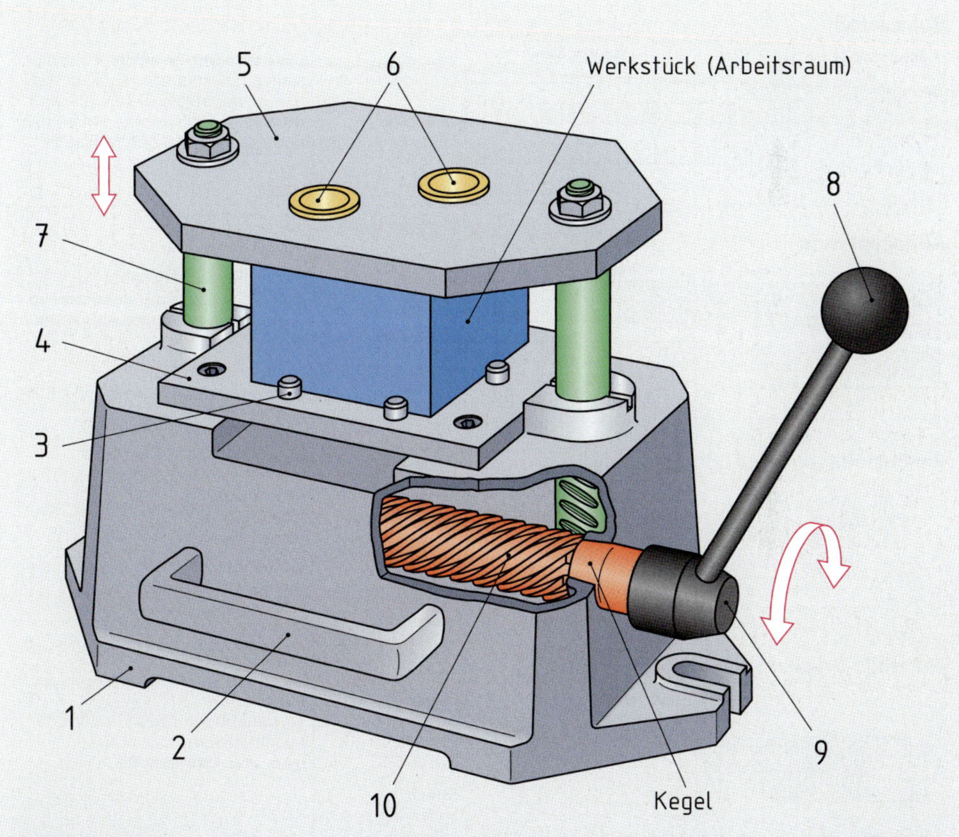

M

Teileliste (Auszug)

Pos.	Benennung	Norm/Werkstoff	Pos.	Benennung	Norm/Werkstoff
1	Grundkörper	EN-GJL 250	6	Bundbohrbuchse	DIN 172 – A
2	Handgriff	AlMg3	7	Führungssäule, verzahnt	16MnCr5
3	Aufnahmebolzen	DIN 6321 – A	8	Kunststoffkugelknopf	DIN 319 – C
4	Auflageplatte	DIN 6348 – A	9	Spannhebel	E295
5	Bohrplatte	DIN 6348 – B	10	Ritzelwelle, verzahnt	C45

Normteile für Vorrichtungen

<table>
<tr><th>Bild</th><th>Abmessungen von … bis in mm</th><th>Werkstoff, Norm</th><th>Funktion, Eigenschaft</th></tr>
<tr><td colspan="4">Bohrbuchsen</td></tr>
<tr><td>Form A
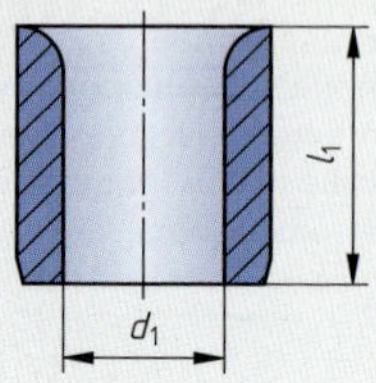</td><td>d_1 = 0,4 … 48,0 mm
Stufung 0,1 mm

d_1 > 15 mm Stufung auch 0,5 mm

l_1 gibt es, abgestimmt auf d_1, in 3 Längen: kurz, mittel, lang</td><td>Werkzeugstahl
Härte:
740 + 80
HV 10

DIN 179
(zurückgezogen)</td><td>• Bohrbuchsen
zur Führung von Spiralbohrern, Senkern, Stufenbohrern
• Bundbohrbuchsen
Verwendung auch als Werkzeuganschlag
• Steckbohrbuchsen
für Werkstücke, die nach dem Bohren noch aufgebohrt oder gesenkt werden</td></tr>
<tr><td colspan="4">Bohrplatten</td></tr>
<tr><td>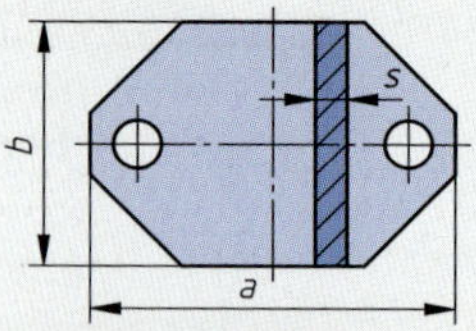</td><td><table>
<tr><th colspan="3">Baugrößen</th></tr>
<tr><th>a</th><th>b</th><th>s</th></tr>
<tr><td>60</td><td>32</td><td>8</td></tr>
<tr><td>80</td><td>50</td><td>11</td></tr>
<tr><td>100</td><td>60</td><td>14</td></tr>
<tr><td>100</td><td>125</td><td>16</td></tr>
<tr><td>200</td><td>160</td><td>16</td></tr>
<tr><td>300</td><td>190</td><td>20</td></tr>
<tr><td>400</td><td>215</td><td>27</td></tr>
</table></td><td>Baustahl,
brüniert

DIN 6348
(zurückgezogen)</td><td>Die Bohrplatte ist an den Führungssäulen befestigt und dient zur Aufnahme der Bohrbuchsen. Sie wird durch eine Hebelmechanik gesenkt und spannt dabei das Werkstück.</td></tr>
<tr><td colspan="4">Auflageplatten</td></tr>
<tr><td>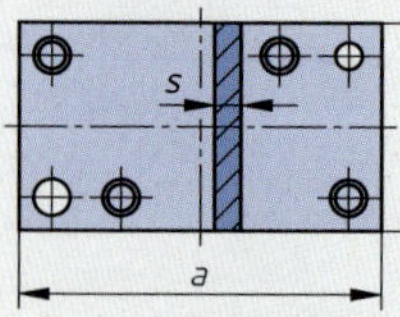</td><td><table>
<tr><th colspan="3">Baugrößen</th></tr>
<tr><th>a</th><th>b</th><th>s</th></tr>
<tr><td>60</td><td>32</td><td>6</td></tr>
<tr><td>80</td><td>50</td><td>10</td></tr>
<tr><td>100</td><td>60</td><td>10</td></tr>
<tr><td>100</td><td>125</td><td>10</td></tr>
<tr><td>200</td><td>160</td><td>15</td></tr>
<tr><td>300</td><td>190</td><td>15</td></tr>
<tr><td>400</td><td>215</td><td>18</td></tr>
</table></td><td>Baustahl,
brüniert

DIN 6348
(zurückgezogen)</td><td>Zur Auflage und Fixierung des Werkstücks, was durch Anschläge, Aufnahmebolzen oder Aufnahmestifte erreicht wird.</td></tr>
<tr><td colspan="4">Pendelauflagen mit Außengewinde</td></tr>
<tr><td>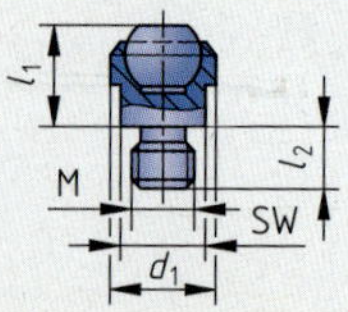</td><td>Gewinde:
M8 … M20
d_1 = 13 … 50 mm
l_1 = 13 … 35 mm
l_2 = 8 … 20 mm</td><td>Körper:
Vergütungsstahl

Kugel:
Kugellagerstahl (gehärtet)</td><td>• Anschläge
• Auflagen
• Druckstücke
vorteilhaft bei schrägen oder unbearbeiteten Werkstückflächen</td></tr>
<tr><td colspan="4">Federnde Druckstücke</td></tr>
<tr><td>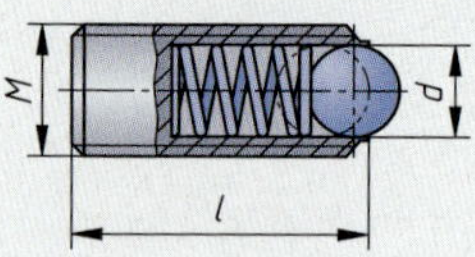</td><td>Gewinde:
M3 … M24
l = 9 … 48 mm
d = 1,5 … 15 mm</td><td>Hülse:
Stahl
Festigkeitsklasse 5.8
Kugel:
Federstahl, gehärtet
Feder:
Federstahl</td><td>• indexieren
• arretieren
• positionieren
• An- und Abdrückstifte</td></tr>
<tr><td colspan="4">Füße</td></tr>
<tr><td>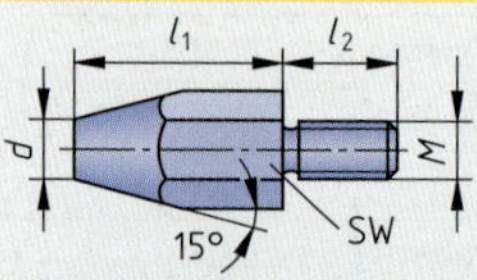</td><td>Gewinde:
M6 … M12
l_1 = 10 … 50 mm
l_2 = 11 … 20 mm
SW = 10 … 19 mm
d = 8 … 15 mm</td><td>Vergütungsstahl

DIN 6320
(2002-10)</td><td>Füße finden vorwiegend bei Vorrichtungen oder Werkstücken auf Werkzeugmaschinen, Paletten und Werkstück- oder Werkzeugspannvorrichtungen Verwendung.</td></tr>
</table>

M

Keilriemen, Synchronriemen

Bauformen

Bezeichnung Norm für die Riemen	Abmessungsbereich $h^{1)}$ in mm	$L^{2)}$ in mm	Norm für die Scheiben	Geschwindigkeitsbereich v_{max} in m/s	Leistungsbereich P'_{max} in $kW^{3)}$	Eigenschaften; Anwendungsbeispiele
Normalkeilriemen 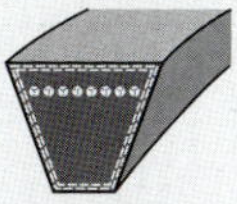 DIN 2215, ISO 4184	4 … 25	185 … 19000	DIN 2217, ISO 4183	30	65	für höhere Reißlasten, sicheres Durchzugsvermögen; Baumaschinen, Bergbauverstellgetriebe, Landmaschinen, Fördertechnik, allgemeiner Maschinenbau
Schmalkeilriemen 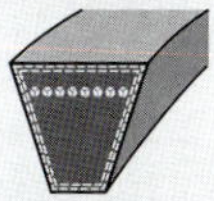 DIN 7753, ISO 4184	8 … 18	630 … 12500	DIN 2211, ISO 4183	40	70	gute Leistungsübertragung, bei gleicher Breite doppelte Leistung wie Normalkeilriemen; Getriebebau, Holzbearbeitungsmaschinen, Werkzeugmaschinen, Klimatechnik
flankenoffene Keilriemen 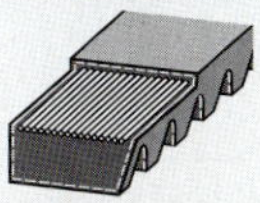 DIN 2215, DIN 7753	4 … 25	800 … 3150	DIN 2211, DIN 2217	50	70	geringe Dehnung, kleinere Scheibendurchmesser, höhere Temperaturbeständigkeit von – 30 °C bis + 80 °C; Pkw-Generatorantrieb, Getriebebau, Pumpen, Klimatechnik
Verbundkeilriemen (Kraftband) 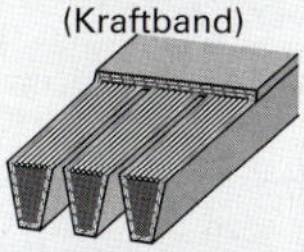	10 … 26	1250 … 15000	DIN 2211, DIN 2217	30	65	schwingungs- und stoßunempfindlich, kein Verdrehen von Einzelriemen in den Scheiben, absolut gleichmäßige Kraftverteilung, hohe Reißlasten, für große Achsabstände; Papiermaschinen
Keilrippenriemen (Rippenband) 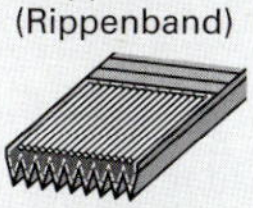 DIN 7867	3 … 17	600 … 15000	DIN 7867	60	20	große Übersetzungen möglich, vibrationsarmer Lauf; Pkw-Generatorantrieb, Kompressorantrieb in der Klimatechnik, Kleinmaschinen
Breitkeilriemen 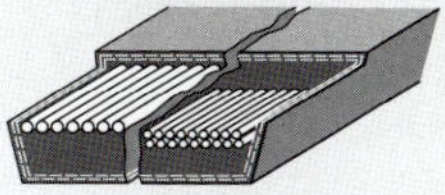 DIN 7719	6 … 18	468 … 2500	DIN 7719	30	85	ausgezeichnete Querfestigkeit, optimale Profilanpassung, sehr hohe Reißlast, flexibel; Drehzahlverstellgetriebe, Werkzeugmaschinen, Textilmaschinen, Druckereimaschinen, Landmaschinen
Doppelkeilriemen (Hexagonalriemen) 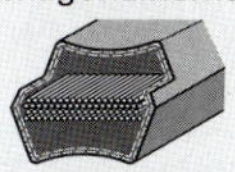 DIN 7722, ISO 5289	10 … 25	2000 … 6900	DIN 2217	30	20	gute Leistungsübertragung für Antriebe mit mehreren Scheiben und wechselnder Drehrichtung, 10 % geringerer Wirkungsgrad als Normalkeilriemen; Landmaschinen, Textilmaschinen, allgemeiner Maschinenbau
Synchronriemen 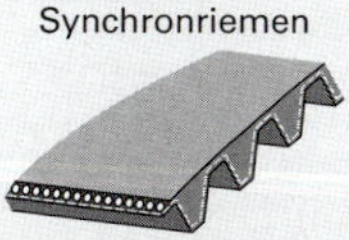 DIN 7721-1	0,7 … 5,0	100 … 3620	DIN 7721-2	40 … 80	0,5 … 900	Wirkungsgrad $\eta_{max} \geq 0{,}98$, synchroner Lauf, geringe Vorspannkräfte, daher geringe Lagerbelastung; Feinwerkantriebe, Büromaschinenantriebe, Kfz-Technik, CNC-Spindelantriebe

1) Riemenhöhe (Seiten 258, 259) 2) Riemenlänge 3) übertragbare Leistung pro Riemen

Schmalkeilriemen

Schmalkeilriemen DIN 7753-1 (1988-01) — Schmalkeilriemenscheibe DIN 2211-1 (1984-03)

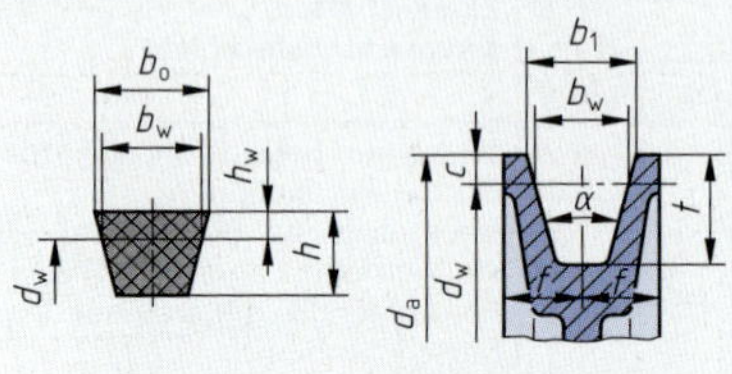

Wirkdurchmesser $d_w = d_a - 2 \cdot c$

⇒ **Schmalkeilriemen DIN 7753 – XPZ 710:** Schmalkeilriemen, Profil flankenoffen gezahnt, Richtlänge 710 mm

	Bezeichnungen	SPZ	SPA	SPB	SPC
	Riemenprofil (ISO-Kurzzeichen)	SPZ	SPA	SPB	SPC
b_o	obere Riemenbreite	9,7	12,7	16,3	22
b_w	Wirkbreite	8,5	11	14	19
h	Riemenhöhe	8	10	13	18
h_w	Abstand	2	2,8	3,5	4,8
d_w	kleinster zulässiger Wirk-∅	63	90	140	224
b_1	obere Rillenbreite	9,7	12,7	16,3	22
c	Abstand Wirk-∅ bis Außen-∅	2	2,8	3,5	4,8
t	kleinstzulässige Rillentiefe	11	13,8	17,5	23,8
e	Rillenabstand bei mehrrilligen Scheiben	12	15	19	25,5
f	Rillenabstand vom Rande	8	10	12,5	17
α	34° für Wirk-∅ bis	80	118	190	315
	38° für Wirk-∅ über	80	118	190	315

(Spaltenkopf der Werte: Schmalkeilriemen, Keilriemenscheiben)

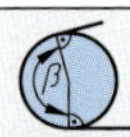

Umschlingungswinkel β	180°	170°	160°	150°	140°	130°	120°	110°	100°	90°
Winkelfaktor c_w	1	1,02	1,05	1,08	1,12	1,16	1,22	1,28	1,37	1,47

Betriebsfaktor c_B

c_B bei täglicher Betriebsdauer in Stunden: bis 10	über 10 bis 16	über 16	angetriebene Arbeitsmaschinen (Beispiele)
1,0	1,1	1,2	Kreiselpumpen, Ventilatoren, Bandförderer für leichtes Gut
1,1	1,2	1,3	Werkzeugmaschinen, Pressen, Blechscheren, Druckereimaschinen
1,2	1,3	1,4	Mahlwerke, Kolbenpumpen, Stoßförderer, Textil- u. Papiermaschinen
1,3	1,4	1,5	Steinbrecher, Mischer, Winden, Krane, Bagger

Leistungswerte für Schmalkeilriemen

vgl. DIN 7753-2 (1976-04)

Riemenprofil	SPZ			SPA			SPB			SPC		
d_{wk} der kleineren Scheibe	63	100	180	90	160	250	140	250	400	224	400	630
n_k der kleineren Scheibe	Nennleistung P_N in kW je Riemen											
400	0,35	0,79	1,71	0,75	2,04	3,62	1,92	4,86	8,64	5,19	12,56	21,42
700	0,54	1,28	2,81	1,17	3,30	5,88	3,02	7,84	13,82	8,13	19,79	32,37
950	0,68	1,66	3,65	1,48	4,27	7,60	3,83	10,04	17,39	10,19	24,52	37,37
1450	0,93	2,36	5,19	2,02	6,01	10,53	5,19	13,66	22,02	13,22	29,46	31,74
2000	1,17	3,05	6,63	2,49	7,60	12,85	6,31	16,19	22,07	14,58	25,81	–
2800	1,45	3,90	8,20	3,00	9,24	14,13	7,15	16,44	9,37	11,89	–	–

Bestimmung des Profils für Schmalkeilriemen

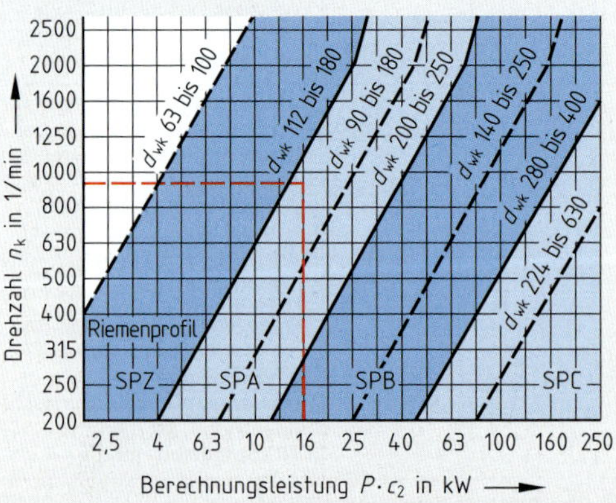

P zu übertragende Leistung
P_N Nennleistung je Riemen
z Anzahl der Riemen
c_w Winkelfaktor
c_B Betriebsfaktor

Anzahl der Riemen

$$z = \frac{P \cdot c_B \cdot c_W}{P_N}$$

Beispiel:

Zu übertragen sind $P = 12$ kW bei $c_w = 1{,}12$; $c_B = 1{,}4$; $d_{wk} = 160$ mm, $n_k = 950$ 1/min; $\beta_k = ?$, $z = ?$

1. $P \cdot c_B = 12\ \text{kW} \cdot 1{,}4 = 16{,}8$ kW
2. nach Diagramm aus $n_k = 950$ 1/min und $P \cdot c_B = 16{,}8$ kW → Profil **SPA**
3. $P_N = 4{,}27$ kW nach Tabelle
4. $z = \frac{P \cdot c_W \cdot c_B}{P_N} = \frac{12\ \text{kW} \cdot 1{,}12 \cdot 1{,}4}{4{,}27\ \text{kW}} = 4{,}4$
5. gewählt: $z =$ **5 Riemen**

M

Synchronriemen

Synchronriemen (Zahnriemen)

vgl. DIN 7721-1 (1989-06)

Einfachverzahnung

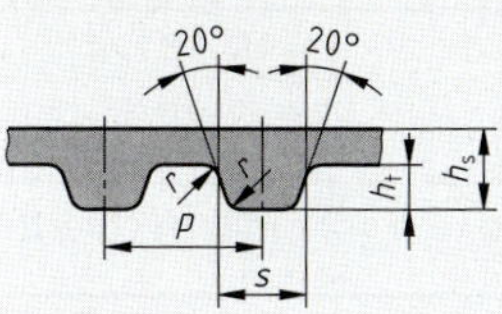

Doppelverzahnung

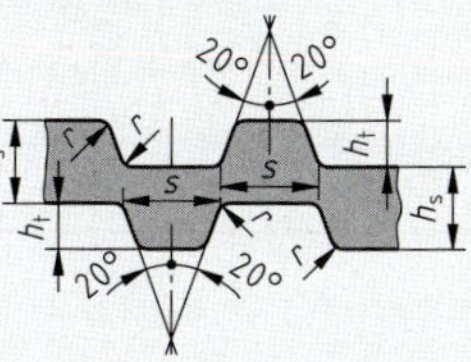

Nicht genormte Zahnformen

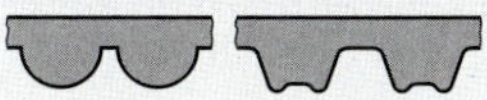

Profil HT Profil LAHN

Zahnteilung Kurzzeichen	Zahnteilung p	Maße der Zähne s	Maße der Zähne h_t	Maße der Zähne r	Nenndicke h_s	Synchronriemenbreite b			
T2,5	2,5	1,5	0,7	0,2	1,3	–	4	6	10
T5	5	2,7	1,2	0,4	2,2	6	10	16	25
T10	10	5,3	2,5	0,6	4,5	16	25	32	50

Wirklänge[1]	Zähnezahl für T2,5	Zähnezahl für T5	Wirklänge[1]	Zähnezahl für T5	Zähnezahl für T10	Wirklänge[1]	Zähnezahl für T10
120	48	–	530	–	53	1010	101
150	–	30	560	112	56	1080	108
160	64	–	610	122	61	1150	115
200	80	40	630	126	63	1210	121
245	98	49	660	–	66	1250	125
270	–	54	700	–	70	1320	132
285	114	–	720	144	72	1390	139
305	–	61	780	156	78	1460	146
330	132	66	840	168	84	1560	156
390	–	78	880	–	88	1610	161
420	168	84	900	180	–	1780	178
455	–	91	920	184	92	1880	188
480	192	96	960	–	96	1960	196
500	200	100	990	198	–	2250	225

⇒ **Riemen DIN 7721 – 6 T2,5 x 480:** b = 6 mm, Teilung p = 2,5 mm, Wirklänge = 480 mm, Einfachverzahnung

Bei Synchronriemen mit Doppel-Verzahnung wird der Kennnbuchstabe D angehängt.

[1] Wirklängen von 100 ... 3620 mm, in Sonderanfertigung bis 25 000 mm

Synchronriemenscheiben

vgl. DIN 7721-2 (1989-06)

Zahnlückenmaße

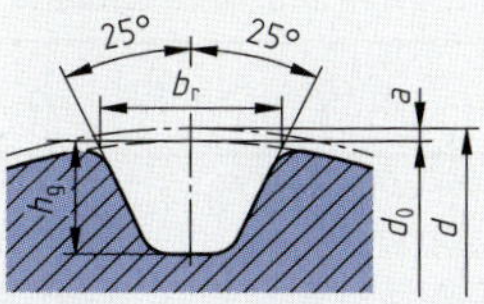

Wirkdurchmesser

$$d = d_0 + 2 \cdot a$$

[1] Form SE für ≤ 20 Zahnlücken
[2] Form N für > 20 Zahnlücken

Scheibenmaße

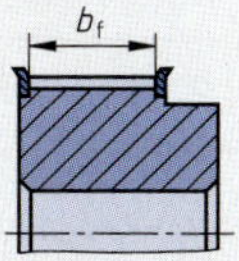

mit Bordscheiben

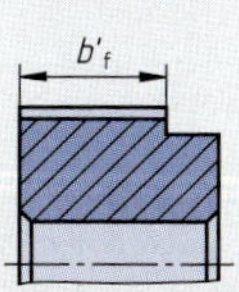

ohne Bordscheiben

Zahnlücken	Scheibenaußen-Ø d_0 für T2,5	T5	T10	Zahnlücken	Scheibenaußen-Ø d_0 für T2,5	T5	T10	Zahnlücken	Scheibenaußen-Ø d_0 für T2,5	T5	T10
10	7,4	15,0	–	17	13,0	26,2	52,2	32	24,9	50,1	100,0
11	8,2	16,6	–	18	13,8	27,8	55,4	36	28,1	56,4	112,7
12	9,0	18,2	36,3	19	14,6	29,4	58,6	40	31,3	62,8	125,4
13	9,8	19,8	39,5	20	15,4	31,0	61,8	48	37,7	75,5	150,9
14	10,6	21,4	42,7	22	17,0	34,1	68,2	60	47,2	94,6	189,1
15	11,4	23,0	45,9	25	19,3	38,9	77,7	72	56,8	113,7	227,3
16	12,2	24,6	49,1	28	21,7	43,7	87,2	84	66,3	132,9	265,5

Kurzzeichen	Zahnlückenmaße: Lückenbreite b_r Form SE[1]	Lückenbreite b_r Form N[2]	Lückenhöhe h_g Form SE[1]	Lückenhöhe h_g Form N[2]	2 a
T2,5	1,75	1,83	0,75	1	0,6
T5	2,96	3,32	1,25	1,95	1
T10	6,02	6,57	2,6	3,4	2

Kurzzeichen	Riemenbreite b	Scheibenbreite mit Bord b_f	Scheibenbreite ohne Bord b'_f
T2,5	4	5,5	8
	6	7,5	10
	10	11,5	14
T5	6	7,5	10
	10	11,5	14
	16	17,5	20
	25	26,5	29
T10	16	18	21
	25	27	30
	32	34	37
	50	52	55

M

Geradverzahnte Stirnräder

Nicht korrigierte Stirnräder mit Geradverzahnung

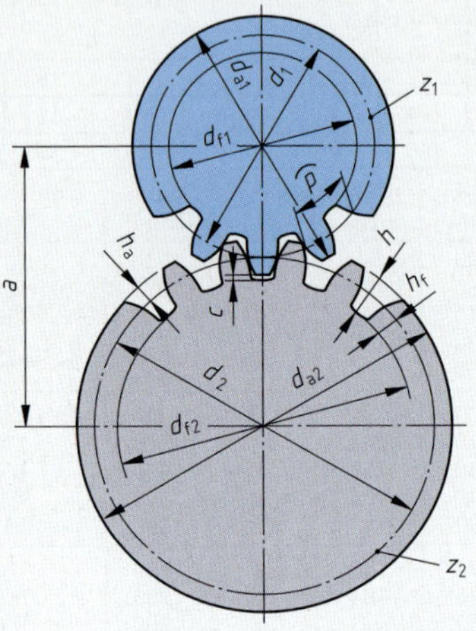

m	Modul	z, z_1, z_2	Zähnezahlen
p	Teilung	d, d_1, d_2	Teilkreisdurchmesser
c	Kopfspiel	d_a, d_{a1}, d_{a2}	Kopfkreisdurchmesser
h	Zahnhöhe	d_f, d_{f1}, d_{f2}	Fußkreisdurchmesser
h_a	Zahnkopfhöhe		
h_f	Zahnfußhöhe		
a	Achsabstand		

Beispiel:

Außenverzahntes Stirnrad,
$m = 2$ mm; $z = 32$; $c = 0{,}167 \cdot m$; $d = ?$; $d_a = ?$; $h = ?$

$\boldsymbol{d} = m \cdot z = 2 \text{ mm} \cdot 32 = \mathbf{64\ mm}$

$\boldsymbol{d_a} = d + 2 \cdot m = 64 \text{ mm} + 2 \cdot 2 \text{ mm} = \mathbf{68\ mm}$

$\boldsymbol{h} = 2 \cdot m + c = 2 \cdot 2 \text{ mm} + 0{,}167 \cdot 2 \text{ mm} = \mathbf{4{,}33\ mm}$

M

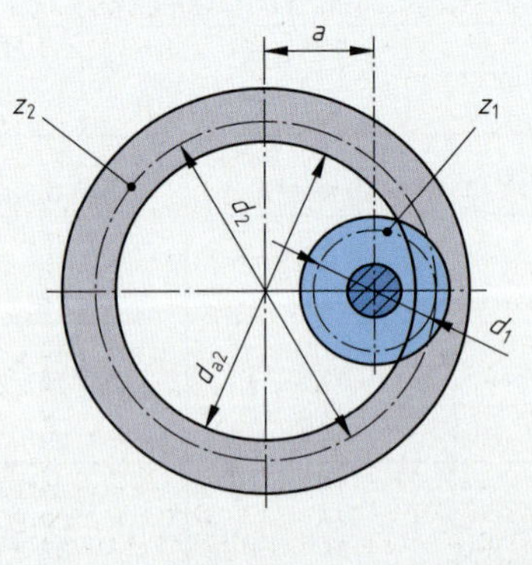

Außenverzahnung

Zähnezahl

$$z = \frac{d}{m} = \frac{d_a - 2 \cdot m}{m}$$

Kopfkreisdurchmesser

$$d_a = d + 2 \cdot m = m \cdot (z + 2)$$

Fußkreisdurchmesser

$$d_f = d - 2 \cdot (m + c)$$

Achsabstand

$$a = \frac{d_1 + d_2}{2} = \frac{m \cdot (z_1 + z_2)}{2}$$

Außen- und Innenverzahnung

Modul

$$m = \frac{p}{\pi} = \frac{d}{z}$$

Teilung

$$p = \pi \cdot m$$

Teilkreisdurchmesser

$$d = m \cdot z$$

Kopfspiel

$c = 0{,}1 \cdot m$ bis $0{,}3 \cdot m$
häufig $c = 0{,}167 \cdot m$

Zahnkopfhöhe

$$h_a = m$$

Zahnfußhöhe

$$h_f = m + c$$

Zahnhöhe

$$h = 2 \cdot m + c$$

Innenverzahnung

Zähnezahl

$$z = \frac{d}{m} = \frac{d_a + 2 \cdot m}{m}$$

Kopfkreisdurchmesser

$$d_a = d - 2 \cdot m = m \cdot (z - 2)$$

Fußkreisdurchmesser

$$d_f = d + 2 \cdot (m + c)$$

Achsabstand

$$a = \frac{d_2 - d_1}{2} = \frac{m \cdot (z_2 - z_1)}{2}$$

Beispiel:

Innenverzahntes Stirnrad, $m = 1{,}5$ mm; $z = 80$;
$c = 0{,}167 \cdot m$; $d = ?$; $d_a = ?$; $h = ?$

$\boldsymbol{d} = m \cdot z = 1{,}5 \text{ mm} \cdot 80 = \mathbf{120\ mm}$

$\boldsymbol{d_a} = d - 2 \cdot m = 120 \text{ mm} - 2 \cdot 1{,}5 \text{ mm} = \mathbf{117\ mm}$

$\boldsymbol{h} = 2 \cdot m + c = 2 \cdot 1{,}5 \text{ mm} + 0{,}167 \cdot 1{,}5 \text{ mm} = \mathbf{3{,}25\ mm}$

Schrägverzahnte Stirnräder, Modulreihe für Stirnräder

Nicht korrigierte Stirnräder mit Schrägverzahnung

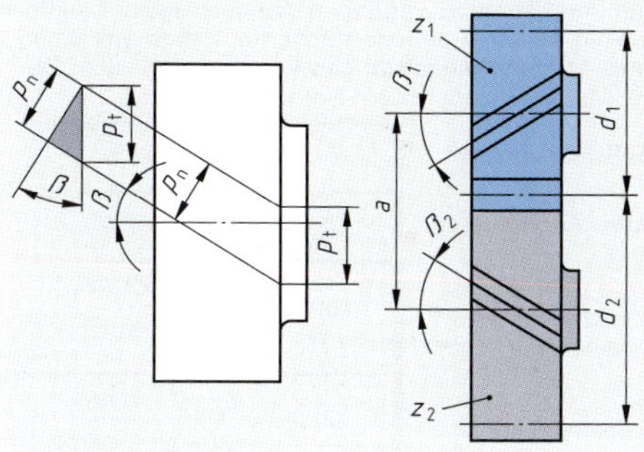

Bei Stirnrädern mit Schrägverzahnung verlaufen die Zähne schraubenförmig auf dem zylindrischen Radkörper. Die Werkzeuge zur Herstellung von Stirnrädern und Schraubenrädern richten sich nach dem Normalmodul.

Bei parallelen Achsen haben beide Räder gleiche Schrägungswinkel, aber entgegengesetzte Schrägungsrichtungen, d.h., ein Rad ist rechts-, das andere linkssteigend ($\beta_1 = -\beta_2$).

Beispiel:

Schrägverzahnung, $z = 32$; $m_n = 1{,}5$ mm; $\beta = 19{,}5°$; $c = 0{,}167 \cdot m$; $m_t = ?$; $d_a = ?$; $d = ?$; $h = ?$

$$\boldsymbol{m_t} = \frac{m_n}{\cos\beta} = \frac{1{,}5\text{ mm}}{\cos 19{,}5°} = \mathbf{1{,}591\text{ mm}}$$

$\boldsymbol{d_a} = d + 2 \cdot m_n = 50{,}9\text{ mm} + 2 \cdot 1{,}5\text{ mm} = \mathbf{53{,}9\text{ mm}}$

$\boldsymbol{d} = m_t \cdot z = 1{,}591\text{ mm} \cdot 32 = \mathbf{50{,}9\text{ mm}}$

$\boldsymbol{h} = 2 \cdot m_n + c = 2 \cdot 1{,}5\text{ mm} + 0{,}167 \cdot 1{,}5\text{ mm} = \mathbf{3{,}25\text{ mm}}$

m_t	Stirnmodul
m_n	Normalmodul
p_t	Stirnteilung
p_n	Normalteilung
β	Schrägungswinkel (meist $\beta = 8°$ bis 25°)
z, z_1, z_2	Zähnezahlen
d, d_1, d_2	Teilkreisdurchmesser
d_a	Kopfkreisdurchmesser
a	Achsabstand

Stirnmodul

$$m_t = \frac{m_n}{\cos\beta} = \frac{p_t}{\pi}$$

Stirnteilung

$$p_t = \frac{p_n}{\cos\beta} = \frac{\pi \cdot m_n}{\cos\beta}$$

Teilkreisdurchmesser

$$d = m_t \cdot z = \frac{z \cdot m_n}{\cos\beta}$$

Zähnezahl

$$z = \frac{d}{m_t} = \frac{\pi \cdot d}{p_t}$$

Normalmodul

$$m_n = \frac{p_n}{\pi} = m_t \cdot \cos\beta$$

Normalteilung

$$p_n = \pi \cdot m_n = p_t \cdot \cos\beta$$

Kopfkreisdurchmesser

$$d_a = d + 2 \cdot m_n$$

Achsabstand

$$a = \frac{d_1 + d_2}{2}$$

Zahnhöhe, Zahnkopfhöhe, Zahnfußhöhe, Kopfspiel und Fußkreisdurchmesser werden wie bei Stirnrädern mit Geradverzahnung (Seite 260) berechnet. In den Formeln wird der Modul m durch den Normalmodul m_n ersetzt.

Modulreihe für Stirnräder (Reihe I)

vgl. DIN 780-1 (1977-05)

Modul	0,2	0,25	0,3	0,4	0,5	0,6	0,7	0,8	0,9	1,0	1,25
Teilung	0,628	0,785	0,943	1,257	1,571	1,885	2,199	2,513	2,827	3,142	3,927
Modul	1,5	2,0	2,5	3,0	4,0	5,0	6,0	8,0	10,0	12,0	16,0
Teilung	4,712	6,283	7,854	9,425	12,566	15,708	18,850	25,132	31,416	37,699	50,265

Einteilung des Satzes von 8 Modul-Scheibenfräsern (bis zu $m = 9$ mm)[1)]

Fräser-Nr.	1	2	3	4	5	6	7	8
Zähnezahl	12 …13	14 …16	17… 20	21 … 25	26 … 34	35 … 54	55 …134	135 … Zahnstange

[1)] Die Herstellung der Zahnräder mit Scheibenfräsern entspricht keinem Abwälzvorgang. Es entsteht nur angenähert die Evolventenform der Zahnflanken. Dieses Herstellungsverfahren ist daher nur für untergeordnete Verzahnungen geeignet. Für Zahnräder mit $m > 9$ mm wird ein Satz mit 15 Modul-Scheibenfräsern verwendet.

M

Kegelräder, Schneckentrieb

Nicht korrigierte Kegelräder mit Geradverzahnung

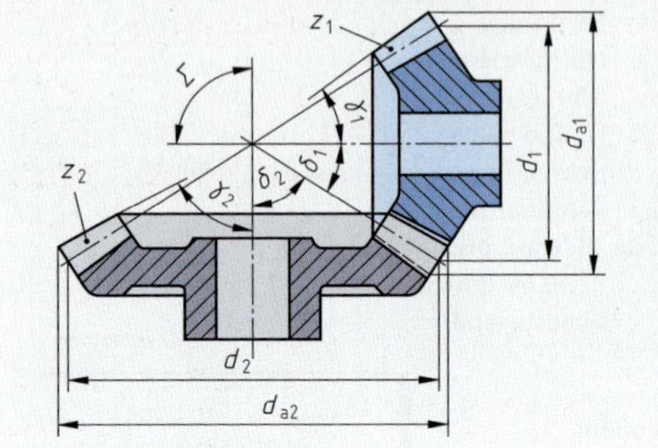

Neben den eingetragenen Maßen an den Außenkanten sind für die Fertigung auch die Maße in den Zahnmitten und Innenkanten wichtig.

Beispiel:

Kegelrädergetriebe, m = 2 mm; z_1 = 30; z_2 = 120; Σ = 90°. Die Maße zum Drehen des treibenden Kegelrades sind zu berechnen.

$\tan\delta_1 = \frac{z_1}{z_2} = \frac{30}{120} = \mathbf{0{,}2500};\ \delta_1 = \mathbf{14{,}04°}$

$d_1 = m \cdot z_1 = 2\text{ mm} \cdot 30 = \mathbf{60\text{ mm}}$

$d_{a1} = d_1 + 2 \cdot m \cdot \cos\delta_1$

$= 60\text{ mm} + 2 \cdot 2\text{ mm} \cdot \cos 14{,}04° = \mathbf{63{,}88\text{ mm}}$

$\tan\gamma_1 = \frac{z_1 + 2 \cdot \cos\delta_1}{z_2 - 2 \cdot \sin\delta_1} = \frac{30 + 2 \cdot \cos 14{,}04°}{120 - 2 \cdot \sin 14{,}04°} = \mathbf{0{,}267}$

$\gamma_1 = \mathbf{14{,}95°}$

m	Modul	z, z_1, z_2	Zähnezahlen
d, d_1, d_2	Teilkreisdurchmesser	δ, δ_1, δ_2	Teilkegelwinkel
d_a, d_{a1}, d_{a2}	Kopfkreisdurchmesser		
γ_1, γ_2	Kopfkegelwinkel		
Σ	Achsenwinkel (meist 90°)		

Teilung und Zahnhöhe verjüngen sich zur Kegelspitze hin, sodass ein Kegelrad an jeder Stelle der Zahnbreite einen anderen Modul, Teilkreisdurchmesser usw. besitzt. Der äußere Modul entspricht dem Normmodul.

Teilkreisdurchmesser	$d = m \cdot z$
Kopfkreisdurchmesser	$d_a = d + 2 \cdot m \cdot \cos\delta$
Kopfkegelwinkel Rad 1	$\tan\gamma_1 = \frac{z_1 + 2 \cdot \cos\delta_1}{z_2 - 2 \cdot \sin\delta_1}$
Kopfkegelwinkel Rad 2	$\tan\gamma_2 = \frac{z_2 + 2 \cdot \cos\delta_2}{z_1 - 2 \cdot \sin\delta_2}$
Teilkegelwinkel Rad 1	$\tan\delta_1 = \frac{d_1}{d_2} = \frac{z_1}{z_2} = \frac{1}{i}$
Teilkegelwinkel Rad 2	$\tan\delta_2 = \frac{d_2}{d_1} = \frac{z_2}{z_1} = i$
Achsenwinkel	$\Sigma = \delta_1 + \delta_2$

Zahnhöhe, Zahnkopfhöhe, Kopfspiel usw. werden wie bei Stirnrädern mit Geradverzahnung (Seite 260) berechnet.

Schneckentrieb

M

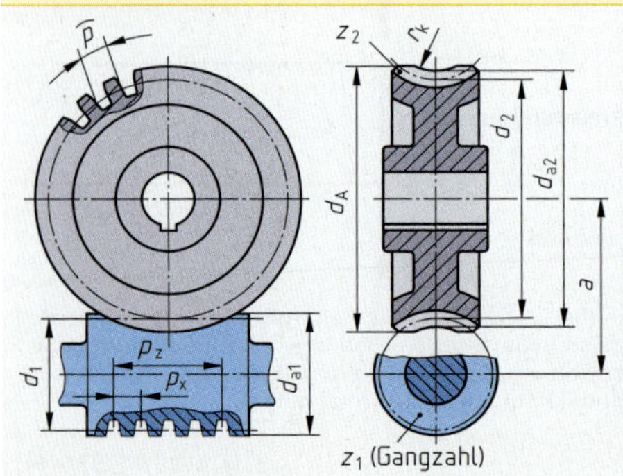

Beispiel:

Schneckentrieb, m = 2,5 mm; z_1 = 2; d_1 = 40 mm; z_2 = 40; d_{a1} = ?; d_2 = ?; d_A = ?; r_k = ?; a = ?

$d_{a1} = d_1 + 2 \cdot m = 40\text{ mm} + 2 \cdot 2{,}5\text{ mm} = \mathbf{45\text{ mm}}$

$d_2 = m \cdot z_2 = 2{,}5\text{ mm} \cdot 40 = \mathbf{100\text{ mm}}$

$d_{a2} = d_2 + 2 \cdot m = 100\text{ mm} + 2 \cdot 2{,}5\text{ mm} = \mathbf{105\text{ mm}}$

$d_A \approx d_{a2} + m = 105\text{ mm} + 2{,}5\text{ mm} = \mathbf{107{,}5\text{ mm}}$

$r_k = \frac{d_1}{2} - m = \frac{40\text{ mm}}{2} - 2{,}5\text{ mm} = \mathbf{17{,}5\text{ mm}}$

$a = \frac{d_1 + d_2}{2} = \frac{40\text{ mm} + 100\text{ mm}}{2} = \mathbf{70\text{ mm}}$

m	Modul	z_1, z_2	Zähnezahlen
d, d_1, d_2	Teilkreisdurchmesser	p_z	Steigungshöhe
d_a, d_{a1}, d_{a2}	Kopfkreisdurchmesser	p_x, p	(Axial-)Teilung
r_k	Kopfkehlhalbmesser	d_A	Außen-∅

Schnecke

Teilkreisdurchmesser	d_1 = Nennmaß
Axialteilung Schnecke	$p_x = \pi \cdot m$
Kopfkreisdurchmesser	$d_{a1} = d_1 + 2 \cdot m$
Steigungshöhe	$p_z = p_x \cdot z_1 = \pi \cdot m \cdot z_1$

Schneckenrad

Teilkreisdurchmesser	$d_2 = m \cdot z_2$
Teilung	$p = \pi \cdot m$
Kopfkreisdurchmesser	$d_{a2} = d_2 + 2 \cdot m$
Außendurchmesser	$d_A \approx d_{a2} + m$
Kopfkehlhalbmesser	$r_k = \frac{d_1}{2} - m$

Kopfspiel, Zahnhöhe, Zahnkopfhöhe, Zahnfußhöhe und Achsabstand wie bei Stirnrädern (Seite 260).

Übersetzungen

Zahnradtrieb

einfache Übersetzung

treibend getrieben

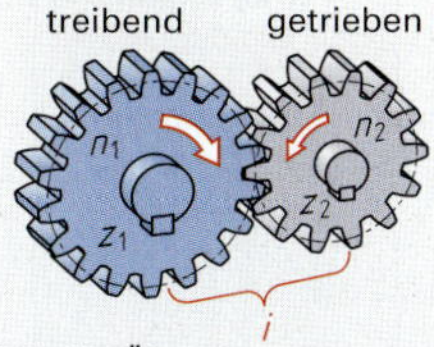

mehrfache Übersetzung

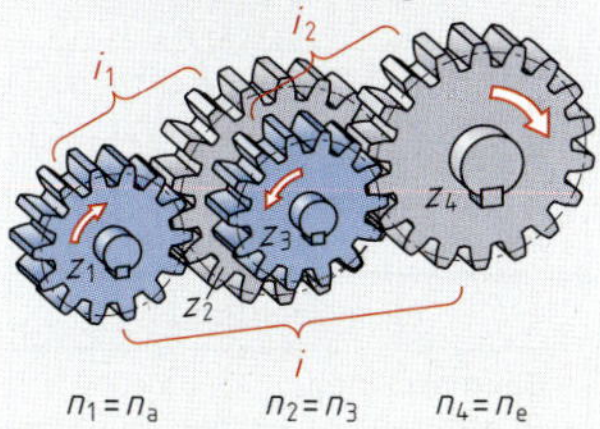

$z_1, z_3, z_5 \ldots$	Zähnezahlen	treibende Räder
$n_1, n_3, n_5 \ldots$	Drehzahlen	
$z_2, z_4, z_6 \ldots$	Zähnezahlen	getriebene Räder
$n_2, n_4, n_6 \ldots$	Drehzahlen	
n_a	Anfangsdrehzahl	
n_e	Enddrehzahl	
i	Gesamtübersetzungsverhältnis	
$i_1, i_2, i_3 \ldots$	Einzelübersetzungsverhältnisse	

Beispiel:

$i = 0{,}4$; $n_1 = 180/\text{min}$; $z_2 = 24$; $n_2 = ?$; $z_1 = ?$

$$\boldsymbol{n_2} = \frac{n_1}{i} = \frac{180/\text{min}}{0{,}4} = \mathbf{450/min}$$

$$\boldsymbol{z_1} = \frac{n_2 \cdot z_2}{n_1} = \frac{450/\text{min} \cdot 24}{180/\text{min}} = \mathbf{60}$$

Drehmomente bei Zahnrädern Seite 35

Antriebsformel

$$n_1 \cdot z_1 = n_2 \cdot z_2$$

Übersetzungsverhältnis

$$i = \frac{z_2}{z_1} = \frac{n_1}{n_2} = \frac{n_a}{n_e}$$

Gesamtübersetzungsverhältnis

$$i = \frac{z_2 \cdot z_4 \cdot z_6 \ldots}{z_1 \cdot z_3 \cdot z_5 \ldots}$$

$$i = i_1 \cdot i_2 \cdot i_3 \ldots$$

Riementrieb

einfache Übersetzung

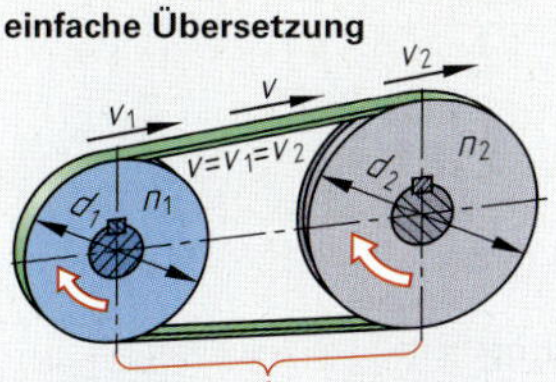

treibend i getrieben

mehrfache Übersetzung

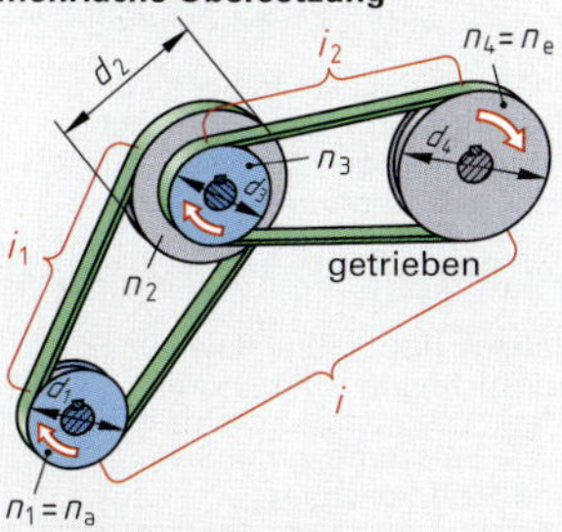

treibend

$d_1, d_3, d_5 \ldots$	Durchmesser[1]	treibende Scheiben
$n_1, n_3, n_5 \ldots$	Drehzahlen	
$d_2, d_4, d_6 \ldots$	Durchmesser[1]	getriebene Scheiben
$n_2, n_4, n_6 \ldots$	Drehzahlen	
n_a	Anfangsdrehzahl	
n_e	Enddrehzahl	
i	Gesamtübersetzungsverhältnis	
$i_1, i_2, i_3 \ldots$	Einzelübersetzungsverhältnisse	
v, v_1, v_2	Umfangsgeschwindigkeiten	

Beispiel:

$n_1 = 600/\text{min}$; $n_2 = 400/\text{min}$;
$d_1 = 240$ mm; $i = ?$; $d_2 = ?$

$$\boldsymbol{i} = \frac{n_1}{n_2} = \frac{600/\text{min}}{400/\text{min}} = \frac{1{,}5}{1} = \mathbf{1{,}5}$$

$$\boldsymbol{d_2} = \frac{n_1 \cdot d_1}{n_2} = \frac{600/\text{min} \cdot 240\ \text{mm}}{400/\text{min}} = \mathbf{360\ mm}$$

[1] Bei Keilriemen (Seite 258) ist mit den Wirkdurchmessern d_w zu rechnen, bei Synchronriemen (Seite 259) ist mit den Zähnezahlen der Riemenscheiben zu rechnen.

Geschwindigkeit

$$v = v_1 = v_2$$

Antriebsformel

$$n_1 \cdot d_1 = n_2 \cdot d_2$$

Übersetzungsverhältnis

$$i = \frac{d_2}{d_1} = \frac{n_1}{n_2} = \frac{n_a}{n_e}$$

Gesamtübersetzungsverhältnis

$$i = \frac{d_2 \cdot d_4 \cdot d_6 \ldots}{d_1 \cdot d_3 \cdot d_5 \ldots}$$

$$i = i_1 \cdot i_2 \cdot i_3 \ldots$$

M

Schneckentrieb

getrieben

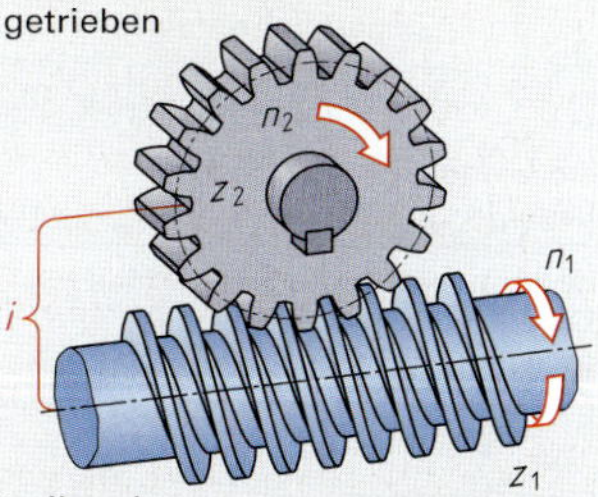

treibend

z_1	Zähnezahl (Gangzahl) der Schnecke
n_1	Drehzahl der Schnecke
z_2	Zähnezahl des Schneckenrades
n_2	Drehzahl des Schneckenrades
i	Übersetzungsverhältnis

Beispiel:

$i = 25$; $n_1 = 1500/\text{min}$; $z_1 = 3$; $n_2 = ?$

$$\boldsymbol{n_2} = \frac{n_1}{i} = \frac{1500/\text{min}}{25} = \mathbf{60/min}$$

Antriebsformel

$$n_1 \cdot z_1 = n_2 \cdot z_2$$

Übersetzungsverhältnis

$$i = \frac{n_1}{n_2} = \frac{z_2}{z_1}$$

Gleitlager, Übersicht

Gleitlager[1] (Auswahl nach Art der Schmierung)

Hydrodynamische Gleitlager

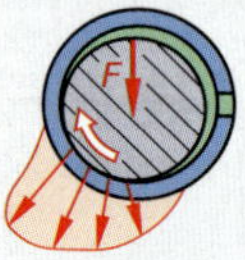

geeignet für

- verschleißarmen Dauerbetrieb
- hohe Drehzahlen
- hohe stoßartige Belastungen

Einsatzbereiche

- Haupt- und Pleuellager
- Getriebe
- Elektromotoren
- Turbinen, Verdichter
- Hebezeuge, Landmaschinen

Hydrostatische Gleitlager

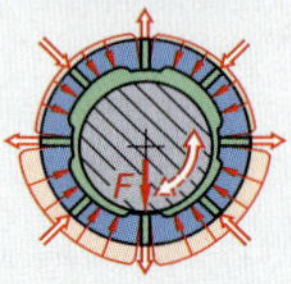

geeignet für

- verschleißfreien Dauerbetrieb
- geringe Reibungsverluste
- niedrige Drehzahlen möglich

Einsatzbereiche

- Präzisionslagerungen
- Weltraumteleskope und -antennen
- Werkzeugmaschinen
- Axiallager bei großen Kräften

Trockenlauf-Gleitlager

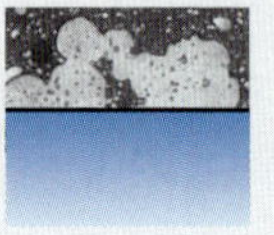

geeignet für

- wartungsfreien oder wartungsarmen Betrieb
- mit oder ohne Schmierstoff

Einsatzbereiche

- Baumaschinen
- Armaturen und Geräte
- Verpackungsmaschinen
- Strahltriebwerke
- Haushaltsgeräte

[1] Weitere Gleitlager: luft- bzw. gas- und wassergeschmierte Gleitlager, Magnetlager

Eigenschaften von Gleitlagerwerkstoffen

Kurzzeichen, Werkstoffnummer	Dehngrenze $R_{p\,0,2}$ N/mm²	spezifische Lagerbelastung p_L[1] N/mm²	Mindesthärte der Welle	Gleiteigenschaft	Gleitgeschwindigkeit	Notlaufverhalten	Eigenschaften, Verwendung
Zinn-Gusslegierungen							vgl. DIN ISO 4381 (2015-05)
SnSb8Cu4 2.3793	46	8	160 HB	◕	●	◕	hohe Stoßbelastung bei niedriger Frequenz, für hochbeanspruchte Walzwerkslager, Turbinen, Verdichter, Elektromotren
Kupfer-Gusslegierungen und Kupfer-Knetlegierungen							vgl. DIN ISO 4382-1 und -2 (1992-11)
CuSn8Pb2-C 2.1810	130	21	280 HB	◕	◕	◐	geringe bis mäßige Belastung, ausreichende Schmierung
CuZn31Si1 2.1831	250	58	55 HRC				hohe Belastung, hohe Schlag- und Stoßbelastung
CuPb10Sn10-C[2] 2.1816	80	18	250 HB	◕	◕	◐	hohe Flächendrücke; Fahrzeuglager, Lager in Warmwalzwerken
CuPb20Sn5-C 2.1818	60	11	150 HB	●	●	●	geeignet für Wasserschmierung, beständig gegen Schwefelsäure
Thermoplastische Kunststoffe							vgl. DIN ISO 6691 (2001-05)
PA 6 (Polyamid)	–	12	50 HRC	●	○	●	stoß- und verschleißfest; Lager in Landmaschinen
POM (Polyoxymethylen)	–	18	50 HRC				härter und druckbelastbarer als PA; Lager in der Feinwerktechnik, geeignet für Trockenlauf

[1] Lagerkraft, bezogen auf die projizierte Lagerfläche
[2] Verbundwerkstoff nach DIN ISO 4383 für dünnwandige Gleitlager

● sehr gut ◕ gut ◐ normal ◔ eingeschränkt ○ schlecht

M

Gleitlagerbuchsen

Buchsen aus Kupferlegierungen

vgl. DIN ISO 4379 (1995-10)

Form C Form F

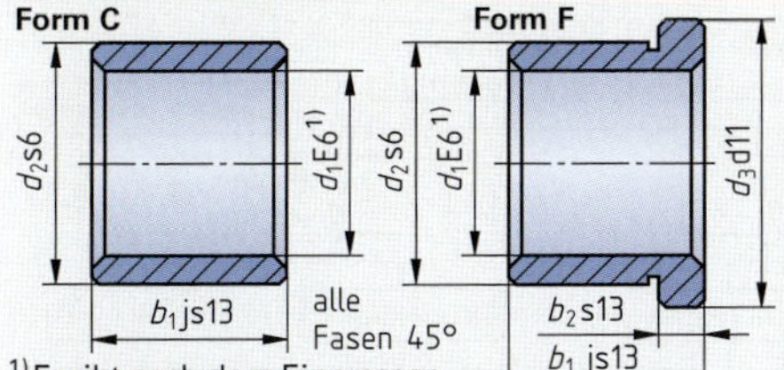

1) Ergibt nach dem Einpressen Toleranzklasse H8

d_1	Form C d_2			Form F Reihe 1 d_2	Form F Reihe 1 d_3	Form F Reihe 1 b_2	Form F Reihe 2 d_2	Form F Reihe 2 d_3	Form F Reihe 2 b_2	Längen b_1		
10	12	14	16	12	14	1	16	20	3	–	10	–
12	14	16	18	14	16	1	18	22	3	10	15	20
15	17	19	21	17	19	1	21	27	3	10	15	20
18	20	22	24	20	22	1	24	30	3	12	20	30
20	23	24	26	23	26	1,5	26	32	3	15	20	30
22	25	26	28	25	28	1,5	28	34	3	15	20	30
25	28	30	32	28	31	1,5	32	38	4	20	30	40
30	34	36	38	34	38	2	38	44	4	20	30	40
35	39	41	45	39	43	2	45	50	5	30	40	50
40	44	48	50	44	48	2	50	58	5	30	40	60

Durchmesserbereich d_1: 6 … 200

Empfohlene Toleranzklassen für Einbaumaße	
Aufnahmebohrung	H7
Welle	e7 oder g7 (abhängig vom Anwendungsfall)

⇒ **Buchse ISO 4379 – F22 x 25 x 30 – CuSn8P:** Form F, d_1 = 22 mm, d_2 = 25 mm, b_1 = 30 mm, aus CuSn8P

Buchsen aus Sintermetall

vgl. DIN 1850-3 (1998-07)

Form J Form V

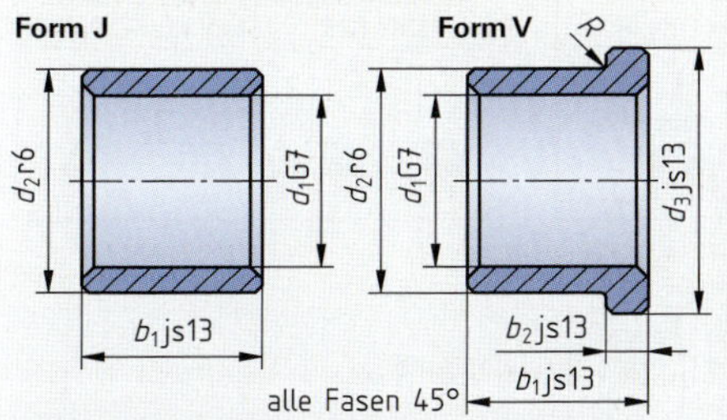

d_1	Form J d_2		Form V d_2	Form V d_3	Form V b_2	Form V R_{max}	Längen b_1		
10	16	14	16	22	3	0,6	8	10	16
12	18	16	18	24	3	0,6	8	12	20
15	21	19	21	27	3	0,6	10	15	25
18	24	22	24	30	3	0,6	12	18	30
20	26	25	26	32	3	0,6	15	20	25
22	28	27	28	34	3	0,6	15	20	25
25	32	30	32	39	3,5	0,8	20	25	30
30	38	35	38	46	4	0,8	20	25	30
35	45	41	45	55	5	0,8	25	35	40
40	50	46	50	60	5	0,8	30	40	50

Durchmesserbereich d_1: 1 … 60

Empfohlene Toleranzklassen für Einbaumaße	
Aufnahmebohrung	H7
Welle	–

⇒ **Buchse DIN 1850 – V18 x 24 x 18 – Sint-B50:** Form V, d_1 = 18 mm, d_2 = 24 mm, b_1 = 18 mm, aus Sinterbronze Sint-B50

Buchsen aus Duroplasten und Thermoplasten

vgl. DIN 1850-5 und -6 (1998-07)

Duroplaste

Form P Form R

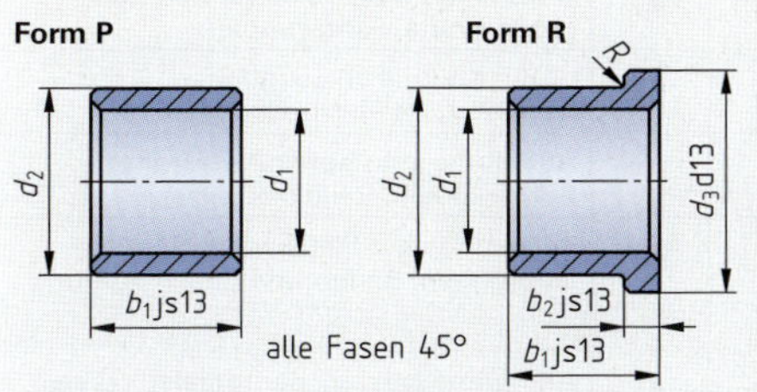

d_1	d_2	d_3	b_2	R_{max}	Längen b_1		
10	16	20	3	0,3	6	10	–
12	18	22	3	0,5	10	15	20
15	21	27	3	0,5	10	15	20
18	24	30	3	0,5	12	20	30
20	26	32	3	0,5	15	20	30
22	28	34	3	0,5	15	20	30
25	32	38	4	0,5	20	30	40
30	38	44	4	0,5	20	30	40
35	45	50	5	0,8	30	40	50

Durchmesserbereich d_1 für Duroplaste: 3 … 250, für Thermoplaste: 6 … 200

Thermoplaste

Form S Form T

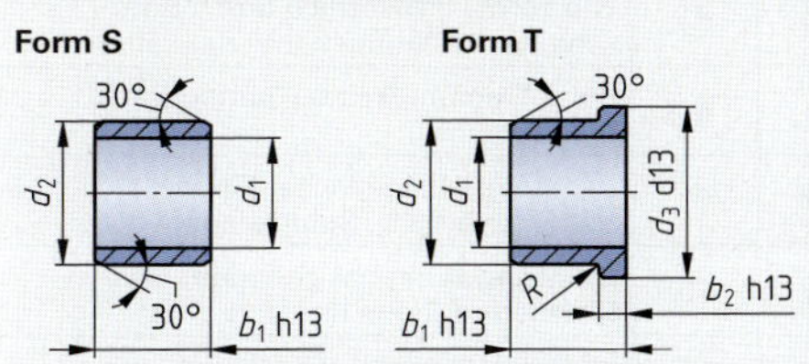

Grenzabmaße von d_2 und d_1 der Toleranzgruppen A und B für Buchsen aus Thermoplasten

von / bis	d_2 10 / 14	15 / 18	20 / 25	28 / 32	35 / 40	42 / 55	Herstell-verfahren	sich ergebende Toleranzklasse nach dem Einpressen d_1
A	+0,27 / +0,09	+0,33 / +0,11	+0,45 / +0,11	+0,6 / +0,2	+0,69 / +0,23	+0,90 / +0,30	gespritzt	D12
B	Toleranzklasse zb11						spanend	C11

Zusatzzeichen für Buchsen aus Duroplasten

W	Wendelnuten am Außendurchmesser d_2	Y	Einpressfase 15° (statt 45°)
		Z	Freistich anstelle des Radius *R*

Empfohlene Toleranzklassen für Einbaumaße	Duroplaste	Thermoplaste
Aufnahmebohrung	H7	H7
Welle	h7	h9

⇒ **Buchse DIN 1850 – S20 A20 – PA 6:** Form S; d_1 = 20 mm, Toleranzgruppe A, b_1 = 20 mm, aus Polyamid 6

Weitere genormte Bauarten: Einspannbuchsen DIN 1498, Aufspannbuchsen DIN 1499

M

Wälzlager, Übersicht

Wälzlager (Auswahl)

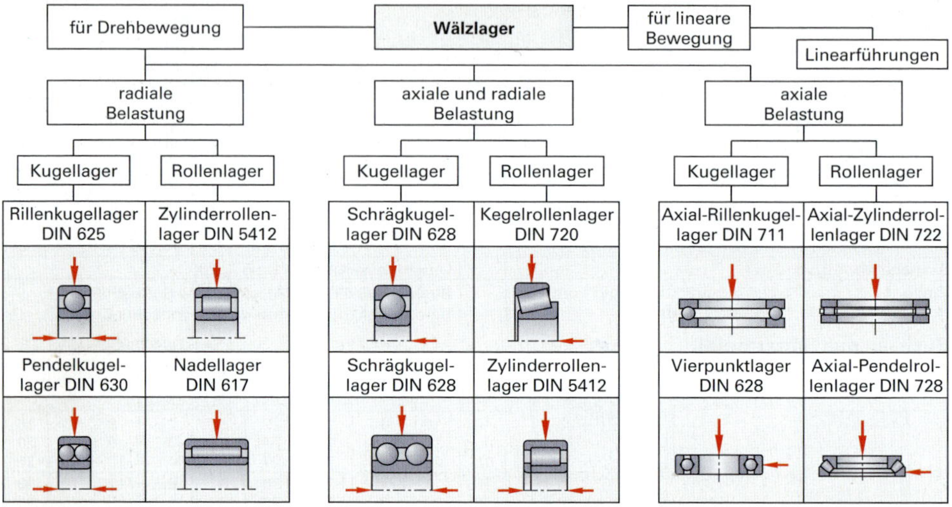

Eigenschaften von Wälzlagern

Lagerbauart[1]	Innen-∅ *d*	Radialbelastung	Axialbelastung	hohe Drehzahl	hohe Belastbarkeit	geräuscharmer Lauf	Anwendung
Kugellager							
Rillenkugellager	1,5 … 600	◕	◐	●	◐	●	Universallager im Maschinen- und Fahrzeugbau
Pendelkugellager	5 … 120	◕	◔	◕	◔	◔	Ausgleich bei Fluchtungsfehlern
Schrägkugellager einreihig	10 … 170	◕	◕	●[2]	◕[3]	◕	werden nur paarweise verwendet, große Kräfte, Fahrzeugbau
Schrägkugellager zweireihig	10 … 110	◕	◕	◐	◕	◔	große Kräfte, Fahrzeugbau, bei geringem Platzbedarf
Axial-Rillenkugellager	8 … 360	○	◕	◐	◐	◔	Aufnahme sehr hoher Axialkräfte, Bohrspindeln, Reitstockspitzen
Vierpunktlager	20 … 240	◔	◕	◔	◐	◔	bei geringstem Platzbedarf, Spindellagerungen, Räder- und Rollenlagerung
Rollenlager							
Zylinderrollenlager (Form N)	17 … 240	●	○	●	◕	◐	Aufnahme sehr großer radialer Kräfte, Walzenlagerungen, Getriebe
Zylinderrollenlager (Form NUP)	15 … 240	●	◐	◕	◕	◔	wie Form N, zusätzlich durch Bordscheibe Aufnahme von Axialkräften
Nadellager	90 … 360	●	○	◔	●	◐	hohe Tragfähigkeit bei geringem Einbauraum
Kegelrollenlager	15 … 360	●	●	◐[2]	●[3]	◔	in der Regel paarweiser Einbau, Radlager bei Kfz, Spindellager
Axial-Zylinderrollenlager	15 … 600	○	●	◔	◕	○	steife Lagerung bei geringem axialen Platzbedarf, hohe Reibung
Axial-Pendelrollenlager	60 … 1060	◔	●	◔	◕	○	winkelbewegliches Drucklager, Spurlager bei Kränen

[1] Bei allen Radiallagern wird der Vorsatz „Radial-" weggelassen.
[2] verminderte Eignung bei paarweisem Einbau
[3] bei paarweisem Einbau

Eignungsstufen:
● sehr gut ◕ gut ◐ normal
◔ eingeschränkt ○ nicht geeignet

M

Wälzlager, Bezeichnung

Bezeichnung von Wälzlagern

vgl. DIN 623-1 (1993-05)

Beispiel: **Kegelrollenlager DIN 720 – S 30208 P2**

- Kegelrollenlager → Benennung
- DIN 720 → Norm
- S → Vorsetzzeichen
- 30208 → Basiszeichen
- P2 → Nachsetzzeichen

Vorsetzzeichen	
K	Käfig mit Wälzkörpern
L	Freier Ring
R	Ring mit Wälzkörpersatz
S	Nichtrostender Stahl

Nachsetzzeichen (Auswahl)	
K	Lager mit kegeliger Bohrung
Z	Lager mit Deckscheibe auf einer Seite
2Z	Lager mit Deckscheibe auf zwei Seiten
E	Verstärkte Ausführung
RS	Lager mit Dichtscheibe auf einer Seite
2RS	Lager mit Dichtscheibe auf beiden Seiten
P2	Höchste Maß-, Form- und Laufgenauigkeit

Beispiel für das Basiszeichen: **3 0 2 08**

- Lagerreihe 302
  - Lagerart 3
  - Maßreihe 02
    - Breitenreihe 0
    - Durchmesserreihe 2
- Bohrungskennzahl 08

Lagerart	Ausführung
0	Schrägkugellager, zweireihig
1	Pendelkugellager
2	Tonnen- und Pendelrollenlager
3	Kegelrollenlager
4	Rillenkugellager, zweireihig
5	Axial-Rillenkugellager
6	Rillenkugellager, einreihig
7	Schrägkugellager, einreihig
8	Axial-Zylinderrollenlager
NA	Nadellager
QJ	Vierpunktlager
N, NJ, NJP, NN, NNU, NU, NUP	Zylinder-Rollenlager

Bohrungskennzahl	Bohrungs-∅ *d*	Bohrungskennzahl	Bohrungs-∅ *d*
00	10	12	60
01	12	13	65
02	15	14	70
03	17	15	75
04	20	16	80
05	25	17	85
06	30	18	90
07	35	19	95
08	40	20	100
09	45	21	105
10	50	22	110
11	55	23	115

Maßreihen (Auswahl)

vgl. DIN 616 (2000-06)

Erläuterung

Die Maßpläne in DIN 616 enthalten Durchmesserreihen, in denen jedem Nenndurchmesser einer Lagerbohrung *d* (= Wellendurchmesser) mehrere

- Außendurchmesser und
- Breitenreihen (bei Radiallagern) bzw.
- Höhenreihen (bei Axiallagern)

zugeordnet sind.

Aufbau der Maßreihen

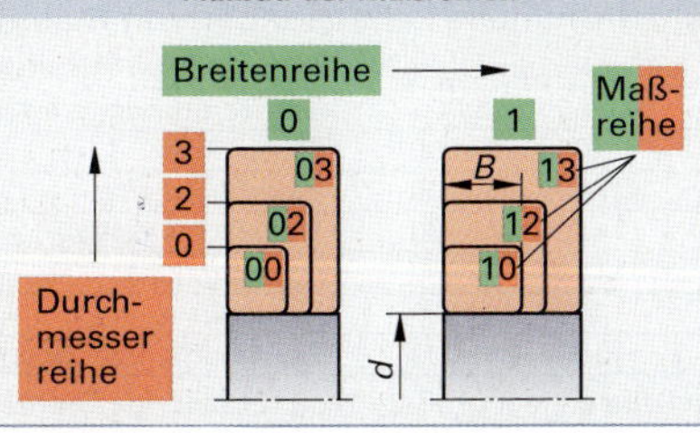

Beispiel: Kegelrollenlager[1)]

Maßreihe 02			
Bohrungskennzahl	Bohrungs-∅ *d*	*D*	*B*
07	35	72	17
08	40	80	18
09	45	85	19
10	50	90	20

1) weitere Abmessungen: S. 271

M

Rillenkugellager, Berechnung

Dynamische Tragfähigkeit und Lebensdauer

Je nach Funktion haben Wälzlager Kräfte in radialer Richtung F_r, oder in axialer Richtung F_a oder gleichzeitig in beiden Richtungen zu übertragen. Diese kombinierte Belastung ersetzt man für die Berechnung durch eine gleichwertige (äquivalente) Belastung P, welche die gleiche Werkstoffbeanspruchung hervorrufen würde, wie die tatsächlich auftretende kombinierte Belastung.

Die Lebensdauer von 10^6 Umdrehungen entspricht einer Laufzeit von 500 Betriebsstunden bei einer konstanten Drehzahl von 33,3 1/min.

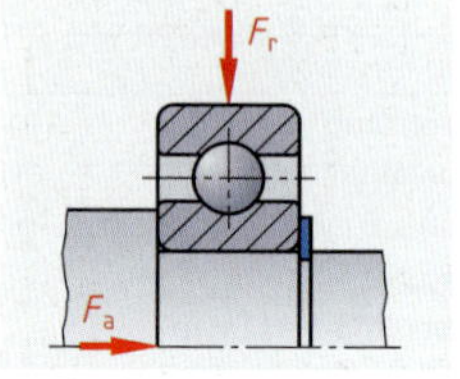

C, C_0	dynamische bzw. statische Tragzahl
P	äquivalente Belastung
X	Radiallastfaktor
Y	Axiallastfaktor
F_r	radial wirkende Kraft
F_a	axial wirkende Kraft
L_{10}	nominelle Lebensdauer in 10^6 Umdrehungen[1]
L_{10h}	nominelle Lebensdauer in Betriebsstunden
n	Drehzahl in 1/min

äquivalente Belastung

$$P = X \cdot F_r + Y \cdot F_a$$

nominelle Lebensdauer in Umdrehungen

$$L_{10} = \left(\frac{C}{P}\right)^3 \cdot 10^6$$

nominelle Lebensdauer in Betriebsstunden

$$L_{10h} = \frac{L_{10}}{60 \cdot n}$$

Beispiel:

Rillenkugellager 6214 für eine Bohrspindel; n = 1200 1/min; F_r = 1,5 kN; F_a = 3,4 kN; d = 70 mm (Seite 269); L_{10} = ?; L_{10h} = ?

$$\frac{F_a}{C_0} = \frac{3{,}4\ \text{kN}}{44\ \text{kN}} = 0{,}077 \rightarrow e \approx 0{,}28 \text{ (s. Tabelle unten)};\quad \frac{F_a}{F_r} = \frac{3{,}4\ \text{kN}}{1{,}5\ \text{kN}} \approx 2{,}27 > e = 0{,}28$$

Y = 1,55; X = 0,56; P = 0,56 · 1,5 kN + 1,55 · 3,4 kN = 6,14 kN

$$L_{10} = \left(\frac{C}{P}\right)^3 \cdot 10^6 = \left(\frac{62\ \text{kN}}{6{,}14\ \text{kN}}\right)^3 = 1030 \cdot 10^6;\quad L_{10h} = \frac{L_{10}}{60 \cdot n} = \frac{\left(\frac{62\ \text{kN}}{6{,}14\ \text{kN}}\right)^3 \cdot 10^6}{60 \cdot 1200\ ^1/\text{min}} = 14\,306\ \text{h}$$

Die zu erwartende Lebensdauer des Lagers liegt im zulässigen Bereich für Bohrspindeln.

[1] L_{10}, L_{10h} 10 % der formulierten Qualitätskriterien oder der Lager können vor Erreichen der berechneten Lebensdauer ausfallen. Die Erlebenswahrscheinlichkeit beträgt 90 %.

Richtwerte für Tragzahlen von Rillenkugellagern (Auswahl)

d	Rillenkugellager Lagerreihe 60			Rillenkugellager Lagerreihe 62			Rillenkugellager Lagerreihe 63		
	Tragzahl in kN dynamisch C	Tragzahl in kN statisch C_0	Basiszeichen	Tragzahl in kN dynamisch C	Tragzahl in kN statisch C_0	Basiszeichen	Tragzahl in kN dynamisch C	Tragzahl in kN statisch C_0	Basiszeichen
20	9,3	5	6004	12,7	6,55	6204	17,3	8,5	6304
30	12,7	8	6006	19,3	11,2	6206	29	16,3	6306
40	17	11,8	6008	29	18	6208	42,5	25	6308
50	20,8	15,6	6010	36,5	24	6210	62	38	6310
60	29	23,2	6012	52	36	6212	81,5	52	6312
70	39	31,5	6014	62	44	6214	104	68	6314
80	47,5	40	6016	72	53	6216	122	86,5	6316
100	60	54	6020	122	93	6220	163	134	6320

Radiallastfaktor *X*, Axiallastfaktor *Y*

Für F_a/C_0	0,014	0,028	0,056	0,084	0,11	0,17	0,28	0,42	0,56
ist e	0,19	0,22	0,26	0,28	0,30	0,34	0,38	0,41	0,44
bei $F_a/F_r > e$ ist Y =	2,3	1,99	1,71	1,55	1,45	1,31	1,15	1,04	1,00
bei $F_a/F_r > e$ ist X =	0,56								
bei $F_a/F_r \leq e$ ist	$X = 1$, $Y = 0$								

Richtwerte für die erforderliche nominelle Lebensdauer von Rillenkugellagern

Betriebsfall (Maschinen)	Lebensdauer L_{10h} in h[2]	Betriebsfall (Fahrzeuge)	Lebensdauer L_{10h} in h[2]
Elektrische Haushaltsgeräte	1500 … 3000	Verbrennungsmotoren	900 … 4000
Universalgetriebe (mittel)	4000 … 14000	Motorräder	400 … 2000
E-Motoren, mittel (5 … 100 kW)	21000 … 30000	Pkw-Radlager	1400 … 5300
Dreh-, Frässpindeln	14000 … 46000	Mittelschwere Lkw	2900 … 5300
Bohrspindeln	14000 … 32000	Schwere Lkw	4000 … 8800
Elektro- und Druckluftwerkzeuge	4000 … 14000	Omnibusse	2900 … 11000
Hebezeuge, Fördermaschinen	10000 … 15000	Schienenfahrzeuggetriebe	14000 … 46000

[2] Der kleinere Wert gilt für höhere Drehzahlen, der größere Wert für niedrige Drehzahlen.

M

Kugellager

Rillenkugellager (Auswahl)

vgl. DIN 625-1 (2011-04)

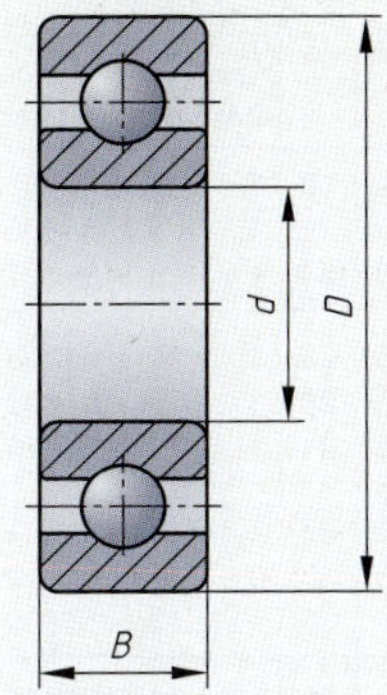

d von 3 ... 1500 mm

Einbaumaße nach DIN 5418:

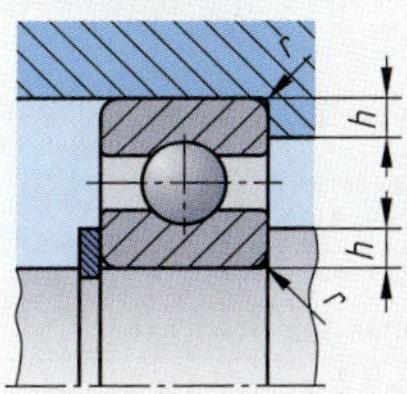

	Lagerreihe 60					Lagerreihe 62					Lagerreihe 63				
d	*D*	*B*	*r* max	*h* min	Basis-zeichen	*D*	*B*	*r* max	*h* min	Basis-zeichen	*D*	*B*	*r* max	*h* min	Basis-zeichen
10	26	8	0,3	1	6000	30	9	0,6	2,1	6200	35	11	0,6	2,1	6300
12	28	8	0,3	1	6001	32	10	0,6	2,1	6201	37	12	1	2,8	6301
15	32	9	0,3	1	6002	35	11	0,6	2,1	6202	42	13	1	2,8	6302
17	35	10	0,3	1	6003	40	12	0,6	2,1	6203	47	14	1	2,8	6303
20	42	12	0,6	1,6	6004	47	14	1	2,8	6204	52	15	1	3,5	6304
25	47	12	0,6	1,6	6005	52	15	1	2,8	6205	62	17	1	3,5	6305
30	55	13	1	2,3	6006	62	16	1	2,8	6206	72	19	1	3,5	6306
35	62	14	1	2,3	6007	72	17	1	2,8	6207	80	21	1,5	4,5	6307
40	68	15	1	2,3	6008	80	18	1	3,5	6208	90	23	1,5	4,5	6308
45	75	16	1	2,3	6009	85	19	1	3,5	6209	100	25	1,5	4,5	6309
50	80	16	1	2,3	6010	90	20	1	3,5	6210	110	27	2	5,5	6310
55	90	18	1	3	6011	100	21	1,5	4,5	6211	120	29	2	5,5	6311
60	95	18	1	3	6012	110	22	1,5	4,5	6212	130	31	2,1	6	6312
65	100	18	1	3	6013	120	23	1,5	4,5	6213	140	33	2,1	6	6313
70	110	20	1	3	6014	125	24	1,5	4,5	6214	150	35	2,1	6	6314
75	115	20	1	3	6015	130	25	2	5,5	6215	160	37	2,1	6	6315
80	125	22	1	3	6016	140	26	2	5,5	6216	170	39	2,5	7	6316
85	130	22	1,5	3,5	6017	150	28	2,1	6	6217	180	41	2,5	7	6317
90	140	24	1,5	3,5	6018	160	30	2,1	6	6218	190	43	2,5	7	6318
95	145	24	1,5	3,5	6019	170	32	2,1	6	6219	200	45	2,5	7	6319
100	150	24	1,5	3,5	6020	180	34	2,1	6	6220	215	47	2,5	7	6320

⇒ **Rillenkugellager DIN 625 – 6208 – 2Z – P2:** Rillenkugellager (Lagerart 6), Breitenreihe 0[1], Durchmesserreihe 2, Bohrungskennzahl 08 ($d = 8 \cdot 5$ mm = 40 mm), Ausführung mit 2 Deckscheiben, Lager mit höchster Maß-, Form- und Laufgenauigkeit (ISO-Toleranzklasse 2)

Schrägkugellager (Auswahl)

vgl. DIN 628-1 (2008-01)

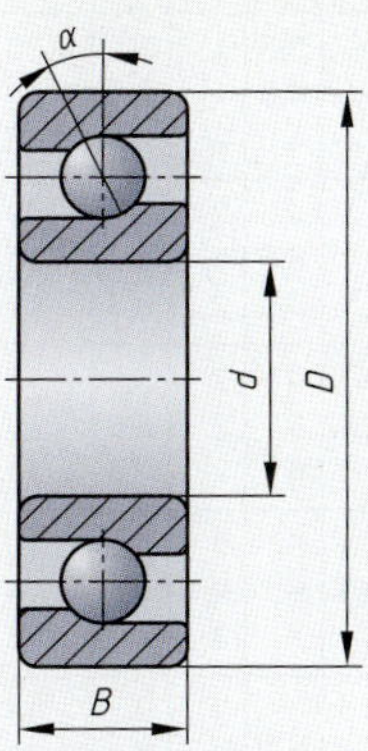

d von 10 ...170 mm

Einbaumaße nach DIN 5418:

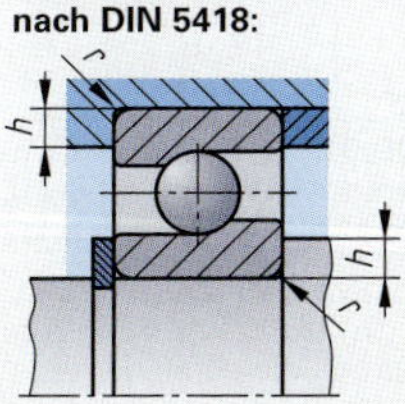

	Lagerreihe 72					Lagerreihe 73					Lagerreihe 33 (zweireihig)				
d	*D*	*B*	*r* max	*h* min	Basis-zeichen[2]	*D*	*B*	*r* max	*h* min	Basis-zeichen[2]	*D*	*B*	*r* max	*h* min	Basis-zeichen[3]
15	35	11	0,6	2,1	7202B	42	13	1	2,8	7302B	42	19	1	2,8	3302
17	40	12	0,6	2,1	7203B	47	14	1	2,8	7303B	47	22,2	1	2,8	3303
20	47	14	1	2,8	7204B	52	15	1	3,5	7304B	52	22,2	1	3,5	3304
25	52	15	1	2,8	7205B	62	17	1	3,5	7305B	62	25,4	1	3,5	3305
30	62	16	1	2,8	7206B	72	19	1	3,5	7306B	72	30,2	1	3,5	3306
35	72	17	1	3,5	7207B	80	21	1,5	4,5	7307B	80	34,9	1,5	4,5	3307
40	80	18	1	3,5	7208B	90	23	1,5	4,5	7308B	90	36,5	1,5	4,5	3308
45	85	19	1	3,5	7209B	100	25	1,5	4,5	7309B	100	39,7	1,5	4,5	3309
50	90	20	1	3,5	7210B	110	27	2	5,5	7310B	110	44,4	2	5,5	3310
55	100	21	1,5	4,5	7211B	120	29	2	5,5	7311B	120	49,2	2	5,5	3311
60	110	22	1,5	4,5	7212B	130	31	2,1	6	7312B	130	54	2,1	6	3312
65	120	23	1,5	4,5	7213B	140	33	2,1	6	7313B	140	58,7	2,1	6	3313
70	125	24	1,5	4,5	7214B	150	35	2,1	6	7314B	150	63,5	2,1	6	3314
75	130	25	1,5	4,5	7215B	160	37	2,1	6	7315B	160	68,3	2,1	6	3315
80	140	26	2	5,5	7216B	170	39	2,1	6	7316B	170	68,3	2,1	6	3316
85	150	28	2	5,5	7217B	180	41	2,5	7	7317B	180	73	2,5	7	3317
90	160	30	2	5,5	7218B	190	43	2,5	7	7318B	190	73	2,5	7	3318
95	170	32	2,1	6	7219B	200	45	2,5	7	7319B	200	77,8	2,5	7	3319
100	180	34	2,1	6	7220B	215	47	2,5	7	7320B	215	82,6	2,5	7	3320

⇒ **Schrägkugellager DIN 628 – 7309B:** Schrägkugellager (Lagerart 7), Breitenreihe 0[1], Durchmesserreihe 3, Bohrungskennzahl 09 (Bohrungsdurchmesser $d = 9 \cdot 5$ mm = 45 mm), Berührungswinkel $\alpha = 40°$ (B)

[1] Bei der Bezeichnung von Rillen- und Schrägkugellagern wird nach DIN 623-1 die 0 für die Breitenreihe teilweise weggelassen.

[2] Berührungswinkel $\alpha = 40°$

[3] Berührungswinkel nicht genormt

M

Kugellager, Rollenlager

Axial-Rillenkugellager (Auswahl)

vgl. DIN 711 (2010-05)

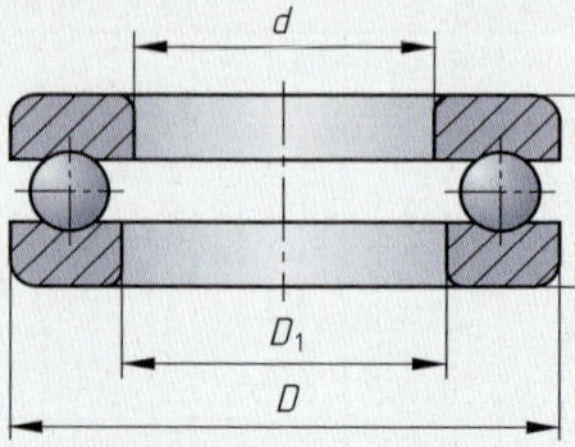

d von 8 … 360 mm

Einbaumaße nach DIN 5418:

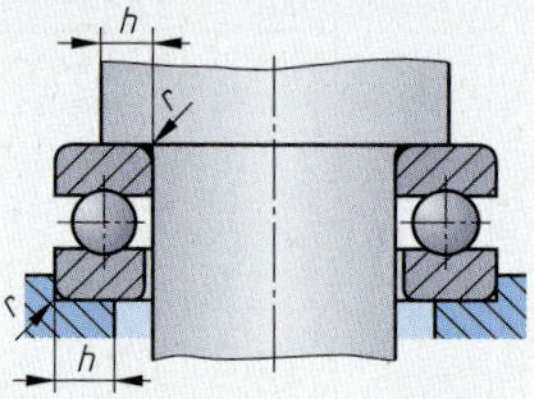

d	D_1	Lagerreihe 512 *D*	*T*	*r* max	*h* min	Basis-zeichen	Lagerreihe 513 *D*	*T*	*r* max	*h* min	Basis-zeichen
25	27	47	15	0,6	6	51205	52	18	1	7	51305
30	32	52	16	0,6	6	51206	60	21	1	8	51306
35	37	62	18	1	7	51207	68	24	1	9	51307
40	42	68	19	1	7	51208	78	26	1	10	51308
45	47	73	20	1	7	51209	85	28	1	10	51309
50	52	78	22	1	7	51210	95	31	1	12	51310
55	57	90	25	1	9	51211	105	35	1	13	51311
60	62	95	26	1	9	51212	110	35	1	13	51312
65	67	100	27	1	9	51213	115	36	1	13	51313
70	72	105	27	1	9	51214	125	40	1	14	51314
75	77	110	27	1	9	51215	135	44	1,5	15	51315
80	82	115	28	1	9	51216	140	44	1,5	15	51316

⇒ **Axial-Rillenkugellager DIN 711 – 51210:** Axial-Rillenkugellager der Lagerreihe 512 mit Lagerart 5, Breitenreihe 1, Durchmesserreihe 2 und Bohrungskennzahl 10

Zylinderrollenlager (Auswahl)

vgl. DIN 5412-1 (2005-08)

Form N **Form NU** **Form NJ** **Form NUP**

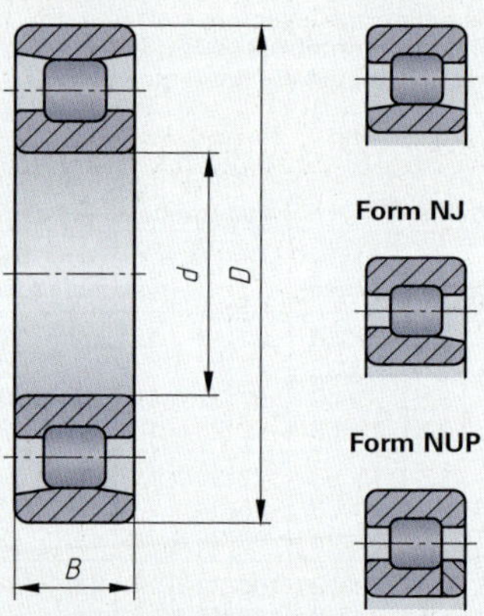

d von 15 … 500 mm

Einbaumaße nach DIN 5418:

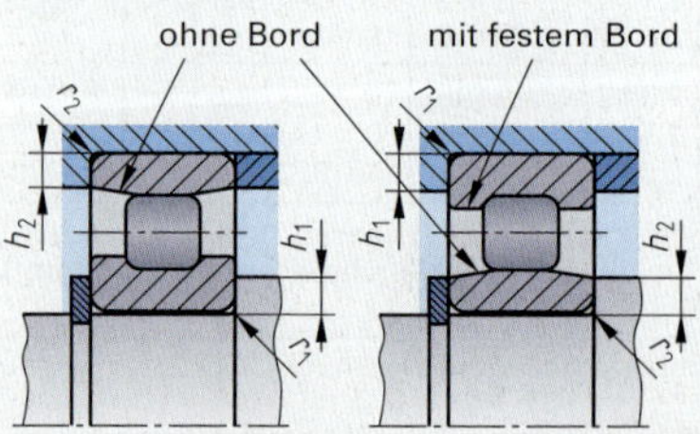

d	Lagerreihen N2, NU2, NJ2, NUP2 *D*	*B*	r_1 max	h_1 min	r_2 max	h_2 min	Lagerreihen N3, NU3, NJ3, NUP3 *D*	*B*	r_1 max	h_1 min	r_2 max	h_2 min	Bohrungs-kenn-zahl
17	40	12	0,6	2,1	0,3	1,2	47	14	1	2,8	1	2,8	03
20	47	14	1	2,8	0,6	2,1	52	15	1,1	3,5	1	2,8	04
25	52	15	1	2,8	0,6	2,1	62	17	1,1	3,5	1	2,8	05
30	62	16	1	2,8	0,6	2,1	72	19	1,1	3,5	1	2,8	06
35	72	17	1	3,5	0,6	2,1	80	21	1,5	4,5	1	2,8	07
40	80	18	1	3,5	1	3,5	90	23	1,5	4,5	2	5,5	08
45	85	19	1	3,5	1	3,5	100	25	1,5	4,5	2	5,5	09
50	90	20	1	3,5	1	3,5	110	27	2	5,5	2	5,5	10
55	100	21	1,5	4,5	1	3,5	120	29	2	5,5	2	5,5	11
60	110	22	1,5	4,5	1,5	4,5	130	31	2,1	6	2	5,5	12
65	120	23	1,5	4,5	1,5	4,5	140	33	2,1	6	2	5,5	13
70	125	24	1,5	4,5	1,5	4,5	150	35	2,1	6	2	5,5	14
75	130	25	1,5	4,5	1,5	4,5	160	37	2,1	6	2	5,5	15
80	140	26	2	5,5	2	5,5	170	39	2,1	6	2	5,5	16
85	150	28	2	5,5	2	5,5	180	41	3	7	3	7	17
90	160	30	2	5,5	2	5,5	190	43	3	7	3	7	18
95	170	32	2,1	6	2,1	6	200	45	3	7	3	7	19
100	180	34	2,1	6	2,1	6	215	47	3	7	3	7	20
105	–	–	–	–	–	–	225	49	3	7	3	7	21
110	200	38	2,1	6	2,1	6	240	50	3	7	3	7	22
120	215	40	2,1	6	2,1	6	260	55	3	7	3	7	24

⇒ **Zylinderrollenlager DIN 5412 – NUP 312 E:** Zylinderrollenlager der Lagerreihe NUP3 mit Lagerart NUP, Breitenreihe 0, Durchmesserreihe 3 und Bohrungskennzahl 12, verstärkte Ausführung

Die Normalausführung der Maßreihen 02, 22, 03 und 23 wurde ersatzlos aus der Norm gestrichen und durch die verstärkte Ausführung (Nachsetzzeichen E) ersetzt.

M

Rollenlager

Kegelrollenlager (Auswahl)

vgl. DIN 720 (2008-08) und DIN 5418 (1993-02)

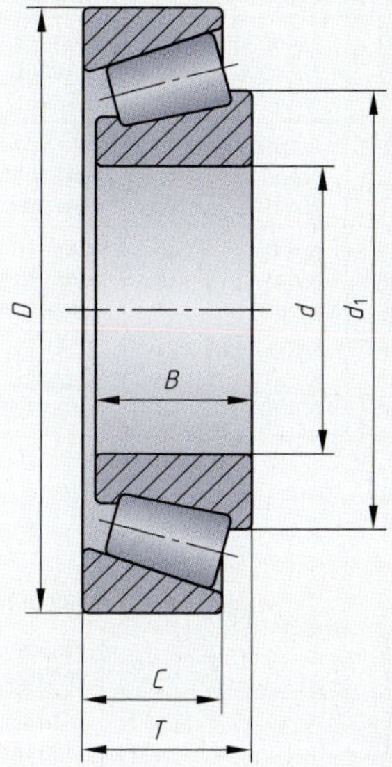

Lagerreihe 302

Abmessungen						Einbaumaße									
d	D	B	C	T	d_1	d_a max	d_b min	D_a min	D_a max	D_b min	c_a min	c_b min	r_{as} max	r_{bs} max	Basis-zeichen
20	47	14	12	15,25	33,2	27	26	40	41	43	2	3	1	1	30204
25	52	15	13	16,25	37,4	31	31	44	46	48	2	2	1	1	30205
30	62	16	14	17,25	44,6	37	36	53	56	57	2	3	1	1	30206
35	72	17	15	18,15	51,8	44	42	62	65	67	3	3	1,5	1,5	30207
40	80	18	16	19,75	57,5	49	47	69	73	74	3	3,5	1,5	1,5	30208
45	85	19	16	20,75	63	54	52	74	78	80	3	4,5	1,5	1,5	30209
50	90	20	17	21,75	67,9	58	57	79	83	85	3	4,5	1,5	1,5	30210
55	100	21	18	22,75	74,6	64	64	88	91	94	4	4,5	2	1,5	30211
60	110	22	19	23,75	81,5	70	69	96	101	103	4	4,5	2	1,5	30212
65	120	23	20	24,75	89	77	74	106	111	113	4	4,5	2	1,5	30213
70	125	24	21	26,25	93,9	81	79	110	116	118	4	5	2	1,5	30214
75	130	25	22	27,25	99,2	86	84	115	121	124	4	5	2	1,5	30215
80	140	26	22	28,25	105	91	90	124	130	132	4	6	2,5	2	30216
85	150	28	24	30,5	112	97	95	132	140	141	5	6,5	2,5	2	30217
90	160	30	26	32,5	118	103	100	140	150	150	5	6,5	2,5	2	30218
95	170	32	27	34,5	126	110	107	149	158	159	5	7,5	3	2,5	30219
100	180	34	29	37	133	116	112	157	168	168	5	8	3	2,5	30220
105	190	36	30	39	141	122	117	165	178	177	6	9	3	2,5	30221
110	200	38	32	41	148	129	122	174	188	187	6	9	3	2,5	30222
120	215	40	34	43,5	161	140	132	187	203	201	6	9,5	3	2,5	30224

Lagerreihe 303

Abmessungen						Einbaumaße									
d	D	B	C	T	d_1	d_a max	d_b min	D_a min	D_a max	D_b min	c_a min	c_b min	r_{as} max	r_{bs} max	Basis-zeichen
20	52	15	13	16,25	34,3	28	27	44	45	47	2	3	1,5	1,5	30304
25	62	17	15	18,25	41,5	34	32	54	55	57	2	3	1,5	1,5	30305
30	72	19	16	20,75	44,8	40	37	62	65	66	3	4,5	1,5	1,5	30306
35	80	21	18	22,75	54,5	45	44	70	71	74	3	4,5	2	1,5	30307
40	90	23	20	25,25	62,5	52	49	77	81	82	3	5	2	1,5	30308
45	100	25	22	27,25	70,1	59	54	86	91	92	3	5	2	1,5	30309
50	110	27	23	29,25	77,2	65	60	95	100	102	4	6	2,5	2	30310
55	120	29	25	31,5	84	71	65	104	110	111	4	6,5	2,5	2	30311
60	130	31	26	33,5	91,9	77	72	112	118	120	5	7,5	3	2,5	30312
65	140	33	28	36	98,6	83	77	122	128	130	5	8	3	2,5	30313
70	150	35	30	38	105	89	82	120	138	140	5	8	3	2,5	30314
75	160	37	31	40	112	95	87	139	148	149	5	9	3	2,5	30315
80	170	39	33	42,5	120	102	92	148	158	159	5	9,5	3	2,5	30316
85	180	41	34	44,5	126	107	99	156	166	167	6	10,5	4	3	30317
90	190	43	36	46,5	132	113	104	165	176	176	6	10,5	4	3	30318
95	200	45	38	49,5	139	118	109	172	186	184	6	11,5	4	3	30319
100	215	47	39	51,5	148	127	114	184	201	197	6	12,5	4	3	30320
105	225	49	41	53,5	155	132	119	193	211	206	7	12,5	4	3	30321
110	240	50	42	54,5	165	141	124	206	226	220	8	12,5	4	3	30322
120	260	55	46	59,5	178	152	134	221	246	237	8	13,5	4	3	30324

Einbaumaße nach DIN 5418:

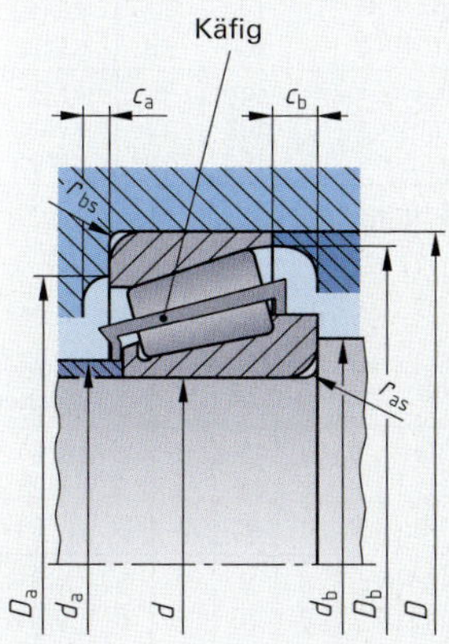

Bei Kegelrollenlagern steht der Käfig über die Seitenfläche des Außenrings vor.

Damit der Käfig nicht an anderen Bauteilen streift, müssen die Einbaumaße nach DIN 5418 eingehalten werden.

⇒ **Kegelrollenlager DIN 720 – 30212:** Kegelrollenlager der Lagerreihe 302 mit Lagerart 3, Breitenreihe 0, Durchmesserreihe 2, Bohrungskennzahl 12

M

Nadellager, Nutmuttern, Sicherungsbleche

Nadellager (Auswahl) vgl. DIN 617 (2008-10)

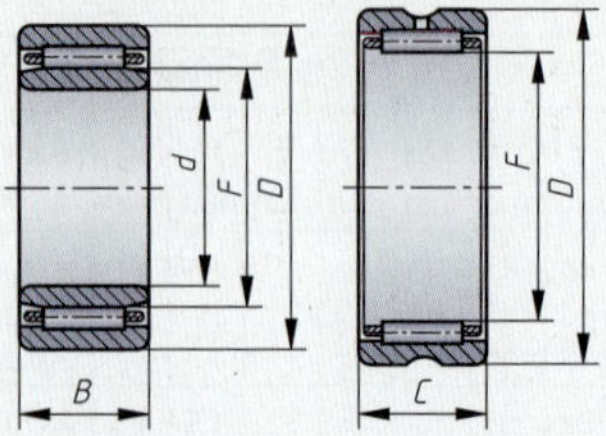

Einbaumaße nach DIN 5418:

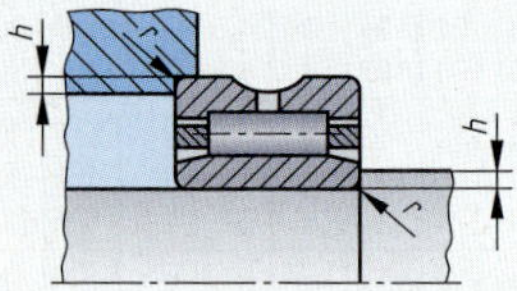

d	D	F	r max	h min	Lagerreihe NA49 B	Lagerreihe NA49 Basiszeichen	Lagerreihe NA69 B	Lagerreihe NA69 Basiszeichen
20	37	25	0,3	1	17	NA4904	30	NA6904
25	42	28	0,3	1	17	NA4905	30	NA6905
30	47	30	0,3	1	17	NA4906	30	NA6906
35	55	42	0,6	1,6	20	NA4907	36	NA6907
40	62	48	0,6	1,6	22	NA4908	40	NA6908
45	68	52	0,6	1,6	22	NA4909	40	NA6909
50	72	58	0,6	1,6	22	NA4910	40	NA6910
55	80	63	1	2,3	25	NA4911	45	NA6911
60	85	68	1	2,3	25	NA4912	45	NA6912
65	90	72	1	2,3	25	NA4913	45	NA6913
70	100	80	1	2,3	30	NA4914	54	NA6914
75	105	85	1	2,3	30	NA4915	54	NA6915

⇒ **Nadellager DIN 617 – NA4909:** Nadellager der Lagerreihe NA49 mit Lagerart NA, Breitenreihe 4, Durchmesserreihe 9, Bohrungskennzahl 09

ab NA6907 doppelreihig

Nutmuttern für Wälzlager (Auswahl) vgl. DIN 981 (2009-06)

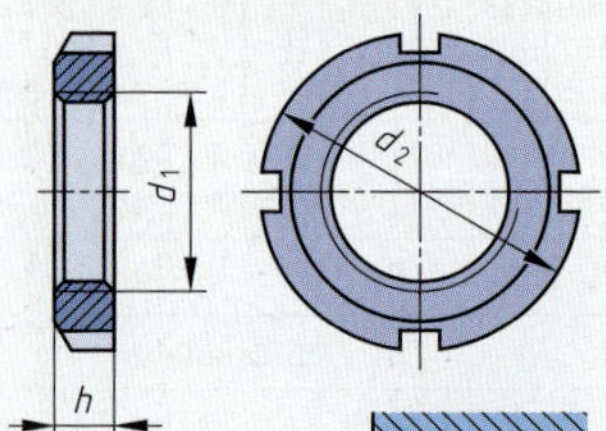

Einbaubeispiel:

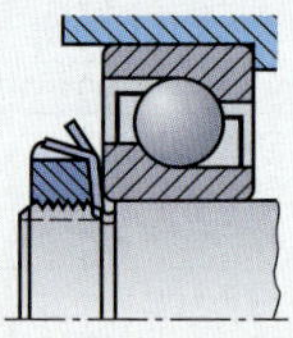

d_1 von M10 ... M200

d_1	d_2	h	Kurzzeichen	d_1	d_2	h	Kurzzeichen
M10 × 0,75	18	4	KM0	M60 × 2	80	11	KM12
M12 × 1	22	4	KM1	M65 × 2	85	12	KM13
M15 × 1	25	5	KM2	M70 × 2	92	12	KM14
M17 × 1	28	5	KM3	M75 × 2	98	13	KM15
M20 × 1	32	6	KM4	M80 × 2	105	15	KM16
M25 × 1,5	38	7	KM5	M85 × 2	110	16	KM17
M30 × 1,5	45	7	KM6	M90 × 2	120	16	KM18
M35 × 1,5	52	8	KM7	M95 × 2	125	17	KM19
M40 × 1,5	58	9	KM8	M100 × 2	130	18	KM20
M45 × 1,5	65	10	KM9	M105 × 2	140	18	KM21
M50 × 1,5	70	11	KM10	M110 × 2	145	19	KM22
M55 × 2	75	11	KM11	M115 × 2	150	19	KM23

⇒ **Nutmutter DIN 981 – KM6:** Nutmutter mit d_1 = M30 x 1,5

Sicherungsblech (Auswahl) vgl. DIN 5406 (2011-04)

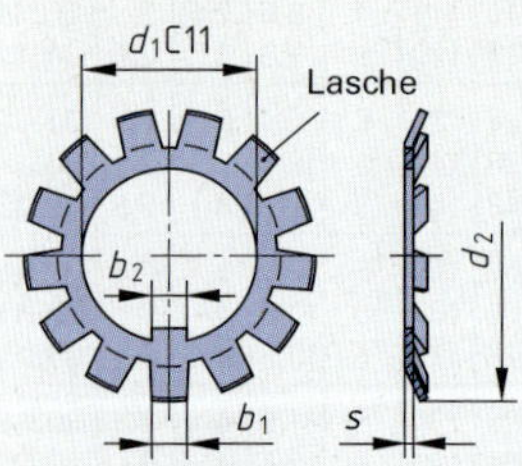

Einbaumaße

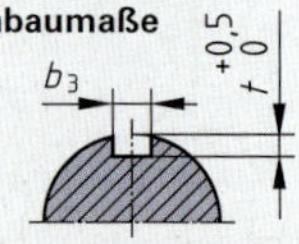

d_1 von 10 ... 280 mm

d_1	d_2	s	b_1	b_2	b_3	t	Kurzzeichen	d_1	d_2	s	b_1	b_2	b_3	t	Kurzzeichen
10	21	1	3	3	4	2	MB0	60	86	1,5	7	8	9	4	MB12
12	25	1	3	3	4	2	MB1	65	92	1,5	7	8	9	4	MB13
15	28	1	4	4	5	2	MB2	70	98	1,5	8	8	9	5	MB14
17	32	1	4	4	5	2	MB3	75	104	1,5	8	8	9	5	MB15
20	36	1	4	4	5	2	MB4	80	112	1,7	8	10	11	5	MB16
25	42	1,2	5	5	6	3	MB5	85	119	1,7	8	10	11	5	MB17
30	49	1,2	5	5	6	4	MB6	90	126	1,7	10	10	11	5	MB18
35	57	1,2	5	6	7	4	MB7	95	133	1,7	10	10	11	5	MB19
40	62	1,2	6	6	7	4	MB8	100	142	1,7	10	12	14	5	MB20
45	69	1,2	6	6	7	4	MB9	110	154	1,7	12	12	14	6	MB22
50	74	1,2	6	6	7	4	MB10	120	164	2	12	14	16	7	MB24
55	81	1,5	7	8	9	4	MB11	130	175	2	12	14	16	7	MB26

⇒ **Sicherungsblech DIN 5406 – MB6:** Sicherungsblech mit d_1 = 30 mm

M

Sicherungsringe, Sicherungsscheiben

Sicherungsringe in Regelausführung[1] (Auswahl)

für Wellen vgl. DIN 471 (2011-04)

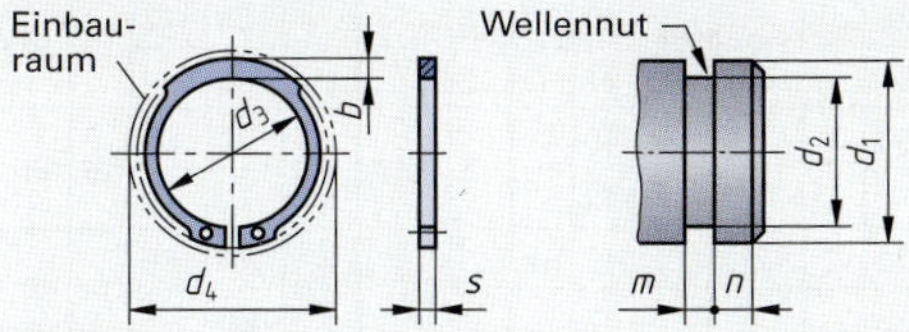

Nennmaß d_1 mm	Ring s	d_3	d_4	b ≈	Nut d_2	m H13	n min
10	1	9,3	17	1,8	9,6	1,1	0,6
12	1	11	19	1,8	11,5	1,1	0,8
15	1	13,8	22,6	2,2	14,3	1,1	1,1
17	1,0	15,7	25	2,3	16,2	1,1	1,2
20	1,2	18,5	28,4	2,6	19	1,3	1,5
22	1,2	20,5	30,8	2,8	21	1,3	1,5
25	1,2	23,2	34,2	3	23,9	1,3	1,7
28	1,5	25,9	37,9	3,2	26,6	1,6	2,1
30	1,5	27,9	40,5	3,5	28,6	1,6	2,1
32	1,5	29,6	43	3,6	30,3	1,6	2,6
35	1,5	32,2	46,8	3,9	33	1,6	3
38	1,75	35,2	50,2	4,2	36	1,85	3
40	1,75	36,5	52,6	4,4	37,5	1,85	3,8
42	1,75	38,5	55,7	4,5	39,5	1,85	3,8
45	1,75	41,5	59,1	4,7	42,5	1,85	3,8
48	1,75	44,5	62,5	5	45,5	1,85	3,8
50	2,0	45,8	64,5	5,1	47,0	2,15	4,5
60	2,0	55,8	75,6	5,8	57,0	2,15	4,5
65	2,5	60,8	81,4	6,3	62,0	2,65	4,5
70	2,5	65,5	87	6,6	67,0	2,65	4,5
75	2,5	70,5	92,7	7,0	72,0	2,65	4,5
80	2,5	74,5	98,1	7,4	76,5	2,65	5,3
90	3,0	84,5	108,5	8,2	86,5	3,15	5,3
100	3,0	94,5	120,2	9	96,5	3,15	5,3

⇒ **Sicherungsring DIN 471 – 40 x 1,75:** d_1 = 40 mm, s = 1,75 mm

Toleranzklassen für d_2

d_1 in mm	3 … 10	12 … 22	24 … 100
d_2	h10	h11	h12

für Bohrungen vgl. DIN 472 (2011-10)

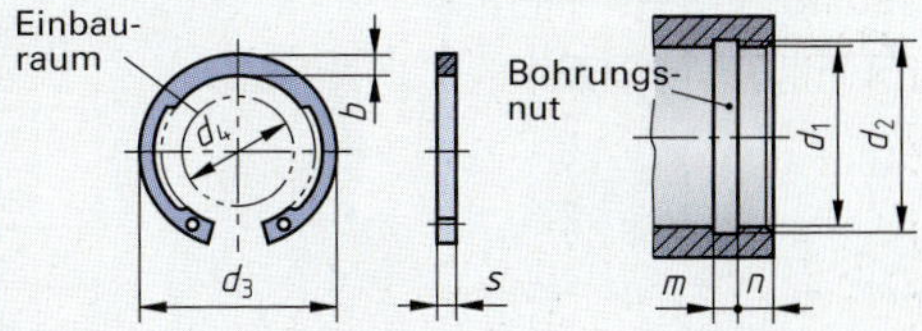

Nennmaß d_1 mm	Ring s	d_3	d_4	b ≈	Nut d_2	m H13	n min
10	1	10,8	3,3	1,4	10,4	1,1	0,6
12	1	13	4,9	1,7	12,5	1,1	0,8
15	1	16,2	7,2	2	15,7	1,1	1,1
17	1,0	18,3	8,8	2,1	17,8	1,1	1,2
20	1	21,5	11,2	2,3	21	1,1	1,5
22	1	23,5	13,2	2,5	23	1,1	1,5
25	1,2	26,9	15,5	2,7	26,2	1,3	1,8
28	1,2	30,1	17,9	2,9	29,4	1,3	2,1
30	1,2	32,1	19,9	3	31,4	1,3	2,1
32	1,2	34,4	20,6	3,2	33,7	1,3	2,6
35	1,5	37,8	23,6	3,4	37	1,6	3
38	1,5	40,8	26,4	3,7	40	1,6	3
40	1,75	43,5	27,8	3,9	42,5	1,85	3,8
42	1,75	45,5	29,6	4,1	44,5	1,85	3,8
45	1,75	48,5	32	4,3	47,5	1,85	3,8
48	1,75	51,5	34,5	4,5	50,5	1,85	3,8
50	2,0	54,2	36,3	4,6	53,0	2,15	4,5
60	2,0	64,2	44,7	5,4	63,0	2,15	4,5
65	2,5	69,2	49,0	5,8	68,0	2,65	4,5
72	2,5	76,5	55,6	6,4	75,0	2,65	4,5
75	2,5	79,5	58,6	6,6	78,0	2,65	4,5
80	2,5	85,5	62,1	7,0	83,5	2,65	5,3
90	3,0	95,5	71,9	7,6	93,5	3,15	5,3
100	3,0	105,5	80,6	8,4	103,5	3,15	5,3

⇒ **Sicherungsring DIN 472 – 80 x 2,5:** d_1 = 80 mm, s = 2,5 mm

Toleranzklassen für d_2

d_1 in mm	8 … 22	24 … 100	100 … 300
d_2	H11	H12	H13

[1] für Wellen: Regelausführung d_1 von 3 … 300 mm
schwere Ausführung d_1 von 15 … 100 mm

[2] für Bohrungen: Regelausführung d_1 von 8 … 300 mm
schwere Ausführung d_1 von 20 … 100 mm

Sicherungsscheiben (Auswahl)

vgl. DIN 6799 (2011-04)

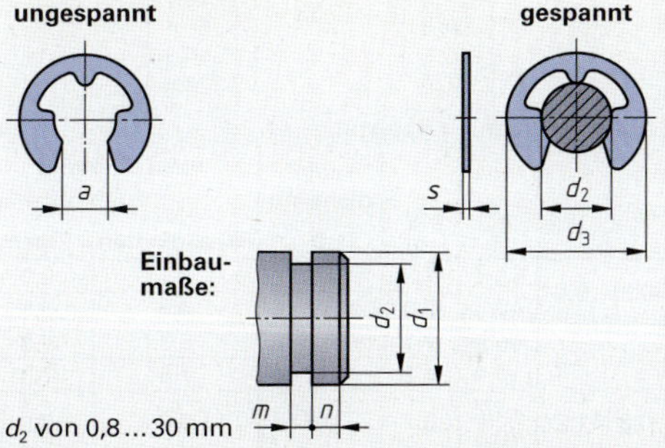

Sicherungsscheibe d_2 h11	d_3 gespannt	a	s	Welle d_1 von … bis	m		n min
6	12,3	5,26	0,7	7 … 9	0,74	+ 0,05 / 0	1,2
7	14,3	5,84	0,9	8 … 11	0,94		1,5
8	16,3	6,52	1	9 … 12	1,05	+ 0,08 / 0	1,8
9	18,8	7,63	1,1	10 … 14	1,15		2
10	20,4	8,32	1,2	11 … 15	1,25		2
12	23,4	10,45	1,3	13 … 18	1,35		2,5
15	29,4	12,61	1,5	16 … 24	1,55		3
19	37,6	15,92	1,75	20 … 31	1,80		3,5
24	44,6	21,88	2	25 … 38	2,05		4

⇒ **Sicherungsscheibe DIN 6799 – 15:** d_2 = 15 mm

M

Dichtelemente

Radial-Wellendichtringe (Auswahl)

vgl. DIN 3760 (1996-09)

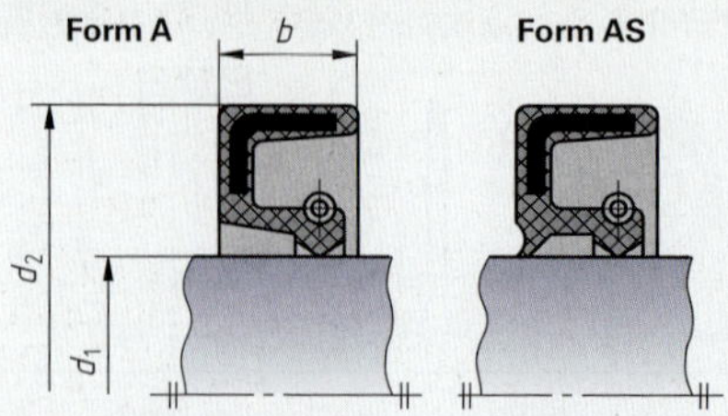

Einbaumaße:

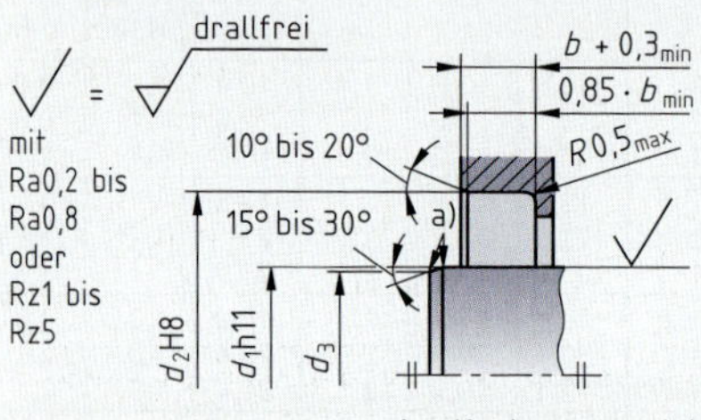

d_1 von 6 ... 500 mm

d_1	d_2		b	d_3	d_1	d_2		b	d_3	d_1	d_2		b	d_3
10	22	26	7	8,5	28	40	52	7	25,5	50	65	72	8	46,5
	25	–				47	–				68	–		
12	22	30	7	10	30	40	47	8	27,5	55	70	80	8	51
	25	–				42	52				72	–		
14	24	30	7	12	32	45	52	8	29	60	75	85	8	56
15	26	35	7	13		47	–				80	–		
	30	–			35	47	52	8	32	65	85	90	10	61
16	30	35	7	14		50	55	8	35	70	90	95	10	66
17	30	35	7	16	38	55	62			75	95	100	10	70,5
20	30	40	7	18	40	52	62	8	37	80	100	110	10	75,5
	35	–				55	–	8	38,5	85	110	120	12	80,5
22	35	47	7	19,5	42	55	62			90	110	120	12	85,5
	40	–			45	60	65	8	41,5	95	120	125	12	90,5
25	35	47	7	22,5		62	–	8	44,5	100	120	130	12	94,5
	40	52			48	62	–				125	–		

⇒ **RWDR DIN 3760 – A25 x 40 x 7 – NBR:** Radial-Wellendichtring (RWDR) der Form A mit d_1 = 25 mm, d_2 = 40 mm und b = 7 mm, Elastomerteil aus Nitril-Butadien-Kautschuk (NBR)

O-Ringe (Auswahl)

vgl. DIN ISO 3601-1 (2013-11) und -2 (2010-08), Ersatz für DIN 3771

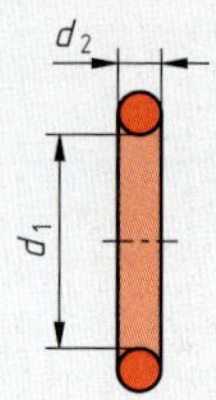

axialdichtend

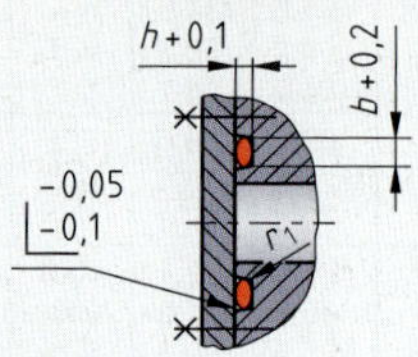

radial außendichtend

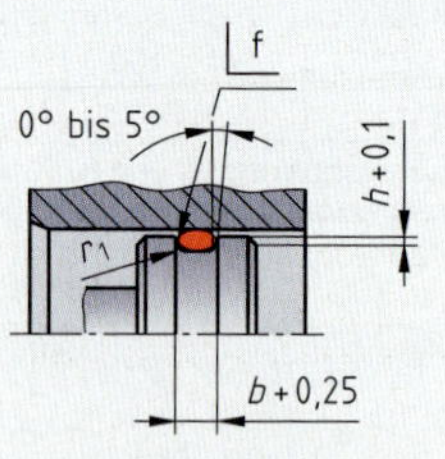

radial innendichtend

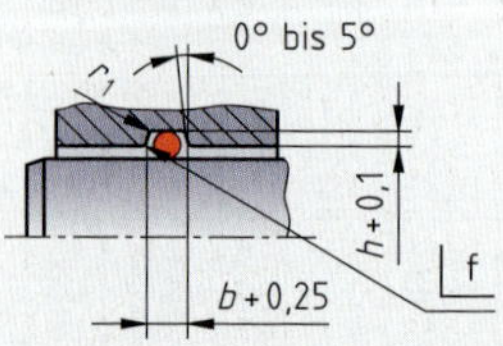

M

d_1	d_2		d_1	d_2		d_1	d_2	
2,5 2,9 3,7 4,5 5,3 6,1	1,78		37,8 41,0 44,2 47,2 50,3 53,4	3,53	5,33	113,7 116,8 120,0 123,2 126,4 129,5	5,33	6,99
7,7 9,3 10,8 12,4 14,0 15,6	1,78	2,62	56,5 59,7 62,9 66,0 69,2 72,4	5,33		132,7 135,9 139,1 142,2 145,4 148,6	6,99	
17,2 18,8 20,4 22,0 23,5 25,1	2,62	3,53	75,6 78,7 81,9 85,1 88,3 91,4	5,33		151,8 164,5 170,8 177,2 183,5 189,9	6,99	
26,7 28,3 29,9 31,5 33,1 34,7	3,53		94,6 97,8 101,0 104,1 107,3 110,5	5,33		196,2 215,3 240,7 266,1 304,2 329,6	6,99	

Einbaumaße bei ruhender Belastung

d_2	r_1	f	h	radial dichtend b	axial dichtend b Flüssigkeiten	Gase
1,78	0,2 … 0,4	+0,4 +0,2	1,3	2,8	3,2	2,9
2,62			2,0	3,8	4,0	3,6
3,53	0,4 … 0,8	+0,8 +0,4	2,7	5,0	5,3	4,8
5,33			4,2	7,2	7,6	7,0
6,99	0,8 … 1,2	+1,2 +0,8	5,7	9,5	9,0	8,5

Schmierstoffe

vgl. DIN 51502 (1990-08)

Bezeichnung von Schmierölen

Bezeichnung durch Kennbuchstaben

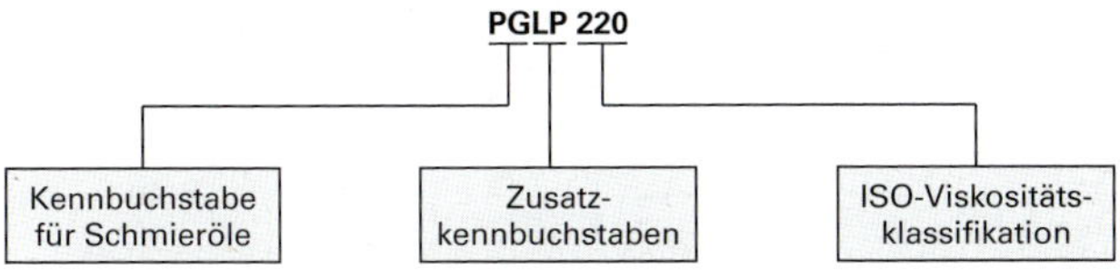

Bezeichnung durch Sinnbilder

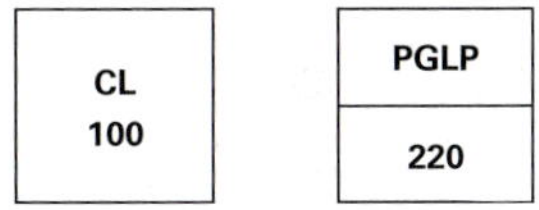

Schmieröl auf Mineralölbasis — Schmieröl auf Syntheseölbasis

⇒ **Schmieröl DIN 51517 – CL 100:** Umlaufschmieröl auf Mineralölbasis (C), erhöhte Korrosions- und Alterungsbeständigkeit (L), ISO-Viskositätsklasse VG 100 (100)

⇒ **Schmieröl DIN 51517 – PGLP 220:** Polyglykolöl (PG), erhöhte Korrosions- und Alterungsbeständigkeit (L), erhöhter Verschleißschutz (P), ISO-Viskositätsklasse VG 220 (220)

Schmierölarten

vgl. DIN 51502 (1990-08)

Kenn-buchstabe	Schmierstoffart und Eigenschaften	Norm	Anwendung
Mineralöle			
AN	Normalschmieröle ohne Zusätze	DIN 51501	Durch- und Umlaufschmierung bei Öltemperaturen bis 50°
B	Bitumenhaltige Schmieröle mit hoher Haftfähigkeit	DIN 51513	Hand-, Durchlauf- und Tauchschmierungen, vorwiegend für offene Schmierstellen
C	Umlaufschmieröle, ohne Zusätze	DIN 51517	Gleitlager, Wälzlager, Getriebe
CG	Gleitbahnöle mit Wirkstoffen zur Verschleißminderung	DIN 8659 T2	Im Mischreibungsbetrieb für Gleit- und Führungsbahnen sowie Schneckengetriebe
Syntheseflüssigkeiten			
E	Esteröle mit besonders geringer Viskositätsänderung	–	Lagerstellen mit stark wechselnden Temperaturen
PG	Polyglykolöle mit hoher Alterungsbeständigkeit	–	Lagerstellen mit häufigen Mischreibungszuständen
SI	Silikonöle mit hoher Alterungsbeständigkeit	–	Lagerstellen mit besonders hohen und tiefen Temperaturen, stark wasserabstoßend

M

Zusatzkennbuchstaben

vgl. DIN 51502 (1990-08)

Zusatzkenn-buchstabe	Anwendung und Erläuterung
E	für Schmierstoffe, die mit Wasser gemischt werden, z. B. Kühlschmierstoff SE
F	für Schmierstoffe mit Festschmierstoffzusatz, z. B. Grafit, Molybdändisulfid
L	für Schmierstoffe mit Wirkstoffen zum Erhöhen des Korrosionsschutzes und/oder der Alterungsbeständigkeit
P	für Schmierstoffe mit Wirkstoffen zum Herabsetzen der Reibung und des Verschleißes im Mischreibungsgebiet und/oder zur Erhöhung der Belastbarkeit

Flüssige Industrie-Schmierstoffe – ISO-Viskositätsklassifikation

vgl. DIN ISO 3448 (2010-02)

Die Schmierstoffklassifizierung bei DIN ISO 3448 ist auf eine kinematische Viskosität bei 40 °C ausgelegt.

ISO-Viskositäts-klasse	Bereich für die kinematische Viskosität mm^2/s bei 40 °C	ISO-Viskositäts-klasse	Bereich für die kinematische Viskosität mm^2/s bei 40 °C	ISO-Viskositäts-klasse	Bereich für die kinematische Viskosität mm^2/s bei 40 °C
ISO VG 2	1,98 bis 2,42	ISO VG 22	19,8 bis 24,2	ISO VG 220	198 bis 242
ISO VG 3	2,88 bis 3,52	ISO VG 32	28,8 bis 35,2	ISO VG 320	288 bis 352
ISO VG 5	4,14 bis 5,06	ISO VG 46	41,4 bis 50,6	ISO VG 460	414 bis 506
ISO VG 7	6,12 bis 7,48	ISO VG 68	61,2 bis 74,8	ISO VG 680	612 bis 748
ISO VG 10	9,00 bis 11,0	ISO VG 100	90,0 bis 110	ISO VG 1000	900 bis 1100
ISO VG 15	13,5 bis 16,5	ISO VG 150	135 bis 165	ISO VG 1500	1350 bis 1650

Schmierstoffe

vgl. DIN 51502 (1990-08)

Bezeichnung von Schmierfetten und Festschmierstoffen

Bezeichnung durch Kennbuchstaben

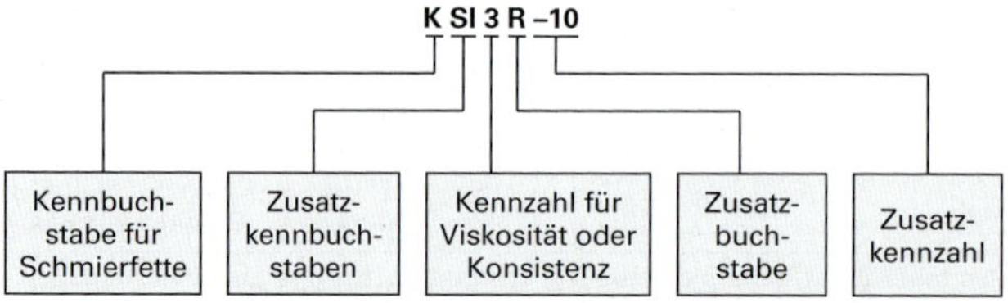

Bezeichnung durch Sinnbild

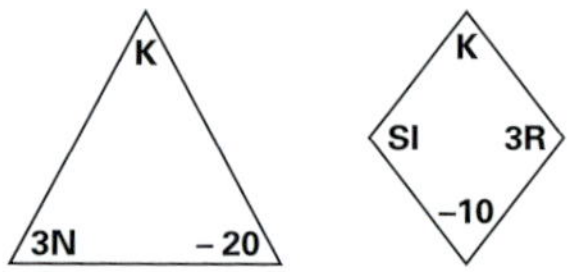

Schmierfett auf Mineralölbasis

Schmierfett auf Syntheseölbasis

⇒ **Schmierfett DIN 51825 – K3N – 20:** Schmierfett für Wälz- und Gleitlager (K) auf Mineralölbasis (NLGI-Klasse 3) (3), obere Gebrauchstemperatur +140 °C (N), untere Gebrauchstemperatur –20 °C (–20)

⇒ **Schmierfett DIN 51825 – KSI3R –10:** Schmierfett für Wälz- und Gleitlager (K) auf Silikonölbasis (SI), NLGI-Klasse 3 (3), obere Gebrauchstemperatur +180 °C (R), untere Gebrauchstemperatur –10 °C (–10)

Schmierfette

Kennbuchstabe	Anwendung/Zusätze	Kennbuchstabe	Anwendung
K	Allgemein: Wälzlager, Gleitlager, Gleitflächen	G	Geschlossene Getriebe
KP	Wie K, jedoch mit Zusätzen für Herabsetzung der Reibung	OG	Offene Getriebe (Haftschmierstoff ohne Bitumen)
KF	Wie K, jedoch mit Festschmierstoff-Zusätzen	M	Für Gleitlagerungen und Dichtungen (geringe Anforderungen)

Konsistenz[1]-Einteilung für Schmierfette

NLGI-Klasse[3]	Walkpenetration[2]	NLGI-Klasse[3]	Walkpenetration[2]	NLGI-Klasse[3]	Walkpenetration[2]
000	445 … 475 (sehr weich)	1	310 … 340	4	175 … 205
00	400 … 430	2	265 … 295	5	130 … 160
0	355 … 385	3	220 … 250	6	85 … 115 (sehr fest)

[1] Kennzeichen für das Fließverhalten
[2] Maß der Eindringtiefe eines genormten Prüfkegels in durchgeknetetes (gewalktes) Fett
[3] National Lubrication Grease Institute (NLGI), Nationales Schmierfett Institut, USA

M

Zusatzbuchstaben für Schmierfette

Zusatzbuchstabe[1])	obere Gebrauchstemperatur °C	Bewertungsstufe[2]	Zusatzbuchstabe[1])	obere Gebrauchstemperatur °C	Bewertungsstufe[2]	Zusatzbuchstabe[1])	obere Gebrauchstemperatur °C	Bewertungsstufe[2]
C	+ 60	0 oder 1	G	+ 100	0 oder 1	N	+ 140	nach Vereinbarung
D	+ 60	2 oder 3	H	+ 100	2 oder 3	P	+ 160	
E	+ 80	0 oder 1	K	+ 120	0 oder 1	R	+ 180	
F	+ 80	2 oder 3	M	+ 120	2 oder 3	S	+ 200	
						T	+ 220	
						U	+ 220	

[1]) An den Zusatzkennbuchstaben kann der Zahlenwert für die untere Gebrauchstemperatur angehängt werden; z. B. – 20 für – 20 °C
[2] Bewertungsstufen für das Verhalten gegenüber Wasser, vgl. DIN 51807-1:
0: keine Veränderung; 1: geringe Veränderung; 2: mäßige Veränderung; 3: starke Veränderung

Festschmierstoffe

Schmierstoff	Kurzzeichen	Gebrauchstemperatur	Anwendung
Grafit	C	– 18 … + 450°	Als Pulver oder Paste sowie Beimengungen zu Schmierölen und Schmierfetten, nicht in Sauerstoff, Stickstoff und Vakuum
Molybdändisulfid	MoS_2	– 180 … + 400°	Als mineralölfreie Paste, Gleitlack oder Beimengung zu Schmierölen und Schmierfetten, geeignet für sehr hohe Flächenpressung
Polytetrafluorethylen	PTFE	– 250 … + 260°	Als Pulver in Gleitlacken und synthetischen Schmierfetten sowie als Lagerwerkstoff, sehr niedrige Gleitreibungszahl μ = 0,04 bis 0,09

6 Fertigungstechnik

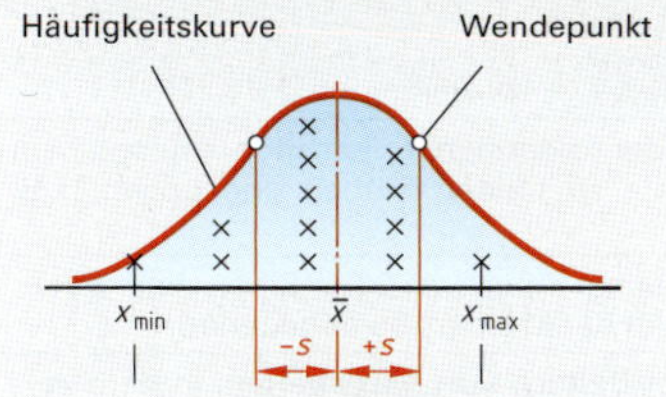

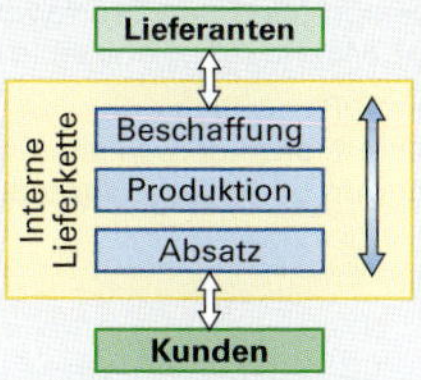

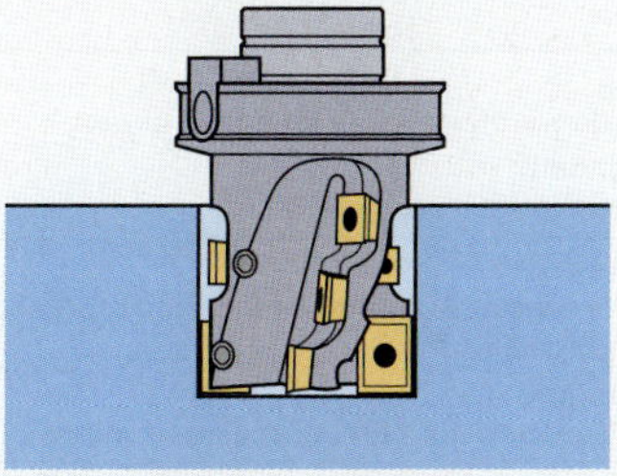

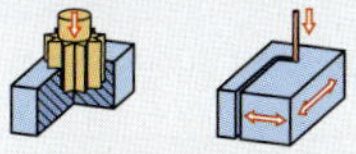

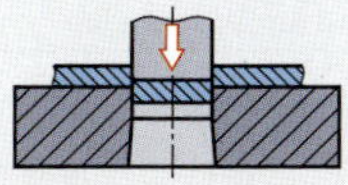

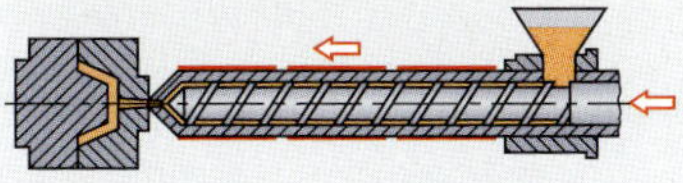

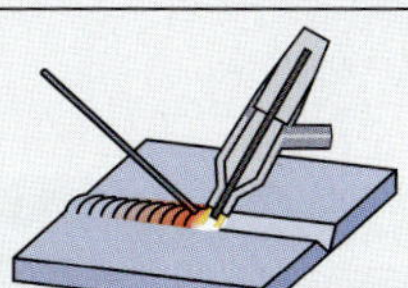

Prüfmittel, Einflüsse auf das Messergebnis

Prüfmittel

Begriffe	Erklärung
Skalenteilungswert *Skw*	Differenz zwischen den Messwerten, die zwei aufeinander folgenden Teilstrichen entsprechen. Der Skalenteilungswert *Skw* wird in der auf der Skale stehenden Einheit angegeben, z. B. *Skw* = 0,01 mm bei einer Bügelmessschraube.
Ziffernschrittwert *Zw*	Der Ziffernschrittwert ist die Änderung der Anzeige um einen Ziffernwert. Der Ziffernschrittwert, der dem Skalenteilungswert entspricht, wird in der Einheit der Messgröße angegeben.
Messbereich *Meb*	Der Messbereich eines anzeigenden Messgerätes ist der Bereich von Messwerten, in dem vorgegebene oder vereinbarte Fehlergrenzen nicht überschritten werden.
Fehlergrenze *G*	Fehlergrenzen sind Höchstwerte für untere und obere Grenzabweichungen eines Messgerätes. In der praktischen Messtechnik sind symmetrische Fehlergrenzen der Normalfall. Für diese wird nur ein einziger Wert ohne Vorzeichen angegeben. Fehlergrenzen entsprechen den Grenzwerten für Messabweichungen für ein messtechnisches Merkmal MPE (engl. Maximum permissible errors). Z. B. Digitaler Messschieber *Skw* = 0,01 mm und *G* = 20 µm = 0,02 mm. Ist die wahre Messgröße 10 mm, so darf der Messschieber 10,02 mm anzeigen. In einer nachfolgenden Messung dürfte für dieselbe Messgröße aber nicht 9,99 mm gemessen werden. In diesem Fall wäre die Fehlergrenze *G* = 0,02 mm überschritten.

Prüfmittel (Auswahl)

Prüfmittel Norm	**Art der Anzeige**	***Skw* bzw. *Zw* in mm**	**Fehlergrenze *G* in µm**	**Messbereich *Meb* in mm**	**Anwendung und Sonderausführungen**
Messschieber DIN 862	Analog	0,1 0,05 0,02	50 20 20	0 … 2000	Absolutmessung z. B. Außen-, Innen-, Stufen- und Tiefenmessungen Sonderausführungen: Tiefen- und Innen-Nut-Messschieber
	Digital	0,01	20	0 … 1000	
Bügelmessschraube DIN 863	Analog	0,01 0,002 0,001	4 2 2	0 … 1000	Absolutmessung z. B. Wellendurchmesser, Außenmaße an Werkstücken, mittels Drahtschuhpaaren für Gewindemessung Sonderausführungen: Tiefen-, Innen-, Gewinde- und Einbaumessschrauben
	Digital	0,001	4	0 … 300	
Messuhr DIN 878	Analog	0,1 0,01	55 17	0 … 10 0 … 10	Unterschiedsmessung z. B. Vergleichs-, Ebenheits- oder Rundlaufmessungen
	Digital	0,01 0,001	20 4	0 … 12,5 0 … 5	
Feinzeiger DIN 879	Analog	0,001	0,8	0 … 0,1	Unterschiedsmessung z. B. Vergleichsmessungen an Serienteilen
Fühlhebelmessgerät DIN 2270	Analog	0,02 0,01 0,002	31 13 3,5	0 … 2 0 … 0,8 0 … 0,2	Unterschiedsmessung z. B. Form-, Positions- und Lageabweichungen, Rund- und Planlauf sowie Ausrichtarbeiten an Maschinen
	Digital	0,01 0,001	13 13	0 … 0,8 0 … 0,8	

F

Einflüsse auf das Messergebnis

Die Genauigkeit eines Messergebnisses wird durch die Auswirkung von zufälligen und systematischen Einflüssen auf das Messergebnis beeinträchtigt.

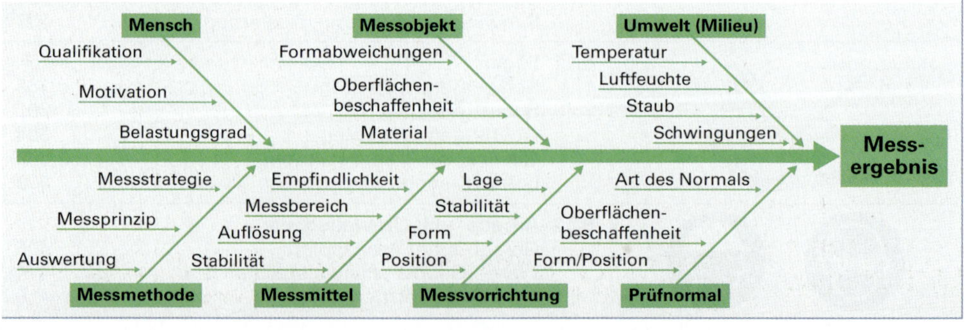

Messergebnis, Geometrische Produktspezifikation, Prüfmittelfähigkeit

Vollständiges Messergebnis

vgl. DIN 1319-1 (1995-01)

Der wahre Wert eines Messergebnisses y liegt zwischen einem oberen und einem unteren Wert, der jeweils durch die Messunsicherheit U bestimmt wird. Das vollständige Messergebnis Y legt alle möglichen Werte eines Messergebnisses fest.

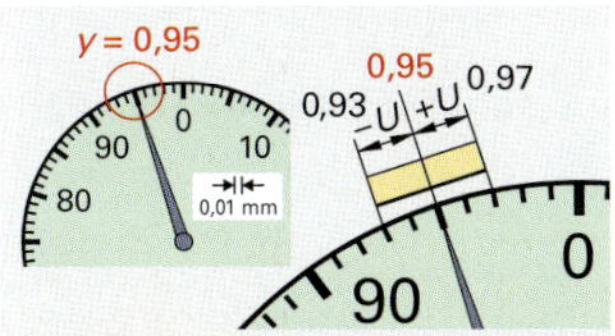

Y Vollständiges Messergebnis
y Messergebnis
U Messunsicherheit

Beispiel:

Messergebnis $y = 0{,}95$ mm; $U = 0{,}02$ mm;
Vollständiges Messergebnis $Y = ?$
$\mathbf{Y = 0{,}95\ mm \pm 0{,}02\ mm}$

Vollständiges Messergebnis

$$Y = y \pm U$$

Geometrische Produktspezifikation

vgl. DIN EN ISO 14253-1 (2013-12)

Die Geometrische Produktspezifikation legt Regeln fest, um über die Übereinstimmung oder Nichtübereinstimmung eines Werkstücks mit einer vorgegebenen Toleranz unter Berücksichtigung der Messunsicherheit zu entscheiden. Liegt ein Messergebnis y z. B. im Übereinstimmungsbereich, so kann ein Hersteller sicher sein, dass die Toleranz T nicht überschritten wird.

UGW unterer Grenzwert
OGW oberer Grenzwert
U Messunsicherheit
T_{ab} Toleranz bei Abnahmeprüfung (Hersteller)
T_{an} Toleranz bei Annahmeprüfung (Abnehmer)
T Toleranz

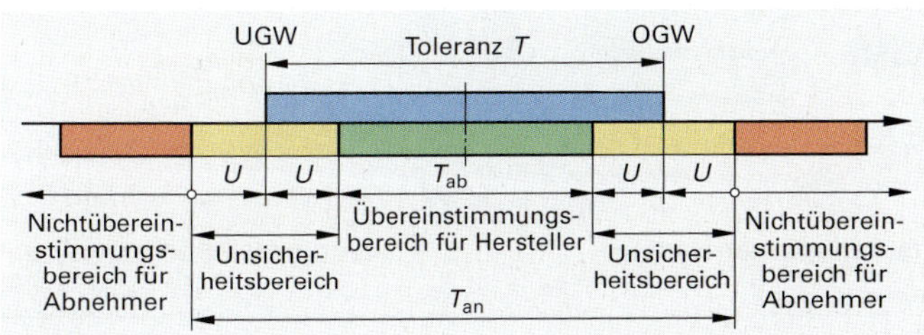

Beispiel:

Fertigungsmaß: $10 \pm 0{,}2$; $U = 0{,}02$ mm;
Toleranzbereich für die Abnahmeprüfung beim Hersteller $T_{ab} = ?$
$T_{ab} = T - 2 \cdot U = 0{,}4\ \text{mm} - 2 \cdot 0{,}02\ \text{mm} =$ **0,36 mm bzw. ± 0,18 mm**
Toleranzbereich (Hersteller): 10 mm ± 0,18 mm bzw. 9,82 mm bis 10,18 mm

Übereinstimmungsnachweis

$$UGW + U < y < OGW - U$$

Toleranz bei Abnahmeprüfung

$$T_{ab} = T - 2 \cdot U$$

Nichtübereinstimmungsnachweis

$$y < UGW - U \text{ oder } OGW + U < y$$

Toleranz bei Annahmeprüfung

$$T_{an} = T + 2 \cdot U$$

Unsicherheitsbereich

$$UGW - U < y < UGW + U$$
oder
$$OGW - U < y < OGW + U$$

Prüfmittelfähigkeit: C_g / C_{gk}-Verfahren

Bei der Beurteilung der Qualitätsfähigkeit eines Messgerätes durch Fähigkeitskennzahlen (Fähigkeitsindizes) wird unter Verwendung eines Prüfnormals entschieden, ob ein Prüfmittel für den vorgesehenen Einsatz unter Betriebsbedingungen geeignet ist. Dazu sind mindestens 20 Wiederholmessungen in kurzen Zeitabständen nach gleichen Wiederholbedingungen an einem Prüfnormal durch denselben Prüfer durchzuführen.

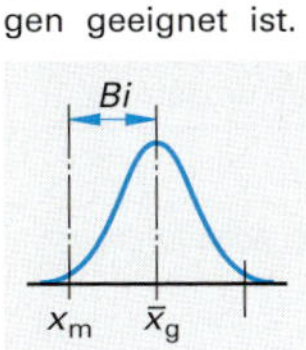

Bi Systematische Messabweichung
x_g Arithmetischer Mittelwert, an Prüfnormal erfasst
x_m Referenzwert, Istmaß des Prüfnormals
C_g, C_{gk} Prüfmittelfähigkeitsindex
s_g Standardabweichung, erfasst am Prüfnormal

Beispiel:

Prüfmittelfähigkeitsanalyse für ein Prüfmaß $20 \pm 0{,}01$; $Bi = 0{,}0001$ mm;
$s_g = 0{,}0004$ mm

$$C_g = \frac{0{,}2 \cdot T}{6 \cdot s_g} = \frac{0{,}2 \cdot 0{,}02\ \text{mm}}{6 \cdot 0{,}0004\ \text{mm}} = \mathbf{1{,}67 \geq 1{,}33}$$

$$C_{gk} = \frac{0{,}1 \cdot T - Bi}{3 \cdot s_g} = \frac{0{,}1 \cdot 0{,}02\ \text{mm} - 0{,}0001\ \text{mm}}{3 \cdot 0{,}0004\ \text{mm}} = \mathbf{1{,}58 \geq 1{,}33}$$

Die Prüfmittelfähigkeit ist damit nachgewiesen.

Systematische Messabweichung

$$Bi = \bar{x}_g - x_m$$

Prüfmittelfähigkeitsindex

$$C_g = \frac{0{,}2 \cdot T}{6 \cdot s_g}$$

$$C_{gk} = \frac{0{,}1 \cdot T - Bi^{1)}}{3 \cdot s_g}$$

Forderung[2)]
z. B. $\mathbf{C_g \geq 1{,}33}$ **und**
$\mathbf{C_{gk} \geq 1{,}33}$

1) als positiver Wert
2) Kunden- bzw. auftragsabhängige Forderungen

F

Qualitätsmanagement

Grundsätze des Qualitätsmanagements

vgl. DIN EN ISO 9000 (2015-11)

- Kundenorientierung
- Geschäftsleitung (Führung)
- Einbeziehung der Personen (intern/extern)
- Prozessorientierter Ansatz
- Ständige Verbesserung
- Fachgestützte Entscheidungsfindung
- Beziehungsmanagement

Einflüsse/Auswirkungen auf ein Qualitätsmanagementsystem

vgl. DIN EN ISO 9001 (2015-11)

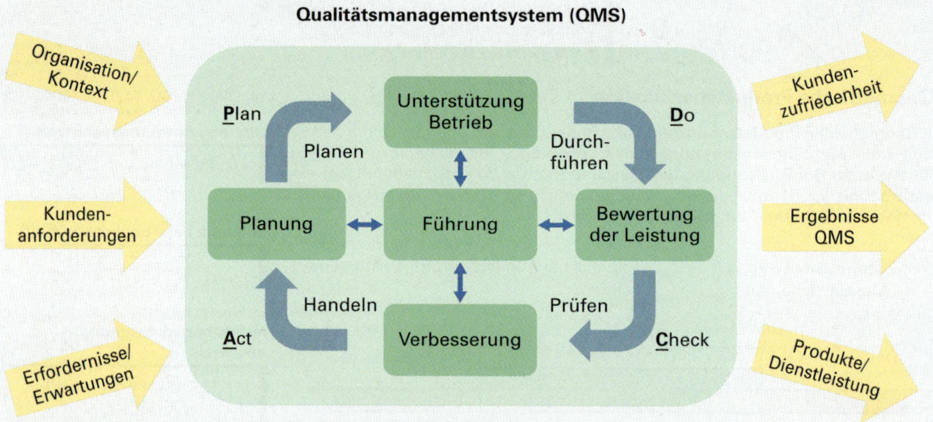

Anforderungen an ein Qualitätsmanagementsystem

vgl. DIN EN ISO 9001 (2015-11)

Bereich	Maßnahmen im Unternehmen
Führung	Organigramm aufstellen, bekanntmachen und anwenden; Qualitätspolitik bzw. Qualitätsziele festlegen, vermitteln und anwenden; Kundenzufriedenheit aufrechterhalten.
Planung	Fehlervermeidungsstrategien entwickeln (FMEA → **F**ehler-**M**öglichkeits- und **E**influss**a**nalysen in der Konstruktionsphase eines Produktes durchführen); Maßnahmen im Umgang mit Risiken wie z. B. den Ausfall der Computersysteme erstellen.
Unterstützung	Messmittel in bestimmten Abständen kalibrieren, verifizieren (überprüfen) und mit einem Status kennzeichnen. Interne Kommunikation wer, wann, wie, mit wem, worüber kommuniziert festlegen. Verteilung, Zugriff, Auffindung, Verwendung, Ablage und Aufbewahrung von Dokumenten wie z. B. Geheimhaltungsvereinbarungen festlegen.
Betrieb	Produktanforderungen bestimmen, überprüfen und verifizieren aufgrund von Kundenrückmeldungen. Beherrschte Prozesse installieren, dokumentieren, überwachen und messen wie z. B. die Liefertermintreue, die Reklamationsquote oder die Kundenzufriedenheit.
Bewertung	Auditoren auswählen; Planen, durchführen interner Audits; Korrekturmaßnahmen umsetzen.
Verbesserung	Verbessern der Eignung, Angemessenheit und Wirksamkeit des QM-Systems.

F

Leitfaden zur Verbesserung von Qualitätsmanagementsystemen

vgl. DIN EN ISO 9004 (2009-12)

- Es wird die Wirksamkeit und Effizienz des Qualitätsmanagementsystems betrachtet.
- Enthält Anleitungen zur Ausrichtung eines Unternehmens in Richtung Total-Quality-Management.
- Ist keine Zertifizierungs- oder Vertragsgrundlage, sondern stellt eine Managementphilosophie dar.
- Eignet sich um Managementsysteme wirksamer und effizienter zu machen.

Leitfaden zur Auditierung von Qualitätsmanagementsystemen

vgl. DIN EN ISO 19011 (2011-12)

- Auditierung von Managementsystemen, wie z. B. Qualitäts- oder Umweltmanagementsystemen.
- Anwendbar auf alle Organisationen, die interne oder externe Audits durchführen.
- Wesentliche Inhalte sind die Auditplanung, -durchführung und -nachbereitung mit dem Ziel eines kontinuierlichen Verbesserungsprozesses (KVP).

Umweltmanagement

Unternehmenseinflüsse auf die Umwelt

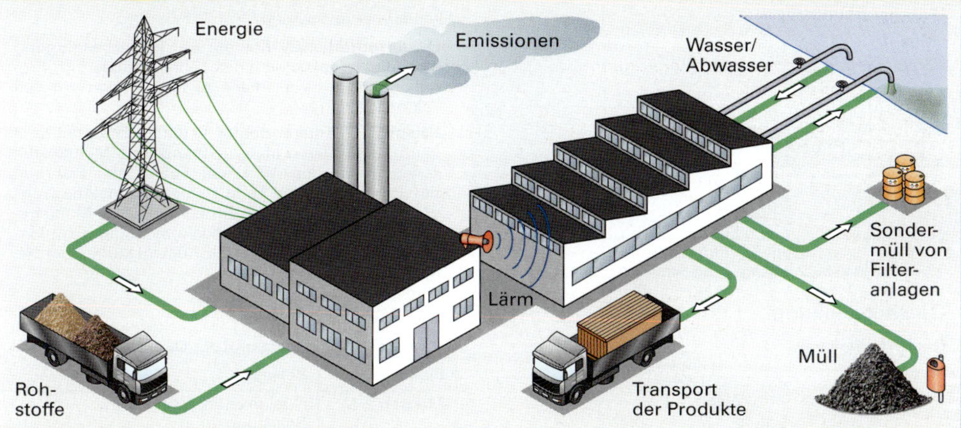

Anforderungen an ein Umweltmanagementsystem

vgl. DIN EN ISO 14001 (2015-11)

Bereich	Maßnahmen im Unternehmen
Führung	Festlegen der Umweltpolitik/-ziele; Bereitstellung der erforderlichen Ressourcen (Mitarbeiter, Arbeitszeit); Verpflichtung zum Schutz der Umwelt, Verhinderung von Umweltbelastungen; Verantwortlichkeiten zuweisen.
Planung	Bestimmung von Umweltaspekten, die bedeutende Auswirkungen haben oder haben können; Maßnahmen zur Erreichung der Umweltziele wie beispielsweise Emissionsbelastung (CO_2-Ausstoß) oder Ressourcenschonung (Rohstoffeinsatz) festlegen.
Unterstützung	Sicherstellung des Bewusstseins zur Umweltpolitik, der bedeutenden Umweltaspekte und der Folgen bei Nichterfüllung; Dokumentation von Kennwerten wie beispielsweise CO_2-Ausstoß, Energieverbrauch, Abfallaufkommen oder Rohstoffverbrauch; Einleitung von Maßnahmen zum Erwerb der Kompetenzen wie Schulungen oder Mentoring (Erfahrungsweitergabe).
Betrieb	Umweltanforderungen an externe Anbieter und Vertragspartner kommunizieren; Lieferantenbewertung in Bezug auf Umweltanforderungen durchführen und überwachen; Vorbereitung auf Notfallsituationen, beispielsweise bei einer Abwasserverschmutzung oder austretenden Giftstoffen; Durchführung von Notfallübungen; Schulung über Notfallvorsorge und Gefahrenabwehr.
Bewertung	Umweltleistung mittels geeigneter Kennzahlen überwachen, messen, analysieren und bewerten; Sicherstellung, dass kalibrierte, geprüfte sowie gewartete Überwachungs- und Messgeräte zur Anwendung kommen; kontinuierliche Managementbewertung anhand von bedeutenden Umweltaspekten, Risiken und Chancen durchführen.
Verbesserung	Maßnahmen zur Überwachung und Korrektur bei Nichteinhaltung von Umweltschutzmaßnahmen, wie beispielsweise Materialsortentrennung, ergreifen.

F

Energiemanagement als Teil des Umweltmanagements

vgl. DIN EN ISO 50001 (2012-11)

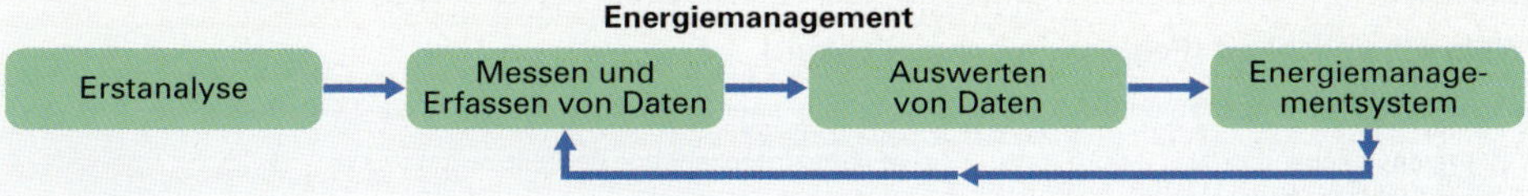

Ablaufschritte	Maßnahmen im Unternehmen	
Erstanalyse	Energiebewertung	– Statusfeststellung energiebezogener Leistung im Unternehmen.
Datenerfassung	Energiemonitoring	– Verbrauchsmessung von Großverbrauchern, z. B. Härteanlagen.
Datenauswertung	Energiecontrolling	– Beobachtung von Großverbrauchern wie z. B. Kompressoren.
Managementsystem	Energiemanagement	– Internationaler Standard, Normen, Anforderungen, Technologien.

Qualitätsplanung, Qualitätslenkung, Qualitätsprüfung

Qualitätsplanung

Verzehnfachungsregel

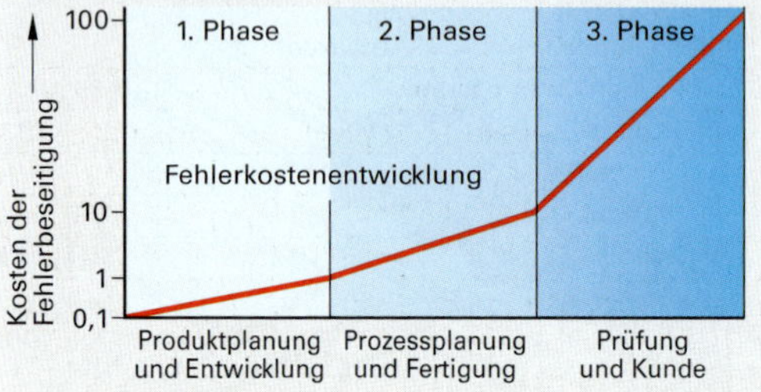

Die erforderlichen Kosten zur Fehlerbeseitigung bzw. die Folgekosten eines Fehlers steigen im Produktlebenslauf von Phase zu Phase etwa um den Faktor 10.

Beispiel: Ein Toleranzfehler an einem Einzelteil kann beim Konstruieren ohne nennenswerte Mehrkosten korrigiert werden. Wird der Fehler erst während der Produktion der Teile bemerkt, entstehen viel größere Fehlerkosten. Führt der Fehler zu Montageproblemen oder Funktionsbeeinträchtigung am Fertigprodukt oder gar zu einer Rückrufaktion, werden riesige Kosten verursacht.

Qualitätslenkung

Qualitätsregelkreis

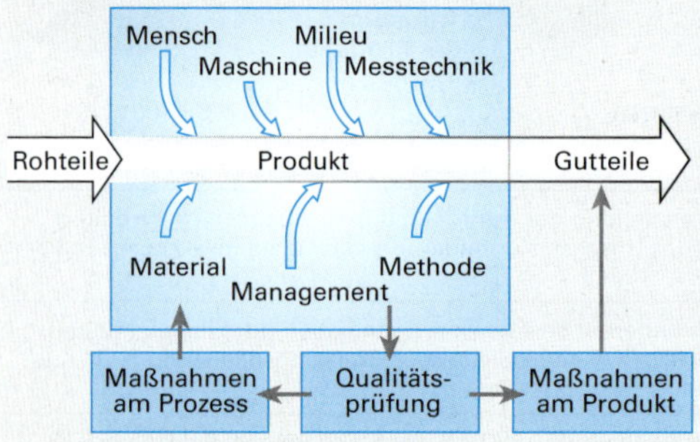

Einflüsse auf die Streuung der Qualität

Einfluss	Beispiele
Mensch	Qualifikation, Motivation, Belastungsgrad
Maschine	Maschinensteifigkeit, Positioniergenauigkeit, Verschleißzustand
Material	Abmaße, Werkstoffeigenschaften, Werkstoffunterschiede
Methode	Arbeitsfolge, Fertigungsverfahren, Prüfbedingungen
Milieu (Umwelt)	Temperatur, Erschütterungen, Licht, Lärm, Staub
Management	falsche Qualitätsziele oder -politik
Messbarkeit	Messunsicherheit

Qualitätsprüfung

vgl. DIN 55350-17 (1988-08), DIN 55350-14 und -31 (1985-12)

Begriffe	Erläuterungen
Qualitätsprüfung	feststellen, inwieweit eine Einheit die gestellten Qualitätsforderungen erfüllt
Prüfplan, Prüfanweisung	Festlegung und Beschreibung von Art und Umfang der Prüfungen, z. B. Prüfmittel, Prüfhäufigkeit, Prüfperson, Prüfort
Vollständige Prüfung	Prüfung einer Einheit hinsichtlich aller festgelegten Qualitätsmerkmale, z. B. vollständige Überprüfung eines Einzelwerkstückes hinsichtlich aller Forderungen
100%-Prüfung	Prüfung aller Einheiten eines Prüfloses, z. B. Sichtprüfung aller gelieferten Teile
Statistische Prüfung (Stichprobenprüfung)	Qualitätsprüfung mit Hilfe statistischer Methoden, z. B. Beurteilung einer großen Anzahl von Werkstücken durch Auswertung von daraus entnommenen Stichproben
Prüflos (Stichprobenprüfung)	Gesamtheit der in Betracht gezogenen Einheiten, z. B. eine Produktion von 5000 gleichen Werkstücken
Stichprobe	eine oder mehrere Einheiten, die aus der Grundgesamtheit oder einer Teilgesamtheit entnommen werden, z. B. 50 Teile aus der Tagesproduktion von 400 Teilen

F

Wahrscheinlichkeit (Fehlerwahrscheinlichkeit)

Wahrscheinlichkeit eines fehlerhaften Bauteils innerhalb einer bestimmten Gesamtanzahl von Bauteilen.

P Wahrscheinlichkeit in %
g Anzahl fehlerhafter Bauteile
m Gesamtanzahl der Bauteile

Beispiel:

In einer Kiste befinden sich $m = 400$ Werkstücke, wobei $g = 10$ Werkstücke einen Maßfehler aufweisen. Wie groß ist die Wahrscheinlichkeit P, beim Herausgreifen eines Werkstückes ein fehlerhaftes Teil zu entnehmen?

Wahrscheinlichkeit $P = \frac{g}{m} \cdot 100\,\% = \frac{10}{400} \cdot 100\,\% = \mathbf{2{,}5\,\%}$

Wahrscheinlichkeit

$$P = \frac{g}{m} \cdot 100\,\%$$

Statistische Auswertung

Statistische Auswertung von kontinuierlichen Merkmalen

vgl. DIN 53 804-1 (2002-04)

Darstellung der Prüfdaten	Beispiel

Urliste

Die Urliste ist die Dokumentation aller Beobachtungswerte aus dem Prüflos oder einer Stichprobe in der Reihenfolge, in der sie anfallen.

Stichprobenumfang: 40 Teile
Prüfmerkmal: Bauteildurchmesser $d = 8 \pm 0{,}05$ mm

Gemessener Bauteildurchmesser *d* in mm										
Teile 1...10	7,98	7,96	7,99	8,01	8,02	7,96	8,03	7,99	7,99	8,01
Teile 11...20	7,96	7,99	8,00	8,02	8,02	7,99	8,02	8,00	8,01	8,01
Teile 21...30	7,99	8,05	8,03	8,00	8,03	7,99	7,98	7,99	8,01	8,02
Teile 31...40	8,02	8,01	8,05	7,94	7,98	8,00	8,01	8,01	8,02	8,00

Strichliste

Die Strichliste ermöglicht eine übersichtlichere Darstellung der Beobachtungswerte und eine Einteilung in Klassen (Bereiche) mit bestimmter Klassenweite.

- n Anzahl der Einzelwerte
- k Anzahl der Klassen
- w Klassenweite
- R Spannweite (Seite 284)
- n_j absolute Häufigkeit
- h_j relative Häufigkeit in %
- F_j Summe der relativen Häufigkeiten in %

Klasse Nr.	Messwert ≥	Messwert <	Strichliste	n_j	h_j in %	F_j in %
1	7,94	7,96	I	1	2,5	2,5
2	7,96	7,98	III	3	7,5	10
3	7,98	8,00	~~IIII~~ ~~IIII~~ I	11	27,5	37,5
4	8,00	8,02	~~IIII~~ ~~IIII~~ III	13	32,5	70
5	8,02	8,04	~~IIII~~ ~~IIII~~	10	25	95
6	8,04	8,06	II	2	5	100
			Σ =	40	100	

$k = \sqrt{n} = \sqrt{40} = 6{,}3 \approx 6$

$w = \frac{R}{k} = \frac{0{,}11\text{ mm}}{6} = 0{,}018\text{ mm} \approx 0{,}02\text{ mm}$

Anzahl der Klassen

$$k \approx \sqrt{n}$$

Klassenweite

$$w \approx \frac{R}{k}$$

Relative Häufigkeit

$$h_j = \frac{n_j}{n} \cdot 100\%$$

Histogramm

Das Histogramm ist ein Balkendiagramm zur Erkennung und Darstellung der Verteilung, der Lage und der Streuung von erfassten Einzelwerten.

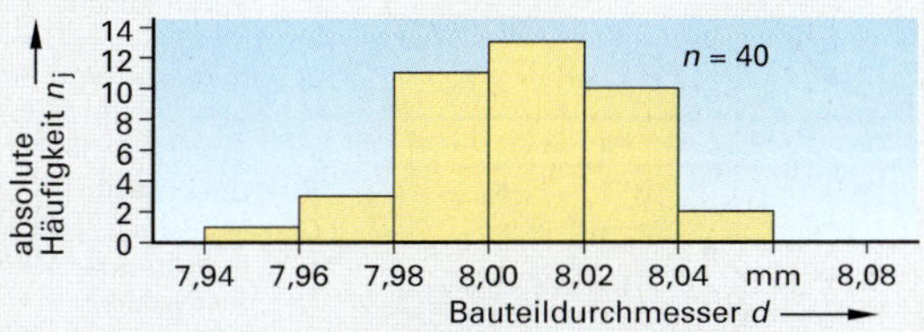

Summenlinie im Wahrscheinlichkeitsnetz

Die Summenlinie im Wahrscheinlichkeitsnetz ist eine einfache und anschauliche grafische Methode, um das Vorliegen einer Normalverteilung (Seite 284) zu prüfen.

Ergeben die Summen der relativen Häufigkeiten F_j im Wahrscheinlichkeitsnetz angenähert eine Gerade, so kann auf eine Normalverteilung der Einzelwerte geschlossen werden, d.h., es darf eine weitere Auswertung nach DIN 53 804-1 (Seite 284) erfolgen.

Zusätzlich lassen sich in diesem Fall Kennwerte der Stichproben entnehmen.

Ablesebeispiel:

Arithmetischer Mittelwert $\bar{x}$ (bei F_j = 50%): $\bar{x} \approx$ **8,003 mm.**

Standardabweichung s (als Differenz von 1 · Normalverteilungsvariable u): $s \approx$ **0,022 mm**

Das Wahrscheinlichkeitsnetz des Beispiels zeigt, dass im Gesamtlos ungefähr 0,6% zu dünne und 3% zu dicke Teile zu erwarten sind.

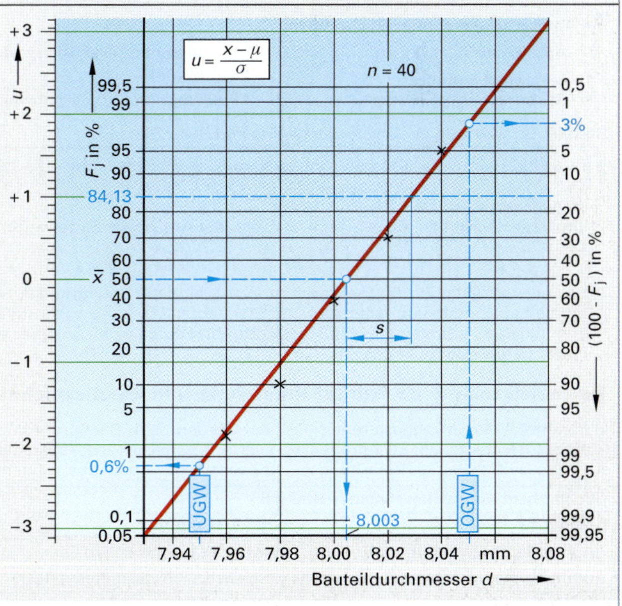

UGW unterer Grenzwert; OGW oberer Grenzwert

F

Normalverteilung

Gauß'sche Normalverteilung

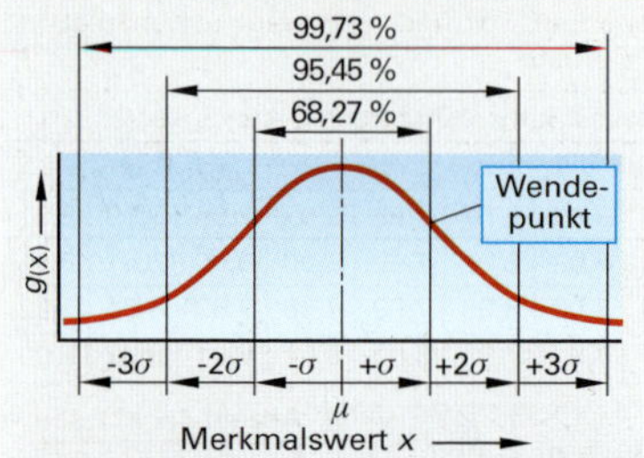

Kontinuierliche Merkmalswerte weisen in ihrer Verteilung häufig eine Charakteristik auf, die sich mit dem Modell der **Gauß'schen**[1] **Normalverteilung** näherungsweise mathematisch beschreiben lässt. Für unendlich viele Einzelwerte ergibt die Wahrscheinlichkeitsdichtefunktion *g(x)* einer Normalverteilung die typische **Glockenkurve**. Diese symmetrische und stetige Verteilungskurve wird durch folgende Parameter eindeutig beschrieben:

Der **Mittelwert** μ liegt beim Kurvenmaximum und kennzeichnet die Lage der Verteilung.

Die **Standardabweichung** σ kennzeichnet die Streuung, d.h. das Abweichverhalten vom Mittelwert.

[1] Carl Friedrich Gauß (1777–1855), deutscher Mathematiker

Anteil Merkmalswerte im Bereich der Normalverteilung

Bereich	±0,5 σ	±1 σ	±1,5 σ	±2 σ	±2,5 σ	±3 σ	±3,5 σ	±4 σ	±5 σ
Anteil in %	38,29	68,27	86,64	95,45	98,76	99,73	99,95	99,9937	99,999943

Normalverteilung in Stichproben

vgl. DIN 53804-1 (2002-04) bzw. DGQ 16-31 (1990)

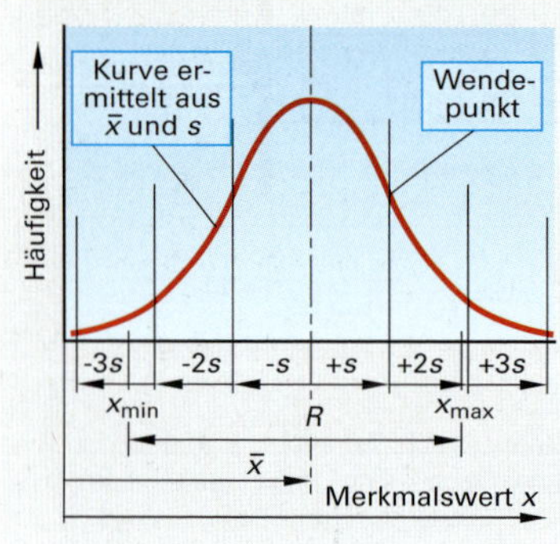

- n Anzahl der Einzelwerte (Stichprobenumfang)
- x_i Wert des messbaren Merkmals, z.B. Einzelwert
- x_{max} größter Messwert
- x_{min} kleinster Messwert
- $\bar{x}$ arithmetischer Mittelwert
- $\tilde{x}$ Medianwert (Zentralwert)[1], mittlerer Wert der nach Größe geordneten Messwerte
- s Standardabweichung
- R Spannweite
- D Modalwert (am häufigsten auftretender Messwert einer Messreihe)
- $g(x)$ Wahrscheinlichkeitsdichtefunktion

Arithmetischer Mittelwert[2]

$$\bar{x} = \frac{x_1 + x_2 + \ldots + x_n}{n}$$

Standardabweichung[2]

$$s = \sqrt{\frac{\sum_{i=1}^{n}(x_i - \bar{x})^2}{n-1}}$$

Spannweite

$$R = x_{max} - x_{min}$$

Bei Auswertung mehrerer Stichproben:

- m Anzahl der Stichproben
- $\bar{\bar{x}}$ Mittelwert mehrerer Stichprobenmittelwerte
- $\bar{R}$ Mittelwert mehrerer Stichprobenspannweiten
- $\bar{s}$ Mittelwert der Standardabweichungen

Mittelwert mehrerer Stichprobenspannweiten

$$\bar{R} = \frac{R_1 + R_2 + \ldots + R_m}{m}$$

Mittelwert mehrerer Stichprobenmittelwerte

$$\bar{\bar{x}} = \frac{\bar{x}_1 + \bar{x}_2 + \ldots + \bar{x}_m}{m}$$

Mittelwert der Standardabweichungen

$$\bar{s} = \frac{s_1 + s_2 + \ldots + s_m}{m}$$

Beispiel: Auswertung der Stichprobenwerte von Seite 283:

$\bar{x}$ = 8,00225 mm R = 0,11 mm $\tilde{x}$ = 8,005 mm s = 0,02348 mm D = 7,99 mm

[1] Medianwert bei
ungerader Anzahl der Einzelwerte: z.B. x_1; x_2; x_3; x_4; x_5: $\tilde{x} = x_3$
gerader Anzahl der Einzelwerte: z.B. x_1; x_2; x_3; x_4; x_5; x_6: $\tilde{x} = (x_3 + x_4) / 2$

[2] Die meisten gängigen Taschenrechnermodelle sind mit Sonderfunktionen für die Berechnung von Mittelwert und Standardabweichung ausgestattet. Mehrmaliges Auftreten gleicher Messwerte kann durch einen entsprechenden Faktor berücksichtigt werden.

F

Normalverteilung im Prüflos; Kennwerte und Kurzbezeichnungen in der Qualitätsprüfung

Die Parameter der Grundgesamtheit (Prüflos) werden beim Stichprobenverfahren anhand der Kennwerte aus der Stichprobe geschätzt. Um Stichprobenkennwerte, geschätzte Prozessparameter (^ „Dach") und rechnerisch ermittelbare Prozesswerte der 100 %-Prüfung zu unterscheiden, werden auch andere Kurzzeichen verwendet.

Stichprobenprüfung (beurteilende Statistik)		100 %-Prüfung (beschreibende Statistik)
Stichprobe	**Grundgesamtheit**	
Anzahl der Messwerte n	Anzahl der Messwerte $m \cdot n$	Anzahl der Messwerte N
Arithmetischer Mittelwert $\bar{x}$	geschätzter Prozessmittelwert $\hat{\mu}$	Prozessmittelwert μ
Standardabweichung s	geschätzte Prozessstandardabweichung $\hat{\sigma}$ (Taschenrechner σ_{n-1})	Prozessstandardabweichung σ (Taschenrechner σ_n)

Qualitätsfähigkeit

Phasen der Fähigkeitsuntersuchung

Neue Maschinen und Einrichtungen werden beim Kauf, bei der Inbetriebnahme, vor und nach dem Serienanlauf durch Fähigkeitskennzahlen (Fähigkeitsindizes) auf ihre Qualitätsfähigkeit beurteilt.

Beurteilung vor Serienanlauf		Beurteilung nach Serienanlauf
Zeit →		
Maschine Betriebsmittel Fertigungseinrichtung	**Prozess** **7 M** (Mensch, Maschine, ... Seite 282)	**Prozess** **Ständige Verbesserung** →
Kurzzeitfähigkeitsuntersuchung: Stichprobenhäufigkeit $m = 1$ Mindestumfang der Strichprobe $n = 50$ Teile	**Vorläufige Prozessfähigkeitsuntersuchung:** Stichprobenhäufigkeit mindestens $m = 20$ Einzelstichproben Umfang der Stichproben $n = 3, 4, 5, \ldots$ Teile Mindestumfang 100 Teile bzw. prozessgerechter Umfang	**Langzeit-Prozessfähigkeitsuntersuchung:** Angemessen langer Zeitraum unter normalen Serienbedingungen mit allen Einflussfaktoren. Richtwert: 20 Produktionstage Weitere Überwachung mit Qualitätsregelkarten
Kurzzeitfähigkeit = Maschinenfähigkeit (Index: C_m; C_{mk})	**Vorläufige Prozessfähigkeit = Prozessleistung** (Index: P_p; P_{pk})	**Langzeit-Prozessfähigkeit = Prozessfähigkeit** (Index: C_p; C_{pk})

Maschinenfähigkeit, Prozessfähigkeit

vgl. DIN ISO 22514-2 (2015-06)

Die **Maschinenfähigkeit** ist eine Bewertung der Maschine, ob diese im Rahmen ihrer normalen Schwankungen mit genügender Wahrscheinlichkeit innerhalb der vorgegebenen Grenzwerte fertigen kann.

Wenn $C_m \geq 1{,}67$ und $C_{mk} \geq 1{,}67$ betragen, bedeutet dies, dass 99,99994 % (Bereich $\pm 5\,s$) der Merkmalswerte innerhalb der Grenzwerte liegen und der Mittelwert $\bar{x}$ mindestens um die Größe 5 s von den Toleranzgrenzen entfernt liegt.

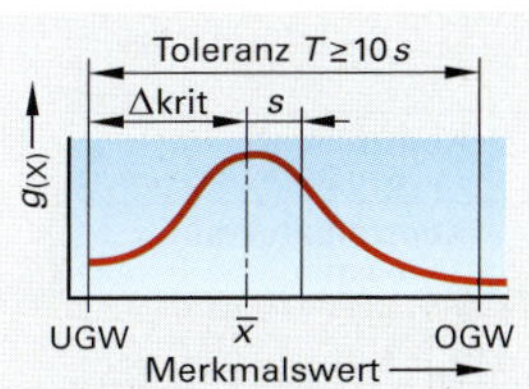

C_m, C_{mk}	Maschinenfähigkeitsindex
T	Toleranz
UGW	unterer Grenzwert
OGW	oberer Grenzwert
Δkrit	kleinster Abstand zwischen Mittelwert und Toleranzgrenze
$\bar{x}$	aritmetischer Mittelwert
s	Standardabweichung

Maschinenfähigkeitsindex

$$C_m = \frac{T}{6 \cdot s}$$

$$C_{mk} = \frac{\Delta krit}{3 \cdot s}$$

Forderung[1] z. B.
$C_m \geq 1{,}67$ und $C_{mk} \geq 1{,}67$

Prozessfähigkeit und **Prozessleistung** sind Bewertungen des Fertigungsprozesses, ob dieser im Rahmen seiner normalen Schwankungen mit genügender Wahrscheinlichkeit die festgelegten Forderungen erfüllen kann.

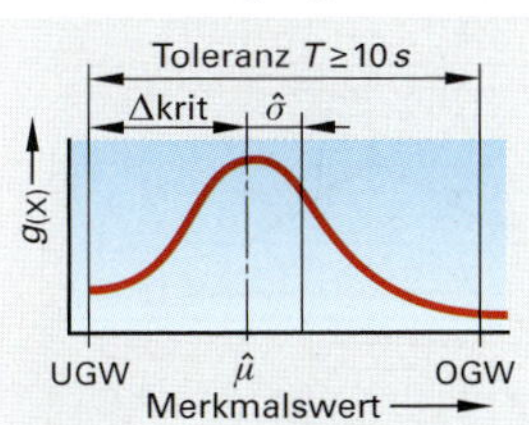

P_p, P_{pk}	Prozessleistungsindex
C_p, C_{pk}	Prozessfähigkeitsindex
$\hat{\sigma}$	geschätzte Prozessstandardabweichung
$\hat{\mu}$	geschätzter Prozessmittelwert
$\bar{\bar{x}}$	Mittelwert der Stichprobenmittelwerte
$\bar{R}$	Mittelwert der Stichprobenspannweiten
$\bar{s}$	Mittelwert der Standardabweichungen
a_n, d_n	Faktoren zur Schätzung der Standardabweichung (Tabelle Seite 287)
m	Anzahl der Stichproben

Prozessleistungsindex, Prozessfähigkeitsindex

$$P_p = C_p = \frac{T}{6 \cdot \hat{\sigma}}$$

$$P_{pk} = C_{pk} = \frac{\Delta krit}{3 \cdot \hat{\sigma}}$$

Forderung[1] z. B.
P_p, $C_p \geq 1{,}33$ und P_{pk}, $C_{pk} \geq 1{,}33$

Prozessparameter:

geschätzter Prozessmittelwert

$$\hat{\mu} = \bar{\bar{x}}$$

geschätzte Prozessstandardabweichung

$$\hat{\sigma} = \sqrt{\frac{s_1^2 + s_2^2 + \ldots + s_m^2}{m}}$$

$$\hat{\sigma} = \frac{\bar{s}}{a_n} = \frac{\bar{R}}{d_n}$$

Beispiel:

Maschinenfähigkeitsuntersuchung für Fertigungsmaß 80 ± 0,05; Werte aus Vorlauf: $s = 0{,}009$ mm; $\bar{x} = 79{,}997$ mm; gefordert: $C_m \geq 1{,}67$; $C_{mk} \geq 1{,}67$.

$$C_m = \frac{T}{6 \cdot s} = \frac{0{,}1\ \text{mm}}{6 \cdot 0{,}009\ \text{mm}} = \mathbf{1{,}852};\quad C_{mk} = \frac{\Delta krit}{3 \cdot s} = \frac{79{,}997\ \text{mm} - 79{,}950\ \text{mm}}{3 \cdot 0{,}009\ \text{mm}} = \mathbf{1{,}74}$$

Die Maschinenfähigkeit ist für diese Fertigung nachgewiesen.

[1] Kunden- bzw. auftragsabhängige Forderungen; in Großserienfertigung, z. B. Automobilindustrie, Tendenz zu höheren Forderungen, z. B. $C_m \geq 2{,}0$.

F

Statistische Prozesslenkung

Qualitätsregelkarten (QRK)

Prozessregelkarten

Prozessregelkarten dienen zur Überwachung eines Prozesses bezüglich Veränderungen gegenüber einem Sollwert oder eines bisherigen Prozesswertes. Die Eingriffs- und Warngrenzen werden über die Prozessschätzwerte einer Grundgesamtheit oder eines Vorlaufes bestimmt.

Annahmequalitätsregelkarten

Annahmequalitätsregelkarten dienen der Überwachung eines Prozesses im Hinblick auf vorgegebene Grenzwerte (Grenzmaße). Die Eingriffsgrenzen werden für die Lage des Prozessmittelwertes über die Toleranzgrenzen und für die Prozessstreuung anhand der Toleranzbreite berechnet.

Prozessregelkarten für quantitative Merkmale (Shewhart-Regelkarten)[1)]

Urwertkarte

Die Urwertkarte ist eine Dokumentation aller Messwerte durch Eintragung der Werte ohne weitere Berechnungen. Sie setzt einen angenähert normalverteilten Prozess voraus und ist aufgrund der vielen Eintragungen relativ unübersichtlich.

Regelgrenzen

M	Mittenmaß (Mittelwert des Merkmals, Q-Niveau Vorlauf)
OWG	obere Warngrenze
UWG	untere Warngrenze
OEG	obere Eingriffsgrenze
UEG	untere Eingriffsgrenze
OGW	oberer Grenzwert
UGW	unterer Grenzwert

Regelgrenzen nach DGQ: Seite 287

Beispiel: 5 Einzelwerte je Stichprobe

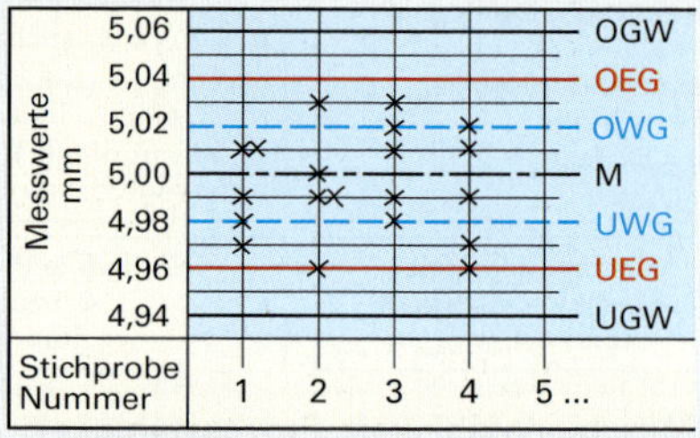

Medianwert-Spannweiten-Karte ($\tilde{x}$-R-Karte)

Bei diesen Karten lässt sich ohne großen Rechenaufwand die Fertigungsstreuung verdeutlichen. Sie sind für eine manuelle Regelkartenführung geeignet.

Beispiel:

Prüfmerkmal: Durchmesser		**Kontrollmaß:** 5±0,05			
Stichprobenumfang: $n = 5$		**Kontrollintervall:** 60 min			
Messwerte mm	x_1	4,98	4,96	5,03	4,97
	x_2	4,97	4,99	5,01	4,96
	x_3	4,99	5,03	5,02	5,01
	x_4	5,01	4,99	4,99	4,99
	x_5	5,01	5,00	4,98	5,02
	Σx	24,96	24,97	25,03	24,95
	$\tilde{x}$	4,99	4,99	5,01	4,99
	R	0,04	0,07	0,05	0,06

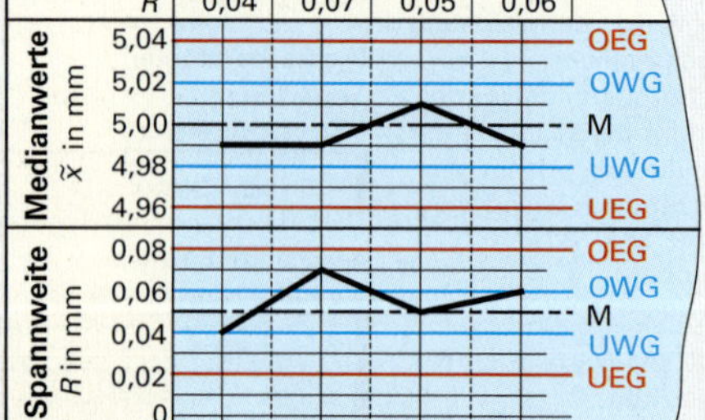

Probennr.	1	2	3	4
Uhrzeit	6 00	7 00	8 00	9 00

Mittelwert-Standardabweichungs-Karte ($\bar{x}$-s-Karte)

Diese Karten verdeutlichen die Tendenz der Mittelwertentwicklung und weisen eine größere Empfindlichkeit als $\tilde{x}$-R-Karten auf. Sie erfordern eine rechnergestützte Regelkartenführung.

Beispiel:

Prüfmerkmal: Durchmesser		**Kontrollmaß:** 5±0,05			
Stichprobenumfang: $n = 5$		**Kontrollintervall:** 60 min			
Messwerte mm	x_1	4,98	4,96	5,03	4,97
	x_2	4,97	4,99	5,01	4,96
	x_3	4,99	5,03	5,02	5,01
	x_4	5,01	4,99	4,99	4,99
	x_5	5,01	5,00	4,98	5,02
	$\bar{x}$	4,992	4,994	5,006	4,990
	s	0,018	0,025	0,021	0,025

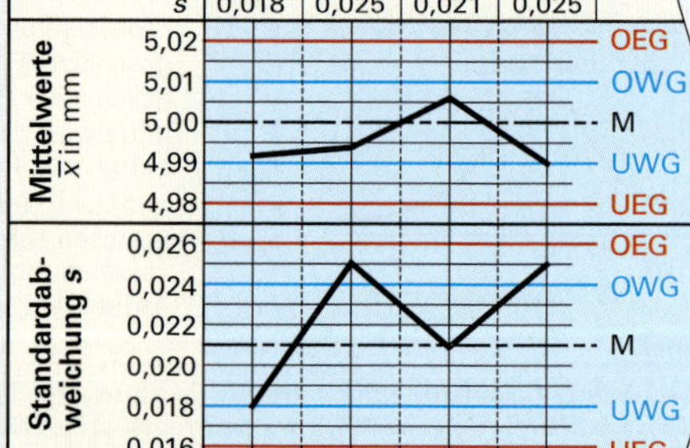

Probennr.	1	2	3	4
Uhrzeit	6 00	7 00	8 00	9 00

F

1) Walter Andrew Shewhart (1891–1967), amerikanischer Wissenschaftler

Statistische Prozesslenkung, Prozessverlauf

Regelgrenzen bei Prozessregelkarten für quantitative Merkmale nach DGQ

Regelkarte, Regelspur	Eingriffsgrenzen (99 %)		Warngrenzen (95 %)		Mittenmaß, Mittellinie M =	Faktoren C_E, C_W, A_E, A_W, D_{OEG}, D_{UEG}, D_{OWG}, D_{UWG}, B_{OEG}, B_{UEG}, B_{OWG}, B_{UWG}, a_n mit Einheit [1], siehe nachfolgende Tabelle
	OEG =	UEG =	OWG =	UWG =		
$\tilde{x}$	$\hat{\mu} + C_E \cdot \hat{\sigma}$	$\hat{\mu} - C_E \cdot \hat{\sigma}$	$\hat{\mu} + C_W \cdot \hat{\sigma}$	$\hat{\mu} - C_W \cdot \hat{\sigma}$	$\hat{\mu}$	
$\bar{x}$	$\hat{\mu} + A_E \cdot \hat{\sigma}$	$\hat{\mu} - A_E \cdot \hat{\sigma}$	$\hat{\mu} + A_W \cdot \hat{\sigma}$	$\hat{\mu} - A_W \cdot \hat{\sigma}$	$\hat{\mu}$	
R	$D_{OEG} \cdot \hat{\sigma}$	$D_{UEG} \cdot \hat{\sigma}$	$D_{OWG} \cdot \hat{\sigma}$	$D_{UWG} \cdot \hat{\sigma}$	$d_n \cdot \hat{\sigma}$	
s	$B_{OEG} \cdot \hat{\sigma}$	$B_{UEG} \cdot \hat{\sigma}$	$B_{OWG} \cdot \hat{\sigma}$	$B_{UWG} \cdot \hat{\sigma}$	$a_n \cdot \hat{\sigma}$	

Faktoren zur Berechnung der Regelgrenzen und Schätzung der Prozessstandardabweichung in Abhängigkeit vom Stichprobenumfang *n* (Auszug)

n	C_E	C_W	A_E	A_W	D_{OEG}	D_{UEG}	D_{OWG}	D_{UWG}	d_n	B_{OEG}	B_{UEG}	B_{OWG}	B_{UWG}	a_n
2	1,821	1,386	1,821	1,386	3,970	0,009	3,170	0,044	1,128	2,807	0,006	2,241	0,031	0,798
3	1,725	1,313	1,487	1,132	4,424	0,135	3,682	0,303	1,693	2,302	0,071	1,921	0,159	0,886
4	1,406	1,070	1,288	0,980	4,694	0,343	3,984	0,595	2,059	2,069	0,155	1,765	0,268	0,921
5	1,379	1,049	1,152	0,877	4,886	0,555	4,197	0,850	2,326	1,927	0,227	1,669	0,348	0,940
6	1,194	0,908	1,052	0,800	5,033	0,749	4,361	1,066	2,534	1,830	0,287	1,602	0,408	0,952
7	1,182	0,899	0,974	0,741	5,154	0,922	4,494	1,251	2,704	1,758	0,336	1,552	0,454	0,959
8	1,056	0,804	0,911	0,693	5,255	1,075	4,605	1,410	2,847	1,702	0,376	1,512	0,491	0,965
9	1,050	0,799	0,859	0,653	5,341	1,212	4,700	1,550	2,970	1,657	0,410	1,480	0,522	0,969
10	0,958	0,729	0,815	0,620	5,418	1,335	4,784	1,674	3,078	1,619	0,439	1,454	0,548	0,973

$\tilde{x}$, $\bar{x}$, R, s, $\hat{\mu}$, $\hat{\sigma}$: Erläuterungen, Begriffe und Ermittlung: Seiten 284 bis 285.

Beispiel: s-Karte, $\hat{\sigma}$ = 0,0016 mm aus 20 Stichproben mit n = 5 Messwerten; M = ?; OEG = ?; UEG = ?

M = $a_n \cdot \hat{\sigma}$ = 0,940 · 0,0016 mm = **0,0015 mm; OEG** = $B_{OEG} \cdot \hat{\sigma}$ = 1,927 · 0,0016 mm = **0,003 mm**

UEG = $B_{UEG} \cdot \hat{\sigma}$ = 0,227 · 0,0016 mm = **0,00036 mm**

Prozessverläufe

Prozessverlauf (z. B. aus einer $\bar{x}$-Spur)	Bezeichnung/Beobachtung	Mögliche Ursachen, zu ergreifende Maßnahmen
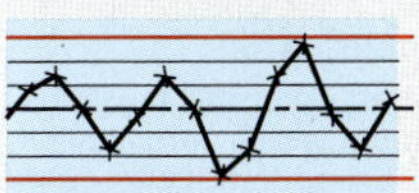	**Natürlicher Verlauf** 2/3 aller Werte liegen im Bereich ± Standardabweichung *s* und alle Werte liegen innerhalb der Eingriffsgrenzen.	Der Prozess ist unter Kontrolle und kann ohne Eingriff weitergeführt werden.
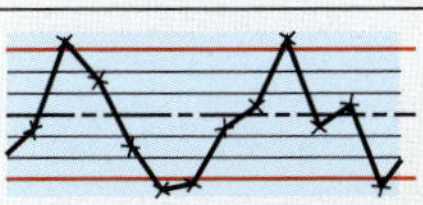	**Überschreiten der Eingriffsgrenzen** Die Werte über- bzw. unterschreiten die Eingriffsgrenzen.	Überjustierte Maschine, verschiedene Materialchargen, beschädigte Maschine; → In Prozess eingreifen und Teile seit letzter Stichprobe 100 %-prüfen
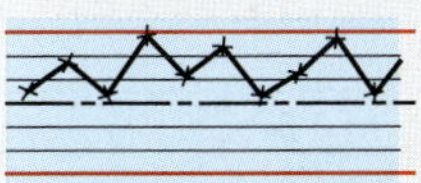	**RUN (in Folge)** 7 oder mehr aufeinander folgende Werte liegen auf einer Seite der Mittellinie.	Werkzeugverschleiß, andere Materialcharge, neues Werkzeug, neues Personal; → Prozess unterbrechen, um Verschiebung des Prozessmittelwertes zu ergründen bzw. Prozess nachstellen
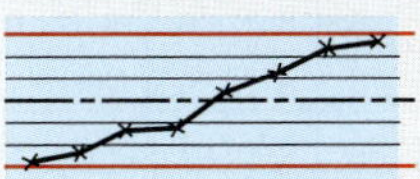	**Trend** 7 oder mehr aufeinander folgende Werte zeigen eine steigende oder fallende Tendenz.	Verschleiß an Werkzeug, Vorrichtungen oder Messgeräten, Personalermüdung; → Prozess unterbrechen, um Verschiebung zu ergründen
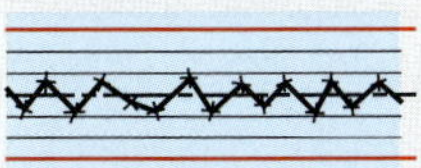	**Middle Third** Mindestens 15 Werte liegen aufeinander folgend innerhalb ± Standardabweichung *s*.	Verbesserte Fertigung, bessere Beaufsichtigung, beschönigte Prüfergebnisse; → Feststellen, wodurch Prozess verbessert wurde bzw. Prüfergebnisse überprüfen
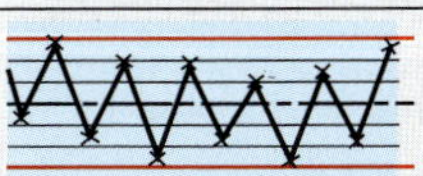	**Perioden** Die Werte wechseln periodisch um die Mittellinie.	Unterschiedliche Messgeräte, systematische Aufteilung der Daten; → Fertigungsprozess nach Einflüssen untersuchen

F

Qualitätsregelkarten, Annahmestichprobenprüfung und -plan

Qualitätsregelkarten für qualitative Merkmale

vgl. DGQ 16-33 (1990); DGQ 11-19 (1994)

Fehlersammelkarte

Fehlersammelkarten erfassen die fehlerhaften Einheiten, die Fehlerarten und ihre Häufigkeit in Stichproben.

n Stichprobenumfang
m Anzahl der Stichproben

Ablesebeispiel für F3:

$m \cdot n = 9 \cdot 50 = 450$

$$\text{Fehler in \%} = \frac{\Sigma i_j}{n \cdot m} \cdot 100\,\%$$

$$= \frac{3}{450} \cdot 100\,\% = \mathbf{0{,}66\,\%}$$

Beispiel:

Teil: **Deckel**		Stichprobenumfang $n = 50$									Prüfintervall: 60 min		
Fehlerart		Fehlerhäufigkeit i_j									Σi_j	%	Fehleranteil
Lackschaden	F1		1					1			2	0,44	
Druckstellen	F2	1	2		2	1	2	2	2	2	14	3,11	
Korrosion	F3		1			1			1		3	0,66	
Grat	F4	1									1	0,22	
Rissbildungen	F5		1								1	0,22	
Winkelfehler	F6	2		3	1		3	1		2	12	2,66	
Verbogen	F7					1					1	0,22	
Gewinde fehlt	F8		1								1	0,22	
fehlerhafte Teile		4	6	3	3	3	5	4	3	4	35	7,78	
Stichproben-Nr.		1	2	3	4	5	6	7	8	9			

Pareto[1]-Diagramm

Das Pareto-Diagramm klassifiziert Kriterien (z.B. Fehler) nach Art und Häufigkeit und ist damit ein wichtiges Hilfsmittel, um Kriterien zu analysieren und Prioritäten zu ermitteln.

Beispiel für F2:

Anteil an gesamten Fehlern

$= \frac{14}{35} \cdot 100\,\% = \mathbf{40\,\%}$

[1] Vilfredo Pareto (1848–1923), italienischer Soziologe

Beispiel:

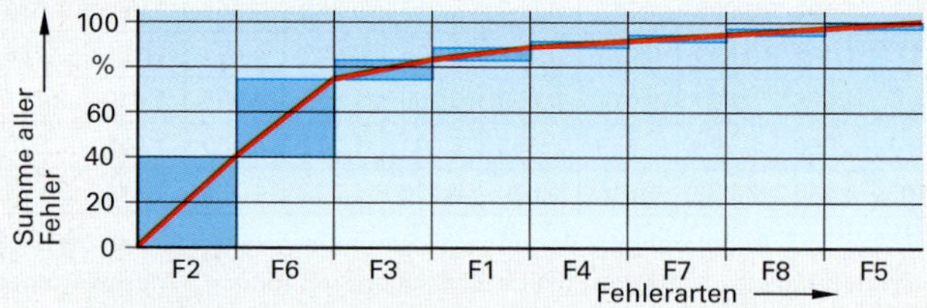

Ablesebeispiel: Die Druckstellen (F2) und die Winkelfehler (F6) machen zusammen ca. 74% der gesamten Fehler aus.

Annahmestichprobenprüfung (Attributprüfung)

vgl. DIN ISO 2859-1 (2014-08)

Bei einer Attributprüfung handelt es sich um eine Annahmestichprobenprüfung, bei der anhand der fehlerhaften Einheiten oder der Fehler in den einzelnen Stichproben die Annehmbarkeit des Prüfloses festgestellt wird.

Der **Anteil fehlerhafter Einheiten oder die Anzahl der Fehler je hundert Einheiten im Los** wird durch die **Qualitätslage** ausgedrückt. Die annehmbare Qualitätsgrenzlage ist die festgelegte Qualitätslage in kontinuierlich vorgestellten Losen, bei der diese in den meisten Fällen vom Kunden angenommen werden. Die entsprechenden Stichprobenanweisungen sind in Leittabellen zusammengefasst.

Annahmestichprobenplan für Einfach-Stichprobenprüfung als normale Prüfung (Auszug aus Leittabelle)

Losgröße	Annehmbare Qualitätsgrenzlage, AQL (Vorzugswerte)																			
	0,04		0,065		0,10		0,15		0,25		0,40		0,65		1,0		1,5		2,5	
2... 8	↓		↓		↓		↓		↓		↓		↓		↓		↓		↓	
9... 15	↓		↓		↓		↓		↓		↓		↓		↓		8	0	5	0
16... 25	↓		↓		↓		↓		↓		↓		↓		13	0	8	0	5	0
26... 50	↓		↓		↓		↓		↓		↓		20	0	13	0	8	0	5	0
51... 90	↓		↓		↓		↓		50	0	32	0	20	0	13	0	8	0	20	1
91... 150	↓		↓		↓		80	0	50	0	32	0	20	0	13	0	32	1	20	1
151... 280	↓		↓		125	0	80	0	50	0	32	0	20	0	50	1	32	1	32	2
281... 500	↓		200	0	125	0	80	0	50	0	32	0	80	1	50	1	50	2	50	3
501...1200	315	0	200	0	125	0	80	0	50	0	125	1	80	1	80	2	80	3	80	5

Erläuterung:

↓ — Anwenden der ersten Stichprobenanweisung dieser Spalte. Soweit Stichprobenumfang größer oder gleich Losumfang: 100%-Prüfung durchführen.

50 2 — Zweite Zahl: Annahmezahl = Anzahl der geduldeten fehlerhaften mitgelieferten Einheiten; Erste Zahl: Stichprobenumfang = Anzahl der zu prüfenden Einheiten

F

Maschinenrichtlinie (MRL)

Aufbau und Inhalt

MRL 2006/42/EG (2009-12)

Die Maschinenrichtlinie hat das Ziel, die Zahl der Unfälle mit Maschinen zu reduzieren. Dies soll erreicht werden durch die Beachtung von Sicherheitsaspekten in der Konstruktion und beim Bau von Maschinen sowie der sachgerechten Installation und Wartung.

Nur wenn die Anforderungen der Maschinenrichtlinie erfüllt werden, dürfen Maschinen im europäischen Wirtschaftsraum frei gehandelt werden.

Übersicht

Artikel	Inhalt
Artikel 1, 2 und 3 Anwendungsbereich Begriffsbestimmungen	Aufzählung und Definition der Erzeugnisse, für die die Richtlinie gilt bzw. nicht gilt
Artikel 4 bis 11 Marktaufsicht Inverkehrbringen und Inbetriebnahme	Beschreibung der Maßnahmen vor Verkauf und Inbetriebnahme im freien Warenverkehr
Artikel 12 bis 15 Konformitätsbewertungsverfahren	Hinweise zu Art, Umfang und Durchführung von Bewertungsverfahren
Artikel 16 und 17 CE-Kennzeichnung	Definitionen der CE-Kennzeichnung
Artikel 18 bis 29 Geheimhaltung Sanktionen Umsetzung	Allgemeine Hinweise zur Umsetzung, den Sanktionen und dem Inkrafttreten der Richtlinie

Anhänge	Inhalt
Anhang I Sicherheits- und Gesundheitsschutzanforderungen	Grundsätze der Sicherheit für Steuerungen, Schutzmaßnahmen und Schutzeinrichtungen, Risiken und sonstige Gefährdungen, Instandhaltung, Informationen, Warnhinweise und Betriebsanleitung
Anhang II bis V EG-Konformitätserklärung CE-Kennzeichnung Liste von Maschinen und Sicherheitsbauteilen	Mindestangaben zur Konformitätserklärung, Darstellung der CE-Kennzeichnung, besonders gefährliche Maschinen
Anhang VI und VII Technische Unterlagen für Maschinen	Inhalt und Umfang der technischen Unterlagen für vollständige und unvollständige Maschinen
Anhang VIII bis XI EG-Baumusterprüfung Umfassende Qualitätssicherung	Beschreibung der Baumusterprüfung, Grundsätze zur Bewertung des Qualitätssicherungssystems

Erzeugnisse, für die die Maschinenrichtlinie gilt bzw. nicht gilt

Nach Artikel 1 (1) und Artikel 2 gilt die MRL für folgende Erzeugnisse:

a) Maschinen
b) Sicherheitsbauteile
c) Lastaufnahmemittel
d) Ketten, Seile und Gurte
e) abnehmbare Gelenkwellen
f) unvollständige Maschinen, die zum Einbau in eine Maschine im Sinne der MRL vorgesehen sind

Die MRL **gilt nicht** für folgende Erzeugnisse (Auszug):

a) Sicherheitsbauteile als Ersatzteile
b) Einrichtungen für Jahrmärkte und Vergnügungsparks
c) Maschinen für nukleare Verwendung
d) Waffen
e) Beförderungsmittel und Seeschiffe
f) Maschinen für Forschungszwecke
g) Elektrische und elektronische Erzeugnisse, z.B. Haushaltsgeräte, IT-Geräte, Büromaschinen, Niederspannungssteuergeräte, Elektromotoren

F

Vorgehensweise zur Erfüllung der Maschinenrichtlinie

1. Geltende Normen und Richtlinien prüfen, im Besonderen die Sicherheits- und Gesundheitsanforderungen von Anhang I (vgl. Seite 290).
2. Bewerten der Maschine auf Erfüllung der MRL – Konformitätsbewertung
   - im Betrieb „First Party",
   - oder durch Kunden „Second Party",
   - oder durch Zertifizierungsstellen „Third Party"
3. Erstellung der Konformitätserklärung
4. Anbringung des CE-Kennzeichens
5. Erstellung einer Betriebsanleitung
6. Erstellung weiterer technischer Unterlagen, z.B. Montageanleitung und Einbauerklärung bei „unvollständigen Maschinen".

CE-Kennzeichnung

Konformitätserklärung

Der Hersteller muss nachweisen, dass er die in den geforderten EG-Richtlinien enthaltenen Vorschriften eingehalten hat (Übereinstimmungserklärung).

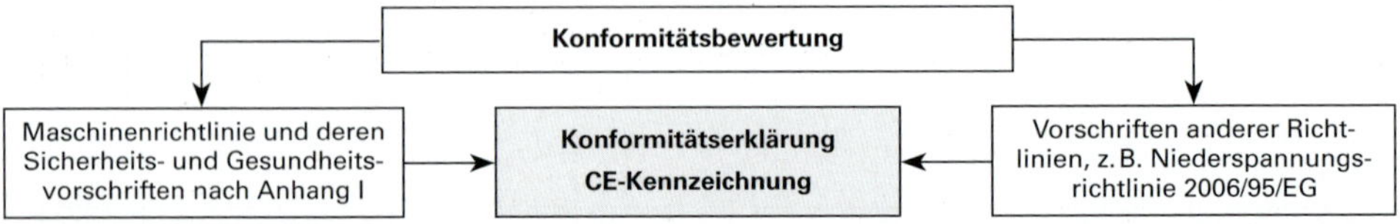

CE-Kennzeichnung

CE-Zeichen

Typenschild

„CE" = Communauté Europeenne[1)]

Mit der CE-Kennzeichnung bestätigt der Hersteller dem Kunden die Übereinstimmung des Produktes mit den EG-Richtlinien und den darin enthaltenen Anforderungen.

Auf dem Typenschild müssen folgende Angaben stehen:

- Name und Anschrift des Herstellers
- CE-Kennzeichnung
- Typ und ggf. Seriennummer der Maschine
- Baujahr

1) Europäische Gemeinschaft

Sicherheits- und Gesundheitsvorschriften

Die Vorschriften beziehen sich auf die Gefährdung als potenzielle Quelle von Verletzungen und Gesundheitsschäden und die Beeinträchtigung durch Lärm und Vibration sowie den ergonomischen (menschengerechten) Grundsätzen.

Maßnahmen zur Gefahrenabwendung

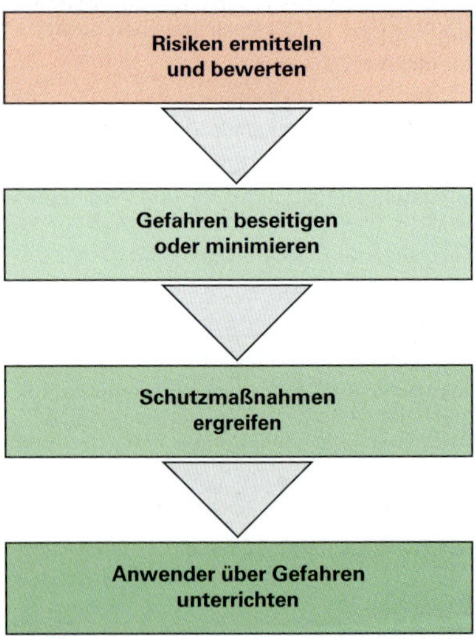

Sicherheitsstandards (Auszug aus Anhang I)

- Betrieb, Rüsten und Warten muss ohne Gefährdung von Personen erfolgen
- Eingesetzte Materialien dürfen nicht zu einer Gefährdung führen
- Bestandteile müssen ausreichend standsicher sein und ihre Verbindungen untereinander müssen den auftretenden Belastungen standhalten
- Berücksichtigung ergonomischer Prinzipien
- Ingangsetzen einer Maschine nur durch absichtliche Betätigung
- NOT-AUS-Einrichtungen müssen vorhanden sein
- Jedes Risiko durch Erreichen beweglicher Teile muss durch Schutzvorkehrungen ausgeschlossen werden
- Gefahren durch Lärmemissionen müssen auf das erreichbare niederste Niveau gesenkt werden
- Gefahren durch Gase und Stäube müssen vermieden werden
- Maschinen müssen sicher transportiert werden können, dazu müssen Greifvorrichtungen oder Lastaufnahmemittel vorhanden sein
- Die Beleuchtung darf keinen störenden Schattenbereich und keine Blendung verursachen
- Eine Änderung der Energieversorgung (Stromausfall) darf nicht zu gefährlichen Situationen führen

F

Technische Unterlagen für Maschinen (Auszug aus Anhang VII)

- Allgemeine Beschreibung
- Übersichtszeichnung, Schaltpläne
- Detailzeichnungen und Berechnungen
- Risikobeurteilung
- Liste der angewandten Normen
- Betriebsanleitung der Maschine
- ggf. Montageanleitung und Einbauerklärung
- EG-Konformitätserklärung

Produktionsorganisation – Übersicht

Produktionsablauf (Supply Chain Management)

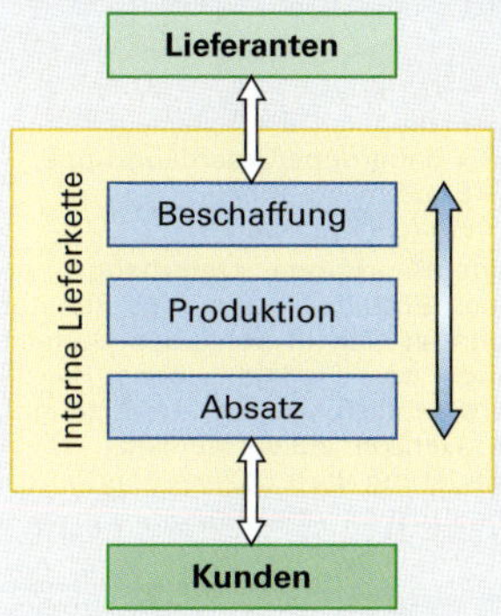

Produktlebenszyklus (Life Cycle management)

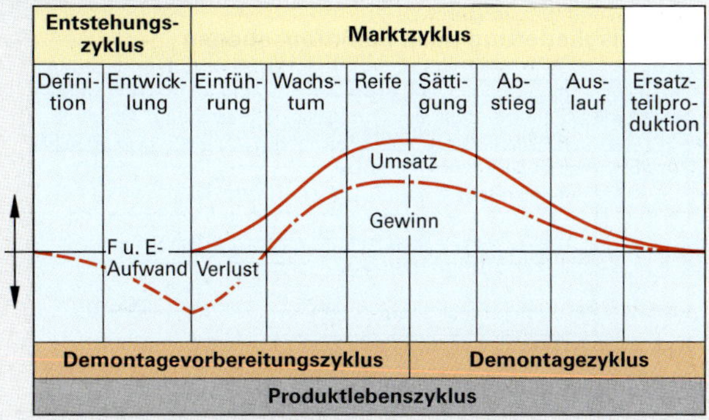

Systeme des Produktmanagements

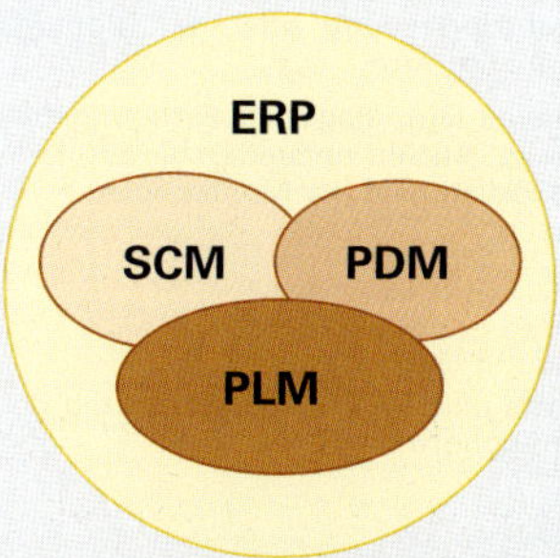

ERP	**Enterprise Recource Planning** Informationssystem zur Planung und Organisation von Personal- und Fertigungskapazitäten, sowie der Lieferfähigkeiten
PLM	**Product Lifecycle Management** Strategisches Konzept zum Management eines Produktes über seinen gesamten Lebenszyklus, d.h. von der Entstehung bis zum Recycling
PDM	**Produktdatenmanagement** System zur einheitlichen Speicherung und Verwaltung aller Daten, die bei der Entwicklung, Produktion, Lagerhaltung und dem Vertrieb eines Produktes abfallen
SCM	**Supply Chain Management** Planung und Organisation aller Aufgaben bei der Beschaffung, Produktion und aller Aufgaben der Logistik

Gliederung der Fertigungsplanung

Die Produktdaten enthalten alle auftragsneutralen Fertigungsdaten. Je nach Auftrag werden diese durch auftragsbezogene Daten ergänzt.

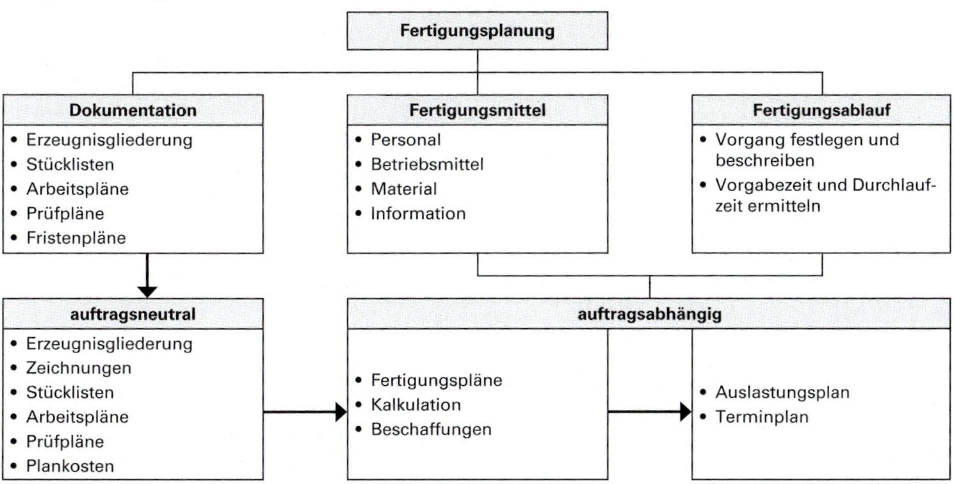

F

Erzeugnisgliederung, Stücklisten

Erzeugnisse bestehen meist aus mehreren Teilen, die wiederum in Gruppen zusammengefasst werden können. Zur besseren Übersicht werden Gliederungspläne nach Funktion, Fertigung, Montage oder Beschaffung erzeugt. Die Erzeugnisgliederung ist auch Grundlage für die Stücklistenerstellung.

Erzeugnisgliederung nach Funktionsebenen

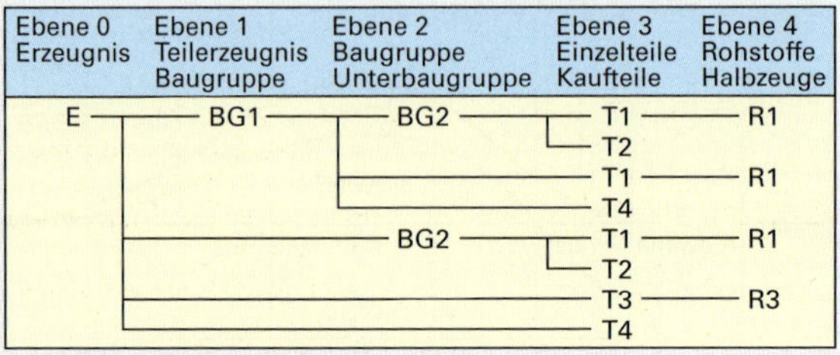

E = Erzeugnis; TE = Teilerzeugnis;
BG = Baugruppe/Unterbaugruppe;
T = Einzelteil/Kaufteil;
R = Rohteil/Halbzeug

Jede Baugruppe, Unterbaugruppe, jedes Einzelteil oder jeder Rohstoff befindet sich in derselben Betrachtungs- bzw. Funktionsebene. Hierbei wird deutlich, wie sich das Erzeugnis im Ganzen zusammensetzt. Diese Gliederung wird überwiegend in der Konstruktion verwendet.

Erzeugnisgliederung nach Fertigungsstufen

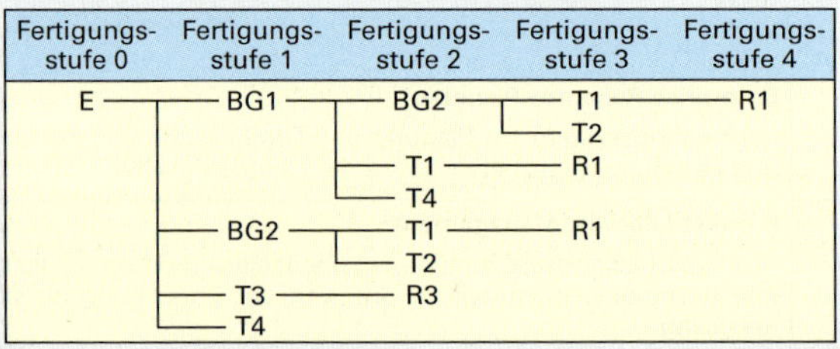

Bei der Gliederung erfolgt die Zuordnung durch den Fertigungsablauf. Die betreffende Komponente befindet sich in der Ebene, wo sie innerhalb der Herstellung oder der Montage benötigt wird.

Sie ist Grundlage der Fertigungsplanung. Aus ihr entstehen die Strukturstückliste und der Montageplan.

Stücklisten (auftragsneutral)

Die Stückliste ist die Grundlage für die Ermittlung des Teile- und Rohstoffbedarfs und wird für die Erstellung des Arbeitsplanes benutzt. Der Aufbau richtet sich nach der Verwendung und ist nicht genormt.

Arten: Konstruktions-, Fertigungs-, Baukasten-, Struktur- und Mengenstückliste

Konstruktions- und Fertigungsstückliste

Die Fertigungsstückliste enthält die Angaben der Konstruktionsstückliste mit zusätzlichen Angaben zur Fertigung. Sie ersetzt oft einen Arbeitsplan.

	Stückliste			Blatt 1 von 1
Art. Nr.	Benennung			Datum
12.000	**E-Erzeugnis**			**17.02.2017**
POS	**Menge**	**Benennung**	**Werkstoff**	**Halbzeug/DIN**
10	3	Einzelteil-T1	S235JR	Rd 30x18
20	2	Kaufteil-T2		DIN EN
30	1	Einzelteil-T3	S235JR	Rd 125x65
40	2	Kaufteil-T4		DIN EN

F

Baukastenstückliste (vereinfacht)

Baukastenstücklisten enthalten nur Positionen gleicher Fertigungsstrukturebenen. Für ein Erzeugnis sind immer mehrere Stücklisten erforderlich.

Baukastenstückliste E-Erzeugnis	Blatt 1 von 3
Benennung	**Menge**
BG1	1
BG2	1
T3	1
T4	1

Baukastenstückliste BG1 – Baugruppe 1	Blatt 2 von 3
Benennung	**Menge**
BG2	1
T1	1
T4	1

Baukastenstückliste BG2 – Baugruppe 2	Blatt 3 von 3
Benennung	**Menge**
T1	1
T2	1

Strukturstückliste (vereinfacht)

Jede Baugruppe wird bis in die niedrigste Erzeugnisstufe aufgegliedert (besteht aus ...).

Strukturstückliste E-Erzeugnis				
Stufe				**Benennung**
1	**2**	**3**	**4**	
1				BG1
	2			BG2
		3		T1
			4	R1
		3		T2
	2			T1
		3		R1
	2			T4
1				BG2
	2			T1
		3		R1
	2			T2
1				T3
	2			R3
1				T4

Arbeitsplan, Auftragsterminplan, Fertigungssteuerung

Arbeits- bzw. Montageplan (auftragsneutral)

Der Arbeitsplan wird zur Information und Anweisung in der Fertigung verwendet. Er beschreibt die Vorgangsfolge zur Fertigung eines Teiles, einer Gruppe oder eines Erzeugnisses. Dabei werden mindestens angegeben das verwendete Material, für jeden Vorgang der Arbeitsplatz, die Betriebsmittel sowie die Vorgabezeiten. Der Aufbau des Arbeitsplanes ist nicht genormt.

Auftragsbezogene Arbeitspläne werden durch Auftragsnummer, Losgröße und Termine ergänzt.

	Arbeitsplan			Ersteller: Go	
				Datum: 09.12.2016	
1	Artikel-Nr. **12.001**	Artikel **T1 – Einzelteil 1**		Zeichnung 12.001-1	
2	Hz-Nr.	Ausgangsteil **Rd EN 10060-30 x 18 – S235JR**			
	AG Nr.	**Kosten-stelle**	**Arbeitsgangbeschreibung/ Unterweisung**	**Hilfsmittel/NC-Programm**	**Rüst-zeit [min]**	**Zeit je Einheit [min]**
3	10	Drehen	Dreharbeiten fertig stellen	NC_12_001	15	5,25
	20	Bohren	Querbohrung herstellen	Prisma	3	4
		4	5	6	7	

1. Ausgangsdaten erfassen
2. Ausgangsteil mit Abmessungen bestimmen; Stückliste der Montageteile angeben
3. Arbeitsgangfolge bzw. Montagefolge festlegen
4. Arbeits- oder Montagesysteme festlegen
5. Arbeitsgangbeschreibung bzw. Montageunterweisungen erstellen
6. Fertigungs- bzw. Montagehilfsmittel festlegen
7. Vorgabezeit ermitteln

Auftragsterminplan

Aus der Erzeugnisstruktur nach Fertigungs- und Montagestufen ergibt sich eine horizontale Zeitachse vom Start- bis zum Lieferzeitpunkt. Dieses Auftragsnetz dient der Auftragsterminplanung und vereinfacht die Auftragsabwicklung. Durchlaufzeiten können berechnet werden.

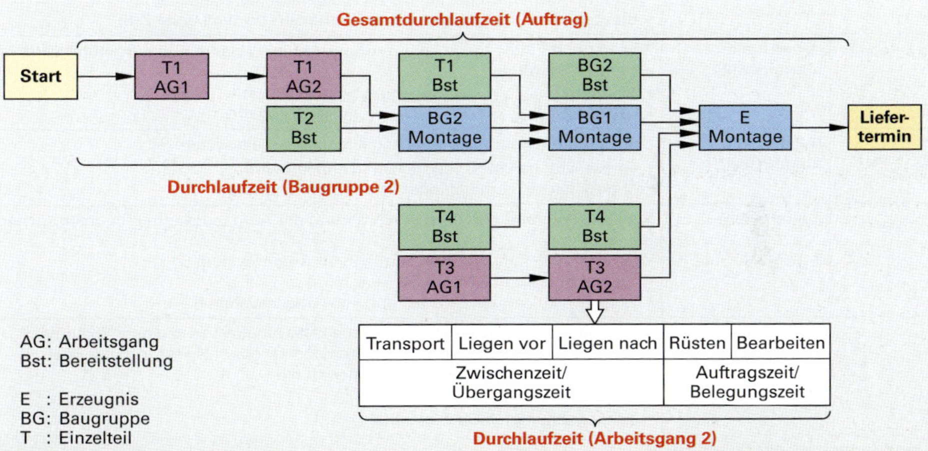

Fertigungssteuerung zentral

Schiebeprinzip (push): Aufträge werden von der Fertigungssteuerung ausgelöst bzw. angeschoben.

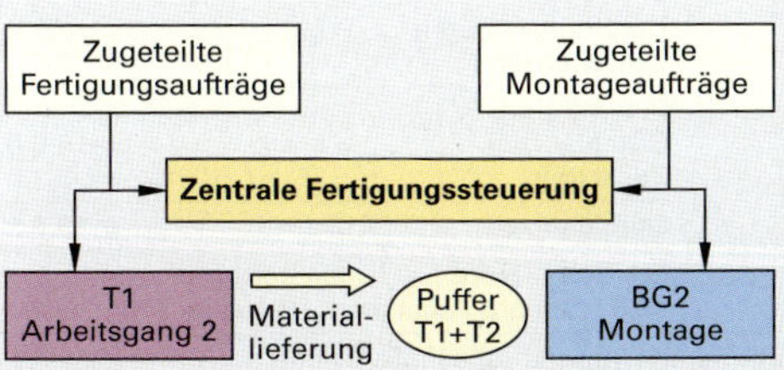

Fertigungssteuerung dezentral

Zieh- oder Holprinzip (pull): Das Kanban-Konzept fertigt erst auf Anforderung (Kanbankarte) der nachfolgenden Stufe. (Kanban, japanisch = Karte, Beleg)

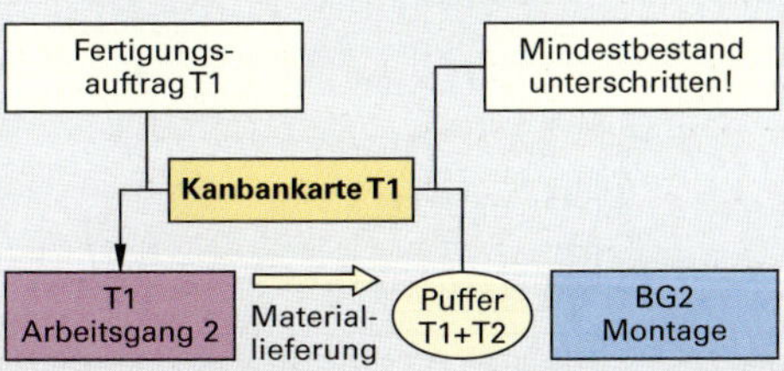

Durchlaufzeit [1]

Gliederung der Zeitarten in einem Arbeitssystem (S)

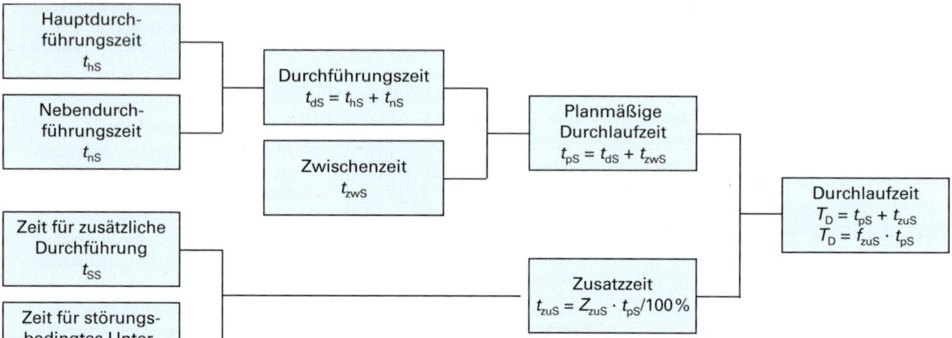

Z_{zuS} = Prozentsatz der planmäßigen Durchlaufzeit
$f_{zuS} = 1 + Z_{zuS}/100\,\%$ = Faktor der planmäßigen Durchlaufzeit

Zeichen	Bezeichnung	Erläuterung mit Beispielen
T_D	Durchlaufzeit	Soll-Zeit (Vorgabezeit) für die Erfüllung einer Aufgabe in einem oder mehreren Arbeitssystemen
t_{pS}	Planmäßige Durchlaufzeit	Summe der Soll-Zeiten für den planmäßigen Durchlauf einer Losgröße in einem Arbeitssystem S
t_{dS}	Durchführungszeit	Vorgabezeit für die Durchführung einer Losgröße in einem Arbeitssystem S • Auftragszeit T bezogen auf die Arbeitsperson (vgl. Seite 295) • Belegungszeit T_{bB} bezogen auf ein Betriebsmittel (vgl. Seite 296)
t_{hS}	Hauptdurchführungszeit	Zeit, in der die Aufgabe in einem Arbeitssystem S planmäßig ausgeführt wird; sie entspricht oft der • Tätigkeitszeit $t_t = t_{tu} + t_{tb}$ (vgl. Seite 295) • Hauptnutzungszeit $t_h = L \cdot i / n \cdot f$ (vgl. Seite 296)
t_{nS}	Nebendurchführungszeit	Zeit, in der die Hauptdurchführung in einem Arbeitssystem S • vorbereitet, gerüstet, beschickt und entleert wird • Mitarbeiter sich erholen oder ihre Arbeit überprüfen
t_{zwS}	Zwischenzeit	Soll-Zeit, während derer die Durchführung der Aufgabe planmäßig unterbrochen ist • Liegezeit (t_{lie}) nach der Bearbeitung von Arbeitssystem S1 • Transport (t_{tr}) von S1 nach S2 • Liegezeit (t_{lie}) vor der Bearbeitung von Arbeitssystem S2
t_{zuS}	Zusatzzeit	Außerplanmäßige Zeiten werden durch Erfahrungswerte in einem Sicherheitszuschlag zur planmäßigen Durchlaufzeit addiert oder als Faktor multipliziert. Zusatzzeiten entstehen im Wesentlichen durch • zusätzliche Durchführungen t_{SS} • störungsbedingtes Unterbrechen t_{SZ}

F

Ermittlungsarten der Durchlaufzeit

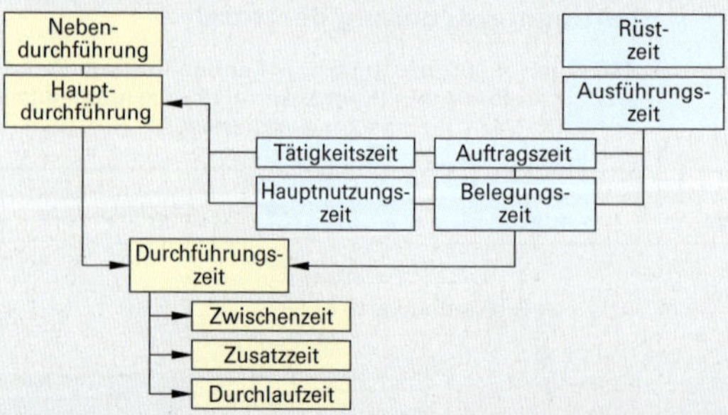

Beispiel:
Eine CNC-Maschine ist 6,5 h belegt. Liege- und Transportzeiten betragen jeweils 3 h. Berechnen Sie die Durchlaufzeit mit 20 % Sicherheitszuschlag.

Durchführungszeit	$t_d = t_{bB}$	= 6,5 h
Zwischenzeit	$t_{zw} = 2 \cdot t_{lie} + t_{tr}$	= 9,0 h
Planmäßige Durchlaufzeit	$t_p = t_d + t_{zw}$	= 15,5 h
Zusatzzeit	$t_{zu} = Z_{zu} \cdot t_p/100\,\%$	= 3,1 h
Durchlaufzeit	$\mathbf{T_D = t_p \cdot t_{zu}}$	**= 18,6 h**

Die Durchlaufzeit in Tagen beträgt:
18,6 h/6 h pro Arbeitstag = **3,1 Tage**

[1] nach REFA Verband für Arbeitsgestaltung, Betriebsorganisation und Unternehmensentwicklung e.V.

Auftragszeit [1)]

Gliederung der Zeitarten für den Menschen

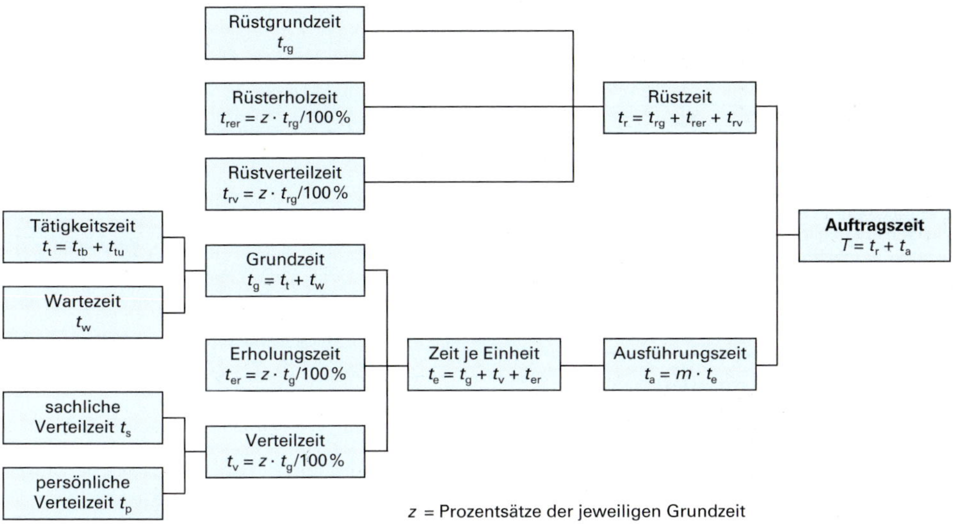

z = Prozentsätze der jeweiligen Grundzeit

Zeichen	Bezeichnung	Erläuterung mit Beispielen
T	Auftragszeit	Vorgabezeit zur Herstellung einer Losgröße
t_r	Rüstzeit	Vorbereiten für die Erfüllung eines gesamten Auftrages • Rüstgrundzeit t_{rg} → Maschine einstellen • Rüsterholzeit t_{rer} → Erholungszeit nach anstrengender Umrüstung • Rüstverteilzeit t_{rv} → kurze Maschinenstörung beseitigen
t_a	Ausführungszeit	Vorgabezeit für das Ausführen einer Losgröße (ohne Rüsten)
t_{er}	Erholungszeit	Erholen des Menschen, um Arbeitsermüdung abzubauen
t_v	Verteilzeit	• sachliche Verteilzeit t_s → unvorhergesehenes Werkzeugschleifen • persönliche Verteilzeit t_p → Arbeitszeiten prüfen, Bedürfnis erledigen
t_t	Tätigkeitszeit	Zeiten, in denen der eigentliche Auftrag bearbeitet wird • beeinflussbare Zeiten t_{tb} → Montage- oder Entgratarbeiten • unbeeinflussbare Zeiten t_{tu} → Ablauf eines CNC-Programms
t_w	Wartezeit	Warten auf das nächste Werkstück in der Fließfertigung
m	Auftragsmenge	Anzahl der zu fertigenden Einheiten eines Auftrages (Losgröße)

Beispiel: Drehen von drei Wellen auf einer Drehmaschine

Rüstzeiten:		min
Auftrag rüsten		= 4,50
Maschine rüsten		= 10,00
Werkzeug rüsten		= 12,50
Rüstgrundzeit	t_{rg}	= 27,00
Rüsterholungszeit	t_{rer} = 4 % von t_{rg}	= 1,08
Rüstverteilzeit	t_{rv} = 14 % von t_{rg}	= 3,78
Rüstzeit	$\boldsymbol{t_r = t_{rg} + t_{rer} + t_{rv}}$	**= 31,86**

Ausführungszeiten:		min
Tätigkeitszeit	t_t	= 14,70
Wartezeit	t_w	= 3,75
Grundzeit	$t_g = t_t + t_w$	= 18,45
Erholungszeit	t_{er} durch t_w abgegolten	–
Verteilzeit	t_v = 8 % von t_g	= 1,48
Zeit je Einheit	$t_e = t_g + t_{er} + t_v$	= 19,93
Ausführungszeit	$\boldsymbol{t_a = m \cdot t_e}$	**= 59,79**

Auftragszeit $T = t_r + t_a$ ≈ 32 min + 60 min = **92 min** (= 1,53 h)

[1)] nach REFA Verband für Arbeitsgestaltung, Betriebsorganisation und Unternehmensentwicklung e.V.

F

Belegungszeit [1]

Gliederung der Zeitarten für das Betriebsmittel (BM)

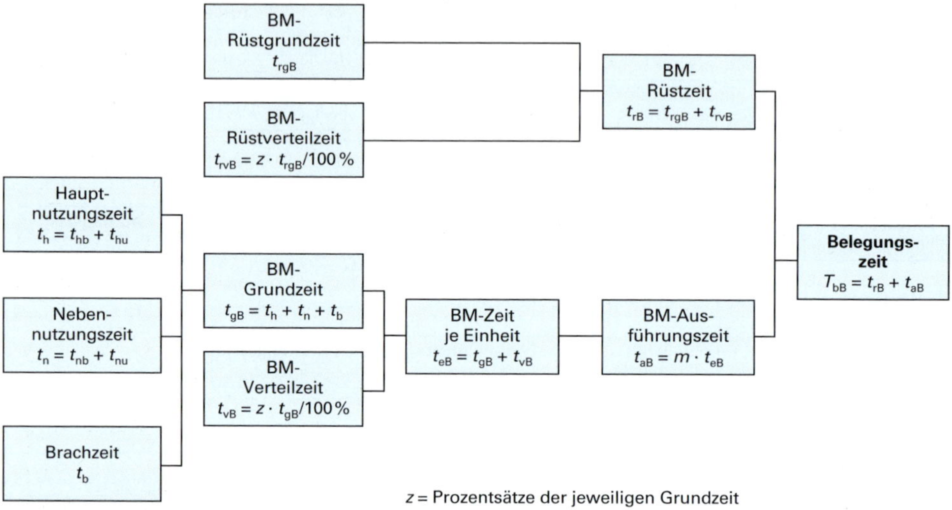

z = Prozentsätze der jeweiligen Grundzeit

Zeichen	Bezeichnung	Erläuterung mit Beispielen
T_{bB}	Belegungszeit	Vorgabezeit für die Belegung eines Betriebsmittels zur Herstellung einer Losgröße
t_{rB}	Betriebsmittel-Rüstzeit	Vorbereiten des Betriebsmittels für die Erfüllung eines gesamten Auftrages • BM-Rüstgrundzeit t_{rgB} → Vorrichtung auf Maschine spannen • Rüstverteilzeit t_{rvB} → Optimierung eines CNC-Programmes
t_{aB}	Betriebsmittel-Ausführungszeit	Vorgabezeit für die Ausführungsarbeiten einer Losgröße (ohne Rüsten)
t_{vB}	Betriebsmittel-Verteilzeit	Zeiten, in denen das Betriebsmittel nicht genutzt ist oder zusätzlich genutzt wird; Stromausfall, nicht geplante Reparaturarbeiten ...
t_h	Hauptnutzungszeit	Zeiten, in denen der Arbeitsgegenstand planmäßig bearbeitet wird • beeinflussbare Zeiten t_{hb} → manuelles Bohren • unbeeinflussbare Zeiten t_{hu} → Ablauf eines CNC-Programms
t_n	Nebennutzungszeit	Betriebsmittel wird für die Hauptnutzung vorbereitet, beschickt oder entleert • beeinflussbare Zeiten t_{nb} → manuelles Spannen • unbeeinflussbare Zeiten t_{nu} → automatischer Werkstückwechsel
t_b	Brachzeit	Ablauf- oder erholungsbedingte Unterbrechung; Füllen eines Magazins
m	Auftragsmenge	Anzahl der zu fertigenden Einheiten eines Auftrages (Losgröße)

Beispiel: Fräsen der Auflagefläche von 20 Grundplatten auf einer Senkrechtfräsmaschine

Rüstzeiten:	min
Auftrag und Zeichnung lesen	= 4,54
Bereitstellen und Weglegen des Planfräsers	= 3,65
Fräser ein- und ausspannen	= 3,10
Maschine einstellen	= 2,84
Betriebsmittel-Rüstgrundzeit t_{rgB}	= 14,13
Betriebsmittel-Rüstverteilzeit t_{rvB} = 10 % von t_{rgB}	= 1,41
Betriebsmittel-Rüstzeit $t_{rB} = t_{rgB} + t_{rvB}$	**= 15,54**

Ausführungszeiten:	min
Fräsen ≙ Hauptnutzungszeit t_h	= 3,52
Werkstück spannen ≙ Nebennutzungszeit t_n	= 4,00
Werkstück transportieren ≙ Brachzeit t_b	= 1,20
Betriebsmittel-Grundzeit $t_{gB} = t_h + t_n + t_b$	= 8,72
Betriebsmittel-Verteilzeit t_{vB} = 10 % von t_{gB}	= 0,87
Betriebsmittelzeit je Einheit $t_{eB} = t_{gB} + t_{vB}$	= 9,59
Betriebsmittel-Ausführungszeit $t_{aB} = m \cdot t_{eB}$	**= 191,80**

Belegungszeit $T_{bB} = t_{rB} + t_{aB}$ ≈ 16 min + 192 min = **208 min** (= 3,47 h)

[1] nach REFA Verband für Arbeitsgestaltung, Betriebsorganisation und Unternehmensentwicklung e.V.

Kalkulation

Einfache Kalkulation (Zahlenbeispiel)

	Einzelkosten (EK)[1] jeweils einem Produkt *direkt* zurechenbar		Gemeinkosten (GK)[1] einem Produkt *nicht direkt* zurechenbar		Zuschlagsatz in Prozent der Lohnkosten
Kostenarten[1]	Werkstoffkosten	80.000,00 €	Abschreibungen	50.000,00 €	$\frac{220.000{,}00\ € \cdot 100\,\%}{120.000{,}00\ €} = 183{,}33\,\%$
	Lohnkosten	120.000,00 €	Gehälter (inkl. Unternehmerlohn)	80.000,00 €	Jede Lohnstunde erhält einen Zuschlag von aufgerundet 185 %, damit die Gemeinkosten gedeckt sind.
			Zinsen	40.000,00 €	
			Sonstige Kosten	50.000,00 €	
			Σ Gemeinkosten	220.000,00 €	

Kostenrechnung	Lohnstunden = 10 000 h	Lohnkosten/h = 12,00 €/h	Werkstoffkosten eines Auftrages	124,75 €
	Stundenverrechnungssatz = 12,00 €/h + 185 % (GK) = 34,20 €/h (Verwendung in Handwerkerrechnung; Unternehmerlohn = Gewinn)		Arbeitszeit 5 h x 34,20 €/h	171,00 €
			Preis ohne MwSt	295,75 €

[1] Die Kosten müssen für jeden Betrieb periodisch ermittelt werden.

Erweiterte Kalkulation (Schema)

Werkstoffkosten (← Werkstoffkosten)
+
Fertigungseinzelkosten
Fertigungslöhne, die einem Erzeugnis zurechenbar sind
+
Fertigungsgemeinkosten[1]
Maschinenkosten
Abschreibung, Verzinsung, Raum-, Energie- und Instandhaltungskosten
Restgemeinkosten
In Prozent der Fertigungslöhne, z. B. Sozialkosten, Räume, Betriebsstoffe u. a.
↓
Fertigungskosten
+
Sondereinzelkosten der Fertigung (← Sondereinzelkosten der Fertigung)
↓
Herstellkosten
+
Verwaltungs- und Vertriebsgemeinkosten
In Prozent der Herstellkosten
↓
Selbstkosten
+
Gewinn
In Prozent der Selbstkosten
↓
Nettobarverkaufspreis
+
Provisionen, Skonti, Rabatte
In Prozent vom Verkaufspreis[2]
↓
Verkaufspreis[2] ohne MwSt

Werkstoffeinzelkosten
Beschaffungskosten
+
Werkstoffgemeinkosten
In Prozent der Werkstoffeinzelkosten, z. B. Einkaufskosten, Lagerkosten u. a.
↓
Werkstoffkosten

[1] *Werden **keine** Maschinenstundensätze berechnet, sind diese in den Fertigungsgemeinkosten enthalten und erhöhen den Zuschlagssatz. Die Gemeinkostenzuschlagssätze werden dem Betriebsabrechnungsbogen (BAB) entnommen.*

Konstruktionskosten
Gehälter u. a.
+
Vorrichtungskosten
Bohrvorrichtung, Gussform …
+
Sonderwerkzeuge
Spezialbohrer …
+
Auswärtige Bearbeitung
Warmbehandlung …
↓
Sondereinzelkosten der Fertigung

Beispiel:

Werkstoffeinzelkosten	1.225,00 €
Werkstoffgemeinkosten 5 %	61,25 €
Fertigungslöhne 10 h x 15,– €/h	150,00 €
Maschinenkosten 8 h x 30,– €/h	240,00 €
Restgemeinkosten 200 % der Fertigungslöhne	300,00 €
Sonderwerkzeug	125,00 €
Herstellkosten	**2.101,25 €**
Verw.- und Vertr.-Gemeinkosten 12 % der Herstellkosten	252,15 €
Selbstkosten	**2.353,40 €**
Gewinnzuschlag 10 % der Selbstkosten	235,34 €
Nettobarverkaufspreis	**2.588,74 €**
Provisionen 5 % vom Bruttobarverkaufspreis	136,25 €
Bruttobarverkaufspreis	**2.724,99 €**
Skonto 2% vom Zielverkaufspreis (2.724,99 €/98 %) · 2 %	55,61 €
Zielverkaufspreis	**2.780,60 €**
Rabatt 5 % vom Listenpreis (2.780,60 €/95 %) · 5 %	146,35 €
Listenpreis ohne MwSt	**2.926,95 €**

[2] Bruttobarverkaufspreis (mit Provision), Zielverkaufspreis (incl. Skonto) oder Listenpreis (incl. Rabatt)

F

Maschinenstundensatzrechnung

Maschinenlaufzeit, -stundensatz, Abschreibung, Zinsen, Wiederbeschaffungswert

nach VDI-Richtlinie 3258

Der **Maschinenstundensatz** sind die Kosten, die anfallen, wenn z.B. eine Werkzeugmaschine eine Stunde läuft. Er beinhaltet somit alle Fertigungsgemeinkosten, die dieser Maschine zuzuordnen sind.

Werden zum Maschinenstundensatz die Kosten für die Bedienperson hinzugerechnet, so ergeben sich die **Platzkosten.**

Bezeichnungen

T_L	Maschinenlaufzeit pro Periode (Normallaufzeit)	h/Jahr
T_G	gesamte theoretische Maschinenzeit/Periode	h/Jahr
T_{ST}	Stillstandszeiten, z.B. arbeitsfreie Tage	h/Jahr
T_{IH}	Zeiten für Wartung und Instandhaltung	h/Jahr
K_M	Summe der Maschinenkosten pro Periode	€/Jahr
K_{Mh}	Maschinenstundensatz	€/h
K_f	fixe Kosten einer Maschine	€/Jahr
k_v	variable Kosten einer Maschine	€/h
WBW	Wiederbeschaffungswert	€
RW	Restwert	€
BW	Beschaffungswert (inkl. Aufstellung, ohne Restwert)	€
IR	Inflationsrate (Dezimalform)	–
N	Nutzungsdauer der Maschine	Jahre
K_{AfA}	Kalkulatorische Abschreibung (linearer Wertverlust)	€/Jahr
Z	Kalkulatorischer Zinssatz	%
K_Z	Kalkulatorische Zinskosten	€/Jahr
K_I	Instandhaltungskosten	€/Jahr
K_E	Energiekosten	€/h
K_R	Raumkosten	€/Jahr

Maschinenlaufzeit

$$T_L = T_G - T_{ST} - T_{IH}$$

Maschinenstundensatz

$$K_{Mh} = \frac{K_f}{T_L} + k_v$$

Kalk. Abschreibung

$$K_{AfA} = \frac{WBW - RW}{N}$$

Kalk. Zinsen

$$K_Z = \frac{BW + RW}{2 \cdot 100\,\%} \cdot Z$$

Wiederbeschaffungswert

$$WBW = BW\,(1 + IR)^N$$

Berechnung des Maschinenstundensatzes (Beispiel)

Werkzeugmaschine:

Beschaffungswert 160.000,– €
Wiederbeschaffungswert 160.000,– €
Restwert 0,– €
Leistungsaufnahme 8 kW
Raumkosten 10,– €/m² · Monat
zusätzliche Instandhaltung 5 €/h

Nutzungsdauer 10 Jahre
Kosten pro kWh 0,15 €
Raumbedarf 15 m²
Normalauslastung
T_L = 1200 h/Jahr (100 %)

kalkulatorische Zinsen 8 %
Grundgebühr 20,– €/Monat
Instandhaltung 8.000,– €/Jahr
tatsächliche Auslastung 80 %

Maschinenstundensatz bei Normalauslastung und bei einer Auslastung von 80 %?

Kostenart		Berechnung	Fixe Kosten €/Jahr	Variable Kosten €/h
kalkulatorische Abschreibung	K_{AfA}	$\frac{WBW - RW}{\text{Nutzungsdauer in Jahren}} = \frac{160.000,– € - 0,– €}{10 \text{ Jahre}}$	16.000,00 €	
kalkulatorische Zinsen	K_Z	$\frac{½ \text{ Beschaffungswert in € x Zins}}{100\,\%} = \frac{80.000,– € \text{ x } 8\,\%}{100\,\%}$	6.400,00 €	
Instandhaltungskosten	K_I	Instandhaltungsfaktor x Abschreibung – z.B. 0,5 x 16.000,– € Die Instandhaltung ist von der Auslastung abhängig.	8.000,00 €	5,00 €
Energiekosten	K_E	Grundgebühr für Strombereitstellung = 20,– €/Monat x 12 Mon. Leistungsaufnahme x Energiekosten = 8 kW x 0,15 €/kWh	240,00 €	1,20 €
anteilige Raumkosten	K_R	Raumkostensatz x Flächenbedarf = 10,– €/m² · Monat x 15 m² x 12 Monate	1.800,00 €	
		Summe der Maschinenkosten (K_M)	**32.440,00 €**	**6,20 €**

Maschinenstundensatz (K_{Mh}) bei 100 % Auslastung $= \frac{K_f}{T_L} + k_v = \frac{32\,440{,}00\text{ €}}{1200\text{ h}} + 6{,}20\text{ €/h} = \mathbf{33{,}23\text{ €/h}}$

Maschinenstundensatz (K_{Mh}) bei 80 % Auslastung $= \frac{K_f}{0{,}8 \cdot T_L} + k_v = \frac{32\,440{,}00\text{ €}}{0{,}8 \cdot 1200\text{ h}} + 6{,}20\text{ €/h} = \mathbf{40{,}00\text{ €/h}}$

Der Maschinenstundensatz umfasst nicht die Kosten der Bedienperson.

F

Teilkostenrechnung[1]

Deckungsbeitragsrechnung (mit Zahlenbeispiel)

Die Deckungsbeitragsrechnung nimmt den Marktpreis eines Produktes in die Betrachtung mit auf. Der Marktpreis muss mindestens die variablen Kosten (Preisuntergrenze) decken. Der Rest ist Deckungsbeitrag. Die Deckungsbeiträge aller Produkte tragen die Kosten der Betriebsbereitschaft.

p	Marktpreis; Erlös pro Stück	K_f	Fixe Kosten
E	Erlös (Umsatz) eines Produktes	k_v	variable Kosten pro Stück
DB	Deckungsbeitrag eines Produktes	G	Gewinn bzw. Erfolg
db	Deckungsbeitrag pro Stück	Gs	Gewinnschwelle

Deckungsbeitrag

$$db = p - k_v$$

$$DB = db \cdot \text{Menge}$$

Gewinn

$$G = DB - K_f$$

	Variable Kosten (k_v)[2] von der Produktionsmenge abhängig		**Fixe Kosten (K_f)** von der Produktionsmenge unabhängig		**Deckungsbeitrag (DB)** $db = p - k_v$
Kostenarten	Werkstoffkosten	30,00 €/Stück	Abschreibungen	50.000,00 €	Der Erlös von 110,– €/Stück muss zuerst alle variablen Kosten decken. Der Rest trägt zur Deckung der gesamten fixen Kosten bei und erbringt den Gewinn.
	Lohnkosten	20,00 €/Stück	Gehälter	80.000,00 €	
	Energiekosten	10,00 €/Stück	Zinsen	40.000,00 €	
			Sonstige fixe Kosten	30.000,00 €	
	Σ Variable Kosten	60,00 €/Stück	Σ Fixe Kosten	200.000,00 €	

Kostenrechnung

Produzierte Stückzahl:		5000 Stück
Deckungsbeitrag pro Stück $db = 110{,}00\ € - 60{,}00\ €$	=	50,00 €/Stück
Gesamtdeckungsbeitrag $DB = 5000\ \text{Stück} \cdot 50{,}00\ €/\text{Stück}$	=	250.000,00 €
	Σ Fixkosten	200.000,00 €
	Gewinn	50.000,00 €

Gewinnschwelle $Gs = \frac{K_f}{db} = \frac{200.000{,}00\ €}{50{,}00\ €/\text{Stück}} = 4000\ \text{Stück}$

Gewinnschwelle

$$Gs = \frac{K_f}{db}$$

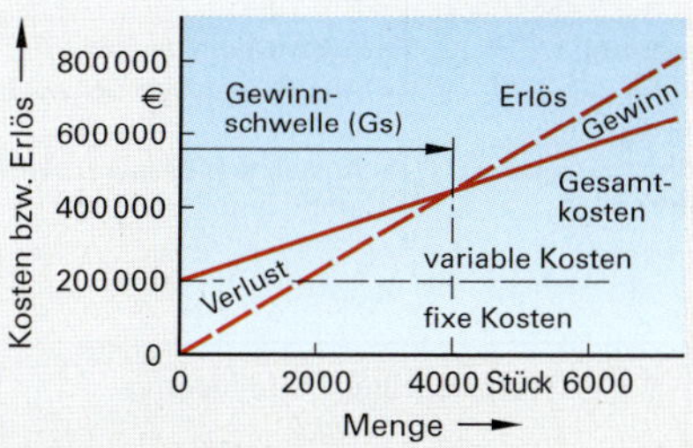

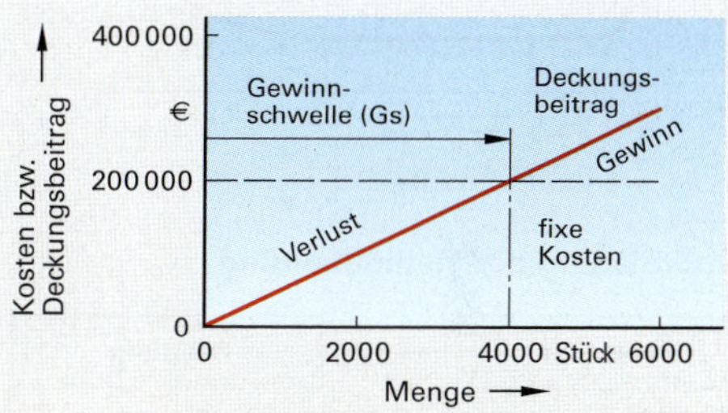

Kostenvergleichsrechnung

Bei der Kostenvergleichsrechnung ist die Maschine oder Anlage zu wählen, die für eine bestimmte Produktionsmenge die geringsten Kosten verursacht.

Beispiel für 5000 Stück

Maschine 1: $K_{f1} = 100.000,–\ €/\text{Jahr}$; $k_{v1} = 75,–\ €/\text{Stück}$
100.000,– €/J + 75,– €/Stück · 5000 Stück = 475.000,– €

Maschine 2: $K_{f2} = 200.000,–\ €/\text{Jahr}$; $k_{v2} = 50,–\ €/\text{Stück}$
200.000,– €/J + 50,– €/Stück · 5000 Stück = 450.000,– €

Kosten Maschine 1 > Kosten Maschine 2

Grenzstückzahl $M_{Gr} = \frac{K_{f2} - K_{f1}}{k_{v1} - k_{v2}}$

$$M_{Gr} = \frac{200.000{,}00\ € - 100.000{,}00\ €}{75{,}00\ €/\text{Stück} - 50{,}00\ €/\text{Stück}} = 4000\ \text{Stück}$$

Über 4000 Stück ist Maschine 2 günstiger.

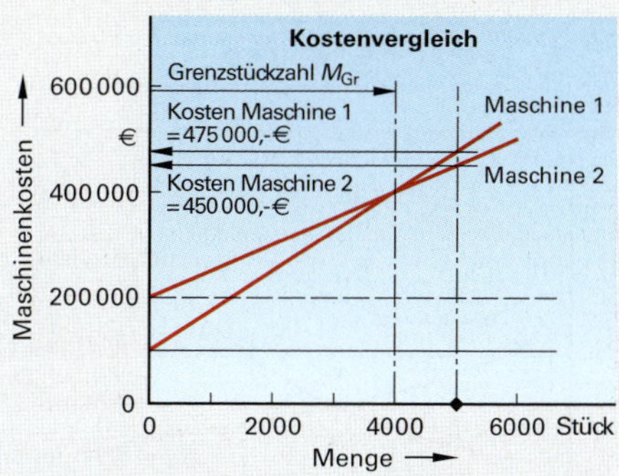

F

[1] Die Teilkostenrechnung trennt die Kosten in fixe Kosten (Kosten für Betriebsbereitschaft) und variable Kosten (direkte Kosten).

[2] Die variablen Kosten werden für jeden Auftrag ermittelt und mit dem Erlös verglichen.

Wartung, Inspektion, Instandsetzung, Verbesserung

Instandhaltung und Abnutzung

vgl. DIN 31051 (2012-09)

Die Instandhaltung umfasst nach DIN 31051 „alle Maßnahmen während des Lebenszyklus einer Einheit, die dem Erhalt oder der Wiederherstellung ihres funktionsfähigen Zustands dient, sodass sie die geforderte Funktion erfüllen kann".

Instandhaltungsmaßnahmen sind: **Wartung – Inspektion – Instandsetzung – Verbesserung**

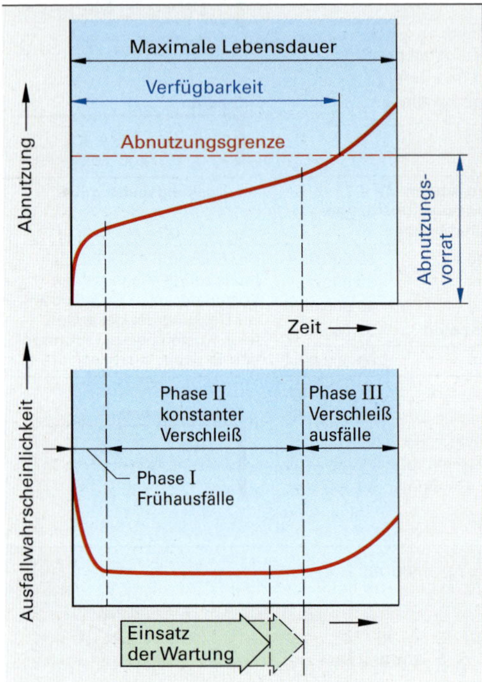

Die **Abnutzungsgrenze** wird so festgelegt, dass das Arbeitsergebnis nicht wesentlich beeinträchtigt ist und die Qualitätskriterien erfüllt werden.

Der **Abnutzungsvorrat** wird durch die festgelegte Abnutzungsgrenze bestimmt. Daraus folgt die Verfügbarkeit einer Maschine oder die Standzeit eines Werkzeuges.

Instandhaltungsmaßnahmen

Arten	Maßnahmen
Wartung Abbauverzögerung des Abnutzungsvorrates	• Reinigen • Schmieren und Ölen • Auffüllen • Einstellen
Inspektion Feststellung und Beurteilung des Ist-Zustandes. Suche nach Ursachen der Abnutzung.	• Prüfen und Messen • Diagnostizieren und Beurteilen • Planen von Instandhaltungsmaßnahmen
Instandsetzung Wiederherstellung des Soll-Zustandes	• Reparieren durch Ausbessern und Korrigieren • Austauschen durch Ersatzteile oder neue Werkzeuge
Verbesserung Steigerung der Zuverlässigkeit, Instandhaltbarkeit oder Sicherheit	• Auswerten von Fehlern • Analysieren von Schwachstellen • Auswählen besserer Werkstoffe und Werkzeuge

Optimierung der Instandhaltung

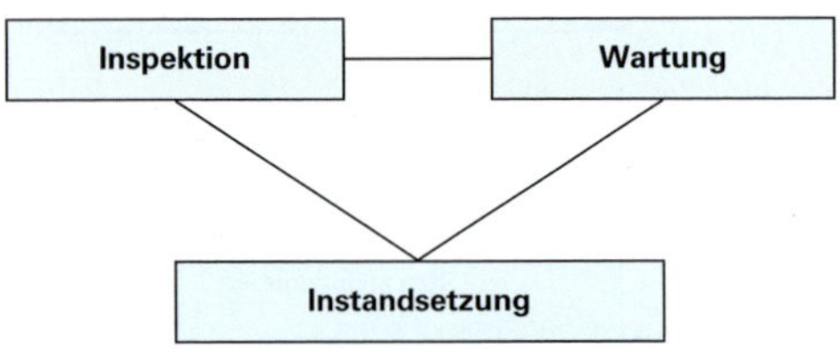

Verbesserung = Optimierung
von
Anlagenverfügbarkeit
Funktionsfähigkeit
Qualität
Kosten

F

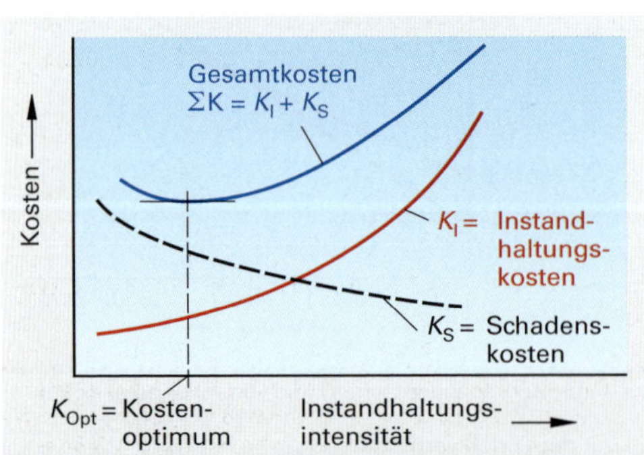

Durch häufige Wartung, Inspektion, Instandsetzung und Verbesserung steigen die Instandhaltungskosten, während die Schadenskosten (Kosten durch Ausfall usw.) sinken. Das Kostenoptimum wird dort erreicht, wo die Summe der Instandhaltungs- und Schadenskosten ein Minimum ergibt.

Die Optimierung der Instandhaltung muss

- wirtschaftliche (ökonomische),
- umweltbezogene (ökologische) und
- den Menschen helfende (humane)

Ziele verfolgen.

Instandhaltungskonzepte

Intervallabhängige Instandhaltung

Die vorbeugenden Instandhaltungsarbeiten werden in Wartungs- und Inspektionsperioden von 8, 40, 160 und 2000 Betriebsstunden durchgeführt. Die Maßnahmen erfolgen regelmäßig am Ende einer Schicht oder eines Arbeitstages durch den Maschinenführer.

Instandhaltungsintervalle

Periode	**Wartungsarbeiten,** Beispiele	**Periode**	**Wartungsarbeiten,** Beispiele
Tag 6–8 Betriebsstunden	• Reinigung des Arbeitsraumes, d. h. Entfernung von Spänen und Kühlschmierstoffresten • Überprüfung der Ölstände • Prüfung auf Laufruhe der Maschine	**Monat** 140–160 Betriebsstunden	• Maßnahmen der täglichen und wöchentlichen Wartung • Schmierung der Führungen • Erneuerung der Kühlschmierstoffe • Prüfung der Schlauchanschlüsse
Woche 35–40 Betriebsstunden	• Maßnahmen der täglichen Wartung • Gründliche Reinigung der Maschine • Prüfung und ggf. Reinigung der Kühlschmierstoffanlage • Austausch der Filter, z. B. Gebläse	**Jahr** 1400–2000 Betriebsstunden	• Maßnahmen der täglichen, wöchentlichen und monatlichen Wartung • Verschleißprüfung und Nachstellen von Führungen • Ölwechsel (Zentralschmierung, Hydraulik)

Zustandsabhängige Instandhaltung

Prozessverlauf Trend

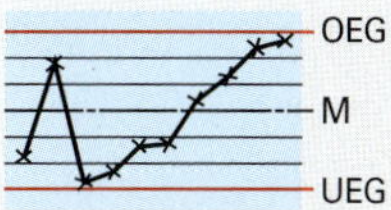

Geht der Abnutzungsvorrat von mechanisch bewegten Teilen, z. B. bei Gleit- und Wälzlagern sowie Führungen, zu Ende, lässt die Arbeitsqualität der Maschine nach. Bei der Beobachtung des Arbeitsprozesses muss auf Hinweise geachtet werden.

Bei Maschinen:
- Laufruhe verändert sich, ratternde oder pfeifende Geräusche treten auf
- Der Prozessverlauf zeigt einen steigenden oder fallenden Trend

Bei Werkzeugen:
- Verschleißmarken werden deutlich größer
- Schlechtere Oberfläche des Werkstückes

Standzeit

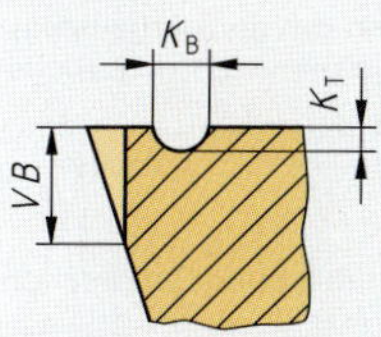

Als Standzeitkriterien werden die Verschleißmarkenbreite (*VB*), die Kolkbreite (K_B) und die Kolktiefe (K_T) verwendet. Bei Erreichen des vorgegebenen Grenzwertes hat das Werkzeug seinen Abnutzungsvorrat verbraucht.

VB Verschleißmarkenbreite in mm
K_B Kolkbreite in mm
K_T Kolktiefe in mm
T Standzeit in Minuten
v_c Schnittgeschwindigkeit in m/min

Beispiel:
$T_{v200\,VB0,2} = 15$ min
Standzeitvorgabe von 15 Minuten bei einer Schnittgeschwindigkeit $v_c = 200$ m/min und einer Verschleißmarkenbreite von $VB = 0{,}2$ mm

Standzeit

$$T_{v200\,VB0,2} = 15 \text{ min}$$

Standmenge

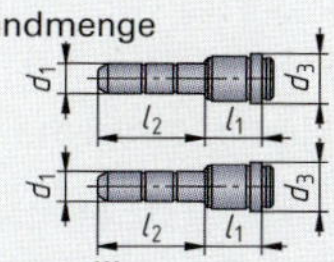

Mögliche zu fertigende Stückzahl bei einer vorgegebenen Standzeit.

N Standmenge in Stück
t_h Hauptnutzungszeit in Minuten

Beispiel:
Hauptnutzungszeit $t_h = 1{,}3$ Minuten, Standzeit $T = 15$ Minuten
$N = T/t_h = 15$ min/1,3 min = 11,5; ***N*** **= 11 Stück**

Standmenge

$$N = T/t_h$$

Standweg

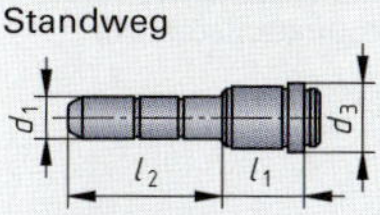

Möglicher Vorschubweg, den ein Werkzeug während der Standzeit im Einsatz zurücklegt.

L_f Standweg in m
v_f Vorschubgeschwindigkeit in mm/min
f_z Vorschub je Zahn
z Zähnezahl
n Drehzahl 1/min

Standweg

$$L_f = T \cdot v_f$$
$$L_f = T \cdot n \cdot f_z \cdot z$$

Zeitbegriffe

Begriff	**Erklärung**	**Anwendung**
Lebensdauer	Zeit, in der eine Anlage, eine Maschine, ein Werkzeug ununterbrochen genutzt werden kann.	Angabe in Betriebsstunden für Maschinen und Anlagen Angabe in Kilometern für Fahrzeuge
MTTF Mean Time To Failure	Mittlere Betriebsdauer bis zum Ausfall als statistischer Mittelwert	Kennwert zur Bewertung der Maschinen- oder Bauteilsicherheit (Wälzlager) bei Konformitätsuntersuchungen nach EN ISO 13849-1

F

Arbeitssicherheit und Gesundheitsschutz, Dokumentation

Störungsbedingte Instandhaltung

Reparatur nach Ausfall	Ausfall entsteht trotz Inspektion und Wartung, z. B. durch • Fehlbedienung • Überlast • nicht erkannte Abnutzung Ausfall wird ohne Inspektion und Wartung in Kauf genommen und dann behoben • bei unkritischen Teilen, z. B. defekte Beleuchtung • um Ausfallzeit durch Reparatur zu vermeiden • wenn Wartung und Inspektion unmöglich oder unwirtschaftlich sind

Risikobasierte Instandhaltung

RBM Risc Based Maintenance	Die risikobasierte Instandhaltung versucht den Instandhaltungsaufwand zu reduzieren unter Einhaltung des vorgegebenen Sicherheitsstandards zur **Verhinderung eines Anlagenausfalls.** • Bewertung von Ausfallrisiken • Ermittlung von Ausfallhäufigkeiten • Festlegung von wirkungsvollen Wartungsmaßnahmen • Festlegung von Prioritäten für Ausfallrisiken und deren Wartung

Zuverlässigkeitsorientierte Instandhaltung

RCM Reliability Centered Maintenance	Die zuverlässigkeitsorientierte Instandhaltung nutzt den optimalen Einsatz von verschiedenen Instandhaltungsstrategien je nach Situation und Anlagentyp zur **Verhinderung von Funktionsstörungen.** • Beschreibung der Maschine oder Anlage und deren Zusammenspiel mit gekoppelten Anlagenteilen • Schwachstellenanalyse jeder Maschine • Festlegung einer Instandhaltungsstrategie

Arbeitssicherheit und Gesundheitsschutz

UVV Unfall-Verhütungs-Vorschriften	**Unterweisung** Wer neu an einem Arbeitsplatz ist, trägt ein erhöhtes Unfallrisiko. Dies gilt auch, wenn Maschinen und Anlagen gewartet und instand gesetzt wurden. Die Mitarbeiter müssen mit dem Arbeitsplatz und den Arbeitsabläufen vertraut gemacht werden. Dazu gehört auch, wie man sich sicherheitsgerecht verhält und seine Gesundheit schützt. Die Unterweisung muss schriftlich bestätigt und dokumentiert werden. **Besonders zu beachten sind:** • persönliche Schutzausrüstung, z. B. Sicherheitsschuhe, Schutzhandschuhe oder Gehörschutz immer verwenden • Ordnung am Arbeitsplatz • Sicherheitsgerechtes Verhalten, z. B. nie in laufende Maschinen greifen und Schutzeinrichtungen nicht außer Kraft setzen • fachgerechter Umgang mit Gefahrstoffen nach Betriebsanweisung • Lasten richtig bewegen, ggf. Handhubwagen oder Hebezeuge nutzen

Technische Dokumentation

Dokumentationssystematik DIN 6789 (2013-10)

F

Dokumentation von Maschinen, Produkt und Produktion

Maschine oder Anlage		Produkt und Produktion
• Allgemeine Beschreibung der Maschine • Zeichnungen • Montageplan	• Einbauerklärung • Betriebsanleitung • EG-Konformitätserklärung	• Zeichnungen und Produktentstehung • Stücklisten • Arbeitspläne • Fristenpläne

Dokumentation der Instandhaltung

Alle Störungen, Wartungsarbeiten, Inspektionen und Instandsetzungen müssen zur Beweissicherung für Gewährleistungen und das Qualitätsmanagement dokumentiert werden. Angaben im Instandhaltungsdokument:

Allgemeines	Istzustand	Wartungsarbeiten	Inbetriebnahme	Bestätigung
Angaben zur Maschine Wartungspersonal	Sichtprüfung Geräusche ...	Reinigen Teile austauschen ...	Funktionsprüfung Abnahmeprotokoll ...	Datum Unterschrift

Dokumentationssystem

Dokumentationssystem mit EDV-Unterstützung (vereinfacht)

Die Technische Dokumentation wird durch die EDV unterstützt. In einer Datenbank werden alle Maschinen mit ihren Instandhaltungsvorgaben und der jeweiligen Durchführung gespeichert. Die Daten können für Qualitätsnachweise oder für andere Auswertungen verwendet werden.

Maschinenliste

Dokument	Bezeichnung
MW	**Werkzeugmaschinen**

Nr.	Maschine	Baujahr	Hersteller	Kostenstelle	Standort
MW01	Säulenbohrmaschine	2010	Flott	WB	WB-105
MW02	CNC-Bearbeitungszentrum	2009	Chiron	WB	WB-105

Maschinenkarte

Dokument	Bezeichnung	Baujahr	Hersteller	Ko-Stelle	Ort
MW01	**Säulenbohrmaschine**	**2010**	**Flott**	**WB**	**WB-105**

INr.	Dokumente	Hinweise
01	Werkzeugliste	Mit Lagerort
02	Betriebsanleitung	Enthält Montagepläne mit Zeichnungen
03	Wartungsplan	Mit Formularen zur Dokumentation
04	Störungen/Reparaturen	Nur ausfallbedingte Instandsetzungen
05	Hinweise	
06		

Wartungsplan

Dokument	Bezeichnung	Baujahr	Hersteller	Ko-Stelle	Ort
MW 01-03	**Säulenbohrmaschine**	**2010**	**Flott**	**WB**	**WB-105**

Periode	Teil	Arbeit	Hinweise
täglich	Maschine	Reinigung; Prüfung auf Betriebsfähigkeit und Arbeitssicherheit	
wöchentl.	Säule	Schmieren	Öl: Standard
wöchentl.	Tischverstellung	Schmieren	Fett: Standard
wöchentl.	Vorschub	Schmieren	Öl: Standard
monatl.	Pinole	Schmieren	Fett: Standard
monatl.	Laufhülse	Schmieren	Fett: HD
jährl.	–	–	–
sonstige	–	–	–

Wartungsprotokoll

Wartung nach 6–8 Betriebsstunden (täglich)

Maschine	Bezeichnung
MW01	**Säulenbohrmaschine**

Reinigung
Prüfung auf Betriebsfähigkeit und Arbeitssicherheit

Datum	Name	Unterschrift

Instandsetzungsprotokoll

Maschine	Bezeichnung
MW01	**Säulenbohrmaschine**

Anlass:
Name des Wartungspersonals:

Art	Maßnahme
Feststellung des Istzustandes	
Sichtprüfung	
Geräusche	
Wartungsarbeiten	
Reinigung	
Ölstand	
Teileaustausch	
Inbetriebnahme	
Funktionsprüfung	
Arbeitsfähigkeit	

Bestätigt durch
Datum: Unterschrift:

F

Optimierung von Zerspanungsvorgängen, Zeitspanungsvolumen

Spanbruchdiagramm

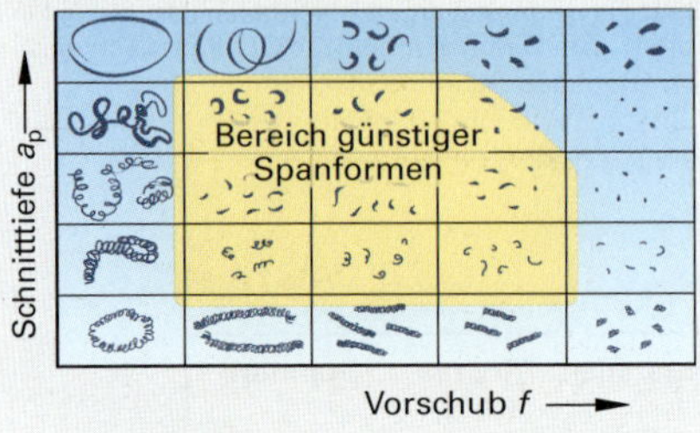

Bei allen Zerspanungen ist ein kontrollierter Spanablauf von besonderer Bedeutung. Das Spanbruchdiagramm zeigt die Beeinflussung der Spanformen durch den Vorschub f und die Schnitttiefe a_p. Durch Zerspanungsversuche wird ein Bereich mit günstigen Spanformen ermittelt.

Größerer Vorschub f bewirkt:

- die Bildung von günstigen Bruchspänen
- kleinere spezifische Schnittkräfte (Seite 305)
- geringere Schneidkantenbelastungen
- geringere Antriebsleistungen

Größere Schnitttiefe a_p bewirkt:

- die Bildung von ungünstigen Wirr- und Bandspänen

Schnitttiefen-Vorschub-Diagramm

Die Form der Schneidplatten werden von den Herstellern in drei Arten unterteilt, die für die Anwendung zum Schruppen (schwere Bearbeitung), für die mittlere Bearbeitung und zum Schlichten (leichte Bearbeitung) ausgelegt sind. Jede Anwendung kann günstigen, normalen oder ungünstigen Bearbeitungsbedingungen unterliegen.

Für jede Schneidplatte gibt der Hersteller in einem Schnitttiefen-Vorschub-Diagramm den empfohlenen Arbeitsbereich an, in dem für bestimmte Kombinationen ein gesicherter Spanbruch gewährleistet ist.[1)]

Arbeitsbereich von Schneidplatten	Anwendung und Kennzeichen
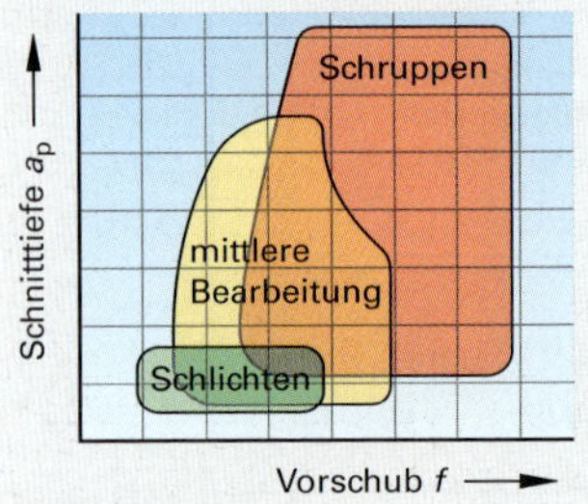	**Schruppen** • Bearbeitung mit maximaler Materialabtragung • Bearbeitung unter schwierigen Bearbeitungsbedingungen, z. B. Schnittunterbrechungen, keine gute Werkstückaufspannung, Guss-, Schmiedehaut • Kombination von hohen Schnitttiefen und Vorschüben **mittlere Bearbeitung** • für die meisten Anwendungen • mittlere bis leichte Schruppbearbeitung • breiter Bereich von Schnitttiefen- und Vorschubkombinationen **Schlichten** • Bearbeitungen mit geringen Schnitttiefen und niedrigen Vorschüben • Bearbeitungen, die niedrige Schnittkräfte erfordern

Optimierungsreihenfolge	Einfluss auf die Spanform
1. Schnitttiefe a_p	Mit zunehmender Schnitttiefe verschlechtert sich die Spanform, da die Späne weniger brechen.
2. Vorschub f	Durch zunehmenden Vorschub wird der Span stärker gekrümmt und bricht besser.
3. Schnittgeschwindigkeit v_c	Mit zunehmender Schnittgeschwindigkeit verschlechtert sich die Spanform zum Wirr- und Bandspan.

Zeitspanungsvolumen

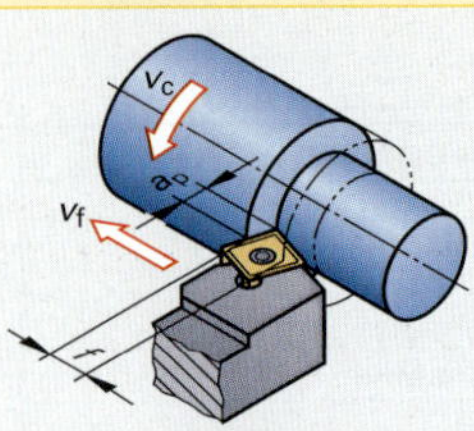

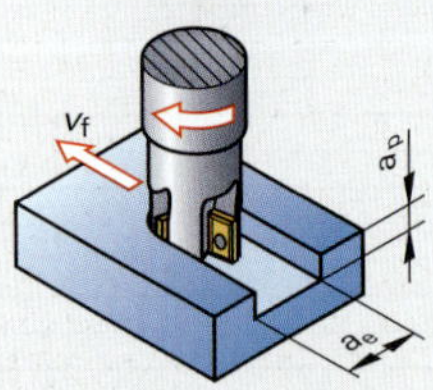

F

Bei der Vorbearbeitung (Schruppen) von Werkstücken ist das zerspante Volumen eine wichtige Vergleichsgröße. Das Zeitspanungsvolumen Q bezeichnet das zerspante Volumen in cm³/min.

A	Spanungsquerschnitt in mm²
a_p	Schnitttiefe in mm
a_e	Schnittbreite in mm
f	Vorschub in mm
Q	Zeitspanungsvolumen in cm³/min
v_c	Schnittgeschwindigkeit in m/min
v_f	Vorschubgeschwindigkeit in m/min

Zeitspanungsvolumen beim Drehen

$$Q = A \cdot v_c$$

$$Q = a_p \cdot f \cdot v_c$$

Zeitspanungsvolumen beim Fräsen

$$Q = a_p \cdot a_e \cdot v_f$$

Beispiel:

Schnittgeschwindigkeit $v_c = 125$ m/min,
Schnitttiefe $a_p = 5$ mm, Vorschub $f = 0{,}8$ mm

Gesucht: Zeitspanungsvolumen Q beim Drehen

Lösung:

$$Q = A \cdot v_c = a_p \cdot f \cdot v_c$$

$$= 0{,}5\ \text{cm} \cdot 0{,}08\ \text{cm} \cdot 12500\ \frac{\text{cm}}{\text{min}} = \mathbf{500\ \frac{cm^3}{min}}$$

1) Weitere Einflussfaktoren sind: Zeitspanungsvolumen, Oberflächengüte, Schneidkantenstabilität, Standzeit

Spezifische Schnittkraft

Die spezifische Schnittkraft k_c ist erforderlich, um einen Span mit der Spanungsdicke h und dem Spanungsquerschnitt $A = 1\ mm^2$ abzutrennen. Sie kann aus den Basiswerten $k_{c1.1}$ und m_c berechnet oder aus folgender Tabelle entnommen werden und bildet die Grundlage zur Berechnung von Kräften und Leistungen aller spanenden Bearbeitungsverfahren (Seiten 323, 335, 341).

- k_c spezifische Schnittkraft in N/mm^2
- h Spanungsdicke in mm (verfahrensabhängige Ermittlung siehe Seiten 323, 335, 341)
- $k_{c1.1}$ Basiswert der spez. Schnittkraft in N/mm^2
- m_c Werkstoffkonstante, ohne Einheit
- h^{m_c} Umrechnungsfaktor, ohne Einheit

Beispiel:

Werkstoff 16MnCr5, Spanungsdicke $h = 0{,}44$ mm; $k_c = ?$

Berechnung von k_c:

$$k_c = \frac{k_{c1.1}}{h^{m_c}};$$

$k_{c1.1} = 2100\ N/mm^2$, $m_c = 0{,}26$ (Tabelle unten)

$$k_c = \frac{2100\ N/mm^2}{0{,}44^{0{,}26}} = 2600\ N/mm^2$$

k_c nach Tabelle:
Spanungsdicke h entspricht nicht den Tabellenwerten → Anwendung der Rundungsregel: $h = 0{,}44$ mm wird abgerundet auf $= 0{,}4$ mm

Tabellenwert $k_c = 2665\ N/mm^2$

Spezifische Schnittkraft

$$k_c = \frac{k_{c1.1}}{h^{m_c}}$$

Richtwerte für die spezifische Schnittkraft[1]

Werkstoffgruppe	Werkstoff	Basiswerte		spezifische Schnittkraft k_c in N/mm^2 für die Spanungsdicke h in mm									
		$k_{c1.1}$	m_c	0,05	0,08	0,10	0,20	0,30	0,40	0,50	1,00	1,50	2,00
Baustahl	S235JR	1780	0,17	2962	2735	2633	2340	2184	2080	2003	1780	1661	1582
	E295	1990	0,26	4336	3838	3621	3024	2721	2525	2383	1990	1791	1662
	E335	2110	0,17	3511	3242	3121	2774	2589	2466	2374	2110	1969	1875
	E360	2260	0,3	5552	4821	4509	3663	3243	2975	2782	2260	2001	1836
Automatenstahl	11SMnPb30	1200	0,18	2058	1891	1816	1603	1490	1415	1359	1200	1116	1059
Einsatzstahl	C15	1820	0,22	3518	3172	3020	2593	2372	2226	2120	1820	1665	1563
	16MnCr5	2100	0,26	4576	4050	3821	3191	2872	2665	2515	2100	1890	1754
	20MnCr5	2100	0,25	4441	3949	3734	3140	2838	2641	2497	2100	1898	1766
	18CrMo4	2290	0,17	3811	3518	3387	3011	2810	2676	2576	2290	2137	2035
Vergütungsstahl, unlegiert	C35	1516	0,27	3404	2998	2823	2341	2098	1942	1828	1516	1359	1257
	C45	1680	0,26	3661	3240	3057	2553	2298	2132	2012	1680	1512	1403
	C60	2130	0,18	3652	3356	3224	2846	2645	2512	2413	2130	1980	1880
Vergütungsstahl, legiert	42CrMo4	2500	0,26	5448	4821	4549	3799	3419	3173	2994	2500	2250	2088
	50CrV4	2220	0,26	4837	4281	4040	3374	3036	2817	2658	2220	1998	1854
Nitrierstahl	34CrAlMo5-10	1740	0,26	3792	3355	3166	2644	2380	2208	2084	1740	1566	1453
Werkzeugstahl	102Cr6	1410	0,39	4535	3776	3461	2641	2255	2016	1848	1410	1204	1076
	90MnCrV8	2300	0,21	4315	3909	3730	3225	2962	2788	2660	2300	2112	1988
	X210CrW12	1820	0,26	3966	3510	3312	2766	2489	2310	2179	1820	1638	1520
Nichtrostender Stahl	X5CrNi18-10	2350	0,21	4408	3994	3811	3295	3026	2849	2718	2350	2158	2032
	X30Cr13	1820	0,26	3966	3510	3312	2766	2489	2310	2179	1820	1638	1520
	X46Cr13	1820	0,26	3966	3510	3312	2766	2489	2310	2179	1820	1638	1520
Gusseisen mit Lamellengrafit	GJL-150	950	0,21	1782	1615	1541	1332	1223	1152	1099	950	872	821
	GJL-200	1020	0,25	2157	1918	1814	1525	1378	1283	1213	1020	922	858
	GJL-400	1470	0,26	3203	2835	2675	2234	2010	1865	1760	1470	1323	1228
Gusseisen mit Kugelgrafit	GJS-400	1005	0,25	2125	1890	1787	1503	1358	1264	1195	1005	908	845
	GJS-600	1480	0,17	2463	2274	2189	1946	1816	1729	1665	1480	1381	1315
	GJS-800	1132	0,44	4230	3439	3118	2298	1923	1694	1536	1132	947	834
Al-Knetlegierung	AlCuMg1	830	0,23	1653	1484	1410	1202	1095	1025	973	830	756	708
	AlMg3	780	0,23	1554	1394	1325	1129	1029	963	915	780	711	665
Al-Gusslegierung	AC-AlSi12	830	0,23	1653	1484	1410	1202	1095	1025	973	830	756	708
	AC-AlMg5	544	0,24	1116	997	945	800	726	678	642	544	494	461
Mg-Knetlegierung	MgAl8Zn	390	0,19	689	630	604	530	490	464	445	390	361	342
Cu-Legierung	CuZn40Pb2	780	0,18	1337	1229	1181	1042	969	920	884	780	725	689
	CuSn7ZnPb	640	0,25	1353	1203	1138	957	865	805	761	640	578	538
Titanlegierung	TIAl6V4	1370	0,21	2570	2328	2222	1921	1764	1661	1585	1370	1258	1184

[1] Die Richtwerte gelten für Werkzeuge mit Hartmetallschneiden. Der Norm entsprechende Streuungen in der Zugfestigkeit, der Reinheitsgrad und der Anlieferungszustand (z. B. warmgewalzt, kaltgewalzt, vergütet ...) beeinflussen die Richtwerte der spezifischen Schnittkraft. Durch Werkzeugabnutzung kann sich die spezifische Schnittkraft bis ca. 30 % erhöhen.

Drehzahldiagramm

Die Bestimmung der Drehzahl n einer Werkzeugmaschine aus dem Werkstück- bzw. aus dem Werkzeugdurchmesser d und der gewählten Schnittgeschwindigkeit v_c kann

- rechnerisch mit der Formel oder
- grafisch mit dem Drehzahldiagramm erfolgen.

Drehzahldiagramme enthalten die an der Maschine einstellbaren Lastdrehzahlen, im unteren Beispiel die abgeleitete Reihe R 20/3 (DIN 804). Dabei wird jeder dritte Wert der Grundreihe R 20 verwendet.

Drehzahl

$$n = \frac{v_c}{\pi \cdot d}$$

Drehzahldiagramm mit logarithmisch geteilten Koordinaten (Nomogramm)

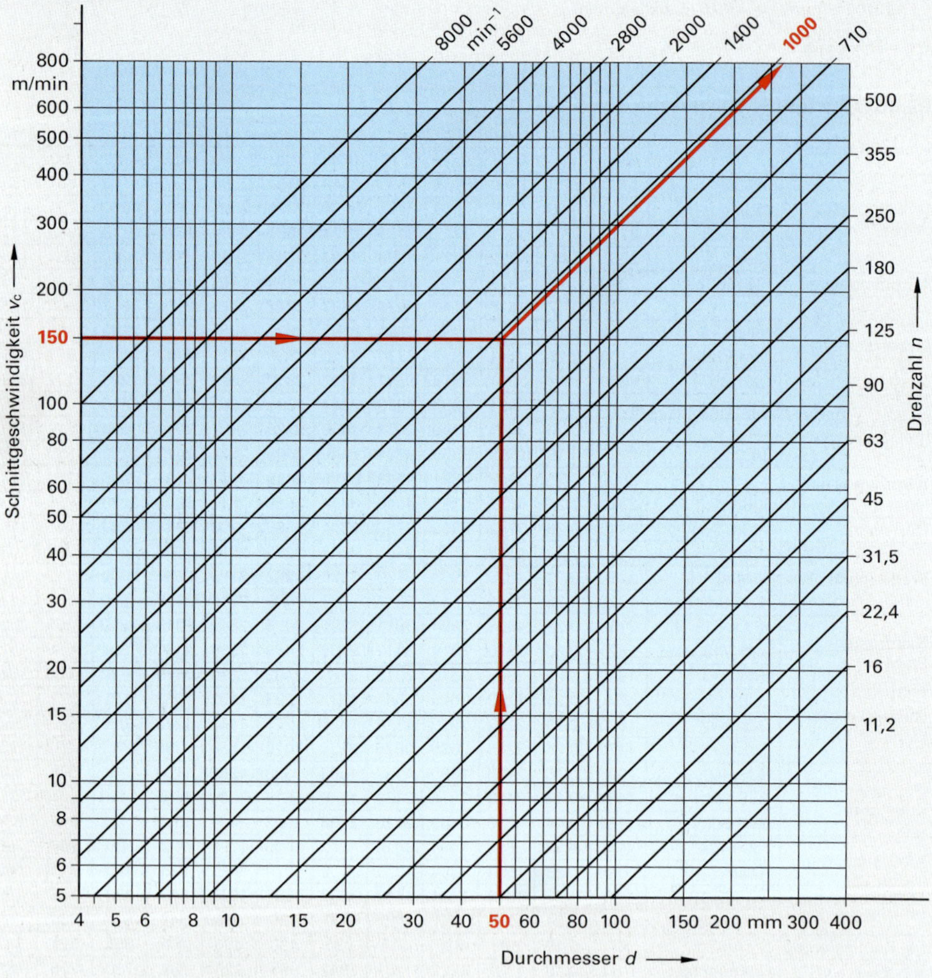

F

Beispiel: d = 50 mm; v_c = 150 m/min; einzustellende Drehzahl n an einem Stufenrädergetriebe der Reihe R 20/3 = ?

Ablesung im Drehzahldiagramm: Schnittpunkt zwischen Abszisse d = 50 mm und Ordinate v_c = 150 m/min: nächstliegende oder kleinere Drehzahl; gewählt $\boldsymbol{n}$ **= 1000 min⁻¹**.

Hart- und Trockenzerspanung, Hochgeschwindigkeitsfräsen, MMKS

Hartdrehen mit kubischem Bornitrid (CBN)

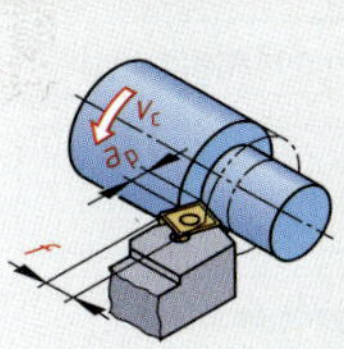

Drehverfahren	Werkstoff gehärteter Stahl HRC	Schnitt-geschwin-digkeit v_c m/min	Vorschub f mm/Umdrehung	Schnitttiefe a_p mm
Außendrehen	45 … 58	60 … 220	0,05 … 0,3	0,05 … 0,5
Innendrehen		60 … 180	0,05 … 0,2	0,05 … 0,2
Außendrehen	> 58 … 65	50 … 190	0,05 … 0,25	0,05 … 0,4
Innendrehen		50 … 150	0,05 … 0,2	0,05 … 0,2

Hartfräsen mit beschichteten Vollhartmetall-(VHM-)Werkzeugen

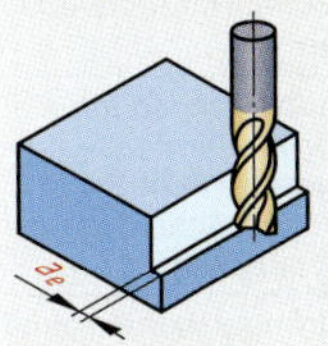

Werkstoff gehärteter Stahl HRC	Schnitt-geschwindig-keit v_c m/min	Arbeits-eingriff $a_{e\,max}$ mm	Vorschub je Zahn f_z in mm bei Fräserdurchmesser d in mm: 2 … 8	> 8 … 12	> 12 … 20
bis 35	80 … 90	0,05 · d	0,04	0,05	0,06
36 … 45	60 … 70	0,05 · d			
46 … 54	50 … 60	0,05 · d	0,03	0,04	0,05

Hochgeschwindigkeitszerspanung (HSC = High Speed Cutting) mit VHM

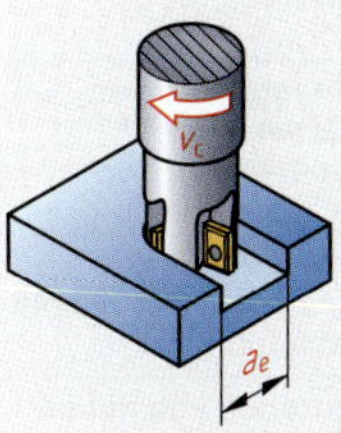

Werkstoffgruppe	Schnitt-geschwindig-keit v_c m/min	Fräserdurchmesser d in mm: 10 – a_e mm	10 – f_z mm	20 – a_e mm	20 – f_z mm
Stahl R_m 850 … 1100 / > 1100 … 1400	280 … 360 / 210 … 270	0,25	0,09 … 0,13	0,40	0,13 … 0,18
Stahl gehärtet 48 … 55 HRC / > 55 … 67 HRC	90 … 240 / 75 … 120	0,25 / 0,20	0,09 … 0,13	0,40 / 0,35	0,13 … 0,18
EN-GJS > 180HB	300 … 360	0,25	0,09 … 0,13	0,40	0,13 … 0,18
Titanlegierung	90 … 270	0,20 … 0,25	0,09 … 0,13	0,35 … 0,40	0,13 … 0,18
Cu-Legierung	90 … 140	0,20	0,09 … 0,13	0,35	0,13 … 0,18

Trockenzerspanung

Verfahren	Schneidstoffe und Kühlschmierung für Eisen-Werkstoffe: Vergütungsstähle	hochleg. Stähle	Gusseisen	Al-Werkstoffe: Guss-Leg.	Knet-Leg.
Bohren	TiN, trocken	TiAIN[1], MMKS	TiN, trocken	TiAIN, MMKS	TiAIN, MMKS
Reiben	PKD, MMKS	–[2]	PKD, MMKS	TiAIN, PKD, MMKS	TiAIN, MMKS
Fräsen	TiN, trocken	TiAIN, MMKS	TiN, trocken	TiAIN, trocken	TiAIN, MMKS
Sägen	MMKS	MMKS	–[2]	TiAIN, MMKS	TiAIN, MMKS

Minimalmengenkühlschmierung (MMKS oder MMS)[3]

Abhängigkeit der MMKS-Menge vom spanenden Fertigungsverfahren

Fräsen Bohren Schleifen Läppen
Drehen Reiben Honen

zunehmender Schmierstoffbedarf

Eignung der Minimalmengenschmierung für die zu spanenden Werkstoffe

Cu Legierungen Al-Gussleg. Stahl ferritisch
Mg-Leg. Al-Knetleg. perlitisch
Eisen-Gusswerkstoffe Nichtrostende Stähle

zunehmende Werkstoffeignung

1) Titan Aluminium Nitrid (Superhartbeschichtung) 2) Anwendung unüblich 3) im Allgemeinen 20 … 50 ml/h

F

Schneidstoffe

Bezeichnung harter Schneidstoffe

vgl. DIN ISO 513 (2014-05)

Beispiel: Kennbuchstabe (Tabelle unten) — HC – K 20 — Anwendungsgruppe

Zerspanungs-Hauptgruppe (K):

P (blau)	M (gelb)	K (rot)	N (grün)	S (braun)	H (grau)

Schneidstoffgruppe	K[1]	Bestandteile	Eigenschaften	Einsatzgebiete
 Hartmetalle		unbeschichtetes Hartmetall, Hauptbestandteil Wolframcarbid (WC)	große Warmhärte bis 1000 °C, hohe Verschleißfestigkeit, hohe Druckfestigkeit, schwingungsdämpfend	Wendeschneidplatten für Bohr-, Dreh- und Fräswerkzeuge, auch für Vollhartmetallwerkzeuge
	HW	mit Korngröße > 1 µm		
	HF	mit Korngröße < 1 µm		
	HT	unbeschichtetes Hartmetall aus Titancarbid (TiC), Titannitrid (TiN) oder aus beiden, auch Cermet genannt	wie HW, jedoch große Schneidkantenstabilität, chemische Beständigkeit	Wendeschneidplatten für Dreh- und Fräswerkzeuge zum Schlichten bei hoher Schnittgeschwindigkeit
	HC	HW und HT, jedoch beschichtet mit Titankarbonitrid (TiCN)	Vergrößerung der Verschleißfestigkeit ohne Minderung der Zähigkeit	Verdrängen zunehmend die unbeschichteten Hartmetalle
 Schneidkeramik	CA	Schneidkeramik, vorwiegend aus Aluminiumoxid (Al_2O_3)	große Härte und Warmhärte bis 1200 °C, empfindlich gegen starke Temperaturwechsel	Zerspanen von Gusseisen, meist ohne Kühlschmierung
	CM	Mischkeramik auf der Basis von Aluminiumoxid (Al_2O_3) sowie anderen Oxiden	zäher als Reinkeramik, bessere Temperaturwechselbeständigkeit	Hartfeindrehen von gehärtetem Stahl, Zerspanen mit hoher Schnittgeschwindigkeit
	CN	Siliziumnitridkeramik, vorwiegend aus Siliziumnitrid (Si_3N_4)	große Zähigkeit, hohe Schneidkantenstabilität	Zerspanen von Gusseisen mit großer Schnittgeschwindigkeit
	CR	Schneidkeramik mit Hauptbestandteil Aluminiumoxid (Al_2O_3), verstärkt	zäher als Reinkeramik durch Verstärkung, bessere Temperaturwechselbeständigkeit	Hartdrehen von gehärtetem Stahl, Zerspanen mit hoher Schnittgeschwindigkeit
	CC	Schneidkeramik wie CA, CM und CN, aber beschichtet mit Titankarbonitrid (TiCN)	Vergrößerung der Verschleißfestigkeit ohne Minderung der Zähigkeit	Verdrängen zunehmend die unbeschichteten Schneidkeramiken
 Bornitrid		kubisch-kristallines Bornitrid, Bezeichnung auch CBN, PKB oder „hochharte Schneidstoffe“	sehr große Härte und Warmhärte bis 2000 °C, hohe Verschleißfestigkeit, chemische Beständigkeit	Schlichtbearbeitung harter Werkstoffe (HRC > 48) bei hoher Oberflächenqualität
	BL	mit niedrigem Bornitridgehalt		
	BH	mit hohem Bornitridgehalt		
	BC	BL und BH, aber beschichtet		
 Diamant		Schneidstoff aus Kohlenstoff (C)	hohe Verschleißfestigkeit, sehr spröde, Temperaturbeständigkeit bis 600 °C, reagiert mit Legierungselementen	Zerspanen von Nichteisenmetallen und Al-Legierungen mit hohem Siliziumgehalt
	DD	polykristalliner Diamant (PKD) ohne Bindemittel		
	DP	polykristalliner Diamant (PKD) mit Bindemittel		
	DM	monokristalliner Diamant		
 Werkzeugstahl[2]	HS	Hochleistungsschnellarbeitsstahl (HSS) mit Legierungselementen Wolfram (W), Molybdän (Mo), Vanadium (V) und Cobalt (Co), meist beschichtet mit Titannitrid (TiN)	große Zähigkeit, hohe Biegefestigkeit, geringe Härte, Temperaturbeständigkeit bis 600 °C	bei stark wechselnder Schnittkraft, Kunststoffbearbeitung, für die Zerspanung von Al- und Cu-Legierungen

[1] Kennbuchstabe nach DIN ISO 513
[2] Werkzeugstähle sind nicht in DIN ISO 513, sondern in ISO 4957 enthalten

F

Schneidstoffe

Klassifizierung und Anwendung harter Schneidstoffe vgl. DIN ISO 513 (2014-05)

Kennbuchstabe Kennfarbe	Anwendungsgruppe		Werkstück – Werkstoff	Schneidstoffeigenschaften[1]		Mögliche Schnittwerte[1]	
				Verschleißfestigkeit	Zähigkeit	Schnittgeschwindigkeit	Vorschub
Stahl							
P blau	P01 P10 P20 P30 P40 P50	P05 P15 P25 P35 P45	alle Arten von Stahl und Stahlguss, ausgenommen nichtrostender Stahl mit austenitischem Gefüge	↑	↓	↑	↓
Nichtrostender Stahl							
M gelb	M01 M10 M20 M30 M40	M05 M15 M25 M35	nichtrostender austenitischer und austenitisch-ferritischer Stahl und Stahlguss	↑	↓	↑	↓
Gusseisen							
K rot	K01 K10 K20 K30 K40	K05 K15 K25 K35	Gusseisen mit Lamellen- und Kugelgrafit, Temperguss	↑	↓	↑	↓
Nichteisenmetalle und Nichtmetallwerkstoffe							
N grün	N01 N10 N20 N30	N05 N15 N25	Aluminium und andere Nichteisenmetalle (z. B. Cu, Mg), Nichtmetallwerkstoffe (z. B. GFK, CFK)	↑	↓	↑	↓
Speziallegierungen und Titan							
S braun	S01 S10 S20 S30	S05 S15 S25	hochwarmfeste Speziallegierungen auf der Basis von Eisen, Nickel und Kobalt, Titan und Titanlegierungen	↑	↓	↑	↓
Harte Werkstoffe							
H grau	H01 H10 H20 H30	H05 H15 H25	gehärteter Stahl, gehärtete Gusseisenwerkstoffe, Gusseisen für Kokillenguss	↑	↓	↑	↓

[1] in Pfeilrichtung zunehmend

F

Bezeichnung von Wendeschneidplatten für Zerspanwerkzeuge

Bezeichnung von Wendeschneidplatten (Auswahl)

vgl. DIN ISO 1832 (2014-10)

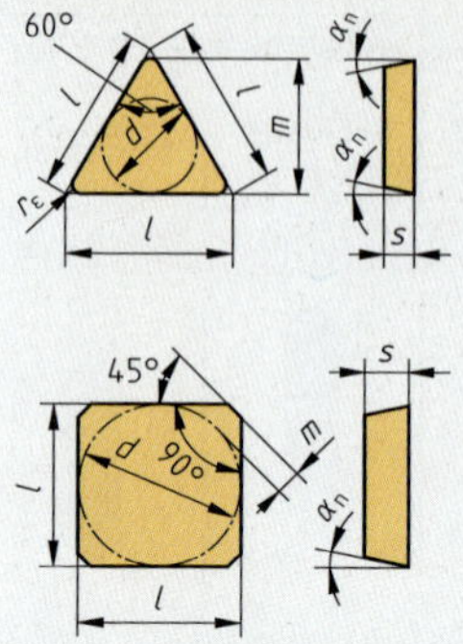

Bezeichnungsbeispiele:

Wendeschneidplatte aus Hartmetall mit Eckenrundungen (DIN 4968)

Schneidplatte DIN 4968 – T N G N 16 03 08 T – P20

Wendeschneidplatte aus Hartmetall mit Planschneiden (DIN 6590)

Schneidplatte DIN 6590 – S P E N 15 04 ED R – P10

Norm-Nummer ① ② ③ ④ ⑤ ⑥ ⑦ ⑧ ⑨ ⑩

①	Plattengeometrie	⑥	Plattendicke *s* in mm
②	Normal-Freiwinkel	⑦	Ausführung der Schneidenecke
③	Toleranzklasse	⑧	Ausführung der Schneide
④	Befestigung/Spanbrecher	⑨	Schneidrichtung
⑤	Plattengröße *l* in mm	⑩	Schneidstoff

① Plattengeometrie

gleichseitig, gleichwinklig sowie rund

gleichseitig und ungleichwinklig

ungleichseitig und
L gleichwinklig
A, B, K ungleichwinklig

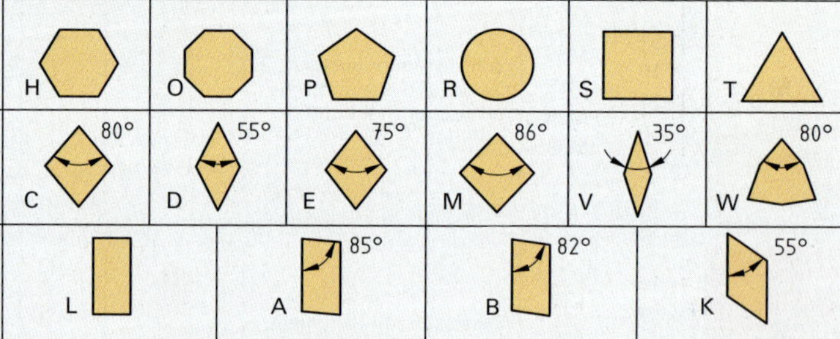

② Normal-Freiwinkel α_n an der Platte

Grundform	positive Grundform								negative Grundform
	A	B	C	D	E	F	G	P	N
	3°	5°	7°	15°	20°	25°	30°	11°	0°

③ Toleranzklasse

Zul. Abw. für	A	F	C	H	E	G
Prüfmaß *d*	± 0,025	± 0,013	± 0,025	± 0,013	± 0,025	
Prüfmaß *m*	± 0,005		± 0,013		± 0,025	
Plattendicke *s*	± 0,025		± 0,025		± 0,025	± 0,13
Zul. Abw. für	**J**	**K**	**L**	**M**	**N**	**U**
Prüfmaß *d*	± 0,05 … ± 0,15			± 0,05 … ± 0,15		± 0,16
Prüfmaß *m*	± 0,005	± 0,013	± 0,025	± 0,08 … ± 0,20		± 0,25
Plattendicke *s*	± 0,025			± 0,13	± 0,025	± 0,13

④ Befestigung und/oder Spanbrecher

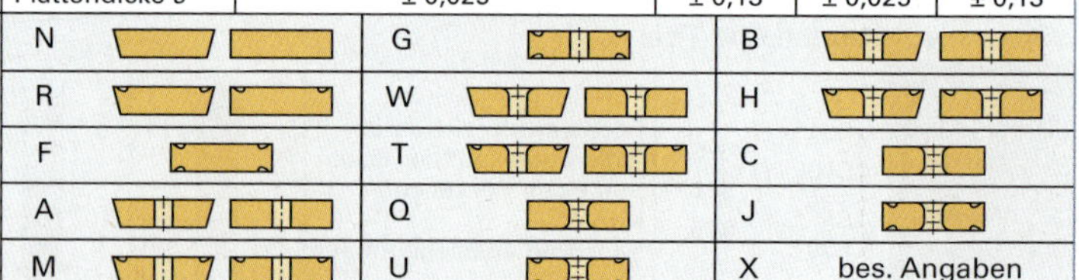

⑦ Ausführung der Schneidenecke

Kennzahl multipliziert mit Faktor 0,1 = Eckenradius r_ε

1. Kennbuchstabe für den Einstellwinkel $\varkappa$ der Hauptschneide	A	D	E	F	P
	45°	60°	75°	85°	90°

2. Kennbuchstabe für den Freiwinkel α'_n an der Planschneide (Eckenfase)	A	B	C	D	E	F	G	N	P
	3°	5°	7°	15°	20°	25°	30°	0°	11°

⑧ Ausführung der Schneide

F scharf	E gerundet	T gefast	S gefast und gerundet	K doppelgefast	P doppelgefast und gerundet

⑨ Schneidrichtung

R rechtsschneidend	L linksschneidend	N rechts- und linksschneidend

Abfallarten und Entsorgung von Kühlschmierstoffen

Verbrauchte, wassergemischte und nichtwassermischbare Kühlschmierstoffe (KSS) können bei nicht sachgemäßer Entsorgung das Grundwasser und den Betrieb von Abwasseranlagen gefährden und müssen daher vor ihrer Entsorgung gesondert behandelt werden. Grundlage dafür bilden das Wasserhaushaltsgesetz (WHG) und die Abwasserverordnung (AbwV). Eine Lösungsmöglichkeit stellt die Minimalmengenkühlschmierung dar, welche bei richtiger Einstellung einen Kühlschmiermittelbedarf von 20 ... 50 ml/h aufweist. Bei diesem geringen Schmiermittelverbrauch bleiben die Maschine, das Werkstück und die Späne trocken und müssen nicht gereinigt werden. Zusätzlich ist die aufzubereitende Kühlschmiermittelmenge sehr gering.

Abfallarten und Abfallschlüsselnummern nach dem europäischen Abfallverzeichnis (AVV)

Bezeichnung[1]	Beispiel	Kennbuchstabe nach DIN 51385	Abfallschlüsselnummer nach AVV
Kühlschmierstoffe			
Bohr-, Schneid- und Schleiföle	unbrauchbare und verbrauchte nichtwassermischbare KSS, unbrauchbare wassermischbare KSS ohne Öl-Wasser-Gemische	SCN SCEM	120106 (halogenhaltig) 120107 (halogenfrei)
Synthetische Bearbeitungsöle	unbrauchbare oder verbrauchte KSS auf synthetischer Basis ohne Öl-Wasser-Gemische	SCES	120110
Feinbearbeitungsöle	unbrauchbare und verbrauchte Hon-, Läpp- und Finishöle	SCN	120106 (halogenhaltig) 120107 (halogenfrei)
Biogene Öle	unbrauchbare Pflanzenöle	SCN	130207
Bohr- und Schleifemulsionen[2], Emulsionsgemische oder sonstige Öl-Wasser-Gemische	unbrauchbare und verbrauchte Kühlschmier-Emulsionen, unbrauchbare und verbrauchte Kühlschmier-Lösungen	SCEMW SCESW	120108 (halogenhaltig) 120109 (halogenfrei)
	Retentate[3] aus Membrananlagen, Verdampfungsrückstände aus Verdampfungsanlagen		130505
Sonstige Abfälle			
Ölabscheiderinhalte, Schlamm aus Öltrennanlagen	Schlämme aus Öl- oder Wasserabscheidern		130502
Öle aus Öl- oder Wasserabscheidern	Öle aus Öl- oder Wasserabscheidern		130506
Hon-, Läpp- und ölhaltige Schleifschlämme	Hon-, Läpp- und Schleifschlämme aus KSS-Pflegeanlagen, wie Filter, Zentrifugen oder Magnetabscheider		120111 120202

[1] Begriffe, die sowohl der Altöl-Verordnung entsprechen als auch in der Praxis üblich sind.
[2] Emulsion: feinste Vermischung zweier Flüssigkeiten, die normalerweise nicht mischbar sind, z. B. Öl und Wasser.
[3] Retentat: Fluid, das beim Trennprozess von der Membran zurückgehalten wird.

Behandlung von Kühlschmierstoffen (KSS)

Wassergemischte Kühlschmierstoffe

1. Behandlung mit organischen Spaltmitteln (Emulsionsspaltung) und Trennung der KSS in eine Ölphase und eine Wasserphase
   Dauer des Trennvorgangs: ca. 1 Tag
2. Behandlung durch Membranfiltration (Querstromfiltration) in der Reihenfolge steigenden Rückhaltevermögens:
   - Mikrofiltration
   - Ultrafiltration

   Dauer des Filtrationsvorgangs: ca. 1 Woche
3. Behandlung durch Verdampfung in einem Vakuumverdampfer bei einer Temperatur von ca. 35 °C
   Dauer des Verdampfungsvorgangs: wenige Stunden
4. Nachbehandlung der nicht verdampfbaren Rückstände durch thermische Verwertung (Verbrennung) und des Filtrats durch Nanofiltration und Umkehrosmose

Nichtwassermischbare Kühlschmierstoffe

1. Bei zu hoher Feststoffbelastung vor allem Entfernung der metallischen Feststoffe mittels geeigneter Reinigungsverfahren
2. Bei Vermischung mit Wasser ist zu prüfen, ob der KSS ohne Vorbehandlung entsorgt werden kann oder ob eine entsprechende Trennung in eine Ölphase und eine Wasserphase erfolgen muss, wie bei wassergemischten Kühlschmierstoffen.

Sonstige (ölhaltige) Rückstände

1. Reduzierung der Abfallmengen (ölbehaftete Späne, Schleifschlämme) durch Entölung und Entwässerung in Zentrifugen und Pressen
2. Wiederverwendung der abgetrennten Kühlschmierstoffe
3. Sammlung der nicht wieder verwendbaren, ölhaltigen Abfälle und Entsorgung gemäß der Bestimmungen des Kreislaufwirtschafts- und Abfallgesetzes (KrW-/AbfG) (vgl. S. 412)

F

Drehen

Übersicht der Drehverfahren (Auswahl)

Querplandrehen

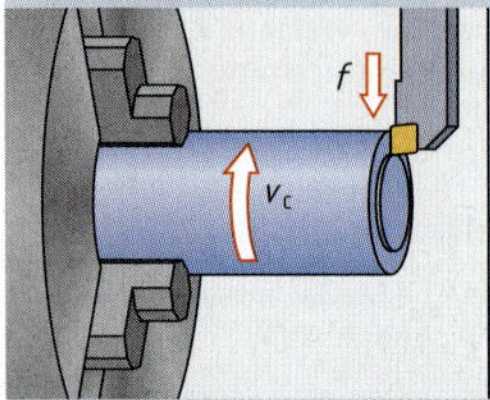

Werkzeug	Plandrehmeißel oder Schruppdrehmeißel	
	Wendeschneidplatte (Hartmetall)	ε = 80°, 90° $\varkappa$ = 45°…97° r_ε = 0,8…1,2 mm
Schnittgrößen	Schnittgeschwindigkeit	v_c = Startwert je nach Werkstoff (S. 320, 322)
	Vorschub	f = 0,1…0,2 mm
	Schnitttiefe	a_p = 1…2 mm

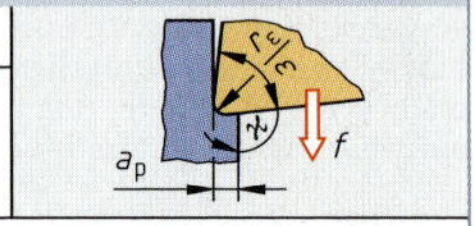

Längsrunddrehen – Vorbearbeitung (mittlere Bearbeitung, Schruppen)

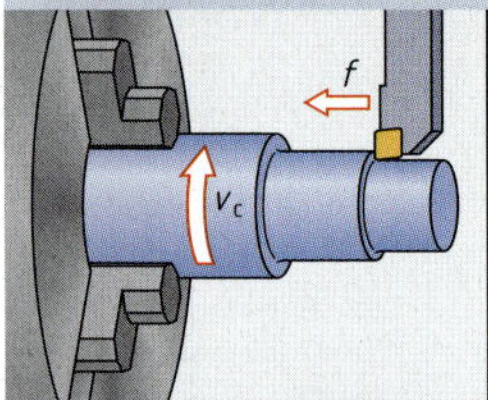

Werkzeug	Schruppdrehmeißel	
	Wendeschneidplatte (Hartmetall)	ε = 80°, 55° $\varkappa$ = 93°–95° r_ε = 0,8…1,2 mm
Schnittgrößen	Schnittgeschwindigkeit	v_c = Startwert je nach Werkstoff (S. 320, 322)
	Vorschub	f = 0,25…0,6 mm (S. 304)
	Schnitttiefe	a_p = 2…6 mm (S. 304)

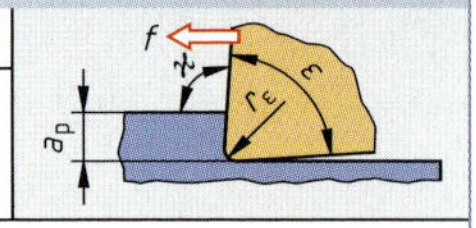

Längsrunddrehen, Konturdrehen – Fertigbearbeitung (Schlichten)

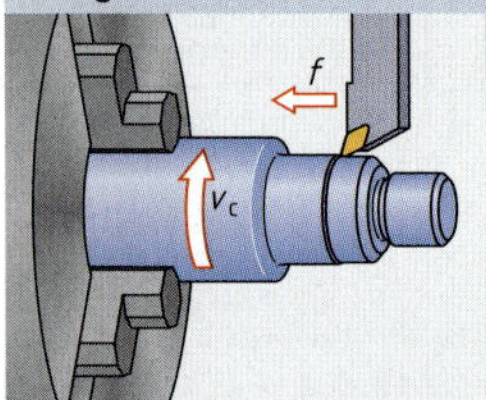

Werkzeug	Schlichtdrehmeißel	
	Wendeschneidplatte (Hartmetall)	ε = 55°, 35° $\varkappa$ = 93°…107,5° r_ε = 0,2…0,8 mm
Schnittgrößen	Schnittgeschwindigkeit	v_c = Startwert je nach Werkstoff (S. 320, 322)
	Vorschub	f = 0,1…0,25 mm (S. 304)
	Schnitttiefe	a_p = 0,2…2 mm (S. 304)

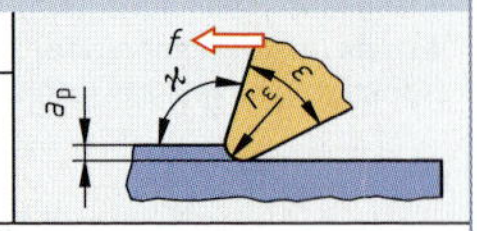

Gewindedrehen

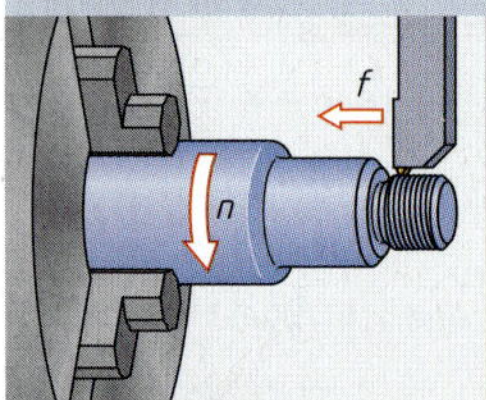

Werkzeug	Gewindedrehmeißel	
	Eckenwinkel der Schneidplatte (Hartmetall)	Metrisches Gewinde: ε = 60° Whitworth-Gewinde: ε = 55° Trapezgewinde: ε = 30°
Schnittgrößen	Schnittgeschwindigkeit	v_c = Startwert je nach Werkstoff (S. 321)
	Vorschub	f = P (Steigung des Gewindes, S. 210)
	Anzahl der Schnitte	i = Zustellungen + Leerschnitte (S. 321)

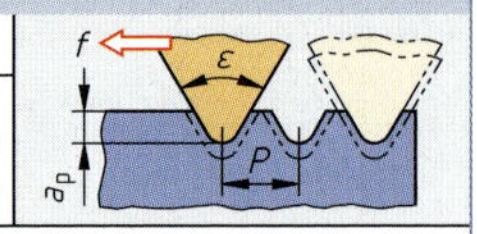

Abstechdrehen, Einstechdrehen

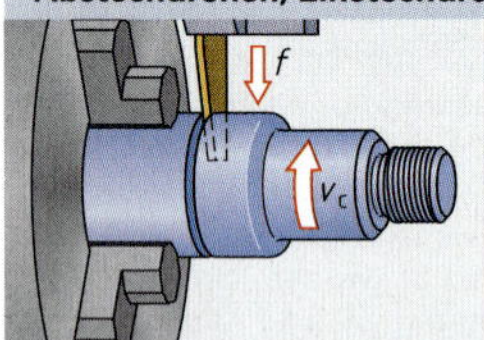

Werkzeug	Abstechdrehmeißel, Einstechdrehmeißel	
	Stechmaße der Schneidplatte (Hartmetall)	Schnittbreite: a_p = 0,6…6 mm maximale Stechtiefe: t_{max} = 5…50 mm
Schnittgrößen	Schnittgeschwindigkeit	v_c = Startwert je nach Werkstoff (S. 322)
	Vorschub	f = 0,05…0,15 mm

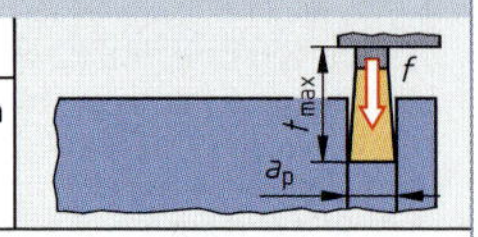

Innendrehen – Fertigbearbeitung (Schlichten)

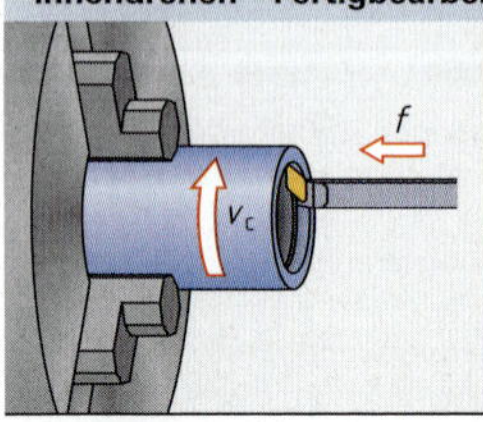

Werkzeug	Innenschlichtdrehmeißel	
	Wendeschneidplatte (Hartmetall)	ε = 35°, 55° $\varkappa$ = 93°–107,5° r_ε = 0,2…0,8 mm
Schnittgrößen	Schnittgeschwindigkeit	v_c = Startwert je nach Werkstoff (S. 320, 322)
	Vorschub	f = 0,05…0,2 mm
	Schnitttiefe	a_p = 0,5…1 mm

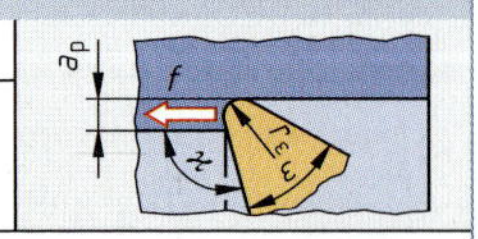

ε = Eckenwinkel (Seiten 310, 319) r_ε = Eckenradius (Seiten 310, 317, 319) $\varkappa$ = Einstellwinkel (Seiten 318, 319)

F

Fertigungsplanung beim Drehen

Fertigungsaufgabe: Drehen eines Gewindebolzens

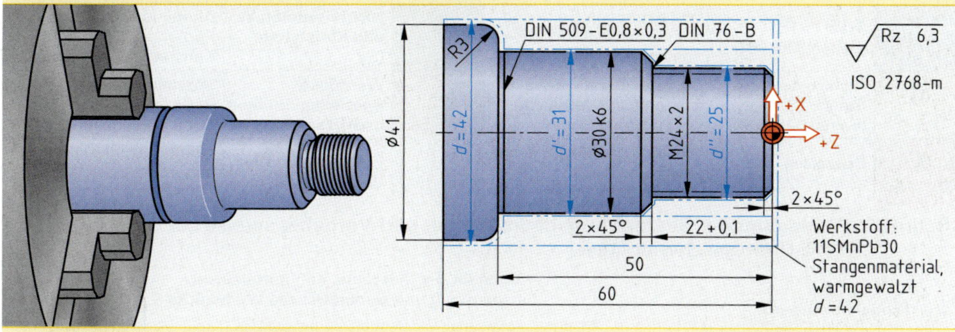

Arbeitsplanung zum CNC-Drehen des Gewindebolzens[1)]

Nr.	Arbeitsvorgang	Werkzeug[2)], Prüfmittel	Schnittgrößen	Bemerkungen
10	Halbzeug prüfen und einspannen	Messschieber, Stahlmaßstab	–	• Stangenmaterial eingespannt im Dreibackenfutter
20	Werkstücknullpunkt setzen	–	–	• Lage des Werkstücknullpunkts siehe Fertigungszeichnung
30	Werkstück querplandrehen (d = 42 mm)	Plandrehmeißel T1	v_c = 250 m/min f = 0,2 mm (n = 1894 1/min) a_p = 1 mm i = 1	• 11SMnPb30: Automatenstahl mit $R_m \leq$ 570 N/mm² • v_c: Startwert bei „normalen" Bearbeitungsbedingungen (Seiten 316, 320) • auf einer CNC-Maschine werden für die Drehbearbeitung v_c, f und a_p programmiert, die Drehzahl wird automatisch berechnet (Seite 359)
40	Werkstückansätze durch längsrunddrehen schruppen (d = 42 mm, d' = 31 mm, d'' = 25 mm)	Schruppdrehmeißel T2	v_c = 200 m/min (n = 1515 1/min) f = 0,45 mm i_1 = 2 a_p = 3 mm i_2 = 1	
50	Kontur des Werkstücks schlichten (d''' = 24 mm)	Schlichtdrehmeißel T3	v_c = 300 m/min f = 0,1 mm (n = 3978 1/min) a_p = 0,5 mm i = 1	
60	Gewinde M24x2 drehen (d''' = 24 mm)	Gewindedrehmeißel T4	v_c = 150 m/min (n = 1989 1/min) f = 2 mm i = 12	• beim Gewindedrehen wird immer n angegeben
70	Werkstück abstechdrehen (d = 42 mm)	Abstechdrehmeißel T5	v_c = 155 m/min (n = 1174 1/min) f = 0,05 mm i = 1	• beim Abstechdrehen wird v_c und f angegeben
80	Werkstück abtrennen und prüfen	Messschieber, Tiefenmessschieber, Rachenlehre, Bügelmessschraube, Gewindelehre		• verbleibender Zapfen wird nach dem Drehen geglättet

v_c Schnittgeschwindigkeit
n Drehzahl
f Vorschub
d Außendurchmesser
d_a Anfangsdurchmesser
d_e Enddurchmesser
a_p Schnitttiefe
i_Z Anzahl der Zustellungen
i Anzahl der Schnitte
i_L Leerdurchläufe ohne Zustellung

Berechnung der Drehzahl für das Gewindedrehen

Nr. 60:

$$n = \frac{v_c}{\pi \cdot d} = \frac{150\,000 \text{ mm/min}}{\pi \cdot 24 \text{ mm}} = 1989 \frac{1}{\text{min}}$$

Überprüfung der Anfangsdrehzahlen

Nr. 30:

$$n = \frac{v_c}{\pi \cdot d} = \frac{250\,000 \text{ mm/min}}{\pi \cdot 42 \text{ mm}} = 1894 \frac{1}{\text{min}}$$

Nr. 40:

$$n = \frac{v_c}{\pi \cdot d} = \frac{200\,000 \text{ mm/min}}{\pi \cdot 42 \text{ mm}} = 1515 \frac{1}{\text{min}}$$

Nr. 50:

$$n = \frac{v_c}{\pi \cdot d'''} = \frac{300\,000 \text{ mm/min}}{\pi \cdot 24 \text{ mm}} = 3978 \frac{1}{\text{min}}$$

Nr. 70:

$$n = \frac{v_c}{\pi \cdot d} = \frac{155\,000 \text{ mm/min}}{\pi \cdot 42 \text{ mm}} = 1174 \frac{1}{\text{min}}$$

Anzahl der Schnitte beim Schruppen

$$i \geq \frac{d_a - d_e}{2 \cdot a_p} \Rightarrow i_1 \geq \frac{42 \text{ mm} - 31 \text{ mm}}{2 \cdot 3 \text{ mm}} \Rightarrow 2$$

$$i_2 \geq \frac{31 \text{ mm} - 25 \text{ mm}}{2 \cdot 3 \text{ mm}} \Rightarrow 1$$

Anzahl der Schnitte beim Gewindedrehen (S. 321)

$i = i_{ZL} + i_L$

i = 10 Zustellungen + 2 Leerdurchläufe = 12 Schnitte

Drehzahl

$$n = \frac{v_c}{\pi \cdot d}$$

Die berechnete Drehzahl wird ganzzahlig abgerundet.

Anzahl der Schnitte beim Schruppen

$$i \geq \frac{d_a - d_e}{2 \cdot a_p}$$

Anzahl der Schnitte beim Gewindedrehen

$$i = i_Z + i_L$$

Die berechnete Anzahl der Schnitte wird immer ganzzahlig aufgerundet.

F

[1)] Der Arbeitsplan bezieht sich auf eine CNC-Drehmaschine ohne Gegenspindel mit Kühlschmiermitteleinsatz.
[2)] Weitere Angaben zu den Werkzeugen werden in der Werkzeugtabelle auf Seite 359 aufgeführt.

Fertigungsplanung beim Drehen

Schritt 1: Bestimmung der Hartmetall-Schneidstoffgruppe anhand des Werkstoffs (Seite 309)

P P10…30	**Stahl** (Seiten 320, 321)	alle Arten von Stahl und Stahlguss außer Nichtrostender Stahl	**N** N10…20	**Nichteisenmetalle und Kunststoffe** (Seiten 320, 321)	Aluminiumlegierungen, Kupferlegierungen, Kunststoffe
M M10…30	**Nichtrostender Stahl** (Seiten 320, 321)	Nichtrostender Stahl: austenitisch, ferritisch und martensitisch	**S** S01…20	**Warmfeste Speziallegierungen und Titan**	Speziallegierungen auf Basis von Eisen, Nickel, Cobalt, Titanlegierungen
K K01…30	**Gusseisen** (Seiten 320, 321)	Gusseisen mit Lamellen- und Kugelgrafit, Temperguss	**H** H01…15	**Harte Werkstoffe** (Seite 322)	gehärteter Stahl und gehärtete Gusseisenwerkstoffe

Schritt 2: Festlegung der Bearbeitungsbedingungen und Vorgehensweise zur Ermittlung der Schnittgeschwindigkeit

Art des Schneideneingriffs	Stabilität der Maschine, Kühlmitteleinsatz, Einspannung und Geometrie des Werkstücks ++	+	–
glatter, gleichmäßiger Schnitt, vorbearbeitete Oberfläche	günstige Bearbeitungsbedingungen	**normale** Bearbeitungsbedingungen	normale bis ungünstige Bearbeitungsbedingungen
wechselnde Schnitttiefe, Guss- oder Schmiedehaut	günstige bis normale Bearbeitungsbedingungen	**normale** Bearbeitungsbedingungen	ungünstige Bearbeitungsbedingungen
ungleichmäßiger Schnitt mit Unterbrechungen	**normale** Bearbeitungsbedingungen	ungünstige Bearbeitungsbedingungen	sehr ungünstige Bearbeitungsbedingungen

Beispiel Gewindebolzen (Seite 315)

1. Zuordnung der **Werkstoffgruppe** (Seite 139) und **Schneidstoffgruppe** (Seite 309) ⇒ 11SMnPb30: Automatenstahl mit $R_m \leq 570$ N/mm² Schneidstoffgruppe P
2. Auswahl des **Drehverfahrens** (Seite 314) ⇒ Drehverfahren: Längsrunddrehen (Schruppen)
3. Wahl der Schnittgeschwindigkeit aus **Tabelle Seite 320** **Startwert v_c** bei normalen Bearbeitungsbedingungen, kleineres v_c bei ungünstigen Bearbeitungsbedingungen, größeres v_c bei günstigen Bearbeitungsbedingungen ⇒ **Tabelle „Längsrunddrehen (Schruppen)"**, normale Bearbeitungsbedingungen (CNC-Maschine mit Kühlschmiermittel, glatter Schnitt) ⇒ Startwert v_c = 200 m/min

Schritt 3: Auswahl der Grundform und der Schneidkante

Grundform	Schneidkantenbeispiele (Herstellerabhängig)	Anwendungsbeispiele
	Schruppdrehen für mittlere bis schwere Bearbeitung	
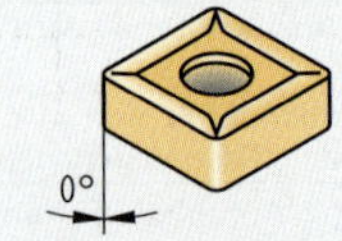 Wendeschneidplatten mit negativer Grundform (Freiwinkel α_n = 0°)		Längs- und Plandrehen von Gusseisenwerkstoffen
	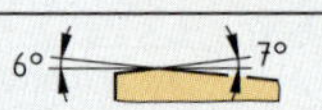	Längs- und Plandrehen von Stahl, für geschmiedete und vorbearbeitete Werkstücke mit geringer Toleranz
	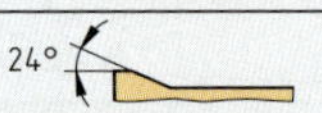	Längs- und Plandrehen von Stahl, hohe Schneidkantenstabilität
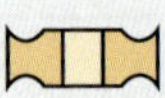 negative Grundform doppelseitig	**Schlichtdrehen**	
		Längs- und Planschlichtdrehen von Stahl und Gusseisenwerkstoffen
 negative Grundform einseitig		Längs- und Planschlichtdrehen leichtschneidende Geometrie für niedrige Schnittkräfte
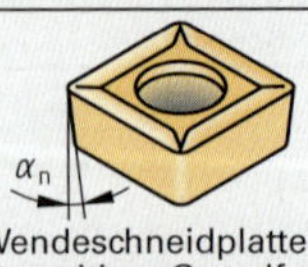 Wendeschneidplatten mit positiver Grundform (Freiwinkel α_n = 3°…30°)	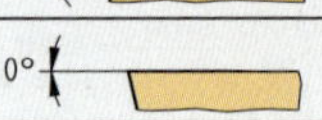	Schlichtdrehen für mittlere Bearbeitung Längs- und Plandrehen von Gusseisenwerkstoffen
	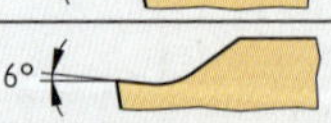	Schlichtdrehen von Stahl leichtschneidende Geometrie für niedrige Schnittkräfte
		Schlichtdrehen von Al und anderen NE-Metallen Längs- und Plandrehen bei hoher Schnittgeschwindigkeit
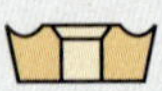 positive Grundform	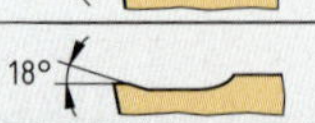	Schlichtdrehen von Stahl Längs- und Plandrehen mit Schnittunterbrechungen

Abhängigkeit der Schnittdaten von der Grundform

positive Grundform | negative Grundform, doppelseitig | negative Grundform, einseitig

zunehmende Schnittkraft, Schnitttiefe und zunehmender Vorschub

F

Fertigungsplanung beim Drehen

Schritt 4: Auswahl der Plattengeometrie

Wendeschneidplattenformen Bezeichnung (Seite 310) ε Eckenwinkel	Schneidenlänge / Schneidendurchmesser	Schruppen $f = 0{,}25 \ldots 0{,}6$ mm	leichtes Schruppen/Vorschlichten $f = 0{,}2 \ldots 0{,}3$ mm	Schlichten $f = 0{,}1 \ldots 0{,}25$ mm	Längsdrehen	Formdrehen	Plandrehen	vielseitige Einsatzmöglichkeiten	geringe vorhandene Maschinenleistung	vorhandene Vibrationsneigung des Werkstücks	harte Werkstoffe	Schnittunterbrechungen	benötigter großer Einstellwinkel $\varkappa$	benötigter kleiner Einstellwinkel $\varkappa$
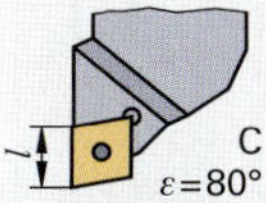 l C $\varepsilon = 80°$	Schneidenlänge l in mm (Seite 310) 6…15	●	●	○	●	◐	●	●	○	○	○	◐	●	●
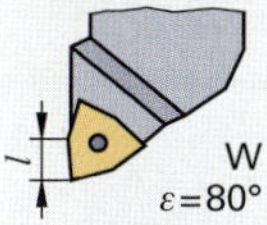 l W $\varepsilon = 80°$	Schneidenlänge l in mm (Seite 310) 6…8	●	●	○	◐	◐	●	◐	○	◐	○	◐	●	●
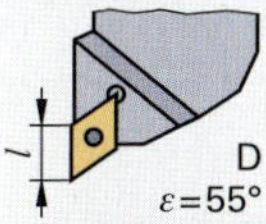 l D $\varepsilon = 55°$	Schneidenlänge l in mm (Seite 310) 6…15	○	●	●	●	●	◐	●	◐	●	○	○	●	◐
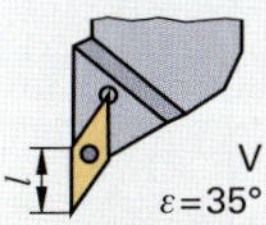 l V $\varepsilon = 35°$	Schneidenlänge l in mm (Seite 310) 11…22	○	○	●	●	●	○	◐	●	●	○	○	●	○
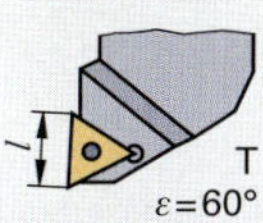 l T $\varepsilon = 60°$	Schneidenlänge l in mm (Seite 310) 11…16	●	◐	◐	●	●	◐	●	◐	◐	○	○	●	●
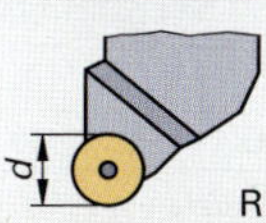 d R	Schneidendurchmesser d in mm (Seite 310) 10…32	●	○	○	○	○	◐	◐	○	○	●	●	–	–

● sehr gut geeignet ◐ geeignet ○ nicht geeignet

Erreichbare Rautiefe in Abhängigkeit des Eckenradius und des Vorschubs

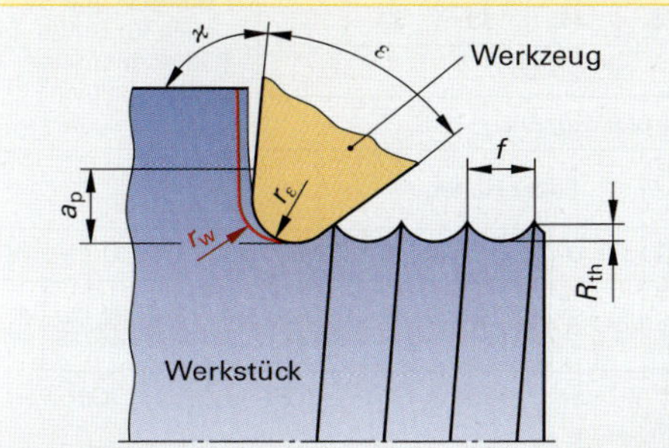

- Beim CNC-Drehen gilt: $r_\varepsilon \leq (r_w - 0{,}1 \text{ mm})$
- Rautiefe R_z und Eckenradius r_ε des Werkzeugs können zur Ermittlung des Vorschubs beim Schlichten herangezogen werden.

R_{th} theoretische Rautiefe
r_ε Eckenradius
r_w Werkstückradius
f Vorschub
a_p Schnitttiefe
ε Eckenwinkel
$\varkappa$ Einstellwinkel

Theoretische Rautiefe

$$R_{th} = \frac{f^2}{8 \cdot r_\varepsilon}$$

$R_{th} \approx Rz$

Beispiel:

$R_{th} = 6{,}3$ µm; $r_\varepsilon = 0{,}4$ mm; $f = ?$

$$\boldsymbol{f} \approx \sqrt{8 \cdot r_\varepsilon \cdot R_{th}}$$

$$= \sqrt{8 \cdot 0{,}4 \text{ mm} \cdot 0{,}0063 \text{ mm}} \approx \mathbf{0{,}14\ mm}$$

Rautiefe R_{th} in µm	Eckenradius r_ε in mm 0,2	0,4	0,8	1,2
	Vorschub f in mm			
1,6	0,05	0,07	0,10	0,12
4	0,08	0,11	0,16	0,20
6,3	0,10	0,14	0,20	0,25
10	0,13	0,18	0,25	0,31
16	0,16	0,23	0,32	0,39

F

Fertigungsplanung beim Drehen

Schritt 5: Bestimmung des Klemmhalters

vgl. DIN 4983 (2004-07) und ISO 26623 (2008)

Klemmhalter mit Vierkantschaft DIN 4984

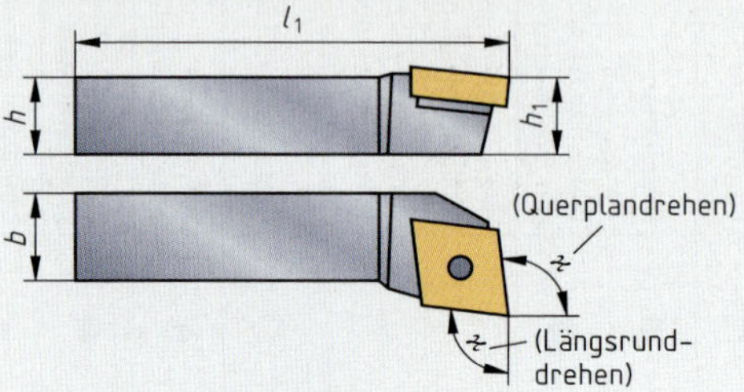

Klemmhalter mit Polygonschaft ISO 26623

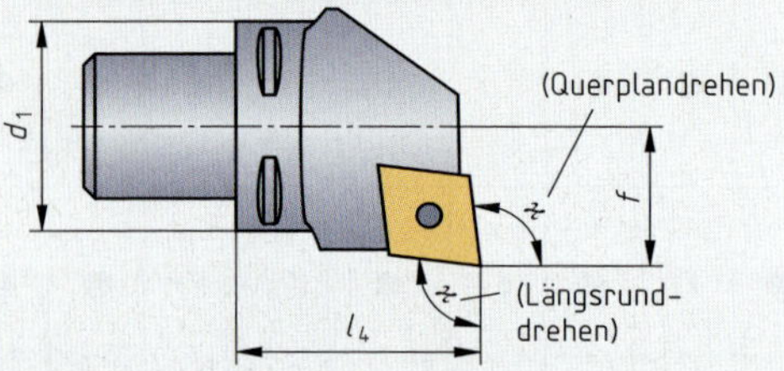

1) Wendeschneidplatten Seite 310

Bezeichnungsbeispiele

DIN 4984 – P C L N L 32 25 M 16

- DIN 4984: Norm-Nummer des Halters
- P: Plattenbefestigung
- C: Plattengeometrie der Wendeschneidplatte[1]
- L: Einstellwinkel und Halterform
- N: Normalfreiwinkel der Platte[1] α_n
- L: Halterausführung
- 32: Höhe der Schneidenecke $h_1 = h$ in mm
- 25: Schaftbreite b in mm
- M: Halterlänge l_1 in mm
- 16: Größe der Wendeschneidplatte[1]

ISO 26623 – C5 – P C L N L 22 110 – 16

(P C L N L ... 16 wie DIN 4984)

- C5: Kupplungsgröße d_1
- 22: Höhe der Schneidenecke f in mm
- 110: Halterlänge l_4 in mm

Kennzeichen		Ausführung				
Plattenbefestigung	Kennbuchstabe	C	D	M	P	S
		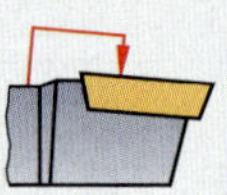	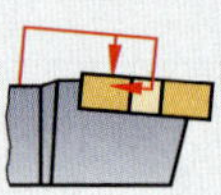	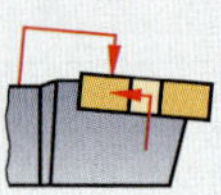	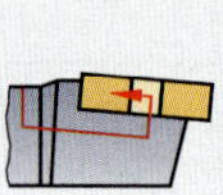	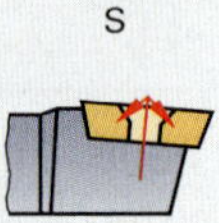
	Befestigung der Wendeschneidplatte	von oben geklemmt	nur von oben über Bohrung geklemmt	von oben und über Bohrung geklemmt	nur von unten über Bohrung geklemmt	durch Befestigungsschrauben geklemmt

Einstellwinkel und Halterform												
abgesetzt 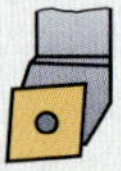	Kennbuchstabe	A	B	D	E	N	V	G	H	J	L	T
	Einstellwinkel $\varkappa$	90	75	45	60	62,5	72,5	90	107,5	93	95	60
	Halterform	gerade						abgesetzt				
	Drehverfahren	Längsrunddrehen										
gerade 	Kennbuchstabe	C	F	K	L	S	U	W	Y	Halter D und S auch für runde Plattengeometrie (R) erhältlich		
	Einstellwinkel $\varkappa$	90	90	75	95	45	93	60	85			
	Halterform	gerade	abgesetzt									
	Drehverfahren	Querplandrehen										

Halterausführung	Kennbuchstabe	R rechter Halter	L linker Halter	N neutraler Halter (beidseitig)

Halterlänge (nur bei DIN 4984)	A	B	C	D	E	F	G	H	J	K	L	M	N	P	Q	R	S	T	U	V	W
l_1 bzw. l_4 in mm	32	40	50	60	70	80	90	100	110	125	140	150	160	170	180	200	250	300	350	400	450

Kupplungsgröße (nur ISO 26623)					
Kennbuchstabe	C3	C4	C5	C6	C8
Durchmesser d_1 in mm	32	40	50	63	80

⇒ **Halter DIN 4984 – PCJNL 3225 M 16:** Klemmhalter mit Vierkantschaft, von unten über Bohrung geklemmt (P), Wendeschneidplatte mit $\varepsilon = 80°$ (C), Einstellwinkel $\varkappa = 95°$ (L), negative Grundform der Platte mit $\alpha_n = 0°$ (N), linker Halter (L), $h_1 = h = 32$ mm (32), $b = 25$ mm (25), $l_1 = 150$ mm (M), Schneidenlänge $l = 16$ mm (16)

F

Fertigungsplanung beim Drehen

Winkel und Flächen am Drehmeißel beim Längsrunddrehen

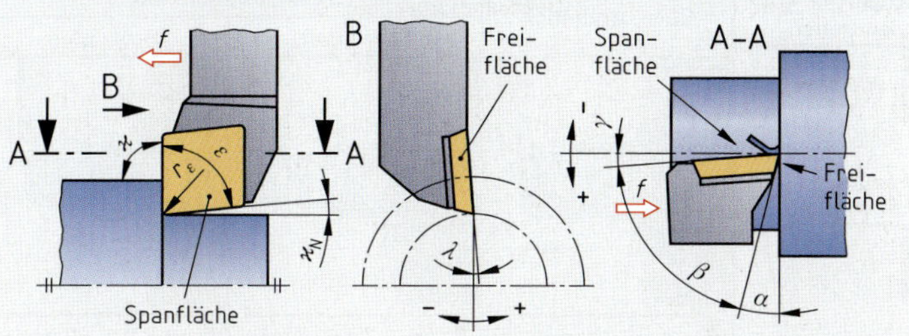

Stahl: $\lambda = 0° \ldots -4°$
Al-, Cu-Legierungen: $\lambda = 0° \ldots +4°$

$\alpha + \beta + \gamma = 90°$
$\alpha \geq 5°$

- α Freiwinkel
- β Keilwinkel
- γ Spanwinkel
- $\varkappa$ Einstellwinkel der Hauptschneide
- ε Eckenwinkel von Haupt- und Nebenschneide
- $\varkappa_N$ Einstellwinkel der Nebenschneide
- λ Neigungswinkel
- r_ε Eckenradius

Schritt 6: Optimierungsmaßnahmen beim Querplan- und Längsrunddrehen

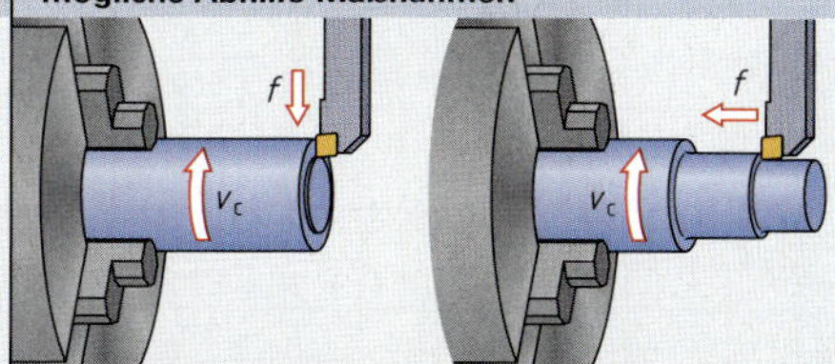

Probleme: Hoher Verschleiß (Frei- u. Spanfläche)	Deformation der Schneidkante	Bildung von Aufbauschneiden	Risse senkrecht zur Schneidkante	Ausbröckelung der Schneidkanten	Bruch der Wendeschneidplatte	Lange Spiralspäne	Vibrationen	mögliche Abhilfe-Maßnahmen
⇓	⇓	⇑		⇑			⇓	Schnittgeschwindigkeit v_c ändern
⇓	⇓				⇓	⇑	⇑	Vorschub f ändern
					•		•	Schnitttiefe verringern
•	•							verschleißfestere Hartmetall-Sorte wählen
			•	•	•			zähere Hartmetall-Sorte wählen
•		•		•			•	positive Schneidengeometrie wählen

• zu lösendes Problem ⇑ Schnittwert erhöhen ⇓ Schnittwert verkleinern

Schritt 7: Einstellen des Oberschlittens beim konventionellen Kegeldrehen[1)]

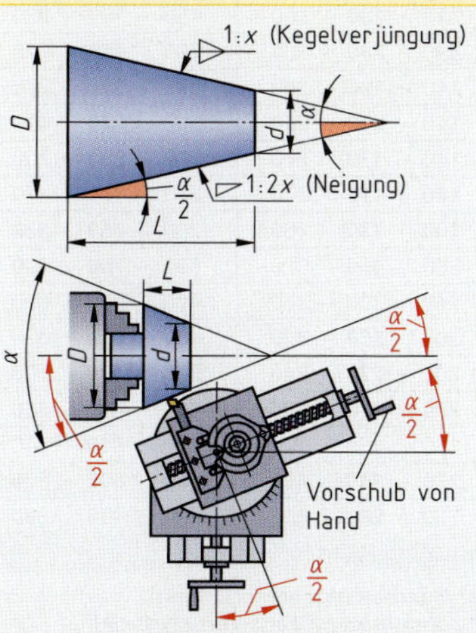

- D großer Kegeldurchmesser
- d kleiner Kegeldurchmesser
- L Kegellänge
- α Kegelwinkel
- C Kegelverjüngung
- $\frac{\alpha}{2}$ Einstellwinkel

Beispiel:

$D = 225$ mm, $d = 150$ mm, $L = 100$ mm; $\frac{\alpha}{2} = ?$; $C = ?$

$$\tan\frac{\alpha}{2} = \frac{D-d}{2 \cdot L} = \frac{(225-150)\text{ mm}}{2 \cdot 100\text{ mm}} = 0{,}375$$

$$\frac{\alpha}{2} = \mathbf{20{,}556° = 20°\,33'\,22''}$$

$$C = \frac{D-d}{L} = \frac{(225-150)\text{ mm}}{100\text{ mm}} = 0{,}75 = \mathbf{1 : 1{,}33}$$

Einstellwinkel

$$\tan\frac{\alpha}{2} = \frac{C}{2}$$

$$\tan\frac{\alpha}{2} = \frac{D-d}{2 \cdot L}$$

Kegelwinkel

$$\alpha = 2 \cdot \frac{\alpha}{2}$$

Kegelverjüngung

$$C = \frac{D-d}{L}$$

Kegelverhältnis

$$C = 1 : x$$

F

1) Kontur- und Kegeldrehen an CNC-Drehmaschinen Seiten 351, 355

Schnittdaten beim Drehen

Richtwerte für das Drehen mit Hartmetall (HM)-Werkzeugen

v_c Schnittgeschwindigkeit
n Drehzahl
f Vorschub
a_p Schnitttiefe
d Außendurchmesser
d_m mittlerer Durchmesser (Seiten 324, 325)

Querplandrehen

$$n = \frac{v_c}{\pi \cdot d_m}$$

Längsrunddrehen

$$n = \frac{v_c}{\pi \cdot d}$$

Querplandrehen

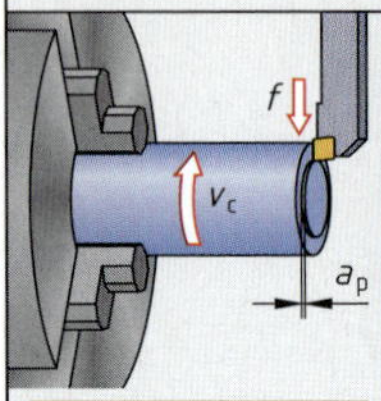

a_p = 1…2 mm

Längsrunddrehen – Schruppen

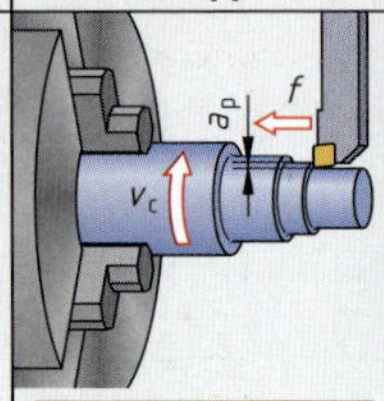

a_p = 2…6 mm

Längsrunddrehen – Schlichten

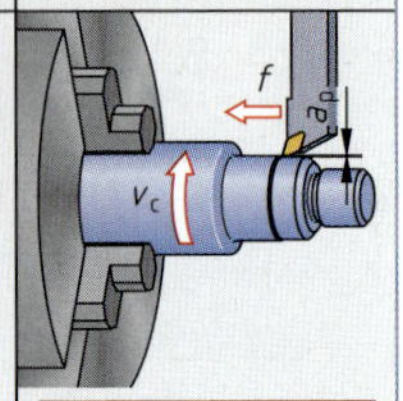

a_p = 0,2…2 mm

Schneidstoffgruppe	Werkstoff der Werkstücke: Werkstoffgruppe	mittlere Zugfestigkeit R_m in N/mm² bzw. Härte HB	Querplandrehen, Vorschub f = 0,2…0,1 mm: Schnittgeschwindigkeit v_c[1] in m/min	Längsrunddrehen Schruppen, Vorschub f = 0,6…0,25 mm: Schnittgeschwindigkeit v_c[1] in m/min	Längsrunddrehen Schlichten, Vorschub f = 0,25…0,1 mm: Schnittgeschwindigkeit v_c[1] in m/min
P	Baustahl	$R_m \le 500$	210 – **280** – 350	150 – **220** – 300	280 – **340** – 400
		$R_m > 500$	160 – **230** – 300	100 – **170** – 240	220 – **290** – 350
	Automatenstahl	$R_m \le 570$	180 – **250** – 320	130 – **200** – 270	240 – **300** – 360
		$R_m > 570$	130 – **200** – 270	100 – **160** – 220	200 – **250** – 360
	Einsatzstahl	$R_m \le 570$	200 – **270** – 320	150 – **210** – 260	250 – **320** – 300
		$R_m > 570$	160 – **220** – 270	110 – **160** – 210	200 – **270** – 340
	Vergütungsstahl, unlegiert	$R_m \le 650$	180 – **250** – 320	120 – **190** – 240	220 – **300** – 380
		$R_m > 650$	110 – **200** – 280	110 – **150** – 200	190 – **250** – 310
	Vergütungsstahl, legiert	$R_m \le 750$	100 – **160** – 220	90 – **130** – 180	125 – **185** – 245
		$R_m > 750$	80 – **130** – 180	70 – **110** – 160	100 – **150** – 200
	Werkzeugstahl	$R_m \le 750$	95 – **145** – 195	85 – **125** – 170	115 – **165** – 215
		$R_m > 750$	60 – **110** – 160	40 – **80** – 120	100 – **140** – 180
	Stahlguss	$R_m \le 700$	140 – **180** – 220	105 – **155** – 180	160 – **200** – 240
		$R_m > 700$	100 – **135** – 170	80 – **110** – 140	130 – **160** – 190
M	Nichtrostender Stahl, austenitisch	$R_m \le 680$	140 – **170** – 200	90 – **110** – 130	200 – **230** – 260
		$R_m > 680$	100 – **120** – 140	70 – **90** – 110	130 – **150** – 170
	Nichtrostender Stahl, ferritisch	$R_m \le 700$	180 – **215** – 240	160 – **180** – 200	230 – **250** – 270
	Nichtrostender Stahl, martensitisch	$R_m > 500$	130 – **160** – 190	110 – **130** – 150	150 – **190** – 230
K	Gusseisen mit Lamellengrafit	≤ 200 HB	300 – **370** – 440	230 – **280** – 330	380 – **450** – 520
		> 200 HB	195 – **250** – 305	140 – **190** – 240	230 – **300** – 370
	Gusseisen mit Kugelgrafit	≤ 250 HB	210 – **270** – 330	160 – **210** – 260	250 – **320** – 410
		> 250 HB	160 – **200** – 250	140 – **170** – 210	180 – **230** – 300
	Temperguss	≤ 230 HB	190 – **235** – 280	140 – **170** – 200	240 – **300** – 370
		> 230 HB	150 – **190** – 230	100 – **130** – 160	200 – **260** – 330
N	Al-Knetlegierung	$R_m \le 300$	350 – **450** – 560	380 – **450** – 520	600 – **700** – 800
	Al-Legierung, ausgehärtet	$R_m > 300$	200 – **320** – 440	240 – **300** – 360	400 – **500** – 600
	Al-Gusslegierungen	≤ 75 HB	310 – **400** – 490	300 – **360** – 420	450 – **550** – 650
		> 75 HB	290 – **330** – 420	200 – **270** – 340	300 – **400** – 500
	CuZn-Legierung (Messing)	$R_m \le 600$	320 – **355** – 390	250 – **270** – 300	400 – **440** – 480
	CuSn-Legierung (Bronze)	$R_m \le 700$	200 – **230** – 260	130 – **150** – 170	280 – **310** – 340
	Thermoplast, Duroplast	–	340 – **430** – 520	270 – **360** – 450	400 – **500** – 600
	Faserverstärkter Kunststoff	–	230 – **320** – 410	190 – **220** – 310	340 – **420** – 500

Auswahlkriterien der Schnittgeschwindigkeit für das Planen, Schruppen und Schlichten

[1] Als **Startwert** wird der **fettgedruckte Wert** von v_c genommen (**„normale"** Bearbeitungsbedingungen).
- Bei **„ungünstigen"** Bearbeitungsbedingungen wird ein kleineres v_c bis zum **unteren Grenzwert** eingestellt.
- Bei **„günstigen"** Bearbeitungsbedingungen wird ein größeres v_c bis zum **oberen Grenzwert** verwendet.

(Erläuterungen zu den Bearbeitungsbedingungen Seite 316)

F

Schnittdaten beim Drehen

Richtwerte für das Drehen mit Hartmetall (HM)-Werkzeugen

v_c Schnittgeschwindigkeit
n Drehzahl
f Vorschub
d Außendurchmesser (Nenndurchmesser des Gewindes)
P Steigung des Gewindes (Seite 210)

Drehzahl

$$n = \frac{v_c}{\pi \cdot d}$$

Abstechdrehen Einstechdrehen | **Gewindedrehen**

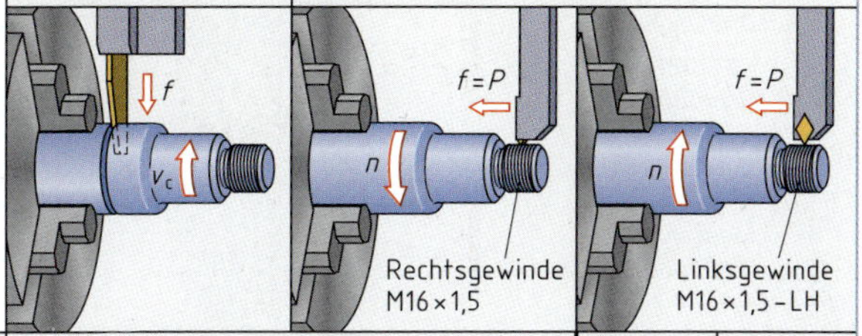

Schneidstoffgruppe	Werkstoff der Werkstücke: Werkstoffgruppe	mittlere Zugfestigkeit R_m in N/mm² bzw. Härte HB	Vorschub f in mm: 0,05 … 0,15 — Schnittgeschwindigkeit v_c[1] in m/min	Vorschub f in mm: $f = P$ — Schnittgeschwindigkeit v_c[1] in m/min	Steigung P in mm von bis	Anzahl der Schnitte (ohne Leerdurchläufe)[2]
P	Baustahl	$R_m \le 500$	140 – **160** – 180	140 – **155** – 170		
P	Baustahl	$R_m > 500$	130 – **150** – 170	130 – **145** – 160		
P	Automatenstahl	$R_m \le 570$	135 – **155** – 175	135 – **150** – 165	0,25	5
P	Automatenstahl	$R_m > 570$	125 – **145** – 165	125 – **140** – 155	≤ 0,50	
P	Einsatzstahl	$R_m \le 570$	140 – **150** – 160	135 – **145** – 155	> 0,50	5
P	Einsatzstahl	$R_m > 570$	130 – **140** – 150	125 – **135** – 145	≤ 0,75	
P	Vergütungsstahl, unlegiert	$R_m \le 650$	115 – **135** – 155	120 – **130** – 140	> 0,75	6
P	Vergütungsstahl, unlegiert	$R_m > 650$	110 – **120** – 130	105 – **115** – 125	≤ 1,00	
P	Vergütungsstahl, legiert	$R_m \le 750$	105 – **115** – 125	100 – **110** – 120	> 1,00	7
P	Vergütungsstahl, legiert	$R_m > 750$	95 – **105** – 115	90 – **100** – 110	≤ 1,25	
P	Werkzeugstahl	$R_m \le 750$	85 – **95** – 105	85 – **95** – 105	> 1,25	7
P	Werkzeugstahl	$R_m > 750$	55 – **75** – 95	50 – **60** – 70	≤ 1,50	
P	Stahlguss	$R_m \le 700$	60 – **80** – 100	60 – **80** – 100	> 1,50	9
P	Stahlguss	$R_m > 700$	50 – **70** – 90	50 – **70** – 90	≤ 1,75	
M	Nichtrostender Stahl, austenitisch	$R_m \le 680$	110 – **130** – 150	110 – **120** – 130	> 1,75	10
M	Nichtrostender Stahl, austenitisch	$R_m > 680$	60 – **80** – 100	60 – **70** – 80	≤ 2,00	
M	Nichtrostender Stahl, ferritisch	$R_m \le 700$	120 – **140** – 160	125 – **135** – 145	> 2,00	11
M	Nichtrostender Stahl, martensitisch	$R_m > 500$	60 – **80** – 100	50 – **70** – 90	≤ 2,50	
K	Gusseisen mit Lamellengrafit	≤ 200 HB	215 – **230** – 245	155 – **170** – 185	> 2,50	13
K	Gusseisen mit Lamellengrafit	> 200 HB	180 – **195** – 210	110 – **130** – 150	≤ 3,00	
K	Gusseisen mit Kugelgrafit	≤ 250 HB	200 – **220** – 240	100 – **110** – 120	> 3,00	13
K	Gusseisen mit Kugelgrafit	> 250 HB	170 – **180** – 190	70 – **80** – 90	≤ 3,50	
K	Temperguss	≤ 230 HB	120 – **150** – 180	90 – **100** – 110	> 3,50	15
K	Temperguss	> 230 HB	100 – **130** – 160	80 – **90** – 100	≤ 4,00	
N	Al-Knetlegierung	$R_m \le 300$	500 – **600** – 700	300 – **350** – 400	> 4,00	15
N	Al-Legierung, ausgehärtet	$R_m > 300$	400 – **500** – 600	200 – **250** – 300	≤ 4,50	
N	Al-Gusslegierungen	≤ 75 HB	250 – **350** – 450	300 – **350** – 400	> 4,50	15
N	Al-Gusslegierungen	> 75 HB	150 – **250** – 350	200 – **250** – 300	≤ 5,00	
N	CuZn-Legierung (Messing)	$R_m \le 600$	200 – **300** – 400	200 – **225** – 250	> 5,00	16
N	CuSn-Legierung (Bronze)	$R_m \le 700$	250 – **200** – 300	160 – **180** – 200	≤ 5,50	
N	Thermoplast, Duroplast	–	250 – **350** – 450	200 – **225** – 250	> 5,50	16
N	Faserverstärkter Kunststoff	–	300 – **400** – 500	180 – **210** – 240	≤ 6,00	

Auswahl der Schnittgeschwindigkeit für das Einstechdrehen, Abstechdrehen und Gewindedrehen

[1] Als **Startwert** wird der **fettgedruckte Wert** von v_c genommen (**„normale"** Bearbeitungsbedingungen).
- Bei **„ungünstigen"** Bearbeitungsbedingungen wird ein kleineres v_c bis zum **unteren Grenzwert** eingestellt.
- Bei **„günstigen"** Bearbeitungsbedingungen wird ein größeres v_c bis zum **oberen Grenzwert** verwendet.

(Erläuterungen zu den Bearbeitungsbedingungen Seite 316)

[2] Nach dem letzten Schnitt wird das Gewinde mit 2 bis 4 Leerdurchläufen (ohne weitere Zustellung) nachgedreht.

F

Schnittdaten beim Drehen

Richtwerte für das Hartdrehen mit kubischem Bornitrid und oxidkeramischen Schneidstoffen

- v_c Schnittgeschwindigkeit
- n Drehzahl
- f Vorschub
- a_p Schnitttiefe
- d Außendurchmesser
- d_m mittlerer Durchmesser (Seiten 324, 325)

Querplandrehen

$$n = \frac{v_c}{\pi \cdot d_m}$$

Längsrunddrehen

$$n = \frac{v_c}{\pi \cdot d}$$

Querplandrehen

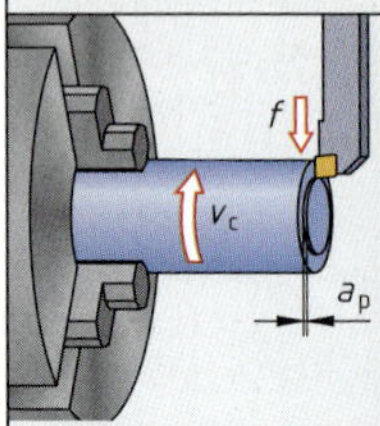

$a_p = 0{,}1 \dots 0{,}4$ mm

Längsrunddrehen – Schruppen

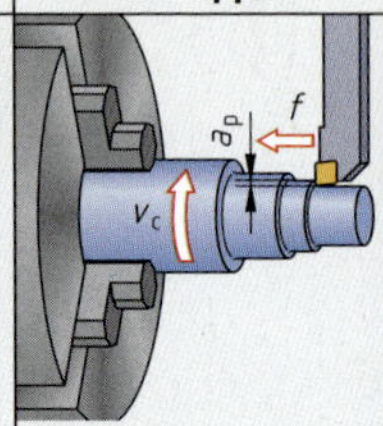

$a_p = 0{,}3 \dots 0{,}7$ mm

Längsrunddrehen – Schlichten

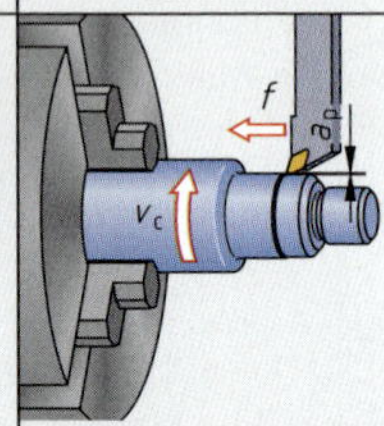

$a_p = 0{,}1 \dots 0{,}3$ mm

Schneidstoffgruppe	Werkstoff der Werkstücke: Werkstoffgruppe	Härte HRC	Querplandrehen	Längsrunddrehen: Schruppen	Längsrunddrehen: Schlichten
			Vorschub f in mm		
			0,15 … 0,1	0,2 … 0,15	0,05 … 0,1
			Schnittgeschwindigkeit v_c [1] in m/min		
H	Gehärteter Stahl, gehärtet und angelassen	≤ 50 HRC	135 – **175** – 215	110 – **145** – 185	165 – **205** – 220
		≤ 55 HRC	115 – **140** – 190	95 – **110** – 155	140 – **175** – 210
		≤ 60 HRC	100 – **120** – 165	80 – **95** – 135	120 – **145** – 180
		≤ 65 HRC	85 – **100** – 140	70 – **80** – 120	105 – **120** – 160
	Gehärtetes Gusseisen	≤ 55 HRC	135 – **150** – 170	100 – **110** – 120	170 – **190** – 220

Richtwerte für das Drehen mit HSS-Werkzeugen

Werkstoff der Werkstücke: Werkstoffgruppe	mittlere Zugfestigkeit R_m in N/mm² bzw. Härte HB	Querplandrehen	Längsrunddrehen: Schruppen	Längsrunddrehen: Schlichten	Einstech-, Abstechdrehen	Gewindedrehen
		Schnitttiefe a_p in mm				
		0,5 … 2	2 … 4	0,5 … 1	0,6 … 6	0,05 … 0,1
		Vorschub f in mm				
		0,2 … 0,1	0,6 … 0,3	0,25 … 0,1	0,02 … 0,1	$f = P$
		Schnittgeschwindigkeit v_c [1] in m/min				
Baustahl	$R_m \leq 500$	50 – **60** – 70	40 – **50** – 60	60 – **70** – 80	30 – **35** – 40	
	$R_m > 500$	40 – **45** – 50	30 – **40** – 50	50 – **55** – 60	20 – **25** – 30	
Automatenstahl	$R_m \leq 570$	30 – **35** – 40	30 – **35** – 40	40 – **45** – 50	20 – **25** – 30	
	$R_m > 570$	23 – **30** – 37	20 – **23** – 26	25 – **30** – 35	16 – **18** – 20	
Einsatzstahl	$R_m \leq 570$	30 – **35** – 40	25 – **30** – 35	35 – **40** – 45	20 – **25** – 30	
	$R_m > 570$	25 – **30** – 35	20 – **23** – 25	25 – **30** – 35	16 – **18** – 20	
Vergütungsstahl, unlegiert	$R_m \leq 650$	30 – **35** – 40	25 – **30** – 35	35 – **40** – 45	20 – **15** – 30	
	$R_m > 650$	20 – **25** – 30	18 – **20** – 22	22 – **28** – 34	12 – **16** – 20	
Werkzeugstahl	$R_m \leq 750$	20 – **25** – 30	18 – **20** – 22	22 – **28** – 34	12 – **16** – 20	
Stahlguss	$R_m > 700$	18 – **21** – 24	14 – **17** – 20	20 – **25** – 30	10 – **13** – 16	
Nichtrostender Stahl – austenitisch, ferritisch	$R_m \leq 680$	19 – **22** – 25	18 – **20** – 22	22 – **26** – 30	11 – **13** – 15	
	$R_m > 680$	12 – **16** – 20	10 – **13** – 16	15 – **20** – 25	8 – **10** – 12	
Gusseisen mit Lamellengrafit	≤ 200 HB	35 – **40** – 45	30 – **35** – 40	40 – **45** – 50	25 – **30** – 35	
	> 200 HB	18 – **20** – 22	14 – **17** – 20	20 – **27** – 34	12 – **16** – 18	
Al-Knetlegierung	$R_m \leq 300$	140 – **160** – 180	120 – **140** – 160	160 – **180** – 200	150 – **175** – 200	
Al-Legierung, ausgehärtet	$R_m > 300$	90 – **100** – 110	80 – **90** – 100	100 – **110** – 120	90 – **100** – 110	
Al-Gusslegierungen	≤ 75 HB	70 – **80** – 90	50 – **65** – 80	80 – **90** – 100	50 – **70** – 90	
CuZn-Legierung (Messing)	$R_m \leq 600$	90 – **100** – 110	80 – **90** – 100	100 – **110** – 120	80 – **90** – 100	
CuSn-Legierung (Bronze)	$R_m \leq 700$	70 – **80** – 90	60 – **70** – 80	80 – **90** – 100	60 – **70** – 80	
Thermoplast, Duroplast	–	225 – **250** – 275	200 – **225** – 250	250 – **275** – 300	150 – **175** – 200	
Faserverstärkter Kunststoff	–	70 – **80** – 90	60 – **70** – 80	80 – **90** – 100	50 – **90** – 70	

[1] Als **Startwert** wird der **fettgedruckte Wert** von v_c genommen (**„normale“** Bearbeitungsbedingungen).

F

Kräfte und Leistungen beim Drehen

Längsdrehen

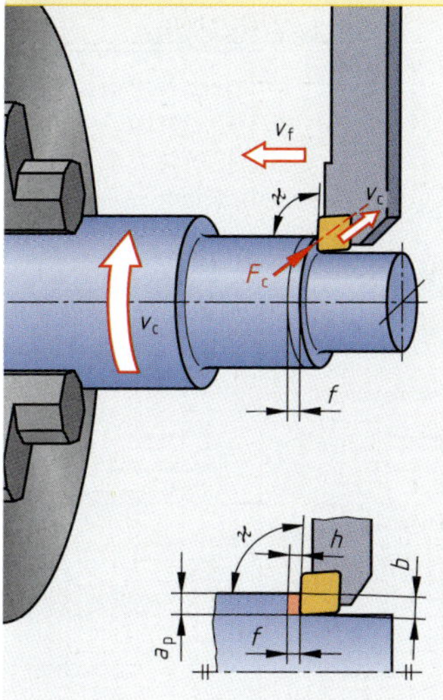

- F_c Schnittkraft in N
- A Spanungsquerschnitt in mm²
- a_p Schnitttiefe in mm
- f Vorschub in je Umdrehung in mm
- h Spanungsdicke in mm
- b Spanungsbreite in mm
- $\varkappa$ Einstellwinkel in Grad (°)
- C_1 Korrekturfaktor für den Schneidstoff
- C_2 Korrekturfaktor für den Schneiden-verschleiß
- v_c Schnittgeschwindigkeit in m/min
- k_c spezifische Schnittkraft in N/mm² (Seite 305)
- $k_{c1.1}$ spezifische Schnittkraft in N/mm² bei h = 1 mm und b = 1 mm (Seite 305)
- m_c Werkstoffkonstante (Seite 305)
- P_c Schnittleistung in kW
- P_1 Antriebsleistung der Maschine in kW
- η Wirkungsgrad der Drehmaschine

Spanungsquerschnitt

$$A = a_p \cdot f$$

$$A = b \cdot h$$

Spanungsdicke

$$h = f \cdot \sin\varkappa$$

Spezifische Schnittkraft

$$k_c = \frac{k_{c1.1}}{h^{m_c}}$$

Schnittkraft[1)]

$$F_c = A \cdot k_c \cdot C_1 \cdot C_2$$

Schnittleistung

$$P_c = F_c \cdot v_c$$

Antriebsleistung

$$P_1 = \frac{P_c}{\eta}$$

Korrekturfaktor C_1 für den Schneidstoff	
Schneidstoff	C_1
Schnellarbeitsstahl	1,2
Hartmetall	1,0
Schneidkeramik	0,9

Korrekturfaktor C_2 für den Schneidenverschleiß	
Schneide	C_2
mit Abstumpfung	1,3
ohne Abstumpfung	1,0

Wirkungsgrad η der Drehmaschine	
Drehmaschine	η
konventionell	0,7–0,8
CNC	0,8–0,85

Beispiel:

Vordrehen des Gewindebolzens (Seite 315) aus 11SMnPb30 mit HM-Wendeschneidplatten; mit Abstumpfung der Werkzeugschneide;
a_p = 3 mm, f = 0,45 mm, v_c = 200 m/min, $\varkappa$ = 95°, η = 0,8

Gesucht: A; h; $k_{c1.1}$, m_c; k_c; C_1; C_2; F_c; P_c; P_1

Lösung 1
mit Berechnung der spezifischen Schnittkraft k_c anhand der Basiswerte

$A = a_p \cdot f = 3\ \text{mm} \cdot 0{,}4\ \text{mm} = \mathbf{1{,}2\ mm^2}$

$h = f \cdot \sin\varkappa = 0{,}45\ \text{mm} \cdot \sin 95° \approx \mathbf{0{,}45\ mm}$

$k_{c1.1}$ = **1200 N/mm²** (Basiswert aus Tabelle Seite 305)

m_c = **0,18** (Basiswert aus Tabelle Seite 305)

$$k_c = \frac{k_{c1.1}}{h^{m_c}} = \frac{1200\ \frac{\text{N}}{\text{mm}^2}}{0{,}45^{0{,}18}} = \mathbf{1385\ \frac{N}{mm^2}}$$

$$F_c = A \cdot k_c \cdot C_1 \cdot C_2 = 1{,}2\ \text{mm}^2 \cdot 1385\ \frac{\text{N}}{\text{mm}^2} \cdot 1{,}0 \cdot 1{,}3 = \mathbf{2161\ N}$$

$$P_c = F_c \cdot v_c = 2161\ \text{N} \cdot 200\ \frac{\text{m}}{60\ \text{s}} = \mathbf{7202\ W = 7{,}2\ kW}$$

$$P_1 = \frac{P_c}{\eta} = \frac{7202\ \text{W}}{0{,}8} = \mathbf{9003\ W = 9\ kW}$$

Lösung 2
mit Ermittlung der spezifischen Schnittkraft k_c aus der Tabelle Seite 305

A = **1,2 mm²**; h = **0,45 mm** (siehe Lösung 1)

k_c = **1415 N/mm²** (k_c aus Tabelle Seite 305 mit h = 0,4 mm)

$$F_c = A \cdot k_c \cdot C_1 \cdot C_2 = 1{,}2\ \text{mm}^2 \cdot 1415\ \frac{\text{N}}{\text{mm}^2} \cdot 1{,}0 \cdot 1{,}3 = \mathbf{2207\ N}$$

$$P_c = F_c \cdot v_c = 2207\ \text{N} \cdot 200\ \frac{\text{m}}{60\ \text{s}} = \mathbf{7358\ W = 7{,}36\ kW}$$

$$P_1 = \frac{P_c}{\eta} = \frac{7358\ \text{W}}{0{,}8} = \mathbf{9198\ W = 9{,}2\ kW}$$

1) Vereinfachungen: Der Einfluss auf die Schnittkraft durch die Schnittgeschwindigkeit v_c und dem Schneidstoff wird durch einen gemeinsamen Korrekturfaktor C_1 berücksichtigt. Die Größe des Spanwinkels und des Neigungswinkels wird vernachlässigt.

Hauptnutzungszeit beim Drehen mit konstanter Drehzahl

Hauptnutzungszeit beim Längsrunddrehen und Querplandrehen

t_h	Hauptnutzungszeit	l_u	Überlaufweg
d, d_a	Außen-, Anfangsdurchmesser	L	Vorschubweg
d_1	Ansatz-, Innendurchmesser	f	Vorschub je Umdrehung
d_m	mittlerer Durchmesser[1]	n	Drehzahl
d_e	Enddurchmesser	i	Anzahl der Schnitte[2]
l	Werkstücklänge	v_c	Schnittgeschwindigkeit
l_a	Anlaufweg	a_p	Schnitttiefe

Hauptnutzungszeit

$$t_h = \frac{L \cdot i}{n \cdot f}$$

$l_a = l_u = 1 \dots 2$ mm

Berechnung des Vorschubweges *L*, des mittleren Durchmessers d_m und der Drehzahl *n*

Längsrunddrehen		Querplandrehen		
ohne Ansatz	mit Ansatz	Vollzylinder ohne Ansatz	Vollzylinder mit Ansatz	Hohlzylinder
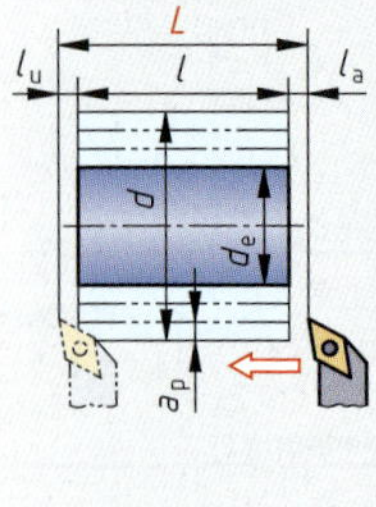	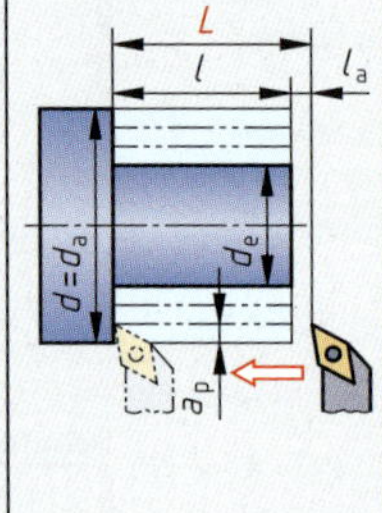	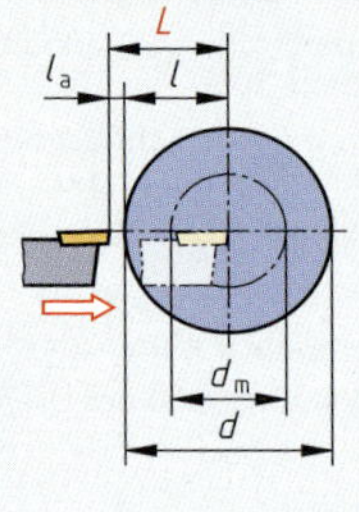	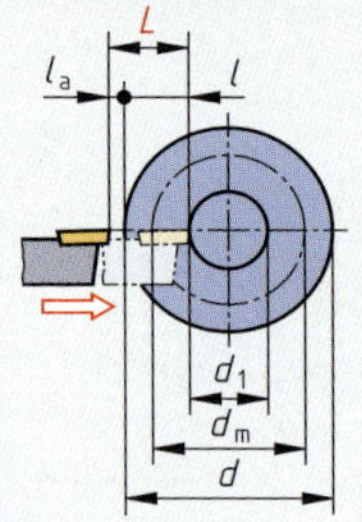	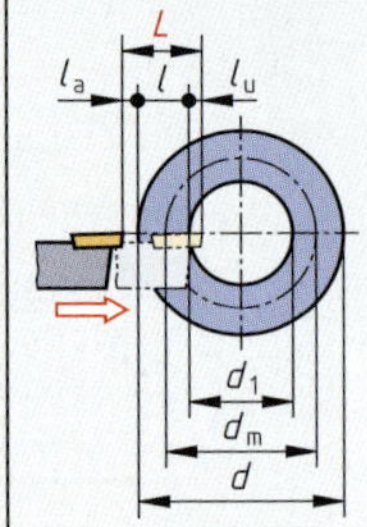
$L = l + l_a + l_u$	$L = l + l_a$	$L = \frac{d}{2} + l_a$	$L = \frac{d - d_1}{2} + l_a$	$L = \frac{d - d_1}{2} + l_a + l_u$
$n = \frac{v_c}{\pi \cdot d}$	$i \geq \frac{d_a - d_e}{2 \cdot a_p}$	$d_m = \frac{d}{2}$; $n = \frac{v_c}{\pi \cdot d_m}$	$d_m = \frac{d + d_1}{2}$; $n = \frac{v_c}{\pi \cdot d_m}$	

[1] Die Verwendung des mittleren Durchmessers d_m führt zu höheren Schnittgeschwindigkeiten. Dadurch ist garantiert, dass bei kleinen Drehzahlen (Innenbereich) noch annehmbare Schnittbedingungen herrschen.

[2] Beim Schlichten wird nur ein Schnitt verwendet (i = 1). Beim Querplandrehen ist i = Aufmaß/Schnitttiefe a_p. Die berechnete Anzahl der Schnitte i wird immer ganzzahlig aufgerundet.

Beispiel: Längsrunddrehen ∅30 des Gewindebolzens (Seite 315) auf einer konventionellen Drehmaschine

Längsrunddrehen (Schruppen) mit Ansatz,
Werkstoff: 11MnPb30 (vgl. Seite 139)
v_c = 130 m/min (vgl. Seite 320)
l_a = 2 mm; f = 0,3 mm; a_p = 3 mm
d = 42 mm; l = 50 mm; i = 2
Gesucht: L; n; t_h

Lösung: $\mathbf{L} = l + l_a = 50\text{ mm} + 2\text{ mm} = \mathbf{52\text{ mm}}$

$$\mathbf{n} = \frac{v_c}{\pi \cdot d} = \frac{130\text{ m/min}}{\pi \cdot 0{,}042\text{ m}} = \mathbf{985\text{ min}^{-1}}$$

$$\mathbf{t_h} = \frac{L \cdot i}{n \cdot f} = \frac{52\text{ mm} \cdot 2}{985\text{ min}^{-1} \cdot 0{,}3\text{ mm}} = \mathbf{0{,}35\text{ min}}$$

Hauptnutzungszeit beim Abstechdrehen und Einstechdrehen

F

Berechnung des Vorschubweges *L* und der Drehzahl *n*

Quer-Abstechen	Quer-Einstechen	Längs-Einstechen
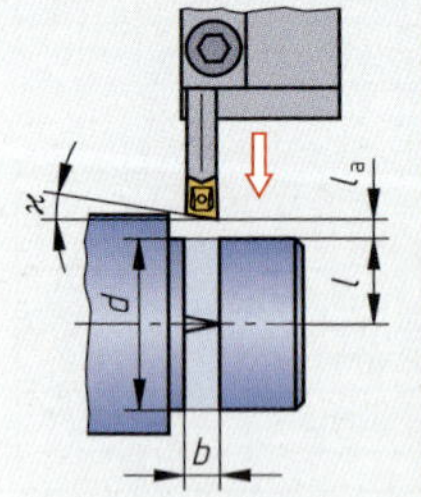	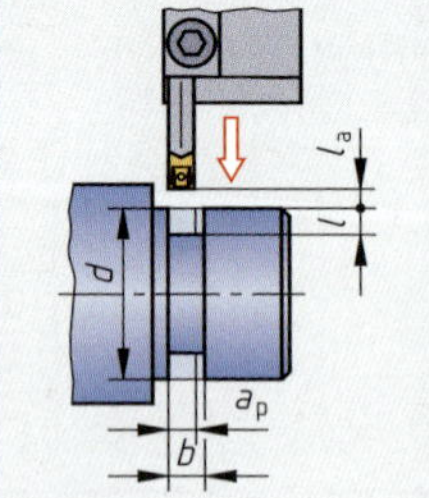	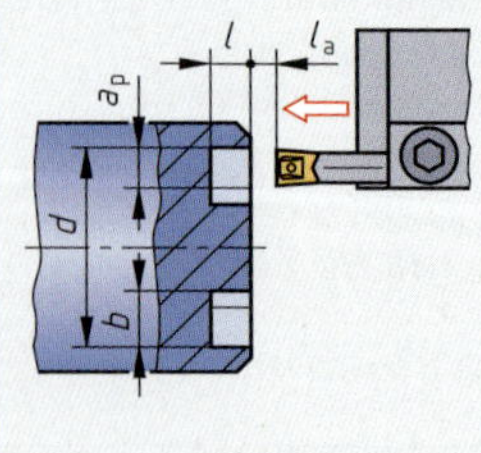
$n = \frac{v_c}{\pi \cdot d}$ $L = l + l_a$	$l_a = 1 \dots 2$ mm	$\varkappa = 0° \dots 25°$

Hauptnutzungszeit

$$t_h = \frac{L \cdot i}{n \cdot f}$$

d	Außendurchmesser
l	Ab-/Einstechtiefe
l_a	Anlaufweg
L	Vorschubweg
f	Vorschub je Umdrehung
n	Drehzahl
i	Anzahl der Schnitte
v_c	Schnittgeschwindigkeit
a_p	Schnittbreite
b	Nutbreite
$\varkappa$	Einstellwinkel

Hauptnutzungszeit beim Drehen mit konstanter Schnittgeschwindigkeit

Hauptnutzungszeit beim CNC-Längsrunddrehen, CNC-Querplandrehen und CNC-Konturdrehen

t_h	Hauptnutzungszeit
d	Außendurchmesser
d_a	Anfangsdurchmesser
d_1, d_2	Ansatz-, Innendurchmesser
d'_1, d'_2	Ansatz-, Innendurchmesser mit Aufmaß zum Schlichten
d_m	mittlerer Durchmesser
d_e	Enddurchmesser
l	Werkstücklänge
l_a	Anlaufweg
l_u	Überlaufweg
L	Vorschubweg[4]
f	Vorschub je Umdrehung
i	Anzahl der Schnitte[3]
v_c	Schnittgeschwindigkeit
a_p	Schnitttiefe

Hauptnutzungszeit

$$t_h = \frac{\pi \cdot d_m}{v_c \cdot f} \cdot (L \cdot i)$$

$l_a = l_u = 1 \dots 2$ mm

Berechnung des Vorschubweges L und des mittleren Durchmessers d_m

Längsrunddrehen[2)]

ohne Ansatz

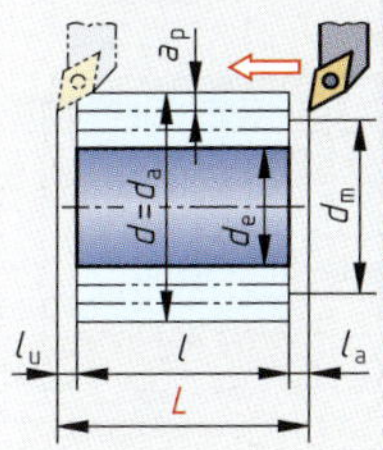

$L = l + l_a + l_u$

$d_m = \frac{d + d_e}{2}$

mit einem Ansatz

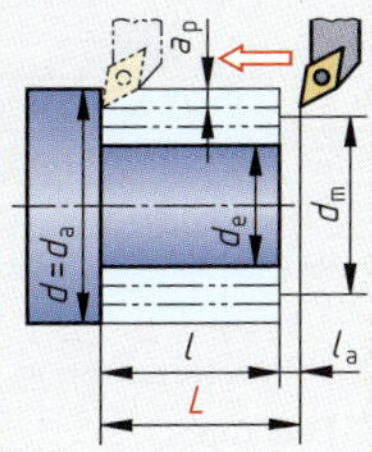

$L = l + l_a$

$i \geq \frac{d_a - d_e}{2 \cdot a_p}$

Querplandrehen

Vollzylinder

ohne Ansatz

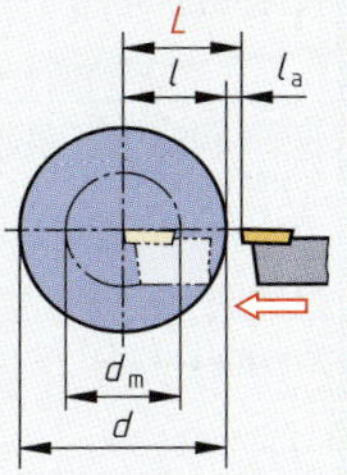

$L = \frac{d}{2} + l_a$

$d_m = \frac{d}{2}$

mit Ansatz

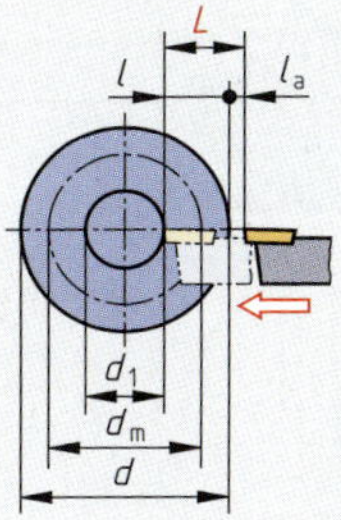

$L = \frac{d - d_1}{2} + l_a$

Hohlzylinder

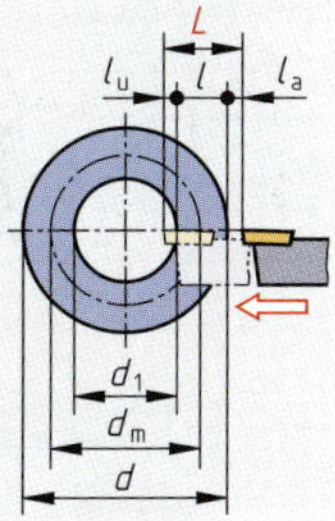

$L = \frac{d - d_1}{2} + l_a + l_u$

Vollzylinder mit Ansatz und Hohlzylinder: $d_m = \frac{d + d_1}{2}$

Berechnung des Vorschubweges L und des mittleren Durchmessers d_m[1)] beim Drehen mehrerer Ansätze

Längsrunddrehen (Schruppen)[2)]

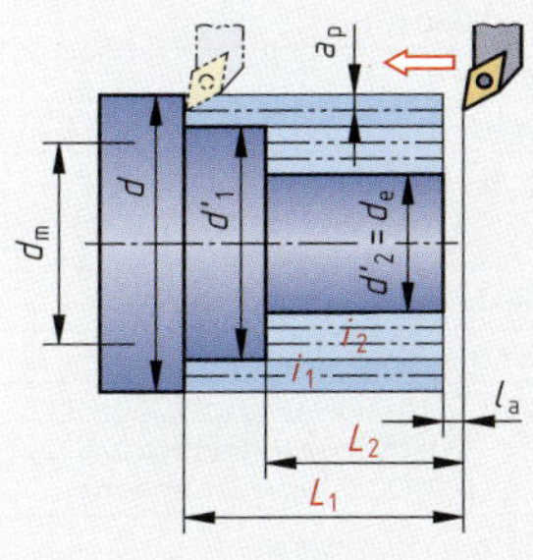

$d'_1 = d_1 + 2 \cdot a_{p\,\text{Schlichten}}$

$i_1 \geq \frac{d - d'_1}{2 \cdot a_{p\,\text{Schruppen}}}$

$L_1 = l_1 + l_a$

$d'_2 = d_2 + 2 \cdot a_{p\,\text{Schlichten}}$

$i_2 \geq \frac{d'_1 - d'_2}{2 \cdot a_{p\,\text{Schruppen}}}$

$L_2 = l_2 + l_a$

$(L \cdot i) = L_1 \cdot i_1 + L_2 \cdot i_2 + \dots$

$d_m = \frac{d + d_e}{2}$

Konturdrehen (Schlichten)

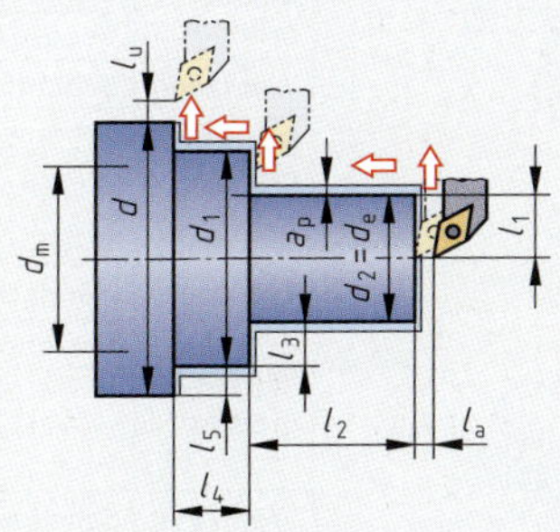

$l_1 = \frac{d_2}{2}$

$l_3 = \frac{d_1 - d_2}{2}$

$l_5 = \frac{d - d_1}{2}$

$i = 1$

$(L \cdot i) = l_a + l_1 + l_2 + l_3 + \dots + l_u$

$d_m = \frac{d + d_e}{2}$

1) Zur vereinfachten Berechnung der Hauptnutzungszeit wird beim Längsrunddrehen und Konturdrehen der mittlere Durchmesser über alle zu drehenden Ansätze bestimmt.

2) Bei der Ermittlung des Vorschubweges zum Schruppen in Längsrichtung wird das Aufmaß zum Schlichten der Planflächen vernachlässigt.

3) Beim Schlichten wird nur ein Schnitt verwendet ($i = 1$). Beim Querplandrehen ist i = Aufmaß/Schnitttiefe a_p. Die berechnete Anzahl der Schnitte i wird immer ganzzahlig aufgerundet.

4) Fasen, Freistiche und Radien werden bei der Berechnung des Vorschubwegs vernachlässigt.

F

Fräsen

Übersicht der Fräsverfahren (Auswahl)[1]

Planfräsen

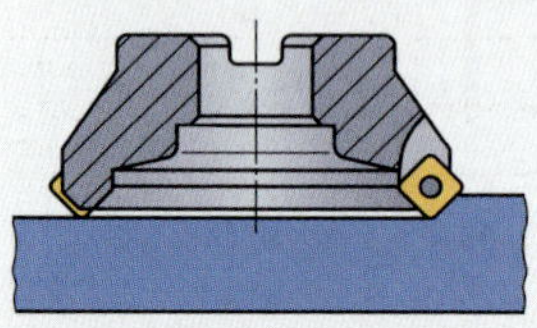

Werkzeug	**Planfräser mit Wendeschneidplatten**		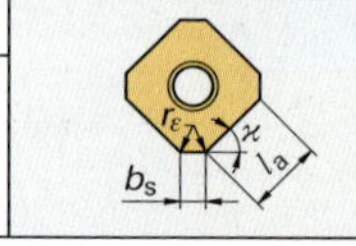
	Wendeschneidplatte (Hartmetall)	$\varkappa$ = 10°…75° r_ε = 0,8…2,5 mm l_a = 14 mm b_s = 1,5…2,5 mm	
Schnittgrößen	Schnittgeschwindigkeit	v_c = Startwert je nach Werkstoff (Seite 329)	
	Vorschub	f_z = 0,19…0,34 mm[2]	
	Schnitttiefe	a_{pmax} = 10 mm	

Eck- und Planfräsen

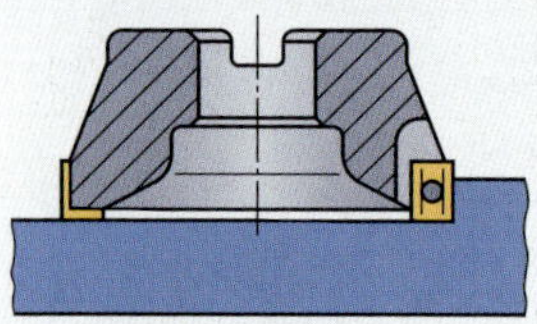

Werkzeug	**Eck- bzw. Planfräser mit Wendeschneidplatten**		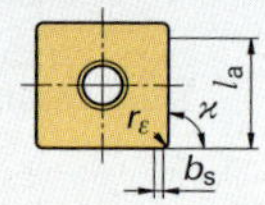
	Wendeschneidplatte (Hartmetall)	$\varkappa$ = 90° r_ε = 0,8…2,0 mm l_a = 10 mm b_s = 1,5 mm	
Schnittgrößen	Schnittgeschwindigkeit	v_c = Startwert je nach Werkstoff (Seite 330)	
	Vorschub	f_z = 0,11…0,14 mm[2]	
	Schnitttiefe	a_{pmax} = 15 mm	

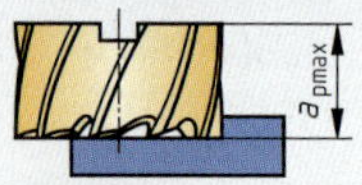

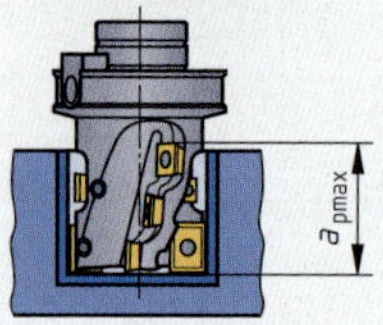

Werkzeug	**Walzenstirnfräser aus HSS (Hochleistungsschnellarbeitsstahl)**		
	Verzahnung	Schrupp-Kordelverzahnung	
		Schrupp-Schlichtverzahnung	
Schnittgrößen	Schnittgeschwindigkeit	v_c = Startwert je nach Werkstoff (Seite 331)	
	Vorschub	f_z = 0,055…0,100 mm[2]	
Werkzeug	**Walzenstirnfräser mit Wendeschneidplatten (Hartmetall)**		
Schnittgrößen	Schnittgeschwindigkeit	v_c = 60…180 m/min[2]	
	Vorschub	f_z = 0,08…0,20 mm[2]	

Kontur- und Eckfräsen

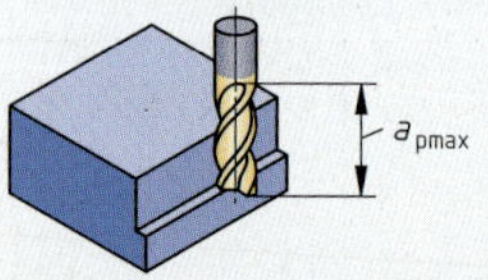

Werkzeug	**Schaftfräser aus HSS (Hochleistungsschnellarbeitsstahl)**	
Schnittgrößen	Schnittgeschwindigkeit	v_c = Startwert je nach Werkstoff (Seite 332)
	Vorschub	f_z = 0,004…0,060 mm[2]
Werkzeug	**Schaftfräser aus VHM (Vollhartmetall)**	
Schnittgrößen	Schnittgeschwindigkeit	v_c = Startwert je nach Werkstoff (Seite 333)
	Vorschub	f_z = 0,020…0,120 mm[2]

Nutenfräsen

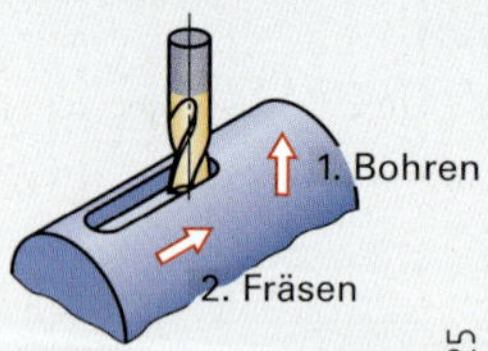

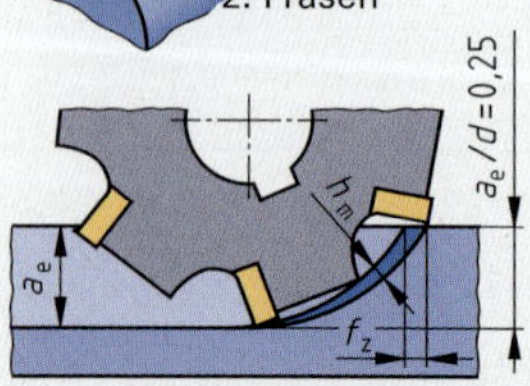

Werkzeug	**Langloch-, Bohrnuten- bzw. Schaftfräser mit Zentrumsschnitt**		
Schnittgrößen	Schnittgeschwindigkeit	v_c = Startwert je nach Werkstoff (Seite 332)	
	Vorschub	f_z = Startwert je nach Werkstoff (Seite 332) 1. Bohren: $f_z \cdot 0,5$ (Korrekturfaktor) 2. Fräsen: $f_z \cdot 0,6 … 0,7$ (Korrekturfaktor)	
Werkzeug	**Scheibenfräser mit Wendeschneidplatten (Hartmetall)**		
Schnittgrößen	Schnittgeschwindigkeit	v_c = 100…300 m/min[2]	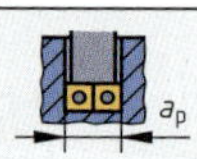
	Schnittbreite	a_p = 2,5…26 mm[2]	

	Schnitttiefe a_e bezogen auf Fräser-∅ d für h_m = 0,2 mm a_e/d =				
	0,25	0,20	0,15	0,10	0,05
Vorschub je Zahn f_z	0,23 mm	0,25 mm	0,28 mm	0,33 mm	0,46 mm

[1] Die Vorgaben der Werkstoffhersteller sind zu beachten.
[2] Für Stahl-Werkstoffe (Bau-, Automaten-, Einsatz-, Vergütungs-, Werkzeugstahl und Stahlguss)

F

Fertigungsplanung beim Fräsen

Schritt 1: Bestimmung der Schneidstoffgruppe anhand des Werkstoffs (Seite 309)

P P10…40	**Stahl**	alle Arten von Stahl und Stahlguss außer Nichtrostender Stahl	**N** N15…20	**Nichteisenmetalle und Kunststoffe**	Aluminiumlegierungen, Kupferlegierungen, Kunststoffe
M M15…40	**Nichtrostender Stahl**	Nichtrostender Stahl: austenitisch, ferritisch und martensitisch	**S** S15…30	**Warmfeste Speziallegierungen und Titan**	Speziallegierungen auf Basis von Eisen, Nickel, Cobalt, Titanlegierungen
K K10…30	**Gusseisen**	Gusseisen mit Lamellen- und Kugelgrafit, Temperguss	**H** H10…25	**Harte Werkstoffe**	gehärteter Stahl und gehärtete Gusseisenwerkstoffe

Schritt 2: Bestimmung des Fräsverfahrens und des Fräswerkzeugs (Seiten 326 und 328)

Planfräser
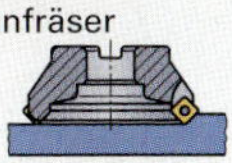

Eckfräser
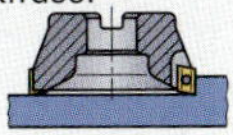

Walzenstirnfräser
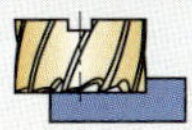

Schaftfräser
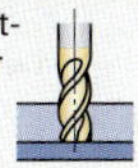

Scheibenfräser
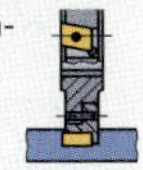

Schritt 3: Bestimmung der Teilung und der Anzahl der Zähne

Weite Teilung
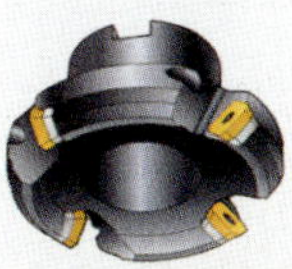

Enge Teilung
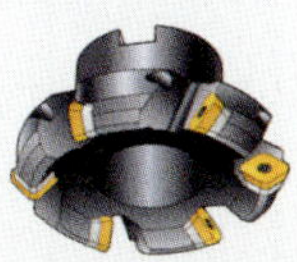

Weite Teilung:
- für große Werkzeuglängen (Überhänge bzw. Auskragung)
- für instabile Bedingungen; geringe Schnittkräfte
- für langspanende Werkstoffe (ISO N); großer Spanraum

Enge Teilung:
- Schruppen bei stabilen Bedingungen → gute Produktivität
- günstiger Spanraum zum Schruppen in ISO P-, M- und S-Werkstoffen

Extra enge Teilung:
- bei geringer Schnittbreite a_e → hohe Produktivität
- Schruppen und Schlichten in ISO K-Werkstoffen

Schritt 4: Auswahl der Plattengeometrie (Seite 310)

Leichte Bearbeitung (Schlichten)	Mittlere Bearbeitung	Schwere Bearbeitung (Schruppen)
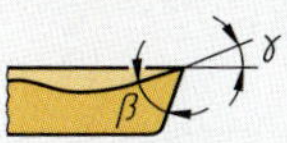 Spanwinkel γ = 12° … 30° kleiner Keilwinkel β; Scharfe, positive Schneidkante	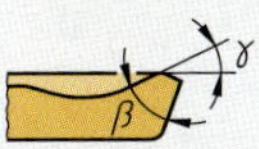 Spanwinkel γ = 10° … 18°; Positive Geometrie für Mischproduktion	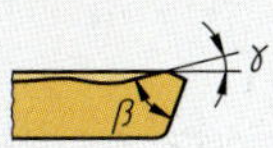 Spanwinkel γ = 0° … 12° Großer Keilwinkel β; Verstärkte Schneidkante

zunehmende Schnittkraft, Schnitttiefe und zunehmender Vorschub möglich →

Schritt 5: Festlegung der Bearbeitungsbedingungen und Vorgehensweise zur Ermittlung der Schnittgeschwindigkeit beim Fräsen (Seite 329 ff.)

Werkzeug-Auskragung	Stabilität der Maschine, Aufspannung und Geometrie des Werkstücks ++	+	–
kurze Auskragung 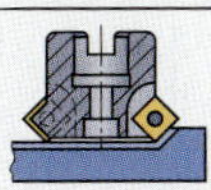	günstige Bearbeitungsbedingungen	**normale** Bearbeitungsbedingungen	ungünstige Bearbeitungsbedingungen
lange Auskragung 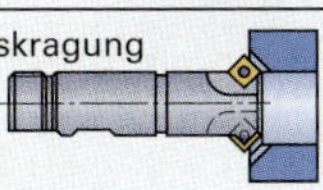	**normale** Bearbeitungsbedingungen	ungünstige Bearbeitungsbedingungen	sehr ungünstige Bearbeitungsbedingungen

Beispiel (Seite 335):

1. Zuordnung der **Werkstoffgruppe** (Seite 137) und **Schneidstoffgruppe** (Seite 309) ⇒ 16MnCr5+A: Einsatzstahl mit Härte = 207 HB R_m ≈ 670 N/mm² (Seite 205), Schneidstoffgruppe P
2. Auswahl des **Fräsverfahrens** und **Fräswerkzeugs** (Seite 326 f.) ⇒ Verfahren: Eckfräsen; Werkzeug: 90°-Planfräser mit Wendeschneidplatten
3. Wahl der Schnittgeschwindigkeit aus **Tabellen S. 329 ff.** **Startwert v_c** bei normalen Bearbeitungsbedingungen, kleineres v_c bei ungünstigen Bearbeitungsbedingungen, größeres v_c bei günstigen Bearbeitungsbedingungen ⇒ **Tabelle „90°-Planfräsen (Eckfräsen)"** (Seite 330), normale Bearbeitungsbedingungen (CNC-Maschine, gute Aufspannung, kurze Auskragung) ⇒ Startwert v_c = 165 m/min

F

Fräswerkzeuge mit Wendeschneidplatten

Anwendungsbeispiele unterschiedlicher Fräser mit Wendeschneidplatten

Fräsertyp Durchmesser in mm	Schitt-tiefe a_p in mm	 Nutenfräsen/ Abstechen	 zweiseitige Fräs-bearbeitung	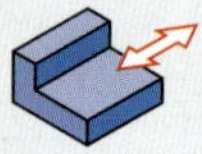 Eckfräsen	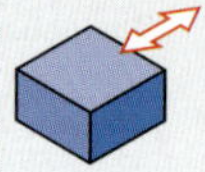 Planfräsen	 Profilfräsen	 Spiral-förmiges Eintauchen
Planfräser 32 … 250	6 … 10	○	○	○	●	○	◐
Planfräser mit enger Teilung (Schlichtfräser) 80 … 500	1 … 8	○	○	○	●	○	◐
Planfräser mit weiter Teilung (Schruppfräser) 100 … 400	12	○	○	○	●	○	◐
Kugelschaftfräser (Kopierfräser) 5 … 32	2 … 5	◐	○	○	○	●	●
Eckfräser 40 … 250	15	◐	○	●	●	○	◐
Scheibenfräser 40 … 315	6 … 30	●	●	●	◐	○	○
Trennfräser 80 … 315	2 … 6	●	○	○	○	○	○
Schaftfräser 12 … 100	10 … 18	◐	●	●	◐	◐	●
Walzenstirnfräser 20 … 100	5 … 100[1]	○	○	●	◐	○	◐
Fräser mit runden Wendeschneid-platten 10 … 160	1 … 10	◐	○	◐	●	●	●

[1] oberer Wert gilt für das Eckfräsen von NE-Metallen und die Eckfräs-Schlichtbearbeitung

● sehr gut geeignet ◐ geeignet ○ nicht geeignet

F

Schnittdaten beim Planfräsen

Richtwerte für das 45°-Planfräsen mit Hartmetall (HM)-Wendeschneidplatten

- v_c Schnittgeschwindigkeit
- n Drehzahl
- f_z Vorschub je Schneide
- a_p Schnitttiefe
- a_{pmax} maximale Schnitttiefe
- a_e Schnittbreite
- d Fräserdurchmesser
- κ Einstellwinkel (κ = 45°)

Drehzahl

$$n = \frac{v_c}{\pi \cdot d}$$

Vorschubgeschwindigkeit

$$v_f = n \cdot f_z \cdot z$$

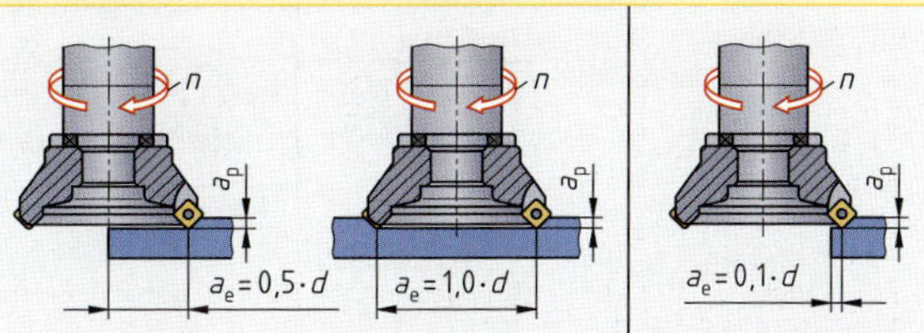

a_{pmax} = 10 mm

a_{pmax} = 10 mm

Schneidstoffgruppe	Werkstoff der Werkstücke: Werkstoffgruppe	mittlere Zugfestigkeit R_m in N/mm² bzw. Härte HB	Schnittgeschwindigkeit v_c[1] in m/min	Schnittbreite a_e: $a_e = (0{,}5 \ldots 1{,}0) \cdot d$ – Vorschub je Schneide f_z[1] in mm	Schnittbreite a_e: $a_e = 0{,}1 \cdot d$ – Vorschub je Schneide f_z[1] in mm
P	Baustahl	$R_m \leq 500$	250 – **275** – 300	0,18 – **0,21** – 0,24	0,32 – **0,34** – 0,36
P	Baustahl	$R_m > 500$	220 – **235** – 250	0,18 – **0,21** – 0,24	0,32 – **0,34** – 0,36
P	Automatenstahl	$R_m \leq 570$	230 – **250** – 270	0,18 – **0,21** – 0,24	0,32 – **0,34** – 0,36
P	Automatenstahl	$R_m > 570$	220 – **240** – 270	0,16 – **0,19** – 0,22	0,27 – **0,30** – 0,33
P	Einsatzstahl	$R_m \leq 570$	200 – **230** – 260	0,17 – **0,20** – 0,23	0,32 – **0,34** – 0,36
P	Einsatzstahl	$R_m > 570$	150 – **175** – 200	0,16 – **0,19** – 0,22	0,32 – **0,34** – 0,36
P	Vergütungsstahl, unlegiert	$R_m \leq 650$	200 – **230** – 260	0,17 – **0,20** – 0,23	0,32 – **0,34** – 0,36
P	Vergütungsstahl, unlegiert	$R_m > 650$	150 – **175** – 200	0,17 – **0,20** – 0,23	0,32 – **0,34** – 0,36
P	Vergütungsstahl, legiert	$R_m \leq 750$	190 – **220** – 250	0,17 – **0,20** – 0,23	0,32 – **0,34** – 0,36
P	Vergütungsstahl, legiert	$R_m > 750$	150 – **175** – 200	0,17 – **0,20** – 0,23	0,32 – **0,34** – 0,36
P	Werkzeugstahl	$R_m \leq 750$	120 – **135** – 150	0,17 – **0,20** – 0,23	0,32 – **0,34** – 0,36
P	Werkzeugstahl	$R_m > 750$	95 – **105** – 115	0,17 – **0,20** – 0,23	0,32 – **0,34** – 0,36
P	Stahlguss	$R_m \leq 700$	190 – **210** – 230	0,17 – **0,20** – 0,23	0,32 – **0,34** – 0,36
P	Stahlguss	$R_m > 700$	140 – **160** – 180	0,16 – **0,19** – 0,22	0,32 – **0,34** – 0,36
M	Nichtrostender Stahl, austenitisch	$R_m \leq 680$	190 – **210** – 230	0,16 – **0,19** – 0,22	0,32 – **0,34** – 0,36
M	Nichtrostender Stahl, austenitisch	$R_m > 680$	150 – **170** – 190	0,16 – **0,19** – 0,22	0,32 – **0,34** – 0,36
M	Nichtrostender Stahl, ferritisch	$R_m \leq 700$	200 – **220** – 240	0,16 – **0,19** – 0,22	0,32 – **0,34** – 0,36
M	Nichtrostender Stahl, martensitisch	$R_m > 500$	130 – **145** – 160	0,16 – **0,19** – 0,22	0,32 – **0,34** – 0,36
K	Gusseisen mit Lamellengrafit	≤ 200 HB	220 – **235** – 250	0,25 – **0,29** – 0,33	0,25 – **0,29** – 0,33
K	Gusseisen mit Lamellengrafit	> 200 HB	115 – **130** – 145	0,18 – **0,21** – 0,24	0,18 – **0,23** – 0,28
K	Gusseisen mit Kugelgrafit	≤ 250 HB	200 – **215** – 230	0,25 – **0,29** – 0,33	0,25 – **0,29** – 0,33
K	Gusseisen mit Kugelgrafit	> 250 HB	190 – **210** – 230	0,18 – **0,21** – 0,24	0,18 – **0,23** – 0,28
K	Temperguss	≤ 230 HB	190 – **205** – 220	0,18 – **0,21** – 0,24	0,25 – **0,29** – 0,33
K	Temperguss	> 230 HB	170 – **190** – 210	0,18 – **0,21** – 0,24	0,18 – **0,23** – 0,28
N	Al-Knetlegierung	$R_m \leq 300$	600 – **725** – 850	0,20 – **0,23** – 0,26	0,38 – **0,42** – 0,46
N	Al-Legierung, ausgehärtet	$R_m > 300$	400 – **500** – 600	0,20 – **0,23** – 0,26	0,38 – **0,42** – 0,46
N	Al-Gusslegierungen	≤ 75 HB	250 – **350** – 500	0,20 – **0,23** – 0,26	0,38 – **0,42** – 0,46
N	Al-Gusslegierungen	> 75 HB	230 – **300** – 370	0,20 – **0,23** – 0,26	0,38 – **0,42** – 0,46
N	CuZn-Legierung (Messing)	$R_m \leq 600$	500 – **550** – 600	0,20 – **0,23** – 0,26	0,38 – **0,42** – 0,46
N	CuSn-Legierung (Bronze)	$R_m \leq 700$	300 – **350** – 400	0,20 – **0,23** – 0,26	0,38 – **0,42** – 0,46
N	Thermoplast, Duroplast	–	400 – **500** – 600	0,20 – **0,23** – 0,26	0,38 – **0,42** – 0,46
N	Faserverstärkter Kunststoff	–	250 – **350** – 500	0,20 – **0,23** – 0,26	0,38 – **0,42** – 0,46

[1] Es wird der **fettgedruckte Wert** von v_c und f_z als **Startwert** genommen (**„normale"** Bearbeitungsbedingungen).
- Bei **„ungünstigen"** Bearbeitungsbedingungen wird ein kleineres v_c bzw. f_z bis zum **unteren Grenzwert** eingestellt.
- Bei **„günstigen"** Bearbeitungsbedingungen wird ein größeres v_c bzw. f_z bis zum **oberen Grenzwert** verwendet.

(Erläuterungen zu den Bearbeitungsbedingungen Seite 327)

F

Schnittdaten beim Eck- und Planfräsen

Richtwerte für das 90°-Planfräsen (Eckfräsen) mit Hartmetall (HM)-Wendeschneidplatten

- v_c Schnittgeschwindigkeit
- n Drehzahl
- f_z Vorschub je Schneide
- a_p Schnitttiefe
- a_{pmax} maximale Schnitttiefe
- a_e Schnittbreite
- d Fräserdurchmesser
- κ Einstellwinkel (κ = 90°)

Drehzahl

$$n = \frac{v_c}{\pi \cdot d}$$

Vorschubgeschwindigkeit

$$v_f = n \cdot f_z \cdot z$$

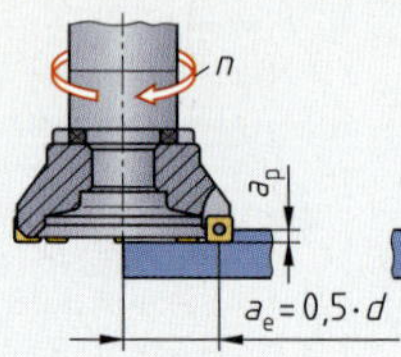

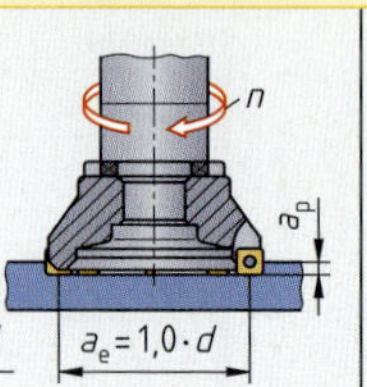

a_{pmax} = 15 mm

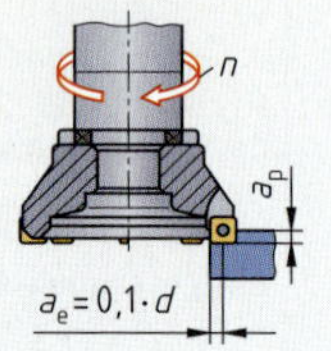

a_{pmax} = 15 mm

Schneidstoffgruppe	Werkstoff der Werkstücke: Werkstoffgruppe	mittlere Zugfestigkeit R_m in N/mm² bzw. Härte HB	Schnittgeschwindigkeit v_c[1] in m/min	Schnittbreite a_e: $a_e = (0{,}5\ldots1{,}0) \cdot d$ – Vorschub je Schneide f_z[1] in mm	Schnittbreite a_e: $a_e = 0{,}1 \cdot d$ – Vorschub je Schneide f_z[1] in mm
P	Baustahl	$R_m \leq 500$	200 – **230** – 260	0,10 – **0,14** – 0,18	0,17 – **0,24** – 0,31
P	Baustahl	$R_m > 500$	160 – **200** – 240	0,10 – **0,14** – 0,18	0,17 – **0,24** – 0,31
P	Automatenstahl	$R_m \leq 570$	160 – **200** – 240	0,10 – **0,14** – 0,18	0,17 – **0,24** – 0,31
P	Automatenstahl	$R_m > 570$	160 – **200** – 240	0,10 – **0,14** – 0,18	0,17 – **0,24** – 0,31
P	Einsatzstahl	$R_m \leq 570$	200 – **235** – 270	0,10 – **0,14** – 0,18	0,17 – **0,24** – 0,31
P	Einsatzstahl	$R_m > 570$	140 – **165** – 190	0,10 – **0,14** – 0,18	0,17 – **0,24** – 0,31
P	Vergütungsstahl, unlegiert	$R_m \leq 650$	150 – **175** – 200	0,10 – **0,14** – 0,18	0,17 – **0,24** – 0,31
P	Vergütungsstahl, unlegiert	$R_m > 650$	140 – **165** – 190	0,10 – **0,14** – 0,18	0,17 – **0,24** – 0,31
P	Vergütungsstahl, legiert	$R_m \leq 750$	140 – **165** – 190	0,10 – **0,14** – 0,18	0,17 – **0,24** – 0,31
P	Vergütungsstahl, legiert	$R_m > 750$	140 – **165** – 190	0,08 – **0,12** – 0,16	0,14 – **0,21** – 0,28
P	Werkzeugstahl	$R_m \leq 750$	140 – **165** – 190	0,10 – **0,14** – 0,18	0,17 – **0,24** – 0,31
P	Werkzeugstahl	$R_m > 750$	75 – **100** – 125	0,08 – **0,11** – 0,14	0,14 – **0,19** – 0,24
P	Stahlguss	$R_m \leq 700$	190 – **210** – 230	0,08 – **0,10** – 0,12	0,11 – **0,15** – 0,19
P	Stahlguss	$R_m > 700$	130 – **150** – 170	0,08 – **0,10** – 0,12	0,11 – **0,15** – 0,19
M	Nichtrostender Stahl, austenitisch	$R_m \leq 680$	180 – **200** – 220	0,10 – **0,13** – 0,16	0,17 – **0,22** – 0,28
M	Nichtrostender Stahl, austenitisch	$R_m > 680$	160 – **180** – 200	0,09 – **0,12** – 0,14	0,17 – **0,21** – 0,25
M	Nichtrostender Stahl, ferritisch	$R_m \leq 700$	190 – **210** – 230	0,10 – **0,13** – 0,16	0,17 – **0,22** – 0,28
M	Nichtrostender Stahl, martensitisch	$R_m > 500$	150 – **170** – 190	0,09 – **0,11** – 0,12	0,17 – **0,19** – 0,21
K	Gusseisen mit Lamellengrafit	≤ 200 HB	220 – **240** – 260	0,08 – **0,13** – 0,18	0,14 – **0,23** – 0,32
K	Gusseisen mit Lamellengrafit	> 200 HB	120 – **140** – 160	0,08 – **0,13** – 0,18	0,14 – **0,23** – 0,32
K	Gusseisen mit Kugelgrafit	≤ 250 HB	200 – **220** – 240	0,08 – **0,13** – 0,18	0,14 – **0,23** – 0,32
K	Gusseisen mit Kugelgrafit	> 250 HB	110 – **130** – 150	0,08 – **0,13** – 0,18	0,14 – **0,23** – 0,32
K	Temperguss	≤ 230 HB	120 – **140** – 160	0,08 – **0,13** – 0,18	0,14 – **0,23** – 0,32
K	Temperguss	> 230 HB	100 – **120** –140	0,08 – **0,13** – 0,18	0,14 – **0,23** – 0,32
N	Al-Knetlegierung	$R_m \leq 300$	600 – **700** – 800	0,10 – **0,14** – 0,18	0,17 – **0,24** – 0,31
N	Al-Legierung, ausgehärtet	$R_m > 300$	400 – **500** – 600	0,10 – **0,14** – 0,18	0,17 – **0,24** – 0,31
N	Al-Gusslegierungen	≤ 75 HB	200 – **350** – 500	0,10 – **0,14** – 0,18	0,17 – **0,24** – 0,31
N	Al-Gusslegierungen	> 75 HB	180 – **300** – 420	0,10 – **0,14** – 0,18	0,17 – **0,24** – 0,31
N	CuZn-Legierung (Messing)	$R_m \leq 600$	500 – **600** – 700	0,10 – **0,14** – 0,18	0,17 – **0,24** – 0,31
N	CuSn-Legierung (Bronze)	$R_m \leq 700$	300 – **400** – 500	0,10 – **0,14** – 0,18	0,17 – **0,24** – 0,31
N	Thermoplast, Duroplast	–	400 – **500** – 600	0,10 – **0,14** – 0,18	0,17 – **0,24** – 0,31
N	Faserverstärkter Kunststoff	–	200 – **350** – 500	0,10 – **0,14** – 0,18	0,17 – **0,24** – 0,31

[1] Es wird der **fettgedruckte Wert** von v_c und f_z als **Startwert** genommen (**„normale"** Bearbeitungsbedingungen).
- Bei **„ungünstigen"** Bearbeitungsbedingungen wird ein kleineres v_c bzw. f_z bis zum **unteren Grenzwert** eingestellt.
- Bei **„günstigen"** Bearbeitungsbedingungen wird ein größeres v_c bzw. f_z bis zum **oberen Grenzwert** verwendet.

(Erläuterungen zu den Bearbeitungsbedingungen Seite 327)

F

Schnittdaten beim Walzenstirnfräsen

Richtwerte für das Fräsen mit HSS-Walzenstirnfräsern (unbeschichtet/beschichtet)

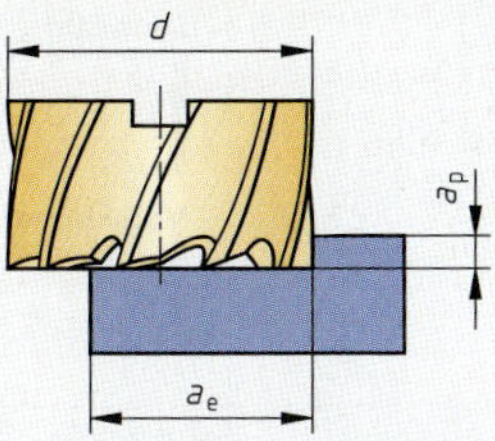

v_c Schnittgeschwindigkeit
d Fräserdurchmesser
n Drehzahl
v_f Vorschubgeschwindigkeit
f_z Vorschub je Schneide
z Anzahl der Schneiden
a_p Schnitttiefe
a_e Schnittbreite (Fräsbreite)

Drehzahl

$$n = \frac{v_c}{\pi \cdot d}$$

Vorschub-geschwindigkeit

$$v_f = n \cdot f_z \cdot z$$

Werkstoff der Werkstücke		**HSS unbeschichtet**	**HSS beschichtet**
		Vorschub f_z [1] in mm	
Werkstoffgruppe	mittlere Zugfestigkeit R_m in N/mm² bzw. Härte HB	0,055 – 0,085	0,065 – 0,100
		Schnittgeschwindigkeit v_c [2] in m/min	
Baustahl	$R_m \le 500$	25 – **30** – 35	60 – **65** – 70
	$R_m > 500$	25 – **30** – 35	60 – **65** – 70
Automatenstahl	$R_m \le 570$	25 – **30** – 35	60 – **65** – 70
	$R_m > 570$	25 – **30** – 35	60 – **65** – 70
Einsatzstahl	$R_m \le 570$	25 – **30** – 35	60 – **65** – 70
	$R_m > 570$	25 – **30** – 35	60 – **65** – 70
Vergütungsstahl, unlegiert	$R_m \le 650$	25 – **30** – 35	60 – **65** – 70
	$R_m > 650$	15 – **20** – 25	50 – **55** – 60
Vergütungsstahl, legiert	$R_m \le 750$	20 – **25** – 30	50 – **55** – 60
	$R_m > 750$	10 – **15** – 20	35 – **40** – 45
Werkzeugstahl	$R_m \le 750$	25 – **30** – 35	60 – **65** – 70
	$R_m > 750$	10 – **15** – 20	50 – **55** – 60
Stahlguss	$R_m \le 700$	20 – **25** – 30	60 – **65** – 70
	$R_m > 700$	15 – **20** – 25	55 – **60** – 65
Nichtrostender Stahl, austenitisch	$R_m \le 680$	7 – **9** – 11	24 – **27** – 30
	$R_m > 680$	7 – **9** – 11	24 – **27** – 30
Nichtrostender Stahl, ferritisch	$R_m \le 700$	13 – **15** – 18	40 – **45** – 50
Nichtrostender Stahl, martensitisch	$R_m > 500$	12 – **14** – 16	35 – **40** – 45
Gusseisen mit Lamellengrafit	≤ 200 HB	15 – **20** – 25	50 – **55** – 60
	> 200 HB	12 – **14** – 16	35 – **40** – 45
Gusseisen mit Kugelgrafit	≤ 250 HB	20 – **25** – 30	50 – **55** – 60
	> 250 HB	12 – **14** – 16	35 – **40** – 45
Temperguss	≤ 230 HB	20 – **25** – 30	50 – **55** – 60
	> 230 HB	12 – **14** – 16	35 – **40** – 45
Al-Knetlegierung	$R_m \le 300$	180 – **190** – 200	340 – **350** – 360
Al-Legierung, ausgehärtet	$R_m > 300$	180 – **190** – 200	340 – **350** – 360
Al-Gusslegierungen	–	180 – **190** – 200	340 – **350** – 360
CuZn-Legierung (Messing)	$R_m \le 600$	50 – **55** – 60	80 – **85** – 90
CuSn-Legierung (Bronze)	$R_m \le 700$	–	–
Thermoplast, Duroplast	–	160 – **180** – 200	300 – **325** – 350

[1] Schruppen: f_z für $a_e = 0{,}75 \cdot d$ und $a_p = 0{,}2 \cdot d$; Schlichten: $f_z \cdot 0{,}9$ (Korrekturfaktor)

[2] Es wird der **fettgedruckte Wert** von v_c und f_z als **Startwert** genommen (**„normale"** Bearbeitungsbedingungen).
- Bei **„ungünstigen"** Bearbeitungsbedingungen wird ein kleineres v_c bzw. f_z bis zum **unteren Grenzwert** eingestellt.
- Bei **„günstigen"** Bearbeitungsbedingungen wird ein größeres v_c bzw. f_z bis zum **oberen Grenzwert** verwendet.

(Erläuterungen zu den Bearbeitungsbedingungen Seite 327)

F

Schnittdaten beim Konturfräsen

Richtwerte für das Konturfräsen mit HSS-Schaftfräsern (beschichtet)[1]

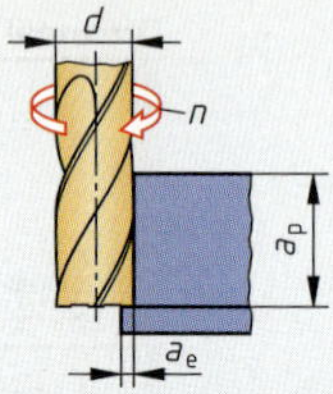

- v_c Schnittgeschwindigkeit
- d Fräserdurchmesser
- n Drehzahl
- v_f Vorschubgeschwindigkeit
- f_z Vorschub je Schneide
- z Anzahl der Schneiden
- a_p Schnitttiefe
- a_e Schnittbreite (Fräsbreite)

Drehzahl

$$n = \frac{v_c}{\pi \cdot d}$$

Vorschubgeschwindigkeit

$$v_f = n \cdot f_z \cdot z$$

Werkstoff der Werkstücke: Werkstoffgruppe	mittlere Zugfestigkeit R_m in N/mm² bzw. Härte HB	Schruppen: Schnittgeschwindigkeit v_c[2] in m/min	Schruppen: Fräserdurchmesser d in mm 4,0 – Vorschub f_z[3] in mm	12,0	20,0	Schlichten: Schnittgeschwindigkeit v_c[2] in m/min	Schlichten: Fräserdurchmesser d in mm 4,0 – Vorschub f_z[3] in mm	12,0	20,0
Baustahl	$R_m \leq 500$	70 – **75** – 80	0,009	0,037	0,060	80 – **85** – 90	0,005	0,022	0,044
	$R_m > 500$	60 – **65** – 70	0,007	0,032	0,053	65 – **70** – 75	0,004	0,019	0,039
Automatenstahl	$R_m \leq 570$	65 – **70** – 75	0,007	0,032	0,053	70 – **75** – 80	0,004	0,019	0,031
	$R_m > 570$	60 – **65** – 70	0,007	0,032	0,053	65 – **70** – 75	0,004	0,019	0,031
Einsatzstahl	$R_m \leq 570$	50 – **55** – 60	0,007	0,032	0,053	60 – **65** – 70	0,004	0,019	0,031
	$R_m > 570$	40 – **45** – 50	0,009	0,037	0,060	45 – **50** – 55	0,005	0,022	0,035
Vergütungsstahl, unlegiert	$R_m \leq 650$	60 – **65** – 70	0,007	0,032	0,053	65 – **70** – 75	0,004	0,019	0,031
	$R_m > 650$	40 – **45** – 50	0,007	0,032	0,053	45 – **50** – 55	0,004	0,019	0,031
Vergütungsstahl, legiert	$R_m \leq 750$	40 – **45** – 50	0,007	0,032	0,053	45 – **50** – 55	0,004	0,019	0,031
	$R_m > 750$	35 – **40** – 45	0,009	0,037	0,060	40 – **45** – 50	0,005	0,022	0,035
Werkzeugstahl	$R_m \leq 750$	30 – **35** – 40	0,007	0,024	0,053	35 – **40** – 45	0,004	0,019	0,031
	$R_m > 750$	25 – **30** – 35	0,009	0,037	0,060	25 – **30** – 35	0,005	0,022	0,035
Stahlguss	$R_m \leq 700$	40 – **45** – 50	0,007	0,024	0,053	45 – **50** – 55	0,004	0,019	0,031
	$R_m > 700$	35 – **40** – 45	0,007	0,024	0,053	40 – **45** – 50	0,004	0,019	0,031
Nichtrostender Stahl, austenitisch	$R_m \leq 680$	20 – **25** – 30	0,007	0,032	0,053	25 – **30** – 35	0,004	0,019	0,031
	$R_m > 680$	15 – **20** – 25	0,007	0,032	0,053	15 – **20** – 25	0,004	0,019	0,031
Nichtrostender Stahl, ferritisch	$R_m \leq 700$	25 – **30** – 35	0,007	0,032	0,053	25 – **30** – 35	0,004	0,019	0,031
Nichtrostender Stahl, martensitisch	$R_m > 500$	10 – **15** – 20	0,009	0,037	0,060	10 – **15** – 20	0,005	0,022	0,035
Gusseisen mit Lamellengrafit	≤ 200 HB	30 – **55** – 60	0,007	0,032	0,053	55 – **60** – 65	0,004	0,019	0,031
	> 200 HB	25 – **45** – 55	0,007	0,032	0,053	50 – **55** – 60	0,004	0,019	0,031
Gusseisen mit Kugelgrafit	≤ 250 HB	35 – **40** – 45	0,007	0,032	0,053	40 – **45** – 50	0,004	0,019	0,031
	> 250 HB	25 – **30** – 35	0,007	0,032	0,053	30 – **35** – 35	0,004	0,019	0,031
Temperguss	≤ 230 HB	35 – **40** – 45	0,007	0,032	0,053	40 – **45** – 50	0,004	0,019	0,031
	> 230 HB	25 – **30** – 35	0,007	0,032	0,053	30 – **35** – 35	0,004	0,019	0,031
Al-Knetlegierung	$R_m \leq 300$	180 – **200** – 220	0,010	0,049	0,085	220 – **230** – 240	0,006	0,036	0,050
Al-Legierung, ausgehärtet	$R_m > 300$	100 – **120** – 140	0,014	0,062	0,094	130 – **140** – 150	0,008	0,041	0,055
Al-Gusslegierungen	≤ 75 HB	90 – **100** – 110	0,018	0,069	0,102	100 – **110** – 120	0,011	0,028	0,060
	> 75 HB	80 – **90** – 100	0,018	0,069	0,102	90 – **100** – 110	0,011	0,028	0,060
CuZn-Legierung (Messing)	$R_m \leq 600$	80 – **85** – 90	0,014	0,062	0,094	90 – **95** – 100	0,008	0,036	0,055
CuSn-Legierung (Bronze)	$R_m \leq 700$	40 – **50** – 60	0,014	0,062	0,094	50 – **60** – 70	0,008	0,036	0,055
Thermoplast	–	50 – **55** – 60	0,014	0,062	0,094	55 – **60** – 65	0,008	0,036	0,055

[1] Unbeschichteter HSS-Schaftfräser: $v_c \cdot 0{,}35$ (Korrekturfaktor)

[2] Es wird der **fettgedruckte Wert** von v_c als **Startwert** genommen (**„normale"** Bearbeitungsbedingungen).
- Bei **„ungünstigen"** Bearbeitungsbedingungen wird ein kleineres v_c bis zum **unteren Grenzwert** eingestellt.
- Bei **„günstigen"** Bearbeitungsbedingungen wird ein größeres v_c bis zum **oberen Grenzwert** verwendet.

(Erläuterungen zu den Bearbeitungsbedingungen Seite 327)

[3] Schruppen: f_z für $a_e = 0{,}5 \cdot d$ und $a_p = 1{,}0 \cdot d$; Schlichten: f_z für $a_e = 0{,}1 \cdot d$ und $a_p = 1{,}0 \cdot d$

F

Schnittdaten beim Konturfräsen

Richtwerte für das Konturfräsen mit VHM-Schaftfräsern (beschichtet)

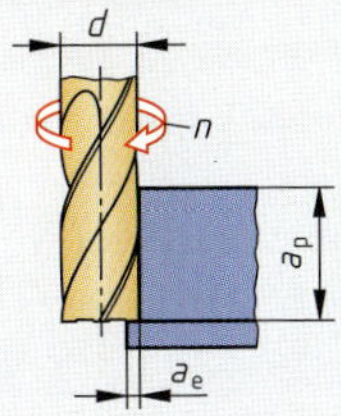

v_c	Schnittgeschwindigkeit
d	Fräserdurchmesser
n	Drehzahl
v_f	Vorschubgeschwindigkeit
f_z	Vorschub je Schneide
z	Anzahl der Schneiden
a_p	Schnitttiefe
a_e	Schnittbreite (Fräsbreite)

Drehzahl

$$n = \frac{v_c}{\pi \cdot d}$$

Vorschubgeschwindigkeit

$$v_f = n \cdot f_z \cdot z$$

Schneidstoffgruppe	Werkstoff der Werkstücke: Werkstoffgruppe	mittlere Zugfestigkeit R_m in N/mm² bzw. Härte HB	Schruppen: Schnittgeschwindigkeit v_c[1] in m/min	Schruppen: Fräserdurchmesser d in mm 4,0 – Vorschub f_z[2] in mm	12,0	20,0	Schlichten: Schnittgeschwindigkeit v_c[1] in m/min	Schlichten: Fräserdurchmesser d in mm 4,0 – Vorschub f_z[2] in mm	12,0	20,0
P	Baustahl	$R_m \le 500$	130 – **140** – 150	0,023	0,080	0,120	170 – **190** – 210	0,032	0,080	0,107
P	Baustahl	$R_m > 500$	110 – **120** – 130	0,023	0,080	0,120	150 – **170** – 190	0,032	0,080	0,107
P	Automatenstahl	$R_m \le 570$	110 – **120** – 130	0,023	0,080	0,120	150 – **170** – 190	0,032	0,080	0,107
P	Automatenstahl	$R_m > 570$	90 – **100** – 110	0,023	0,080	0,120	125 – **140** – 155	0,023	0,063	0,100
P	Einsatzstahl	$R_m \le 570$	110 – **120** – 130	0,014	0,045	0,080	150 – **170** – 190	0,032	0,080	0,107
P	Einsatzstahl	$R_m > 570$	70 – **80** – 90	0,013	0,040	0,065	90 – **100** – 110	0,020	0,060	0,080
P	Vergütungsstahl, unlegiert	$R_m \le 650$	110 – **120** – 130	0,023	0,080	0,120	150 – **170** – 190	0,032	0,080	0,107
P	Vergütungsstahl, unlegiert	$R_m > 650$	90 – **100** – 110	0,014	0,045	0,080	145 – **160** – 175	0,032	0,080	0,107
P	Vergütungsstahl, legiert	$R_m \le 750$	75 – **85** – 95	0,014	0,045	0,080	110 – **120** – 130	0,023	0,063	0,100
P	Vergütungsstahl, legiert	$R_m > 750$	60 – **70** – 80	0,013	0,040	0,065	85 – **95** – 105	0,020	0,060	0,080
P	Werkzeugstahl	$R_m \le 750$	75 – **85** – 95	0,014	0,045	0,080	110 – **120** – 130	0,023	0,063	0,100
P	Werkzeugstahl	$R_m > 750$	55 – **65** – 75	0,013	0,040	0,065	80 – **90** – 100	0,020	0,060	0,080
P	Stahlguss	$R_m \le 700$	75 – **90** – 105	0,014	0,045	0,080	110 – **125** – 140	0,023	0,063	0,100
P	Stahlguss	$R_m > 700$	60 – **75** – 90	0,013	0,040	0,065	85 – **100** – 115	0,020	0,060	0,080
M	Nichtrostender Stahl, austenitisch	$R_m \le 680$	75 – **85** – 95	0,015	0,050	0,090	100 – **110** – 120	0,023	0,063	0,115
M	Nichtrostender Stahl, austenitisch	$R_m > 680$	75 – **85** – 95	0,012	0,045	0,075	80 – **90** – 100	0,020	0,060	0,100
M	Nichtrostender Stahl, ferritisch	$R_m \le 700$	80 – **90** – 100	0,015	0,050	0,090	100 – **110** – 120	0,023	0,063	0,115
M	Nichtrostender Stahl, martensitisch	$R_m > 500$	55 – **65** – 75	0,012	0,045	0,075	65 – **75** – 85	0,020	0,060	0,100
K	Gusseisen mit Lamellengrafit	≤ 200 HB	115 – **130** – 145	0,020	0,060	0,100	135 – **150** – 165	0,020	0,089	0,125
K	Gusseisen mit Lamellengrafit	> 200 HB	90 – **100** – 110	0,020	0,060	0,100	110 – **120** – 130	0,020	0,089	0,125
K	Gusseisen mit Kugelgrafit	≤ 250 HB	95 – **105** – 115	0,020	0,060	0,100	110 – **120** – 130	0,020	0,089	0,125
K	Gusseisen mit Kugelgrafit	> 250 HB	80 – **90** – 100	0,020	0,060	0,100	105 – **115** – 130	0,020	0,089	0,125
K	Temperguss	≤ 230 HB	75 – **85** – 95	0,020	0,060	0,100	90 – **100** – 110	0,020	0,089	0,125
K	Temperguss	> 230 HB	70 – **80** – 90	0,020	0,060	0,100	80 – **90** – 100	0,020	0,089	0,125
N	Al-Knetlegierung	$R_m \le 350$	320 – **350** – 380	0,020	0,070	0,120	750 – **800** – 850	0,024	0,079	0,126
N	Al-Legierung, kurzspanend	–	270 – **300** – 330	0,020	0,070	0,120	550 – **600** – 650	0,024	0,079	0,126
N	Al-Gusslegierungen	–	200 – **220** – 240	0,020	0,070	0,120	360 – **400** – 440	0,024	0,079	0,126
N	CuZn-Legierung (Messing)	$R_m \le 600$	250 – **280** – 310	0,020	0,070	0,120	290 – **320** – 350	0,024	0,079	0,126
N	CuSn-Legierung (Bronze)	$R_m \le 700$	250 – **280** – 310	0,020	0,070	0,120	290 – **320** – 350	0,024	0,079	0,126
N	Thermoplast	–	225 – **240** – 265	0,015	0,070	0,120	260 – **280** – 300	0,024	0,079	0,126
N	Duroplast	–	70 – **80** – 90	0,015	0,070	0,120	135 – **150** – 165	0,024	0,079	0,126

[1] Es wird der **fettgedruckte Wert** von v_c als **Startwert** genommen (**„normale"** Bearbeitungsbedingungen).
- Bei **„ungünstigen"** Bearbeitungsbedingungen wird ein kleineres v_c bis zum **unteren Grenzwert** eingestellt.
- Bei **„günstigen"** Bearbeitungsbedingungen wird ein größeres v_c bis zum **oberen Grenzwert** verwendet.

(Erläuterungen zu den Bearbeitungsbedingungen Seite 327)

[2] Schruppen: f_z für $a_e = 0{,}5 \cdot d$ und $a_p = 1{,}0 \cdot d$; Schlichten: f_z für $a_e = 0{,}1 \cdot d$ und $a_p = 1{,}0 \cdot d$

Probleme beim Fräsen, Teilen mit dem Teilkopf

Probleme beim Fräsen

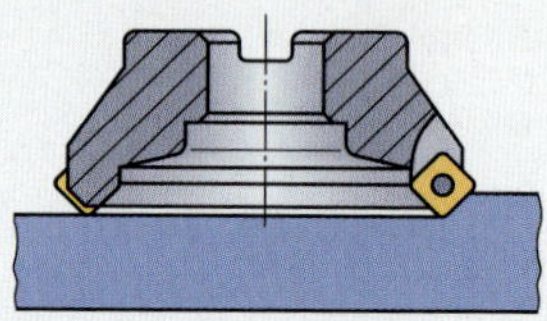

Hoher Verschleiß (Frei- u. Spanfläche)	Deformation der Schneidkante	Bildung von Aufbauschneiden	Risse senkrecht zur Schneidkante	Ausbröckelung der Schneidkanten	Bruch der Wendeschneidplatte	Schlechte Oberflächengüte	Vibrationen	mögliche Abhilfe-Maßnahmen
⇓	⇓	⇑	⇓	⇑				Schnittgeschwindigkeit v_c ändern
⇑		⇑		⇑	⇓	⇓	⇑	Vorschub/Zahn f_z ändern
	•					•		verschleißfestere Hartmetall-Sorte wählen
			•	•	•			zähere Hartmetall-Sorte wählen
							•	Fräser mit weiter Teilung verwenden
						•	•	Fräserposition ändern
		•	•	•				trocken fräsen

• zu lösendes Problem ⇑ Schnittwert erhöhen ⇓ Schnittwert verkleinern

Teilen mit dem Teilkopf

Direktes Teilen

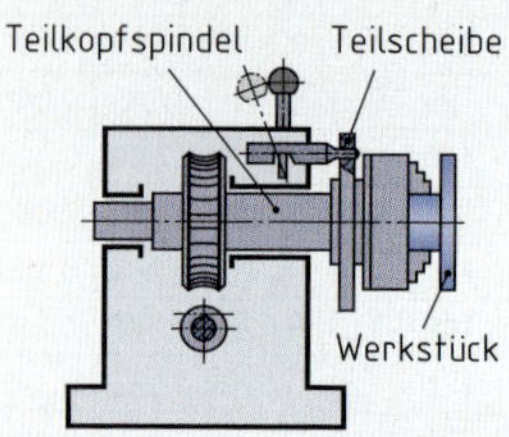

Schnecke außer Eingriff

Beim direkten Teilen wird die Teilkopfspindel mit der Teilscheibe und dem Werkstück um den gewünschten Teilschritt gedreht. Dabei sind Schnecke und Schneckenrad außer Eingriff.

T Teilzahl
α Winkelteilung
n_L Anzahl der Löcher der Teilscheibe
n_l Teilschritt; Anzahl der weiterzuschaltenden Lochabstände

Beispiel:

$n_L = 24$; $T = 8$; $n_l = ?$ $\quad \boldsymbol{n_l} = \frac{n_L}{T} = \frac{24}{8} = \mathbf{3}$

Teilschritt

$$n_l = \frac{n_L}{T}$$

$$n_l = \frac{\alpha \cdot n_L}{360°}$$

Indirektes Teilen

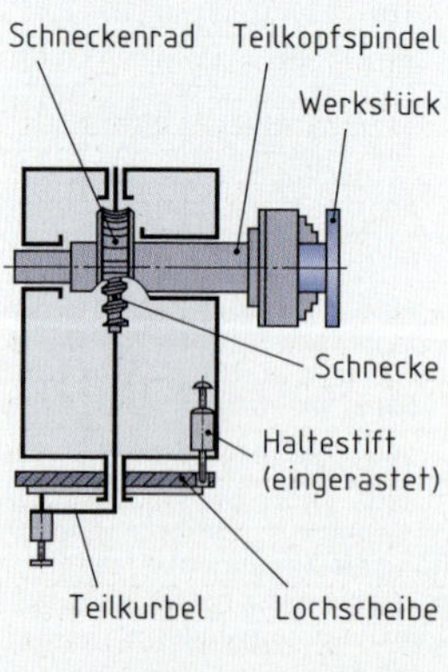

Beim indirekten Teilen wird die Teilkopfspindel durch die Schnecke über das Schneckenrad angetrieben.

T Teilzahl
α Winkelteilung
i Übersetzungsverhältnis des Teilkopfs
n_k Teilschritt; Anzahl der Teilkurbelumdrehungen für eine Teilung

Beispiel 1:

$T = 68$; $i = 40$; $n_k = ?$ $\quad \boldsymbol{n_k} = \frac{i}{T} = \frac{40}{68} = \mathbf{\frac{10}{17}}$

Beispiel 2:

$\alpha = 37{,}2°$; $i = 40$; $n_k = ?$

$$\boldsymbol{n_k} = \frac{i \cdot \alpha}{360°} = \frac{40 \cdot 37{,}2°}{360°} = \frac{37{,}2}{9} = \frac{186}{9 \cdot 5} = \mathbf{4\frac{2}{15}}$$

Teilschritt

$$n_k = \frac{i}{T}$$

$$n_k = \frac{i \cdot \alpha}{360°}$$

Lochkreise der Lochscheiben					
15	16	17	18	19	20
21	23	27	29	31	33
37	39	41	43	47	49
oder					
17	19	23	24	26	27
28	29	30	31	33	37
39	41	42	43	47	49
51	53	57	59	61	63

F

Kräfte und Leistungen beim Fräsen

Planfräsen

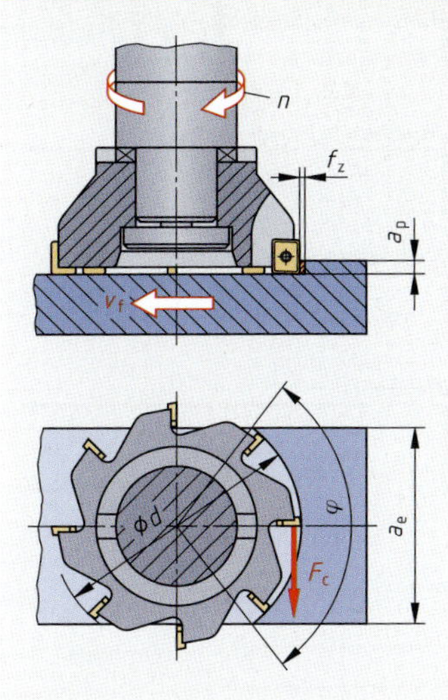

F_c	Schnittkraft je Schneide in N
A	Spanungsquerschnitt je Schneide in mm²
a_p	Schnitttiefe in mm
a_e	Schnittbreite (Fräsbreite) in mm
h	mittlere Spanungsdicke in mm
f_z	Vorschub je Schneide in mm
d	Fräserdurchmesser in mm
v_c	Schnittgeschwindigkeit in m/min
v_f	Vorschubgeschwindigkeit in mm/min
z	Anzahl der Fräserschneiden
z_e	Anzahl der Schneiden im Eingriff
φ	Eingriffwinkel in Grad (°)
k_c	spezifische Schnittkraft in N/mm² (Seite 305)
$k_{c1.1}$	Basiswert der spezifischen Schnittkraft in N/mm² bei h = 1 mm und b = 1 mm Seite 305)
m_c	Werkstoffkonstante (Seite 305)
C_1	Korrekturfaktor Schneidwerkstoff
C_2	Korrekturfaktor Schneidenverschleiß
P_c	Schnittleistung in kW
P_1	Antriebsleistung der Maschine in kW
η	Wirkungsgrad der Maschine

Vorschubgeschwindigkeit

$$v_f = z \cdot f_z \cdot n$$

Mittlere Spanungsdicke für d/a_e = (1,2 ... 1,6)[1)]

$$h \approx f_z$$

Spezifische Schnittkraft

$$k_c = \frac{k_{c1.1}}{h^{m_c}}$$

Spanungsquerschnitt je Schneide

$$A = a_p \cdot f_z$$

Schnittkraft je Schneide[2)]

$$F_c = k_c \cdot A \cdot C_1 \cdot C_2$$

Anzahl der Schneiden im Eingriff

$$z_e = z \cdot \frac{\varphi}{360°}$$

Schnittleistung

$$P_c = z_e \cdot F_c \cdot v_c$$

Antriebsleistung

$$P_1 = \frac{P_c}{\eta}$$

Beispiel:

Werkstoff 16MnCr5; 90°-Planfräser mit HM-Wendeschneidplatten; mit Abstumpfung der Werkzeugschneiden; d = 180 mm; z = 8; a_e = 120 mm; a_p = 6 mm; f_z = 0,12 mm; v_c = 165 m/min; η = 0,8.

Gesucht: h; $k_{c1.1}$, m_c; k_c; A; C_1; C_2; F_c; φ; z_e; P_c; P_1

Lösung:

$\frac{\mathbf{d}}{\mathbf{a_e}} = \frac{180\text{ mm}}{120\text{ mm}} = \mathbf{1{,}5}$; $h \approx f_z$; $\mathbf{h \approx 0{,}12\text{ mm}}$

$\mathbf{k_{c1.1} = 2100\ \frac{N}{mm^2}}$; $\mathbf{m_c = 0{,}26}$ (Tabelle Seite 305)

$\mathbf{k_c} = \frac{k_{c1.1}}{h^{m_c}} = \frac{2100\ \frac{N}{mm^2}}{0{,}12^{0{,}26}} = \mathbf{3644{,}4\ \frac{N}{mm^2}}$

(k_c nach Tabelle Seite 305: h = 0,12 mm abgerundet = 0,10 mm Tabellenwert: k_c = 3821 N/mm²)

$\mathbf{A} = a_p \cdot f_z = 6\text{ mm} \cdot 0{,}12\text{ mm} = \mathbf{0{,}72\ mm^2}$

$\mathbf{C_1} = \mathbf{1{,}0}$; $\mathbf{C_2 = 1{,}3}$

$\mathbf{F_c} = k_c \cdot A \cdot C_1 \cdot C_2 = 3644{,}4\ \frac{N}{mm^2} \cdot 0{,}72\text{ mm}^2 \cdot 1{,}0 \cdot 1{,}3 = \mathbf{3411{,}2\ N}$

$\frac{\mathbf{d}}{\mathbf{a_e}} = \frac{180\text{ mm}}{120\text{ mm}} = \mathbf{1{,}5}$; $\varphi = 83°$ (Tabelle unten)

$\mathbf{z_e} = z \cdot \frac{\varphi}{360°} = 8 \cdot \frac{83°}{360°} = \mathbf{1{,}84}$

$\mathbf{P_c} = z_e \cdot F_c \cdot v_c = 1{,}84 \cdot 3411{,}2\text{ N} \cdot \frac{165\text{ m}}{60\text{ s}} = 17\,260{,}7\ \frac{N \cdot m}{s} = \mathbf{17{,}3\ kW}$

$\mathbf{P_1} = \frac{P_c}{\eta} = \frac{17{,}3\text{ kW}}{0{,}8} = \mathbf{21{,}6\ kW}$

Eingriffswinkel φ									
d/a_e	1,20	1,25	1,30	1,35	1,40	1,45	1,50	1,55	1,60
φ in °	113	106	100	96	91	87	83	80	77

Korrekturfaktor C_1 für den Schneidstoff	
Schneidstoff	C_1
Schnellarbeitsstahl	1,2
Hartmetall	1,0
Schneidkeramik	0,9

Korrekturfaktor C_2 für den Schneidenverschleiß	
Schneide	C_2
mit Abstumpfung	1,3
ohne Abstumpfung	1,0

F

1) Zur Erzielung günstiger Schnittbedingungen soll der Fräserdurchmesser im Bereich d/a_e = (1,2 ... 1,6) gewählt werden.

2) Vereinfachungen: Der Einfluss auf die Schnittkraft durch Schnittgeschwindigkeit v_c und Schneidstoff wird durch einen gemeinsamen Korrekturfaktor C_1 berücksichtigt. Die Größe des Spanwinkels und weitere Einflüsse (z. B. durch Spanleitstufen, Beschichtungen) bleiben unberücksichtigt.

Hauptnutzungszeit beim Fräsen

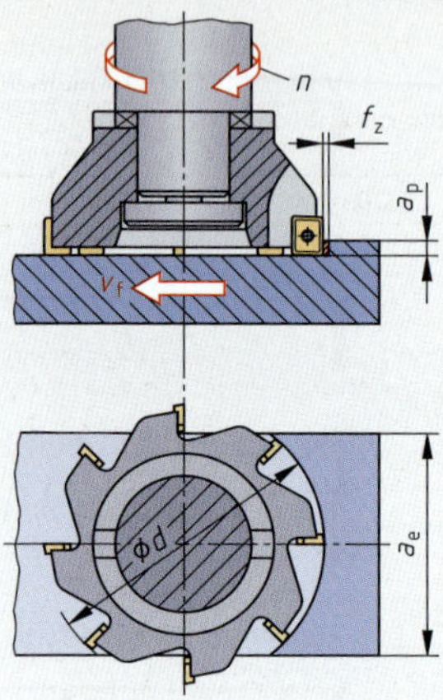

- t_h Hauptnutzungszeit
- l Werkstücklänge
- a_p Schnitttiefe
- a_e Schnittbreite (Fräsbreite)
- l_a Anlauf
- l_u Überlauf
- l_s Anschnitt
- L Vorschubweg
- d Fräserdurchmesser
- n Drehzahl
- f Vorschub je Umdrehung
- f_z Vorschub je Schneide
- z Anzahl der Schneiden
- v_c Schnittgeschwindigkeit
- v_f Vorschubgeschwindigkeit
- i Anzahl der Schnitte

Hauptnutzungszeit

$$t_h = \frac{L \cdot i}{n \cdot f} \qquad t_h = \frac{L \cdot i}{v_f}$$

Vorschub je Fräserumdrehung

$$f = f_z \cdot z$$

Vorschubgeschwindigkeit

$$v_f = n \cdot f \qquad v_f = n \cdot f_z \cdot z$$

Drehzahl

$$n = \frac{v_c}{\pi \cdot d}$$

Vorschubweg L und Anschnitt l_s in Abhängigkeit der Fräsverfahren

Stirnfräsen			Umfangs-Planfräsen
mittig	außermittig $a_e > 0{,}5 \cdot d$	außermittig $a_e < 0{,}5 \cdot d$	
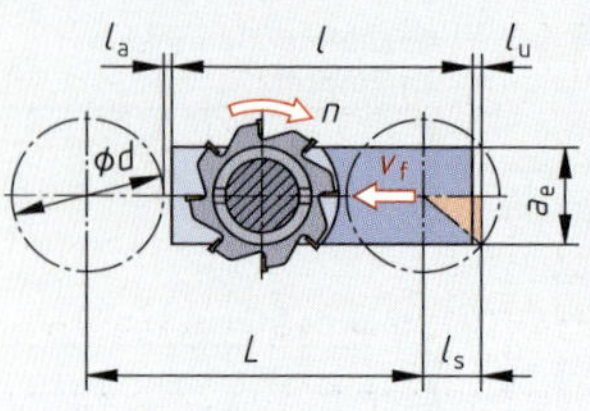	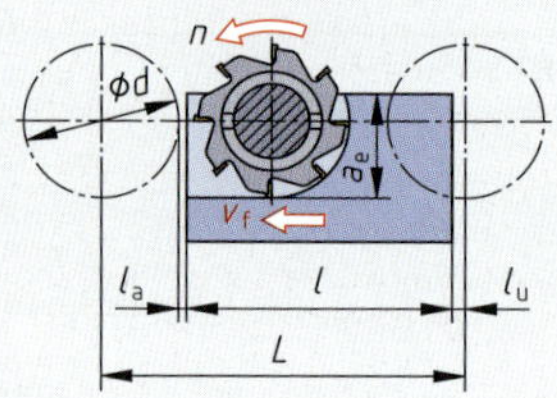	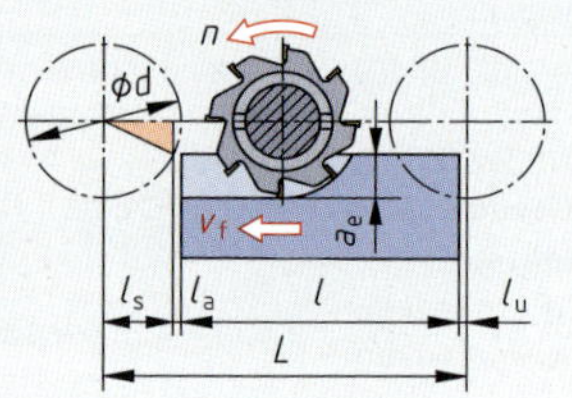	
$L = l + 0{,}5 \cdot d + l_a + l_u - l_s$	$L = l + 0{,}5 \cdot d + l_a + l_u$	$L = l + l_a + l_u + l_s$	
$l_s = 0{,}5 \cdot \sqrt{d^2 - a_e^2}$		$l_s = \sqrt{a_e \cdot d - a_e^2}$	

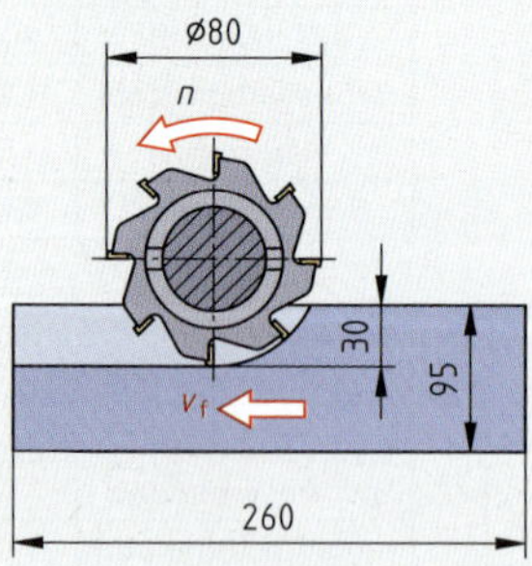

Beispiel:

Stirnfräsen (nebenstehendes Bild), $z = 10$, $f_z = 0{,}08$ mm, $v_c = 30$ m/min, $l_a = l_u = 1{,}5$ mm, $i = 1$ Schnitt

Gesucht: n; v_f; L; t_h

Lösung:

$$\boldsymbol{n} = \frac{v_c}{\pi \cdot d} = \frac{30\,\frac{\text{m}}{\text{min}}}{\pi \cdot 0{,}08\text{ m}} = \mathbf{119\,\frac{1}{min}}$$

$$\boldsymbol{v_f} = n \cdot f_z \cdot z = 119\,\frac{1}{\text{min}} \cdot 0{,}08\text{ mm} \cdot 10 = \mathbf{95{,}2\,\frac{mm}{min}}$$

$$\frac{\boldsymbol{a_e}}{\boldsymbol{d}} = \frac{30\text{ mm}}{80\text{ mm}} = 0{,}375\text{, daraus folgt: } a_e < 0{,}5 \cdot d$$

$$\boldsymbol{L} = l + l_a + l_u + l_s;$$

$$\boldsymbol{l_s} = \sqrt{a_e \cdot d - a_e^2} = \sqrt{30\text{ mm} \cdot 80\text{ mm} - (30\text{ mm})^2} = \mathbf{38{,}7\text{ mm}}$$

$$\boldsymbol{L} = 260\text{ mm} + 1{,}5\text{ mm} + 1{,}5\text{ mm} + 38{,}7\text{ mm} = \mathbf{301{,}7\text{ mm}}$$

$$\boldsymbol{t_h} = \frac{L \cdot i}{v_f} = \frac{301{,}7\text{ mm} \cdot 1}{95{,}2\,\frac{\text{mm}}{\text{min}}} = \mathbf{3{,}2\text{ min}}$$

F

Bohren, Gewindebohren, Reiben (Übersicht)

Bohren (Auswahl)

Spiralbohrer

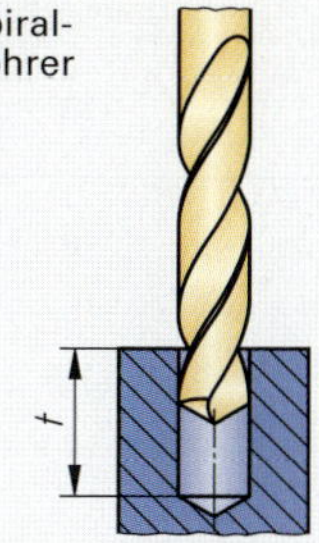

Wendeschneidplatten-Vollbohrer

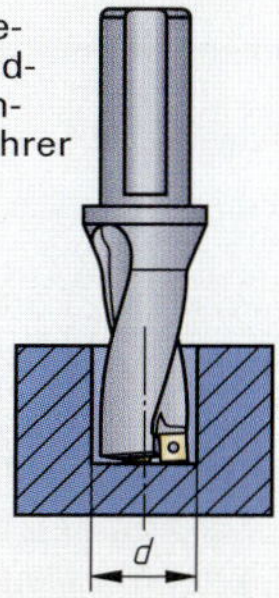

Auswahlkriterien	**Spiralbohrer**		Hartmetall-Wendeplattenbohrer
Bohrerwerkstoff	Schnellarbeitsstahl HSS	Vollhartmetall VHM	
Bohrerdurchmesser *d*	ca. 0,2 … 20 mm	ca. 1 … 20 mm	12 … 60 mm
Bohrungstiefe *t*	(2 … 10) · *d*	(2 … 12) · *d*	(2 … 4) · *d*
Bohrungstoleranz	IT10	IT8	± 0,1 mm
Eigenschaften	Standardbohrer, niedrige Schnittwerte, Kühlung der Schneiden, niedrige Verschleißfestigkeit, günstige Kosten	hohe Steifigkeit, gute Zentrierung, höhere Schnittwerte als bei HSS, guter Spanabfluss, höhere Standzeit, auch für gehärtete Stähle	Werkzeuggeometrie und Werkzeuglänge sind konstant, günstige Auswahl des Schneidstoffes, kein Nachschleifen

Beschichtungen	Art	Verwendung
	TiN	hochlegierte Stähle, Automatenstähle, Vergütungsstähle, Baustähle, nichtrostende Stähle, Gusseisenwerkstoffe, Al-Gusslegierungen
	TiAlN	hochlegierte Stähle, nichtrostende Stähle
	ohne	Al-Knetlegierungen, CuZn-Legierungen

Kühlschmierung	
	Äußere Kühlschmierstoffzufuhr bei guter Spanbildung und geringer Bohrungstiefe einsetzbar **Innere Kühlschmierstoffzufuhr** empfehlenswert zur Vermeidung von Spänestau, bei Bohrungstiefen ab $t > 3 \cdot d$ und/oder einem Druck $p > 10$ bar

Gewindebohren (Auswahl)

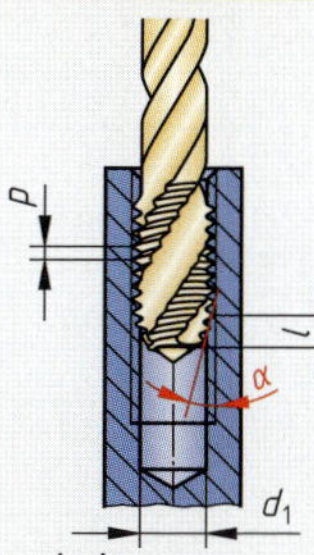

l Anschnitt
p Gewindesteigung

Arbeitsschritte
- Herstellen der Kernlochbohrung (Seite 210)
- Ansenken der Kernlochbohrung mit 90°-Senker
- Gewindebohren mit Handgewindebohrersatz (mehrteilig) oder Maschinengewindebohrer

Gewindebohrer, Einsatzbereiche (Auswahl)

Form/α	**Anschnitt l**	**Spannutform**	**Anwendung**
A/5°	ca. 7 · *P*	gerade	Dulo (Durchgangsloch)
B/8°	ca. 4,5 · *P*	gerade + Schälanschnitt	Dulo mittel bis langspanende Werkstoffe
C/15°	ca. 2,5 · *P*	gerade/spiralgenutet	Dulo/Salo (Sackloch), kurzspanende Werkstoffe
D/8°	ca. 4,5 · *P*	gerade/spiralgenutet	Salo langer Gewindeauslauf, Dulo
E/23°	ca. 1,75 · *P*	gerade/spiralgenutet	Salo kurzer Gewindeauslauf

Reiben (Auswahl)

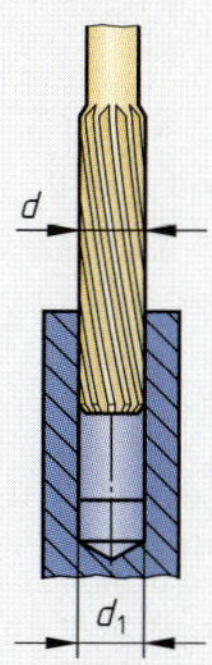

Arbeitsschritte
- Herstellen der Kernbohrung (Reibzugabe Seite 339)
- Reiben mit Handreibahle, Maschinenreibahle, verstellbarer Reibahle, Kegelreibahle …

	Nutenform	Verwendung
Nutenformen	gerade	Bohrungen ohne Unterbrechung, Grundlöcher, die bis auf den Grund gerieben werden, harte und spröde Werkstoffe, z. B. Stähle mit $R_m > 700$ N/mm², Gusseisen, CuZn-Legierungen
	Linksdrall < 15°	bessere Oberflächengüte, Bohrungen mit Schnittunterbrechungen, z. B. Nuten und Querbohrungen, für Durchgangsbohrungen
	Linksdrall ≈ 45°	Schälreibahle, ähnliche Wirkung wie bei Linksdrall, für große Vorschübe in weichen Werkstoffen
Toleranzklassen		beim Reiben sind Toleranzklassen bis IT6, z. B. H6, erreichbar

F

Schnittdaten beim Bohren

Spiralbohrer, Bohrertypen, Winkel

Drallwinkel

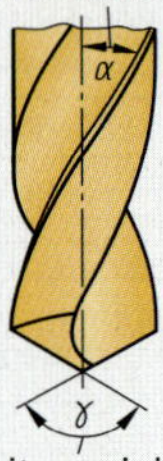

Spitzenwinkel

Typ[1]	Anwendung	Drallwinkel γ[2]	Spitzenwinkel σ[3]
N	Universeller Einsatz für Werkstoffe bis $R_m \approx 1000$ N/mm², z. B. Bau-, Einsatz- und Vergütungsstähle	19°…40°	118°
H	Bohren von spröden, kurzspanenden NE-Metallen und Kunststoffen, z. B. CuZn-Legierungen und PMMA (Plexiglas)	10°…19°	118°
W	Bohren von weichen, langspanenden NE-Metallen und Kunststoffen, z. B. Al- und Mg-Legierungen, PA (Polyamid) und PVC	27°…47°	130°

[1] Werkzeug-Anwendungsgruppen für HSS-Werkzeuge nach DIN 1836
[2] abhängig von Durchmesser und Steigung [3] Regelausführung

Richtwerte für das Bohren mit Spiralbohrern aus HSS und Hartmetall

[1]	Werkstoff der Werkstücke – Werkstoffgruppe		mittlere Zugfestigkeit R_m in N/mm² bzw. Härte HB[3]	Schnittgeschwindigkeit v_c[2), 4)] in m/min – Spiralbohrer HSS beschichtet	Spiralbohrer Hartmetall beschichtet	Bohrerdurchmesser d in mm: 2 – Vorschub f in mm/Umdrehung für HSS- u. HM-Spiralbohrer	5	8	12	16
P	Baustahl		$R_m \leq 500$	38 – **50** – 63	70 – **85** – 100	0,05	0,13	0,22	0,27	0,32
P	Baustahl		$R_m > 500$	31 – **37** – 44	70 – **85** – 100	0,05	0,13	0,22	0,27	0,32
P	Automatenstahl		$R_m \leq 550$	31 – **37** – 44	70 – **85** – 100	0,05	0,13	0,22	0,27	0,32
P	Automatenstahl		$R_m > 550$	25 – **31** – 38	60 – **75** – 85	0,03	0,08	0,11	0,17	0,22
P	Einsatzstahl, unlegiert		$R_m \leq 550$	31 – **37** – 44	70 – **85** – 100	0,03	0,08	0,11	0,17	0,22
P	Einsatzstahl, legiert		$R_m \leq 750$	19 – **22** – 25	60 – **75** – 85	0,02	0,05	0,09	0,13	0,15
P	Einsatzstahl, legiert		$R_m > 750$	10 – **12** – 15	50 – **65** – 80	0,02	0,05	0,09	0,13	0,15
P	Vergütungsstahl, unlegiert		$R_m \leq 650$	31 – **37** – 44	70 – **85** – 100	0,03	0,08	0,11	0,17	0,22
P	Vergütungsstahl, unlegiert		$R_m > 650$	25 – **27** – 31	60 – **75** – 85	0,02	0,06	0,10	0,15	0,19
P	Vergütungsstahl, legiert		$R_m \leq 750$	19 – **21** – 25	60 – **75** – 85	0,02	0,05	0,09	0,13	0,15
P	Vergütungsstahl, legiert		$R_m > 750$	10 – **12** – 15	50 – **65** – 80	0,02	0,05	0,09	0,13	0,15
P	Werkzeugstahl		$R_m \leq 750$	13 – **16** – 19	60 – **75** – 85	0,02	0,05	0,09	0,13	0,15
P	Werkzeugstahl		$R_m > 750$	10 – **12** – 15	40 – **55** – 70	0,02	0,05	0,09	0,13	0,15
M	Nichtrostender Stahl	austenitisch	$R_m \leq 680$	13 – **19** – 25	30 – **40** – 50	0,02	0,05	0,09	0,13	0,15
M	Nichtrostender Stahl	austenitisch	$R_m > 680$	10 – **15** – 19	25 – **35** – 45	0,02	0,05	0,09	0,13	0,15
M	Nichtrostender Stahl	martensitisch	$R_m > 500$	8 – **10** – 13	25 – **30** – 35	0,02	0,05	0,09	0,13	0,15
K	Gusseisen mit Lamellengrafit		≤ 200 HB	25 – **31** – 38	80 – **105** – 130	0,05	0,13	0,22	0,27	0,32
K	Gusseisen mit Kugelgrafit		≤ 250 HB	31 – **37** – 44	70 – **85** – 100	0,05	0,13	0,22	0,27	0,32
K	Gusseisen mit Kugelgrafit		> 250 HB	23 – **25** – 28	70 – **85** – 100	0,04	0,11	0,17	0,22	0,27
N	Al-Knetlegierung		$R_m \leq 350$	50 – **87** – 125	180 – **240** – 300	0,05	0,15	0,19	0,24	0,32
N	Al-Legierung, kurzspanend		$R_m \leq 700$	38 – **56** – 75	120 – **170** – 230	0,05	0,15	0,19	0,24	0,32
N	Al-Gusslegierungen		–	38 – **50** – 63	120 – **170** – 230	0,03	0,09	0,15	0,22	0,27
N	CuZn-Legierung	kurzspanend	$R_m \leq 600$	75 – **100** – 125	120 – **170** – 230	0,09	0,19	0,27	0,32	0,28
N	CuZn-Legierung	langspanend	$R_m \leq 600$	44 – **56** – 75	120 – **170** – 230	0,05	0,16	0,22	0,27	0,28
N	CuSn-Legierung	kurzspanend	$R_m \leq 600$	31 – **50** – 63	120 – **170** – 230	0,05	0,09	0,15	0,22	0,27
N	CuSn-Legierung	langspanend	$R_m \leq 850$	19 – **29** – 44	90 – **135** – 180	0,05	0,09	0,15	0,22	0,27
N	Thermoplaste		–	20 – **30** – 40	–	0,05	0,08	0,14	0,20	0,25
N	Duroplaste		–	10 – **15** – 20	–	0,05	0,08	0,14	0,20	0,25

[1] Schneidstoffgruppe nach DIN 513, Seite 309; gilt nur für harte Schneidstoffe wie z. B. Hartmetall
[2] **Auswahlkriterien der Schnittgeschwindigkeit:** (Erläuterungen zu den Bearbeitungsbedingungen Seite 316)
- Als **Startwert** wird der **fettgedruckte Wert** von v_c genommen (**„normale"** Bearbeitungsbedingungen).
- Bei **„ungünstigen"** Bearbeitungsbedingungen wird ein kleineres v_c bis zum **unteren Grenzwert** eingestellt.
- Bei **„günstigen"** Bearbeitungsbedingungen wird ein größeres v_c bis zum **oberen Grenzwert** verwendet.

[3] Umwertungstabelle Härtewerte und Zugfestigkeit Seite 205, Härtewerte im Anlieferungszustand ab Seite 137.
[4] Unbeschichtete Werkzeuge 70 %

F

Schnittdaten beim Anbohren, Senken, Reiben

Richtwerte für das Anbohren/Senken mit NC-Anbohrern aus HSS und Hartmetall

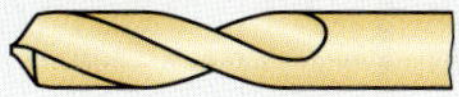

3)	Werkstoffgruppe		mittlere Zugfestigkeit R_m in N/mm² bzw. Härte HB4)	Schnittgeschwindigkeit v_c 2) in m/min: HSS-Anbohrer beschichtet	Schnittgeschwindigkeit v_c 2) in m/min: HM-Anbohrer beschichtet	NC-Anbohrer Durchmesser d in mm: 4	6	10	16	20
						Vorschub f in mm/Umdrehung für NC-Anbohrer aus HM5)				
P	Baustahl		$R_m \le 500$	38 – **50** – 63	80 – **90** – 100	0,08	0,11	0,14	0,14	0,14
P	Baustahl		$R_m > 500$	31 – **37** – 44	60 – **80** – 90	0,08	0,11	0,14	0,14	0,14
P	Einsatzstahl	unlegiert	$R_m \le 750$	25 – **30** – 35	60 – **80** – 90	0,07	0,10	0,12	0,12	0,12
P	Einsatzstahl	legiert	$R_m > 950$	19 – **22** – 25	50 – **65** – 70	0,07	0,10	0,12	0,12	0,12
P	Vergütungsstahl	unlegiert	$R_m \le 670$	31 – **37** – 44	60 – **80** – 90	0,08	0,11	0,14	0,14	0,14
P	Vergütungsstahl	legiert	$R_m \le 950$	19 – **21** – 25	45 – **55** – 65	0,06	0,09	0,12	0,12	0,12
P	Werkzeugstahl		$R_m \le 800$	13 – **16** – 19	50 – **60** – 65	0,06	0,10	0,12	0,12	0,12
M	Nichtrostender Stahl	austenitisch	$R_m \le 700$	13 – **19** – 25	20 – **25** – 30	0,05	0,06	0,06	0,06	0,06
M	Nichtrostender Stahl	austenitisch	$R_m = 700 \ldots 850$	10 – **15** – 19	20 – **25** – 30	0,05	0,06	0,06	0,06	0,06
M	Nichtrostender Stahl	martensitisch	$R_m \le 1100$	7 – **10** – 13	25 – **35** – 45	0,05	0,06	0,06	0,06	0,06
K	Gusseisen mit Lamellengrafit		≤ 250 HB	25 – **31** – 38	80 – **90** – 100	0,08	0,11	0,12	0,12	0,12
K	Gusseisen mit Lamellengrafit		> 250 HB	25 – **31** – 38	80 – **90** – 100	0,07	0,10	0,11	0,11	0,11
N	Al-Knetlegierung		$R_m \le 350$	50 – **87** – 125	220 – **260** – 300	0,03	0,04	0,07	0,07	0,07
N	CuZn-Legierung	kurzspanend	$R_m \le 600$	75 – **100** – 125	180 – **200** – 240	0,02	0,03	0,06	0,06	0,06
N	CuZn-Legierung	langspanend	$R_m \le 600$	44 – **56** – 75	150 – **180** – 200	0,02	0,03	0,06	0,06	0,06
N	CuSn-Legierung	kurzspanend	$R_m \le 600$	31 – **50** – 63	130 – **140** – 160	0,02	0,03	0,06	0,06	0,06
N	CuSn-Legierung	langspanend	$R_m \le 850$	19 – **29** – 44	110 – **130** – 150	0,02	0,03	0,06	0,06	0,06

Richtwerte für das Reiben mit HSS-Reibahlen und Reibahlen mit Hartmetall-Schneiden1)

3)	Werkstoffgruppe		mittlere Zugfestigkeit R_m in N/mm² bzw. Härte HB4)	Schnittgeschwindigkeit v_c 2) in m/min: HSS-Reibahle unbeschichtet	Schnittgeschwindigkeit v_c 2) in m/min: HM-Reibahle unbeschichtet	Reibahlendurchmesser d in mm: 5	8	10	15	20
						Vorschub f in mm/Umdrehung für HM-Reibahlen5)				
P	Baustahl		$R_m \le 500$	10 – **11** – 12	30 – **35** – 38	0,15	0,18	0,20	0,25	0,30
P	Baustahl		$R_m > 500$	6 – **7** – 8	25 – **30** – 35	0,15	0,18	0,20	0,25	0,30
P	Einsatzstahl	unlegiert	$R_m \le 750$	6 – **7** – 8	20 – **25** – 30	0,15	0,18	0,20	0,25	0,30
P	Einsatzstahl	legiert	$R_m > 950$	4 – **5** – 6	12 – **15** – 18	0,15	0,18	0,20	0,25	0,30
P	Vergütungsstahl	unlegiert	$R_m \le 670$	8 – **9** – 10	25 – **30** – 35	0,15	0,18	0,20	0,25	0,30
P	Vergütungsstahl	legiert	$R_m \le 950$	3 – **4** – 5	12 – **15** – 18	0,15	0,18	0,20	0,25	0,30
P	Werkzeugstahl		$R_m \le 800$	6 – **7** – 8	15 – **20** – 25	0,15	0,18	0,20	0,25	0,30
M	Nichtrostender Stahl	austenitisch	$R_m \le 700$	6 – **7** – 8	12 – **15** – 18	0,15	0,18	0,20	0,25	0,30
M	Nichtrostender Stahl	austenitisch	$R_m = 700 \ldots 850$	4 – **5** – 6	12 – **15** – 18	0,15	0,18	0,20	0,25	0,30
M	Nichtrostender Stahl	martensitisch	$R_m \le 1100$	4 – **5** – 6	10 – **12** – 15	0,12	0,15	0,15	0,18	0,20
K	Gusseisen mit Lamellengrafit		≤ 250 HB	8 – **9** – 10	10 – **12** – 15	0,15	0,18	0,20	0,25	0,30
K	Gusseisen mit Lamellengrafit		> 250 HB	4 – **5** – 6	8 – **10** – 12	0,12	0,15	0,20	0,25	0,30
N	Al-Knetlegierung		$R_m \le 350$	15 – **18** – 20	20 – **25** – 30	0,20	0,26	0,30	0,35	0,40
N	Al-Legierung, kurzspanend		$R_m \le 700$	10 – **11** – 12	15 – **20** – 30	0,20	0,26	0,30	0,35	0,40
N	CuZn-Legierung	kurzspanend	$R_m \le 600$	12 – **13** – 14	20 – **25** – 30	0,20	0,26	0,30	0,35	0,40
N	CuZn-Legierung	langspanend	$R_m \le 600$	10 – **11** – 12	20 – **25** – 30	0,20	0,26	0,30	0,35	0,40
N	CuSn-Legierung	kurzspanend	$R_m \le 600$	12 – **13** – 14	20 – **25** – 30	0,20	0,26	0,30	0,35	0,40
N	CuSn-Legierung	langspanend	$R_m \le 850$	10 – **11** – 12	15 – **20** – 25	0,20	0,26	0,30	0,35	0,40

1) Reibzugabe für Stahlwerkstoffe: $d < 20$ mm: 0,2 mm, $d > 20$ mm: 0,3 mm
Reibzugabe für NE-Legierungen: $d < 20$ mm: 0,3 mm, $d > 20$ mm: 0,4 mm

2) Auswahlkriterien der Schnittgeschwindigkeit Seite 338

3) Schneidstoffgruppe nach DIN 513, Seite 309; gilt nur für harte Schneidstoffe wie z. B. Hartmetall

4) Umwertungstabelle Härtewerte und Zugfestigkeit Seite 205, Härtewerte im Anlieferungszustand ab Seite 137

5) Vorschubwerte für HSS-Reibahlen bzw. HSS-Anbohrer bei Stahlwerkstoffen um ca. 1/3 reduziert

F

Bohren (Beispiel), Schnittdaten beim Senken

Anwendungsbeispiel Bohren

n Drehzahl in 1/min
v_c Schnittgeschwindigkeit in m/min
f Vorschub in mm/Umdrehung
v_f Vorschubgeschwindigkeit in mm/min
d Bohrerdurchmesser in mm

Drehzahl

$$n = \frac{v_c}{\pi \cdot d}$$

Vorschubgeschwindigkeit

$$v_f = f \cdot n$$

Beispiel:

Bohrer aus Hartmetall, beschichtet, Bohrerdurchmesser $d = 12$ mm
Werkstoff: 42CrMo4+A (weichgeglüht)

Gesucht: Schnittdaten n, f, v_f, v_c

Lösung: 42CrMo4+A → Vergütungsstahl, legiert, Härte im Anlieferungszustand HBW = 241 (Seite 138) → $R_m = 770$ N/mm² (Seite 205)
Schnittdaten (Seite 236): $v_c = 65$ m/min (Startwert), $f = 0{,}13$ mm

$$n = \frac{v_c}{\pi \cdot d} = \frac{65\,\frac{\text{m}}{\text{min}} \cdot \frac{1000\,\text{mm}}{\text{m}}}{\pi \cdot 12\,\text{mm}} = \mathbf{1724\,\frac{1}{min}}$$

$$v_f = f \cdot n = 0{,}13\,\text{mm} \cdot 1724\,\frac{1}{\text{min}} = \mathbf{224{,}1\,\frac{mm}{min}}$$

Richtwerte für Kegelsenker (Auswahl)

 Werkstoffgruppe		mittlere Zugfestigkeit[1] R_m in N/mm² bzw. Härte HB	Schnittgeschwindigkeit[2] v_c in m/min für Senker aus Schnellarbeitsstahl (HSS)		Vorschub *f* in mm für Senkerdurchmesser *d* in mm				
			unbeschichtet	beschichtet	6	10	16	20	25
Baustahl		$R_m < 500$	26 – **28** – 30	31 – **34** – 36	0,09	0,12	0,14	0,16	0,20
		$R_m > 500$	25 – **27** – 28	30 – **32** – 36	0,08	0,10	0,12	0,14	0,18
Automatenstahl		$R_m \leq 800$	25 – **27** – 28	30 – **32** – 36	0,08	0,10	0,12	0,14	0,18
		$R_m > 800$	18 – **22** – 25	22 – **26** – 30	0,06	0,08	0,10	0,12	0,14
Einsatzstahl	unlegiert	$R_m \leq 750$	25 – **27** – 28	30 – **32** – 34	0,08	0,10	0,12	0,14	0,18
	legiert	$R_m \leq 980$	18 – **22** – 25	21 – **26** – 30	0,06	0,08	0,10	0,12	0,14
		$R_m > 980$	6 – **8** – 10	7 – **10** – 12	0,04	0,05	0,07	0,08	0,10
Vergütungsstahl	unlegiert	$R_m \leq 1030$	25 – **27** – 28	30 – **32** – 34	0,08	0,10	0,12	0,14	0,18
		$R_m = 1030 \ldots 1150$	18 – **22** – 25	22 – **26** – 30	0,08	0,10	0,12	0,14	0,18
	legiert	$R_m = 850 \ldots 980$	18 – **22** – 25	22 – **26** – 30	0,06	0,08	0,10	0,12	0,14
		$R_m = 1030 \ldots 1200$	6 – **8** – 10	7 – **10** – 12	0,06	0,08	0,10	0,12	0,14
Werkzeugstahl		$R_m \leq 850$	18 – **22** – 25	22 – **26** – 30	0,06	0,08	0,10	0,12	0,14
		$R_m > 850 \ldots 1100$	6 – **8** – 10	7 – **10** – 12	0,04	0,05	0,07	0,08	0,10
Nichtrostender Stahl	austenitisch	$R_m < 850$	4 – **7** – 10	5 – **9** – 12	0,05	0,06	0,07	0,08	0,09
	martensitisch	$R_m < 1100$	4 – **7** – 10	5 – **9** – 12	0,05	0,06	0,07	0,08	0,09
Gusseisen, Lamellengrafit		< 190 HB	11 – **16** – 20	15 – **20** – 24	0,10	0,12	0,16	0,20	0,25
Gusseisen, Kugelgrafit		≤ 260 HB	9 – **12** – 15	11 – **14** – 18	0,07	0,08	0,12	0,16	0,20
		> 260 HB	9 – **12** – 15	11 – **14** – 18	0,07	0,08	0,12	0,16	0,20
Al-Knetlegierungen		$R_m < 350$	50 – **70** – 90	60 – **65** – 110	0,12	0,14	0,18	0,22	0,26
Al-Gusslegierungen		–	10 – **20** – 30	15 – **30** – 35	0,10	0,12	0,14	0,18	0,22
CuZn-Legierungen	kurzspanend	$R_m < 600$	50 – **65** – 80	60 – **70** – 90	0,12	0,14	0,14	0,20	0,24
	langspanend	$R_m < 600$	30 – **40** – 50	35 – **50** – 60	0,12	0,14	0,18	0,20	0,24
CuSn-Legierungen	kurzspanend	$R_m < 600$	50 – **65** – 80	60 – **70** – 90	0,12	0,14	0,18	0,20	0,24
	langspanend	$R_m < 850$	30 – **40** – 50	35 – **50** – 60	0,12	0,14	0,18	0,20	0,24
Thermoplaste		–	10 – **30** – 50	10 – **30** – 50	0,12	0,14	0,18	0,20	0,24
Duroplaste		–	10 – **35** – 60	10 – **35** – 60	0,12	0,14	0,18	0,20	0,24

[1] Umrechnungstabelle Härtewerte und Zugfestigkeit Seite 205, Härtewerte im Anlieferungszustand ab Seite 137
[2] Als **Startwert** der Schnittgeschwindigkeit wird der **fettgedruckte Tabellenwert** (Normalbedingungen) verwendet.

F

Schnittdaten beim Gewindebohren, Kräfte und Leistungen

Richtwerte für das Gewindebohren mit Gewindebohrern aus HSS und Hartmetall[1)]

3)	Werkstoffgruppe		mittlere Zugfestigkeit R_m in N/mm² bzw. Härte HB[4)]	Schnittgeschwindigkeit v_c[2)] in m/min HSS unbeschichtet	HM unbeschichtet	Schmiermittel
P	Baustahl		$R_m \leq 500$	14 – **15** – 16	30 – **40** – 50	Emulsion
P	Baustahl		$R_m > 500$	10 – **11** – 12	28 – **35** – 42	Emulsion
P	Einsatzstahl, Vergütungsstahl	unlegiert	$R_m \leq 750$	8 – **12** – 15	28 – **35** – 42	Emulsion
P	Einsatzstahl, Vergütungsstahl	legiert	$R_m > 950$	6 – **9** – 12	25 – **30** – 35	Emulsion
K	Gusseisen	Lamellengrafit	≤ 180 HB	12 – **14** – 16	20 – **25** – 30	Öl
K	Gusseisen	Lamellengrafit	> 180 HB	6 – **8** – 10	20 – **25** – 30	Öl
K	Gusseisen	Kugelgrafit	≤ 250 HB	10 – **12** – 14	10 – **15** – 20	Öl
N	Al-Knetlegierungen		$R_m \leq 300$	12 – **16** – 20	40 – **50** – 60	Emulsion
N	Cu-Legierung, kurzspanend		$R_m \leq 600$	14 – **16** – 18	25 – **30** – 35	Emulsion
N	CuZn-Legierung, langspanend		$R_m \leq 600$	10 – **12** – 14	25 – **30** – 35	Emulsion
N	CuSn-Legierung, langspanig		$R_m \leq 850$	8 – **10** – 12	25 – **30** – 35	Emulsion

1) Bohrerdurchmesser für Gewindekernloch Seite 210 2) Auswahlkriterien der Schnittgeschwindigkeit Seite 241.
3) Schneidstoffgruppe nach DIN 513, Seite 309; gilt nur für harte Schneidstoffe wie z. B. Hartmetall.
4) Umwertungstabelle Härtewerte und Zugfestigkeit Seite 205, Härtewerte im Anlieferungszustand ab Seite 137

Kräfte und Leistungen beim Bohren

Bohren mit Spiralbohrer

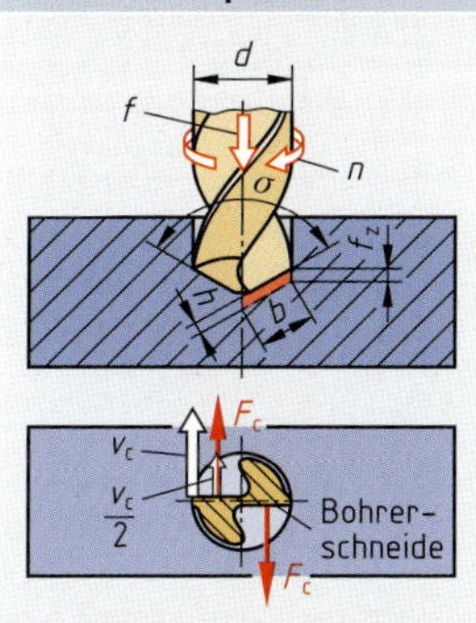

F_c	Schnittkraft je Schneide in N
z	Anzahl der Schneiden (Spiralbohrer $z = 2$)
A	Spanungsquerschnitt je Schneide in mm²
d	Bohrerdurchmesser in mm
f	Vorschub je Umdrehung in mm
f_z	Vorschub je Schneide in mm
σ	Spitzenwinkel in Grad (°)
h	Spanungsdicke in mm
C_1, C_2	Korrekturfaktoren (Tabelle rechts unten)
v_c	Schnittgeschwindigkeit in m/min
k_c	spezifische Schnittkraft in N/mm²
$k_{c1.1}$	Basiswert spezifische Schnittkraft in N/mm²
P_c	Schnittleistung in kW
P_1	Antriebsleistung der Maschine in kW
η	Wirkungsgrad der Maschine
m_c	Werkstoffkonstante (Seite 305)

Spanungsquerschnitt je Schneide

$$A = \frac{d \cdot f}{4}$$

Spezifische Schnittkraft

$$k_c = \frac{k_{c1.1}}{h^{m_c}} \quad \text{(Seite 305)}$$

Schnittkraft je Schneide[1)]

$$F_c = k_c \cdot A \cdot C_1 \cdot C_2$$

Spanungsdicke

$$h = \frac{f}{2} \cdot \sin\frac{\sigma}{2}$$

Schnittleistung

$$P_c = \frac{z \cdot F_c \cdot v_c}{2}$$

Antriebsleistung

$$P_1 = \frac{P_c}{\eta}$$

Beispiel:

Werkstoff 42CrMo4, HSS-Spiralbohrer mit σ = 118° mit Abstumpfung der Werkzeugschneiden, Bohrerdurchmesser d = 16 mm, v_c = 17 m/min, f = 0,14 mm

Gesucht: h; $k_{c1.1}$; m_c; k_c; A; C_1; C_2; F_c; P_c

Lösung: $h = \frac{f}{2} \cdot \sin\frac{\sigma}{2} = \frac{0{,}14\ \text{mm}}{2} \cdot \sin 59° = 0{,}06\ \text{mm}$

$k_{c1.1} = 2500\ \text{N/mm}^2$; $m_c = 0{,}26$ (Tabelle Seite 305)

$k_c = \frac{k_{c1.1}}{h^{m_c}} = \frac{2500\ \text{N/mm}^2}{0{,}06^{0{,}26}} = 5195\ \text{N/mm}^2$

$A = \frac{d \cdot f}{4} = \frac{16\ \text{mm} \cdot 0{,}14\ \text{mm}}{4} = 0{,}56\ \text{mm}^2$

$C_1 = 1{,}2$; $C_2 = 1{,}3$ (Tabelle Korrekturfaktor C_1 und C_2)

$F_c = k_c \cdot A \cdot C_1 \cdot C_2 = 5195\ \text{N/mm}^2 \cdot 0{,}56\ \text{mm}^2 \cdot 1{,}2 \cdot 1{,}3 = 4538\ \text{N}$

$P_c = \frac{z \cdot F_c \cdot v_c}{2} = \frac{2 \cdot 4538\ \text{N} \cdot 17\ \text{m}}{60\ \text{s} \cdot 2} = 1286\ \frac{\text{N} \cdot \text{m}}{\text{s}} = 1286\ \text{W} = 1{,}3\ \text{kW}$

1) Vereinfachung: Der Einfluss auf die Schnittkraft durch Schnittgeschwindigkeit v_c und Schneidstoff wird durch einen gemeinsamen Korrekturfaktor C_1 berücksichtigt. Der Zustand der Schneide wird durch Korrekturfaktor C_2 berücksichtigt. Andere Einflüsse bleiben unberücksichtigt.

Korrekturfaktor C_1 für den Schneidstoff

Schneidstoff	C_1
Schnellarbeitsstahl	1,2
Hartmetall	1,0

Korrekturfaktor C_2 für den Schneidenverschleiß

Schneide	C_2
mit Abstumpfung	1,3
ohne Abstumpfung	1,0

F

Bohren, Hauptnutzungszeit, Probleme

Hauptnutzungszeit beim Bohren, Reiben und Senken

t_h	Hauptnutzungszeit	L	Vorschubweg
d	Werkzeugdurchmesser	f	Vorschub je Umdrehung
l	Bohrungstiefe	n	Drehzahl
l_a	Anlauf	v_c	Schnittgeschwindigkeit
l_u	Überlauf	i	Anzahl der Schnitte
l_s	Anschnitt	σ	Spitzenwinkel

Anschnitt l_s	
σ	l_s
80°	$0{,}6 \cdot d$
118°	$0{,}3 \cdot d$
130°	$0{,}23 \cdot d$
140°	$0{,}18 \cdot d$

Hauptnutzungszeit

$$t_h = \frac{L \cdot i}{n \cdot f}$$

Drehzahl

$$n = \frac{v_c}{\pi \cdot d}$$

Berechnung des Vorschubweges L

beim Bohren und Reiben

Durchgangsbohrung

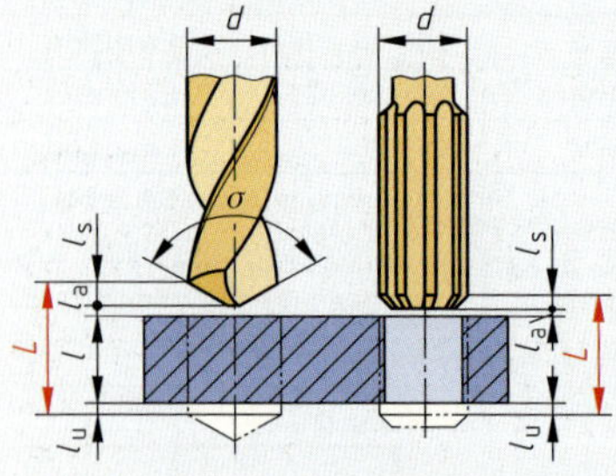

$$L = l + l_s + l_a + l_u$$

Grundlochbohrung

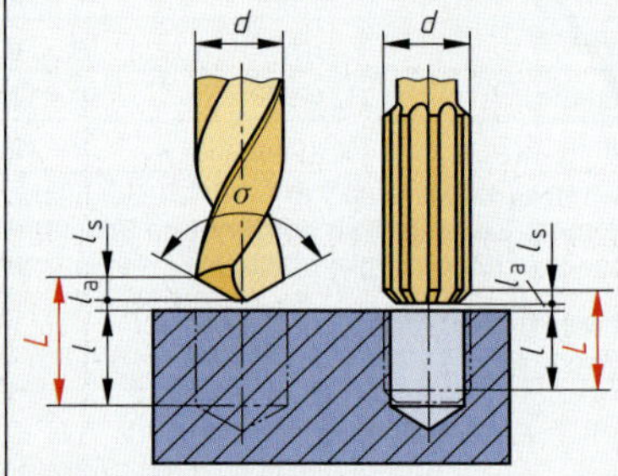

$$L = l + l_s + l_a$$

beim Senken

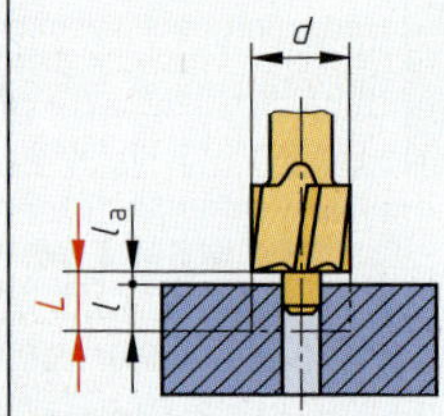

$$L = l + l_a$$

Beispiel:

Grundlochbohrung mit $d = 30$ mm;
$l = 90$ mm; $f = 0{,}15$ mm;
$n = 450$/min; $i = 15$ (15 Bohrungen); $l_a = 1$ mm;
$\sigma = 130°$; $L = ?$; $t_h = ?$

$$\mathbf{L} = l + l_s + l_a = 90\text{ mm} + 0{,}23 \cdot 30\text{ mm} + 1\text{ mm} = \mathbf{98\text{ mm}}$$

$$\mathbf{t_h} = \frac{L \cdot i}{n \cdot f} = \frac{98\text{ mm} \cdot 15}{450\,\frac{1}{\text{min}} \cdot 0{,}15\text{ mm}} = \mathbf{21{,}78\text{ min}}$$

Probleme beim Bohren und deren Abhilfe

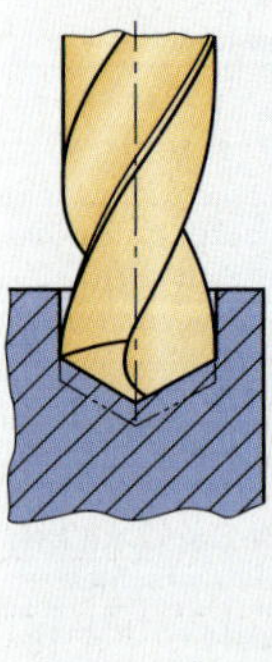

Problem	Eingriffsmöglichkeiten zur Beseitigung
Verschleiß der Hauptschneide	Freiwinkel vergrößern; Vorschub *f*, Schnittgeschwindigkeit verkleinern; Bohrer öfter nachschleifen
Verschleiß der Querschneide	Freiwinkel am Bohrerzentrum größer als Hinterschliff; Vorschub *f*, Auskraglänge des Bohrers verkleinern
Verschleiß der Führungsfase	Auskraglänge des Bohrers verkleinern; Bohrer öfter symmetrisch nachschleifen, Verwendung von Bohrern mit größerer Verjüngung
Ausbruch der Hauptschneide	Freiwinkel, Auskraglänge des Bohrers, Vorschub *f* verkleinern, Verwendung von Bohrern mit kleinerer Führungsfase
Ausbruch der Bohrerspitze	Vorschub *f*, Schnittgeschwindigkeit v_c, Führungsfasenbreite verkleinern, Bohrer öfter nachschleifen
Bohrung mit Übermaß	Auskraglänge des Bohrers verkleinern, Bohrer symmetrisch nachschleifen
Spänestau in den Spannuten	Vorschub *f*, Kühlmittelzufuhr vergrößern, Nut breiter, Schnittgeschwindigkeit v_c verkleinern
Gratbildung am Bohrungsausgang	Vorschub *f* verkleinern, Bohrer symmetrisch nachschleifen, kleinere Kantenverrundung
Standzeit zu gering	Kühlmittelzufuhr erhöhen, Auskraglänge verkleinern, Schnittwerte und Hartmetallsorte überprüfen
Vibrationen, Rattern	Vorschub *f*, Auskraglänge verkleinern, Schnittwerte überprüfen

F

Schleifen

Planschleifen

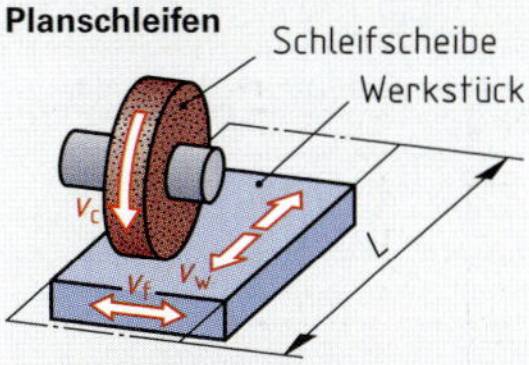

Längsrundschleifen

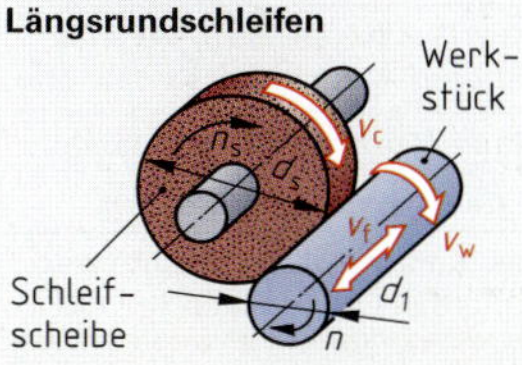

v_c Schnittgeschwindigkeit
d_s Durchmesser der Schleifscheibe
n_s Drehzahl der Schleifscheibe
v_w Werkstückgeschwindigkeit
v_f Vorschubgeschwindigkeit
L Vorschubweg
n_H Hubzahl
d_1 Durchmesser des Werkstücks
n Drehzahl des Werkstücks
q Geschwindigkeitsverhältnis

Beispiel:

$v_c = 30$ m/s; $v_w = 20$ m/min; $q = ?$

$$q = \frac{v_c}{v_w} = \frac{30\ \text{m/s} \cdot 60\ \text{s/min}}{20\ \text{m/min}} = \frac{1800\ \text{m/min}}{20\ \text{m/min}} = \mathbf{90}$$

Schnittgeschwindigkeit

$$v_c = \pi \cdot d_s \cdot n_s$$

Werkstückgeschwindigkeit

Planschleifen

$$v_w = L \cdot n_H$$

Längsrundschleifen

$$v_w = \pi \cdot d_1 \cdot n$$

Geschwindigkeitsverhältnis

$$q = \frac{v_c}{v_w}$$

Richtwerte für Schnittgeschwindigkeit v_c, Werkstückgeschwindigkeit v_w, Geschwindigkeitsverhältnis q

Werkstoff	Planschleifen						Längsrundschleifen					
	Umfangsschleifen			Seitenschleifen			Außenrundschleifen			Innenrundschleifen		
	v_c m/s	v_w m/min	q	v_c m/s	v_w m/min	q	v_c m/s	v_w m/min	q	v_c m/s	v_w m/min	q
Stahl	30	10…35	80	25	20…25	65	35	12…20	130	25	16…22	80
Gusseisen	25	10…35	70	25	20…30	60	25	10…18	110	25	20…25	65
Hartmetall	10	4…6	120	8	4…6	95	8	4…6	95	8	6…10	60
Al-Legierungen	20	15…40	45	20	25…45	35	20	20…35	45	18	30…40	30
Cu-Legierungen	25	15…40	55	20	20…40	40	30	15…25	90	25	25…35	50

Schleifdaten für Stahl und Gusseisen mit Korund- oder Siliciumcarbid-Schleifscheiben

Schleifverfahren	Aufmaß in mm	Körnung	Zustellung in mm	R_z in µm
Vorschleifen	0,5…0,2	14…36	0,1…0,02	25…6,3
Fertigschleifen	0,2…0,02	46…60	0,02…0,005	6,3…2,5
Feinschleifen	0,02…0,01	80…220	0,005…0,003	2,5…1
Feinstschleifen	0,01…0,005	800…1200	0,003…0,001	1…0,4

Arbeitshöchstgeschwindigkeit für Schleifkörper

vgl. DIN EN 12413 (2011-05)

Schleifscheibenform (Auswahl)	Schleifmaschinenart	Führung[1]	Höchstgeschwindigkeit v_c in m/s bei Bindung[2]							
			B	BF	E	MG	R	RF	PL	V
gerade Schleifscheibe	ortsfest	zg oder hg	50	63	40	25	50	–	50	40
	Handschleifmaschine	freihand	50	80	–	–	50	80	50	–
gerade Trennschleifscheibe	ortsfest	zg oder hg	80	100	63	–	63	80	–	–
	Handschleifmaschine	freihand	–	80	–	–	–	–	–	–

[1] zg zwangsgeführt: Vorschub durch mechanische Hilfsmittel; hg handgeführt: Vorschub durch Bedienperson, Freihand: Schleifmaschine wird vollständig von Hand geführt; [2] Bindungsarten: Seite 344

Verwendungseinschränkungen (VE) für Schleifkörper[3]

vgl. BGV D12[4] (2001-10)

VE	Bedeutung	VE	Bedeutung
VE1	unzulässig für Freihand- und handgeführtes Schleifen	VE6	nicht zulässig für Seitenschleifen
		VE7	nicht zulässig für Freihandschleifen
VE2	nicht zulässig für Freihandtrennschleifen	VE8	nicht zulässig ohne Stützteller
VE3	nicht zulässig für Nassschleifen	VE10	nicht zulässig für Trockenschleifen
VE4	zulässig nur für geschlossenen Arbeitsbereich	VE11	nicht zulässig für Freihand- und handgeführtes Trennschleifen
VE5	nicht zulässig ohne Absaugung		

[3] Fehlt die Einschränkung, so ist das Schleifwerkzeug für alle Einsatzformen geeignet.

Farbstreifen für höchstzulässige Umfangsgeschwindigkeiten ≥ 50 m/s

vgl. BGV D12[4] (2001-10)

Farbstreifen	blau	gelb	rot	grün	blau + gelb	blau + rot	blau + grün
$v_{c\,max}$ in m/s	50	63	80	100	125	140	160
Farbstreifen	**gelb + rot**	**gelb + grün**	**rot + grün**	**blau + blau**	**gelb + gelb**	**rot + rot**	**grün + grün**
$v_{c\,max}$ in m/s	180	200	225	250	280	320	360

[4] BGV Berufsgenossenschaftliche Vorschrift

Schleifmittel, Bindung

Schleifmittel

vgl. DIN ISO 525 (2015-02)

Zeichen	Schleifmittel	chemische Zusammensetzung	Knoophärte	Anwendungsgebiete
A	Normalkorund	Al_2O_3 + Beimengungen	18 000	unlegierter, ungehärteter Stahl, Stahlguss, Temperguss
	Edelkorund	Al_2O_3 in kristalliner Form	21 000	hoch- und niedriglegierter Stahl, gehärteter Stahl, Einsatzstahl, Werkzeugstahl, Titan
Z	Zirkonkorund	Al_2O_3 + ZrO_2	–	nichtrostende Stähle
C	Siliziumkarbid	SiC + Beimengungen	24 800	harte Werkstoffe: Hartmetall, Gusseisen, HSS, Keramik, Glas; weiche Werkstoffe: Kupfer, Aluminium, Kunststoffe
BK	Borkarbid	B_4C in kristalliner Form	47 000	Läppen, Polieren von Hartmetall und gehärtetem Stahl
CBN	Bornitrid	BN in kristalliner Form	60 000	Schnellarbeitsstähle, Kalt- und Warmarbeitsstähle
D	Diamant	C in kristalliner Form	70 000	Hartmetall, Gusseisen, Glas, Keramik, Stein, Nichteisenmetalle, nicht für Stahl; Abrichten von Schleifscheiben

Härtegrad

vgl. DIN ISO 525 (2015-02)

Bezeichnung	Härtegrad	Anwendung	Bezeichnung	Härtegrad	Anwendung
äußerst weich sehr weich	A B C D E F G	Tief- und Seitenschleifen harter Werkstoffe	hart sehr hart äußerst hart	P Q R S T U V W X Y Z	Außenrundschleifen weicher Werkstoffe
weich mittel	H I J K L M N O	herkömmliches Metallschleifen			

Korngröße

vgl. DIN ISO 525 (2015-02)

Körnungsbezeichnung bei gebundenen Schleifmitteln

Körnungsbereiche	grob	mittel	fein	sehr fein
Körnungsbezeichnung	F4, F5, F6, ..., F24	F30, F36, F40, ..., F60	F70, F80, F90, ..., F220	F230, ..., F2000
erreichbar: *Rz* in µm	≈ 10...5	≈ 5...2,5	≈ 2,5...1,0	≈ 1,0...0,4

Gefüge

vgl. DIN ISO 525 (2015-02)

Kennziffer **0 1 2 3 4 5 6 7 8 9 10 11 12 13 14 usw. bis 99**

Gefüge ← **geschlossen (dicht)** **offen (porös)** →

Bindung

vgl. DIN ISO 525 (2015-02) und VDI 3411 (2000-08)

Zeichen	Bindungsart	Eigenschaften	Anwendungsgebiete
B BF	Kunstharzbindung, faserverstärkt	dicht oder porös, elastisch, ölbeständig, kühler Schliff	Vor- oder Trennschleifen, Profilschleifen mit Diamant und Bornitrid, Hochdruckschleifen
E	Schellackbindung	temperaturempfindlich, zähelastisch, stoßunempfindlich	Sägen- und Formschliff, Regelscheibe beim spitzenlosen Schleifen
G	Galvanische Bindung	hohe Griffigkeit durch herausragende Körner	Innenschleifen von Hartmetall, Handschliff
M	Metallbindung	dicht oder porös, zäh, unempfindlich gegen Druck und Wärme	Profil- und Werkzeugschleifen mit Diamant oder Bornitrid, Nassschliff
MG	Magnesitbindung	weich, elastisch, wasserempfindlich	Trockenschliff, Messerschliff
PL	Plastikbindung	weich, elastisch je nach Kunststoff und Aushärtungsgrad	Kunststoff-Schleifkörper für Gleitschleifen, Präzisionsschleifen und Polieren
R RF	Gummibindung, faserverstärkt	elastisch, kühler Schliff, empfindlich gegen Öl u. Wärme	Trennschleifen
V	Keramikbindung	porös, spröde, unempfindlich gegen Wasser, Öl, Wärme	Vor- und Feinschleifen von Stählen mit Korund und Siliciumkarbid

⇒ **Schleifscheibe ISO 603-1 1 N-300 x 50 x 76,2 – A/F 36 L 5 V – 50:** Form 1 (gerade Schleifscheibe), Randform N, Außendurchmesser 300 mm, Breite 50 mm, Bohrungsdurchmesser 76,2 mm, Schleifmittel A (Normal- oder Edelkorund), Korngröße F 36 (mittel), Härtegrad L (mittel), Gefüge 5, Keramikbindung (V), Höchstumfangsgeschwindigkeit 50 m/s.

Auswahl von Schleifscheiben

Richtwerte für die Auswahl von Schleifscheiben (ohne Diamant und Bornitrid)

Längsrundschleifen

Werkstoff	Schleifmittel	Schruppen		Schlichten mit Scheibendurchmesser bis 500 mm		Schlichten mit Scheibendurchmesser über 500 mm		Feinschlichten	
		Körnung	Härte	Körnung	Härte	Körnung	Härte	Körnung	Härte
Stahl, ungehärtet	A	54	M…N	80	M…N	60	L…M	180	L…M
Stahl, gehärtet, unleg. u. legiert	A	46	L…M	80	K…L	60	J…K	240…500	H…N
Stahl, gehärtet, hochlegiert	A, C	80	M…N	80	N…O	60	M…N	240…500	H…N
Hartmetall, Keramik	C	60	K	80	K	60	K	240…500	H…N
Gusseisen	A, C	60	L	80	L	60	L	100	M
NE-Metalle, z. B. Al, Cu, CuZn	C	46	K	60	K	60	K	–	–

Innenrundschleifen

Werkstoff	Schleifmittel	Schleifscheibendurchmesser in mm: bis 20		über 20 bis 40		über 40 bis 80		über 80	
		Körnung	Härte	Körnung	Härte	Körnung	Härte	Körnung	Härte
Stahl, ungehärtet	A	80	M	60	L…M	54	L…M	46	K
Stahl, gehärtet, unleg. u. legiert	A	80	K…L	120	M…N	80	M…N	80	L
Stahl, gehärtet, hochlegiert	A, C	80	J…K	100	K	80	K	60	J
Hartmetall, Keramik	C	80	G	120	H	120	H	80	G
Gusseisen	A, C	80	L…M	80	K…L	60	M	46	M
NE-Metalle, z. B. Al, Cu, CuZn	C	80	I…J	120	K	60	J…K	54	J

Umfangsplanschleifen

Werkstoff	Schleifmittel	Topfscheiben $D < 300$ mm		Gerade Schleifscheiben $D \leq 300$ mm		Gerade Schleifscheiben $D > 300$ mm		Schleifsegmente	
		Körnung	Härte	Körnung	Härte	Körnung	Härte	Körnung	Härte
Stahl, ungehärtet	A	46	J	46	J	36	J	24	J
Stahl, gehärtet, unleg. u. legiert	A	46	J	60	J	46	J	36	J
Stahl, gehärtet, hochlegiert	A	46	H…J	60	I…J	46	I…J	36	I…J
Hartmetall, Keramik	C	46	J	60	J	60	J	46	J
Gusseisen	A, C	46	J	46	J	46	J	24	J
NE-Metalle, z. B. Al, Cu, CuZn	C	46	J	60	J	60	J	36	J

Werkzeugschleifen

Schneidstoff	Schleifmittel	Gerade Schleifscheiben $D \leq 225$	Gerade Schleifscheiben $D > 225$		Schleifteller $D \leq 100$	Schleifteller $D > 100$		Topfscheiben	
		Körnung	Körnung	Härte	Körnung	Körnung	Härte	Körnung	Härte
Werkzeugstahl	A	80	60	M	80	60	M	46	K
Schnellarbeitsstahl	A	60	46	K	60	46	K	46	H
Hartmetall	C	80	54	K	80	54	K	46	H

Trennen auf stationären Maschinen

Werkstoff	Schleifmittel	Gerade Trennscheiben v_c bis 80 m/s, $D \leq 200$ mm		Gerade Trennscheiben v_c bis 80 m/s, $D > 200$ mm		Gerade Trennscheiben v_c bis 100 m/s, $D \leq 500$ mm		Gerade Trennscheiben v_c bis 100 m/s, $D > 500$ mm	
		Körnung	Härte	Körnung	Härte	Körnung	Härte	Körnung	Härte
Stahl, ungehärtet	A	80	Q…R	46	Q…R	24	U	20	Q…R
Gusseisen	A	60	Q…R	46	Q…R	24	U…V	20	U…V
NE-Metalle, z. B. Al, Cu, CuZn	A	60	Q…R	46	Q…R	30	S	24	S

Schleifen und Trennen mit Handmaschinen

Werkstoff	Schleifmittel	Trennscheiben v_c bis 80 m/s		Schruppscheiben v_c bis 45 m/s		Schruppscheiben v_c bis 80 m/s		Schleifstifte	
		Körnung	Härte	Körnung	Härte	Körnung	Härte	Körnung	Härte
Stahl, ungehärtet	A	30	T	24	M	24	R	36	Q…R
Stahl, korrosionsbeständig	A	30	R	16	M	24	R	36	S
Gusseisen	A, C	30	T	20	R	24	R	30	T
NE-Metalle, z. B. Al, Cu, CuZn	A, C	30	R	20	R	–	–	–	–

F

Schleifen mit Diamant und Bornitrid

Körnungsbezeichnung

vgl. DIN ISO 6106 (2015-11)

Anwendungsbereiche		Vorschleifen	Fertigschleifen	Feinschleifen	Läppen
Körnungs-bezeichnung[1]	Diamant Bornitrid	D251…D151 B251…B151	D126…D76 B126…B76	D64, D54, D46 B64, B54, B46	D20, D15, D7 B30, B6
erreichbar: *Ra* in µm		≈ 0,55…0,50	≈ 0,45…0,33	≈ 0,18…0,15	≈ 0,05…0,025

[1] lichte Maschenweite der Prüfsiebe in µm; Mikrokörnungen < D46, B46 nicht in ISO 6106 genormt.

Richtwerte für Schnittgeschwindigkeiten

Verfahren	Schleif-mittel	Schnittgeschwindigkeit v_c in m/s bei Bindungsart[1]							
		B		M		G		V	
		trocken	nass	trocken	nass	trocken	nass	trocken	nass
Planschleifen	CBN	–	30…50	–	30…60	–	30…60	–	30…60
	D	–	22…50	–	22…27	20…30	22…50	–	25…50
Außenrund-schleifen[2]	CBN	–	30…50	–	30…60	–	30…60	–	30…60
	D	–	22…40	–	20…30	20…30	22…40	–	25…50
Innenrund-schleifen	CBN	27…35	30…60	–	30…60	24…40	30…50	–	30…50
	D	12…18	15…30	8…15	18…27	12…20	18…40	–	25…50
Werkzeug-schleifen	CBN	27…35	30…50	22…30	30…40	27…35	30…50	–	30…50
	D	15…22	22…50	15…22	15…27	15…30	22…35	–	–
Trenn-schleifen	CBN	27…35	30…50	–	30…60	27…40	30…60	–	–
	D	12…18	22…35	–	22…27	18…30	22…40	–	–

[1] Bindungsarten Seite 344 [2] Bei Hochgeschwindigkeitsschleifen (HSG) ca. vierfache Werte

Richtwerte für Zustellung und Vorschub bei Diamant-Schleifscheiben

Verfahren	Zustellung pro Hub in mm bei Korngröße			Vorschub-geschwindigkeit m/min	Quervorschub bezüglich der Scheibenbreite *b*
	D181	D126	D64		
Planschleifen[1]	0,02…0,04	0,01…0,02	0,005…0,01	10…15[2]	$^1/_4 \dots {}^1/_2 \cdot b$
Außenrundschleifen[1]	0,01…0,03	0,0…0,02	0,005…0,01	0,3…2,0	–
Innenrundschleifen	0,002…0,007	0,002…0,005	0,001…0,003	0,5…2,0	–
Werkzeugschleifen	0,01…0,03	0,005…0,015	0,002…0,005	0,3…4,0	–
Nutenschleifen	–	1,0…5,0	0,5…3,0	0,01…2,0	–

Richtwerte für Zustellung und Vorschub bei CBN-Schleifscheiben

Verfahren	Zustellung pro Hub in mm bei Korngröße			Vorschub-geschwindigkeit m/min	Quervorschub bezüglich der Scheibenbreite *b*
	B252/B181	B151/B126	B91/B76		
Planschleifen	0,03…0,05	0,02…0,04	0,01…0,015	20…30[2]	$^1/_4 \dots {}^1/_3 \cdot b$
Außenrundschleifen	0,02…0,04	0,02…0,03	0,015…0,02	0,5…2,0	–
Innenrundschleifen	0,005…0,015	0,005…0,01	0,002…0,005	0,5…2,0	–
Werkzeugschleifen	0,002…0,1	0,01…0,005	0,005…0,015	0,5…4,0	–
Nutenschleifen	1,0…10	1,0…5,0	0,5…3,0	0,01…2,0	–

[1] Bei Hochgeschwindigkeitsschleifen (High Speed Grinding = HSG) ca. dreifache Werte
[2] Vorschubgeschwindigkeit längs als Werkstückgeschwindigkeit.

Hochleistungsschleifen mit CBN-Schleifscheiben

vgl. VDI 3411 (2000-08)

F

Schleifprozesse mit stark erhöhten Zeitspanvolumina durch Einsatz spezieller Maschinen und Werkzeuge, mit denen erhöhte Schnittgeschwindigkeiten (> 80 m/s) und angepasste Kühlschmierung ermöglicht wird. Überwiegend beim Plan- und Außenrundschleifen metallischer Werkstoffe eingesetzt.

Einsatzvorbereitung der Schleifscheiben (Konditionieren)

Arbeitsschritt	Abrichten		Reinigen
	Profilieren	Schärfen	
Vorgang	Abtrennen von Korn und Bindung	Zurücksetzen der Bindung	keine Veränderung des Schleifbelags
Arbeitsziel	Herstellen von Rundlauf und Scheibenprofil	Erzeugen der Scheiben-oberflächenstruktur	Beseitigen von Spänen aus den Spanräumen

Höchstzulässige Umfangsgeschwindigkeiten beim Hochleistungsschleifen

Bindungsart[1]	B	V	M	G
höchstzulässige Umfangsgeschwindigkeit in m/s	140	200	180	280

[1] Bindungsarten Seite 344

Schleifen, Hauptnutzungszeit

Längs-Rundschleifen

- t_h Hauptnutzungszeit
- L Vorschubweg
- i Anzahl der Schnitte
- n Drehzahl des Werkstücks
- f Vorschub je Umdrehung des Werkstücks
- v_w Werkstückgeschwindigkeit
- d_1 Ausgangsdurchmesser des Werkstücks
- d Fertigdurchmesser des Werkstücks
- a_p Schnitttiefe
- l Werkstücklänge
- b_s Schleifscheibenbreite
- l_u Überlauf
- t Schleifzugabe

Hauptnutzungszeit

$$t_h = \frac{L \cdot i}{n \cdot f}$$

Drehzahl des Werkstücks

$$n = \frac{v_w}{\pi \cdot d_1}$$

Anzahl der Schnitte

für Außenrundschleifen

$$i = \frac{d_1 - d}{2 \cdot a_p} + 2^{1)}$$

für Innenrundschleifen

$$i = \frac{d - d_1}{2 \cdot a_p} + 2^{1)}$$

1) 2 Schnitte zum Ausfeuern, bei niedrigerem Toleranzgrad sind zusätzliche Schnitte erforderlich

Berechnung des Vorschubweges L

Werkstücke ohne Ansatz

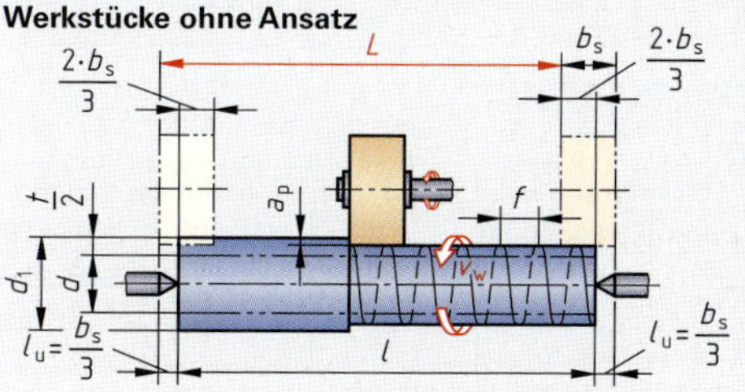

$$L = l - \frac{1}{3} \cdot b_s$$

Werkstücke mit Ansatz

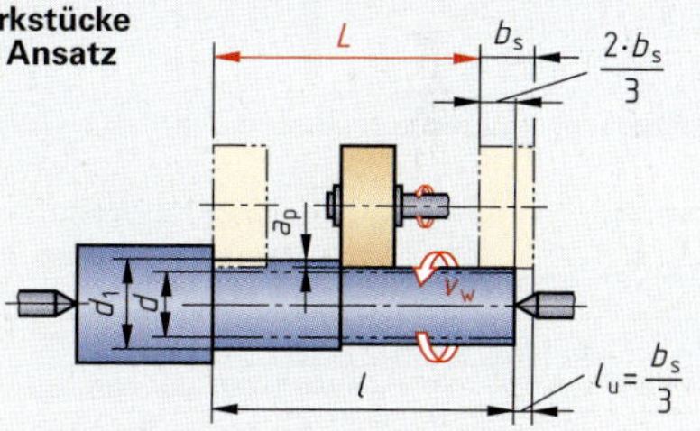

$$L = l - \frac{2}{3} \cdot b_s$$

Vorschub beim Schruppen $f = {}^{2}/_{3} \cdot b_s$ bis ${}^{3}/_{4} \cdot b_s$; Vorschub beim Schlichten $f = {}^{1}/_{4} \cdot b_s$ bis ${}^{1}/_{2} \cdot b_s$

Umfangs-Planschleifen (Flachschleifen)

- t_h Hauptnutzungszeit
- l Werkstücklänge
- l_a Anlauf, Überlauf
- L Vorschubweg
- b Werkstückbreite
- b_u Überlaufbreite
- B Schleifbreite
- f Quervorschub je Hub
- n_H Hubzahl je Minute
- v_w Werkstückgeschwindigkeit
- i Anzahl der Schnitte
- t Schleifzugabe
- b_s Schleifscheibenbreite
- a_p Schnitttiefe

Anzahl der Schnitte

$$i = \frac{t}{a_p} + 2^{1)}$$

Hubzahl

$$n_H = \frac{v_w}{L}$$

Hauptnutzungszeit

$$t_h = \frac{i}{n_H} \cdot \left(\frac{B}{f} + 1\right)$$

1) 2 Schnitte zum Ausfeuern

Berechnung des Vorschubweges L und der Schleifbreite B

Werkstücke ohne Ansatz

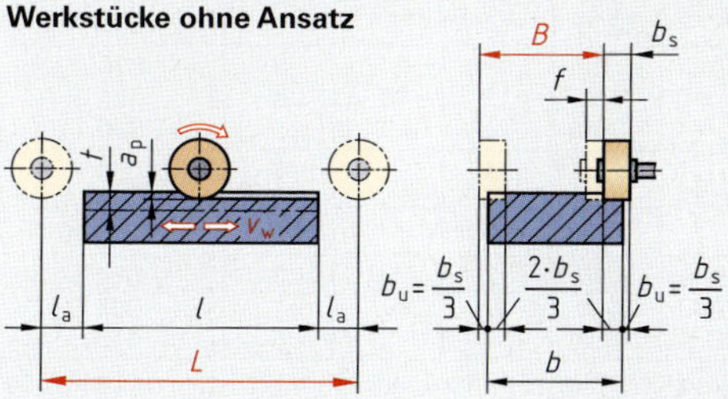

$L = l + 2 \cdot l_a$ $l_a \approx 0{,}04 \cdot l$ $B = b - \frac{1}{3} \cdot b_s$

Werkstücke mit Ansatz

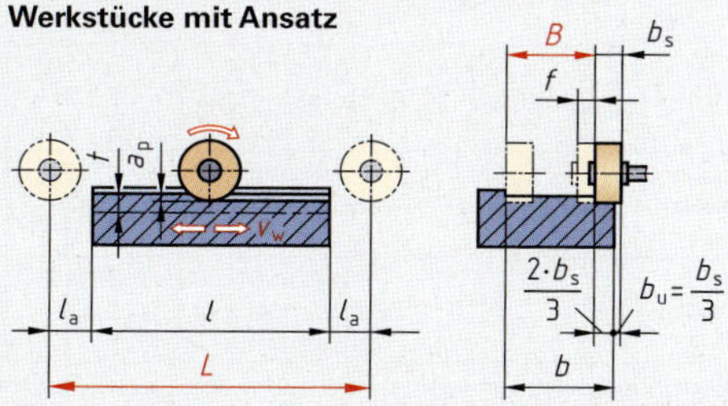

$L = l + 2 \cdot l_a$ $l_a \approx 0{,}04 \cdot l$ $B = b - \frac{2}{3} \cdot b_s$

Quervorschub beim Schruppen $f = {}^{2}/_{3} \cdot b_s$ bis ${}^{4}/_{5} \cdot b_s$; Vorschub beim Schlichten $f = {}^{1}/_{2} \cdot b_s$ bis ${}^{2}/_{3} \cdot b_s$

F

Honen

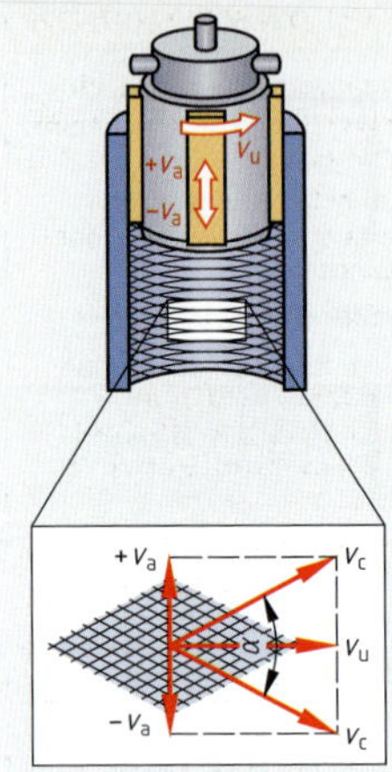

v_c Schnittgeschwindigkeit
v_a Axialgeschwindigkeit
v_u Umfangsgeschwindigkeit
α Überschneidungswinkel der Bearbeitungsspuren
p Anpressdruck

A Anlagefläche der Honsteine
F_r radiale Zustellkraft
n Anzahl der Honsteine
b Breite der Honsteine
l Länge der Honsteine

Beispiel:

Gehärteter Stahl, Fertighonen, v_u = ?; v_a = ?; v_c = ?; α = ?
aus Tabelle gewählt: v_u = 25 m/min; v_a = 12 m/min

$$\mathbf{v_c} = \sqrt{v_a^2 + v_u^2} = \sqrt{\left(12\frac{\text{m}}{\text{min}}\right)^2 + \left(25\frac{\text{m}}{\text{min}}\right)^2} \approx \mathbf{28\frac{m}{min}}$$

$$\tan\frac{\alpha}{2} = \frac{v_a}{v_u} = \frac{12\text{ m/min}}{25\text{ m/min}} = 0{,}48$$

$$\alpha = \arctan 0{,}48 = 51{,}28° = \mathbf{51{,}3°}$$

Schnittgeschwindigkeit

$$v_c = \sqrt{v_a^2 + v_u^2}$$

Überschneidungswinkel

$$\tan\frac{\alpha}{2} = \frac{v_a}{v_u}$$

Anpressdruck

$$p = \frac{F_r}{A}$$

$$p = \frac{F_r}{n \cdot b \cdot l}$$

Schnittgeschwindigkeit und Bearbeitungszugaben

Werkstoff	Umfangsgeschwindigkeit v_u in m/min		Axialgeschwindigkeit v_a in m/min		Bearbeitungszugaben in mm für Bohrungsdurchmesser in mm		
	Vorhonen	Fertighonen	Vorhonen	Fertighonen	2...15	15...100	100...500
Stahl, ungehärtet	18...40	20...40	9...20	10...20	0,02...0,05	0,03...0,15	0,06...0,3
Stahl, gehärtet	14...40	15...40	5...20	6...20	0,01...0,03	0,02...0,05	0,03...0,1
legierte Stähle	23...40	25...40	10...20	11...20	0,02...0,05	0,03...0,15	0,06...0,3
Gusseisen	23...40	25...40	10...20	11...20			
Aluminium-Legierungen	22...40	24...40	9...20	10...20			

Honen mit Diamantkorn v_u bis 40 m/min und v_a bis 60 m/min; α = 60°...90°

Anpressdruck von Honwerkzeugen

Honverfahren	Anpressdruck p in N/cm²: keramische Honsteine	kunststoffgebundene Honsteine	Diamant-Honleisten	Bornitrid-Honleisten
Vorhonen	50...250	200...400	300...700	200...400
Fertighonen	20...100	40...250	100...300	100...200

Auswahl der Honsteine aus Korund, Siliziumkarbid, CBN und Diamant

Werkstoff	Zugfestigkeit N/mm²	Verfahren	Rautiefe Rz µm	Honsteine aus Korund und Siliciumkarbid[2)]: Honmittel	Körnung	Härte	Bindung	Gefüge	CBN oder Diamant: Körnung
Stahl	< 500 (ungehärtet)	Vorhonen Zwischenhonen Fertighonen	8...12 2...5 0,5...1,5	A	700 400 1200	R R M	B	1 5 2	D126 D54 D15
	500...700 (gehärtet)	Vorhonen Zwischenhonen Fertighonen	5...10 2...3 0,5...2	A	80 400 700	R O N	B	3 5 3	B76 B54 B30
Gusseisen	–	Vorhonen Fertighonen Plateauhonen[1)]	5...8 2...3 3...6	C	80 120 900	M K H	V	3 7 8	D91 D46 D25
NE-Metalle	–	Vorhonen Zwischenhonen Fertighonen	6...10 2...3 0,5...1	A A C	80 400 1000	O O N	V	3 1 5	D64 D35 D15

[1)] Beim Plateauhonen werden die obersten Spitzen der Werkstückoberfläche abgetragen. [2)] vgl. Seite 344

Auswahl der Honsteine aus Diamant und kubischem Bornitrid (CBN)

Schleifstoff	Natürlicher Diamant	Synthetischer Diamant	CBN
Werkstoff	Stahl, Hartmetall	Gusseisen, nitrierter Stahl, NE-Metalle, Glas, Keramik	gehärteter Stahl

F

Koordinatensysteme, Nullpunkte

Koordinatensystem und Koordinatenachsen

vgl. DIN 66217 (1975-12)

Koordinatenachsen bei CNC-Drehmaschinen

Drehmeißel vor der Drehmitte

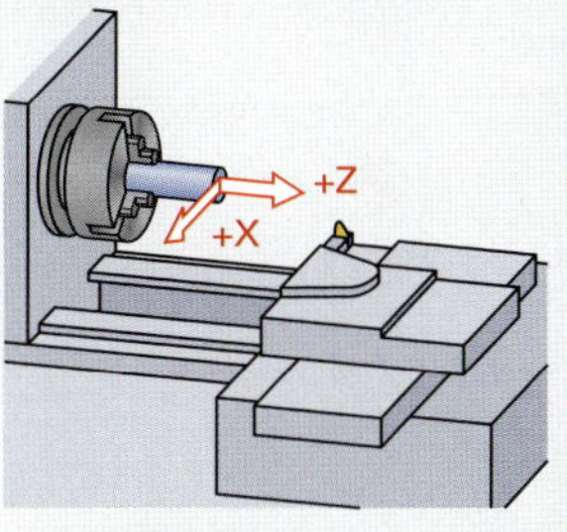

Drehmeißel hinter der Drehmitte

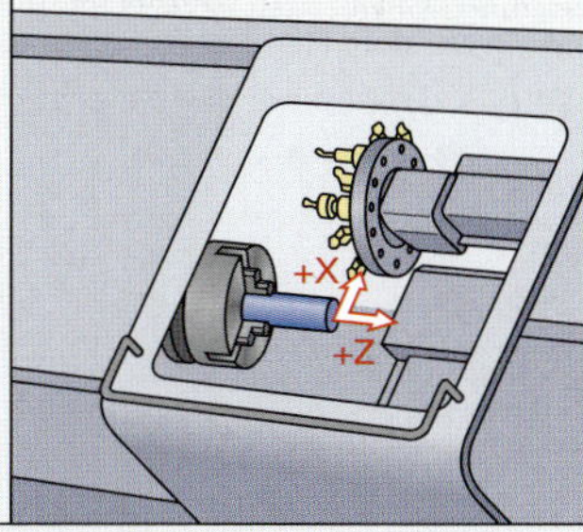

- Das Koordinatensystem bezieht sich auf den Werkstücknullpunkt des eingespannten Werkstücks.
- Die Koordinatenachsen einer CNC-Maschine sind auf die Hauptführungsbahnen ausgerichtet.
- Die Z-Achse verläuft in Richtung der Hauptspindel.
- Beim Programmieren wird immer angenommen, dass das Werkstück still steht und sich nur das Werkzeug bewegt.
- Die Koordinatenachsen X, Y und Z stehen im kartesischen Koordinatensystem senkrecht aufeinander.

Koordinatenachsen bei CNC-Fräsmaschinen

Senkrecht-Fräsmaschine

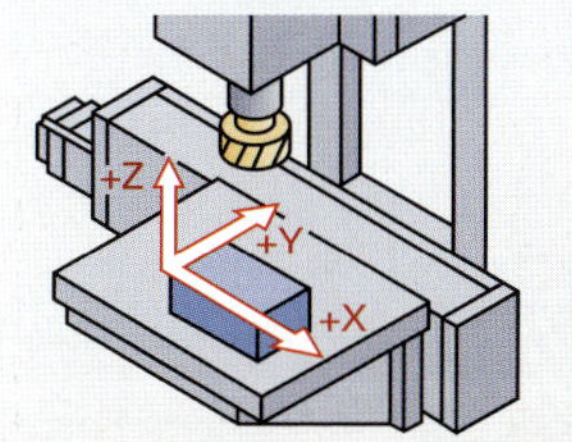

Waagrecht-Fräsmaschine

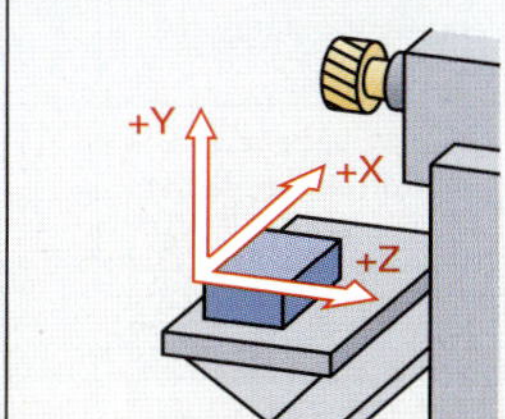

Kartesisches Koordinatensystem[1]

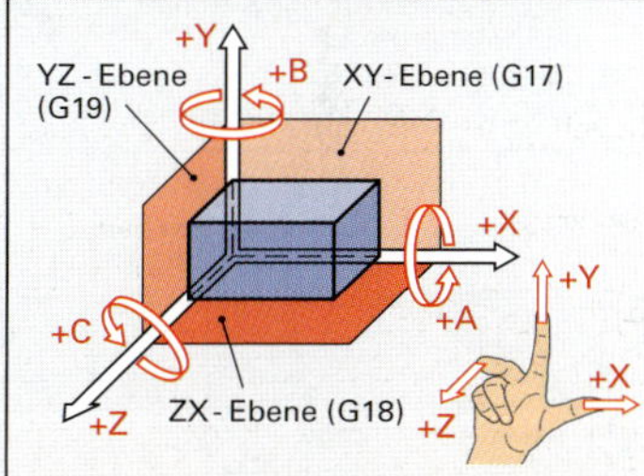

Nullpunkte und Bezugspunkte

vgl. DIN ISO 2806 (1996-04)

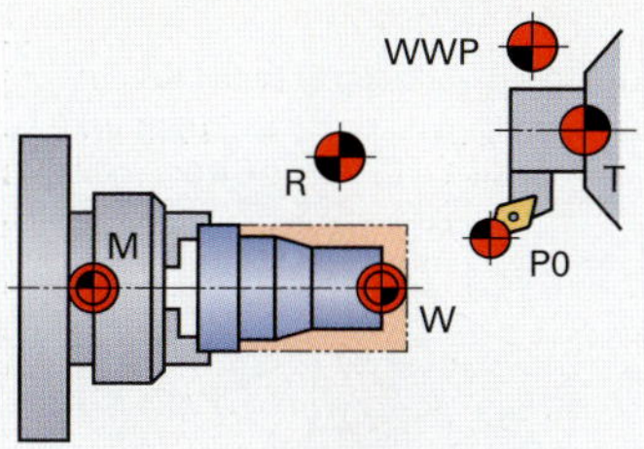

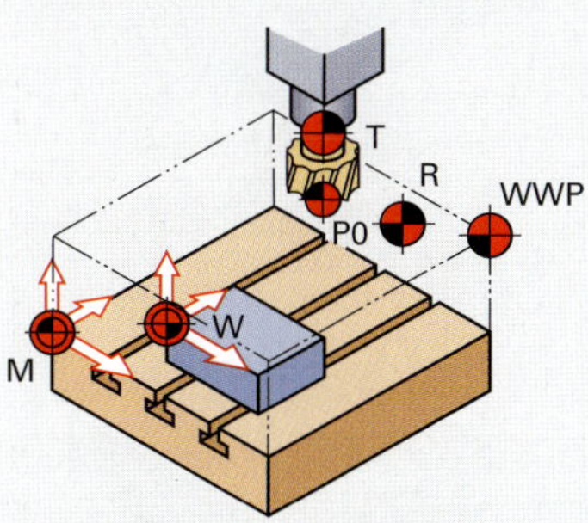

M 	**Maschinennullpunkt M** Er ist der Ursprung des Maschinen-Koordinatensystems und wird vom Maschinenhersteller festgelegt.
W 	**Werkstücknullpunkt W** Er ist der Ursprung des Werkstück-Koordinatensystems und wird vom Programmierer nach fertigungstechnischen Gesichtspunkten festgelegt.
T 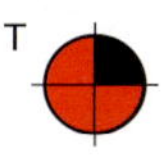	**Werkzeugträger-Bezugspunkt T** Er liegt mitten an der Anschlagfläche der Werkzeugaufnahme. Bei Drehmaschinen ist dies die Anschlagfläche des Werkzeughalters am Revolver, bei Fräsmaschinen die Stirnfläche der Werkzeugspindel.
R 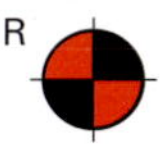	**Referenzpunkt R** Er wird zum Nullsetzen des inkrementalen Wegmesssystems angefahren. Abstandscodierte Referenzpunkte ermöglichen ein kurzes Anfahren des Werkzeugs.
P0 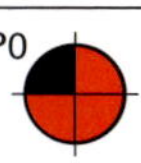	**Programmnullpunkt P0**[2] Er gibt die Koordinaten des Punktes an, an dem sich das Werkzeug vor Beginn des Programmstarts befindet.
WWP 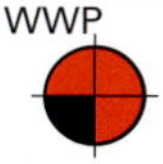	**Werkzeugwechselpunkt WWP**[2] Er wird vor dem Werkzeugwechsel sowie vor dem Um- und Ausspannen des Werkstücks angefahren.

[1] Die Drehachsen A, B und C werden den Koordinatenachsen X, Y und Z zugewiesen.
Die Bearbeitungsebenen werden zum Fräsen für die Ebenenanwahl bei einer 2½ D-Steuerung angegeben.
Die Zuordnung der Achsen X, Y und Z kann auch durch Daumen, Zeigefinger und Mittelfinger der rechten Hand dargestellt werden.

[2] nicht genormt

F

Werkzeugkorrekturen, Bahnkorrekturen

Werkzeugkorrekturen

CNC-Drehen

Lagen-Kennziffern des Werkzeug-Schneidenpunktes P bezogen auf den Mittelpunkt M des Schneidenradius r_ε

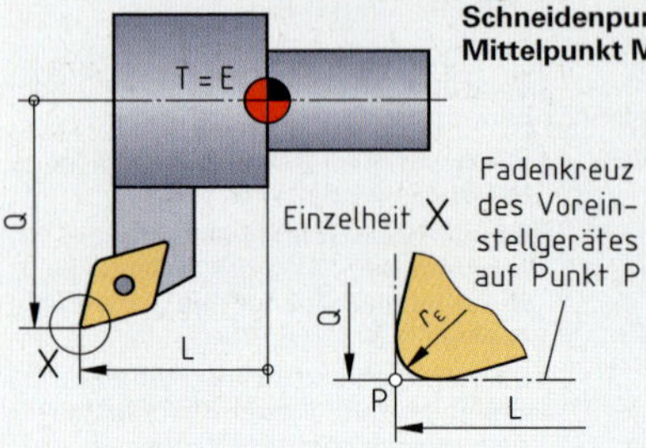

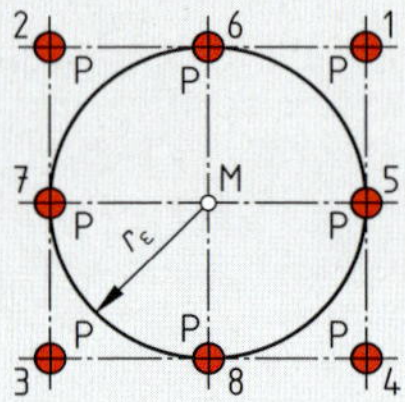

Q Querablage der X-Achse
L Längenkorrektur der Z-Achse
r_ε Schneidenradius
1…8 Lage-Kennziffern
T Werkzeugträger-Bezugspunkt

E Werkzeug-Bezugspunkt
M Mittelpunkt des Schneiden-radius r_ε
P Werkzeug-Schneidenpunkt

CNC-Fräsen

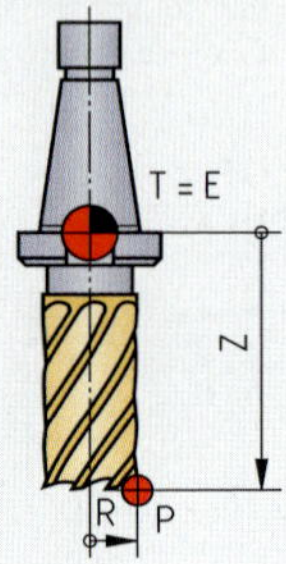

Z Werkzeuglänge
R Werkzeugradius
T Werkzeugträger-Bezugspunkt
E Werkzeug-Bezugspunkt
P Werkzeug-Schneidenpunkt

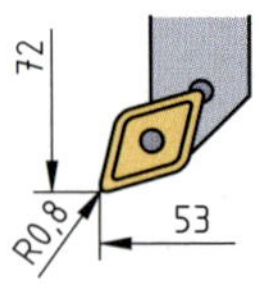

Korrekturspeicher	
Q	72
L	53
r_ε	0,8
Lage-Kennziffer	3

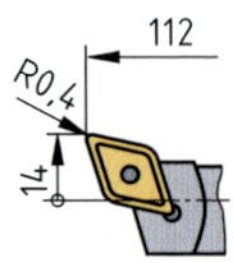

Korrekturspeicher	
Q	14
L	112
r_ε	0,4
Lage-Kennziffer	2

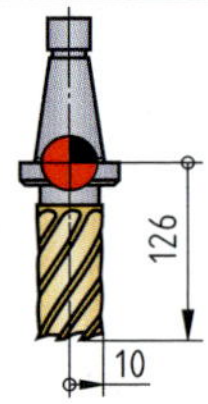

Korrekturspeicher	
Z	126
R	10

Bahnkorrekturen[1]

vgl. DIN 66025 (1988-09) und PAL

Drehmeißel links der Kontur[2] | Drehmeißel rechts der Kontur[2]

Drehmeißel hinter der Drehmitte

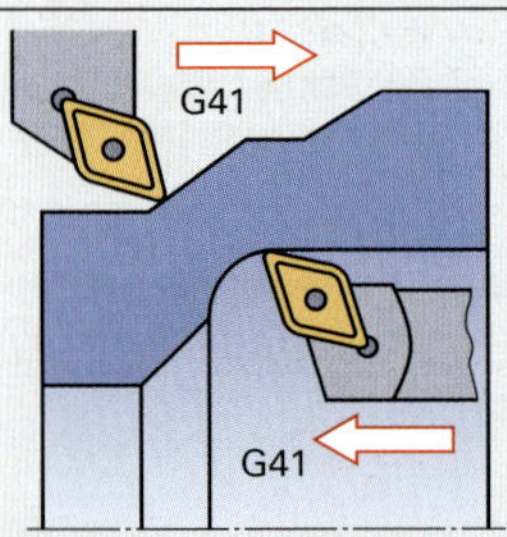

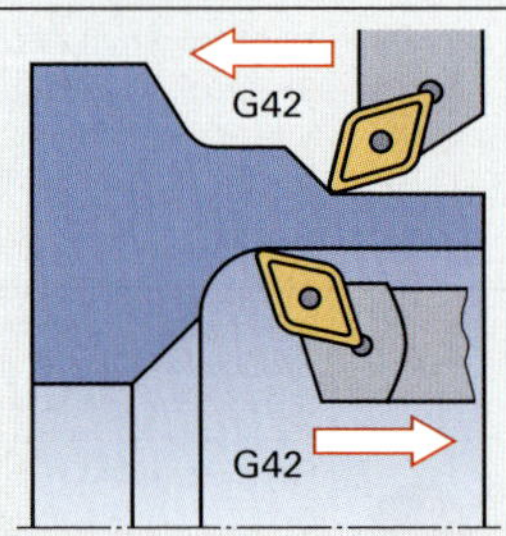

Fräswerkzeug links der Kontur[2]

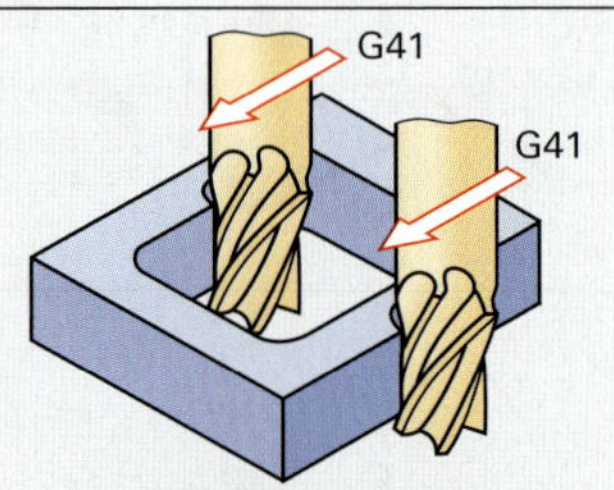

(Gleichlauffräsen)

Drehmeißel vor der Drehmitte

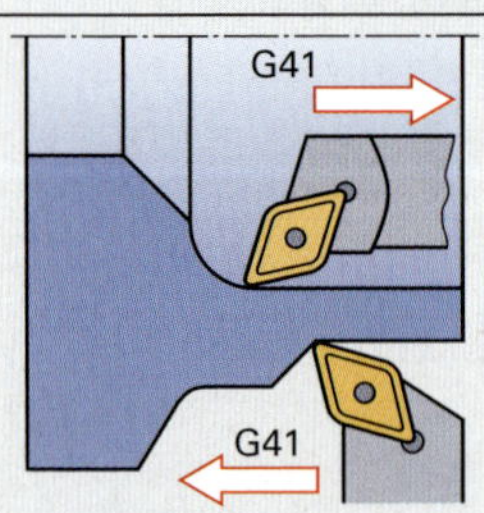

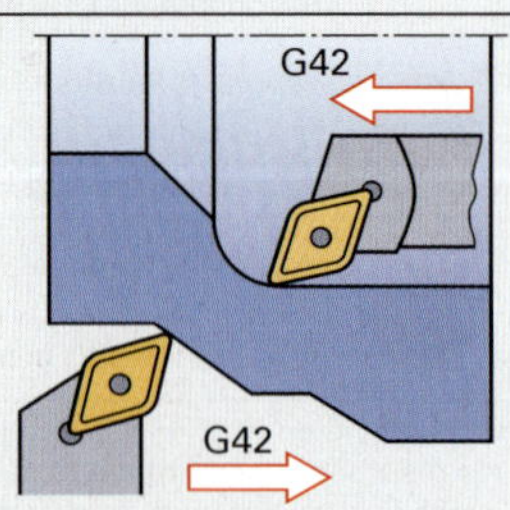

Fräswerkzeug rechts der Kontur[2]

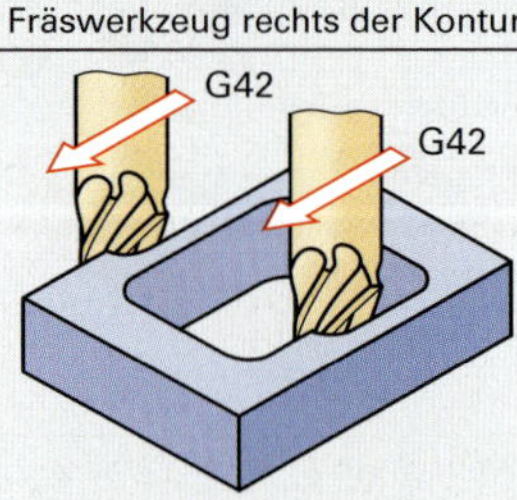

(Gegenlauffräsen)

[1] Die Bahnkorrekturen G41 und G42 werden mit der Wegbedingung G40 wieder aufgehoben.
[2] Das Werkzeug von oben gesehen befindet sich in Vorschubrichtung links oder rechts neben der Werkstückkontur.

Programmaufbau, Wegbedingungen, Zusatzfunktionen

Aufbau von CNC-Programmen nach DIN

vgl. DIN 66025-2 (1988-09)

Satzaufbau

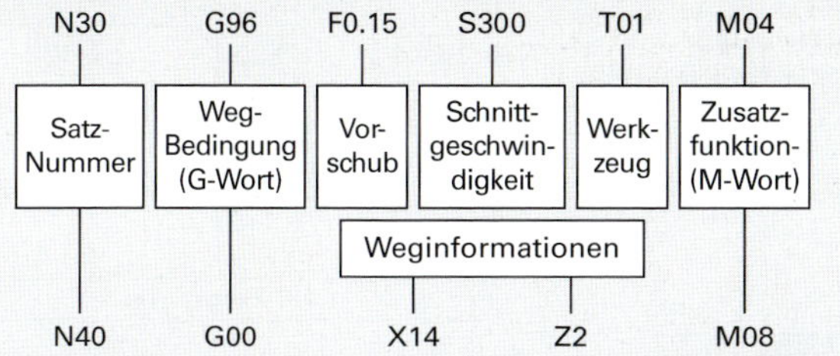

Erläuterung der Wörter:

N30: Satznummer 30
G96: konstante Schnittgeschwindigkeit
G00: Positionieren im Eilgang
X14: Koordinatenzielpunkt in X-Richtung
Z2: Koordinatenzielpunkt in Z-Richtung
F0.15: Vorschub 0,15 mm
S300: Schnittgeschwindigkeit 300 m/min
T01: Werkzeug mit der Nummer 01
M04: Spindel gegen Uhrzeigersinn
M08: Kühlschmiermittel ein

Programmaufbau

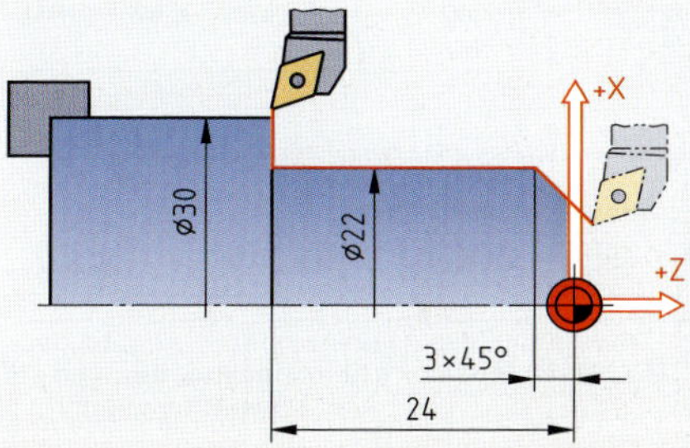

CNC-Programm

```
% 01                                         Programm-anfang
N10  G90
N20  G00           X150  Z50
N30  G96   F0.15   S300  T01   M04
N40  G00           X12   Z2    M08
N50  G42                                     CNC-Sätze
N60  G01           X16   Z0
N70                X22   Z-3
N...
N100 G40
N110 G00           X150  Z50   M09
N120                           M30           Programm-ende
```

Wegbedingungen (G-Wort, Auswahl)

vgl. DIN 66025-2 (1988-09)

Wegbedingung	Wirksamkeit	Bedeutung	Wegbedingung	Wirksamkeit	Bedeutung
G00	● (gespeichert)	Positionieren im Eilgang	G53	● (gespeichert)	Aufheben der Verschiebung
G01	● (gespeichert)	Geraden-Interpolation	G54 … … G59	● (gespeichert)	Verschiebung 1 … … Verschiebung 6
G02	● (gespeichert)	Kreis-Interpolation rechtsdrehend	G74	● (gespeichert)	Referenzpunkt anfahren
G03	● (gespeichert)	Kreis-Interpolation linksdrehend			
G04	● (satzweise)	Verweilzeit, zeitlich vorbestimmt	G80	● (satzweise)	Arbeitszyklus aufheben
G09	● (satzweise)	Genauhalt	G81 … … G89	● (gespeichert)	Arbeitszyklus 1 … … Arbeitszyklus 9
G17	● (gespeichert)	Ebenenauswahl XY	G90	● (gespeichert)	Absolute Maßangaben
G18	● (gespeichert)	Ebenenauswahl ZX	G91	● (gespeichert)	Inkrementale Maßangaben
G19	● (gespeichert)	Ebenenauswahl YZ			
G33	● (gespeichert)	Gewindeschneiden, Steigung konstant	G94	● (satzweise)	Vorschubgeschwindigkeit in mm/min
G40	● (gespeichert)	Aufheben der Werkzeugkorrektur	G95	● (gespeichert)	Vorschub in mm
G41	● (gespeichert)	Werkzeugbahnkorrektur, links	G96	● (gespeichert)	Konst. Schnittgeschwindigkeit
G42	● (gespeichert)	Werkzeugbahnkorrektur, rechts	G97	● (gespeichert)	Spindeldrehzahl in 1/min

● gespeichert: Wegbedingungen, die so lange wirksam bleiben, bis sie durch eine artgleiche Bedingung überschrieben werden.

● satzweise: Wegbedingungen, die nur in dem Satz wirksam sind, in dem sie programmiert sind.

Zusatzfunktionen (M-Wort, Auswahl)

vgl. DIN 66025-2 (1988-09)

M00	Programmierter Halt	M04	Spindel gegen Uhrzeigersinn	M08	Kühlschmiermittel EIN
M02	Programmende	M05	Spindel halt	M09	Kühlschmiermittel AUS
M03	Spindel im Uhrzeigersinn	M06	Werkzeugwechsel	M30	Programmende mit Rücksetzen

F

Arbeitsbewegungen nach DIN (Drehen)

Arbeitsbewegungen bei CNC-Drehmaschinen nach DIN

vgl. DIN 66025-2 (1988-09)

G01 Linearbewegungen

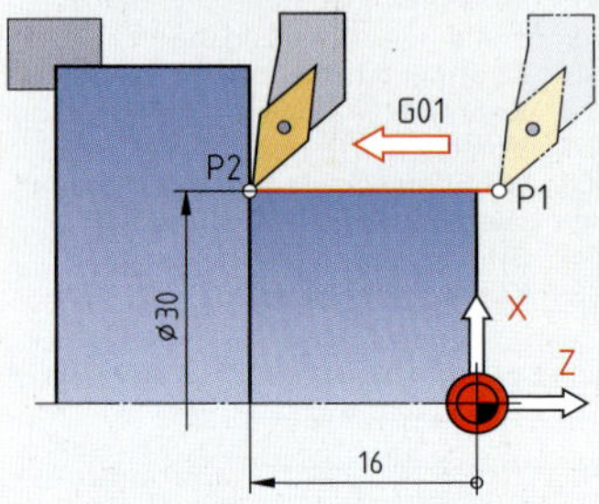

Bezeichnungs- und Bearbeitungsbeispiel:

N20	G01	X30	Z-16
	Linear-Interpolation, Arbeitsbewegung im programmierten Vorschub	Koordinate des Zielpunktes in X-Richtung	Koordinate des Zielpunktes in Z-Richtung

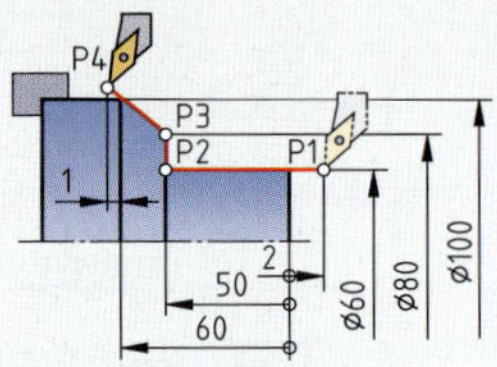

CNC-Programm

N...				
N10	G00	X60	Z2	(P1)
N20	G01		Z-50	(P2)
N30		X80		(P3)
N40		X104	Z-62	(P4)
N...				

G02 Kreisbewegung im Uhrzeigersinn (rechtsdrehend)

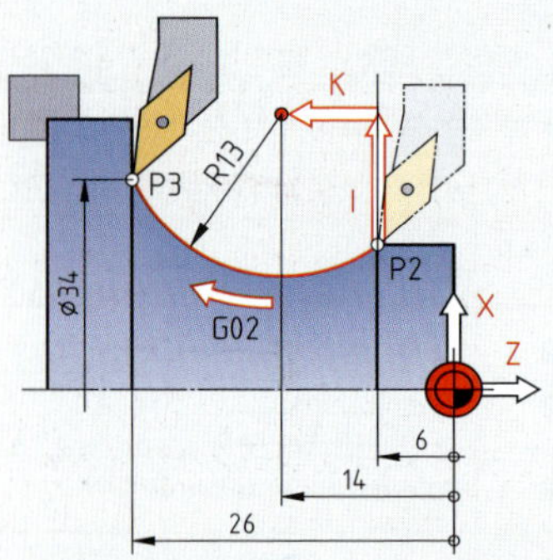

Bezeichnungs- und Bearbeitungsbeispiel:

N30	G02	X34	Z-26	I10.247	K-8
	Kreis-Interpolation im Uhrzeigersinn, Arbeitsbewegung im programmierten Vorschub	Koordinate des Kreis-Endpunktes in X-Richtung	Koordinate des Kreis-Endpunktes in Z-Richtung	Inkrementale Angabe des Mittelpunktes, bezogen auf den Kreis-Anfangspunkt in X-Richtung	Inkrementale Angabe des Mittelpunktes, bezogen auf den Kreis-Anfangspunkt in Z-Richtung

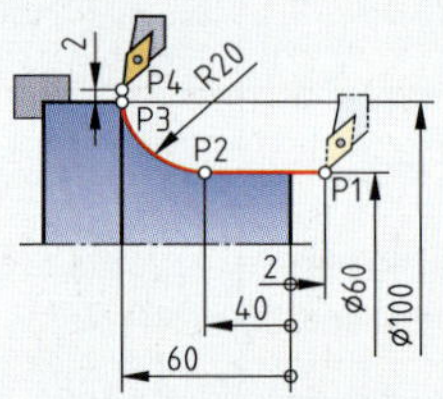

CNC-Programm

N...						
N10	G00	X60	Z2			(P1)
N20	G01		Z-40			(P2)
N30	G02	X100	Z-60	I20	K0	(P3)
N40	G01	X104				(P4)
N...						

G03 Kreisbewegung gegen den Uhrzeigersinn (linksdrehend)

F

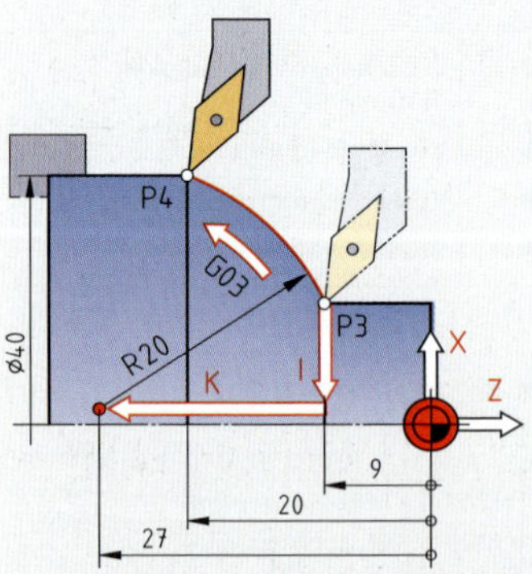

Bezeichnungs- und Bearbeitungsbeispiel:

N40	G03	X40	Z-20	I-8.718	K-18
	Kreis-Interpolation gegen den Uhrzeigersinn, Arbeitsbewegung im programmierten Vorschub	Koordinate des Kreis-Endpunktes in X-Richtung	Koordinate des Kreis-Endpunktes in Z-Richtung	Inkrementale Angabe des Mittelpunktes, bezogen auf den Kreis-Anfangspunkt in X-Richtung	Inkrementale Angabe des Mittelpunktes, bezogen auf den Kreis-Anfangspunkt in Z-Richtung

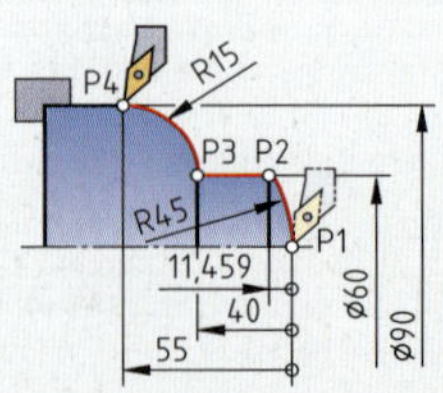

CNC-Programm

N...						
N10	G01	X0	Z0			(P1)
N20	G03	X60	Z-11.459	I0	K-45	(P2)
N30	G01		Z-40			(P3)
N40	G03	X90	Z-55	I0	K-15	(P4)
N...						

Arbeitsbewegungen nach DIN (Fräsen)

Arbeitsbewegungen bei CNC-Senkrecht-Fräsmaschinen nach DIN

vgl. DIN 66025-2 (1988-09)

G01 Linearbewegungen

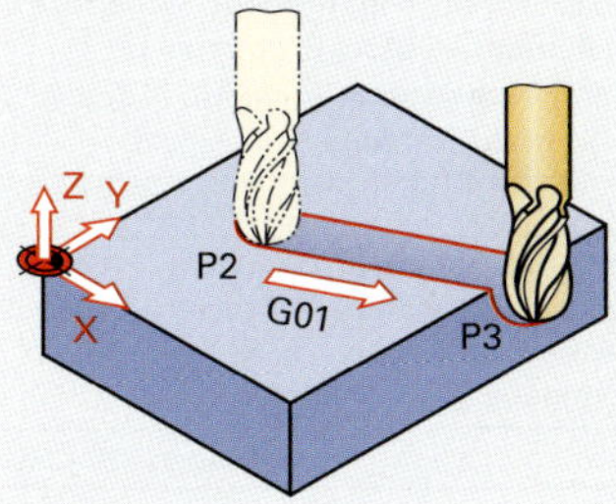

Bezeichnungs- und Bearbeitungsbeispiel:

N30 G01 X50 Y19 Z-8

- G01: Linear-Interpolation, Arbeitsbewegung im programmierten Vorschub
- X50 Y19 Z-8: Koordinaten des Zielpunktes
  - X50: in X-Richtung
  - Y19: in Y-Richtung
  - Z-8: in Z-Richtung

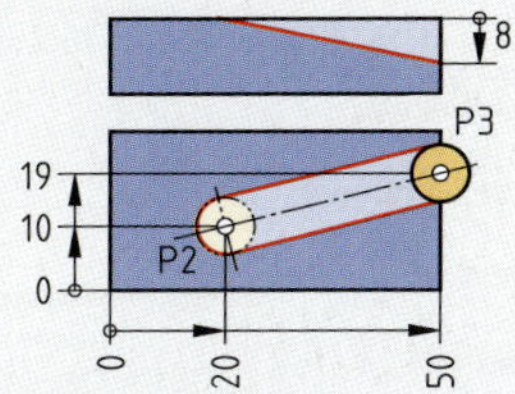

CNC-Programm

N...					
N10	G00	X20	Y10	Z2	(P1)
N20	G01			Z0	(P2)
N30		X50	Y19	Z-8	(P3)
N...					

G02 Kreisbewegung im Uhrzeigersinn (rechtsdrehend)

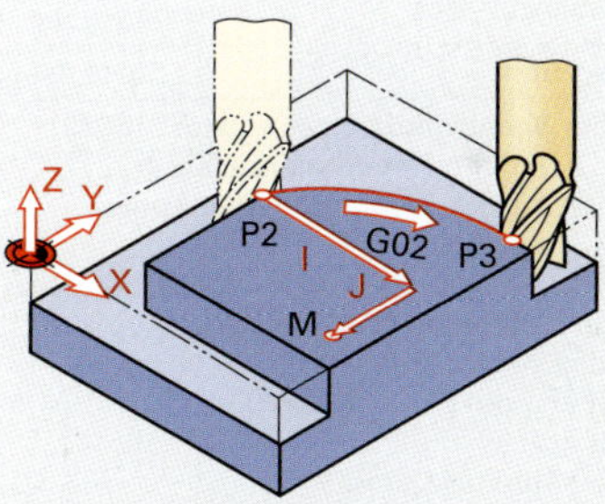

Bezeichnungs- und Bearbeitungsbeispiel:

N40 G02 X32 Y38 I26 J-10.392

- G02: Kreis-Interpolation im Uhrzeigersinn, Arbeitsbewegung im programmierten Vorschub
- X32 Y38: Koordinaten des Kreis-Endpunktes
  - X32: in X-Richtung
  - Y38: in Y-Richtung
- I26 J-10.392: Inkrementale Angabe des Mittelpunktes, bezogen auf den Kreis-Anfangspunkt
  - I26: in X-Richtung
  - J-10.392: in Y-Richtung

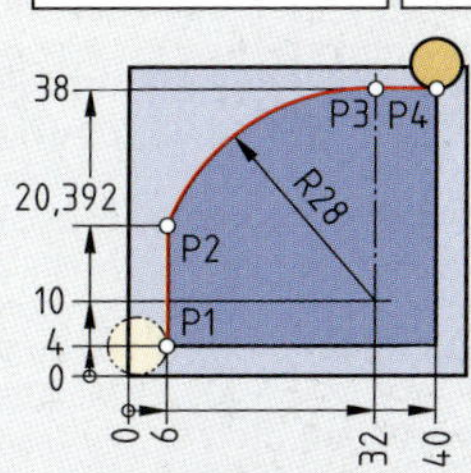

CNC-Programm

N...						
N10	G41					
N20	G01	X6	Y4			(P1)
N30			Y20.392			(P2)
N40	G02	X32	Y38	I26	J-10.392	(P3)
N50	G01	X40				(P4)
N...						

G03 Kreisbewegung gegen den Uhrzeigersinn (linksdrehend)

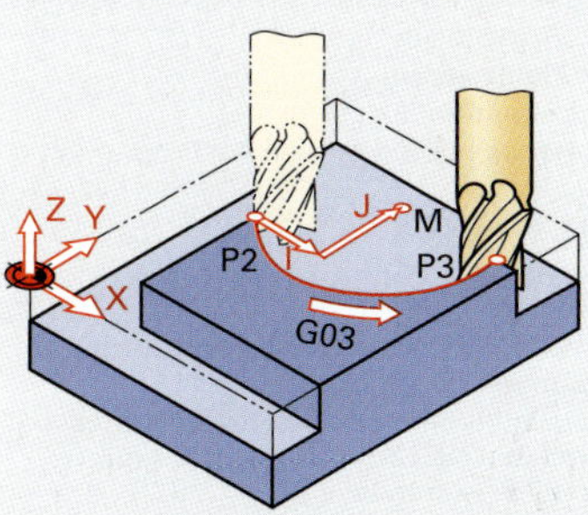

Bezeichnungs- und Bearbeitungsbeispiel:

N40 G03 X32 Y38 I8 J16.125

- G03: Kreis-Interpolation gegen den Uhrzeigersinn, Arbeitsbewegung im programmierten Vorschub
- X32 Y38: Koordinaten des Kreis-Endpunktes
  - X32: in X-Richtung
  - Y38: in Y-Richtung
- I8 J16.125: Inkrementale Angabe des Mittelpunktes, bezogen auf den Kreis-Anfangspunkt
  - I8: in X-Richtung
  - J16.125: in Y-Richtung

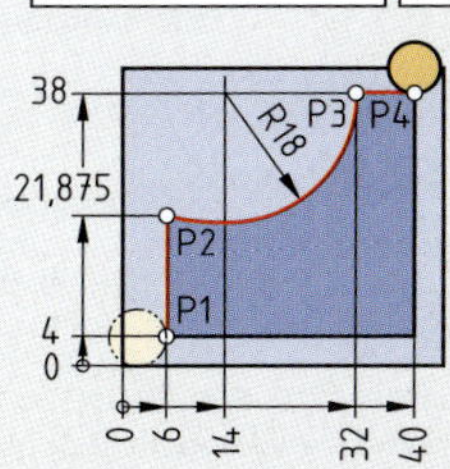

CNC-Programm

N...						
N10	G41					
N20	G01	X6	Y4			(P1)
N30			Y21.875			(P2)
N40	G03	X32	Y38	I8	J16.125	(P3)
N50	G01	X40				(P4)
N...						

Befehle nach PAL (Drehen)

PAL-Befehlscodierung bei CNC-Drehmaschinen (mit angetriebenen Werkzeugen)

G-Funktionen – Wegbedingungen[1] (Auswahl)

Interpolationsarten	(Seiten 355, 356)
G0	Verfahrweg im Eilgang
G1	Linearinterpolation im Arbeitsgang[1]
G2	Kreisinterpolation im Uhrzeigersinn
G3	Kreisinterpolation im Gegenuhrzeigersinn
G4	Verweildauer
G9	Genauhalt
G14	Werkzeugwechselpunkt (WWP) anfahren

Nullpunkte	(Seite 364)
G50	Aufheben der inkrementellen Nullpunktverschiebung und Drehungen
G53	Alle Nullpunktverschiebungen und Drehungen aufheben[1]
G54... ...G57	Einstellbare absolute Nullpunkte
G59	Inkrementelle Nullpunktverschiebung kartesisch und Drehung

Programmtechniken	(Seite 356)
G22	Unterprogrammaufruf
G23	Programmteilwiederholung

Bearbeitungsebenen und Umspannen	(Seite 357)
G17	Stirnseiten-Bearbeitungsebene (XY-Ebene)
G18	Drehebene (Haupt-, Gegenspindelbearbeitung)[1]
G19	Mantelflächen-/Sehnenflächen-Bearbeitungsebenen
G30	Umspannen/Gegenspindelübernahme (S. 356)

Schnittgrößen	(Seiten 320–322)
G92	Drehzahlbegrenzung
G94	Vorschubgeschwindigk. in mm/min (Adresse: F)
G95	Vorschub[1] in mm (Adresse: F, optional E[4])
G96	konst. Schnittgeschwindigk. in m/min (Adresse: S)
G97	konstante Drehzahl[1] in 1/min (Adresse: S)

Maßangaben	
G70	Umschalten auf Maßeinheit Zoll (Inch)
G71	Umschalten auf Maßeinheit Millimeter[1] (mm)
G90	absolute Maßangabe[1]
G91	Kettenmaßangabe

Zyklen	(Seiten 357–359)
G80	Abwahl einer Bearbeitungszyklus-Konturbeschreibung
G31	Gewindezyklus
G81	Längsschruppzyklus
G82	Planschruppzyklus
G84	Bohrzyklus
G85	Freistichzyklus
G86	radialer Einstechzyklus
G88	axialer Einstechzyklus

Werkzeugkorrekturen	(Seite 350)
G40	Abwahl der **S**chneiden**r**adius**k**orrektur[1] **(SRK)**
G41	SRK links von der programmierten Kontur
G42	SRK rechts von der programmierten Kontur

G-Funktionen für angetriebene Werkzeuge in der X-Y-Ebene oder Z-X-Ebene[2] (Seiten 361–367)

G1	Linearinterpolation im Arbeitsgang	G48	tangentiales Abfahren im Viertelkreis
G2	Kreisinterpolation im Uhrzeigersinn	G72	Rechtecktaschenfräszyklus
G3	Kreisinterpolation im Gegenuhrzeigersinn	G73	Kreistaschen- und Zapfenfräszyklus
G10	Verfahren im Eilgang mit Polarkoordinaten	G74	Nutenfräszyklus
G11	Linearinterpolation mit Polarkoordinaten	G75	Kreisbogennut-Fräszyklus
G12	Kreisinterpolation im Uhrzeigersinn mit Polarkoordinaten mit angetriebenem Werkzeug	G76	Mehrfachzyklusaufruf auf einer Lochreihe
G13	Kreisinterpolation im Gegenuhrzeigersinn mit Polarkoordinaten	G77	Mehrfachzyklusaufruf auf einem Lochkreis
G45	lineares tangentiales Anfahren an einer Kontur	G79	Zyklusaufruf auf einem Punkt
G46	lineares tangentiales Abfahren an einer Kontur	G81	Bohrzyklus
G47	tangentiales Anfahren im Viertelkreis	G82	Tiefbohrzyklus mit Spanbruch
		G84	Gewindebohrzyklus
		G85	Reibzyklus

M-Funktionen[1] – Zusatzfunktionen (Auswahl) (Seite 351)

F

M0	Programmierter Halt	M10	Reitstock-Pinole lösen
M3	Spindel dreht im Uhrzeigersinn (CW[3])	M11	Reitstock-Pinole setzen
M4	Spindel dreht im Gegenuhrzeigersinn (CCW[3])	M17	Unterprogramm-Ende
M5	Spindel ausschalten[1]	M30	Programmende mit Rücksetzen auf Programmanfang
M8	Kühlschmiermittel ein	M60	konstanter Vorschub[1]
M9	Kühlschmiermittel aus[1]		

T-Adresse – Werkzeugnummer im Magazin (Auswahl) (Seiten 350, 359)

T	Werkzeugspeicherplatz im Werkzeugrevolver	TX	inkrementelle Veränd. des X-Korrekturwertes im angewählten Korrekturwertspeicher
TC	Korrektur-Speichernummer		
TR	inkrementelle Veränderung des Werkzeugradiuswertes	TZ	inkrementelle Veränd. des Z-Korrekturwertes im angewählten Korrekturwertspeicher für konturparallele Aufmaße
TL	inkrementelle Veränderung der Werkzeuglänge		

1) Einschaltzustand beim Start eines CNC-Programms: **G18, G90, G53, G71, G95, G97, G1, G40, M5, M9, M60**
2) Bei der CNC-Drehmaschine mit angetriebenem Werkzeug sind die Befehle der CNC-Fräsmaschine identisch.
3) CW: clock wise; CCW: counter clock wise
4) E: verringerter Vorschub für Übergangselemente

Arbeitsbewegungen nach PAL (Drehen)

Arbeitsbewegungen bei CNC-Drehmaschinen

G1 Linearinterpolation im Arbeitsgang

Bearbeitungsbeispiele (Linearinterpolation von P1 nach P2)

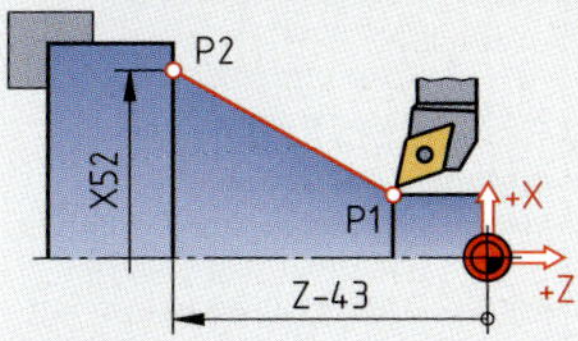

N... G1 X52 Z-43

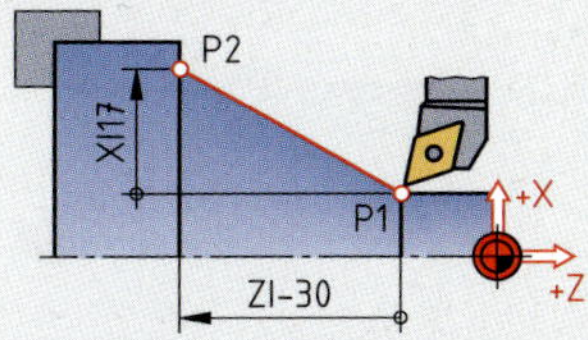

N... G1 XI17 ZI-30

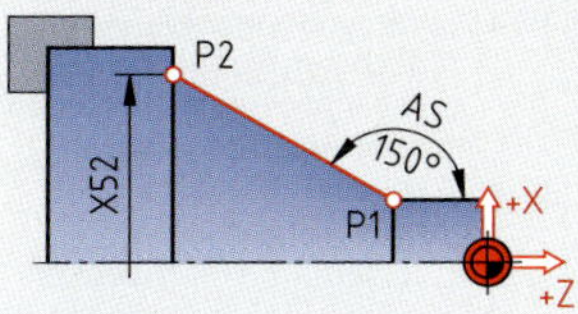

N... G1 X52 AS150

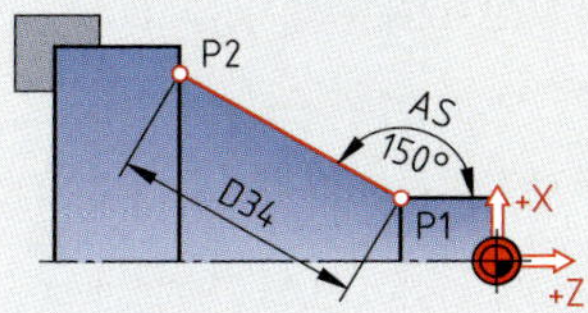

N... G1 D34 AS150

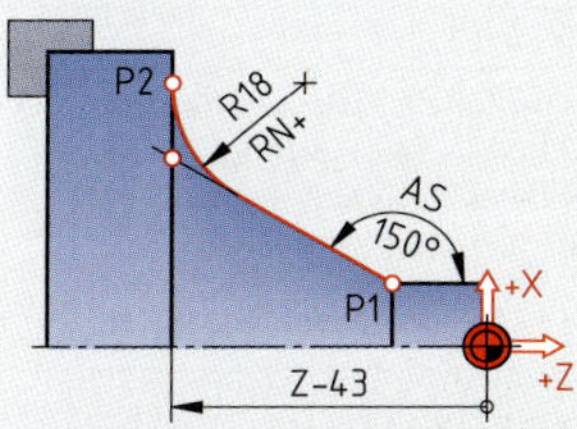

N... G1 Z-43 AS150 RN18

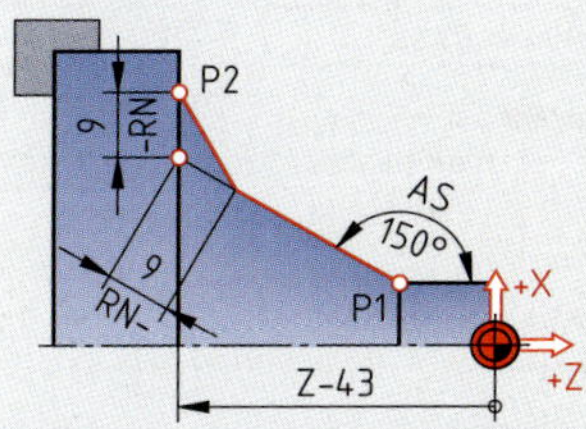

N... G1 Z-43 AS150 RN-9

optionale Adressen für G1

X/Z	Koordinateneingabe (gesteuert durch G90/G91)
XA/ZA	Absolutmaße[1]
XI/ZI	Inkrementalmaße[2]
RN+	Verrundungsradius zum nächsten Konturelement
RN–	Fasenbreite zum nächsten Konturelement
D	Länge der Verfahrstrecke
AS	Anstiegswinkel der Verfahrstrecke
E	Feinkonturvorschub auf Übergangselement

[1] Die Verwendung der Koordinaten XA/ZA bei den Wegbedingungen G1/G2/G3 ist nur dann notwendig, wenn bei einer eingeschalteten Kettenmaßangabe (G91) Einzelsätze mit den Absolutmaßen XA/ZA programmiert werden sollen.

[2] Für die Programmierung mit den Inkrementalmaßen XI/ZI bei den Wegbedingungen G1/G2/G3 muss die Kettenmaßangabe G91 nicht eingeschaltet sein.

G2 Kreisinterpolation im Uhrzeigersinn

Bearbeitungsbeispiele (Kreisinterpolation von P1 nach P2)

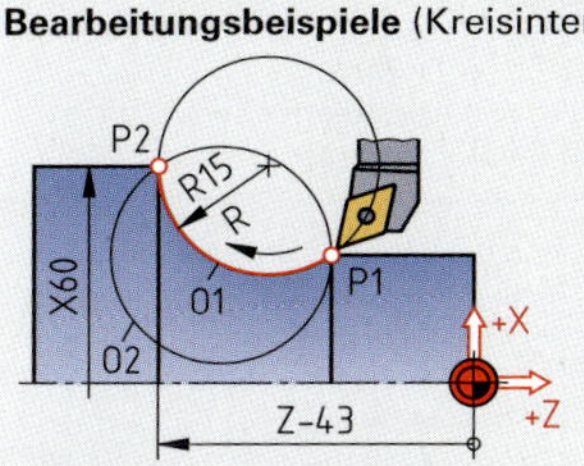

N... G2 X60 Z-43 R15[3]

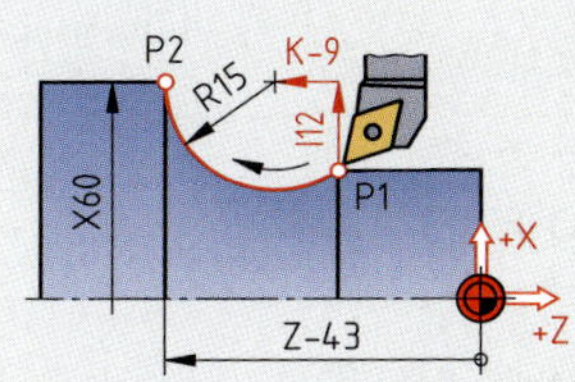

N... G2 X60 Z-43 I12 K-9

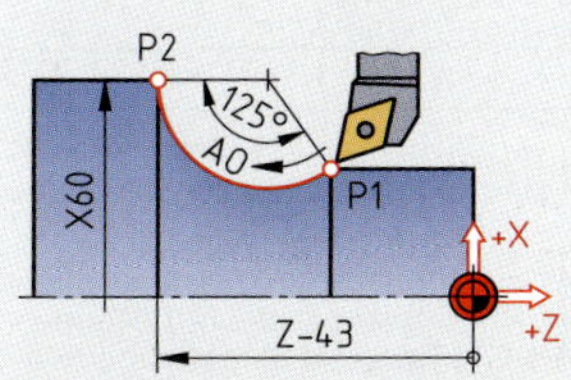

N... G2 X60 Z-43 AO125

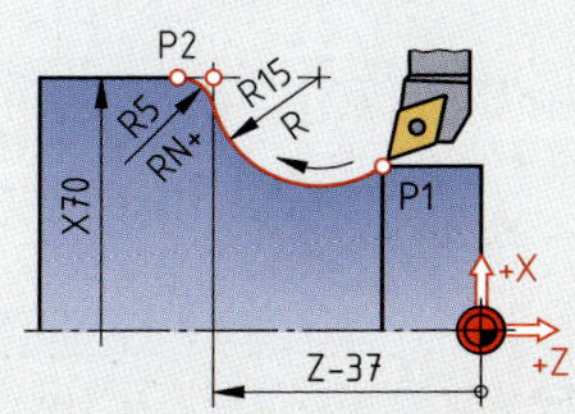

N... G2 X70 Z-37 R15 RN5

verpflichtende Adressen für G2

X/Z	Koordinateneingabe (gesteuert durch G90/G91)
XA/ZA	Absolutmaße
XI/ZI	Inkrementalmaße

optionale Adressen

I/IA	X-Mittelpunktskoordinate (inkremental/absolut)
K/KA	Z-Mittelpunktskoordinate (inkremental/absolut)
R	Radius
AO	Öffnungswinkel
RN+	Verrundungsradius zum nächsten Konturelement
RN–	Fasenbreite zum nächsten Konturelement (vgl. G1)
E	Feinkonturvorschub auf Übergangselement
O1/O2	kurzer/langer Kreisbogen[3]

[3] Ohne Angabe gilt die Voreinstellung O1 (kurzer Kreisbogen).

F

Arbeitsbewegungen nach PAL (Drehen)

Arbeitsbewegungen bei CNC-Drehmaschinen

G3 Kreisinterpolation entgegen dem Uhrzeigersinn

Bearbeitungsbeispiele (Kreisinterpolation von P1 nach P2)

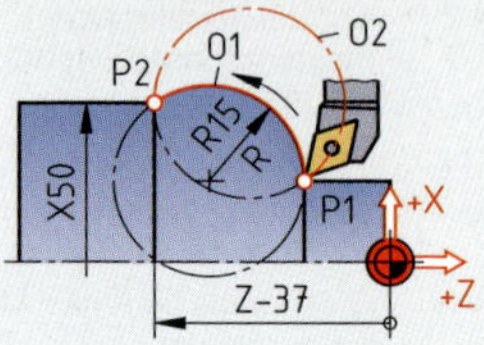

N... G3 X50 Z-37 R15[1)]

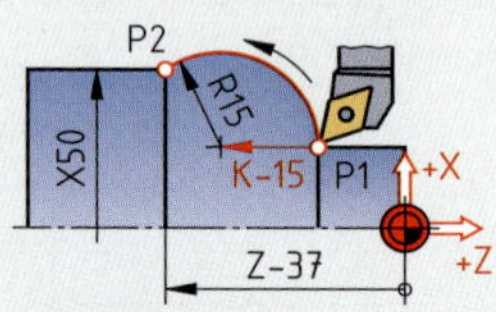

N... G3 X50 Z-37 I0 K-15

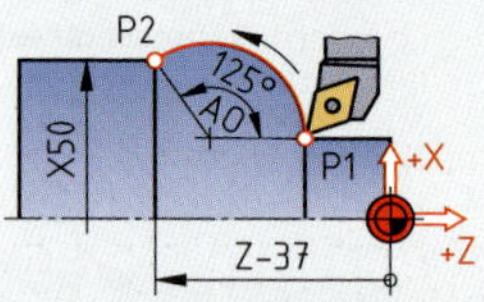

N... G3 X50 Z-37 AO125

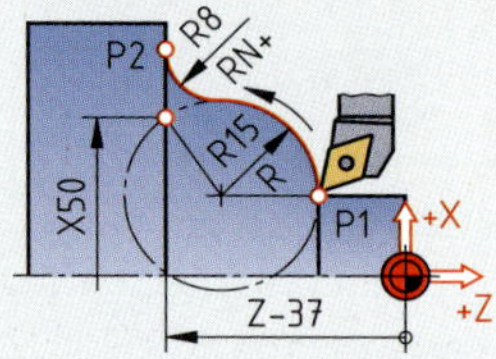

N... G3 X50 Z-37 R15 RN8

verpflichtende Adressen für G3

X/Z	Koordinateneingabe (gesteuert durch G90/G91)
XA/ZA	Absolutmaße
XI/ZI	Inkrementalmaße

optionale Adressen

I/IA	X-Mittelpunktskoordinate (inkremental/absolut)
K/KA	Z-Mittelpunktskoordinate (inkremental/absolut)
R	Radius
AO	Öffnungswinkel
RN+	Verrundungsradius zum nächsten Konturelement
RN–	Fasenbreite zum nächsten Konturelement (vgl. G1)
E	Feinkonturvorschub auf Übergangselement
O1/O2	kurzer/langer Kreisbogen

1) Ohne Angabe gilt die Voreinstellung O1 (kurzer Kreisbogen).

G14 Werkzeugwechselpunkt (WWP) anfahren

Bearbeitungsbeispiel

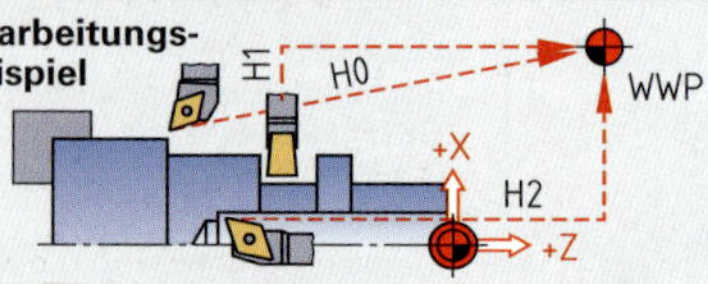

N... G14 H0

N... G14 H1

N... G14 H2

optionale Adressen für G14

H0	WWP schräg anfahren
H1	zuerst X-Achse, dann Z-Achse wegfahren
H2	zuerst Z-Achse, dann X-Achse wegfahren

G22 Unterprogrammaufruf

Bearbeitungsbeispiel

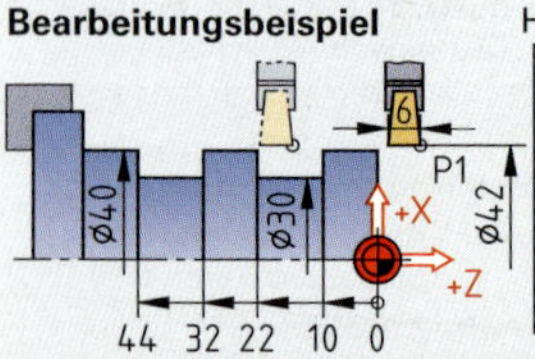

Hauptprogramm %900

```
N10 G90
N15 F... S... M4
N20 G0 X42 Z6 ;P1
N25 G22 L911 H2
N30..
N35..
N150 M30
```

Sprung / Rücksprung

Unterprogramm L911

```
N10 G91
N15 G0 Z-16
N20 G1 X-6
N25 G1 X6
N30 G0 Z-6
N35 G1 X-6
N40 G1 X6
N45 M17
```

verpflichtende Adresse für G22

L	Nummer des Unterprogramms

optionale Adressen

H	Anzahl der Wiederholungen
/	Ausblendebene
(M17	Unterprogramm-Ende)

G23 Programmteilwiederholung

Bearbeitungsbeispiel

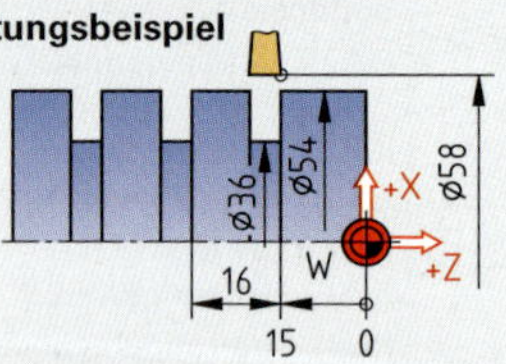


```
N10..
N15 G0 X58 Z-15 M4
N20 G91
N25 G1 X-11
N30 G1 X11
N35 G0 Z-16
N40 G23 N20 N35 H2
N45 G90
N50...
```

verpflichtende Adressen für G23

N	Startnummern des Satzes, ab dem wiederholt werden soll
N	Endnummern des Satzes, der wiederholt werden soll

optionale Adresse

H	Anzahl der Wiederholungen

G30 Umspannen des Werkstücks

Bearbeitungsbeispiel

1. Einspannung

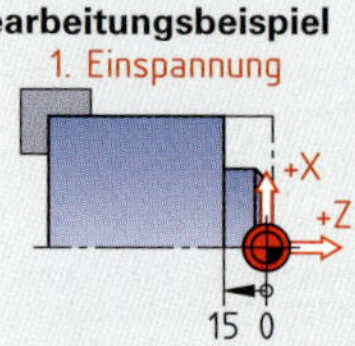

2. Einspannung

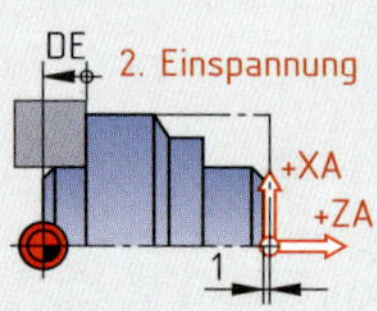


```
N19 G14 H0
N20             M0
N21 G18 HS
N22 G30 Q1 DE15
N23 G59 ZA-1
N24 G96 G95 T1 ...
N25 G0  X... Z...
```

verpflichtende Adressen für G30

Q1	umspannen des Werkstücks auf der Hauptspindel
DE	Einspannposition der Spannmittelvorderkante zum aktuellen umgedrehten Werkstückkoordinatensystem der Hauptspindel

F

Zyklen nach PAL (Drehen)

Zyklen bei CNC-Drehmaschinen

G17 Stirnseitenbearbeitungsebene (Bearbeitungsebene für angetriebene Werkzeuge)

Bearbeitungsbeispiel

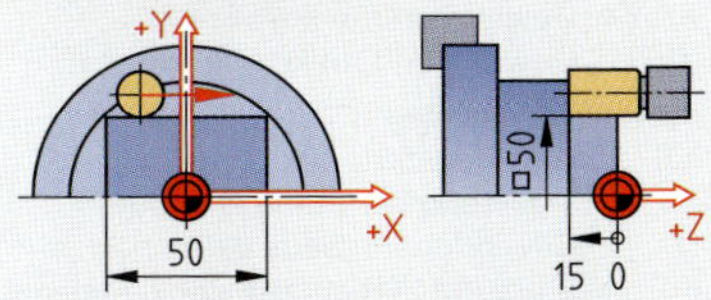


```
N19 G14 H0
N20 G17
N21 G97 G94 T5 ...
N22 G0  X55 Y0  Z2
N23 G1          Z-15
N24 G41 G47 X25 Y0  R5
N25 G1          Y-25
N27     X-25
N28         Y25
```

optionale Adressen für G17[1]

- HS Hauptspindelbearbeitung[1]
- GSU Gegenspindelbearbeitung mit Drehung des X-Y-Z-Koordinatensystems um 180° um die Y-Achse

(G47: tangentiales Anfahren, Seite 363)

G18 Drehebene (Drehebene für das Umspannen des Werkstücks)

Bearbeitungsbeispiel

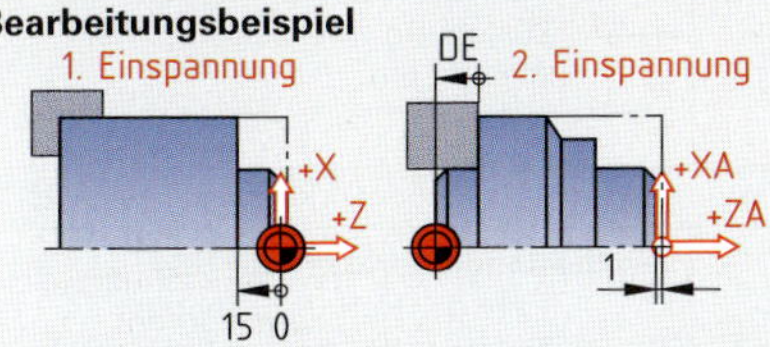


```
N19 G14 H0
N20             M0
N21 G18 HS
N22 G30 Q1      DE15
N23 G59 ZA-1
N24 G96 G95     T1 ...
N25 G0  X...    Z...
```

optionale Adressen für G18[1]

- HS Hauptspindelbearbeitung[1]
- GS Gegenspindelbearbeitung
- GSU Gegenspindelbearbeitung mit Drehung des X-Y-Z-Koordinatensystems um 180° um die X-Achse

(G30: Umspannen, Seite 356)

G19 Mantelflächen/Sehnenflächenbearbeitungsebene (Bearbeitungsebene für angetriebene Werkzeuge)

Bearbeitungsbeispiel

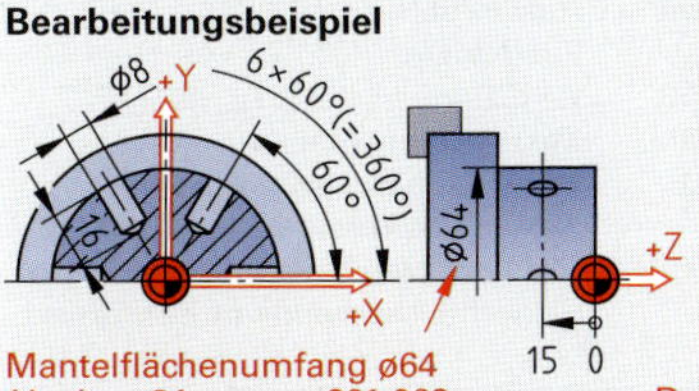

Mantelflächenumfang ø64
$U = d \cdot \pi = 64\,mm \cdot \pi = 201{,}062\,mm$

```
N19 G14 H0
N20 G19 X64
N21 G59 XA32
N22 G97 G94   T8  ...
N23 G0  X6    Z-15
N24 G81 XA-16 V2
N25 G76 X0    Y0      Z-15
        AS0   D33,510 O6
N26 G14 H1
N27 G18
```

$D = U : 6 = 201{,}062\,mm : 6 = 33{,}510\,mm$

optionale Adressen für G19

- B Neigungswinkel der Sehnenfläche bezogen auf +Z
- C ohne Adresswert, direktes Programmieren der C-Achse
- X Durchmesser, für den die abgewickelte Mantelfläche erzeugt wird

(G81: Bohrzyklus, Seite 367
G76: Mehrfachzyklusaufruf, S. 365)

G81 Längsschruppzyklus

Bearbeitungsbeispiel

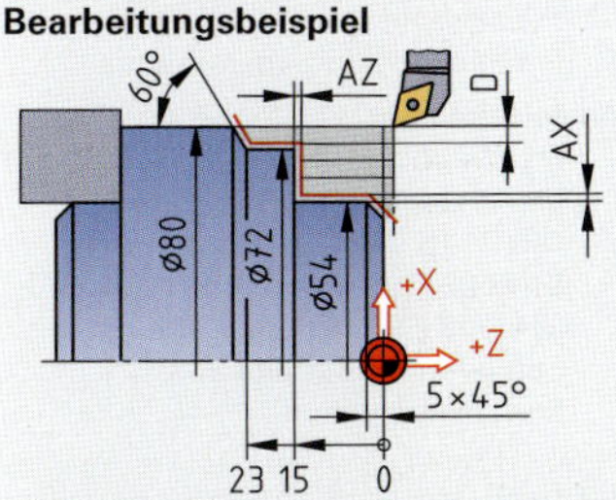


```
N19 G14 H0
N20 G96 G95   T1    ...
N21 G0  X80   Z2
N22 G81 D4    AX0.5 AZ0.1
N23 G0  X42
N24 G1        Z0
N25     X54         RN-5
N26           Z-15
N27     X72
N28           Z-23
N29     X82         AS120
N30 G80
N31 G14 H0
```

(Mit G80 erfolgt eine Abwahl der Bearbeitungszyklus-Konturbeschreibung)

verpflichtende Adresse für G81

- D Zustellung

optionale Adressen[1]

- AX Aufmaß in X-Richtung
- AZ Aufmaß in Z-Richtung
- H1 nur Schruppen, 1x45° abheben
- H2 stufenweises Auswinkeln entlang der Kontur
- H3 wie H1 mit zusätzlichem Konturschnitt am Ende
- H24 Schruppen mit H2 und anschließendes Schlichten

F

G82 Planschruppzyklus

Bearbeitungsbeispiel

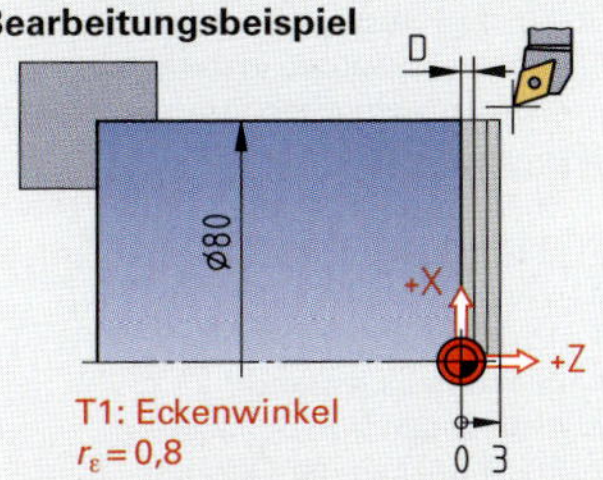


```
N19 G14 H0
N20 G96 G95   T1  ...
N21 G0  X82   Z4
N22 G82 D1    H1
N23 G0  X80   Z0.1
N24 G1  X-1.6
N25           Z3.5
N26 G80
N27 G14 H0
```

(Mit G80 erfolgt eine Abwahl der Bearbeitungszyklus-Konturbeschreibung)

verpflichtende Adresse für G82

- D Zustellung

optionale Adressen[1]

- AX Aufmaß in X-Richtung
- AZ Aufmaß in Z-Richtung
- H1 nur Schruppen, 1x45° abheben
- H2 stufenweises Auswinkeln entlang der Kontur
- H3 wie H1 mit zusätzlichem Konturschnitt am Ende
- H24 Schruppen mit H2 und anschließendes Schlichten

[1] voreingestellte Adressen: HS, AX0, AZ0, H2

Zyklen nach PAL (Drehen)

Zyklen bei CNC-Drehmaschinen

G31 Gewindezyklus

Bearbeitungsbeispiel

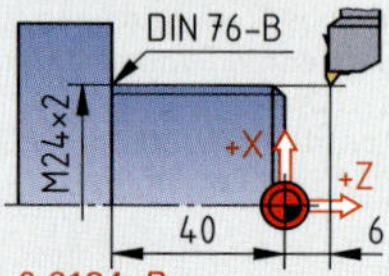

D=0,6134·*P*
D=0,6134·2mm=1,23mm

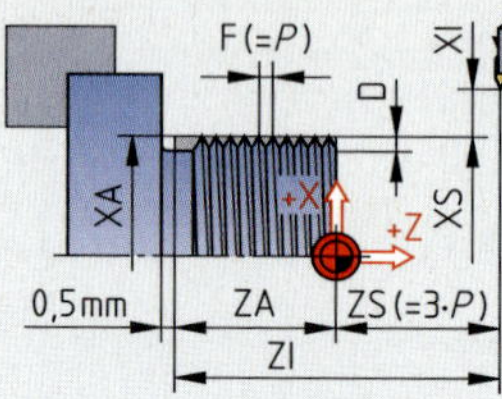


```
N19 G14 H0
N20 G97 T4 S1989      M3
N21 G31 XA24 ZA-39.5 F2 D1.23 XS24 ZS6 Q10 O2 H14
N22 G14 H0
```

verpflichtende Adressen für G31

XA/ZA	Gewindeendpunkt, absolut
XI/ZI	Gewindeendpunkt, inkremental

optionale Adressen

XS	Gewindestartpunkt, absolut in X
ZS	Werkzeugstartpunkt, absolut in Z
D	Gewindetiefe (Seite 210)
F	Steigung in Richtung der Z-Achse
Q	Anzahl der Schnitte (Zustellungen)
O	Anzahl der Leerdurchläufe
H14	Zustellung wechselseitig, Restschnitte ein

G84 Bohrzyklus (für die Drehmitte ohne angetriebenes Werkzeug)

Bearbeitungsbeispiel

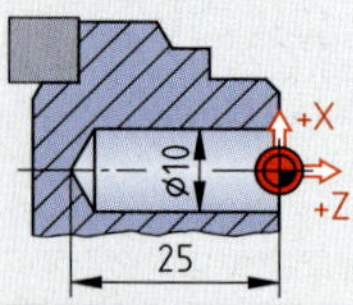

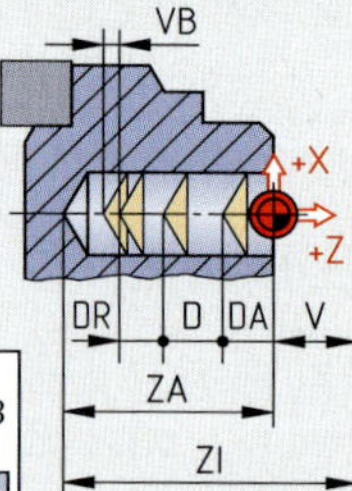

```
N19 G14 H0
N20 G97 T7 S955 F0.25 M3
N21 G0  X0        Z3
N22 G84 ZA-25     U1
N23 G14 H2
```

verpflichtende Adressen für G84

ZA	Tiefe der Bohrung, absolut
ZI	Tiefe der Bohrung, inkremental

optionale Adressen

DA	Anbohrtiefe
D	Zustelltiefe
DR	Reduzierwert der Zustelltiefe
DM	Mindestzustelltiefe (ohne –)
U	Verweilzeit am Bohrgrund (in Sekunden, Voreinstellung U0)
V	Sicherheitsabstand
VB	Sicherheitsabstand vor Bohrgrund

G85 Freistichzyklus

Bearbeitungsbeispiele

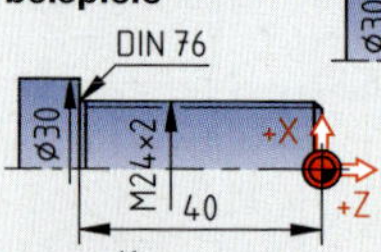

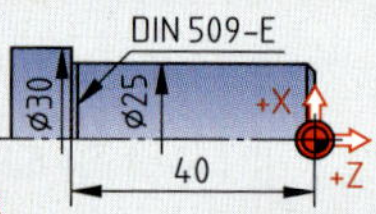

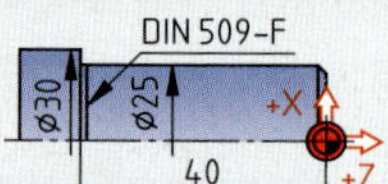

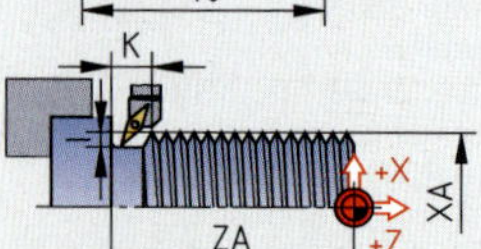


```
N19 G1  X24  RN-2
N20 G85 XA24 ZA-40 I1.5 K7 H1     DIN 76
N21 G1  X30
```

```
N19 G1  X25  RN-1
N20 G85 XA25 ZA-40 H2     DIN 509-E
N21 G1  X30
```

```
N19 G1  X25  RN-1
N20 G85 XA25 ZA-40 H3     DIN 509-F
N21 G1  X30
```

verpflichtende Adressen für G85

XA/ZA	Freistichposition, absolut
XI/ZI	Freistichposition, inkremental

optionale Adressen

I	Freistichtiefe für DIN 76 (S. 90)
K	Freistichbreite für DIN 76 (S. 90)
H1	DIN 76 (S. 90)
H2	DIN 509 E (S. 93, Reihe 1)
H3	DIN 509 F (S. 93, Reihe 1)
SX	Schleifaufmaß (Seite 343)
E	Eintauchvorschub

F

G86 radialer Stechzyklus

Bearbeitungsbeispiele

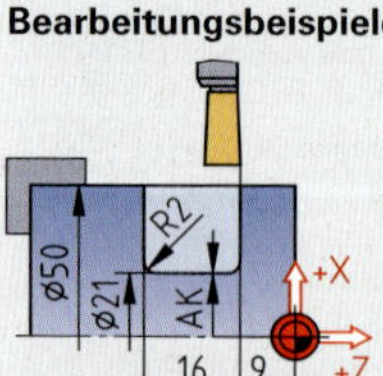

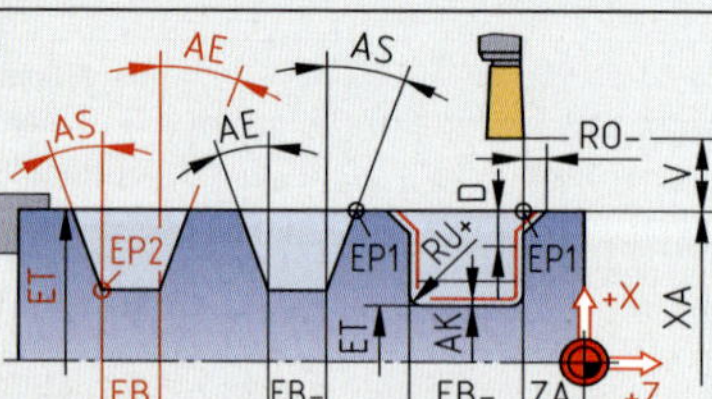


```
N19 G14 H0
N20 G96 T12   S120 F0.1  M4
N21 G0  X54   Z-17
N22 G86 XA50 ZA-9 ET21 EB-16 D2 RU2 AK0.1 EP1 H14 V2
N23 G14 H0
```

verpflichtende Adressen für G86

XA/ZA	Einstechposition, absolut
XI/ZI	Einstechposition, inkremental
ET	Durchmesser Stechgrund/Öffnung

optionale Adressen

EB	Breite des Einstichs
D	Zustelltiefe
RO/RU	Verrundung (+) oder Fase (-)
AK	konturparalleles Aufmaß
V	Sicherheitsabstand
H14	Schruppen und Schlichten
EP1	Setzpunkt an der Öffnung
EP2	Setzpunkt am Einstichgrund
AE/AS	Flankenwinkel des Einstichs

Zyklus, CNC-Programm nach PAL (Drehen)

Zyklus bei CNC-Drehmaschinen

G88 | **axialer Stechzyklus**

Bearbeitungsbeispiel

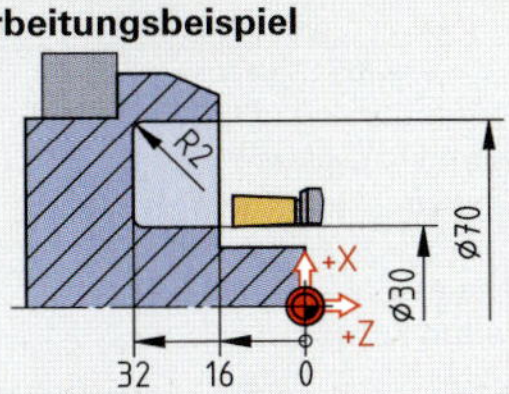

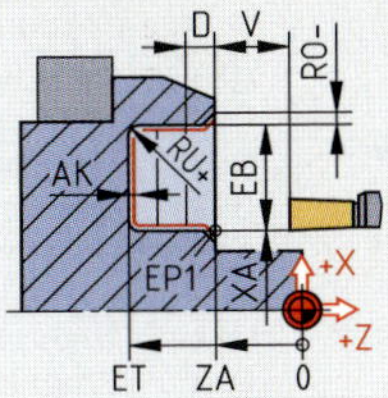


```
N19 G14 H0
N20 G96 T9   S120  F0.1  M4
N21 G0  X68  Z2
N22 G88 XA30 ZA-16 ET-32 EB20 D2 RU2 AK0.1 EP1 H14 V2
N23 G14 H2
```

verpflichtende Adressen für G88

XA/ZA	Einstechposition, absolut
XI/ZI	Einstechposition, inkremental
ET	Stechgrund in Z-Achse

optionale Adressen

EB	Breite des Einstichs
D	Zustelltiefe
RO/RU	Verrundung (+) oder Fase (–)
AK	konturparalleles Aufmaß
V	Sicherheitsabstand
H14	Schruppen und Schlichten
EP1	Setzpunkt an der Öffnung
EP2	Setzpunkt am Einstichgrund

CNC-Programm (PAL) für die Drehbearbeitung des Gewindebolzens

(Seite 315)

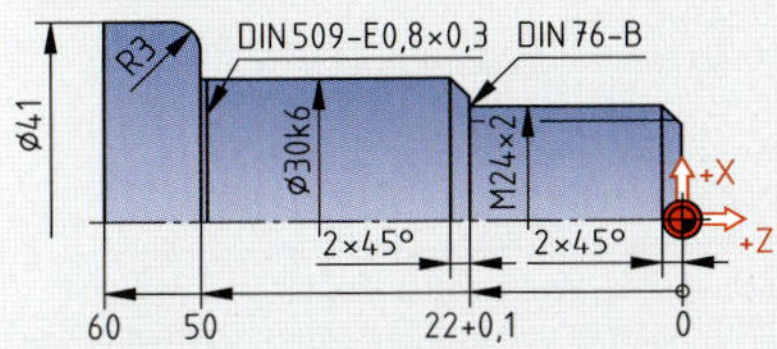

Werkzeugbezeichnung	Plan-dreh-meißel	Schrupp-dreh-meißel	Schlicht-dreh-meißel	Gewinde-dreh-meißel	Abstech-dreh-meißel
Werkzeug-Nr.	T1	T2	T3	T4	T5
Schneidenradius in mm	0,8	0,8	0,4	–	0,2
Schnittgeschwindigkeit in m/mm	250	200	300	150	155
maximale Schnitttiefe in mm	1	3	0,5	–	–
Vorschub in mm	0,2	0,45	0,1	2	0,05

Nr.	Wegbedingung	Koordinaten X/XA/XI	Koordinaten Z/ZA/ZI	Zusätzliche Befehle mit Adressen							Schaltfunktion	Erläuterungen
N1	G54											Nullpunktverschiebung
N2	G92			S4000								Drehzahlbegrenzung
N3	G14			H0								*Eilgang zum WWP*
N4	G96			T1	S250	F0.2					M4	*Werkzeugaufruf T1*
N5	G0	X46	Z0.1								M8	*Eilgang zum Werkstück*
N6	G1	X-1.6										**Planen** in einem Schnitt (r_ε = 0,8 mm)
N7			Z2									
N8	G14			H0							M9	*Eilgang zum WWP*
N9	G96			T2	S200	F0.45					M4	*Werkzeugaufruf T2*
N10	G0	X46	Z2								M8	*Eilgang zum Werkstück*
N11	G81			D3	AX0.5	AZ0.1						**Längsschruppzyklus**
N12	G0	X18	Z2									Anfahrt zum 1. Punkt am Werkstück
N13	G1		Z0									
N14		X24		RN-2								Konturbeschreibung zum Vordrehen (schruppen)
N15	G85	XA24	ZA-22.05	I1.5	K5	H1						
N16	G1	X30.009		RN-2								
N17	G85	XA30.009	ZA-50	H2								
N18	G1	X41		RN3								
N19			Z-62									
N20		X46										
N21	G80											Zyklusende
N22	G14			H0							M9	*Eilgang zum WWP*
N23	G96			T3	S300	F0.1					M4	*Werkzeugaufruf T3*
N24	G0	X0	Z2								M8	*Eilgang zum Werkstück*
N25	G42 G1		Z0									Wiederholung der Konturbeschreibung zum **Schlichten**
N26	G23			N14	N20							
N27	G40											
N28	G14			H0							M9	*Eilgang zum WWP*
N29	G97			T4	S1989						M3	*Werkzeugaufruf T4*
N30	G31	XA24	ZA-21.55	F2	D1.23	XS24	ZS6	Q10	O2	H14	M8	Gewindezyklus
N31	G14			H0							M9	*Eilgang zum WWP*
N32	G96			T5	S155	F0.05					M4	*Werkzeugaufruf T5*
N33	G0	X46	Z-46								M8	*Eilgang zum Werkstück*
N34	G86	XA42	ZA-60	ET2	EB-3	EP1	V2					**radialer Stechzyklus**
N35	G14			H1							M9	*Eilgang zum WWP*
N36											M30	Programmende

F

Befehle nach PAL (Fräsen)

PAL-Befehlscodierung bei CNC-Fräsmaschinen (mit Mehrseitenbearbeitung)

G-Funktionen – Wegbedingungen[1] (Auswahl)

Interpolationsarten	(Seiten 361–363)
G0	Verfahrweg im Eilgang[2]
G1	Linearinterpolation im Arbeitsgang[1][2]
G2	Kreisinterpolation im Uhrzeigersinn[2]
G3	Kreisinterpolation im Gegenuhrzeigersinn[2]
G4	Verweildauer
G9	Genauhalt
G10	Verfahren im Eilgang mit Polarkoordinaten[2]
G11	Linearinterpolation mit Polarkoordinaten[2]
G12	Kreisinterpolation im Uhrzeigersinn mit Polarkoordinaten mit angetriebenem Werkzeug[2]
G13	Kreisinterpolation im Gegenuhrzeigersinn mit Polarkoordinaten[2]
G45	lineares tangentiales Anfahren an einer Kontur[2]
G46	lineares tangentiales Abfahren an einer Kontur[2]
G47	tangentiales Anfahren im Viertelkreis[2]
G48	tangentiales Abfahren im Viertelkreis[2]

Nullpunkte	(Seite 364)
G50	aufheben der inkrementellen Nullpunktverschiebung und Drehungen (G59)
G53	alle Nullpunktverschiebungen und Drehungen aufheben[1]
G54… …G57	einstellbare absolute Nullpunkte
G59	inkrementelle Nullpunktverschiebung kartesisch und Drehung

Werkzeugkorrekturen	(Seite 350)
G40	Abwahl der **S**chneiden**r**adius**k**orrektur **(SRK)**[1][2]
G41	SRK links von der programmierten Kontur[2]
G42	SRK rechts von der programmierten Kontur[2]

Maßangaben	
G70	Umschalten auf die Maßeinheit Zoll (Inch)
G71	Umschalten auf die Maßeinheit Millimeter (mm)
G90	absolute Maßangabe[1]
G91	Kettenmaßangabe

Schnittgrößen	(Seiten 329–333)
G94	Vorschubgeschwindigkeit[1] in mm/min (Adresse: F)
G95	Vorschub in mm (Adresse: F)
G97	konstante Drehzahl[1] in 1/min (Adresse: S)

Programmtechniken	(Seite 356)
G22	Unterprogrammaufruf[3]
G23	Programmteilwiederholung[3]

Zyklen	(Seiten 364–367)
G34	Eröffnung des Konturtaschenzyklus
G35	Schrupptechnologie des Konturtaschenzyklus
G37	Schlichttechnologie des Konturtaschenzyklus
G38	Konturbeschreibung des Konturtaschenzyklus
G80	Abschluss einer G38-Taschen-/Insel-Konturbeschreibung
G39	Konturtaschenzyklusaufruf
G72	Rechtecktaschenfräszyklus[2]
G73	Kreistaschen- und Zapfenfräszyklus[2]
G74	Nutenfräszyklus[2]
G75	Kreisbogennut-Fräszyklus[2]
G76	Mehrfachzyklusaufruf auf einer Lochreihe[2]
G77	Mehrfachzyklusaufruf auf einem Lochkreis[2]
G78	Zyklusaufruf auf einem Punkt (Polarkoordinaten)
G79	Zyklusaufruf auf einem Punkt (kartesische Koordinaten)[2]
G81	Bohrzyklus[2]
G82	Tiefbohrzyklus mit Spanbruch[2]
G84	Gewindebohrzyklus[2]
G85	Reibzyklus[2]
G88	Innengewindefräszyklus

Bearbeitungsebenen	(Seite 364)
G16	inkrementelle Drehung der aktuellen Bearbeitungsebene
G17	Ebenenanwahl mit maschinenfesten Raumwinkeln[1]

M-Funktionen[1] – Zusatzfunktionen (Auswahl) (Seite 351)

M0	Programmierter Halt	M13	wie M3 und Kühlschmiermittel ein
M3	Spindel dreht im Uhrzeigersinn (CW[5])	M14	wie M4 und Kühlschmiermittel ein
M4	Spindel dreht im Gegenuhrzeigersinn (CCW[5])	M15	Spindel aus, Kühlmittel aus
M5	Spindel ausschalten[1]	M17	Unterprogramm-Ende
M6	Werkzeugwechsel	M30	Programmende mit Rücksetzen auf Programmanfang
M8	Kühlschmiermittel ein	M60	konstanter Vorschub[1]
M9	Kühlschmiermittel aus[1]		

T-Adresse[4] – Werkzeugnummer im Magazin (Auswahl) (Seiten 350, 368)

TR	inkrementelle Veränderung des Werkzeugradiuswertes	T	Werkzeugnummer im Magazin
TL	inkrementelle Veränderung der Werkzeuglänge	TC	Korrektur-Speichernummer

[1] Einschaltzustand beim Start eines CNC-Programms: **G17, G90, G53, G40, G94, G97, G1, M5, M9, M60**

[2] Dieser Befehl kann auch für CNC-Drehmaschinen mit angetriebenem Werkzeug bei der Bearbeitung in der G17- und G19-Ebene verwendet werden (Seite 357). In der G19-Ebene werden die Achsen von XY- zur ZX-Ebene angepasst.

[3] Die Adressen des Unterprogrammaufrufs (G22) und der Programmteilwiederholung (G23) werden wie beim CNC-Drehen angegeben (Seite 356).

[4] Mit dem Werkzeugaufruf wird gleichzeitig der Werkzeugwechselpunkt (WWP) im Eilgang angefahren.

[5] CW: clock wise; CCW: counter clock wise

Arbeitsbewegungen nach PAL (Fräsen)

Arbeitsbewegungen bei CNC-Fräsmaschinen

G1 Linearinterpolation im Arbeitsgang[1]

Bearbeitungsbeispiele (Linearinterpolation von P1 nach P2)

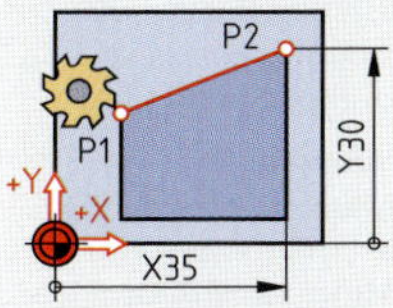

N... G1 X35 Y30

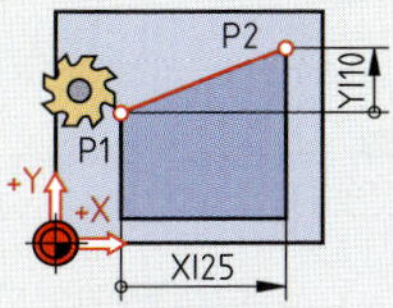

N... G1 XI25 YI10

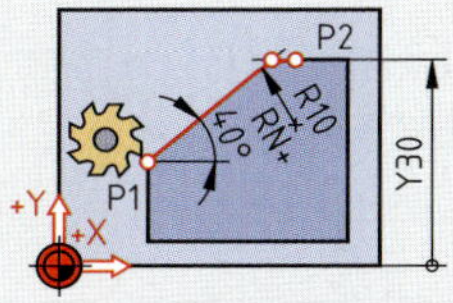

N... G1 Y30 AS40 RN10

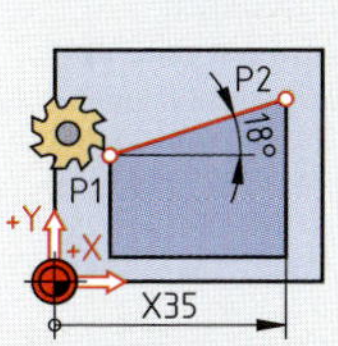

N... G1 X35 AS18

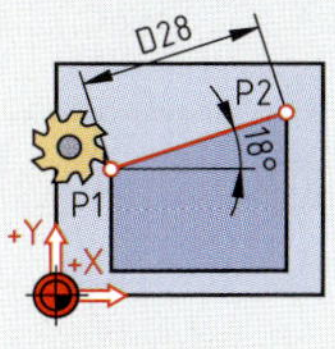

N... G1 D28 AS18

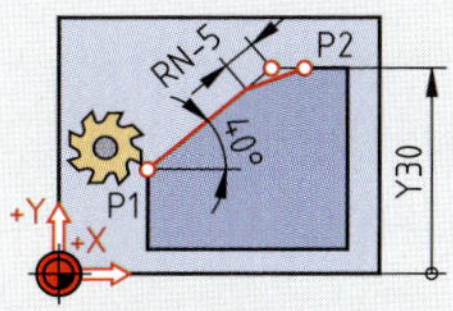

N... G1 Y30 AS40 RN-5

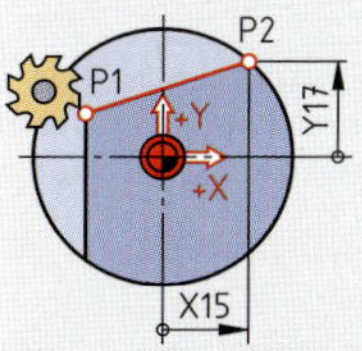

N... G1 X15 Y17

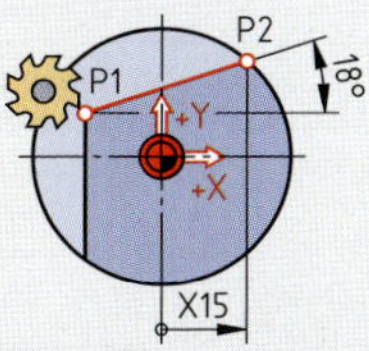

N... G1 X15 AS18

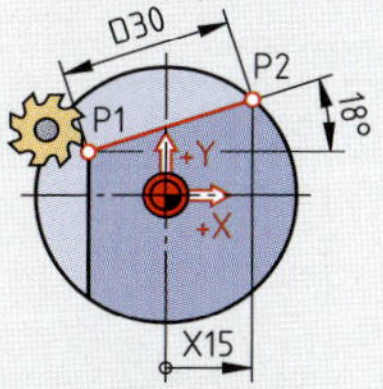

N... G1 D30 AS18

optionale Adressen für G1

X/Y	Koordinateneingabe (gesteuert durch G90/G91)
XA/YA	Absolutmaße[3]
XI/YI	Inkrementalmaße[4]
RN+	Verrundungsradius zum nächsten Konturelement
RN–	Fasenbreite zum nächsten Konturelement
D	Länge der Verfahrstrecke
AS	Anstiegswinkel der Verfahrstrecke

[3] Die Verwendung der Koordinaten XA/ZA bei den Wegbedingungen G1/G2/G3 ist nur dann notwendig, wenn bei einer eingeschalteten Kettenmaßangabe (G91) Einzelsätze mit den Absolutmaßen XA/ZA programmiert werden sollen.

[4] Für die Programmierung mit den Inkrementalmaßen XI/ZI bei den Wegbedingungen G1/G2/G3 muss die Kettenmaßangabe G91 nicht eingeschaltet sein.

G2 Kreisinterpolation im Uhrzeigersinn[1]

Bearbeitungsbeispiele (Kreisinterpolation von P1 nach P2)

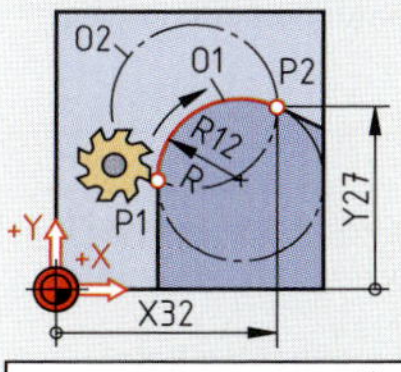

N... G2 X32 Y27 R12[2]

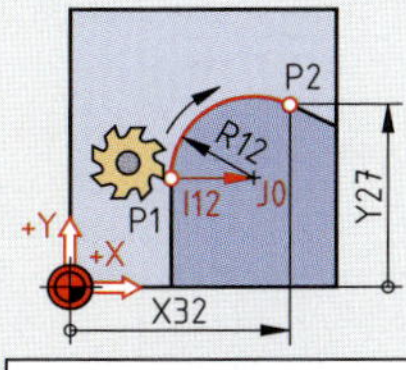

N... G2 X32 Y27 I12 J0

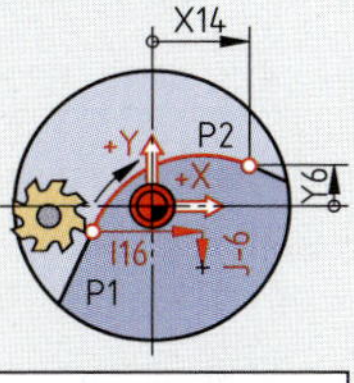

N... G2 X14 Y6 I16 J-6

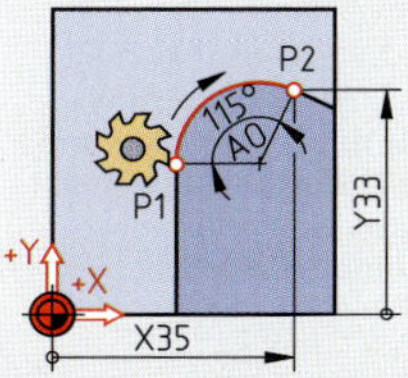

N... G2 X35 Y33 AO115

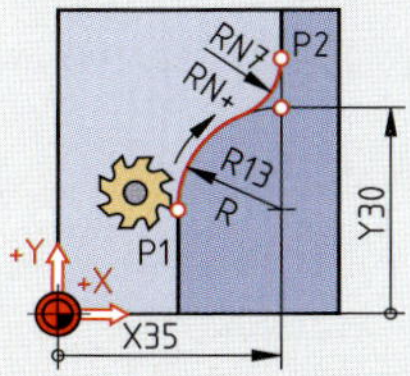

N... G2 X35 Y30 R13 RN7

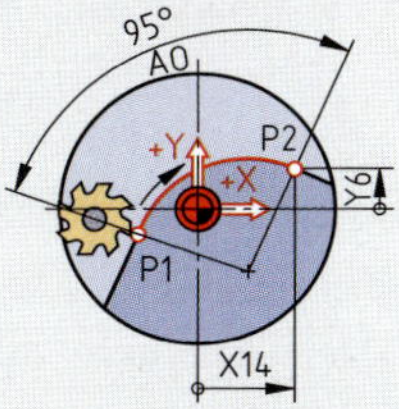

N... G2 X14 Y6 AO95

verpflichtende Adressen für G2

X/Y	Koordinateneingabe (gesteuert durch G90/G91)
XA/YA	Absolutmaße
XI/YI	Inkrementalmaße

optionale Adressen

I/IA	X-Mittelpunktskoordinate (inkremental/absolut)
J/JA	Y-Mittelpunktskoordinate (inkremental/absolut)
R	Radius
AO	Öffnungswinkel
RN+	Verrundungsradius zum nächsten Konturelement
RN–	Fasenbreite zum nächsten Konturelement (vgl. G1)
O1/O2	kurzer/langer Kreisbogen[2]

F

[1] Dieser Befehl kann auch für CNC-Drehmaschinen mit angetriebenem Werkzeug bei der G17- und G19-Ebene verwendet werden (Seite 357). In der G19-Ebene werden die Achsen von der XY- zur ZX-Ebene angepasst.

[2] Ohne Angabe gilt die Voreinstellung O1 (kurzer Kreisbogen).

Arbeitsbewegungen nach PAL (Fräsen)

Arbeitsbewegungen bei CNC-Fräsmaschinen

G3 Kreisinterpolation entgegen dem Uhrzeigersinn[1)]

Bearbeitungsbeispiele (Kreisinterpolation von P1 nach P2)

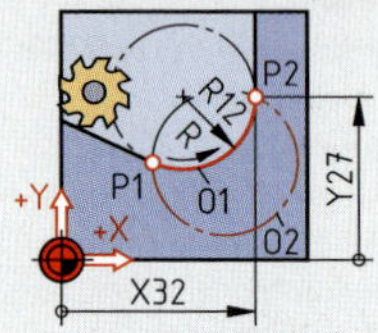

N... G3 X32 Y27 R12[2)]

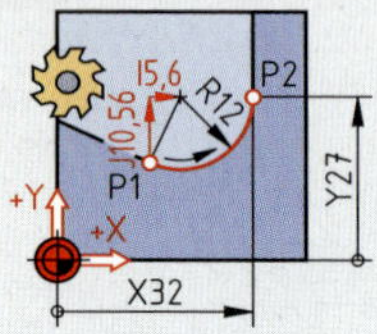

N... G3 X32 Y27 I5.6 J10.56

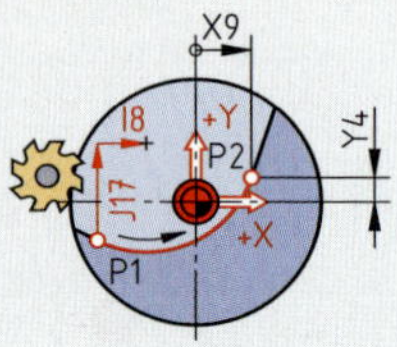

N... G3 X9 Y4 I8 J17

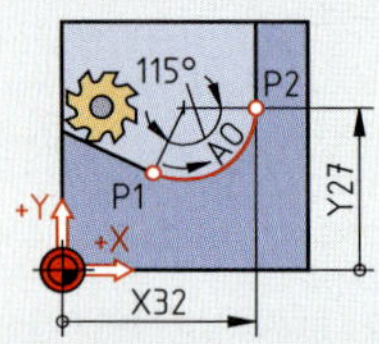

N... G3 X32 Y27 AO115

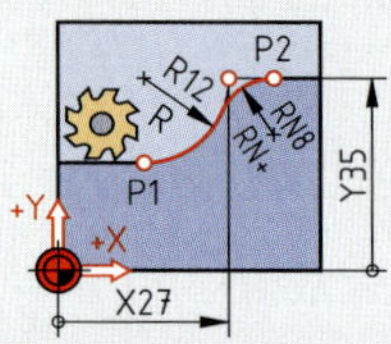

N... G3 X27 Y35 R12 RN8

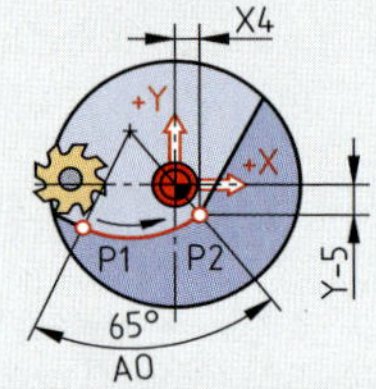

N... G3 X4 Y-5 AO65

verpflichtende Adressen für G3

X/Y	Koordinateneingabe (gesteuert durch G90/G91)
XA/YA	Absolutmaße
XI/YI	Inkrementalmaße

optionale Adressen

I/IA	X-Mittelpunktskoordinate (inkremental/absolut)
J/JA	Y-Mittelpunktskoordinate (inkremental/absolut)
R	Radius
AO	Öffnungswinkel
RN+	Verrundungsradius zum nächsten Konturelement
RN–	Fasenbreite zum nächsten Konturelement (vgl. G1)
O1/O2	kurzer/langer Kreisbogen

G11 Linearinterpolation mit Polarkoordinaten[1)]

Bearbeitungsbeispiele (Linearinterpolation von P1 nach P2)

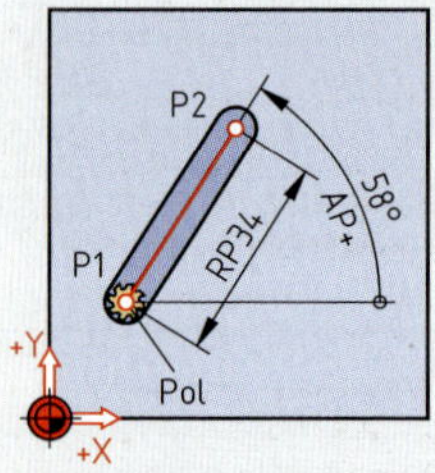

N... G11 AP58 RP34

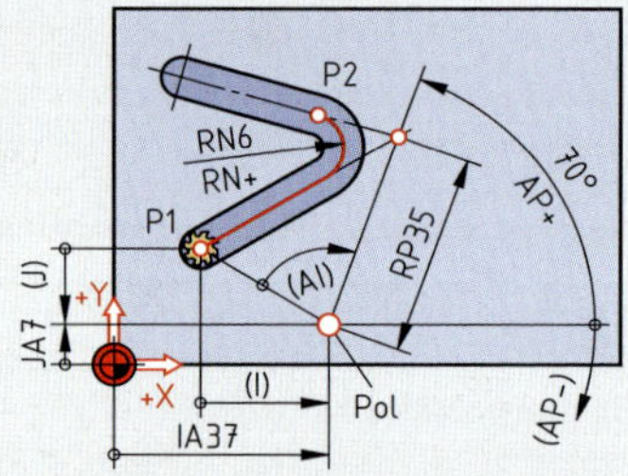

N... G11 AP70 RP35 IA37 JA7 RN6

verpflichtende Adressen für G11

RP	Polarradius
AP	Polarwinkel bezogen auf +X
AI	inkrementeller Polarwinkel[3)]

optionale Adressen:

I/IA	X-Koordinate des Pols
J/JA	Y-Koordinate des Pols
RN+	Verrundungsradius zum nächsten Konturelement
RN–	Fasenbreite zum nächsten Konturelement

G12 Kreisinterpolation im Uhrzeigersinn mit Polarkoordinaten[1)]

Bearbeitungsbeispiele (Kreisinterpolation von P1 nach P2)

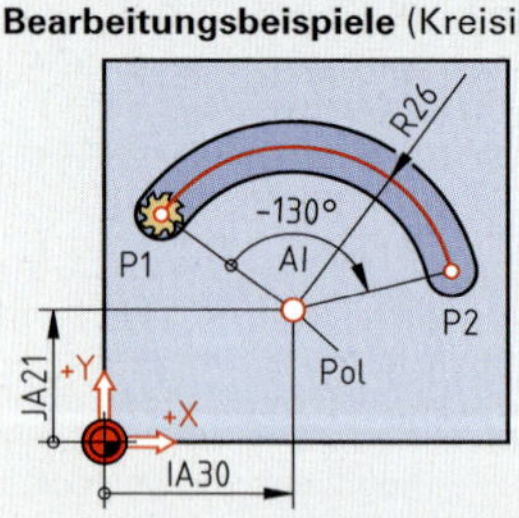

N... G12 AI-130 IA30 JA21

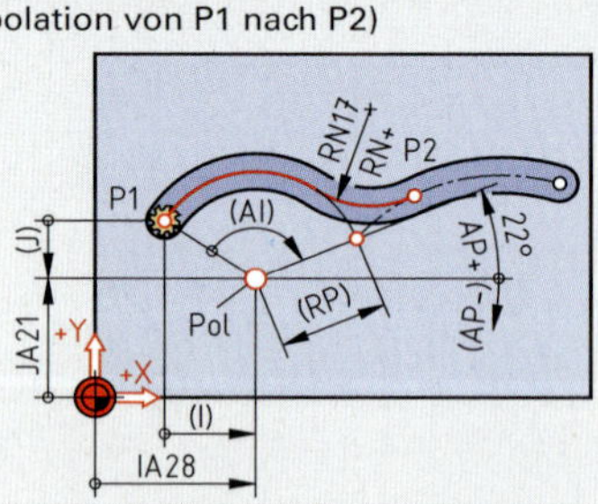

N... G12 AP22 IA28 JA21 RN17

verpflichtende Adressen für G12

AP	Polarwinkel bezogen auf +X
AI	inkrementeller Polarwinkel[3)]

optionale Adressen

RP	Polarradius
I/IA	X-Koordinate des Pols
J/JA	Y-Koordinate des Pols
RN+	Verrundungsradius zum nächsten Konturelement
RN–	Fasenbreite zum nächsten Konturelement

F

1) Dieser Befehl kann auch für CNC-Drehmaschinen mit angetriebenem Werkzeug bei der G17- und G19-Ebene verwendet werden (Seite 357). In der G19-Ebene werden die Achsen von der XY- zur ZX-Ebene angepasst.

2) Ohne Angabe gilt die Voreinstellung O1 (kurzer Kreisbogen).

3) Der inkrementelle Polarwinkel ist auf die aktuelle Werkzeugposition bezogen. Diese Adresse ist nur erlaubt, wenn der Pol von der aktuellen Werkzeugposition verschieden ist.

Arbeitsbewegungen nach PAL (Fräsen)

Arbeitsbewegungen bei CNC-Fräsmaschinen

G13 Kreisinterpolation entgegen dem Uhrzeigersinn[1]

Bearbeitungsbeispiel (Kreisinterpolation von P1 nach P2)

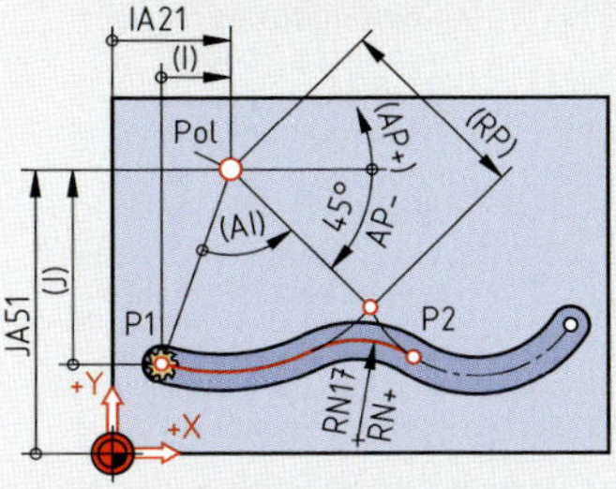

N... G13 AP-45 IA21 JA51 RN17

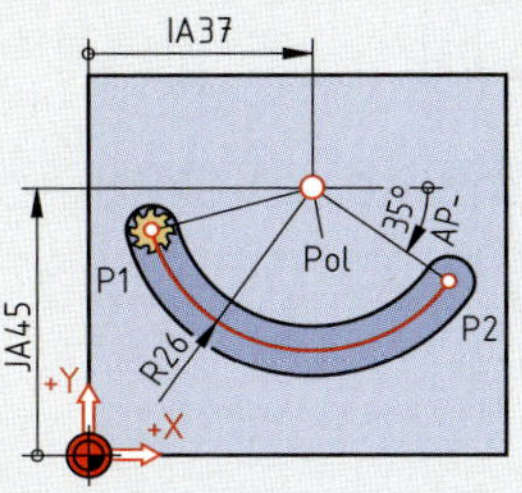

N... G13 AP-35 IA37 JA45

verpflichtende Adressen für G13

AP	Polarwinkel bezogen auf +X
AI	inkrementeller Polarwinkel

optionale Adressen

RP	Polarradius
I/IA	X-Koordinate des Pols
J/JA	Y-Koordinate des Pols
RN+	Verrundungsradius zum nächsten Konturelement
RN–	Fasenbreite zum nächsten Konturelement

G10 Verfahren im Eilgang in Polarkoordinaten[1]

Bearbeitungsbeispiel (Anfahren nach P1 und Abfahren von P2)

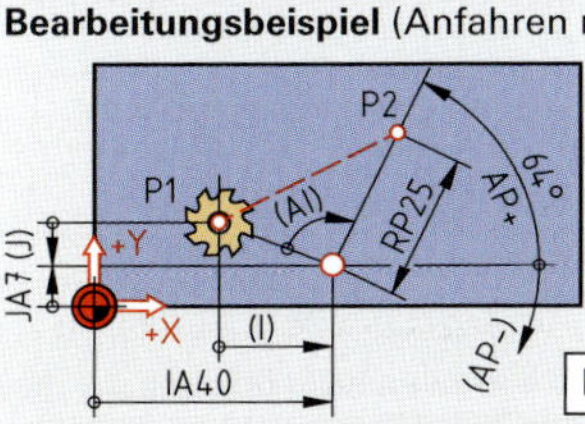

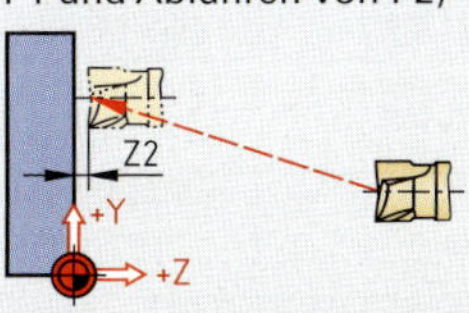

N... G10 Z2 AP64 RP25 IA40 JA7

verpflichtende Adressen für G10

RP	Polarradius
AP	Polarwinkel bezogen auf +X
AI	inkrementeller Polarwinkel

optionale Adressen

I/IA	X-Koordinate des Pols
J/JA	Y-Koordinate des Pols
Z/ZA	Z-Koordinate der Anfahrt

G45/G46 Lineares tangentiales Anfahren an die Kontur (G45) und Abfahren von der Kontur (G46)[1]

Bearbeitungsbeispiel (Anfahren nach P1 und Abfahren von P2)

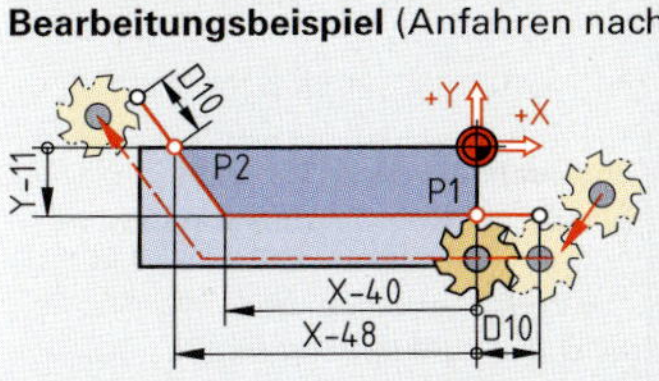

N...	G0		X20	Y-8	Z2
N...					Z-7
N...	G41	G45	X0	Y-11	D10
N...	G1		X-40		
N...			X-48	Y0	
N...	G40	G46			D10
N...	G0		X-70	Y10	Z2

- G45 muss mit der Fräserradiuskorrektur G41/G42 aufgerufen werden.
- G46 muss mit dem Aufheben der Fräserradiuskorrektur G40 aufgerufen werden.

verpflichtende Adressen für G45

D	Abstand zum ersten Konturpunkt (ohne Vorzeichen)
X/Y	Koordinateneingabe (gesteuert durch G90/G91)
XA/YA	Absolutmaße
XI/YI	Inkrementalmaße

verpflichtende Adresse für G46

D	Länge der Abfahrbewegung (ohne Vorzeichen)

G47/G48 Tangentiales Anfahren an die Kontur (G47) und Abfahren von der Kontur (G48) im ¼-Kreis[1]

Bearbeitungsbeispiel (Anfahren nach P1 und Abfahren von P2)

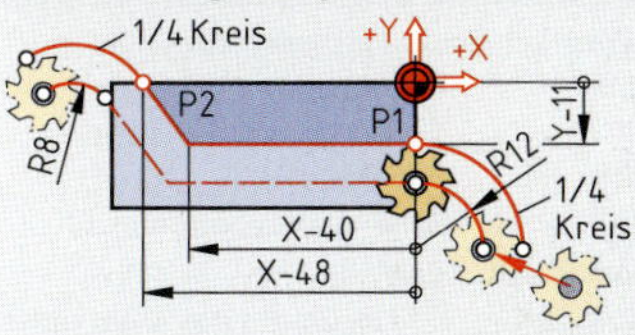

N...	G0		X24	Y-35	Z2
N...					Z-5
N...	G41	G47	X0	Y-11	R12
N...	G1		X-40		
N...			X-48	Y0	
N...	G40	G48			R8
N...	G0		X-70	Y-15	Z2

- G47 muss mit der Fräserradiuskorrektur G41/G42 aufgerufen werden.
- G48 muss mit dem Aufheben der Fräserradiuskorrektur G40 aufgerufen werden.

verpflichtende Adressen für G47

R	Radius der Anfahrbewegung bezogen auf die Fräsermittelpunktsbahn
X/Y	Koordinateneingabe (gesteuert durch G90/G91)
XA/YA	Absolutmaße
XI/YI	Inkrementalmaße

verpflichtende Adresse für G48

R	Radius der Abfahrbewegung bezogen auf die Fräsermittelpunktsbahn

F

G54–G57 Einstellbare absolute Nullpunkte

Mit den jeweiligen Befehlen G54, G56, G57 oder G58 wird zu Beginn der Bearbeitung der Werkstücknullpunkt festgelegt, der einen definierten Abstand zum Maschinennullpunkt hat. Die Verschiebewerte werden vor dem Programmstart vom Bediener in den Nullpunktregister der CNC-Steuerung eingegeben.

[1] Dieser Befehl kann auch für CNC-Drehmaschinen mit angetriebenem Werkzeug bei der G17- und G19-Ebene verwendet werden (Seite 357). In der G19-Ebene werden die Achsen von der XY- zur ZX-Ebene angepasst.

Zyklen nach PAL (Fräsen)

Zyklen bei CNC-Fräsmaschinen

G59 | Inkrementelle Nullpunktverschiebung kartesisch und Drehung

Bearbeitungsbeispiel (Nullpunktverschiebung von W1 nach W2)

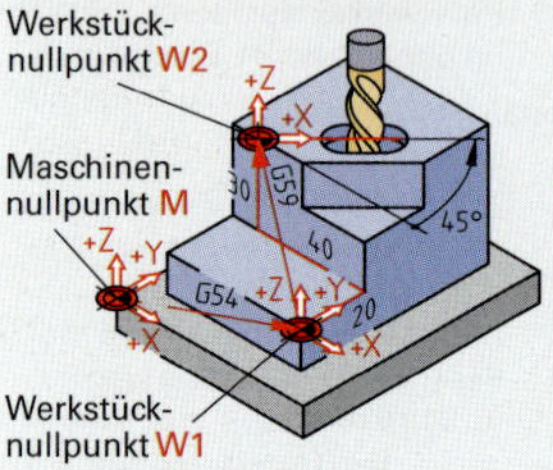


```
N... G54
N...      T3    S2380  F470  M13
N... G0   X...  Y...   Z...
N...
N...      T4    S4470  F570  M13
N... G59  XA-40 YA20   ZA30  AR45
N... G0   X...  Y...   Z...
```

Der durch **G59** verschobene Werkstück-nullpunkt wird mit dem Befehl **G50** auf die alte Position, die mit **G54** aufgerufen wurde, zurückgesetzt.

optionale Adressen für G59[1)]

XA	X-Koordinate des neuen Nullpunktes, absolut
YA	Y-Koordinate des neuen Nullpunktes, absolut
ZA	Z-Koordinate des neuen Nullpunktes, absolut
AR	Drehwinkel um die Z-Achse, bezogen auf die X-Achse

1) Die Verschiebung und Drehung bezieht sich auf das aktuelle Werkstückkoordinatensystem.

G17/G16 | Ebenenanwahl mit maschinenfesten Raumwinkeln/inkrementelle Drehung der Ebenen

Bearbeitungsbeispiel (Drehung der Bearbeitungsebene Mit G17)

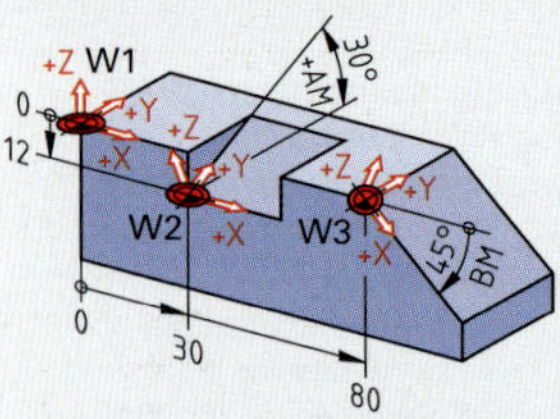


```
N... G54                                 ;W1
N... (Programmierung in der XY-Ebene vom W1)
N... G59 XA30 ZA-12                      ;W2
N... G17                 AM30
N... (Programmierung in der XY-Ebene vom W2)
N... G22 L100
N... G59 XA80                            ;W3
N... G17                 BM45
N... (Programmierung in der XY-Ebene vom W3)
N... G22 L100
```

L100 (Unterprogramm zum Rücksetzen der Ebene und Nullpunktverschiebung)

positive Drehrichtung: 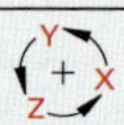


```
N1 G0  Z50
N2 G17
N3 G50
N4        M17
```

(Unterprogramm-aufruf mit dem Befehl G22 im Hauptprogramm)

optionale Adressen für G17[2)]

AM	absoluter Drehwinkel um die X-Achse
BM	absoluter Drehwinkel um die Y-Achse
CM	absoluter Drehwinkel um die Z-Achse

optionale Adressen für G16[3)]

AR	inkrementelle Drehung um die X-Achse
BR	inkrementelle Drehung um die Y-Achse
CR	inkrementelle Drehung um die Z-Achse

G79 | Zyklusaufruf auf einen Punkt (kartesische Koordinaten)[4)]

Bearbeitungsbeispiel (Aufruf des Nutenfräszyklus G74)

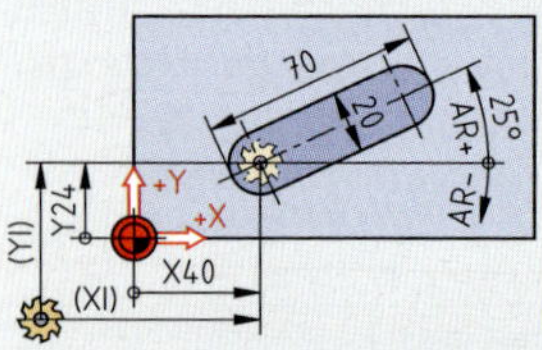


```
N... G74 ZA-8 LP70 BP20 D4   V2
N... G79 X40  Y24  Z0   AR25
N...
```

- Es wird der aktuell aktive Fräszyklus aufgerufen.
- Die Anfahrt erfolgt im Eilgang mit dem Sicherheitsabstand V.

optionale Adressen für G79

X/Y/Z	Koordinateneingabe (gesteuert durch G90/G91)
XA/YA/ZA	Absolutmaße
XI/YI/ZI	Inkrementalmaße
AR	Drehwinkel des Objekts bezogen auf die X-Achse
W	Rückzugsebene absolut in Werkstückkoordinaten

G78 | Zyklusaufruf auf einen Punkt (Polarkoordinaten)[4)]

Bearbeitungsbeispiel (Aufruf des Tiefbohrzyklus G82)

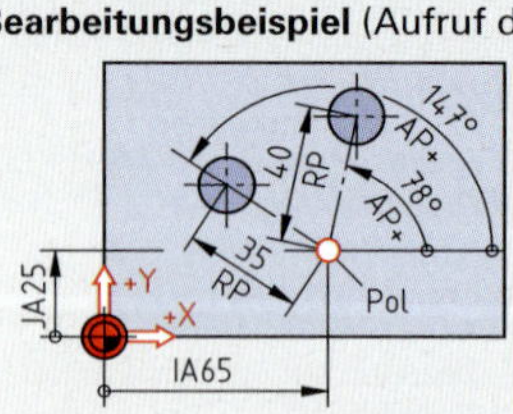


```
N... G82 ZA-15 D3   V2
N... G78 Z0    IA65 JA25 RP40 AP78
N... G78 Z0    IA65 JA25 RP35 AP147
N...
```

- Es wird der aktuell aktive Fräszyklus aufgerufen.
- Die Anfahrt erfolgt im Eilgang mit dem Sicherheitsabstand V.

verpflichtende Adressen für G78

I/IA	X-Koordinate des Pols
J/JA	Y-Koordinate des Pols
RP	Polradius
AP	Polwinkel bezogen auf X

optionale Adresse

Z/ZI/ZA	Z-Koordinate der Oberkante
AR	Drehwinkel
W	Rückzugsebene absolut

F

2) Die Drehung erfolgt um die jeweilige Achse des Maschinenkoordinatensystems. Eine mehrfache Drehung um verschiedene Achsen ist in einem G17-Befehl möglich (z.B. N... G17 AM30 CM-45).

3) Die Drehung erfolgt um die jeweilige Achse des aktuellen Werkstückkoordinatensystems. Eine Bearbeitung kann mehrfach inkrementell mit G16 gedreht werden. Ein erneuter G16-Befehl setzt auf die aktuelle Bearbeitungsebene auf.

4) Dieser Befehl kann auch für CNC-Drehmaschinen mit angetriebenem Werkzeug bei der G17- und G19-Ebene verwendet werden (Seite 357). In der G19-Ebene werden die Achsen von der XY- zur ZX-Ebene angepasst.

Zyklen nach PAL (Fräsen)

Zyklen bei CNC-Fräsmaschinen

G76 **Mehrfachzyklus auf einer Geraden (Lochreihe)**[1)]

Bearbeitungsbeispiel (Aufruf des Nutenfräszyklus auf einer Geraden)

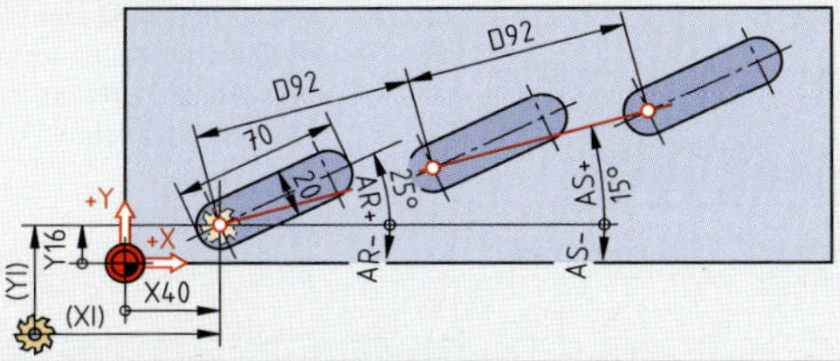

N...	G74	ZA-8	LP70	BP20	D4	V2		
N...	G76	X40	Y16	Z0	AS15	D92	O3	AR25

verpflichtende Adressen für G76

AS	Winkel der Geraden bezogen auf die X-Achse
D	Abstand der Aufrufpunkte
O	Anzahl der Aufrufpunkte

optionale Adressen

AR	Drehwinkel des Objekts
X/Y/Z	Koordinateneingabe (gesteuert durch G90/G91)
XA/YA/ZA	Absolutmaße
XI/YI/ZI	Inkrementalmaße zur aktuellen Werkzeugposition

G77 **Mehrfachzyklusaufruf auf einem Lochkreis**[1)]

Bearbeitungsbeispiele (Aufruf des Bohrzyklus auf einem Lochkreis)

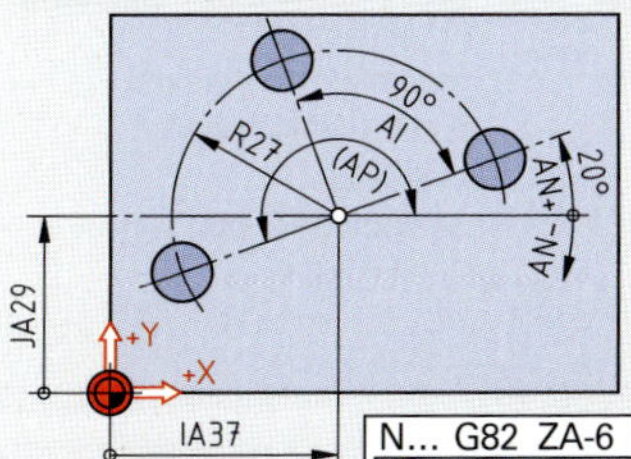

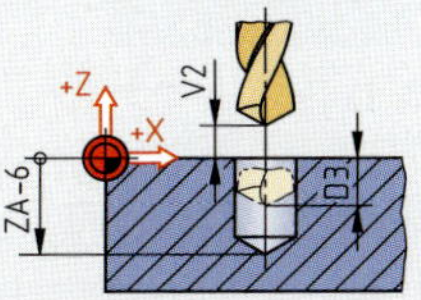

N...	G82	ZA-6	D3	V2			
N...	G77	Z0	R27	AN20	AI90	O3	IA37 JA29

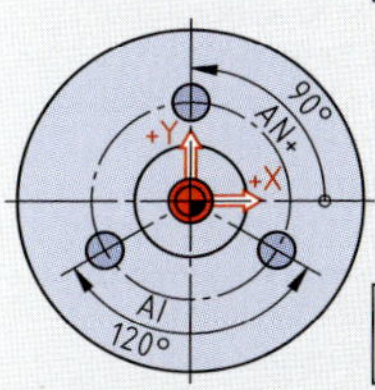

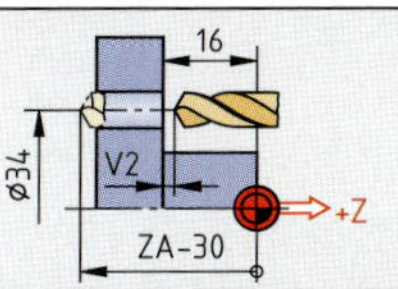

N...	G81	ZA-30	V2				
N...	G77	Z-16	R17	AN90	AI120	O3	IA0 JA0

verpflichtende Adressen für G77

R	Radius des Lochkreises
AN	Startwinkel des 1. Objekts bezogen auf X-Achse
AP	Endwinkel des letzten Objektes bezogen auf die X-Achse
AI	konstanter Segmentwinkel
O	Anzahl der Aufrufpunkte
I/IA	X-Mittelpunktskoordinate
J/JA	Y-Mittelpunktskoordinate
Z, ZA, ZI	Z-Mittelpunktskoordinate

optionale Adressen

W	Rückzugsebene (ohne Angabe W = V)
H1	nach der Bearbeitung wird V angefahren, nach letztem Objekt W (Voreinstellung)
H2	nach der Bearbeitung wird immer W angefahren
AR	Drehwinkel des Objekts (ohne Angabe: AR0)

G72 **Rechtecktaschenfräszyklus**[1)]

Bearbeitungsbeispiel

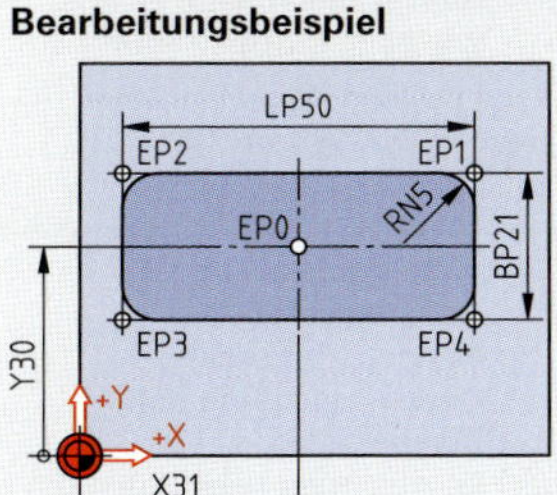

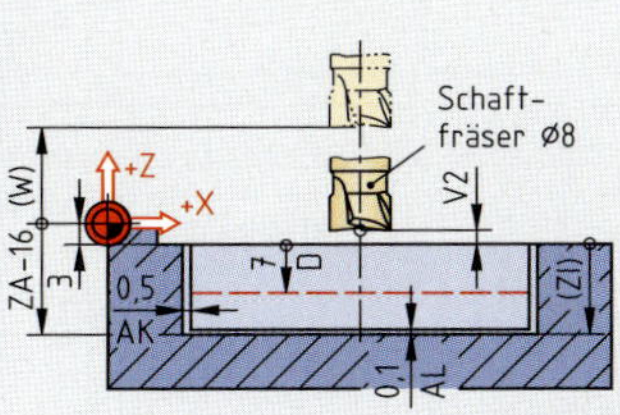

N...		T6	S2380	F760					M13
N...	G72	ZA-16	LP50	BP21	D7	V2	RN5	AK0.5 AL0.1	E100
N...	G79	X31	Y30	Z-3					
N...		T...							

ohne Angabe von H gilt H1: die Tasche wird durch Schruppen komplett gefräst

verpflichtende Adressen für G72

ZI/ZA	Tiefe der Rechtecktasche
LP	Länge der Tasche in X-Richtung (1. Achse)
BP	Breite der Tasche in Y-Richtung (2. Achse)
D	maximale Zustelltiefe
V	Sicherheitsabstand

optionale Adressen

RN	Eckenradius
EP	Setzpunkt für den Aufruf – ohne Angabe: EP0
AK	Aufmaß Berandung
AL	Aufmaß Taschenboden
H2	Planschruppen
H4	Schlichten (Rand/Boden)
H14	Schruppen und Schlichten
E	Vorschubge. beim Eintauchen
W	Rückzugsebene absolut

[1)] Dieser Befehl kann auch für CNC-Drehmaschinen mit angetriebenem Werkzeug bei der G17- und G19-Ebene verwendet werden (Seite 357). In der G19-Ebene werden die Achsen von der XY- zur ZX-Ebene angepasst.

F

Zyklen nach PAL (Fräsen)

Zyklen bei CNC-Fräsmaschinen

G73 Kreistaschen- und Zapfenfräszyklus[1)]

Bearbeitungsbeispiel

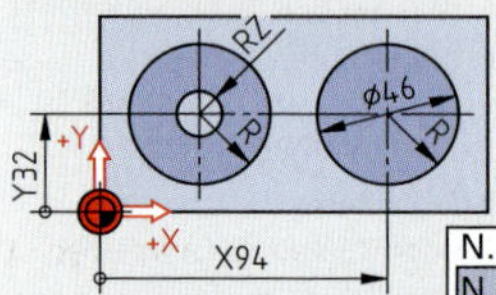

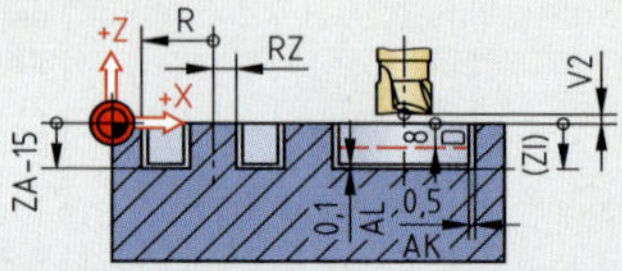


```
N...        T6   S2380  F220                M13
N... G73 ZA-15 R23     D8    V2 AK0.5 AL0.1
N... G79 X94   Y32     Z0
```

verpflichtende Adressen für G73

ZI/ZA	Tiefe der Kreistasche
R	Radius der Kreistasche
D	maximale Zustelltiefe
V	Sicherheitsabstand

optionale Adressen

RZ	Zapfenradius
AK...W	wie bei G72 (Seite 365)

G74 Nutenfräszyklus[1)]

Bearbeitungsbeispiel

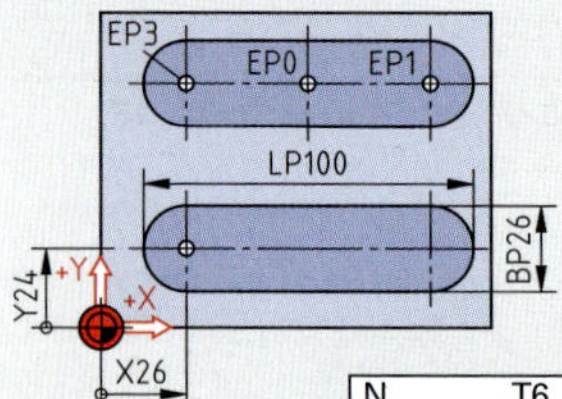

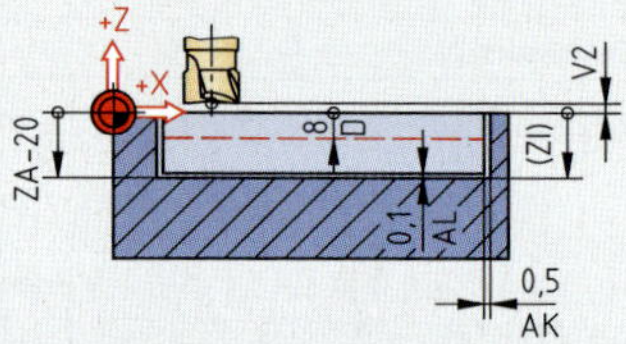


```
N...        T6   S2380 F220                       M13
N... G74 ZA-20 LP100 BP26 D8 V2 AK0.5 AL0.1
N... G79 X26   Y24   Z0
```

verpflichtende Adressen für G74

ZI/ZA	Tiefe der Nut
LP	Länge der Nut in X-Richtung (1. Achse)
BP	Breite der Nut in Y-Richtung (2. Achse)
D	maximale Zustelltiefe
V	Sicherheitsabstand

optionale Adressen

EP	Setzpunkt für den Aufruf – ohne Angabe: EP3
AK...W	wie bei G72 (Seite 365)

G75 Kreisbogennut-Fräszyklus[1)]

Bearbeitungsbeispiel

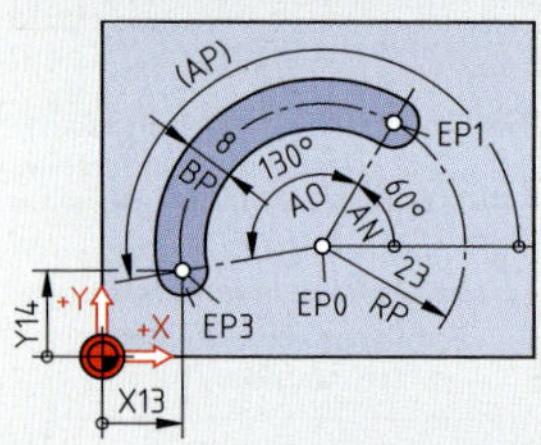

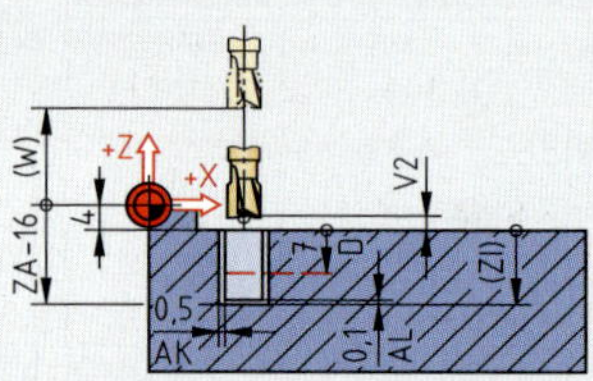


```
N...        T4   S3820 F420                              M13
N... G75 ZA-16 AN60 AO130 BP8 RP23 D7 V2 AK0.5 AL0.1
N... G79 X13   Y14  Z-4
N...        T...
```

verpflichtende Adressen für G75

ZI/ZA	Tiefe der Kreisbogennut
AN[2)]	polarer Startwinkel
AO[2)]	polarer Öffnungswinkel
AP[2)]	polarer Endwinkel des Nutkreismittelpunktes
RP	Radius der Kreisbogennut
BP	Breite der Kreisbogennut
D	maximale Zustelltiefe
V	Sicherheitsabstand

optionale Adressen

EP	Setzpunkt für den Aufruf – ohne Angabe: EP3
AK...W	wie bei G72 (Seite 365)

[2)] zwei der polaren Winkelangaben müssen angegeben werden.

F

G88 Innengewindefräszyklus

Bearbeitungsbeispiel

Schraubenlinienbewegung (Helix-Bewegung)

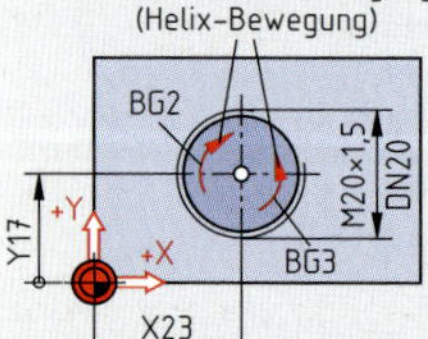

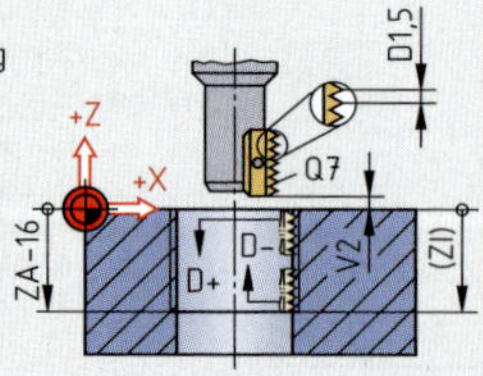

Rechtsgewinde:
BG2 und D+
oder
BG3 und D–

Linksgewinde:
BG2 und D–
oder
BG3 und D+

```
N...        T13  S2240 F220          M13
N... G88 ZA-16 DN20  D-1.5 Q7 V2 BG3
N... G79 X23   Y17   Z0
```

verpflichtende Adressen für G88

ZI/ZA	Gewindetiefe
DN	Nenndurchmesser
D	Gewindesteigung mit Bearbeitung: D+ von oben nach unten D– von unten nach oben
Q	Gewinderillenzahl Fräser
V	Sicherheitsabstand

optionale Adressen

BG	Bewegungsrichtung Fräser BG2 im Uhrzeigersinn BG3 Im Gegenuhrzeigersinn

[1)] Dieser Befehl kann auch für CNC-Drehmaschinen mit angetriebenem Werkzeug bei der G17- und G19-Ebene verwendet werden (Seite 357). In der G19-Ebene werden die Achsen von XY- zur ZX-Ebene angepasst.

Zyklen nach PAL (Bohren, Gewindebohren, Reiben)

Zyklen bei CNC-Fräsmaschinen

G81 Bohrzyklus[1]

Bearbeitungsbeispiel (Zentrieren und Bohren ø10)

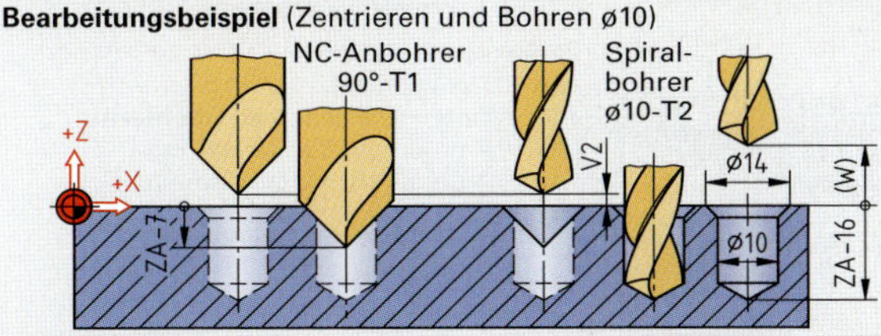


```
N... T1   S950  F140        M13
N... G81  ZA-7  V2
N... G79  X...  Y...   Z0
```

```
N... T2   S1190 F110        M13
N... G81  ZA-16 V2
N... G79  X...  Y...   Z0
```

verpflichtende Adressen für G81

ZA	Bohrtiefe absolut
ZI	Bohrtiefe inkremental ab Materialoberfläche (negativ)
V	Sicherheitsabstand

optionale Adressen

W	Höhe der Rückzugsebene absolut

Der Bohrzyklus G81 wird zum Anbohren, Zentrieren oder Herstellen kleiner Bohrungen (ohne Spanbruch) verwendet.

G82 Tiefbohrzyklus mit Spanbruch[1]

Bearbeitungsbeispiel (Zentrieren und Tiefbohren ø5)

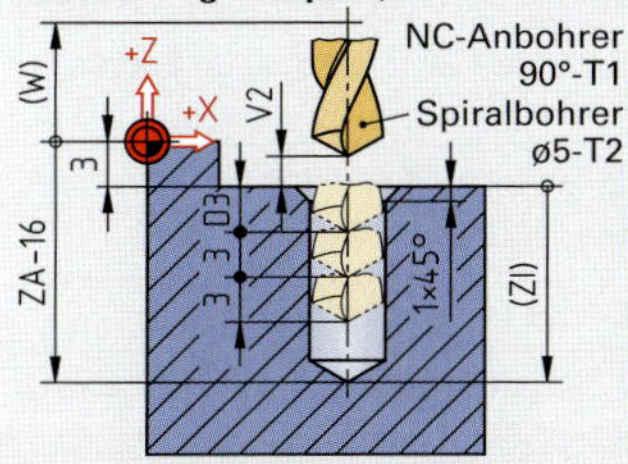


```
N... T1   S950  F140        M13
N... G81  ZA-6.5 V2
N... G79  X...  Y...   Z-3
N... T2   S1350 F95         M13
N... G82  ZA-16 D3     V2
N... G79  X...  Y...   Z-3
N...
```

Nach jeder Zustellung D wird ein Rückzug von 1mm mit einer Verweildauer von 1 Umdrehung durchgeführt (Voreinstellung).

verpflichtende Adressen für G82

ZA	Bohrtiefe absolut
ZI	Bohrtiefe inkremental ab Materialoberfläche (negativ)
D	Zustelltiefe
V	Sicherheitsabstand

optionale Adressen

E	Anbohrvorschub
W	Höhe der Rückzugsebene absolut

G84 Gewindebohrzyklus[1]

Bearbeitungsbeispiel (Zentrieren, Tiefbohren und Gewindebohren M8)

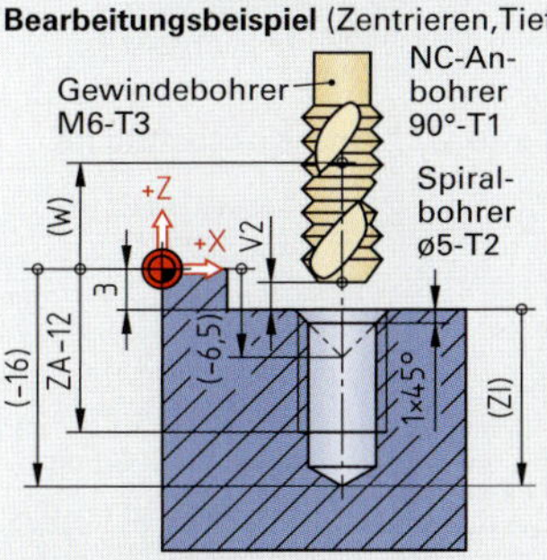


```
N... T1   S950  F140        M13
N... G81  ZA-6.5 V2
N... G79  X...  Y...   Z-3
N... T2   S1350 F95         M13
N... G82  ZA-16 D3     V2
N... G79  X...  Y...   Z-3
N... T3   S390              M8
N... G84  ZA-12 F1     V2   M3
N... G79  X...  Y...   Z-3
N...
```

Nach Erreichen der Gewindetiefe schaltet die Spindel die Drehrichtung um.

verpflichtende Adressen für G84

ZA	Gewindetiefe absolut
ZI	Gewindetiefe inkremental ab Materialoberfläche (negativ)
F	Gewindesteigung in mm/U
M	Drehrichtung des Gewindebohrers für das Eintauchen M3: Rechtsgewinde M4: Linksgewinde
V	Sicherheitsabstand

optionale Adresse

W	Höhe der Rückzugsebene absolut

F

G85 Reibzyklus[1]

Bearbeitungsbeispiel (Zentrieren, Tiefbohren und Reiben ø5H7)

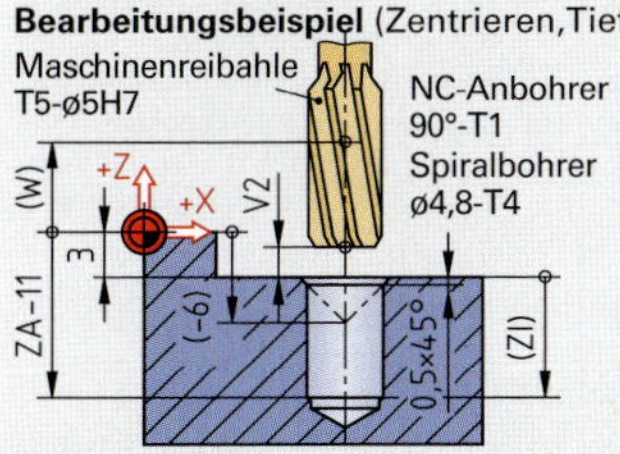


```
N... T1   S950  F140        M13
N... G81  ZA-6  V2
N... G79  X...  Y...   Z-3
N... T4   S1350 F95         M13
N... G82  ZA-10 D3     V2
N... G79  X...  Y...   Z-3
N... T5   S410  F180        M13
N... G85  ZA-11 V2
N... G79  X...  Y...   Z-3
N...
```

verpflichtende Adressen für G85

ZA	Reibtiefe absolut
ZI	Reibtiefe inkremental ab Materialoberfläche (negativ)
V	Sicherheitsabstand

optionale Adressen

E	Rückzugsvorschub in mm/min
W	Höhe der Rückzugsebene absolut

[1] Dieser Befehl kann auch für CNC-Drehmaschinen mit angetriebenem Werkzeug bei der G17- und G19-Ebene verwendet werden (Seite 357). In der G19-Ebene werden die Achsen von der XY- zur ZX-Ebene angepasst.
Der Aufrufpunkt (Setzpunkt) der Bohr- und Reibzyklen ist der Bohrungsmittelpunkt. Aufgerufen wird mit einem der Befehle G76, G77, G78 oder G79 (Seiten 364, 365).

Zyklus, CNC-Programm nach PAL (Fräsen)

Zyklus bei CNC-Fräsmaschinen

G34/G35/G37/G38/G80/G39 | **Konturtaschenzyklus (KTZ)**

Bearbeitungsbeispiel (gedrehte Ebene und Konturtasche)

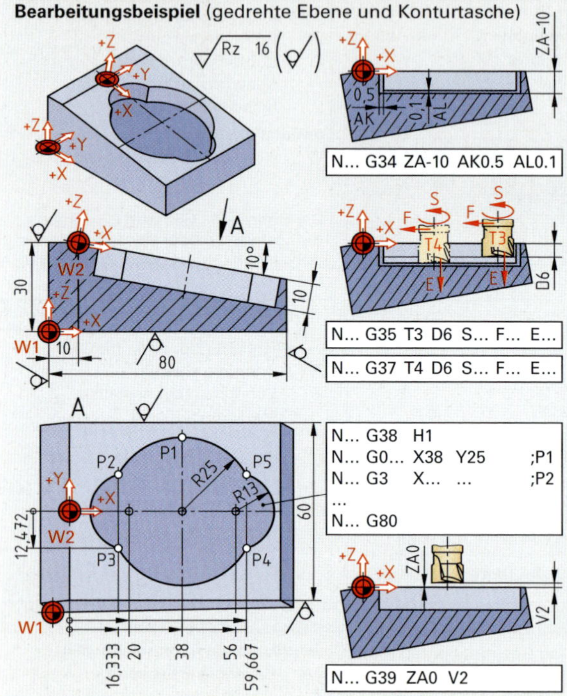

G34	Eröffnung des KTZ
Adressen für G34	
ZA	Tiefe absolut
ZI	Tiefe inkremental ab Oberfläche
AK	Aufmaß auf die Berandung
AL	Aufmaß am Taschenboden

G35	Schrupptechnologie des KTZ
Adressen für G35	
T	Werkzeugnummer
D	maximale Zustelltiefe ab Oberfläche
S	Drehzahl/Schnittgeschwindigkeit
F	Vorschubgeschwind. beim Fräsen
E	Vorschubgeschwind. beim Eintauchen

G37	Schlichttechnologie des KTZ
Adressen für G37	
T	Werkzeugnummer
H4	Schlichten (erst Rand, dann Boden)
D...E	wie bei G35

G38	Konturbeschreibung des KTZ
Adressen für G38	
H1	Tasche H2 Insel
H3	Tasche mit Insel

G80	Abschluss der Konturbeschreibung

G39	Konturtaschenzyklusaufruf
Adressen für G39	
ZA	Tiefe der Tasche absolut
ZI	Tiefe inkremental ab Oberfläche
V	Sicherheitsabstand

CNC-Programm (PAL) für die Fräsbearbeitung mit gedrehter Ebene G17 und Konturtasche

Nr.	Wegbedingung	Koordinaten X/XA/XI	Y/YA/YI	Z/ZA/ZI	Zusätzliche Befehle mit Adressen						Schaltfunktion	Erläuterungen
N1	G54											Nullpunktverschiebung W1
N2					T1	TL0.1	S150	F130			M13	Werkzeugaufruf T1 – ∅80
N3	G59	XA10	YA30	ZA30								Nullpunktverschiebung W2
N4	G17				BM10							Drehung der Ebene
N5	G0	X35.5	Y-72	Z14								Eilgang zum Werkstück
N6	G1			Z0								Schruppen der Schräge
N7			Y72									
N8					T2	S150	F80				M13	Werkzeugaufruf T2 – ∅80
N9	G0	X35.5	Y-72	Z2								Eilgang zum Werkstück
N10	G1			Z0								Schlichten der Schräge
N11			Y72									
N12					T3							Werkzeugaufruf T3 – ∅16
N13	G34			ZA-10	AK0.5	AL0.1						Eröffnung KTZ
N14	G35				T3	S2380	F760	D6	E100		M13	Schrupptechnologie KTZ
N15	G37				T4	S2380	F470	D6	E100	H4	M13	Schlichttechnologie KTZ
N16	G38				H1							Kontur KTZ: Tasche
N17	G0	X38	Y25									P1 Startpunkt Konturtasche
N18	G3	X16.333	Y12.472		R25							P2
N19	G3	X16.333	Y-12.472		I3.667	J-12.472						P3 Konturbeschreibung
N20	G3	X59.667	Y-12.472		R25							P4
N21	G3	X59.667	Y12.472		I-3.667	J12.472						P5
N22	G3	X38	Y25		R25							P1
N23	G80											Abschluss Konturbeschreib.
N24	G39			ZA0	V2							Zyklusaufruf KTZ
N25	G0			Z50								Eilgang zum WWP
N26	G17											Aufhebung der Drehebene
N27	G50											Aufhebung von G59
N28					T0						M30	Programmende

F

Hauptnutzungszeit und Richtwerte beim Abtragen

Funkenerosives Schneiden (Drahterodieren)

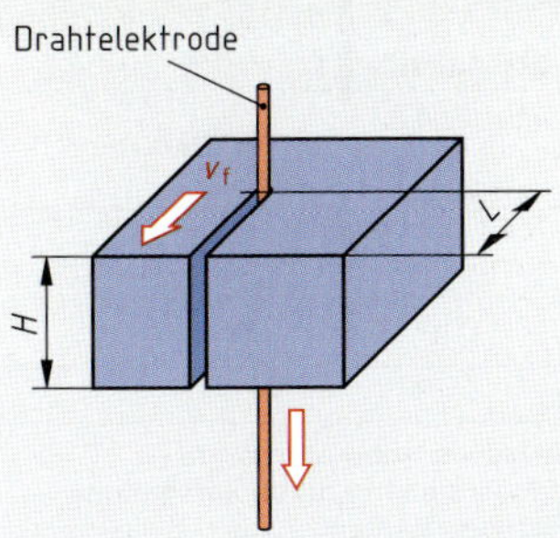

t_h Hauptnutzungszeit in min
v_f Vorschubgeschwindigkeit in mm/min
L Vorschubweg, Schnittlänge in mm
H Schnitthöhe in mm
T Formtoleranz in µm

Hauptnutzungszeit

$$t_h = \frac{L}{v_f}$$

Beispiel:

Werkstoff: Stahl, $H = 30$ mm; $L = 320$ mm; $T = 30$ µm; $v_f = ?$; $t_h = ?$

v_f **= 1,8 mm/min** (nach Tabelle)

$$t_h = \frac{L}{v_f} = \frac{320 \text{ mm}}{1{,}8 \text{ mm/min}} = \mathbf{178 \text{ min}}$$

Vorschubgeschwindigkeit v_f (Richtwerte)[1]

Schnitthöhe H in mm	Vorschubgeschwindigkeit v_f in mm/min										
	Stahlbearbeitung					Kupferbearbeitung			Hartmetallbearbeitung		
	angestrebte Formtoleranz T in µm										
	60	40	30	20	10	40	20	10	80	20	10
10	9,0	8,5	4,0	3,9	2,1	7,5	3,5	2,0	4,5	0,7	0,6
20	5,1	5,5	2,5	2,5	1,5	4,7	2,4	1,5	3,1	0,3	0,3
30	3,7	4,0	1,8	1,8	1,1	4,0	1,9	1,1	2,3	0,2	0,2
50	2,5	2,5	1,2	1,2	0,8	2,6	1,4	0,7	1,4	0,2	0,2

[1] Die angegebenen Richtwerte sind Durchschnittswerte aus dem Hauptschnitt und allen zur Erzielung der Konturtoleranz erforderlichen Nachschnitten. Bei ungünstigen Spülverhältnissen sinkt die erzielbare Vorschubgeschwindigkeit erheblich ab.

Eigenschaften und Anwendung üblicher Drahtelektroden

Drahtwerkstoff	el. Leitfähigkeit in m/(Ω · mm²)	Zugfestigkeit in N/mm²	übliche Drahtdurchmesser in mm	Anwendung
CuZn-Leg.	13,5	400…900	0,2 …0,33	universell
Molybdän	18,5	1900	0,025…0,125	Schnitte mit sehr kleiner Formtoleranz
Wolfram	18,2	2500	0,025…0,125	dünne Schneidspalte, kleine Eckenradien

Funkenerosives Senken (Senkerodieren)

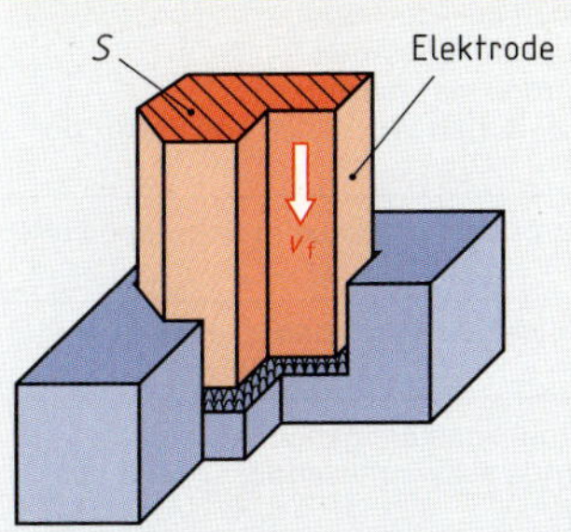

t_h Hauptnutzungszeit in min
S abtragender Querschnitt der Elektrode in mm²
V Abtragvolumen in mm³
V_W Abtragrate in mm³/min

Hauptnutzungszeit

$$t_h = \frac{V}{V_W}$$

Beispiel:

Schruppen von Stahl; Grafitelektrode, $S = 150$ mm²; $V = 3060$ mm³; $V_w = ?$; $t_h = ?$

V_W **= 31 mm³/min** (nach Tabelle)

$$t_h = \frac{V}{V_W} = \frac{3060 \text{ mm}^3}{31 \text{ mm}^3\text{/min}} = \mathbf{99 \text{ min}}$$

Abtragrate V_W (Richtwerte)[1]

Bearbeiteter Werkstoff	Elektrode	Abtragrate V_W in mm³/min										
		Schruppen abtragender Querschnitt S in mm²						Schlichten angestrebte Rautiefe Rz in µm				
		10 bis 50	50 bis 100	100 bis 200	200 bis 300	300 bis 400	400 bis 600	2 bis 3	3 bis 4	4 bis 6	6 bis 8	8 bis 10
Stahl	Grafit	7,0	18	31	62	81	105	–	–	–	2	5
	Kupfer	13,3	22	28	51	85	105	0,1	0,5	1,9	3,8	5
Hartmetall	Kupfer	6,0	15	18	28	30	33	–	0,1	0,5	2,2	5,2

[1] Die Werte schwanken infolge verfahrenstechnischer Einflüsse stark. Siehe hierzu Seite 370.

F

Verfahrenstechnische Einflüsse beim funkenerosiven Senken

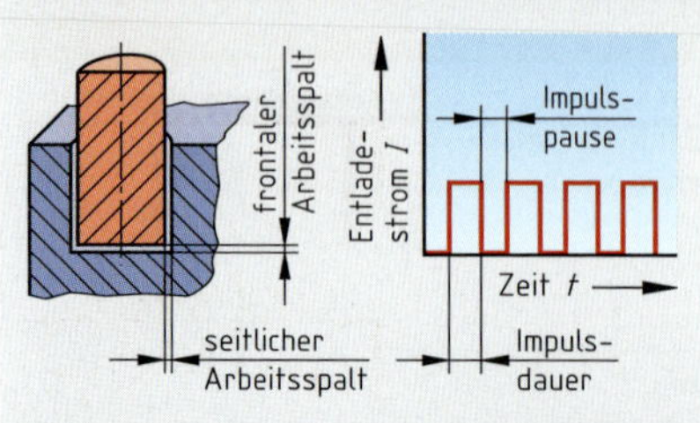

V_W Abtragrate in mm³/min
V Abtragvolumen in mm³
t Abtragzeit in min
V_E absoluter Werkzeugverschleiß in mm³
V_{rel} relativer Werkzeugverschleiß in %

Abtragrate

$$V_W = \frac{V}{t}$$

relativer Werkzeugverschleiß

$$V_{rel} = \frac{V_E}{V} \cdot 100\,\%$$

Einfluss		Erläuterungen, Eigenschaften und Verwendung
Elektrodenwerkstoff	**Elektrolytkupfer**	Universelle Anwendung; geringes Verschleißverhalten; hohe Abtragrate; für Schlicht- und Schruppbearbeitung; Elektrodenherstellung durch Zerspanung schwierig; starke Wärmeausdehnung; keine brüchigen Kanten; verzugsanfällig
	Grafit in verschiedenen Körnungen	Universelle Anwendung; sehr geringer Verschleiß; größere Stromdichten als Cu; geringes Elektrodengewicht; Elektrodenherstellung durch Zerspanung einfach; verzugsfrei; geringe Wärmeausdehnung; je feingliedriger die Elektrode desto feiner die gewählte Grafitkörnung; nicht für Hartmetallbearbeitung geeignet
	Wolfram-Kupfer	Kleine feingliedrige Elektroden; sehr geringer Verschleiß; sehr hohe Abtragraten bei relativ kleinen Entladeströmen trotz großen Stromdichten; nur in begrenzten Abmessungen herstellbar, hohes Elektrodengewicht
	Kupfer-Grafit	Spezieller Einsatz für kleine Elektrodenabmessungen und gleichzeitig hohe Elektrodenfestigkeit; Verschleiß und Abtragrate spielen bei speziellem Einsatz eine untergeordnete Rolle.
Dielektrikum	**Synthetische Öle,** die gefiltert und gekühlt werden; vom Maschinenhersteller vorgegeben	Anforderungen an Dielektrikum: • niedriger und konstanter Leitwert für stablie Funkenbildung • geringe Viskosität für Filtrierbarkeit und Eindringfähigkeit in engen Spalten • wenig Verdunstung wegen schädlicher Dämpfe • hoher Flammpunkt wegen Brandgefahr • hoher Wärmeleitwert für gute Kühlung • extrem niedrige Gesundheitsgefährdung des Bedienpersonals
Spülung	**Erneuerung des Dielektrikums** an der Wirkstelle; **Zersetzungsprodukte** aus dem Spalt entfernen	Je nach Erfordernis und Möglichkeit kommen verschiedene Spülverfahren zur Anwendung, um die Erodierleistung stabil zu halten: • Überflutung (häufigste Methode, gleichzeitig Wärmeabfuhr) • Druckspülung durch hohle Elektrode oder neben der Elektrode • Saugspülung durch hohle Elektrode oder neben der Elektrode • Intervallspülung durch Zurückziehen der Elektrode verursacht • Bewegungsspülung durch Relativbewegung zwischen Werkstück und Elektrode, ohne den Erodiervorgang zu unterbrechen.
Polarität	**positiv**	Elektrode wird positiv gepolt; für geringen Elektrodenabbrand beim Schruppen mit großer Impulsdauer und niedriger Frequenz
	negativ	Elektrode wird negativ gepolt; für Erodieren mit kleiner Impulsdauer und hoher Frequenz
Arbeitsspalt	**frontal**	Mit Vorschub (geregelt über die Entladespannung) konstant gehalten. Regelempfindlichkeit zu hoch eingestellt: Elektrode schwingt ständig ein und aus, geregelte Entladungen können nicht stattfinden. Regelempfindlichkeit zu niedrig eingestellt: Anomale Entladungen häufen sich oder Spalt bleibt zu groß für Entladungen.
	seitlich	Im Wesentlichen durch Dauer und Höhe der Entladeimpulse, durch die Materialpaarung und die Leerlaufspannung bestimmt
Entladestrom	**gering**	Abtragleistung gering, kleiner Werkzeugverschleiß bei Kupferelektroden, großer Verschleiß bei Grafitelektroden
	groß	Abtragleistung hoch, großer Werkzeugverschleiß bei Kupferelektroden, geringer Verschleiß bei Grafitelektroden
Impulsdauer	**klein**	Elektrodenverschleiß bei positiver Polarität wird größer, geringe Abtragrate
	groß	Elektrodenverschleiß bei positiver Polarität wird kleiner, Abtragrate größer

F

Schneidkraft, Einsatzbedingungen von Pressen

Schneidkraft, Schneidarbeit

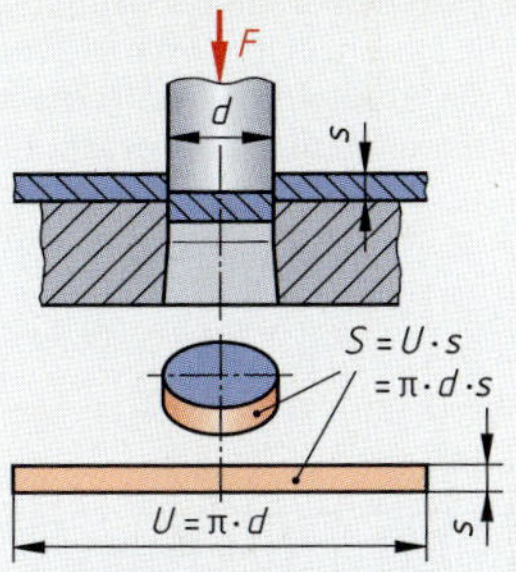

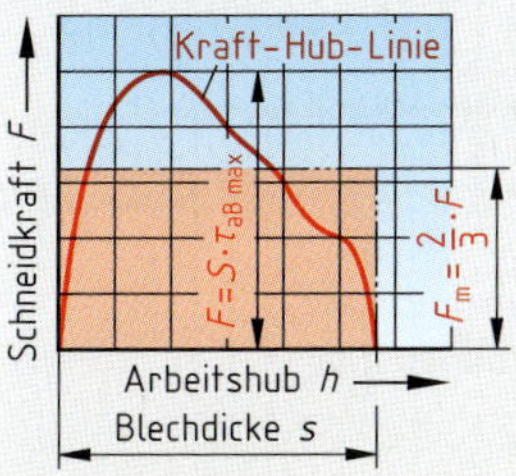

F	Schneidkraft
F_m	gemittelte Schneidkraft
S	Scherfläche
$R_{m\,max}$	maximale Zugfestigkeit
$\tau_{aB\,max}$	maximale Scherfestigkeit
W	Schneidarbeit
s	Blechdicke

Beispiel:

S = 236 mm²; s = 2,5 mm; $R_{m\,max}$ = 510 N/mm²

Gesucht: $\tau_{aB\,max}$; F; W

Lösung: $\tau_{aB\,max} = 0{,}8 \cdot R_{m\,max}$
$= 0{,}8 \cdot 510\ \text{N/mm}^2 = \mathbf{408\ N/mm^2}$

$F = S \cdot \tau_{aB\,max} = 236\ \text{mm}^2 \cdot 408\ \text{N/mm}^2$
$= 96\,288\ \text{N} = \mathbf{96{,}288\ kN}$

$W = \frac{2}{3} \cdot F \cdot s = \frac{2}{3} \cdot 96{,}288\ \text{kN} \cdot 2{,}5\ \text{mm}$
$\approx 160\ \text{kN} \cdot \text{mm} = \mathbf{160\ N \cdot m}$

Schneidkraft

$$F = S \cdot \tau_{aB\,max}$$

max. Scherfestigkeit

$$\tau_{aB\,max} \approx 0{,}8 \cdot R_{m\,max}$$

Schneidarbeit

$$W = \frac{2}{3} \cdot F \cdot s$$

Einsatzbedingungen bei Exzenter- und Kurbelpressen

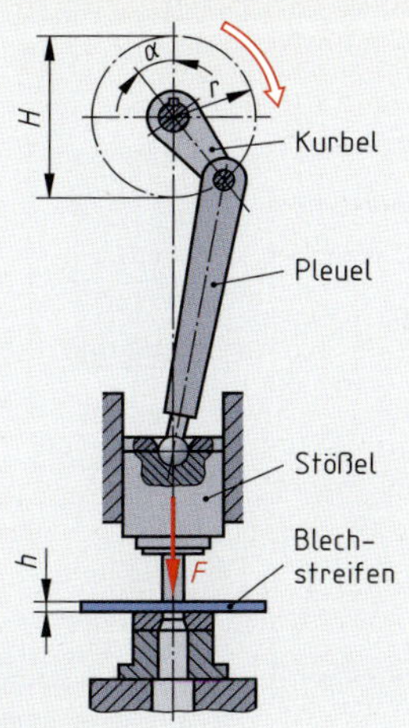

In der Regel sind die Pressenantriebe so ausgelegt, dass die Nenn-Presskraft beim Kurbelwinkel α = 30° wirken kann.

Im Dauerhub arbeiten die Maschinen ohne Unterbrechung. Im Einzelhub werden die Pressen nach jedem Hub stillgesetzt. Bei Pressen mit einstellbarem Hub ist die zulässige Presskraft kleiner als die Nenn-Presskraft.

F	Schneidkraft, Umformkraft
F_n	Nenn-Presskraft
F_{zul}	zul. Presskraft bei einstellbarem Hub
H	Hub, maximaler Hub bei einstellbarem Hub
H_e	eingestellter Hub
h	Arbeitsweg (≙ Blechdicke s)
α	Kurbelwinkel
W	Schneidarbeit, Umformarbeit
W_D	Arbeitsvermögen im Dauerhub
W_E	Arbeitsvermögen im Einzelhub

Arbeitsvermögen im Dauerhub

$$W_D = \frac{F_n \cdot H}{15}$$

Arbeitsvermögen im Einzelhub

$$W_E = 2 \cdot W_D$$

Beispiel:

Exzenterpresse mit festem Hub, F_n = 250 kN; H = 30 mm; F = 207 kN; s = 4 mm

Gesucht: W; W_D. Ist die Presse im Dauerhub einsetzbar?

Lösung: $W = \frac{2}{3} \cdot F \cdot s = \frac{2}{3} \cdot 207\ \text{kN} \cdot 4\ \text{mm} = 552\ \text{kN} \cdot \text{mm} = \mathbf{552\ N \cdot m}$

$W_D = \frac{F_n \cdot H}{15} = \frac{250\ \text{kN} \cdot 30\ \text{mm}}{15} = 500\ \text{kN} \cdot \text{mm} = \mathbf{500\ N \cdot m}$

Wenn $F < F_n$, aber $W > W_D$, dann ist die Presse für dieses Werkstück im Dauerhub nicht einsetzbar.

Einsatzbedingungen
Bei festem Hub
$F \le F_n$ $W \le W_D$ oder $W \le W_E$
Bei einstellbarem Hub
$F \le F_{zul}$ $F_{zul} = \frac{F_n \cdot H}{4 \cdot \sqrt{H_e \cdot h - h^2}}$ $W \le W_D$ oder $W \le W_E$

F

Schneidwerkzeug

Schneidvorgang: Mit dem säulengeführten Folgeschneidwerkzeug werden Deckel aus Stahlblech gefertigt. Der Schnittstreifen wird von links in das Werkzeug eingeführt. In der Arbeitsstufe A werden durch die Schneidstempel (15, 16) die 4 Löcher und der quadratische Durchbruch zusammen gelocht. Gleichzeitig wird mit dem Seitenschneider (20) das Vorschubmaß ausgeklinkt. In der Arbeitsstufe B wird die Außenform des Deckels durch den Schneidstempel (14) ausgeschnitten. Nach jedem Hub wird der Schnittstreifen um das Vorschubmaß *V* weitergeschoben.

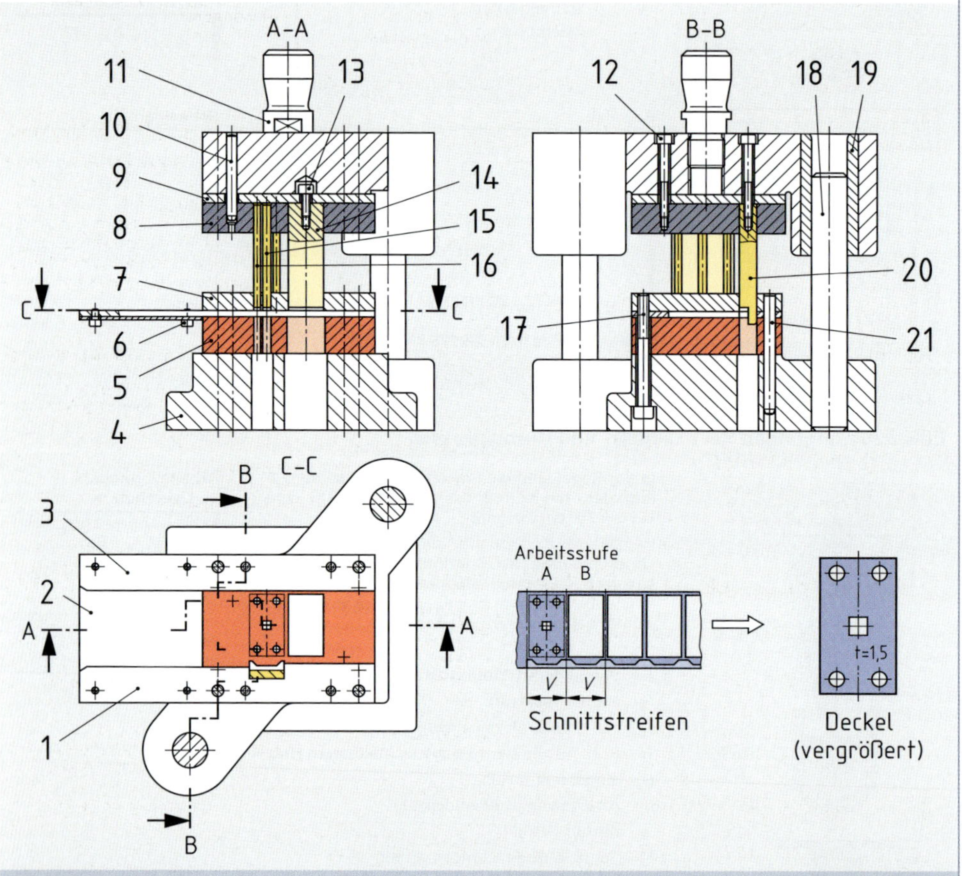

F

Stückliste

Pos.	Benennung	Norm/Werkstoff	Pos.	Benennung	Norm/Werkstoff
1	Führungsleiste, vorn	S235JR	12	Zylinderschraube	ISO 4762
2	Blechauflage	DC01	13	Zylinderschraube	ISO 4762
3	Führungsleiste, hinten	S235JR	14	Schneidstempel, gehärtet	X210CrW12
4	Säulengestell	DIN 9819	15	Schneidstempel, gehärtet	S6-5-2
5	Schneidplatte, gehärtet	X210CrW12	16	Schneidstempel, gehärtet	DIN 9861
6	Zylinderschraube	ISO 4762	17	Zylinderschraube	ISO 4762
7	Abstreifplatte	S235JR	18	Führungssäule, gehärtet	DIN 9825-2
8	Stempelplatte	S235JR	19	Führungsbuchse	DIN 9831-1
9	Druckplatte, gehärtet	90MnCrV8	20	Seitenschneider, gehärtet	X210CrW12
10	Zylinderstift, gehärtet	ISO 8734	21	Zylinderstift, gehärtet	ISO 8734
11	Einspannzapfen	DIN ISO 10242			

Normteile für Schneidwerkzeuge

Bild	Abmessungen von … bis in mm	Norm, Werkstoff	Eigenschaften, Funktion
Säulengestelle			vgl. DIN 9819 (1981-12)
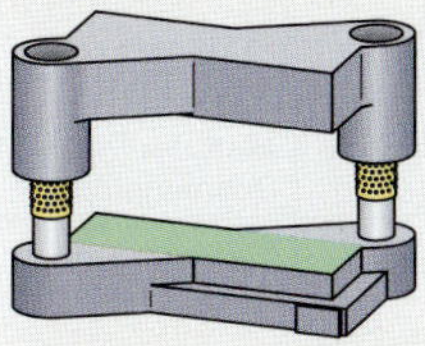	DIN 9819: Form C Arbeitsflächen: $a \times b$ = 80 x 63 … 315 x 125	DIN 9819: übereck stehende Führungssäulen DIN 9812: mittig stehende Führungssäulen **Werkstoffe:** Stahl, Gusseisen, Alu	Rechteckige oder runde Arbeitsfläche mit zwei oder vier Führungssäulen, welche wahlweise mit Gleit- oder Kugelführungen ausgeführt sein können.
Führungssäulen für Säulengestelle			vgl. DIN 9825-2 (2013-01)
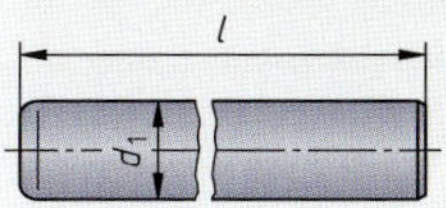	$d_1 \times l$ = 11 x 80 … 80 x 560	DIN 9825-2 **Werkstoffe:** z. B. C60E Härte 780+40 HV10 CHD ≥ 0,8 mm	Führungsdurchmesser Toleranzfeld h3, feingeschliffen. Eine Führungssäule sollte möglichst einen kleineren Durchmesser als die andere(n) Säulen haben, damit Werkzeugoberteil und -unterteil nur in der richtigen Lage zusammengefügt werden können.
Führungsbuchse für Säulengestelle			vgl. DIN 9831-1 (2013-01)
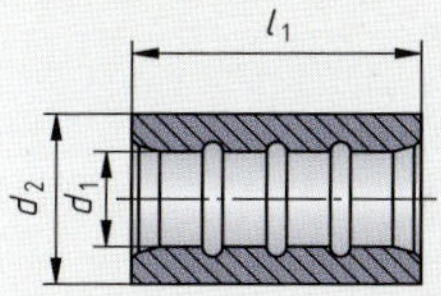	$d_1 \times d_2 \times l_1$ = 11 x 22 x 23 … 80 x 105 x 135	DIN 9831-1: mit Gleitführung DIN 9831-2: mit Wälzführung **Werkstoffe:** z. B. Stahl, Bronze, Gießharz, Sinterwerkstoffe	Führungsbuchsen werden für Führungssäulen nach DIN 9825-2 verwendet. **Vorteile:** • genaue Führung • lange Laufzeit
Runde Schneidstempel mit durchgehendem Schaft			vgl. DIN 9861-1 (1992-07)
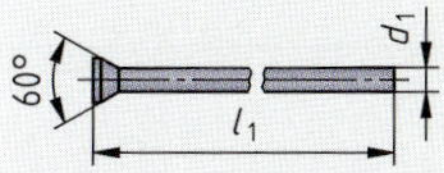	d_1 = 0,5 … 20 l_1 = 71, 80, 100	DIN 9861-1 ISO 6752 **Werkstoffe:** Werkzeugstahl, Schnellarbeitsstahl, auf Wunsch TiN-beschichtet	Verwendung meist als Lochstempel **Schafthärte** bei Werkzeugstahl: HRC 62±2 Schnellarbeitsstahl: HRC 64±2 **Kopfhärte** bei Werkzeugstahl: HRC 50±5 Schnellarbeitsstahl: HRC 50±5 Kopf und Schaft geschliffen.
Schnellwechsel-Schneidstempel			vgl. DIN ISO 10071-1 (2010-11)
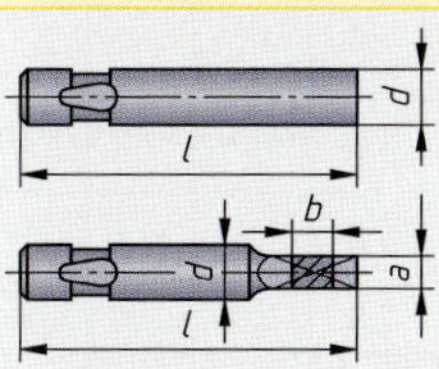	**Form A:** $d \times l$ = 6 x 63 … 32 x 100 **Form BS:** a = 1,6 … 22,5 **Form BR:** a = 1,6 … 12 b = 5,9 … 31,9	DIN ISO 10071-1 **Glatter Schaft:** Form A: zylindrisch **Verjüngte Schäfte:** Form B: zylindrisch Form BS: quadratisch Form BR: rechteckig Form BO: oval	kurze Umrüstzeiten bearbeitbare Blechdicken: bis 3 mm Im Normalien-Fachhandel gibt es zu den Schneidstempeln passende Schneidbuchsen
Einspannzapfen Form A			vgl. DIN ISO 10242-1 (2012-06)
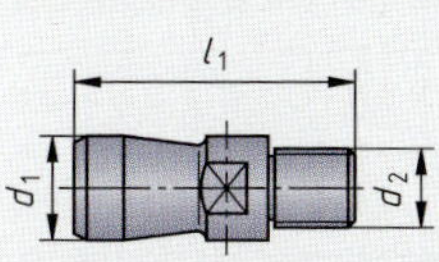	$d_1 \times d_2 \times l_1$ = 20 x M16 x 1,5 x 58 … 50 x M30 x 2 x 108	Form A: DIN ISO 10242-1 Form C: DIN ISO 10242-2 **Werkstoffe:** z. B. E295, C45 Härte mind. 140 HB	Mit dem Einspannzapfen werden die Werkzeugoberteile mittlerer und kleinerer Werkzeuge mit dem Pressenstößel verbunden. Säulengestelle werden oft auch durch Kupplungszapfen und Aufnahmefutter mit dem Pressenstößel verbunden

F

Werkzeug- und Werkstückmaße

Schneidstempel- und Schneidplattenmaße

vgl. VDI 3368 (1982-05) zurückgezogen

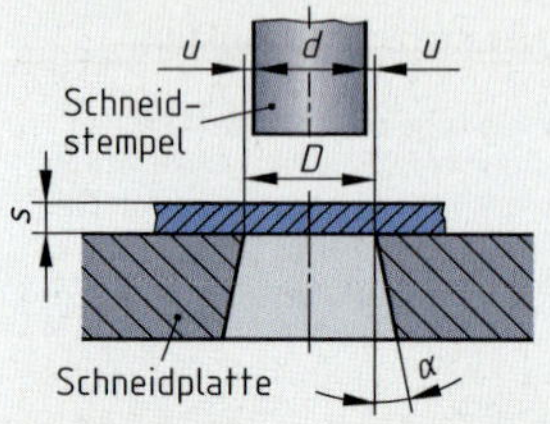

- *d* Schneidstempelmaß
- *D* Schneidplattenmaß
- *u* Schneidspalt
- *s* Blechdicke
- *α* Freiwinkel

Verfahren	Lochen	Ausschneiden
Form des Werkstücks	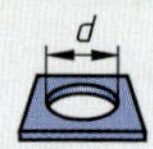	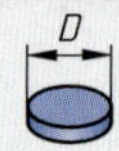
Für das Sollmaß ist maßgebend:	Maß des Schneidstempels *d*	Maß der Schneidplatte *D*
Maß des Gegenwerkzeugs	Schneidplatte $D = d + 2 \cdot u$	Schneidstempel $d = D - 2 \cdot u$

Schneidspalt *u* in Abhängigkeit vom Werkstoff und der Blechdicke

Blechdicke *s* mm	Schneidplattendurchbruch mit Freiwinkel *α* – Scherfestigkeit τ_{aB} in N/mm² – Schneidspalt *u* in mm				Schneidplattendurchbruch ohne Freiwinkel *α* – Scherfestigkeit τ_{aB} in N/mm² – Schneidspalt *u* in mm			
	bis 250	251...400	401...600	über 600	bis 250	251...400	401...600	über 600
0,4...0,6	0,01	0,015	0,02	0,025	0,015	0,02	0,025	0,03
0,7...0,8	0,015	0,02	0,03	0,04	0,025	0,03	0,04	0,05
0,9...1	0,02	0,03	0,04	0,05	0,03	0,04	0,05	0,05
1,5...2	0,03	0,05	0,06	0,08	0,05	0,07	0,09	0,11
2,5...3	0,04	0,07	0,10	0,12	0,08	0,11	0,14	0,17
3,5...4	0,06	0,09	0,12	0,16	0,11	0,15	0,19	0,23

Stegbreite, Randbreite, Seitenschneiderabfall für metallische Werkstoffe

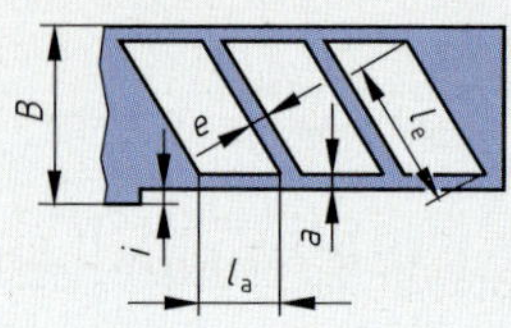

eckige Werkstücke

- *a* Randbreite
- *e* Stegbreite
- l_a Randlänge
- l_e Steglänge
- *B* Streifenbreite
- *i* Seitenschneiderabfall

Eckige Werkstücke:

Bei der Ermittlung von Steg- und Randbreite wird das jeweils größere Maß der Steg- oder Randlänge benützt.

Runde Werkstücke:

Für die Steg- und Randbreite gelten für alle Durchmesser die Werte, die für $l_e = l_a = 10$ mm bei den eckigen Werkstücken angegeben sind.

Streifenbreite *B* mm	Steglänge l_e Randlänge l_a mm	Stegbreite *e* Randbreite *a*	Blechdicke *s* in mm 0,1	0,3	0,5	0,75	1,0	1,25	1,5	1,75	2,0	2,5	3,0
bis 100 mm	bis 10	*e* *a*	0,8 1,0	0,8 0,9	0,8 0,9	0,9	1,0	1,2	1,3	1,5	1,6	1,9	2,1
	11... 50	*e* *a*	1,6 1,9	1,2 1,5	0,9 1,0	1,0	1,1	1,4	1,4	1,6	1,7	2,0	2,3
	51...100	*e* *a*	1,8 2,2	1,4 1,7	1,0 1,2	1,2	1,3	1,6	1,6	1,8	1,9	2,2	2,5
	über 100	*e* *a*	2,0 2,4	1,6 1,9	1,2 1,5	1,4	1,5	1,8	1,8	2,0	2,1	2,4	2,7
	Seitenschneiderabfall *i*		1,5					1,8	2,2	2,5	3,0	3,5	4,5
über 100 mm bis 200 mm	bis 10	*e* *a*	0,9 1,2	1,0 1,1	1,0 1,1	1,0	1,1	1,3	1,4	1,6	1,7	2,0	2,3
	11... 50	*e* *a*	1,8 2,2	1,4 1,7	1,0 1,2	1,2	1,3	1,6	1,6	1,8	1,9	2,2	2,5
	51...100	*e* *a*	2,0 2,4	1,6 1,9	1,2 1,5	1,4	1,5	1,8	1,8	2,0	2,1	2,4	2,7
	101...200	*e* *a*	2,2 2,7	1,8 2,2	1,4 1,7	1,6	1,7	2,0	2,0	2,2	2,3	2,6	2,9
	Seitenschneiderabfall *i*		1,5				1,8	2,0	2,5	3,0	3,5	4,0	5,0

F

Lage des Einspannzapfens, Streifenausnutzung

Lage des Einspannzapfens bei Stempelformen mit bekanntem Schwerpunkt

Stempelanordnung

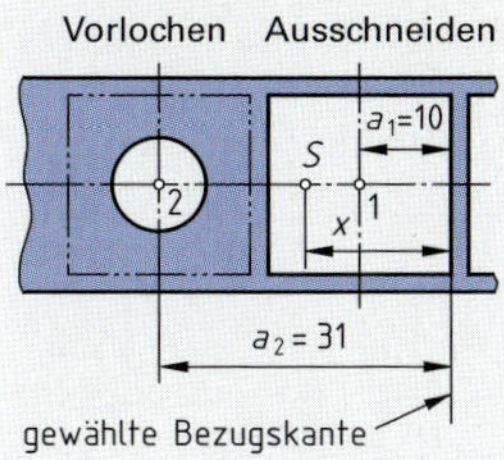

Werkstück

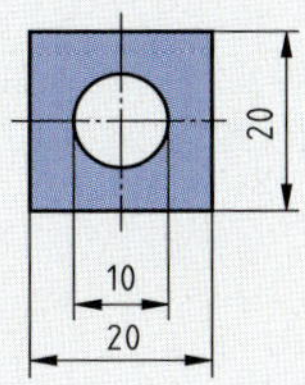

U_1, U_2, U_3 ... Umfänge der einzelnen Stempel

a_1, a_2, a_3 ... Abstände der Stempelschwerpunkte von der gewählten Bezugskante

x Abstand des Kräftemittelpunktes S von der gewählten Bezugskante

Abstand des Kräftemittelpunktes

$$x = \frac{U_1 \cdot a_1 + U_2 \cdot a_2 + U_3 \cdot a_3 + \ldots}{U_1 + U_2 + U_3 + \ldots}$$

Beispiel:

Gesucht ist der Abstand x des Kräftemittelpunktes S im Bild links.

Lösung:

Als Bezugskante wird die äußere Fläche des Ausschneidstempels gewählt.

Ausschneidstempel: $U_1 = 4 \cdot 20\ \text{mm} = 80\ \text{mm}$; $a_1 = 10\ \text{mm}$

Lochstempel: $U_2 = \pi \cdot 10\ \text{mm} = 31{,}4\ \text{mm}$; $a_2 = 31\ \text{mm}$

$$x = \frac{U_1 \cdot a_1 + U_2 \cdot a_2}{U_1 + U_2}$$

$$x = \frac{80\ \text{mm} \cdot 10\ \text{mm} + 31{,}4\ \text{mm} \cdot 31\ \text{mm}}{80\ \text{mm} + 31{,}4\ \text{mm}} \approx \mathbf{16\ mm}$$

Lage des Einspannzapfens bei Stempelformen mit unbekanntem Schwerpunkt

Der Kräftemittelpunkt entspricht dem Linienschwerpunkt[1)] aller Schneidkanten.

Stempelanordnung

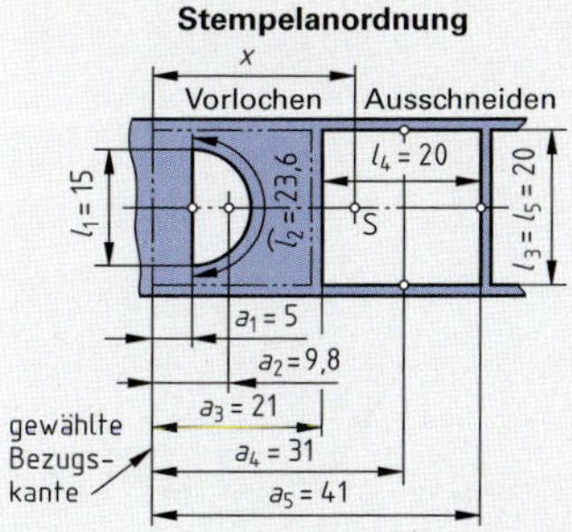

Werkstück

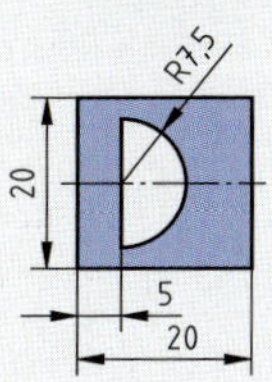

$l_1, l_2, l_3 \ldots l_n$ Schneidkantenlängen

$a_1, a_2, a_3 \ldots a_n$ Abstände der Linienschwerpunkte von den gewählten Bezugskanten

x Abstand des Kräftemittelpunktes von der gewählten Bezugskante

n Nummer der Schneidkante

1) Linienschwerpunkte: Seite 28

Abstand des Kräftemittelpunktes

$$x = \frac{l_1 \cdot a_1 + l_2 \cdot a_2 + l_3 \cdot a_3 + \ldots}{l_1 + l_2 + l_3 + \ldots}$$

$$x = \frac{\Sigma l_n \cdot a_n}{\Sigma l_n}$$

Beispiel:

Für das Werkstück (Bild links) ist die Lage des Einspannzapfens am Schneidwerkzeug zu berechnen.

Lösung:

n	l_n in mm	a_n in mm	$l_n \cdot a_n$ in mm²
1	15	5	75
2	23,6	9,8	231,28
3	20	21	420
4	2 · 20	31	1240
5	20	41	820
Σ	118,6	–	2786,28

$$x = \frac{\Sigma l_n \cdot a_n}{\Sigma l_n} = \frac{2786{,}28\ \text{mm}^2}{118{,}6\ \text{mm}} = \mathbf{23{,}5\ mm}$$

F

Streifenausnutzung bei einreihigem Ausschneiden

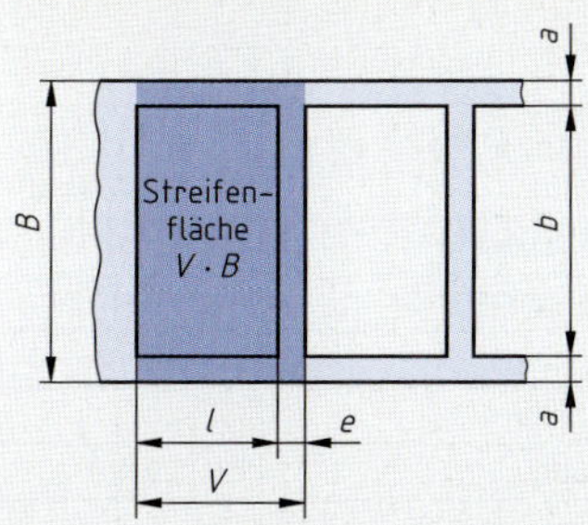

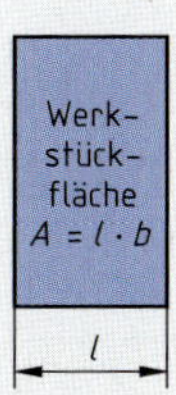

l Werkstücklänge

b Werkstückbreite

B Streifenbreite

a Randbreite

e Stegbreite

V Streifenvorschub

A Fläche eines Werkstücks (einschl. Lochungen)

R Anzahl der Reihen

η Ausnutzungsgrad

Streifenbreite

$$B = b + 2 \cdot a$$

Streifenvorschub

$$V = l + e$$

Ausnutzungsgrad

$$\eta = \frac{R \cdot A}{V \cdot B}$$

Biegewerkzeug

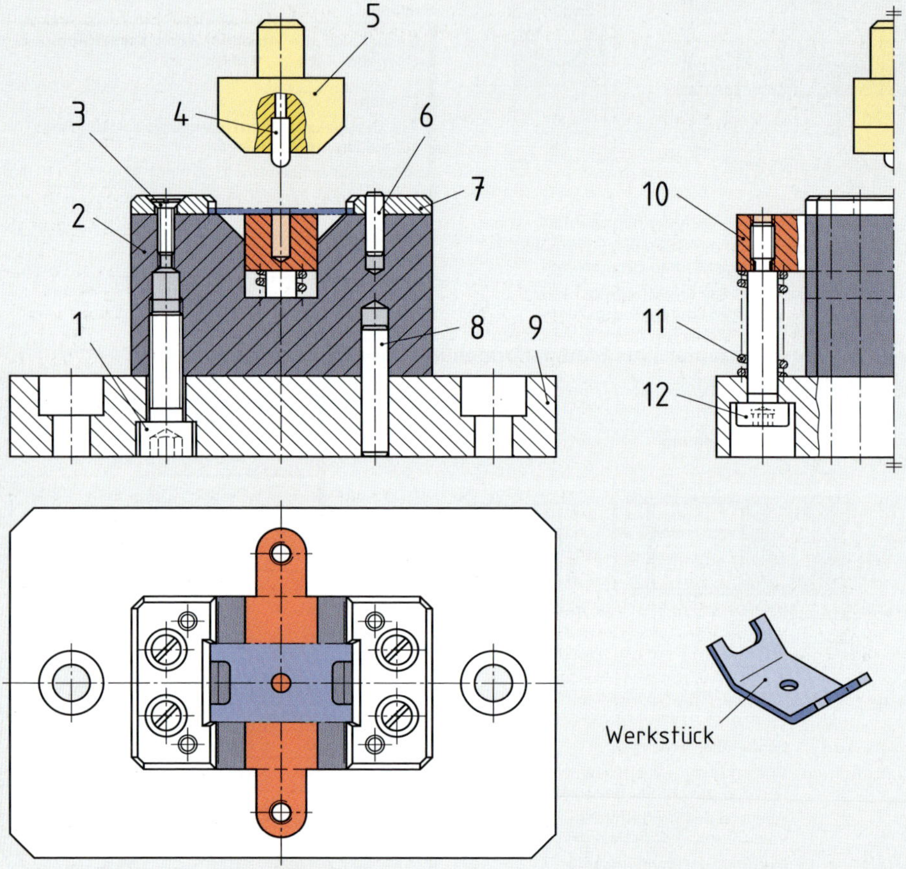

F

Stückliste

Pos.	Benennung	Norm/Werkstoff	Pos.	Benennung	Norm/Werkstoff
1	Zylinderschraube	ISO 4762	7	Aufnahmeplatte	C60
2	Matrize	90MnCrV8	8	Zylinderstift (6 x 18)	ISO 2338
3	Senkschraube	ISO 10642	9	Grundplatte	S235JR
4	Aufnahmestift	C45	10	Gegenhalter	C45
5	Biegestempel	C45	11	Druckfeder	DIN 2098
6	Zylinderstift (4 x 8)	ISO 2338	12	Passschraube	C60

Biegeverfahren

Bild	Funktion	Anwendung
Freies Biegen		
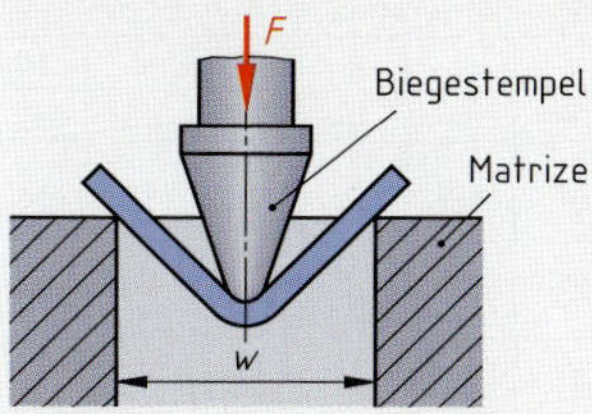	Das Blech liegt an zwei Punkten der Matrize auf. Es wird durch den Stempel nach unten gedrückt. Dabei ergibt sich eine Rundung, die im Wesentlichen von der Öffnungsweite der Matrize (Maß *W*) abhängt.	Unterschiedliche Winkel können ohne Werkzeugwechsel gebogen werden. Dieses Verfahren wird auch zum Richten von Werkstücken angewandt.
Gesenkbiegen		
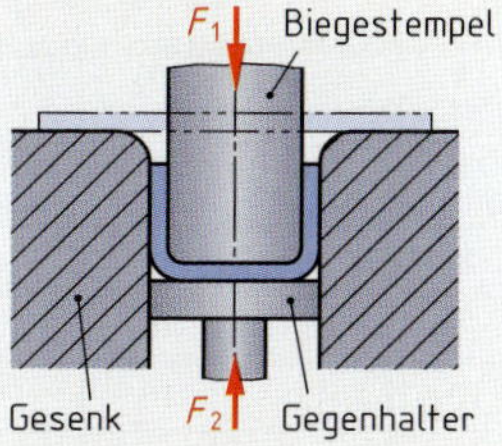	Der Stempel drückt das Blech nach unten, bis es am Gesenk fest anliegt. Dabei erfährt es eine Prägung. Man unterscheidet nach der Form des Gesenks: • V-Gesenkbiegen und • U-Gesenkbiegen Beim U-Gesenkbiegen wird häufig ein Gegenhalter eingesetzt. Die Kraft F_2 verhindert während des gesamten Biegeprozesses, dass sich der Boden aufwölbt.	Dieses Verfahren ist genauer als das freie Biegen. Genauere Innenmaße erhält man durch bewegliche Backen, die durch Keile nach innen gedrückt werden. Entsprechend drücken Keile von außen an das Biegeteil, wenn die Außenmaße eine höhere Genauigkeit erfordern.
Schwenkbiegen		
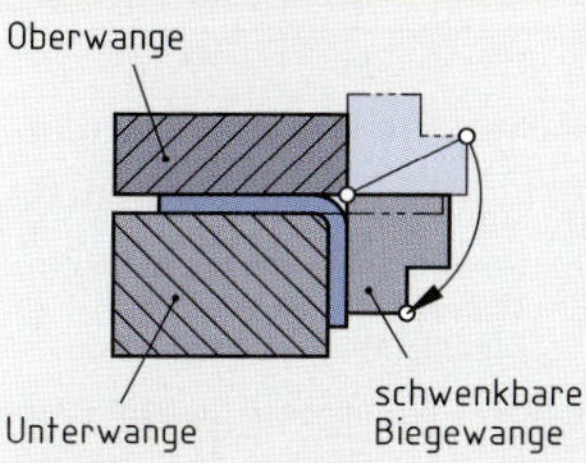	Das zu biegende Blech wird zwischen der Ober- und der Unterwange festgespannt. Die schwenkbare Biegewange dreht sich mit dem Blech um die Biegekante bis auf den geforderten Biegewinkel. Die Biegewange kann von Hand oder durch Motorantrieb bewegt werden. Vielfach werden für die Herstellung komplizierter Biegeteile CNC-Steuerungen eingesetzt.	• Biegung kurzer Schenkel möglich • Biegung empfindlicher Oberflächen ist ohne Kratzer möglich (z. B. Cu- und Al-Legierungen sowie rostfreies Stahlblech, beschichtete Oberflächen)
Rollbiegen		
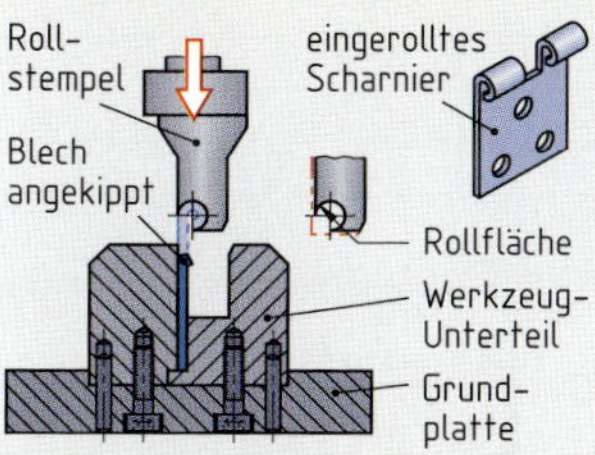	Bei der Abwärtsbewegung des Rollstempels wird die Rolle in der zylindrischen Aussparung gebogen. Damit sich die Werkstücke leichter einrollen, ist es vorteilhaft, sie vorher anzukippen. In Folgeverbundwerkzeugen werden die Werkstücke in der 1. Stufe angekippt und in der 2. Stufe gerollt.	Einfaches Verfahren zur Herstellung von: • Wülsten • Scharnieren • Gelenkbändern
Walzbiegen (Walzrunden)		
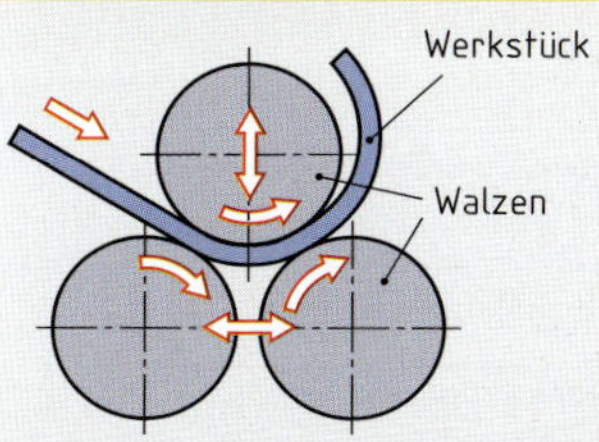	Ein Blech wird zwischen drei Walzen bewegt. Durch Verstellen der Walzen können verschiedene Biegeradien erzeugt werden.	Biegen von Blechen für Kessel und Behälter. Ein vergleichbares Verfahren ist das **Walzrichten.** Hierbei werden meist durch mehrere Walzentrios Bleche, Stäbe, Drähte oder Rohre gerichtet.

F

Biegeradien, Zuschnittsermittlung

Kleinster zulässiger Biegeradius für Biegeteile aus NE-Metallen

vgl. DIN 5520 (2002-07)

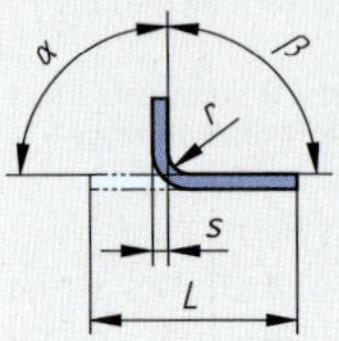

Werkstoff	Werkstoffzustand	Dicke s in mm: 0,8	1	1,5	2	3	4	5	6
		Mindest-Biegeradius r[1] in mm							
AlMg3-01	weich geglüht	0,6	1	2	3	4	6	8	10
AlMg3-H14	kalt verfestigt	1,6	2,5	4	6	10	14	18	–
AlMg3-H111	kalt verfestigt und geglüht	1	1,5	3	4,5	6	8	10	–
AlMg4,5Mn-H112	weich geglüht gerichtet	1	1,5	2,5	4	6	8	10	14
AlMgSi1-T6	lösungsgeglüht und warm ausgelagert	4	5	8	12	16	23	28	36
CuZn37-R600	hart	2,5	4	5	8	10	12	18	24

[1] für Biegewinkel $\alpha = 90°$, unabhängig von der Walzrichtung

Kleinster zulässiger Biegeradius für das Kaltbiegen von Stahl

vgl. DIN 6935-1 (2011-10)

Stahlsorten	Biegen zur Walzrichtung	Kleinster zulässiger Biegehalbmesser[1] r für Dicken s: bis 1	über 1 bis 1,5	über 1,5 bis 2,5	über 2,5 bis 3	über 3 bis 4	über 4 bis 5	über 5 bis 6	über 6 bis 7	über 7 bis 8	über 8 bis 10
S235JR S235J0 S235J2	quer	1	1,6	2,5	3	5	6	8	10	12	16
	längs	1	1,6	2,5	3	6	8	10	12	16	20
S275JR S275J0 S275J2	quer	1,2	2	3	4	5	8	10	12	16	20
	längs	1,2	2	3	4	6	10	12	16	20	25
S355JR S355J0 S355J2	quer	1,6	2,5	4	5	6	8	10	12	16	20
	längs	1,6	2,5	4	5	8	10	12	16	20	25

[1] Werte gelten für Biegewinkel $\alpha \leq 120°$. Für Biegewinkel $\alpha > 120°$ ist der nächste höhere Tabellenwert einzusetzen.

Biegeradien für Rohre

vgl. DIN 25570 (2004-02)

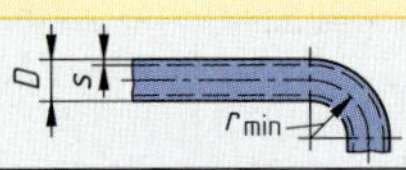

D Rohraußendurchmesser in mm
s Wanddicke in mm
r_{min} Mindest-Biegeradius in mm

Stahlrohre E235, X5CrNi18-10[1]				Aluminiumrohre AlMgSi[2]		Kupferrohre Cu-DHP-R250[2]	
$D \times s$	r_{min}	$D \times s$	r_{min}	$D \times s$	r_{min}	$D \times s$	r_{min}
6 x 1	20	22 x 1,5	50	16 x 1,5	80	6 x 1	25
8 x 1		25 x 1,5	55	20 x 1,5	100	8 x 1	35
10 x 1		30 x 1,5	80	25 x 1,5	110	10 x 1,5	40
12 x 1,5	25	40 x 2,5	100	30 x 1,5	125	12 x 1,5	
16 x 2	35	45 x 2,5	125	40 x 3	180	16 x 1,5	60

[1] Für pneumatische und hydraulische Leitungen; [2] vorwiegend für Sanitärbereich

F

Zuschnittsermittlung für 90°-Biegeteile

vgl. DIN 6935-2 (2011-10)

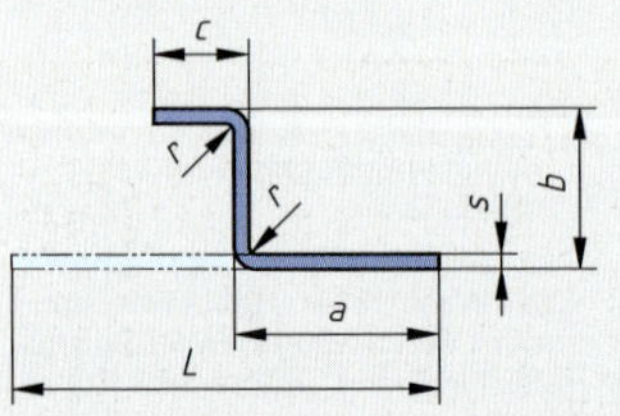

L gestreckte Länge[1]
a, b, c Längen der Schenkel
s Dicke
r Biegeradius
n Anzahl der Biegestellen
v Ausgleichswert (Tabelle Seite 379)

Gestreckte Länge[2]

$$L = a + b + c + ... - n \cdot v$$

Beispiel (vgl. Bild):

a = 25 mm; b = 20 mm; c = 15 mm; n = 2; s = 2 mm;
r = 4 mm; Werkstoff S235JR; v = ?; L = ?
v = 4,5 mm
$L = a + b + c - n \cdot v$ = (25 + 20 + 15 – 2 · 4,5) mm = **51 mm**

[1] Bei einem Verhältnis $r/s > 5$ kann auch mit der Formel für gestreckte Längen (Seite 21) gerechnet werden.
[2] Die berechneten gestreckten Längen sind auf volle mm aufzurunden.

Ausgleichswerte, Zuschnittsermittlung, Rückfederung

Ausgleichswerte v für Biegewinkel $\alpha = 90°$

vgl. Beiblatt 2 zu DIN 6935 (2011-10) zurückgezogen

Biege-radius r in mm	Ausgleichswert v je Biegestelle in mm für Blechdicke s in mm														
	0,4	0,6	0,8	1	1,5	2	2,5	3	3,5	4	4,5	5	6	8	10
1	1,0	1,3	1,6	1,9	–	–	–	–	–	–	–	–	–	–	–
1,6	1,2	1,5	1,8	2,1	2,9	–	–	–	–	–	–	–	–	–	–
2,5	1,5	1,8	2,1	2,4	3,2	4,0	4,8	–	–	–	–	–	–	–	–
4	–	2,4	2,7	3,0	3,7	4,5	5,2	6,0	6,9	–	–	–	–	–	–
6	–	–	3,5	3,8	4,5	5,2	5,9	6,7	7,5	8,3	9,1	9,9	–	–	–
10	–	–	–	5,5	6,1	6,7	7,4	8,1	8,9	9,6	10,4	11,2	12,7	–	–
16	–	–	–	8,1	8,7	9,3	9,9	10,5	11,2	11,9	12,6	13,3	14,8	17,8	21,0
20	–	–	–	9,8	10,4	11,0	11,6	12,2	12,8	13,4	14,1	14,9	16,3	19,3	22,3
25	–	–	–	11,9	12,6	13,2	13,8	14,4	15,0	15,6	16,2	16,8	18,2	21,1	24,1

Zuschnittsermittlung für Teile mit beliebigem Biegewinkel

vgl. DIN 6935 (2011-10)

$\beta \leq 90°$

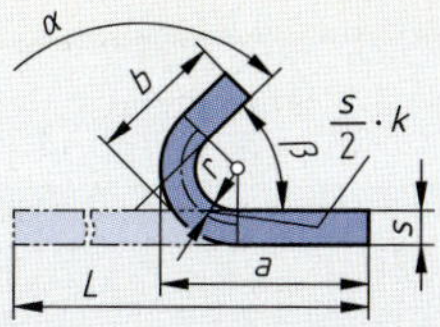

$\beta > 90°$ bis 165°

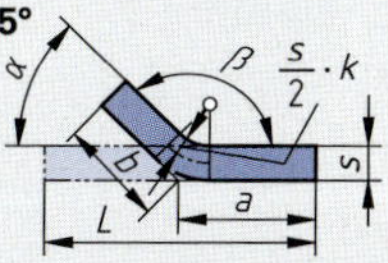

Korrektur-faktor

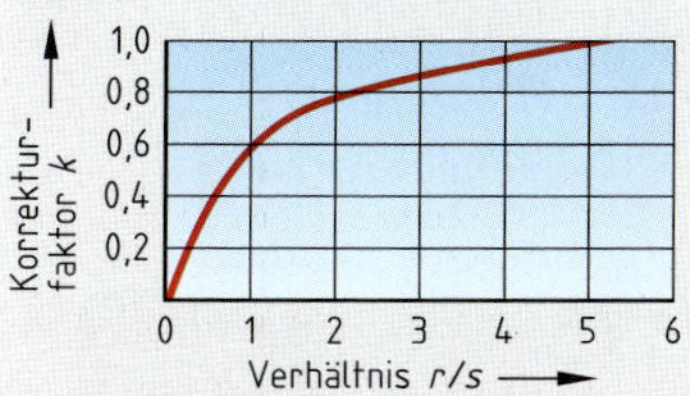

- L gestreckte Länge
- a, b Länge der Schenkel
- v Ausgleichswert
- k Korrekturfaktor
- s Blechdicke
- r Biegeradius
- β Öffnungswinkel

Gestreckte Länge[1)]

$$L = a + b - v$$

Ausgleichswert für $\beta = 0°$ bis 90°

$$v = 2 \cdot (r + s) - \pi \cdot \left(\frac{180° - \beta}{180°}\right) \cdot \left(r + \frac{s}{2} \cdot k\right)$$

Ausgleichswert für β über 90° bis 165°

$$v = 2 \cdot (r + s) \cdot \tan \frac{180° - \beta}{2} - \pi \cdot \left(\frac{180° - \beta}{180°}\right) \cdot \left(r + \frac{s}{2} \cdot k\right)$$

Ausgleichswert für β über 165° bis 180° $v \approx 0$ (vernachlässigbar klein)

Korrekturfaktor[2)]

$$k = 0{,}65 + 0{,}5 \cdot l_g \frac{r}{s}$$

1) Bei $r/s > 5$ kann mit hinreichender Genauigkeit auch mit der Bogenlänge (Seite 20) gerechnet werden.

2) $l_g = \log_{10}$ = dekadischer (Zehner-)Logarithmus

Rückfederung beim Biegen

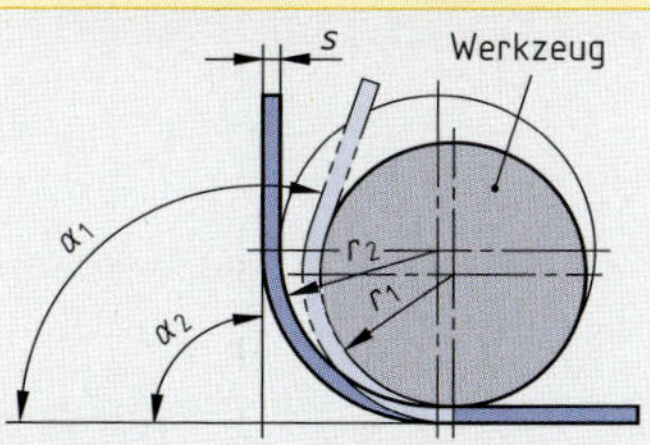

- α_1 Biegewinkel vor Rückfederung (am Werkzeug)
- α_2 Biegewinkel nach Rückfederung (am Werkstück)
- r_1 Radius am Werkzeug
- r_2 Biegeradius am Werkstück
- k_R Rückfederungsfaktor
- s Blechdicke

Radius am Werkzeug

$$r_1 = k_R \cdot (r_2 + 0{,}5 \cdot s) - 0{,}5 \cdot s$$

Biegewinkel vor Rückfederung

$$\alpha_1 = \frac{\alpha_2}{k_R}$$

Werkstoff der Biegeteile	Rückfederungsfaktor k_R für das Verhältnis r_2/s										
	1	1,6	2,5	4	6,3	10	16	25	40	63	100
DC04	0,99	0,99	0,99	0,98	0,97	0,97	0,96	0,94	0,91	0,87	0,83
DC01	0,99	0,99	0,99	0,97	0,96	0,96	0,93	0,90	0,85	0,77	0,66
X12CrNi18-8	0,99	0,98	0,97	0,95	0,93	0,89	0,84	0,76	0,63	–	–
E-Cu-R200	0,98	0,97	0,97	0,96	0,95	0,93	0,90	0,85	0,79	0,72	0,6
CuZn33-R290	0,97	0,97	0,96	0,95	0,94	0,93	0,89	0,86	0,83	0,77	0,73
CuNi18Zn20-R400	–	–	–	0,97	0,96	0,95	0,92	0,87	0,82	0,72	–
Al99,0	0,99	0,99	0,99	0,99	0,98	0,98	0,97	0,97	0,96	0,95	0,93
AlCuMg1	0,92	0,90	0,87	0,84	0,77	0,67	0,54	–	–	–	–
AlSiMgMn	0,98	0,98	0,97	0,96	0,95	0,93	0,90	0,86	0,82	0,76	0,72

F

Tiefziehwerkzeug

Tiefziehvorgang

Das zugeschnittene, ebene Blechteil (Zuschnitt, Ronde) wird in die Aufnahme (14) gelegt. Die Ziehmatrize (13) drückt den Zuschnitt auf den Niederhalter (6) und hält ihn am äußeren Rand fest. Die Ziehmatrize bewegt sich dann weiter gegen die Federkraft nach unten und zieht den Werkstoff über die abgerundete Ziehkante des Ziehstempels. Ein Hohlteil entsteht. Der Ziehspalt zwischen dem Stempel und der Ziehmatrize muss größer als die Blechdicke sein. Ein zu enger Ziehspalt führt zum Reißen des Werkstoffes, während sich bei einem zu großen Ziehspalt am Ziehteil Falten bilden.

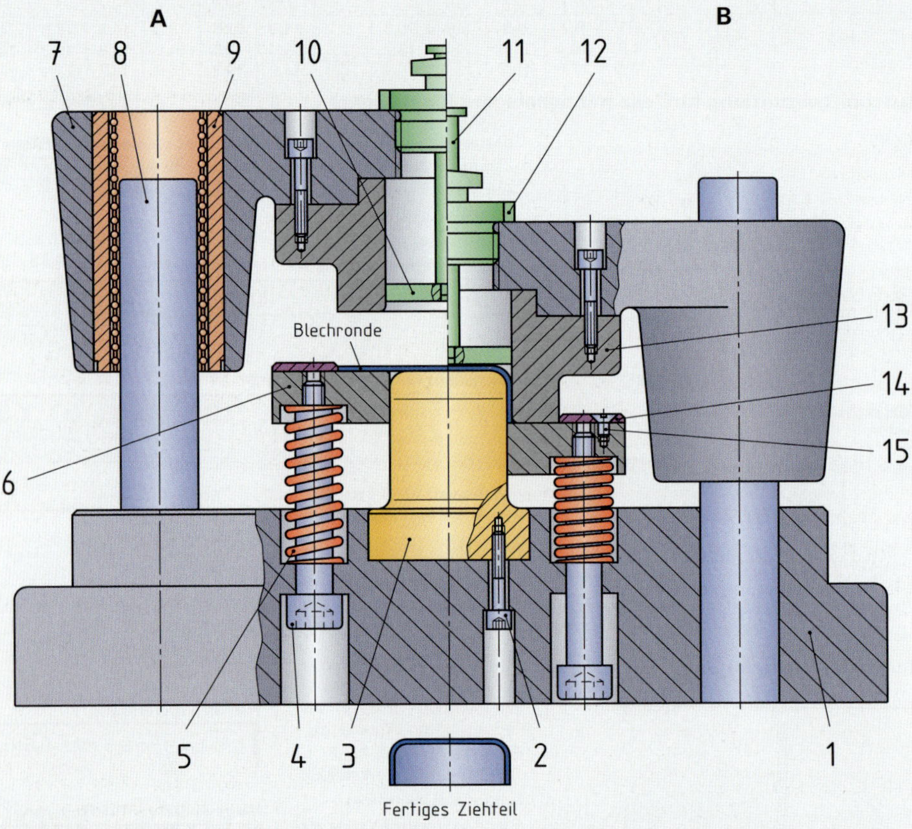

A Ausgangslage (vor dem Tiefziehvorgang) **B** Endlage (nach dem Tiefziehvorgang)

F

Stückliste

Pos.	Benennung	Norm/Werkstoff	Pos.	Benennung	Norm/Werkstoff
1	Grundplatte	GJL – 250	9	Wälzführungsbuchse	CuSn8
2	Zylinderschraube	ISO 4762	10	Ausstoßer	S235JR
3	Ziehstempel	90Cr3	11	Ausstoßerstift	C60
4	Ansatzschraube	ISO 4762	12	Kupplungszapfen	E335
5	Druckfeder	Federstahl	13	Ziehmatrize	90Cr3
6	Niederhalter	90Cr3	14	Aufnahme	S235JR
7	Kopfplatte	GJL – 250	15	Senkschraube	ISO 2009
8	Führungssäule	16MnCr5			

Tiefziehverfahren

Bild	Funktion	Eigenschaften, Anwendung
Mechanisches Tiefziehen (Erstzug und Weiterzug)		
Erstzug 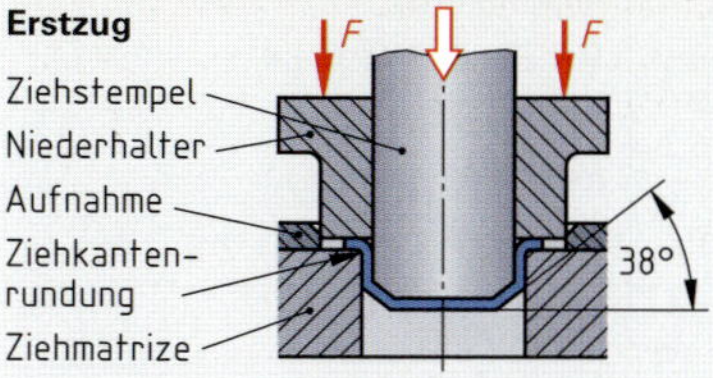 **Weiterzug** 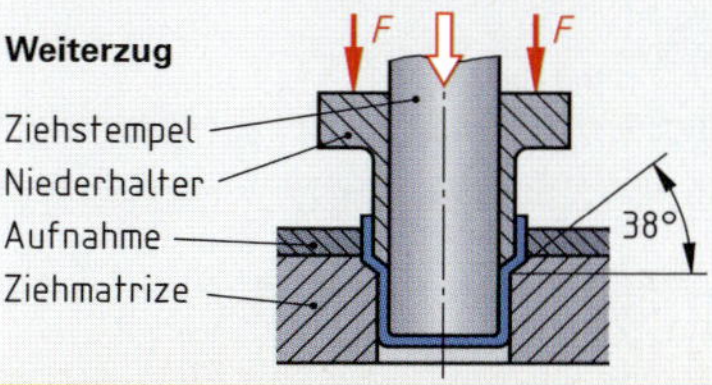 	**Tiefziehvorgang:** • Ronde in Aufnahme legen • Niederhalter drückt Ronde auf Ziehmatrize und hält sie fest • Ziehstempel zieht Ronde unter dem Niederhalter weg in den Ziehspalt hinein und formt einen Napf • bei zu großem Ziehverhältnis D/d_1 sind weitere Ziehstufen erforderlich (Seite 383 Erst- und Weiterzug) • Einlegen des vorgeformten Napfs in das Werkzeug für den Weiterzug • der so entstehende Napf hat einen kleineren Durchmesser und eine größere Höhe	Tiefziehfähige Werkstoffe müssen große Umformungen zulassen ohne zu reißen. Beispiele: • DC01, DC03 • X15CrNiSi25-20 • CuZn37 • Cu95,5 • Al99,8 • AlMg1 Anwendung für Wannen, Töpfe, Dosen, Autoteile Wanddicke wird durch das Tiefziehen nicht verändert
Tiefziehen mit Elastikkissen		
Ausgangsform des Ziehteils 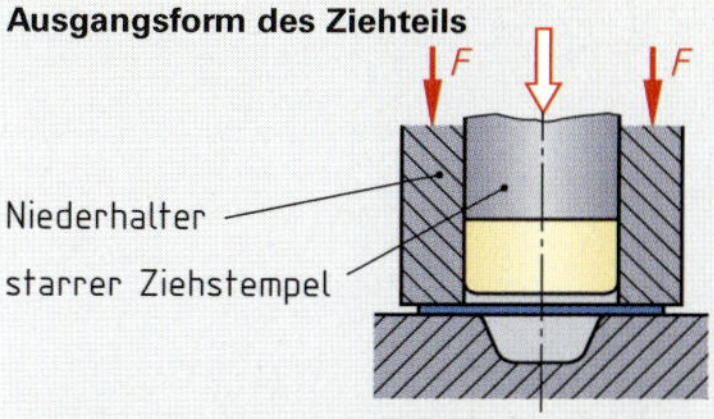 **Endform des Ziehteils** 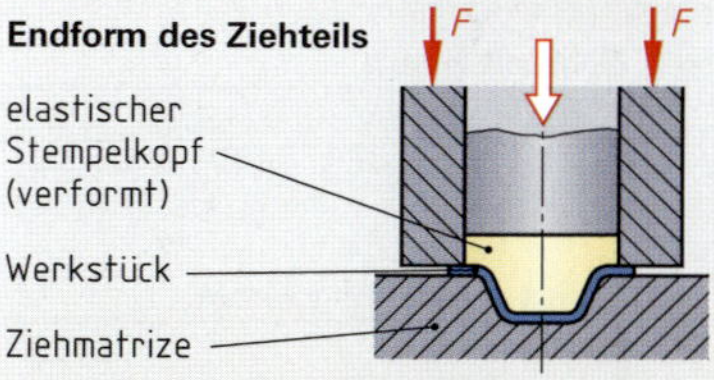 	• starre Ziehmatrize entspricht der geforderten Werkstückform • der Kopf des Ziehstempels besteht aus einem elastischen Gummi- oder Elastomerkissen • bei der Abwärtsbewegung des Ziehstempels wird das elastische Kissen verformt und das Blech wird in die Vertiefungen der Ziehmatrize gedrückt	• einfaches, billiges Werkzeug • geringer Stempelverschleiß • keine Kratzer auf Werkstückoberfläche • günstiges Ziehverhältnis • für kleine Stückzahlen • für Zierteile
Hydromechanisches Tiefziehen (Hydro-Mac-Verfahren)		
Beginn des ersten Zuges 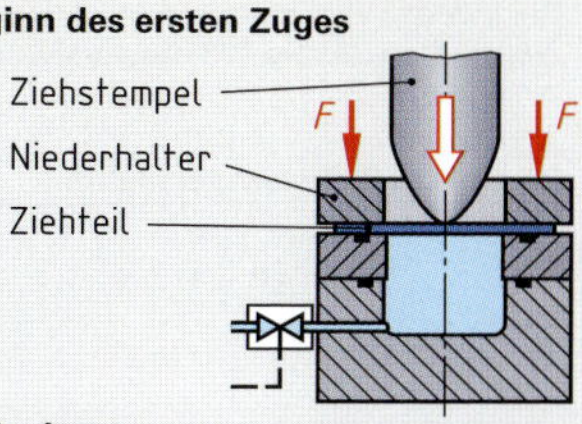 **Ende des ersten Zuges** 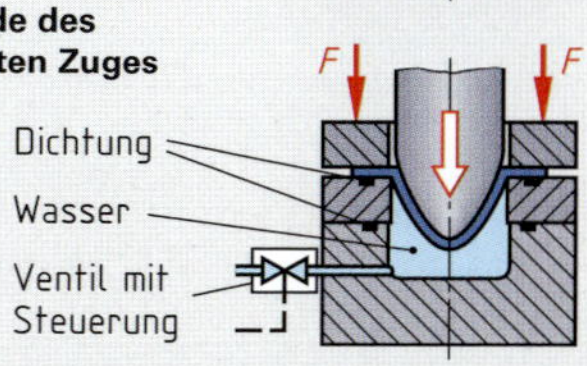 	• die Blechplatine wird durch den Niederhalter festgehalten • der ins Wasserbad eintauchende Ziehstempel erzeugt einen allseitigen Druck (200 ... 700 bar), welcher durch Ventile gesteuert wird • die Blechplatine wird vom Wasserdruck gegen den Ziehstempel gedrückt • die Platine nimmt exakt die Form des Ziehstempels an	• sehr günstiges Ziehverhältnis • geringer Stempelverschleiß • geringe Werkzeugkosten • weniger Ziehstufen notwendig • für komplizierte Formen (z. B. kugelige oder parabolische Ziehteile)

Tiefziehen

Berechnung der Zuschnittdurchmesser

Ziehteil	Zuschnittdurchmesser D	Ziehteil	Zuschnittdurchmesser D
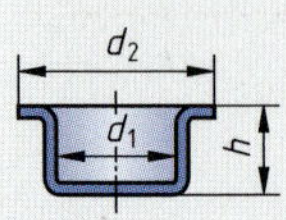	**ohne Rand d_2** $D = \sqrt{d_1^2 + 4 \cdot d_1 \cdot h}$ **mit Rand d_2** $D = \sqrt{d_2^2 + 4 \cdot d_1 \cdot h}$	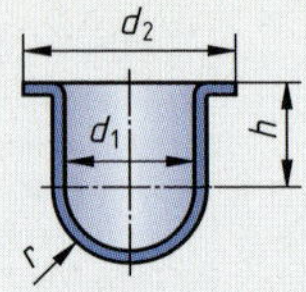	**ohne Rand d_2** $D = \sqrt{2 \cdot d_1^2 + 4 \cdot d_1 \cdot h}$ **mit Rand d_2** $D = \sqrt{2 \cdot d_1^2 + 4 \cdot d_1 \cdot h + (d_2^2 - d_1^2)}$
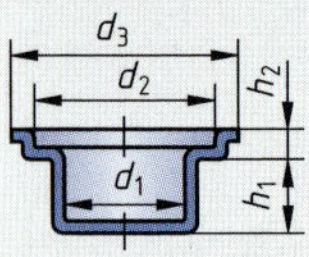	**ohne Rand d_3** $D = \sqrt{d_2^2 + 4 \cdot (d_1 \cdot h_1 + d_2 \cdot h_2)}$ **mit Rand d_3** $D = \sqrt{d_3^2 + 4 \cdot (d_1 \cdot h_1 + d_2 \cdot h_2)}$	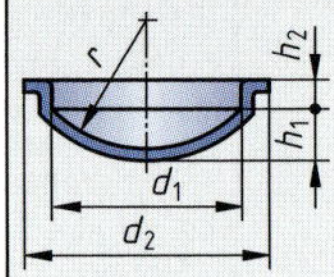	**ohne Rand d_2** $D = \sqrt{d_1^2 + 4 \cdot h_1^2 + 4 \cdot d_1 \cdot h_2}$ **mit Rand d_2** $D = \sqrt{d_1^2 + 4 \cdot h_1^2 + 4 \cdot d_1 \cdot h_2 + (d_2^2 - d_1^2)}$
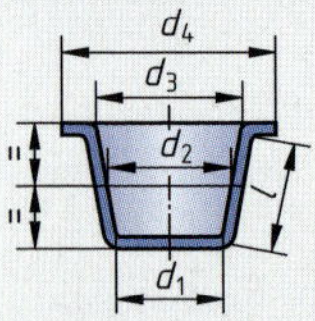	**ohne Rand d_4** $D = \sqrt{d_1^2 + 4 \cdot d_2 \cdot l}$ **mit Rand d_4** $D = \sqrt{d_1^2 + 4 \cdot d_2 \cdot l + (d_4^2 - d_3^2)}$	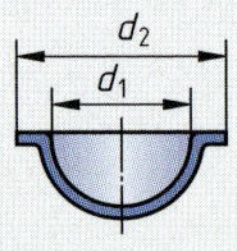	**ohne Rand d_2** $D = \sqrt{2 \cdot d_1^2} = 1{,}414 \cdot d$ **mit Rand d_2** $D = \sqrt{d_1^2 + d_2^2}$

Die Durchmesser $d_1 \dots d_4$ beziehen sich auf das fertige Ziehteil.

Beispiel:

Zylindrisches Ziehteil ohne Rand d_2 (Bild oben links) mit d_1 = 50 mm, h = 30 mm; D = ?

$\boldsymbol{D} = \sqrt{d_1^2 + 4 \cdot d_1 \cdot h} = \sqrt{50^2\ \text{mm}^2 + 4 \cdot 50\ \text{mm} \cdot 30\ \text{mm}} = \mathbf{92{,}2\ mm}$

Ziehspalt und Radien am Ziehring und Ziehstempel

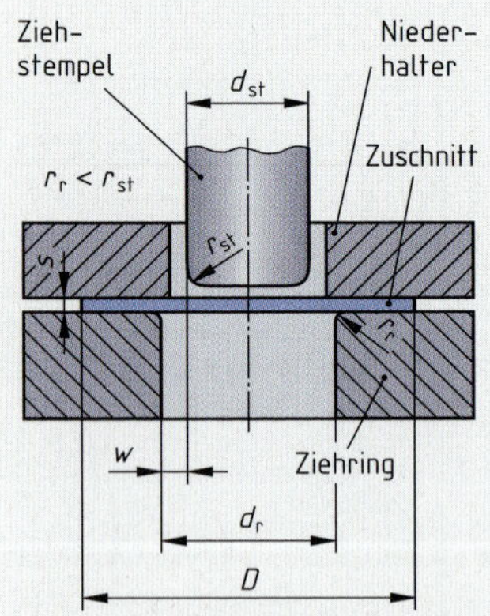

Werkstofffaktor k	
Stahl	0,07
Aluminium	0,02
Sonstige NE-Metalle	0,04

- w Ziehspalt
- s Blechdicke
- k Werkstofffaktor
- r_r Radius am Ziehring
- r_{st} Radius am Ziehstempel
- D Zuschnittdurchmesser
- d_{st} Stempeldurchmesser
- d_r Ziehringdurchmesser

Ziehspalt in mm

$$w = s + k \cdot \sqrt{10 \cdot s}$$

Radius am Ziehring in mm

$$r_r = 0{,}035 \cdot [50 + (D - d_{st})] \cdot \sqrt{s}$$

Bei jedem Weiterzug ist der Radius am Ziehring um 20 bis 40 % zu verkleinern.

Ziehringdurchmesser

$$d_r = 2 \cdot w + d_{st}$$

Radius am Ziehstempel in mm

$$r_{st} = (4 \dots 5) \cdot s$$

Beispiel:

Stahlblech; D = 51 mm; d_{st} = 25 mm; s = 2 mm; w = ?; r_r = ?; r_{st} = ?

$\boldsymbol{k}$ = **0,07** (aus Tabelle)

$\boldsymbol{w}$ $= s + k \cdot \sqrt{10 \cdot s} = 2 + 0{,}07 \cdot \sqrt{10 \cdot 2} =$ **2,3 mm**

$\boldsymbol{r_r}$ $= 0{,}035 \cdot [50 + (D - d_{st})] \cdot \sqrt{s} = 0{,}035 \cdot [50 + (51 - 25)] \cdot \sqrt{2} =$ **3,8 mm**

$\boldsymbol{r_{st}}$ $= 4{,}5 \cdot s = 4{,}5 \cdot 2\ \text{mm} =$ **9 mm**

F

Tiefziehen

Ziehstufen und Ziehverhältnisse

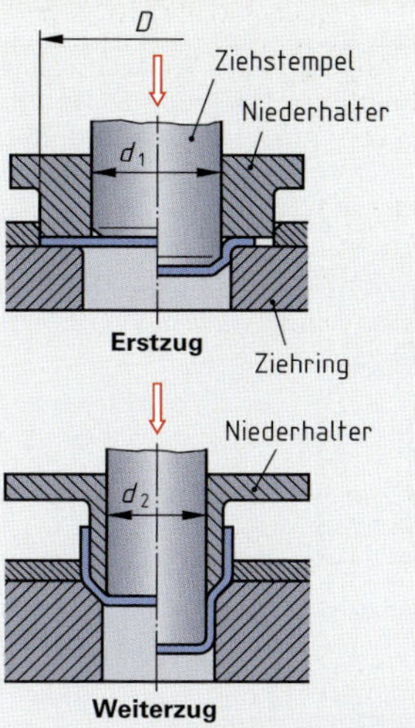

D Zuschnittdurchmesser
d Innendurchmesser des fertigen Ziehteils
d_1 Stempeldurchmesser beim 1. Zug
d_2 Stempeldurchmesser beim 2. Zug
d_n Stempeldurchmesser beim n. Zug
β_1 Ziehverhältnis für 1. Zug
β_2 Ziehverhältnis für 2. Zug
β_{ges} Gesamt-Ziehverhältnis
s Blechdicke

Beispiel:

Napf ohne Rand aus DC04 (St 14) mit $d = 50$ mm; $h = 60$ mm; $D = ?$; $\beta_1 = ?$; $\beta_2 = ?$; $d_1 = ?$; $d_2 = ?$

$$\boldsymbol{D} = \sqrt{d^2 + 4 \cdot d \cdot h}$$
$$= \sqrt{(50\ \text{mm})^2 + 4 \cdot 50\ \text{mm} \cdot 60\ \text{mm}} \approx \mathbf{120\ mm}$$

$\boldsymbol{\beta_1} = \mathbf{2{,}0}$; $\boldsymbol{\beta_2} = \mathbf{1{,}3}$ (nach Tabelle unten)

$$\boldsymbol{d_1} = \frac{D}{\beta_1} = \frac{120\ \text{mm}}{2{,}0} = \mathbf{60\ mm}$$

$$\boldsymbol{d_2} = \frac{d_1}{\beta_2} = \frac{60\ \text{mm}}{1{,}3} = \mathbf{46\ mm}$$

2 Züge ausreichend, da $d_2 < d$

Ziehverhältnis

1. Zug

$$\beta_1 = \frac{D}{d_1}$$

2. Zug

$$\beta_2 = \frac{d_1}{d_2}$$

Gesamt-Ziehverhältnis

$$\beta_{ges} = \beta_1 \cdot \beta_2 \cdot \ldots$$

$$\beta_{ges} = \frac{D}{d_n}$$

Werkstoff	Max. Zieh-verhältnisse[1]		R_m[2]	Werkstoff	Max. Zieh-verhältnisse[1]		R_m[2]	Werkstoff	Max. Zieh-verhältnisse[1]		R_m[2]
	β_1	β_2	N/mm²		β_1	β_2	N/mm²		β_1	β_2	N/mm²
DC01 (St12)	1,8	1,2	410	CuZn30-R280	2,1	1,3	270	Al99,5 H111	2,1	1,6	95
DC03 (St13)	1,9	1,3	370	CuZn37-R290	2,1	1,4	300	AlMg1 H111	1,9	1,3	145
DC04 (St14)	2,0	1,3	350	CuZn37-R460	1,9	1,2	410	AlCu4Mg1 T4	2,0	1,5	425
X10CrNi18-8	1,8	1,2	750	CuSn6-R340	1,5	1,2	350	AlSi1MgMn T6	2,1	1,4	310

[1] Die Werte gelten bis $d_1 : s = 300$; sie wurden für $d_1 = 100$ mm und $s = 1$ mm ermittelt. Für andere Blechdicken und Stempeldurchmesser ändern sich die Werte geringfügig.
[2] maximale Zugfestigkeit

Tiefziehkraft, Niederhalterkraft

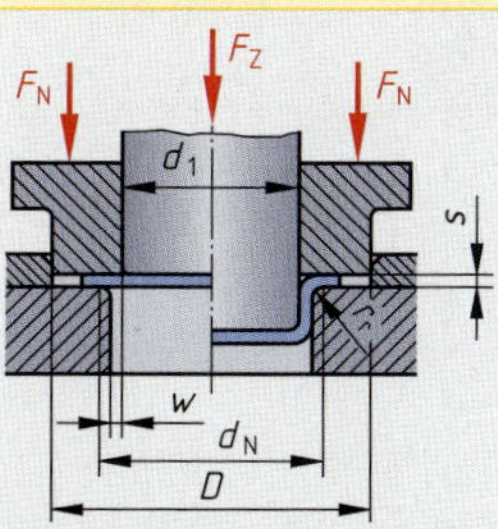

Niederhalterdruck p in N/mm²	
Stahl	2,5
Cu-Legierungen	2,0 … 2,4
Al-Legierungen	1,2 … 1,5

F_Z Tiefziehkraft
d_1 Stempeldurchmesser
s Blechdicke
R_m Zugfestigkeit
β Ziehverhältnis
β_{max} höchstmögliches Ziehverhältnis
F_N Niederhalterkraft
D Zuschnittdurchmesser
d_N Auflagedurchmesser des Niederhalters
p Niederhalterdruck
r_r Radius am Ziehring
w Ziehspalt

Tiefziehkraft

$$F_Z = \pi \cdot (d_1 + s) \cdot s \cdot R_m \cdot 1{,}2 \cdot \frac{\beta - 1}{\beta_{max} - 1}$$

Niederhalterkraft

$$F_N = \frac{\pi}{4} \cdot (D^2 - d_N^2) \cdot p$$

Auflagedurchmesser des Niederhalters

$$d_N = d_1 + 2 \cdot (r_r + w)$$

Beispiel:

$D = 210$ mm; $d_1 = 140$ mm; $s = 1$ mm; $R_m = 380$ N/mm²; $\beta = 1{,}5$; $\beta_{max} = 1{,}9$; $F_Z = ?$

$$\boldsymbol{F_Z} = \pi \cdot (d_1 + s) \cdot s \cdot R_m \cdot 1{,}2 \cdot \frac{\beta - 1}{\beta_{max} - 1} = \pi \cdot (140\ \text{mm} + 1\ \text{mm}) \cdot 1\ \text{mm} \cdot 380\ \frac{\text{N}}{\text{mm}^2} \cdot 1{,}2 \cdot \frac{1{,}5 - 1}{1{,}9 - 1} = \mathbf{112\,218\ N}$$

F

Spritzgießwerkzeug

2-Platten-Mehrfachwerkzeug mit Tunnelanguss

Spritzgießvorgang

Aufgeschmolzene Kunststoffformmasse wird unter hohem Druck über den Anguss in das Werkzeug eingespritzt. Die Kavität wird gefüllt. Die Formmasse kühlt unter Druck im temperierten Werkzeug ab. Hat das Formteil die notwendige Formstabilität erreicht, wird durch Öffnen der Form über Auswerferstifte entformt.

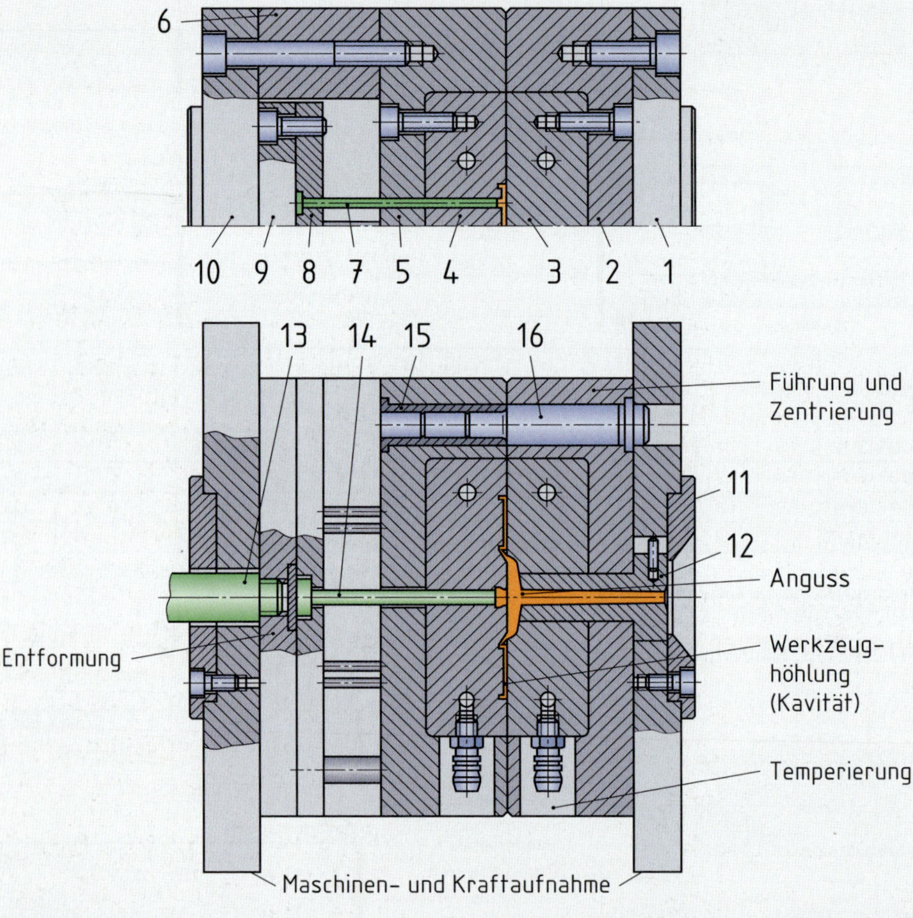

F

Stückliste

Pos.	Benennung	Norm/Werkstoff	Pos.	Benennung	Norm/Werkstoff
1	Aufspannplatte (fest)	DIN 16760	9	Auswerfergrundplatte	DIN 16760
2	Formplatte (fest)	DIN 16760	10	Aufspannplatte (beweglich)	DIN 16760
3	Formeinsatz	X19NiCrMo4	11	Zentrierflansch	DIN ISO 10907
4	Formeinsatz	X19NiCrMo4	12	Angießbuchse	DIN ISO 10072
5	Formplatte (beweglich)	DIN 16760	13	Auswerferbolzen	S235JR
6	Leiste	DIN 16760	14	Angussauswerferstift	DIN 1530
7	Auswerferstift	DIN 1530	15	Führungsbuchse	DIN 16716
8	Auswerferhalteplatte	DIN 16760	16	Führungssäule	DIN 16761

Normteile für Spritzgießwerkzeuge

Normteile für Spritzgießwerkzeuge (Auswahl)			
Bild	**Abmessungen in mm**	**Norm, Werkstoff**	**Eigenschaften, Funktion**
Bearbeitete ungebohrte und gebohrte Platten			
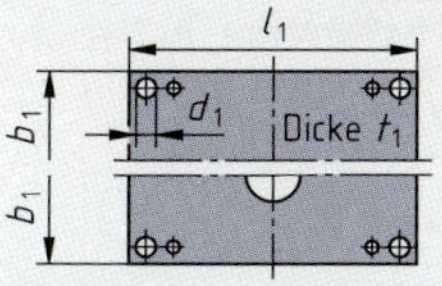	$b_1 \times l_1 \times t_1$ b_1 = 96 … 896 l_1 = 96 … 1116 t_1 = 12,5 … 200	DIN 16760 C45U 40CrMnMoS8-6	Platten zur Maschinen- und Kraftaufnahme • Aufspannplatten • Formplatten • Druckplatten
Leisten			
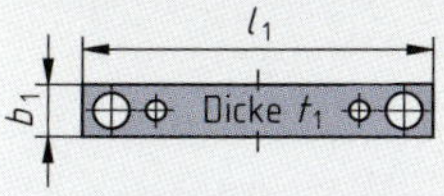	$b_1 \times l_1 \times t_1$ l_1 = 96 … 1116 b_1 = 26 … 74 t_1 = 25 … 160	DIN 16760 C45U	Leisten zur Kraftaufnahme und Distanzherstellung • Leisten verschiedener Form
Führungssäulen			
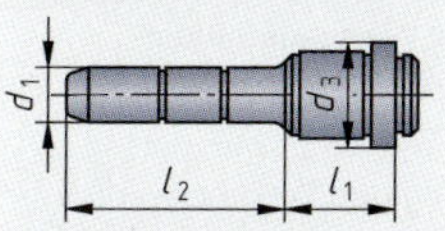	$d_1 \times l_1 \times l_2$ d_1 = 10 … 40 l_1 = 12,5 … 200 l_2 = 25 … 250	DIN 16761 Einsatzstahl (780+40) HV 10	Führung und Zentrierung Führungssäulen mit abgesetztem Schaft • Form A mit Zentrieransatz • Form B ohne Zentrieransatz
Führungsbuchsen			
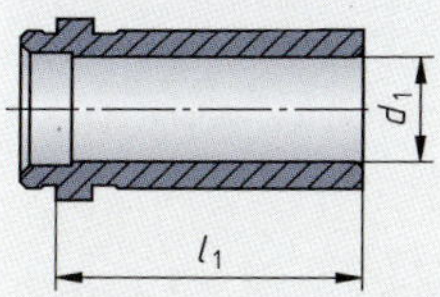	$d_1 \times l_1$ d_1 = 10 … 40 l_1 = 12,5 … 200	DIN 16716 Einsatzstahl (780+40) HV 10	Führung und Zentrierung Führungssäulen mit abgesetztem Schaft • Form C mit Zentrieransatz • Form E ohne Zentrieransatz
Auswerferstifte			
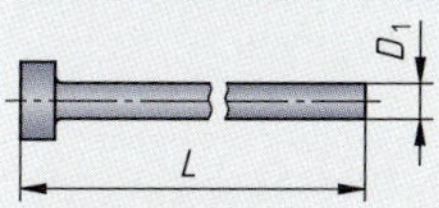	$D_1 \times L$ D_1 = 2 … 32 L = 100 … 1000	DIN 1530 Warmarbeitsstahl 950 HV 0,3	Entformungssystem Auswerferstifte • mit zylindrischem Kopf
Auswerferhülsen			
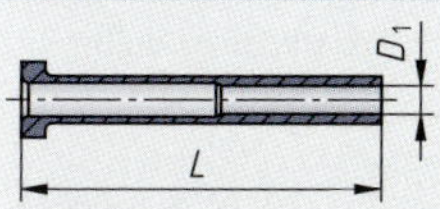	$D_1 \times L$ D_1 = 2 … 12 L = 75 … 300	DIN ISO 8405 Warmarbeitsstahl 950 HV 0,3	Entformungssystem Auswerferhülse • mit zylindrischem Kopf
Angießbuchsen			
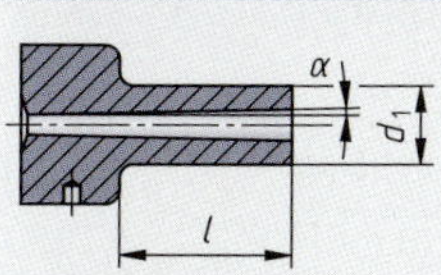	$d_1 \times l$ d_1 = 12 … 25 l = 20 … 100	DIN ISO 10072 Werkzeugstahl (50±5) HRC	Angusssystem Angießbuchse • Form A, mit Radius für Maschinendüse • Form B, gerade für Maschinendüse
Angusshaltebuchse			
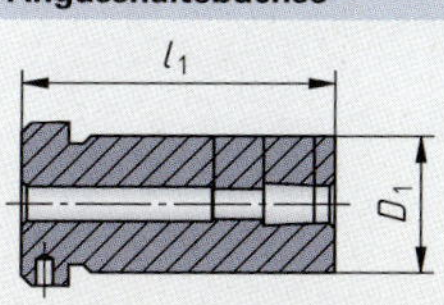	$D_1 \times l_1$ D_1 = 12 … 25 l_1 = 20 … 100	DIN ISO 16915 Werkzeugstahl 50 HRC	Angusssystem Angusshaltebuchse

F

Werkzeugaufbau

Hydraulische Horizontalspritzgießmaschine

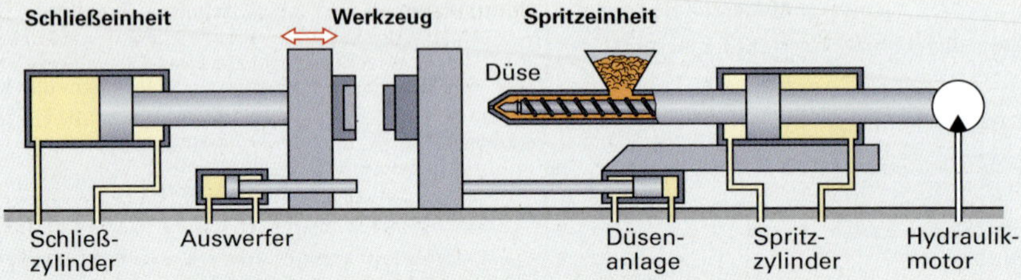

Werkzeugarten

Nach der Anzahl der Formhohlräume (Kavitäten) unterscheidet man Einfachwerkzeuge mit einer Kavität und Mehrfachwerkzeuge mit mehreren, meist symmetrisch angeordneten Kavitäten (Formnest). Bei Mehrfachwerkzeugen kann die Schmelze alle Kavitäten gleichzeitig und gleichmäßig füllen. Die Fließwege sind gleich lang.

2-Platten-Werkzeug

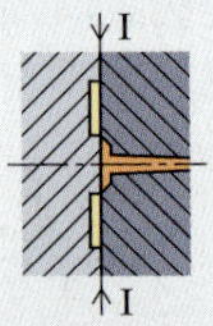

Funktion und Anwendung

- Normalwerkzeug als einfachste Bauform mit zwei Werkzeughälften
- Eine Trennebene (I)
- Anwendung: einfache Formteile aller Art
- Sonderformen: Abstreifwerkzeug, Backenwerkzeug und Schieberwerkzeug für Hinterschneidungen

3-Platten-Werkzeug

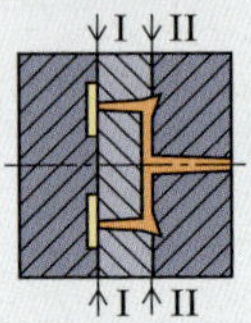

Funktion und Anwendung

- Ausführung wie Normalwerkzeug mit einer Zwischenplatte, welche ein gesondertes Entformen des Angusses, in der Regel Punktanguss, ermöglicht. Abreißwerkzeug
- Zwei Trennebenen (I, II)
- Anwendung: Formteile aller Art; viele Kavitäten an einem Verteilersystem, viel Abfall

Etagen-Werkzeug

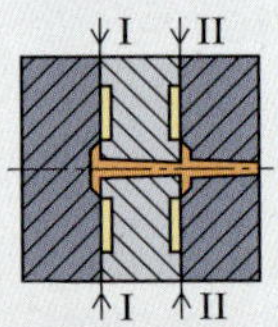

Funktion und Anwendung

- Die Formteile sind etagenweise angeordnet und liegen dadurch direkt hintereinander. Da die Formteile gleiche projizierte Flächen haben, ist die Schließkraft nur für eine Trennebene nötig.
- Zwei oder mehr Trennebenen (I, II, ...)
- Anwendung: flache Formteile aller Art mit hoher Stückzahl, oft in Heißkanalausführung

F

Isolierkanalwerkzeug

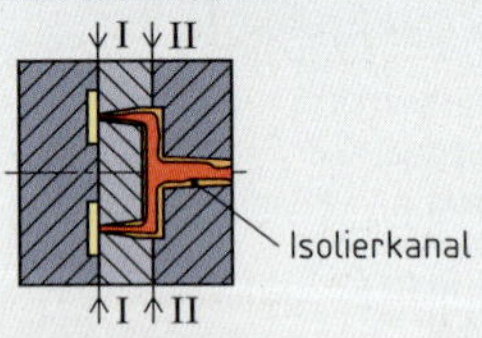

Funktion und Anwendung

- Der Aufbau entspricht einem 3-Platten-Werkzeug. Dabei wird die Zwischenplatte mit einem Isolierkanal ausgeführt, der die Schmelze über den ganzen Prozess flüssig halten kann
- Zwei Trennebenen (I, II)
- Anwendung: Formmassen mit breitem Schmelztemperaturbereich und schneller Zyklusfolge

Heißkanalwerkzeug

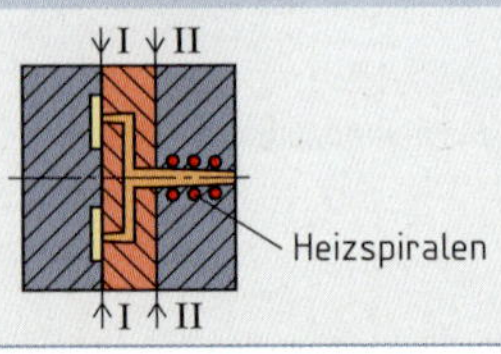

Funktion und Anwendung

- Werkzeuge mit beheizten Düsen oder/und Verteilerkanälen
- Ein oder zwei Trennebenen (I, II)
- Anwendung: technisch hochwertige Formteile, auch für schlecht zu verarbeitende Formmassen

Schwindung und Kühlung

Schwindung

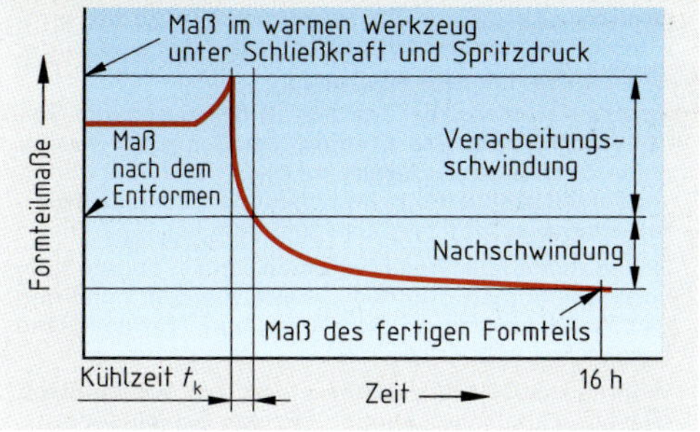

Die Schwindung ist die Volumenänderung durch den Abkühlvorgang bzw. die Kristallisation des Kunststoffes. Man unterscheidet die Verarbeitungsschwindung und die Nachschwindung.

Durch die Schwindung entsteht ein Maßunterschied zwischen dem Werkzeughohlraum und dem hergestellten Kunststoffteil.

Bei Thermoplasten ist das Fertigteil 16 h und bei Duroplasten 24 bis 168 h nach der Herstellung zu messen.

Durch Warmlagerung entsteht bei kristallinen Kunststoffen eine Gefügeänderung, die ebenfalls zu einer Nachschwindung führt.

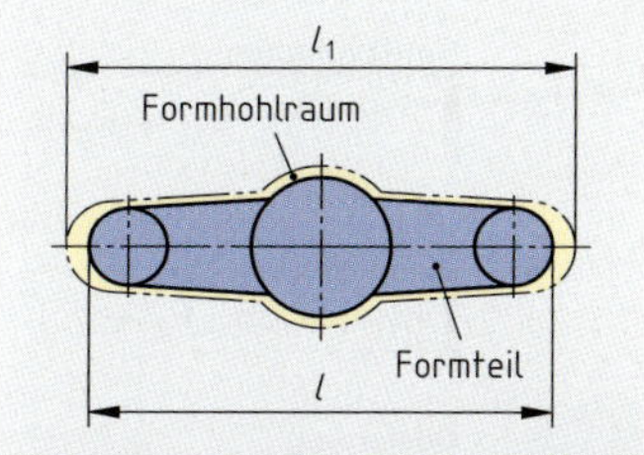

VS	Verarbeitungsschwindung in %
NS	Nachschwindung in %
S	Gesamtschwindung in %
l	Maß Formteil in mm
l_1	Maß Werkzeug in mm
l_{VS}	Maß Formteil nach Verarbeitung in mm
l_x	Maß Formteil nach x Stunden in mm

Verarbeitungsschwindung

$$VS = \frac{l_1 - l_{VS}}{l_1} \cdot 100\,\%$$

Maß im Werkzeug

$$l_1 = \frac{l \cdot 100\,\%}{100\,\% - S}$$

Nachschwindung durch Warmauslagern

$$NS = \frac{l_{VS} - l_x}{l_1} \cdot 100\,\%$$

Beispiele zur Schwindung durch Abkühlung (vgl. Seite 172)

Kunststoff	Schwindung in %	Kunststoff	Schwindung in %
Polyamid	1,3	Polypropylen	1,5
Polystyrol	0,45	PVC	0,6
Polyethylen	1,7	Polycarbonat	0,8

Kühlung

Spritzzyklus

Werkzeug schließen	Einspritzen	Kühlung			Werkzeug öffnen	Auswerfer vor/zurück
		Nachdruck	Dosieren	Halten		
1 s	2 s	7 s	2 s	12 s	0,8 s	1,4 s
Zyklus = 26,2 s						

Nach dem Einspritzen wird der Druck je nach Kunststoff auf 30 % bis 70 % des Spritzdruckes reduziert und wirkt so lange, bis der Anschnitt eingefroren ist. Dies ist etwa nach 1/3 der Kühlzeit erreicht. Die restliche Kühlzeit ist notwendig, damit das Formteil eine ausreichende Formbeständigkeit erhält. Während dieser Zeit wird das Dosiervolumen für den nächsten Schuss bereitgestellt.

Die Ermittlung der Kühlzeit erfolgt durch Diagramme oder Überschlagsrechnung und ist hinreichend genau.

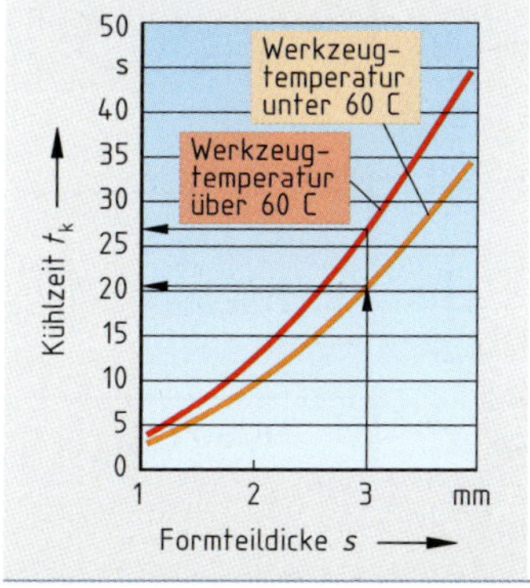

s	Formteildicke in mm
t_K	Kühlzeit in s
t_p	Nachdruckzeit in s
t_{RK}	Restkühlzeit in s
t_e	Einspritzzeit in s

Beispiel:

Die Kühlzeit eines Thermoplastes mit 3 mm Dicke und einer Werkzeugtemperatur von 50° ist zu bestimmen.

$t_K = s \cdot (1 + 2 \cdot s)$

$t_K = 3 \cdot (1 + 2 \cdot 3) = \mathbf{21\ s}$

Gesamtkühlzeit

$$t_K = t_p + t_{RK}$$

Kühlzeit überschlägig:

- Werkzeugtemperatur ≤ 60°

$$t_K = s \cdot (1 + 2 \cdot s)$$

- Werkzeugtemperatur > 60°

$$t_K = 1{,}3 \cdot s \cdot (1 + 2 \cdot s)$$

F

Dosieren, Kräfte

Dosieren

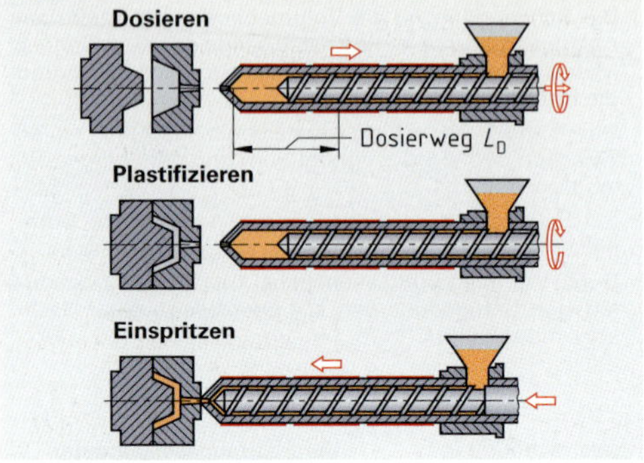

Nach dem Einspritzen und Nachdrücken muss die Formmasse für einen neuen Schuss aufbereitet und in der richtigen Menge zur Verfügung gestellt werden.

Zum **Dosieren** wird der Extruder zurückgesetzt und Granulat nachgefüllt. Die Drehung der Schnecke erzeugt einen **Dosierstrom**. Dabei wird das Granulat erwärmt, verdichtet, geschert und homogenisiert. Die **plastifizierte Formmasse** wird zur Düse gefördert.

Das notwendige **Dosiervolumen** muss neben dem **Formteilvolumen** und dem **Angießvolumen** auch den Unterschied zwischen Schmelze- und Formteildichte ausgleichen (z. B. Faktor 1,25).

Während der Nachdruckphase wird ein **Massepolster** (Nachdruckpolster) benötigt, der das Schwinden ausgleicht und Einfallstellen am Formteil verhindert.

V_S Spritzvolumen in cm³
V_{FT} Formteilvolumen in cm³
V_A Angießvolumen in cm³
V_D Dosiervolumen in cm³
V_P Massepolster in cm³
L_D Dosierweg in mm
n Kavitäten, Anzahl
m_S Spritzmasse in g
m_D Dosiermasse in g
ϱ Dichte in g/cm³
Q_e Einspritzstrom in cm³/s
Q_D Dosierstrom in cm³/mm
t_e Einspritzzeit in s

Spritzvolumen

$$V_S = n \cdot V_{FT} + V_A$$

Dosiervolumen

$$V_D = 1{,}25 \cdot V_S + V_P$$

Dosierweg

$$L_D = V_D / Q_D$$

Einspritzzeit

$$t_e = V_S / Q_e$$

Spritzmasse

$$m_S = \varrho \cdot V_S$$

Beispiele für Einstellwerte und maximale Fließweglänge

Kurzzeichen	Temperatur in °C Masse	Werkzeug	Spritzdruck in bar	Fließweglänge[1] in mm
PE	160 … 300	20 … 70	500	200 … 600
PP	170 … 300	20 … 100	1200	250 … 700
PVC	170 … 210	20 … 60	300[2], 1500[3]	250[3], 500[2]
PS	180 … 250	30 … 60	1000	400 … 500
PA	210 … 290	80 … 120	700 … 1200	200 … 500
ABS	200 … 240	40 … 85	800 … 1800	300

[1] maximale Fließweglänge bei 2 mm Wanddicke [2] PVC – weich [3] PCV – hart

Kräfte

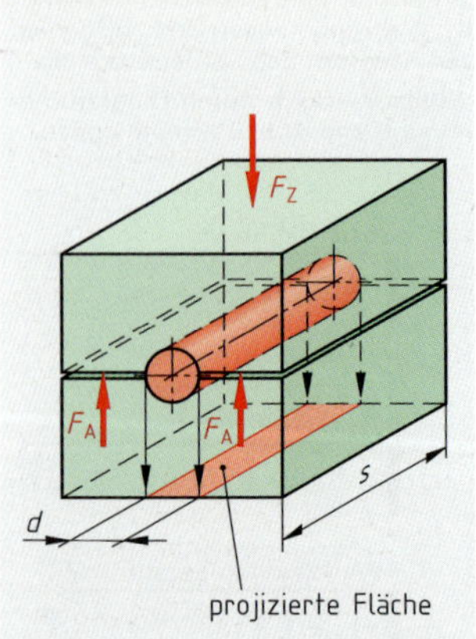

Die Formmasse wird durch den Spritzdruck in das Werkzeug gepresst. Dieser Druck wirkt in der Kavität und im Anguss senkrecht zu ihrer projizierten Fläche (Trennebene) und erzeugt die Auftriebskraft F_A. Damit keine Formmasse entweichen kann, muss hydraulisch, mechanisch oder elektromechanisch eine größere Zuhaltekraft F_Z wirken.

n Kavitäten, Anzahl
A_p Projizierte Fläche in cm²
A_{pn} Projizierte Fläche einer Kavität, cm²
A_{pa} Projizierte Fläche des Angusses, cm²
p_w Werkzeuginnendruck in bar
F_A Auftriebskraft in kN
F_Z Zuhaltekraft in kN
φ Sicherheitsfaktor

Projizierte Fläche

$$A_p = n \cdot A_{pn} + A_{pa}$$

Auftriebskraft

$$F_A = p_w \cdot A_p$$

Zuhaltekraft

$$F_Z \geq F_A \cdot \varphi$$

Beispiel:

Polypropylen (PP), Spritzdruck p_w = 1200 bar, 1 bar = 10 N/cm²
Projizierte Fläche A_p = 12,3 cm², φ = 1,3

$F_A = p_w\ A_p = 1200 \cdot 10$ N/cm² $\cdot$ 12,3 cm²
F_A = 147 600 N = **147,6 kN**
$F_Z \geq F_A\ \varphi$ = 147,6 kN · 1,3 ≥ **191,9 kN**

F

Schmelzschweißen, Schweißverfahren (Übersicht)

Schmelzschweißen ist das unlösbare Verbinden von Werkstoffen bei örtlichem Schmelzfluss unter Anwendung von

- Wärme und/oder der Verwendung von
- Schweißzusätzen, z.B. Elektroden, Schweißdrähten, zur Füllung von Schweißfugen
- Hilfsstoffen, z.B. Schutzgasen zur Verbesserung der Schweißbedingungen und der Nahteigenschaften.

Schweißverfahren (Auswahl)

Bild	Beschreibung	Verfahren, Anwendung
Gasschmelzschweißen		(Seite 393)
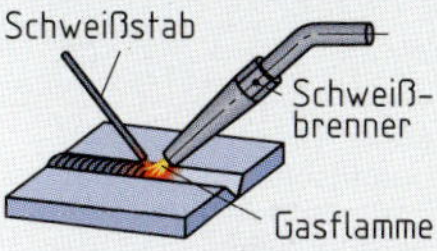	**Wärmequelle** Gasflamme aus Sauerstoff und Acetylen. Bevorzugte Flammeneinstellung: neutrale Flamme mit gleichen Anteilen von Sauerstoff und Acetylen. **Schweißzusätze** Blanke Schweißstäbe (Seite 393)	Handschweißverfahren; Verbindungsschweißen von unlegierten und niedriglegierten Stahlrohren, Reparaturschweißungen an Gusseisen
Lichtbogenhandschweißen		(Seite 394)
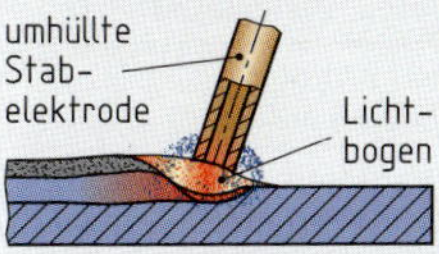	**Wärmequelle** Wechsel- oder Gleichstrom-Lichtbogen zwischen der abschmelzenden Elektrode und dem Grundwerkstoff. Temperaturen im Schmelzbereich bis 4000 °C. **Schweißzusätze** Umhüllte Stabelektroden (Seite 394)	Handschweißverfahren; Verbindungsschweißen von unlegierten und legierten Stählen, Schweißungen in Zwangslagen
Schutzgasschweißen		
	Metall-Schutzgas-Schweißen (MIG, MAG)	(Seite 392)
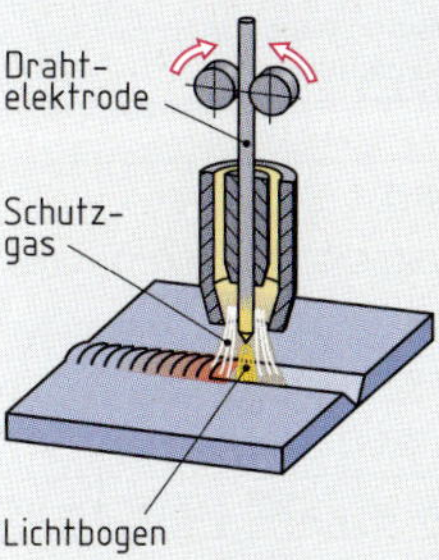	**Wärmequelle** Gleich- oder Wechselstrom-Lichtbogen zwischen der abschmelzenden Drahtelektrode und dem Werkstück. **Schweißzusätze** Drahtelektroden (Seite 392), Fülldrahtelektroden **Hilfsstoffe** Schutzgase werden nach den zu verschweißenden Grundwerkstoffen ausgewählt und bestimmen das Schweißverfahren: Verwendung inerter Schutzgase, z.B. Argon oder Helium → **Metall-Inert-Gasschweißen (MIG),** keine Gasreaktion mit den Grundwerkstoffen Verwendung aktiver Schutzgase, z.B. mit CO_2- oder O_2-Anteilen → **Metall-Aktiv-Gasschweißen (MAG),** oxidierende Wirkung auf die Grundwerkstoffe	Hand- oder automatisiertes Schweißen, z.B. mit Schweißrobotern, hohe Schweißqualität, hohe Abschmelzleistung. **MIG-Schweißen:** Aluminium und Aluminiumlegierungen, Kupfer und Kupferlegierungen, Nickel und Nickellegierungen **MAG-Schweißen:** unlegierte und legierte Stähle, auch nichtrostende Cr-Ni-Stähle
	Wolfram-Inertgas-Schweißen (WIG)	
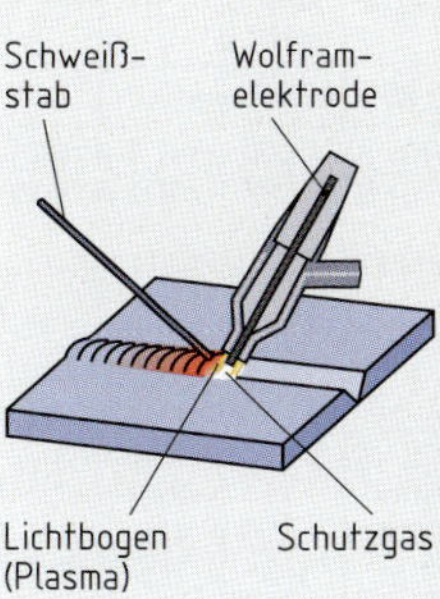	**Wärmequelle** Gleich- oder Wechselstrom-Lichtbogen zwischen einer nicht abschmelzenden Wolframelektrode und dem Grundwerkstoff. **Schweißzusätze** Schweißstäbe, die in der Regel von Hand zugeführt werden **Hilfsstoffe** Inerte Schutzgase, z.B. Argon oder Helium, → keine Gasreaktion mit den Grundwerkstoffen	Schweißverfahren für hochwertige Verbindungen vor allem im Dünnblechbereich; für fast alle Werkstoffe, wie unlegierte und legierte Stähle, auch nichtrostende Cr-Ni-Stähle, NE-Metalle, Titan, Tantal, Zirkon
	Wolfram-Plasma-Schweißen (WP)	
	Wärmequelle → siehe WIG-Schweißen, gebündelter Lichtbogen (Plasma) mit hoher Leistungsdichte **Schweißzusätze** → siehe WIG-Schweißen **Hilfsstoffe** Beim Plasma-Schweißen werden zwei Gasarten benötigt: – Plasmagas: vorwiegend Argon – Schutzgas: Argon mit werkstoffabhängigen Komponenten, wie Wasserstoff, Helium …	Schweißverfahren für hochwertige Verbindungen mit 0,01…10 mm Dicke, Auftragsschweißen, z.B. an Ventilsitzen; Werkstoffe wie beim WIG-Schweißen

F

Verfahren, Schweißpositionen, Allgemeintoleranzen

Schweißen, Schneiden, Löten (Auszug)

vgl. DIN EN ISO 4063 (2011-03)

N[1]	Verfahren, Prozess	N[1]	Verfahren, Prozess	N[1]	Verfahren, Prozess
1	**Lichtbogenschweißen**	**2**	**Widerstandsschweißen**	**7**	**Andere Schweißverfahren**
111 114	Lichtbogenhandschweißen Schwerkraft-Lichtbogenschw.	21 22	Widerstands-Punktschweißen Rollennahtschweißen	73 74	Elektrogasschweißen Induktionsschweißen
11	Metall-Lichtbogenschweißen ohne Gasschutz	225 23	Folienstumpfnahtschweißen Buckelschweißen	742 78	Induktives Rollennahtschweißen Bolzenschweißen
12 13	Unterpulverschweißen Metall-Schutzgasschweißen	**3**	**Gasschmelzschweißen**	**8**	**Schneiden**
131	Metall-Inertgasschweißen (MIG) mit Massivdrahtelektrode	311	Gasschweißen mit Sauerstoff-Acetylen-Flamme	81 82	Autogenes Brennschneiden Lichtbogenschneiden
132	Metall-Inertgasschweißen mit schweißpulvergefüllter Drahtelektrode	312	Gasschweißen mit Sauerstoff-Propan-Flamme	83 84	Plasmaschneiden Laserstrahlschneiden
		4	**Pressschweißen**	**9**	**Hartlöten, Weichlöten**
135	Metall-Aktivgasschw. (MAG) mit Massivdrahtelektrode	41 42	Ultraschallschweißen Reibschweißen	912 916	Flammhartlöten Induktionshartlöten
136	MAG-Schweißen mit schweißpulvergefüllter Drahtelektrode	46 47	Diffusionsschweißen Gaspressschweißen	921 926	Ofenhartlöten Tauchbadhartlöten
14	Wolfram-Schutzgasschweißen	**5**	**Strahlschweißen**	942	Flammweichlöten
141	Wolfram-Inertgasschweißen mit Massivdrahtzusatz	51 52	Elektronenstrahlschweißen Laserstrahlschweißen	943 946	Kolbenweichlöten Induktionsweichlöten
15 151	Plasmaschweißen Plasma-Inertgasschweißen	512	Elektronenstrahlschweißen in Atmosphäre	947 953	Ultraschallweichlöten Ofenweichlöten

⇒ **ISO 4063–111:** vorgeschriebener Schweißprozess → Lichtbogenhandschweißen

[1] N Prozessnummer zur Kennzeichnung der Verfahren in Zeichnungen, Arbeitsanweisungen ...

Schweißpositionen (Auszug)

vgl. DIN EN ISO 6947 (2011-08)

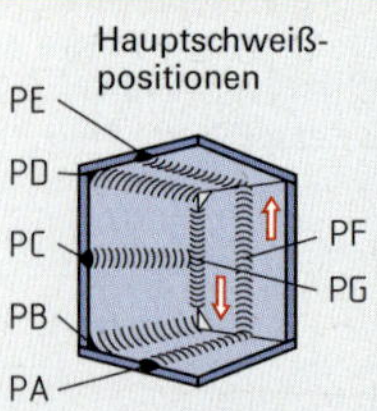

Zulässige Abweichungen von der Hauptschweißposition durch Neigung und/oder Drehung der Schweißnaht.
Neigungswinkel S → Winkel zwischen der Schweißnahtachse und der Hauptschweißposition.
Drehwinkel R → Winkel zwischen der Schweißnahtoberfläche und der Hauptschweißposition.

Beispiel: Hauptschweißposition PA

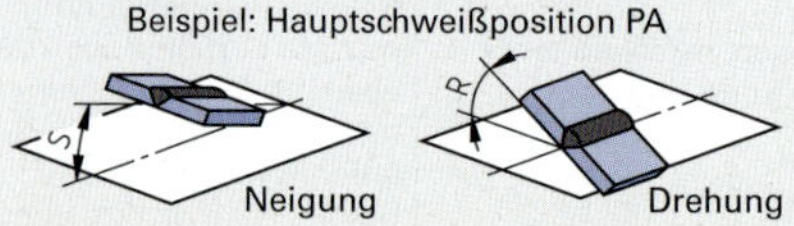

Kurzzeichen	Bezeichnung der Hauptschweißposition	maximale Abweichung für Kehlnähte S	Kehlnähte R	Stumpfnähte S	Stumpfnähte R
PA	Wannenposition	±15°	±30°	±15°	±30°
PB	Horizontalposition	±15°	±15° −10°	–	–
PC	Querposition	±15°	±35° −10°	±15°	+60° −10°
PD	Horizontal-Überkopfposition	±80°	±35° −10°	–	–
PE	Überkopfposition	±80°	±35°	±80°	±80°
PF PG	Steigposition Fallposition	für S = +75° ist R = ±100° für S = −10° ist R = ±180°			

F

Allgemeintoleranzen für Schweißkonstruktionen

vgl. DIN EN ISO 13920 (1996-11)

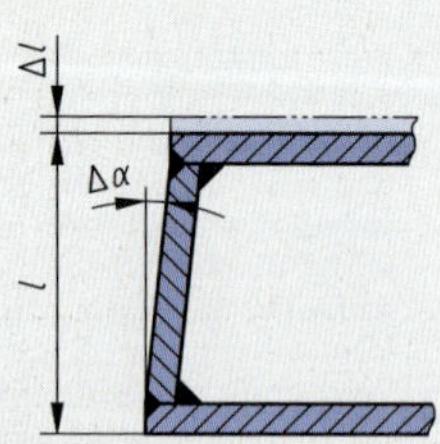

Genauigkeitsgrad	Zulässige Abweichungen für Längenmaße Δl in mm, Nennmaßbereich l[1]: bis 30	über 30 bis 120	über 120 bis 400	über 400 bis 1000	über 1000 bis 2000	über 2000 bis 4000	für Winkelmaße $\Delta\alpha$ in ° und ′, Nennmaßbereich l[1]: bis 400	über 400 bis 1000	über 1000
A	±1	±1	±1	±2	± 3	± 4	±20′	±15′	±10′
B	±1	±2	±2	±3	± 4	± 6	±45′	±30′	±20′
C	±1	±3	±4	±6	± 8	±11	±1°	±45′	±30′
D	±1	±4	±7	±9	±12	±16	±1°30′	±1°15′	±1°

[1] l kürzerer Schenkel

Nahtvorbereitung, Druckgasflaschen

Nahtvorbereitung für das Schutzgas-, Gas- und Lichtbogenschweißen

vgl. DIN EN ISO 9692-1 (2013-12)

Form der Schweißfuge	Art der Naht-vorbereitung	S[1]	Dicke t mm	Nahtvorbereitung Spalt b mm	Steg c mm	Winkel α in Grad	empfohlene Schweiß-verfahren[2]	Bemerkungen
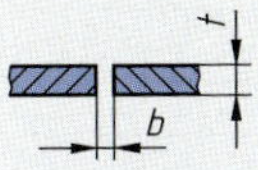	**I-Fuge**		≤ 4	≈ t	–	–	3, 111, 141	keine Naht-vorbereitung, einseitig geschweißt
			3…8	6…8 ≈ t	–	–	13 141	
			< 15	≤ 1	–	–	52	
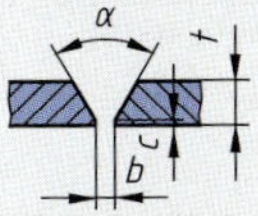	**V-Fuge**		3…10	≤ 4	≤ 2	40°…60°	3, 111	gegebenenfalls mit Schweiß-badsicherung, einseitig geschweißt
			3…10	≤ 4	≤ 2	40°…60°	13, 141	
			8…12	–	≤ 2	6°…8°	52	
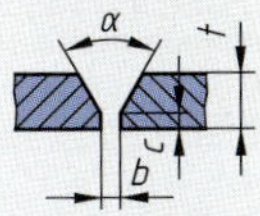	**Y-Fuge**		5…40	1…4	2…4	≈ 60°	111, 13, 141	einseitig geschweißt
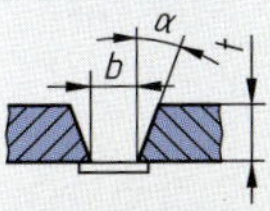	**Steilflanken-V-Fuge**		> 16	5…15	–	5°…20°	111, 13	mit Schweiß-badsicherung, einseitig geschweißt
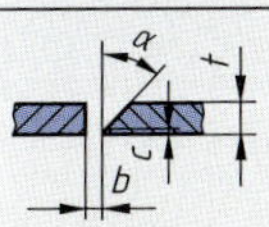	**HV-Fuge**		3…10	2…4	1…2	35°…60°	111, 13, 141	einseitig geschweißt
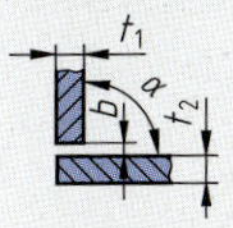	**Stirnfläche rechtwinklig**		> 2	≤ 2	–	70°…100°	3, 111, 13, 141	Kehlnaht, einseitig geschweißt

[1] S Symbol nach ISO 2553 [2] Schweißverfahren Seite 390

Druckgasflaschen

vgl. DIN EN 1089-3 (2011-10)

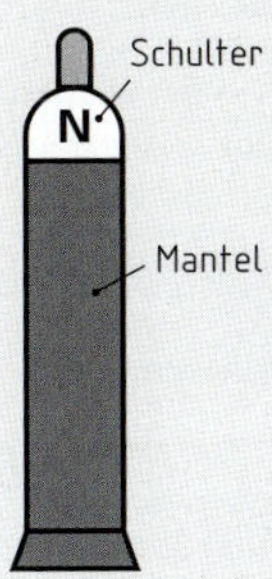

Gasart	Farbkennzeichnung[1] nach DIN EN 1089-3 Mantel	Schulter	bisher	Anschluss-gewinde	Volumen V l	Fülldruck p_F bar	Füll-menge
Sauerstoff	grau	weiß	blau	R3/4	40 50	150 200	6 m³ 10 m³
Acetylen	kastanien-braun	kastanien-braun	gelb	Spannbügel	40 50	19 19	8 kg 10 kg
Wasserstoff	rot	rot	rot	W21,80x1/14	10 50	200 200	2 m³ 10 m³
Argon	grau	dunkel-grün	grau	W21,80x1/14	10 50	200 200	2 m³ 10 m³
Helium	grau	braun	grau	W21,80x1/14	10 50	200 200	2 m³ 10 m³
Argon-Kohlen-dioxid-Gemisch	grau	leuchtend-grün	grau	W21,80x1/14	20 50	200 200	4 m³ 10 m³
Kohlendioxid	grau	grau	grau	W21,80x1/14	10 50	58 58	7,5 kg 20 kg
Stickstoff	grau	schwarz	dunkel-grün	W24,32x1/14	40 50	150 200	6 m³ 10 m³

[1] Die verbindliche Kennzeichnung des Flascheninhaltes erfolgt auf dem Gefahrgutaufkleber (Seite 398). Die Farbkennzeichnung der Flaschenschulter dient zur leichteren Identifizierung des Flascheninhaltes im Notfall, z. B. einem Brand.

F

Schutzgasschweißen

Die Qualität von Schutzgasschweißungen und die Schweißbedingungen werden durch die Auswahl der Drahtelektrode, des Schutzgases und der Lichtbogeneinstellung beeinflusst.

Schutzgasschweißen mit abschmelzender Drahtelektrode

Grundwerkstoff
bestimmt das Schweißverfahren Stahl → Metall-Aktiv-Gas-schweißen **(MAG)** Aluminium → Metall-Inert-Gas-schweißen **(MIG)**

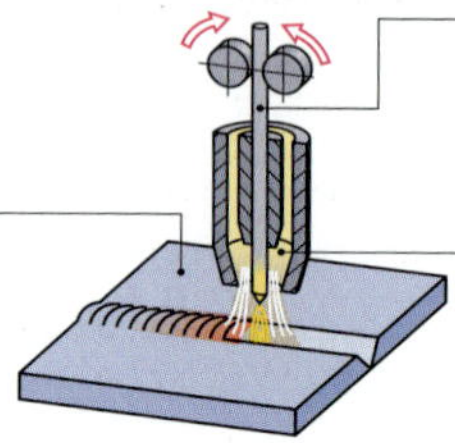

Drahtelektrode
bestimmt z. B. • Festigkeit • Zähigkeit • Schweißposition • Schutzgastyp • Stromart
Schutzgas
beeinflusst z. B. • Nahteigenschaften • Einbrandverhalten • Wärmeeinbringung • Porenbildung • Lichtbogeneinstellung

Lichtbogenarten, Lichtbogeneinstellungen[1]

Lichtbogenart	Anwendung, z. B.	Lichtbogenart	Anwendung, z. B.
Kurzlichtbogen (KLB)	Zwangslagen- und Wurzelschweißung, niedrige Schweißleistung, Dünnblechschweißung, MIG- und MAG-Schweißen	Sprühlichtbogen (SLB)	hohe Abschmelzleistungen, größere Blechdicken, höhere Schweißgeschwindigkeiten, MIG- und MAG-Schweißen
Übergangslichtbogen (ÜLB)	mittlere Schweißleistungen, mittlere Blechdicken, MAG-Schweißen	Impulslichtbogen (ILB)	für alle Leistungsbereiche beim MIG- und MAG-Schweißen

[1] Die Einstellung des Lichtbogens richtet sich nach • der Blechdicke • dem Schutzgastyp • der Schweißposition • der Schweißleistung

MAG-Schweißen von unlegierten und niedriglegierten Stählen

Drahtelektroden und Schweißgut zum MAG-Schweißen von unlegierten Stählen und Feinkornbaustählen vgl. DIN EN ISO 14341 (2011-04)

Die Festigkeit und Zähigkeit des Schweißgutes werden durch den Elektrodenwerkstoff und das Schutzgas beeinflusst. Die Bezeichnung für das Schweißgut enthält deshalb Angaben über die Festigkeit, die Zähigkeit, das Schutzgas und den Elektrodenwerkstoff. Einteilung zwei Gruppen:

- Schweißgut mit garantierter **Streckgrenze R_e** und **Kerbschlagarbeit 47 J** → Kennbuchstabe A
- Schweißgut mit garantierter **Zugfestigkeit R_m** und **Kerbschlagarbeit 27 J** → Kennbuchstabe B

Bezeichnungsbeispiel (Schweißgut mit garantierter Streckgrenze und Kerbschlagarbeit 47 J):

ISO 14341 – A – G 46 5 M21 G3Si1

- ISO 14341: Norm-Nummer
- A: Kennbuchstabe für Schweißgut mit garantierter Streckgrenze und Kerbschlagarbeit 47 J
- G: Kennbuchstabe für • Schweißgut oder • Drahtelektrode
- 46: Kennziffern für Mindeststreckgrenze R_e
46 → R_e = 10 · 46 = 460 N/mm²
42 → R_e = 10 · 42 = 420 N/mm²
- 5: Kennziffer für die Temperaturgrenze der Kerbschlagarbeit
5 → Kerbschlagarbeit 47 J ist bis –50 °C garantiert
- M21: Kennbuchstabe für das Schutzgas
M21 → Schutzgas M21[1] (Seite 393)
- G3Si1: Drahtelektrodenwerkstoff
G3Si1
Si → mit Silizium

[1] Das Kurzzeichen M21 muss angewendet werden, wenn die Einteilung mit dem Schutzgas M21 nach DIN EN ISO 14175, jedoch ohne Helium, durchgeführt wurde.

Drahtelektroden für unlegierte Stähle und Feinkornbaustähle (Auswahl) vgl. DIN EN ISO 14341 (2011-04)

Schweißgut/ Drahtelektrode	Mindest-streckgrenze R_e in N/mm²	t[1] in °C	Schutz-gas[2]	Lichtbogen	geeignet für Stähle	Eigenschaften, Verwendung
G 42 3 C G3Si1	420	–30	C1	KLB	S235 ... S355	spritzerarmer Werkstoffübergang im Kurz- und Sprühlichtbogen, vielseitig einsetzbar in Fertigung und Reparatur
G 42 4 M G3Si1		–40	M21	KLB, SLB		
G 46 3 C G4Si1	460	–30	C1	KLB	S235 ... S460	
G 46 4 M G4Si1		–40	M21	KLB, SLB		

[1] Temperaturgrenze für Kerbschlagzähigkeit 47 J
[2] Schutzgase, mit denen die mechanischen Eigenschaften erreicht werden. Sorten Seite 393

F

Schutzgase für das MAG-Schweißen, MIG-Schweißen, Gasschweißen

Schutzgase für das MAG-Schweißen unlegierter Stähle (Auswahl) vgl. DIN EN ISO 14175 (2008-06)

Sorte[1], Kurzname	Anteil der Komponenten in % oxidierend (aktiv) CO_2	O_2	inert Ar	Eigenschaften, Verwendung
M12	> 0,5 … 5	–	Rest	geringer Aktivanteil (CO_2 und O_2), geringe Schlacken- und Spritzerbildung, für alle Lichtbogenarten, empfindlich gegen Rost, Zunder und verschmutzte Bleche, bevorzugt für blanke, dünne Bleche
M13	–	> 0,5 … 3	Rest	
M14	> 0,5 … 5	> 0,5 … 3	Rest	
M21	> 15 … 25	–	Rest	erhöhter Aktivanteil (CO_2 und O_2), höhere Schlacken- und Spritzerbildung, unempfindlicher gegen Rost, Zunder und verschmutzte Blechoberflächen, für alle Lichtbogenarten, größere Blechdicken **M22**: weniger Spritzer, bei Impulslichtbogen CO_2-Anteil < 20 %
M22	–	> 3 … 10	Rest	
M23	> 0,5 … 5	> 3 … 10	Rest	
M24	> 5 … 15	> 0,5 … 3	Rest	
C1	100	–	–	hoher Aktivanteil (CO_2 und O_2), hohe Schlacken- und Spritzerbildung, unempfindlich gegen Rost, Zunder und Verschmutzung, nicht für Impulslichtbogen geeignet, für größere Blechdicken mit Rost und Zunder
C2	Rest	> 0,5 … 30	–	

[1] Die Gaslieferanten bieten innerhalb einer Schutzgassorte oft mehrere Mischgase mit firmenspezifischen Bezeichnungen an, die genau auf den jeweiligen Schweißprozess abgestimmt sind.

MIG-Schweißen von Aluminium und Aluminiumlegierungen

Drahtelektroden für das MIG-Schweißen von Aluminium und Aluminiumlegierungen
vgl. DIN EN ISO 18273 (2016-5)

Bezeichnungsbeispiel:

ISO 18273 – S Al 4047 (Al Si12)

- ISO 18273: Norm-Nummer
- S: Kennbuchstabe für Drahtelektrode
- Al 4047: Nummerisches Kurzzeichen
- (Al Si12): Chemische Zusammensetzung der Drahtelektrode: Al = Hauptlegierungselement; Si12 = Siliziumanteil ca. 12 %

Drahtelektroden für das MIG-Schweißen von Aluminium und Al-Legierungen (Auswahl)

Kurzbezeichnung	Mindeststreckgrenze R_e in N/mm²	Schutzgas	Lichtbogen (Seite 392)	Verwendung für Grundwerkstoffe, zum Beispiel
S Al 1450 (Al 99,5Ti)	20	I1	KLB, SLB, ILB	Al 99, Al 99,5, Al 99,8, Al Mg0,5
S Al 4043 (Al Si5)	40	I1		Al MgSi0,5, Al MgSi0,7, Al MgSi1
S Al 4047 (Al Si12)	60	I1		G-Al Si11, G-Al Si10Mg(Cu), G-Al Si12(Cu)
S Al 5754 (Al Mg3)	80	I1		G-Al Mg3,5Si, Al Mg2,5, Al Mg3, Al Mg2Mn0,3
S Al 5356 (Al Mg5Cr(A))	110	I1		Al Mg3, Al Mg5, Al Zn4,5Mg1, Al Mg1SiCu

Die Festigkeitswerte werden mit dem Schutzgas I1 (70 % Argon + 30 % Helium) erreicht. Die Schweißstäbe und Drahtelektroden sind auch mit dem Schutzgas I3 (Inertgas) verschweißbar.

Gasschweißstäbe für das Verbindungsschweißen von Stahl
vgl. DIN EN 12536 (2000-08)

Kurzname	Mindeststreckgrenze R_e in N/mm²	KA[1] K_v in J	Verwendung für Stahlsorten	Anwendungsbereich, Schweißverhalten
O I	260	30	S235, S275	Bleche, Rohre; dünnflüssiges Schweißbad, viele Spritzer, Neigung zur Porenbildung
O II	300	47	S235, S275, P235GH, P265GH	Behälter, Rohrleitungen; Schweißbad weniger dünnflüssig als bei O I, wenig Spritzer, Neigung zu Poren
O III	310	47	S235, S275, P235GH, P275GH	Behälter und Rohrleitungen; zähflüssiges Schweißbad, keine Spritzer, keine Porenbildung
O IV	260	47	S235, S275, S355, P235, P235GH, P265GH, P295GH, 16Mo3	warmfeste Kessel und Rohrleitungen bis 450 °C; zähflüssiges Schweißbad, keine Spritzer, keine Porenbildung

[1] KA Kerbschlagarbeit K_v bei 20 °C, ermittelt an einer ISO-V-Probe

F

Lichtbogenschweißen

Umhüllte Stabelektroden für unlegierte Stähle und Feinkornstähle vgl. DIN EN ISO 2560 (2010-03)

Die mechanischen Eigenschaften der Schweißverbindung und das Schweißverhalten werden durch die Elektrode entscheidend beeinflusst.

Der **Kerndraht** der Elektrode beeinflusst
- die chemische Zusammensetzung des Schweißgutes
- die Festigkeit und die Zähigkeit

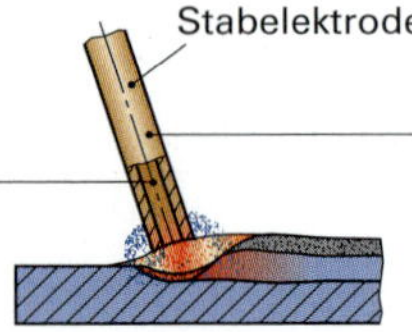

Die **Umhüllung** beeinflusst zum Beispiel
- die Festigkeit und die Zähigkeit
- das Zünd- und Schweißverhalten
- das Nahtaussehen und die Einbrandtiefe
- die Heiß- oder Kaltrissbildung

Die Festigkeit und die Zähigkeit des Schweißgutes sind wichtige Kenngrößen für die Qualität einer Schweißverbindung. Die Bezeichnung der Stabelektroden erfolgt nach diesen Kriterien in zwei Gruppen:

- Stabelektroden für ein Schweißgut mit garantierter **Streckgrenze** und **Kerbschlagarbeit 47 J** (ISO 2560-A)
- Stabelektroden für ein Schweißgut mit garantierter **Zugfestigkeit** und **Kerbschlagarbeit 27 J** (ISO 2560-B)

Bezeichnungsbeispiel: Stabelektrode für ein Schweißgut mit garantierter Streckgrenze und Kerbschlagarbeit von 47 J (**verbindliche** Angaben nach ISO 2560):

ISO 2560 – A – E 46 3 1Ni B

- ISO 2560: Norm-Nummer
- A: Kennbuchstabe für Schweißgut mit garantierter Streckgrenze und Kerbschlagarbeit 47 J
- E: Kennbuchstabe für die umhüllte Stabelektrode

Kennziffern für die Mindeststreckgrenze R_e	Kennziffer für die Temperaturgrenze der Kerbschlagarbeit	Kurzzeichen für die Legierung:	Kennbuchstabe für den Umhüllungstyp
46 → R_e = 10 · 46 = 460 N/mm² 42 → R_e = 10 · 42 = 420 N/mm² 38 → R_e = 10 · 38 = 380 N/mm²	3 → Kerbschlagarbeit 47 J ist bis −30 °C garantiert	1Ni → ca. 0,9 % Nickel • bei fehlendem Legierungskurzzeichen, z. B. bei E 38 0 RC, beträgt der Mn-Anteil immer 2 %	

Umhüllungstypen, Eigenschaften und Verwendung (Auswahl)

Umhüllungstyp, Bezeichnung	Eigenschaften, Verwendung	Schweißpositionen (Seite 390)
RA rutil-sauer-umhüllt	meist dick umhüllte Stabelektroden, flache und glatte Schweißnähte, empfindlich gegen Erstarrungsrisse	PA, PB, PC, PD, PE, PF
RB rutil-basisch-umhüllt	meist dick umhüllte Elektroden, gute mechanische Eigenschaften, gute Schweißeigenschaften	
RC rutil-zellulose-umhüllt	grober Tropfenüberhang, geeignet zur Dünnblechschweißung, auch für Fallpositionen	PA, PB, PC, PD, PE, PF, PG
RR dick-rutil-umhüllt	feinschuppige und gleichmäßige Nähte, gutes Wiederzünden des Lichtbogens, hohe Abschmelzleistung	PA, PB, PC, PD, PE, PF
B basisch-umhüllt	hohe Zähigkeit (Kerbschlagarbeit) bei tiefen Temperaturen, gute Sicherheit gegen Rissbildung	PA, PB, PC, PD, PE, PF, PG

F

Umhüllte Stabelektroden zum Lichtbogenschweißen unlegierter und niedriglegierter Stähle (Auswahl)

Kurzname	Mindeststreckgrenze R_e in N/mm²	t[1] in °C	geeignet für Stähle	Eigenschaften, Verwendung
E 38 0 RC	380	0	S235...S355	für Montage- und Werkstattschweißungen
E 42 0 RR	420	0	S235...S355	ausgezeichnete Schweißeigenschaften, saubere Nähte
E 38 2 RB	380	−20	S235...S355	für Wurzel-, Füll- und Decklagen geeignet
E 38 2 RA	380	−20	S235...S355	hohe Abschmelzleistung
E 46 6 1Ni	460	−60	S235...S460	rissfreie Verbindungen mit hoher Kaltzähigkeit

[1] Temperaturgrenze für Kerbschlagzähigkeit 47 J

Die Elektrodenhersteller bieten innerhalb einer Normbezeichnung verschiedene Elektrodentypen an, die jeweils auf spezielle Anforderungen abgestimmt sind.

Nahtplanung, Einstell- und Leistungswerte beim Schweißen

Nahtplanung				Einstellwerte				Leistungswerte	
Nahtform	Naht dicke t, a mm	Draht-durchmesser mm	Anzahl der Lagen	Spannung V	Strom A	Drahtvorschubgeschw.[1] m/min	Schutzgas l/min	Schweißzusatz g/m	Hauptnutzungszeit min/m
Metall-Schutzgasschweißen (MAG) für unlegierte Stähle (Richtwerte)									
Schweißposition: PB	Drahtelektrode ISO 14341-A-G 46 4 M G3Si1						Schutzgas: M21		
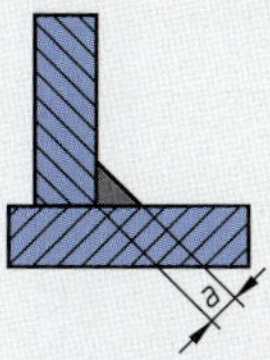	2 3 4	0,8 1,0 1,0	1	20 22 23	105 215 220	7 11 11	10	45 90 140	1,5 1,4 2,1
	5 6 7	1,0 1,0 1,2	1 1 3	30	300	10	15	215 300 390	2,6 3,5 4,6
	8 10	1,2	3 4	30	300	10	15	545 805	6,4 9,5
Metall-Schutzgasschweißen (MIG) für Aluminiumlegierungen (Richtwerte)									
Schweißposition: PA	Drahtelektrode ISO 18273-A-S Al5754 (AlMg3)						Schutzgas: I1		
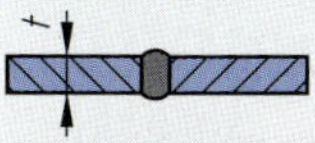	4 5 6	1,2 1,6 1,6	1	23 25 26	180 200 230	3 4 7	12 18 18	30 77 147	2,9 3,3 3,9
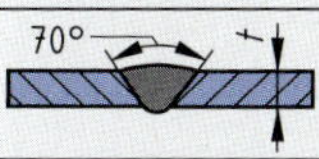	5 6 8	1,6	1 2 2	22 22 26	160 170 220	6 6 7	18	126 147 183	4,2 4,6 5,0

[1] Beim MIG-Schweißen: Schweißgeschwindigkeit

Lichtbogenschweißen, Nahtplanung für V-Nähte

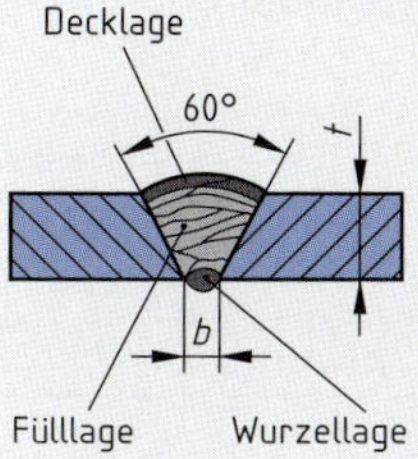

Nahtdicke t, a mm	Spalt s mm	Anzahl und Art der Lagen[1]	Elektrodenabmessungen $d \times l$ mm	spez. Elektrodenbedarf z_s Stück/m	Nahtmasse je Lagenart m_s g/m	Nahtmasse gesamt m g/m
4	1	1 W 1 D	3,2 x 450 4 x 450	3 2	75 80	155
5	1,5	1 W 1 D	3,2 x 450 4 x 450	4 2,9	100 110	210
6	2	1 W 2 D	3,2 x 450 4 x 450	4 4,7	100 185	285
8	2	1 W 1 F 1 D	3,2 x 450 4 x 450 5 x 450	4 3,7 3,5	100 145 215	460
10	2	1 W 1 F 1 D	3,2 x 450 4 x 450 5 x 450	4 4 6,2	100 195 380	675

Lichtbogenschweißen, Nahtplanung für Kehlnähte

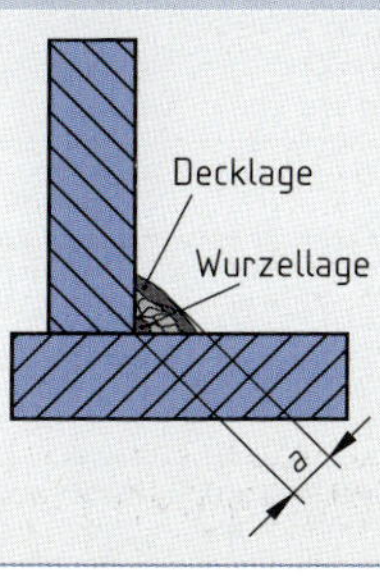

Nahtdicke t, a mm	Spalt s mm	Anzahl und Art der Lagen[1]	Elektrodenabmessungen $d \times l$ mm	spez. Elektrodenbedarf z_s Stück/m	Nahtmasse je Lagenart m_s g/m	Nahtmasse gesamt m g/m
3 4	– –	1 1	3,2 x 450 4 x 450	3,2 3,6	80 140	80 140
5 6	– –	3 3	3,2 x 450 4 x 450	8,6 8	215 310	215 310
8	–	1 W 2 D	4 x 450 5 x 450	3 7	120 430	550
10	–	1 W 4 D	4 x 450 5 x 450	3 12,3	120 745	865
12	–	1 W 4 D	4 x 450 5 x 450	3 18,5	120 1125	1245

[1] W Wurzellage; F Fülllage; D Decklage

F

Richtwerte für das Strahlschneiden

Richtwerte für das autogene Brennschneiden

Werkstoff: unlegierter Baustahl; Brenngas: Acetylen

Blechdicke s mm	Schneiddüse mm	Schnittfugenbreite mm	Sauerstoffdruck Schneiden bar	Sauerstoffdruck Heizen bar	Acetylendruck bar	Gesamtsauerstoffverbrauch m^3/h	Acetylenverbrauch m^3/h	Schneidgeschwindigkeit Qualitätsschnitt m/min	Schneidgeschwindigkeit Trennschnitt m/min
5			2,0			1,67	0,27	0,69	0,84
8	3...10	1,5	2,5	2,0	0,2	1,92	0,32	0,64	0,78
10			3,0			2,14	0,34	0,60	0,74
10			2,5			2,46	0,36	0,62	0,75
15	10...25	1,8	3,0	2,5	0,2	2,67	0,37	0,52	0,69
20			3,5			2,98	0,38	0,45	0,64
25			4,0			3,20	0,40	0,41	0,60
30	25...40	2,0	4,3	2,5	0,2	3,42	0,42	0,38	0,57
35			4,5			3,54	0,44	0,36	0,55

Richtwerte für das Plasmaschneiden[1]

	Werkstoff: hochlegierte Baustähle Schneidtechnik: Argon-Wasserstoff							Werkstoff: Aluminium Schneidtechnik: Argon-Wasserstoff					
Blechdicke s mm	Stromstärke Qualitätsschnitt A	Stromstärke Trennschnitt A	Schneidgeschwindigkeit Qualitätsschnitt m/min	Schneidgeschwindigkeit Trennschnitt m/min	Verbrauchswerte Argon m^3/h	Verbrauchswerte Wasserstoff m^3/h	Verbrauchswerte Stickstoff m^3/h	Stromstärke Qualitätsschnitt A	Stromstärke Trennschnitt A	Schneidgeschwindigkeit Qualitätsschnitt m/min	Schneidgeschwindigkeit Trennschnitt m/min	Verbrauchswerte Argon m^3/h	Verbrauchswerte Wasserstoff m^3/h
4			1,4	2,4	0,6	–	1,2			3,6	6,0		
5	70	120	1,1	2,0	0,6	–	1,2	70	120	1,9	5,0	1,2	0,5
10			0,65	0,95	1,2	0,24	–			1,1	1,6		
15			0,35	0,6	1,2	0,24	–			0,6	1,3		
20	70	120	0,25	0,45	1,2	0,24	–	70	120	0,35	0,75	1,2	0,5
25			0,35	0,35	1,5	0,48	–			0,2	0,5		

[1] Die Werte gelten für eine Lichtbogenleistung von ca. 12 kW und 1,2 mm Schneiddüsen-Durchmesser.

Richtwerte für das Laserstrahlschneiden[1]

W[2]	Blechdicke s mm	Schneidgeschw. v m/min	Schneidgas	Schneidgasdruck p bar	Schneidgeschw. v m/min	Schneidgas	Schneidgasdruck p bar	Schneidgeschw. v m/min	Schneidgas	Schneidgasdruck p bar
		Laserleistung 1 kW			Laserleistung 1,5 kW			Laserleistung 2 kW		
Stahl unlegiert	1	5,0...8,0			7,0...10			7,0...10		
	1,5	4,0...7,0			5,5...7,5			5,6...7,4		
	2	4,0...6,0			4,8...6,2			4,8...6,1		
	2,5	3,5...5,0	O_2	1,5...3,5	4,2...5,0	O_2	1,5...3,5	4,2...5,0	O_2	1,5...3,5
	3	3,5...4,0			3,5...4,2			2,8...3,6		
	4	2,5...3,0			2,8...3,3			2,8...3,4		
	5	1,8...2,3			2,3...2,7			2,5...3,0		
	6	1,3...1,6			1,9...2,2			2,1...2,5		
Stahl rostfrei	1	4,0.. 5,5		8	5,0...7,0		6	4,5...9,0		12
	1,5	2,8...3,6		10	3,5...5,2		10	3,8...6,6		13
	2	2,2...2,8	N_2	14	2,0...4,0	N_2	10	3,4...5,3	N_2	14
	2,5	1,6...2,0			1,9...3,2		14	2,7...3,8		
	3	1,3...1,4		15	1,8....2,4		14	2,2...2,7		14
	4	–		–	1,0...1,1		15	1,4...1,8		16

[1] Die Tabellenwerte gelten für eine Linsenbrennweite f = 127 mm (5") und eine Schnittspaltbreite b = 0,15 mm.
[2] W Werkstoffgruppe

F

Anwendungsbereiche und Schnittqualität für das Strahlschneiden

Anwendungsbereiche für Trennverfahren

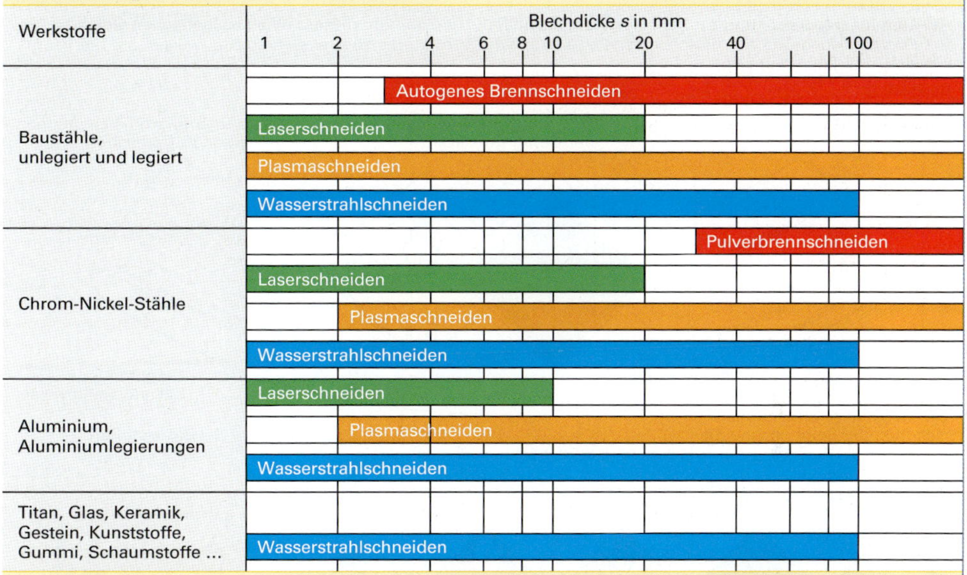

Schnittqualität und Maßtoleranzen für thermische Schnitte

vgl. DIN EN ISO 9013 (2003-07)

Die Angaben gelten für
- autogenes Brennschneiden,
- Plasmaschneiden,
- Laserstrahlschneiden.

Die Qualität der Schnittflächen wird festgelegt durch
- die Rechtwinkligkeitstoleranz u,
- die gemittelte Rautiefe R_{z5}.

l Nennlänge
s Werkstückdicke
u Rechtwinkligkeitstoleranz
R_{z5} gemittelte Rautiefe
Δl Grenzabmaße für die Nennlänge l

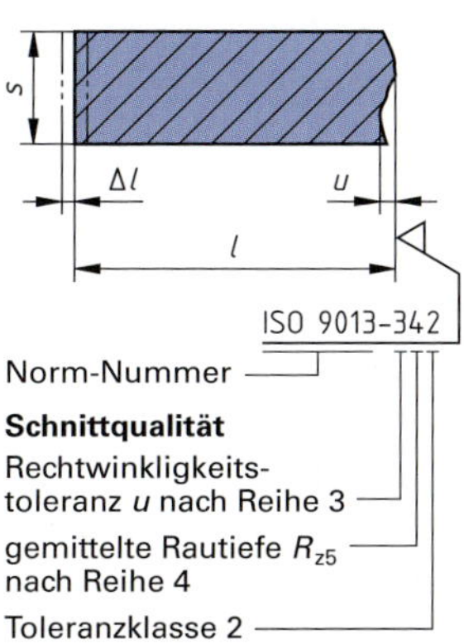

Qualität der Schnittflächen

Bereich	Rechtwinkligkeitstoleranz u in mm	gemittelte Rautiefe R_{z5} in µm	Bemerkung
1	$u < 0{,}05 + 0{,}003 \cdot s$	$R_{z5} < 10 + 0{,}6 \cdot s$	Werkstückdicke s in mm einsetzen
2	$u < 0{,}15 + 0{,}007 \cdot s$	$R_{z5} < 40 + 0{,}8 \cdot s$	
3	$u < 0{,}4 + 0{,}01 \cdot s$	$R_{z5} < 70 + 1{,}2 \cdot s$	
4	$u < 1{,}2 + 0{,}035 \cdot s$	$R_{z5} < 110 + 1{,}8 \cdot s$	

Grenzabmaße für Nennlängen

Werkstückdicke s in mm	Grenzabmaße Δl für Nennlängen l in mm					
	Toleranzklasse 1			Toleranzklasse 2		
	> 35 ≤ 125	> 125 ≤ 315	> 315 ≤ 1000	> 35 ≤ 125	> 125 ≤ 315	> 315 ≤ 1000
> 1 ≤ 3,15	± 0,3	± 0,3	± 0,4	± 0,7	± 0,8	± 0,9
> 3,15 ≤ 6,3	± 0,4	± 0,5	± 0,5	± 0,9	± 1,1	± 1,2
> 6,3 ≤ 10	± 0,6	± 0,7	± 0,7	± 1,3	± 1,4	± 1,5
> 10 ≤ 50	± 0,7	± 0,8	± 1	± 1,8	± 1,9	± 2,3
> 50 ≤ 100	± 1,3	± 1,4	± 1,7	± 2,5	± 2,6	± 3
> 100 ≤ 150	± 2	± 2,1	± 2,3	± 3,3	± 3,4	± 3,7

Beispiel: Autogenes Brennschneiden nach Toleranzklasse 2, $l = 450$ mm, $s = 12$ mm, Schnittqualität nach Bereich 4

Gesucht: Δl; u; R_{z5}

Lösung: $\Delta l = \pm$ **2,3 mm**

$u = 1{,}2 + 0{,}035 \cdot s = 1{,}2\ \text{mm} + 0{,}035 \cdot 12\ \text{mm} =$ **1,62 mm**

$R_{z5} = 110 + 1{,}8 \cdot s = 110\ \mu\text{m} + 1{,}8 \cdot 12\ \mu\text{m} =$ **131,6 µm**

F

Gasflaschen-Kennzeichnung

Gefahrgutaufkleber

vgl. DIN EN ISO 7225 (2013-01)

Auf Einzelgasflaschen muss zur Kennzeichnung des Inhalts und der von diesem Inhalt ausgehenden Gefahren ein Gefahrgutaufkleber auf der Flaschenschulter angebracht werden. Bis zu drei Gefahrzettel weisen auf die hauptsächlichen Gefahren hin.

Beispiel:

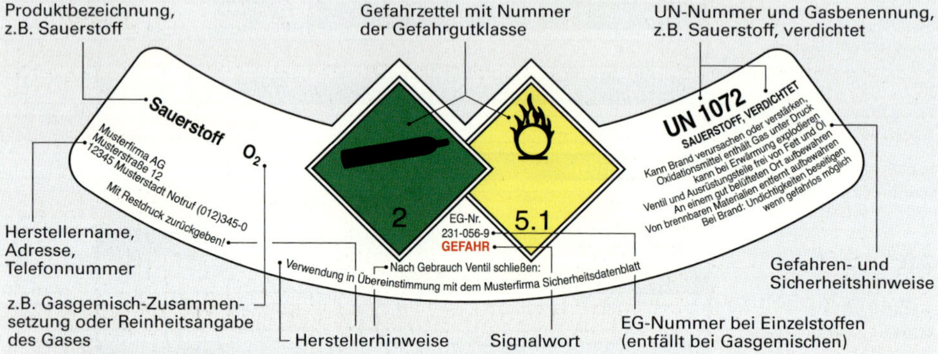

Gefahrzettel

nicht entzündbar nicht giftig — entzündbar — giftig — entzündend — ätzend

Farbkennzeichnung

vgl. DIN EN 1089-3 (2011-10)

Die verbindliche Kennzeichnung des Gasinhaltes erfolgt auf dem Gefahrgutaufkleber. Die Farbkennzeichnung der Flaschenschulter dient im Notfall, z. B. bei einem Brand, als zusätzliche Identifizierung des Flascheninhaltes aus größerer Entfernung. Diese Farbkennzeichnung gilt nicht für Flüssiggase, für Gase zur Verwendung als Kältemittel und für Flaschenbündel.

Allgemeine Kennzeichenregel für Gefahreigenschaften

abnehmendes Gefahrenpotenzial →

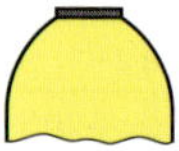 gelb	 rot	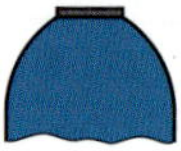 hellblau	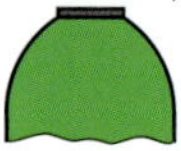 leuchtendes Grün
Eigenschaften			
giftig und/oder korrosiv	entzündbar	oxidierend	inert[1]
Beispiele			
Ammoniak, Chlor, Fluor, Kohlenmonoxid, Kohlendioxid	Wasserstoff, Methan, Ethylen	Sauerstoff + Kohlendioxid (> 23,5 % Sauerstoff)	Krypton, Xenon, Neon, Schweißschutzgasgemische, Druckluft (techn.)

Farbkennzeichnung bei Gasen mit mehr als einer Gefahreigenschaft[2] (Beispiele)		Farbkennzeichnung für besondere Gase (Beispiele)	
Ethylenoxid	Fluorwasserstoff	Acetylen	Sauerstoff (techn.)
 giftig (und/oder korrosiv) und entzündbar	 giftig (und/oder korrosiv) und oxidierend	 entzündbar	 oxidierend

[1] nicht giftig, nicht korrosiv, nicht entzündbar, nicht oxidierend

[2] Bei Gasen und Gasgemischen mit mehr als einer Gefahreigenschaft muss die Flaschenschulter mit der Farbe gekennzeichnet werden, welche die Hauptgefahr darstellt. Die Farbe mit der geringeren Gefahr darf ebenfalls auf der Flaschenschulter angegeben werden.

F

Gasflaschen-Kennzeichnung

Spezielle Kennzeichnung der Flaschenschulter für gebräuchliche Gase

vgl. DIN EN 1089-3 (2011-10) und Merkblatt des Industriegaseverbandes

Sauerstoff	Acetylen	Argon	Stickstoff	Kohlendioxid	Helium
weiß	kasta-nien-braun	dunkel-grün	schwarz	grau	braun

Reingase und Gasgemische für den industriellen Einsatz; Farbkennzeichnung für Flaschenschulter und -mantel[1] (Beispiele)

vgl. Merkblatt des Industriegaseverbandes

Sauerstoff (technisch)	**Acetylen**	**Argon**	**Stickstoff**
weiß grau	kasta-nien-braun kasta-nien-braun	dunkel-grün grau (dunkel-grün)	schwarz grau (schwarz)
Kohlendioxid	**Helium**	**Xenon/Krypton/Neon**	**Wasserstoff**
grau grau	braun grau	leuchtend-grün grau (leuchtend-grün)	rot rot
Formiergas (Gemisch Stickstoff/Wasserstoff)	**Gemisch (Argon/Kohlendioxid)**	**Druckluft**	**Ammoniak, Chlor ... (giftige Gase)**
rot grau	leuchtend-grün grau	leuchtend-grün grau	gelb grau

Spezielle Kennzeichnung für Schutzgasgemische (Beispiele)

vgl. Merkblatt des Industriegaseverbandes

Kohlendioxid/Stickstoff	Kohlendioxid/Sauerstoff	Argon/Stickstoff	Argon/Sauerstoff
grau schwarz grau	grau weiß grau	dunkel-grün schwarz grau	dunkel-grün weiß grau

[1] Die Farbe des zylindrischen Flaschenmantels ist für Industriegase nicht genormt. Der Industriegaseverband schlägt folgende Farbgebung vor: Flaschenmantel grau oder gleiche Farbe wie Flaschenschulter, aber nicht weiß.

F

Lote und Flussmittel

Hartlote für Schwermetalle

vgl. DIN EN ISO 17672 (2017-01), Ersatz für DIN EN 1044 (1999-07)

Lotwerkstoff Gruppe	Kurzzeichen[1]	Legierungskurzzeichen nach ISO 3677	Hinweise für die Verwendung[3]: Arbeitstemperatur °C	Lötstoß	Lotzufuhr[2]	Werkstoffe
Silberhaltige Lote						
AgCuZnCd	Ag 345	B-Ag45CdZnCu-605/620	620	S	a, e	Edelmetalle, Stähle, Kupferlegierungen
	Ag 350	B-Ag50CdZnCu-620/640	640	S	a, e	
	Ag 326	B-Cu30ZnAgCd-605/720	750	S, F	a, e	Stähle, Temperguss, Kupfer, Kupferlegierungen, Nickel, Nickellegierungen
	Ag 340	B-Ag40ZnCdCu-595/630	610	S	a, e	
AgCuZn(Sn)	Ag 134	B-Cu36AgZnSn-630/730	710	S	a, e	Stähle, Temperguss, Kupfer, Kupferlegierungen, Nickel, Nickellegierungen
	Ag 145	B-Ag45CuZnSn-640/680	670	S	a, e	
	Ag 225	B-Cu40ZnAg-700/790	780	S	a, e	
	Ag 244	B-Ag44CuZn-675/735	730	S	a, e	
Silbergehalt < 20 %	Ag 205	B-Cu55ZnAg(Si)-820/870	860	S, F	a, e	Stähle, Temperguss, Kupfer, Kupferlegierungen, Nickel, Nickellegierungen
	Ag 212	B-Cu48ZnAg(Si)-800/830	830	S	a, e	
	CuP 279	B-Cu92PAg-645/825	710	S, F	a, e	Kupfer u. nickelfreie Kupferlegierungen **Nicht** geeignet für eisen- oder nickelhaltige Grundwerkstoffe
	CuP 281	B-Cu89AgP-645/815	710	S, F	a, e	
	CuP 284	B-Cu80PAg-645/800	710	S	a, e	
Sonder-Hartlote	Ag 351	B-Ag50CdZnCuNi-635/655	660	S	a, e	Kupferlegierungen
	Ag 449	B-Ag49ZnCuMnNi-680/705	690	S	a, e	Hartmetall auf Stahl, Wolfram- und Molybdän-Werkstoffe
	Ag 463	B-Ag63CuSnNi-690/800	790	S	a, e	Chrom, Chrom-Nickel-Stähle
Kupferbasislote						
Cu 141		B-Cu100(P)-1083	1100	S	e	Stähle
Cu 922		B-Cu94Sn(P)-910/1040	1040	S	e	Eisen- und Nickelwerkstoffe
Cu 925		B-Cu88Sn(P)-825/990	990	S	e	
Cu 470a		B-Cu60Zn(Si)-875/895	900	S, F	a, e	St, Temperguss, Cu, Ni, Cu- u. Ni-Leg.
Cu 773		B-Cu48ZnNi(Si)-890/920	910	S, F	a, e	Stähle, Temperguss, Ni, Ni-Legierungen
				F	a	Gusseisen
CuP 180		B-Cu93P-710/820	720	S	a, e	Cu, Fe-freie und Ni-freie-Cu-Legierungen
Nickelbasislote zum Hochtemperaturlöten						
Ni 620		B-Ni82CrSiBFe-970/1000	990	S	a, e	Nickel, Cobalt, Nickel- und Cobaltlegierungen, unlegierte und legierte Stähle
Ni 630		B-Ni92SiB-980/1040	1030			
Ni 650		B-Ni71CrSi-1080/1135	1130			
Ni 710		B-Ni76CrP-890	890			
Aluminiumbasislote						
Al 107		B-Al92Si-575/615	610	S	a, e	Aluminium und Al-Legierungen der Typen AlMn, AlMgMn, G-AlSi; bedingt für Al-Legierungen der Typen AlMg, AlMgSi bis zu 2 % Mg-Gehalt
Al 110		B-Al90Si-575/590	600	S	a, e	
Al 112		B-Al88Si-575/585	595	S	a, e	

Lötstoß

Spaltlöten: $b < 0{,}25\,\mathrm{mm}$

Fugenlöten: $b > 0{,}3\,\mathrm{mm}$

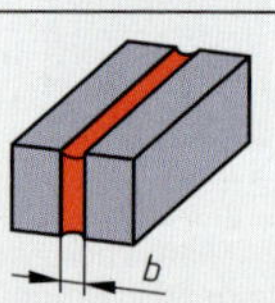

[1] Die beiden Buchstaben geben die Legierungsgruppe an, während die dreistelligen Zahlen reine Zählnummern in fortlaufender Form darstellen.

[2] a Lot angesetzt; e Lot eingelegt

[3] Die Angaben der Hersteller sind zu beachten.

Weichlote und Flussmittel

Weichlote

vgl. DIN EN ISO 9453 (2014-12)

Legierungsgruppe[1]	Legierungs-Nr.[2]	Legierungskurzzeichen nach ISO 3677[3]	bisherige Kurzzeichen DIN 1707	Arbeitstemperatur °C	Anwendungsbeispiele
Zinn-Blei	101	Sn63Pb37	L-Sn63Pb	183	Feinwerktechnik
	102	Sn63Pb37E	L-Sn63Pb	183	Elektronik, gedruckte Schaltungen
	103	Sn60Pb40	L-Sn60Pb	183…190	gedruckte Schaltungen, Edelstahl
Blei-Zinn	111	Pb50Sn50	L-Sn50Pb	183…215	Elektroindustrie, Verzinnung
	114	Pb60Sn40	L-PbSn40	183…238	Feinblechpackungen, Metallwaren
	116	Pb70Sn30	–	183…255	Klempnerarbeiten, Zink, Zinklegierungen
	124	Pb98Sn2	L-PbSn2	320…325	Kühlerbau
Zinn-Blei-Antimon	131	Sn63Pb37Sb	–	183	Feinwerktechnik
	132	Sn60Pb40Sb	L-Sn60Pb(Sb)	183…190	Feinwerktechnik, Elektroindustrie
	134	Pb58Sn40Sb2	L-PbSn40Sb	185…231	Kühlerbau, Schmierlot
	136	Pb74Sn25Sb1	L-PbSn25Sb	185…263	Schmierlot, Bleilötungen
Zinn-Blei-Bismut	141	Sn60Pb38Bi2	–	180…185	Feinlötungen
	142	Pb49Sn48Bi3	–	178…205	Niedertemperaturlot, Schmelzsicherungen
Zinn-Blei-Cadmium	151	Sn50Pb32Cd18	L-SnPbCd18	145	Thermosicherungen, Kabellötungen
Zinn-Blei-Kupfer	161	Sn60Pb39Cu1	L-SnPbCu3	183…190	Elektrogerätebau, Feinwerktechnik
	162	Sn50Pb49Cu1	L-Sn50PbCu	183…215	
Zinn-Blei-Silber	171	Sn62Pb36Ag2	L-Sn60PbAg	179	Elektrogeräte, gedruckte Schaltungen
Blei-Zinn-Silber	182	Pb95Ag5	L-PbAg5	304…370	für hohe Betriebstemperaturen
	191	Pb93Sn5Ag2	–	296…301	Elektromotoren, Elektrotechnik

[1] Weichlote für Aluminium sind in EN ISO 9453 nicht mehr enthalten.
[2] Die Legierungsnummern ersetzen die Werkstoffnummern nach DIN 1707.
[3] Mit Spuren (< 0,5 %) von Sb, Bi, Cd, Au, In, Al, Fe, Ni, Zn: Seiten 120 und 121.

Flussmittel zum Weichlöten

vgl. DIN EN ISO 9454-1 (2016-07) (DIN EN 29454-1 zurückgezogen)

Kennzeichen nach den Hauptbestandteilen				Einteilung nach der Wirkung	
Flussmitteltyp	Flussmittelbasis	Flussmittelaktivator	Halogenidmassenanteil %	Kurzzeichen	Wirkung der Rückstände
1 Harz	1 Kolophonium 2 ohne Kolophonium	1 ohne Aktivator 2 mit Halogenen aktiviert 3 ohne Halogene aktiviert	1 < 0,01 2 < 0,15 3 0,15…2,0 4 > 2,0	111… 123…	nicht korrodierend
2 organisch	1 wasserlöslich 2 nicht wasserlöslich			122… 212… 213… 311… 321…	bedingt korrodierend
3 anorganisch	1 Salze	1 mit Ammoniumchlorid 2 ohne Ammoniumchlorid			
	2 Säuren	1 Phosphorsäure 2 andere Säuren			
	3 alkalisch	1 Amine und/oder Ammoniak		311… 322…	stark korrodierend

⇒ **Flussmittel ISO 9454 – 1223:** Flussmittel vom Typ Harz (1), Basis ohne Kolophonium (2), mit Halogeniden aktiviert (2), Halogenidanteil von 0,15 % bis 2,0 % (3)

Flussmittel zum Hartlöten

vgl. DIN EN 1045 (1997-08)

Flussmittel	Wirktemperatur	Hinweise für die Verwendung
FH10	550...800 °C	Vielzweckflussmittel; Rückstände sind abzuwaschen oder abzubeizen.
FH11	550...800 °C	Cu-Al-Legierungen; Rückstände sind abzuwaschen oder abzubeizen.
FH12	550...850 °C	Rostfreie und hochlegierte Stähle, Hartmetalle; Rückstände sind abzubeizen.
FH20	700...1000 °C	Vielzweckflussmittel; Rückstände sind abzuwaschen oder abzubeizen.
FH21	750...1100 °C	Vielzweckflussmittel; Rückstände sind mechanisch entfernbar oder abzubeizen.
FH30	über 1000 °C	Für Kupfer- und Nickellote; Rückstände sind mechanisch entfernbar.
FH40	650...1000 °C	Borfreies Flussmittel; Rückstände sind abzuwaschen oder abzubeizen.
FL10	400...700 °C	Leichtmetalle; Rückstände sind abzuwaschen oder abzubeizen.
FL20	400...700 °C	Leichtmetalle; Rückstände sind nicht korrosiv, jedoch vor Feuchtigkeit zu schützen.

Lötverbindungen

Einteilung der Lötverfahren

Unterscheidungs-merkmale	Lötverfahren Weichlöten	Hartlöten	Hochtemperaturlöten
Arbeitstemperatur	< 450 °C	> 450 °C	> 900 °C
Energiequelle	Kolben, Lötbad, elektrischer Widerstand	Flamme, Ofen	Flamme, Laserstrahl, elektrische Induktion
Grundwerkstoff	Cu-, Ag-, Al-Legierungen, Nichtrostender Stahl, Stahl, Cu-, Ni-Legierungen	Stahl, Hartmetall-Schneidplatten	Stahl, Hartmetall
Lotwerkstoff	Sn-, Pb-Legierungen	Cu-, Ag-Legierungen	Ni-Cr-Legierungen, Ag-Au-Pd-Legierungen
Hilfsmittel	Flussmittel	Flussmittel, Vakuum	Vakuum, Schutzgas

Richtwerte für Lötspaltbreiten

Grundwerkstoff	Lötspaltbreite in mm für Weichlote	für Hartlote auf Kupferbasis	Messingbasis	Silberbasis
Stahl, unlegiert	0,05...0,2	0,05...0,15	0,1...0,3	0,05...0,2
Stahl, legiert	0,1...0,25	0,1...0,2	0,1...0,35	0,1...0,25
Cu, Cu-Legierungen	0,05...0,2	–	–	0,05...0,25
Hartmetall	–	0,3...0,5	–	0,3...0,5

Gestaltungsregeln für Lötverbindungen

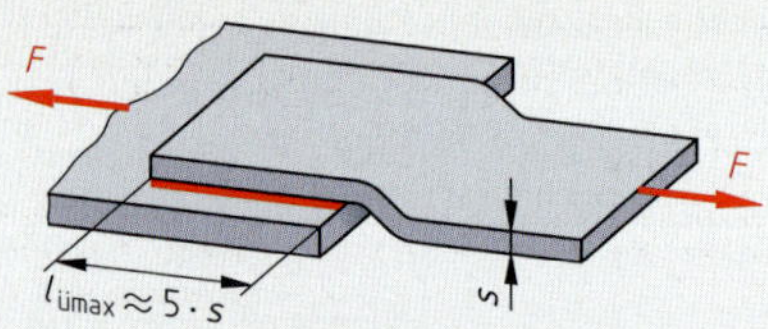

auf Abscheren belastete Lötverbindung

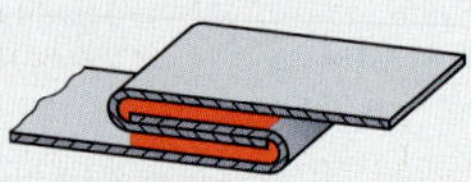
Entlastung der Lötnaht durch Falz

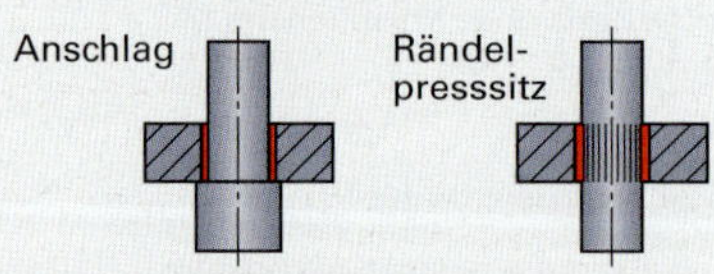

Fertigungserleichterung

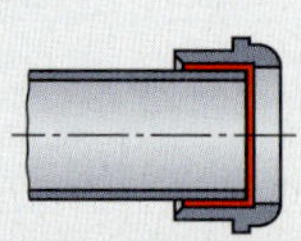
auf Rohr gelötete Kugelbuchse

Vorbedingungen

- Lötspaltbreite so groß, dass Flussmittel und Lot durch die Kapillarwirkung den Lötspalt sicher füllen (Tabelle oben)
- Parallelität der beiden Lötflächen
- Die durch die Bearbeitung vorhandene Rautiefe bei Cu-Loten $Rz = 10...16$ µm, bei Ag-Loten $Rz = 25$ µm kann bestehen bleiben.

Kraftübertragung

- Die Lötnaht ist so anzuordnen, dass sie möglichst auf Abscheren (Schub) beansprucht wird. Insbesondere Weichlötnähte dürfen nicht auf Zug oder schälend beansprucht werden.
- Bei Lötspalttiefen $l_ü > 5 \cdot s$ füllt sich der Spalt nicht mehr zuverlässig mit Lot. Deshalb kann die Belastbarkeit durch eine größere Spalttiefe nicht erhöht werden.
- Die Kraftübertragung kann z. B. durch Falzen vergrößert werden

Fertigungserleichterung

- Beim Löten muss die Position der zu verbindenden Bauteile z. B. durch entsprechende Gestaltung, durch eine Vorrichtung oder durch Rändelpresssitze gewährleistet werden.

Anwendungsbeispiele

- Rohre und Fittings
- Blechteile
- Werkzeuge mit aufgelöteten Hartmetallschneiden

Klebstoffe, Vorbehandlung der Fügeflächen

Eigenschaften und Einsatzbedingungen von Klebstoffen[1]

Klebstoff	Handelsname	Aushärtebedingungen Temperatur °C	Zeit	max. Betriebstemperatur °C	Zugscherfestigkeit τ_B N/mm²	Elastizität	Verwendung, besondere Eigenschaften
Methylmethacrylat (MMA)	Agomet, Stabilit-Express	0…30	1 h	80 kurzzeitig bis 150	6…30	gering	Metalle, Duroplaste, Keramik, Glas
Epoxidharz (EP)	Araldite, Metallon, Uhu-Plus	20…150	1 h… 12 h	50…150	10…35	gering	Metalle, Duroplaste, Glas, Keramik, Beton, Holz; lange Härtezeit
Phenolharz (PF)	Bakelite, Pertinax,	120…200	60 s	140	20	gering	Metalle, Duroplaste, Glas, Elastomere, Holz, Thermoplaste
Polyvinylchlorid (PVC)	Bostik, Tangit	20	> 24 h	60	60	gering	Metalle, Duroplaste, Glas, Elastomere, Holz, Keramik
Polyurethan (PUR)	Delopur, Fastbond, Macroplast	50	> 24 h	40	10…50	vorhanden	Metalle, Elastomere, Glas, Holz, einige Thermoplaste
Polyesterharz (UP)	Leguval, Verstopal	25	1 h	170	60	gering	Metalle, Duroplaste, Keramik, Glas
Polychloroprene (CR)	Baypren, ContiSecur	50	1 h	110	5	vorhanden	Kontaktkleber für Metalle und Kunststoffe
Cyanacrylat	Permabond 737, Sicomet 77	20	40 s	120	20…35	gering	Schnellkleber für Metalle, Kunststoffe, Elastomere
Schmelzklebstoffe	Jet-Melt, Ecomelt, Technomelt, Vestra-Melt	20	> 30 s	50	2…5	vorhanden	Werkstoffe aller Art; Klebewirkung durch Erkalten

[1] Aufgrund der unterschiedlichen chemischen Zusammensetzung der Klebstoffe sind die angegebenen Werte nur grobe Richtwerte. Exakte Angaben sind beim Hersteller zu erfragen.

Vorbehandlung von Fügeteilen für Klebeverbindungen

vgl. VDI 2229 (1979-06)

Werkstoff	Behandlungsfolge[1] für Beanspruchungsart[2] niedrig	mittel	hoch	Werkstoff	Behandlungsfolge[1] für Beanspruchungsart[2] niedrig	mittel	hoch
Al-Legierungen	1-2-3-4	1-6-5-3-4	1-2-7-8-3-4	Stahl, blank	1-2-3-4	1-6-2-3-4	1-7-2-3-4
Mg-Legierungen		1-6-2-3-4	1-7-2-9-3-4	Stahl, verzinkt		1-2-3-4	1-2-3-4
Ti-Legierungen		1-6-2-3-4	1-2-10-3-4	Stahl, phosphatiert		1-2-3-4	1-6-2-3-4
Cu-Legierungen	1-2-3-4	1-6-2-3-4	1-7-2-3-4	Übrige Metalle	1-2-3-4	1-6-2-3-4	1-7-2-3-4

[1] **Kennziffern für die Behandlungsart**

1 **Reinigen** von Schmutz, Zunder, Rost
2 **Entfetten** mit organischen Lösungsmitteln oder wässrigen Reinigungsmitteln
3 **Spülen** mit klarem Wasser
4 **Trocknen** in Warmluft bis 65 °C
5 **Entfetten** mit gleichzeitigem Beizen
6 **Mechanisches Aufrauen** durch Schleifen oder Bürsten
7 **Mechanisches Aufrauen** durch Strahlen
8 **Beizen 30 min**, bei 60 °C in 27,5 %iger Schwefelsäure
9 **Beizen 1 min**, bei 20 °C in 20 %iger Salpetersäure
10 **Beizen 3 min**, bei 20 °C in 15 %iger Flusssäure

[2] **Beanspruchungsarten für Klebeverbindungen**

niedrig: Zugscherfestigkeit bis 5 N/mm²; trockene Umgebung; für Feinmechanik, Elektrotechnik
mittel: Zugscherfestigkeit bis 10 N/mm²; feuchte Luft; Kontakt mit Öl; für Maschinen und Fahrzeugbau
hoch: Zugscherfestigkeit bis 10 N/mm²; direkte Berührung mit Flüssigkeiten; für Flugzeug-, Schiffs- und Behälterbau

Klebekonstruktionen, Prüfverfahren

Konstruktionsbeispiele

Klebeverbindungen sollten möglichst auf Druck oder Scherung beansprucht werden. Zug-, Schäl- oder Biegebeanspruchungen sind zu vermeiden.

Überlappstoß

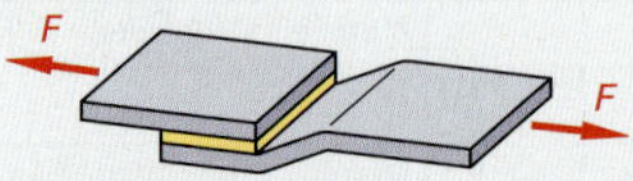

gut, da Klebefläche nur auf Abscherung beansprucht

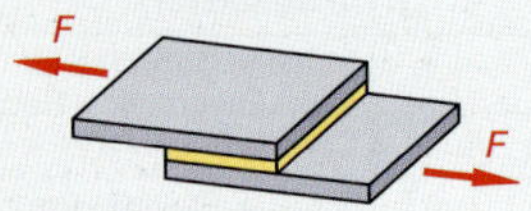

weniger gut, da abschälende Kräfte durch außermittige Krafteinleitung wirken

T-Stoß

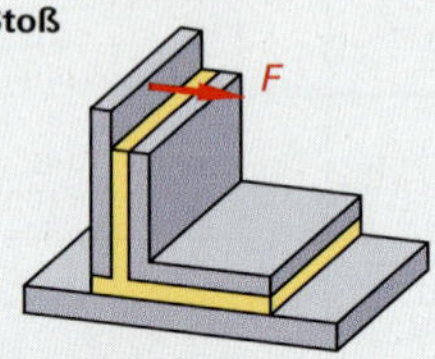

gut, da Klebefläche nur auf Abscherung und Druck beansprucht

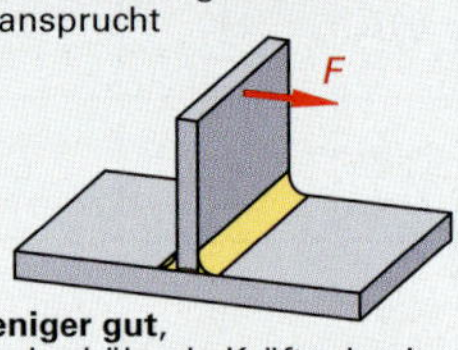

weniger gut, da abschälende Kräfte durch Biegebeanspruchung wirken

Rohrverbindung

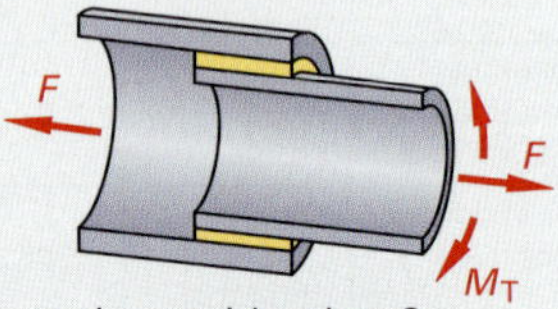

gut, da ausreichend große Klebefläche für die Aufnahme der Scherbeanspruchung

weniger gut, da kleine Klebefläche für die Aufnahme der Zug- u. Scherbeanspruchung

Prüfverfahren

Prüfverfahren Norm	Inhalt
Biegeschälversuch DIN 54461	Bestimmung des Widerstands von Klebeverbindungen gegen abschälende Kräfte
Zugscherversuch DIN EN 1465	Bestimmung der Zugscherfestigkeit hochfester Überlappungsklebungen
Ermüdungsprüfung DIN EN ISO 9664	Bestimmung der Ermüdungseigenschaften von Strukturklebungen bei Zugscherbeanspruchung
Zugversuch DIN EN 15870	Bestimmung der Zugfestigkeit von Stumpfklebungen rechtwinklig zur Klebefläche
Rollenschälversuch DIN EN 1464	Bestimmung des Widerstands gegen abschälende Kräfte
Druckscherversuch DIN EN 15337	Bestimmung der Scherfestigkeit vorwiegend anaerober[1] Klebstoffe

[1] unter Luftabschluss aushärtend

Klebstoffverhalten in Abhängigkeit von Temperatur und Größe der Klebefläche

F

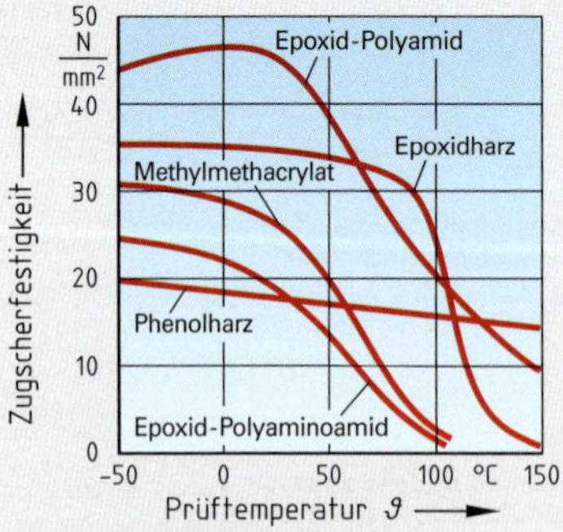

Zugscherfestigkeit von Überlappungsklebungen

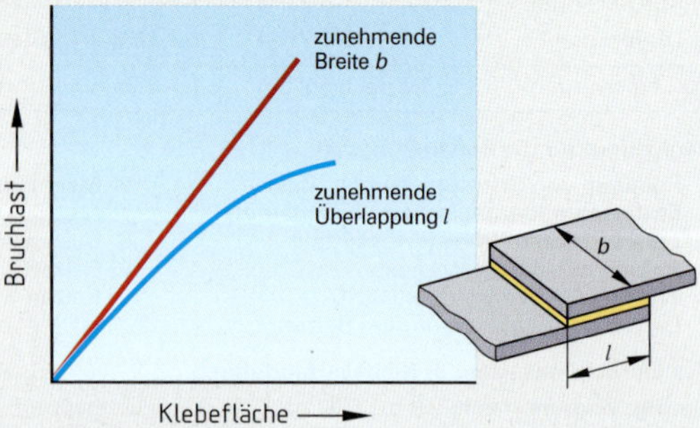

Einfluss der Klebefläche auf die Bruchlast

Arbeits- und Umweltschutz

Gefahren und Belastungen am Arbeitsplatz (Auswahl) vgl. BGI/GUV-I 8700

Gefährdung	Beispiele	Gefährdung	Beispiele	Gefährdung	Beispiele
mechanische, kinetische Energie 	Quetsch-, Scher-, Einzugstellen; scharfe Kanten, Schneiden; kippende, herabfallende Teile; umherfliegende Späne; Stolperfallen, Sturz	**Schwingungen, Strahlung** 	Lärm (Seite 418), Ultraschall, Vibrationen, Laserstrahlung, UV-Strahlung, Infrarotstrahlung, Röntgenstrahlung, Gammastrahlung	**Psychischer Druck** 	Arbeitsdruck, Zeitdruck, Stress, unzureichende Arbeitsorganisation, fehlende Qualifikation, Überqualifikation
Gefährdung	**Beispiele**	**Gefährdung**	**Beispiele**	**Gefährdung**	**Beispiele**
Elektrischer Strom 	Spannung, Stromstärke, Lichtbögen, elektrische Felder, elektrostatische Aufladung	**Klima** 	Lufttemperatur, Luftfeuchte, Luftgeschwindigkeit, (Zugluft)	**Brand und Explosion** 	explosionsfähige Atmosphäre, Explosivstoffe, brennbare Stoffe
Gefährdung	**Beispiele**	**Gefährdung**	**Beispiele**	**Gefährdung**	**Beispiele**
Gefahrstoffe  Seite 405	Flüssigkeiten, Gase, Dämpfe, Nebel[1], Stäube[1], Rauche[1], Feststoffe	**Physische Belastungen** 	schwere dynamische Arbeit, einseitige dynamische Arbeit, Haltungsarbeit	**Sonstige**  	Überdruck, Unterdruck, heiße Medien, heiße Oberflächen, biologische Gefährdungen, Beleuchtung

Gefahrstoffe am Arbeitsplatz (Auswahl)

Tätigkeit	Gefahrstoff	Gefährdung	Schutzmaßnahmen
Zerspanung	Kühlschmierstoffe bzw. darin enthaltene Additive	Einatmen vernebelter Aerosole Kontakt mit der Haut kann zu allergischen Reaktionen führen	Verwendung von Kühlschmierstoffen gem. TRGS 611[2] oder Umstellung auf Minimalmengenschmierung Hautschutzmittel verwenden
Wartung/ Reparatur	Reinigungs-, Testbenzin	leichtentzündlich reizt die Haut Dämpfe lösen Benommenheit aus	Rauchverbot, Zündquellen fernhalten Schutzhandschuhe tragen gute Arbeitsplatzbelüftung
Wartung/ Reparatur	Aceton	leichtentzündlich reizt die Augen spröde Haut bei Hautkontakt Dämpfe lösen Benommenheit aus	Rauchverbot, Zündquellen fernhalten gute Belüftung, Absaugung Schutzhandschuhe tragen Raumbelüftung auch am Bodenbereich
Löten	Flussmittel enthalten z.B. Fluorverbindungen	Fluoride sind sehr giftig, selbst in geringer Konzentration ätzend, Gefährdung von Augen und Schleimhäuten	Schutzhandschuhe tragen Augenschutz tragen Rauchabzug am Entstehungsort
Schweißen	Schweißelektroden enthalten diverse Metalloxide Dämpfe und Rauch enthalten Kohlenmonoxid, Kohlendioxid, Ozon u.v.a.	Vergiftungsgefahr durch Einatmen reizt die Atemwege krebserregend Gefahr der sog. Staublungenerkrankung oder Lungenödem	Schweißrauch und -dämpfe nah am Entstehungsort absaugen und abführen Räume gut belüften evtl. vorhandene Werkstück-Schutzüberzüge vorher entfernen
Kleben	Industrieklebstoffe, Schraubensicherungen	reizt Augen und Atemwege gesundheitsschädlich beim Einatmen	Berührung mit Haut und Augen vermeiden, Schutzhandschuhe und Schutzbrille tragen nur in gut belüfteten Bereichen verarbeiten
Schleifen	Metallstäube, Fluor und Phenol	krebserregend Frucht schädigend allergische Reaktionen	beim Nass- und Trockenschleifen Schleifstäube nahe am Entstehungsort absaugen

[1] werden als Aerosole zusammengefasst [2] TRGS – Technische Regeln für Gefahrstoffe

F

Arbeits- und Umweltschutz

Gefahrstoffverordnung

vgl. GefStoffV: 2010-01

Schutz vor Gefahren und Belastungen am Arbeitsplatz

Der Schutz des Mitarbeiters vor den Gefahren am Arbeitsplatz ist seit 1993 durch die Gefahrstoffverordnung gesetzlich geregelt. Der **Arbeitgeber** hat die Pflicht dafür zu sorgen, dass die Bestimmungen der Gefahrstoffverordnung verbindlich eingehalten werden.

Für den **Mitarbeiter** ist es wichtig zu wissen, welchen Gefahren er ausgesetzt ist und wie er sich davor zu schützen hat.

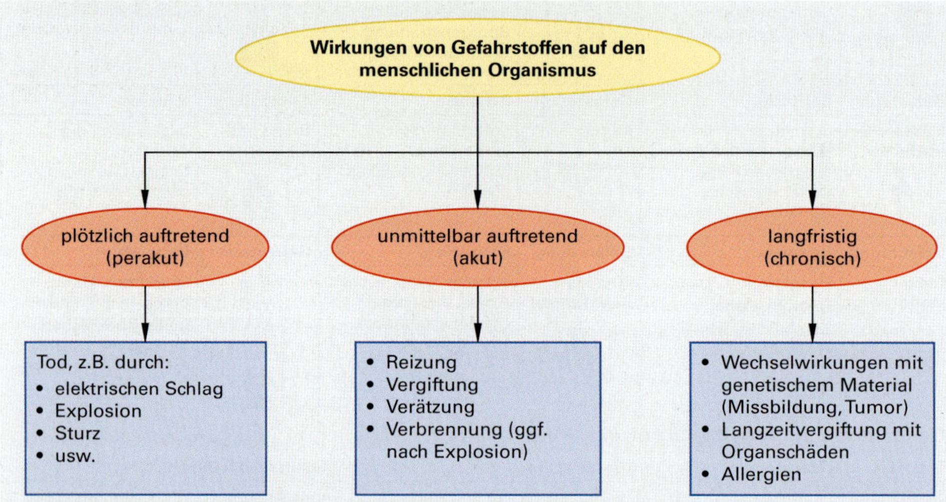

Inhalte der Gefahrstoffverordnung (Auszug)

vgl. GefStoffV: 2010-01

Abschnitt	Inhalt
Gefährlichkeits-merkmale § 3	Der Arbeitgeber hat vor dem Einsatz eines neuen Stoffes zu prüfen, ob es sich um einen Gefahrstoff im Sinne der Gefahrstoffverordnung handelt und wenn ja, ob er durch einen Stoff mit geringerem Risiko ersetzt werden kann. Es handelt sich um einen Gefahrstoff im Sinne der Gefahrstoffverordnung, wenn dieser explosionsgefährlich, brandfördernd, entzündlich, giftig, gesundheitsschädlich, ätzend, reizend, sensibilisierend, krebserzeugend, fortpflanzungsgefährdend, erbgutverändernd ist oder eine Gefahr für die Umwelt darstellt.
Kennzeichnungspflicht § 4	Gefährliche Stoffe, Zubereitungen oder Erzeugnisse sind auch bei der Verwendung entsprechend zu kennzeichnen. Kennzeichnung bedeutet immer Gefahr!
Sicherheitsdatenblatt § 5	Hersteller oder Importeure müssen detaillierte Auskunft über die Gefährlichkeit aller Inhaltsstoffe ihrer Produkte geben. Zumindest bei der Erstlieferung muss das Sicherheitsdatenblatt unaufgefordert mitgeliefert werden. Die Sicherheitsdatenblätter stehen meist auf den Internetseiten der Erzeuger zum Herunterladen bereit.
Gefährdungs-beurteilung § 6	Der Arbeitgeber hat die Pflicht zu prüfen, ob die Gesundheit des Beschäftigten gefährdet und seine Sicherheit gewährleistet ist. Er muss prüfen, ob ein Gefahrstoff durch einen weniger gefährlichen ersetzt werden kann. Außerdem muss er die Arbeitsplatzgrenzwerte (kurz: **AGW**) ermitteln. Diese wurden früher als MAK-Werte bezeichnet (MAK = maximale Arbeitsplatzkonzentration).
Schutzmaßnahmen § 8 – § 11	Lässt sich der Umgang mit gefährlichen Stoffen und Zubereitungen nicht vermeiden, so hat der Arbeitgeber folgende **Rangfolge der Schutzmaßnahmen** sicherzustellen: • Verhindern der Freisetzung von Gefahrstoffen (z. B. Kapselung) • Gefahrstoffe an der Entstehungsstelle abführen (z. B. Absaugung) • Geeignete Schutzmaßnahmen ergreifen (z. B. gute Raumbelüftung) • Persönliche Schutzausrüstung (PSA) zur Verfügung stellen
Unterweisungspflicht § 14	Der Arbeitgeber muss die Beschäftigten durch die Erstellung einer **Betriebsanweisung** auf die Gefahren am Arbeitsplatz hinweisen und die Schutzmaßnahmen erläutern. Mündliche Unterweisungen auf Basis der Betriebsanweisung ergänzen diese. Die Betriebsanweisung ist immer arbeitsplatzbezogen und muss stets auf dem aktuellen Stand gehalten werden.

Global Harmoniertes System (GHS)

vgl. CLP[1]-Verordnung (EG) Nr. 1272/2008

Verordnungen und Zielsetzung	Kennzeichen des Systems
2009 ist ein international vereinheitlichtes System für die Kennzeichnung von Gefahrstoffen in Deutschland in Kraft getreten. Reinigungsmittel, Pflegemittel, Pflanzenschutzmittel und Chemikalien, von denen eine gesundheitsbeeinträchtigende Gefahr ausgeht, werden international mit einem Warnsymbol (rote Raute mit einem schwarzen Symbol) versehen. Die EG-Verordnung Nr. 172/2008 schreibt die verbindliche Einführung ab 1.12.2010 für Stoffe und ab 1.6.2015 für chemische Gemische vor. Für die alten Gefahrbezeichnungen gelten zweijährige Übergangsvorschriften.	• Neun Gefahren-**Piktogramme,** jeweils mit einem Code (z. B. GHS01, Tabelle unten) • Das **Symbol** ist die bildliche Darstellung und die Beschreibung der Gefahr • Signalwort **Gefahr** warnt vor gravierenden Gefährdungen • Signalwort **Achtung** weist auf geringere Risiken hin • **Gefahrenhinweise (Seite 408),** sog. H-Sätze[2], geben genauere Hinweise zur Gefahr, z. B. „verursacht schwere Augenreizung" • **Sicherheitshinweise (Seiten 409, 410),** sog. P-Sätze[3], informieren, welche Risiken bestehen und wie z. B. bei Vergiftungen reagiert werden sollte.

Gefahren-Piktogramme mit Code, Symbol, Signalwort und Erläuterung

GHS01
explodierende Bombe

Gefahr
explosionsgefährlich

GHS02
Flamme

Gefahr
leicht-/hochentzündlich

GHS03
Flamme über einem Kreis

Gefahr
brandfördernd

GHS04
Gasflasche

Achtung
komprimierte Gase

GHS05
Ätzwirkung

Gefahr
ätzend (Zerstörung der Haut)

GHS06
Totenkopf mit gekreuzten Knochen

Gefahr
giftig/sehr giftig (u. U. tödlich)

GHS07
Ausrufezeichen

Achtung
gesundheitsgefährdend (Reizung, Allergie)

GHS08
Gesundheitsgefahr

Gefahr
gesundheitsschädlich (u. U. krebsauslösend)

GHS09
Umwelt

Achtung
umweltgefährdend

F

[1] **CLP** = **C**lassification, **L**abelling and **P**ackaging of Chemical Products. CLP ist die europäische Bezeichnung für GHS.
[2] **H**azard Statement, [3] **P**recautionary Statement

Gefahrenhinweise – H-Sätze

vgl. CLP-Verordnung (EG) Nr. 1272/2008

H-Satz	Bedeutung
Gefahrenhinweise für physikalische Gefahren	
H200	instabil, explosiv
H202	explosiv, große Gefahr durch Splitter, Spreng- und Wurfstücke
H203	explosiv, Gefahr durch Feuer, Luftdruck oder Splitter, Spreng- und Wurfstücke
H204	Gefahr durch Feuer oder Splitter, Spreng- und Wurfstücke
H205	Gefahr der Massenexplosion bei Feuer
H220	extrem entzündbares Gas
H221	entzündbares Gas
H222	extrem entzündbares Aerosol[1]
H223	entzündbares Aerosol
H224	Flüssigkeit und Dampf extrem entzündbar
H225	Flüssigkeit und Dampf leicht entzündbar
H226	Flüssigkeit und Dampf entzündbar
H228	entzündbarer Feststoff
H240	Erwärmung kann Explosion verursachen
H241	Erwärmung kann Brand oder Explosion verursachen
H242	Erwärmung kann Brand verursachen
H250	entzündet sich in Berührung mit Luft von selbst
H251	selbstentzündungsfähig; kann in Brand geraten
H252	in großen Mengen selbstentzündungsfähig; kann in Brand geraten
H260	in Berührung mit Wasser entstehen entzündbare Gase, die sich spontan entzünden können
H261	in Berührung mit Wasser entstehen entzündbare Gase
H270	kann Brand verursachen oder verstärken; Oxidationsmittel
H271	kann Brand oder Explosion verursachen; starkes Oxidationsmittel
H272	kann Brand verstärken; Oxidationsmittel
H280	enthält Gas unter Druck; kann bei Erwärmung explodieren
H281	enthält tiefkaltes Gas; kann Kälteverbrennungen oder -verletzungen verursachen
H290	kann gegenüber Metallen korrosiv sein
Gefahrenhinweise für Gesundheitsgefahren	
H300	Lebensgefahr bei Verschlucken
H301	giftig bei Verschlucken
H302	gesundheitsschädlich bei Verschlucken
H304	kann bei Verschlucken und Eindringen in die Atemwege tödlich sein
H310	Lebensgefahr bei Hautkontakt
H311	giftig bei Hautkontakt
H312	gesundheitsschädlich bei Hautkontakt
H314	verursacht schwere Verätzungen der Haut und schwere Augenschäden
H315	verursacht Hautreizungen
H317	kann allergische Hautreaktionen verursachen
H318	verursacht schwere Augenschäden
H319	verursacht schwere Augenreizung
H330	Lebensgefahr bei Einatmen
H331	giftig bei Einatmen
H332	gesundheitsschädlich bei Einatmen
H334	kann bei Einatmen Allergie, asthmaartige Symptome oder Atembeschwerden verursachen
H335	kann Atemwege reizen
H336	kann Schläfrigkeit und Benommenheit verursachen
H340	kann genetische Defekte verursachen[2]
H341	kann vermutlich genetische Defekte verursachen[2]
H350	kann Krebs erzeugen[2]
H351	kann vermutlich Krebs erzeugen[2]
H360	kann die Fruchtbarkeit beeinträchtigen oder das Kind im Mutterleib schädigen[2]
H361	kann vermutlich die Fruchtbarkeit beeinträchtigen oder das Kind im Mutterleib schädigen[2]
H362	kann Säuglinge über die Muttermilch schädigen
H370	schädigt die Organe[2][3]
H371	kann die Organe schädigen[2][3]
H372	schädigt die Organe bei längerer oder wiederholter Exposition[2][3]
H373	kann die Organe schädigen bei längerer oder wiederholter Exposition[2][3]
Gefahrenhinweise für Umweltgefahren	
H400	sehr giftig für Wasserorganismen
H410	sehr giftig für Wasserorganismen, mit langfristiger Wirkung
H411	giftig für Wasserorganismen, mit langfristiger Wirkung
H412	schädlich für Wasserorganismen, mit langfristiger Wirkung
H413	kann für Wasserorganismen schädlich sein, mit langfristiger Wirkung

[1] Gemisch aus festen oder flüssigen Schwebeteilchen und einem Gas

[2] Expositionsweg angeben, sofern schlüssig belegt ist, dass diese Gefahr bei keinem anderen Expositionsweg besteht. Exposition = Ausgesetztsein des Organismus gegenüber externen, meist schädlichen Einflüssen (z. B. Bakterien)

[3] oder alle betroffenen Organe nennen, sofern bekannt

Sicherheitshinweise – P-Sätze

vgl. CLP-Verordnung (EG) Nr. 1272/2008

P-Satz	Bedeutung
Allgemein	
P101	ist ärztlicher Rat erforderlich, Verpackung oder Kennzeichnungsetikett bereithalten
P102	darf nicht in die Hände von Kindern gelangen
P103	vor Gebrauch Kennzeichnungsetikett lesen
Prävention	
P201	vor Gebrauch besondere Anweisungen einholen
P202	vor Gebrauch alle Sicherheitshinweise lesen und verstehen
P210	vor Hitze/Funken/offener Flamme/heißen Oberflächen fernhalten. Nicht rauchen
P211	nicht gegen offene Flammen oder andere Zündquelle sprühen
P220	von Kleidung/... brennbaren Materialien fernhalten/entfernt aufbewahren
P221	mischen mit brennbaren Stoffen/... unbedingt verhindern
P222	Kontakt mit Luft nicht zulassen
P223	Kontakt mit Wasser wegen heftiger Reaktion und möglichem Aufflammen unbedingt verhindern
P230	feucht halten mit ...
P231	unter inertem Gas handhaben
P232	vor Feuchtigkeit schützen
P233	Behälter dicht verschlossen halten
P234	nur im Originalbehälter aufbewahren
P235	kühl halten
P240	Behälter und zu befüllende Anlage erden
P241	explosionsgeschützte elektrische Betriebsmittel/Lüftungsanlagen/Beleuchtung/... verwenden
P242	nur funkenfreies Werkzeug verwenden
P243	Maßnahmen gegen elektrostatische Aufladung treffen
P244	Druckminderer frei von Fett und Öl halten
P250	nicht schleifen/stoßen/... reiben
P251	Behälter stehen unter Druck: nicht durchstechen oder verbrennen, auch nicht nach der Verwendung
P260	Staub/Rauch/Gas/Nebel/Dampf/Aerosol nicht einatmen
P261	Einatmen von Staub/Rauch/Gas/Nebel/Dampf/Aerosol vermeiden
P262	nicht in die Augen, auf die Haut oder auf die Kleidung gelangen lassen
P263	Kontakt während der Schwangerschaft/und der Stillzeit vermeiden
P264	nach Gebrauch gründlich waschen
P270	bei Gebrauch nicht essen, trinken oder rauchen
P271	nur im Freien oder in gut gelüfteten Räumen verwenden
P272	kontaminierte Arbeitskleidung nicht außerhalb des Arbeitsplatzes tragen
P273	Freisetzung in die Umwelt vermeiden
P280	Schutzhandschuhe/Schutzkleidung/Augenschutz/Gesichtsschutz tragen
P281	vorgeschriebene persönliche Schutzausrüstung verwenden
P282	Schutzhandschuhe/Gesichtsschild/Augenschutz mit Kälteisolierung tragen
P283	schwer entflammbare/flammhemmende Kleidung tragen
P284	Atemschutz tragen
P285	bei unzureichender Belüftung Atemschutz tragen
P231 + P232	unter inertem Gas handhaben; vor Feuchtigkeit schützen
P235 + P410	kühl halten; vor Sonnenbestrahlung schützen
Reaktion	
P301	bei Verschlucken:
P302	bei Berührung mit der Haut:
P303	bei Berührung mit der Haut (oder dem Haar):
P304	bei Einatmen:
P305	bei Kontakt mit den Augen:
P306	bei kontaminierter Kleidung:
P307	bei Exposition:
P308	bei Exposition oder falls betroffen:
P309	bei Exposition oder Unwohlsein:
P310	sofort Giftinformationszentrum oder Arzt anrufen
P311	Giftinformationszentrum oder Arzt anrufen
P312	bei Unwohlsein Giftinformationszentrum oder Arzt anrufen
P313	ärztlichen Rat einholen/ärztliche Hilfe hinzuziehen
P314	bei Unwohlsein ärztlichen Rat einholen/ärztliche Hilfe hinzuziehen
P315	sofort ärztlichen Rat einholen/ärztliche Hilfe hinzuziehen
P320	besondere Behandlung dringend erforderlich (siehe ... auf diesem Kennzeichnungsetikett)
P321	besondere Behandlung (siehe ... auf diesem Kennzeichnungsetikett)
P322	gezielte Maßnahmen (siehe ... auf diesem Kennzeichnungsetikett)
P330	Mund ausspülen
P331	kein Erbrechen herbeiführen
P332	bei Hautreizung:
P333	bei Hautreizung oder -ausschlag:
P334	in kaltes Wasser tauchen/nassen Verband anlegen
P335	lose Partikel von der Haut abbürsten
P336	vereiste Bereiche mit lauwarmem Wasser auftauen; betroffenen Bereich nicht reiben
P337	bei anhaltender Augenzeizung:
P338	eventuell vorhandene Kontaktlinsen nach Möglichkeit entfernen. Weiter ausspülen
P340	die betroffene Person an die frische Luft bringen und in einer Position ruhigstellen, die das Atmen erleichtert
P341	bei Atembeschwerden an die frische Luft bringen und in einer Position ruhigstellen, die das Atmen erleichtert
P342	bei Symptomen der Atemwege:
P350	behutsam mit viel Wasser und Seife waschen

Sicherheitshinweise – P-Sätze

vgl. CLP-Verordnung (EG) Nr. 1272/2008

P-Satz	Bedeutung
P351	einige Minuten lang behutsam mit Wasser ausspülen
P352	mit viel Wasser und Seife waschen
P353	Haut mit Wasser abwaschen/duschen
P360	kontaminierte Kleidung und Haut sofort mit viel Wasser abwaschen und danach Kleidung ausziehen
P361	alle kontaminierten Kleidungsstücke sofort ausziehen
P362	kontaminierte Kleidung ausziehen und vor erneutem Tragen waschen
P363	kontaminierte Kleidung vor erneutem Tragen waschen
P370	bei Brand:
P371	bei Großbrand und großen Mengen:
P372	Explosionsgefahr bei Brand
P373	keine Brandbekämpfung, wenn das Feuer explosive Stoffe/Gemische/Erzeugnisse erreicht
P374	Brandbekämpfung mit üblichen Vorsichtsmaßnahmen aus angemessener Entfernung
P375	wegen Explosionsgefahr Brand aus der Entfernung bekämpfen
P376	Undichtigkeit beseitigen, wenn gefahrlos möglich
P377	Brand von ausströmendem Gas: Nicht löschen, bis Undichtigkeit gefahrlos beseitigt werden kann
P378	... zum Löschen verwenden
P380	Umgebung räumen
P381	alle Zündquellen entfernen, wenn gefahrlos möglich
P390	verschüttete Mengen aufnehmen, um Materialschäden zu vermeiden
P391	verschüttete Mengen aufnehmen
Kombinationen	
P301 + P310	bei Verschlucken: Sofort Giftinformationszentrum oder Arzt anrufen
P301 + P312	bei Verschlucken: Bei Unwohlsein Giftinformationszentrum oder Arzt anrufen
P301 + P330 + P331	bei Verschlucken: Mund ausspülen. Kein Erbrechen herbeiführen
P302 + P334	bei Kontakt mit der Haut: In kaltes Wasser tauchen/nassen Verband anlegen
P302 + P350	bei Kontakt mit der Haut: Behutsam mit viel Wasser und Seife waschen
P302 + P352	bei Kontakt mit der Haut: Mit viel Wasser und Seife waschen
P303 + P361 + P353	bei Kontakt mit der Haut (oder dem Haar): Alle beschmutzten, getränkten Kleidungsstücke sofort ausziehen. Haut mit Wasser abwaschen/duschen
P304 + P340	bei Einatmen: An die frische Luft bringen und in einer Position ruhigstellen, die das Atmen erleichtert
P304 + P341	bei Einatmen: Bei Atembeschwerden an die frische Luft bringen und in einer Position ruhigstellen, die das Atmen erleichtert

P-Satz	Bedeutung
P305 + P351 + P338	bei Kontakt mit den Augen: Einige Minuten lang behutsam mit Wasser spülen. Vorhandene Kontaktlinsen nach Möglichkeit entfernen. Weiter spülen
P306 + P360	bei Kontakt mit der Kleidung: Kontaminierte Kleidung und Haut sofort mit viel Wasser abwaschen und danach Kleidung ausziehen
P307 + P311	bei Exposition: Giftinformationszentrum oder Arzt anrufen
P308 + P313	bei Exposition oder falls betroffen: Ärztlichen Rat einholen/ärztliche Hilfe hinzuziehen
P309 + P311	bei Exposition oder Unwohlsein: Giftinformationszentrum oder Arzt anrufen
P332 + P313	bei Hautreizung: Ärztlichen Rat einholen/ärztliche Hilfe hinzuziehen
P333 + P313	bei Hautreizung oder -ausschlag: Ärztlichen Rat einholen/ärztliche Hilfe hinzuziehen
P335 + P334	lose Partikel von der Haut abbürsten. In kaltes Wasser tauchen/nassen Verband anlegen
P337 + P313	bei anhaltender Augenreizung: Ärztlichen Rat einholen/ärztliche Hilfe hinzuziehen
P342 + P311	bei Symptomen der Atemwege: Giftinformationszentrum oder Arzt anrufen
P370 + P376	bei Brand: Undichtigkeit beseitigen, wenn gefahrlos möglich
P370 + P378	bei Brand: ... zum Löschen verwenden
P370 + P380	bei Brand: Umgebung räumen
P370 + P380 + P375	bei Brand: Umgebung räumen. Wegen Explosionsgefahr Brand aus der Entfernung bekämpfen
P371 + P380 + P375	bei Großbrand und großen Mengen: Umgebung räumen. Wegen Explosionsgefahr Brand aus der Entfernung bekämpfen
Aufbewahrung	
P401	... aufbewahren
P402	an einem trockenen Ort aufbewahren
P403	an einem gut belüfteten Ort aufbewahren
P404	in einem geschlossenen Behälter aufbewahren
P405	unter Verschluss aufbewahren
P406	in korrosionsbeständigem/... Behälter mit korrosionsbeständiger Auskleidung aufbewahren
P407	Luftspalt zwischen Stapeln/Paletten zulassen
P410	vor Sonnenbestrahlung schützen
P411	bei Temperaturen von nicht mehr als ... C°/ ... aufbewahren
P412	nicht Temperaturen von mehr als 50 °C aussetzen
P413	Schüttgut in Mengen von mehr als ... kg bei Temperaturen von nicht mehr als ... °C aufbewahren
P420	von anderen Materialien entfernt aufbewahren
P422	Inhalt in/unter ... aufbewahren

Gefährliche Stoffe

Kennzeichnung und Behandlung gefährlicher Stoffe

vgl. CLP-Verordnung (EG) Nr. 1272/2008

Bezeichnung **Signalwort**	**Piktogramm Code** (Seite 407)	**Gefahrenhinweise H-Sätze** (Seite 408)	**Sicherheitshinweise P-Sätze** (Seiten 409, 410)	**Bemerkungen**
Acetylen Gefahr	GHS02 GHS04	H220; H280	P210; P377; P403	farbloses, geruchloses, reaktionsfreudiges, brennbares Gas, mit und ohne Luft explosionsfähig
Benzin Gefahr	GHS02 GHS07 GHS08 GHS09	H225; H304; H336; H411	P201; P210; P260; P262; P281; P301 + P310; P303 + P361 + P353; P405; P501	nach Hautkontakt mit Wasser und Seife abwaschen, Kleidung ausziehen
Kohlenmonoxid Gefahr	GHS02 GHS04 GHS06 GHS08	H331; H220; H360; H372; H280	P260; P210; P202; P304 + P340 + P315; P308 + P313; P377; P381; P403; P405	farbloses, hochgiftiges, brennbares, geruchloses Gas, starkes Blutgift
Salzsäure 25 %, 31 %, 36 % Gefahr	GHS05 GHS07	H314; H355; H290	P102; P280; P301 + P330 + P331; P305 + P351 + P338; P406	bei Hautkontakt oder Verschlucken schwere Verätzungen
Sauerstoff verdichtet Gefahr	GHS03 GHS04	H270; H280	P244; P220; P370 + 376; P403	farb-, geruchloses Gas; kann Fette und Öle bei Raumtemperatur entzünden
Schwefelsäure 96 % Gefahr	GHS05	H290; H314	P102; P280; P305 + P351 + P338; P406; P501	nach Hautkontakt mit reichlich Wasser und Seife abwaschen; Kleidung ausziehen
Trichlorethylen (Tri) Gefahr, Achtung	GHS07 GHS08	Gefahr: H341; H350; Achtung: H315; H319; H336; H412	P281; P273; P302 + P352 P305 + P351 + P338; P308 + P313; P405	nach Hautkontakt mit Wasser abwaschen; bei auftretenden Beschwerden Arzt aufsuchen
Wasserstoff verdichtet Gefahr	GHS02 GHS04	H220; H280	P210; P377; P381; P403	farb- und geruchloses brennbares Gas; explodiert mit Luft bzw. Sauerstoff (Knallgas!)
Argon Achtung	GHS04	H280	P403	in hohen Konzentrationen erstickend
Butan Gefahr	GHS02 GHS04	H220; H280	P201; P210; P281; P308 + P313; P403 + P410	Dämpfe sind schwerer als Luft und verdrängen diese. Durch Sauerstoffmangel kann Bewusstlosigkeit und Tod eintreten
Propan Gefahr	GHS02 GHS04	H220; H280	P201; P210; P281; P308 + P313; P377; P381; P403 + P410	
Stickstoff Achtung	GHS04	H280	P403	etwas leichter als Luft; erstickend in hoher Konzentration

F

Entsorgung von Stoffen

Abfallrecht

vgl. Kreislaufwirtschaftsgesetz KrWG (2012-04)

Zweck des Gesetzes:
- Schonung der natürlichen Ressourcen (Rohstoffquellen)
- Schutz von Mensch und Umwelt

Maßnahmen der Abfallvermeidung und Abfallbewirtschaftung stehen in folgender Reihenfolge:
1. Vermeidung von Abfällen, z.B. durch abfallarme Produktgestaltung
2. Vorbereitung zur Wiederverwendung (z.B. Vorbehandlung)
3. Recycling (stoffliche Verwertung) hat Vorrang vor energetischer Verwertung (z.B. Verbrennung)
4. Sonstige Verwertung, insbesondere energetische Verwertung, Verwendung als Dämmstoff und Verfüllung (z.B. Auffüllen von Steinbrüchen, Kiesgruben usw.)
5. Beseitigung (z.B. Lagerung in Deponien)

Auswahl besonders überwachungsbedürftiger Abfälle (Sonderabfälle) in Metallbetrieben[1]

Abfall-schlüssel	Bezeichnung der Abfallart	Vorkommen, Beschreibung, Entstehung	Besondere Hinweise, Maßnahmen
150199D1	Verpackungen mit schädlichen Verunreinigungen	Fässer, Kanister, Eimer und Dosen, die Reste von Farben, Lacken, Lösemitteln, Kaltreiniger, Rostschutzmittel, Rost- und Silikonentferner, Spachtelmassen usw. enthalten.	Entleerte, tropffreie, pinsel- oder spachtelreine Behältnisse sind kein besonders überwachungsbedürftiger Abfall. Sie entsprechen Verkaufspackungen. Entsorgung über das Duale System oder in Metallbehältnissen über Schrotthändler. Behältnisse mit eingetrocknetem Lack sind hausmüllähnlicher Gewerbeabfall.
		Spraydosen mit Restinhalten	Auf Spraydosen möglichst verzichten, Entsorgung als Sonderabfall.
160602	Nickel-Cadmium-Batterien	Akkus, z.B. aus Bohrmaschinen und Schraubern	Alle schadfstoffhaltigen Batterien sind gekennzeichnet. Sie müssen vom Handel unentgeltlich zurückgenommen werden. Für Verbraucher gilt Rückgabepflicht an den Handel oder an öffentliche Sammelstellen.
160603	Quecksilbertrockenzellen	Knopfzellen, quecksilberhaltige Monozellen	
160604	Alkalibatterien	nichtaufladbare Batterien	
060404	Quecksilberhaltige Abfälle	Leuchtstofflampen (sog. „Neonröhren")	Können verwertet werden. Unzerstört beim Handel oder beim Entsorger abgeben. Nicht ins Glasrecycling geben!
120106	verbrauchte Bearbeitungsöle, halogenhaltig, keine Emulsion	wasserfreie Bohr-, Dreh-, Schleif- und Schneideöle, sog. Kühlschmierstoffe (KSS)	KSS möglichst vermeiden, z.B. durch • Trockenbearbeitung • Minimalmengen-Kühlschmierung Getrenntes Sammeln verschiedener KSS-Öle, -Emulsionen, -Lösungen. Rücknahmemöglichkeit zur Aufarbeitung oder Verbrennung (energetische Verwertung) beim Lieferanten erfragen.
120107	verbrauchte Bearbeitungsöle, halogenfrei, keine Emulsion	überalterte, wasserfreie Honöle	
120110	synthetische Bearbeitungsöle	KSS-Öle aus synthetischen Ölen, z. B. auf Estherbasis	
130202	nichtchlorierte Maschinen-, Getriebe- und Schmieröle	Altöl und Getriebeöl, Hydrauliköl, Kompressorenöl von Kolbenluftverdichtern	Rücknahmepflicht durch Lieferanten. Altöle bekannter Herkunft können verwertet werden durch Zweitraffination oder energetische Verwertung. Nicht mit anderen Stoffen mischen!
150299D1	Aufsaug- und Filtermaterialen, Wischtücher und Schutzkleidung mit schädlichen Verunreinigungen	z.B. Altlumpen, Putzlappen; mit Öl oder Wachs verschmutzte Pinsel, Ölbinder, Öl- und Fettdosen	Möglichkeit, einen Mietservice für Putzlappen zu nutzen.
130505	andere Emulsionen	Kondensatwasser aus Kompressoren	Kompressorenöle mit demulgierenden Eigenschaften verwenden; Möglichkeit ölfreier Kompressoren erkunden.
140102	andere halogenierte Lösemittel und Lösemittelgemische	Per (Tetrachlorethen), Tri (Trichlorethen), vermischte Lösemittel	Rücknahme durch Lieferanten und Ersatz durch wässrige Reinigungsmittel prüfen.

[1] Verordnung zur Bestimmung besonders überwachungsbedürftiger Abfälle zur Beseitigung und zur Verwertung – BestbüAbfV (1999-01), **Anlage 1:** Abfälle des Europäischen Abfallkatalogs (EAK-Abfälle) gelten als besonders gefährlich. **Anlage 2:** Besonders überwachungsbedürftige EAK-Abfälle sowie nicht in EAK-Liste aufgeführte Abfallarten (Buchstabe „D" im Abfallschlüssel).

Sicherheitsfarben, Verbotszeichen

Sicherheitsfarben, Übersicht

vgl. DIN EN ISO 7010 (2014-05) und ASR[1] A1.3 (2013-02)

Kategorie	E	F	M	P	W
Farbe	grün	rot	blau	rot	gelb
Sicherheitsaussage	Rettungszeichen	Brandschutzzeichen	Gebotszeichen	Verbotszeichen	Warnzeichen
Bild mit Registernummer	E001 	F001 	M001 	P001 	W001 
Bedeutung	Notausgang links	Feuerlöscher	Allgemeines Gebotszeichen	Allgemeines Verbotszeichen	Allgemeines Warnzeichen

Verbotszeichen

vgl. DIN EN ISO 7010 (2012-10) und ASR[1] A1.3 (2013-02)

P001	P002	P003	P004	P005	P006

allgemeines Verbotszeichen, nur in Verbindung mit Zusatzzeichen verwenden	Rauchen verboten	keine offene Flamme; Feuer, offene Zündquelle und Rauchen verboten	für Fußgänger verboten	kein Trinkwasser	für Flurförderfahrzeuge verboten
D-P006	P007	P010	P011	P012	P013

Zutritt für Unbefugte verboten	kein Zutritt für Personen mit Herzschrittmachern oder implantierten Defibrillatoren[2]	Berühren verboten	mit Wasser löschen verboten	keine schwere Last	eingeschaltete Mobiltelefone verboten
P015	P017	P018	P019	P020	P022

Hineinfassen verboten	Schieben verboten	Sitzen verboten	Aufsteigen verboten	Aufzug im Brandfall nicht benutzen	Essen und Trinken verboten
P023	P024	P027	P031	P033	P034

Abstellen oder Lagern verboten	Betreten der Fläche verboten	Personenbeförderung verboten	Schalten verboten	nicht zulässig für Nassschleifen	nicht zulässig für Freihand- und handgeführtes Schleifen

[1] Technische Regeln für Arbeitsstätten (ASR)
[2] Gerät zur Beseitigung von Herzrhythmusstörungen

F

Warnzeichen

Warnzeichen vgl. DIN EN ISO 7010 (2014-05) und ASR[1] A1.3 (2013-02)

W001	W002	W003	W004	W005	W006

allgemeines Warnzeichen, nur in Verbindung mit Zusatzzeichen verwenden	Warnung vor explosionsgefährlichen Stoffen	Warnung vor radioaktiven Stoffen oder ionisierender Strahlung	Warnung vor Laserstrahl	Warnung vor nicht ionisierender Strahlung	Warnung vor magnetischem Feld
W007	W008	W009	W010	W011	W012

Warnung vor Hindernissen am Boden	Warnung vor Absturzgefahr	Warnung vor Biogefährdung	Warnung vor niedriger Temperatur (Frost)	Warnung vor Rutschgefahr	Warnung vor elektrischer Spannung
W013	W014	W015	W016	W017	W018

Warnung vor Wachhund	Warnung vor Flurförderzeugen	Warnung vor schwebender Last	Warnung vor giftigen Stoffen	Warnung vor heißer Oberfläche	Warnung vor automatischem Ablauf
W019	W020	W021	W022	W023	W024

Warnung vor Quetschgefahr	Warnung vor Hindernissen im Kopfbereich	Warnung vor feuergefährlichen Stoffen	Warnung vor spitzem Gegenstand	Warnung vor ätzenden Stoffen	Warnung vor Handverletzungen
W025	W026	W027	W028	W029	D-W021

Warnung vor gegenläufigen Rollen	Warnung vor Gefahren durch das Aufladen von Batterien	Warnung vor optischer Strahlung	Warnung vor brandfördernden Stoffen	Warnung vor Gasflaschen	Warnung vor explosionsfähiger Atmosphäre[2]

[1] Technische Regeln für Arbeitsstätten (ASR)
[2] aus DIN 4844-2 (2012-12)

Sicherheitskennzeichnung

Gebotszeichen

vgl. DIN EN ISO 7010 (2014-05) und ASR[1] A1.3 (2013-02)

M001  allgemeines Gebotszeichen	M002  Anleitung beachten	M003  Gehörschutz benutzen	M004  Augenschutz benutzen	M005  vor Benutzung erden	M006  Netzstecker ziehen
M007  weitg. undurchlässigen Augenschutz benutzen	M008  Fußschutz benutzen	M009  Handschutz benutzen	M010  Schutzkleidung benutzen	M011  Hände waschen	M012  Handlauf benutzen
M013  Gesichtsschutz benutzen	M014  Kopfschutz benutzen	M016  Maske benutzen	M017  Atemschutz benutzen	M018  Auffanggurt benutzen	M019  Schweißmaske benutzen
M020  Rückhaltesystem benutzen	M021  vor Wartung oder Reparatur freischalten	M022  Hautschutzmittel benutzen	M023  Übergang benutzen	M024  Fußgängerweg benutzen	M026  Schutzschürze benutzen

Rettungszeichen

vgl. DIN EN ISO 7010 (2014-05) und ASR[1] A1.3 (2013-02)

E001  Notausgang (links)	E002  Notausgang (rechts)	E003  Erste Hilfe	E004  Notruftelefon	E007  Sammelstelle	E008  Notausgangsvorrichtung (Zerschlagen einer Scheibe)
E009 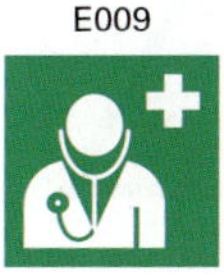 Arzt	E010  Automatisierter externer Defibrillator[2] (AED)	E011 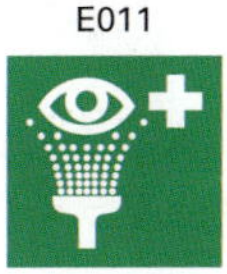 Augenspüleinrichtung	E012  Notdusche	E013 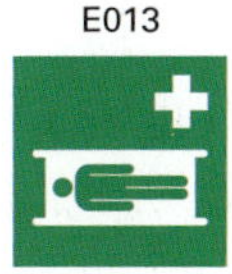 Krankentrage	E018  Öffnung durch Linksdrehung

[1] Technische Regeln für Arbeitsstätten (ASR)

[2] Gerät zur Beseitigung von Herzrhythmusstörungen

F

Sicherheitskennzeichnung

Brandschutzzeichen

vgl. DIN EN ISO 7010 (2014-05) und ASR[1] A1.3 (2013-02)

F001	F002	F003	F004	F005	F006

Feuerlöscher	Löschschlauch	Feuerleiter	Mittel und Geräte zur Brandbekämpfung	Brandmelder	Brandmeldetelefon

Kombinationszeichen

Schalten verboten

Warnung vor Hochspannung

Kombinationszeichen für Fluchtwege oder Notausgänge mit den entsprechenden Richtungsangaben durch Pfeile

Erste Hilfe im Sanitätsraum

Verbot! Das Dach darf nicht betreten werden.

Löschdecke zur Brandbekämpfung

Warnung vor giftigen Gasen

[1] Technische Regeln für Arbeitsstätten (ASR)

F

Kennzeichnung von Rohrleitungen

vgl. DIN 2403 (2014-06)

Anwendungsbereich und Anforderungen

Anwendungsbereich: Eine deutliche Kennzeichnung der Rohrleitungen nach dem Durchflussstoff ist aus Gründen der Sicherheit, der wirksamen Brandbekämpfung und der sachgerechten Instandsetzung unerlässlich. Mit der Kennzeichnung soll auf Gefahren hingewiesen werden, um Unfälle und gesundheitliche Schäden zu vermeiden.

Anforderungen an die Kennzeichnung

- Kennzeichnung muss deutlich sichtbar und dauerhaft sein.
- Kennzeichnungen dürfen durch Anstrich und Beschriftung, Bänder (z. B. selbstklebende Folienbänder) oder Schilder ausgeführt werden.
- Kennzeichnung insbesondere an betriebswichtigen und gefährlichen Punkten (z. B. am Anfang und Ende, bei Abzweigungen, Wanddurchführungen, Armaturen).
- Nach maximal 10 m Rohrlänge muss das Kennzeichen wiederholt werden.
- Angabe der Gruppen- und Zusatzfarbe (vgl. unten).
- Angabe der Durchflussrichtung mittels eines Pfeils.
- Angabe des Durchflussstoffes zusätzlich durch Wortangabe (z. B. Wasser) oder die chemische Formel (z. B. H_2O).
- bei Gefahrstoffen zusätzliche Angabe der Gefahrenpiktogramme (Seite 407) bzw. bei allgemeinen Gefahren zusätzliche Angabe von Warnzeichen (Seite 414).

Zuordnung der Farben zu den Durchflussstoffen

Durchflussstoff	Gruppe	Gruppenfarbe	RAL	Zusatzfarbe	RAL	Schriftfarbe	RAL
Wasser	1	grün	6032	–	–	weiß	9003
Wasserdampf	2	rot	3001	–	–	weiß	9003
Luft	3	grau	7004	–	–	schwarz	9004
Brennbare Gase	4	gelb	1003	rot	3001	schwarz	9004
Nicht brennbare Gase	5	gelb	1003	schwarz	9004	schwarz	9004
Säuren	6	orange	2010	–	–	schwarz	9003
Laugen	7	violett	4008	–	–	weiß	9003
Brennbare Flüssigkeiten und Feststoffe	8	braun	8002	rot	3001	weiß	9003
Nicht brennbare Flüssigkeiten und Feststoffe	9	braun	8002	schwarz	9004	weiß	9003
Sauerstoff	0	blau	5005	–	–	weiß	9003

Kennzeichnung besonderer Rohrleitungen

Feuerlöschleitungen sind mit einer rot-weiß-roten Farbmarkierung zu kennzeichnen. Im weißen Feld wird jeweils in der Farbe des Löschmittels das grafische Symbol des Sicherheitskennzeichens „Mittel und Geräte zur Brandbekämpfung" (vgl. Seite 416) angebracht.

Trinkwasserleitungen sind mit einer grün-weiß-grünen Farbmarkierung zu kennzeichnen. **Nichttrinkwasserleitungen** haben eine grün-blau-grüne Markierung. Kurzzeichen und deren Farben sind der Tabelle zu entnehmen.

Benennung	Kurzzeichen	Farbe	Benennung	Kurzzeichen	Farbe
Trinkwasserleitung Trinkwasserleitung, kalt	PW PWC	grün	Trinkwasserleitung, warm, zirkulierend	PWH-C	violett
Trinkwasserleitung, warm	PWH	rot	Nichttrinkwasserleitung	NPW	weiß

Beispiele für Kennzeichnungen

Heizöl

Feuerlöscheinrichtung (Wasser)

Trinkwasser

Druckluft

Sauerstoff (brandfördernd)

Acetylen (hochentzündlich)

Schall und Lärm

Schalltechnische Begriffe

Begriff	Erläuterung	Begriff	Erläuterung
Schall	Schall entsteht durch mechanische Schwingungen. Er breitet sich in gasförmigen, flüssigen und festen Körpern aus.	**Lärm**	Unerwünschte, belästigende oder schmerzhafte Schallwellen. Die Schädigung ist abhängig von der Stärke und Dauer der Einwirkung.
Schalldruckpegel	Der Schalldruckpegel ist ein Maß für die Lautstärke bzw. die Intensität des Schalls.	**Frequenz**	Schwingungen je Sekunde. Einheit: 1 Hertz = 1 Hz = 1/s. Tonhöhe steigt mit Frequenz. Frequenzbereich des menschlichen Ohres von 16 Hz bis 20000 Hz.
Dezibel	In Dezibel (dB) werden logarithmische Vergleichsgrößen angegeben. Der gemessene Schalldruckpegel wird zum kleinsten, vom menschlichen Ohr noch wahrzunehmenden Schalldruck ins Verhältnis gesetzt. 0 dB entspricht der Hörschwelle. Eine Steigerung von 3 dB entspricht einer Verdoppelung der Schallleistung (Energiegröße).	**dB(A)**	Das menschliche Ohr empfindet verschieden hohe Töne mit gleichem Schalldruckpegel verschieden stark. Um den Gehöreindruck vergleichbar zu machen, werden Filter eingesetzt, z. B. Filter A → dB(A) dämpft tiefe Töne stark und verstärkt hohe Töne schwach. Eine Zunahme von 10 dB(A) wird vom Menschen als Verdoppelung der Lautstärke empfunden (psychologische Größe).

dB(A)-Werte

Schallart	dB(A)	Schallart	dB(A)	Schallart	dB(A)
Beginn der Hörempfindlichkeit	4	Normales Sprechen in 1 m Abstand	70	Schwere Stanzen	95…110
Atemgeräusche in 30 cm Abstand	10	Werkzeugmaschinen	75…90	Winkelschleifer	95…115
Flüstern	30	Schweißbrenner, Drehmaschine	85	Diskomusik	110…115
Leise Unterhaltung	50…60	Schlagbohrmaschine, Motorrad	90	Düsentriebwerk	120…130

Lärm- und Vibrations-Arbeitsschutzverordnung vgl. LärmVibrationsArbSchV (2007-03; geänd. 2010-07)

Messgrößen für den Lärm:

- **Tages-Lärmexpositionspegel**: durchschnittliche Lärmentwicklung, gemittelt über Acht-Stunden-Schicht.
- **Spitzenschalldruckpegel:** Höchstwert des Schalldruckpegels, z. B. verursacht durch Explosion oder Knall.

Zu ergreifende Maßnahmen bei Erreichen bzw. Überschreiten der Auslösewerte[1)]

untere Auslösewerte (u. A.): Tages-Lärmexpositionspegel = 80 dB(A) oder Spitzenschalldruckpegel = 135 dB(C)		**obere Auslösewerte (o. A.):** Tages-Lärmexpositionspegel = 85 dB(A) oder Spitzenschalldruckpegel = 137 dB(C)	
untere Auslösewerte werden erreicht oder überschritten	• Informations- und Unterweisungspflicht der Mitarbeiter über gesundheitliche Beeinträchtigungen	obere Auslösewerte werden erreicht oder überschritten	• Kennzeichnung der Lärmbereiche • Regelmäßige Vorsorgeuntersuchungen sind Pflicht • Gehörschutz ist Pflicht
untere Auslösewerte werden überschritten	• Gehörschutz muss zur Verfügung gestellt werden • Vorsorgeuntersuchung muss angeboten werden	obere Auslösewerte werden überschritten	• Lärmminderungsprogramm muss erstellt und durchgeführt werden. Ziel: Reduzierung des Schalldruckpegels um 5 dB(A).

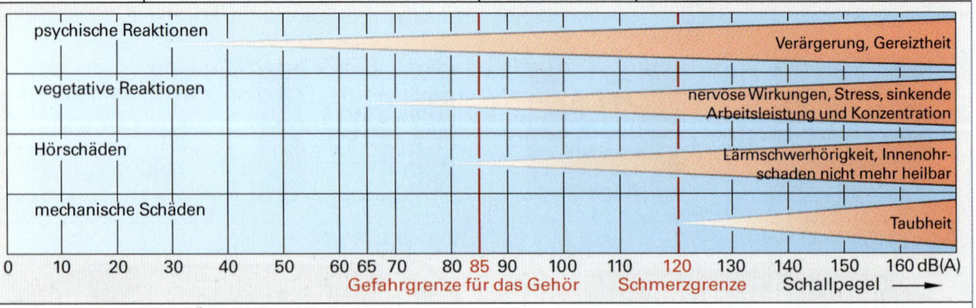

1) Grenzwerte, bei deren Überschreitung vom Arbeitgeber bestimmte Maßnahmen zur Lärmminderung ergriffen werden müssen.

F

7 Automatisierungstechnik

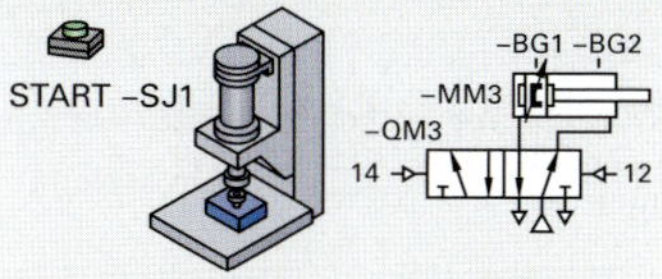

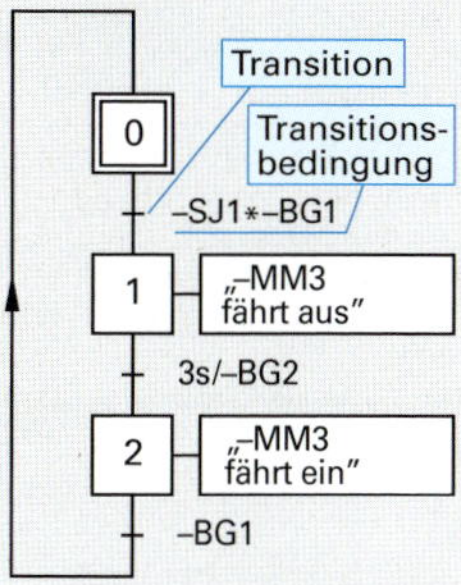

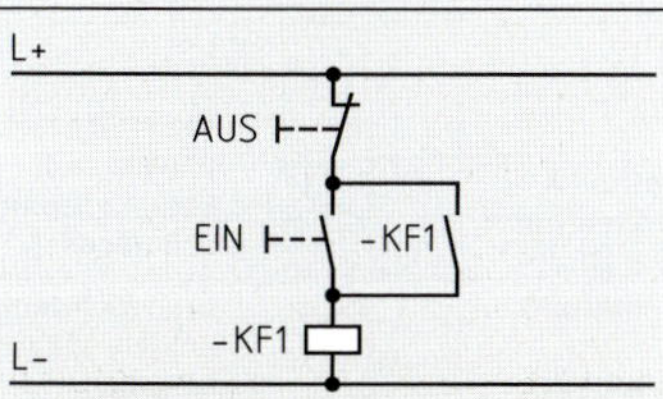

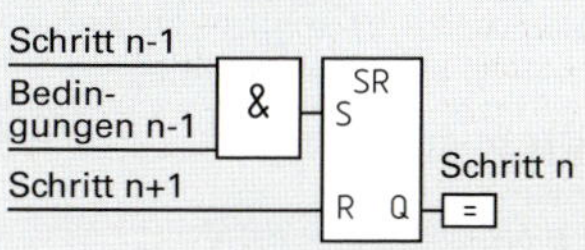

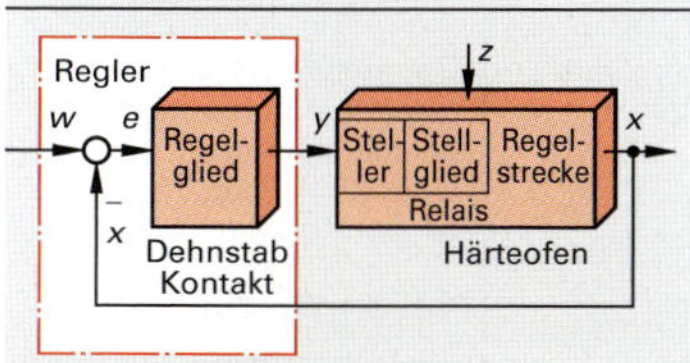

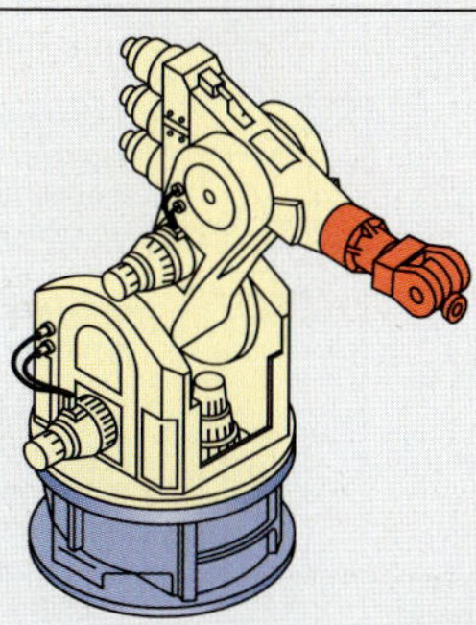

A

Schaltzeichen

vgl. ISO 1219-1 (2012-09)

Funktionselemente

Hydrostrom
Druckluftstrom

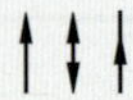

Strömungsrichtung

Drehrichtung
Verstellbarkeit

Feder
Drosselung

Energieübertragung

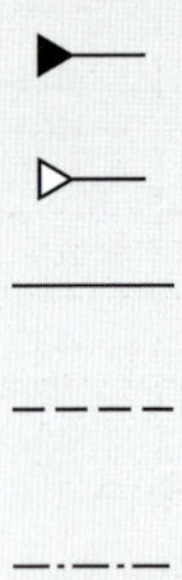

Druckquelle hydraulisch
Druckquelle pneumatisch
Arbeitsleitung
Steuerleitung Leckstromleitung
Umrahmung von Baugruppen

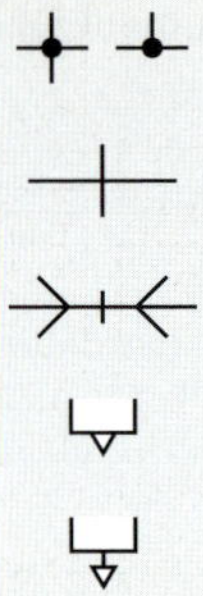

Leitungsverbindung
Leitungskreuzung
Schnellkupplung
Entlüftung ohne Anschluss
Entlüftung mit Anschluss

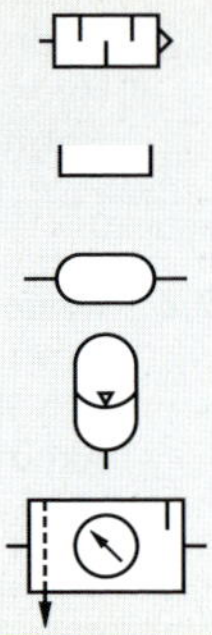

Schalldämpfer
Behälter
Druckbehälter
Hydro-Gasdruckspeicher mit Blase
Wartungseinheit

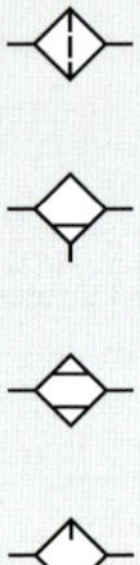

Filter oder Sieb
Wasserabscheider
Lufttrockner
Öler

Pumpen, Kompressoren, Motoren

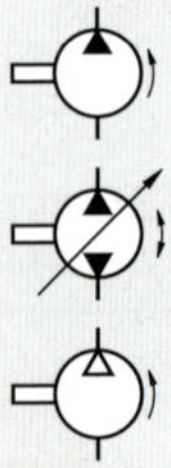

Konstant-Hydropumpe, eine Drehrichtung
Verstell-Hydropumpe, zwei Drehrichtungen
Kompressor, eine Drehrichtung

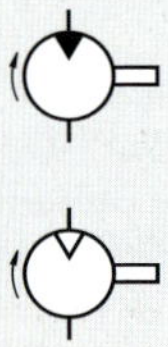

Hydraulik-Konstantmotor, eine Drehrichtung
Pneumatik-Konstantmotor, eine Drehrichtung

Hydraulik-Verstellmotor, zwei Drehrichtungen
Pneumatik-Verstellmotor, zwei Drehrichtungen

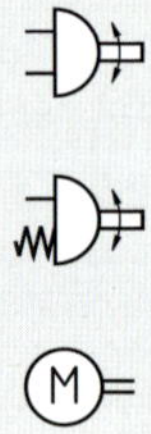

Dreh-/Schwenkantrieb, zwei Volumenstromrichtungen
Dreh-/Schwenkantrieb, einfach wirkend
Elektromotor

Einfachwirkende Zylinder

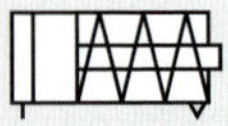

Einfachwirkender Zylinder. Entlüftung ohne Anschlussmöglichkeit. Rückhub durch eingebaute Feder.

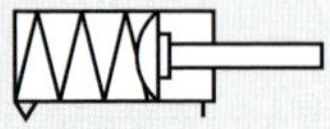

Einfachwirkender Membranzylinder, einseitige Endlagendämpfung, Entlüftung ohne Anschlussmöglichkeit

Doppeltwirkende Zylinder

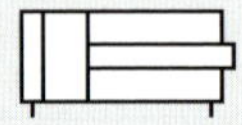

Doppeltwirkender Zylinder, einseitige Kolbenstange

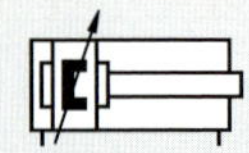

Doppeltwirkender Zylinder, einseitige Kolbenstange, beidseitig einstellbare Endlagendämpfung, magnetischer Kolben

Sperrventile

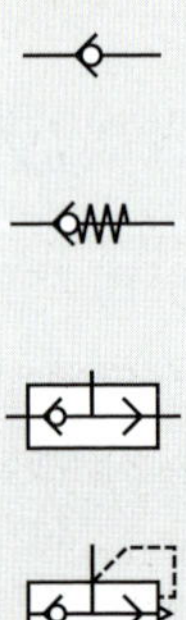

Rückschlagventil, unbelastet
Rückschlagventil, federbelastet
Wechselventil (ODER-Funktion)
Schnellentlüftungsventil

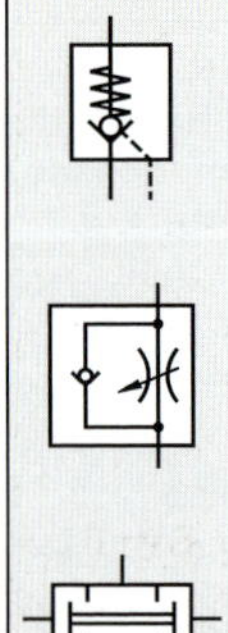

Entsperrbares Rückschlagventil
Drosselrückschlagventil
Zweidruckventil (UND-Funktion)

Druckventile

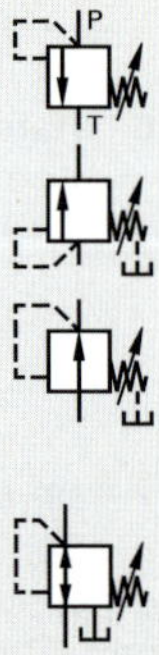

Druckbegrenzungsventil
Folgeventil
2-Wege-Druckreduzierventil
3-Wege-Druckreduzierventil, Ausgleich von Druckspitzen am Ausgang

Stromventile

Drosselventil verstellbar
2-Wege-Stromregelventil, weitgehend unabhängig von Viskosität und Druckdifferenzen
3-Wege-Stromregelventil, teilt Eingangsstrom in Konstantstrom und Reststrom

A

Schaltzeichen, Wegeventile

vgl. DIN EN 81346 (2010-05), ISO 1219 (2012-09), DIN ISO 5599 (2005-12), DIN ISO 11727 (2003-10), ISO 9461 (1992-12)

Anschluss- und Kurzbezeichnung von Wegeventilen

Beispiel:
5/2-Wegeventil mit Anschlussbezeichnung
(Symbol nach ISO 1219-1)

–QM1
oder 1.3

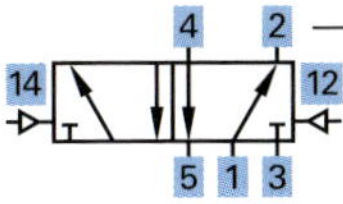

Kurzbezeichnung

5 / 2 - Wegeventil –QM1 oder 1.3

Anzahl der Anschlüsse

Anzahl der Schaltstellungen

Schaltstellungen[1]	
a | b	Ventil mit 2 Schaltstellungen
a | 0 | b	Ventil mit 3 Schaltstellungen

[1] Anzahl der Rechtecke ≙ Anzahl der Schaltstellungen

Kennzeichnung nach DIN EN 81346

Für alle technischen Anlagen anwendbare DIN EN-Norm. (Beschreibung auf S. 423)

Beispiele:
Pneumatik: S. 425,
E-Pneumatik: S. 439,
Hydraulik: S. 440,
GRAFCET: S. 432 ff.

Kennzeichnung nach ISO 1219-2

Für rein fluidtechnische Anlagen. (Beschreibung S. 426)
Beispiel: S. 426
Im Folgenden wird vorwiegend die für alle technischen Systeme gültige Kennzeichnung nach DIN EN 81346 verwendet!

Anschlussbezeichnung von pneumatischen und hydraulischen Geräten

Anschluss	Pneumatik[1]	Hydraulik[2)3)]
Zufluss, Druckanschluss	1	P
Arbeitsanschlüsse	2, 4, 6	A, B, C
Entlüftung, Abfluss	3, 5, 7	R, S, T
Leckölanschluss	–	L
Steueranschlüsse[4]	12, 14	X, Y, Z

[1] vgl. DIN 11727, DIN 5599
[2] vgl. ISO 9461
[3] Die Folge der Buchstaben entspricht nicht unbedingt der Ziffernfolge.
[4] Ein Impuls, z. B. am Steueranschluss 12, bewirkt eine Verbindung der Anschlüsse 1 und 2.

Bauarten von Wegeventilen

2/-Wegeventile

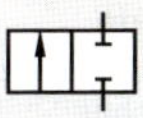	2/2-Wegeventil mit Sperr-Ruhestellung
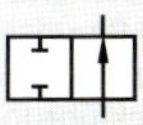	2/2-Wegeventil mit Durchfluss-Ruhestellung

3/-Wegeventile

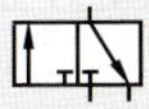	3/2-Wegeventil mit Sperr-Ruhestellung
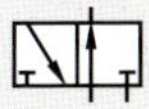	3/2-Wegeventil mit Durchfluss-Ruhestellung
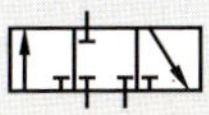	3/3-Wegeventil mit Sperr-Mittelstellung

4/-Wegeventile

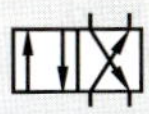	4/2-Wegeventil
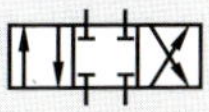	4/3-Wegeventil mit Sperr-Mittelstellung
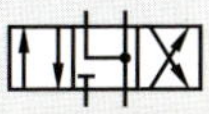	4/3-Wegeventil mit Schwimm-Mittelstellung

5/-Wegeventile

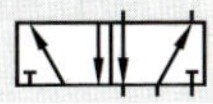	5/2-Wegeventil
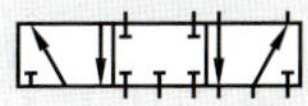	5/3-Wegeventil mit Sperr-Mittelstellung

Durchflusswege

	ein Durchflussweg
	zwei gesperrte Anschlüsse
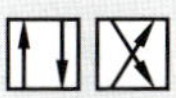	zwei Durchflusswege
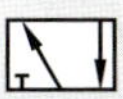	zwei Durchflusswege und ein gesperrter Anschluss
	zwei Durchflusswege mit Verbindung zueinander
	ein Durchflussweg in Nebenschlussschaltung und zwei gesperrte Anschlüsse

Betätigung von Wegeventilen

Schaltzustand

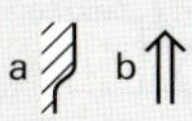	a rollenbetätigt b betätigt

Betätigung durch Muskelkraft

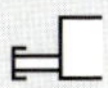	Druckknopf
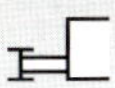	Druck- und Zugknopf
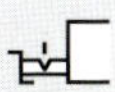	Drehknopf mit Raste
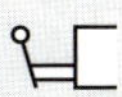	Hebel
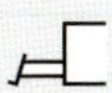	Pedal
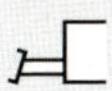	Wippe, in beide Richtungen

Mechanische Betätigung

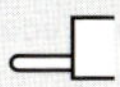	Stößel
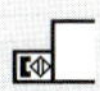	über Annäherung eines Magneten
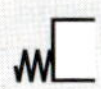	Feder
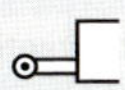	Rollenstößel
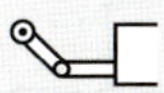	Rollenhebel, eine Betätigungsrichtung

Mechanische Bestandteile

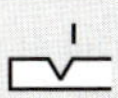	Raste

Druckbetätigung

 direkt	hydraulisch
 direkt	pneumatisch
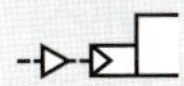 mit Vorsteuerung	pneumatisch

Elektrische Betätigung

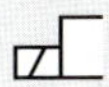	Elektromagnet
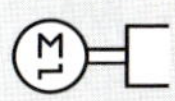	Schrittmotor

Kombinierte Betätigung

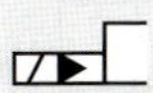	Elektromagnet mit Vorsteuerung

A

Kennzeichnung industrieller Systeme: Kennbuchstaben

vgl. DIN EN 81346-2 (2010-05)

Hauptklasse (Kurzdefinition)		Unterklasse (Auswahl, Kurzdefinition)	Komponenten (Beispiele)
A	Mehrere Zwecke aus Klassen B bis X. (Hauptzweck unbestimmbar, Kennzeichnung ist vom Anwender frei wählbar)	AA–AE: Bereich elektrische Energie AF–AK: Bereich Informationsverarbeitung AL–AY: Bereich Maschinenbau Z: Kombinierte Aufgaben	Energieversorgung PC-System Mischanlage Wartungseinheit
B	Umwandeln einer Eingangsgröße in ein zur Weiterverarbeitung bestimmtes Signal	G: Eingang: Abstand, Stellung, Lage P: Eingang: Druck, Vakuum S: Eingang: Geschwindigkeit T: Eingang: Temperatur	Sensor, rollenbetätigtes Ventil Drucksensor Tachometer, Drehzahlmesser Temperatursensor
C	Speichern von Energie	A: elektrische Energie kapazitiv speichern M: Lagerung von Stoffen	Kondensator Druckspeicher, Hydrauliktank
E	Erzeugen von Strahlung, Wärme oder Kälte	A: Beleuchtung (Meldelampe: Hauptklasse P!) Q: Kälte durch Energieaustausch	Leuchtstoffröhre, LED-Leuchte Kältetrockner, Wärmetauscher
F	Schutz vor unerwünschten Zuständen	B: Schutz gegen Fehlerströme C: Schutz gegen Überströme L: Schutz gegen gefährliche Drücke	Fehlerstromschutzschalter Sicherung Sicherheitsventil, Überdruckventil
G	Erzeugen eines Energie-, Material- oder Signalflusses	A: Strom durch mechanische Energie B: Strom aus chemischer Umwandlung L: stetiger Fluss fester Stoffe M: unstetiger Fluss fester Stoffe P: Fluss fließfähiger Stoffe in Gang setzen Q: Fluss gasförmiger Stoffe in Gang setzen S: Flusserzeugung durch Treibmedium T: Flusserzeugung durch Schwerkraft Z: Kombinierte Aufgaben	Generator Batterie als Spannungsquelle Bandförderer Hubeinheit Pumpe, Schneckenförderer Kompressor, Lüfter Druckluftöler, Injektor Schmiervorrichtung (Öler) Hydraulikaggregat
H	Erzeugen einer neuen Art von Material oder Produkt	L: durch Zusammenbauen Q: durch Filtern W: durch Mischen	Montageroboter Filter, Sieb Rührwerk
K	Signale und Informationen verarbeiten	F: Signalverknüpfung elektrischer Signale H: Signalverknüpfung fluidtechnischer Signale K: Signalverknüpfung unterschiedl. Signale	Relais, Zeitrelais, SPS UND, ODER, Zeitglied, fluidisches Vorsteuerventil elektrisches Vorsteuerventil
M	Mechanische Energie zu Antriebszwecken bereitstellen	A: durch elektromagnetische Wirkung B: durch magnetische Wirkung M: durch fluidische oder pneumatische Kraft S: durch Kraft chemischer Umwandlung	Elektromotor Ventilmagnet, Ventilspule Pneumatik/Hydraulik-Zylinder, Pneumatik/Hydraulik-Motor Verbrennungsmotor
P	Darstellung von Informationen	F: visuelle Anzeige von Einzelzuständen G: visuelle Darstellung von Einzelvariablen H: visuelle Darstellung in Bild- oder Textform	Meldelampe, Leuchtmelder Anzeigeinstrument, Manometer Bildschirm, Display, Drucker
Q	Kontrolliertes Schalten oder Variieren eines Energie-, Signal- oder Materialflusses	A: Schalten/Variieren von elektr. Kreisen B: Trennen von elektrischen Kreisen M: Schalten eines umschlossenen Flusses N: Ändern eines umschlossenen Flusses	Schütz Hauptschalter Wegeventil, Schnellentlüftungsventil Druckbegrenzungs-, Druckregelventil
R	Begrenzen oder Stabilisieren	M: Verhindern des Rückflusses N: Begrenzen des Durchflusses P: Abschirmen und Dämmen von Schall Z: Kombinierte Aufgaben	Rückschlagventil Drossel Schalldämpfer Drossel-Rückschlagventil
S	Handbetätigung in anderes Signal wandeln	F: in elektrisches Signal J: in fluidisches/pneumatisches Signal	Taster, Schalter Druckknopfventil
T	Umwandlung von Energie, Signal oder Form eines Materials	A: Beibehaltung der Energieform B: Änderung der Energieform M: durch Spanabheben	Transformator Gleichrichter, Netzteil Werkzeugmaschine
U	Objekte in definierter Lage halten	B: Halten und Tragen elektrischer Leitungen Q: Halten und Führen in Fertigung/Montage	Kabelkanal Greifer, Vakuumsauger
V	Verarbeiten von Produkten	L: Abfüllen von Stoffen	Fülleinrichtung
W	Leiten oder Führen	N: Leiten und Führen von Strömen	Druckluftschlauch
X	Verbinden von Objekten	M: Verbinden flexibler Umschließungen	Schlauchkupplung

Beispiel: RM: Begrenzen oder Stabilisieren (R) durch das Verhindern des Rückflusses (M): Rückschlagventil

A

Schaltpläne, Aufbau und Kennzeichnung

Beispiel: Kennzeichnung nach DIN EN 81346 (Hubeinrichtung)

Hubeinheit (Lageplan der Zylinder)

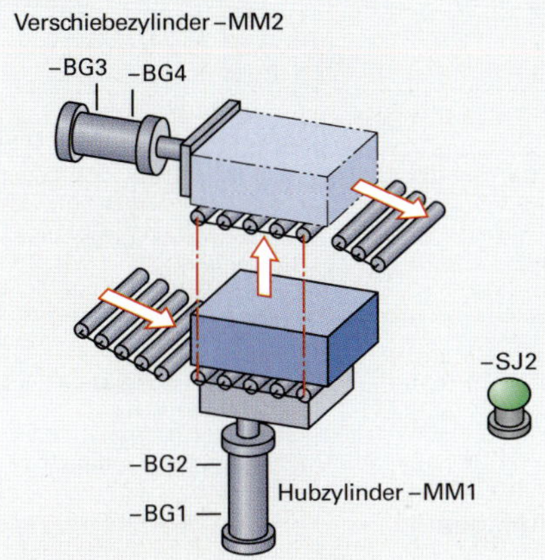

Ablaufplan

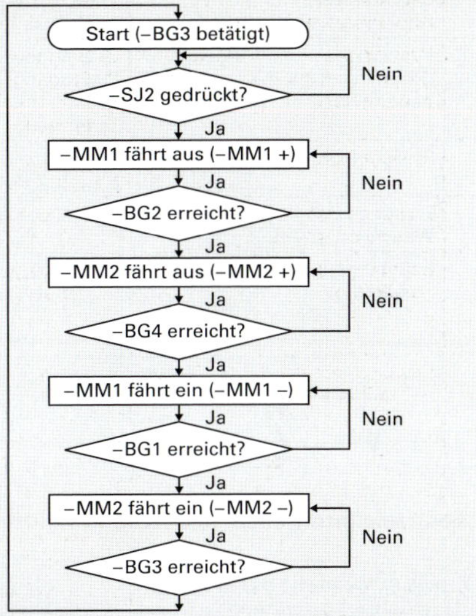

Aufbau und Kennzeichnung nach DIN EN 81346 einer reinen Pneumatikanlage

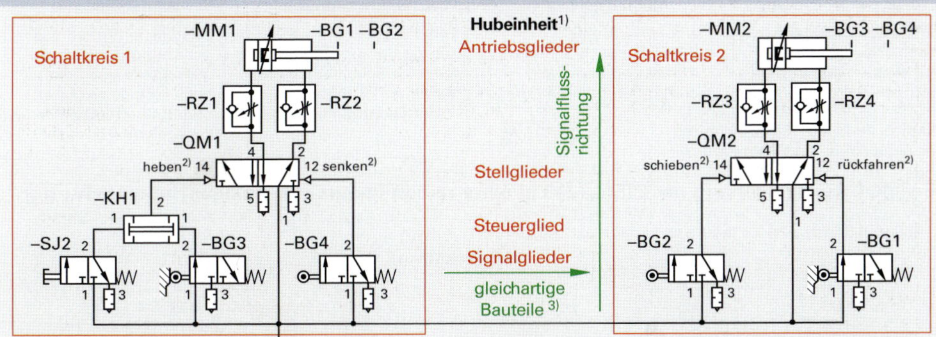

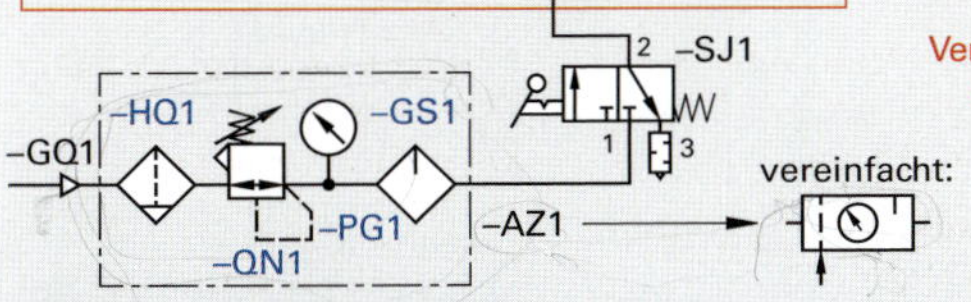

Zur Kennzeichnung ist bei Eindeutigkeit auch nur der 1. Buchstabe möglich, Bsp. auf S. 426.

1) Funktion der Anlage **soll** angegeben werden.

2) Funktion der Ventilstellung **kann** angegeben werden.

3) Gleichartige Versorgungs-, Signal-, Steuer-, Stell- und Antriebsglieder

Kennbuchstaben und Komponenten (Auswahl)

Kennbuch-staben	Komponente	Kennbuch-staben	Komponente
AZ	Wartungseinheit	MM	Pneumatikzylinder, Pneumatikmotor
BG	Näherungsschalter, Endschalter	PG	Anzeigeinstrument, z. B. Manometer
BP	Druckschalter	QM	Wegeventil, Schnellentlüftungsventil
GQ	Druckluftquelle, Kompressor	QN	Druckreduzierventil
GS	Druckluftöler (Injektorprinzip)	RP	Schalldämpfer
HQ	Filter (hier mit manuellem Ablass)	RZ	Drossel-Rückschlagventil
KH	Signalverknüpfung, UND, ODER, Zeitglied	SJ	handbetätigtes Ventil (pneum. Signal)

A

Schaltpläne, Aufbau und Kennzeichnung

Beispiel: Vereinfachte Kennzeichnung nach DIN EN 81346 (Hubeinrichtung)

Wenn der 1. Kennbuchstabe ausreicht und keine Verwechslungsgefahr besteht, kann der 2. Kennbuchstabe weggelassen werden:

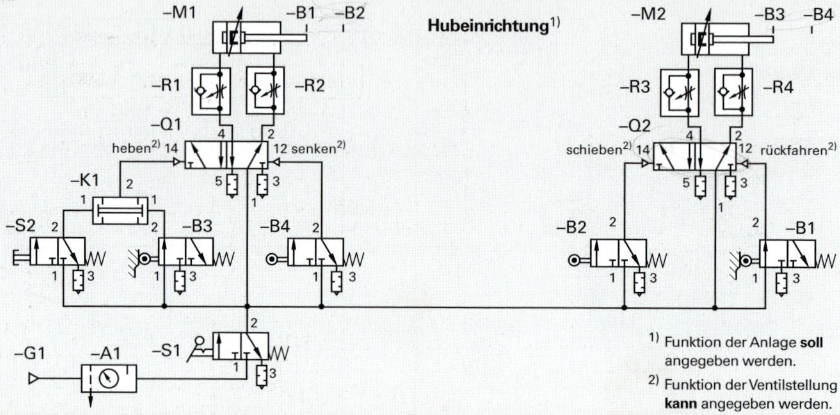

1) Funktion der Anlage **soll** angegeben werden.
2) Funktion der Ventilstellung **kann** angegeben werden.

Kennzeichnung nach ISO 1219 in fluidtechnischen Anlagen

vgl. ISO 1219-2 (2012-09)

Beispiel: Ausführliche Bezeichnung 3 - P 2 . 4 ← muss umrahmt werden

Anlagenbezeichnung	Medienschlüssel	Schaltkreisnummer	Bauteilnummer
Zahl oder Buchstabe. Kann entfallen, wenn nur eine Anlage vorhanden ist.	z. B. H Hydraulik; P Pneumatik; L Schmiermittel. Entfällt bei eindeutigen Schaltplänen.	Mit 0 beginnend, z. B. für die Versorgung. Weitere Schaltkreise mit aufeinanderfolgenden Ziffern kennzeichnen.	Bauteile in Signalflussrichtung und gleichartige Bauteile von links nach rechts mit aufeinanderfolgenden Ziffern kennzeichnen.

Beispiel: Verkürzte Kennzeichnung (nur Schaltkreis- und Bauteilnummer) 2 . 4

Beispiel: Kennzeichnung nach ISO 1219 in einer reinen Pneumatik-Anlage (Hubeinrichtung)

Ablauf: 1.8 fährt aus; 2.6 fährt aus; 1.8 fährt ein; 2.6 fährt ein.

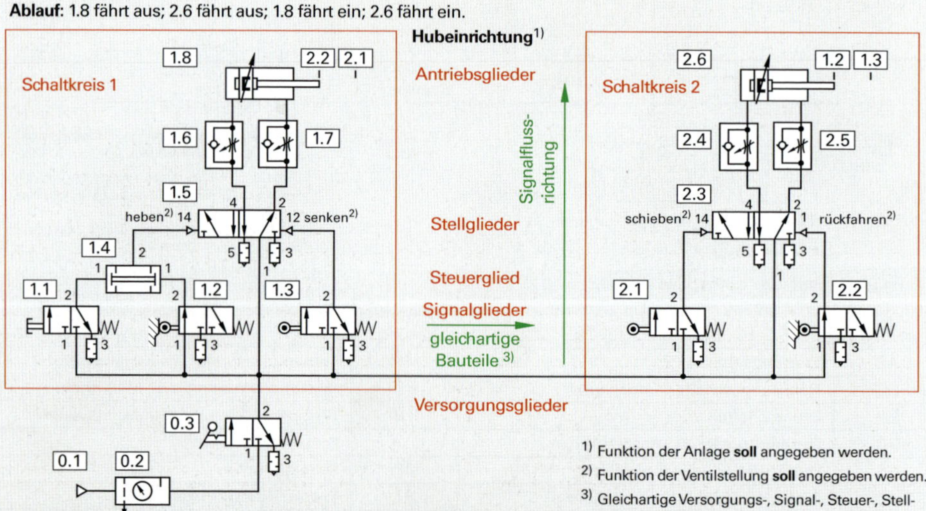

1) Funktion der Anlage **soll** angegeben werden.
2) Funktion der Ventilstellung **soll** angegeben werden.
3) Gleichartige Versorgungs-, Signal-, Steuer-, Stell- und Antriebsglieder

A

Pneumatische Steuerung (Biegewerkzeug)

Bleche werden manuell in ein Biegewerkzeug eingelegt und sollen dann maschinell um 90° gebogen werden. Der Spannzylinder –MM1 hält das Blech in Bearbeitungsposition während der Biegezylinder –MM2 mit dem Biegewerkzeug ausfährt und das Werkstück biegt. Danach fährt zuerst der Biegezylinder –MM2 und anschließend der Spannzylinder –MM1 zurück.

Technologie-Schema

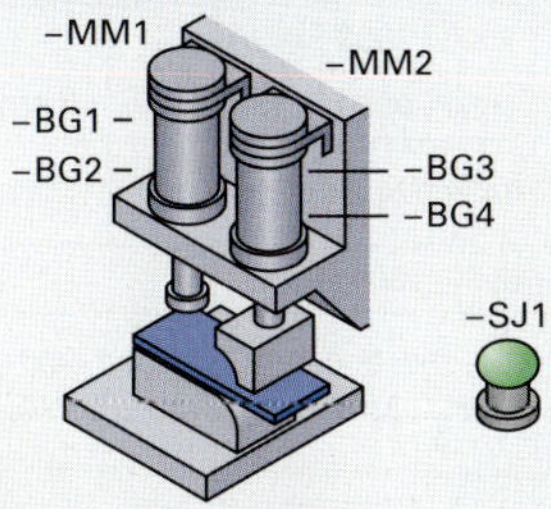

Darstellung der Schrittfolge (nicht genormt)

–MM1+	–MM2+	–MM2–	–MM1–

+ fährt aus – fährt ein

Funktionsdiagramm – wird durch Grafcet ersetzt

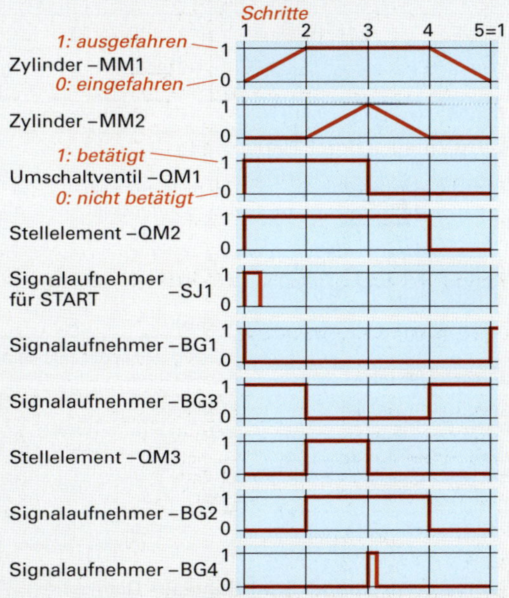

GRAFCET

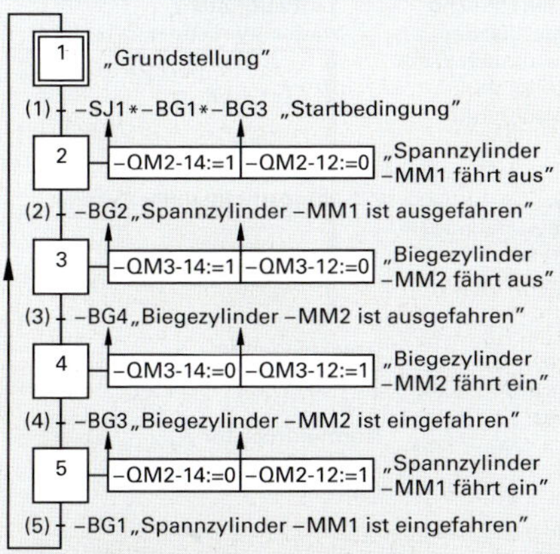

Pneumatik-Schaltplan

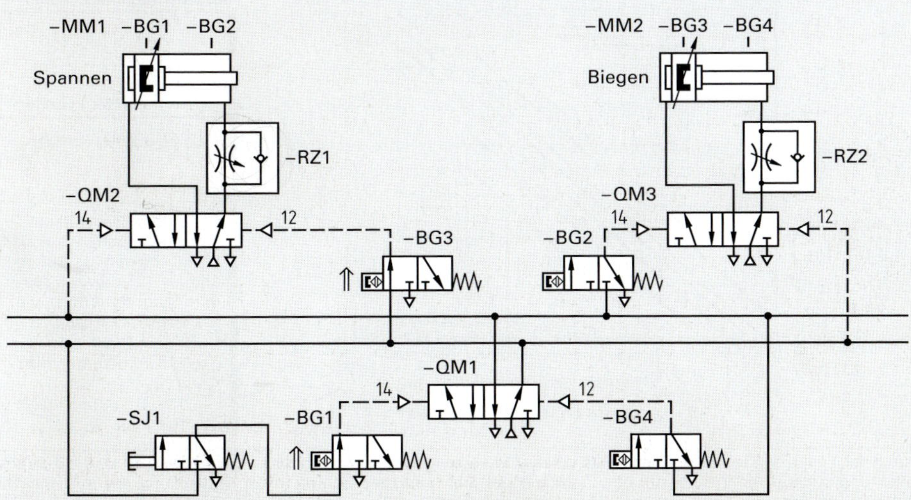

A

Pneumatikzylinder (Auswahl)

vgl. DIN ISO 15552 (2005-12), DIN ISO 21287 (2005-12), DIN ISO 6432 (1987-10)

Abmessungen und Kolbenkräfte

Kolbendurchmesser		12	16	20	25	32	40	50	63	80	100	125	160	200
Kolbenstangendurchmesser (mm)		6	8	8	10	12	16	20	20	25	25	32	40	40
Anschlussgewinde		M5	M5	G1/8	G1/8	G1/8	G1/8	G1/4	G3/8	G3/8	G1/2	G1/2	G3/4	G3/4
Druckkraft[1] bei p_e = 6 bar[3] in N	einfachwirk. Zyl.[2]	50	96	151	241	375	644	968	1560	2530	4010	–	–	–
	doppeltwirk. Zyl.	58	106	164	259	422	665	1040	1650	2660	4150	6480	10 600	16 600
Zugkraft[1] bei p_e = 6 bar[3] in N	doppeltwirk. Zyl.	54	79	137	216	364	560	870	1480	2400	3890	6060	9960	15 900
Hublängen in mm	einfachwirk. Zyl.	10, 25, 50					25, 50, 80, 100					–		
	doppeltwirk. Zyl.	bis 160	bis 200	bis 320	10, 25, 50, 80, 100, 160, 200, 250, 320, 400, 500									

[1] Mit Zylinderwirkungsgrad η = 0,88 [2] Die Rückzugskraft der Feder ist berücksichtigt [3] 6 bar = 600 kPa = 0,6 MPa

Luftverbrauch durch Berechnung

Einfachwirkender Zylinder

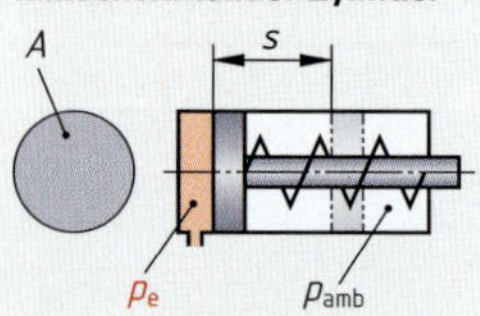

Doppeltwirkender Zylinder

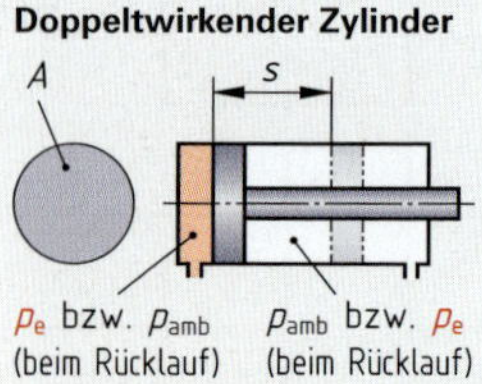

Q Luftverbrauch
p_e Überdruck im Zylinder
p_{amb} Luftdruck
n Hubzahl
A Kolbenfläche
q spezifischer Luftverbrauch je cm Kolbenhub
s Kolbenhub

Beispiel:

Einfachwirkender Zylinder mit d = 50 mm; s = 100 mm; p_e = 6 bar; n = 120/min; p_{amb} = 1 bar; Luftverbrauch Q in l/min?

$$\boldsymbol{Q} = A \cdot s \cdot n \cdot \frac{p_e + p_{amb}}{p_{amb}}$$

$$= \frac{\pi \cdot (5\,\text{cm})^2}{4} \cdot 10\,\text{cm} \cdot 120\,\frac{1}{\text{min}} \cdot \frac{(6+1)\,\text{bar}}{1\,\text{bar}}$$

$$= 164\,934\,\frac{\text{cm}^3}{\text{min}} \approx \mathbf{165}\,\frac{\mathbf{l}}{\mathbf{min}}$$

Luftverbrauch[1] einfachwirkender Zylinder

$$Q = A \cdot s \cdot n \cdot \frac{p_e + p_{amb}}{p_{amb}}$$

Luftverbrauch[1] doppeltwirkender Zylinder

$$Q \approx 2 \cdot A \cdot s \cdot n \cdot \frac{p_e + p_{amb}}{p_{amb}}$$

Druckeinheiten:
1 Pa = 1 N/m² = 10^{-5} bar
1 bar = 100 kPa = 0,1 MPa

Normaldruck für p_{amb}
p_{amb} = 1013 mbar = 1013 hPa
p_{amb} ≈ 1 bar = 100 kPa = 0,1 MPa

Luftverbrauch durch Ermittlung aus Diagramm

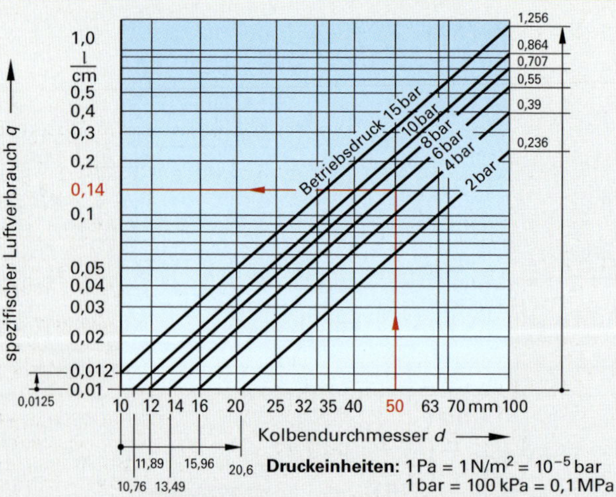

Druckeinheiten: 1 Pa = 1 N/m² = 10^{-5} bar
1 bar = 100 kPa = 0,1 MPa

Luftverbrauch[1] einfachwirkender Zylinder

$$Q = q \cdot s \cdot n$$

Luftverbrauch[1] doppeltwirkender Zylinder

$$Q \approx 2 \cdot q \cdot s \cdot n$$

Beispiel:

Der Luftverbrauch eines einfachwirkenden Zylinders mit d = 50 mm, s = 100 mm und n = 120/min soll aus dem Diagramm für p_e = 6 bar ermittelt werden.
Nach dem Diagramm ist q = 0,14 l/cm Kolbenhub.
$Q = q \cdot s \cdot n =$
= 0,14 l/cm · 10 cm · 120/min
= **168 l/min**

[1] Durch das Füllen der Toträume kann der wirkliche Luftverbrauch bis zu 25 % höher liegen. Toträume sind z. B. Druckluftleitungen zwischen Wegeventil und Zylinder oder nicht nutzbare Räume in der Endstellung des Kolbens. Die Querschnittsfläche der Kolbenstange wird nicht berücksichtigt.

Hydraulik- und Pneumatikzylinder, Hydraulikpumpen

Kolbenkräfte

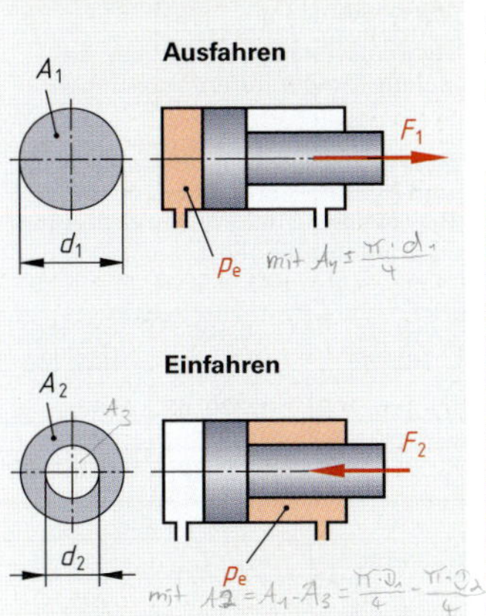

p_e	Überdruck	d_1	Kolbendurchmesser
A_1, A_2	Kolbenflächen	d_2	Kolbenstangendurchmesser
F_1, F_2	wirksame Kolbenkräfte	η	Wirkungsgrad

Beispiel:

Hydrozylinder mit d_1 = 100 mm; d_2 = 70 mm; η = 0,85 und p_e = 60 bar.
Wie groß sind die wirksamen Kolbenkräfte?

Ausfahren:

$$\boldsymbol{F_1} = p_e \cdot A_1 \cdot \eta = 600\,\frac{\text{N}}{\text{cm}^2} \cdot \frac{\pi \cdot (10\text{ cm})^2}{4} \cdot 0{,}85$$

$$= \mathbf{40\,055\ N}$$

Einfahren:

$$\boldsymbol{F_2} = p_e \cdot A_2 \cdot \eta$$

$$= 600\,\frac{\text{N}}{\text{cm}^2} \cdot \frac{\pi \cdot [(10\text{ cm})^2 - (7\text{ cm})^2]}{4} \cdot 0{,}85$$

$$= \mathbf{20\,428\ N}$$

Wirksame Kolbenkraft[1)]

$$F = p_e \cdot A \cdot \eta$$

Druckeinheiten:

1 Pa = 1 N/m² = 10^{-5} bar
1 bar = 100 kPa
= 0,1 MPa
1 bar = 10 N/cm²
100 kPa = 10 N/cm²
0,1 MPa = 10 N/cm²

[1)] Pneumatik < 6 bar, siehe auch S. 428 oben

Kolbengeschwindigkeiten

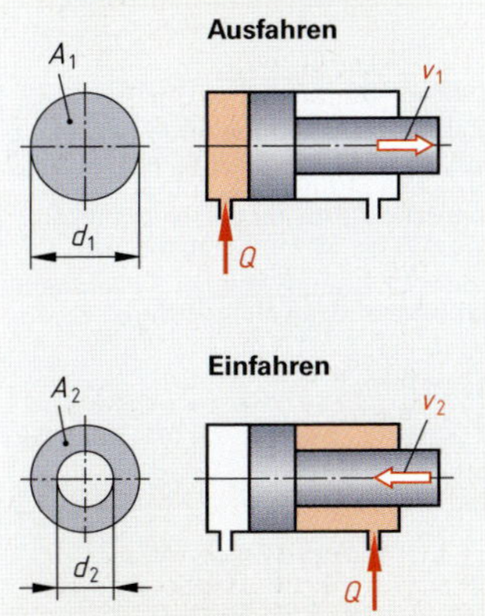

Q	Volumenstrom
A_1, A_2	wirksame Kolbenflächen
v_1, v_2	Kolbengeschwindigkeiten

Beispiel:

Hydrozylinder mit d_1 = 50 mm; d_2 = 32 mm und Q = 12 l/min. v_1 = ?; v_2 = ?

Ausfahren:

$$\boldsymbol{v_1} = \frac{Q}{A_1} = \frac{12\,000\text{ cm}^3/\text{min}}{\frac{\pi \cdot (5\text{ cm})^2}{4}} = 611\,\frac{\text{cm}}{\text{min}} = \mathbf{6{,}11\,\frac{m}{min}}$$

Einfahren:

$$\boldsymbol{v_2} = \frac{Q}{A_2} = \frac{12\,000\text{ cm}^3/\text{min}}{\frac{\pi \cdot (5\text{ cm})^2}{4} - \frac{\pi \cdot (3{,}2\text{ cm})^2}{4}}$$

$$= 1035\,\frac{\text{cm}}{\text{min}} = \mathbf{10{,}35\,\frac{m}{min}}$$

Kolbengeschwindigkeit

$$v = \frac{Q}{A}$$

Leistung von Pumpen

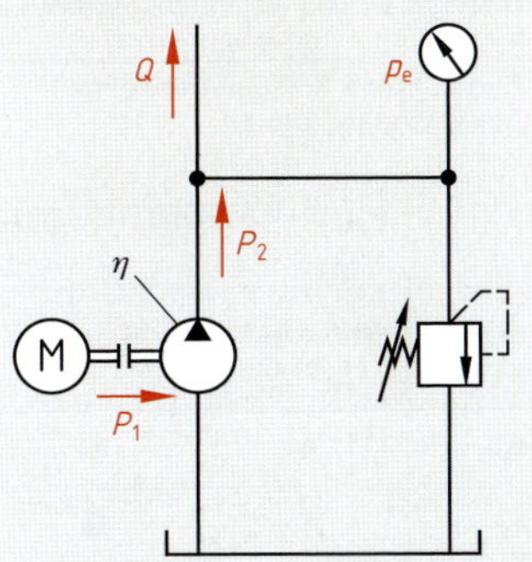

P_1	zugeführte Leistung an der Pumpenantriebswelle
P_2	abgegebene Leistung am Pumpenausgang
Q	Volumenstrom
p_e	Überdruck
η	Wirkungsgrad der Pumpe
M	Drehmoment
n	Drehzahl

Beispiel:

Pumpe mit Q = 40 l/min; p_e = 125 bar; η = 0,84; P_1 = ?; P_2 = ?

$$\boldsymbol{P_2} = \frac{Q \cdot p_e}{600} = \frac{40 \cdot 125}{600}\text{ kW} = \mathbf{8{,}333\ kW}$$

$$\boldsymbol{P_1} = \frac{P_2}{\eta} = \frac{8{,}333}{0{,}84}\text{ kW} = \mathbf{9{,}920\ kW}$$

Zugeführte Leistung[1)]

$$P_1 = \frac{M \cdot n}{9550}$$

Abgegebene Leistung[1)]

$$P_2 = \frac{Q \cdot p_e}{600}$$

Wirkungsgrad

$$\eta = \frac{P_2}{P_1}$$

Formeln für zugeführte und abgegebene Leistung mit:
P in kW, M in N · m, n in 1/min, Q in l/min, p_e in bar

[1)] Zahlenwertgleichung mit Umrechnungsfaktor

A

Druckflüssigkeiten

Hydrauliköle auf Mineralölbasis

vgl. DIN 51524-1 bis -3 (2006-04)

Typ	Norm	Wirkung der Inhaltsstoffe		Verwendung
HL	DIN 51524-1	Erhöhung des Korrosionsschutzes + Erhöhung der Alterungsbeständigkeit	–	Hydraulikanlagen bis 200 bar, bei hohen Temperaturanforderungen
HLP	DIN 51524-2		+ Verminderung des Fressverschleißes im Mischreibungsbereich	Hydraulikanlagen mit Hydropumpen und Hydromotoren über 200 bar Betriebsdruck und bei hohen Temperaturanforderungen
HVLP	DIN 51524-3		+ Verminderung des Fressverschleißes im Mischreibungsbereich + Verbesserung des Viskositäts-Temperatur-Verhaltens	

Eigenschaften		HL 10 HLP 10	HL 22 HLP 22	HL 32 HLP 32	HL 46 HLP 46	HL 68 HLP 68	HL 100 HLP 100
Kinematische Viskosität in mm²/s	bei – 20 °C	600	–	–	–	–	–
	bei 0 °C	90	300	420	780	1400	2560
	bei 40 °C	9 … 11	19,8 … 24,2	28,8 … 35,2	41,4 … 50,6	61,2 … 74,8	90 … 110
	bei 100 °C	2,4	4,1	5,0	6,1	7,8	9,9
Pourpoint[1] gleich oder tiefer als		– 30 °C	– 21 °C	–18 °C	–15 °C	–12 °C	–12 °C
Flammpunkt höher als		125 °C	165 °C	175 °C	185 °C	195 °C	205 °C

[1] Der Pourpoint (dt.: Fließpunkt) ist die Temperatur, bei der das Hydrauliköl unter Schwerkrafteinfluss gerade noch fließt.

⇒ **Hydrauliköl DIN 51524 – HLP 46:** Hydrauliköl vom Typ HLP, kinematische Viskosität = 46 mm²/s bei 40 °C

Viskositäts-Temperatur-Verhalten der HL- und HLP-Hydrauliköle

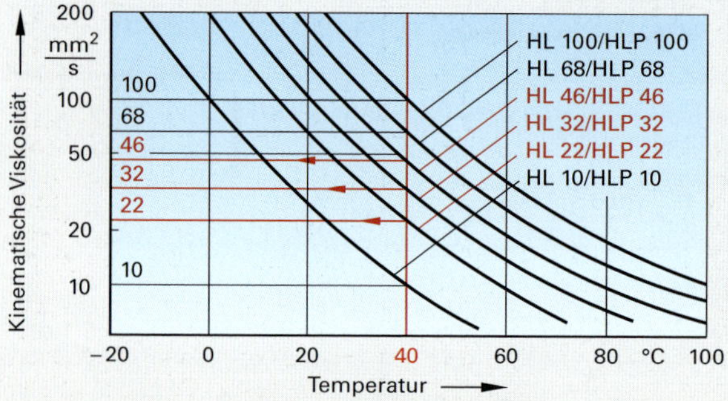

Ablesebeispiel:

Eine Zahnradpumpe arbeitet mit einer mittleren Betriebstemperatur von 40 °C. Während des Betriebs darf die zulässige kinematische Viskosität des Hydrauliköls zwischen 20 bis 50 mm²/s schwanken.

Nach dem Diagramm können 3 geeignete Hydrauliköle ausgewählt werden:

- HL 22/HLP 22
- HL 32/HLP 32
- HL 46/HLP 46

Schwerentflammbare Hydraulikflüssigkeiten

Typ	ISO-Viskositätsklassen	Eignung für Temperaturen °C	Eigenschaften	Verwendung
HFC	VG 15, VG 22 VG 32, VG 46 VG 68, VG100	– 20 … + 60	wässrige Monomer- und/oder Polymerlösungen, guter Verschleißschutz	Bergbau, Druckmaschinen, Schweißautomaten, Schmiedepressen
HFD		– 20 … + 150	wasserfreie synthetische Flüssigkeiten, gut alterungsbeständig, schmierfähig, großer Temperaturbereich	Hydraulische Anlagen mit hohen Betriebstemperaturen

Biologisch abbaubare Hydraulikflüssigkeiten

vgl. VDMA 24569 (1994-03)

Hydraulikflüssigkeit	Eignung und Eigenschaften						
	Tieftemperatur-Fließfähigkeit	Hochtemperatur-Oxidationsstabilität	Rostschutz	Verträglichkeit mit Innenbeschichtungen	Dichtungsverträglichkeit	Wirtschaftlichkeit	Standzeit
ungesättigte Ester	◐	◐	●	◔	◕	◐	◕
gesättigte Ester	●	●	●	◕	◕	◔	●
Polyglykolöle	●	●	◔	◔	◕	◐	◕

Eignung: ● sehr gut ◕ gut ◐ durchschnittlich ◔ eingeschränkt/schlecht

A

Rohre (Auswahl)

vgl. DIN 2445-1 bis -2 (2000-09)

Nahtlose Präzisionsstahlrohre für Hydraulik und Pneumatik

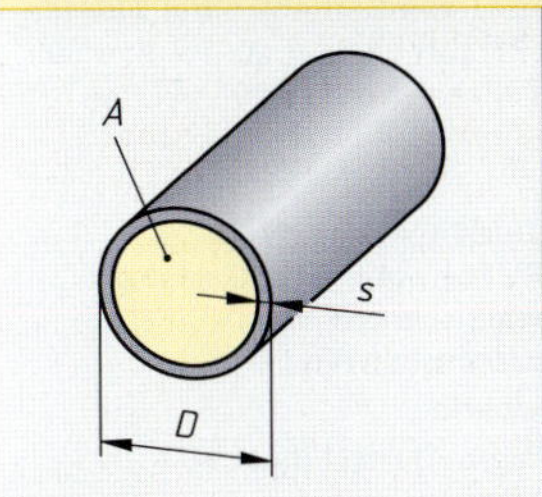

Werkstoffe	E235 und E355 nach DIN EN 10025-2			
Mechanische Eigenschaften	Werkstoff	Zugfestigkeit R_m N/mm²	Streckgrenze R_e N/mm²	Bruchdehnung A %
	E235	340 … 480	235	25
	E355	490 … 630	355	22
	gute Kaltumformbarkeit, Oberfläche phosphatiert oder verzinkt und chromatiert			
Verwendung	für Leitungen in hydraulischen oder pneumatischen Anlagen bei maximalen Nenndrücken bis 500 bar			

Lieferart: Herstellfestlänge: 6 m, normalgeglüht. Die Rohre weisen eine Oberflächenqualität von $Ra \leq 4$ µm auf.

⇒ **Rohr HPL-E235-NBK-20 x 2:** Nahtloses Präzisionsstahlrohr für Hydraulik und Pneumatik, aus E235, normalgeglüht, zugblank, Außendurchmesser 20 mm, Wanddicke 2 mm

Außendurchmesser *D* mm	Wanddicke *s* mm	Durchflussquerschnitt *A* cm²	Außendurchmesser *D* mm	Wanddicke *s* mm	Durchflussquerschnitt *A* cm²	Außendurchmesser *D* mm	Wanddicke *s* mm	Durchflussquerschnitt *A* cm²
4	0,8	0,05	20	2,0	2,01	38	2,5	8,55
4	1,0	0,01	20	2,5	1,77	38	4,0	7,07
5	0,8	0,10	20	3,0	1,54	38	5,0	6,16
5	1,0	0,07	20	4,0	1,13	38	7,0	4,52
6	1,0	0,13	22	1,0	3,14	38	10,0	2,55
6	1,5	0,07	22	2,0	2,54	42	2,0	11,34
8	1,0	0,28	22	3,0	2,01	42	5,0	8,04
8	1,5	0,20	22	3,5	1,77	42	8,0	5,31
8	2,0	0,13	25	1,5	3,80	50	4,0	13,85
10	1,0	0,50	25	2,5	3,14	50	5,0	12,57
10	1,5	0,39	25	3,0	2,84	50	8,0	9,08
10	2,0	0,28	25	3,5	2,55	50	10,0	7,07
12	1,0	0,79	25	4,5	2,01	50	13,0	4,52
12	1,5	0,64	25	6,0	1,33	55	4,0	17,35
12	2,0	0,50	28	1,5	4,91	55	6,0	14,52
14	1,0	1,13	28	2,0	4,52	55	8,0	11,95
14	1,5	0,95	28	3,0	3,80	55	10,0	9,62
14	2,0	0,79	28	3,5	3,46	60	5,0	19,64
15	1,0	1,33	28	4,0	3,14	60	8,0	15,21
15	1,5	1,13	30	2,0	5,31	60	10,0	12,57
15	2,5	0,79	30	2,5	4,91	60	12,5	9,62
16	1,0	1,54	30	3,0	4,52	70	5,0	28,27
16	2,0	1,13	30	5,0	3,14	70	8,0	22,90
16	3,0	0,79	30	6,0	2,55	70	10,0	19,64
16	3,5	0,64	35	2,5	7,07	70	12,5	15,90
18	1,0	2,01	35	3,5	6,16	80	6,0	36,32
18	1,5	1,77	35	4,0	5,73	80	8,0	32,17
18	2,0	1,54	35	5,0	4,91	80	10,0	28,27
18	3,0	1,13	35	6,0	4,16	80	12,5	23,76

Nenndruck in Abhängigkeit der Wanddicke

Außendurchmesser *D* in mm	Nenndruck *p* in bar				
	100	160	250	320	400
	Wanddicke *s* in mm				
6	1,0	1,0	1,0	1,0	1,5
8	1,0	1,0	1,5	1,5	2,0
10	1,0	1,0	1,5	1,5	2,0
12	1,0	1,5	2,0	2,0	2,5
16	1,5	1,5	2,0	2,5	3,0
20	1,5	2,0	2,5	3,0	4,0
25	2,0	2,5	3,0	4,0	5,0
30	2,5	3,0	4,0	5,0	6,0
38	3,0	4,0	5,0	6,0	8,0
50	4,0	5,0	6,0	8,0	10,0

Grundbegriffe, Grundstruktur

(Kennzeichnung der Betriebsmittel S. 424)
vgl. DIN EN 60848 (2014-12)

Der Funktionsplan nach GRAFCET ist eine grafische Entwurfssprache für Ablaufsteuerungen. Er macht jedoch keine Aussage über die Art der verwendeten Geräte, die Führung der Leitungen und den Einbau der Betriebsmittel. Nur die allgemeine Darstellung der Symbole ist verbindlich; Abmessungen und andere Einzelheiten bleiben dem Anwender überlassen.

Wichtige Grundbegriffe

GRAFCET	franz.: **GRA**phe **F**onctionel de **C**ommande **E**tape **T**ransition (gesprochen: grafset) dt.: Grafische Funktionsdarstellung mit Schritten und Übergangsbedingungen
Transition	Übergangsbedingung von einem Schritt zum nächsten
Variable	Veränderliche
George Boole	britischer Mathematiker
Boole'sche Variable	engl.: TRUE = wahr; FALSE = falsch TRUE = logischer Wert 1 FALSE = logischer Wert 0
Initialschritt	Anfangsschritt
Makroschritt	komprimierte Darstellung einer Schrittkette

Grundstruktur eines GRAFCET

Die Grundstruktur eines GRAFCET besteht aus:

Schritten, z.B. [2]

Aktionen, z.B. [-MM1]

Wirkverbindungen, z.B. |

Transitionen, z.B. — -BG2

Ablaufstruktur

Schritte und Transitionen (Übergangsbedingungen) wechseln sich ständig ab. Bei linearen Abläufen ist nur 1 Schritt aktiv und er kann beliebig viele Aktionen auslösen. Bei Alternativ- oder Parallel-Verzweigungen können mehrere Schritte gleichzeitig aktiv sein.

Beispiel eines GRAFCET (Ablaufkette)

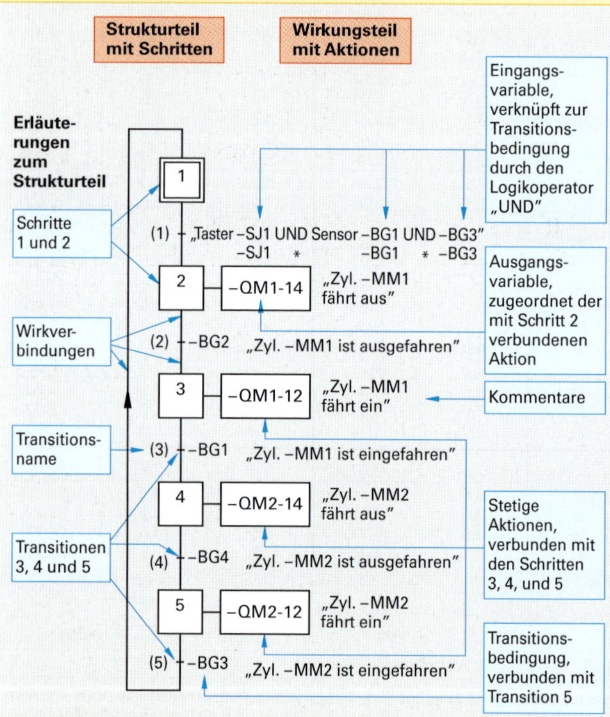

Technologie-Schema und Schaltpläne sind nicht Bestandteile eines GRAFCET. Sie tragen jedoch erheblich zur Transparenz der Aufgabenstellung bei.

Beispiel: Förderband

Nach Betätigung des Tasters -SJ1 schiebt der Zylinder -MM1 das Werkstück auf eine Palette und fährt zurück. Zylinder -MM2 schiebt danach das Werkstück auf ein Förderband und fährt zurück.

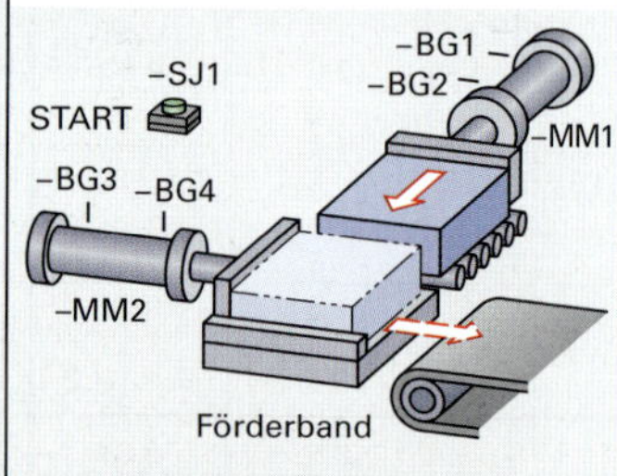

Pneumatik-Schaltplan mit bistabilen Elementen

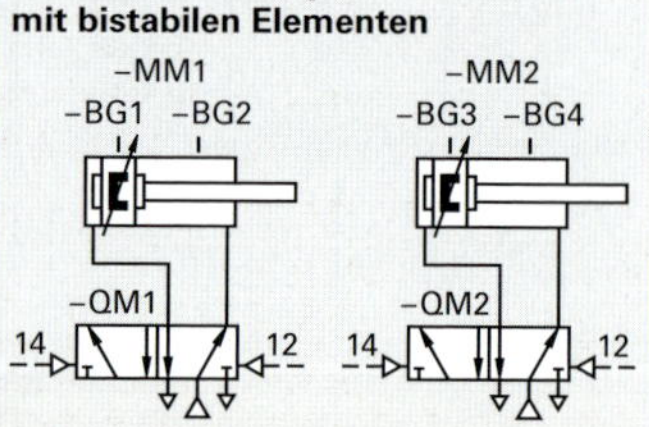

Unterschiedliche Darstellungsformen von Schritten im Wirkungsteil

Ausführlicher und verkürzter Schritt

Beispiele:

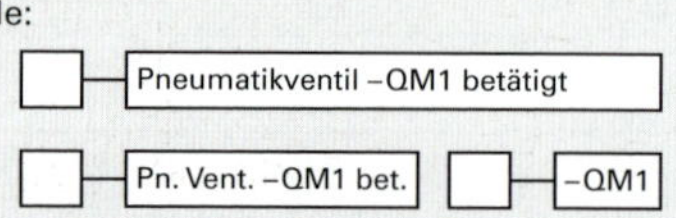

Zwei Aktionen im selben Schritt

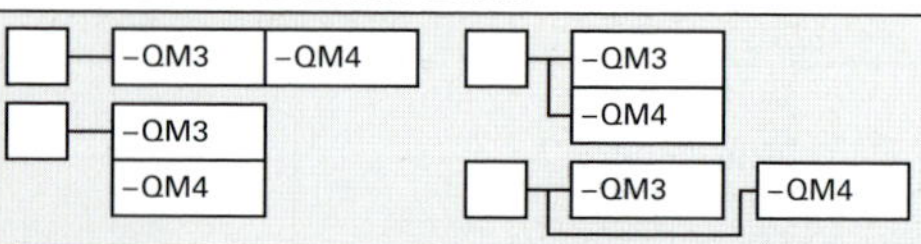

Schritte, Transitionen

(Kennzeichnung der Betriebsmittel S. 424)
vgl. DIN EN 60848 (2014-12)

Beispiel	Erklärung

Schritte

Anfangsschritt

Der Anfangsschritt, auch Initialisierungsschritt, kennzeichnet die Ausgangsstellung einer Steuerung. Beim Programmstart ist er der erste aktive Schritt.

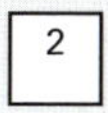

Allgemeiner Schritt

Schritt mit zugeordneter Schrittnummer 2. Ein Schritt wird mit einem Quadrat dargestellt. Die Schrittnummer steht in der oberen Mitte des Schriftfeldes. Bei linearen Abläufen ist immer nur 1 Schritt aktiv; bei parallelen Ablaufketten können mehrere Schritte gleichzeitig aktiv sein.

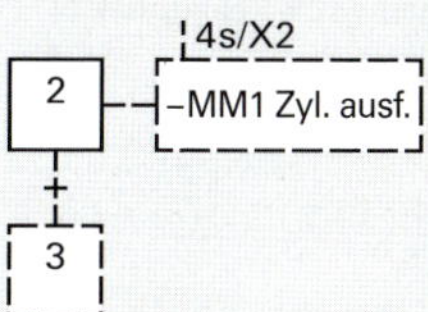

Schrittvariable

Die Schrittvariable X besteht aus der Boole'schen Variablen X und dem Schrittnamen (2).

Die Schrittvariable kann:
- entweder den Wert 0 (Schritt nicht aktiv; FALSE)
- oder den Wert 1 (Schritt aktiv; TRUE) haben.

Beispiel: 4 s nach der Aktivierung von Schritt 2 wird die Aktion ausgeführt. Dies entspricht einer Einschaltverzögerung.

Transitionen

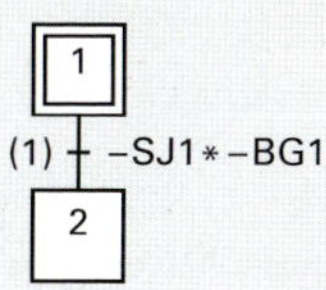

Transitionsbedingungen allgemein

Links angeordnet kann in Klammern eine alphanummerische Kennzeichnung sein.

Rechts steht die Übergangsbedingung als Text oder Boole'scher Ausdruck.

Beispiel:
Schritt 2 wird dann aktiv, wenn Starttaster –SJ1 betätigt UND Kolben des Hubzylinders eingefahren ist (–BG1).

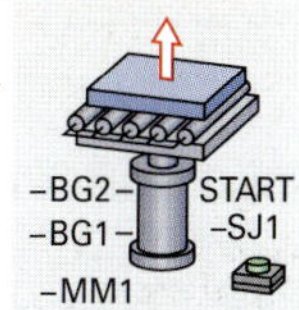

Unterschiedliche Darstellungsformen von Transitionsbedingungen

GRAFCET DIN EN 60848		Boole'sche Darstellung		Text	Grafisch
∗ entspricht logischem UND	+ entspricht logischem ODER	∧ entspricht logischem UND	∨ entspricht logischem ODER		& UND
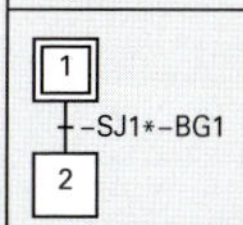	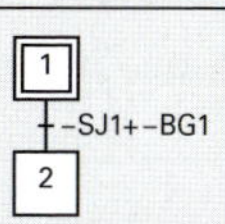	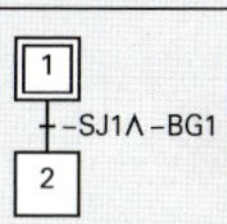	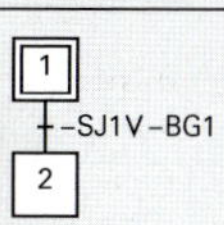	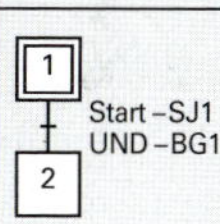	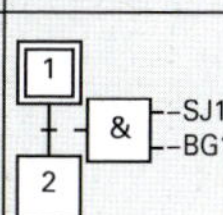
1 –SJ1∗–BG1 2	1 –SJ1+–BG1 2	1 –SJ1∧–BG1 2	1 –SJ1∨–BG1 2	1 Start –SJ1 UND –BG1 2	1 & –SJ1 –BG1 2

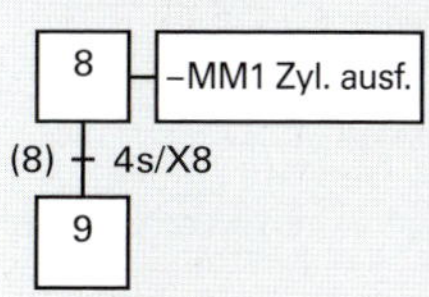

Zeitbegrenzte Transitionen

Einschaltverzögerung, bezogen auf einen Schritt

Wenn der Schritt 8 aktiv ist, wird die Aktion „–MM1 Zyl. ausf." für die Zeit von 4 s ausgeführt. Ist der Schritt 8 weniger als 4 s aktiv, wird die Aktion „–MM1 Zyl. ausf." kürzer.

Signal-Zeit-Diagramm

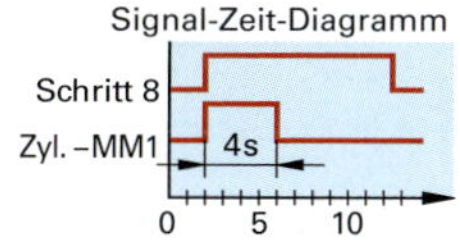

Gleichwertige Darstellung:

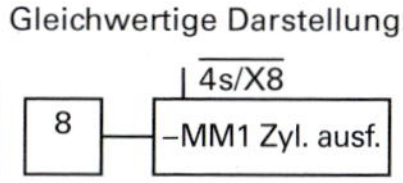

Zeitbegrenzte kontinuierlich wirkende Aktion

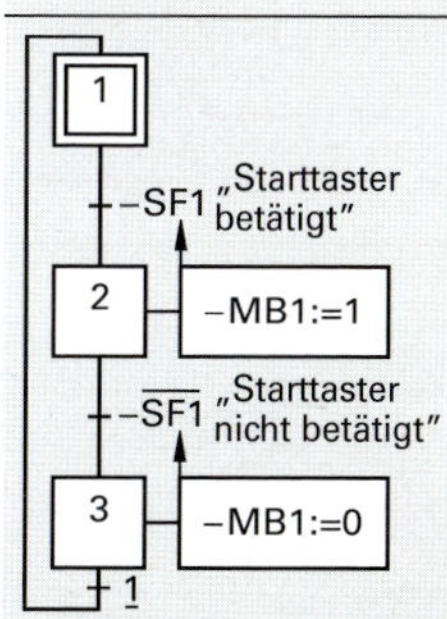

Transitionsbedingung immer TRUE

Das Symbol 1 bedeutet, dass die Transitionsbedingung immer erfüllt (TRUE) ist. Daraus ergibt sich ein durchgängiger Ablauf. Die Transition ist durch die Aktivierung des vorangegangenen Schrittes erfüllt.

Beispiel:
Durch Betätigung des Starttasters –SF1 wird Schritt 2 aktiv und damit die Ventilspule –MB1 geschaltet.
Wird der Starttaster –SF1 nicht mehr betätigt, wird Schritt 3 aktiv und damit die Ventilspule –MB1 ausgeschaltet. Zylinder –MM1 fährt wieder ein.

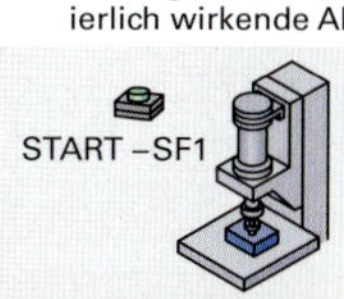

Pneumatik-Schaltplan mit monostabilem Element

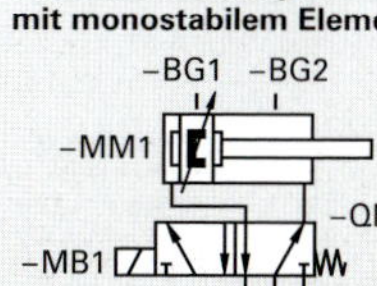

A

Aktionen

(Kennzeichnung der Betriebsmittel S. 424)
vgl. DIN EN 60848 (2014-12)

Beispiel	Erklärung

Kontinuierlich wirkende Aktionen

Kontinuierlich wirkende Aktionen werden ausgeführt, solange der Schritt aktiv ist (evtl. mit Zuweisungsbedingungen).

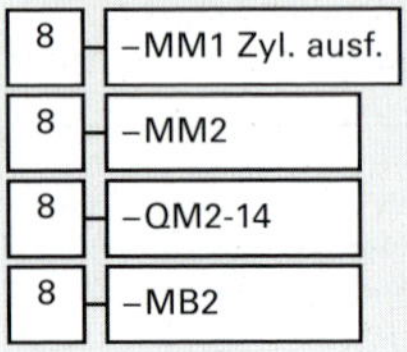

Solange der Schritt aktiv ist, wird der Variablen der Wert 1 (TRUE) zugewiesen. Ist er nicht mehr aktiv, wird der Variablen der Wert 0 (FALSE) zugewiesen.

Varianten im Aktionsrahmen (Beispiele):

-MM1 Zyl. ausf. ⇒ Befehlsform
-MM2 ⇒ Bezeichnung des Antriebs
-QM2-14 ⇒ Anschlussbezeichnung des Ventils
-MB2 ⇒ Magnetspule bei einer elektropneumatischen Steuerung

-BG5 ist Schließer:

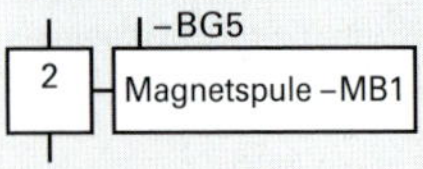

-BG5 ist Öffner:

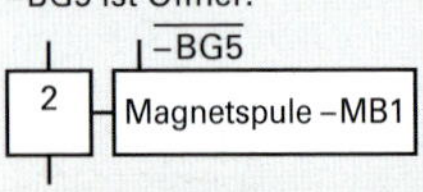

mit Zuweisungsbedingung

Beispiel: Presse und Schritt 2, Buchse ist vorhanden, -BG5 schaltet. Es gibt 2 Fälle: -BG5 ist Schließer: Zuweisungsbedingung ist erfüllt, wenn -BG5 den Wert 1 (TRUE) liefert. -BG5 ist Öffner: Zuweisungsbedingung ist erfüllt, wenn -BG5 den Wert 0 (FALSE) liefert. Ein waagerechter Oberstrich symbolisiert die Negation einer Bedingung.

Pneumatik-Schaltplan mit monostabilem Element

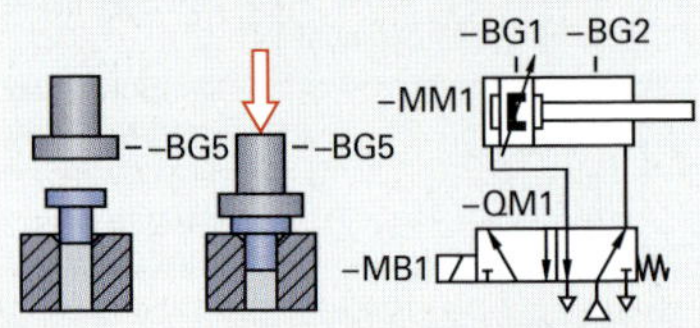

-MB1 bekommt den Wert 1 (TRUE) zugeordnet, -QM1 schaltet um und -MM1 fährt aus.

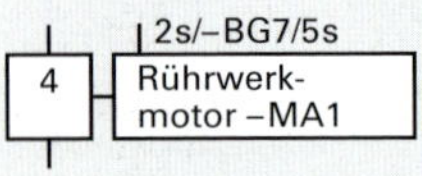

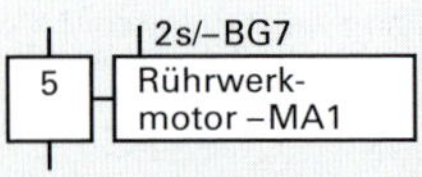

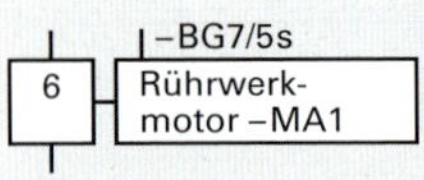

mit zeitabhängiger Zuweisungsbedingung

Beispiel: Rührwerk mit Schritt 4

Erst 2 Sekunden nach Aktivierung des Füllstandsensors -BG7 (steigende Flanke: von 0 nach 1) wird die Aktion Rührwerkmotor -MA1 ausgeführt. Dies entspricht einer **Einschaltverzögerung.**

Nach dem Abfallen von -BG7 (fallende Flanke: von 1 nach 0) ist Rührwerkmotor -MA1 trotzdem noch 5 s lang aktiv. Dies entspricht einer **Ausschaltverzögerung.**

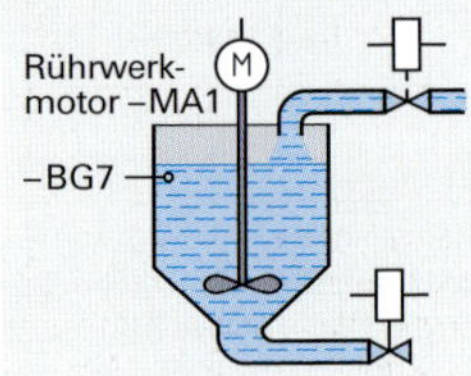

Ein- und Ausschaltverzögerung

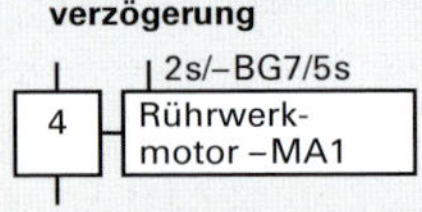

Signal-Zeit-Diagramm

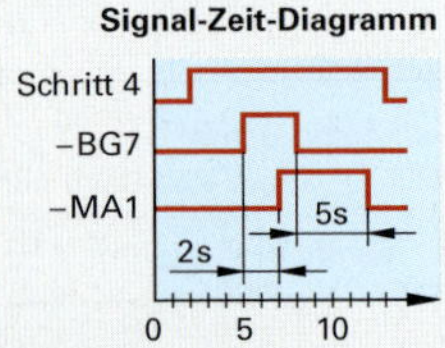

Einschaltverzögerung

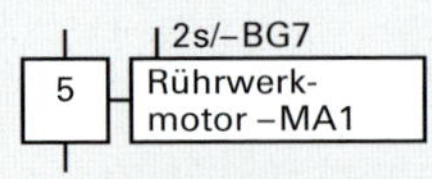

Signal-Zeit-Diagramm

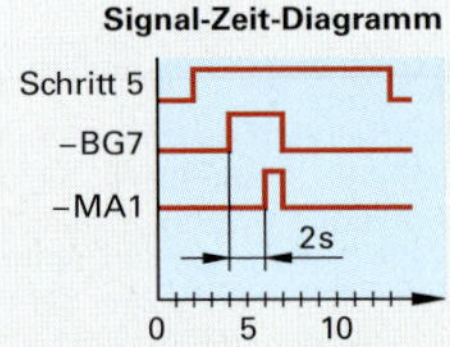

Ausschaltverzögerung

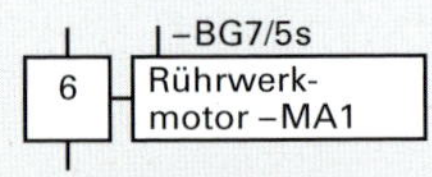

Signal-Zeit-Diagramm

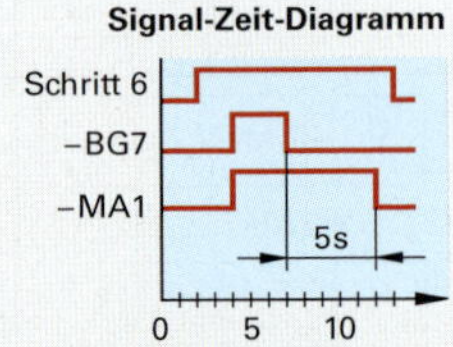

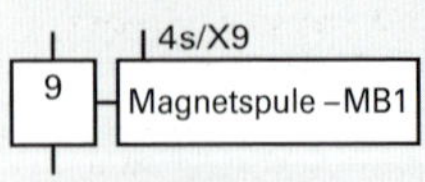

mit Verzögerung

Wenn Schritt 9 aktiv ist, wird erst nach Ablauf von 4 s der Variablen -MB1 (Magnetspule -MB1) der Wert 1 (TRUE) zugeordnet. Die Zuordnung endet mit der Deaktivierung des Schrittes 9.

Signal-Zeit-Diagramm

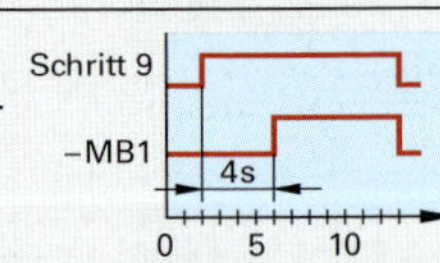

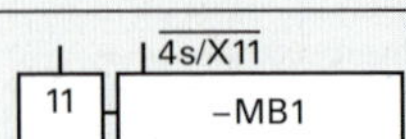

Gleichwertige Darstellung:

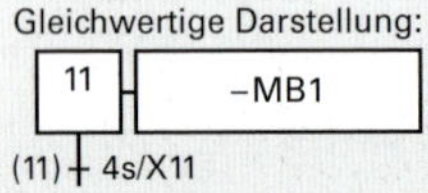

mit Zeitbegrenzung

Wenn der Schritt 11 aktiv ist, wird die Aktion „Magnetspule -MB1" für die Zeitdauer von 4 s ausgeführt. Ist der Schritt 11 weniger als 4 s aktiv, wird die Aktion „Magnetspule -MB1" kürzer.

Dies entspricht einer **Zeitlimitierung.**

Signal-Zeit-Diagramm

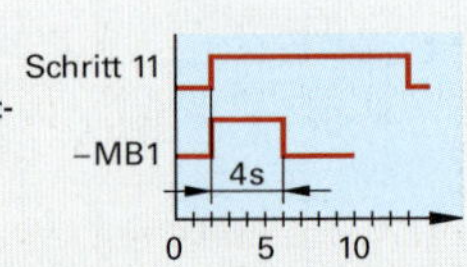

A

Aktionen

(Kennzeichnung der Betriebsmittel S. 424)
vgl. DIN EN 60848 (2014-12)

Beispiel	Erklärung

Gespeichert wirkende Aktion

Wird ein Schritt aktiv, wird in der Aktion der Variablen dauerhaft ein Wert zugewiesen. Der Wert dieser Variablen bleibt über den zurzeit aktiven Funktionsschritt hinaus gespeichert, bis er durch eine weitere Aktion überschrieben wird.

Speichernd wirkende Aktionen können auf logisch „1" (TRUE) gesetzt und zu einem späteren Zeitpunkt in einem anderen Schritt auf logisch „0" (FALSE) zurückgesetzt werden.

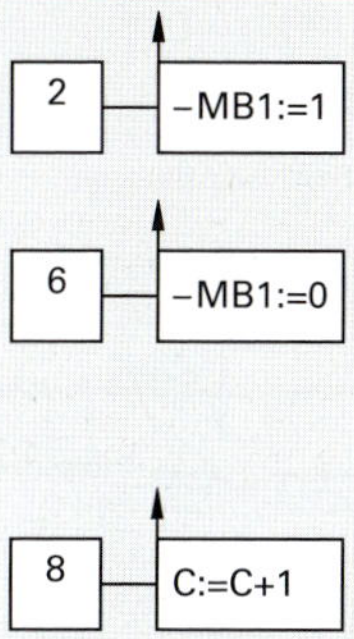

bei Aktivierung des Schrittes

Wird Schritt 2 aktiv, wird der Ventilspule -MB1 der Wert 1 zugewiesen.

Wird Schritt 6 aktiv, wird der Ventilspule -MB1 der Wert 0 zugewiesen.

Der Wert bleibt über den aktiven Schritt hinaus gespeichert, bis ihn eine weitere Aktion überschreibt bzw. löscht.

Wird Schritt 8 aktiv, erhöht sich bei jedem Zyklusdurchlauf der aktuelle Wert der Variablen um 1.

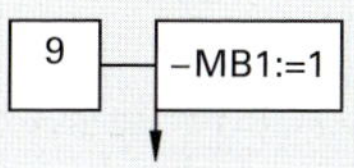

Anm.: Die speichernde Aktion durch Deaktivierung ist nur mit einem PC oder einer SPS realisierbar.

bei Deaktivierung des Schrittes

Wird Schritt 9 aktiv, geschieht nichts.

Erst dann, wenn Schritt 9 inaktiv wird, erhält die Variable -MB1 den Wert 1 zugewiesen.

Die Variable -MB1 behält diesen Wert solange, bis sie von einer Aktion überschrieben wird.

Beispiel: Schiebetür (Zustand: OFFEN)

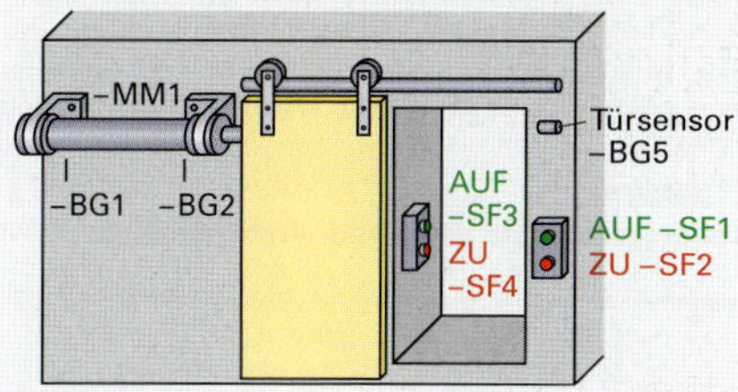

GRAFCET

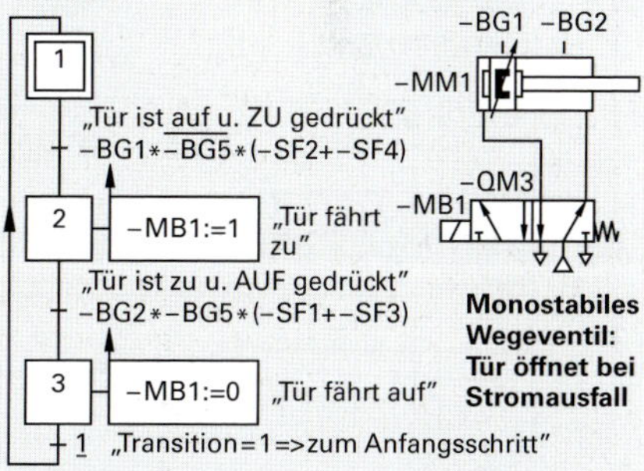

Monostabiles Wegeventil: Tür öffnet bei Stromausfall

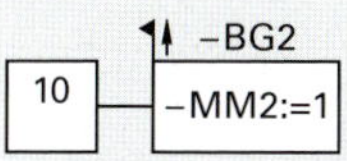

bei Ereignis

Der seitwärts weisende Pfeil zeigt an, dass eine Aktion erst nach dem Eintreten eines **Ereignisses speichernd ausgeführt wird.**

Ist Schritt 10 aktiv und ändert der Sensor -BG2 von „0" nach „1" (steigende Flanke↑), erhält der Pneumatikzylinder „-MM2" den Wert „1". Der Wert der Variablen -MM2 bleibt über den Funktionsschritt 10 hinaus gespeichert, bis sie überschrieben wird.

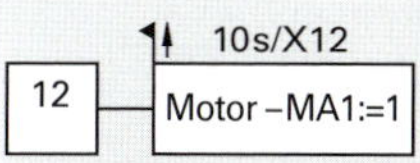

mit Zeitverzögerung

Ist Schritt 12 aktiv, wird nach Ablauf von 10 s der Variablen Motor der Wert „1" zugewiesen. Der Wert der Variablen -MA1 bleibt über den Funktionsschritt 12 hinaus gespeichert, bis sie überschrieben wird.

Signal-Zeit-Diagramm

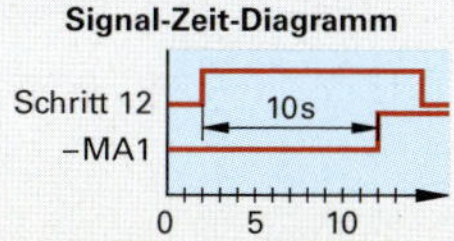

Ansteuerung von Zylindern mit 5/2-Wegeventilen (Beispiele)

Monostabiles (federrückgestelltes) **5/2-Pneumatikventil**

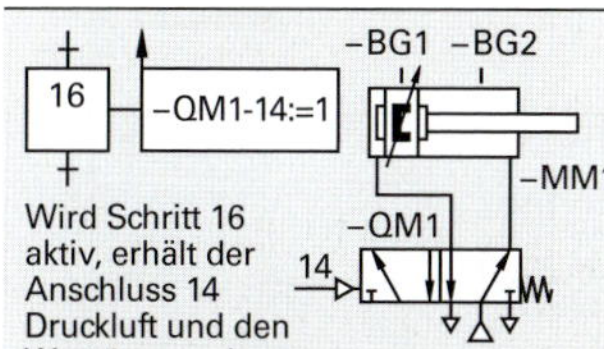

Wird Schritt 16 aktiv, erhält der Anschluss 14 Druckluft und den Wert 1 zugewiesen.
Der Wert bleibt über den aktiven Schritt hinaus gespeichert, bis ihn eine weitere Aktion überschreibt bzw. löscht.

Bistabiles 5/2-Wege-Impulsventil bei kontinuierlich wirkenden Aktionen

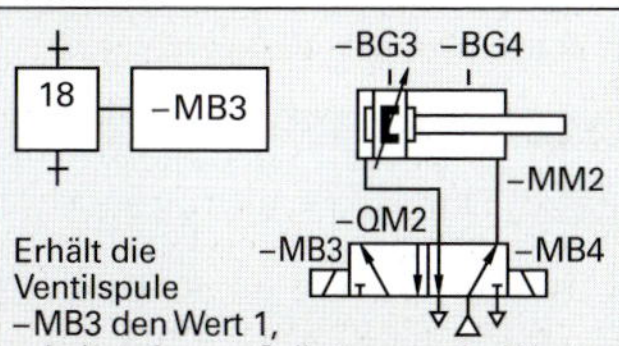

Erhält die Ventilspule -MB3 den Wert 1, schaltet sie um. Selbst wenn der Wert 0 wird, bleibt das Ventil in dieser Schaltstellung. Man nennt dies auch **„Mechanische Signalspeicherung".**

Bistabiles 5/2-Wege-Impulsventil bei speichernd wirkenden Aktionen

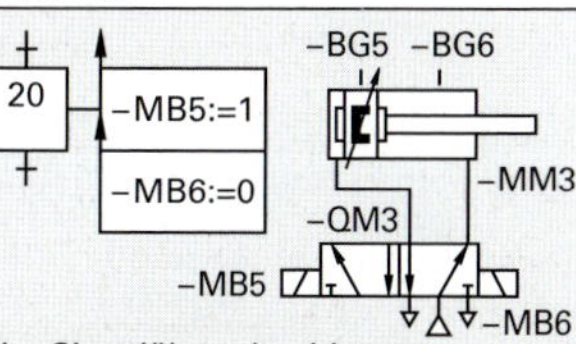

Um Signalüberschneidungen zu vermeiden, werden jeweils 2 entgegengesetzte Aktionen für das gleiche Magnetventil durchgeführt.

A

Verzweigung

(Kennzeichnung der Betriebsmittel S. 424)
vgl. DIN EN 60848 (2014-12)

Parallele Verzweigung (Ablaufspaltung)

Die parallele Verzweigung ermöglicht eine gleichzeitige Aktivierung von mehreren Teilabläufen. Wird der erste Funktionsschritt innerhalb der parallelen Verzweigung aktiv, laufen die Teilabläufe unabhängig voneinander ab.

Beispiel: Mischen von zwei Flüssigkeiten in einem Rührwerk

In einem Rührwerksbehälter sollen zwei unterschiedliche Flüssigkeiten gemischt werden. Aufgrund der unterschiedlichen Viskositäten wird die Flüssigkeit 1 über das Ventil 1 in den Behälter geleitet. Ist die Füllmarke –BG2 erreicht, wird gleichzeitig:

1. der Motor –MA1 des Rührwerks eingeschaltet und
2. das Ventil –QM1 geschlossen und die Flüssigkeit 2 über das Ventil –QM2 in den Behälter geleitet.

Beide Teilabläufe werden jedoch unabhängig voneinander bearbeitet.
Ist die Füllmarke –BG2 erreicht, wird der Rührwerksmotor –MA1 abgeschaltet und das Ventiel –QM2 geschlossen.

GRAFCET
(mit speichernd wirkenden Aktionen)

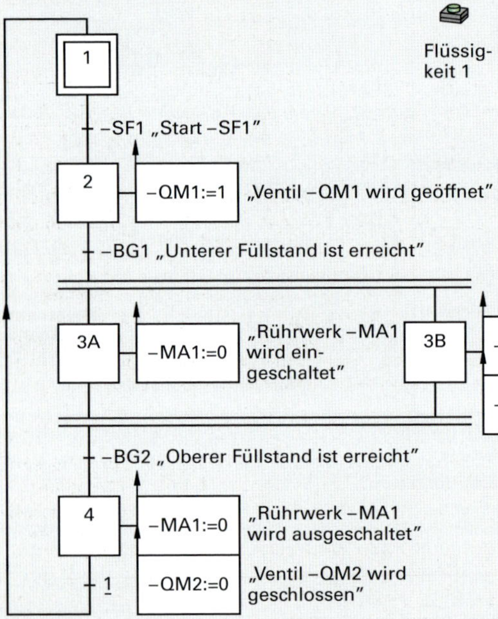

Technologie-Schema

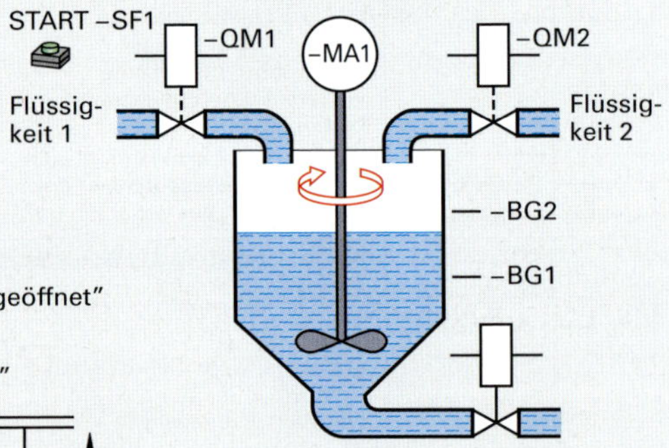

Signal-Schritt-Diagramm

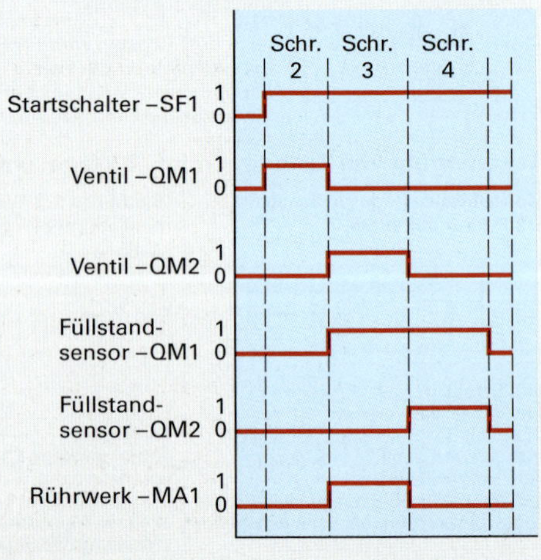

Erläuterung der Flanken am Ventil –QM1:

Die steigende Flanke (auch „positive Flanke") ist der Wechsel vom Zustand logisch 0 zum Zustand logisch 1.
Die fallende Flanke (auch „negative Flanke") ist der Wechsel vom Zustand logisch 1 zum Zustand logisch 0.

A

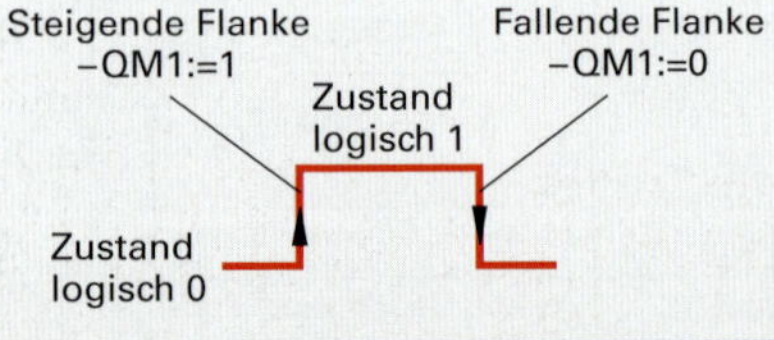

Verzweigung

(Kennzeichnung der Betriebsmittel S. 424)
vgl. DIN EN 60848 (2014-12)

Alternative Verzweigung (Ablaufverzweigung)

Ein Ablauf kann sich in mehrere Alternativabläufe verzweigen. Nach der alternativen Verzweigung muss vor und nach jedem Schritt eine Transition sein, die jedoch nicht mit einer anderen Transition gleichzeitig erfüllt sein darf. Nach der letzten aktiven Transition werden die Teilabläufe zu einem gemeinsamen Ablauf zusammengeführt.

Beispiel: Hubeinrichtung, Aktionen zum Selektieren von dünnen und dicken Werkstücken

Wenn ein Werkstück im unteren Rollengang vorhanden ist (–BG7) und der Starttaster (–SF1) betätigt wird, fährt der Langhubzylinder –MM1 bis –BG2 aus und bringt das Werkstück vor eine Lichtschranke. Nun gibt es 2 Varianten:

Variante 1: Dickes Werkstück ist da. Ein Signal kommt über –BG9 der Lichtschranke. Schwenkzylinder –MM2 fährt aus.

Variante 2: Dünnes Werkstück ist da, Ein Signal kommt über –BG8 der Lichtschranke. Schwenkzylinder –MM2 fährt ein bzw. bleibt eingefahren.

Anschließend schiebt der Verschiebezylinder –MM3 das Werkstück aus und fährt nach Beendigung der Aktion gleichzeitig mit dem Langhubzylinder –MM1 wieder in die jeweilige Ausgangsstellung zurück.

Technologie-Schema

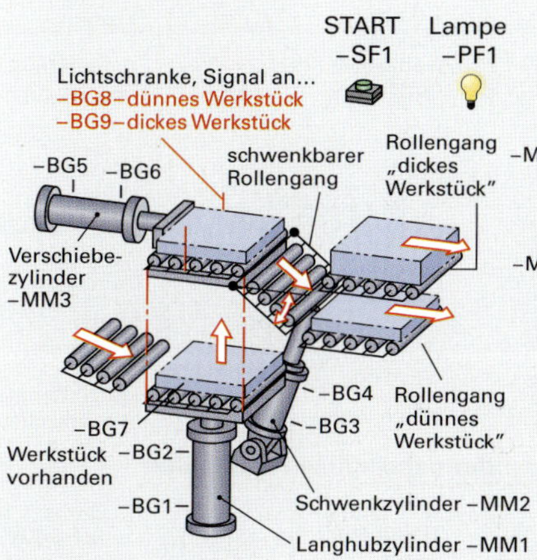

Pneumatik-Schaltplan

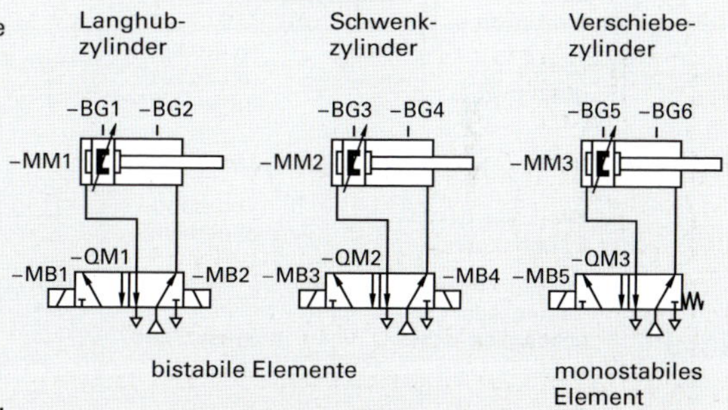

Anmerkung: Bistabile Wegeventile speichern das Ausgangssignal (Schaltstellung) infolge des Eingangssignals an einer Magnetspule so lange, bis die andere Magnetspule ein Eingangssignal bekommt.

GRAFCET (mit kontinuierlich wirkenden Aktionen)

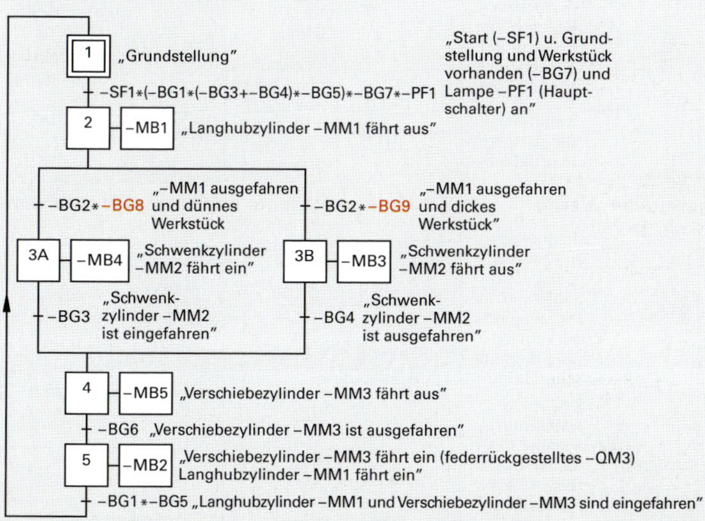

Signal-Schritt-Diagramm für die Verzweigung

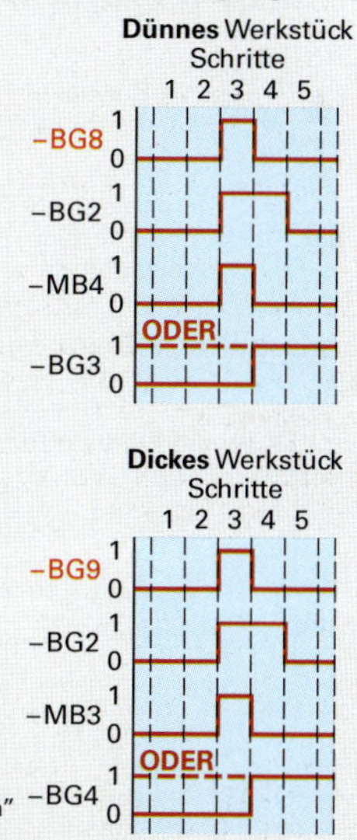

A

Schaltzeichen

vgl. DIN EN 60617-1 bis -11 (1997-08)

Allgemeine Schaltzeichen

- Widerstand, allgemein
- Sicherung
- Kondensator
- Induktivität, Spule
- nichtgenormte Darstellung
- Dauermagnet
- Lampe, allgemein, wahlweise Darstellung
- Summer
- Hupe
- galvanisches Element
- Umsetzer, Umformer

Leiter, Verbinder und Anschlüsse

- Leiter, allgemein
- Leiter, beweglich
- Leiter, geschirmt
- Schutzleiter, PE
- Neutralleiter, PN
- Neutralleiter mit Schutzfunktion PEN
- Abzweig, wahlweise Darstellung
- Doppelabzweig, wahlweise Darstellung
- Massenanschluss, wahlweise Darstellung
- Erdung
- Schutzleiteranschluss

Relaiskontakte

- Schließer, Einschaltglied
- Öffner, Ausschaltglied
- Wechsler, Umschaltglied

Betätigungsarten

- von Hand, allgemein
- durch Drücken
- durch Ziehen
- durch Drehen
- durch Kippen
- durch Schlüssel
- durch Pedal
- durch Rolle
- durch Druckenergie
- durch Annähern
- durch Berühren
- durch Bimetall (thermisch)

El.-mech. Relais

- Relaisspule, allgemein
- mit Ansprechverzögerung
- mit Rückfallverzögerung
- mit Ansprech- und Rückfallverzögerung

Schaltverhalten

- Raste, verhindert selbsttätige Rückkehr
- a) b) verzögerte Wirkung (Fallschirmwirkung) bei Bewegung a) nach rechts b) nach links
- Kennzeichen für „betätigter Zustand"

Anwendungsbeispiele für Schalter

- Schließer mit Handbetätigung
- Stellschalter mit 1 Schließer und 1 Öffner
- Druckschalter, gibt bei einem voreingestellten Druck ein elektrisches Signal ab
- a) b) a) Öffner b) Schließer Darstellung in betätigtem Zustand
- a) b) Schließer a) schließt b) öffnet verzögert bei Betätigung
- Notdruck-Taster

Endschalter, Näherungsschalter, Ventil

- Endschalter, Öffner
- Endschalter, Schließer
- Ventil mit elektromagnetischer Betätigung
- magnetischer Näherungsschalter mit Schließerkontakt, reagiert auf Annäherung magnetischer Stoffe
- kapazitiver Näherungsschalter mit Öffnerkontakt, reagiert auf Annäherung aller Stoffe

Schaltungselemente im Strompfad (Auswahl)

Magnetischer Sensor (2-polig)

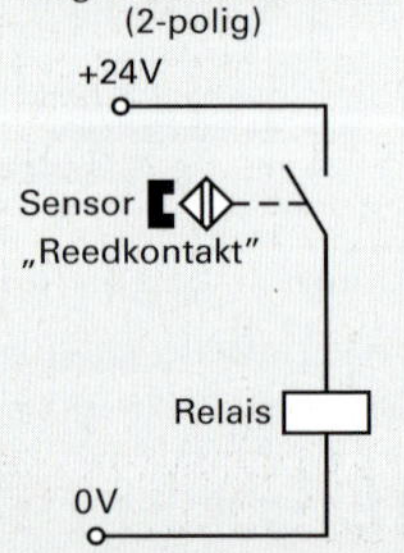

Magnetischer Sensor (3-polig)

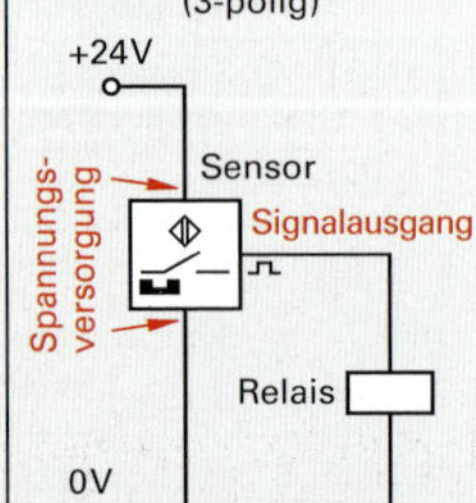

A

induktiv, kapazitiv, optisch, magnetisch

Stromlaufpläne

vgl. DIN EN 61082 (2015-10)

Anschlussbezeichnungen an Relais

Beispiel:
Relais mit 2 Schließern und 2 Öffnern

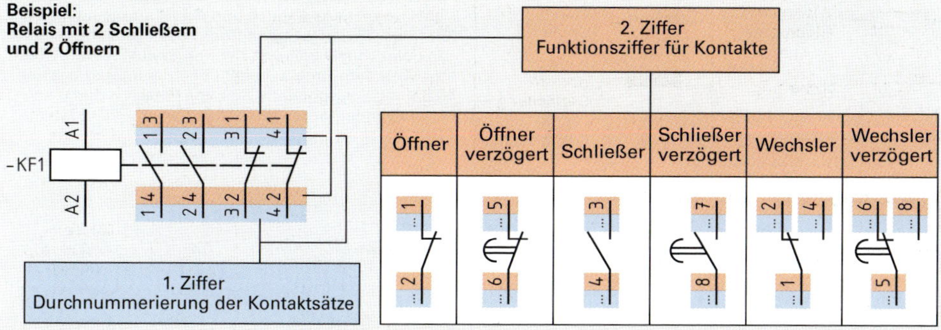

Gestaltung von Stromlaufplänen

(Kennzeichnung elektrischer Betriebsmittel Seite 424)

Stromwege und Aufteilung der Stromkreise

- Jedes elektrische Betriebsmittel erhält einen senkrechten Strompfad ohne Rücksicht auf die räumliche Anordnung der Elemente.
- Die Strompfade werden von links nach rechts durchnummeriert.
- Der **Steuerstromkreis** enthält die Geräte für die Signaleingabe und die Signalverarbeitung.
- Der **Hauptstromkreis** enthält die für die Betätigung der Arbeitsglieder erforderlichen Stellglieder.
- Die räumliche Zusammengehörigkeit z.B. von Relaisspule und Relaiskontakt wird nicht dargestellt.

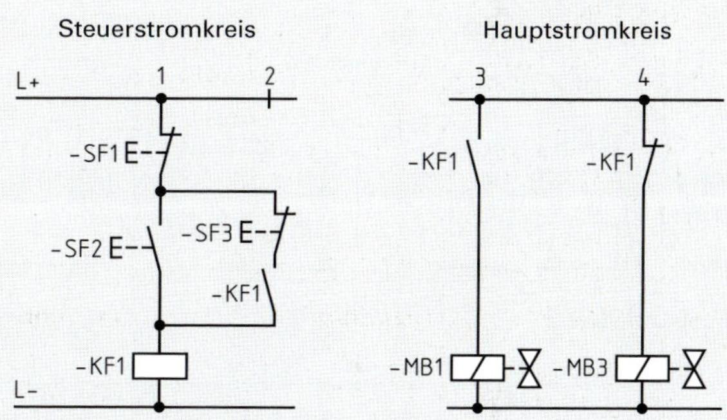

Kennzeichnung der Betriebsmittel

- Kontakte und die zugehörige Relaisspule werden mit der gleichen Kennziffer bezeichnet.
  Beispiel: Stromwege 1, 2 und 3
- Zur Relaisspule –KF1 gehören 2 Schließer, die beide mit –KF1 bezeichnet werden. Der Schließer –KF1 im Strompfad 2 dient zur Selbsthaltung.
- Alle Kontakte eines Relais werden als vollständiger Kontaktsatz oder als Tabelle unter dem Strompfad des Relais eingetragen. Beide Darstellungen geben Auskunft, in welchen Strompfaden die Relaisspule Öffner oder Schließer schaltet.

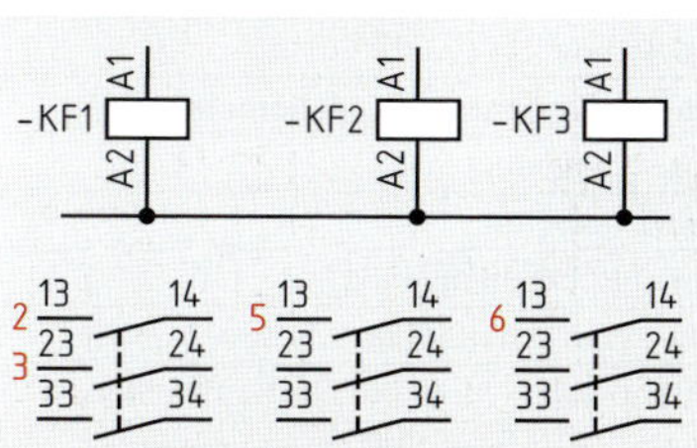

Darstellung als Kontaktsatz

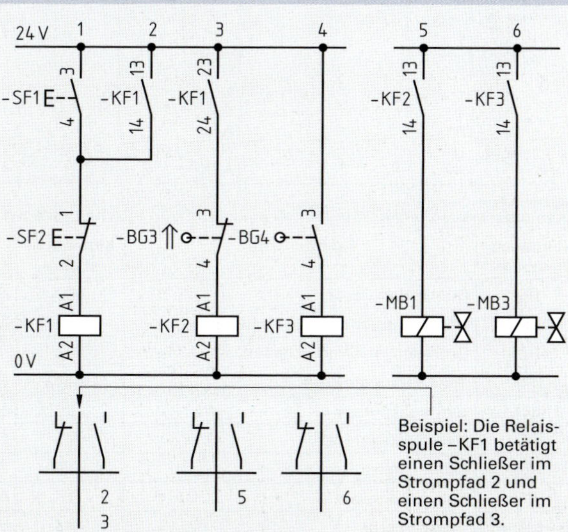

Beispiel: Die Relaisspule –KF1 betätigt einen Schließer im Strompfad 2 und einen Schließer im Strompfad 3.

Darstellung als Tabelle

Elektrohydraulische Steuerung (Prägevorrichtung mit Folgesteuerung)

Lageplan und Funktion

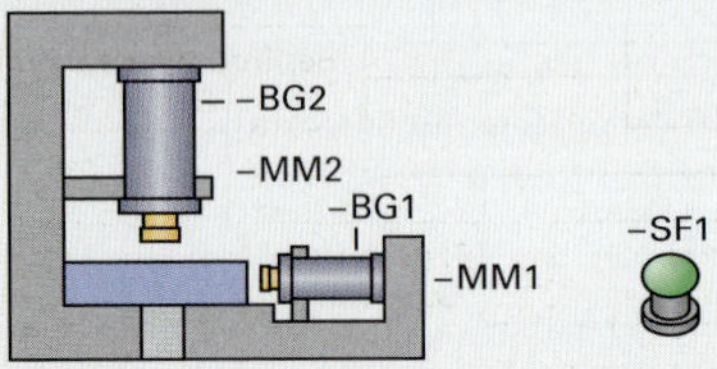

Funktion: Durch Druck auf den Starttaster -SF1 schaltet -QM1 von P nach A durch und der Spannzylinder -MM1 fährt aus. Wird der Spanndruck 50 bar erreicht, schaltet das Folgeventil -BP1 und der Prägezylinder -MM2 fährt aus. Wenn am Druckschalter -BP1 der Prägedruck von 49 bar anliegt, schaltet -QM1 von P nach B durch und beide Zylinder fahren gleichzeitig an.

Hydraulikplan[1]

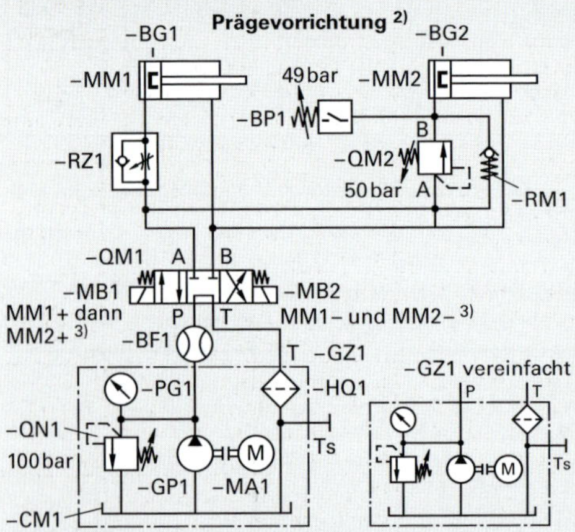

GRAFCET

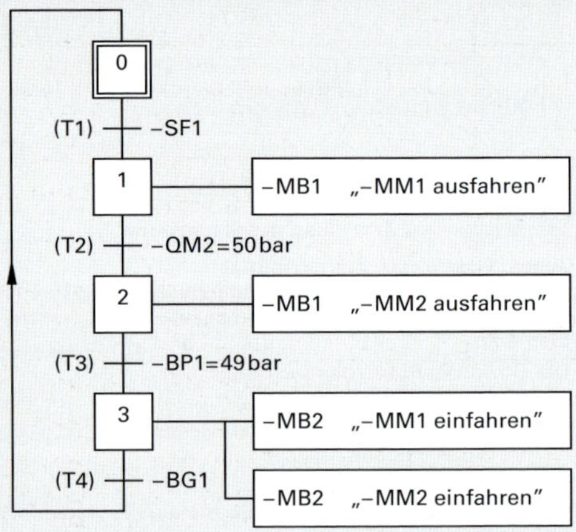

Stromlaufplan[1]

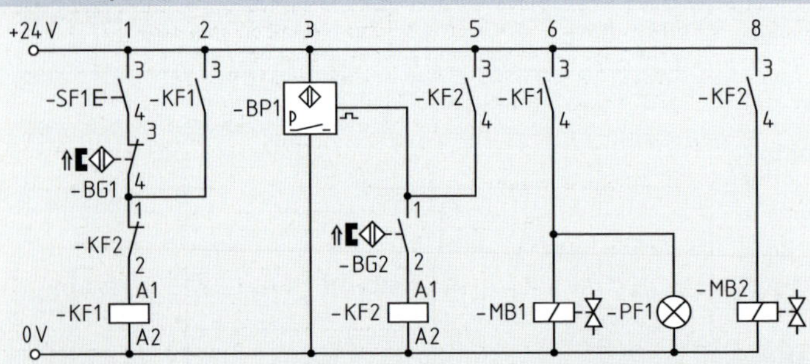

[1] Zur Benennung siehe auch S. 439

[2] Funktion der Anlage soll angegeben werden

[3] Funktion der Ventilstellung kann angegeben werden.
+ heißt ausfahren,
– heißt einfahren.

Kennbuchstaben und Komponenten in elektrohydraulischen Anlagen nach DIN EN 81346 (Auswahl)

Kennbuch-staben	Komponente	Kennbuch-staben	Komponente
BF	Durchflusssensor	MM	Hydraulikzylinder, Hydromotor
BG	Näherungsschalter, Endschalter	PF	Meldelampe
BP	Drucksensor, Druckschalter	PG	Anzeigeinstrument, z. B. Manometer
CM	Tank, Druckspeicher	RM	Rückschlagventil
GP	Hydraulikpumpe	RN	Stromregelventil
GZ	Hydraulikaggregat	RZ	Drossel-Rückschlagventil
HQ	Filter, Ölfilter	SF	Taster, Wahlschalter (elektrisches Signal)
KF	Relais, Zeitrelais	SJ	handbetätigtes Ventil (hydraulisches Signal)
MA	Elektromotor	QM	Wegeventil, Folgeventil, Absperrventil
MB	Ventilmagnet	QN	Druckbegrenzungsventil

A

Sensoren

Sensoren (Arten)

Sensoren
- Näherungsempfindliche Sensoren
  - Induktive Sensoren
  - Kapazitive Sensoren
  - Foto-elektrische Sensoren
  - Ultraschall-Sensoren
  - Magnetische Sensoren
- Berührungsempfindliche Sensoren
  - Grenz-taster

Merkmale von Sensoren (Auswahl)

Sensor-typ	Symbol	Prinzip	Vorteile	Nachteile	Objekt-distanz
Induktiv		Schaltet, wenn ein Objekt das magnetische Streuwechselfeld des Sensors beeinflusst	Hoher Schutzgrad (IP67), sehr hohe Schaltpunktgenauigkeit, schmutzunempfindlich	Nur Objekte mit hoher elektrischer Leitfähigkeit, nicht geeignet bei erhöhtem Anfall von Metallspänen	1 mm ... 150 mm
Kapazitiv		Schaltet, wenn ein Objekt das elektrische Streuwechselfeld des Sensors beeinflusst	Hoher Schutzgrad (IP67), erfasst alle Materialien; schmutzunempfindlich.	Kleine Objektdistanzen, größere Bauweise als vergleichbare induktive Sensoren	20 mm ... 40 mm
Foto-elektrisch		Schaltet, wenn ein Objekt das Infrarotfeld des Sensors zurücksendet	Erfasst alle Materialien, große Entfernungen.	Empfindlich gegen Schmutz, Rauch und Fremdlicht, Hilfsenergie notwendig	ca. 2 m
Ultra-schall		Wertet die Laufzeit von reflektierten Ultraschallimpulsen aus und ermittelt die Distanz zum Objekt	Unempfindlich gegen Staub, Verschmutzung und Licht, Erfassung kleinster Objekte bei großer Entfernung	Langsam, Einsatz nur bei Normaldruck, nicht explosivgefährdeten Räumen und keinem hochfrequenten Lärm	60 mm ... 6 m
Magne-tisch		Ein Dauermagnet betätigt über zwei Kontaktfedern einen Näherungsendschalter (Reed-Kontakt)	Geeignet in rauer Umgebung, hohe Lebensdauer, geeignet zum Schalten in Hochfrequenzkreisen	Gefahr des Verschweißens der Kontaktfedern, Unterdrückung von Stromspitzen mit RC-Gliedern	–
Mecha-nisch		Schaltet über Handbetätigung oder ein Hebelsystem	Niedriger Preis, robust, klein, keine Beeinflussung durch Fremdfelder, keine Hilfsenergie erforderlich	Kontaktprellen, unzulässig in Lebensmittel- und chemischer Industrie	–

Bezeichnung von Näherungssensoren

vgl. DIN EN 60947-5-2 (2014-01)

Beispiel: U 1 A30 A F 2 N

Erfassungsart	Mechanische Einbaubedingung	Bauform und Größe	Schaltelementfunktion	Ausgangsart	Anschlussart	NAMUR-Funktion
I induktiv C kapazitiv U Ultraschall D fotoelektrisch diffus reflektiertes Lichtbündel M magnetisch R fotoelektrisch reflektiertes Lichtbündel T fotoelektrisch direktes Lichtbündel	1 bündig einbaubar 2 nicht bündig einbaubar 3 nicht festgelegt	FORM A zylindrische Gewindehülse B glatte zylindrische Hülse C rechteckig mit quadr. Querschnitt D rechteckig, mit rechteckigem Querschnitt GRÖSSE (2 Ziffern) für Durchmesser oder Seitenlänge	A Schließer B Öffner C Wechsler (Schließer/Öffner) P programmierbar durch Anwender S andere	P PNP-Ausgang, 3 oder 4 Anschlüsse DC N NPN-Ausgang, 3 oder 4 Anschlüsse DC D 2 Anschlüsse DC[1] F 2 Anschlüsse AC[2] U 2 Anschlüsse AC oder DC S andere	1 integrierte Anschlussleitung 2 Steckanschluss 3 Schraubanschluss 4 : 8 frei 9 andere Anschlussart	N NAMUR-[3] Funktion Anm.: NAMUR-Sensoren sind 2-Draht-Sensoren zum Anschluss an externe Schaltverstärker

[1] DC = Direct Current (Gleichstrom)
[2] AC = Alternating Current (Wechselstrom)
[3] NAMUR = **N**ormen**a**rbeitsgemeinschaft für **M**ess- **u**nd **R**egelungstechnik

A

Elektropneumatische Steuerung (Hubeinrichtung)

Lageplan

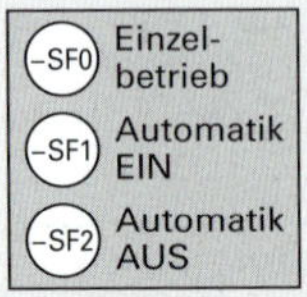

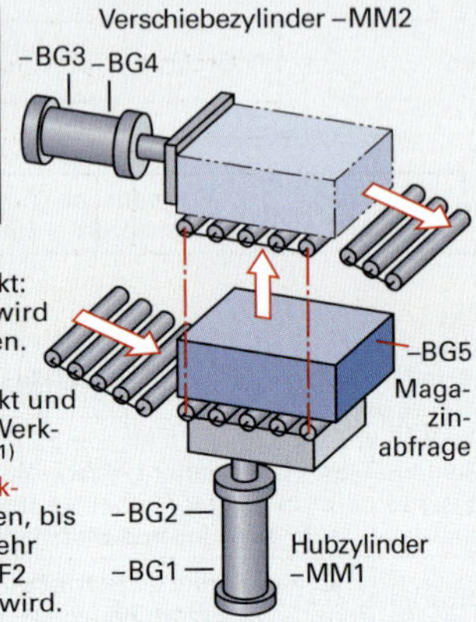

-SF0 wird gedrückt: Die Schrittkette[1] wird einmal durchlaufen.

-SF1 wird gedrückt und -BF5 meldet ein Werkstück: Schrittkette[1] wird im Automatikbetrieb durchlaufen, bis kein Werkstück mehr da ist oder bis -SF2 (Öffner) gedrückt wird.

Pneumatikplan

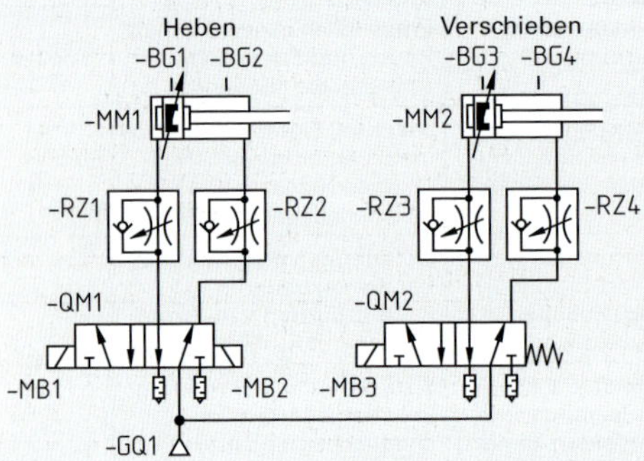

Grafcet (gehört auch zu SPS S. 448)

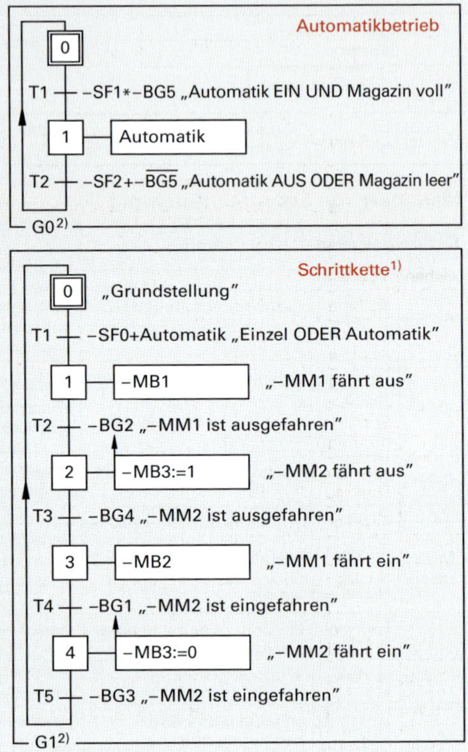

[2] Teilgrafcet G0 übergibt an Teilgrafcet G1 die Variable *Automatik*

Stromlaufplan (Kennzeichnung elektrischer Betriebsmittel Seite 424)

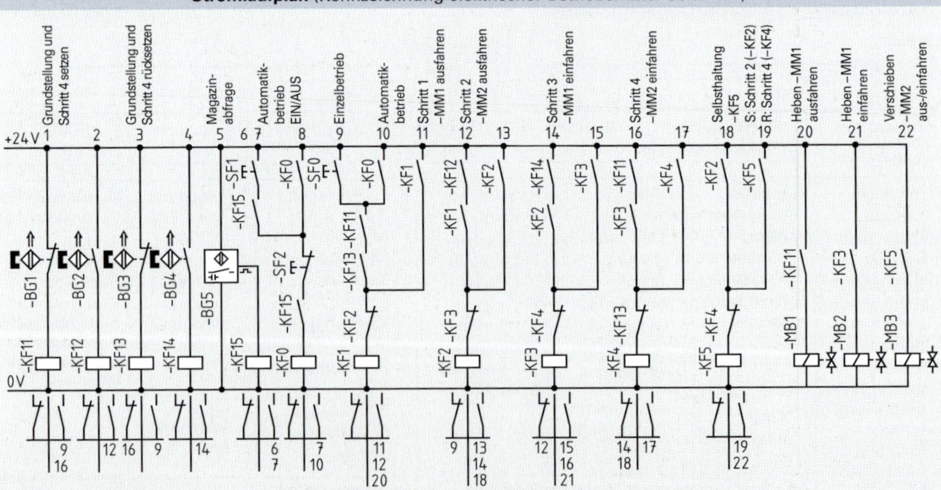

[1] *Schrittkette:* Der Hubzylinder -MM1 fährt aus. Dann fährt der Verschiebezylinder -MM2 aus und bleibt ausgefahren (Selbsthaltung -KF5 setzen). Nun fährt der Hubzylinder -MM1 ein. Zum Schluss fährt der Verschiebezylinder -MM2 ein (Selbsthaltung -KF5 zurücksetzen). Das Beispiel auf Seite 448 enthält die gleiche Schrittkette.

A

SPS-Programmiersprachen

SPS-Programmiersprachen (Übersicht)

vgl. DIN EN 61131 (2014-06)

- Textsprachen
  - Anweisungsliste AWL
  - Strukturierter Text ST
- Grafische Sprachen
  - Kontaktplan KOP
  - Funktionsbaustein-Sprache FBS/FUP

Gemeinsame Elemente aller SPS-Sprachen (Auswahl)

Begrenzungszeichen (Auswahl)

vgl. DIN EN 61131 (2014-06)

Zeichen	Gebrauch	Zeichen	Gebrauch
(**)	Kommentar-Anfang, Kommentar-Ende	:	Schrittnamen- und Variable/Typ-Trennzeichen Anweisungsmarken-Trennzeichen (ST) Netzmarken-Trennzeichen (KOP und FBS)
+	führendes Vorzeichen bei Dezimalzahlen Additionsoperator (ST)	( )	Anweisungslisten-Modifizierer/Operator (ST) Funktionsargumente (ST) Begrenzungszeichen für FBS-Eingangsliste (ST)
–	führendes Vorzeichen bei Dezimalzahlen Jahr-Monat-Tag-Trennzeichen Subtraktion, Negationsoperator (ST) horizontale Linie (KOP und FBS)	;	Trennzeichen für Typdeklaration Trennzeichen für Anweisungen (ST)
:=	Initialisierungsoperator Zuweisungsoperator (ST)	..	Trennzeichen für Bereiche Trennzeichen für CASE-Bereiche (ST)
#	Basiszahl- und Zeitliteral-Trennzeichen	,	Aufzählungslisten-, Anfangswert- und Feldindex-Trennzeichen, Operandenlisten-, Funktionsargumentationslisten- und CASE-Wertlisten-Trennzeichen (ST)
'	Anfang und Ende von Zeichenfolgen		
$	Anfang von Sonderzeichen in Folgen		
.	ganze Zahl/Bruch-Trennzeichen Trennzeichen für hierarchische Adressen und strukturierte Elemente	%	Direkt-Darstellungs-Präfix[1]
e *oder* E	Real-Exponent-Begrenzungszeichen	| *oder* !	vertikale Linien (KOP)

Einzelelement-Variablen für Speicherorte

Variable	Bedeutung	Variable	Bedeutung	Beispiel (AWL)
I	Speicherort Eingang	B	Byte-Größe (8 bit)	**ST %QB5**[1]: Speichert (storage) aktuelles Ergebnis in Byte-Größe am Ausgangs-Speicherort 5
Q	Speicherort Ausgang	W	Wort-Größe (16 bit)	
M	Speicherort Merker	D	Doppelwort-Größe (32 bit)	
X	(Einzel-)Bit-Größe	L	Langwort-Größe (64 bit)	

Operatoren

Name	Symbol	Bedeutung
ADD	+	Addition
SUB	–	Subtraktion
MUL	*	Multiplikation
DIV	/	Division
AND	&	Boolesches UND
OR	>=[2]	Boolesches ODER
XOR	----[3]	Boolesches Exklusiv-ODER
NOT	----[3]	Verneinung
S	----[3]	Setzt booleschen Operator auf „1"
R	----[3]	Setzt booleschen Operator auf „0"
GT	>	Vergleich: größer
GE	>=	Vergleich: größer gleich
EQ	=	Vergleich: gleich
NE	<>	Vergleich: ungleich
LE	<=	Vergleich: kleiner gleich
LT	<	Vergleich: kleiner

Elementare Datentypen

Schlüsselwort	Datentyp	Bits
BOOL	boolesche	1
SINT	kurze ganze Zahl	8
INT	ganze Zahl	16
DINT	doppelte ganze Zahl	32
LINT	lange ganze Zahl	64
REAL	reelle Zahl	32
LREAL	lange reelle Zahl	64
STRING	variabel lange Zeichenfolge	–[4]
TIME	Zeitdauer	–[4]
DATE	Datum	–[4]
BYTE	Bit-Folge der Länge 8	8
WORD	Bit-Folge der Länge 16	16
DWORD	Bit-Folge der Länge 32	32
LWORD	Bit-Folge der Länge 64	64

[1] Der direkt dargestellten Einzelelement-Variablen wird ein %-Zeichen vorangestellt.
[2] Dieses Symbol ist als Operator in den Textsprachen nicht zulässig.
[3] kein Symbol
[4] herstellerspezifisch

SPS-Programmiersprachen (KOP, FBS/FUP, ST)

Kontaktplan (KOP) vgl. DIN EN 61131 (2014-06)

Der Kontaktplan stellt den Stromfluss in einem elektromechanischen Relais-System dar.

Symbol	Beschreibung	Symbol	Beschreibung	Symbol	Beschreibung
Linien und Blöcke		Kontakte		Spulen	
———	horizontale Linie	*** [1] —| |—	Schließer Abfrage auf logisch „1“	*** [1] —( )—	Spule, Zuweisung, Ausgabe
|	vertikale Linie			*** [1] —(/)—	Negative Spule, negierte Zuweisung, Ausgabe
—+—	Linienverbindung	*** [1] —|/|—	Öffner Abfrage auf logisch „0“	*** [1] —(S)—	Setze Spule, Speicherung einer Verknüpfung
—|—|—	Kreuzung ohne Verbindung			*** [1] —(R)—	Rücksetze Spule
*** [1] ☐	Blöcke mit Verbindungslinien	*** [1] —|P|—	Kontakt zur Erkennung von positiven Flanken, Signal von „0“ auf „1“	*** [1] —(P)—	Spule zur Erkennung von positiven Flanken, Signal von „0“ auf „1“
|———	linke Stromschiene				
———|	rechte Stromschiene	*** [1] —|N|—	Kontakt zur Erkennung von negativen Flanken, Signal von „1“ auf „0“	*** [1] —(N)—	Spule zur Erkennung von negativen Flanken, Signal von „1“ auf „0“

[1] Element-Bezeichnung

Funktionsbaustein-Sprache (FBS/FUP) vgl. DIN EN 61131 (2014-06)

Die Funktionsbaustein-Sprache besteht aus einzelnen Funktionsbausteinen mit statischen Daten. Sie eignet sich bei häufig wiederkehrenden Funktionen. Diese Darstellung wird auch Funktionsplan (FUP) genannt.

Symbol	Beschreibung	Symbol	Beschreibung
☐	Elemente sind rechteckig oder quadratisch. Linke Seite: Eingangsparameter. Rechte Seite: Ausgangsparameter.	A, B, =	Die Zuweisung weist dem booleschen Wert A den booleschen Wert B zu. In ST: A: = B;
FB 1.2, ADD	Über dem Symbol: Bausteinbezeichnung. Innerhalb des Symbols: Bausteinfunktion.		Die Negation von booleschen Eingangs- oder Ausgangs-Signale wird durch einen Kreis am Eingang oder Ausgang angezeigt.
&, ≥1, ≥1	Verbindung der Elemente durch horizontale und vertikale Signalfluss-Linien. Im Beispiel: Links oben UND-Verknüpfung. Rechts oben und links unten: ODER-Verknüpfung.	T1, A, TON t, B	TON: Anzugsverzögerung. Erst wenn das Signal A t z. B. Sekunden anliegt, wechselt das Signal B von 0 auf 1.
SR: S, R, Q; RS: R, S, Q	Selbsthaltung, Flip-Flop: S: Setzen (set); R: Rücksetzen (reset); Q: Ausgang. SR: R ist dominant. Einsatz z. B. Schrittmerker. RS: S ist dominant. Einsatz z. B. Not-Aus.	T2, A, TOF t, B	TOF: Abfallverzögerung. Erst wenn das Signal A t z. B. Sekunden anliegt, wechselt das Signal B von 1 auf 0.

Strukturierter Text (ST) vgl. DIN EN 61131 (2014-06)

Der Strukturierte Text ist eine Hochsprache und lehnt sich an die Syntax von ISO-PASCAL an.

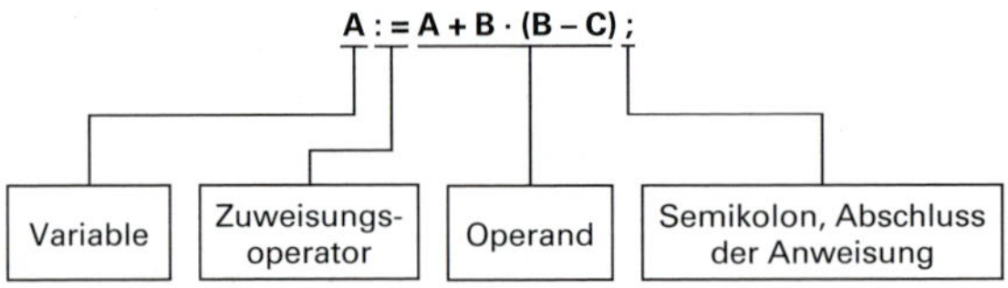

Anweisung	Typ
:=	Zuweisung
IF…THEN…	Bedingte Anweisung
CASE	Auswahlanweisung
FOR	Wiederholungsanweisung
WHILE	Wiederholungsanweisung
REPEAT	Wiederholungsanweisung
EXIT	Verlassen einer Wiederholungsanweisung

Gegenüberstellung Funktionsbaustein-Sprache (FBS) – Strukturierter Text (ST)

Funktionsbausteine (Beispiele)	Strukturierter Text (Beispiele)
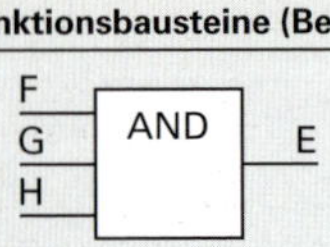 *oder* 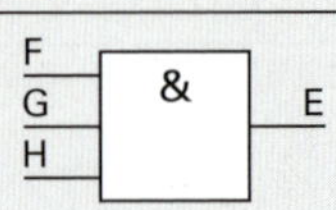	E:= AND (F, G, H); *oder* E:= F & G & H;

SPS-Programmiersprachen (AWL, FBS/FUP und GRAFCET)

Anweisungsliste (AWL) nach DIN und VDI[1]

vgl. DIN EN 61131 (2014-06), VDI 2880 (zurückgezogen)

Aufbau einer Anweisung

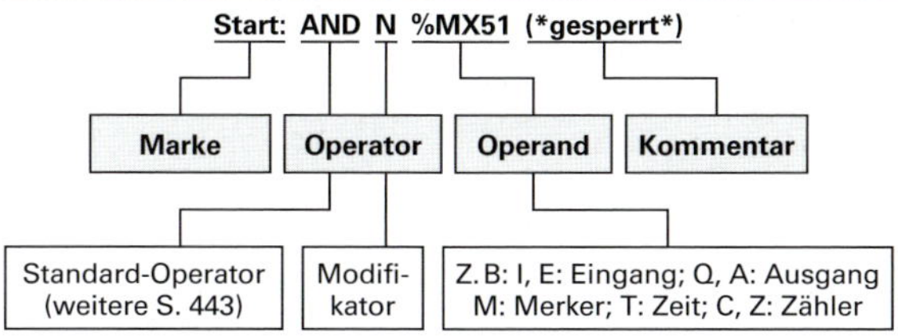

Modifikatoren für den Operator	
N	Boolesche Negierung des Operanden
C	Anweisung wird nur ausgeführt, wenn das ausgewertete Ergebnis eine boolsche 1 ist
,	Komma trennt mehrere Operanden
(	Auswertung des Operators wird zurückgestellt, bis „)“ erscheint.

Standard-Operatoren

DIN Operator	DIN Modifikator	VDI Operator	Bedeutung	DIN Operator	DIN Modifikator	VDI Operator	Bedeutung
LD	N	L, U, O	Laden eines Operanden	ADD	(	ADD	Addition
ST	N	T	Speicherung auf Operandenadresse	SUB	(	SUB	Subtraktion
S	–	S	Setzt boolschen Operanden auf 1	MUL	(	MUL	Multiplikation
R	–	R	Setzt boolschen Operanden auf 0	DIV	(	DIV	Division
AND	N, (	U	Bool: UND	JMP	C, N	SP	Sprung zur Marke
&	N, (	U	Bool: UND	CAL	C, N	BA	Aufruf Funktionsbaustein
OR	N, (	O	Bool: ODER	RET	C, N	BE, PE	Rücksprung; Baustein-/Programmende
XOR	N, (	XO	Bool: Exklusiv-ODER	)	–	)	Bearbeitung zurückgestellter Operationen
=	–	=	Zuweisung (Bool)	–	–	NOP	Nulloperation
(* *)	–	" " // //	Kommentar Anfang und Ende	CAL CTU, CTD		ZV, ZR	Vorwärts-, Rückwärtszählen

[1] In der Praxis existieren noch SPS-Steuerungen, die aus Kompatibilitätsgründen nach VDI programmiert werden.

Funktionsbausteine und GRAFCET

vgl. DIN EN 61131-3 (2014-06), DIN EN 60848 (2014-12)

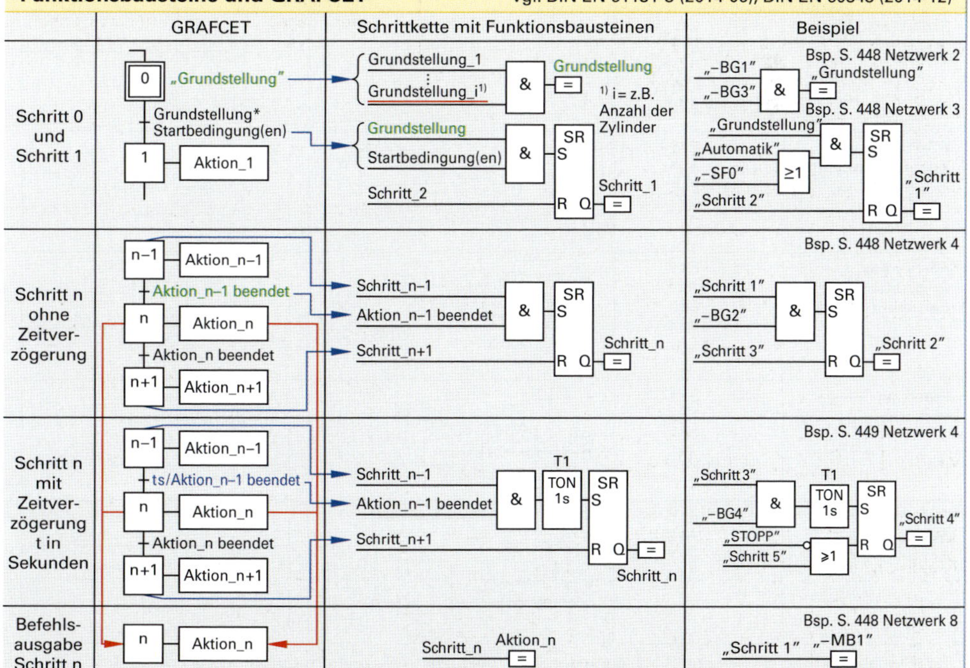

A

SPS-Programmiersprachen

Gegenüberstellung der geläufigsten SPS-Programmiersprachen

Funktionen als Bestandteile in Programmen	Anweisungsliste (AWL) nach VDI	Funktionsbaustein-Sprache (FBS/FUP)	Kontaktplan (KOP)
UND (AND) mit 3 Eingängen	U E11 U E12 UN E13 = A10	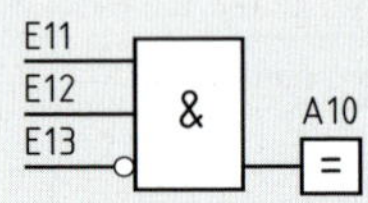	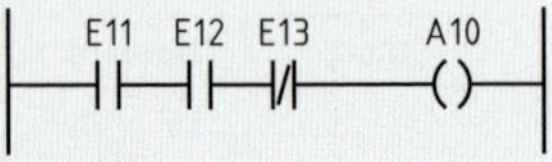
ODER (OR) mit 3 Eingängen	U E11 O E12 O E13 = A10	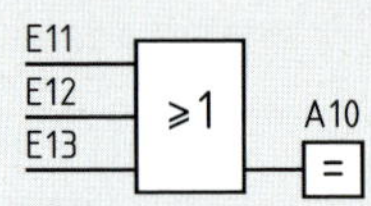	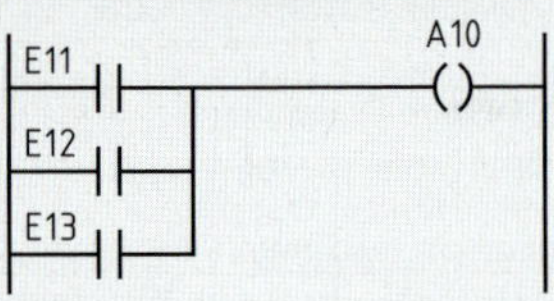
UND vor **ODER**	U E11 U E12 O U E13 U E14 = A10	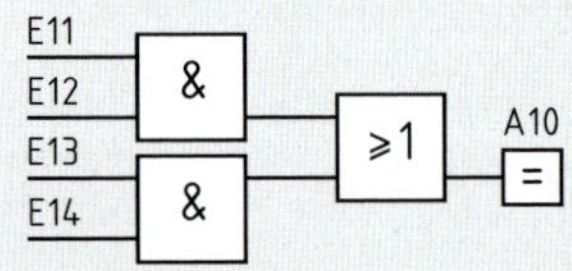	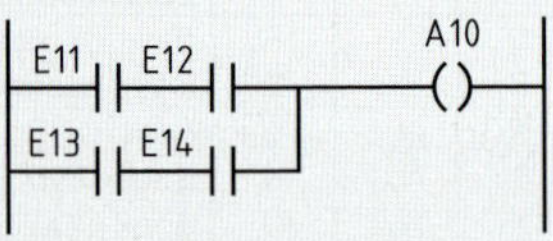
ODER vor **UND** mit Zwischenmerker	U E11 O E12 = M1 U E13 O E14 U M1 = A10	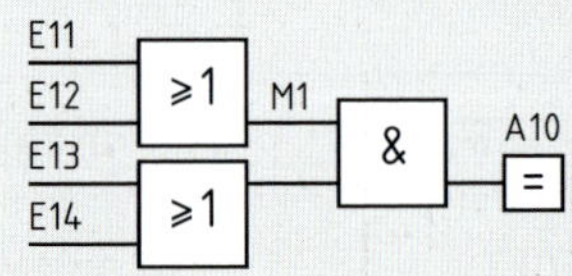	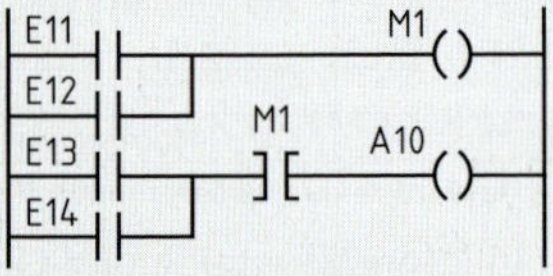
Exclusiv **ODER (XOR)**	U E11 UN E12 O (UN E11 U E12) = A10	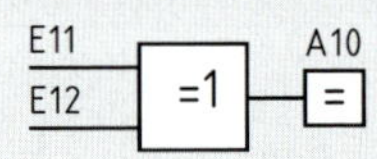	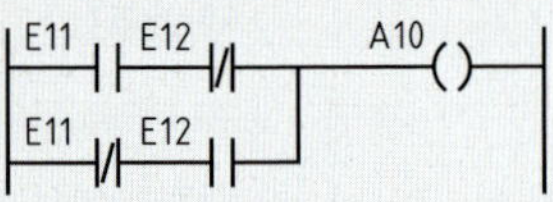
RS-Flipflop Setzen dominant	U E12[1] R A11 U E11 S A11	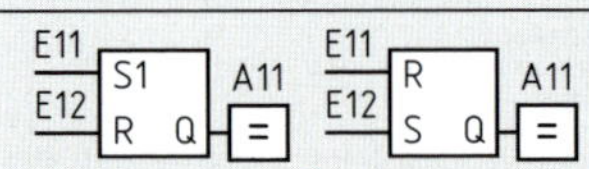 „1“ bei S markiert oder dominanter Eingang S unten dominanten Eingang	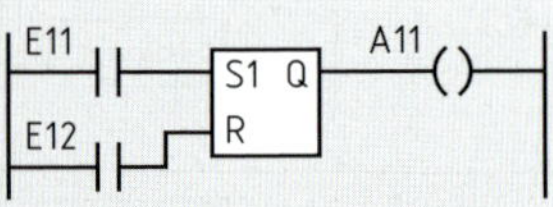
RS-Flipflop Rücksetzen dominant	U E11[1] S A11 U E12 R A11	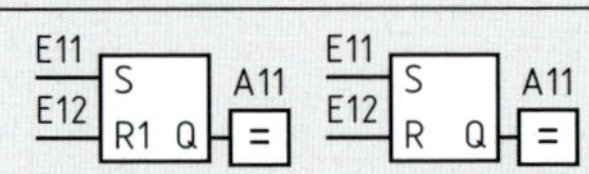 „1“ bei R markiert oder dominanter Eingang R unten dominanten Eingang	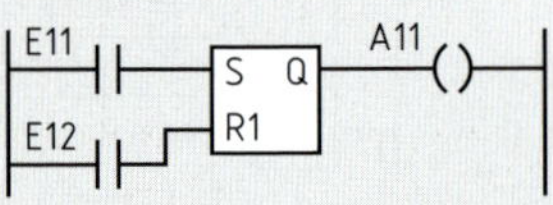
Einschalt-verzögerung (TON)	U E11 = T1 U T1 = A10	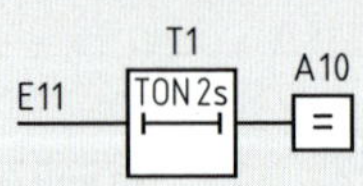	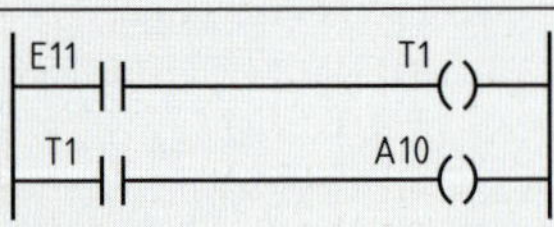
Selbsthaltung, EIN (E 12) dominierend	U E12 O A10 UN E11 = A10	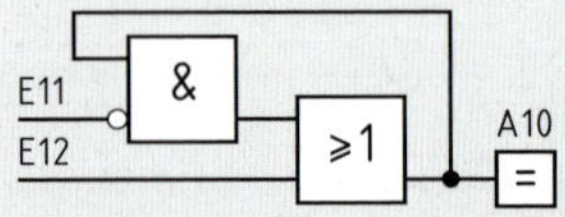	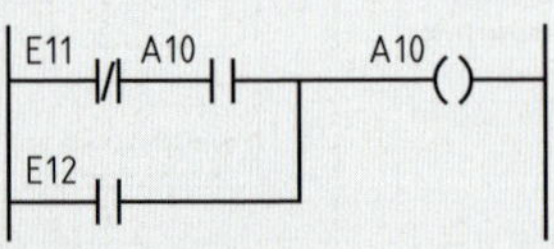

[1] Bei Flipflops gilt: Wenn S = 1 und R = 1, dann dominiert die in der AWL zuletzt programmierte Funktion.

A

Binäre Verknüpfungen (SPS, Pneumatik, E-Pneumatik)

vgl. DIN EN 60617-12 (1999-04)

Funktion	SPS (FBS/FUP) Logische Gleichung	Funktionstabelle	technische Realisierung: pneumatisch	technische Realisierung: elektrisch
UND (AND)	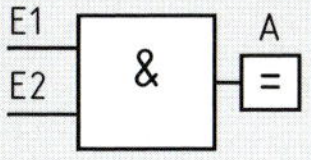 $A = E1 \ast E2$	E1 E2 A 0 0 0 0 1 0 1 0 0 1 1 1	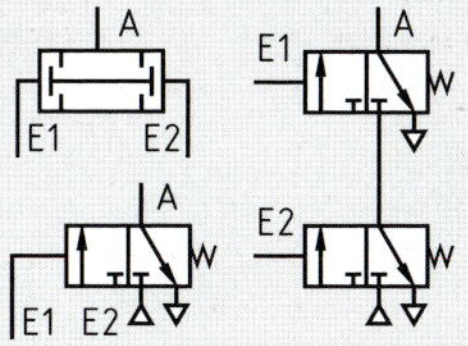	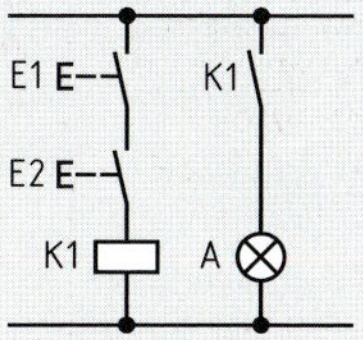
ODER (OR)	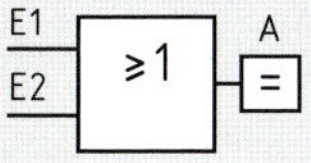 $A = E1 + E2$	E1 E2 A 0 0 0 0 1 1 1 0 1 1 1 1	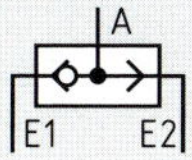	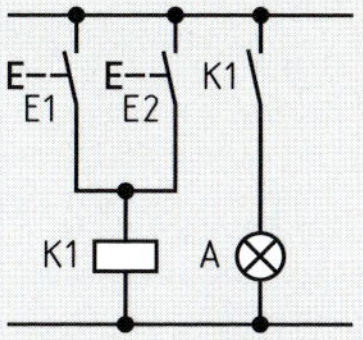
NICHT (NOT)	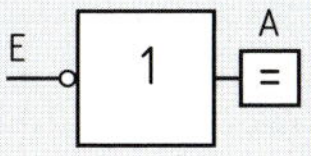 $A = \overline{E}$	E1 A 0 1 1 0	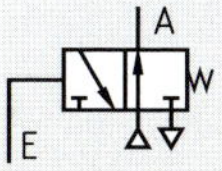	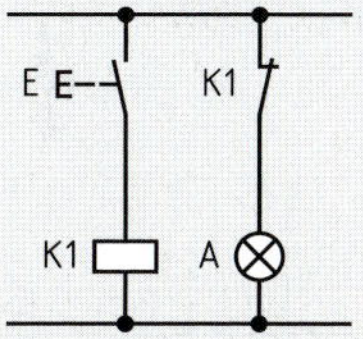
UND-NICHT (NAND)	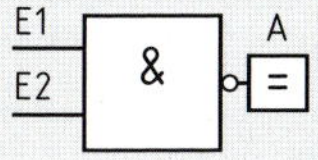 $A = \overline{E1 \ast E2}$	E1 E2 A 0 0 1 0 1 1 1 0 1 1 1 0	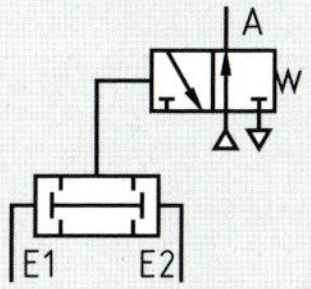	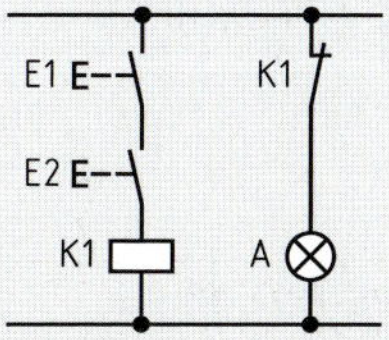
ODER-NICHT (NOR)	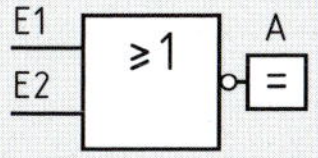 $A = \overline{E1 + E2}$	E1 E2 A 0 0 1 0 1 0 1 0 0 1 1 0	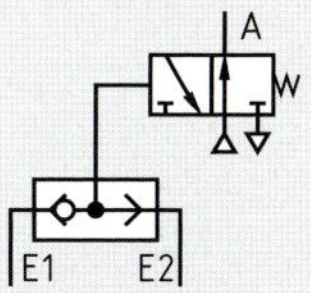	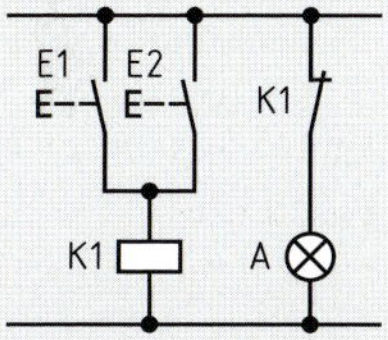
exklusiv ODER (XOR)	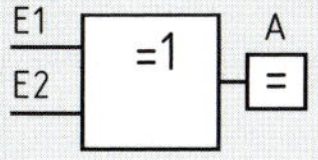 $A = (E1 \ast \overline{E2}) + (\overline{E1} \ast E2)$	E1 E2 A 0 0 0 0 1 1 1 0 1 1 1 0	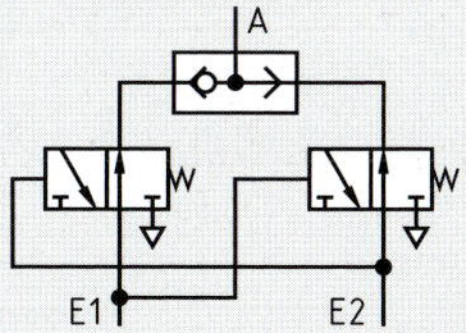	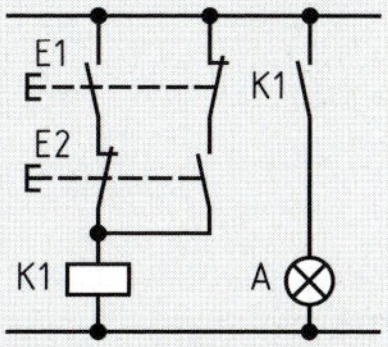
Speicher (SR-Flipflop)	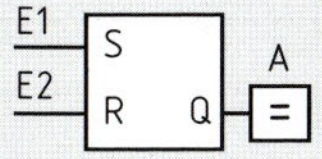 S Setzen R Rücksetzen (dominant)	E1 E2 A 0 0 ● 0 1 0 1 0 1 1 1 0 ● Zustand unverändert	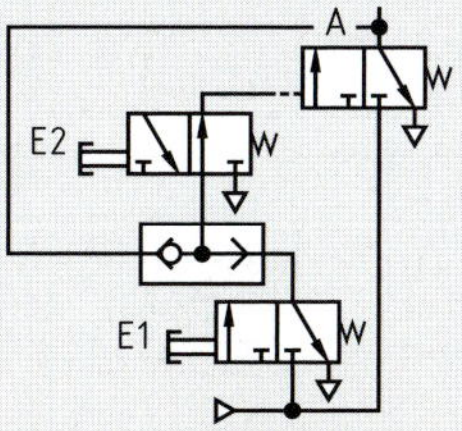	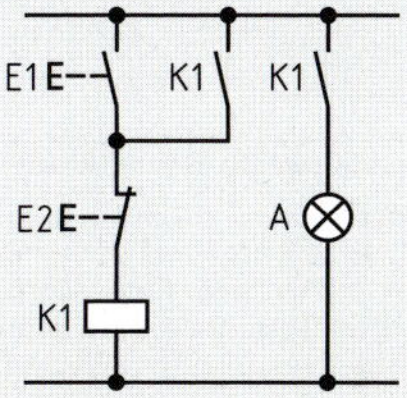

E = Eingänge A = Ausgänge, z.B. Lampen K = Relais, Kontakte

A

Ablaufsteuerung mit SPS (Hubeinrichtung)

(Kennzeichnung der Betriebsmittel Seite 424)

Lageplan

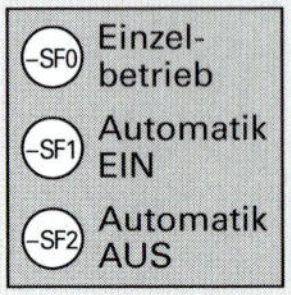

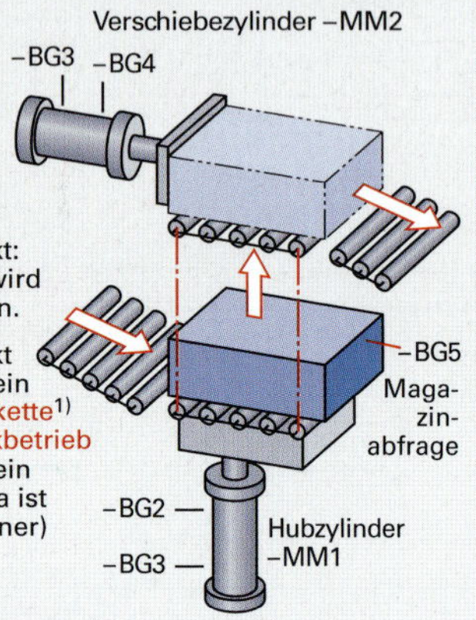

–SF0 wird gedrückt: Die Schrittkette[1] wird einmal durchlaufen.

–SF1 wird gedrückt und –BF5 meldet ein Werkstück: Schrittkette[1] wird im Automatikbetrieb durchlaufen, bis kein Werkstück mehr da ist oder bis –SF2 (Öffner) gedrückt wird.

[1] Seite 434 unten

Pneumatikplan

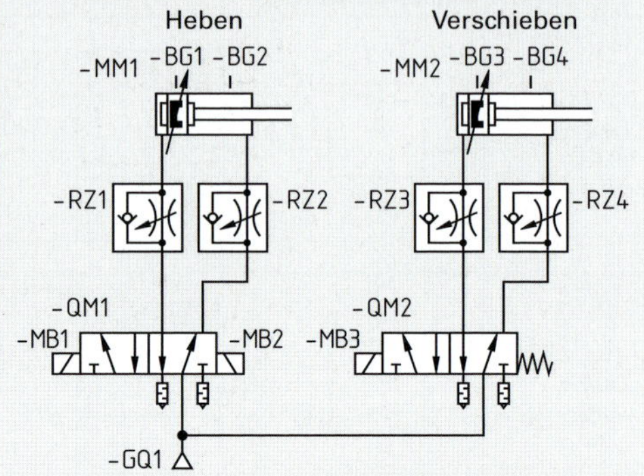

Grafcet: entspricht dem Elektropneumatik-Beispiel „Hubeinrichtung" (Seite 442)

Anschlussplan vgl. IEC 60617

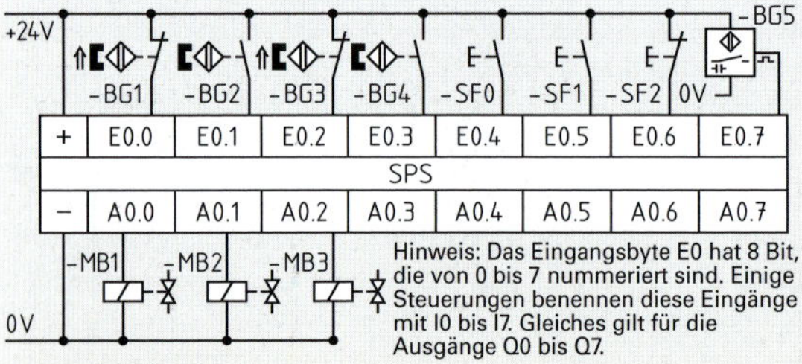

Hinweis: Das Eingangsbyte E0 hat 8 Bit, die von 0 bis 7 nummeriert sind. Einige Steuerungen benennen diese Eingänge mit I0 bis I7. Gleiches gilt für die Ausgänge Q0 bis Q7.

Zuordnungsliste

Bauteile	Bez.	Adr.	Bemerkung
Einzelbetrieb Start	–SF0	E0.4	Schließer
Automatik EIN	–SF1	E0.5	Schließer
Automatik AUS	–SF2	E0.6	Öffner
Magazinabfrage	–BG5	E0.7	Kapazitiv (S)
Magnetische Sensoren (Reedkontakte)	–BG1 –BG2 –BG3 –BG4	E0.0 E0.1 E0.2 E0.3	Magnet-schalter, Schließer
Ventilmagnete	–MB1 –MB2 –MB3	A0.0 A0.1 A0.2	MM1 ausfahren MM1 einfahren MM2 ausfahren

SPS-Programm

vgl. DIN EN 61131-3 (2014-06)

Funktion Betriebsarten (FC1)

Netzwerk 1

–BG5 meldet ein Werkstück (–BG5=1) und –SF1 (Automatik EIN): Automatik wird gesetzt. (Teilgrafcet G0 Seite 442)

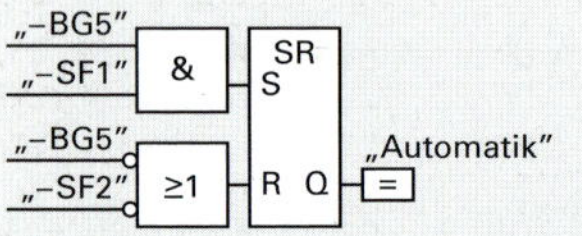

Netzwerk 2

Wenn beide Zylinder in der hinteren Endstellung sind (–BG1=1 und –BG3=1) wird die Grundstellung festgestellt. (Schritt 0 im Teilgrafcet G1 Seite 442)

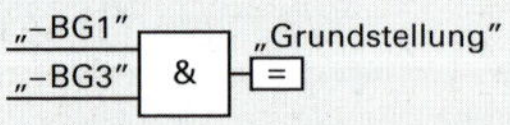

Funktion Schrittkette (FC2)

Schrittkette: Netzwerke 3–6 sind die Schritte 1 bis 4 aus dem Teilgrafcet G1 Seite 442. Jeder Folgeschritt (z.B. Schritt 2) startet erst, wenn der vorangegangene Schritt aktiv war (z.B. Schritt 1=1) und wenn er abgeschlossen ist (z.B. –BG2=1).

Netzwerk 3

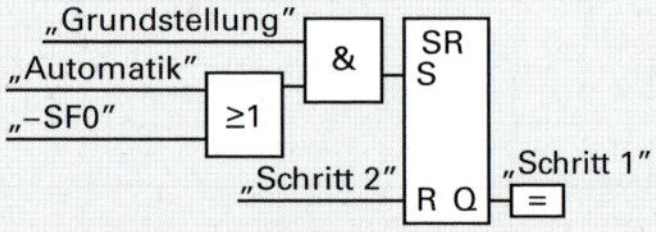

Netzwerk 4

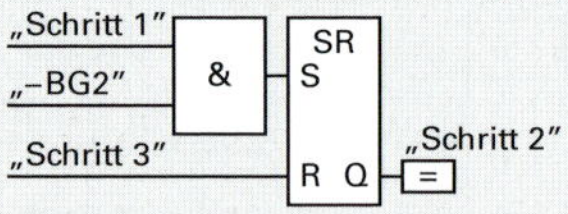

Netzwerk 5

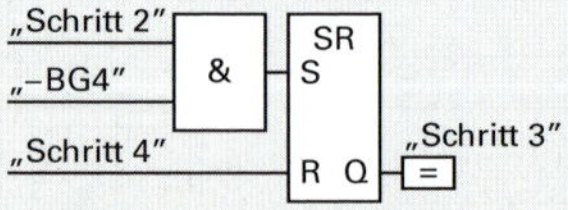

Netzwerk 6

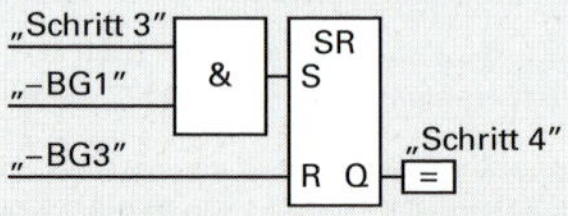

Funktion Befehlsausgabe (FC3)

Netzwerke 7-9

Den Schritten werden die zugehörigen Aktionen zugeordnet. (Aktionsfelder im Teilgrafcet G1 Seite 442). Die speichernd wirkenden Aktionen in Schritt 2 und Schritt 4 (Aktionsfeld mit Pfeil) erfordern einen Speicher (Flipflop, SR-Glied).

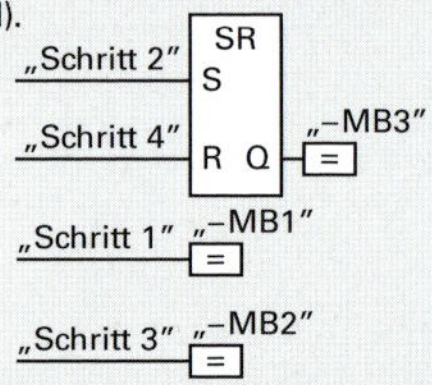

Organisationsbaustein (OB1)

Im OB1 werden die Teilfunktionen FC1 bis FC3 aufgerufen.

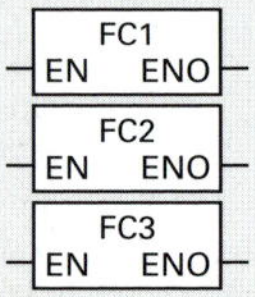

Hinweis: Jeder Baustein steht für ein CALL. EN (Enable Eingang) und ENO (Enable Ausgang) werden nicht gesetzt.

A

Ablaufsteuerung mit SPS (Prägewerkzeug)

(Kennzeichnung der Betriebsmittel Seite 424)

Technologie-Schema

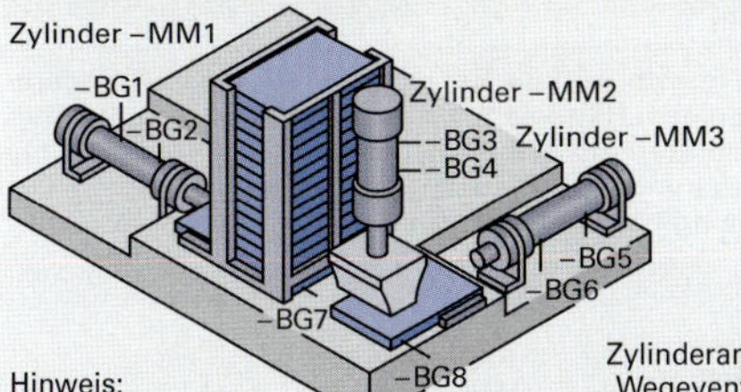

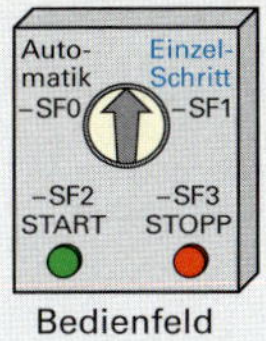

Bedienfeld

Hinweis: Grundstellung wird von Hand angefahren

Zylinderansteuerung durch 5/2-Wegeventile, beidseitig durch bistabile Elektromagnete betätigt, bei kontinuierlich wirkenden Aktionen

Beschreibung

In einem Prägewerkzeug sollen Werkstücke eine Werkstücknummer erhalten. Der Sensor –BG7 kontrolliert, ob noch Material im Stapelmagazin vorhanden ist. Der Pneumatikzylinder –MM1 schiebt nun das Werkstück aus dem Magazin in die Arbeitsposition. Anschließend fährt der Prägezylinder –MM2 aus und prägt das Werkstück. Nach einer Zeitverzögerung von 1s fährt zuerst der Prägezylinder –MM2 und danach der Schiebezylinder –MM1 zurück. Zylinder –MM3 dient als Auswerfer für das geprägte Werkstück. Sensor –BG8 stellt fest, ob das Werkstück ausgeworfen wurde.

Funktionsplan nach GRAFCET

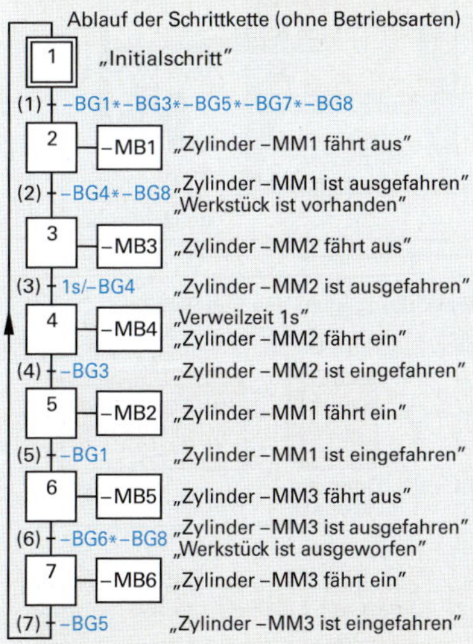

Zuordnungsliste

Bauteil und Aktion	Bauteil-bezeichnung	Adresse	Bemerkung
Stellschalter AUTOMATIK/EINZEL	–SF0/–SF1	E0.0/E0.1	Schließer
Taster START	–SF2	E0.2	Schließer
Taster STOPP	–SF3	E0.3	Öffner
Näherungsschalter	–BG1 – –BG4 –BG5 – –BG8	E0.4-E0.7 E1.0-E1.3	Schließer
Magnetventil (mit Zyl. –MM1)	–MB1 u. –MB2	A0.0/A0.1	–
Magnetventil (mit Zyl. –MM2)	–MB3 u. –MB4	A0.2/A0.3	–
Magnetventil (mit Zyl. –MM3)	–MB5 u. –MB6	A0.4/A0.5	–

SPS-Progr. (ohne OB1 mit CALL FC1-FC3)

Betriebsarten FC1

Netzwerk 1: Automatikbetrieb. Schrittkette läuft bis das Magazin leer ist oder bis STOPP

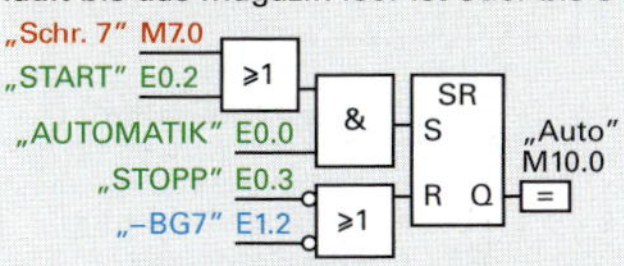

Netzwerk 2: Einzelbetrieb. Schrittkette läuft bis zum letzten Schritt oder bis STOPP

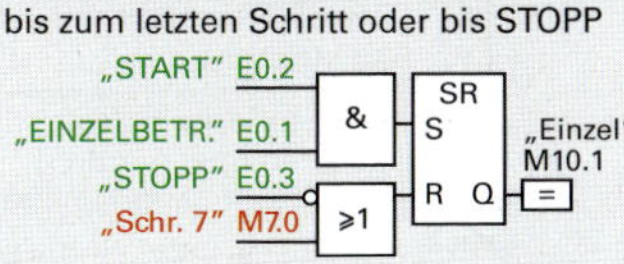

Netzwerk 3: „Auto" oder „Einzel" steuern die Schrittkette über „run"

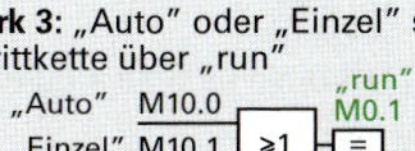

Schrittkette FC2

Netzwerk 1: Schritt 1
Initialschritt

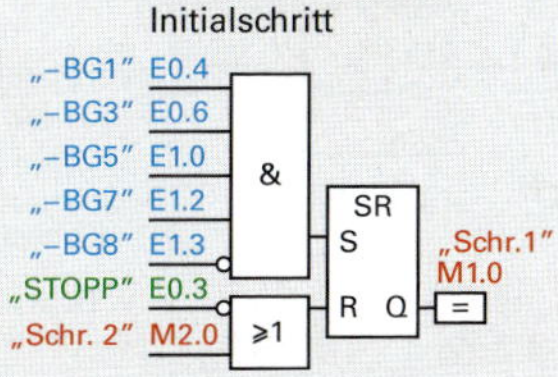

Netzwerk 2: Schritt 2
Zylinder –MM1 ausfahren

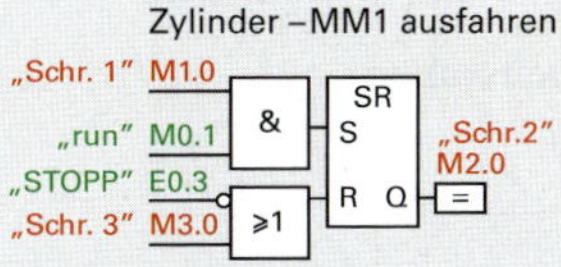

Netzwerk 3: Schritt 3
Zylinder –MM2 ausfahren

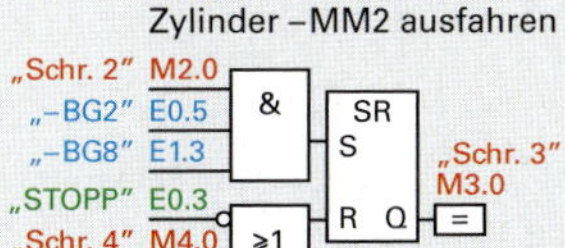

Netzwerk 4: Schritt 4
Zylinder –MM2 einfahren

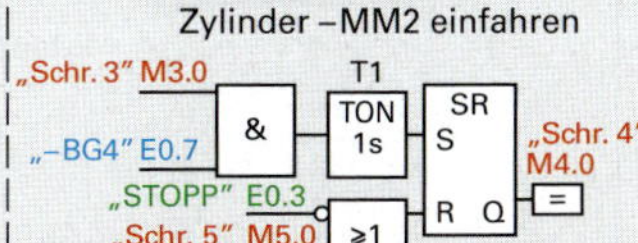

Netzwerk 5: Schritt 5
Zylinder –MM1 einfahren

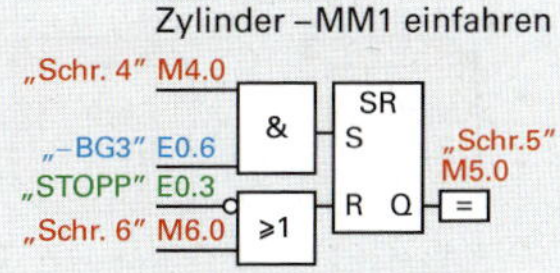

Netzwerk 6: Schritt 6
Zylinder –MM3 ausfahren

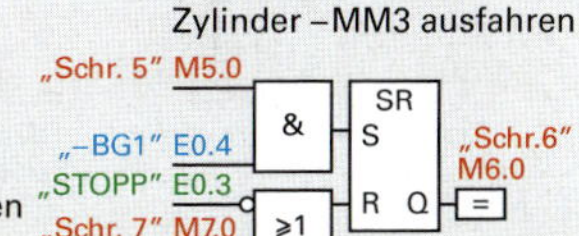

Netzwerk 7: Schritt 7
Zylinder –MM3 einfahren

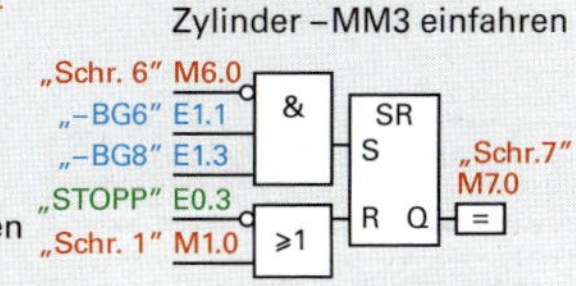

Befehlsausgabe FC3

Netzwerke 1-6

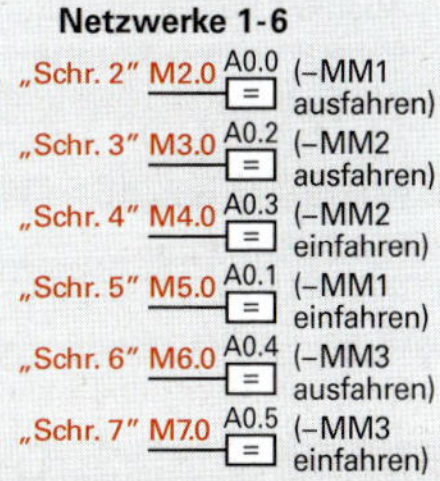

Kennzeichnung: Schrittmerker rot, Weiterschaltbedingungen blau, Über Bedienfeld direkt/indirekt grün

A

Grundbegriffe, Kennbuchstaben

Grundbegriffe

vgl. DIN IEC 60050-351 (2014-09)

Steuern	Regeln
Beim Steuern wird die Ausgangsgröße, z. B. die Temperatur in einem Härteofen, von der Eingangsgröße, z. B. dem Strom in der Heizwicklung, beeinflusst. Die Ausgangsgröße wirkt auf die Eingangsgröße nicht zurück. Die Steuerung hat einen offenen Wirkungsweg.	Beim Regeln wird die Regelgröße, z. B. die Ist-Temperatur in einem Härteofen, fortlaufend erfasst, mit der Soll-Temperatur als Führungsgröße verglichen und bei Abweichungen an die Führungsgröße angeglichen. Die Regelung hat einen geschlossenen Wirkungskreislauf.

Beispiel: Härteofen

Schemadarstellung

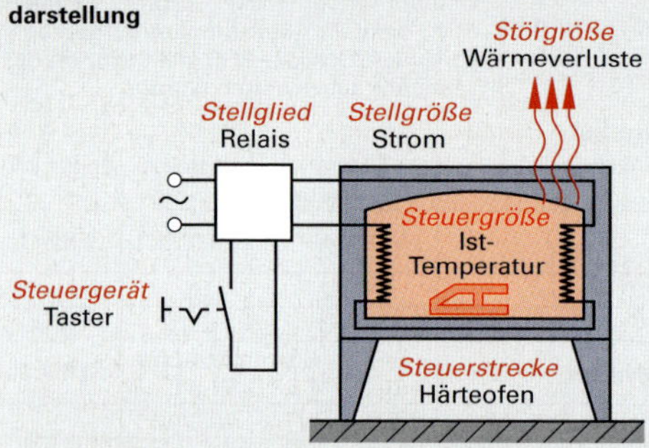

Schemadarstellung

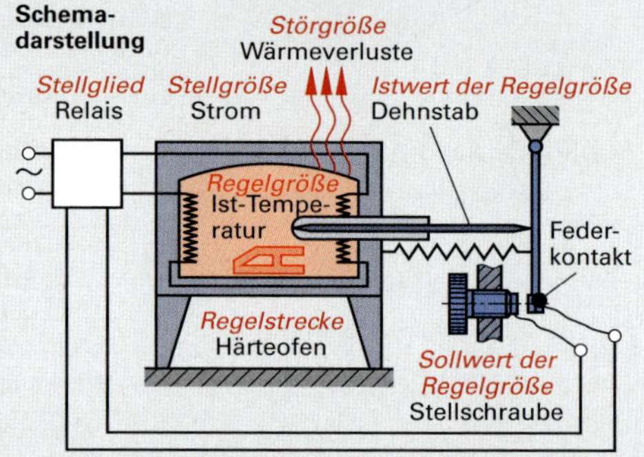

Wirkungsplan der Steuerkette

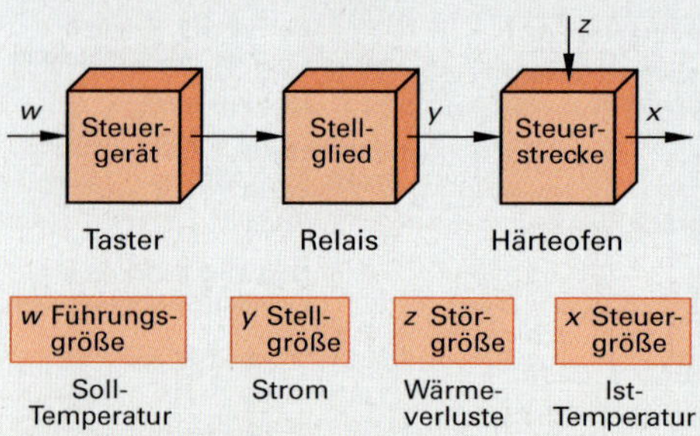

vereinfachter Wirkungsplan des Regelkreises

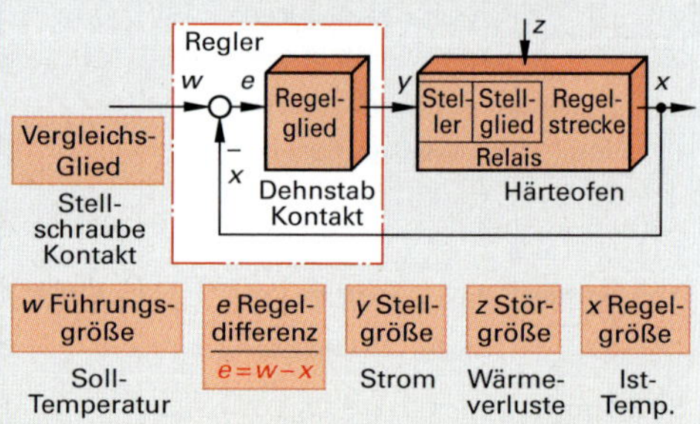

Aufgabenbezogene Kennbuchstaben

vgl. DIN EN 62424 (2010-01)

Bezeichnungsbeispiel: P D I C

1. Buchstabe: Kategorie

- D Dichte (Density)
- E Elektrische Spannung
- F Durchfluss (Flow)
- G Abstand, Länge, Stellung
- H Hand Eingabe – Eingriff
- K Zeitfunktion
- L Füllstand (Level)
- M Feuchte (Moisture)
- P Druck (Pressure)
- Q Menge/Anzahl (Quantity)
- R Strahlung (Radiation)
- S Geschw., Drehzahl (Speed)
- T Temperatur
- W Gewicht, Masse (Weight)

Folgebuchstaben

- D Differenz
- F Verhältnis
- Q Summe, Integral

Zusatzinformation[1]

- A Störungsmeldung
- C selbsttätige Regelung
- H oberer Grenzwert
- I Anzeige
- L unterer Grenzwert
- R Registrierung

[1] Darf nur außerhalb des Ovals verwendet werden!

Beispiel: Differenzdruckregelung

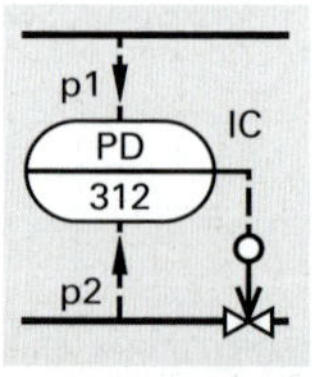

Erläuterung:
- P Druck
- D Differenz
- I Anzeige
- C Selbsttätige Regelung

umgangssprachlich: Differenzdruckregelung und Anzeige der Druckdifferenz

A

Bildzeichen für Orte und Geräte

vgl. DIN EN 62424 (2010-01)

Ausgabe- und Bedienort

Sinnbild	Erläuterung
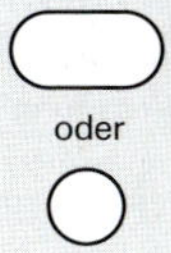	vor Ort, allgemein
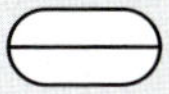	Prozessleitwarte
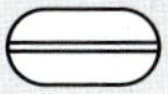	örtlicher Leitstand
	vor Ort, realisiert mit einem Prozessleitsystem
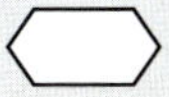	vor Ort, realisiert mit einem Prozessrechner

Einwirkung auf die Strecke

Sinnbild	Erläuterung
	Stellantrieb, allgemein
	Stellantrieb; bei Ausfall der Hilfsenergie wird die Stellung für minimalen Massenstrom oder Energiefluss eingestellt
	Stellantrieb; bei Ausfall der Hilfsenergie wird die Stellung für maximalen Massenstrom oder Energiefluss eingestellt.
	Stellantrieb; bei Ausfall der Hilfsenergie bleibt das Stellgerät in der zuletzt eingenommenen Stellung.

Messort, Stellort

Sinnbild	Erläuterung
	Bezugslinie
	Messort, Fühler
	Stellglied, Stellort

Beispiel:

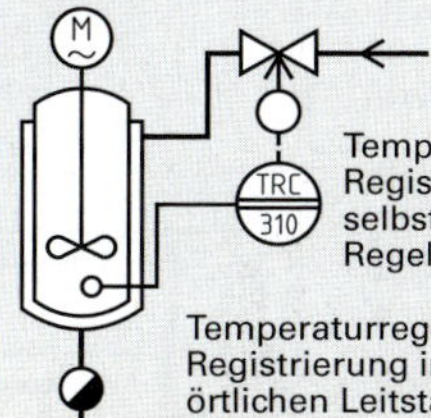

Temperatur T
Registrierung R
selbsttätige Regelung C

Temperaturregelung und Registrierung im örtlichen Leitstand Messstelle 310

Lösungsbezogene Bildzeichen für Geräte

vgl. DIN EN 62424 (2010-01)

Aufnehmer

Sinnbild	Erläuterung
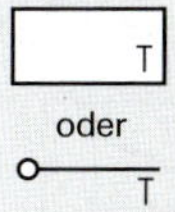	Aufnehmer für Temperatur, allgemein
	Aufnehmer für Druck
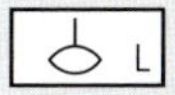	Aufnehmer für Stand mit Schwimmer
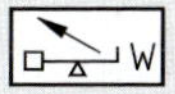	Aufnehmer für Gewichtskraft, Waage; anzeigend

Ausgeber

Sinnbild	Erläuterung
	Basissymbol, Anzeiger allgemein
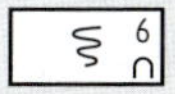	Schreiber, analog, Anzahl der Kanäle als Ziffer
	Bildschirm

Regler

Sinnbild	Erläuterung
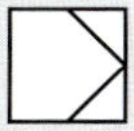	Regler, allgemein
	Zweipunktregler mit schaltendem Ausgang und PID-Verhalten
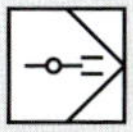	Dreipunktregler mit schaltendem Ausgang

Anpasser

Sinnbild	Erläuterung
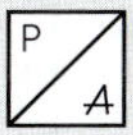	Messumformer für Druck mit pneumatischem Signalausgang

Stell- und Bediengeräte

Sinnbild	Erläuterung
	Ventilstellglied mit Motor-Antrieb
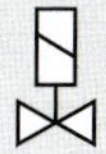	Ventilstellglied mit Magnet-Antrieb
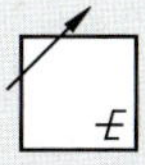	Signaleinsteller für elektrisches Signal

Signalkennzeichen

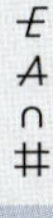

Signal, elektrisch
Signal, pneumatisch
Analogsignal
Digitalsignal

Beispiel: Temperaturregler

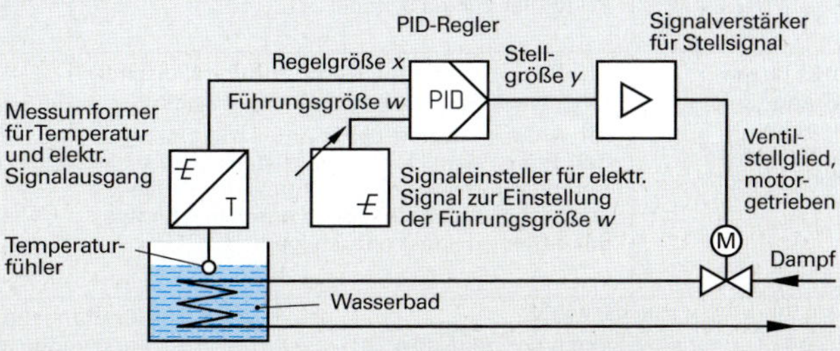

A

Analoge Regler

Analoge (stetige) Regler

vgl. DIN EN 62424 (2010-01) und DIN IEC 60050-351 (2014-09)

Bei analogen Reglern kann die Stellgröße *y* innerhalb des Stellbereiches jeden beliebigen Wert annehmen.

Reglerart	Beispiel Niveauregelung, Beschreibung	Übergangsfunktion	Sinnbild[1] Blockdarstellung[2]
		x Regelgröße *y* Stellgröße *e* Regeldifferenz	—— Sprungfunktion[3] —— Sprungantwort[4]
P-Regler Proportional wirkender Regler Die Ausgangsgröße ist proportional der Eingangsgröße. P-Regler besitzen eine bleibende Regeldifferenz.	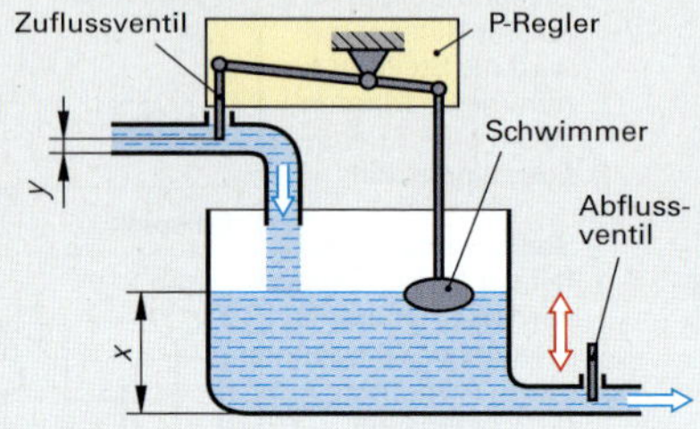	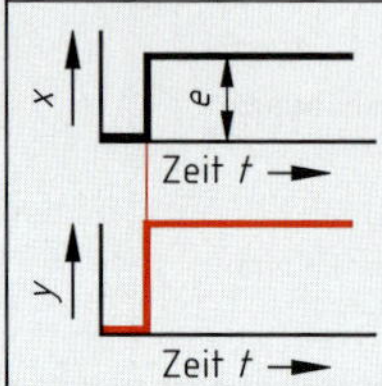	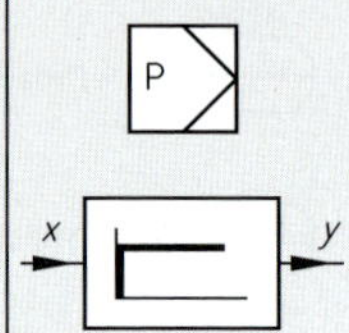
I-Regler Integral wirkender Regler I-Regler sind langsamer als P-Regler, beseitigen aber die Regeldifferenz vollständig.	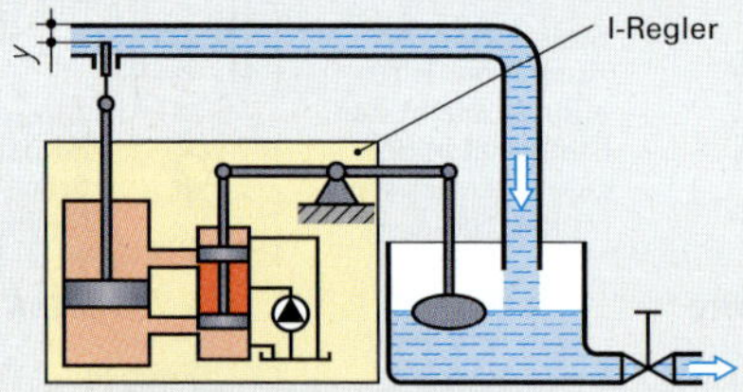	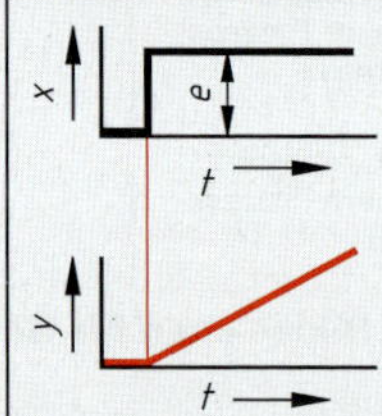	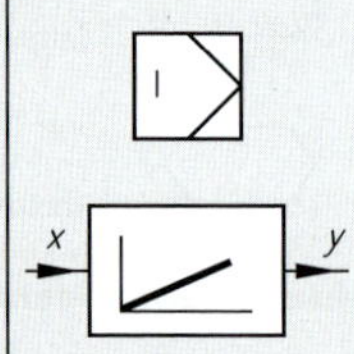
PI-Regler Proportional-integral wirkender Regler Beim PI-Regler werden ein P-Regler und ein I-Regler parallel geschaltet.	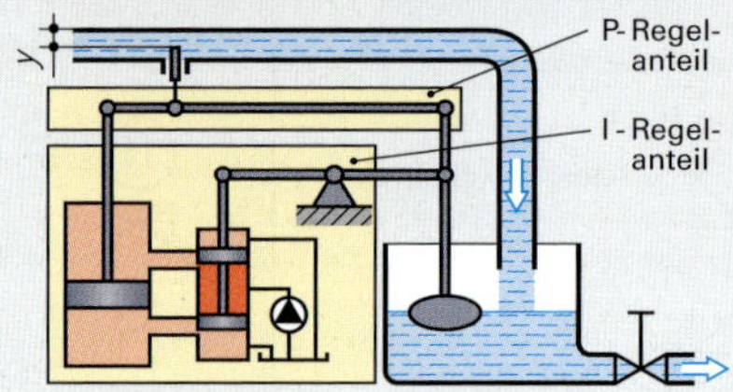	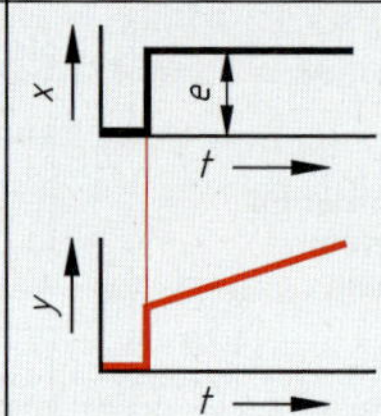	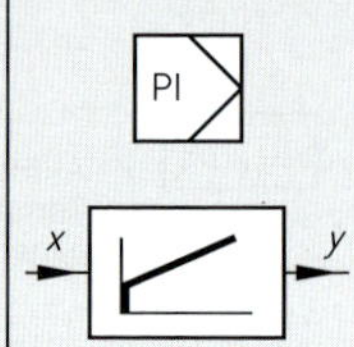
D-Regler Differenzierend wirkender Regler	D-Regeleinrichtungen kommen nur zusammen mit P- oder PI-Regeleinrichtungen vor, da reines D-Verhalten bei konstanter Regeldifferenz keine Stellgröße und damit keine Regelung liefert.	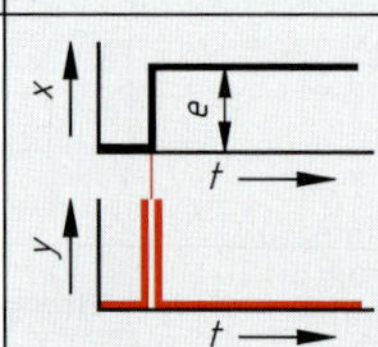	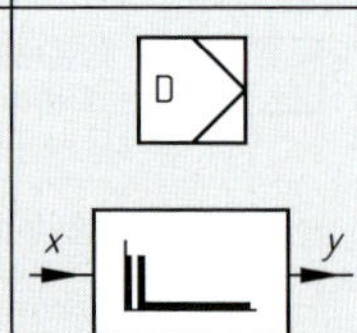
PD-Regler Proportional-differenzierend wirkender Regler	PD-Regler entstehen durch die Parallelschaltung eines P-Reglers mit einem D-Glied. Der D-Anteil ändert die Ausgangsgröße proportional zur Änderungsgeschwindigkeit der Eingangsgröße. Der P-Anteil ändert die Ausgangsgröße proportional zur Eingangsgröße. PD-Regler wirken schnell.	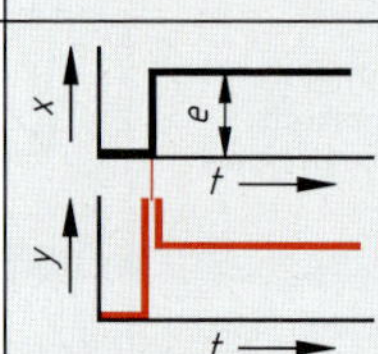	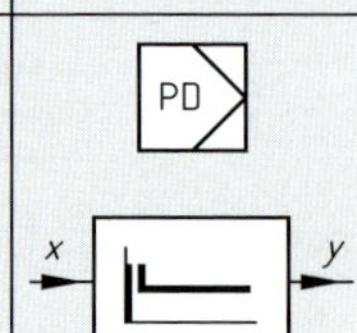
PID-Regler Proportional-integral-differenzierend wirkender Regler	PID-Regler entstehen durch die Parallelschaltung eines P-, eines I- und eines D-Reglers. Am Anfang reagiert der D-Anteil mit einer großen Steuersignaländerung, danach wird diese Veränderung etwa bis zum Anteil des P-Gliedes verringert, um anschließend durch den Einfluss des I-Gliedes linear anzusteigen.	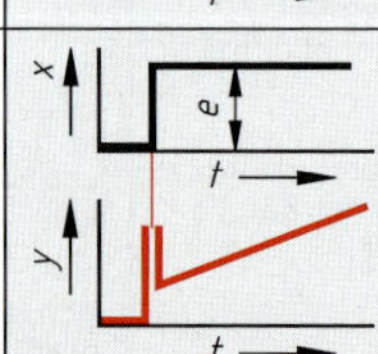	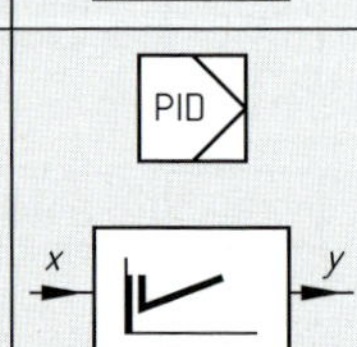

[1] Sinnbild nach DIN EN 62424
[2] Blockdarstellung nach DIN IEC 60050-351
[3] Signalverlauf am Eingang der Regelstrecke
[4] Signalverlauf am Ausgang der Regelstrecke

A

Unstetige und digitale Regler

Schaltende (unstetige) Regler

Schaltende Regler verändern die Stellgröße y unstetig durch Schalten in mehreren Stufen.

Reglerart	Beispiel, Beschreibung	Übergangsfunktion, Schaltverhalten	Sinnbild Blockdarstellung
Zweipunktregler	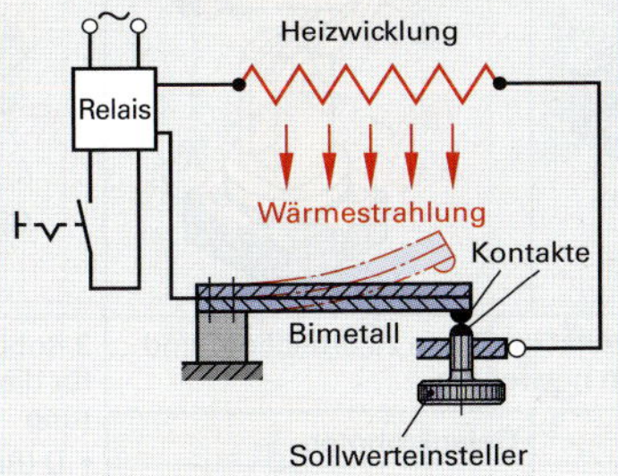	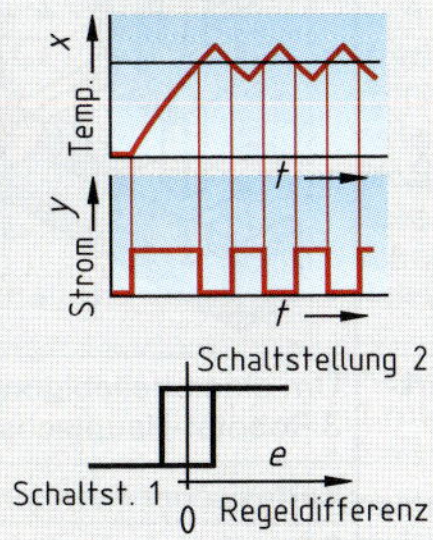	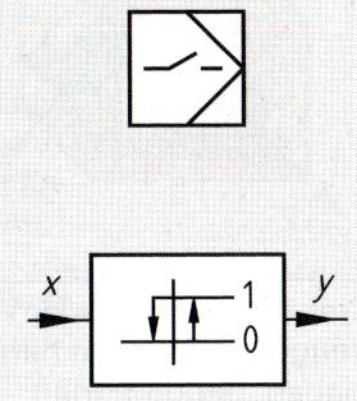
Dreipunktregler	**Klima-Anlage** Bei einer Klima-Anlage können den drei Temperaturbereichen drei Schaltstellungen zugeordnet werden: – Heizung EIN – Heizung/Kühlung AUS – Kühlung EIN	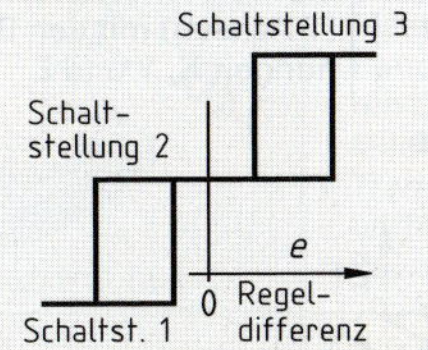	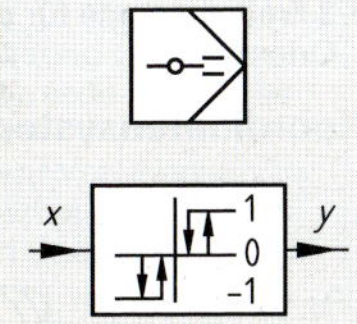

Digitale Regler (Software-Regler)

Die Funktionsweise des digitalen Reglers ist als Programm im Computer realisiert.

Reglerart	Beispiel (vereinfacht)	Übergangsfunktion	Erläuterung
Computer **Speicher-programmierbare Steuerungen (SPS)** **Mikrocontroller** **Mikroprozessoren**	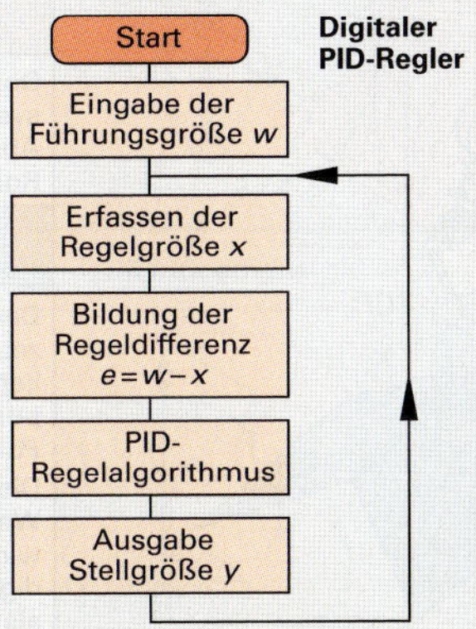	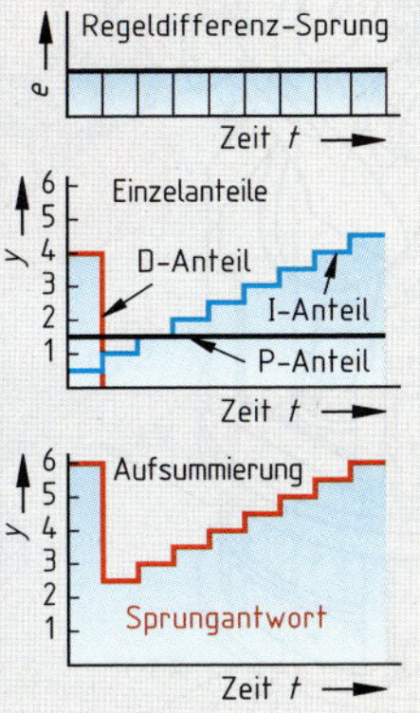	Das Computerprogramm hat folgende Aufgaben: – Bildung der Regeldifferenz e – Berechnung der Stellgröße y auf Grund der programmierten Regelalgorithmen Bei der Sprungantwort werden alle P-, D- und I-Anteile aufsummiert. Die Abtastung der analogen Signale und deren Umwandlung in digitale Werte sowie der interne Programmablauf bewirken eine zeitliche Verzögerung der Regelgröße x (ähnlich wie bei einer T-Strecke).

P-Regelstrecken mit zeitlicher Verzögerung (T-Anteil)

Reglerart	Beispiel	Übergangsfunktion	Erläuterung
P-Strecke mit Verzögerung 1. Ordnung (P-T$_1$-Strecke)	Füllen eines Gasbehälters 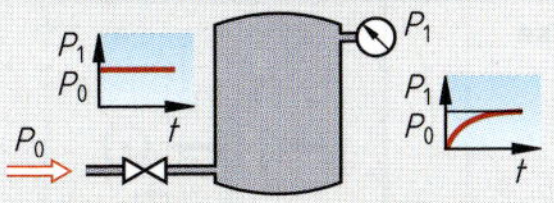	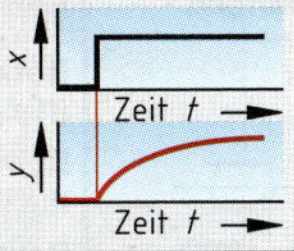	Wird der Druckbehälter durch einen Gasstrom gefüllt, erreicht der Druck p_1 im Behälter allmählich den Druck des Gasstroms.
P-Strecke mit Verzögerung 2. Ordnung (P-T$_2$-Strecke)	Füllen von zwei Gasbehältern 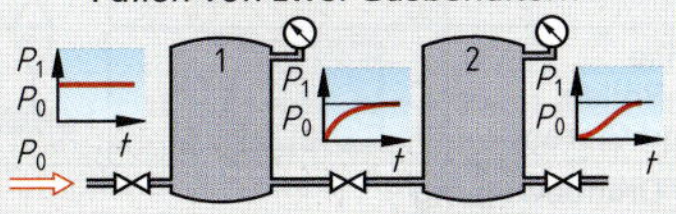	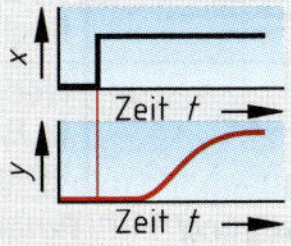	Werden zwei Behälter hintereinander geschaltet, steigt der Druck p_2 im zweiten Behälter langsamer an als der Druck p_1 im ersten Behälter.

A

Greifer, Arbeitssicherheit

Greifer

vgl. DIN EN ISO 14539 (zurückgezogen) und VDI 2740 (1995-04)

Greifer

- **mechanisch**
- pneumatisch
  - Sauggreifer
  - Spreizfingergreifer
- magnetisch
  - Elektromagnete
  - Dauermagnete
- adhäsiv
  - Klettbandgreifer

Fingergreifer · **Zangengreifer** · **Klemmgreifer** · **Nadelgreifer**

Fingergreifer

Linearer Greifer	Merkmale
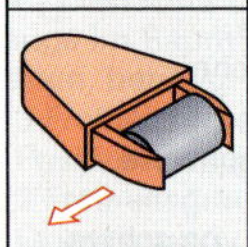	1 Beweglichkeitsgrad
Flächiger Greifer	
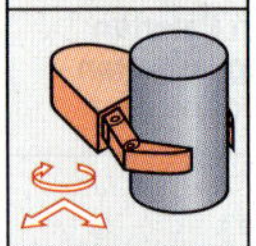	3 Beweglichkeitsgrade
Räumlicher Greifer	
	6 Beweglichkeitsgrade

Zangengreifer

Scherengreifer	Merkmale
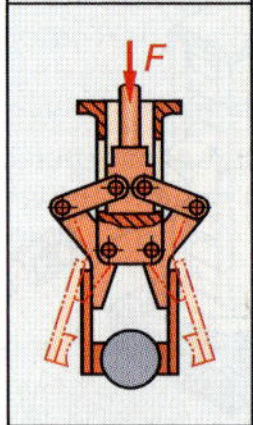	Die beiden Greiffinger drehen sich um eine gestellfeste Achse. Häufig eingesetzter Greifer.
Parallelgreifer	
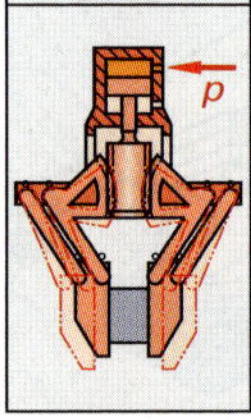	Die beiden Greiffinger werden parallel zueinander gegenüber dem Greifergehäuse verschoben.

Klemmgreifer

federbelastet	Merkmale
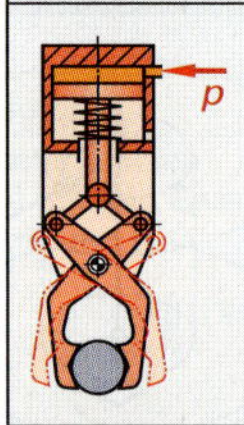	Klemmkraft wird durch eine Feder erzeugt. Öffnung des Greifers durch Druck.
gewichtsbelastet	
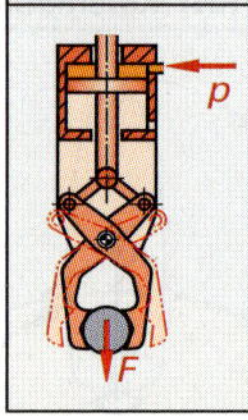	Klemmkraft wird durch das Eigengewicht des Greifobjekts erzeugt. Öffnung des Greifers durch Druck.

Nadelgreifer

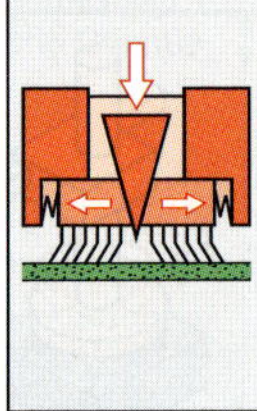

Verwendung im Textilbereich. Vier Nagelplatten werden durch einen Spreizkegel nach außen gefahren und greifen den Stoff.

Arbeitssicherheit bei Handhabungs- und Robotersystemen

vgl. DIN EN 61496 (2014-05), DIN EN ISO 14120 (2016-05), DIN EN ISO 10218 (2012-01)

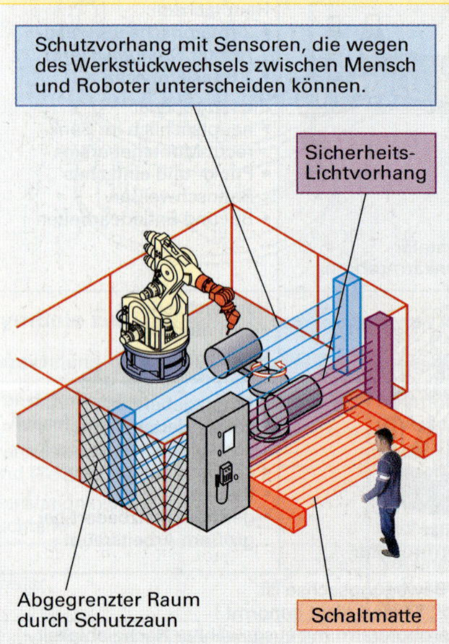

Begriffe	Erläuterungen
Maximaler Raum	Überstrichener Bereich von: • beweglichen Teilen des Roboters • Werkzeugflansch • Werkstück
Eingeschränkter Raum	Ein Teil des maximalen Raums, der im Falle eines vorhersehbaren Ausfalls des Robotersystems nicht überschritten werden darf
Trennende Schutzeinrichtungen	Sperrzäune, Abdeckungen, feste Verkleidungen, Verriegelungseinrichtungen (DIN EN ISO 14120)
Berührungslos wirkende Schutzeinrichtungen	Gefahrenbereichssicherung: Lichtvorhänge und Lichtgitter Flächenüberwachung: Laserscanner Zugangssicherung: Lichtgitter und Lichtschranken (DIN EN ISO 61496)
Wichtige sicherheitsrelevante Normen	
DIN EN ISO 12100	Sicherheit von Maschinen – Risikobeurteilung
DIN EN 61496	Sicherheit von Maschinen – berührungslos wirkende Schutzeinrichtungen
DIN EN ISO 13850	Sicherheit an Maschinen – NOT-Aus-Einrichtungen
DIN EN ISO 13855	Sicherheit an Maschinen – Anordnung von Schutzeinrichtungen
DIN EN ISO 7731	Akustische Gefahrensignale

Schutzmaßnahmen

Schutzmaßnahmen gegen elektrischen Schlag

vgl. DIN VDE 0100-410 (2007-06)

Schutz gegen direktes Berühren und bei indirektem Berühren	**Schutz gegen elektrischen Schlag unter normalen Bedingungen: gegen direktes Berühren**	**Schutz gegen elektrischen Schlag unter Fehlerbedingungen: bei indirektem Berühren**
Schutz durch: – Schutzkleinspannung SELV (engl.: Savety Extra Low Voltage) – Funktionskleinspannung mit sicherer Trennung PELV (engl.: Protective Extra Low Voltage) – Funktionskleinspannung ohne sichere Trennung FELV (engl.: Functional Extra Low Voltage)	Schutz durch: – Schutzisolierung von aktiven Teilen, z. B. Kabel – Umhüllung als Isolierung, z. B. Gehäuse an elektr. Geräten – Abstand, z. B. Schutzhauben, Gehäuse aus Maschinengitter – Hindernisse, z. B. Schutzgitter, Abschrankung	Schutz durch: – automatische Abschaltung oder Meldung, z. B. Fehlerstrom-Schutzeinrichtungen – Potenzialausgleich – nichtleitende Räume, z. B. durch isolierende Beläge – Schutzisolierung, z. B. isolierstoffgekapselte Gehäuse

⇑ ⇑

Zusätzlicher Schutz durch Fehlerstrom-Schutzschalter RCDs: (engl.: Residual Current Device = Reststrom-Schaltung)

Wirkung von Wechselstrom

vgl. IEC 60479-1 (2007-05)

Sicherheitskurven für AC 50 Hz von Hand zu Hand oder von Hand zu Fuß bei erwachsenen Personen

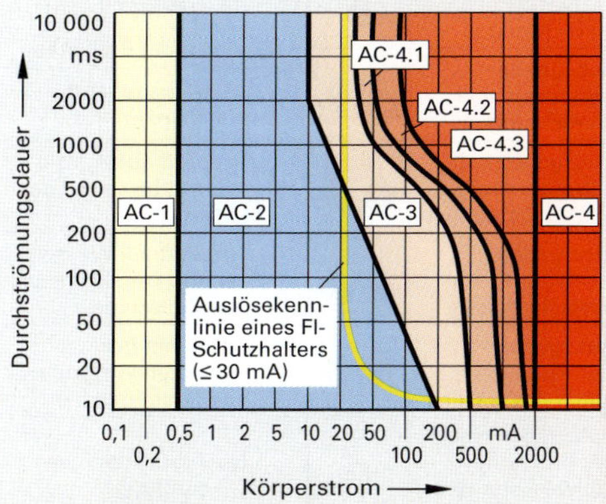

Zone	Körperliche Auswirkungen
AC-1	normalerweise keine Wirkung
AC-2	normalerweise keine schädlichen körperlichen Auswirkungen
AC-3	meist kein organischer Schaden, Atemschwierigkeiten (>2s), Muskelkrämpfe
AC-4.1	5-prozentige Wahrscheinlichkeit von Herzkammerflimmern
AC-4.2	bis 50-prozentige Wahrscheinlichkeit von Herzkammerflimmern
AC-4.3	über 50-prozentige Wahrscheinlichkeit von Herzkammerflimmern
AC-4	Herzstillstand, Atemstillstand und schwere Verbrennungen (zunehmend mit Einwirkungsdauer und Stromstärke)

Leitungsschutzsicherungen und Leitungsquerschnitte

vgl. DIN VDE 0635 (1984-02), DIN VDE 0298-4 (2013-06)

Nennstrom der Sicherung I_n in A	Kennfarbe der Sicherung	Mindestquerschnitt in mm² für CU-Leitungen bei Verlegeart (siehe unten)							
		A1		B1		B2		C	
		und Anzahl der belasteten Adern							
		2	3	2	3	2	3	2	3
10 (13)	rot	1,5	1,5	1,5	1,5	1,5	1,5	1,5	1,5
16	grau	2,5	2,5	1,5	2,5	1,5	2,5	1,5	1,5
20	blau	4	4	2,5	2,5	2,5	2,5	2,5	2,5
25	gelb	6	4	2,5	4	4	4	2,5	4
35	schwarz	10	10	6	6	6	10	4	6
50	weiß	16	16	10	10	10	16	10	10

Verlegeart von Kabeln und isolierten Leitungen

vgl. DIN VDE 0298-4 (2013-06)

Aderleitung A1	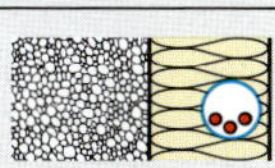	Verlegung in wärmegedämmten Wänden, im Elektroinstallationsrohr	Mehradrige Leitung B2	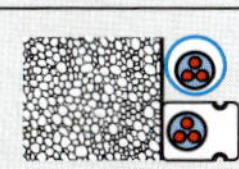	Verlegung im Elektroinstallationsrohr auf oder in der Wand, im Installationskanal oder hinter Sockelleisten
Aderleitung B1	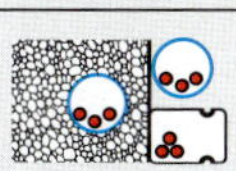	Verlegung im Elektroinstallationsrohr auf oder in der Wand oder im Installationskanal	Mehradrige Leitung C	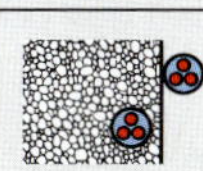	Verlegung direkt auf oder in der Wand

A

Schutzarten und Explosionsschutz

Schutzarten elektrischer Betriebsmittel

vgl. DIN EN 60529 (2014-09), DIN EN 60598-1 (2015-10)

Beispiel: IP 3 4 C M

- IP: Schutzartkennzeichnung IP (engl.: International Protection = Internationale Schutzart)
- 3: 1. Kennziffer für Schutz des Betriebsmittels[1] gegen Eindringen von festen Fremdkörpern
- 4: 2. Kennziffer für Schutz des Betriebsmittels[1] gegen Wasser mit schädlicher Wirkung
- C: Zusätzlicher Kennbuchstabe[2]
- M: Ergänzender Buchstabe

Kennziffer	1. Kennziffer Berührungsschutz	1. Kennziffer Fremdkörperschutz	Symbol[3]
0	kein Schutz	kein Schutz	
1	Schutz gegen Berührung mit dem Handrücken	Schutz gegen Eindringen von Fremdkörpern $d \geq 50$ mm	
2	Schutz gegen Berührung mit dem Finger $d = 12$ mm	Schutz gegen Eindringen von Fremdkörpern $d \geq 12{,}5$ mm	
3	Schutz gegen Berührung mit einem Werkzeug $d = 2{,}5$ mm	Schutz gegen Eindringen von Fremdkörpern $d \geq 2{,}5$ mm	
4	Schutz gegen Berührung mit einem Draht $d = 1$ mm	Schutz gegen Eindringen von Fremdkörpern $d \geq 1$ mm	
5	Schutz gegen Berührung mit einem Draht $d = 1$ mm	staubgeschützt	(Symbol)
6	Schutz gegen Berührung mit einem Draht $d = 1$ mm	staubdicht	(Symbol)

Kennziffer	2. Kennziffer Wasserschutz	Symbol[3]
0	kein Schutz	ohne
1	Schutz gegen senkrechte Tropfen	(Symbol)
2	Schutz gegen Tropfen, wenn Gerät um 15° geneigt ist	(Symbol)
3	Schutz gegen Sprühwasser, das mit 60° auf das Gerät trifft	(Symbol)
4	Schutz gegen Spritzwasser aus allen Richtungen	(Symbol)
5	Schutz gegen Wasserstrahl aus allen Richtungen	(Symbol)
6	Schutz gegen starken Wasserstrahl aus allen Richtungen	(Symbol)
7	Schutz gegen zeitweiliges Untertauchen in Wasser	(Symbol)
8	Schutz gegen dauerndes Untertauchen in Wasser	(Symbol) ...kPa
9	Schutz gegen Hochdruck und hohe Strahlwassertemperatur	ohne

Zusätzlicher Kennbuchstabe	
A	Schutz gegen Berührung mit dem Handrücken
B	Schutz gegen Berührung mit dem Finger $d = 12$ mm, 80 mm lang
C	Schutz gegen Berührung mit einem Werkzeug $d = 2{,}5$ mm, 100 mm lang
D	Schutz gegen Berührung mit einem Draht $d = 1$ mm, 100 mm lang
Ergänzender Buchstabe	
H	Betriebsmittel für Hochspannung
M	geprüft auf Wassereintritt bei laufender Maschine
S	geprüft auf Wassereintritt bei stillstehender Maschine
W	geeignet bei festgelegten Witterungsbedingungen
	„Hochdruckreinigerprüfung“

[1] Ist eine Kennziffer nicht angegeben, steht an deren Stelle der Buchstabe X, z. B. IP X6 oder IP 3X

[2] Wird nur angegeben, wenn der Schutz größer ist als die 1. Kennziffer.

[3] Die Nutzung der Symbole erfolgt freiwillig.

Elektrische Betriebsmittel für explosionsgefährdete Bereiche

vgl. DIN EN 60079-0 (2014-06), ATEX 2014/34/EU (2014-02)

ATEX[1] Richtlinie: (Ex) II 2G

DIN EN 60079: Ex de II/B T2 Gb

- Ex: Symbol für Explosionsschutz
- de: Zündschutzart
- II/B: Elektrische Betriebsmittelgruppe
- T2: Temperaturklasse
- Gb / 2G: Schutzniveau

Kurzzeichen	Zündschutzart (Auswahl)	Gruppe II (explosionsfähige Gase, Auswahl)[2] A	B	C	Kurzzeichen	Oberflächentemperatur	Kurzzeichen DIN[3]	Kurzzeichen ATEX[3]	Geräteschutzniveau (EPL)
o px q d e	Ölkapselung Überdruckkapselung Sandkapselung druckfeste Kapselung erhöhte Sicherheit	Methan, Propan, Butan, Styrol, Benzol, Petroleum, Benzin, Heiz-/Dieselöl, Methanol, Aceton, Säuren, Chloride	Ethylen, Acrylnitrit, Cyanwasserstoff, Dimethylester, Propylenoxid, Koksofengas, Tetrafluorethylen	Wasserstoff, Acetylen, Schwefelkohlenstoff, Ethylnitrat	T1 T2 T3 T4 T5 T6	450 °C 300 °C 200 °C 135 °C 100 °C 85 °C	Ga Gb Gc	1G 2G 3G	sehr hoch hoch erweitert

A

[1] ATEX = „**AT**mosphère **EX**plosive“ [2] Gruppe I: Bergbau; Gruppe II: Gase; Gruppe III: Staub/Flusen [3] Gruppe I: B; Gruppe II: G; Gruppe III: D

Elektromotoren

vgl. IEC 60034 (2009-11), DIN EN 60617 (1997-08)

Elektromotoren/Eigenschaften (Auswahl)	Symbol	Anwendungsbeispiele
Gleichstrommotor – fremderregt Drehzahl bleibt bei Belastung annähernd konstant, großer Drehzahlbereich bei hohen Leistungen.	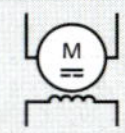	Aufzüge, Förderanlagen, Fensterheber- u. Scheibenwischmotoren in Kfz
Wechselstrom-Reihenschlussmotor einphasig (Universalmotor) Wird mit Gleichstrom oder Wechselstrom betrieben. Drehmoment steigt mit sinkender Drehzahl an, d.h. der Motor „zieht durch". Enthält die Verschleißteile Kohlebürsten und Kollektor.		Handbohrmaschinen, Staubsauger, Rührwerke
Drehstrom-Asynchronmotor (Käfigläufer/Kurzschlussläufer) Einfacher Aufbau, robust, wartungsarm, geringer Drehzahlabfall bei Belastung. Drehzahl ist durch Regelungs-Elektronik einstellbar.	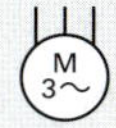	Hauptspindelantrieb, Antrieb von Pumpen, Verdichtern und Förderanlagen
Drehstrom-Asynchronmotor (Schleifringläufer) Hohes Anzugsdrehmoment. Enthält die Verschleißteile Kohlebürsten und Kollektor. Drehzahl ist durch Regelungs-Elektronik einstellbar.	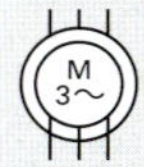	Hebezeuge, große Wasserwerkpumpen
Drehstrom-Synchronmotor (Permanentmagneterregung) Sehr hoher Wirkungsgrad, hohe Leistungsfähigkeit bei kompakter Baugröße. Drehzahl ist belastungsunabhängig, damit Eignung als Stellantrieb. Drehzahl ist durch Regelungs-Elektronik einstellbar.		Vorschubantrieb (Servomotor), Hauptspindelantrieb, Roboter
Schrittmotor Genaue Positionierung möglich, geringere Kräfte und Geschwindigkeiten als Servomotoren.		Drucker, Plotter, Linearantrieb

Typenschild Asynchronmotor

vgl. Maschinenrichtlinie 2006/42/EG und IEC 60034

1	Asynchronmotor	ASM **100L-2**	9
2	Motorwerk ETM Industriestr. 12 D-45678 Stadt	CE	10
3	**0123456**	**5,41** A	11
4	Δ **400** V	cos φ 0,87	12
5	**3** kW	**50** Hz	13
6	**2890** 1/min	IP **54**	14
7	Isol. Kl. **F**	2016 Made in Germany	15
8	**IE2**		

Drehmoment-Kennlinie – Asynchronmotor

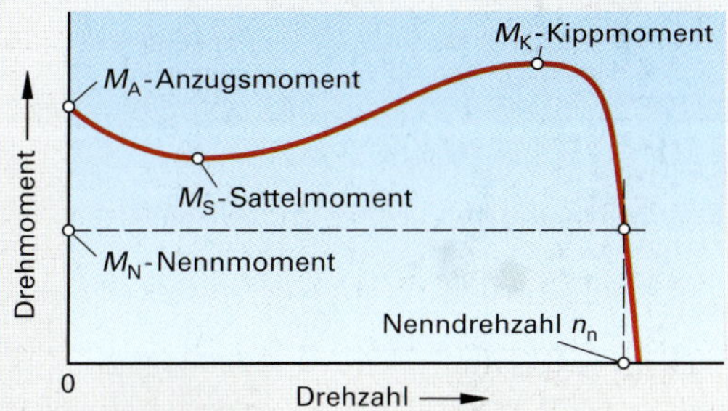

Bedeutung der Eintragungen auf dem Typenschild

Nr.	Symbol	Bezeichnung	Bemerkungen
1		Art der Maschine	Art des Motors, z.B. Asynchronmotor
2		Hersteller	Firmenname und vollständige Adresse des Herstellers
3		Seriennummer	Diese Nummer wird vom Hersteller vergeben
4	U	Nennspannung	Spannung mit evtl. Anschlussart (z.B. Dreieck)
5	P_N	Nennleistung	Zulässige dauernde mechanische Abgabeleistung
6	n	Nenndrehzahl	Drehzahl bei der Belastung mit der Nennleistung
7		Isolationsklasse	Temperaturfestigkeit der Wicklung[1] vgl. DIN EN 61558, DIN EN 60085 (2008-08)
8		Effizienzklasse	IE2 (high efficiency): Mindeststandard für Neumotoren vgl. IEC 60034-30
9		Motortyp	Baureihen- oder Typbezeichnung. Oft Baugröße und Polpaare
10		CE-Kennzeichnung	Zeigt, dass Maschinenrichtlinie u. produktbezogene EG-Richtlinien erfüllt werden
11	I	Nennstrom	Stromaufnahme bei Nennspannung und Nennbelastung
12	$\cos \varphi$	Leistungsfaktor	Phasenwinkel bei Nennspannung und Nennbelastung
13	f	Nennfrequenz	Netzfrequenz, an die der Motor angeschlossen wird
14		Schutzart	Schutz gegen Fremdkörper, Berührung und Wasser[2] vgl. DIN 60529 (2014-09)
15		Baujahr	Baujahr, in dem der Herstellungsprozess abgeschlossen wurde

[1] max. zulässige Temperatur der Wicklung in °C bei ... Umgebungsluft max. 40 °C: Y 90°, A 105°, E 120°, B 130°, F 155°
... Umgebungsluft max. 60 °C: H 180°, C >180°
Bei Überschreitung der max. Umgebungslufttemperatur verkürzt sich die Lebensdauer des Motors.

[2] Die IP-Kennzahl besteht aus 2 Ziffern gemäß Tabelle S. 458.

A

Elektromotoren

Berechnungsbeispiel:

Ein Asynchronmotor mit 1 Polpaar ist mit dem Typenschild der Seite 451 gekennzeichnet. Gesucht sind: der Schlupf s, der Wirkungsgrad η und das Drehmoment M_t im Nennbetrieb.

$$\boldsymbol{n_s} = \frac{50\,\frac{1}{s}\cdot 60\,\frac{s}{min}}{1} = \mathbf{3000\,\frac{1}{min}}$$

$$s = \frac{3000\,\frac{1}{min} - 2890\,\frac{1}{min}}{3000\,\frac{1}{min}} \cdot 100\,\% = \mathbf{3{,}7\,\%}$$

$$\boldsymbol{P_1} = \sqrt{3}\cdot 400\text{ V}\cdot 5{,}41\text{ A}\cdot 0{,}87 = \mathbf{3260{,}9\text{ W}}$$

mit $\boldsymbol{P_2} = 3000$ W folgt: $\boldsymbol{\eta} = \frac{3000\text{ W}}{3260{,}9\text{ W}} \cdot 100\,\% = \mathbf{92\,\%}$

$$\boldsymbol{M_t} = 9550 \cdot \frac{3\text{ kW}}{2890\,\frac{1}{min}} = \mathbf{9{,}91\,Nm}$$

Drehfeld und Schlupf

- n_s Synchrondrehzahl (Drehfeld) in 1/min
- f Frequenz in 1/Sekunde
- p Anzahl der Polpaare
- s Schlupf
- n Drehzahl (Motor) in 1/Minute

Drehfelddrehzahl

$$n_s = \frac{f \cdot 60\,\frac{s}{min}}{p}$$

Schlupf (Asynchronmotor)

$$s = \frac{n_s - n}{n_s} \cdot 100\,\%$$

Elektrische Leistung (Wirkleistung)

- P Wirkleistung in W
- U Spannung in V
- I Stromstärke in A

Gleichstrommotor

$$P = U \cdot I$$

Wechselstrommotor

$$P = U \cdot I \cdot \cos\varphi$$

Drehstrommotor

$$P = \sqrt{3} \cdot U \cdot I \cdot \cos\varphi$$

Wirkungsgrad und Drehmoment

- P_2 Motorleistung in W
- P_1 Wirkleistung in W

Zahlenwertgleichung

- M_t Drehmoment in Nm
- P Motorleistung in kW
- n Drehzahl in 1/Minute

Wirkungsgrad des Motors

$$\eta = \frac{P_2}{P_1} \cdot 100\,\%$$

Drehmoment des Motors

$$M_t = 9550 \cdot \frac{P}{n}$$

Schutzklassen

vgl. DIN EN 61140 (2007-03)

Schutz gegen gefährliche Spannung (s. S. 457) durch:

Schutzleiter	Schutzisolierung	Schutzkleinspannung
Gehäuse wird geerdet	stromführende Bauteile sind verstärkt isoliert	ungefährliche Spannung (Batterien, Sicherheitstrafo)

Kennzeichnung von Leitern und Anschlüssen

vgl. DIN EN 60445 (2011-10)

Art des Leiters		Kurzzeichen	Farbe des Leiters
Wechselstromnetz	Außenleiter 1	L1	schwarz[1]
	Außenleiter 2	L2	schwarz[1]
	Außenleiter 3	L3	schwarz[1]
	Neutralleiter	N	hellblau
Schutzleiter		PE	grün-gelb
PEN-Leiter (Neutralleiter mit Schutzfunktion, PE + N)		PEN	grün-gelb[2]
Erder		E	schwarz[1]

Beispiel Gleichrichterschaltung

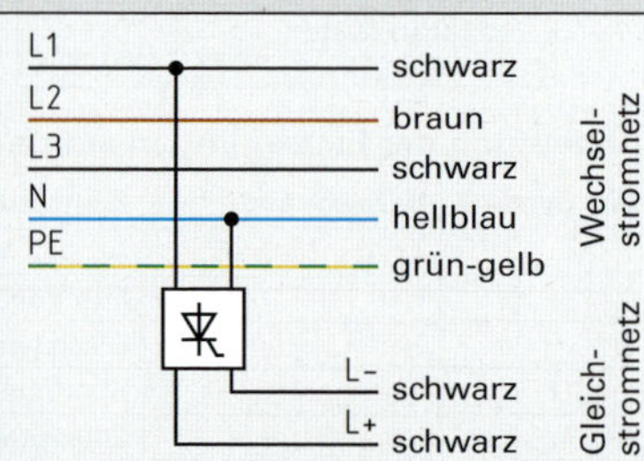

Betriebsmittelanschlüsse

Anschluss für	Kennzeichnung
Außenleiter 1	U
Außenleiter 2	V
Außenleiter 3	W

Beispiel: Kurzschlussläufermotor in Sternschaltung

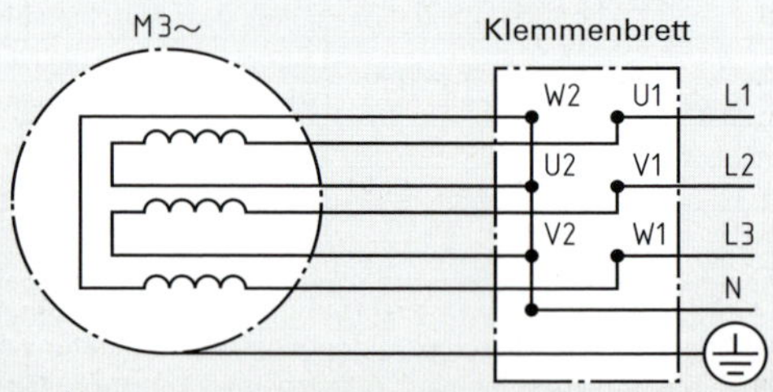

[1] Farbe ist nicht festgelegt. Empfohlen wird schwarz, für Unterscheidung braun. Nicht verwendet werden darf grün-gelb.

[2] PEN-Leiter haben durchgängig eine grün-gelbe Aderfarbe. Um Verwechslungen mit dem PE-Leiter zu vermeiden, sind PEN-Leiter an den Leitungsenden zusätzlich hellblau gekennzeichnet, z. B. mit einem Leitungsclip oder Klebeband.

A

Verzeichnis der zitierten Normen und anderer Regelwerke

Verzeichnis der zitierten Normen und anderer Regelwerke

Verzeichnis der zitierten Normen und anderer Regelwerke

Verzeichnis der zitierten Normen und anderer Regelwerke

Verzeichnis der zitierten Normen und anderer Regelwerke

Sachwortverzeichnis

A

B

C

D

E

F

G

H

I

K

L

M

N

O

P

Q

R

S

T

U

X

Z